2000年度国家哲学社会科学基金项目最终成果
"十五"国家重点图书出版规划项目

当代中国青少年
心理问题及教育对策

DANGDAI ZHONGGUO QINGSHAONIAN
XINLI WENTI JI JIAOYU DUICE

主　编　张大均
副主编　陈　旭　郭　成
　　　　冯正直　余　林

四川出版集团
四川教育出版社
·成　都·

图书在版编目（CIP）数据

当代中国青少年心理问题及教育对策/张大均主编. —成都：四川教育出版社，2009.12

ISBN 978-7-5408-5149-1

Ⅰ.①当…　Ⅱ.①张…　Ⅲ.①青少年-心理卫生-健康教育-研究-中国　Ⅳ.①G479

中国版本图书馆CIP数据核字（2009）第197054号

责任编辑　张纪亮　穆　戈
封面设计　何一兵
版式设计　王　凌
责任校对　胡　佳
责任印制　黄　萍
出版发行　四川出版集团　四川教育出版社
地　　址　成都市槐树街2号
邮政编码　610031
网　　址　www.chuanjiaoshe.com
印　　刷　成都东江印务有限公司
版　　次　2010年2月第1版
印　　次　2010年2月第1次印刷
成品规格　184mm×260mm
印　　张　69.25　插页5
字　　数　1354千
印　　数　1-2000册
定　　价　120.00元

如发现印装质量问题，请与本社调换。电话：（028）86259359
营销电话：（028）86259477　邮购电话：（028）86259694
编辑部电话：（028）86259381

序　言

沈德立[①]

改革开放以来，我国社会处于急剧变革时期，社会经济、政治、文化呈现出全方位、加速度、深层次的变革与发展的态势。社会结构的转型变化、经济的快速发展、社会文化表现的多样性、社会价值取向的多元化，必然改变社会成员的生产、生活方式，引起其心理与行为的急剧变化，不可避免地增加社会成员心理适应的难度，导致心理失衡、困惑甚至冲突，产生复杂多变的社会心理问题。

对正处于成长过程中的青少年来说，社会的急剧变革和现代化进程的加快，更使其面临全新的发展任务和发展环境，加之青少年自身的不成熟，必然产生比成人更突出的适应问题，引发更多的心理与行为问题。例如，社会支持系统弱化与个体心理承受力脆弱，可能导致青少年的心理危机；新旧社会规范转换过程中的社会失范与社会适应困难，可能导致青少年的心理困惑和方向迷失；社会分配方式改变或不公与不平等竞争，可能导致青少年相对剥夺感的心理感受强烈；文化的多样性、开放性与价值取向的多元化，可能导致青少年心理认同的矛盾性……因此，当代青少年的心理问题并非单纯的个体发展问题，而是有其深刻复杂社会文化背景的重要社会热点问题，只有将当代青少年的成长变化与我国社会变革联系起来研究，才能够真正发现青少年心理问题的前因后果变量，探索出科学、实用、有效的教育对策。

我国社会变革时期青少年心理问题是一个崭新的、复杂的研究领域，尽管其研究的迫切性日益显现，但过去我国心理学界对该领域的研究还比较零散和薄弱。西南大学张大均教授主持的国家哲学社会科学基金项目“我国社会变革时期青少年心理问题及对策研究”，是迄今为止国内该领域最全面、最系统、最深入的一项开创性研究。该项研究立足于我国社会变革的大背景，遵循当代心理科学尤其是积极心理

① 编者按：沈德立教授系天津师范大学资深教授，教育部人文社会科学重点研究基地天津师范大学心理与行为研究院院长，博士生导师，国务院学位委员会心理学学科评议组召集人，全国教育科学规划领导小组成员兼教育心理学科规划组组长。

学的思想，从社会变革这个青少年心理问题产生的外源性基本因素及青少年心理发展的缺失和不成熟等青少年心理问题产生的内源性根本因素出发，在青少年与社会变革的互动中探索当代青少年心理问题的类型、表现形式、发展特点与影响因素，揭示青少年心理问题发生变化的规律，系统探索解决青少年心理问题及培养其健全心理素质的有效途径和策略。

张大均教授及其领导的团队通过长达八年的探索性研究，对我国当代青少年在社会性发展、心理压力、学习适应、人际交往、情绪困扰、性与婚恋、网络成瘾、职业规划等方面存在的主要心理问题及教育对策，进行了多视角、多侧面、多层次深入系统的探究，取得了大量富有创新性的理论和实证研究成果，《当代中国青少年心理问题及教育对策》这部逾百万字的鸿篇巨制是该项研究丰硕成果的结晶。初览该书我认为主要有以下特色：

一、视角独特，创新突出，价值重大

独特的研究视角，突出的开拓创新是完成高水平科学研究的前提。该课题从当代中国青少年心理问题产生的内源性因素与外源性因素相结合这一独特视角出发，遵循积极心理学的理念，全面系统地探究社会转型与青少年心理问题及健全发展促进的互动机制，对青少年心理问题和健康心理素质培育的基本理论问题进行了深入的探索，初步建构了分析、解决青少年心理问题，培养青少年健全心理素质的理论框架，提出并实践了心理问题解决、心理健康维护和健康心理素质培育三结合的应用理论研究模式，针对青少年心理问题探讨有效的教育对策，从多层面探讨中国当代青少年心理健康教育的理论和实践问题。纵观整个研究，研究视角新颖独特，理论创新十分明显，研究成果不仅对青少年心理问题解决与健康心理素质培育的理论建构和教育实践指导有重要的价值，而且对拓展中国当代青少年心理学研究领域，建立中国化的青少年心理健康教育理论体系，以及中国健康心理学的建设亦有重大价值。

二、方法科学，内容系统，成果丰硕

青少年心理问题及其教育是一个复杂的研究领域，既往心理科学及其相关学科对它的研究大多停留在零散状态或描述性探讨的层面。该项研究十分重视研究方法的科学性，综合运用现代心理科学及相关学科的方法，强调质性研究与量性研究相结合，大样本调查、原因分析与对策探索相结合，心理问题解决与健全心理素质培养相结合，问题揭示与教育促进相结合，理论研究与应用研究相结合，研究方法不但符合心理科学研究规范，而且富有新的探索和拓展。整个研究成果以数十项（本书收入 26 项）实证研究为基础，从理论—实证—析因—对策等多方面探索我国社会转型时期青少年心理问题的类型、结构与特点，从社会变革与青少年自身成长交互作用的角度系统分析了青少年心理问题的成因，深入探讨了我国青少年良好心理素质形成和发展的内在机制，客观揭示了社会变革与青少年心理发展变化的互动机制，理论联系实际地探讨了青少年健康心理素质培育的促进机制，取得了多方面的、系列的、丰硕的研究成果，足见其研究内容系统完整、研究成果丰硕实在。该研究成果不仅对科学分析探讨我国社会变革时期青少年心理问题及教育对策提供了有价值的科学依据，而且对我国青少年心理发展及教育促进研究有积极的推动作用。

三、研究深入，影响广泛，现实性强

张大均教授及其团队以2000年国家哲学社会科学基金项目“我国社会变革时期青少年心理问题及对策研究”为基础，结合其他十余项高级别相关课题的研究，在“九五”、“十五”期间对青少年心理问题、心理健康与心理素质培育等系列的理论与实践问题进行了全面深入研究，提出了许多有中国当代文化特色的观点，获得了一系列新的研究结论，发表了百余篇论文和研究报告，出版了“学校心理健康教育新视野”丛书等专著，其研究成果不仅受到了学界的广泛关注和高度评价，而且得到国家有关部门的重视并产生了重要的社会影响。

研究当代青少年心理问题旨在消除、解决青少年的心理问题，促进青少年健康成长。该课题研究者们从科学的素质观和心理素质发展观出发，以心理问题与心理素质的关系作为探讨解决青少年心理问题的基本对策的理论依据，明确提出将指导适应、促进发展、激发创造作为解决青少年心理问题的基本原则，并据此构建相应的培养模式和实施策略，开展大规模的健全心理素质训练与心理问题解决的专题研究，提出了从内源性上解决青少年心理问题及健康心理素质培养模式及其实施策略。以该成果为基础编写的学生心理健康教育系列教材、家长心理健康教育系列教材及开发的青少年心理问题诊断和心理素质测评系统等，已广泛应用于全国多数省市的大中小学生心理健康教育实践，受益的大中小学生逾千万人。实践证明，该项研究成果对我国青少年心理问题的有效解决及健全心理素质的培育已产生积极而有效的推动作用。

总之，张大均教授主编的这本《当代中国青少年心理问题及教育对策》专著，既有高度的理论探新为先导，又有科学的实证研究为支撑，兼具学科理论价值和现实指导意义，是我国当代青少年心理学研究中具有开拓性、创新性和代表性的重要研究成果。我相信该书的出版，不仅对中国当代青少年心理健康教育有积极的推动作用，而且对建设中国特色的青少年心理学也会产生重要影响。借该书出版之际，我乐意向心理学界同人、教育界朋友及广大读者推荐此书。同时期待看到更多类似的高水平的研究成果问世，推动中国特色的心理科学蓬勃发展，使我国心理科学更好地服务于和谐社会的构建！

2009年8月10日

于天津师大

前　言

对社会来说，青少年是特定时代中的特殊群体；对人生来说，青少年时期是人生活力四射、可塑性最大的一个重要阶段（国外有心理学家将其称为人生的“狂飚期”）。历史和现实都表明：青少年是时代的风向标，是反映社会变迁最及时、最敏感的晴雨表。时代变迁和社会变革引起的社会心理变化总是率先敏感地反映在青少年的心理变化之中。正因为如此，青少年问题历来都是备受研究者和社会关注的问题。当代中国青少年是指处于我国改革开放这一特殊历史时期的特殊群体（主要指大中学生）。他们的成长发展与我国改革开放是密切联系在一起的，他们的成长经历、发展轨迹、心路历程，不仅深受我们这个时代、民族、国家的变革与发展的影响，而且也以独特多样的方式影响着我们这个时代、民族和国家。

存在决定意识。青少年问题是随青少年成长而伴生的，是不可避免的。然而不同社会历史时期青少年问题的复杂程度和表现方式是不一样的。一般来说，社会结构稳定，社会价值观单一，社会变化小，青少年社会适应较顺利，青少年问题相对就较少，表现方式也相对简单；社会结构改变，社会价值观多元，社会急剧变迁，青少年社会适应难度就增大，青少年问题就增多，表现形式也更复杂多变。青少年问题是多学科共同研究的领域，本书从心理科学的角度，研究我国社会变革时期青少年心理问题发生变化的特点、规律及教育对策。

我国社会变革背景下的青少年心理问题是一个十分复杂的研究领域，涉及多方面的理论探讨和实践探索。我们承担的2000年度国家哲学社会科学基金项目“我国社会变革时期青少年心理问题及对策研究”主要从三个方面开展了探索性研究：首先对相关的理论和方法问题从多角度多层面进行系统探讨，以此奠定本研究的理论和方法学基础；其次是客观揭示青少年心理问题的类型、特点和影响因素，为解决青少年心理问题，促进其心理健康提供科学依据，这是本研究的重点；再次是针对我国当代青少年的主要心理问题提出解决这些问题的教育对策。

《当代中国青少年心理问题及教育对策》一书是在我主持的2000年度国家哲学

社会科学基金项目“我国社会变革时期青少年心理问题及对策研究”的结题成果基础上完成的。该项工作从课题研究到最终完成本书历时八年，主要是由我和我指导的部分博士、硕士研究生共同完成的，是我们这个学术团队集体智慧的结晶，同时也是学界前辈、同人关心帮助的结果。

本书内容包括导论、第一编青少年社会性发展问题及教育对策、第二编青少年心理压力问题及应对策略、第三编青少年学习适应问题及教育对策、第四编青少年人际交往问题及教育对策、第五编青少年情绪问题及教育对策、第六编青少年婚恋心理问题及教育对策、第七编青少年网络心理问题及教育对策、第八编青少年职业心理问题及指导策略。

本书由重庆市人文社会科学重点研究基地西南大学心理健康教育研究中心组织编写，课题主持人张大均主编，负责全书的统筹组织、结构设计、内容安排、统稿、审稿及定稿；陈旭、郭成、冯正直、余林任副主编，协助主编审稿、统稿；此外，陈旭、郭成还协助主编做了大量的组织工作。各章作者分别为：第一章张大均，第二章赵丽霞、张大均、陈旭，第三章张进辅，第四章李雪、陈旭，第五章陈旭、张大均，第六章王淑敏、陈旭，第七章孙远、张大均、陈旭，第八章田澜、张大均、郭成，第九章江琦、张大均、郭成，第十章徐小军、张大均、郭成，第十一章刘逊、张大均、郭成，第十二章马世栋、张大均、郭成，第十三章王磊、张大均、郭成，第十四章张峰、张大均、郭成，第十五章向守俊、张大均、冯正直，第十六章李茜茜、张大均、冯正直，第十七章冯正直、张大均，第十八章陈丽、张大均、冯正直，第十九章苏红、张大均，第二十章腰秀平、张大均，第二十一章欧居湖、张大均、余林，第二十二章许毅、张大均、余林，第二十三章王智、张大均、余林，第二十四章吴雪梅、张大均、余林，第二十五章刘慧、张大均、余林，第二十六章郑海燕、张大均、余林，第二十七章王金良、张大均、余林。

面对案头上这部百多万字刚杀青的书稿，我既感到如释重负又觉得忐忑不安。八年的不断探索终于完成了国家哲学社会科学基金项目“我国社会变革时期青少年心理问题及对策研究”的研究工作及结题成果《当代中国青少年心理问题及教育对策》的整理出版，顿觉一身轻松！然而这种轻松感很快又被不安代替。虽然我和课题组成员为该项研究颇下工夫，但毕竟这是一项探索性研究，许多领域具有挑战性和开拓性，需要智慧、勇气和坚持！本人才疏学浅，加之受到种种主客观条件的限制，所以我们的研究还只能是尝试性的，获得的研究成果也只是初步的，尤其是书中“教育对策”的探讨大多是建议性的，还需通过科学的教育实验或实践的检验。这方面的系统实证研究我们将在2002年度国家哲学社会科学基金（教育学）项目“学生心理素质培养模式及实施策略”中详细探讨。因此，本书中不妥甚至错误之处难免，我真诚期待学界前辈、同人、朋友及广大读者不吝赐教，为进一步深化我国青少年心理问题及教育对策的科学研究，为探索新时期我国青少年健康成长、健全发展的规律而共同努力！

感谢国家哲学社会科学规划办公室、西南大学社会科学处从课题立项、研究到结题给予我们的多方面指导和支持！感谢学界同人的关心和支持！非常感谢著名心理学家沈德立教授热忱为本书作序，以及给我们的鼓励和鞭策！感谢所有课题组成员——我的同事、学生的通力合作！感谢四川教育出版社的大力支持！感谢责任编辑张纪亮同志，他那严谨求是的科学态度令人敬佩！感谢关心、支持和帮助我们顺利完成此项工作的所有单位和个人！最后，要特别感谢我夫人周建文女士多年来对我的支持和关爱，是她默默的“后勤服务”，使我能长期安心坚守在自己的“精神家园”之中。

张大均

2009 年 10 月 18 日

于西南大学

目　　录

第三编　青少年学习适应问题及教育对策

第四编　青少年人际交往问题及教育对策

第五编　青少年情绪问题及教育对策

第六编　青少年婚恋心理问题及教育对策

第七编　青少年网络心理问题及教育对策

第八编　青少年职业心理问题及指导策略

第一章 Di Yi Zhang

导　论

青少年是时代的风向标、社会心理反应的晴雨表，时代变迁和社会变革引起的社会心理变化总是率先敏感地反映在青少年的心理变化中。这是因为，一方面青少年处于人生社会化的关键时期，对社会变迁、变革问题十分敏感，反应迅速且很少掩饰；另一方面青少年自身的不成熟使其缺乏应对社会急剧变化的方法和能力，社会适应性相对成人较差，容易产生心理矛盾和问题。社会变革对青少年的心理发展、社会化进程及其健康成长影响更大，社会变革越迅速青少年的心理问题越突出。青少年是人类的希望、社会的未来。纵观社会历史的发展，社会进步、国家民族兴衰都与青少年的教育成长密切相关。因此，系统研究我国社会变革时期青少年心理问题及其教育对策不仅事关青少年这一特殊群体的健全发展，而且关乎国家民族的兴衰和社会的长治久安。

我国社会变革背景下的青少年心理问题是一个十分复杂的研究领域，涉及多方面的理论探讨和实践探索，并非一个学科或一个课题研究所能完成的。本书呈现的是我们承担的国家社会科学基金项目“我国社会变革时期青少年心理问题及对策研究”的结题成果，集中从三个主要方面反映我们开展的探索性研究：首先对该领域相关的理论和方法论问题从多角度多层面进行系统探讨；其次是客观揭示我国当代青少年心理问题现状及其特点；再次是针对青少年的心理问题，初步提出解决青少年心理问题的基本对策。《导论》一章主要从总体上概括反映本研究所遵循的基本理念、研究思路、方法论依据，以及最终研究成果和基本对策的简要介绍，拟作全书的“引子”。

一、青少年心理问题是魅力与挑战并存的永恒的研究课题

自20世纪初美国心理学家、国际青少年研究的发起人之一霍尔（G. S. Hall，

1904）的重要著作《青少年的心理学及其与生理学、人类学、社会学、性、犯罪、宗教和教育的关系》一书问世一百多年来，青少年心理问题一直是世界各国及学界关注的重要研究课题。从心理卫生运动的开展、青少年行为指导机构的建立，到心理动力学和行为主义心理学对青少年心理问题的重视，再到心理测量学对青少年个体差异的科学研究以及当代从社会文化与社会现实相结合角度对青少年心理问题及教育指导的探讨都说明了这一点。

为什么青少年心理问题长期引起学术界的关注，成为研究者锲而不舍的、重要而永恒的研究课题？究其原因[①]，一是因为青少年心理问题是一个充满魅力的研究领域，吸引了众多研究者的目光。由于青少年群体的特殊性，社会变迁给人们带来的影响总是首先在该社会中的青少年群体中得到敏锐的反应。这是因为青少年较成人少了些城府，较儿童对社会现实又多了些见识和追求；社会变迁容易触动青少年尚未完全成熟的心灵，引发心理震荡。难怪，无论是社会心理学家探讨社会现象与社会心理，发展心理学家研究社会事件对个体心理发展的作用，还是教育心理学家研究环境对人的心理品质形成发展的影响，都不约而同地选择青少年及其心理问题作为其研究社会群体反应的重要领域。二是因为青少年心理问题是一个富于挑战的研究领域，其自身的复杂性和受多变量影响又让不少研究者望而却步。一方面青少年处于发育发展的关键时期，生理机能的成熟和对社会生活的介入，使其各种心理活动异常活跃，各种心理素质正在形成但还没有稳定，可塑性大，易变性强，这比研究人生其他阶段虽然更有价值但难度也更大。另一方面社会的急剧变化给初涉世事的青少年既提供了展示自己才华的广阔“舞台”，但社会现实的复杂多变又使正处在社会化十字路口的青少年容易产生社会适应困难，无法像成人那样“识时务”或“善于应对”，缺乏应对社会现实问题的经验和能力，难免产生心理冲突和矛盾。

现代心理科学对青少年心理问题及其教育干预的研究视角正在发生转换。传统心理学对青少年心理问题及其教育干预的研究偏重于生物学个体研究，倾向于从生命活动的自然天成视角研究青少年心理问题产生的生物学根源及其问题行为矫正；现代研究不再把目光仅局限于青少年个体心理的自然变化，而是在强调重视生物学个体研究的同时，着力于研究自然生态环境、社会现实情境、社会关系网络的影响，即自然现实和社会文化环境对青少年身心发展的作用；也不只局限于以科学研究的结论解释某些现象或修正以往的理论，而更重视针对青少年发展中出现的心理问题，探索其产生的内外根源、表现形式和心理行为特征，为有效解决青少年的心理问题，优化其成长的内外环境，促进其身心素质健全发展提供心理科学依据和指导性教育

---

① 张大均、吴明霞：《我国社会变革时期青年心理问题及对策研究的理论思考》，《西南师范大学学报（人文社会科学版）》2004年第2期。

策略。

由于历史的原因，我国心理科学对青少年心理问题的研究相对滞后，系统的研究并受到重视始于20世纪80年代。受到重视的主要原因有三：一是由于我国社会开始出现历史性变革变迁（改革开放），使本来就处于心理躁动期的青少年不可避免地产生心理和行为的不适应，出现了一些在社会结构相对稳定时期的青少年很少表现出来的心理问题。比如青少年恶性犯罪、问题行为以及心理疾病加剧等等。二是20世纪80年代我国的思想大解放也解放了包括心理学在内的科学，心理学工作者有可能去研究被西方发达国家长期重视的、在我国日益突出的青少年心理问题。但我国20世纪在该领域的研究还相当薄弱，无论是理论上还是实践中都有许多问题有待探索。三是社会变革的成败最终取决于青少年的认同、支持、参与的程度和水平，而青少年对社会变革的认同、参与和支持程度又与其心理问题的及时有效解决，心理素质的不断提高密切相关。因此，社会变革需要心理科学为调适人们的心态，尤其是解决青少年心理问题作出科学探索，提供咨询服务。

二、在我国社会变革大背景下探讨当代青少年心理问题及其教育对策

青少年心理问题产生既是个体成长、发育过程中的内部矛盾的表现，又有深刻的社会文化背景。青少年心理和行为问题已引起众多学科的关注，我国学者已从不同学科对当代青少年的社会化、思想道德、文化冲突、价值选择、婚恋家庭、人际交往、时尚消费、违法犯罪、心理健康、现代性等方面的问题进行了探索，但既往的研究一般都是从某一特定学科角度，针对某一问题进行探讨的，从理论与实践、个体与社会、内因与外因、心理与行为、问题与对策等多角度、多维度对青少年心理问题的综合系统研究还不多见。回溯我国对青少年心理问题的已有研究，主要集中在两个方面：一是关于青少年心理健康的研究，主要包括：（1）青少年心理健康状况的调查；（2）青少年心理素质结构的分析与心理素质培养的探索；（3）心理健康量表与心理素质量表的编制等。二是对青少年心理发展特征的研究。这些研究对探索和解决青少年问题有积极作用，但这些研究较少将现实社会变革和个体发展密切联系起来对青少年心理问题进行深入系统的研究。同时在具体研究中存在注重现象描述，缺乏成因分析，注重思辨，缺乏实证，注重行为特征分析，缺乏心理机制分析，注重单学科与单因素探讨，缺乏多学科与综合分析等现象。

我们认为，对我国青少年心理问题的研究应在理性分析、借鉴国内外现有研究成果的基础上，对多学科研究相关成果采取“吸收”与“扬弃”并举的态度；立足中国文化教育要求，将研究的学术视野置于我国社会大变革和信息时代的大背景之下，从当代社会对青少年的要求和当代青少年自身特征出发，综合运用多学科研究方法，从主观与客观、个体与社会、内因与外因等多层面、多维度的结合上探讨青

少年心理问题发生、变化、发展的特点，形成原因及机制，教育矫正的策略。为此，本研究遵循如下基本思想理念。

（一）坚持科学性和针对性相结合的原则

坚持科学性和针对性相结合的原则，是指运用科学的理论、方法和技术手段解决现实研究对象亟待解决的问题。因为青少年心理问题受众多因素的影响，必须强调运用科学理论和规范方法的重要性。通过文献综述我们发现，在该领域以往的研究中存在单因素研究多，理性思辨议论多，经验性总结多，自变量和因变量控制不严等问题。特别是临床性小样本研究多，而非临床性大样本研究少；就单个问题孤立研究较多，结合时代社会背景研究较少等。已有研究存在的问题都与缺乏科学理论指导和科学方法有效运用有密切关系。所以，我们认为应充分利用现代心理科学的理论和方法（如聚类分析、因素分析、路径分析、过程分析等），针对当代青少年的心理与行为特点，从社会变革的大背景和青少年自身特征结合点着手，坚持科学性和针对性相结合，从多维度、多角度系统探讨青少年心理问题的成因、特征及教育引导策略。

（二）研究的根本目的在于促进青少年的积极适应和主动发展

确定什么样的研究目的既是理论问题又是研究取向问题。这个问题的确定，不仅直接关系到研究的立论、方法、路线的确定，同时也规定着干预措施和实施原则。学术界关于青少年心理问题研究的目的主要有两种观点：一是从行为矫正的角度认为，青少年心理与行为研究是以解决或预防青少年心理问题为主；二是从发展教育的角度认为，青少年心理问题研究是以促进青少年个性发展为主。上述两种观点，前者重补救，有“治标不治本”之虞；后者重发展，亦有窄化其目的之嫌。我们主张从素质教育的根本目的出发，结合心理素质培养的实践，提出青少年心理问题研究的根本目的是促进青少年心理健康发展，健全心理素质的形成，具体包括指导积极适应（适应学习、适应生存、适应人际关系、适应社会规范）和促进主动发展（发展智能、发展创造性、发展个性、发展社会性）两个互为联系的基本方面。

研究的具体目标是：（1）在理论上探索社会变革与青少年心理发展变化的交互作用机制。导致青少年心理和行为问题的因素众多，各种因素间交互作用，且影响方式极为复杂，要较准确地探明心理和行为问题的成因及机制，现代心理学乃至整个人文社会科学都有一定难度。本研究在广泛调研基础上，综合采用心理与教育实验、生态化情境模拟、模糊量化、因素分析等多种方法，力求对这一难点有所突破。（2）初步解决青少年心理问题检测评价的工具问题，编制有中国文化特色的符合青少年特点的科学测量工具。该测量工具应能较全面、准确、客观地测查出我国社会变革时期青少年的主要心理与行为问题。（3）在实践上探索矫正青少年心理与行为问题，培养青少年良好心理素质的综合模式。理论上力求揭示我国青少年健全心理素质形成和发展的内在机制，探索我国社会变革时期青少年心理发展变化的特征和规律，丰富青少年心理健康、促进良好心理素质培养的理论。实践上力求探索我国当代青少年心理问题的类型及特征；提出针对性、实效性较强的预防、矫正及教育对策；为诊断青少年心理问题提供科学的、具有中国特色的测量工具；为解决青少年心理问题，提高青少年的综合素质，促进其全面发展，提供具有指导性和可操作性的咨询意见。

（三）经纬结合构建系统的研究内容体系

本研究以青少年心理问题的现状、特征和成因分析为经，以家庭、学校、社区为纬，构建了系统的研究内容体系。研究的主要内容包括：（1）我国社会变革时期青少年心理问题的现状、类型和特征。运用科学的测量工具，通过大规模调研，探明我国社会变革时期青少年究竟有哪些主要心理问题，其特征是什么，发展趋势如何。（2）当代青少年心理问题的归因研究。在了解青少年心理健康发展的现状和影响因素的基础上，进一步分析社会变革中哪些因素对当代青少年的心理产生重要影响，影响方式有哪些，特征是什么，从而揭示青少年的心理和行为问题形成的社会影响机制，以及良好的心理素质形成与培养的社会保障机制。采用理论分析和实际调研相结合的方法，深入探索社会体制转型、社会思潮和生活方式、家庭结构类型、父母社会经济地位变化、家长的期望水平、教养态度和方式、大众传媒、文化冲击、社会价值取向、教育体制、学校类型、校风学风、教师的教育方式等对青少年心理问题的影响，进而揭示青少年良好的心理素质形成的机制，客观探索青少年不良心理问题形成的原因。（3）构建适应与发展并重的家庭、学校、社区相结合的矫正青少年心理与行为问题，培养良好心理素质的整合模式，开展以控制刺激源、提高适应性、培养稳定心理品质为目标的对策研究，探讨在社会变革时期促进青少年健康成长的有效途径和方法。

（四）研究方法手段的有效性与研究程序的系统性的统一

本研究提出将方法的有效性和研究程序的系统性统一起来。方法的有效性应通过程序的系统性体现，程序的系统性又通过方法的有效性来保证。也就是说，我们在不同的研究阶段，依据程序和目标，综合运用问卷法、模糊量化法、因素分析法、理论分析法、教育实验法等多种研究方法探索青少年心理问题、测量工具、训练对策和矫正模式等。

1. 借鉴国内外有关青少年心理问题研究的理论和测验工具，编制中国青少年心理素质量表和中国青少年心理问题归因问卷等测量工具。测量工具将在理论构建的基础上采用调查法来编制，并对结果进行因素分析和结构分析。

2. 运用编制的测量工具进行较大规模测量，运用模糊量化和因素分析法对调查结果进行分析并构建青少年心理素质结构模型。通过因素分析，概括提出了社会变革条件下我国青少年存在哪些主要的心理问题，青少年的心理问题与哪些社会变革因素密切相关，进而为建立影响源与心理的关系模型奠定初步基础。

3. 通过文献分析、理论构建、调研结果，探索青少年心理问题形成的特点、原因，健全心理素质形成的机制，构建有针对性的综合性的心理问题矫正与心理素质培养模式。

4. 通过教育实验，探讨青少年心理素质的培养途径和策略。首先进行心理测验，并依据测验建立青少年心理素质档案。其次，针对青少年心理问题进行心理素质培养实验。实验依据经济文化差异、重点非重点差异，在不同年龄阶段的青少年中，选择适当的实验班和对照班来进行；以青少年心理素质的发展状况的测查为依据，比较其在实验前后的差异，以验证教育实验的有效性和实用性；总结心理健康教育实验的经验以构建提高心理素质和行为品质的心理—行为训练模式。该模式的初步设想是：以青少年积极适应社会变革和自己发展要求为起点，以促进主体性心理品质发展为目标，以培养良好心理素质和行为品质的心理训练为重点，采用心理咨询辅导、学科渗透、心理素质专题训练等多种途径，形成学校、家庭和社区相结合的，促进青少年良好的心理品质与行为习惯养成的维护系统。

三、本研究的基本概念、理论及方法论探讨

（一）基本概念的界定

要系统、科学地探索解决青少年心理问题的理论、方法和对策，就必须首先对有关青少年心理问题研究中涉及的一些基本概念进行明确科学的界定，它是理论分析与实证研究的基础。众所周知，由于心理学研究对象的复杂性，当今学科的发展还不能完全揭开“心理”之谜，因而心理学中许多概念的界定都是借助于一定的行为特征表征的。一般根据研究目的或选择的研究题目，对其核心概念下一个操作性定义，并据此提出研究假设，设计研究方案。依此，我们就我国社会变革时期青少年心理问题及对策研究涉及的基本概念做了简要界定。

1. 青少年：是儿童向成人过渡的时期。我国心理学界一般赞同将 11～28 岁作为青少年时期的年龄范畴。是一个特定的年龄阶段，在此阶段青少年的生理迅速发育并趋于成熟，是心理和社会性发展的关键时期，也是由自然人向社会人过渡的重要时期。本研究中所指的“青少年”包括整个学龄阶段（从小学到大学），以大中学阶段学生为主。

2. 心理问题：心理问题是指个体在适应和发展中产生的个体意识到或意识不到的主观困惑或不良状态，大致可分为三类：（1）心理成长问题，指伴随个体发育、发展而出现的心理问题。这类心理问题一般是与主体希望了解自己的发育、变化、发展能力，最大限度发挥潜能，实现更大目标，达到更高境界相联系的，所以又称

之为发展性心理问题。发展性心理问题在所有的青少年中都可能不同程度地存在，但不同时代可能存在群体差异，是教育促进的重点。（2）心理障碍问题，指个体在认知、情绪反应和人格系统等方面存在某些缺陷，从而导致在与外界接触、交流过程中产生障碍和麻烦，不能有效适应环境，尤其是社会环境，但其意识清楚，对解决自己的心理问题有较迫切的要求。对青少年来说，心理障碍问题大多是由于心理成长问题没有得到及时有效解决而转化升级形成的，它存在于部分青少年中，同一时代的青少年心理障碍也存在个体差异。这是教育转化的重点。（3）心理疾患问题，指个体整个心理反应系统出现了较为严重的病变，导致不能自主地控制自己的行为，无法与外界进行正常的接触与交流，出现了心理病态或变态。一般来说心理疾患问题根源于两方面：一是由生理神经系统疾患引起的；二是由心理障碍严重且长期没有消除，甚至累积加重转化而来的。青少年中属于心理疾病患者的只占极少数，是矫治转化的难点。在上述三类青少年心理问题中较多的是其在成长和发展中出现的认知障碍、情绪障碍、人格障碍等心理障碍问题。

3. 心理健康：心理健康是指人的积极和谐的心理状态。人的心理状态非常复杂，研究者从不同立场和角度进行研究，因此迄今人们对心理健康的定义并不完全一致。我们总结分析心理健康的三十多种定义之后发现：心理健康有广义和狭义之分。狭义的心理健康是指不具有心理疾病或病态心理；广义的心理健康是指一个人具有良好的心理品质和健全人格，具体来说指个人心理上发展健全，具有正常的智力、健全的人格、稳定的情绪和良好的社会适应能力。我们认为，心理健康是一种高效、满意、持续的心理状态，是包括认知、情感和人格等内在心理活动与外部行为的和谐、协调状态。主体在这种状态下能适应当前和未来发展，能愉快而积极地学习、工作和生活，具有生命的活力，活动效率高，能充分发挥其身心潜能。

4. 心理素质：心理素质作为近年来提出的中国化新概念，对其科学界定不仅与青少年心理素质培养有密切关系，而且直接影响心理素质教育乃至整个素质教育目标的确立。从研究现状看，研究者们主要从两个角度对此进行分析：一是从心理的动态—静态维度，从心理过程、心理状态和心理特征等诸方面来考察心理素质；二是从心理的整体性、稳定性和差异性角度界定心理素质。我们课题组在总结多年研究的基础上，认为心理素质的含义应包括：（1）心理素质是以生理条件为基础形成的，由外在的刺激转化而成的内在品质；（2）心理素质具有稳定性、基本性和内隐性等基本特征；（3）心理素质总是和人的习惯性行为密切相联系；（4）心理素质是一个复杂的自组织系统，由认知因素、个性因素和适应性因素等组成。根据上述认识，我们将人的心理素质界定为：心理素质是以一定生理条件为基础的，主体将外在刺激内化成稳定的、基本的、内隐的，具有基础性、衍生性和发展性功能，并与人的行为密切联系的心理品质的自组织系统。①②③

5. 心理素质培育：是素质教育的重要组成部分，是解决青少年心理与行为问题（主要是发展性心理问题）的基本途径。它是一种在理论上依据素质教育内涵和心理素质的特点，实践上依据教育对象和教育环境的实际要求，遵循适应和发展原则，运用科学的教育手段，以发展学生的认知能力，健全其个性，培养学生良好的社会适应能力，促进其心理健康为目的的教育活动。

（二）基本理论观点及方法论探讨

本课题在研究中提出并遵循了以下理论观点和方法论思考。

1. 社会变革中的“变”与青少年发展中的“变”交织在一起，是引起或加剧当代青少年心理问题的根本原因。因此，社会变革条件下青少年的心理与行为问题研究应始终抓住这个“变”字，从理论—实证—实践等不同层面探讨“变”的根源、表现、特征、规律及应对策略。

2. 从青少年心理问题产生的内源性因素与外源性因素的结合上研究社会转型与青少年心理健全发展的互动机制。从人与社会的交互关系来看，时下我国进行的社会变革是青少年心理与行为问题产生、变化的主要外部因素即外在影响源；而青少年自身心理发展、变化中的缺失和不成熟是青少年心理问题产生、变化的内在根源。因此，青少年心理问题是社会变革现实与青少年心理与行为发展特征交互影响的产物。我国社会变革是全方位的，因而研究青少年心理与行为问题及对策，应多方面考虑社会变革的现实环境变化，如社会生产生活方式、价值取向、社会文化和道德观念的变化，青少年成长的家庭、学校与社区环境变化等外部因素；同时也要关注青少年自身的年龄特征、心理素质发展水平等内部因素。社会变革导致的外部环境的多变性，不但给本来就处于心理躁动期的青少年增加了心理适应困难，而且对青少年心理素质发展及其教育赋予了更多的新内容，提出了更高的要求，这是导致青少年心理与行为问题突出的基本原因。消除或预防青少年心理与行为问题，维护其心理健康的基本途径是针对青少年心理问题开展标本兼治的心理健康教育，培育青少年健全的心理素质是青少年心理健康教育的基本目标。

3. 从心理素质的内容构成要素和功能结构作用两者结合分析青少年心理问题的类型特征。青少年心理素质是以生理条件为基础，将外在刺激内化而形成的稳定的、基本的、内隐的，并与人的适应行为和创造行为等密切联系的心理品质。青少年的心理素质由认知品质、个性品质和适应能力构成。同时心理素质结构具有稳定性、

---

① 陈旭、张大均：《心理健康教育的整合模式探析》，《教育研究》2002 年第 1 期，第 71～75 页。

② 张大均：《学校心理素质教育的理论与实践》，中国心理学会教育心理学专业委员会编：《教育心理学进展》，新疆人民出版社 2004 年版。

③ 张大均：《心理健康教育：十大问题亟待解决》，《中国教育报》2004 年 6 月 16 日。

内隐性和发展性等基本特征。本课题在专门研究了青少年心理素质的结构、发展特点与影响因素的基础上，根据青少年心理素质的内容和基本功能，结合社会转型的现实和青少年的成长实际，把青少年心理问题概括为青少年社会性发展问题、心理压力问题、学习适应问题、人际交往问题、情绪—情感问题、婚恋心理问题、网络心理问题、职业心理问题等方面并进行了系统深入的研究。

4．从心理素质发展的动态过程分析青少年心理问题及其特点。我们的研究表明，心理素质是决定心理健康水平的内源性因素。青少年心理素质发展是一个动态的过程，青少年总是在已有心理素质的基础上，通过与现实环境的交互作用，在平衡与不平衡的交替中成长与发展的。辩证分析青少年的适应与发展、平衡与冲突、内隐与外显、心理与行为等不同发展层面的特点，以期全面客观地把握青少年心理与行为问题的特点，是我们研究和解决青少年心理问题的基本出发点。

5．从健全心理素质培育的视角系统探讨青少年心理健康教育的理论与实践问题。青少年健全心理素质的培育是解决青少年心理问题，开展心理健康教育理论探讨和实践研究的关键。青少年心理素质不仅是其综合素质的重要组成部分，而且是制约其他素质形成和发展的中介变量。学校素质教育的实施必须以青少年现有的心理素质水平为起点，以心理素质发展现实为契机，同时心理素质教育又必须以形成和发展学生健全的心理素质为归宿（目标）。因此，系统探讨青少年心理健康教育的理论与实践问题也是从根本上解决青少年心理问题的重要任务。

四、当代青少年存在的主要心理问题

课题组以解决青少年心理问题，促进其积极适应、健康发展为目标，就社会转型时期青少年存在的主要心理问题及其成因，在全国各地抽样调研了近十万青少年，以此为基础概括归纳出了当代中国青少年存在的主要心理问题。

（一）青少年社会性发展问题

人生的过程是一个不断社会化的过程，社会化是人从自然实体转变为社会实体的过程。青少年时期是人生社会化的关键时期。对社会主流文化的认同、社会规范的掌握、社会道德和责任感的形成是青少年社会化发展的基本任务。研究表明，我国当前青少年社会化发展中还存在对社会主流文化认同度不高、对社会规范（如法律、纪律、公德等）的掌握和践行不佳、社会道德感和责任感不强、国家观念和主人翁意识薄弱等问题。本课题主要选择了影响青少年社会性发展的社会自我、价值观和社会责任等关键问题，进行理论与实证研究，以揭示青少年社会性发展问题的成因，寻求解决青少年社会性发展问题的有效策略。

（二）青少年的心理压力问题

青少年处于人生成长发展的关键期，必然面对各种压力。因此，压力问题是当

代青少年最突出的心理问题之一。青少年心理压力的产生总是基于一定的压力源，我国当代青少年心理压力产生的压力源主要是社会变革条件下青少年在学业、升学、成才、就业、人际、家庭、社会等方面的压力。本研究主要从理论与实证结合上深入探讨了青少年的学业压力、人际压力和环境应激压力等最主要的心理问题，并试图探讨如何帮助青少年成功应对各种压力。

（三）青少年的学习适应问题

学习是青少年发展成才的主要途径。当代青少年面临的学习心理问题十分复杂，其中最为突出的是学习适应问题以及与其密切相关的时间管理问题、学习策略问题、考试心理问题等。青少年学习适应问题的产生主观上与其学习动力不足、学习策略不当等有关，客观上则同学业负担过重、传统课程教学、应试教育下的升学压力、父母师长的高期望等密切相联系。本研究分别探讨了小学生、中学生、大学生的学习适应问题及其应对策略。

（四）青少年的人际交往问题

人际交往是青少年社会化的重要途径。青少年的人际交往问题主要表现在师生交往、同伴交往、异性同伴交往、亲子交往等人际交往形式中，其中青少年同伴竞争引发人际问题是其整个人际交往问题中最具现实性和影响力的心理问题。青少年人际交往中的退缩性人格、交往失调、偏执、过度防卫等是其产生心理问题的主观原因，缺乏社会人际信任、交往技能缺失、沟通障碍、个人主义、社会邻里不和谐等是导致青少年人际交往问题的重要客观原因。本研究对青少年人际交往的效能感、同伴交往、异性交往、亲子沟通等问题进行了系统研究。

（五）青少年的情绪—情感困扰问题

青少年时期是人生中情绪波动变化最大的时期，情绪困扰是青少年最常见的心理问题，主要表现为焦虑、抑郁、强迫、神经质等情绪障碍问题。青少年情绪困扰问题的频繁发生主观上与青少年身心正处于趋于成熟尚未完全成熟的“动荡期”直接相关，客观上与社会过度竞争、人际关系紧张、学业或就业压力过重等密切联系。针对青少年情绪问题，我们对青少年的挫折、焦虑敏感、抑郁、强迫等主要情绪困扰问题进行了研究。

（六）青少年的婚恋心理问题

性成熟是青少年成熟的重要标志，青少年性成熟既包括性生理的成熟又包括性心理的成熟。研究表明，一方面当代青少年性生理成熟较过去普遍提前1～2年，但性心理成熟又较过去延迟1～2年；另一方面现代社会中西方性观念、性文化又通过发达的网络等途径时刻诱惑着充满着性好奇、性冲动的青少年。因而青少年中早恋、非婚同居、性变态、性强暴、性暴露、性自慰、性报复、性犯罪等性心理问题时有发生，已成为危害青少年健康成长的严重问题。导致青少年性心理问题除其身心发育不成熟的原因外，更重要的原因是现实中大众传媒、网络文化和成人世界中有关性与色情信息的充斥，对辨别力差的青少年所带来的引诱侵蚀。青少年因恋爱或失恋产生的心理问题多与性心理问题尤其是性道德价值观相关。因此，针对青少年性和婚恋心理问题的密切关系，我们着重对青少年的婚恋观、恋爱压力等重要心理问题进行了研究。

（七）青少年的网络心理问题

网络成瘾问题是当前青少年中十分严重的心理问题。研究表明，青少年使用网络成瘾轻者会造成注意力缺失、智力受损、孤独感、抑郁、动机冲突、双重人格、成瘾行为、适应不良、躯体症状等身心疾患，重者则可能沉溺于虚拟世界而模仿凶杀、色情游戏中的角色，造成违法犯罪或自毁等恶性后果。导致青少年网络成瘾的主观原因是其好奇、用虚拟世界弥补现实世界中不能满足的需要、无成就目标、人格缺陷、抗诱惑能力差等；客观上的原因主要是缺乏现实人际交往、网络文化中的不良刺激、家庭—学校—社区缺乏目标一致的育人环境、监管不力不当等。本课题不仅研究了一般网络心理问题，还对青少年网络成瘾及认知加工特点进行了实证探讨，并提出了相应的教育对策。

（八）青少年的职业心理问题

职业心理问题的研究在我国还相当薄弱。青少年的职业心理发展还未成熟，其主要表现为职业成熟度、职业规划、职业价值观、职业能力等。随着就业形势的日益严峻，我国青少年的职业心理问题日趋严重，主要表现为缺乏个人职业规划、职业成熟度低、职业价值观偏离职业现实、职业能力不强等。青少年职业心理问题产生的原因主观上与其职业认知片面、职业选择面窄、职业价值取向单一等有关，客观上既与社会的职业地位、职业价值认同、职业的“热效应”和“回报率”等有密切关系，也与我国职业教育及研究、社会职业间报酬失衡等因素有关。本课题对青少年的主观职业障碍、职业成熟度、职业决策等主要职业心理问题进行了研究，探讨了职业生涯规划与职业决策训练的理论与方法。

五、社会变革时期青少年心理问题的基本归因

在后冷战时代的全球多元化趋势下，与种族冲突、经济危机、战争状态、东西方文化碰撞、传统文化向现代文化转型等诸多社会问题相伴随而产生的价值多元化、竞争加剧、文化冲突等问题对青少年心理发展的影响，已变得越来越不容忽视。世界各国对青少年心理问题的研究呈现出越来越注重社会因素作用的趋势。我国有着自己独特的国情和文化氛围，又处在发展变革的新时期，面临着新旧文化冲突而引发新的社会问题，家庭、学校和社会生活环境的急剧变化是青少年心理问题产生的重要客观刺激，青少年自身生理与心理发展的不成熟是其心理问题产生的主观因素，

生理—心理—社会等多方面因素彼此错综交织，“扩大”了青少年身心发展中的一些原本可以顺利解决和过渡的矛盾，更容易产生种种心理和行为问题。因此，从我国社会变革时期的实际情况出发，对青少年心理问题进行客观揭示和归因分析，是探索青少年健康成长规律及心理问题矫正对策的前提。①

影响青少年心理问题产生的因素十分复杂，可将其概括为生理因素（包括遗传素质、内分泌失调和生理病变等）、心理行为因素（包括人格、情绪情感和认知因素）和社会文化因素（即家庭、学校、社会）等基本因素。归根结底这些因素又集中表现为主观的（生理、心理）和客观的（环境、文化）两个方面。这里着重探讨主观根本原因和客观主要原因。

（一）主观根本原因：生理成熟提前与心理成熟滞后的矛盾

青春期是以人的生殖器官开始成熟和出现第二性征为标志，是个体的生理心理从未成熟趋向成熟，从未定型到定型的急剧变化的时期。发展心理学研究表明，处于青春期的个体心理不稳定，不协调，情绪波动大，敏感，情感丰富强烈，易走极端，知识经验不足，辨别力、自控力薄弱。

与心理不成熟相反，当代青少年的生理成熟年龄明显提前。与20世纪60年代相比，现今我国大陆男、女青少年生理成熟年龄分别提前了2.17岁和1.12岁。在青少年生理成熟提前的同时，其心理成熟不但没有相应提前，反而有延后的趋势。青少年心理成熟滞后的原因是多方面的，从客观上分析，重要的原因有二：一是我国独生子女普遍化。独生子女的家庭教养方式、活动空间、生存状态与非独生子女迥然不同，其消极的后果是独生子女早期社会化不良，表现为自我中心，依赖性强，缺乏自律，独立性、交往能力、责任感和挫折承受力较差。二是职业竞争与升学竞争的加剧。职业竞争加剧迫使青少年职业准备期延长，相应接受学校教育的时间也延长。职业竞争在学校直接演化为升学竞争，应试教育就是这一竞争的产物。学校以升学为目标，忽视学生的社会性发展，学生对丰富多彩、变化无穷的现实社会缺乏了解和适应，难免产生心理矛盾。

生理成熟使个体的某些主观需求随之增长，必然打破青少年原有的心理平衡，然而心理发展滞后造成青少年尚未具备满足这些需要的主客观条件，从而使主观需求与客观现实产生冲突，诱发心理压力；生理上在短期内突然发生明显的变化，使青少年产生了重新发现和确认自我的强烈欲望，向往人格独立与自主自立，而心理发展滞后的青少年面对自身缺陷和不足，对自己的力量产生了怀疑或感到失望，产生了心理压力；随着生理成熟，青少年的社会角色与社会关系也日益多样化，个体

---

① 张大均：《论人的心理素质》，《心理与行为研究》2003年第2期，《中国人民大学报刊复印资料·心理学》2003年第3期。

迫切需要参与社会活动，实现自我价值，这使得青少年在拓展社会生活空间、承担社会义务、接受社会约束、抗御挫折等方面的能力要求与其心理发展滞后形成的反差较大，也会产生心理压力。

由于青少年自身的特点与客观环境的交互作用，使青少年心理出现种种不适应现象，表现为青春期特有的诸多矛盾：理想与现实的矛盾，高成就动机与低学业水平的矛盾，交往与闭锁的矛盾，性的生物性与社会性的矛盾等等。青少年生理成熟提前心理成熟滞后又加剧了其内部压力，加重了青春期危机。

（二）客观主要原因：社会变革引起的环境变迁加剧了青少年社会适应困难

适应社会变化要求是青少年自身发展和社会化的重要课题，而现实社会生活的巨大变化是通过家庭、学校和社区等小环境对青少年直接产生影响的。因此我们拟通过家庭、学校和社区等来折射出社会变革对青少年心理发展的影响。

1. 家庭因素。家庭是青少年生活、生存的最重要的场所。在家庭因素中，家庭教养方式、家庭气氛和家庭结构是影响青少年心理健康发展的重要因素。父母＋独生子女式的家庭结构，居住环境独立，邻里关系隔膜，使本来具有闭锁性特点的青少年心理更加闭锁。这种家庭结构极易产生过度溺爱或过度干涉等极端的家庭教养方式，使子女容易产生任性、固执、自我中心或胆怯、自卑、孤僻等两极心理问题。社会变革时期高竞争引发的社会心理紧张化，使家庭成员难免产生消极情绪、对立态度和过激言论，造成家庭成员之间关系紧张，家庭结构动摇甚至解体，在这样的家庭气氛下生活、生存的青少年既难以适应家庭，也可能难以适应社会，必然产生诸多心理与行为问题。①

2. 学校因素。在社会变革时期，学校从教育理念到课程教材教法都在相应变化。这种变化从理论上说有利于学生成长，但现实并非如此。体制的弊端、传统的惯性并没有因为素质教育思想的提出而革除。目前“应试教育”仍然颇有市场，学校“重知轻心”的现象普遍存在，学生课业负担沉重，一定程度上剥夺了青少年身心健康发展所必需的时间和空间。教师因袭传统，缺乏现代教育思想，欠缺与学生的沟通，缺乏民主和对学生的人文关怀，不了解学生心理发展特点和学习特点。这些都直接对学生的心理健康发展产生消极影响。学校为了“发展”，不顾教育本身的规律和现有客观条件，盲目扩张，其结果不但挤占了学生的空间，干扰了学校的正常教学秩序，破坏了学校的自然和人文环境，还增加了校园生活的不安全感，影响了学生心理的健康发展。

3. 社会因素。社会变革在带来我国社会经济飞速发展的同时，也会引起人们心

① 张大均：《学校心理素质教育的理论与实践》，中国心理学会教育心理学专业委员会编：《教育心理学进展》，新疆人民出版社 2004 年版。

理的震荡和行为失范。这是因为，一方面原有的社会利益平衡关系被冲破，难免出现社会的局部失衡和心理失范；另一方面各种消极因素也可能应运而生。这些消极因素影响着社会生活中的每一个人，尤其是心理尚未完全成熟的青少年，由于自身的“社会免疫力”不强，更容易受社会现实的影响。随着社会的进一步开放，社会丑恶现象和社会问题——假冒伪劣、以权谋私、行贿受贿、不公平竞争以及治安问题、法制问题、吏治问题、就业问题频繁发生。此类问题可能导致青少年对现实产生怀疑和不安全感，甚至诱使其走向犯罪。再则成人中的消极情绪，紧张的社会心理，也会通过各种途径影响青少年的心理健康发展。

凡此种种都可能导致或加剧青少年的各种心理问题。

六、解决我国当代青少年心理问题的基本对策

研究青少年心理问题的根本目的是为解决青少年心理问题，促使其健康成长服务。本课题在系统研究的基础上，根据时代要求和青少年的特点提出了如下解决青少年心理问题的基本对策。[①]

（一）高度重视青少年心理问题研究，建立应对青少年心理问题的“三级”研究网络和反应机制

随着我国社会变革的深入发展，对社会现实反应异常敏感的青少年的心理问题也日益突出。为及时了解青少年对社会变革的心态变化，调动青少年关心国家前途命运、参与支持社会改革的积极性，建议各级宣传部门、文明办、教育部门、青年工作部门等牵头组织研究力量，针对我国社会变革中青少年已经产生或可能产生的心理问题，协同进行科学的预防、预测和对策研究，建立国家、省市、地方（单位）三级研究网络和反应机制，从而更好地为国家相关决策提供咨询意见。

（二）调整和制定涉及青少年成长发展的方针政策应充分考虑青少年的心理承受力和发展需求，确保青少年成为社会变革的有生力量

历史经验反复证明：青年兴国家兴，青年稳国家稳。青少年是国家的未来，也是社会变迁的风向标。能否妥善解决青少年问题尤其是他们的心理问题，对社会变革和发展具有重要影响。国家在调整和制定经济发展、政治民主、人事制度、劳动就业、文化教育、工资待遇等涉及青少年成长发展的方针政策时，应从国家长治久安、构建和谐社会的战略高度来考虑青少年的心理承受力和发展需求，从体制、文化、自然、人文等各方面构建适宜青少年健康成长的社会环境，尽量避免因社会急剧变革导致青少年产生强烈的心理震荡和心理冲突，确保青少年成为社会变革的有生力量。

---

① 张大均：《应对我国青少年心理问题的若干对策建议》，《国家社会科学基金项目成果要报》2006年第9期。

（三）加强对青少年健康心理素质的培育，从内在根源上解决青少年心理问题

青少年自身心理发展变化中的缺失和不成熟是青少年心理问题产生、变化的内在根源。心理素质是人稳定的、内在的心理品质，而心理问题则是受心理素质支配的、消极的、负性的心理状态，总是外显于人的行为之中。心理素质与心理健康的关系是“本”与“标”的关系，即青少年的心理素质是其心理结构的核心层，是心理活动之本（起支配作用），而心理健康是其心理结构的状态层（表层或外显层），是一定心理素质的状态反映（标）。因此，从提高青少年自身素质来看，解决青少年心理问题的基本对策或根本途径是培育青少年健康的心理素质。这是一项系统工程，必须多方考虑，科学设计，关键是要引导青少年积极适应社会发展、学习生活和人际交往，促进其智能、人格、社会性和创新能力的发展。

（四）构建科学有效的青少年健康心理素质教育体系

心理素质教育是一项科学性、实践性都很强的工作，它既是学校教育的重要内容，又不同于其他教育形式，有其自身的特点和规律。心理素质教育内容必须走出传统、随意的误区，以促进青少年心理的适应和发展两大任务为主轴，从青少年心理发展的年龄特征和已有心理素质发展水平出发，以健康个性品质培养为核心，针对青少年学习、生活、交往、成长、成才中普遍存在或可能出现的心理问题，突出学会学习、学会生存、学会交往、学会做人和智能发展、个性发展、社会性发展和创造性发展等基本内容，构建适合青少年特点的心理素质教育体系。

（五）探索建立科学有效的青少年心理素质教育模式与实施策略，增强教育的针对性和实效性

在社会变革时期，对青少年的“刺激源”丰富多彩，青少年心理问题日趋复杂，单一教育模式很难适应心理素质教育的要求，需要探索建立新的心理素质教育模式系统。首先，应从青少年心理素质教育的总目标出发，按照培育健全心理素质的要求，采取整合培育模式。[①] 整合是多方面的，比如“学生—家庭—学校—社会”等教育要素的整合、“生理—心理—社会—教育”等教育影响层面的整合、“专题训练—教育渗透—咨询辅导”等教育途径的整合。其次，应根据青少年心理适应与发展的教育目标层次差异，采取分层教育的模式，包括指导适应的培育模式、促进发展的培育模式和激励创造的培育模式。再次，应分别采取适合大学、中学、小学学生的分级培育模式。

（六）建立青少年心理问题和心理危机的及时高效的预警和干预机制

从一定程度上说，青少年是人类心理问题最为集中的高危人群，他们心理尚未完全成熟，心理承受力较低，容易产生心理矛盾或冲突。这是因为他们缺乏必要的

① 陈旭、张大均：《心理健康教育的整合模式探析》，《教育研究》2002年第1期，第71～75页。

社会经验，社会适应能力较差；缺乏人际交往经验，人际关系不和谐；性生理成熟而性心理不成熟，对待性或异性问题容易失范；缺乏职业认识和职业生涯规划，职业压力大等等。面对我国社会变革中日趋激烈的社会竞争、日新月异的科技发展特别是网络技术发展、日益多元化的社会价值取向、升学就业的双重压力，各种矛盾纷至沓来，这比以往任何时期都增加了青少年心理问题发生的频率和概率。因此，必须建立应对青少年心理问题和心理危机的快速高效的预警和干预机制。首先，应组织力量研究制定青少年心理问题与心理健康诊断标准和测评工具；其次，通过建立青少年心理健康档案，定期进行心理检测，构建实时、有效的青少年心理问题诊断体系和预测体系；再次，由青少年研究教育机构及有关行政机构牵头建立心理辅导与救助系统（中心、热线或网站等），为及时有效地解决青少年心理问题提供良好的社会支持系统。

（七）建立培育青少年健康心理素质的社会服务保障体系和机制

我们应充分认识到，青少年心理问题的解决和健康心理素质的培育是一项长期的、常规性的教育工作。为了提高其针对性和实效性，必须按照“以人为本，全面发展”的要求，从理论指导和对策服务上建立起切实有效的社会保障体系。一是坚持正确的理论指导，加强实证研究，建立青少年心理健康教育服务体系，并确立科学的发展目标；二是立足我国国情，吸收我国优秀传统文化与国内外心理健康教育理论中的合理因素，探索建立以中华文化为基石的、适应我国改革开放对高素质创新人才要求的，能有针对性、实效性解决青少年心理问题的理论体系和实践操作模式；三是从青少年心理问题预测、教育资源共享、教育内容选择、指导人员培训、管理评价规范、教育对策指导、政策支持等方面提供多层次全方位的服务保障机制。

这里需要特别指出的是，解决复杂的青少年心理问题，既不是一项科研课题所能承受之重，也不是一蹴而就的事。本书提出的上述“基本对策”既是我们的一孔之见，又是后续研究的主要任务。因此，上述“基本对策”除本书中的一些初步探讨外，我们将在其他课题中做进一步的研究。

第一编

青少年社会性发展问题及教育对策

QINGSHAONIAN SHEHUIXING FAZHAN WENTI
JI JIAOYU DUICE

青少年阶段是人生社会性发展的关键时期。内化社会规范、认同社会主流文化、形成社会道德和社会责任感是青少年社会化发展的基本任务。在青少年社会化过程中，形成健康的自我形象、培养正确的价值观、增强社会责任心，对于青少年适应社会现实，成长为合格的社会成员，具有重要的意义。

当代中国青少年社会性发展是社会变革影响与青少年自身发展的结果。社会生产生活方式、价值取向、社会文化和道德观念的变化，青少年成长的家庭、学校与社区环境变化等外部要素的变革与发展，既为青少年社会性发展赋予了新的内容源泉，也对青少年社会性发展提出了新的要求。同时，社会变革还可能为青少年社会性发展带来负面效应，例如对社会主流文化认同多元化、价值观念多样化、责任意识淡漠、自我发展错位等等都会给青少年社会化产生负面影响。

社会自我、价值观和社会责任心是青少年阶段社会性发展的关键变量，也是社会转型时期青少年心理素质教育和道德教育的重要内容。本编的几项研究在科学建构社会自我、价值观和社会责任心的心理理论结构的基础上，探讨了实证模型，编制了专门的测量工具，通过问卷调查、访谈研究、个案分析等方法，比较系统地研究了青少年社会自我、价值观和社会责任心发展的特点和发展的影响因素，分析了我国社会转型时期青少年的社会自我问题、价值观问题和责任心问题的表现与成因。从社会准则的认知评价、体验感悟和行为训练以及育人环境的优化等诸方面探讨并提出了相应的教育对策。

第二章
Di Er Zhang

青少年社会自我发展与自我问题调适

青少年阶段是个体人生发展的一个重要阶段，也是个体社会性发展的关键时期。在这个阶段中，他们需要扮演多重的社会角色。如在家庭中与父母形成亲子关系，扮演着子女角色；在学校与老师形成师生关系，扮演着学生角色；与其他同学形成同伴关系，扮演着同学角色。正是在这多重角色的扮演过程中，他们会自觉或者不自觉地萌发“我是一个怎么样的人?”“别人如何看待我?”“我在班级中的地位如何?”“大家是否喜欢我?”“我是否胜任所担当的工作?”等这样的一些想法，这是青少年迫切希望了解自己的需要，也是他们社会自我发展的具体表现。所谓社会自我（social self-concept）是个体对自己在社会生活中所担任的各种角色的知觉，包括对角色关系、角色地位、角色规范、角色技能和角色体验的认知和评价，它是个体自我概念（self-concept）的重要组成部分。社会自我在个体社会化的过程中扮演着重要角色，其研究对于青少年的健康发展具有重要价值。同时，青少年时期是人生自我意识发展的关键期之一，可能出现这样那样的自我问题，需要师长引导和进行自我调适。

第一节　研究概述

自从 James 首次提出系统的自我概念理论以来，许多心理学家都曾关注这一领域的研究。到 1976 年 Shavelson 等人提出自我概念的多维度多层次模型之后，自我概念的研究有了长足的发展，并以此模型为基础由对自我概念整体研究向对自我概念子成分研究过渡。Shavelson 等人认为，如果不对自我概念结构中重要成分进行研究的话，一般化的自我概念研究成果将是模糊的，甚至是相互矛盾的。①

一、自我概念与社会自我概念

社会自我是自我概念的重要组成部分，其研究最早可以追溯到美国心理学家威廉·詹姆斯（W. James，1890）。他将自我划分为经验客体的我（me）和环境中主体行动者的我（I），客体我可分为物质我（material self）、社会我（social self）和精神我（spiritual self）三部分。② James 对社会我的分析极其粗略，他认为物质我位于底部，精神我位于顶部，而社会我居于两者之间。其后，人本主义心理学家罗杰斯把自我区分为实际的我（actual self）、理想的我（ideal self）和社会的我（social self）三个方面，并认为个体总是倾向于力求三者和谐一致，如果三者的差别太大，个体就会适应不良。随后 Coopersmith，Piers Harris 和 Rosenberg 对自我概念进行深入研究，提出了自我概念的单维度理论模型。Shavelson 等人提出了多维度多层次的自我概念模型，使自我概念的研究有了一个重要的转折。他认为，自我概念（self-concept）是个体对自身生理、心理和社会功能状态的知觉和主观评价。其多维度多层次模型认为，自我概念的构成为一般自我概念（general self-concept）位于最顶层，一般自我概念可分为学业自我概念（academic self-concept）和非学业自我概念（nonacademic self-concept）。学业自我概念又可细分为具体学科的自我概念，如数学自我概念、英语自我概念等；非学业自我概念又可细分为社会自我（social self-concept）、身体自我（physical self-concept）和情绪自我（emotional self-concept）（见图 2－1）。Harter 在其多维度模型的基础上，认为自我概念的研究要重视具体成分自我概念的研究，指出：要评价儿童的自我概念水平，必须考虑其心理发展的年龄特征。不同年龄阶段的儿童自我概念的成分要素是不同的，随着年龄的增长，自我概念的成分要素在不断地增加。为此，Harter（1983，1985，1986）先后提出不同年龄阶段儿童自我概念的不同成分要素，编制了学龄前儿童自我、学龄儿童自我、青春期自我、大学生自我和成人自我的 5 种测量问卷。其后，Marsh 等用 SDQⅠ、SDQⅡ大量施测，测验结果为 Shavelson 等的理论模型提供了大量的经验支持，检验了该理论模型的合理性，并进一步充实和完善了该模型理论。

① 章志光、金盛华：《社会心理学》，人民教育出版社 2000 年版，第 89～90 页。
② W. James：*The Principles of Psychology*，New York：Bolt，1890.

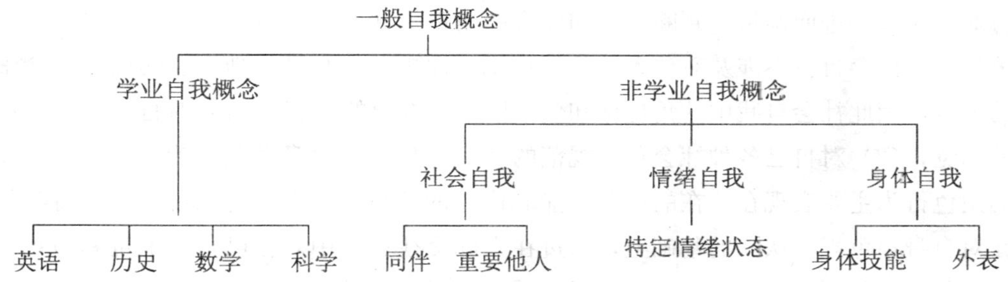

图 2－1　Shavelson 等人（1976）的自我概念多维度多层次模型

社会自我作为自我概念的一部分，很早就引起了研究者的注意。James（1890）将客体我（me）的第二种成分称为社会我（social self），就是指我们如何被他人关注和认可。他认为，在很大程度上，我们如何看待自己取决于我们所扮演的角色。正如詹姆斯所言，我们加入某一团体并不是仅仅喜欢同伴，而是因为我们追求认可和地位。因此，社会我包括我们所占有的社会地位和我们所扮演的社会角色。但是社会我不仅仅是这些地位和身份，更为重要的是我们所认为的被他人关注和认可的方式。[①] Fitts（1965）认为社会自我反映受试者与他人交往中的价值感和胜任感。[②] 在 Shavelson（1976）等人提出的多维度多层次自我概念模型中，社会自我是指个体对自己社会胜任的感知。[③]

综上所述，我们把社会自我界定为个体对自己社会角色的认知和评价。首先，社会自我是在人际交往过程中形成的。儿童自我概念是通过"镜像过程"（looking-glass process）形成的"镜像自我"（looking-glass self）。别人对于儿童的态度反应（表情、评价和对待）就像一面镜子，儿童通过它们来了解和界定自己，形成相应的自我概念。可见，自我概念乃是透过他人，而间接对自身行为表现的一种主观的知觉与评估。个体的社会角色与他人角色密切联系，因此儿童重视他人（尤其是重要他人）对待自己的态度反应和行为方式，并将此作为自己被他人认可和接受的信息来源，从而形成社会胜任的感知。其次，社会自我的实质是对自身社会角色的知觉。角色认知一般包括三方面的内容：（1）对角色规范的认知。每一角色都应有一定社会所规定的地位、身份、准则，都有特定的行为规范。（2）对他人所扮演角色的认知。在了解角色规范之后，就能根据他人的行为表现，并对照角色规范识别他人所扮演的是什么角色。（3）关于角色扮演是否恰当的判断。把行为表现与角色规范进

① P. Robinson-Awana, T. J. Kehle, W. R. Jenson: *But what about smart girls? Adolescent self-esteem and sex role perceptions as a function of academic achievement*. *Journal Educational Psychology*, 1986, 78 (3), pp179－183.

② 转引自 R. J. Shavelson, J. J. Hubner, J. C. Stanton: *Self-concept: Validation of construct interpretations*. *Review of Educational Research*, 1976, 46 (3), pp407－441.

③ R. J. Shavelson, R. Bolus: *Self-concept: The interplay of theory and methods*. *Journal of Educational Psychology*, 1982, 74 (1), pp3－17.

行对照比较，进而衡量、判断自己和他人的角色扮演（角色行为）是否合乎角色规范。由于社会自我不涉及对他人角色的识别，而更关注自己在他人、团体及社会中的地位，因此社会自我中的角色认知包括以下三方面的内容：（1）对自己角色地位的知觉；（2）对自己各种社会角色规范的认识；（3）对自身角色行为的判断。广义的角色行为主要表现在外在的角色技能和内在的角色体验上。可以说，社会自我是在对自身角色规范认知的基础上，通过在人际交往过程中对自己角色地位和角色行为的判断，从而形成对自己社会胜任的感知。最后，社会自我还包括对个体角色和他人角色关系的知觉。这是因为个体角色和他人角色密切相关，离开与他人角色的关系，就无法定义个体自身的角色，如学生角色和教师角色的关系、子女角色和父母角色的关系等。因此，社会自我的形成离不开与他人的人际交往（角色关系）和个体对自身角色地位、角色规范、角色技能和角色体验的认知和评价，只有将两方面统一起来，才能形成真正的社会自我。个体必须发展起对自身社会角色的真正认同，过分地依靠他人的态度反应，难以形成稳定、独立的社会自我；同样，个体过分地关注对自身角色的知觉，缺乏对人际交往状况的认知，社会自我也将会是刻板、不灵活的。所以，社会自我概念至少包括两方面的内容：（1）对自己人际交往状况的认知，即人际自我（角色关系）；（2）对自身社会角色的认知，即角色自我，包括对自身角色地位、角色规范、角色技能和角色体验的认知和评价。前者是个体在人际交往过程中对人际关系状况的认知和评价，它是个体社会胜任感的间接来源，也是一般意义上的社会自我，如“我觉得父母是爱我的”等；后者则是对自身角色地位、角色规范、角色技能和角色体验的认知和评价，是个体社会胜任感的直接来源，也是更深层次的社会自我，如“我能够理解父母的良苦用心”等。

社会自我具有自己独立的结构要素。关于社会自我的要素结构，研究十分薄弱，Shavelson 等人（1976）认为，社会自我由一般社会自我维度（如“一般我与他人相处得很好”）和两个具体的社会自我维度——同伴（如“我与同伴相处得很好”）和重要他人（如“我与生活中重要他人相处得很好”）构成（图 2-1）。1995 年，Deaux，Reid，Mizrahi 和 Ethier 开始把社会自我区分为五种要素：个人关系（如丈夫、妻子）、种族和宗教（如非裔美国人）、政治倾向（如民主主义者、和平主义者）、烙印群体（如酗酒者、罪犯）和职业爱好（如教授、艺术家）。其中一些身份是与生俱来的（如儿子、女儿），另外一些是后天获得的（如教师、学生）。[①] 1996 年，Byrne 等人基于以下观点，对社会自我结构做了修订：一是同伴是重要他人的一部分，所以这两个具体的社会自我可以合为一个部分；二是由于自我概念形成于与他人的社会比较和社会互动，且实证研究已经证明了这些过程（Hattie 1992；

① 赵国祥、赵俊峰：《社会心理学原理与应用》，河南大学出版社 1990 年版。

Song，Hattie，1984；Youniss，1980），显然一般社会自我可以分为反映具体生活背景的两方面：与学校环境相联系的社会自我和与家庭环境相联系的社会自我。在学校和家庭内部维度中，社会自我又可以进一步细分为更为具体的方面。社会自我—学校可被分为社会自我—同学和社会自我—老师；同样，社会自我—家庭可被分为社会自我—兄弟姐妹和社会自我—父母（见图 2-2）。

虽然性别因素没有在 Byrne 等人提出的社会自我结构之中得以体现，但是 Byrne 等人认为它是非常重要的。在青少年早期，一个人与同性同伴相关的社会胜任感比与异性同伴相关的社会胜任感更占优势（见图 2-3）。因此，对于前青少年期的儿童来说，社会自我结构只包括 8 个因素，而青少年早期和晚期儿童的社会自我结构又增加了两个因素：社会自我—同性同伴和社会自我—异性同伴。

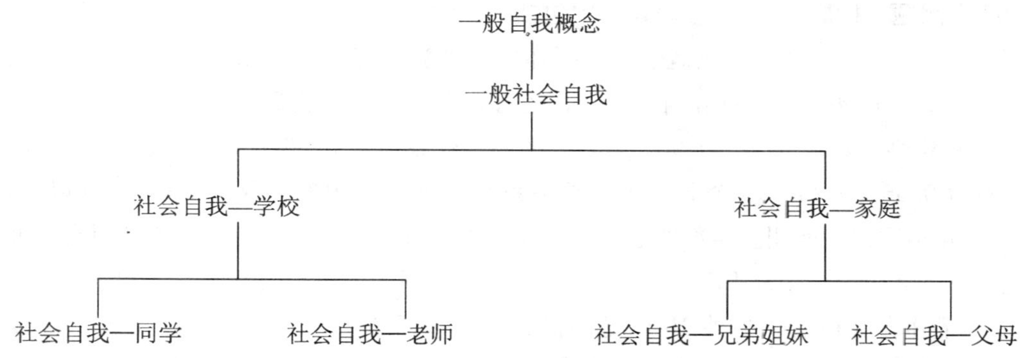

图 2-2　Barara M. Byrne，Richard J. Shavelson 1996 年修订的 Shavelson 等人（1976）模型①

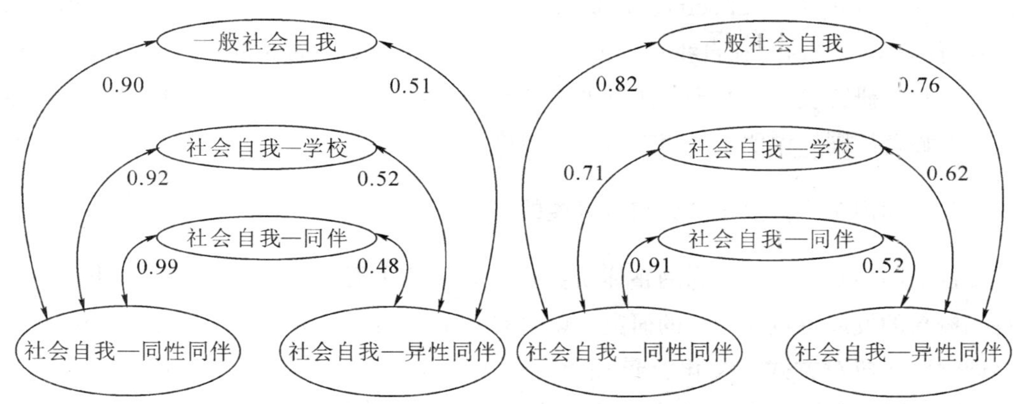

图 2-3　7 年级、11 年级学生社会自我—同性同伴、社会自我—异性同伴潜在的结构关系梗概②

① B. M. Byrne，R. J. Shavelson：*On the structure of social self-concept for pre-，early and late adolescents：A test of the Shavelson，Hubner and Stanton*（1976）*Model*. *Journal of Personality and Social Psychology*，1996，70（3），pp599-613.

② B. M. Byrne，R. J. Shavelson：*On the structure of social self-concept for pre-，early and late adolescents：A test of the Shavelson，Hubner and Stanton*（1976）*Model*. *Journal of Personality and Social Psychology*，1996，70（3），pp599-613.

二、社会自我概念的测量

目前，关于社会自我概念的测量并没有独立的工具，多是在关于自我概念或者自尊测量中作为一个维度加以测量。如Coopersmith在1967年开发的自尊测量问卷(Self Esteem Inventory，SEI)，共有58个条目，包括一般自我（GEN)、社会自我(SOC)、家庭自我（H)、学校自我（SCH）和测谎题5个分量表。分半信度为0.90，5周后的重测信度为0.88，3年后的重测信度为0.70；SEI于Tosenberg的自尊量表相关系数在0.58～0.60。Marsh编制了自我描述问卷（Self Description Questionnaire，SDQ)。该问卷共有三种，即SDQⅠ型、SDQⅡ型和SDQⅢ型，分别适用于2～6年级的学生、7～11年级的学生和11年级至大学学生。该量表共有102个测题，构成11个分量表，其中包括3个学业自我概念，即言语、数学和一般学校情况；7个非学业自我概念，包括体能、外貌、与异性关系、与同性关系、与父母关系、诚实—可信赖和情绪稳定；还有一个是一般自我概念。各年级在全量表中的稳定性系数为0.92～0.96，分量表的稳定性系数为0.66～0.91，重测信度相隔7周为0.56～0.75。11个分量表的相关系数矩阵中的相关系数大都在0.40以下。1965年美国田纳西州卫生部的心理治疗医生William H. Fitts编制的田纳西自我概念量表（Tennessee Self Concept Scale，TSCS)，共有100个自我描述的句子，其中90个描述自我概念，另外10题是测谎题，共包括9个维度：生理自我（physical self)、道德自我（moral-ethical self)、心理自我（personal self)、家庭自我（family self)、社会自我（social self)、自我认同（identity)、自我满意（self satisfaction)、自我行为（behavior）和自我总分（total positive)。相隔9周的重测信度为0.88。运用此工具的研究表明，心理病患和非心理病患，犯罪团体与非犯罪团体等在自我概念上有显著不同，说明本量表有较好的效度。

三、国内关于青少年社会自我发展的研究

目前国内对于自我概念的整体研究较多，而且主要集中在对大、中、小学学生自我概念的发展特点和趋势的研究，以及自我概念与学业成就（尤其是学业不良)、心理健康、应对方式、文化背景和问题行为等关系的研究，而对自我概念子成分(学业自我、身体自我、社会自我和情绪自我）的研究较少。周国韬、贺岭峰(1996）的研究表明：11～15岁学生的各项自我概念（身体自我除外)，基本呈U字形发展趋势，初一年级（13岁）是自我概念发展的最低点；男生的同伴自我概念发展比女生滞后一年，最低点在初二（14岁)；初一、初二女生的身体自我概念低于

男生。[①] 李德显（1997）对大学生的研究发现，大学生自我概念在一年级到二年级呈下降趋势，二年级到三年级呈上升趋势，三年级、四年级呈下降趋势。[②] 乐国安、崔芳（1996）对大学生自我概念的研究发现，大学新生在自我概念上比较注重自己心理、社会自我的认识和评价，这种认识和评价具有一定的广泛性、客观性、矛盾性和幻想性[③]。黄希庭等（1997）的研究表明，中国大学生的自我概念是以自我统合为核心，是交际偏好、情绪、身份等多方面与外界相互作用的结果，而各侧面的相对重要性总体上不明显。不同年级大学生的自我概念存在显著差异，二年级最低，四年级最高，且主要表现在学业、交际及家庭维度上。[④] 井卫英（2000）对高师学生心理健康状况与自我概念关系的研究表明，自我概念水平的确是影响高师学生心理健康水平的重要心理因素，而且情绪自我概念是影响高师生心理健康的首要因素，其次是社会交往自我概念和学业自我概念。[⑤] 中学生自我概念与其行为问题的相关研究发现，高自我概念的学生，其社会能力较强，内向和外向行为问题比过高自我概念组和低自我概念组少。[⑥]

四、现有研究存在的问题

已有的自我概念和社会自我研究为青少年社会自我研究提供了基本的理论支持，但这些研究存在以下三个问题：一是青少年社会自我结构构建维度单一；二是缺乏对青少年社会自我测量的专门工具；三是对青少年社会自我的发展特点，缺乏系统、深入的研究。

（一）青少年社会自我结构构建维度单一

从已有的社会自我结构分析（图 2－1、图 2－2），我们发现社会自我结构主要是从个体与重要他人关系的维度去构建，缺乏多维度的构建。不可否认，个体—重要他人是社会自我结构建构的重要维度。首先，社会自我结构从个体—重要他人维度构建是欧洲社会学研究趋势的具体表现之一。直到 20 世纪，欧洲和美国的社会理论家才开始转而分析微观过程。他们明白，在某种意义上，生活结构最终是由个人的行为和互动所构成和保持的，因此，他们开始致力于发现人际互动的基本过程[⑦]，重视个体间的人际互动。其次，社会自我结构个体—重要他人角度受自我概念发展

① 周国韬、贺岭峰：《11～15 岁学生自我概念的发展》，《心理发展与教育》1996 年第 3 期。
② 李德显：《大学生自我概念的发展趋势与对策》，《上海高教研究》1997 年第 7 期。
③ 乐国安、崔芳：《当代大学新生自我概念特点研究》，《心理科学》1996 年第 4 期。
④ 黄希庭等：《当代中国大学生心理特点与教育》，上海教育出版社 1999 年版。
⑤ 井卫英：《高师生心理健康状况与自我概念之关系》，《徐州师范学院学报（哲学社会科学版）》2000 年第 1 期。
⑥ 钞秋玲、郭祖仪、王淑兰：《中学生自我概念与其行为问题的相关研究》，《中国临床心理学》2000 年第 3 期。
⑦ 乔纳·特纳著，邱泽奇译：《社会学理论的结构》，华夏出版社 2001 年版。

机制的影响。自我概念发展的核心机制是他们在认知能力不断提高的同时存在着与他人的相互作用，也就是儿童在与他人的交往中不断提高知觉别人的能力的过程，也是自我概念不断发展的过程。并不是每个与儿童发生交往的人对他们都有同等的影响力，只有某些人对他们的自我概念发展有着特别重要的影响，这些人就是重要他人（significant others）。在不同发展阶段，重要他人的构成是不同的。在学龄前期，重要他人主要是家长；到小学阶段，同伴的影响力也会明显增加；进入中学后，教师的影响力虽有所减弱，但仍然是学生最为主要的影响源之一。①

虽然个体—重要他人维度是社会自我结构构建的重要维度，但并不是社会自我结构建构的唯一维度。社会自我（social self-concept）是客体我（me）的组成部分，这不意味着社会自我只是被动地反映他人对个体的态度反应。这也正如詹姆斯所言，尽管在语言上自我（self）可分为主体我（I）和客体我（me）两部分，然而它们实质上是经验同一体的不同方面。社会自我也是如此，个体除了在人际交往中接受他人对自我的态度之外，还存在着个体自身对自己所担任的社会角色的积极认知和主观构建。教育的重要目标之一是培养学生良好的角色意识，从而顺利实现社会化。角色认知乃是角色意识的基础。角色认知是个体对自己的社会地位、身份及行为规范的认知和评价，也就是对角色地位、角色规范、角色技能和角色体验的认知和评价。角色是个体在社会和团体中所占的适当位置及与之相联系的行为模式。可见，角色认知是沟通个体与社会（团体）的中间桥梁。社会（团体）的影响是通过个体对自身角色的认知而实现的。在一些理论中，自我被区分为个体自我（individual or personal self）和社会自我（relational or social self）。前者是自我概念中将自我与他人相区分开来的部分；后者是自我概念中反映对他人和重要社会团体有同化作用的部分。社会自我具有两种水平：其一源于个体间关系与特定他人的相互依赖；其二源于在更大团体或社会范畴中的成员身份（Marilynn B. Brewer，Wendi Gardner，1996）②。因而，研究我国青少年社会自我的结构，除重视个体与他人（尤其是重要他人）这一维度外，更应该重视个体对自己所担任的社会角色的认同，将这两个维度整合在一起，共同构建社会自我的结构。

（二）缺乏对青少年社会自我测量的专门工具

一个好的测量工具，无疑对全面、深入地开展青少年社会自我发展的研究起着重要的作用，而目前尚缺乏一套专门的适合于中国青少年的测查工具，这是此项研究进展缓慢的主要原因之一。正如前文所述，社会自我是自我概念量表中的重要内容。如自尊测量问卷（SEI）中的社会自我（SOC）；自我描述问卷（SDQ）中与同

---

① 章志光、金盛华：《社会心理学》，人民教育出版社2000年版，第99页。

② M. B. Brewer，W. Gardner：*Who is this "we"? Levels of collective identity and self representation. Journal of Personality and Social Psychology*，1996，71（1），pp83—93.

性同伴的关系、与异性同伴的关系、与父母的关系；田纳西自我概念量表（TSCS）中的社会自我；Song-Hattie 自我概念量表（SHSCS）中的家庭、同伴方面。虽然通过自我概念中的分量表可以初步了解青少年社会自我的发展情况，但由于不同的自我概念量表对社会自我的界定范围不同，因而测得的内容差异极大。这主要反映在：一是将社会自我与家庭自我分开，如自尊问卷（SEI）中有社会自我和家庭自我两个分量表；二是将家庭自我、同伴关系和师生关系归入社会自我之中，这也正如 Shavelson 等人（1976）模型和 Byrne 等人（1996）修订模型所显示的那样（图2－1、图 2－2、图 2－3）。为了进一步深入、系统地研究青少年社会自我，有必要开发专门的测量工具。

（三）缺乏对青少年社会自我发展特点的系统研究

在已有的研究中，部分研究者对青少年社会自我发展特点进行了初步研究，但这些研究比较概括和零散，没有从性别、年级、学校类型、家庭来源等因素，系统研究青少年社会自我的发展特点。

五、研究思路与方法

（一）研究构想

本研究针对上述研究中存在的不足，在前人研究的基础上，试图从理论分析和实证调查两方面着手，全面深入地研究青少年社会自我发展的问题。本研究的思路是：参考 Shavelson 等人（1976）提出的理论模型和 Byrne 等人（1996）对该模型的修订，以及 Harter 在 20 世纪 80 年代提出的青春期学生自我概念结构成分和社会心理学的角色心理的理论知识，在理论上建构青少年社会自我的结构；在实证上通过搜集题项，编制青少年社会自我问卷，运用问卷调查和相关统计分析方法，探析社会自我的结构成分；在整合结构成分和正式问卷调查结果的基础上，探讨青少年社会自我的发展特点及相关问题。

（二）研究方法

本研究运用问卷编制技术编制青少年社会自我测量问卷，其编制过程具体分成三个阶段：（1）从国内外已有的有关社会自我的概念和结构成分的研究出发，结合专家咨询问卷和学生开放式问卷的调查结果，将他人和自我两种取向（即人际自我和角色自我）结合起来，在理论上初步构建青少年社会自我的理论结构；（2）在理论结构的基础上，参照已有的权威心理量表中的题项，或者在充分保证内容效度的基础上自编题项，形成青少年社会自我的初始问卷；（3）对初始问卷进行预测、初测和重测，对问卷进行项目分析（主要采用鉴别力分析和因素分析），修改和筛选题项，确定青少年社会自我的因素和成分，最终形成正式问卷。

第二节　青少年社会自我结构的实证研究

一、青少年社会自我结构测量工具的编制

（一）青少年社会自我结构的构建和实证调查

首先根据国内外对自我概念的研究成果，尤其是对社会自我的概念和结构的初步研究成果，编制了青少年社会自我成分的专家咨询调查问卷，向国内知名的心理学专家发出电子邮件或信函共32份，共收到回复问卷20份，返回率为62.5%。分析问卷调查的统计结果，考虑到调查对象对各个成分的赞成率普遍较高，拟取赞成率为80%以上的成分，并综合考虑专家在开放式问题中提出的建议和青少年学生心理发展的特点，构建出青少年社会自我的结构（表2-1）。

表2-1　青少年社会自我的结构

<table>
<tr><th colspan="3">成　分</th><th>含　义</th></tr>
<tr><td rowspan="6">人际自我</td><td rowspan="2">学　校</td><td>1. 同　学</td><td>与同性和异性同学交往状况和关系的认知和评价</td></tr>
<tr><td>2. 教　师</td><td>与教师交往状况和关系的认知和评价</td></tr>
<tr><td rowspan="2">家　庭</td><td>3. 长　辈</td><td>与父母以及爷爷、奶奶或外公、外婆交往状况和关系的认知和评价</td></tr>
<tr><td>4. 兄弟姐妹</td><td>与兄弟姐妹（包括堂、表兄弟姐妹）交往状况和关系的认知和评价</td></tr>
<tr><td rowspan="2">社　区</td><td>5. 邻　里</td><td>与邻里交往状况和关系的认知和评价</td></tr>
<tr><td>6. 陌生人</td><td>与陌生人交往状况和关系的认知和评价</td></tr>
<tr><td rowspan="12">角色自我</td><td rowspan="3">角色地位</td><td>1. 班级地位</td><td>班集体中地位的认知和评价</td></tr>
<tr><td>2. 同伴地位</td><td>班集体之外的同伴地位的认知和评价</td></tr>
<tr><td>3. 家庭地位</td><td>家庭中地位的认知和评价</td></tr>
<tr><td rowspan="5">角色规范</td><td>4.（孙）子女角色</td><td>对自身所扮演的子女、孙子女和外孙子女角色规范的认知和评价</td></tr>
<tr><td>5. 兄弟姐妹角色</td><td>对兄弟姐妹角色规范的认知和评价</td></tr>
<tr><td>6. 学生角色</td><td>对学生角色规范的认知和评价</td></tr>
<tr><td>7. 同伴角色</td><td>对同伴角色规范的认知和评价</td></tr>
<tr><td>8. 团体角色</td><td>对团体角色规范的认知和评价</td></tr>
<tr><td rowspan="2">角色体验</td><td>9. 角色差距感</td><td>自身理想角色和现实角色差距所产生的情绪的认知和评价</td></tr>
<tr><td>10. 角色冲突感</td><td>由自身所担任的各种社会角色之间冲突而产生的情绪的认知和评价</td></tr>
<tr><td rowspan="2">角色技能</td><td>11. 认知技能</td><td>对角色扮演所需的观点采择能力、移情能力的认知和评价</td></tr>
<tr><td>12. 行为技能</td><td>对角色扮演所需的行为表达技能，如适当的姿势、动作、面部表情和声调等运动反应的认知和评价</td></tr>
</table>

（二）青少年社会自我问卷的编制

采用自编的开放式问题，即："1. 在日常生活中，你扮演了哪些角色？2. 在现实生活中，你认为角色扮演成功的标志是什么？"在重庆市某中学初一、初二、高二年级随机抽取了 3 个班，利用上课时间对学生进行团体施测，在充裕的时间内要求学生用纸笔作答，当堂收回，并在事后对个别学生进行访谈。共调查了 213 人，回收有效问卷 183 份，其中男生 81 人，女生 102 人。然后，将问卷结果进行内容分析，统计词频，将词频达到一定水平的角色扮演的种类和角色扮演成功的标志，作为社会自我的典型内容，结合专家意见编制社会自我初始问卷。

本次研究以采用内容分析法所得到的频数作为分析讨论的依据。所得项目的频数在相当程度上反映了青少年学生对自身角色的认同度，从而反映某些品质在他们心目中的重要程度。从表 2－2 可以看出，在社会角色种类上，青少年学生注重自身的家庭角色和学校角色，其他角色相对次要一些，调查结果与国外对社会自我的研究基本一致。[①] 在家庭角色中，青少年学生关注自身的子女角色、兄弟姐妹（包括堂、表兄弟姐妹）角色以及（外）孙子（女）角色的扮演。在学校角色中，青少年学生重视自身的学生角色和同伴角色（包括同学和朋友）。从表 2－3 可以看出，在角色扮演成功的标志方面，青少年学生重视他人—自我取向和他人取向的标准，而单纯的自我取向和社会取向标准都较少。在他人取向的标准中，得到他人的认可是最主要的。在自我—他人取向标准中，最主要的是学习成绩好，与人友好交往。

表 2－2　青少年角色扮演种类

类　目	家　庭		学　校		其　他	
频　数	348		304		82	
分析单元、频数	分析单元	频数	分析单元	频数	分析单元	频数
	子女	155	学生	148	公民	24
	兄弟姐妹(包括堂、表兄弟姐妹)	107	同伴	131	消费者	22
	（外）孙子（女）	55	班干部	14	青少年	15
	侄子（女）	18	运动员	11	性别	9
	家庭小主人	13			观众	7
					影(球)"迷"	5

① M. B. Brewer, W. Gardner: *Who is this "we"? Levels of collective identity and self representation. Journal of Personality and Social Psychology*, 1996, 71 (1), pp83－93.

表 2—3　青少年角色扮演成功的标志

类　目	他人取向		自我—他人取向		自我取向		社会取向	
频　数	35		37		13		8	
分析单元、频数	分析单元	频数	分析单元	频数	分析单元	频数	分析单元	频数
	认可我	13	学习成绩好，与人友好交往	14	有成就感	3	经济状况好	3
	对我友好	8	有成就感，受人尊重	8	自己满意	3	有地位	2
	尊重我	4	成绩好，家庭和睦	9	达到自己的目的	3	有一定学力	2
	关心我	3	别人认同，自己认同	3	学习成绩好	2	有权力	1
	信任我	3	学习好，有人喜欢	2	做好自己该做的事情	2		
	喜欢我	2	我为人人，人人为我	1				
	欣赏我	1						
	崇拜我	1						

根据开放式问卷调查结果，并参照国外相关量表的项目，结合专家意见，拟定青少年社会自我问卷初始问卷。

二、青少年社会自我结构的实证探析

采用自编的青少年社会自我初始问卷（采用 5 点记分，单选迫选形式作答），首先以整群分层抽样的方法选取重庆市和四川省绵阳市的 8 所中小学进行初测，发放问卷 700 份，回收有效问卷 640 份，经测谎鉴别得到有效问卷 590 份，对初始问卷进行项目分析和因素分析，根据分析结果调整因素和项目，确定青少年社会自我的正式问卷。然后，在重庆市 7 所中小学，对 1605 名小学四年级至高中三年级的青少年进行调查，回收问卷 1499 份，剔除无效问卷 200 份，最后获得有效问卷 1299 份。对有效问卷进行因素分析，验证因素结构和项目有效性，并对问卷进行信度和效度分析。数据分析结果如下。

（一）项目分析

从心理统计角度，对问卷项目的分析主要有三个标准：鉴别力、标准差和因素分析。

1. 鉴别力。量表 165 道题目中，鉴别力优良的有 33 题，占全部题数的 20.89%；鉴别力良好的有 59 题，占全部题数的 37.34%；鉴别力一般的有 47 题，占全部题数的29.75%；鉴别力差的有19题，占全部题数的12.02%。

2. 标准差。标准差的值越大，说明个体在该因素上的差异程度越大，数据分布也越广，反之，则说明个体得分分布范围小，该因素对个体反应差异性的鉴别力较低。一般来说，问卷标准差小于0.5的因素应剔除。本问卷12个因素的标准差均大于0.5，说明问卷各项目的鉴别力较好。

3. 因素分析。对问卷调查结果进行主成分分析（PC）和正交旋转因素分析（varimax）。根据理论构想抽取12个因素，根据陡阶检验（scree test）结果及碎石图（scree plot）显示，抽取12个因素是合适的。12个因素解释总变异量的46.160%（表2—4）。

表2—4　青少年社会自我各因素的旋转因素特征值和贡献率

因　素	特征值	贡献率（%）	累积贡献率（%）
班级地位	7.384	12.306	12.306
亲子关系	3.171	5.284	17.590
陌生人关系	3.009	5.015	22.605
角色体验	2.251	3.751	26.356
师生关系	1.956	3.259	29.615
兄弟姐妹关系	1.763	2.938	32.553
家庭地位	1.557	2.595	35.148
邻里关系	1.469	2.448	37.596
异性同学关系	1.349	2.249	39.845
角色技能	1.282	2.137	41.982
同伴地位	1.271	2.118	44.100
团体意识	1.236	2.060	46.160

为了进一步确定理论构想及问卷，需要对问卷的题目进行筛选。筛选的标准如下①：（1）项目负荷值小于0.4；（2）共同度小于0.2；（3）概括负荷（substantial loading）小于0.5；（4）每个项目最大的两个概括负荷之差小于0.25。根据以上标准对初始问卷进行筛选，共保留60个题项，构成正式问卷（表2—5）。

① M. J. Kavsek，I. Seiffge-Krenke：*The differentiation of coping traits in adolescence*. *International Journal Behavioral Development*，1996，19（3），pp651—668.

表 2—5　青少年社会自我量表的因素负荷

题号	因素负荷												共同度
	班级地位	亲子关系	陌生人关系	角色体验	师生关系	兄弟姐妹关系	家庭地位	邻里关系	异性同学关系	角色技能	同伴地位	团体意识	
13	.739												.588
16	.733												.573
34	.688												.541
12	.631												.512
1	.558												.438
23	.548												.400
125		.624											.517
147		.614											.573
70		.581											.499
140		.496											.437
156		.458											.507
113		.440											.423
73			.701										.601
50			.685										.535
6			.621										.513
94			.548										.500
28			.529										.441
139			.520										.329
61				.642									.440
18				.628									.489
83				.554									.418
39				.529									.471
88				.471									.409
135				.417									.393
46					.714								.590
90					.673								.583
100					.495								.454
150					.492								.492
32					.314								.314
114						.629							.510

续表

题 号	因 素 负 荷												共同度
	班级地位	亲子关系	陌生人关系	角色体验	师生关系	兄弟姐妹关系	家庭地位	邻里关系	异性同学关系	角色技能	同伴地位	团体意识	
71						.574							.415
152						.487							.430
75						.457							.416
137						.414							.373
26						.333							.359
81							.543						.362
59							.538						.500
24							.537						.455
37							.482						.319
3							.301						.287
47								.624					.494
72								.617					.538
138								.548					.426
93								.413					.399
153								.353					.435
89									.722				.583
111									.652				.588
133									.635				.561
134									.448				.400
108										.722			.547
64										.495			.425
131										.477			.396
63										.321			.374
36											.630		.489
124											.589		.405
162											.414		.458
78												.620	.487
77												.612	.493
56												.476	.430
99												.451	.358

从表 2−5 可以看出，因素分析共获得 60 个有效题项，共析出 12 个成分，可以解释项目总方差的 46.160%。第一个成分包括 6 个题项，所涉及的内容与个体在班集体活动中的地位有关，故命名为班级地位；第二个成分的 6 个题项所涉及的内容与跟父母的沟通和相处有关，故命名为亲子关系；第三个成分的 6 个题项所描述的内容与同陌生人交往有关，故命名为陌生人关系；第四个成分的 6 个题项所涉及的内容与个体担当社会角色时的心理压力、心理冲突以及角色差距有关，故命名为角色体验；第五个成分包括 5 个题项，与个体和教师交往状况有关，故命名为师生关系；第六个成分的 6 个题项涉及个体在家庭中与兄弟姐妹交往的状况，故命名为兄弟姐妹关系；第七个成分包括 5 个题项，与个体在家庭中的地位和作用有关，故命名为家庭地位；第八个成分有 5 个题项，涉及个体在社区生活中与邻里交往的情况，故命名为邻里关系；第九个成分包括 4 个题项，与跟异性同学交往状况有关，故命名为异性同学关系；第十个成分的 4 个题项涉及个体在角色扮演中的技能，故命名为角色技能；第十一个成分包括 3 个题项，涉及个体在同伴交往中的地位和作用，故命名为同伴地位；第十二个成分有 4 个题项，与个体对团体角色规范的认知有关，故命名为团体意识。通过以上因素分析，获得青少年社会自我结构层次实证模型（图 2−4）。

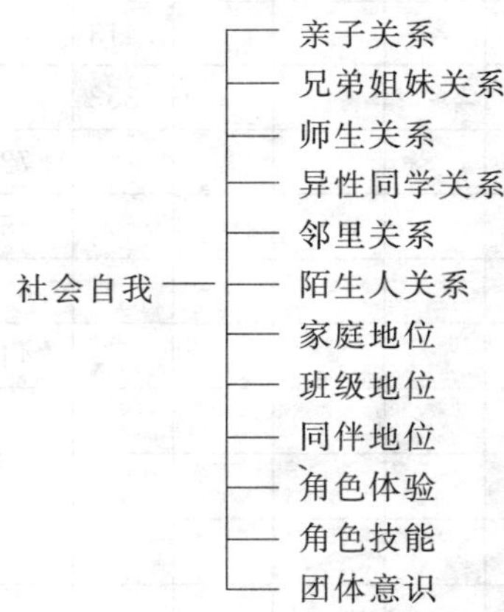

图 2−4　青少年社会自我结构层次实证模型

（二）信度检验

本研究采用内部一致性信度（又称同质信度或 Cronbach α 系数）和重测信度（又称稳定性系数）作为问卷信度分析的指标。经统计检验，青少年社会自我概念问卷 12 个成分的内部一致性信度在 0.523～0.6805 之间，重测信度在 0.533～0.852 之间。从正式测量的被试中随机抽取 93 人，两周后进行重测，重测信度为 0.829。说明本问卷具有良好的信度。

（三）效度检验

本研究通过问卷的编制程序基本保证了其内容效度。这里着重讨论问卷的结构效度（又称构想效度）和效标效度（又称实证效度）。

1. 结构效度。通过因素分析，共析出 12 个成分，与社会自我的理论构想结构模型基本一致。经统计分析发现，本量表各个因素之间的相关在－0.034～0.516 之间，较低的相关主要来自角色体验因子，这一因素具有相对独立性，其他绝大多数因素之间的相关适中。这说明问卷具有较好的结构效度。

2. 效标效度。本研究采用信度、效度较好的青少年社会适应性问卷（SAQ）作为效标。该问卷由心理能量、心理控制感、人际适应性和心理弹性 4 个维度，由勤奋上进、怀疑倾向、聪慧性、乐群性、乐观主义、控制倾向、自信、利他倾向、冲击性、责任心、社会接纳性、内抑性、适应灵活性、挑战性、活力和自主性 16 个因素构成，共 98 个题项。采用 5 分制评分方法，该问卷的重测信度和内部一致性信度均在 0.600 以上。该问卷通过验证性因素分析，残差分布 95％落入 0～1 之内，χ^2/df 为 2.32，*GFI*（拟合良好性指标）、*AGFI*（调整拟合良好性指标）、*NFI*（常规拟合指标）、*NNFI*（非常规拟合指标）、*CFI*（比较拟合指标）的值均在 0.85 以上，说明问卷结构的拟合效果比较好，具有较高的结构效度。[①] 对 199 名中学生进行青少年社会自我问卷和青少年社会适应性问卷调查，两问卷总分的相关系数为 0.616，相关较高，说明青少年社会适应性问卷具有较好的效度。

四、分析与讨论

社会自我的结构和成分是编制社会自我问卷的基础，也是深入研究社会自我的基础。从国内外已有的关于青少年社会自我的研究来看，绝大多数研究者只是通过自我概念的测量工具来研究青少年社会自我的发展状况[②③]，只有极少数研究者对青少年社会自我的概念和结构进行了理论探讨和实证研究。[④] 因此，至今还缺乏针对我国青少年社会自我概念和结构的深入探讨。本研究在这方面进行了初步的尝试。

本研究主要以 Shavelson 等人（1976）在自我概念的多维度多层次模型中的社会自我结构（图 2－1）以及 Barara M. Byrne 和 Richard J. Shavelson（1996）对 Shavelson 自我概念模型（1976）中社会自我结构的修订（图 2－2）为基础，结合专家咨询问卷和学生开放式问卷调查结果，探索青少年社会自我的结构成分。理论

① 陈建文：《青少年社会适应的理论与实证研究：结构、机制和功能》，西南师范大学博士学位论文，2000 年。

② 赵国祥、赵俊峰：《社会心理学原理与应用》，河南大学出版社 1990 年版。

③ 王振宏：《初中生自我概念、应对方式及其关系的研究》，《心理发展与教育》2001 年第 1 期。

④ B. M. Byrne，R. J. Shavelson：*On the structure of social self-concept for pre-，early and late adolescents：A test of the Shavelson，Hubner and Stanton*（1976）*model*. *Journal of Personality and Social Psychology*，1996，70（3），pp599－613.

分析和实证研究表明，青少年社会自我（social self-concept）是自我概念（self-concept）的重要内容，是个体在社会生活中形成的对自己在社会生活中所担任的各种角色的认知和评价，包括对角色关系、角色地位、角色规范、角色技能和角色体验的认知和评价。具体说来，青少年社会自我结构由班级地位、亲子关系、陌生人关系、角色体验、师生关系、兄弟姐妹关系、家庭地位、邻里关系、异性同学关系、角色技能、同伴地位和团体意识 12 个因素构成。本研究对重庆市和四川省绵阳市重点学校和普通学校的 590 名中小学生进行调查。研究表明，青少年社会自我的结构基本上得到了证实。

目前关于青少年社会自我的调查研究绝大多数是借用自我概念量表中的社会自我分量表，本研究根据有关社会自我概念和结构成分的科学分析和界定，开发编制青少年社会自我问卷，然后再根据实证资料分析形成正式问卷，可以说是首次建立了青少年社会自我问卷。但是，青少年社会自我是一个探索中的概念，同时也是一种具有发展性的心理品质，是一个多维度、多层次，更具有个体差异的心理系统。因此，社会自我量表的编制和建立不是一蹴而就的事情，需要研究者通过不断地收集资料加以验证、修订和完善。本问卷也需要在今后的研究中进一步完善。

第三节　青少年社会自我的特点

运用自编的社会自我问卷，对重庆市 7 所中小学的 1299 名青少年进行问卷调查，考察青少年在性别、年级、学校类型、家庭来源 4 个社会人口统计学资料上的差异，进而探讨青少年社会自我的发展特点。分析结果如下。

一、青少年社会自我的方差分析

对社会自我 12 个维度作性别、年级、学校类型和家庭来源的 2×9×2×2 的多因子方差分析，结果（表 2-6、表 2-7）发现：在亲子关系、兄弟姐妹关系上存在显著的性别差异；在亲子关系、角色体验、师生关系、兄弟姐妹关系、角色技能、团体意识上存在显著的年级差异；不同的学校类型引起学生亲子关系上的显著差异；不同家庭来源在班级地位和角色技能方面存在显著差异。在陌生人关系和师生关系上，存在年级×学校类型的交互作用；在异性同学关系上，存在年级×家庭来源的交互作用。社会自我的其他维度在性别×年级、性别×学校类型、性别×年级×学校类型、性别×家庭来源、性别×年级×家庭来源、学校类型×家庭来源、性别×学校类型×家庭来源、年级×学校类型×家庭来源、性别×年级×学校类型×家庭来源上不存在交互作用。因此，首先选择性别、年级、学校类型和家庭来源为变量，进一步分析青少年社会自我的发展特点。然后对陌生人关系和师生关系两个维度在年级×学校类型的交互作用，对异性同学关系维度在年级×家庭来源上的交互作用进行简单效应分析。

表 2—6　性别、年级、学校类型、家庭来源在社会自我各因素上的方差分析（F 值）

因　素	性别	年级	学校类型	家庭来源	性别×年级	性别×学校类型	年级×学校类型	性别×年级×学校类型	性别×家庭来源
班级地位	.125	1.448	.335	14.521**	1.040	3.661	.869	1.041	3.568
亲子关系	3.945*	2.153*	4.918*	.594	.516	3.175	1.597	1.161	.167
陌生人关系	1.772	.275	2.590	.549	1.332	1.624	2.976**	.492	.260
角色体验	1.491	2.265*	.777	2.944	.962	.402	1.163	.867	.942
师生关系	.311	2.015*	1.625	.023	1.888	.129	2.260***	1.885	1.039
兄弟姐妹关系	5.638*	2.292*	.025	.004	1.026	1.998	1.471	1.262	.029
家庭地位	3.823	1.900	3.485	.057	.619	.703	1.478	1.301	.000
邻里关系	3.077	1.359	1.026	.000	.870	.197	1.374	3.317	.013
异性同学关系	.700	.634	.875	1.381	1.381	.983	1.868	1.310	1.563
角色技能	1.830	2.701**	2.558	9.405**	1.313	1.301	1.666	.353	.597
同伴地位	2.196	.985	.194	2.611	1.102	.429	.573	.555	3.336
团体意识	1.001	2.508*	.000	.006	.779	.392	1.771	1.511	.698

因　素	年级×家庭来源	性别×年级×家庭来源	学校类型×家庭来源	性别×学校类型×家庭来源	年级×学交类型×家庭来源	性别×年级×学校类型×家庭来源
班级地位	1.523	.981	.623	1.745	.199	2.055
亲子关系	.822	.846	1.492	.650	1.553	1.016
陌生人关系	.294	.901	1.508	.223	.870	.896
角色体验	.644	.611	.001	1.699	1.304	1.091
师生关系	1.351	1.151	.083	.347	1.060	1.961
兄弟姐妹关系	.537	.442	.697	.032	1.301	.926
家庭地位	1.373	1.143	3.591	.498	.639	1.348
邻里关系	1.257	1.177	.000	.009	.530	1.880
异性同学关系	3.129**	.925	.035	.994	1.215	1.576
角色技能	.836	1.407	1.338	1.062	1.024	.456
同伴地位	1.349	1.142	1.024	.472	1.135	.555
团体意识	1.560	.140	.849	.422	1.686	.687

注：* 表示 $p<0.05$；* * 表示 $p<0.01$；* * * 表示 $p<0.001$，* * * * 表示 $p<0.0001$。全书同，以下不再注明。

二、青少年社会自我的性别差异

从表 2-7 中可以看出，在整体上，女生的社会自我发展水平高于男生，男女生有显著差异；女生在班级地位、亲子关系、兄弟姐妹关系、家庭地位、邻里关系、角色技能和团体意识等方面的均分显著高于男生。

表 2-7　青少年学生社会自我的性别差异

变　量	男生（n=654）		女生（n=645）		t	显著性
	平均数	标准差	平均数	标准差		
班级地位（F_1）	22.43	4.458	23.56	3.899	−4.894	.000
亲子关系（F_2）	21.83	4.207	23.01	4.757	−4.740	.000
陌生人关系（F_3）	19.10	5.106	18.96	5.104	.510	.610
角色体验（F_4）	18.17	4.630	18.34	4.678	−0.669	.503
师生关系（F_5）	17.49	3.656	17.60	3.690	−0.535	.592
兄弟姐妹关系（F_6）	23.01	4.412	24.26	3.906	−5.409	.000
家庭地位（F_7）	18.29	3.881	19.17	3.949	−4.065	.000
邻里关系（F_8）	16.34	4.171	17.29	4.101	−4.113	.000
异性同学关系（F_9）	13.83	2.926	13.94	2.715	−0.697	.486
角色技能（F_{10}）	14.80	3.229	15.66	2.768	−5.145	.000
同伴地位（F_{11}）	8.64	2.901	8.79	2.723	−0.931	.352
团体意识（F_{12}）	13.62	2.960	14.17	2.916	−3.400	.001
总　分	203.66	24.669	211.40	24.793	−5.640	.000

三、青少年社会自我的年级差异

从表 2-8 可以看出，在整体上，青少年社会自我存在显著的年级差异，表现为高三>小五>初一>高一>高二>初二>初三>小六>小四的变化趋势（如图 2-5）；在亲子关系、角色体验、师生关系、兄弟姐妹关系、家庭地位和角色技能方面存在显著的年级差异。在亲子关系方面，青少年对亲子关系的评价随年级的增高呈现出起伏状态，小六最低，其次分别是小四和小五，初一、初二、初三略有降低，高一、高二又逐步升高，高三年级达到最高，事后多重比较表明，高三与小四、小六、初一、初二、初三有显著差异；在角色体验方面，整体上，小学阶段好于中学阶段，具体表现为：高一<高二<小六<初二<高三<初一<小五<小四，事后多重比较表明，高一与小四、小五、初一有显著差异；在师生关系方面，小学阶段随着年级的升高而升高，在整个初中阶段呈下降趋势，在高一开始上升，高二又有所下降，直

到高三年级又显著提高，事后多重比较发现，高二与小五、小六有显著差异；兄弟姐妹关系也随着年级水平增高呈波动起伏状态，小四＜小六＜高三＜初三＜小五＜初一＜高一＜初二＜高二，事后多重比较发现，小四与高二、高三，小六与高三，初二与高三有显著差异；家庭地位因素是小四＜初三＜高二（小六）＜初二＜高一＜初一＜小五＜高三，其中，小四与高三有显著差异；角色技能因素在小学四、五、六年级随着年级的增高而逐步上升，但在初中和高中阶段分别呈 V 字形波动，即在初中阶段初一最高，初三较高，初二最低，在高中阶段高三最高，高一其次，高二最低，事后多重比较发现，小四与高一、高二、高三有显著差异。

表 2—8　青少年社会自我的年级差异

年　级	班级地位	亲子关系	陌生人关系	角色体验	师生关系	兄弟姐妹关系
小四（70）	22.26 (4.696)	21.33 (4.830)	17.94 (4.584)	19.84 (4.868)	17.24 (4.325)	21.57 (5.484)
小五（70）	23.71 (4.638)	22.37 (4.368)	19.66 (4.881)	19.59 (4.781)	18.74 (3.729)	23.63 (4.328)
小六（85）	22.34 (5.286)	21.19 (4.686)	19.06 (5.844)	18.20 (5.033)	18.80 (4.056)	22.16 (4.733)
初一（218）	23.08 (3.998)	21.83 (4.150)	19.20 (5.101)	18.82 (4.376)	17.89 (3.556)	23.66 (4.263)
初二（184）	22.72 (4.317)	21.92 (4.270)	19.24 (5.140)	18.26 (4.530)	17.52 (3.373)	23.82 (4.266)
初三（122）	22.70 (4.027)	21.86 (4.192)	18.61 (5.337)	18.36 (4.797)	16.99 (4.058)	23.58 (3.889)
高一（201）	22.66 (4.195)	22.59 (5.172)	18.85 (4.816)	17.02 (4.686)	17.20 (3.476)	23.76 (3.785)
高二（194）	23.09 (3.761)	23.05 (4.328)	18.66 (5.031)	17.56 (4.669)	16.64 (3.627)	23.94 (3.980)
高三（155）	24.07 (3.950)	24.46 (3.958)	19.73 (5.178)	18.52 (4.477)	17.99 (3.205)	23.25 (3.459)
F	2.401	6.981	1.224	4.661	4.896	6.769
显著性	.014	.000	.281	.000	.000	.000

年　级	家庭地位	邻里关系	异性同学关系	角色技能	同伴地位	团体意识	总　分
小四（70）	17.83 (4.721)	16.26 (4.551)	12.81 (3.232)	13.61 (3.785)	8.37 (2.900)	13.01 (3.201)	197.94 (25.829)
小五（70）	19.03 (3.841)	17.30 (3.983)	13.44 (2.624)	14.66 (3.252)	8.69 (2.528)	13.89 (3.262)	210.21 (25.719)

续表

年　级	家庭地位	邻里关系	异性同学关系	角色技能	同伴地位	团体意识	总　分
小六（85）	18.45 (4.563)	15.81 (4.521)	13.78 (3.271)	14.99 (3.594)	9.41 (2.800)	13.33 (2.990)	202.91 (28.670)
初一（218）	18.75 (3.802)	17.43 (3.906)	14.03 (2.675)	15.20 (3.033)	8.97 (3.062)	13.96 (3.214)	208.42 (24.872)
初二（184）	18.47 (3.848)	17.42 (3.842)	14.29 (2.702)	14.94 (3.182)	8.72 (2.755)	13.62 (2.969)	206.22 (22.869)
初三（122）	18.34 (4.057)	16.06 (4.816)	13.89 (2.835)	15.11 (3.257)	8.49 (2.707)	13.70 (2.641)	204.18 (25.545)
高一（201）	18.74 (3.702)	17.12 (4.057)	13.98 (2.392)	15.66 (2.576)	8.64 (2.7710)	14.07 (2.867)	206.74 (22.969)
高二（194）	18.45 (4.001)	16.47 (3.700)	13.65 (2.872)	15.42 (2.669)	8.53 (2.838)	14.14 (2.687)	206.35 (24.688)
高三（155）	20.05 (3.388)	16.40 (4.479)	14.10 (3.123)	16.03 (2.516)	8.62 (2.695)	14.45 (2.792)	218.36 (24.262)
F	3.156	3.004	2.364	5.157	1.244	2.425	6.008
显著性	.002	.002	.016	.000	.270	.013	.000

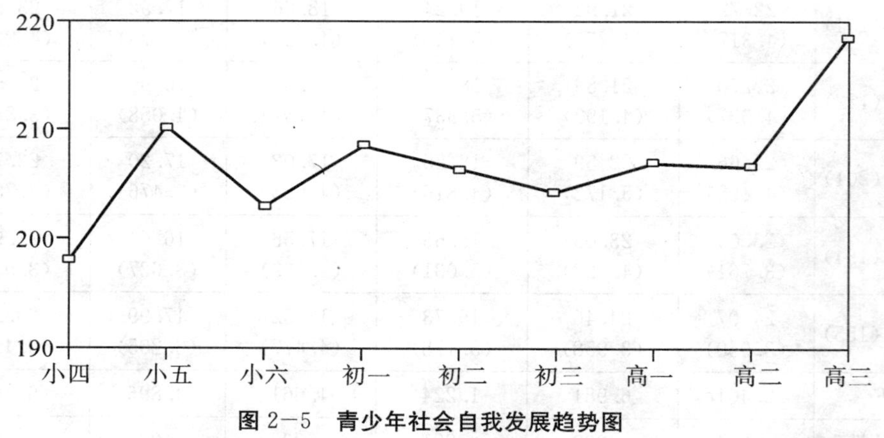

图 2－5　青少年社会自我发展趋势图

四、青少年社会自我的学校类型差异

在社会自我的整体水平上，重点学校的学生和普通学校的学生没有显著差异，但在亲子关系上，重点学校学生的社会自我水平明显高于普通学校的学生（表 2－9）。

表 2－9　青少年社会自我的学校类型差异

变　量	重点学校（n=778）		普通学校（n=521）		t	显著性
	平均数	标准差	平均数	标准差		
班级地位（F_1）	22.94	4.216	23.07	4.245	−0.552	.581
亲子关系（F_2）	22.68	4.697	22.03	4.230	2.540	.011
陌生人关系（F_3）	19.08	5.083	18.94	5.138	.482	.630
角色体验（F_4）	18.33	4.723	18.13	4.549	.775	.438
师生关系（F_5）	17.43	3.750	17.71	3.549	−1.339	.181
兄弟姐妹关系（F_6）	23.51	4.295	23.82	4.086	−1.286	.199
家庭地位（F_7）	18.74	3.991	18.70	3.861	.192	.847
邻里关系（F_8）	16.71	4.107	16.95	4.244	−1.007	.314
异性同学关系（F_9）	13.77	2.737	14.06	2.940	−1.830	.067
角色技能（F_{10}）	15.30	2.912	15.11	3.218	1.113	.266
同伴地位（F_{11}）	8.72	2.718	8.69	2.954	.189	.850
团体意识（F_{12}）	13.78	2.925	14.06	4.248	−1.689	.091
总　分	207.57	25.607	207.40	24.145	.119	.905

五、青少年社会自我的家庭来源差异

从表 2－10 可以看出，在社会自我的整体水平上，城镇来源和农村来源的学生没有显著差异。在班级地位、角色体验、异性同学关系、角色技能和同伴地位上，城镇学生明显高于农村学生；而在亲子关系和陌生人关系上，农村学生明显高于城镇学生。

表 2－10　青少年社会自我的家庭来源差异

变　量	城镇（n=1085）		农村（n=214）		t	显著性
	平均数	标准差	平均数	标准差		
班级地位（F_1）	23.16	4.249	22.14	4.021	3.230	.001
亲子关系（F_2）	22.28	4.605	23.10	4.033	−2.412	.016
陌生人关系（F_3）	17.38	3.814	17.71	3.549	2.178	.030
角色体验（F_4）	19.16	5.075	18.33	5.205	3.289	.001
师生关系（F_5）	17.54	3.677	17.56	3.662	−0.091	.927
兄弟姐妹关系（F_6）	23.64	4.258	23.62	3.994	.072	.943

续表

变量	城镇（n=1085）		农村（n=214）		t	显著性
	平均数	标准差	平均数	标准差		
家庭地位（F_7）	18.76	3.971	18.54	3.753	.722	.471
邻里关系（F_8）	16.72	4.190	17.29	4.000	−1.847	.065
异性同学关系（F_9）	13.96	2.852	13.49	2.649	2.212	.027
角色技能（F_{10}）	15.31	3.030	14.81	3.054	2.200	.028
同伴地位（F_{11}）	8.78	2.803	8.36	2.854	2.020	.044
团体意识（F_{12}）	13.86	2.966	14.04	2.874	−0.782	.434
总　分	207.96	25.361	5.07	23.144	1.536	.125

六、年级×学校类型、年级×家庭来源的交互作用分析

从表2−6可见，在青少年社会自我各维度上，只在陌生人关系和师生关系两个维度存在年级×学校类型的交互作用，异性同学关系维度存在年级×家庭来源的交互作用。当方差分析发现交互作用显著时，需要对交互作用进行简单效应检验。

（一）陌生人关系和师生关系两个维度上的年级×学校类型交互作用分析

方差分析结果（表2−6）表明，仅在社会自我的陌生人关系和师生关系两个维度上存在年级和学校类型的交互作用。从表2−11、表2−12可以看出，在陌生人关系维度上，G因子（年级）在X_1（重点学校）和X_2（普通学校）上F值均达到显著水平，分别为2.54（$p<0.01$）、2.50（$p<0.05$）。经事后多重比较发现，重点学校学生的陌生人关系在小四年级与小五、初三年级，初三年级与高一年级，高二年级与小五、小六、初一、初二、初三、高三年级之间存在显著差异；普通学校学生的陌生人关系在初三年级与初一、初二、高一、高二、高三年级，高一年级与高二年级之间存在显著差异。在师生关系维度上，G因子（年级）在X_1（重点学校）上F值（$F=7.20$，$p<0.001$）达到显著水平。经事后多重比较发现，重点学校学生的师生关系在小四年级与小五、小六、初一、高三年级，小五年级与初二、初三、高一、高二年级，小六年级与初一、初二、初三、高一、高二、高三年级，初一年级与初二、初三、高一、高二年级，高三年级与初三、高一、高二年级之间存在显著差异。

在陌生人关系维度上，X因子（学校类型）在G_6（初三）和G_8（高二）上的F值均达到显著水平，分别为15.77（$p<0.001$）、13.52（$p<0.001$），即重点学校和普通学校学生的陌生人关系在初三和高二年级存在显著差异。经事后多重比较发现，在初三年级上，重点学校学生的陌生人关系水平高于普通学校学生；在高二年级上，普通学校学生的陌生人关系水平高于重点学校学生。在师生关系维度上，X

因子（学校类型）在 G_1（小四）、G_3（小六）、G_5（初二）、G_7（高一）、G_8（高二）上的 F 值均达到显著水平，分别为 6.94（$p<0.01$）、9.23（$p<0.01$）、1.12（$p<0.05$）、5.42（$p<0.05$）、4.24（$p<0.05$），即重点学校和普通学校学生的师生关系在小四、小六、初二、高一、高二年级上存在显著差异。经事后多重比较发现，在小四、初二、高一、高二年级上，普通学校学生的师生关系水平高于重点学校学生；在小六年级上，重点学校学生的师生关系水平高于普通学校学生。

表 2－11　陌生人关系（F_3）在年级×学校类型上的简单效应分析

变　量		SS	df	MS	F
G 因子（年级）	在 X_1（重点）	520.32	8	65.04	2.54**
	在 X_2（普通）	510.68	8	63.84	2.50*
X 因子（学校类型）	在 G_1（小四）	18.38	1	18.38	.72
	在 G_2（小五）	69.61	1	69.61	2.72
	在 G_3（小六）	29.53	1	29.53	1.16
	在 G_4（初一）	2.41	1	2.41	.09
	在 G_5（初二）	1.77	1	1.77	.07
	在 G_6（初三）	402.99	1	402.99	15.77***
	在 G_7（高一）	.37	1	.37	.01
	在 G_8（高二）	345.50	1	345.50	13.52***
	在 G_9（高三）	4.28	1	4.28	.17

表 2－12　师生关系（F_5）在年级×学校类型上的简单效应分析

变　量		SS	df	MS	F
G 因子（年级）	在 X_1（重点）	748.29	8	93.54	7.20***
	在 X_2（普通）	118.76	8	14.85	1.14
X 因子（学校类型）	在 G_1（小四）	91.79	1	91.79	6.94**
	在 G_2（小五）	5.08	1	5.08	.38
	在 G_3（小六）	122.05	1	122.05	9.23**
	在 G_4（初一）	72.97	1	72.97	5.52
	在 G_5（初二）	14.86	1	14.86	1.12*
	在 G_6（初三）	19.24	1	19.24	1.46
	在 G_7（高一）	71.68	1	71.68	5.42*
	在 G_8（高二）	56.02	1	56.02	4.24*
	在 G_9（高三）	2.95	1	2.95	.22

表 2-13 陌生人关系和师生关系的年级×学校类型变异数分析之细格平均数

年 级	陌生人关系		师生关系	
	重点学校	普通学校	重点学校	普通学校
小四	17.800 (45)	18.200 (25)	16.422 (45)	18.720 (25)
小五	20.611 (36)	18.647 (34)	18.972 (36)	18.500 (34)
小六	19.569 (47)	18.395 (38)	19.766 (47)	17.605 (38)
初一	19.282 (149)	19.159 (69)	18.235 (149)	17.159 (69)
初二	19.275 (102)	19.098 (82)	17.256 (102)	17.829 (82)
初三	20.526 (57)	16.938 (65)	16.526 (57)	17.400 (65)
高一	18.927 (123)	18.716 (78)	16.780 (123)	17.872 (78)
高二	17.740 (127)	20.418 (67)	16.449 (127)	17.015 (67)
高三	19.489 (92)	20.079 (63)	17.804 (92)	18.254 (63)

说明：括号内的数字为人数。

（二）异性同学关系维度上的年级×家庭来源交互作用分析

方差分析结果（表 2-6）表明，只在社会自我的异性同学关系维度上存在年级和家庭来源的交互作用。从表 2-14 可以看出，G 因子（年级）在 F_1（城镇）和 F_2（农村）上 F 值均达到显著水平，分别为 3.69（$p<0.001$）、2.01（$p<0.05$）。经事后多重比较发现，城镇学生的异性同学关系在小四年级与小六、初一、初二、初三、高一、高三年级，高二年级与小六、初一、初三年级存在显著差异；农村学生的异性同学关系在初二年级与小四、小五、小六、初一、初三年级，小六年级与高一、高二年级，高三年级与小六、初一、初三年级存在显著差异。F 因子（家庭来源）在 G_1（小四）、G_3（小六）、G_6（初三）、G_7（高一）上的 F 值均达到显著水平，分别为 17.16（$p<0.001$）、7.72（$p<0.01$）、4.70（$p<0.05$）、6.71（$p<0.01$），即城镇学生和农村学生的异性同学关系在小四、初二、初三、高一年级上存在显著差异。经事后多重比较发现，在初二、初三、高一年级上，城镇学生的异性同学关系水平高于农村学生；在小四年级上，农村学生的异性同学关系水平高于城镇学生。

表 2－14　异性同学关系（F_9）在年级×家庭来源上的简单效应分析

变　量		*SS*	*df*	*MS*	*F*
G 因子（年级）	在 F_1（城镇）	229.75	8	28.72	3.69***
	在 F_2（农村）	125.46	8	15.68	2.01*
F 因子（家庭来源）	在 G_1（小四）	133.48	1	133.48	17.16***
	在 G_2（小五）	4.41	1	4.41	.57
	在 G_3（小六）	.06	1	.06	.01
	在 G_4（初一）	.73	1	.73	.09
	在 G_5（初二）	60.03	1	60.03	7.72**
	在 G_6（初三）	36.58	1	36.58	4.70*
	在 G_7（高一）	52.17	1	52.17	6.71**
	在 G_8（高二）	9.48	1	9.48	1.22
	在 G_9（高三）	17.72	1	17.72	2.28

表 2－15　异性同学关系（F_9）的年级×家庭来源变异数分析之细格平均数

家庭来源	小四	小五	小六	初一	初二	初三	高一	高二	高三
城镇	12.393 (61)	13.417 (60)	13.775 (80)	13.942 (189)	14.368 (102)	14.165 (103)	14.301 (136)	13.845 (129)	14.111 (92)
农村	15.667 (9)	13.600 (10)	13.800 (5)	14.607 (28)	13.000 (82)	12.368 (19)	13.308 (65)	13.277 (65)	20.079 (2)

说明：括号内的数字为人数。

七、讨论

通过对重庆市 7 所中小学 1299 名青少年学生进行有效问卷调查，可以在很大程度上了解当前我国青少年社会自我的发展状况和特点。下面我们就已有的统计分析资料从性别、年级、学校类型、家庭来源四个方面加以讨论。

（一）青少年社会自我的性别差异

本研究发现，在整体上，女生的社会自我发展水平高于男生；女生在班级地位、亲子关系、兄弟姐妹关系、家庭地位、邻里关系、角色技能和团体意识方面的均分显著高于男生。国外研究表明，男孩在男子气概、成就、领导者方面有较高水平的自我概念，而在社会性等方面的水平较低（Dusek，Flaberty，1981）①。国内有学者发现，在整个中学阶段，女生的整体心理素质水平要高于男生。② 另有调查结果表明，男女儿童在社会性发展上存在显著差异，这种差异主要表现在人际关系、规则

① 宋剑辉等：《青少年自我概念的特点及培养》，《心理科学》1998 年第 21 卷第 3 期。
② 冯正直、张大均：《中学生心理素质量表的研制》，《中国行为医学科学》2001 年第 3 期。

意识等方面。[①] 本研究的结果与国内外学者的研究较为一致。这种性别差异的可能原因可以从以下两个方面考虑：(1) 从发展心理学角度看，女生的身体发育和心理发展都较男生早，其生理和心理较男生相对成熟，这样女生较男生有更高的心理整合能力和较成熟的自我意识，这使得女生对自身班级地位、亲子关系、兄弟姐妹关系、家庭地位、邻里关系、角色技能和团体意识的评价比男生更为积极。(2) 从社会文化的角度来看，在青少年阶段，家庭、社会都给女生定型为听话、懂事。为了获得社会对女性角色的认同，往往使女生比男生在家庭、学校行为上更符合社会规范，团体意识更强，具有良好的亲子关系、兄弟姐妹关系和邻里关系；赢得较高的班级地位和家庭地位；再加上女生细腻的心理过程，使得女生在角色技能方面也高于男生。

（二）青少年社会自我的年级差异

本研究还发现，青少年社会自我的年级差异主要表现在：(1) 整体上社会自我存在显著的年级差异，高三最高，小四最低，呈现出高三＞小五＞初一＞高一＞高二＞初二＞初三＞小六＞小四的发展趋势。弗瑞曼发现，自我概念的发展呈曲线变化，从小学到初中逐年下降，随后开始上升，到大学毕业后开始下降（Freeman, 1992）。Marsh（1989）的研究也发现，青少年自我概念的发展呈U字形曲线，在7～9年级开始下降，11～14年级达最低点，随后开始回升。[②] 可见，本研究与国外对自我概念的研究具有较大一致性。经过小学四年的学习，小学五年级学生已经掌握相应的角色要求，并能熟练应对，对自己的角色行为形成积极的自我评价。当进入小学六年级，学生即将升入初中，面临着巨大的心理压力，自我评价可能因此降低。当学生顺利升入初中，实现理想的自我，并经过一年的时间对新环境的适应，自我评价随之升高。由于初中高年级和高中低年级是学生身心发展与心理冲突明显加剧的时期，也是学生自我意识发展的关键期，因此，在初二、高二会出现一些波动。(2) 事后多重比较发现，各年级在社会自我的某些因子上存在显著差异。在亲子关系方面，高三与小四、小六、初一、初二、初三有显著差异。这可能与高三年级学生自我意识发展相对成熟有关，小学低年级学生更多的是对父母无条件服从和尊重，而处于小学高年级和初中阶段的学生逆反心理较强，他们很难与父母进行有效沟通和交流，因此，相比之下高三年级的学生能够与父母建立良好的亲子关系，并在家庭中占有一定的地位。在家庭地位方面，小四与高三有显著差异。本研究在对学生进行开放式问卷预测调查过程中，曾以“你在家庭中的地位如何？请说明”的问题对小学三、四年级的学生进行调查，结果发现小学三、四年级学生对家庭地

① 张博、王乃正：《成人眼中的儿童——5～8岁儿童社会性发展性别差异的调查与思考》，《学前教育研究》1997年第2期。

② 转引自宋剑辉等：《青少年自我概念的特点及培养》，《心理科学》1998年第21卷第3期。

位的理解较为简单，如"没地位，因为在家中我年龄小"，"有地位，因为我的要求爸爸和妈妈都能满足"，而高三年级学生对家庭地位基本上有了正确的理解，因而，高三年级和小四年级学生对家庭地位的自我评价存在显著差异。在角色体验上，高一年级的平均分比小四、小五、初一年级显著降低，这是由于学生进入高一年级，周围环境有新的改变，各门学科的难度明显上升，学生普遍感到学习的压力和适应的困难，造成了消极的角色体验。在师生关系上，高二与小五、小六有显著差异，高二年级学生的平均分低于小五、小六年级。这是因为随着学生年级的升高，学生对教师的要求也越来越高，再加上高二年级是高中学习的关键时期，教师对学生的学习要求相对严格和苛刻，师生关系很容易变得紧张。在兄弟姐妹关系上，整体看来，青少年随着年龄的增长，与兄弟姐妹的关系越来越亲密，高三与小四、小六，高二与小四、初二与高三有显著差异，值得让人注意的是初二年级的平均分显著高于高三年级，这可能与最具叛逆心理的初二学生与父母等长辈关系紧张，试图在家庭中寻找其他的支援的心理有关。在角色技能上，小四年级的角色技能水平显著低于高一、高二和高三年级的水平，角色技能随着年级的升高而逐步上升，这显然与青少年学生社会性的发展有关。

（三）青少年社会自我的学校类型差异

整体上，青少年社会自我各因素在学校类型上不存在显著差异，仅在亲子关系因子上，重点学校的学生高于普通学校的学生。这表明青少年的社会自我发展受学校类型的影响较小。相关研究表明，大学生心理素质在整体上，重点大学学生与普通大学学生没有显著差异。[①] 重点学校和普通学校在许多方面都存在巨大的差异，为什么对学生社会自我的发展不存在显著差异呢？这可能是因为无论是重点学校还是普通学校，它们对学生社会自我的影响必须通过学生对它们的评价和认可而产生作用。本研究表明，在亲子关系上，重点学校学生高于普通学校学生，这可能是由于重点学校的学生家长对孩子的期望远远高于普通学校的家长，与学生更多地感受到父母对他们的关注有关。

（四）青少年社会自我的家庭来源差异

在班级地位、角色体验、异性同学关系、角色技能和同伴地位上，城镇学生明显高于农村学生。关于青少年社会自我的家庭来源差异，以前几乎没有这方面的调查研究。不过，相关研究发现[②]，在自我概念总分的平均得分上，城市学生最高，其次是县镇学生，农村学生最低。在亲子关系方面，农村学生明显高于城镇学生，这与农村来源的学生和城市来源的学生所处的不同文化背景和家庭状况有关。城市

① 王滔：《大学生心理素质结构及其发展特点的研究》，西南师范大学硕士学位论文，2002年。
② 牡丹：《内蒙古地区初中学生自我概念发展的跨文化研究》，《内蒙古师范大学学报（哲学社会科学版）》2000年第2期。

独生子女政策的实行，大量独生子女出现，使青少年亲子关系表现出新的特点，如孩子的独立意识增强，渴求亲子之间平等交流等，这就容易导致城镇学生与父母产生亲子冲突。在与陌生人关系上，农村学生明显高于城镇学生，这是因为城市来源的学生所处的周围环境比农村来源的学生复杂，他们对陌生人的心理防卫机制高于农村来源的学生。至于在整体水平上，城镇来源和农村来源的学生的社会自我不存在显著差异，这也许是因为农村来源的学生和城镇来源的学生在家庭影响中存在着一些共同因素，这一点还需继续验证。

第四节　青少年自我问题的调适策略

一、自我认识问题的调适策略

（一）引导学生在交往中学会评价自己

青少年的自我概念是在人际交往中形成和发展的，和谐的人际关系及其他人的合理评价有利于矫正儿童的自我概念偏差。青少年独立意识的增强，自治需要渐渐强烈，他们重视与同龄人的交往，而且希望在集体中有一定的地位，受到同龄人的尊重，渴望友谊，尤其是同龄人的友谊和信任，渴望有一两个知心的朋友，这是“因为他们在同龄伙伴中间可以分享共同的情感体验，分享共同的矛盾、忧虑和困难，他们可以处在平等的地位上，得到相互尊重和帮助，获得心理上的平衡”[①]。研究发现，孤独与自尊具有显著相关性，其中社交孤独与自尊相关性更高。孤独者可能因为社会关系的缺陷或缺乏一种所渴望的归属关系，使得自我评价低下。[②] 另有研究发现，大学生在形成自我概念的过程中，除依靠自我反省、自我体验形成主体自我外，别人对自己的态度和评价也是个体形成正确的自我概念的重要信息来源。[③] 因此，引导青少年学生多与他人交往，让他人更多地了解自己，他人的态度和评价对认识自己会有很大的帮助。

（二）掌握科学的比较方法

青少年在活动和交往过程中通过社会比较和自我纵向比较全面认识自我。在衡量和评价自己时，青少年采用社会比较策略，即既与跟自己表现差不多的同学比，也与强于自己或不如自己的同学比；既与同年级的同学比，又与不同年级的同学比。另外，他们也会进行自我纵向比较，即将“现实的我”与“以往的我”、“理想的我”作比较，经常反省自己，对自己作一分为二的分析，既看到自己的优点，也看到自

---

① 张德：《心理学》，东北师范大学出版社 1993 年版，第 428 页。
② 刘娅俐：《孤独与自尊、抑郁的相关初探》，《中国心理卫生杂志》1995 年第 3 期。
③ 林琼芳：《高年级大学生自我概念特点初探》，《广西民族学院学报（自然科学版）》1998 年第 1 期。

己的缺点。

健康成熟的自我意识是以正确认识自己为基础的。一个自卑与缺乏自信的人往往与对自己没有形成正确的认识和评价密切相关。费斯廷格（L. Festinger）提出的社会比较理论认为，个体对自己的评价是“通过与他人的能力和条件的比较而实现的”，是一个“社会比较过程”，社会比较就是指通过将自己与他人比较以获得有关自我的重要信息的过程。他指出：“在下述三种条件下——人人都有评估自己观点的内驱力，当客观标准不甚明确时，人们倾向于将自己和他人比较；他们倾向于和那些与自己相似的人进行比较；人们总是努力降低自己和那些他们选为比较对象的人之间的不协调。”认识和评价自己比较正确的方法有两种：一是以他人对自己的评价为参考和依据来评价自己，即借助镜子——别人的折射来看自己。在比较时一方面应注意比较的标准，不能拿自己之所短去比他人之所长；另一方面还应注意要客观，不能认为自己的某一方面不如他人就什么都不如他人，要善于发现自己的优点和长处。二是通过对自己的心理活动的分析和自我观察来认知和评价自我。任何活动成果都是人的智慧和思想的结晶。当比较后发现自身的水平不如别人时，要正视现实，把它看得淡些，否则造成的痛苦肯定是一种心理重负。

学会科学的比较方法，在比较中发展。由于缺乏科学的比较方法，许多学生在比较中渐渐地心态失衡，并走入自我认识的误区。因此，教育青少年学生注意比较的参照系，如跟别人比的是行动前的条件还是行动后的结果。如果一开始就置自己于次要地位，自然会影响个人能力的发挥，只有比较行为的结果才有意义；跟别人比较的标准是可以改变的还是不可改变的，如果是不可改变的，如家庭出身、身材、相貌等，将它们进行比较就没有任何实际意义；比较对象是与自己相类似的人，是心中的偶像，还是不如自己的人？比较对象不同，会产生不同的情绪体验和行为反应。所以确立合理的参照系对自我认识发展是非常重要的。

（三）通过分析自己的学习成绩和活动结果认识自己

青少年的主要任务是学习，通过分析自己的学习成绩，可以了解自己的观察力、记忆力、思维力、想象力和创造力的强弱以及主观努力的程度；通过比较自己各门学科的学习成绩，可以知道自己的兴趣、能力倾向。除了课堂学习以外，学校中还有各种形式的课外活动、校外活动，如课外科技小组活动、课外学科小组活动、读书小组活动、游艺活动、体育活动、各种公益活动等等。这些活动可以展示和发展学生的各种兴趣爱好和才能，培养和锻炼学生的各种心理品质和个性特征。因此，通过分析自己的活动结果，青少年可以认识自己的才能和个性特征。

青少年也要从对自己的内心世界的分析中认识自己。这是一种青少年直接认识自己的形式，是他们与自己的内心的对话。通过对自己的内心世界的观察和分析，青少年不仅意识到自己的心理活动，而且反思自己的思想行为、性格面貌，总结优点，发现缺点。经常对内心世界进行分析，对于及时发现和纠正自己存在的不足和问题，形成理想的自我印象是相当有效的。

（四）创设民主的环境和包容的心理氛围

青少年自我意识的发展和形成受周围环境及个体对环境的体验的影响。我们期待青少年如何成长，决定了我们给予青少年什么样的家庭环境和学校氛围。对于这一点，埃里克森的“心理延缓偿付”观点对我们或许会有所启发。埃里克森将青少年期称为心理延缓偿付期（moratorium）。[①] 心理延缓偿付是允许还没有准备好承担社会义务的年轻人有一段拖延的时期，或者强迫某些人给予自己一些时间。因此，我们所讨论的心理社会合法延缓期，乃是指对成人承担义务的延缓，然而，它又不仅仅是一种延缓。青少年可以利用这一段时间，触及各种人生、思想、价值观，尝试着重新选择，经过多次尝试，反复循环，从而决定自己的人生观、价值观、将来的职业，最终确定自我发展的方向。埃里克森认为，这一段时间对青少年的健康成长是有意义的。成人不能过高地要求他们，不要以成人的理想和标准去逼迫他们。给青少年一段时间，一个发展的空间，给他们选择的可能性。

个体经常依据父母和老师的评价来认识自我，并形成一定自我意识。如果父母和老师能客观评价孩子，经常给予他们情感温暖和理解，多给予他们鼓励和赏识，那么个体就会趋向于肯定自我，形成积极的自我意识，反之则可能使青少年的自我意识出现不良倾向，对其行为、学习和社会能力发展造成不良影响，甚至影响青少年的人格。有关研究发现，城乡儿童自我意识的“行为”、“焦虑”分量表得分城市组低于农村组，说明城市父母对孩子的管理太严厉，使孩子的自我评价下降，容易导致紧张、焦虑、自卑等不良心理，甚至心理障碍，不利于他们自我意识的成熟和人格的良好发展。因此，父母应该对孩子的各个方面予以客观评价，以鼓励为主，不要压制太多，适当给孩子一些空间，让孩子能充分发展他们的自我意识，恰当地评价自己。[②]

二、自我体验问题的调适策略

（一）尊重青少年的人格

教师对学生的态度、评价，对学生自尊的培养和发展起着重要的作用。教师要向每一个学生表明自己对他们的关注和尊敬，更为重要的一点是，教师要鼓励所有的学生清楚地描述他们对自己的认识。低自尊的青少年几乎很难对其消极的自我概念进行认真批评，除非青少年能很好地定义这些概念并清楚地意识到它们的存在。

---

① 张日升：《自我同一性与青少年期同一性地位的研究——同一性地位的构成及其自我测定》，《心理科学》2000年第4期。

② 高雪屏等：《城乡学龄儿童的自我意识比较研究》，《中国行为医学科学》2003年第2期。

而要做到这一点，青少年必须学会一些表达这些概念的方式。一旦青少年学会了向别人诉说自己心中的疑惑，人们就可以帮助他们面对这些概念，使他们认识到这些概念缺乏实质性的证据。我们这样说不是要求教师要将自己的大量时间用于咨询，或不断地让青少年单方面谈论自己，而是要求教师在任何情况下都要抓住机会查明青少年是如何认识自己的成功和失败的。通常青少年学会了一些掩饰自己情感的技巧，甚至掩饰的对象是他们自己，这会使教师错误地认为给他们较低的分数，或在班上批评他们，对于他们的自尊和他们对自己的能力的自信没有任何实际的影响。教师本人甚至很生气，这会使他们加倍地使用这些批评以期望最终能使他们“明白”其中的道理，结果将使青少年受到进一步的伤害，或为了保护自己的自尊而忽视教师的存在，认为教师的观点和所学的课程都是无用的。一般来讲，低自尊的学生十分敏感，教师必须认真斟酌选择批评时使用的词句，并确证这些词句只是针对学习本身而不是对学生本人。在任何时候教师都要通过自己的言行向学生表明，不论发生什么，每个学生仍旧是教师关注与尊重的对象。

尊重每一位青少年学生的人格，还应坚持以正面教育为主。青少年面临很多现实的问题，他们处于童年期向成熟期过渡的阶段，处于半幼稚半成熟的矛盾状态。他们内心获得他人尊重的需要迅速增长。随着视野的开阔，知识经验的积累，他们的内心世界日益丰富，自主自尊大为强化；他们发现自己变了，不是个孩子了，俨然是个大人了，希望同成年人交往的欲望日渐强烈；他们希望自己独立，不爱听成年人的管教，不爱听老师的批评，却又常常表现出很多缺点错误；由于生理、心理的发展和成人感的产生，他们开始追求物质的东西，开始模仿成年人的服饰、发型，想打扮成成年人的样子；面临升学与就业的选择，他们又要承受学习成绩竞争的压力等等。针对这些情况，需要教育工作者正确地认识每一个青少年学生，认识到他们是发展中的人，是成长的人，具有很大的可塑性，应该尊重他们，帮助教育他们。青少年希望教师、家长平等地对待他们，讨厌那种居高临下的俯视的目光。他们喜欢朋友式的、无话不谈的、有广阔心胸的师长。当他们犯错误、出现问题时，教师和家长应该尊重他们，帮助他们弥补自身的缺点和错误，而不是讽刺、挖苦他们，体罚他们，侮辱他们的人格。

（二）让学生接受自我

自我接受是指自己肯定自己存在的价值，能坦然地接受自身的优点和缺点。对自我的接受是心理健康的表现，但过度的自我接受就是“自我扩张”。过度的自我拒绝则表现为“自我价值缺失”，这类个体往往严重低估自己的价值，对自我缺少信心，严重的还可能从自我否定发展为自我厌恶甚至自我毁灭。

学会接纳自己、欣赏自己，是形成积极自我体验的第一步。不论自己是个怎样的人，是美还是丑，是聪明还是迟钝，是活泼还是呆板，是精明还是老实，总会有人喜欢，有人不喜欢。没有哪个人能被所有的人接受，但只有自己接受了自己，才可能得到更多人的喜欢。现实生活中，每个人都知道“自我”是重要的，但不是每个人都能真正地尊重和爱惜自己。

心理学研究表明，心理健康者更多地表现出对自我的接受和认可，而心理有问题者则明显表现出对自我的不满和排斥。有些学生对自己的容貌、性格、才能、家庭等某一方面或某几个方面不满，而又无力改变，便产生了自我排斥的心理。这是一种幼稚的心理表现。人总是要对自己有所肯定又有所否定，并且在自我意识的发展中建立起二者的动态平衡，否则，对自己不满过于强烈，就会加剧心理矛盾，产生心理持续紧张，这样不仅会使个体感到活得很累，还可能引发心理问题，严重的可能会出现悲剧。悦纳自我是增进健康的自我意识的关键。要做到悦纳自我，需要强化三条理念：一是坚信“只要真正付出努力，同等条件下，别人行，我也一定行”，以此来增强自信。强烈的自信和理智的努力能激发个体的潜能，促进成功。成功后的愉悦又可以使个体进一步增添自信，形成良性循环。二是不忘“尺有所短，寸有所长”，恰当地认同自己，而不是苛求自己。三是懂得“失之东隅，收之桑榆”，正视自己的短处，既努力扬长也注意补短。

（三）进行合理的自我归因

自我归因是人们对自己的所作所为进行分析，找出事件成功与失败的原因，也就是把自己所作所为的原因加以解释和推测。美国社会心理学家海德最早研究了归因理论，提出了共变原则，明确区分了内因和外因。维纳遵循海德的模型，把原因划分为内因—外因、稳定—不稳定、可控—不可控三个维度来判断，三者是彼此独立的。内在归因可分为两种：一是“能”，指将行为的结果归因为能力；一是“为”，指将行为的结果归因为努力。外因也可以分为两种：一种是将行为的结果归因于作业难度；一种是将行为的结果归因于机会与运气。研究表明，把成功或失败归因于稳定的外部因素（如难度），将降低对成功或失败的期望；把成功或失败归因于稳定的内部因素（如能力），将增加对行为结果的消极情感，灰心丧气，意志消沉；把成功或失败归因于不稳定的外部因素，容易形成听天由命、不负责的心理；最好把成功或失败归因于自己可以控制的不稳定的内部原因（如努力程度、动机强弱），这样会保持甚至增强成就的动机，有较强的自信心和自尊心。所以，青少年学生应该进行积极的归因训练，它包含两层含义：首先是“努力归因”，无论成功或失败都归于努力与否的结果，它会提高学生学习的积极性，当学习困难时或者成绩不佳时，一般不会因一时的失败而降低对将来会取得成功的期望。其次是“现实归因”，针对一些具体问题引导青少年进行现实归因，以帮助他们分析除了努力这个因素外，影响其学业成绩的因素还有哪些，是思维角度、方法，还是家庭环境、教师……这些因素在很大程度上会影响学业成绩。在“努力”归因时要时刻联系现实，在“现实”

归因中要强调努力的思想，这是合乎辩证法的，是主客观相统一的归因方法，是通过归因训练提高学生成就动机的有效途径。

（四）正确认识和评价自我

自我怀疑和自卑与自我认识偏差有关。韩进之等人（1990）研究认为，自我体验的发展与自我意识发展的总趋势相一致，小学儿童的自我体验与自我评价呈明显的一致性（r=0.996）。这说明随着儿童理性认识的提高，他们的自我体验也逐步趋于深刻。[1] 我们说，个体必须要到产生自我的情境中去体认自我，也就是说对所作所为的评估不应该脱离实际的情境，否则就成了“无源之水、无本之木”，但有消极自我体验的人往往是站在一个时空去体认另外一个时空的自我，而“自卑”的人往往是站在“彼时彼地”设定“此时此地”的我，比如小时候受生理条件限制而不能骑自行车，大了却因此而认为自己没有骑车的能力。

高自尊者意味着能够自我接纳、开放自我、自我展示、自我赞许、自我超越，他们具有较强的独立性，不易受暗示的影响。而低自尊者对自己往往持否定的态度，看不起自己，不喜欢自己，甚至自轻自贱。因此，提高自尊水平极为必要。引导青少年对自己进行积极的自我评价，是产生自尊的关键。对自己的评价要恰到好处，既不要夸大，也不要贬低，在肯定自己的同时，认真对待他人对自己的意见。当有些青少年遇到较多挫折时，往往会更多地看到自己的弱点或缺陷，这就需要恰当地归因。在追求理想过程中，要定出符合实际并经过努力能够达到的目标。有些目标虽然令人向往，而且是非常重要的，但自己的实际离它太远，由于受某些条件的限制，几乎是不可能实现的，或者总是以最有成就的、最为出色的人为目标，由于要求过高而不能实现，这些都肯定会降低自尊。

三、自我控制问题的调适策略

自我控制是自我意识在意志中的表现，是进行自我调节的最基本手段，它是个体对自己心理活动和行为的操纵，是有明确目标的实际行动与环境相互作用的过程。青少年要意识到社会的要求，并力求使自己的行动符合社会要求准则，激起自我控制动机；准确地从知识库中检索和认识与改造客观现实有关的知识，正确地评价自己运用这些知识的可能性；制订和完善指导自己行动的相应计划和程序；在行动中运用诸如自我分析、自我体验、自我鼓励、自我监督、自我命令等各种手段，努力驾驭自己的心理活动。

（一）树立明确的行动目标

人的行为应当是有目的性的行为，个体的行为有无目的性，结果是不一样的。

---

① 王耘、叶忠根、林崇德：《小学生心理学》，浙江教育出版社 2001 年版，第 254 页。

一般说来，有目标指向的行为较无目标指向的行为成就大得多，因为正确的目标能够诱发人的动机，强化人的行为，并促使其指向预定的方向。例如有的同学能够抵御种种诱惑，刻苦攻读，学业优秀，是因为他把学习成绩和自己未来的发展联系起来了。首先，要树立正确的自我目标，即按照社会的需要和个人的特点来设计理想自我。一是理想的目标要高尚，使个体的理想同社会的发展需求相适应；二是理想的目标要切合实际，即切合自己的知识程度、能力水平和生活经验等实际情况。其次，要细化目标，逐步实现。一般说来，细化和具体的目标易于完成，而完成分级目标，对于个体来说是一种积极的反馈，能增强自信心，从而努力实现下一个子目标，由此进入一个良性循环。

（二）善于权衡利弊

自我控制的动力来源，在于从根本利益和长远利益上去考虑。有些诱惑之所以对个体很有吸引力，就是因为它充分地显示了表面的、暂时的利益。个体在决定做一件事情的时候，常会产生各种对立动机的内部斗争，主要是高尚的动机（义务感、责任感、道德感等）与低级的动机（满足个人的某种欲望）之间的斗争，从斗争的结果可以看出个体自制力的高低。要检验一个人的自制能力强弱，可以看他的行为主要是臣服于本能的欲望或偶然的冲动、情感的驱使，大多选择“想要做”的事情，还是受理智制约，大多选择“应该做”的事情。在自我意识未能达到高度统一时，个体觉得“应该做”的事情与感到“想要做”的事情往往是不一致或有差别的。如果有较强的自制力，那么就会选择做“应当做”的事情，并善于劝说自己去做应当做的事情，克服妨碍这样选择的愿望和动机（如恐惧、懒惰、过分的自爱、不良的习癖等），从而自主地塑造自己。

（三）加强相关技能训练

青少年自我控制发展包含社会认知、自我聚焦、行为调节技能等方面，为促进青少年自我控制能力的发展，学校和家庭教育应重视以下几个方面：

1. 促进青少年社会认知能力的发展。社会认知包括对社会客体关系的认知以及人的社会行为之间关系的理解和推动。随着角色采择、社会推理、行为归因等社会认知技能的发展，青少年有可能对所遇到的社会情境作出正确评价，形成恰当的行为调节策略并采取相应的行为。青少年的社会适应行为表现，有赖于青少年的社会认知能力的发展水平。学校和家庭教育应根据青少年的认知发展水平，利用各种教育资源，有意识地创设情境培养青少年的社会认知技能。

2. 培养青少年情绪、情感的调节能力。情绪体验在行为控制中起着“行”或“止”的作用，太多因调节失败所导致的不良情绪体验，可能使青少年陷入“失控感”。失控感常常还伴随生理、心理上的变化。长期处于失控状态的青少年还可能体验到绝望感，从而放弃一切改变困境的努力。学校和家庭教育应注意培养青少年情绪、情感的调节能力，培养青少年良好的积极进取的心态，提高青少年对新环境的适应能力。

3. 指导青少年形成有效维持注意的认知策略。实际活动往往要求在自我和环境聚焦间灵活转换。缺乏自我控制的青少年相对缺乏自我聚焦能力，显得冲动、无法延缓满足。缺乏这种能力的青少年无法将实际行为与行为准则相对照，从而难以完成行为调节。实验表明，儿童在抵制诱惑及延缓满足时采用了一定的认知策略，通过想象、自我暗示等认知策略的训练，可有效促进儿童的自我调节行为。有人使用自我监督方法来帮助儿童抵制分心，也取得了好的效果。教育中可采用类似的方法来指导或训练青少年，帮助他们形成有效的认知策略以维持各种行为调节中所需的注意聚焦。[①]

附录　青少年学生社会自我问卷（ASSC 问卷）

亲爱的同学：

你好！欢迎你参加关于中小学生心理发展特点的研究。这份问卷的目的在于帮助你了解自己，每一个题目都是在描述你的实际情况，答案没有对错和好坏之分。为了能真实地反映你对这些问题的看法和做法，请你根据自己平时是怎么做的，怎么想的，如实作出回答。如果不能如实回答下面的问题，那么这项调查对你是没有用处的。希望大家珍惜这次机会，认真作答。

回答时请注意：

●请你认真读懂每句话的意思，然后根据该句话与你自己的实际情况相符合的程度，在答题纸上相应字母前的方框内打“√”。各个字母的具体含义如下：

A：完全不符合；B：大部分不符合；C：不确定；D：大部分符合；E：完全符合。

●除非你认为其他 4 个选项都不符合你的真实想法，否则请尽量不要选择“不确定”。

●对每个测题你不必多费时间反复考虑，只要选择出你即时想到的第一个符合自己实际想法的答案即可。

●请你认真回答每一个问题，不要漏选，每题只选一个答案。

●本问卷要反复使用，请你不要在上面做任何记号或写字，答案只能写在答题纸上。

●本问卷中的兄弟姐妹，除同胞兄弟姐妹外，还包括堂兄、堂弟、堂姐、堂妹或表兄、表弟、表姐、表妹。

① 邓赐平、刘金花：《儿童自我控制能力教育对策研究》，《心理科学》1998 年第 3 期。

1. 同性别的同学和朋友有委屈时，他们愿意向我倾诉。
□A □B □C □D □E

*2. 我觉得老师经常在故意刁难我。 □A □B □C □D □E

3. 和父母在一起，我有一些开心的事。 □A □B □C □D □E

*4. 和兄弟姐妹在一起玩，我很开心。 □A □B □C □D □E

*5. 我经常和邻居家的小孩一起玩。 □A □B □C □D □E

6. 和陌生人说话，我很难开口。 □A □B □C □D □E

*7. 面对父母的唠叨，我总能理解。 □A □B □C □D □E

*8. 我经常将好吃或好玩的东西让给弟弟或妹妹。 □A □B □C □D □E

*9. 我觉得学习是我的头等大事。 □A □B □C □D □E

*10. 当同学有困难时，我会主动帮助。 □A □B □C □D □E

*11. 一般来说，我与别人能够和睦相处。 □A □B □C □D □E

12. 我的所作所为常常引起集体中其他成员的非议。 □A □B □C □D □E

13. 在集体活动中，我常常被大家遗忘。 □A □B □C □D □E

*14. 当老师布置任务给我时，我总是欣然接受并努力做好。
□A □B □C □D □E

*15. 对我的所作所为，同学们都比较欣赏。 □A □B □C □D □E

16. 我觉得同学们都瞧不起我。 □A □B □C □D □E

*17. 假如我中途不上学了，家人不会在乎的。 □A □B □C □D □E

18. 为了让父母、老师和同学都满意，我常常处于矛盾冲突之中。
□A □B □C □D □E

*19. 对于他人的想法和行为，我总是难以理解。 □A □B □C □D □E

*20. 看电影时，我常常为主人公的不幸遭遇而难过。 □A □B □C □D □E

*21. 与别人说话时，我总是面带微笑。 □A □B □C □D □E

*22. 我从不说谎。 □A □B □C □D □E

23. 即使和一大群同性别同学在一起，我也常常感到孤寂和失落。
□A □B □C □D □E

24. 父母通常能顾及我的心情。 □A □B □C □D □E

*25. 在学校里，我常常受到老师的批评和惩罚。 □A □B □C □D □E

26. 有好玩的东西，我会拿出来和弟弟妹妹们一起玩。
□A □B □C □D □E

*27. 我经常和邻里为一些小事发生争吵。 □A □B □C □D □E

28. 我对陌生人总是敬而远之。 □A □B □C □D □E

*29. 总体上，我比较受大家的欢迎。 □A □B □C □D □E

*30. 我经常与父母保持良好的沟通。 □A □B □C □D □E

*31. 我经常辅导弟弟或妹妹做功课。 □A □B □C □D □E

32. 我觉得能在学校里安心学习是一件令人愉快的事。 □A □B □C □D □E

*33. 当朋友不开心时，我会想办法劝慰。 □A □B □C □D □E

34. 我觉得参加任何集体活动都是浪费时间。 □A □B □C □D □E

*35. 在班级活动中，我很少有表现的机会。 □A □B □C □D □E

36. 遇事，同学们通常听从我的主意。 □A □B □C □D □E

37. 我能够按自己的想法布置自己的房间。 □A □B □C □D □E

*38. 我觉得许多事情都是老师和父母强加给我的。 □A □B □C □D □E

39. 我的所作所为离父母和老师对我的要求相距甚远。 □A □B □C □D □E

*40. 我常常感到不同的人对我的期望是不同的。 □A □B □C □D □E

*41. 我总是尽量去了解别人对事物的看法。 □A □B □C □D □E

*42. 看到小动物受人虐待，我并不感到难过。 □A □B □C □D □E

*43. 许多人都说，我讲话的声音很吸引人。 □A □B □C □D □E

*44. 有时我真想骂人。 □A □B □C □D □E

*45. 我觉得大多数的同性别同学都在孤立我。 □A □B □C □D □E

46. 在学习上，我经常得到老师的鼓励和支持。 □A □B □C □D □E

47. 与邻里见面，我很少向他们打招呼。 □A □B □C □D □E

*48. 我常常觉得我的父母似乎在惩罚我。 □A □B □C □D □E

*49. 当兄弟姐妹中有人生病时，我很着急。 □A □B □C □D □E

50. 我很少主动和陌生人交流。 □A □B □C □D □E

*51. 我觉得自己很难与周围其他人相处。 □A □B □C □D □E

*52. 当父母之间发生不愉快的事时，我总是从中调节，帮助他们和好。 □A □B □C □D □E

*53. 陪着弟弟、妹妹一起玩是件愉快的事。 □A □B □C □D □E

*54. 我很少因违反学校和班级纪律而受到老师批评。 □A □B □C □D □E

*55. 我常常帮助学习和生活上有困难的同学。 □A □B □C □D □E

56. 考虑到班集体荣誉，我常常放弃一些不理智的行为。 □A □B □C □D □E

*57. 我觉得自己是班上重要的一员。 □A □B □C □D □E

*58. 在学校，同学们经常欺负我。 □A □B □C □D □E

59. 当家里发生重大事情时，父母会询问我的意见。 □A □B □C □D □E

*60. 假如父母是学校里的清洁工，我会在同学面前装作与他们不相识。
□A □B □C □D □E

61. 我常常因不能实现心中的理想自我而感到苦恼。□A □B □C □D □E

*62. 从学生干部变为一名普通学生，我需要很长的时间才能适应。
□A □B □C □D □E

63. 我能够根据一些信息，推断出别人的想法和意图。
□A □B □C □D □E

64. 和别人在一起时，我能察觉出别人细微的情绪变化。
□A □B □C □D □E

*65. 我经常因为在心里想其他的事情，而不知道对方说了些什么。
□A □B □C □D □E

*66. 别人交给我的事情，我基本上能做好。 □A □B □C □D □E

*67. 当遇到困难时，我总会得到一些同性别同学的热心帮助。
□A □B □C □D □E

*68. 与异性同学交往时，我很有分寸。 □A □B □C □D □E

*69. 学习有困难时，我会向老师请教。 □A □B □C □D □E

70. 我的所作所为常使父母不高兴和失望。 □A □B □C □D □E

71. 我们兄弟姐妹之间经常发生不愉快的事。 □A □B □C □D □E

72. 我经常因帮助邻居而受到大家的好评。 □A □B □C □D □E

73. 在公共场合，我和陌生人能自如地交往。 □A □B □C □D □E

*74. 我和爷爷、奶奶或外公、外婆很少发生争吵。 □A □B □C □D □E

75. 我觉得弟弟或妹妹给我添了许多麻烦。 □A □B □C □D □E

*76. 我常常为了看好看的电视节目而使得第二天上学迟到。
□A □B □C □D □E

77. 对于同学的偶然失约，我并不介意。 □A □B □C □D □E

78. 为了共同完成一件事，我会暂时放弃自己的不同想法。
□A □B □C □D □E

*79. 在班集体中，我有一种受人排斥的感觉。 □A □B □C □D □E

*80. 在同龄孩子中，很少有人来找我玩。 □A □B □C □D □E

81. 在家里接待我的同学和好友，父母很少反对。 □A □B □C □D □E

*82. 我们每个人都有自己必须去做的事情。 □A □B □C □D □E

83. 我常常觉得他人对我的期望是一种莫大的压力。□A □B □C □D □E

*84. 假如从班干部变成一名普通同学，我会很快恢复过来。
□A □B □C □D □E

*85. 面对同一件事，我们每个人的想法可能不同。 □A □B □C □D □E

*86. 对于他人的情绪反应，我常常感到莫名其妙。 □A □B □C □D □E

*87. 与别人在一起时，我很少和他人的目光发生接触。

□A □B □C □D □E

88. 在各项活动中，我常常感到有巨大的压力。 □A □B □C □D □E

89. 我觉得我跟异性同学更容易相处。 □A □B □C □D □E

90. 我能感到老师对我的学习很关心。 □A □B □C □D □E

*91. 我与父母沟通困难。 □A □B □C □D □E

*92. 有什么心事时，我喜欢向哥哥或姐姐讲。 □A □B □C □D □E

93. 我觉得周围的邻居都不好处，很难和他们打交道。

□A □B □C □D □E

94. 出门旅游，我与陌生人能很快熟起来。 □A □B □C □D □E

*95. 我经常利用假日去看望爷爷、奶奶或外公、外婆。

□A □B □C □D □E

*96. 当哥哥或姐姐有重要事情要做时，我尽量不去打扰他们。

□A □B □C □D □E

*97. 见了老师，我会主动向老师问好。 □A □B □C □D □E

*98. 当同学犯错误时，我会假装没看见。 □A □B □C □D □E

99. 我常常因参加集体活动而牺牲个人的利益。 □A □B □C □D □E

100. 老师经常在班上表扬我。 □A □B □C □D □E

*101. 我更愿意与比我年龄小的孩子玩。 □A □B □C □D □E

*102. 在家里，我常常屈服于父母的权威和命令。 □A □B □C □D □E

*103. 我觉得做好应该做的事情（比如学习）是我的职责和义务。

□A □B □C □D □E

*104. 我对心中理想的自我充满信心。 □A □B □C □D □E

*105. 当好友约我一起去玩，而父母却要求必须在家中温习功课时，我只是一味地生闷气，而不知道如何处理。 □A □B □C □D □E

*106. 和别人在一起，我总是不知道别人到底在想什么。

□A □B □C □D □E

*107. 对于生活条件较差的同学，我总是很同情他们。

□A □B □C □D □E

108. 讲话时，我的语调会随情境发生变化。 □A □B □C □D □E

*109. 我所认识的人不是个个都喜欢我。 □A □B □C □D □E

*110. 我对自己在各项活动中的表现比较满意。 □A □B □C □D □E

111. 平时，我与异性同学很少交往。 □A □B □C □D □E
*112. 在老师面前，我总是感到紧张和不安。 □A □B □C □D □E
113. 我的父母对我很公正。 □A □B □C □D □E
114. 弟弟或妹妹经常向大人们抱怨我不照顾他们。 □A □B □C □D □E
*115. 周围的邻居都不喜欢我。 □A □B □C □D □E
*116. 我常常从陌生人那里获得许多知识和经验。 □A □B □C □D □E
*117. 我觉得周围的人都不太喜欢我。 □A □B □C □D □E
*118. 我很关心家里老人的身体健康。 □A □B □C □D □E
*119. 当弟弟、妹妹受到欺负时，我会保护他们。 □A □B □C □D □E
*120. 除学习之外，我很少给老师添其他麻烦。 □A □B □C □D □E
*121. 当好友告诉我一些秘密时，我能为他们保守。 □A □B □C □D □E
*122. 在集体活动中，我会抓住每一个机会来表现自己，而很少顾及其他同学的参与情况。 □A □B □C □D □E
*123. 老师很少委派我单独去办事情。 □A □B □C □D □E
124. 我常常被同学请去化解他们之间的矛盾。 □A □B □C □D □E
125. 我觉得自己一举一动都在父母的监视之中。 □A □B □C □D □E
*126. 当老师或父母让我做一些事情时，我常常有“能逃脱掉就好了”的想法。 □A □B □C □D □E
*127. 我总是在一步一步地靠近心中理想的自我。 □A □B □C □D □E
*128. 当好友在考试中向我频繁求助时，我会权衡考虑，作出选择。 □A □B □C □D □E
*129. 我常常因没有考虑别人的想法而在无意间伤害了别人。 □A □B □C □D □E
*130. 逛街时，我会不自觉地绕开募捐箱。 □A □B □C □D □E
131. 和别人讲话时，我经常使用一些生动、适当的手势。 □A □B □C □D □E
*132. 偶尔我会想一些不可告人的事。 □A □B □C □D □E
133. 我和异性同学在一起能自如地讨论问题。 □A □B □C □D □E
134. 我觉得我跟同性别的同学更容易相处。 □A □B □C □D □E
135. 我的老师常使我觉得自己不够好。 □A □B □C □D □E
*136. 爷爷、奶奶或外公、外婆都很疼我。 □A □B □C □D □E
137. 平时，我很少听从哥哥或姐姐对我的劝告。 □A □B □C □D □E
138. 我经常被邻里们邀请到他们家里做客。 □A □B □C □D □E
139. 和陌生人在一起，我没有安全感。 □A □B □C □D □E

140. 在父母眼里，我是一个懂事的孩子。 □A □B □C □D □E

*141. 我是弟弟或妹妹学习的好榜样。 □A □B □C □D □E

*142. 我觉得努力学习是对老师辛勤劳动的最好回报。 □A □B □C □D □E

*143. 当好友没有准时到校时，我会为他（她）担心。 □A □B □C □D □E

*144. 和大家在一起时，我总是想着去超过别人。 □A □B □C □D □E

*145. 上课发言时，老师经常叫不出我的名字。 □A □B □C □D □E

*146. 在同龄孩子中，我很吃得开。 □A □B □C □D □E

147. 我的意见常常被父母不加考虑地反对。 □A □B □C □D □E

*148. 我从不随地吐痰。 □A □B □C □D □E

*149. 我发现异性同学总是在躲着我。 □A □B □C □D □E

150. 我与大多数老师能够友好相处。 □A □B □C □D □E

*151. 我觉得爷爷、奶奶或外公、外婆有点偏心眼儿。 □A □B □C □D □E

152. 弟弟或妹妹都不喜欢和我一起玩。 □A □B □C □D □E

153. 当父母不在而又遇到困难时，我能够得到邻里的帮助。 □A □B □C □D □E

*154. 我能礼貌地对待陌生人。 □A □B □C □D □E

*155. 在完成各项任务时，我总能从中得到较大的满足。 □A □B □C □D □E

156. 我一直努力成为父母的骄傲。 □A □B □C □D □E

*157. 当哥哥或姐姐有困难时，我会尽自己的力量为他们分担一些。 □A □B □C □D □E

*158. 我很乐意帮老师做一些力所能及的事情，比如擦黑板等。 □A □B □C □D □E

*159. 当好友受到欺负时，我会为他们打抱不平。 □A □B □C □D □E

*160. 在学校运动会上，我会竭尽所能为班级争光。 □A □B □C □D □E

*161. 班级选举时，几乎没有人投我的票。 □A □B □C □D □E

162. 在同龄孩子中，我很少有表现的机会。 □A □B □C □D □E

*163. 只要我的要求合理，父母都会满足。 □A □B □C □D □E

*164. 我从没有损坏或遗失过别人的东西。 □A □B □C □D □E

说明：题号前标有“*”的是在正式问卷中已删除的题项或测谎题。全书同，以下不再注明。

第三章 Di San Zhang
青少年价值观问题与教育对策

价值观作为一种观念系统，直接影响着个体对客观事物、观念和行为的判断和评价，它渗透于人的整个个性之中，对人的思想和行为具有一定的导向或调节作用。青少年的价值观尤其重要，它对个体的社会化有重要的作用。本章在概述价值观的概念、性质、表现形式、基本成分和种类的基础上，重点探讨了青少年价值观发展的现状与基本特点，对青少年价值观中存在的问题及其成因进行了系统阐述，并在此基础上提出了相应的教育策略。

第一节　价值观概述

一、什么是价值观

（一）价值观的含义

价值观（value）指的是从主体的需要和客体能否满足主体需要的角度，对客体的意义或重要性进行评价和选择的观念系统。

价值观作为一种观念系统，直接影响着个体对客观事物、观念和行为的判断和评价，它渗透于人的整个个性之中，对人的思想和行为具有一定的导向或调节作用。如职业价值观支配着人的职业选择和职业行为，消费价值观支配着人的消费行为。

（二）价值观的性质

心理学界常把人的心理活动分为心理过程和个性心理两个体系，而人的个性心理又是由个性倾向性和个性心理特征组成。价值观就属于个性倾向性的范畴。

从价值观与需要的关系来看，一方面，价值观以人的需要为基础，是人对客观事物的需求所表现出来的评价。对人生需要的不同追求常常反映了个体价值目标的不同取向。由于不同的个体具有不同的需要，即使是面对同一价值客体，个体在不同状态和不同环境下的要求也不尽相同，因此，对事物的价值评价也不一样。符合自身需要的便被认为是有价值的，就会激发个体的行为动机。另一方面，价值观也影响着人的需要和对需要的满足，对人的需要具有调节作用。

从价值观与动机的关系来看，价值观是个体行为的内在动力或机制，它决定着动机的性质、方向和强度。对客体的价值评价越高，激发的动机就越强，反之，激发的动机就越弱。

由于价值观比需要和动机具有更大的概括性，它调节和指导着人的各方面的行为，对人的影响更具根本性，因此价值观在个性倾向性中居于核心地位，是整合人格的决定性因素。

（三）价值观的基本表现形式

价值观作为个性倾向性的核心成分，它对个体的影响是通过兴趣、态度、信念、理想等形式表现出来的。

兴趣（interest）是个体认识某种事物或爱好某种活动的心理倾向。人的兴趣产生于需要，符合个体价值观的事物或活动就推动个体去认知，从而产生兴趣。兴趣是价值观的初级表现形式。

态度（attitude）是个体对社会、对自己、对他人的一种心理倾向，它包括对事物的评价、好恶、趋避等方面。态度表现在人的行为方式中。人们对同一事物价值观念不同，从而表现出态度上的差异。价值观是高度概括化了的态度。

信念（belief）是个体坚信自己所获得的知识的真实性，并调节控制个体行动的心理倾向。信念是认知和情感的升华，也是认识转化为行动的中介，它通过对个体需要的调控来实现动机对行为的影响。

理想（idea）是一种与个体的现实生活密切联系的对未来的向往和憧憬。它与个体的价值目标紧密相联，通过目标来激发和影响人的行为。

二、价值观的基本成分和种类

（一）价值观的基本成分

价值观是一个多维度、多层次的观念系统，从其结构体系上看，可以把价值观分成三个维度的子系统：

1. 目标系统：是个体思考、确定并追求的对其行动具有重要意义的目标，表现为个体的价值目标。价值目标是价值观的核心，它决定着个体价值观的性质和方向，指导着个体价值观的选择。

2. 手段系统：是个体为实现价值目标而采取的方式方法，表现为个体的价值手段。不同的价值手段，其性质、效果可能不同，人们总要对各种价值手段进行比较分析，选择最佳手段。

3. 调节系统：是个体依据一定的规则对客观事物满足自身需要的程度的评价，同时调节着主体自身的行为取向，表现为个体的价值评价。它对于个体采取一定的手段去实现价值目标起着推动或阻碍的作用。

（二）价值观的种类

国内外许多学者提出了许多不同的价值观分类。具有代表性的有：

佩里（1926）认为价值观由认知的、道德的、经济的、政治的、审美的和宗教的六要素组成。[①] 之后许多学者在佩里的观点基础上发展出相似的价值观结构。

罗克奇（1973）将价值观分为“行为方式”与“终极状态”两大类，即工具性价值观和终极性价值观。[②] 这一分类法体现了罗克奇对价值观的层次性和顺序性的认识以及表达了价值观作为深层结构和信仰体系与行为选择之间的相互体现和相互依存的性质。

价值观作为一种复杂的心理现象，是一种多维度、多层次的观念系统。因此，要对价值观进行科学分类，应从其内在结构上去把握。根据对价值观的层次性和顺序性的认识，可以将价值观的内在结构分为核心层次和外围层次。

对于个体而言，人生价值观是人们对自身的社会地位、人生目的、意义以及个人与他人、个人与社会等关系进行认识和评价时所持的基本观念，它主要回答“什么样的人生才有价值”的问题，它决定着一个人对行为方式、手段和目标的选择，影响着一个人一生的发展方向和道路。在人生价值观周围，是个体对满足人生各方面需求的价值评价体系，如婚恋价值观、消费价值观、审美价值观、道德价值观、政治价值观、教育价值观等等。因此，人生价值观在价值观体系中居于核心地位，是核心层次的价值观。

人生价值观是居于核心地位的价值观，其他价值观诸如政治、婚恋、教育、审美、消费价值观等是居于核心周围的外围价值观。核心价值观决定着总的价值目标，对其他外围价值观起着制约作用，外围价值观是核心价值观的具体体现。

具体来说，有的人追求自身生活富有，有的人追求实现政治抱负，有的人追求实现艺术上的成就，这是人生价值观在政治价值、审美价值、经济价值等价值目标上的不同体现，是外围价值观对核心价值观的具体体现。人的生活中离不开婚恋、职业的选择，离不开对知识、道德修养、艺术修养的追求，离不开对政治和社会生活的关注，这些都是外围价值观对人生价值观在不同方面的体现。

---

① R. B. Perry: *General Theory of Value*, Cambridge, Mass: Harvard University Press, 1926.
② M. Rokeach: *The Nature of Human Values*, New York: Free Press, 1973.

三、价值观的特点

（一）驱动性

价值观可以持久地激发人们对某种价值目标的强烈感情和欲望，它是个体追求价值目标实现的内在驱动力，起着导向作用。

（二）社会历史性

社会存在决定社会意识。价值观是个性社会化的集中表现，具有鲜明的时代特点，处于不同时代、不同社会生活环境的人们价值观具有不同的特点。

（三）稳定性

价值观是高度概括化的观念体系。价值观一经形成，便不易改变，驱动个体行为较为一致地朝向某一目标和带有一定的倾向性。

（四）评判性

个体总会以自己的需要为尺度对客观事物进行评价和判断，从而决定其价值大小和选择实现价值目标的手段。

（五）凝聚性

价值观具有鲜明的感召力和强烈的凝聚力，能有效地协调、组合、规范社会生活的各个领域，从而调节和影响个体和群体的实践活动。

（六）多元性

不同的个体由于其需求不同、人生阅历和所处社会环境不同，因此价值观也各异。如有的人追求经济上的富有，有的人追求政治地位，有的人崇尚科学，有的人爱好艺术等等。

第二节　青少年价值观的形成和特点

一、青年价值观的形成

心理学学者通过研究发现，人生价值观的形成必须具备三个条件：（1）思维的发展水平要达到能够对社会现象进行分析，能够通过各类社会标准评价生活的价值，提出明确的生活设想的程度。（2）自我意识的发展水平要达到经常能够自我观察、自我分析、自我评价、自我教育的程度，这样才有可能对自己生活的意义进行反思，能初步根据社会的要求来设计人生。（3）社会性需要的发展，个体要能够认识自己与他人、与社会的关系，认识到承担的社会任务以及完成社会任务的意义，这样才能产生对人生的思考，形成对人生的价值与意义的认识。以上三点是人生价值观问题进入个体意识领域所必不可少的心理条件。

一般认为，人生价值观在个体意识中的出现是在青年初期，基本稳定是在青年中期。

（一）产生于青年初期

儿童少年时期，虽然积累了一些对人生的零星而感性的经验和体会，但个体对社会生活的意义进行概括的思维能力还没有得到充分发展，其人生价值观问题还没有提到日程上来。当个体进入青年初期即十五六岁时，三个心理条件便初步达到，于是个体开始思考人生问题，人生价值观开始萌芽。最初的标志是提出对涉及社会生活及与自己前途直接有关的事件的种种疑问，如“人为什么活着?”“人活着的意义是什么?”“人应该怎样活着?”等等。但最初对这些问题的思考还不是经常性的，遇到有关的事件时思考，离开有关事件又不思考，还没有达到经常而且主动思考的程度。

个体成长到十七八岁，由于生活上的独立性显著增强，社会活动范围日益扩大，逐渐地承担一些社会义务，并接触到升学就业的选择问题，个体对人生的思考就要主动和经常些。对于自己所接触的社会活动和事件，总喜欢从有没有社会意义这方面来考虑。但这一时期对人生意义的思考，涉及的面还不很宽，看法也不稳定，具有明显的短暂性的特点。一旦自己认为最有价值的目标达不到，又容易产生悲观失望情绪，从而改变对人生意义的看法。外界环境的变化，人际关系的变化，或者遇到一些人生挫折，也可以改变其对人生意义的看法。

（二）基本形成于青年中期

青年中期是价值观确立、稳定的重要时期。处于青年中期的个体，不管是进入大学后所学专业的定向还是对所从事工作的社会意义的认识，其社会任务的性质已比较确定，而且随着时间的推移、知识的增多、智力的发展，个体对其所承担的社会任务在社会生活中的作用和意义的认识也越来越明确。另外，由于个人生活的坎坷，体验到人生的悲欢离合、走运、倒霉，越来越多地看到社会错综复杂的矛盾，也迫使青年更经常主动和深刻地思考一个凭着他的经验难以回答的“人为什么活着”的问题。个体在青年中期人生观的稳定还不及成年人，还没有稳定到难以改变的程度，仍具有一定的可塑性。特别是对于大学生而言，一方面，在几年的大学学习期间，他们所承担的社会任务远没有成人那样具体而明确，所以整个大学阶段的青年学生的价值观只能说日趋稳定。另一方面，大学生与未上大学而直接就业的青年相比，虽然在承担社会任务方面不像已就业者那样直接，但在涉及价值观问题的理论方面，则有更多的学习和探讨的机会，这又有利于他们更深刻地理解价值观的意义。

总之，价值观的形成和稳定主要是在青年期，其中青年中期是一个关键性的阶段。

二、影响青少年价值观形成的因素

人生价值观的形成是一个复杂的过程，影响人生价值观形成的因素是多方面的。一般而言，青少年人生价值观的形成涉及个体的全部内外环境，既包括生理因素和心理因素等内在因素，也包括自然与社会等外在因素，受到这些因素的综合影响。

（一）内在因素

青少年生理、心理的发展和成熟是价值观形成的基础和前提。青少年时期是身心发展变化最大的时期，特别是第一、第二性征的出现，促使青少年开始关注自己的身体、相貌，用新的眼光去认识自身，自我意识开始觉醒，评价自己、评价自己与他人的关系、评价自己在社会中的地位等内容逐渐增多。青少年的思维水平也得到了迅速发展，独立性、概括性、深刻性、批判性等思维品质逐步增强，又进一步推动了自我意识的迅速发展。同时，由于青少年在社会生活中面临升学与就业、友谊与孤独、成功与挫折、义与利、爱情与事业等人生问题，使得青少年开始从理性的角度去思考人活着的意义、人生追求的目标并选择一定的手段去实现。

（二）外在因素

主要有自然因素和社会因素两个方面。自然界的物理现象、化学现象、资源环境现象、数理现象等影响着青少年对客观世界的认识和价值观的形成与变化。

从社会因素的影响角度看，作为个性倾向性核心成分的价值观是个体与社会不断发生相互作用而逐渐形成的，是社会规范、生活方式内化的过程。其形成过程是复杂的、多种多样的。一方面是通过社会舆论、道德法律规范、学校教育等正式途径，有目的、有计划地把某种社会认可的价值观灌输给青少年，从而培养、调整或塑造他们形成符合社会规范的价值观；另一方面，则通过文化艺术、风俗习惯、政治经济、信息传媒等潜移默化地传递社会价值规范，影响青少年价值观的形成。

在社会因素中，教育有着举足轻重的作用。家庭教育影响青少年价值观的形成。父母总是通过言传身教等方式影响着子女对是非善恶的认识，并通过褒贬、奖惩等方式把自己的价值观传授给自己的子女。经调查研究，不同家庭教养方式影响着青少年价值观的形成与发展。和谐民主的家庭、父母积极乐观的生活态度对青少年价值观的形成产生积极的影响；家教方法粗暴或过分溺爱，对青少年价值观的形成产生消极影响。学校教育是价值观教育的主渠道。学校通过政治思想、道德规范、社会文化、成就观念等方面的教育，能够培养青少年形成符合社会发展要求的价值观。

此外，在社会文化因素中，要特别强调的是，随着时代的发展，信息传媒尤其是网络文化对青少年价值观的影响日益增大。网络打破了传统的时空限制，其超地域的开放性、虚拟隐蔽性和选择的自主性给青少年道德观念和价值观的形成产生重大影响，同时也给传统价值观教育观念和方式带来巨大挑战。

三、青少年价值观现状的调查研究

石斌（2002）根据开放式问卷和对学生、家长、教师访谈的结果①，以张进辅（1998）编制的价值观“词汇选择问卷”为基础进行了适当修订，对837名大、中学生进行了价值观问卷调查。调查问卷按价值观的三个维度即价值目标、价值手段、价值评价编制，由40个描绘价值目标的形容词词汇、40个描绘价值手段的词汇、40个描绘价值评价的词汇组成，要求被试在各部分分别选出3个最符合自己实际情况的词汇，并按其对自己的重要性程度排序。排列第一的记3分，排列第二的记2分，排列第三的记1分，再计算每个词汇所得总分，然后按每个词汇得分多少由高到低排序。

（一）青少年价值目标的现状与特点

将大学生和高中生对价值目标词汇的选择，按得分高低排列顺序，结果见表3－1。

表3－1　837名大、中学生对价值目标的选择

价值目标	总体（837人）	男（353人）	女（484人）	中学生（493人）	大学生（344人）
事业成功	560（1）	213（1）	347（1）	363（1）	197（2）
身体健康	489（2）	153（2）	336（2）	327（2）	162（3）
自我实现	361（3）	143（3）	218（4）	122（7）	239（1）
生活幸福	349（4）	109（4.5）	240（3）	189（3）	160（4）
家庭和睦	299（5）	109（4.5）	190（6）	187（4）	112（6）
素质全面	291（6）	96（7）	195（5）	158（6）	133（5）
真诚友谊	229（7）	98（6）	131（7）	163（5）	66（7）
富有金钱	184（8）	94（8）	90（10.5）	119（9）	65（8）
知识渊博	176（9）	65（11）	111（8）	121（8）	55（10）
寻求真爱	157（10）	85（9）	72（13）	107（11）	50（13）
有权有势	142（11）	61（12）	81（12）	109（10）	33（20.5）
国家强盛	139（12）	84（10）	55（17）	88（12）	51（11）
独立自主	136（13）	44（17）	92（9）	74（17）	62（9）
世界和平	130（14）	60（13.5）	70（14）	86（13）	44（16）
聪明能干	129（15）	39（19.5）	90（10.5）	79（15）	50（13）

① 石斌：《成都市青年学生人生价值观调查研究》，西南师范大学硕士学位论文，2002年。

续表

价值目标	总体（837 人）	男（353 人）	女（484 人）	中学生（493 人）	大学生（344 人）
能力出众	122（16）	60（13.5）	62（16）	77（16）	45（15）
婚姻美满	119（17）	53（15）	66（15）	82（14）	37（19）
个性鲜明	93（18）	40（18）	53（18）	52（19）	41（17）
性格坚强	79（19）	29（24）	50（19）	41（20.5）	38（18）
品格高尚	77（20）	35（21.5）	42（21）	53（18）	24（26）
心理健康	74（21）	27（25）	47（20）	24（27.5）	50（13）
光宗耀祖	56（22）	35（21.5）	21（24）	25（26）	31（22）
吃喝玩乐	50（23.5）	44（16.5）	6（38）	30（22.5）	20（27.5）
流芳百世	50（23.5）	39（19.5）	11（34）	28（24）	22（26.5）
成名成家	49（25）	32（23）	17（28.5）	30（22.5）	19（29）
世人仰慕	48（26）	24（27.5）	24（22）	41（20.5）	7（39）
超度灵魂	46（27）	26（25）	20（25.5）	16（30.5）	30（23）
社会承认	45（28）	22（32）	23（24）	17（29）	28（24）
发家致富	43（29）	23（30）	20（25.5）	26（25）	17（30）
民主自由	40（31）	24（28）	16（30）	14（32）	26（25）
奉献社会	40（31）	23（30）	17（28.5）	7（37）	33（20.5）
容貌出众	40（31）	23（30）	17（28.5）	24（27.5）	16（32）
保护环境	29（33）	16（35.5）	13（32.5）	16（30.5）	13（35.5）
人民幸福	28（34）	14（37）	14（31）	6（38）	22（26.5）
民族团结	24（35）	17（33.5）	7（30）	8（36）	16（32）
服务他人	23（36）	10（38）	13（32.5）	10（34.5）	13（35.5）
社会稳定	20（37.5）	17（33.5）	3（40）	5（39）	15（34）
创造发明	20（37.5）	16（35.5）	4（39）	10（34.5）	10（38）
共同富裕	16（39）	9（39）	7（36）	11（33）	5（40）
平等互利	15（40）	8（40）	7（36）	4（40）	11（37）

说明：①括号外的数值为该项目在该被试群中所得的加权分总和。

②括号内的数值为该项目在所有项目中的顺序。

由表 3—1 可见：

1. 青年学生最为重视的 10 项价值目标依次为事业成功、身体健康、自我实现、生活幸福、家庭和睦、素质全面、真诚友谊、富有金钱、知识渊博、寻求真爱。青年学生最重要的人生目标呈现出多元化的特点，人生目标中包括人生价值观、经济价值观、婚恋价值观、知识价值观等众多方面。按“个体性—社会性”维度对价值目标进行分析，个体性目标占70%，涉及个体与他人、与社会相关的价值目标仅占30%，表明青年学生十分关注与个人人生发展有关的人生目标，重视个人的身体、知识等综合素质，渴望人与人之间的真挚情谊与和谐关系，实现人生幸福。另一个突出特点是，当代青年学生极为注重经济价值目标，甚于政治、社会性价值目标，这也反映了我国长期以来以经济建设为中心的观念已深入人心，获得了社会各阶层包括青年学生的认同。从总体上看，这些调查数据体现了青年学生的价值目标多与青年学生的年龄特征和社会角色特征有关。

2. 国家强盛、独立自主、世界和平等政治价值目标被排在前列，表明大多数青年学生仍具有较强的社会责任感和历史使命感，体现了青年学生在注重个人事业成功的同时，也重视对整个社会的思考，具有中华民族爱国主义的传统美德，说明青年学生的人生目标从总体上看是积极向上的。

3. 人民幸福、服务他人、平等互利排位靠后，体现了当代青少年道德价值观的特点，说明当代青年学生的服务意识、奉献意识较差，对社会的实际关注较少，关爱他人的意识不够。

4. 吃喝玩乐、超度灵魂排位居于中列，表明青年学生中有相当一部分人尚未树立起正确的人生观，人生目标存在着贪图享乐等消极因素。

5. 经统计检验发现，男生比女生更渴望成名成家，更为关注社会稳定、创造发明等社会性目标，而女生更为关注生活幸福、素质全面等个体性目标，但男生比女生更看重吃喝玩乐等享乐性的人生目标。大学生比高中生更为关注社会稳定、奉献社会、民主自由、人民幸福等社会性目标，关注自我价值的实现和自身的心理健康；高中生更为关注有权有势、身体健康、事业成功等个体性目标。

6. 随着年龄的增长，青年学生对人生的认识呈现出一定的差异。青年初期即高中阶段，学生对人生有了初步的、经常性的思考，形成了初步的人生目标，主要是与个人生活及自身发展相关，较少思考个人与社会的关系，对社会关注较少，并且变化较大，尚未稳定；进入青年中期，大学生的独立性增强，接触了解社会增多，更多地思考个人与社会的关系，其人生目标也从过多地关注自身素质、未来生活转变为全面关心自身、他人、社会，特别表现出了对国家、对政治、对社会文化的关注，如国家强盛、民主自由、奉献社会等人生目标被大学生看重，体现了较明显的年龄上成熟的特点和对人生思考的深入；此外，随着年龄的增长，大学生的人生目标也呈现出日趋稳定的特点。

（二）青少年价值手段的现状与特点

将大学生和高中生对价值手段词汇的选择，按得分高低排列顺序，结果见表3—2。

表 3—2　837 名大、中学生对价值手段的选择

价值手段	总体（837 人）	男（353 人）	女（484 人）	中学生（493 人）	大学生（344 人）
诚实守信	572（1）	220（1）	352（2）	367（1）	205（2）
拼搏进取	555（2）	168（2）	387（1）	334（2）	221（1）
敢于竞争	369（3）	124（5）	245（3）	256（3）	113（7）
深谋远虑	325（4）	149（3）	176（4）	204（4）	121（4.5）
求真务实	275（5）	120（7.5）	155（5）	113（10）	162（3）
互利合作	272（6）	134（4）	138（8）	157（6）	115（6）
随机应变	267（7）	120（7.5）	147（6）	189（5）	78（10.5）
百折不挠	264（8）	122（6）	142（7）	143（7）	121（4.5）
兢兢业业	195（9）	86（10）	109（9）	108（11）	87（8）
敢冒风险	187（10）	92（9）	95（13）	118（8）	69（12.5）
量力而行	171（11）	64（13）	107（10）	85（13）	86（9）
永争第一	170（12）	68（12）	102（11）	116（9）	54（14）
自我控制	152（13）	71（11）	81（14）	74（14）	78（10.5）
洁身自好	145（14）	47（15）	98（12）	101（12）	44（15）
从从容容	118（15）	42（12）	76（15）	49（16）	69（12.5）
不择手段	96（16）	61（14）	35（18.5）	64（15）	32（18.5）
有效放松	83（17）	21（24）	62（16）	43（17）	40（16）
埋头苦干	73（18）	38（18）	35（18.5）	41（18）	32（18.5）
与世无争	70（19）	37（20）	33（20）	35（22）	35（17）
忍辱负重	63（20.5）	43（16）	20（26）	35（22）	28（20.5）
圆滑世故	63（20.5）	20（25）	43（17）	35（22）	28（20.5）
我行我素	59（22）	37（19.5）	22（24）	36（19.5）	23（23）
标新立异	49（23）	17（28）	32（21）	36（19.5）	13（31）
谨小慎微	44（24）	19（26）	25（23）	27（25）	17（27）
见好就收	43（25）	23（22.5）	20（26）	21（26）	22（24）
难得糊涂	42（26）	27（21）	15（30）	15（29）	27（22）
听天由命	38（27）	18（27）	20（26）	28（24）	10（34）
寻求帮助	34（28）	3（38.5）	31（22）	15（29）	19（25.5）
循规蹈矩	32（29）	12（32.5）	20（26）	13（32）	19（25.5）
逢场作戏	31（30.5）	23（22.5）	8（34）	15（29）	16（28）
投机取巧	31（30.5）	14（30.5）	17（29）	20（27）	11（33）
得过且过	29（32）	16（29）	13（31）	14（31）	15（29）

续表

价值手段	总体（837人）	男（353人）	女（484人）	中学生（493人）	大学生（344人）
委曲求全	23（33）	14（30.5）	9（33）	11（33）	12（32）
时冷时热	17（34）	7（35.5）	10（32）	9（34）	8（35）
消极应付	16（35）	12（32.5）	4（36）	2（29）	14（30）
坐享其成	10（36.5）	7（35.5）	3（37.5）	5（36.5）	5（36.5）
回避退让	10（36.5）	8（34）	2（39）	5（36.5）	5（36.5）
甘做人梯	9（38）	3（38.5）	6（35）	6（35）	3（39.5）
不知所措	7（39）	6（37）	1（40）	3（38）	4（38）
犹豫徘徊	4（40）	1（40）	3（37.5）	1（40）	3（39.5）

说明：①括号外的数值为该项目在该被试群中所得的加权分总和。
②括号内的数值为该项目在所有项目中的顺序。

由表3-2可见：

1. 当代青年学生最愿意采用的10种价值手段依次为：诚实守信、拼搏进取、敢于竞争、深谋远虑、求真务实、互利合作、随机应变、百折不挠、兢兢业业、敢冒风险，可以看出当代青年学生为了实现价值目标，满足自身多方面需要，产生了多种行为动机，驱使实现价值的手段呈现出多样性。从“积极—消极”维度对青年学生最愿意采用的10种价值手段进行分析，积极的价值手段占100%，表明青年学生采用的价值手段从总体上看是积极的、进取的、合法的，并且具有一定的稳定性和灵活性。如他们注重通过自身的努力奋斗和与人合作来实现价值目标，体现了受当今信息化社会和知识经济时代的影响，青年学生既重视自身努力奋斗，又注重团队精神和合作意识；重视兢兢业业、百折不挠体现了所采用的人生手段的稳定性和坚韧性，同时，主张遇到问题时的随机应变，又体现出了一定的灵活性。

2. 青年学生对消极应付、坐享其成、犹豫徘徊、得过且过等价值手段排位靠后，表明当代青年学生具有较强的自信心和强烈的进取意识，愿意通过自身劳动获取幸福，而不是依赖家庭和他人。

3. 青年学生把诚实守信排在第一位，表明近年来我国大力加强公民道德和诚信建设，取得了积极成效，青年学生已将其内化为自己为人处世的准则。但甘为人梯排序居后，表明青年学生的服务意识和奉献精神较差。

4. 循规蹈矩、委曲求全、难得糊涂等排序居后，表明当代青年学生在思想观念上抛弃了传统的、保守的和因循守旧的成分。

5. 经统计检验发现，男生在实现价值目标时比女生更注重采用不择手段、逢场作戏、我行我素以及忍辱负重等方式和手段，女生比男生更看重循规蹈矩，面对困难时更注重选择有效放松和寻求帮助。高中生比大学生更看重敢于竞争、随机应变、诚实守信等价值手段；大学生更注重采用求真务实、从从容容等务实、平稳的价值手段。以上年龄差异表明，随着年龄的增长，青年学生在面临人生历程中的困难和痛苦时，逐渐学会了冷静和沉稳，也更善于对自身行为进行控制。

（三）青少年价值评价的现状与特点

将大学生和高中生对价值评价词汇的选择，按得分高低排列顺序，结果见表3—3。

表3—3　837名大、中学生对价值评价的选择

价值评价	总体（837人）	男（353人）	女（484人）	中学生（493人）	大学生（344人）
开朗达观	804（1）	252（1）	552（1）	547（1）	257（2）
自信乐观	701（2）	226（2）	475（2）	436（2）	265（1）
心平气和	541（3）	219（3）	322（3）	320（3）	221（3）
自得其乐	314（4）	158（4）	156（4）	135（6）	179（4）
轻松自在	274（5）	110（5）	164（4）	177（4）	97（6）
平平淡淡	242（6）	96（6）	146（6）	102（9）	140（5）
愉悦舒畅	198（7）	54（10）	144（7）	142（5）	56（10）
感觉良好	191（8）	81（7.5）	110（8）	126（7）	65（8.5）
安安全全	160（9）	61（9）	79（10）	125（8）	35（15）
爱恨交加	139（10）	50（12）	89（9）	101（10）	38（13）
心安理得	132（11）	64（8）	68（11）	60（11）	72（7）
优哉游哉	106（12）	48（13）	58（13）	41（15.5）	65（8.5）
自我满足	96（13）	37（18）	59（12）	48（13）	48（11）
扬眉吐气	76（14）	44（14）	32（16）	54（12）	22（24）
愤世嫉俗	75（15）	51（11）	24（20.5）	39（18）	36（14）
焦虑忧郁	68（16）	28（23.5）	40（14）	27（21.5）	41（12）
忧心忡忡	63（17.5）	39（16）	24（21）	40（17）	23（22.5）
兴奋激动	63（17.5）	26（25）	37（15）	42（14）	21（26.5）
自命不凡	61（19）	43（15）	18（28）	31（20）	30（16）
冷酷无情	59（20）	38（17）	21（25）	41（15.5）	18（29.5）
左右逢源	58（21）	35（19）	23（22）	32（19）	26（17）
生不如死	50（22）	25（26）	25（19）	25（25）	25（18.5）
孤芳自赏	49（23）	29（22）	20（26）	26（23.5）	23（22.5）
苦闷空虚	48（24）	22（28）	26（18）	27（21.5）	21（26.5）
烦躁不安	42（25）	12（35.5）	30（17）	26（23.5）	16（31）

续表

价值评价	总体（837人）	男（353人）	女（484人）	中学生（493人）	大学生（344人）
悲观厌世	40（26）	21（29）	19（27）	15（30.5）	25（18.5）
心灰意冷	39（27.5）	28（23.5）	11（31）	15（30.5）	24（20.5）
走投无路	39（27.5）	30（21）	9（35）	15（30.5）	24（20.5）
孤独无助	38（29）	30（21）	8（36）	17（28）	21（26.5）
麻木不仁	37（30）	15（31.5）	22（23.5）	19（27）	18（29.5）
自我陶醉	34（31.5）	12（35.5）	22（23.5）	21（26）	13（33）
虚幻缥缈	34（31.5）	23（27）	11（31）	13（34.5）	21（26.5）
无动于衷	26（33）	20（30）	6（37）	15（30.5）	11（35.5）
悲天悯人	22（34）	12（35.5）	10（33.5）	13（34.5）	9（37）
怨天尤人	17（35.5）	2（40）	15（29）	14（33）	3（40）
沾沾自喜	17（35.5）	12（35.5）	5（38）	9（36.5）	8（38）
自暴自弃	16（37.5）	15（31.5）	1（40）	1（40）	15（32）
妄自菲薄	16（37.5）	6（38）	10（33.5）	9（36.5）	7（39）
萎靡不振	15（39.5）	12（35.5）	3（38.5）	4（38）	11（35.5）
自惭形秽	15（39.5）	4（39）	11（31）	3（39）	12（34）

说明：①括号外的数值为该项目在该被试群中所得的加权分总和。
②括号内的数值为该项目在所有项目中的顺序。

从表3－3可见：

1. 青年学生认为最符合当前实际情况的前10项价值评价依次为：开朗达观、自信乐观、心平气和、自得其乐、轻松自在、平平淡淡、愉悦舒畅、感觉良好、安安全全、爱恨交加。从这前10位的价值评价来看，按“乐观—悲观”维度分析，对当前自己人生评价乐观的占60%以上，介于乐观与悲观之间较平常的占40%。怨天尤人、自暴自弃、妄自菲薄、萎靡不振、自惭形秽等较悲观的人生评价居于最后，这充分说明青年学生对当前自身的人生持满意态度并乐观地面向未来。

2. 生不如死、忧心忡忡、冷酷无情等评价排序居中，表明青年学生在面对困难和痛苦时，缺乏客观认识，对现实中的人生评价比较偏激，容易走上极端。

3. 经统计检验发现，男生在对当前自己人生的评价时，选择萎靡不振、忧心忡忡、虚幻缥缈、麻木不仁、走投无路、冷酷无情、自暴自弃等的悲观性评价高于女生，女生在愉悦舒畅、自我满足、兴奋激动等乐观性评价上高于男生。

本次调查研究与张进辅1998年所作的价值观调查比较，青年学生的价值观出现了一定变化。表现在：1998年，青年学生价值目标排列前三位的依次为事业成功、国家强盛、纯真爱情，2002年青少年价值目标排列前三位的为事业成功、身体健康、自我实现；1998年调查中，价值手段排列前三位的为拼搏进取、诚实守信、深谋远虑，2002年调查中，排列前三位的为诚实守信、拼搏进取、敢于竞争；1998年价值评价排列前三位的是自信乐观、心平气和、自得其乐，2002年排列前三位的为开朗达观、自信乐观、心平气和。从比较中可见，当代青年学生普遍重视事业成功，并且更为关注人生幸福和人生价值的实现，竞争意识进一步增强，个性更加鲜明、开朗，而政治责任感和社会责任感却不如以前青年学生强烈。

第三节　青少年价值观问题的成因及教育对策

一、价值观问题的主要表现

（一）重个性自由轻社会规范

当代青少年价值观的一个突出特点是追求独立人格，重视自我感受，崇尚个性自由，这是社会的发展与变迁给价值观带来的变革，体现了社会对个体和对人性的关注，是时代的进步。他们强调自我自主意识，注重自我价值的多元追求，却把价值的主体需要与个人的主观欲求混为一谈。一些青少年反感社会规范，把社会规范对个体的约束当做羁绊，甚至以与社会规范对立为荣。他们片面强调个体的主体性，忽视整体的价值与利益。由于他们对自我和社会缺乏必要的理性认知，在行为调控上缺乏对自我行为的约束机制，往往矫枉过正，脱离社会寻找自我，解放自我变成了放纵自我，导致部分青少年自我意识的膨胀和对社会的漠视。

（二）重竞争轻合作

市场经济的竞争观念、效益观念强化了青少年的竞争意识，这一观念是符合社会进步要求的。但调查研究发现，不少青少年片面强调竞争与自我奋斗，以为集体协作使人际关系复杂化，会降低办事效率，个人价值得不到充分体现，难以得到他人和社会的承认，从而轻视与人的合作和集体观念。

（三）重实用功利轻内在精神

在调查问卷中，许多青少年肯定精神需求的价值，但构成他们行为动机的往往是对现实或对未来是否有用的实用性要求和对实际物质利益的功利性要求。他们对实用功利价值的追求欲望远远超过了对道德、社会理想价值的兴趣。如在对事物价值的评价上，重视外在的物质利益的满足，以有用或功利为自己行为取向的标准，追逐功利、看重金钱、贪图享受，而忽视其人文精神、科学观念、道德品质，甚至以金钱的拥有量来衡量人生价值的大小，重利轻义。

（四）重才能轻道德

一些青少年认为，个人价值的实现，仅决定于个人的学识、才能、机遇和人际关系，而与品德无直接关系。因此，在实现人生目标过程中，往往不择手段，不惜牺牲他人利益和集体利益。强调才能对实现人生价值的作用，主要源于他们的特殊社会角色，他们处于知识积累阶段，其主要任务是获得知识，提高才能，唯有如此，才能在以后的学习或工作中获得更大的成绩。

（五）价值评价矛盾、失衡，知行不一致

许多青少年的情感态度、兴趣爱好、行动表现都体现出极大的不稳定性，对同一价值客体，有时趋之若鹜，有时又横加指责；或在价值评价上予以肯定，但在行为上却不表现出来，如许多青少年将“诚信”视为人生价值的重要评价标准，但在实际生活中却不信守承诺；痛恨腐败现象与大款们的奢侈浪费，自己却又会互相攀比，超前消费，贪图享乐。造成这种现象的主要原因是：一方面，青少年价值观尚未定型，他们的行为往往带有随意性，或为情绪所左右，或出于好奇或从众，价值观的选择往往多变；另一方面，青少年理论认识的标准和实践践行的标准不一致，他们的价值判断和实际行为严重脱节。反映在从知到行的过程中，主体内部的力量，如情感的激励、意志的调控等没有有效地促进由知到行的转化。

二、当代青少年价值观问题的原因剖析

（一）市场经济负面作用的消极影响

我国社会主义市场经济体制的确立和发展，极大地推动了我国经济发展和社会进步，对青少年树立正确的价值观有积极的推动作用，如市场经济的竞争性、平等性、开放性等特点有助于培养青少年公平、竞争和自强的精神。但市场经济的利益驱动原则、等价交换原则和优胜劣汰原则也有负面影响，导致个体需要的恶性膨胀，如看重金钱实利、唯利是图等，并因此滋生一些非法的价值手段，如损公肥私、损人利己，引起青少年价值观的偏差，更有青少年将金钱的多少作为衡量人生价值的唯一标准。

（二）外来文化和价值观的负面影响

我国加入WTO后，随着对外开放的全方位延伸以及国际化、全球化趋势的进一步发展，外来文化和价值观对我国社会的影响也日益深刻。西方的价值观念从各个领域冲击着我国传统的以集体主义为核心的价值观念，不断产生矛盾与碰撞，如西方价值观强调追求个人利益的天然合法性和正当性等观念，对青少年的影响尤为突出。许多青少年不从我国的现实国情出发，盲目照搬西方的生活观念、文化观念、价值观念，主张个性的极度自由、放松自我、享受生命、玩世不恭等，形成了消极的价值观和价值观的扭曲。

（三）社会不良风气的影响

现实生活中，一些社会不良风气和腐败现象对青少年价值观的形成产生严重的

负面影响，如唯利是图、损人利己、坑蒙拐骗和假冒伪劣等现象的泛滥，又如追逐功利、权钱交易、奢侈腐化等腐败现象，让不少青少年难以分辨和把握，导致理想迷失，随波逐流。

（四）网络文化的负面影响

网络对社会的促进作用与日俱增，它改变着人们的生活方式、工作方式和思维方式，是人类社会的重大进步。但网络文化的消极作用也不可忽视，如网络的虚拟隐蔽性，让不少青少年沉湎其中并形成网瘾，在网络的虚拟世界中，人的随意性被强化，道德观念、行为规范、法律意识被破坏和扭曲，极易使意志力薄弱的青少年放纵自身行为，削弱道德判断力，造成人生价值观紊乱。

（五）个体心理发展的不成熟

青少年的身心尚未发展成熟，他们的思维、情感常处于变化之中，道德认知能力、道德判断能力不强，自我监控力较弱，主观需要难有理智稳定的把握，致使他们常处于随意性、多变性的状态之中，而作为价值客体的客观世界纷繁复杂，没有清晰的判断标准，因而青少年的价值观常处于矛盾状态之中。

（六）学校教育和家庭教育存在的问题

主要体现在教育观念与意识落后，方式方法陈旧。当前，我国学校教育中价值观教育的观念与意识相对滞后于实际，市场经济的竞争、公平、利益驱动等原则观念以及对外开放、民主进步意识等对原有的价值观教育的范式、教育体系造成极大的冲击，而教育在很多方面不敢突破，因循守旧，对社会转型时期的社会文化、价值观念缺乏积极主动的整体性构思，观念与意识明显滞后。在方式方法上，传统的学校和家庭的价值观教育重在灌输，强调以道德的力量来约束人，并不关心青少年独立人格的实现，极少关注青少年的心理建构与对学生需求的导向，忽视青少年在价值观形成中的主观能动性，使得价值观教育失控而无序。对教育者来讲，面对急剧变化的社会，其传统信仰也受到冲击，但却不得不肩负使命，传授永恒的道德理想、价值观念，引起学生对现实与教育的矛盾产生困惑，造成无所适从，进而对价值观产生怀疑，使得价值观教育失效。如学校教育学生树立远大理想，为社会多作贡献，但市场经济的现实却讲究优胜劣汰和无情的竞争原则，更看重个人价值的实现。

三、教育对策

青少年的价值观对社会发展有着极为重要的影响，根据青少年价值观形成的特点和规律，探索对青少年进行价值观教育的正确方法和有效途径，对于解决青少年的人生困惑和价值观问题，帮助他们树立起正确的价值观具有重要意义。从整个社会的角度讲，它关系到我国人才的质量和未来社会的发展。

（一）构建新的符合时代要求的社会主导价值观

当前，我国社会正经历着日新月异的变化，社会主义市场经济体制正逐步确立，社会生活的法制化、政治的民主化、经济的全球化、社会文化的多元性等必然导致社会价值取向的巨大变化。原有主导价值观倡导集体主义精神，在价值观教育中处于支配地位，但对与其对立的个体利益、自我实现等重视不够，人为地把集体与个体、社会与自我严格对立，甚至简单地以非此即彼的价值标准来衡量。每一个社会都有其主导价值观，而要构建新的符合时代要求的价值观，就必须增强对多种价值观的包容性和开放性。开放性是指面对社会和青少年价值观的实际，对传统价值观的目标、手段和评价体系等加以改造和调适，同时接纳外来的合理的先进的价值观念和准则。包容性是指在多元化的社会文化中，在“好”与“坏”之间有着广阔的中间地带，这个中间地带是属于符合当前经济和社会发展要求的合理的价值取向范畴的，实现价值评价标准从单一的“两分法”向多元化模式转变，这样才能更好地把握个体与社会的结合点。这就要求教育工作者广泛吸纳青少年价值观中合理的观念，对现实生活中的各种青少年的价值观进行总结、评析和阐释，按类型、层次对青少年的价值观进行归纳总结，这样的价值观培育才符合价值观自身的层次性特点和青少年的心理特点，才能有效地指导青少年处理好生活中的各种矛盾、冲突。大多数学者认为，反映商品生产一般特性的时间观念、竞争观念和效率观念，反映大工业生产体系和机构的组织性观念、整体性观念和重视智力观念，反映新技术革命的信息观念、自主性观念与创新观念，反映现代社会管理和政治发展成就的自由、民主、平等、人权和法制观念，反映文化发展的多元交流与并存观念，反映人生价值追求的创造观念与能力本位观念，是一切工业化、市场化、法制化社会所共有的价值观念，是人类社会的共同财富，理应成为当代中国价值体系的重要组成部分。同时，要弘扬中华民族传统价值观中的优秀成分，如集体主义、爱国主义、为人民服务等价值观念，构建以尊重个性与关心集体、竞争与合作、诚信与守法、正义与公平、责任与义务等为基本内容和要求的社会主导价值观。

（二）立足学生的主体需求，发挥学生的主体性，改变传统教育的方式方法

首先，价值观的主体是青少年个体，价值观形成的过程是青少年社会化的过程。价值观产生于需要，符合青少年需要的事物或行动才能激发青少年的行为动机，这就要求我们尊重青少年的主体需求，将着眼点立足于青少年自身的需求，重视青少年的主观能动性，这样的价值观的导向机制才能发挥作用。但这并不是说要盲目满足青少年个体的所有需求，新的价值观教育的方式方法要在尊重其需要的基础上，引导和优化其需求结构，充分发挥价值观的调节作用，培养青少年形成正确的自我评价，理性地判断自身需求的合理性与合法性。此外，如果过多地干涉青少年的价值选择，会养成青少年的从众和依赖心理。

在价值观教育中，要根据青少年价值观的具体特点，强调针对性，如青年初期，青少年的价值评价标准更倾向于主观需求的及时满足；尽管追求独立，但不能深刻理解独立的人格内涵及其实现条件。因此，在青年初期的价值观教育中，应注意引导学生正确对待个人与社会的关系，言行一致，求真务实，树立切合实际的人生目标，抛弃贪图享乐的人生目标，舍弃不合法的人生手段和消极悲观的人生评价。步入青年中期，个体的心理发展进一步走向成熟，接触了解社会现象增多，对社会的认识更为理性。因此，应引导他们正确对待就业、婚恋等现实人生目标，处理好近期目标和长远目标、个人目标和社会目标的关系，增强竞争意识和拼搏意识，树立合作观念，担负起建设祖国、振兴中华的历史使命。

（三）培育正确的群体规范

在整个青少年代际中，由于年龄、地域、生活环境等的不同，又有许多具有自身价值观特征的青少年亚群体。研究表明，青少年比较容易接受同辈人的影响，青少年中出现的新的价值规范与目标，一般来说，较容易相互影响和传播。

青少年亚群体是一种社会形态，它由一定数量的人组成，他们彼此之间处于相互作用之中，站在程度不同的立场上，扮演着各种角色，并且有一定的价值观和规范系统，而且这种价值观和规范系统调节着该群体各个成员的行为。群体规范是教育的微观环境，是社会影响和个人行为之间的媒介因素之一，它对个体价值观的形成具有直接的影响作用。因此，培育符合社会主导价值观要求的正确的群体规范具有重要意义。在价值观教育中，要加强包括校风、班风、学风、教风在内的校园文化建设，充分发挥共青团组织的特殊作用，积极培育具有得到青少年认可、崇尚和追求的价值标准和行为方式的群体，提倡独立、民主、平等、团结、协作、奉献等精神，使青少年在成年人建立的价值观和创建自己的价值观之间达到某种平衡和形成某种连续性，让青少年体验、接受和自觉形成某种群体规范，达到潜移默化的效果。

（四）加强精神文明建设和社会法制建设，优化社会环境

社会存在决定社会意识。青年学生的个人发展和人生目标的实现离不开社会发展的大环境，社会环境对青年学生人生价值观的形成具有较大影响。从形成和发展的角度看，价值观是社会文化的产物，是借助文化机制透过社会化过程灌输给个体的。因此，一方面，必须进一步加强社会主义精神文明建设，塑造良好的社会风气，让诚信、公平、公正、竞争、文明等观念深入人心，成为大多数人的价值观念和行为准则；另一方面，加强社会主义法制建设，强化法律的约束机制，把价值观教育同法制建设、法制教育结合起来，对一些必须提倡的价值观强行定位，让青少年明确什么可以做、什么不可以做，什么是自己的权利、什么是自己必须履行的义务，从而自觉遵守社会规则和规范，实现青少年价值取向和社会基本要求的一致，并在

此基础上构建尊重个性的多元化价值观体系。

（五）加强青少年的社会实践，提供角色锻炼机会

青少年的基本价值观念主要来自学校教育，而学校教育是以理论的、间接的方式对青少年施加影响的，不一定能有效地内化为青少年的价值评价准则。缺少社会角色体验，会使青少年偏重于自我主体的认知，忽视社会责任与规范。价值观的形成过程是青少年社会化的过程，青少年的价值观主要是通过个体与环境的交互作用，并不断地同化吸收和不断地调整原有结构而逐步发展起来的。因此，在价值观教育中，应增加青少年认识、了解社会的机会，让青少年参与社会角色体验，在社会角色体验中认识自我，找到自我与社会的结合点，更好地适应社会。学校在青少年价值实践中，应以青少年关心和感兴趣的话题和活动为切入点，引导青少年分析、认识社会现象，思考个体与社会的关系，明确应该树立什么样的价值观。通过对社会发展规律的理论与实践的分析，提高青少年学生的理论思维水平以及辨别事物、解决问题的能力，强化社会环境的积极作用，因势利导，优化青少年学生的主体需要。引导青少年正确认识市场经济条件下的物质利益与个人发展的关系，以有利于社会发展和个人健康成长为前提，把个体的发展同国家与社会的发展结合起来，正确处理奉献与索取的关系，树立正确的高层次的人生价值观，避免选择极端个人主义的人生价值观，最终实现自己具有社会积极意义的人生价值观。此外，青少年的社会实践活动应符合青少年的特点，文明、健康、新颖，杜绝形式上的浮华与热闹，引导青少年在参与中实现价值观的转化。

第四章 Di Si Zhang

青少年社会责任心与培养策略

从社会角度来说，社会责任心是社会秩序得以维持和发展的保证，对社会信任系统的建立和维持具有重要作用，现代社会的发展和进步更需要有社会责任心的个体的推动。对个人来说，社会责任心的发展对个体独立意识的建立、自尊的获得以及人际关系的改善都有着重要的作用。但有调查指出，目前青少年的价值观与十年前相比，个人取向增强、社会取向减弱；利己意识上升，利人意识下降。[①] 有研究表明，当代青少年的社会责任心比较薄弱。[②] 考虑到社会责任心对社会和个人发展的重要性以及当前青少年社会责任心不容乐观的现状，本研究选择青少年的社会责任心作为研究内容，试图通过编制合适的量表和设置现场情境观察实验来相对客观地考察青少年社会责任心的发展特点，旨在为我国的青少年心理健康及其教育研究提供实证依据，并以此促进对青少年健康心理素质的培养。

第一节　研究概述

一、社会责任心的相关概念

（一）责任

历史上，责任一词源于哲学范畴，最早可以追溯到古希腊时代，当时的哲学家如 Plato，Aristotle 以及 Zeno 等在对公正、职责和惩罚的分析中就已经开始运用责任的含义。Mekeon（1957）认为责任（responsibility）一词的正式出现始于 17 或

① 黄曼娜：《我国青少年学生价值观的比较研究》，《西南师范大学学报（社会科学版）》1999 年第 5 期。
② 金盛华等：《当代中学生价值取向现状的调查研究》，《心理学探新》2003 年第 2 期。

18世纪的英语、德语和法语中，其含义包括：（1）对教皇或议会忠诚；（2）履行义务；（3）负道义上的责任。① Heider（1958）在《人际关系心理学》一书中首次对责任这个概念进行了系统分析，他按个体对责任的归因（是否可控制、是否有意识）和产生后果的环境影响程度，将责任问题分为普遍联系（主体和事件有间接联系）、扩展行为（主体有意识、故意行为）、粗心行为（主体应该可以预见事件发生）、故意性（主体有意识、故意行为）和辩护（别人也可能那样做）。② Davis（1973）认为，沿袭至今的哲学意义上的责任主要指过失责任和道德责任。③ P. 福康纳在《责任：社会学研究》一书中说："按照一种规则，责任是属于那些驯服地接受惩罚的人的品质。因此，负有责任就意味着可公正地加以惩处。"④ 用马克思、恩格斯的话来说，责任是社会对所生活于该社会中的个人的一种规定，对个人而言则是一种不可摆脱的、必须完成的任务。⑤

我国《汉语大辞典简编》对责任的解释是：（1）使人担当起某种职务和职责；（2）分内应做之事；（3）做不好分内应做的事，因而应承担的过失。⑥ 王兆林认为责任是社会成员对社会所负担的与自己的社会角色相适应的应为的行为和社会成员对自己实际所为的行为承担一定后果的义务。⑦ 沈国桢提出责任是有胜任能力的人在社会生活中所承受的后果。⑧ 程东峰认为责任是行为主体对特定社会关系中规定的对任务的自由认识和自觉的服从。⑨ 沈晓阳认为责任是指由一个人的资格（包括作为人的资格和作为角色的资格）所赋予，并与此相适应的从事某些活动，完成某些任务以及承担相应后果的法律的和道德的要求。

虽然各位学者对责任的理解有所不同，但我们还是能够从中析出一些共同点：（1）社会性。责任是保障社会秩序得以维持的一种调节人们相互关系的一种行为规范，因此，它产生于个体的社会交往活动。同时，由于社会的组成是多方面、多层次的复杂系统，因此个体的责任会随着他所处的社会阶层、扮演的社会角色以及所处社会情境的不同而有所区别。（2）限制性。责任使得个体行为服从于一定的社会规则，因而潜移默化地制约着个体的行为选择和行为表现方式。对责任外延的不同认识是导致众学者不同界定的原因。我们认为责任有广义与狭义之分。狭义的责任

---

① J. S. Lerner, P. E. Tetlock: *Accounting for the effects of accountability*. *Psychological Bulletin*, 1999, 125 (2), pp255－275.
② 《中国大百科全书·心理学》，中国大百科全书出版社 1991 年版。
③ B. R. Schlenker, et al: *The triangle model of responsibility*. *Psychological Review*, 1994, 101 (4), pp632－652.
④ 沈晓阳：《论责任的内涵、根据、原则》，《重庆师范学院学报（哲学社会科学版）》2002 年第 1 期。
⑤ 陈会昌：《德育忧思》，华文出版社 1999 年版。
⑥ 汉语大辞典简编委员会：《汉语大辞典简编》，汉语大词典出版社 1998 年版。
⑦ 王兆林、姬焕英：《学会负责与学校责任教育》，《教育科学研究》2002 年第 10 期。
⑧ 沈国桢：《浅析责任的涵义、特点和分类》，《江西社会科学》2001 年第 1 期。
⑨ 张毅辉：《读〈责任论〉》，《道德与文明》1995 年第 5 期。

主要是外加给社会个体的任务和要求，有明确的规定性，比如医生有救死扶伤的责任，教师有教书育人的责任。广义的责任泛指在社会交往过程中，由个体的社会角色所带来的一切任务和要求。如社会成员有爱护环境的责任，有尊老爱幼的责任。

（二）责任心

由于责任心广泛的涉及面和它在日常生活中所起的重要作用，使其成为一个多学科共同研究的课题。不同的学科根据自身的特性和任务，对责任心作了不同的界定。哲学和伦理学强调责任心中的道德传承，社会学强调责任心形成过程中的社会互动，教育学重视责任心的教育意义，而心理学则研究责任心形成过程中的个性心理发展规律。我们根据所收集的资料，在表 4－1 中列出几种具有代表性的观点或定义。

表 4－1　责任心概念一览

1	责任心是指个人对与他人有关的认知、情感和行为作出评价时的一种显性或隐性的预期。①
2	责任心是指个体通过履行一定符合规范的行为来对他人负责的过程，包括履行义务、职责和其他的要求等。②
3	责任心是一种调节个体行为的心理机制，这种心理机制受个体个性和事件背景的影响。③
4	责任心是一种能产生理性行为的心理能力。④
5	责任心就是一种状态，在此状态下个体对其决定和行为负责。⑤
6	责任心是个体在社会交往中，对自身的社会角色以及角色所应承担的义务的认知和情感体验。⑥
7	责任心是指个人对他所承担的各种责任的意识，尤指一个人对他所属群体的共同活动、行为规范以及他所承担的任务的自觉态度。它是人对与他有关的各种责任关系的反映。⑦
8	责任心是一种责任意识或负责精神。⑧
9	责任意识是主体在理解一定条件下自身角色和社会要求的基础上，把握自身行为及其结果，使之符合社会要求的观念、情感、意愿。⑨

---

① J. S. Lerner，P. E. Tetlock：*Accounting for the effects of accountability*. *Psychological Bulletin*，1999，125（2），pp255－275.

② B. R. Schlenker，et al：*The triangle model of responsibility*. *Psychological Review*，1994，101（4），pp632－652.

③ J. S. Lerner，P. E. Tetlock：*Accounting for the effects of accountability*. *Psychological Bulletin*，1999，125（2），pp255－275.

④ J. S. Lerner，P. E. Tetlock：*Accounting for the effects of accountability*. *Psychological Bulletin*，1999，125（2），pp255－275.

⑤ A. Quinn，B. R. Schlenker：*Can accountability produce independence? Goals as determinants of the impact of accountability on conformity*. *Personality and Social Psychology Bulletin*，2002，28（4），pp472－483.

⑥ B. R. Schlenker，et al：*The triangle model of responsibility*. *Psychological Review*，1994，101（4），pp632－652.

⑦ 《中国大百科全书·心理学》，中国大百科全书出版社 1991 年版。

⑧ 燕国材：《学习心理学——IN 结合论取向的研究》，警官教育出版社 1998 年版。

⑨ 肖振远：《经济转型时期的责任意识》，《吉林大学社会科学学报》1994 年第 2 期。

研究者对责任心的不同认识一方面反映出责任心具有丰富的内涵，有助于我们对责任心的理解和研究；另一方面也说明目前对责任心的界定还比较混乱，这在某种程度上也限制了责任心研究领域的发展。分析目前众多的概念界定之后，我们发现至少存在如下问题：(1) 对责任心内涵的认识过窄，没有将责任心作为一个完整的心理结构进行研究。这主要反映在有些研究者以责任感、责任意识代替责任心。从某种程度上说，责任心更多是指一种主观的认识和体验，因而这种说法有一定的合理性。但责任行为是责任心水平高低的标志，忽视责任行为的外显作用说明其界定的局限性。(2) 对责任心的定位不清。如有学者将责任心定位为心理状态，众所周知，心理状态是个体的心理活动在一段时间里出现的相对稳定的持续状态，责任心虽然会导致个体在执行责任行为的过程中出现一个相对稳定的心理状态，但此状态为果，责任心是因，以果代因显然不妥当。我们倾向于认同责任心是一种个性心理品质，属于性格特征中的态度范畴。

综合上面的分析，本研究认为责任心是个体在与社会环境的交互作用中，形成的一种反映个体对责任的承担程度的个性心理品质。该心理品质通过一定的责任行为表现出来。它具有以下几个特性：

(1) 情境性。责任心水平的表现不能脱离具体的情境。不同的情境使个体获取信息的途径、分析手段、评价角度等也不相同，从而对自己的责任承担程度的判断也会发生相应的改变。责任扩散现象就是一个很有说服力的例子。Wentzel (1994) 的调查研究也表明儿童在家中与学校中会有不同的责任心表现。[①]

(2) 系统性。责任心是一个多维度、多层次复杂的开放式系统，是由认知、情感和行为特征等成分组成的有机组合，是一种综合性的心理指标。

(3) 相对稳定性。责任心以个体的信念、价值取向等内隐因素为基础，而这些基础是在个体过去经验的基础上形成的，是内外因素综合作用的结果，具有一定的稳定性，因此，个体的责任心一旦形成就不容易改变。同时，责任心的具体体现又受个体当时的情绪体验、信息占有程度等因素影响，所以，个体的责任心又具有一定的波动性和起伏性。

(4) 与社会角色的一致性。个体的性别、年龄和名声等都会影响其社会责任心的发展水平。这可以从不同的行为表现中观察得出。Hamilton 认为个体的责任心水平依赖于由其社会角色所造成的责任承担的预期。因为不同的社会角色导致了不同的责任归属，从而使个体作出不同的价值判断，采取不同的行为方式。

(三) 社会责任心

社会责任心是责任心在社会生活情境中的具体体现，从已有的研究中，我们发

① 转引自姜勇：《幼儿责任心发展及其影响因素探讨》，北京师范大学硕士学位论文，1998 年。

现它与责任心一样，也是一个外延颇有争议的概念，这也间接导致了对社会责任心结构的分析也是比较模糊的。为使研究工作顺利开展，有必要对社会责任心概念加以清晰界定。根据本研究的研究角度，我们对社会责任心所下的操作性定义是：社会个体对其在社会公共生活中所承担责任的正确认知和评价，并表现在情感和行为之中的一种个性心理品质。

社会责任心与其他责任心类型不同的特征至少应包含如下几个方面：

（1）社会责任心是个体对其在社会公共生活中（如国家、社会、环境、学校、家庭、社区等）的责任承担程度的体现，它的责任对象与其他责任心不同。

（2）社会责任心使个体不仅要考虑自己利益，而且要考虑他人利益，并在不期望任何外部奖赏的情况下，以他人利益为先，哪怕有时会对自己造成不便。

（3）一般来说，个体首先必须对自己负责，才有可能对社会负责。

（4）社会责任心根植于社会经验之中，受个体的社会成长经验影响巨大。

二、社会责任心发展的理论

心理学界对包括社会责任心在内的诸多社会性品质的发生发展问题作过不少研究，并形成了一些具有代表性的理论。以 Hamilton 等人为代表的一些习性学家认为，包括社会责任行为在内的一些利他行为是人性的基本成分之一，都受制于与其相适应的和进化功能相当的生物制约性。这些行为有助于确保种族的延续，具有预先适应性（pre-adapted）。而精神分析和社会学习心理学家则认为，儿童的社会责任心来自于其社会经验（利他性是通过后天习得的）。儿童的行为方式越是符合社会习俗，就越容易保持；越不当或不符合社会习俗的行为方式，就越容易改变。[①]

认知心理学家赞同社会责任心是后天形成的观点，但他们认为，社会责任心的发展情况取决于儿童的认知技能和智力发展水平。皮亚杰在分析儿童日常生活中的过错行为和说谎行为后指出，人的责任心来自于儿童时期对责任行为的判断。幼儿的责任心是从以行为后果为基础的客观的行为责任观念，向以行为动机意向为基础的主观的责任观念转变发展的。他把这两种责任态度称为“客观责任心”和“主观责任心”，并指出儿童责任心的发展是通过外在标准的内化而逐步形成的。其一般规律是，客观责任心出现在先，主观责任心发展在后；前者逐步退居从属地位，后者则逐步取代前者居于支配地位。[②]

---

① R. A. Wilson，F. C. Keil：*The MIT Encyclopedia of the Cognitive Sciences*，The MIT Press，1999，pp12—14.

② 李伯黍、岑国桢：《道德发展与德育模式》，华东师范大学出版社 1999 年版。

三、责任心的结构

综观所收集的资料，我们发现国内研究者对责任心结构的研究一般沿着两条路线：其一是借鉴品德心理学对品德心理结构的构建。研究者认为责任心的心理结构包括责任认识、责任情感和责任行为三个方面（张积家，1998[①]；李伯黍，1998[②]）。具体来说，责任心包括三种成分：（1）责任认知，如是否应该完成所承担的任务，要不要维护群众的行为规范，应不应该对共同活动的过程与结果负责及其原因等等；（2）责任感，如对一切促进共同活动达到预定结果或符合群众规范的行为产生积极的情感，否则便产生消极的情感；（3）责任行为，监督自己与其他成员遵守群体规范与促使共同活动的顺利进行。[③] 张积家进一步提出，责任认识包括责任知识和责任认知能力；责任情感由同情心、义务感、良心、羞耻感、爱心与奉献精神构成；责任行为包括责任行为能力、履行责任的意志和履行责任的行为习惯。还有研究者认为责任心的心理结构包括由责任认识、责任情感、责任意志和责任行为等组成的完整心理结构（王健敏，2002[④]；吴靖等，1991[⑤]；燕国材，1995[⑥]）。其二是从责任关系的对象入手。如姜勇认为幼儿责任心是一个包含多个相互关联维度的整体，主要有自我责任心、他人责任心、集体责任心、任务责任心、承诺责任心和过失责任心等六个维度[⑦]；李洪曾将幼儿的责任心划分为对己责任心、家庭责任心、团体责任心和社会责任心[⑧]；王燕认为大学生的责任心包括自我责任心、家庭责任心、他人责任心、职业责任心、集体责任心以及社会责任心。[⑨]

国外对责任心结构的研究主要以 Schlenker（1994）的三维模型为代表。[⑩] 他指出，责任心由责任规则、事件和主体三个要素构成，规则与事件结合成为对规则的理解，规则与主体结合成为主体意愿，事件和主体结合成为主体能否控制行为，如图 4-1。拉奇曼等人（Rachman 等，1995）在研究责任心对个体强迫行为的影响时，将责任心划分为四个维度，即对伤害负责、在社会情境中的责任心、对责任心的积极看法以及认知与行动结合。[⑪]

---

① 张积家：《试论责任心的心理结构》，《教育研究与实验》1998 年第 4 期。
② 李伯黍：《品德心理研究》，华东工学院出版社 1992 年版。
③ 《中国大百科全书·心理学》，中国大百科全书出版社 1991 年版。
④ 王健敏：《道德学习论》，浙江教育出版社 2002 年版。
⑤ 吴靖等：《道德责任心的形成及其对道德行为的影响研究》，《心理发展与教育》1991 年第 3 期。
⑥ 燕国材：《学习心理学——IN 结合论取向的研究》，警官教育出版社 1998 年版。
⑦ 姜勇：《幼儿责任心发展及其影响因素探讨》，北京师范大学硕士学位论文，1998 年。
⑧ 李洪曾：《幼儿责任心评价量表的制订》，《山东教育》2002 年第 5 期。
⑨ 王燕：《当代大学生责任观的调查报告》，《青年研究》2003 年第 1 期。
⑩ B. R. Schlenker, et al: *The triangle model of responsibility*. *Psychological Review*, 1994, 101 (4), pp632-652.
⑪ S. Rachman, et al: *Perceived responsibility: Structure and significance*. *Behaviour Research and Therapy*, 1995, 33 (7), pp779-784.

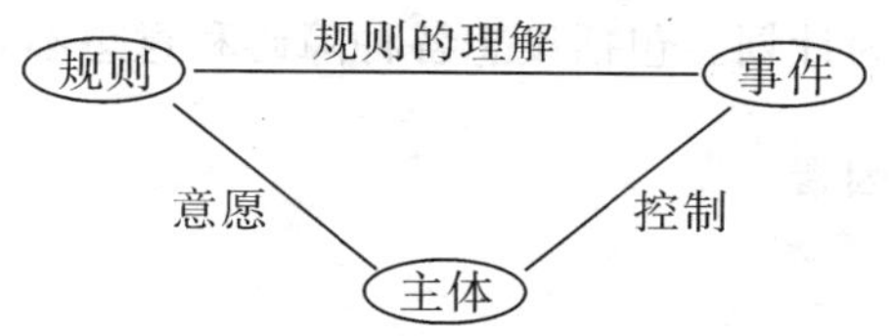

图 4－1　Schlenker 的责任心三维模型

四、社会责任心的发展研究

目前研究者对社会责任心发展的研究，主要是从认知层面去探析发展规律。陈会昌（1982）概括出 7～16 岁儿童的社会责任观念发生发展的三个水平：（1）强制性水平。这时的儿童毫无疑问把任务看做必须去完成的事，但并不理解责任的含义。他们重视成人的外在要求和标准。（2）半理解水平。在这个水平的儿童逐渐摆脱了成人权威的约束，但尚不全面、深刻，还没有成为信念。（3）原则性水平。到这个水平的儿童已经完全摆脱了对成人权威的畏惧，不仅估计到不负责任的后果，而且还基于责任对他人、集体和社会的重要性而作出判断。这时个体的责任心已内化为自身的价值标准，不易受外界因素的干扰。①

王健敏的研究（1996）支持了陈会昌的观点，她指出儿童社会责任心的形成与发展是一个从依从阶段到认同阶段，最后达到信奉阶段的过程。② 程东峰在对小学到大学的学生的责任意识的调查中发现，初中生的社会责任意识最强，大学生的社会责任意识最低。③ 洪明、李丽对中学生社会公德状况的调查表明，中学生当中违背社会公德的现象比较普遍、突出；中学生的态度和行为很不一致；中学生自觉履行社会公德的意识和行为欠缺等。④

值得指出的是，在关于责任心发展的研究中，自 20 世纪 70 年代以来形成了一种综合的研究模式，它主张对责任心的发展采取全面整体的研究，既要研究外观的行为，又应研究引起行为的内部过程；既要包括认知层面，又应包括情感层面。这一模式以 Rest 的研究与观点为代表，他认为个体责任行为的产生经历了四个基本心理过程：（1）理解责任情境。包括责任敏感性（注意自己的行为对别人利益会产生什么影响）和责任推理能力（推断别人思想感情的能力）。（2）考虑责任行为的原则。判断怎样的行为才是道德的，也就是在这一责任情境中应该做些什么。这一过程主要涉及责任判断。（3）决定行为计划。包括行为决策与描述的过程，动机的激

---

① 李伯黍：《品德心理研究》，华东工学院出版社 1992 年版。
② 王健敏：《儿童社会性三维结构形成实验研究报告》，《心理发展与教育》1996 年第 2 期。
③ 程东峰：《青少年责任意识形成研究》，《当代青年研究》2003 年第 3 期。
④ 洪明、李丽：《中学生社会公德状况调查分析》，《湘潭师范学院学报（自然科学版）》2002 年第 12 期。

发和斗争。(4) 执行行为计划。包括设想各种障碍和意想不到的困难，克服挫折。[①]

五、责任心的影响因素

(一) 外在因素

1. 社会文化的影响

由于社会责任心是对一定社会中个体与社会道德关系的体现，因而不同社会或地区的道德内容、表现等必然限制个体社会责任心的发展变化。[②] 社会责任心的形成，其实质就是一种文化认同。[③] Miller (1990) 等人的实验采用了三种条件：生命受到威胁时、中等程度的危险和微小的伤害。在这三种条件下，印度人倾向于对所有在这些条件下的人给予帮助，美国人则认为只应在别人遇到生命危险时才去帮助。[④] Beroff (1990) 等人的研究也表明，印度人把助人行为看做社会成员对社会所负有的责任和义务的一部分，美国人却仅在关系到生死的情况下才把助人看做一种道德义务，而平常情况下只看做个人选择问题。[⑤]

方富熹等人 (1994) 的跨文化研究表明，中国儿童对"助人"优先考虑，而冰岛儿童对"许诺"予以优先考虑。[⑥] 顾海根等人的调查发现，不同民族的儿童对行为责任的道德判断存在共同性，但各民族间也存在显著差异。[⑦] 金盛华等人 (2003) 对中学生价值取向的调查发现，农村学生较城市学生对国家、社区和身边的其他人的责任意识要强一些，愿意为了他人贡献自己的力量。[⑧] 另一项对全国高中生价值取向的调查发现，愿意为社会多作贡献的学生在城市、县城、乡镇、乡村所占的比例分别为 3.5%，5%，7.6%，12.1%。[⑨]

2. 家庭的影响

Kochansha 及其同事强调，社会责任心来源于早期儿童对父母要求的服从。他们认为当儿童遵照母亲的安排并实际实行之时，这似乎就是社会责任心内化的一个早期标志。而不同的亲子关系对儿童社会责任心的培养产生不同的结果。在惧怕型儿童中，轻微的控制会导致最佳的唤醒，使儿童产生社会责任心；而对于不惧怕型

---

① J. R. Rest, S. J. Thoma, L. Edwards: *Designing and validating a measure of moral judgment: Stage preference and stage consistency approaches*. *Journal of Educational Psychology*, 1997, 89 (1), pp5-28.

② X. Chen, K. H. Rubin, Z. Li: *Social functioning and adjustment in Chinese children: A longitudinal study*. *Developmental Psychology*, 1995, 31 (4), pp531-539.

③ 刘铁芳:《学生社会责任感的建构与培养》,《教育研究与实验》2001 年第 2 期。

④ J. G. Miller, et al: *Perceptions of social responsibilities in India and in the United States: Moral imperatives of personal decisions*. *Journal of Personality and Social Psychology*, 1990, 58 (1), pp33-47.

⑤ 转引自姜勇:《幼儿责任心发展及其影响因素探讨》，北京师范大学硕士学位论文，1998 年。

⑥ 方富熹、方格、M. 凯勒:《对友谊关系社会认知发展的跨文化比较研究》,《心理学报》1994 年第 1 期。

⑦ 顾海根等:《行为责任判断的跨文化比较研究》,《心理发展与教育》1991 年第 2 期。

⑧ 金盛华等:《当代中学生价值取向现状的调查研究》,《心理学探新》2003 年第 2 期。

⑨ 刘微:《当代高中生价值取向调查》,《教学与管理》2000 年第 12 期。

儿童，移情的母子关系提供了责任心内化的必要动力。① Baumrind 将父母的教育方式分为权威型、宽容型和专制型，并在调查中发现，相对于专制型、溺爱型的教养方式来说，权威型对青少年社会责任心的发展最有效。② Goodnow（1988）的研究指出家长过多地承担家务反而影响儿童的社会责任心，而较早就委派给儿童一定的责任和任务（如让儿童帮助父母做一些力所能及的家庭杂务，照看弟弟妹妹等），会提高儿童的社会责任心水平。③

国内姜勇、陈琴通过建立协方差结构模型来分析中班儿童社会责任心水平的影响因素，他们发现家长自身的责任心水平并不直接显著地影响儿童的社会责任心水平，而是通过家长对儿童社会责任心的要求这一中介发生作用。④

3. 榜样的影响

行为榜样一直是利他行为的重要影响因素，社会责任行为也不例外。Rosenhan 和 White 让四年级和五年级的男女学生玩一种滚球游戏。在这种游戏中儿童赢得一种可以到玩具店换礼物的代币。让一组儿童看到一个成年人把他的一些代币投入一个箱子中——“特伦顿孤儿基金”箱，箱上画着穿破衣服的儿童。这组儿童中，有47.5%的人后来在他们单独一个人时也做出了助人行为；反之，另一组没有看到成人榜样的儿童，没有一个人做出助人行为。⑤ Rushton 的研究也发现，当年幼儿童观察慈善或助人的榜样时，他们自己一般会有更多的包括社会责任行为在内的亲社会行为——如果这个榜样是他认识和尊敬的，并和这个榜样建立了温和、友好的关系，那他们表现出的亲社会行为就更多。⑥ 另外，观察了慈善的榜样行为的儿童，比那些观察了榜样的自私行为的儿童，在后来表现得更慷慨，甚至在两三个月以后测量也是如此。⑦ 周强、杨锌的研究证明，为儿童提供合适的榜样，能明显提高儿童对利他行为的认识和表现。⑧ 陈旭的实验研究表明，通过榜样学习，儿童不仅在实验后的即时测验中助人行为得到发展，而且在延缓测验中，这种效果也得到

---

① G. Kochanska, N. Aksan: *Mother-child mutually positive affect, the quality of child compliance to requests and prohibitions and maternal control as correlations of early internalization. Child Development*, 1995, 66 (1), pp236—254.

② D. Baumrind: *Parental disciplinary patterns and social competence in children. Youth and Society*, 1978, 9 (3), pp239—276.

③ J. J. Goodnow: *Children's household work: Its nature and function. Psychological Bulletin*, 1988, 103 (1), pp5—26.

④ 姜勇：《幼儿责任心发展及其影响因素探讨》，北京师范大学硕士学位论文，1998 年。

⑤ L. K. White, D. B. Brinkerhoff: *Children's working the family: Its significance and meaning. Journal of Marriage and the Family*, 1981, 43 (4), pp789—798.

⑥ J. P. Rushton: *Socialization and the altruistic behavior of children. Psychological Bulletin*, 1976, 83 (1), pp898—913.

⑦ J. P. Rushton: *Generosity in children: Immediate and long term effects of modeling, preaching and moral judgement. Journal of Personality and Social Psychology*, 1975, 31 (3), pp459—466.

⑧ 周强、杨锌：《榜样影响儿童利他行为发展的实验研究》，《陕西师范大学学报（哲学社会科学版）》，1995 年第 1 期。

保持。[①]

（二）内在因素

1. 社会认知能力

（1）角色采择。角色采择是个体对自己和他人角色的设想。它有助于个体设身处地地考虑他人的需要，从而增加包括社会责任行为在内的亲社会行为。柯尔伯格（Kohlberg）等人对美国孤儿院儿童的研究表明，孤儿院儿童由于角色采择能力发展迟缓，从而导致相应的亲社会行为缺乏。Denham（1986）和Iannotti（1985）发现助人行为和情感方面的角色采择呈正相关。[②] 李丹（1994）设计了一个"儿童角色采择能力和利他行为发展的相关研究"，结果表明，幼儿的角色采择能力与其捐献行为有一定相关，角色采择能力强的被试对贫穷山区儿童的捐献行为更多。[③] 李幼穗和王晓庄的研究发现，角色训练使幼儿角色采择能力显著提高；角色训练后，实验班幼儿助人行为呈上升趋势，实验班和对照班幼儿助人行为表现出显著性差异。[④]

（2）责任判断。一些研究者用皮亚杰的对偶故事或柯尔伯格的两难故事来测查儿童的责任判断，同时又提供捐献机会来测查儿童的社会责任行为，结果发现，那些责任判断水平较高的儿童更慷慨大方。[⑤] Harris采用同伴评估法了解儿童的社会责任行为，同样发现社会责任行为与责任判断水平有较高的正相关。[⑥] 此外，Eisenberg在纵向研究中发现，具有相对成熟责任判断的儿童比那些处于低水平责任推理的同伴更倾向于表现出助人或慷慨行为。对年龄较大的被试进行研究也得到类似的结果。在高中生的样本中，成熟的道德推理者常常会帮助那些确实需要帮助的人（虽然他们并不喜欢这些人），而不成熟的道德推理者倾向于忽视那些他们不喜欢的人的需要。[⑦] 国内研究也证明，随着儿童对责任情境的理解能力的提高，他们的责任行为也相应地得到增强。

2. 移情能力

许多心理学家认为移情是儿童利他行为和其他亲社会行为的一个重要的中介因素，因为它通过使个体的行为建立在自愿的基础上而成为助人行为的主要动机源泉。Hoffman认为，移情会逐渐变成儿童亲社会行为的重要动机。[⑧] Underwood和Moor

---

① 陈旭、曾欣然：《现代品德情境测评与德育实验研究》，西南师范大学出版社2000年版。
② 姜勇：《幼儿责任心发展及其影响因素探讨》，北京师范大学硕士学位论文，1998年。
③ 李丹：《儿童角色采择能力和利他行为发展的相关研究》，《心理发展与教育》1994年第2期。
④ 李幼穗、王晓庄：《角色训练对幼儿助人行为影响的实验研究》，《天津师范大学学报（社会科学版）》1996年第5期。
⑤ 杨丽珠、吴文菊：《幼儿社会性发展与教育》，辽宁师范大学出版社2002年版。
⑥ B. Harris：*Developmental differences in the attribution of responsibility*. *Developmental Psychology*，1977，13（3），pp257－265.
⑦ N. Eisenberg，et al：*The relations of parental characteristics and practices in children's vicarious emotion responding*. *Child Development*，1991，62（6），pp1393－1408.
⑧ 张文新：《儿童社会性发展》，北京师范大学出版社1999年版。

(1982) 在其综述报告中指出，在年幼的儿童身上，移情和助人等亲社会行为的相关非常少，而从青少年期到成年期，两者的相关较高。出现这种年龄趋势的原因可能是年幼的儿童缺乏角色采择能力和社会信息加工技能因而不能充分理解和评价他人的苦恼。[①] 李百珍通过移情榜样训练、对他人情绪的敏感性训练等方式对幼儿进行了为期三个月的移情训练，结果表明，移情训练对增强幼儿的助人行为有显著效果。[②]

3. 自控能力

Schlenker 指出，自控能力强的学生觉得自己对行为有较好的控制能力，因而更乐意去做出责任行为；而自控能力低的学生则会担心自己难以控制情境，因而相应的责任行为也较少。[③] Casey (1982) 的调查表明，一般自控能力高的学生相对责任心较强，即使在无人监督的情况下也能遵守规则。[④] 庞丽娟等人的研究也表明自制力与责任心之间有显著相关。[⑤] 李洪曾调查表明儿童的社会责任心水平与其独立性、自控能力均有联系。[⑥] 张吉连 (1988) 的研究发现，内控的儿童比外控的儿童更易做出责任行为。[⑦]

六、责任心研究方法的进展

研究者对社会责任心进行研究的方法较为多样。最初皮亚杰采用对偶故事法对儿童的责任心进行研究，并将其区分为客观责任心和主观责任心两种类型。后来柯尔伯格采用两难故事法研究儿童青少年的责任心发展。国内陈会昌 (1985) 采用类似方法对小学儿童的责任心进行研究，并区分出儿童责任心发展的三个水平。但目前使用最多的是问卷法，主要通过三种途径：(1) 在测查人格或价值取向中测量社会责任心。如明尼苏达多相人格量表 (MMPI) 中的社会责任心分量表，该分量表是评估个体愿意对自己的行为负责任和对社团尽义务的程度，高分者表示能对自己的行为后果负责任，可靠、可信任、对集体有责任感，对伦理道德等问题较关心，正义感强，自信。加州心理调查表 (CPI) 的第二类分测验就有一个关于责任心的测验，主要测量责任心、可靠性或事业心、道德感。高分表示善于计划、进取、高尚、独立、有能力、高效率、讲良心、对道德和伦理问题有高度的警惕。低分表示

① B. Underwood, B. Moore: *Perspective-taking and altruism*. *Psychological Bulletin*, 1982, 91 (1), pp143—173.

② 李百珍：《移情能力培养与幼儿亲社会行为研究》，《社会心理研究》1993 年第 2 期。

③ B. R. Schlenker, et al: *The triangle model of responsibility*. *Psychological Review*, 1994, 101 (4), pp632—652.

④ W. M. Casey, R. V. Burton: *Training children to be constantly honest through verbal self-instructions*. *Child Development*, 1982, 53 (1), pp911—919.

⑤ 姜勇：《幼儿责任心发展及其影响因素探讨》，北京师范大学硕士学位论文，1998 年。

⑥ 李洪曾：《幼儿社会责任心的现状及其影响因素的研究报告》，《山东教育》2000 年第 9 期。

⑦ 张吉连：《小学生"控制点"与责任行为关系的实验研究》，《教育研究》1988 年第 3 期。

不成熟、情绪化、懒惰、笨拙、易变、不可信、受个人偏见的影响、缺少自省和控制、易冲动。有研究（Weekes，1993）表明责任心测验有较好的效标效度。此外，卡特尔16种人格特质量表（16PF）的因素G有恒性：高分者有恒负责、重良心；低分者权宜敷衍、原则性差。不过，这种一般人格问卷中的责任心分测验其含义比较宽泛，不一定适合于责任心的测量。国内价值取向量表等也将社会责任心作为一个重要测试子目标。（2）修订国外专门的责任心量表来测量。如Starrett（1996）编制的全球社会责任心量表（Global Social Responsibility Scale），它由国家间的责任、国家责任和全球责任三个分量表组成，共16个题项，内部一致性信度为0.84。该量表与个人责任心量表、社会保守性量表和社会目标价值观量表的相关系数分别为0.76、－0.65、0.69。该量表适合接受教育程度较高的成年人。[①] Martel等人（1987）编制了专门的个人责任心量表，该量表总共有30个题项，具有较好的信度和效度。这个量表是针对大学生设计的。(3）采用国内自编的社会责任心相关量表。如胡咏梅（1996）编制的小学生品德评价量表[②]，它由对自己的事、与他人关系、与集体关系三个分量表组成，共38个题项。各项目及整个量表的测试题的内在一致性系数均在0.73以上。姜勇、庞丽娟（2000）通过对幼儿责任心发展的实际观察和对教师进行访谈，编制了幼儿责任心问卷[③]，由教师进行评价，经探索性因素分析和验证性因素分析发现幼儿责任心由自我责任心、他人责任心、任务责任心、过失责任心、承诺责任心、集体责任心六个因素构成。问卷的分半信度为0.75，内部一致性信度为0.88。程岭红（2002）初步编制了适用青少年学生的责任心问卷，将责任心各维度及因素划分为：一般责任心（包括责任认识、责任情感、责任行为）、个体责任心（包括过失责任心、自我责任心、学业责任心）、社会责任心（包括集体责任心、家庭责任心、同伴责任心、道德责任心、社会发展责任心）。该问卷内部一致性信度在0.53到0.91之间，重测信度在0.68到0.82之间。[④]

运用这些测量工具存在如下问题：(1）社会责任心是个体在社会实践过程中不断发展起来的，因而受社会文化因素的影响显著。我国古籍文献中对社会责任心的阐述比较多，如顾炎武提出“天下兴亡，匹夫有责”，范仲淹提出“先天下之忧而忧，后天下之乐而乐”等；而西方国家崇尚个人奋斗，追求个人价值的实现。因此通过修订国外的量表进行施测，难以完全适应具有东方传统文化特征的我国国情。(2）量表不是专门针对青少年群体编制的，没有考虑到青少年的特殊性。此阶段的青少年身心发展迅速，特别是生理上的逐渐成熟使他们在心理上产生成人感，而心

① R. H. Starrett: *Assessment of global social responsibility*. *Psychological Reports*, 1996, 78 (22), pp535－554.
② 胡咏梅：《小学生品德评价量表的设计和分析》，《学科教育》1996年第3期。
③ 姜勇：《幼儿责任心发展及其影响因素探讨》，北京师范大学硕士学位论文，1998年。
④ 程岭红：《青少年学生责任心问卷的初步研制》，西南师范大学硕士学位论文，2002年。

理水平的限制又容易使他们产生种种心理危机。其他年龄段的研究对象的社会责任心发展特点、生活领域和关注范围等毕竟与青少年存在很大的差异，脱离青少年生活实际而盲目采用的量表将无法反映出青少年社会责任心的年龄特点。目前，我国尚没有专门的针对青少年群体的社会责任心量表。(3) 某些量表没有经过信度、效度检验，科学性值得商榷。有鉴于科学的测查工具对研究领域的发展所起的巨大推动作用，因而研究适合中学生的责任心测查工具，无疑具有非常重要的理论价值和实践意义。

还有一些研究者鉴于责任心测评的特殊性和复杂性，而采用教育实验法、作品分析法、两难情境测评法、行为观察法、谈话法、个案调查法等定性方法。其中，作品分析法一般运用在提高学生责任心水平的教育实验中，研究者通过分析学生完成作业的情况、周记等来推测学生责任心的水平变化。考虑到幼儿阶段的特殊性，研究者在考察幼儿责任心水平的实验中多采用行为观察法。由于定性方法操作的难度，不可避免地带来诸多问题，如某些研究所采用的定性研究手段的科学性（如材料、实施步骤的严密性等）就有待商榷。

近年来，研究者对责任心的研究方法突破了单一的模式，呈现出多元化的趋势，主要是采用了以问卷法为主，多种定性的研究方法为辅的手段来对责任心进行研究。

七、以往研究存在的主要问题

（一）概念结构分歧较大

从已有的研究中，我们发现对社会责任心的内涵和外延等问题还没有相对一致的看法，而对社会责任心结构的分析也是比较模糊。如国外的一些研究在概念界定方面有些混乱，responsibility 既有责任的含义又有责任心的含义，并且 responsibility、accountability、obligation 等词语含义比较接近。国内对责任心、责任感等概念尚没有很好地进行区别。社会责任心概念的清晰界定是研究工作得以顺利开展的基础，而如何结合我国当代青少年的生活实际，确定其社会责任心的结构，也是我们开展研究的前提。

（二）研究领域比较狭窄

总的来说，心理学领域对责任心的研究还处于学科发展的初创阶段，对社会责任心的研究更是较少。概括起来，社会责任心的研究领域狭窄主要体现在：(1) 研究对象范围狭窄。对社会责任心的研究多集中在大学生或幼儿，而对身心迅速发展，处于社会化关键期的中学生的研究极少。这对于揭示社会责任心的发展规律非常不利。(2) 已有研究普遍集中在个体对社会责任的认知方面，如对责任归因和责任判断（Kamal，2002①；Susan，2001②；林钟敏，2001③；张爱卿、刘华山，2003④⑤）的研究，忽视了对同样是社会责任心重要组成部分的社会责任情感、社会责任行为倾向的探讨。这一方面受制于研究者的研究方法，另一方面也与研究者的研究目的有关。社会责任心是知、情、行诸因素的综合统一体；社会责任感是认知与行为的中介，是行为内在的动力系统，起着激发、巩固和维持行为的重要作用；而社会责任行为是个体社会责任认知、社会责任情感共同作用的外显结果，是社会责任心水平高低的集中体现。因此，单纯的偏重某一方面的研究不利于从整体上把握社会责任心的发展，也限制了该研究领域的系统发展。（3）对社会责任心的教育干预措施没有得到应有的重视。相较于其他责任心的子成分如学业责任心来说，对社会责任心的教育干预措施的研究还比较薄弱。这与社会责任心的成因较复杂、掌控难度较高有关，也与社会责任心的已有研究结果不丰富、不成熟有关。

（三）缺乏对中学生社会责任心发展特点的系统研究

虽然在已有的研究中，部分研究者对中学生的社会责任心的状况作了一些初步的研究，但这些研究多半不是直接研究，而是对社会责任心与儿童个性、认知和亲社会行为等方面的相关研究，对中学生社会责任心本身的发展趋势和年龄特点的研究显得尤其缺乏，并且这些研究由于研究工具的混乱、研究方法的多样以及对社会责任心理论分析的模糊，在测评过程中使用了多种不同的测评指标，导致已有的结论比较零散和概括。对中学生社会责任心发展特点的研究，有助于加深对社会责任心本身的发展的认识。我们也只有在了解中学生社会责任心发展特点的基础上，才能帮助学校作出有针对性的建议或辅导。因此，我们有必要重视对中学生社会责任心发展特点的研究。

八、研究的基本构想

（一）研究设计

本研究拟在国内外已有研究成果的基础上，尝试从理论分析和实证调查两方面入手，较全面深入地探讨中学生社会责任心的发展状况。具体而言，就是在理论上从心理学的角度出发，从知、情、行三方面构建青少年社会责任心的结构；在实证上先通过分析问卷调查的结果，构建社会责任心的结构成分，编制青少年社会责任心问卷，探析青少年社会责任心的发展特点。然后通过设置现场情境，观察、验证

① A. Kamal，N. Ramzi：*Attributions of responsibility for poverty among Lebanese and Portuguese university students*：*A cross-cultural comparison*. *Social Behavior and Personality*，2002，30（1），pp25－36.

② T. Susan，L. Laurie：*Power and gender influences on responsibility attributions*：*The case of disagreements in relationships*. *Journal of Social Psychology*，2001，141（6），pp730－751.

③ 林钟敏：《大学生对学习行为的责任归因》，《心理学报》2001年第1期。

④ 张爱卿、刘华山：《人际责任推断与行为应对策略的归因分析》，《心理学报》2003年第2期。

⑤ 张爱卿、刘华山：《责任、情感及帮助行为的归因结构模型》，《心理学报》2003年第4期。

青少年社会责任心的具体行为表现。具体安排如下：

第一阶段：通过资料收集和半开半闭式问卷调查，构建青少年社会责任心的结构，为青少年社会责任心量表的编制提供实证基础。

第二阶段：编制信度、效度较高的青少年社会责任心量表，运用相关统计分析方法探讨青少年社会责任心发展的一般趋势及年龄特点。这是本研究的重点。

第三阶段：设置现场情境实验，观察青少年社会责任行为的特点，进一步考察、验证和补充前面的理论和实证结果。

（二）探讨的具体问题

（1）探讨中学生社会责任心的结构。

（2）编制中学生社会责任心量表。

（3）探讨中学生社会责任心发展的一般趋势及年龄特点。

（4）考察中学生社会责任行为在真实情境中的具体表现。

（三）研究目的

（1）通过因素分析揭示青少年社会责任心的结构要素。青少年的社会责任心随个体的社会认知水平、情感情绪的成熟水平和行为控制水平的发展而发展。它是一个多维度、多因素的开放系统，可以通过因素分析加以揭示。

（2）以青少年参与的社会事件的行为对象为依据编制测量社会责任心的工具。青少年社会责任心在日常生活中的表现按社会事件所涉及的行为对象可以划分为四个方面：以家庭成员为对象；以学校班集体成员为对象；以社区成员为对象；以他人、环境、国家为对象。这四个方面的提出主要基于两方面的考虑：首先，这四种生活事件的广泛性，几乎包含了青少年实际生活的全部主要方面。其次，这四种范围对象的划分可以使社会责任心的成分与具体的社会环境相结合，有利于我们问卷测评的可操作性。

（3）分析影响青少年社会责任心发展水平的主要因素。由于社会责任心受多种因素影响，如随年龄的增长、智力水平的提高，青少年社会责任心的责任认知成分必将发生较大变化；在社会交往中的情绪体验也会表现出较大的差异。因此，青少年的社会责任心存在性别、年级、家庭来源、学校类型的差异。

第二节　青少年社会责任心量表的编制

一、青少年社会责任心结构的理论构想

借鉴和吸收国内外研究成果，采用理论推导方式，结合专家咨询问卷和学生的半开半闭式问卷，我们认为青少年社会责任心可以分解为十个因子：反映性、预见

性、评价性、敏感性、灵活性、效能性、主动性、坚持性、自控性和独立性，以此作为编制问卷的理论构想。

反映性：是指个体对所处社会责任环境的信息搜集、整理、反映和分析能力。它是个体进行一切信息加工的物质基础和载体。如果个体没有足够的信息处理能力，那他就可能作出错误的判断和推测，导致个体在行事过程中采取“不作为”或错误的行为方式。

预见性：是指个体对自己能力的预测以及对责任事件结果的意义预见等。个体对自己能力和结果的预测将与他是否进行责任行为紧密联系。当个体发现社会责任要求超出自己的能力范围时，他便有可能采取敷衍、不合作的行事方式，给人以责任心不强的印象。如果个体认为有能力达到社会责任要求，或者主观预见社会责任结果的意义重大，那他就可能采取负责任的行事方式。

评价性：主要指个体对社会责任事件的认知和评价取向。个体对社会责任事件的评价将关系到个体社会责任行为的产生和发展。从某种程度上说，只有有了正确的认识和评价才会导致正确的行为。因此，评价性是社会责任心中一个不可或缺的因素。

敏感性：主要指个体在社会责任事件中情绪体验产生的敏锐性程度。它常常伴随个体的认知因素和行为因素之间的矛盾冲突（一致或不一致）而产生。其中，对社会责任心有重要影响的移情能力便受个体情绪体验的敏感性的影响。

灵活性：是指个体对社会责任事件中所产生的情绪体验的调控把握能力。在责任事件活动中所产生的情绪体验会渗透到个体的社会责任活动之中，并制约着个体对责任情境的认知加工过程，左右着个体社会责任行为的发生和发展。不良的情绪体验将阻碍或终止个体社会责任行为的实施或完成，而良好的情绪体验将促进或推动个体社会责任心的发展。

效能性：主要指个体情绪情感对社会责任行为的推动作用。心理学家认为引起亲社会行为的动机多种多样，其中一个重要动机便是为了减轻自己消极的内部状态（例如，看见一个需要帮助者而感到内疚或悲伤，为减轻自己的内疚或悲伤而采取助人行为）。

主动性：是指个体是否主动地、自愿地承担或接受责任任务，主要体现在个体对社会责任活动的积极参与上。它是个体社会责任行为的动力性体现。

坚持性：主要指个体在履行社会责任行为过程中是否能坚持不懈地克服内外困难，以充沛的精力和坚韧的毅力坚持到目标的实现。

自控性：是指个体为达到一定的责任目的，对自己的行为进行的监控和调节程度，包括执行应该的行为和抑制不该有的行为两方面。社会责任行为的完成有时是以牺牲个人利益为代价，或者暂时会给个人造成不便。个体是否能控制自己不良的行为将是一个重要因素。

独立性：主要是指个体在处理社会责任情境事件时是否有自己的主见，能否独立做决定，执行决定，不依赖他人。社会责任行为的执行有时不会获得周围人的赞同，或可能给他人造成不便，个体能否坚持自己正确的主张，不随大流将是一个重要因素。

二、青少年社会责任心量表的编制

首先，本研究根据对国内外相关文献的分析，从认知、情感和行为三个维度构建了青少年社会责任心的理论维度。为了确保这些维度的客观性、科学性，我们将这些维度设计成调查表，对国内12名权威的专家、学者进行半开半闭式问卷调查，进一步确定了青少年社会责任心问卷的理论维度。其次，通过对重庆市278名青少年进行的半开半闭式问卷调查和在56名中学生中进行的“我观社会责任心”的自由作文活动，搜集青少年实际生活中的典型社会责任心事例，参考已有的信度、效度较好的相关问卷，编制出青少年社会责任心问卷的初始问卷。最后，运用整群分层抽样法，对重庆市的722名中学生施测，对收集到的有效数据进行项目分析和因素分析，确立问卷的因素结构，并分析问卷的各种信度、效度指标，形成了青少年社会责任心问卷的正式问卷。数据分析结果如下。

（一）鉴别力分析和因素分析

通过鉴别力分析，可以剔除初始问卷中鉴别力低的项目。本问卷经鉴别力分析，发现有效题项达到100%，即无题项被剔除，说明初始问卷的题项鉴别力质量非常好。

通过斜交旋转法因素分析，共获得32个有效题项，析出9个因素（成分），能够解释总变异量的52.314%。项目在主因素上的负荷均大于0.30，而在其余因素上的负荷很小。其中第一个成分包括4个题项，所涉及的内容反映了个体对社会责任观点或行为的认识和评价，故命名为评价性；第二个成分的4个题项所涉及的内容与个体对自身行为或情绪的控制有关，因此命名为自控性；第三个成分的3个题项，所描述的内容与个体在情绪的触动下所采取的一些责任行为方式有关，故命名为效能性；第四个成分的4个题项描述了个体在责任情境或行为中所体验到的如高兴、同情、自责等一些情绪，因此命名为敏感性；第五个成分的4个题项所涉及的内容与个体产生不良情绪后的调控、把握有关，因此命名为灵活性；第六个成分包括3个题项，描述了个体对周围事物的认知、了解情况，故命名为反映性；第七个成分的3个题项所涉及的内容与个体在责任情境中是否主动采取一些责任行为有关，故命名为主动性；第八个成分包括4个题项，描述了个体在对责任事件的思考或行为中是否是独立做决定，有自己的主见，不依赖他人等特点，故命名为独立性；第九个成分的3个题项所涉及的内容与个体在采取责任行为后能否克服困难，直至实现目标有关，故命名为坚持性。通过比较因素分析结果和理论构想，我们可以发现，二者基本吻合。但理论构想中的预见性因子被删除，这可能是因为青少年的认知能力还没有达到具有预见性的程度，具体原因尚待进一步探析。

（二）信度、效度考察

采用内部一致性信度和分半信度作为检验青少年社会责任心问卷及其各个因素的信度指标。分析发现，问卷在各个维度上的内部一致性信度在0.49～0.69之间，分半信度在0.46～0.70之间，整个问卷的内部一致性信度为0.84，分半信度为0.80。这充分说明青少年社会责任心问卷具有良好的信度。

本研究所得的社会责任心问卷基本上可以通过问卷的编制程序保证其内容效度，效标效度还有待今后利用问卷进行进一步的研究而得到验证。这里，我们着重分析和讨论问卷的结构效度。结构效度通常由因素分析和相关分析来检验。

从上面的分析可以看出，因素分析的结果是令人满意的。我们通过相关分析得出：9个因素彼此之间的相关在0.14～0.46之间，相关适中；而9个因素分别与问卷总分之间的相关则在0.48～0.68之间，有较高的相关；9个因素内部的相关均在0.56～0.74之间，并且都高于9个因素之间的相关；项目与问卷的相关均低于项目与因素的相关。这说明青少年社会责任心问卷具有良好的结构效度。

第三节　青少年社会责任心的特点

为了了解青少年社会责任心的发展特点，我们运用整群分层抽样法对重庆市6所中学的722名中学生进行了青少年社会责任心问卷的调查。下面我们就在已有统计分析资料的基础上，分别从性别、年级、学校类型和家庭来源四方面探讨青少年社会责任心的特点。

一、青少年社会责任心的总体特点

本量表采用5级评分，中数为3，分数越高，表明社会责任心越强。根据描述性统计的结果（表4－2）可知：（1）重庆市青少年社会责任心发展的整体水平不高。以中数为比较标准，总分的平均值为0.2714，低于中数。这与黄曼娜(1999)①、金盛华等（2003）② 的结论一致。这一结论表明重庆市青少年的社会责任心水平较低，有关教育部门应该采取相应措施对青少年进行社会责任心教育。（2）

① 黄曼娜：《我国青少年学生价值观的比较研究》，《西南师范大学学报（社会科学版）》1999年第5期。
② 金盛华等：《当代中学生价值取向现状的调查研究》，《心理学探新》2003年第2期。

各个因素间的比较表明，反映性相对较低（1.5597±0.6653），其次是灵活性（1.8221±0.6134）。这说明，从总体上来说，在青少年的社会责任心中，对社会责任事件的认知反映和情绪调节的程度较差。这为我们教育者干预青少年社会责任心水平的工作指明了方向和途径，即应加强向青少年灌输正确的社会责任观念以及增强青少年对自己情绪的调控能力。

表 4—2　问卷各因素的平均数与标准差

指　标	反映性	评价性	敏感性	灵活性	效能性
平均数	1.5597	2.2041	2.0917	1.8221	2.4541
标准差	.6653	.8377	.7671	.6134	.8203
指　标	主动性	坚持性	自控性	独立性	总　分
平均数	2.6065	2.5317	2.1807	2.0884	2.1710
标准差	.7583	.8489	.6447	.7364	.6435

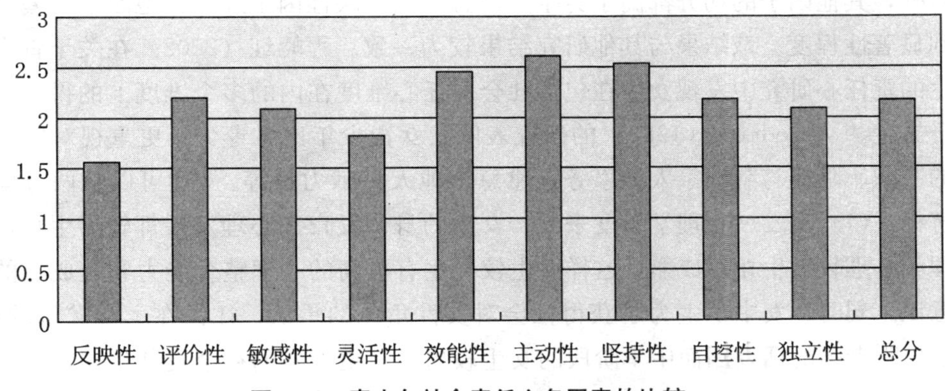

图 4—2　青少年社会责任心各因素的比较

二、青少年社会责任心的具体特点

（一）青少年社会责任心的性别特点

表 4—3　青少年社会责任心的性别差异分析

变　量	男生（n=392）		女生（n=330）		t	显著性
	平均数	标准差	平均数	标准差		
F_1	17.37	2.773	18.29	2.175	−4.902	.000
F_2	14.53	3.434	15.42	3.099	−3.641	.000
F_3	11.41	2.403	11.79	2.228	−2.210	.027
F_4	16.15	2.617	17.12	2.297	−5.211	.000

续表

变 量	男生（n=392）		女生（n=330）		t	显著性
	平均数	标准差	平均数	标准差		
F_5	14.43	3.122	13.99	3.431	1.814	.070
F_6	10.06	2.288	10.22	2.201	−0.934	.351
F_7	9.89	2.591	10.46	2.479	−2.976	.003
F_8	15.23	2.570	15.05	2.542	1.004	.316
F_9	11.43	2.322	11.83	2.102	−2.421	.016
总 分	120.50	14.600	124.17	13.397	−3.476	.001

注：F_1：评价性；F_2：自控性；F_3：效能性；F_4：敏感性；F_5：灵活性；F_6：反映性；F_7：主动性；F_8：独立性；F_9：坚持性。表4−4、表4−5、表4−6同。

从表4−3中可以看出，在整体上，女生的社会责任心发展水平高于男生，且男女生之间差异达到极显著程度。从各因子来看，女生在除灵活性和独立性方面比男生差外，其他因子的均分都高于男生。而且，除反映性因子外，其他因子的差异都达到显著性程度。该结果与其他研究结果较为一致。程岭红（2002）在关于青少年学生的责任心研究中发现女生在包括社会责任心维度在内的多个维度上的得分显著高于男生。[①] Goodnow（1988）的研究表明，女青少年比男青少年更重视对家庭成员的照顾、陪伴与帮助家人做家务，愿意为他人贡献力量等。[②] 这可以从两方面加以解释：（1）从发展心理学角度来看，女生的身体发育和心理发展都较男生早，其生理和心理较男生相对成熟，这样女生较男生有更高的心理整合能力和较成熟的自我意识。同时，女中学生为了获得社会对女性角色的承认，往往在家听父母的话，在学校听老师的话，因而中学阶段的女生较男生有更成熟的社会责任认识，情感更细腻丰富，同时在完成社会责任行为的过程中，表现得比男生更好。（2）从社会文化的角度来看，绝大多数人认为女生应该“善良、富有同情心”，而男生则被认为是攻击性、个人主义强，不考虑他人利益的；女生应该“温柔多情”，而男生则可以“铁石心肠”。这种性别角色偏见影响着父母、教师对男女生不同的教育方式，致使男女有着不同的社会化历程，最终导致女生的社会责任心表现强于男生。

（二）青少年社会责任心的年级特点

以中学生年级为自变量，对中学生社会责任心水平进行独立样本单因子变异数分析，从表4−4中可以看出，在整体上，中学生社会责任心基本上随年级升高而增长，具体表现为高二>高三>高一>初二>初三>初一的变化趋势（如图4−3）；各

① 程岭红：《青少年学生责任心问卷的初步编制》，西南师范大学硕士学位论文，2002年。
② J. J. Goodnow：*Children's household work：Its nature and function. Psychological Bulletin*，1988，103（1），pp5−26.

年级在评价性、效能性、敏感性、反映性、独立性和坚持性上存在显著差异。

表 4－4　中学生社会责任心的年级差异分析

变　量	初一 (n=85)	初二 (n=91)	初三 (n=148)	高一 (n=186)	高二 (n=107)	高三 (n=105)	F
F_1	17.20 (3.365)	17.27 (2.624)	17.99 (2.532)	18.11 (2.126)	17.82 (2.426)	17.86 (2.513)	2.449*
F_2	14.61 (3.675)	14.79 (2.972)	15.08 (3.573)	15.10 (3.242)	15.26 (3.413)	14.52 (2.939)	.873
F_3	11.11 (2.730)	11.85 (1.909)	11.36 (2.609)	12.02 (2.022)	11.30 (2.477)	11.61 (2.146)	2.844*
F_4	16.11 (2.659)	16.56 (2.561)	16.15 (2.886)	16.97 (2.097)	16.71 (2.395)	16.83 (2.536)	2.638*
F_5	14.24 (3.050)	14.26 (2.878)	14.21 (3.554)	14.39 (3.085)	14.06 (3.652)	14.12 (3.330)	.176
F_6	9.84 (2.154)	10.52 (2.177)	10.53 (2.142)	9.23 (2.312)	10.71 (1.938)	10.51 (2.266)	10.407**
F_7	9.53 (2.534)	10.29 (2.316)	9.93 (2.837)	10.20 (2.352)	10.45 (2.632)	10.46 (2.554)	1.892
F_8	14.56 (2.962)	15.01 (2.510)	14.49 (2.589)	15.23 (2.422)	15.73 (2.272)	16.02 (2.345)	7.094**
F_9	10.87 (2.738)	11.21 (2.249)	11.60 (2.160)	11.67 (2.202)	12.09 (1.931)	12.01 (2.022)	4.249**
总　分	118.07 (16.119)	121.76 (12.683)	121.34 (15.022)	122.92 (12.32)	124.13 (15.256)	123.94 (13.908)	2.834*

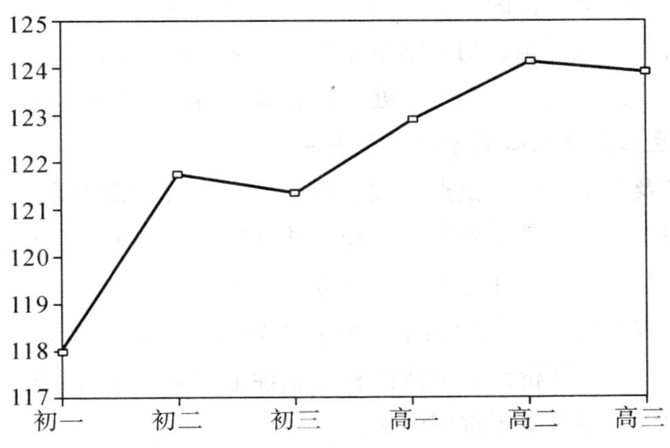

图 4－3　中学生社会责任心的发展趋势

有学者认为，随着儿童年龄的增长，儿童的利益取向是从自我中心向他人取向、社会取向发展的。本研究基本证实了这一结论。社会责任心在个体与社会环境的交互作用中发展，受个体社会经验的影响，那么其发展趋势应该随着年龄的增长、社会经验的增加而越来越高。但高三、初三学生的社会责任心不升反降，应该与其特定时期的社会生活环境有关。初三、高三学生面临中考和高考的压力，学校、家庭都要求学生全力以赴备战考试。同时，激烈的学习竞争也使学生的“个人主义”空前高涨，而这与社会责任心所强调的利他性相悖。此外，本研究是采用自陈问卷和自我评定的方式来调查中学生的社会责任心。初三、高三学生由于面对的学习压力增大，使其在认识和行为上出现了一些偏差和波动，这也可能是造成他们社会责任心不升反降的原因。

在具体的反映性因子上，高一学生的均分显著低于初二、初三、高二和高三四个年级。这可能是学生刚进入高中阶段，周围社会生活环境有了新的改变，对他们提出了新的要求，各门学科的难度也有了明显上升，诸多压力使他们无暇他顾，从而降低了对周围社会事物的了解。而初一学生虽然换了新环境，但却没出现较低的均分，这可能与小学到初中的学习变化不大有关。同时，也可能与高中学生自我评定的标准比初中学生更严格有关。

在独立性因子上，高二、高三的学生明显高于初一和初三的学生。这是因为随着身体的迅速发育，高中生的自我意识明显增强，并且其独立思考问题和处理事情的能力也在发展，在对人生和社会的看法上开始有了自己的见解和主张，对父母和老师不再无条件服从。因此，他们在完成社会责任行为时独立性比初中阶段有了显著增强。而高一年级、初二年级的差异不显著，可能与前者生活环境变化，后者的逆反心理比较强有关。

在社会责任心的坚持性因子上，高二、高三的学生显著高于初一的学生。这同样是身体发育所带来的影响。初一学生才升入中学学习，生理、心理处于不稳定期，随意性较大，而高二、高三的学生在处理社会事务的能力上已经接近成人。

（三）中学生社会责任心的学校类型差异

本次调查涉及六所学校，根据有关资料，把它们分为重点学校和普通学校，我们对学校类型的研究主要是考察重点学校和普通学校的差异。以中学生的学校类型为自变量，对中学生社会责任心水平进行独立样本 t 检验。从表 4－5 中可以看出，在整体水平上，表现为重点中学的学生略高于普通中学的学生，但差异并不显著。具体而言，重点中学在评价性、灵活性和独立性上显著高于普通中学，而普通中学在反映性和主动性上显著高于重点中学。

表 4－5　中学生社会责任心的学校类型差异分析

变　量	重点学校（n=405）		普通学校（n=317）		t	显著性
	平均数	标准差	平均数	标准差		
F_1	18.06	2.244	17.45	2.874	3.176	.002
F_2	14.93	3.228	14.96	3.423	−0.120	.904
F_3	11.63	2.234	11.54	2.451	.502	.616
F_4	16.75	2.276	16.39	2.794	1.895	.058
F_5	14.46	3.204	13.93	3.339	2.167	.031
F_6	9.78	2.295	10.58	2.109	−4.836	.000
F_7	9.93	2.485	10.43	2.617	−2.599	.010
F_8	15.48	2.433	14.73	2.624	3.982	.000
F_9	11.65	2.176	11.57	2.304	.468	.640
总　分	122.67	13.146	121.58	15.382	1.022	.307

这说明重点中学学生对社会责任的了解不如普通中学的学生。这可能是因为重庆市的重点中学对学生的管理相对较严，给学生学习之外的时间相对较少，使学生对周围的了解不如普通中学的学生。但在评价性因子上，重点中学学生优于普通中学学生。因为重点中学学生重视自身价值的体现，愿意服务社会、回馈社会的相对较多，对自身所承担的社会责任程度的判断也比普通中学学生高。在灵活性因子上，普通中学学生不如重点中学学生。这说明相应的社会责任感产生之后，普通中学学生不如重点中学学生会调控情绪。在主动性因子上，重点中学学生由于自视较高，不太容易主动帮助他人，导致他们的均分低于普通中学学生。但重点中学学生对自己社会责任行为的判断相对比较自信，能够独立做出决定。因此，他们在独立性因子上高于普通中学学生。

（四）中学生社会责任心的家庭来源差异

以中学生的家庭来源为自变量，对中学生社会责任心发展水平进行独立样本 t 检验。从表 4－6 中可以看出，在社会责任心的整体水平上，城镇来源和农村来源的学生没有显著差异。仅在主动性和效能性上，农村学生明显高于城镇学生。

原因可能是城市学生的心理防御机制高于农村学生。同样的社会责任行为，农村学生的表现会比较积极。同时，农村学生思想单纯，更容易受到责任情绪体验的推动去完成社会责任行为，而城市学生即便产生了相同的情绪体验，也可能不会做出相应的社会责任行为。这与刘微（2000）[①] 的研究结果相一致：农村学生愿意为

① 刘微：《当代高中生价值取向调查》，《教学与管理》2000 年第 12 期。

社会作贡献的比例高于城市学生。

表 4－6　中学生社会责任心的家庭来源差异分析

变　量	城镇（n=408）		农村（n=314）		t	显著性
	平均数	标准差	平均数	标准差		
F_1	17.90	2.322	17.65	2.828	1.328	.185
F_2	15.01	3.344	14.85	3.276	.631	.528
F_3	11.39	2.304	11.84	2.344	−2.592	.010
F_4	16.62	2.402	16.55	2.671	.352	.725
F_5	14.42	3.309	13.99	3.212	1.761	.079
F_6	10.00	2.227	10.31	2.270	−1.814	.070
F_7	9.82	2.557	10.58	2.489	−4.028	.000
F_8	15.25	2.530	15.01	2.590	1.262	.207
F_9	11.51	2.243	11.75	2.212	−1.478	.140
总　分	121.92	13.768	122.53	14.673	−0.579	.563

三、青少年社会责任心的现场情境实验

由于问卷法对社会责任心测查的真实性存在一定的局限，因此有必要对学生真实情境中的行为进行现场观察，从而验证或修订问卷调查的结果。由于现场情境测评法能较为真实、客观、准确地测评学生在现实情境中的自然表现[①]，因而成为本研究最适宜的方法。本研究根据对青少年社会责任心的理论构想、实际调查和日常经验认为，青少年社会责任心在日常生活中的表现按社会事件所涉及的行为对象可以划分为四个方面：以家庭成员为对象；以学校班集体成员为对象；以社区成员为对象；以他人、环境、国家为对象。由于时间和精力的限制，本研究只观察了青少年社会责任心两种关系对象（学校、社会）的社会责任行为。

（一）中学生集体生活责任行为的观察研究

1. 研究目的

了解中学生社会责任心的外显行为的特点，以验证问卷调查中关于中学生社会责任行为特点的分析。

2. 研究过程

重庆市大渡口区某实验中学正在进行文明监督岗活动，每天每班派一名同学负责班级文明区的卫生，制止不文明行为的发生。在正式观察之前，主试被以实习老

① 陈旭、曾欣然：《品德情境测评法在学生品德测评中的应用》，《南京师范大学学报（哲学社会科学版）》1996 年第 1 期。

师的身份介绍给学生，花两天的时间在课间休息时到班上与学生熟悉，消除生疏感，务求学生在主试面前以自然行为方式出现。正式观察在两周内（共十天）进行。观察时间为每节课下课的自由活动时间。该班级上午有五节课，下午有两节课。需要说明的是，学生佩戴标志一天为坚持性行为的一个单位，其他行为的记分方式以学生完成一次行为为一个单位。

3. 结果与分析

表 4−7　中学生集体生活责任行为的 χ^2 检验

行为类型	次　数	平均数	χ^2
主动性行为	98	9.8	38.89
非主动性行为	28	2.8	
独立性行为	51	5.1	.16
非独立性行为	47	4.7	
自控性行为	41	4.1	10.96
非自控性行为	16	1.6	
坚持性行为	7	.7	1.6
非坚持性行为	3	.3	

注：$df=1$；$\chi^2_{0.05}=3.84$；$\chi^2_{0.01}=6.63$。

由表 4−7 可知，中学生集体生活责任的行为在主动性和自控性上存在显著差异。这说明多数中学生集体生活责任的行为表现比较积极，能自觉监督和控制自己的行为。但由于初中生的生理、心理发育还不成熟，随意性、从众性较大，不能独立地调节自己的行为，也不能使良好的行为贯穿始终，因而独立性行为和坚持性行为不明显。

（二）中学生捐助行为的观察研究

1. 研究目的

同“中学生集体生活责任行为的观察研究”。

2. 研究对象

随机选取重庆市大渡口区某实验中学初二（8）班 20 名学生，其中男生 10 名，女生 10 名。

3. 研究工具

自编的“中学生捐助行为观察记录表”。

4. 研究方法

现场情境测评法。

5. 研究程序

该班学生为迎接五四青年节的到来，进行了为失学儿童献爱心的捐助活动。要求每个学生每天往募捐箱里投一角钱，活动持续两周。捐助的钱会用于帮助失学儿童重返课堂。对坚持性行为的计分方式以两周内每天坚持捐款为一个单位，其他行为的记分方式以学生完成一次行为为一个单位。

6. 结果与分析

表 4－8　中学生捐助行为的 χ^2 检验

行为类型	次　数	百分数	χ^2
主动性行为	236	11.8	64.29
非主动性行为	91	4.55	
独立性行为	199	9.55	11.44
非独立性行为	137	6.85	
自控性行为	133	6.65	51.37
非自控性行为	39	1.95	
坚持性行为	12	.6	.8
非坚持性行为	8	.4	

注：$df=1$；$\chi^2_{0.05}=3.84$；$\chi^2_{0.01}=6.63$。

由表 4－8 可知，中学生在此次捐助活动中，表现出的主动性行为、自控性行为和独立性行为大大高于非主动性行为、非自控性行为和非独立性行为。这说明中学生对捐助行为的表现比较积极，愿意帮助他人，并能独立自主地控制自己的行为。但中学生对捐助活动的坚持性不强。

（三）访谈

为了进一步考察、验证和补充前面的实验研究结果，本研究围绕学生在现场情境实验中的行为表现等问题，对学生进行访谈。访谈过程均单独在一间教室内进行。（T：老师；S：学生）

个案一：谢××，女，担任文明监督岗比较认真。

T：你觉得自己担任文明监督岗认真么？

S：还算认真吧。

T：什么意思？

S：学校规定的都做了。

T：规定了你才做么？如果不规定，你平时会不会捡垃圾？

S：不会，但会提醒担任文明监督岗的同学去做。

T：一直带着文明监督岗的标志，方便么？

S：没什么不方便，提醒别人，也提醒自己。

T：你会不会因为和同学玩得太高兴而忘了自己下课要到文明监督区去看看？

S：不会。文明监督区就在教室外面，挺方便的。下课出去玩时就去看看。

T：有没有同学说你太认真了？

S：有。

T：一般发生在什么情况下？

S：我叫他们不要丢垃圾时。

T：你怎么想？

S：心里觉得有点不舒服。

T：那你下次担任文明监督岗时，会不会放松点？

S：我会自己过去捡。

T：你为什么会认真地担任文明监督岗？

S：我们班虽然是差班，成绩比不过其他班，但是也不是什么都差。

通过对谢××的了解，我们发现对班集体的责任心是学生认真担任文明监督岗的动力。由于这种责任心，使得学生能够坚持佩戴文明岗标志，并对其他学生的行为进行监督，即便有时候遇到挫折，也会想办法调整自己的行为，以达到完成责任任务的目的。

个案二：彭××，男，平时文明行为较差，担任文明监督岗也不认真。

T：担任文明监督岗对你的言行有没有影响？

S：有影响。

T：表现在什么地方？

S：比如不能乱丢垃圾呀，下课不能疯打呀。

T：也就是说在你不担任文明监督岗时，你会乱丢垃圾，下课疯打？

S：有时候。（声音变小）

T：文明监督岗的标志要求全天佩戴，为什么我下午就没见你戴了？

S：戴上感觉很好笑，怕别人笑我。

T：在你担任文明监督岗时，有没有同学提醒过你捡垃圾？

S：有。

T：你怎么想？

S：有点惭愧。

T：然后呢？

S：过去把垃圾捡起来。

T：你知不知道因为你的不认真，有时候会导致班级被学校扣分？

S：知道。

T：那你为什么还要不认真呢？

S：有时候提醒同学，但他们不听。

T：所以你就干脆不管？

S：是的。

T：所以你选择让班级被学校扣分？

S：不是，看见值日老师来了，我会赶快去把垃圾捡起来。

彭××的例子说明，担任文明监督岗的任务能对平时责任行为表现差的学生的不良行为起到一定的限制作用。在同学指出其不足后，会感到惭愧，并去执行责任行为。在值日老师来时，也才会被动地去捡垃圾。学生的主动性不强。我们还看出学生在制止其他同学不良行为遭受挫折后，对责任行为的逃避。同时，由于认识上的不当，导致责任行为难以坚持下去。

个案三：王××，男，募捐活动开展以来，几乎每天都捐一块钱。

T：听同学说，你几乎每天都捐一块钱。

S：基本上是，但也有两天捐的五角。

T：这次活动只要每天捐一角钱就可以了。为什么多捐？

S：捐一块钱对我来说并不是很难的事。我多捐点，人家就多用点。

T：捐的钱是找父母另外给还是自己省下的零用钱？

S：自己省的。

T：为什么有两天少捐？

S：那两天钱被花了。

T：班上有没有同学说你钱捐得太多？

S：有。

T：你有什么反应？

S：我觉得我比他们捐得多，挺自豪的。

T：你有没有提醒同学捐钱？

S：有。

T：他们有什么反应？

S：多数时候会捐。毕竟现在谁身上都会有点零钱。

本案例说明，王××愿意为失学儿童献爱心，并能在一定程度上牺牲自己的利益来帮助失学儿童。此外，学生的社会责任心与他们个人的能力有关，当他们发现完成任务在自己的能力范围内时，他们就能比较好地完成任务，并从中获得正向情绪体验。

个案四：宋×，男，捐钱的行为在班上表现较差。

T：这次为失学儿童献爱心活动，你表现怎么样？

S：我积极参加。

T：班上大部分同学的积极性和你相比怎样？

S：比我强。

T：为什么这么说？

S：他们捐钱比我捐得多。

T：你看到别人捐钱捐得多，你会不会也跟着捐？

S：不会。

T：为什么？

S：别人捐得多，那是他们的事。每个人的家庭条件不同。

T：你为什么比他们捐得少呢？

S：我妈经常不给我钱。

T：你妈为什么不给你钱？

S：我妈说我们家里钱也不多，怎么没有人捐钱给我们。

T：可是有些同学捐的钱是从自己零用钱里省下来的。

S：(不说话。)

T：有没有同学提醒你捐钱？

S：有。

T：你会怎么办？

S：有钱就会捐。

案例四说明，一个社会责任心不强的学生，会把责任往外推，为自己不承担责任的行为找借口。同时，本案例还说明家教的重要性，家长的态度对孩子的社会责任行为会有一定的影响。

从访谈过程中发现，社会责任心水平不同的个体，其社会责任行为在主动性、坚持性、独立性和自控性的表现上存在差别。这说明本研究对中学生社会责任行为的分析具有一定的适用性，基本上能够反映中学生社会责任行为的真实情况。因此我们可以得出结论：社会责任心高低程度不同的人，其行为表现在主动性、坚持性、独立性和自控性上存在差别。此外，我们还可以看出，影响学生社会责任行为的因素是多方面的，例如职务的影响、家长的影响、榜样的影响等，这提示我们可以从这些方面对社会责任心的培养展开研究。

第四节　青少年社会责任心的培养策略

社会责任心是青少年道德发展、心理素质的重要内容之一。有研究证明：社会责任心有助于完善学生个性，增强学生的社会适应能力，因此，开展切实有效的责任心教育十分必要。我国现行的教育体制对责任心的培育非常薄弱，因而探索青少年社会责任心的结构和发展特点，可以为提高青少年的社会责任心水平提供心理学依据，从而促进中学生社会责任心的培养。

我们发现，青少年的社会责任心是一个完整的心理结构，并且不同社会责任心水平的个体在社会责任认知、社会责任情感和社会责任行为这三方面的表现均会有所不同。这就启示我们在对青少年进行社会责任心培养时，应从认知、情感和行为三方面入手，结合学生的发展特点，因材施教，不可偏废，使青少年在内化社会价值、行为规范、学习社会角色的过程中，提高责任意识，深化责任感，养成正确的责任行为习惯，全面地培养其社会责任心。

一、指导青少年社会责任认知的教育对策

社会责任认知是指个体在行为活动中表现出来的，直接影响个体责任行为的机制和水平的认知特性因素。它是个体社会责任心水平的基础，在某种程度上决定着社会责任心水平的高低。如果青少年不知道他应该承担的社会责任，那么期望他们做出适宜的社会责任行为几乎是不可能的；但仅仅具备一定的社会责任知识，缺乏内心认同感，也很难表现出责任行为。因此，培养学生的社会责任心，首先要从培养学生形成正确的社会责任认知着手。

（一）掌握社会责任知识

社会责任知识是指那些具体的有关社会责任的行为规范。它包括青少年应该承担的社会责任内容、社会责任对青少年自身以及周围环境的意义等。掌握社会责任知识是发展社会责任心的前提，也是最低水平的社会责任心的表现。

青少年的认知规律是以具体思维为主，并逐渐向抽象思维过渡。因此，教师在教育传授责任知识的过程中就要注意联系学生的生活实际，为学生提供生动具体的范例，切忌采用空洞的说教形式。实践证明，单纯说教式的教育方式效果最差。例如，在对学生进行环境教育的时候，不能停留在“爱护环境，人人有责”的空洞语言中，还要提供“不要乱丢垃圾”、“出门旅游应随身携带塑料袋”、“爱护身边的花草树木”等一系列具体的行为事例。再者，青少年的认识往往具有片面性，容易出现认知上的偏差。比如他们赞同“同学之间应该互帮互助”，在实际中就可能出现帮

同学做作业，考试作弊等行为。因此，教师在讲述和举例时需要注意变式的规律。在向学生提供范例时，不要局限于某一种类型，而要提供尽可能多的类型，以免造成青少年对社会责任知识的误解。

（二）注重价值观教育

价值观是个体内心关于事物对自己、对社会的意义和重要性的认识倾向，它对人的行为起着重要的调节和定向作用。已有研究表明，价值取向与个体的助人行为等有一定的和接近显著的关系。当多种因素一起影响助人行为时，价值取向的主效应尤为显著。因此，在进行德育工作时，应及早进行价值观教育。[①]

首先，教师要发挥榜样、表率作用。青少年的身心发育尚不成熟，他们喜欢模仿成人的言行，并在模仿中逐渐形成自己的价值观。由于教师和青少年之间特殊的关系和自身的特殊地位，极易成为青少年模仿的对象。教师有必要注意自己的言行，向青少年传递正确的价值观，通过潜移默化的方式感染青少年的思想和行为。

其次，通过团体辅导活动训练学生。目前在西方比较流行的做法是“价值澄清法”。该方法认为，在价值多元的当今社会，单纯地对青少年进行价值强加的教育方法已经不适宜，进行价值澄清将有助于学生正视自己的冲突，并选择正确的价值观。所以，在培养青少年社会责任心的教育中，教师可以选择青少年生活中的事例或者设置教育情境，抓住青少年的某种态度、言语或行为，引导他们展开讨论、辩论，启发他们进行反思，最后作出正确的选择。需要注意的是：（1）要选择青少年生活中的事例。教育者在平时的教育过程中应留心观察学生生活的实际情况，及时搜集和整理与学生的生活相关的素材，才能在教育过程中真正触动青少年，引起共鸣。（2）要能触动青少年的思想。根据青少年的年龄特点和心理发展的规律，选择现实生活中有适当难度的例子。如自己上完一天的课，感觉很累。在公交车上刚坐下不久，便上来一位抱小孩的妇女，要不要让座呢？等等。

（三）培养青少年的社会责任评价能力

社会责任评价是青少年运用已有的社会责任知识对某种社会责任行为（包括他人和自己）进行是非、善恶、美丑判断的过程。青少年经常进行社会责任评价，可以加深对社会责任知识及其执行意义的理解，增强自己的社会责任体验和支配行为的能力。

青少年社会责任评价能力的发展具有从他律到自律、从对效果的评价到对行为动机的评价、从对别人的评价到对自己的评价、从片面到全面、从依据道德情境进行评价到依据道德原则进行评价的特点。[②] 在培育责任心的过程中，教师应根据这

① 章志光：《品德心理新析》，北京师范大学出版社 1993 年版。
② 陈琦、刘儒德：《当代教育心理学》，北京师范大学出版社 1996 年版。

些特点有意识地引导学生评价能力的发展。例如当班上出现卫生清洁不理想的时候，教师可以找个别学生谈心，启发学生用评价别人的标准来评价自己的思想和行为，从而提高自己的社会责任评价能力。学生出现互抄作业的情况，教师可以引导学生用全面的观点去认识这种现象，使学生认识到这样帮助同学的片面性。

同时，应注意环境教育对学生评价能力的影响。学生的周围环境主要由学校、家庭和社会构成。三方面的要求相同，前后一致时，学生就容易形成较好的社会责任评价能力。否则，将会使正在建立价值观的青少年出现价值观混乱，是非不清的情况。因此，教师需要尽量减少错误观念对青少年的干扰，保持环境教育的一致性：除了对发生在青少年周围的现象表明鲜明的态度，给予正确的评判外，还要做好家长和社会的工作。例如进行家长访问，请家长座谈，与社会教育委员会进行联合教育等，努力协调学校和家庭、社会对青少年的社会责任要求，使他们形成良好的社会责任评价能力。

二、培育青少年社会责任情感的对策

社会责任情感是指个体在责任行为过程中所产生的情感体验。它主要伴随个体的认知因素和行为因素之间的矛盾冲突（一致或不一致）而产生。社会责任情感影响着个体的社会责任认知的加工过程，并同社会责任认知一起成为推动青少年产生社会责任行为或制止不负责任行为的内在动力。我们可以从以下几个方面帮助青少年形成良好的社会责任情感。

（一）帮助学生获得正确的情绪体验

青少年只有亲身体验了社会责任感等正性情感，才有可能在执行社会责任行为或社会责任认知中产生相应的社会责任感。情感体验越深刻，社会责任感的唤起越容易，社会责任行为的执行越自觉。青少年社会责任感的发展离不开教师的引导和帮助。

首先，教师应为青少年创造宽松愉快的生活氛围和精神环境，使其感受到尊重、信任等积极情绪情感。如果青少年经常处在挫折、冷漠的情境中，很难产生积极的心态和情绪，也就很难做出负责的行为。

其次，教师要善于发掘教材中的情感因素，捕捉教育时机，充分表达自己对社会责任事物的情感和态度。如对好人好事加以赞美，对坏人坏事进行行批评。学生在教师的带动下进而会产生直觉的情绪体验，达到“以情动人”的目的。此外，教师还可以通过榜样、生动事例的鲜明形象，激发青少年在情感上产生共鸣。例如英模的事迹报告、感人肺腑的演讲等，都会使青少年身不由己地受到感染，从而产生积极的情绪情感。

最后，教师可以对青少年进行移情训练。移情能力是指在人际交往中分享他人情感的能力，它与个体情感的敏感性与知觉他人情感的理解能力有关。个体如果能体察他人的境遇，并对此产生相应的情绪反应，就可能在移情的推动作用下，采取对社会、对他人负责的行为。教师可以先让学生从熟悉表达情绪的用语与解读面部表情、肢体动作开始，增加青少年对情绪的理性认识，接着创设一定的社会责任情境让学生加深感性认识和体验。例如让学生充分体验自己或他人在工作或休息时被别人打扰时的不愉快心情，这样就能达到约束自己行为的教育效果。

（二）培养学生的情绪自控力

青少年的情绪情感具有易激动、难控制等特点。对青少年社会责任行为产生起阻碍作用的情绪情感状态可以分为两类：一类是青少年学习生活中的过激情绪表现；另一类是青少年学习生活中的消极情绪。

对此，教师要针对不同的情况采取相宜的教育方法，消减不良情绪体验对社会责任行为的阻碍作用。一旦有学生产生消极情绪，教师不能一味地要求学生压抑、控制情绪，而是应当教会学生合理的情绪宣泄的方式。例如向朋友、家人或老师述说烦恼，通过运动、绘画等方式转移注意力。

（三）发挥校园文化对学生价值情感的引导功能

朱智贤指出，责任心是在群体共同活动的过程中通过社会的价值观与行为规范的内化而形成的。群体发展的水平对责任心的形成有重要的影响。[①] 校园文化是社会文化在学校这一特殊环境中的缩影。良好的校园文化对个体是一种示范和导向。因此，我们有必要发挥校园文化在培养学生社会责任心方面的重要作用。

校园文化可以分为显性文化和隐性文化。前者主要是指校园的整体规划、布局结构、校园美化等地理环境和教学设施、教学场所、图书资料、科研设备等文化设施。优美的校园环境可以使人心情愉悦，受到美的熏陶，并激发积极向上的情感，增加青少年的环境责任心，并由此引发一些主动维护校园文明的行为。反之，势必引起心浮气躁等不良情绪反应。后者主要指学校的规章制度以及学校的校风、人际关系、集体舆论、文化活动等。教师在实施青少年的社会责任心教育时，需要认真地培养良好的班集体和健康的集体舆论。良好的隐性文化会自动发挥文化对个体价值情感的引导作用，激发青少年积极向上。

学校对校园文化的建设可以从两方面进行：一是根据学校自身的地理条件和学生的发展情况，建设高雅的校园环境，并且优化学校的文化设施，为学生提供便利；二是开展形式多样、内容高尚的学生课余活动，例如举办讲座、展览、书评等，也可以抓住学生的“热点”问题，开展各种形式的辩论会、演讲会，从而使学生明辨是非，端正思想。

---

① 朱智贤：《心理学大词典》，北京师范大学出版社 1989 年版。

三、培养青少年社会责任行为的对策

社会责任行为是个体为实现一定的责任目的所采取的一系列的行为方式。它是个体责任认知、责任情感共同作用的外显结果，是社会责任心水平高低的集中体现，也是检验社会责任心水平的标尺。对青少年进行社会责任心教育的最终目标也是助其养成符合社会规范的责任行为习惯。研究表明，道德知识、道德情感与道德表现没有多大的一致性。[①] 个体是否做出某种道德行为是一个复杂的、非线性的过程。究其原因，这与我们的责任心教育重知轻行不无关系。所以，学生社会责任行为方式、行为习惯的养成应作为教育工作的重点，具体可以从以下方面入手。

（一）改变学生的控制点，培养自控能力

青少年的自控能力和心理调节能力都比较弱，还不善于监控自己的行为。相反，他们更习惯于由老师或家长向他们提出明确要求，并在其监督和帮助下完成任务。有研究表明，运用教育手段可以改变学生的控制点，提高责任行为能力。[②] 因此，在培养青少年社会责任行为的训练中，教师可以通过改变青少年的控制点来进行自我控制能力的训练。

教育者可以在训练中让青少年逐渐摆脱对外部控制的依赖，形成内在控制的力量。一个有效的措施即是训练青少年以言语来调节控制自己的行为，从而达到提高自控能力的目的。具体而言，即让青少年不断地以言语指导自己的行为，集中注意力，提高对情境的各种刺激因素的区分力，以最终实现问题的解决。[③]

（二）在实践活动中创设困难情境，磨炼意志

早在20世纪30年代，皮亚杰就认为，活动是儿童思维和道德发展的根本动力。社会实践活动在培养青少年社会责任行为的过程中具有十分积极的作用。所以，加强社会实践环节，重视青少年活动的参与，使青少年在实践中接触社会环境，体验不负责任的行为后果，可以激发青少年的社会责任感，最终导致社会责任行为的发生，形成良好的社会责任心。此外，有时完成某种社会责任行为需要一定的艰苦努力，教育者要有意识地设置一些有一定难度的实践情境，让青少年在克服困难的过程中磨炼意志。

---

① 邵瑞珍：《教育心理学》，上海教育出版社1983年版，第199页。
② 章志光：《小学教育心理学》，科学出版社1998年版，第306～307页。
③ 王耘、叶忠根、林崇德：《小学生心理学》，浙江教育出版社1993年版。

附录　青少年社会责任心问卷（MSSR 问卷）

亲爱的同学：

您好！欢迎您参加西南师范大学教育科学研究所的一项研究。本次测验的目的在于帮助您了解自己，每一个问题都是在描述您的实际情况，答案没有对错和好坏之分。为了能真实地反映您对这些问题的看法和做法，请您根据自己平时是怎么做的，怎么想的，如实作出回答。谢谢合作！

回答时请注意：
●请仔细阅读问卷的每一句话，然后根据这句话与你自己实际情况相符合的程度，在答题纸上用“√”选一个相应的字母。具体如下： A：完全符合；B：大部分符合；C：不确定；D：大部分不符合；E：完全不符合。
●虽然没有时间限制，但对每道题不必费时间反复考虑，只要选出您想到的第一个符合自己实际情况的答案即可。
●除非您认为其他 4 个选项都不符合您的真实想法，否则请尽量不要选择“不确定”。
●请您认真回答每一个问题，不要漏选，每题只有一个答案。

学校：____________　年级：____________　班级：____________

性别：男□　女□　　家庭来源：城镇□　农村□

1. 我比较了解班上各项活动的进程。　□A　□B　□C　□D　□E
2. 集体荣誉感促使我甘愿为集体利益做些个人牺牲。　□A　□B　□C　□D　□E

*3. 我从没被责骂过。　□A　□B　□C　□D　□E

4. 学校集体活动时，应该听从指挥，不随意乱走。　□A　□B　□C　□D　□E
5. 我很同情生活条件不好的同学。　□A　□B　□C　□D　□E
6. 我尽量自己独立思考社会问题。　□A　□B　□C　□D　□E
7. 与同学闹意见后，我很久都无法消除相处时的尴尬。　□A　□B　□C　□D　□E
8. 如果有人违反交通规则横穿马路，那我也会跟着做。　□A　□B　□C　□D　□E
9. 我从不主动维护社区的卫生。　□A　□B　□C　□D　□E

10. 即便有时帮助他人会为自己增添麻烦，我也会帮忙到底。 □A □B □C □D □E

11. 当我心情不好时，会在家里乱发脾气。 □A □B □C □D □E

12. 升国旗时，爱国热情常使我立正行礼，认真听唱国歌。 □A □B □C □D □E

13. 人与人之间应该互相帮助。 □A □B □C □D □E

14. 如果有人同我吵了架，我会好几天不高兴，干不好其他事。 □A □B □C □D □E

15. 乘车时，我会主动让位给老人或抱小孩的妇女。 □A □B □C □D □E

16. 在没人看见的情况下，我会闯红灯。 □A □B □C □D □E

17. 我不知道怎样使父母快乐。 □A □B □C □D □E

*18. 我从来没有哭过。 □A □B □C □D □E

19. 每个人都有责任使这个社会变得更好。 □A □B □C □D □E

20. 我会为集体荣誉的受损而难过。 □A □B □C □D □E

21. 即便我心情不好时，我也能较快地投入其他活动。 □A □B □C □D □E

22. 当我做了有损社会公德的事时，我会暗暗自责。 □A □B □C □D □E

23. 当我与人吵了架，我能比较快地恢复平静。 □A □B □C □D □E

24. 我认为社会问题的解决方法，随当时的情况而不同。 □A □B □C □D □E

25. 做好事帮助别人，让我心里很高兴。 □A □B □C □D □E

26. 家庭和睦与家里的每个人都有关系。 □A □B □C □D □E

27. 他人在公共场所乱扔东西，常让我生气。 □A □B □C □D □E

28. 我对当前社区环境的改善有自己的见解，不会人云亦云。 □A □B □C □D □E

*29. 有时我也会说假话。 □A □B □C □D □E

30. 父母要我帮忙做事，我常不能坚持到底。 □A □B □C □D □E

31. 我会饭后发主动帮父母收拾碗筷或洗碗。 □A □B □C □D □E

32. 我知道如何缩小自己的理想与现实的差距。 □A □B □C □D □E

33. 我能克制自己不去打扰他人休息或学习。 □A □B □C □D □E

34. 我比较了解班上同学的性格。 □A □B □C □D □E

35. 答应别人的事，不管遇到多大困难，我都尽量做到。 □A □B □C □D □E

第二编

青少年心理压力问题及应对策略

QINGSHAONIAN XINLI YALI WENTI
JI YINGDUI CELUE

压力是青少年心理问题的主要来源，培养青少年应对压力的能力，指导其掌握有效的应对策略是心理健康教育的重要任务。目前，成长中的青少年在社会变革条件下面临学业、升学、成才、就业、人际、家庭、社会等多方面的压力，其中最主要的是学业压力和人际压力。过大的压力、过重的负担已经成为当前青少年心理健康问题的重要诱因。

压力本身是一把双刃剑。压力在学生学习和成长中的利弊取决于他们如何应对。压力、应对及其与适应性的关系是近年来心理科学研究的热点，也是心理学家、教育专家和社会各界普遍关注的问题。有效应对压力是青少年健康成长和健全发展的必要条件。

压力与应对的研究一般采取三种基本取向：人格特质取向、情境取向和认知评价取向。单一某种研究取向都有局限性，本编中的几项研究采用综合取向，首先选择青少年成长中的三类主要压力：学业压力、人际压力和重大社会事件压力，探讨压力源的结构、发展特征与影响因素；然后针对各种压力源，编制具体压力情境中青少年应对策略问卷，考察青少年应对策略的构成要素、发展特点及影响因素；最后分析压力源与应对策略之间的关系，压力、应对与心理健康之间的关系，建构压力应对的模型。通过探索社会转型时期青少年压力与应对的现状与发展特征，探讨青少年应对压力的心理机制，为有效指导青少年应对压力提供科学依据和方法。

第五章 Di Wu Zhang

中学生学业压力与应对策略

对于成长中的青少年，压力是伴随他们发展的重要生活内容。“对于理解青春期发展、理解如何在更广泛个体经验和社会影响的情境中促进发展，理解个体经验和社会影响促进身心健康发展或导致烦恼与生活问题的历程，压力概念是一个重要工具。”① 中学生学业压力在学生学习和成长中的利弊效应取决于他们如何应对。中学生学业压力与应对策略到底有哪些，其结构如何，发展的趋势怎样，迄今未见这方面的专门研究。

第一节 研究概述

一、研究背景

学业压力是中国中学生最主要的压力源（刘贤臣等，1998②；张虹等，1999③；楼玮群等，2000④；郑全全等，2001⑤），是中学生心理健康方面存在的三个问题之一（林崇德，2002）⑥。在中小学生的日常生活压力中，至少有50%以上来自学业方

① M. E. Collten, S. Gore: *Adolescent Stress: Causes and Consequences*, New York: Aldine De Gruyter, 1991, pp5－11.

② 刘贤臣、马登岱、刘连起：《生活事件、应对方式与青少年抑郁的相关性研究》，《中国临床心理学杂志》1997年第57卷第3期，第166～169页。

③ 张虹、陈树林、郑全全：《高中学生心理应激及其中介变量的研究》，《心理科学》1999年第22卷第6期，第508～511页。

④ 楼玮群、齐铱：《高中生压力源和心理健康的研究》，《心理科学》2000年第23卷第2期，第156～159页。

⑤ 郑全全、陈树林、郑胜圣、黄丽君：《中学生心理应激的初步研究》，《心理科学》2001年第24卷第2期，第212～213页。

⑥ 林崇德：《教育与发展》，北京师范大学出版社2002年版，第672～684页。

面（俞国良，2001)[①]。对中小学生、教师、家长的大规模访谈研究发现，对中小学生而言，主要的压力并不仅仅源于课业本身，家长及外界施加给他们心理上的压力才是真正的“负担”。

由于压力、应对与人的身心健康和适应性发展关系极为密切，目前压力和应对研究在国外已经成为心理学所有领域中研究最多的一个重要课题（梁宝勇，2002)[②]。但是，对该领域研究的数量与质量是不相匹配的（Lazarus，1999)[③]，不少心理学家对本领域的研究现状感到失望，甚至认为本领域的研究，尤其是应对研究，正处在危机之中（Somerfiled等，2000)[④]。

研究中学生学业压力、应对策略、应对机制，一个重要目的是解决中学生学业压力过高、负荷过重的现实问题，提高其学习适应性，促进学生健康发展，促进学生学习心理素质的健全发展。因此，适应与发展是青少年心理健康教育、心理素质教育的两条主线（张大均，2000[⑤]；陈旭、张大均，2002[⑥]）。

二、研究现状

（一）压力与学业压力

压力一词，源于拉丁文的stringere，原意是“扩张、延伸、抽取”等。生理学家、心理学家、社会学家和医生借用这个词来描述动物和人类在紧张状态下的生理、心理和行为反应。长期以来，不同学科、不同学者从不同角度对压力问题进行了探讨，但“关注压力问题的人都不对压力这个术语的价值持乐观态度”（Lazarus，1984)[⑦]，也有研究者（Selye，1980)[⑧] 指出：“压力就像相对论一样，是一个广为人知，但很少有人彻底了解的科学概念。”

1. 压力的多学科研究

（1）社会学意义上的压力。在社会学中，压力最初被看成人与环境的冲突或失衡。更多现代社会学家倾向使用“紧张、驱力（strain）”来表征与身体不安状态类似的社会失衡或失范，认为暴动、恐慌以及日益增加的自杀事件、犯罪和心理疾病

---

① 俞国良、陈诗芳：《小学生生活压力、学业成就与其适应行为的关系》，《心理学报》2001年第33卷第4期，第344～348页。

② 梁宝勇：《应对研究的成果、问题与解决办法》，《心理学报》2002年第34卷第6期，第643～650页。

③ R. S. Lazarus: *From psychological stress to the emotions: A history of changing outlooks. Annual Review of Psychology*, 1993, 44, pp1－21.

④ M. R. Somerfield, R. R. McCrae: *Stress and coping research: Methodological challenges, theoretical advances, and clinical application. American Psychologist*, 2000, 55 (6), pp620－625.

⑤ 张大均等：《关于学生心理素质研究的几个问题》，《西南师范大学学报（人文社会科学版）》2000年第3期。

⑥ 陈旭、张大均：《心理健康教育的整合模式探析》，《教育研究》2002年第1期，第71～75页。

⑦ R. S. Lazarus, S. Folkman: *Stress, Appraisal and Coping*, New York: Springer, 1984.

⑧ H. Selye: *The Stress Concept Today: Handbook on Stress and Anxiety*, San Francisco: Jossey-Bass, 1980, p127.

是社会性压力（紧张）的结果，这些通常是群体现象而非个体心理现象。然而，社会学与心理学的压力通常存在交叉，在很多有关压力的社会学研究文献中，学科界限并不明显。社会学关于压力的研究成果对于研究心理压力有借鉴意义；压力、应对及社会适应性结果必须在个体与社会关系情境中去理解，压力因个体与社会地位的失匹配而引起；社会系统促进个体愿望和资源的产生；社会环境中形成个体生存和发展的社会支持系统；新的社会规范、社会组织与个体需求的新变化结合，对个体提出了多方面的挑战。

（2）生理学意义上的压力。20 世纪三四十年代，Cannon 和 Selye 等在前人研究的基础上对压力的生理病理反应进行了开创性研究。Cannon（1932）提出压力是外界作用下体内平衡的破坏。Selye 则认为压力是对任何形式的伤害性刺激所产生的生理反应，即“一般性适应综合征”，包括警戒反应期、抗拒期和衰竭期三阶段。在 Selye 的生理反应模型中，引入了生理参量作为压力反应的客观指标，如肌肉紧张度、呼吸模式、神经内分泌、心血管状况、皮肤电、胃肠状况、代谢状况、免疫功能等。Rice（1992）把 Selye 的“一般性适应综合征”理论归纳为：所有生物有机体都有一个先天的驱动力，以保持体内的平衡，这个保持体内平衡的过程就是稳态；压力源如病菌或过度的工作要求，会破坏体内平衡状态；人体非特异性生理唤醒对压力源作出防御性和自我保护性反应；对压力的适应是按阶段发生的，各阶段的时间进程取决于抗拒的成功程度，而成功的程度与压力源的强度和持续时间有关；有机体贮存着有限的适应能量，一旦能量耗尽，有机体则缺乏应付持续压力源的能力。

（3）心理学意义上的压力。心理压力是人与被评价为无法承受的、超越应对资源并伤害其健康的环境之间的特殊关系（Lazarus，Folkman，1985）①。压力的一般定义是指人在某方面负荷过度的一种情况（Gmelch，1993）。心理学家们从不同层面对压力进行了研究，提出种种理论，代表性的有心理动力学模型、刺激反应模型、关系模型。

心理动力学模型。弗洛伊德描述了两种类型的焦虑：一种是信号焦虑，当外部客观的危险发生时就会出现信号焦虑，这类似于压力源与紧张（危险与焦虑）之间的关系；另一种是创伤性焦虑，即本能的或内部产生的焦虑。例如，在应对被压抑的性内驱力和攻击本能时，就会出现创伤性焦虑。焦虑会给心理功能施加紧张，而紧张需要转化。转化就是把冲突性的想法转变为没有害处的一种东西的过程，其中最核心的部分是把来自冲突的能量转变成一种心理症状。

刺激反应模型。这种理论模型把压力定义为能够引起个体紧张反应的环境刺激、内驱力刺激和神经特质方面的刺激。被称为压力性刺激或压力源的环境事件有三类

---

① R. S. Lazarus，S. Folkman：*Stress*，*Appraisal and Coping*，New York：Springer，1984.

(Lazarus，Cohen，1977)：影响广泛的灾难、影响个体或少数人的变故、日常困扰。也有人（Elliott，Eisdorfer，1985）从时间限制的压力源、系列事件、慢性间歇性压力源、慢性压力源的角度研究压力反应。在该模型中，往往把压力看成自变量，并重点分析什么样的环境刺激可使人产生紧张反应。例如，压力是身体对任何需求产生的非特异性的反应（Selye，1980）；产生行为变化的任何有害的、极端的、非常态的威胁性刺激就是压力（Miller，1953）；压力是更可能产生困扰的刺激（Basowitz，Perslcy，Korchin 和 Grinlcer，1955）。

关系模型。在该模型中，压力既不是刺激，也不是反应，而是需求以及理性地应对这些需求之间的联系，亦称做认知—现象学—相互作用模型。关系模型强调人与环境的关系，既考虑人的特征，也考虑环境特征。该模型更多地涉及压力过程中的心理和行为过程，认为压力研究的首要任务是对调节外界压力与复杂的反应关系的中介变量和过程进行归因（Lazarus，Folkman，1985）。该理论模型有三个重要的观点：①认知评价的观点。认为认知、经验以及个体所体验到的事件的意义是决定压力反应的主要中介和直接动因。认知评价决定人与环境的特定关系或系列关系是否具有压力性质，以及压力的程度，它分为初级评价和次级评价。②现象学的观点。强调与压力有关的时间、地点、事件、环境以及人物的具体性。③相互作用的观点。认为压力是通过个体与环境之间存在的特定关系而产生的，如果个体通过认知评价认为自身无力应对环境则会产生压力体验。

也有研究者（Sapolsky，1994）① 从压力情境与压力源、应对资源的交互作用的角度提出了一种新的压力交互作用模型。认为压力是有机体对打破其平衡或超出其应对能力的刺激事件的反应模式。刺激事件包括大量内外条件，统称为压力源。一种压力源是一个有机体对某种需求产生适应性反应的刺激性事件。个体对需求变化的反应是由所发生的不同水平的反应复合体构成，包括生理水平、行为水平、情绪水平和认知水平。有些反应是适应性的，而有些反应是非适应性的，甚至是有害的。

2. 压力的效应

作为社会系统中的人，必然被社会系统塑造，也必然存在人与人之间的交互作用，个人的生活经验和生理构成决定了个体与社会系统之间、个体与个体之间不可避免地会出现失调。压力是个体与社会、他人、环境及自身各种关系矛盾斗争的结果。在现代社会，任何人都无法避免压力，而只能面对、控制或利用压力。

压力的成长效应。许多发展心理学家（Dornbusch，1985；Petersen，Spiga，1982；Brooks-Gunn，1987；Csikszentmihaly，Larson，1984）在有关青少年心理

① S. Spaccarelli：*Stress，appraisal，and coping in child sexual abuse：A theoretical and empirical review. Psychological Bulletin*，1994，116 (2)，pp340—362.

健康领域的研究中，系统探讨了发展、压力与心理健康的相互关系，并把危机（压力的显现）与康复（抗拒压力）作为构建青少年心理健康理论与研究的组织工具（Werner，Smith，1982；Rutter，1979；Anthony，1974；Garmezy，1981；Felner，1984）。他们从生活压力变化和体验是源于青春期发展，还是源于青少年生活压力去研究青少年的适应问题，探索发展历程中的非常规性生活压力事件（不同时间、不同个体发生的压力经历）对心理健康的影响，揭示调节压力反应的过程和影响压力效应的因素，并比较了常规发展和非常规发展压力的健康效应。

压力的健康效应。压力在任何时候都是一把双刃剑，正如 Selye 把它分为正应激与烦恼一样。正应激表现的是一种愉快的满意的体验，这种积极的应激可以增强心理警觉，导致高级认知与行为表现，唤醒活动动机；而烦恼是具有破坏性的或不愉快体验的应激，这种消极的、痛苦的应激可能产生一系列的生理、心理及行为系统的消极反应效应。最具代表性的是 Selye（1956）在《生活压力》一书中提出的“一般性适应综合征”。研究者以心血管系统、消化系统、内分泌系统、免疫系统、呼吸系统等方面的生理反应为指标探索个体的压力反应，其中最突出的是免疫系统。20 世纪 80 年代，科学家创立了由多学科构成的心理神经免疫学（PNI），该学科中的 Psycho 主要是情绪和知觉等心理过程，Neuro 主要是神经和内分泌系统，Immunology 主要是免疫系统（Andreson，Kiecolt-Glaser 和 Glaser，1994）。研究表明，压力感受过高或过低，都会引发消极的生理反应异常，如心率、血压、腺体分泌、代谢、皮电反应、睡眠等异常；也可能导致注意分散、记忆力下降、思维迟钝、焦虑、紧张、抑郁、恐惧、个人效能降低等心理异常，以及行为退缩、行动迟缓、攻击性行为增加等行为现象。

压力的学业促进或阻碍效应。适度的压力可以激发学生的学习动机，进而提高他们的学习成绩。何谓适度？首先，根据 Yerkse-Doclson 定律和 Atkinson 的成就动机理论，只有当个体对成功概率的估计值为正 0.5，即设定的目标为中等难度，使其感受到中等程度的压力时，才能更有效地激活或唤醒其心理活动，激发成就动机，进而提高学习效率和成绩；其次，压力感受是否在自己可控的范围之内，即能否有效应对；第三，是否对个体的需要和动机构成威胁。

3. 学业压力

压力是人和环境之间的一种特殊关系。在这种关系下，人感受的环境的要求超出了自己可以应对的能力，或者环境要求已经威胁到自身的需要和动机。我们认为，学业压力就是学习者对超出自己应对能力或可能威胁到自身学业的内外环境要求的反应或感受。

（二）压力源与学业压力源

1. 压力源的类型

压力源的分类异常复杂，可以从多个不同角度进行考察。Braunstein（1981）[①]将压力源分为四类：躯体性压力源，如外伤、疾病等；心理性压力源，如人际矛盾、挫折等；社会性压力源，如离异、失业等；文化性压力源。更多的分类是根据压力事件的性质，分为积极生活事件与消极生活事件。也有的根据作用程度分为日常生活事件、主要生活事件、重大社会事件等。对于中学生压力源的探索，Blom（1986）[②] 等人的分类有一定代表性，分为学校压力源、家庭压力源、健康压力源、地位压力源等，并且把学校压力源分为考试失败、到新学校、换老师、新学年开始、同伴/师生冲突等 26 个压力事件。我国学者也进行了相关研究，郑全全（1999）[③]等人从日常生活中的烦恼的角度，提出了学习压力、教师压力、家庭环境和父母教养方式压力、同学朋友压力、社会压力和自身生理心理压力等 6 个维度。楼玮群（2000）[④] 等人的研究结果证实高中生的压力源有社会人际关系与性发展方面的压力、学习和学业方面的压力、与父母交往方面的压力、未来前途方面的压力、健康方面的压力等因素。

2. 学业压力源

源于学业环境中的、超出学习者应对能力范围的物理刺激和心理需求，称为学业压力源。从来源范围看，学业压力包括两大范畴：一是内源性压力源，如个体对学习活动的目标、需要，个体对学业活动的认识评价甚至期望等等；二是外源性压力源（外部事件或刺激），学习和学业活动中任何超过学生应对能力的刺激或事件，都可能成为学业压力源。国内外未见这方面的专门研究。

3. 压力源的测量

压力源的测量主要是从两个角度进行：一是从生活事件和生活适应性水平的角度考察，通过生活事件检核或适应水平的调查了解压力源。二是从压力反应或体验角度评估和测量压力，重点是了解个体在面临压力情境或事件时的身心反应，进而考察压力感受的程度及压力源的类型。例如，Frydenberg（1997）[⑤] 归纳了学校心理学家观察到的学校情境中青少年压力的身心反应的 21 条指标，包括愤怒、反社会行为、争执、寻求注意行为、过度炫耀、抗拒、问题解决混乱、难以完成要求的任务、无精打采、好斗、说谎、无力完成新任务、封闭（退缩）、注意力缺乏、校园暴

① J. J. Braunstein, R. P. Toister: *Medical Applications of the Behavioral Sciences*, Chicago and London: Year Book Medical Publishers, Inc., 1981.

② G. E. Blom, B. D. Cheney, J. E. Snoddy: *Stressing in Childhood: An Intervention Model for Teachers and Other Professionals*, New York: Columbia University Teachers College Press, 1986, pp25—37.

③ 张虹、陈树林、郑全全：《高中学生心理应激及其中介变量的研究》，《心理科学》1999 年第 22 卷第 6 期，第 508～511 页。

④ 楼玮群、齐铱：《高中生压力源和心理健康的研究》，《心理科学》2000 年第 23 卷第 2 期，第 156～159 页。

⑤ E. Frydenberg: *Adolescent Coping: Theoretical and Research Perspectives*, London and New York: Routledge, 1997, pp39—83.

力、逃学、嘲弄他人、卖弄等。生理心理学实验室或临床中通过测量个体的心血管变化、肌肉紧张度、神经内分泌情况等来了解个体的压力状况。

（三）应对研究

1. 应对的界定

应对是一个多学科、多层次的研究领域。研究者从人类学、生物学、医学、文化学、生态学、社会学、心理学等学科对应对的不同侧面进行了探讨，提出了众多观点，定义就有300余种，心理学中关于应对的研究处于中观水平。

从发展的角度看，应对是压力反应的一系列过程的一个方面，可以将其定义为个体在面对压力事件和环境时，调节情绪、认知、行为和环境的有意识的意志努力。这些调节过程依赖于个体的生理、认知、社会和情绪的发展，同时又受它们的限制（Compas等，2001）。

我们认为，应对是个体为了缓解内外压力而作出的认知和行为的努力过程，即个体对内外环境要求引起的压力感受作出的有意识的认知与行为反应的过程。

2. 应对的基本特征

应对具有如下特征：

情境性。任何应对都是对情境中的内外压力的反应。应对总是对压力情境作出反应，并且这种反应必然受到压力情境的调节。

过程性。应对经历了压力源作用、情境压力、认知和评价自己能力等资源、策略选择与应用、适应或不适应性反应等一系列动态的、发展的历程。

策略性。应对是有目的、有计划地进行的，它不同于压力作用下无意识的本能的防御反应的根本之处，在于个体有意识地认知评价内外环境压力和自己的应对资源，有意识地选择、应用应对策略，并在应对过程中调节和控制应对策略。

反应性。应对反应不同于压力反应，这是个体在内外压力作用下有意识地作出的认知、行为努力，即综合的反应活动。

中介调节性。从压力作用到应对反应，受到压力情境、应对策略、人格变量、认知评价变量等若干中介因素的制约和调节。

3. 应对策略

应对策略（coping strategies）是指个体在具体的压力事件中为减轻压力的影响而有目的地采用的认知和行为策略。

（1）应对策略的类型

应对策略研究中，最有代表性的是Lazarus和Folkman（1966，1984）等人进行的开创性的研究。Lazarus等人根据应对的功能维度，把应对策略分为问题指向策略（problem-focused strategies）和情绪指向策略（emotional-focused strategies）。研究者们围绕这两个基本维度进行了大量的探索。R. Railey和M. Clarke（1989）把应对策略分为直接应对策略、间接应对策略和缓解性应对策略三类。Rudolph 和 Billings（1982）则是在应对的三种功能维度上（针对评价、问题和情绪）把应对分为九类。Cox 和 Ferguson（1991）等人结合应对的两种功能（针对问题和情绪）和两种形式（认知和行为），并参考应对风格，对应对策略进行了较为全面的分类。Charg（1998）的应对策略分类亦有特色：首先分为卷入和摆脱两亚类。前者包括问题卷入和情绪卷入两种，问题卷入包括问题解决、认知重建两个因素，情绪卷入包括表达情绪和社会支持两个因素；后者包括问题摆脱和情绪摆脱两种，问题摆脱包括逃避问题和愿望式思考，情绪摆脱包括自责和社会性退缩。

许多研究（Ayer 等，1996；Walker，1997）证实，应对策略的单维模型不能体现应对策略结构，无法反映应对反应的类型和功能，因此需要构建应对策略的层次结构模型。Compas（2001）等人在《童年期、青春期压力应对理论与研究的进展、问题与趋势》的文献综述中，提出应对策略的三个维度：一是积极的应对行动努力，也称积极应对（Ayer 等，1996）、初级控制应对；二是主要通过积极的认知方法适应情境，即适应性应对（Walker，1997）、转移性应对（Ayer 等，1996）、次级控制应对；三是逃避或摆脱压力源及相应的消极情绪，即逃避（Ayer 等，1996）、消极应对（Walker，1997）、摆脱（Connor-Smith）。

应对策略的多维性成为应对研究者的共识。近年来颇有影响的研究是 Carver（1989）[①] 等人的应对策略多维度研究，国内有研究者（韦有华、汤盛钦，1996[②]，1998[③]；张卫东，1998[④]，2001[⑤]）进行了修订并提出了自己的维度构想。

（2）应对策略研究的取向

自 20 世纪 60 年代以来，西方心理学家对应对策略进行了多角度、多侧面的探讨，综观其研究历程，包括了如下研究取向。

情境取向。基本理念是强调压力情境的作用，认为个体所处的情境是决定应对策略的主要因素，应对是对特定情境的反应，并且指向于改变压力情境的应对是最恰当有效的应对。研究者们主要探讨了情境的性质、情境的可控性等因素对应对策略选择及整个应对过程的影响。

特质取向。基本假设是人格特质决定个体应对策略，人格是身心健康的重要的决定性因素。同一个体的应对策略具有相对稳定性。该取向的研究者甚至把应对定义为以特定方式对压力源作出反应的稳定倾向，强调在应对中研究人格特点和研究

---

① C. Carver，M. Scheier，J. Weintraub：*Assessing coping strategies：A theoretically based approach. Journal of Personality and Social Psychology*，1989，56（2），pp267－283.

② 韦有华、汤盛钦：《COPE 量表的初步修订》，《心理学报》1996 年第 28 卷第 4 期，第 380～387 页。

③ 韦有华、汤盛钦：《大学生应付活动的测验研究》，《心理学报》1998 年第 29 卷第 1 期，第 67～74 页。

④ 张卫东、黄伟清、叶斌：《应对的多测评维度的鉴别分析》，《心理科学》1998 年第 21 卷第 1 期，第 29～34 页。

⑤ 张卫东：《应对量表（COPE）测评维度结构研究》，《心理学报》2001 年第 33 卷第 1 期，第 55～62 页。

各种人格特质对应对策略的影响，提出在对压力源的反应中存在跨情境、跨时间的一致性，应对过程中存在特质应对。

认知—评价取向。以 Lazarus、Folkman、Mackay 等人的研究为代表。强调个体与环境之间的交互作用关系的研究，注重压力应对中的心理和行为过程的探讨，主要观点是认知的观点、现象学的观点和相互作用的观点。认为个体对自己与具体情境关系的评价是应对策略的决定性因素。评价按内容分初次评价（内容为事件的重要性、压力、威胁、挑战性）和次级评价（内容为控制、效能）。其中，Lazarus 和 Folkman（1984）的应对过程的交互作用模型最具代表性。Tomaka（1993）、Terry（1998，1996）、Vitaliano（1990）、Valentiner（1994）等人进行了验证性研究。Rudolph（1995）① 在研究儿童应对医疗情境中的压力时，提出了一个有关压力源、应对、中介调节因素、应对结果之间关系的概念模型。也有研究者（Bolger，1990；Carver，Scheier，1994；Drum Heller 等，1991）提出了应对过程的三阶段模型。

（3）应对策略的研究设计

压力应对策略的研究设计主要有：

单向回溯设计。事后评估，要求被试回忆对零散的压力源或时间跨度较长的压力源的应对策略。许多研究者（Ross，1989；Patack，Smith，Espe 和 Raffety，1994；Stone，Greenberg，Kennedy 和 Newman，1991）对比了单向回溯研究与其他设计方法，如应对策略回忆报告（过程设计），结果发现获得的信息相关很低。有研究者（Smith，Leffingwell 和 Ptacek，1999）② 比较了回溯研究和回忆报告测量，发现回忆报告测量结果能解释回溯研究结果 10%的方差。因此单向回溯设计的明显缺陷在于无法考察应对过程，事后描述不准确，因素混淆，解释困难。

追踪设计。整合不同时段的多种回溯报告，进行跨时间甚至跨情境、跨事件的信息整合。追踪设计可以获得较准确的一般应对特质的信息，使被试回忆报告时间更接近事件经历。缺陷在于没有探讨单个事件的过程，多数研究只有起始和结束两个时段（跨越数月、数年）的信息。

过程取向设计。20 世纪 60 年代初，研究者用实验室研究法评估被试对短期压力源，如观看跳伞、紧张刺激性电影的生理反应和自我报告反应。近年来，研究者用过程取向设计来调查被试对历时较久的压力源，如大学考试的压力反应（Bolger，

① K. D. Rudolph，M. D. Denning，J. R. Weisz：*Determinants and consequences of children's coping in the medical setting：Conceptualization，review，and critique*. *Psychological Bulletin*，1995，118（3），pp328－357.

② R. E. Smith，T. R. Leffingwell，J. T. Ptacek：*Can people remember how they coped? Factors associated with discordance between same-day and retrospective reports*. *Journal of Personality and Social Psychology*，1999，76（6），pp1050－1061.

1990；Carver，Scheier，1994；Drumheller 等，1991；Folkman，Lazarus，1985；Lay 等，1989)。其中最具代表性的是 Folkman 和 Lazarus 的大学考试三阶段模型：预期阶段（备考阶段）、等待阶段（考后至分数公布前）、结果阶段（分数公布）。研究者测量了每一阶段的应对和情绪反应信息。但这些研究只评价了各阶段的应对策略，没有评价压力事件特定阶段内的应对过程和阶段间的转换。近年来，有研究者(Raffety，Smith 和 Ptacek，1997①；Smith，Leffingwell 和 Ptacek，1999②）把状态取向与过程取向结合，既对应对阶段进行追踪研究，也对每一阶段内的具体过程和策略进行追踪研究，并提出了追踪研究的四个标准：多数被试都在经历的预期压力事件、跨越压力事件阶段和同一阶段内应对策略的评价、综合测量工具的应用、采用能对综合过程测量获得的短暂信息进行分析的方法。

(4) 应对策略的评价方法

应对策略的评价方法主要有四类：

第一，压力情境之外的测量。采用问卷形式测量个体在一般压力情境中较稳定的应对方式或风格。列出一系列描述应对反应的项目，要求被试回忆近期的压力事件有针对性地回答；有的要求被试按一般困境下的做法来回答。主要有 Billing 和 Moos（1981)、Mccrae（1984)、Folkman 和 Lazarus（1985)、Tobin（1982)、Endler 和 Parker（1990)、Carver（1989)、Stanton（1994，2000）等人编制的一般应对量表。近年我国心理学工作者也编制或修订了有关应对方式量表（肖计划等，1996③；韦有华等，1996④；张卫东等，1998⑤；黄希庭等，2000⑥)。

第二，压力情境之中的测量。有的研究者（Pearlin，Schooler，1978；Stone，Neale，1984；Folkman，Lazarus，1980）提出应对不可能与生活紧张分离，因此主张在处理的问题情境中研究应对，在应对过程中对应对策略和应对过程进行测量。主要有两种方法：①自陈量表法，包括在具体压力情境中应用前述一般应对量表和在具体情境中采用具体应对量表两种方式。②应对行为观察测量法，该方法的困难也较多，比如被试的合作、观察情境的获准进入，有的应对策略如认知调整等无法观察，尤其是恰当的行为指标的确定存在困难。与此类似的还有访谈研究。

---

① B. D. Raffety，R. E. Smith，J. T. Ptacek：*Facilitating and debilitating trait anxiety，situational anxiety，and coping with an anticipated stressor：A process analysis*. *Journal of Personality and Social Psychology*，1997，72 (4)，pp892－906.

② R. E. Smith，T. R. Leffingwell，J. T. Ptacek：*Can people remember how they coped? Factors associated with discordance between same-day and retrospective reports*. *Journal of Personality and Social Psychology*，1999，76 (6)，pp1050－1061.

③ 肖计划、向孟泽、朱昌明：《587 名青少年学生应付行为研究》，《中国心理卫生杂志》1995 年第 9 卷第 3 期，第 100～102 页。

④ 韦有华、汤盛钦：《COPE 量表的初步修订》，《心理学报》1996 年第 28 卷第 4 期，第 380～387 页。

⑤ 张卫东、黄伟清、叶斌：《应对的多测评维度的鉴别分析》，《心理科学》1998 年第 21 卷第 1 期，第 29～34 页。

⑥ 黄希庭等：《中学生应对方式的初步研究》，《心理科学研究》2000 年第 3 卷第 1 期，第 1～5 页。

第三，压力事件检核法。主要包括单一的、主要的生活事件（如父母离异、死亡），单一的、主要的、慢性的生活状态（如身体缺陷），细小的日常生活事件（如丢失钱包、某次考试），慢性压力过程（如功能残缺的家庭中的人际关系）的应对研究。

第四，综合评价法。单纯依靠问卷调查或访谈研究，很难有效研究青少年的应对状况，应该采取综合的测评手段（Frydenberg，1997）。应对策略的综合测评应该包括：①测评手段的综合，如问卷调查、访谈研究与生理指标测量的综合运用，因素分析与经验描述结合；②测评内容的综合，即把应对或应对策略研究与压力源结合，一般的应对方式与情境性的应对策略研究结合；③测评过程的综合，在完整的压力事件过程中考察应对策略。许多研究者在这方面做了或多或少的探索，主要研究工具有：压力与应对量表（SCI：Boekaerts 等，1987），生活事件与应对量表（LECI：Dise-Lewis，1988），跨情境应对调查表（CASQ：Seiffge-Krenke，1993），应对反应量表（青年期版，CRI-Y：Moos，1993），青少年应对调查表（CIA：Fanshawe，Burnett，1991），青少年生活事件量表（ALCES：Groer 等，1992），青少年应对量表（ACS：Frydenberg，Lewis，1993）。

4. 应对的中介调节机制研究

在压力应对研究中，应对是一个过程，是人与环境交互作用的产物，主要包括压力源、中介调节过程、心理生理反应三部分。研究者对压力应对过程提出了若干中介调节变量，如个体人格变量（特质倾向、控制感、效能感等）、社会支持变量（信息、工具、情感、物质支持等）、情境变量（性质、类型、可控性）、个人与环境交互作用变量（初级评价、次级评价，初级控制、次级控制等）。但是探索应对过程，需要区分中介变量（mediators）和调节变量（moderatos）在应对过程中的作用机制（Baron，Kenny，1986）。因为在压力应对关系模型中，“中介”和“调节”这对术语反映压力变量之间相对不同的关系，Haggerty，Sherrod，Garmezy 和 Rutter（1994）[①] 等人从青春期健康的角度，提出中介过程的观点是理解焦点自变量影响因变量的发生机制的关键，发生机制强调的是应对过程。调节变量是保护性因素，包括个体因素和环境因素。前者包括身体健康形象、气质特征、自尊感、控制感等，后者包括家庭收入、保护性的社会关系等。

（1）中介变量

压力情境中的中介变量可以看成在压力源、应对反应之间建立联系的变量，即解释应对情境中不同的构成要素——压力源、应对反应和应对结果之间关系的变量。

① R. J. Haggerty，et al：*Stress，Risk，and Resilience in Children and Adolescents：Processes，Mechanisms，and Interventions*，New York：Cambridge University Press：1994，pp25—40.

有研究者（Rudolph，1995）① 提出三种中介路径：压力源和相关压力结果的直接中介变量，压力源和应对反应的中介变量，应对反应与应对结果之间的中介变量。中介变量在压力情境中会受到压力源和相应的应对反应的影响。

（2）调节变量

调节变量是影响自变量（预测变量）与因变量（标准变量）之间关系的方向或强度的变量（Baron，Kenny，1986），即先前存在的、影响应对和结果的，而自身不容易被压力源的性质和应对反应影响的变量。压力应对的调节变量既体现应对者的性别、发展水平等特征，也反映压力源的类型、可控性等特征，还表现出压力源所蕴涵的情境特征。Rudolph（1995）等人提出了三类调节变量：个体的特定变量，如儿童的发展水平、性别、已有经验、人格特征等个人背景因素，压力源的阶段、类型、可控性、压力产生的环境等压力源因素，以及应对者的个人特征与压力事件或压力情境的交互作用因素，如压力源—应对的匹配、成人—儿童应对的匹配等。

个体调节变量。在压力应对过程的调节机制研究中，有的强调具体个人调节变量（person-specific moderators），尤其是人格特质变量在压力应对过程中的中介调节作用。Taylor 和 Brown（1983，1998）② 提出乐观主义、自尊感、控制感对身心健康存在直接效应，但这种效应会受到压力事件中的中介因素——应对策略、认知评价等的调节。Scheier（1986，1989）等人提出乐观主义与更多采用问题取向应对、主动寻求社会支持、强调压力情境的积极意义相联系，而悲观主义否认、逃避压力事件。

情境调节变量。在压力应对过程的调节机制研究中，情境调节变量也是研究者关注的焦点。压力情境的类型、性质不同，应对过程及其机制也存在差异。为了掌握压力情境的影响，有研究者（Folkman，Lazarus，1988；Peterson，1989；Peterson 等，1990）把应对看成一个由三个阶段组成的过程：压力预期、压力经历、压力后恢复，认为在三个阶段中，压力源的性质、对儿童的应对要求、相应的应对反应的类型及其效果都可能存在差异。Connor-Smith 在初级控制应对模型中提出，某种应对的效能取决于压力源（情境）被调控的程度。有研究者（Folkman，1984；Roth，Cohen，1986）提出接近性应对与逃避性应对的适应性意义取决于面临的压力源的可控性。Moos 和 Schaefer（1993）研究认为，接近性应对在被评价为可控性的压力情境中最有效，个体的应对方式应该与情境匹配。Valentiner（1994）更明确提出压力情境事件的可控性既可以通过应对策略的选择，也可以通过影响应对结果

---

① K. D. Rudolph，M. D. Denning，J. R. Weisz：*Determinants and consequences of children's coping in the medical setting：Conceptualization，review，and critique*. *Psychological Bulletin*，1995，118（3），pp328－357.

② S. E. Taylor：*Adjustment to threatening events：A theory of cognitive adaptation*. *American Psychologist*，1983，38（11），pp1161－1173.

来调节应对的作用。这一结论受到相当多的研究的支持（Folkman 等，1986；Forsythe，Compas，1987；Scheier Weintraub，Carver，1986）。

个体调节变量与情境调节变量的交互作用。近期研究中，个体调节变量与情境调节变量在应对过程中的交互作用受到关注。Frydenberg（1997）关于应对的二维表征理论提出[①]，应对是由情境因素和个体特征共同决定的，是情境因素和个体特征的函数：$C=F$（situational determinants+individual characteristics），或者 $C=F$（$P+S+PS$），"P"表示个体的生理特质、个体和家庭的历史以及家庭气氛等个体特征，"S"表示情境特征，"PS"表示对情境的认知评价。应对的有效进行，需要与不同情境的具体要求相适应。应对适应性研究就是应对策略特征与压力事件的恰当匹配（Aldwin，1994；Linville，Clark，1989）。Cecilia（2003）在应对适应性的认知与动机双过程模型中，提出将对情境的识别敏感性作为一种认知过程，可以解释情境与应对的适配程度，动机过程可以解释个体在识别敏感性方面存在差异的原因。

三、压力应对研究中存在的问题

1. 一般情境中的研究较多，特定的具体情境中的研究少，学业压力情境的专门研究更少，国外关于中学生学业压力情境的研究尤其缺乏。对压力源的考察更多局限在一般生活事件的考察，没有专门的学业压力源研究，并且多数研究探索的是性格倾向性应对（dispositional coping）或者人格特质的应对方式（style），情境性应对（situational coping）研究极少。大量的研究表明，个体的应对缺乏跨情境的一致性。

2. 压力与应对研究分离，在考察应对策略时人为设想的成分过多，没有把不同程度的压力感受与应对策略类型的探索相结合。

3. 对成人的应对研究较多，对青少年的应对研究少，且青少年应对策略研究的情境范围相当有限。关于青少年压力源、应对策略的发展性研究极少。

4. 探索性研究较多，验证性研究较少。

---

① E. Frydenberg：*Adolescent Coping*：*Theoretical and Research Perspectives*，London and New York：Routledge，1997，pp39－83.

第二节 中学生的学业压力

学业压力是学生对超出自己应对能力或可能威胁到自身学业的内外环境要求的反应或感受。中学生学业压力源是由多种因素构成的复合体，既有学业事件、学业环境、学业条件、学业结果等外源性压力，也有学习活动中的期望、目标、比较、竞争等内源性的心理压力。设想的中学生学业压力的基本类型有：学习任务、要求方面的压力，成就目标压力，他人期望方面的压力，时间压力，挫折压力，学习竞争压力，学习情境压力。压力既可能成为学习动力，也可能成为学习阻力；既是影响心理健康的重要因素，也是影响学习成绩的重要变量。

本研究的基本目的是探索中学生学业压力源的因素结构，分析中学生学业压力感受的发展特点。首先编制了中学生学业压力应对源问卷，并进行探索性和验证性因素分析，考察中学生学业压力应对源的因素结构；然后着重分析中学生学业压力感受的发展特点。

一、中学生学业压力源量表的编制

（一）初始问卷的编制

首先，本研究提出："根据自己日常学习的感受，下列问题是否对你的学习构成压力，如使你感到烦恼、烦躁、不愉快等？压力的程度如何？假设你的感受分为五类：（1）没有压力；（2）压力小；（3）压力中等，可以忍受；（4）压力较大，较难忍受；（5）压力很大，几乎无法承受。请如实写出你认为学习中压力较大的问题。"以此为题，对初一至高三年级各一个班进行开放式问卷调查。调查被试 320 名，其中男生 165 名，女生 155 名。其次，分别对 20 名中学班主任、20 名学生家长和 53 名学生进行访谈，访谈的内容为"中学生学习中使其感觉紧张、不愉快的事情"。最后，对开放式问卷结果进行内容分析，统计中学生回答所涉及事件的频率，结合访谈研究结果，确立学业压力源的基本维度，编制初步的中学生学业压力源问卷。问卷采用 5 点记分。

所有数据用 SPSS 10.0 进行统计分析。

（二）问卷的正式施测与因素分析

正式问卷调查采取整群分层抽样的方法，随机选取重庆市 6 所中学的学生为研究对象，其中重点中学和普通中学各 3 所，共计收回 2788 份有效问卷。被试的构成情况见表 5－1。

表 5－1　被试的构成

学校类型	性　别	初一	初二	初三	高一	高二	高三	合　计
重点中学	男	114	94	71	117	85	94	575
	女	116	93	76	144	117	84	630
普通中学	男	145	132	147	159	152	49	784
	女	128	141	182	189	114	45	799
合　计		503	460	476	609	468	272	2788

数据分析结果如下：

1. 项目筛选

项目筛选根据四个标准进行：鉴别力指数大于 0.3，题项的因素负荷值大于 0.3，共同度大于 0.4，概括负荷大于 0.5。初始问卷共 80 个题项，删除不符合上述条件的题项 18 个，得到 56 个有效题项。

2. 中学生学业压力源的探索性因素分析

对初始问卷进行主成分分析提取共同因素，用正交旋转法求出旋转因素负荷矩阵，选取因素特征值大于 1 的因子，同时参照特征图形的陡阶检验结果，确定了 9 个因素（表 5－2）。

表 5－2　中学生学业压力源问卷因素分析结果

题　号	1	2	3	4	5	6	7	8	9	共同度
G_{56}	.652									.517
G_{55}	.608									.634
G_{57}	.549									.594
G_{50}	.488									.651
G_{54}	.409									.559
G_{58}	.359									.523
G_{51}	.355									.556
G_{53}	.349									.543
G_{49}	.322									.479
G_{39}		.703								.468
G_{41}		.648								.463
G_{40}		.602								.518
G_{10}		.564								.511
G_{38}		.558								.470

续表

题　号	1	2	3	4	5	6	7	8	9	共同度
G_{42}		.449								.502
G_{36}		.435								.523
G_{37}		.379								.672
G_{48}		.364								.620
G_4			.733							.482
G_2			.610							.607
G_5			.566							.662
G_3			.442							.667
G_1			.303							.642
G_{25}				.793						.699
G_{24}				.759						.493
G_{23}				.757						.455
G_{22}				.725						.516
G_{26}				.592						.485
G_{21}				.524						.451
G_{31}					.663					.530
G_{28}					.542					.523
G_{32}					.516					.456
G_{33}					.506					.478
G_{29}					.427					.523
G_{27}					.354					.535
G_{30}					.324					.576
G_{43}					.315					.521
G_{18}						.763				.615
G_{19}						.740				.548
G_{17}						.455				.520
G_{60}							.748			.501
G_{61}							.744			.506
G_{59}							.441			.485
G_7								.644		.495
G_8								.602		.484
G_6								.526		.499

续表

题 号	1	2	3	4	5	6	7	8	9	共同度
G_9								.476		.505
G_{13}									.591	.547
G_{11}									.539	.571
G_{15}									.535	.500
G_{16}									.503	.594
G_{44}									.485	.632
G_{45}									.467	.530
G_{14}									.409	.478
G_{47}									.391	.501
G_{12}									.360	.647

由表5-2可见，9个因素解释了总方差的51.78%。题项的最高负荷为0.79，最低负荷为0.32。因子1的特征值为15.61，方差贡献率为19.63，包括考试排名次、竞争对手太强、自己没有优势、父母把自己与他人比较、周围同学成绩好、别人经常议论考试、害怕考差了等，共9个题项，命名为竞争压力（CS）。因子2的特征值为4.69，方差贡献率为8.34，包括受到老师的冷遇、竞赛失败、受到老师的批评、受到父母的指责、老师严厉的处罚或侮辱、没有分到理想的班级、失败后别人的冷嘲热讽、成绩总是落后于别人等，共9个题项，命名为挫折压力（FS）。因子3的特征值为3.06，方差贡献率为6.33，包括老师布置的任务太多、学习内容难度太大、需要掌握的东西太多、自己基础差、方法欠缺，共5个题项，命名为任务压力（WS）。因子4的特征值为2.71，方差贡献率为4.76，包括父母的期望、老师的期望、同学的期望、亲友的期望、社会的期望等，共6个题项，命名为他人期望压力（ES）。因子5的特征值为1.51，方差贡献率为3.44，包括学习时间太长、时间太少、时间分配不合理、社会活动时间过多、余暇时间利用不好、时间投入与效果不匹配、自由支配时间太少等，共8个题项，命名为时间压力（TS）。因子6的特征值为1.29，方差贡献率为2.09，包括自己的兴趣没有得到满足、才能没有机会展示、希望以成绩赢得别人的尊重，共3个题项，命名为自我发展压力（DS）。因子7的特征值为1.18，方差贡献率为1.90，包括自己周围的朋友成绩不好、没有安静的学习环境、班上学习气氛太差，共3个题项，命名为环境压力（SS）。因子8的特征值为1.04，方差贡献率为1.67，包括父母管教太严、作业太多、考试太多、师长对“好学生”评价标准偏差，共4个题项，命名为要求压力（RS）。因子9的特征值为1.01，方差贡献率为1.63，包括希望提升名次、想超过某个同学、害怕考不

上理想的大学、考试成绩不理想、保住现在的名次、看见别人进步、怕被别人超过等，共9个题项，命名为成绩目标压力（GS）。

上述9个因素之间存在程度不同的相关（见表5－3），但都达到极显著水平（$p<0.01$），这意味着因子结构可能蕴涵更有解释力的高阶因子，因此有必要进行二阶因素分析。把一阶因素分析获得的9个因子作为新变量，采用主成分分析和正交旋转法求出旋转因素负荷矩阵，抽取出特征值大于1的5个因子，5个因子共解释总方差的71.64%（表5－3、表5－4）。因素1对应的是任务压力（WS）、时间压力（TS）、要求压力（RS）3个一阶因子，命名为任务要求压力（RS）；因素2对应的是竞争压力（CS）1个一阶因子，仍命名为竞争压力（CS）；因素3对应的是挫折压力（FS）、环境压力（SS）2个一阶因子，命名为挫折压力（FS）；因素4对应的是他人期望压力（ES）、成绩目标压力（GS）2个一阶因子，命名为期望压力（ES）；因素5对应的是自我发展压力（DS）1个一阶因子，仍命名为发展压力（DS）。

表5－3　学业压力源一阶因素的相关及其二阶因素分析结果

因素		CS	FS	WS	ES	TS	DS	SS	RS	GS	总分
CS		1.000									
FS		.675	1.000								
WS		.573	.493	1.000							
ES		.612	.590	.498	1.000						
TS		.682	.596	.620	.556	1.000					
DS		.508	.473	.370	.474	.478	1.000				
SS		.512	.546	.339	.447	.477	.388	1.000			
RS		.558	.544	.543	.543	.542	.450	.395	1.000		
GS		.739	.592	.596	.563	.681	.500	.409	.472	1.000	
总分		.880	.825	.721	.766	.828	.632	.618	.701	.843	1.000
二阶因素负荷	RS				.789		.596			.629	
	CS	.813									
	FS		.872					.603			
	ES				.913					−.478	
	DS						.961				

表 5-4　学业压力源二阶因素分析结果

因　素	特征值	方差贡献率
RS	23.017	33.537
CS	8.041	11.310
FS	3.952	9.595
ES	2.922	8.674
DS	1.886	8.521

3. 问卷的信度、效度分析

(1) 问卷信度

从表 5-5 中可以看出，自编的中学生学业压力问卷在一阶因素与二阶因素上的内部一致性信度在 0.6123～0.8517 之间，重测信度在 0.6891～0.9159 之间；整个问卷的内部一致性信度为 0.9041，重测信度为 0.9613。由此说明，本问卷具有良好的信度。

表 5-5　中学生学业压力源问卷的信度估计

因　素	内部一致性信度	重测信度
一阶 1	.8259	.8741
一阶 2	.8056	.8610
一阶 3	.6803	.7881
一阶 4	.8265	.9159
一阶 5	.8093	.8035
一阶 6	.6123	.6952
一阶 7	.6529	.6891
一阶 8	.7083	.7044
一阶 9	.8395	.8627
二阶 1	.8517	.9159
二阶 2	.8259	.8741
二阶 3	.8202	.8724
二阶 4	.7436	.8533
二阶 5	.6123	.6952
总　分	.9041	.9613

(2) 问卷效度估计

内部一致性效度。由于本问卷没有现成的学业压力源问卷作为其外部参照，因此，本研究采用内部一致性效度来考察问卷的效度。从表5−6、表5−7可知，各个因素（包括一阶因素和二阶因素）之间大都呈中等偏低相关，且低于因素与问卷总分之间的相关；各个因素与问卷总分之间的相关在0.618～0.880之间，存在较高相关。

表5−6　中学生学业压力源问卷的内部一致性效度估计（一阶因素）

因　素	一阶1	一阶2	一阶3	一阶4	一阶5	一阶6	一阶7	一阶8	一阶9	总　分
一阶1	1.000									
一阶2	.675	1.000								
一阶3	.573	.493	1.000							
一阶4	.612	.590	.498	1.000						
一阶5	.682	.596	.620	.556	1.000					
一阶6	.508	.473	.370	.474	.478	1.000				
一阶7	.512	.546	.339	.447	.477	.388	1.000			
一阶8	.558	.544	.543	.543	.542	.450	.395	1.000		
一阶9	.739	.592	.596	.563	.681	.500	.409	.472	1.000	
总　分	.880	.825	.721	.766	.828	.632	.618	.701	.843	1.0000

表5−7　中学生学业压力源问卷的内部一致性效度估计（二阶因素）

因　素	F_1	F_2	F_3	F_4	F_5	总　分
F_1	1.000					
F_2	.778	1.000				
F_3	.666	.696	1.000			
F_4	.687	.669	.665	1.000		
F_5	.529	.508	.496	.525	1.000	
总　分	.924	.880	.849	.838	.632	1.000

实证效度。根据压力理论，压力产生的心理反应以焦虑、抑郁的变化最显著，并且压力强度越大，心理反应越强烈。为此，本研究采用国内外常用的焦虑、抑郁自评量表SAS、SDS同时测量中学生的焦虑、抑郁情绪。结果发现，中学生的学业压力源问卷总分与SAS、SDS的得分呈显著的正相关，相关系数分别是0.45、0.48（$p<0.001$）。由此可见，我们编制的中学生学业压力源问卷确实反映了中学生的学业压力状况。

4. 学业压力源因素结构的验证性分析

为了验证探索性因素分析获得的学业压力源因素结构的有效性，我们进行了验证性因素分析（confirmatory factor analysis，CFA）。分析运用 SPSS 10.0 进行数据管理，运用 AMOS（Analysis of Moment Structures）4.0 对数据进行分析处理。研究样本为重庆市 8 所中学的 2523 名中学生，男生 1359 人，女生 1164 人；重点学校 1205 人，普通学校 1318 人。

运用验证性因素分析模型的适合性，通常考虑的指标是：卡方值与自由度之比（χ^2/df）、近似均方根误差（root mean square error of approximation，RMSEA）、拟合优度指数（goodness of fit index，GFI）、调整的拟合优度指数（adjusted goodness of fit index，AGFI）、标准拟合指数（normed fit index，NFI）、非标准拟合指数（non-normed fit index，NNFI）、相对拟合指数（comparative fit index，CFI）、递增拟合指数（incremental fit index，IFI）、残差均方根（root mean square residual，RMR）。拟合度较好的模型应该是：较低的 χ^2 值、$RMSEA$ 值和 RMR 值，$\chi^2/df \leqslant 5$，$RMSEA \leqslant 0.05$（有人认为 $RMSEA \leqslant 0.08$ 也可以接受），$RMR \leqslant 0.10$，GFI、$AGFI$、NFI、$NNFI$、CFI、IFI 越接近 1 越好。Anderson（1984）、Cole（1987）等人建议，$GFI \geqslant 0.85$，$AGFI \geqslant 0.80$ 也是可以接受的。

研究中，我们假设了 7 种因素模型，分别是：

SS1，一阶 9 因素：竞争压力、挫折压力、任务压力、他人期望压力、时间压力、自我发展压力、环境压力、要求压力、成绩目标压力 9 个因素平行排列，9 个因子两两相关。

SS2，二阶 1 因素一阶 9 因素模型：9 因子同质测量模型，二阶因子为任务要求压力。

SS3，二阶 2 因素一阶 9 因素模型：任务要求压力、竞争压力。

SS4，二阶 3 因素一阶 9 因素模型：任务要求压力、竞争压力、挫折压力。

SS5，二阶 4 因素一阶 9 因素模型：任务要求压力、竞争压力、挫折压力、期望压力。

SS6，二阶 5 因素一阶 9 因素模型：任务要求压力、竞争压力、挫折压力、期望压力、发展压力，各因素彼此不相关。

SS7，三阶 1 因素二阶 5 因素一阶 9 因素模型：任务要求压力、竞争压力、挫折压力、期望压力、发展压力，且各因素两两之间存在相关。

验证结果的拟合指数如表 5－8 所示。在 7 种模型中，一阶 9 因素明显被拒绝，二阶 5 因素基本可以接受，三阶 1 因素拟合指标最理想（图 5－1）。

表 5－8　中学生学业压力源 7 种假设模型的 CFA 指数

模型	χ^2	df	χ^2/df	p	RMSEA	GFI	AGFI	RMR	NFI	NNFI	CFI	IFI
SS1	8247.8	1503	5.49	.00	.121	.79	.77	.06	.74	.76	.77	.77
SS2	451.65	277	1.63	.00	.145	.88	.86	.06	.81	.89	.90	.90
SS3	61.69	27	2.24	.00	.127	.95	.92	.04	.82	.84	.96	.96
SS4	133.9	53	2.52	.00	.138	.90	.85	.06	.84	.87	.90	.90
SS5	151.88	34	4.45	.00	.081	.90	.83	.07	.87	.86	.90	.90
SS6	142.74	41	3.48	.00	.058	.90	.84	.06	.86	.87	.90	.90
SS7	133.90	53	2.53	.00	.053	.90	.90	.06	.87	.87	.90	.90

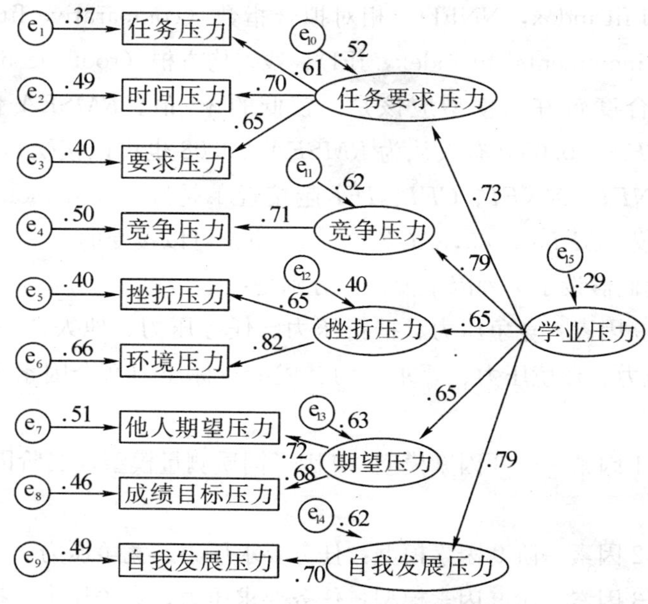

图 5－1　中学生学业压力源三阶一因素模型

（三）分析与讨论

目前，对中学生群体尚无专门的学业压力源测量工具，关于中学生压力源的构成更多停留在经验描述上。本研究以中学生学业压力事件为基础，结合中学生的压力感受，编制了初步的学业压力源问卷。该问卷由 62 个题项构成。探索性因素分析表明，中学生的学业压力源包括任务压力、时间压力、他人要求压力、挫折压力、竞争压力、他人期望压力、成绩目标压力、环境压力、自我发展压力 9 个一阶因素。

学业压力作为一种综合性、慢性、弥散性的压力源，渗透在中学生学业活动的各个方面，因素之间必然相互影响，因素之间也非并列关系，需要从不同维度进行研究。二阶因素分析表明，中学生的学业压力源由任务要求压力、挫折压力、竞争压力、期望压力、自我发展压力5个二阶因素构成。

国内众多研究（俞国良、陈诗芳，2001[①]；张虹、陈树林、郑全全，1999[②]；郑全全、陈树林，1999[③]；楼玮群等，2000[④]）表明，学习压力是中小学生最主要的压力源，尤其是学习负担过重的压力与升学压力。这与国外的相关研究不一致。Colten（1991）[⑤] 研究表明，初中生、高中生的消极生活事件中，学业消极事件分别在第三、第二位；并且消极学业事件与心理症的相关，初中生位于第五，高中生位于第三，远远低于人际事件、家庭事件、同伴事件等。本研究表明，学业压力不仅仅是负担过重和升学考试这类具体压力事件，更多的是学业活动中的心理压力，如他人期望、自己的目标抱负、比较等。

由于中学生学业活动的复杂性，决定了其压力源构成和表现形态的多样性和多维性。验证性因素分析表明，9个一阶因素之间存在程度不同的相关，不是平行排列。我们认为，学业压力源结构的多维性至少反映出如下问题：一是衡量学业压力的指标是多样的，可以是单一学业事件，可以是一般的学业活动，也可以是学业活动的心理因素；既可能是消极的负性事件，也可能是积极的事件。二是评价学业压力的标准是多方面的，如主观感受、客观的行为表现、生理反应。三是对学业压力进行多维评价与整体评价相比，后者更容易受到个人偏见等因素的影响，这也凸现了对中学生学业压力进行专门研究的价值。

关于问卷的信度、效度，鉴别力分析显示，有效题项达到100%，这说明初始问卷的题项鉴别力质量非常好。在一阶因素与二阶因素上的内部一致性信度在0.6123～0.8517之间，重测信度在0.6891～0.9159之间；整个问卷的内部一致性信度为0.9041，重测信度为0.9613。由此说明，本问卷具有良好的信度。各个因素与问卷总分之间的相关在0.618～0.880之间，存在较高相关，考察学业压力总分与多数研究者证实的压力反应的重要指标——焦虑的相关程度，二者呈显著的正相关，说明本研究具有较高的实证效度。

二、中学生学业压力的特点

通过采用自编的中学生学业压力源问卷对重庆市6所中学的2788名中学生（男

① 俞国良、陈诗芳：《小学生生活压力、学业成就与其适应行为的关系》，《心理学报》2001年第33卷第4期，第344～348页。

② 张虹、陈树林、郑全全：《高中学生心理应激及其中介变量的研究》，《心理科学》1999年第22卷第6期，第508～511页。

③ 郑全全、陈树林：《中学生应激源量表的初步编制》，《心理发展与教育》1999年第15卷第3期，第49～53页。

④ 楼玮群、齐铱：《高中生压力源和心理健康的研究》，《心理科学》2000年第23卷第2期，第156～159页。

⑤ M. E. Collten, S. Gore: *Adolescent Stress: Causes and Consequences*, New York: Aldine De Gruyter, 1991, pp5－11; pp111－129.

生1359人，女生1429人；重点学校1205人，普通学校1583人）进行考察，探讨中学生学业压力发展的特征，结果如下。

（一）中学生的学业压力感受

从压力感受的程度上分析，中学生学业压力感受最高的10个方面是：害怕考不上自己理想的大学（3.50±1.02）；担心自己未来的前途（3.36±1.06）；希望自己进入班上或年级前几名（3.34±1.01）；学习上总是达不到自己的目标（3.26±.94）；别人成绩进步，自己没有进步（3.24±1.00）；学习时间不够用（3.23±1.01）；害怕被别人超过（3.22±.99）；需要掌握的东西太多（3.15±.92）；排名靠后（3.15±1.06）；自己成绩不如他人（3.12±.94）。

以学校类别、年级、性别为自变量，以学业压力源各因素为因变量，通过6×2×2多因子方差分析发现（表5-9），中学生学业压力各因素中，挫折压力存在学校类型差异，任务要求压力存在年级差异，任务要求压力、竞争压力、挫折压力性别差异显著。学业压力各因素的学校类别和年级的交互作用显著。进一步的简单效应分析表明（表5-10），在任务要求压力上，重点学校和普通中学的初一、初二年级学生差异极显著（$p<0.001$），初三和高一年级学生差异显著（$p<0.05$）；在竞争压力上，两类学校初一和高三学生差异极显著；在挫折压力上，两类学校从初一到高三各年级学生差异均极其显著；在期望压力上，除初三年级（$p<0.05$）外，两类学校其余各年级差异极其显著；在发展压力上，两类学校的初一、高二、高三年级学生存在极其显著的差异。

表5-9　学校类别、年级、性别在学业压力感受上的方差分析（*F*值）

因　素	学校类型	年　级	性　别	学校×年级	学校×性别	年级×性别
RS	.77	6.51***	4.71***	7.98***	.49	.95
CS	2.82	1.37	4.08***	3.15**	1.35	.76
FS	7.96***	.627	3.63**	6.91***	1.23	.13
ES	2.06	2.73	.32	6.96***	1.89	1.31
DS	.39	.79	1.04	4.58***	.42	1.02

表 5－10　中学生学业压力学校×年级交互作用的简单效应分析（F 值）

因　素		RS	CS	FS	ES	DS
学校	初一	8.34***	11.45***	6.10**	7.26***	11.81***
	初二	10.71***	3.08*	30.16***	10.41***	.26
	初三	3.29*	.06	12.17***	4.13*	1.35
	高一	3.12*	3.29*	17.15***	11.93***	.15
	高二	2.16	5.76*	64.17***	33.53***	10.42***
	高三	1.85	26.43***	119.47***	33.75***	13.77***

（二）中学生学业压力感受的性别差异

表 5－11　中学生学业压力感受的性别差异

因　素	男　生		女　生		t
	平均数	标准差	平均数	标准差	
RS	3.11	.64	3.39	.57	4.28***
CS	3.46	.71	3.63	.74	2.63***
FS	3.74	.85	3.96	.84	2.93***
ES	1.96	.53	1.92	.77	.77
DS	2.96	.84	2.78	.79	.98
总　体	3.04	.57	3.16	.56	2.42*

从学业压力感受的性别差异看（表 5－11），男女中学生的总体压力感受达到显著水平（$p<0.05$），女生的压力感受水平高于男生。具体而言，女生在任务要求压力、竞争压力、挫折压力感受方面极其显著（$p<0.001$），高于男生。男生在期望压力、发展压力感受方面高于女生，但未达到显著水平。

（三）中学生学业压力感受的年级特征

表 5－12　中学生学业压力感受的年级比较

因素	初一（平均数±标准差）	初二（平均数±标准差）	初三（平均数±标准差）	高一（平均数±标准差）	高二（平均数±标准差）	高三（平均数±标准差）	F
RS	3.14±.78	2.8±.65	3.29±.53	3.38±.57	3.25±.57	3.14±.60	2.56*
CS	3.51±.90	3.41±.80	3.54±.62	3.55±.77	3.53±.70	3.7±.64	1.79
FS	3.99±.97	3.75±.97	3.95±.79	3.95±.87	3.73±.91	3.71±.54	1.86
ES	1.85±.48	1.74±.47	1.84±.38	1.89±.49	1.78±.45	2.5±.85	36.98***
DS	2.89±.84	2.83±.79	2.74±.76	2.88±.79	2.78±.83	3.4±.67	9.41***
总体	3.08±.72	2.98±.61	3.07±.48	3.13±.56	3.01±.55	3.33±.38	3.75**

从表 5－12 可以看出，总体上，中学生学业压力感受存在极其显著的年级差异（$p<0.01$），表现为高三学生学业压力感受显著高于其余各年级（图 5－2）。在任务要求压力、期望压力、发展压力上存在显著的年级差异。存在两个明显的上升期和两个下降期。初二到高一、高二到高三为上升期，初一到初二、高一到高二为压力感受下降期。

在任务要求压力方面，年级差异显著（$p<0.05$），初三、高一显著高于初一、初二。

在学业竞争压力方面，年级差异不显著（$p>0.05$），但各年级压力感受总体水平较高，并且高三年级学生显著高于初一、初二和高二年级学生。

在挫折压力方面，年级差异不显著（$p>0.05$），各年级总体感受水平较高，并且初一年级学生的感受水平高于各年级，显著高于高三年级。

在期望压力方面，年级差异极其显著（$p<0.001$），高三年级学生显著高于其余各年级。但整个中学阶段期望压力的感受水平远远低于其他类型压力的感受水平。

在发展压力方面，年级差异极其显著（$p<0.001$），高三年级学生显著高于其余各年级。

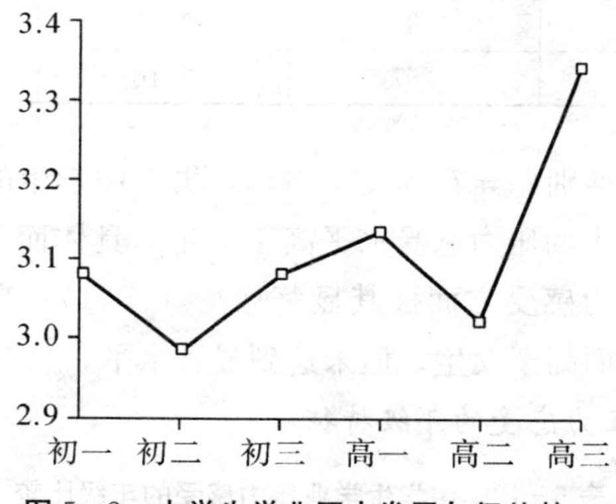

图 5－2 中学生学业压力发展年级趋势

（四）中学生学业压力的学校差异

从表 5－13 可以看出，重点学校与普通中学学生学业压力总体感受没有显著的学校类别差异。但是，就各因素而言，重点学校学生在任务要求压力、竞争压力两个因素上极显著（$p<0.001$），高于普通中学。普通中学学生的挫折压力感受极显著（$p<0.001$），高于重点中学学生。

表 5—13　中学生学业压力的学校类别差异

因　素	重点学校		普通学校		t
	平均数	标准差	平均数	标准差	
RS	3.27	.57	3.19	.63	7.58***
CS	3.02	.68	2.92	.75	6.99***
FS	2.78	.59	3.12	.71	5.66***
ES	1.88	.38	1.75	.43	1.13
DS	2.82	.74	2.76	.81	.76
总　体	3.16	.56	3.08	.68	1.22

（五）分析与讨论

从中学生学业压力的总体感受分析，排名前10位的有现实的任务要求压力，而更主要的压力是预期的，是与个人希望、目标、比较相联系的心理压力，且后者的感受强度远远高于前者，出现的频度也多于前者。有研究者（楼玮群等，2000）[①]提出，这种现象与中国儿童社会化过程的取向有关。杨国枢（1992）认为，中国人在人和环境互动的过程中，表现出一种社会取向，具体表现在注重家族、权威、关系和他人。这与国内同类研究相一致。

在学业压力的年级差异方面，在整个中学阶段，学生的压力感受存在两个上升期和两个下降期，初二到高一、高二到高三为压力感受上升期，初一到初二、高一到高二为压力感受下降期。这既充分反映了我国现阶段基础教育中学生的实情，同时也说明，中学生的压力感受更容易受到压力事件、压力情境的影响。随着年级的升高，学生经验的积累，认知水平的提高，应对资源的逐渐增多，学生的压力感受并没有相应下降。相反，从初三年级开始，学生的压力感受继续上升，这只能说明压力事件本身对学生的威胁程度超过了学生应对水平的发展速度。高一学生压力感受高，主要是因为面临适应新的学业情境、完成难度更高的学习任务要求，面对新的竞争对手，应付家长的新的希望，自己有了新的目标和希望。高三年级学生压力感受高，则主要是因为面临与升学考试相伴随的一系列内容更多的、与自身未来发展联系更密切的内外压力源。

虽然重点中学和普通中学学生学业压力总体上不存在差异，但在具体压力源的感受上，重点中学学生的任务要求压力、竞争压力显著高于普通中学学生；普通中学学生的挫折压力显著高于重点中学。出现这种现象的原因是共同的：两类学校的压力情境都超出了学生可控的范畴。重点学校学生的任务要求过多、过高，社会的

① 楼玮群、齐铱：《高中生压力源和心理健康的研究》，《心理科学》2000年第23卷第2期，第156～159页。

期望过大，学生之间的竞争过于激烈；而普通中学的群体心理气氛、奋斗目标等远远低于重点中学。当学生把学校较差的办学条件、师生普遍不高的抱负水平与自己满怀希望的未来相联系时，巨大的失落感、挫折感油然而生。

男女中学生的学业压力感受存在显著的性别差异。女生在任务要求压力、竞争压力、挫折压力感受方面极其显著（$p<0.001$），高于男生。这可能与男女生在应对策略上的差异有关。有的研究表明（肖计划等，1995）[①]，女生更多采用自责、求助、退缩等应对策略，而男生更多采用问题解决策略。

第三节　中学生学业压力的应对策略

中学生学业压力在学生学习和成长中的利弊效应取决于他们如何应对。压力应对是认知活动、人格因素和情境变量交互作用的动态过程。中学生应对学业压力的策略主要有：问题解决、认知重建、寻求社会支持、情感疏泄、逃避、愿望性思维、寻求替代满足、抑制情绪、自责、抵触对抗。其中，普遍行之有效的策略是问题解决、认知重建、主动寻求社会支持策略，其他策略只有有限的、部分积极意义。学业压力应对策略是一个多维度的整体系统。应对策略具有情境适配性，但中学生群体存在普遍意义的学业压力应对策略结构。

本研究的基本目的是探索中学生学业压力应对策略的结构模型与中学生学业压力应对策略的发展特征。首先编制了中学生学业压力应对策略问卷，并进行探索性和验证性因素分析，考察中学生学业压力应对策略的因素结构；然后着重分析中学生学业压力应对策略的发展特点。

一、中学生学业压力应对策略问卷的编制

（一）初始问卷的编制

首先，本研究以“在日常学习中，当你感觉到有压力时，是否采用了下列做法?”为题进行团体测试。本研究的开放式问卷在重庆市某中学施测。初一到高三年级各一个班，共320名学生，其中男生165名，女生155名。其次，分别对20名中学班主任、20名家长和53名学生进行访谈，访谈的内容为“中学生学习中怎样调节学习压力”。最后，对开放式问卷结果进行内容分析，统计中学生回答所涉及事件的频率，结合访谈结果，参考相关问卷（Adolescent Coping Scale，ACS；Fryden-

① 肖计划、向孟泽、朱昌明：《587名青少年学生应付行为研究》，《中国心理卫生杂志》1995年第9卷第3期，第100～102页。

berg, Lewis, 1993)[①] 题项，确立学业压力应对策略的基本维度，编制初步的中学生学业压力应对策略问卷。问卷采用 5 点记分，即从“没有采用这种方法”、“很少采用这种方法”、“有时采用这种方法”、“较多采用这种方法”，到“大都采用这种方法”。

（二）问卷的正式施测与因素分析

正式问卷在重庆市 3 所重点中学、3 所普通中学测试。正式问卷调查的被试构成如表 5－14。

表 5－14　被试的构成

学校类型	性别	初一	初二	初三	高一	高二	高三	合　计
重点中学	男	189	161	116	145	140	68	819
	女	189	152	138	189	154	76	898
普通中学	男	46	45	80	103	71	52	397
	女	31	61	89	118	57	53	409
合　计		455	419	423	555	422	249	2523

数据的分析结果如下。

1. 项目筛选

项目筛选根据四个标准进行：鉴别力指数大于 0.3 的题项；题项的因素负荷值大于 0.3；共同度大于 0.4；概括负荷大于 0.5。初始问卷共 80 个题项，删除不符合上述条件的题项 14 个，得到包含 68 个题项的正式问卷。

2. 中学生学业压力应对策略源的探索性因素分析

对初始问卷进行主成分分析提取共同因素，用正交旋转法求出旋转因素负荷矩阵，选取因素特征值大于 1 的因子，同时参照特征图形的陡阶检验结果，确定了 13 个因素（表 5－15）。

表 5－15　中学生学业压力应对策略的因素分析

题号	因素负荷													共同度
	F_1	F_2	F_3	F_4	F_5	F_6	F_7	F_8	F_9	F_{10}	F_{11}	F_{12}	F_{13}	
I_{48}	.605													.546
I_{53}	.584													.537
I_{60}	.543													.521
I_{50}	.491													.556

① E. Frydenberg: *Adolescent Coping: Theoretical and Research Perspectives*, London and New York: Routledge, 1997, pp39－83.

续表

题号	因素负荷													共同度
	F_1	F_2	F_3	F_4	F_5	F_6	F_7	F_8	F_9	F_{10}	F_{11}	F_{12}	F_{13}	
I_{51}	.445													.522
I_{64}	.434													.447
I_{52}	.424													.550
I_{57}	.389													.596
I_{39}	.373													.566
I_{59}	.310													.437
I_2		.654												.543
I_3		.610												.558
I_4		.596												.545
I_1		.534												.518
I_{15}		.404												.456
I_{20}			−.719											.638
I_{21}			−.701											.657
I_{19}			−.624											.527
I_{61}			−.338											.519
I_{66}				−.693										.584
I_{67}				−.651										.579
I_{65}				−.617										.474
I_{68}				−.558										.566
I_{69}				−.405										.507
I_{63}				−.363										.509
I_{24}					−.665									.502
I_{25}					−.660									.497
I_{27}					−.529									.542
I_{23}					−.526									.487
I_{22}					−.449									.501
I_{26}					−.406									.493
I_{28}					−.333									.506
I_{10}						−.855								.712
I_{11}						−.807								.674
I_{16}						−.604								.493

续表

题号	因素负荷													共同度
	F_1	F_2	F_3	F_4	F_5	F_6	F_7	F_8	F_9	F_{10}	F_{11}	F_{12}	F_{13}	
I_{18}						-.372								.464
I_{58}						-.329								.406
I_{36}							-.864							.715
I_{37}							-.832							.685
I_{35}							-.713							.613
I_{29}							-.459							.436
I_{38}							-.352							.546
I_{34}							-.345							.516
I_{30}								-.551						.625
I_{32}								-.505						.521
I_{56}								-.477						.586
I_{31}								-.463						.574
I_{33}								-.344						.519
I_{46}									-.755					.617
I_{45}									-.697					.622
I_{47}									-.471					.495
I_{12}										.683				.513
I_{70}										.594				.522
I_{13}										.456				.436
I_{41}											-.713			.642
I_{43}											-.609			.531
I_{40}											-.569			.558
I_{42}											-.543			.588
I_{44}											-.488			.515
I_{54}												.642		.573
I_{55}												.449		.583
I_{62}												.371		.498
I_7													.662	.625
I_6													.575	.536
I_8													.543	.604
I_9													.482	.545

续表

题号	因素负荷													共同度
	F_1	F_2	F_3	F_4	F_5	F_6	F_7	F_8	F_9	F_{10}	F_{11}	F_{12}	F_{13}	
I_{14}													.379	.536
I_5													.306	.461
特征值	9.57	8.69	6.55	6.53	5.85	5.63	5.06	4.29	3.58	2.19	2.08	.98	1.85	累积贡献率(%)
贡献率(%)	18.701	11.756	4.070	2.873	2.463	2.170	1.996	1.926	1.913	1.789	1.709	1.579	1.453	54.398

由表5－15可见，13个因素解释了总方差的54.398%。题项的最高负荷为0.76，最低负荷为0.30。因子1的10个项目包括抱怨、后悔、幻想、烦躁、封闭、降低目标、回避等退缩性因素，命名为退缩。因子2的5个项目包括制订计划、寻找方法、专心学习、采取行动、吸取教训这些采取主动行动的应对策略，命名为解决问题。因子3的4个项目包括主动诉说、主动求助、主动咨询、主动探讨，命名为主动求助。因子4的6个项目包括注意转移、调整心态、选择恰当的调整方法、估计危害等，命名为自我调节。因子5的7个题项包括求得同情、自我倾诉、宣泄，命名为宣泄。因子6的5个题项包括观察他人、比较情境、纵向对比、比较方法、移情对照，命名为比较策略。因子7的6个题项包括听天由命、情境幻想、结果幻想、事件幻想等，命名为幻想。因子8的5个题项包括无所事事、无所欲求、对抗性宣泄等，命名为被动等待。因子9的3个题项包括克制、忍受等，命名为自我克制。因子10的3个题项包括漠视、忽略、否认，命名为忽视。因子11的5个题项包括结果替代、工具替代、情境替代、奖励强化等，命名为代偿。因子12的3个题项包括前置预设、利用、逐步解决，命名为预先应对。因子13的6个题项包括改变思路、转换环境、回忆经验、发现意义、挑战性评价等，命名为认知重建。

上述13个因素之间存在程度不同的相关，有80%以上的因素之间的相关达到极显著水平（$p<0.01$），其中，有3组变量（因子1、因子5、因子7、因子8与因子10；因子2、因子3、因子6与因子13；因子4、因子9、因子11与因子12）彼此相关程度较高，表现出聚类趋向，这意味着因子结构可能蕴涵更有解释力的高阶因子，因此有必要进行二阶因素分析。把一阶因素分析获得的13个因子作为新变量，采用主成分分析和正交旋转法，求出旋转因素负荷矩阵，抽取出特征值大于1的3个因子（F_1、F_2、F_3），3个因子共解释总方差的42.31%（表5－16）。

表 5－16　中学生学业压力应对策略二阶因素分析

因　素	被动应对策略	维持应对策略	主动应对策略	共同度
因子 7：幻想	.687			.532
因子 1：退缩	－.679			.477
因子 8：被动等待	.604			.370
因子 5：宣泄	.453			.347
因子 10：忽视	－.378			.218
因子 11：代偿		.669		.455
因子 12：预先应对		－.605		.368
因子 4：自我调节		.530		.359
因子 9：自我克制		.524		.363
因子 3：主动求助			.724	.577
因子 6：比较策略			.584	.453
因子 13：认知重建			.520	.451
因子 2：解决问题			－.459	.530
特征值	10.53	9.67	4.58	累积贡献率(%)
贡献率（%）	19.46	14.49	8.35	42.31

F_1 对应的是退缩、宣泄、幻想、被动等待、忽视 5 个一阶因子，命名为被动应对策略；F_2 对应的是自我调节、自我克制、代偿、预先应对 4 个一阶因子，命名为维持应对策略；F_3 对应的是解决问题、主动求助、比较、认知重建 4 个一阶因子，命名为主动应对策略。

3. 信度估计

从表 5－17 中可以看出中学生学业压力应对策略问卷在一阶因素与二阶因素上的内部一致性信度在 0.4568～0.8831 之间，重测信度在 0.4926～0.9251 之间；整个问卷的内部一致性信度为 0.8449，重测信度为 0.9323。由此说明，本问卷具有良好的信度。

表 5-17　中学生学业压力应对策略问卷的信度系数

因素		内部一致性信度	重测信度
一阶因子	F_1	.8070	.8602
	F_2	.6856	.7416
	F_3	.7307	.7457
	F_4	.7141	.7591
	F_5	.6902	.7838
	F_6	.6003	.7278
	F_7	.7581	.8054
	F_8	.6721	.7838
	F_9	.5021	.6151
	F_{10}	.5926	.4926
	F_{11}	.6054	.6865
	F_{12}	.4568	.5997
	F_{13}	.7450	.8205
二阶因子	被动应对策略	.8831	.9251
	维持应对策略	.7700	.8492
	主动应对策略	.8497	.8773
总分		.8449	.9323

4. 效度估计

由于本问卷没有现成的学业压力应对策略问卷作为其外部参照，因此本研究采用内部一致性效度和结构效度来考察问卷的效度。

从表 5-18 可知，各个因素（包括一阶因素和二阶因素）之间基本上呈中等偏低相关，且低于因素与问卷总分之间的相关；各个因素与问卷总分之间的相关在 0.361～0.723 之间，存在较高相关。

表 5-18　中学生学业压力应对策略问卷的效度系数

因素	F_1	F_2	F_3	F_4	F_5	F_6	F_7	F_8	F_9	F_{10}	F_{11}	F_{12}	F_{13}
F_1	1.000												
F_2	-.114	1.000											
F_3	.379	.295	1.000										
F_4	.220	.386	.385	1.000									
F_5	.566	.104	.511	.302	1.000								

续表

因素	F_1	F_2	F_3	F_4	F_5	F_6	F_7	F_8	F_9	F_{10}	F_{11}	F_{12}	F_{13}
F_6	.429	.268	.493	.394	.483	1.000							
F_7	.672	−.109	.242	.174	.483	.351	1.000						
F_8	.690	−.176	.236	.188	.502	.304	.640	1.000					
F_9	.340	.229	.323	.410	.335	.368	.322	.308	1.000				
F_{10}	.366	.083	.260	.258	.282	.255	.304	.328	.294	1.000			
F_{11}	.122	.402	.227	.479	.172	.277	.164	.096	.372	.163	1.000		
F_{12}	.181	.371	.318	.557	.226	.329	.205	.185	.411	.189	.478	1.000	
F_{13}	−.002	.669	.389	.470	.198	.428	−.020	−.039	.333	.161	.455	.417	1.000
总分	.717	.361	.640	.633	.723	.693	.640	.617	.603	.467	.512	.555	.510

5. 中学生学业压力应对策略的验证性因素分析

为了验证探索性因素分析所获得的学业压力应对策略结构，我们对以重庆市 8 所中学的 2523 名中学生为被试所得的调查结果进行了验证性因素分析。其中男生 1359 人，女生 1164 人；重点学校 1205 人，普通学校 1318 人。

我们假设了 5 种因素模型，分别是：

SSCT1：一阶 13 因素，退缩、解决问题、主动求助、自我调节、宣泄、比较、幻想、被动等待、自我克制、忽视、代偿、预先应对和认知重建 13 个一阶因素平行排列，13 个因素两两相关。

SSCT2：二阶 1 因素一阶 13 因素模型，一阶 13 个因素两两相关，二阶因素为：被动应对策略。

SSCT3：二阶 2 因素一阶 13 因素模型，一阶 13 因素两两相关，二阶因素为：被动应对策略和维持应对策略。

SSCT4：二阶 3 因素一阶 13 因素模型，一阶 13 因素两两相关，二阶因素为：被动应对策略、维持应对策略、主动应对策略 3 因素彼此不相关。

SSCT5：三阶 1 因素二阶 3 因素一阶 13 因素模型，一阶 13 因素两两相关，二阶 3 因素彼此相关。

从各项拟合指标综合评价（表 5−19），三阶 1 因素模型的拟合度最理想（图 5−3）。

表 5－19　中学生学业压力应对策略因素结构模型的拟合指标

模型	χ^2	df	χ^2/df	p	$RMSEA$	GFI	$AGFI$	RMR	NFI	$NNFI$	CFI	IFI
SSCT1	13229.93	2067	6.40	.00	.124	.76	.74	.09	.66	.67	.69	.70
SSCT2	551.73	395	1.39	.00	.106	.84	.81	.07	.76	.91	.92	.92
SSCT3	151.43	98	1.54	.00	.92	.92	.88	.06	.82	.91	.92	.93
SSCT4	245.32	183	1.34	.00	.65	.89	.87	.06	.82	.94	.95	.95
SSCT5	216.58	122	1.77	.00	.56	.90	.86	.06	.85	.95	.95	.91

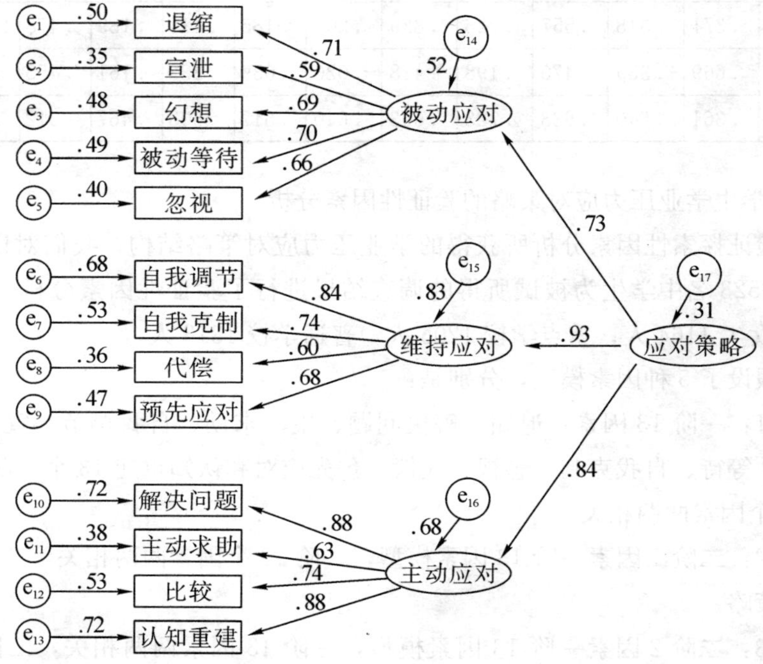

图 5－3　中学生学业压力应对策略三阶 1 因素模型

6. 中学生学业压力应对策略因素结构模型

根据探索性因素分析的结果，我们初步构建了中学生学业压力应对策略因素结构的实证模型（图 5－4），该模型由 3 个基本维度构成：被动应对策略、维持应对策略和主动应对策略，每个维度又有 3～5 个因素。

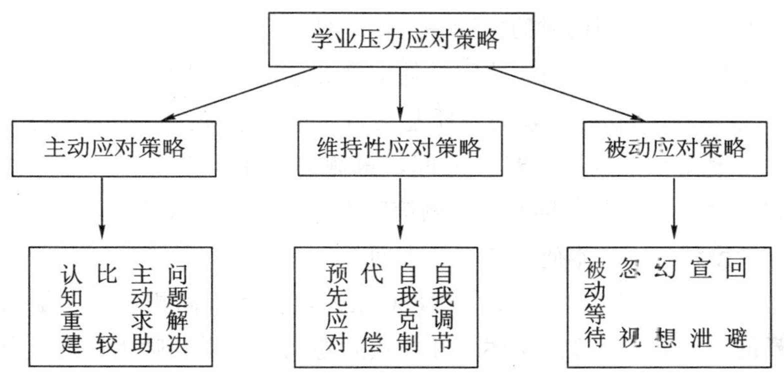

图 5—4　中学生学业压力应对策略的实证模型

（三）分析与讨论

已经有大量研究证明（Clark 等，1989；Suls，1985）应对策略在压力事件的适应过程中具有影响人们心理健康的效应。压力应对策略是人们为了减轻压力的影响而作出的有意识的认知与行为反应策略。自 20 世纪 70 年代以来，国内外研究者从不同视角探讨压力应对策略的构成要素，但大多数研究采用没有适当针对性的特质取向的量表来评定个体的应对方式，忽略了应对方式的情境特殊性（梁宝勇，2002）①。迄今未见针对学业压力这一特定压力源的应对策略测量量表。

应对策略的测评维度是近年来应对研究中的焦点问题之一。面对形形色色的压力事件，个体的应对行为必然是多种多样的。应对策略的多维性已成为应对研究者的共识。但如何划分应对策略维度是当前研究尚未解决的问题。主要倾向有两种：一是从应对策略的性质，即积极应对、消极应对两个维度划分；二是从应对策略作用的对象，即问题关注（problem-focus）和情绪关注（emotion-focus）两个维度探索。我们认为，不管是从性质的两极，还是从两类对象，都难以真正把握应对策略的全貌。两极之间必然有第三极，如防御性应对；两类对象之间在现实情境中也有大量交叉。

本研究提出从应对者在应对过程中的三种地位：主动、被动和维持现状，来构建学业压力的应对策略。探索性因素分析表明，学业压力的具体应对策略有 13 种：退缩、解决问题、主动求助、自我调节、宣泄、比较、幻想、被动等待、自我克制、忽视、代偿、预先应对和认知重建。这 13 种策略之间存在程度不同的相关，且有聚类的倾向，因此，我们进行了二阶因素分析，获得应对策略的三类基本维度：被动应对策略、维持应对策略和主动应对策略。验证性因素分析表明，13 种策略确实存在一种层级结构，探索性因素分析所获得的三类维度的拟合指标可以接受，但更理

① 梁宝勇：《应对研究的成果、问题与解决办法》，《心理学报》2002 年第 34 卷第 6 期，第 643～650 页。

想的是三类基本策略之间构成的三阶一因素模型。

关于中学生学业压力应对策略问卷的信度和效度，鉴别力分析显示，有效题项达到了100%，这说明初始问卷的题项鉴别力质量非常好。一阶因素与二阶因素的内部一致性信度在0.4568～0.8831之间，重测信度在0.4926～0.9251之间；整个问卷的内部一致性信度为0.8449，重测信度为0.9323。由此说明，本问卷具有良好的信度。在效度估计上，本研究从三个方面予以保证。一是考察结构效度，各个因素与问卷总分之间的相关在0.618～0.880之间，存在较高相关。二是保证内容效度，本问卷的项目来源于文献综述、开放式问卷调查结果和师生访谈，以及相关的青少年应对策略问卷，从而保证问卷项目能够反映中学生压力应对策略的实际情况。三是进行了探索性和验证性因素分析。

二、中学生压力应对策略的发展性研究

采用自编的中学生学业压力应对策略问卷对重庆市8所中学的2788名中学生（男生1359人，女生1429人；重点学校1205人，普通学校1583人）进行考察，探讨中学生学业压力应对策略发展的特征。结果如下。

（一）中学生学业压力应对策略的方差分析

以学校类别、年级、性别为自变量，以学业压力应对策略各因素为因变量，通过6（年级）×2（性别）×2（学校类型）多因子方差分析发现（表5－20），中学生学业压力应对策略各因素中，被动应对策略、维持应对策略、主动应对策略均存在学校类型差异和年级差异，学校类型主效应显著（$F=4.85$，$p<0.05$），年级因素的主效应极其显著（$F=7.67$，$p<0.001$）。被动应对策略性别差异显著。应对策略学校类别和年级的交互作用显著。

表5－20　中学生学业压力应对策略的多因子方差分析（F值）

因　素	学校类型	年　级	性　别	学校×年级	学校×性别	年级×性别
被动应对策略	4.01*	4.92**	3.42*	6.84***	.06	2.29
维持应对策略	5.72*	5.86***	.29	.58	1.25	.52
主动应对策略	4.65*	10.57***	.96	1.12	1.26	.75
总　体	4.85*	7.67***	1.54	4.25***	.99	1.36

进一步的简单效应分析（表5－21）表明，在被动应对策略上，重点学校和普通中学的初三、高一、高二年级学生差异极显著（$p<0.001$），高二和高一年级学生差异显著（$p<0.05$）；在维持应对策略上，两类学校初一、高一、高二学生差异极显著；在主动应对策略上，两类学校初一、初二、高一年级学生差异均极其显著。

表 5-21 学业压力应对策略学校与年级交互作用的简单效应分析（F 值）

因 素		被动应对策略	维持应对策略	主动应对策略
学 校	初一	3.58	14.75***	31.62***
	初二	15.52***	3.98*	17.02***
	初三	15.59***	1.35	.23
	高一	17.39***	10.76***	9.01**
	高二	4.68*	11.28***	1.48
	高三	1.35	3.02	.37

（二）中学生学业压力应对策略的年级特征

通过对各年级应对策略进行单因子方差分析，发现无论总体上还是各因素上，各年级学生学业压力应对策略存在极其显著（$p<0.0001$）的差异（表 5-22）；事后多重比较表明，初三年级是学业压力应对策略发展的关键转折期。具体而言，在被动应对策略的使用频度上，初一年级学生的频度最低，其余各年级无显著差异；在维持应对策略的使用频度上，高一>初三>初二>高三>初一>高二，初三和高一年级使用频度最高，既显著高于初一、初二，也显著高于高二、高三年级学生；在主动应对策略的使用频度上，高一、高二、初三、高三>初二、初一，初三到高三各年级无显著差异，其中高一年级使用频度最高。因此，高一年级应对策略使用频度最高，初一年级使用频度最低，转折发生在初三年级。

表 5-22 中学生学业压力应对策略的年级差异比较（平均数±标准差）

因 素	初一	初二	初三	高一	高二	高三	F
被动应对策略	3.38（.71）	3.53（.72）	3.52（.71）	3.53（.64）	3.58（.67）	3.54（.75）	4.40***
维持应对策略	3.08（.72）	3.13（.69）	3.21（.64）	3.23（.65）	3.06（.59）	3.10（.66）	5.14***
主动应对策略	2.74（.65）	2.81（.62）	2.94（.58）	3.04（.57）	2.96（.55）	2.93（.62）	18.61**
总 体	3.10（.54）	3.20（.52）	3.27（.53）	3.30（.48）	3.27（.45）	3.24（.53）	9.50***

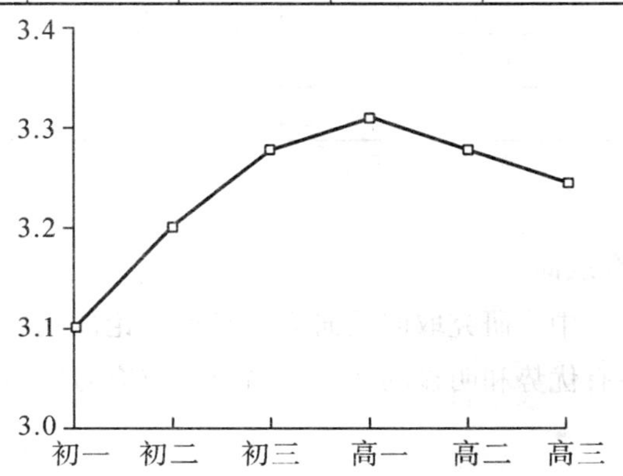

图 5-5 中学生学业压力应对策略发展的年级趋势

（三）中学生学业压力应对策略的学校类别特征

表 5－23　应对策略的学校类别差异

因　素	重点中学		普通中学		t
	平均数	标准差	平均数	标准差	
被动应对策略	3.47	.71	3.62	.66	5.98***
维持应对策略	3.10	.68	3.26	.68	4.99***
主动应对策略	3.21	.44	2.86	.59	5.68***
总　体	3.33	.49	3.19	.51	6.10***

从表 5－23 可以看出，总体上两种类型中学的学生学业压力应对策略存在极显著的差异。重点中学学生在主动应对策略方面极显著多于普通中学学生，在面临学业压力时更多采用认知重建、主动求助、解决问题、比较等主动应对策略。而在被动应对策略和维持应对策略上，普通中学学生的使用频度极显著高于重点中学，普通中学学生更多使用自我克制、自我调整、被动等待、忽略、宣泄等策略应对学业压力。

（四）中学生学业压力应对策略的性别差异

由表 5－24 可知，总体上，学业压力应对策略存在极显著的性别差异，女生在各种压力应对策略的使用频度上显著高于男生。具体而言，中学女生更多采用被动应对策略和维持应对策略，而男生在主动应对策略方面多于女生。

表 5－24　中学生学业压力应对策略的性别差异

因　素	男　生		女　生		t
	平均数	标准差	平均数	标准差	
被动应对策略	3.44	.74	3.58	.65	5.35***
维持应对策略	3.12	.69	3.17	.64	2.80**
主动应对策略	2.95	.56	2.86	.65	3.77***
总　体	3.18	.55	3.28	.46	5.05***

（五）分析讨论

1. 整合化的研究取向

在压力与应对研究中，研究取向是研究者长期争论的问题，人格取向、过程取向和情境取向之间各有优势和明显的缺陷。当压力与应对的演绎式和归纳式研究各自的缺陷暴露后，研究者正在寻求第三条道路（Amirth，1990）[①]，特质取向和过程取向、自我心理模式和场合模式正在吸取彼此长处的基础上走向整合（叶一舵，2002）[②]。本研究中，认为压力和应对都是人格特质、个体变量和情境变量相互作用的结果，强调在压力事件和情境过程中研究压力源、应对策略和机制。研究中采用整合化的研究取向。首先，研究思路上体现了从学生的压力感受与压力事件的结合、学生的日常学业活动与专门化的具体压力情境的结合、个体变量与情境变量的结合、相关研究与综合实验的结合；其次，研究内容上对把压力源与应对策略、压力应对机制与压力反应、因素结构的探索与发展特征的分析相结合，较为系统地探讨了中学生学业压力源、应对策略和机制。整合化的研究模式、多种研究方法的综合运用、多种指标的协同考察，应该成为压力与应对研究的基本走向；在压力事件过程中考察学业压力，在应对过程中考察应对机制，应该是压力与应对研究的基本要求。

2. 中学生学业压力应对策略的年级差异

有研究发现（Frydenberg，1997）[③]，随着年龄增长，青少年应对策略的类型数量逐渐增加，无论积极的应对策略还是消极的应对策略。本研究发现，在应对策略总体频度方面，初一到高一存在上升的趋势，但高二开始下降。本研究认为，原因在于从高二开始，尤其是高三阶段学业压力情境的可控性降低，未来发展压力显著增强，高二、高三学生的学业压力应对策略的总体频度可能降低。初一年级学生的各种压力应对策略的使用频度最低，这与他们的压力感受程度相一致。初三到高三年级学生的主动应对策略、被动应对策略频度均显著高于初一和初二年级学生。

3. 中学生学业压力应对策略的性别差异

许多研究表明，应对策略的使用存在性别差异。首先，男女中学生表征和理解压力情境存在差异。有研究者（Ptack 等，1992）[④] 提出男性倾向于把日常生活的困扰评价为对自我的挑战，更多采用问题取向策略；女性更倾向于把压力情境评价为威胁或伤害，更多采用情绪取向策略。其次，在青春期社会化过程中社会角色期待存在差异。在男女性别社会角色形成的过程中，男孩更多被社会成人世界期待并塑造成自主、独立的角色，女孩更多是被期待为与社会联系（Gilligan，1982）。与不同期待相一致，两性不同的应对行为被反复强化，如男女成功或失败应对压力后，受到的奖励或惩罚是相当不同的（Frydenberg，1997）。第三，教养方式存在差异。女性在面对问题或压力时，更多是被鼓励如何表达情绪；而男儿有泪不轻弹则是对

---

① J. H. Amirkhan: *A factor analytically derived measure of coping: The coping strategy indicator. Journal of Personality and Social Psychology*, 1990, 59 (5), pp1066－1074.

② 叶一舵、申艳娥：《应对及应对方式研究综述》，《心理科学》2002 年第 6 期，第 755～756 页。

③ E. Frydenberg: *Adolescent Coping: Theoretical and Research Perspectives*, London and New York: Routledge, 1997, pp39－83.

④ J. T. Ptacek, R. E. Smith, J. Zanas: *Gender, appraisal, and coping: A longitudinal analysis. Journal of Personality*, 1992, 60 (4), pp747－770.

男性的最好注解。

4. 中学生学业压力应对策略的学校类型差异

两类学校的群体心理气氛存在差异。一般而论，重点中学学生受到所在群体积极的群体心理气氛的影响，整个学生群体目标明确，奋发向上，遇到困难、挫折时有奋斗目标和希望作为动力，因而能够采取积极主动的应对策略，主动解决问题。在社会支持系统上两类学校也存在差异。由于两类学校教师的教育、教学方法可能不同，一般来说，重点学校教师素质可能高于普通中学，更可能采用民主、平等的教学方法，更可能尊重、信任学生，这样学生应对压力的自我效能感更高，更容易采用积极的应对策略。

第四节　中学生压力应对的干预模式

压力是青少年健康成长过程中的重要影响因素。合理的干预是帮助青少年应对压力危机的必要手段。干预的目的是让中学生掌握有效的压力应对的策略。压力应对的干预模式主要有四种，即信息干预模式、社会支持模式、预先应对模式和中介调节模式。

一、信息干预模式

Elkins 和 Robert① 认为，信息干预就是当事人通过增进对压力事件的了解程度，纠正其对压力事件的错误或不全面认知，从而正确、合理、自如地应对压力事件。掌握了该模式，就能针对具体的压力事件，采取相应的应对措施。通过信息干预，有利于对压力事件的起因及未来发展趋向有所认识，利于制订相应的预防策略；在压力事件造成巨大消极影响前对其有一个较全面的认识，利于制订正确的应对策略。

信息干预模式可以使青少年在面临压力情境时，做到对压力事件与自我关系的合理认知。有效的信息干预模式大致分为搜集信息、分析信息、重新组织信息、验证信息四个阶段。

青少年要合理应对压力事件，首先要做的是合理认知压力。搜集到正确全面的信息是成功地运用信息干预的基础。在这一阶段，应搜集关于压力事件的威胁、伤害、损失程度的信息。这方面信息的获得主要有三条途径：（1）青少年本身。即青

① P. D. Elkins，M. C. Roberts：*Psychological preparation for pediatric hospitalization*. *Clinical Psychology Review*，1983，3（3），pp275—295.

少年本身对压力事件的估计。但是这里有两点值得注意：第一，由于个体对压力的感受不同，因此不同的青少年面临同样的压力时，他们的表现不一定相同。第二，行为表现相同的青少年面临的压力不一定相同。（2）青少年的父母或老师。家庭和学校是青少年活动的两个最重要的场所，这就为父母和教师观察了解青少年提供了便利。可以寻求这方面的帮助，了解他们对压力事件的看法。（3）青少年的朋友。青少年的朋友大多年龄相仿，面临的压力事件相仿，容易交流。[①]

在分析信息阶段的主要任务是对自己的应对资源的认知。青少年只有全面认知自己，才能制订有效的应对策略。为了对自己有更全面的认知，青少年可以养成记录下每天感受到的压力源及其影响的习惯。对于处于过度压力中的青少年，建议记录下正在做的事情以及对事情的感受，包括生理上的、情感上的、精神上的和行为上的。这种方法被视为青少年认识自己的有效途径。压力日记可以帮助青少年在压力事件发生之前体会到压力感受，从而对自己作出适当的评估，以利于以后的发展。如青少年感知自己在与他人说话时会紧张不安，他即会作出评估：是缺乏自信，还是别的原因？

重新组织信息阶段，即是依据前两个阶段的成果，形成对压力事件及自己应对资源的正确全面的信息。这个阶段是干预的关键。在这一阶段，青少年可以充分运用应对的社会支持系统，运用社会的信息支持、情感支持和物质支持组织自己应对压力的策略。另外，在这一阶段青少年可使用“认知评价”的方法，培养独立应对压力的能力。

Lazarus 提出三种评价成分，并对应于三个问题：目标相关性（我需要关注吗?）；目标适合性（是肯定的还是否定的?）；自我卷入类型（我、我的目的及行为应该如何?）。青少年的肯定或否定评价通常用于判断事件的正性、负性以及事件影响的程度，如果青少年对事件的评价是正面的，便产生积极应对，反之则产生消极应对。同时，Lazarus 把对需要的认知评价区分为两个阶段。他用“初级评价”这一术语表征对事件严重性的评价，这一评价始于问题“发生了什么?”和“这一事件是对我有利，产生压力，还是无关?”如果答案是“具有压力性的”，通过判断伤害是否已经发生或极可能发生、行动是否必要来评价应激事件的潜在影响。一旦认为必须做某事，则二级评价便开始了。此时评价包括对可利用的个人和社会资源的评价。评价伴随着应激反应的发展，如果第一个评价不起作用而且应激事件毫无改变的话，那么新的反应将被激发，且其有效性也将继续受到评价。

最后一个阶段是验证信息。在这一阶段，青少年验证组织的信息。在这个过程

① G. E. Blom, B. D. Cheney, J. E. Snoddy: *Stress in Childhood: An Intervention Model for Teachers and Other Professionals*, New York: Columbia University Teachers College Press, 1986.

中巩固信息，增加知识。

对压力事件不同的评估会导致个体运用不同的应对策略，这也将直接影响应对的成功与否。信息干预模式能在压力事件造成巨大消极影响前对其形成全面的认识，制订合理的应对策略。在这一模式中须注意的是：应正确、全面地了解压力，包括压力的来源、发展变化趋势、性质、程度及影响因素等。当事人对所处的压力的信息了解错误或不全面的话，干预信息不会起作用；合理评估自己的应对资源，包括应对压力的策略的有效性，搜集和分析信息才更为有效；验证阶段即在同样的压力情境中验证组织的信息，若压力事件不重现，那此阶段就很难进行。信息干预模式将来的发展应着眼于研究处于不同压力中应搜集哪些相应的信息。

二、社会支持式

社会支持是指个体从家庭、朋友等处获得物质和精神支持，是个体社会性发展所依托的社会关系系统，是个体采用应对策略应对外部行为的重要外部资源。青少年面临压力时采用什么样的应对模式在很大程度上是由社会环境决定的，良好的社会支持有利于身心健康。Wills[①] 调查表明个体在面临负面的生活事件时（如失败感），如能感受到自己依然被他人关爱、尊重，则能大大减轻这种失落感。实践证明，社会支持为青少年成功应对压力提供了一种有价值的帮助。

对社会支持行为的类型，学者们总共提出了五类：（1）情感支持；（2）社会认同（即归属感）；（3）尊重支持（即价值感）；（4）实际帮助；（5）信息支持。Youniss 和 Smollar 认为社会支持行为包括三大类：情感支持、信息支持和工具性支持。在这三类社会支持中，工具性支持对当事人成功应对压力提供的帮助最小。

情感支持主要通过交流、安慰、倾听、同情、关心、尊重等活动向身处困境的人们给予情感安慰。对于青少年来说，情感支持是他们最重要的保护机制。这些支持主要来自于家庭、学校和亲朋好友。家庭支持是青少年缓解学校朋友压力的润滑剂，而朋友支持是他们缓解家庭压力的好办法。事实证明，压力应对不良的青少年，他们与家庭、朋友的交流也不顺畅，而拥有和谐的家庭朋友关系的青少年，他们在压力应对的过程中，也能得到更多的、更有效的社会支持。

信息支持是指向当事人提供信息以帮助他合理估计形势及合理评价自己，即向他们提供有助于解决问题的建议或指导。信息支持可以通过以下途径来达到目的：向个体表明他的思想及行为是正常的、合理的，主要是为了满足个体的自尊需要，提供有利于提高个体自我价值感的言语或行为信息，或者针对具体问题提供具体的

---

① T. A. Wills: *Supportive Functions of Interpersonal Relationships*. In S. Cohen, S. L. Syme (eds.): *Social Support and Health*, New York: Academic Press, 1985, pp61－82.

信息。信息支持尤其适用于那些初次面临压力而不知如何控制压力感受的人。

工具性支持是相对于情感支持而言的，它是通过分享、实物帮助和其他形式的亲社会性行为，向当事人提供直接的帮助。因压力不同，工具性支持可以表现为不同的形式。

社会支持的应用一般分为以下三个步骤：（1）引导：直接引导个体正视压力，增强应对压力的自信心。（2）提供：提供有效应对压力的家庭、社会环境支持，提供给个体帮助性的信息，如个体应如何正确评价压力情境的信息。（3）榜样：面对压力情境，应如何应对与评价？社会支持提供了榜样的作用，尤其是家庭在这方面发挥着较大的作用。

在青少年压力应对情境中，社会支持起主导作用，是青少年成功应对压力的主要影响因素①，它能在最大的范围内调动当事人应对压力的信心，能针对个体不同的需要提供不同的社会支持。同时，社会支持能缓解青少年的压力，发挥润滑剂作用。这里的缓解主要是指：（1）改变青少年对压力情境的夸大估计。（2）提高青少年应对压力的自信心。但过去的研究只注重社会支持的主导影响作用，而忽视它的润滑剂作用；没有提出确切的实验证据证明社会支持的效果，也没有提出社会支持影响人应对压力的过程模式及其工作原理。因此在未来有关社会支持的研究中，应着重研究对于某一具体压力事件，哪些类型的支持最有效；研究某一具体的支持对哪种人最有效。

三、预先应对模式

Aspinwall 和 Taylor② 认为：预先应对是指人们提前采取措施以阻止潜在的压力事件发生或者预先改变其形式。大多数时候，由于人们能事先预计到可能发生的威胁，掌握了该模式，就能提前采取某些措施。预先应对面向未来可能发生的压力事件，具有“防患于未然”的特点。预先应对能在压力事件产生巨大消极影响前将压力转移或减弱，从而能成功地避免危机事件发生和减轻其消极影响。

预先应对模式从时间维度上大致可分为以下五个阶段：信息积累，信息再认，初始评估，初步应对，获得和利用反馈信息。

信息积累主要是指在时间、精力、计划和组织技能、社会支持及长期负荷等方面的准备和资源信息积累，这将保证个体能对警告信号给予足够注意和适当的评估，以利于个体正确地进行初步应对。

---

① S. Cohen，T. A. Wills：*Stress，social support，and the buffering hypotheses*. *Psychological Bulletin*，1985，98（2），pp310－357.

② L. G. Aspinwall，S. E. Taylor：*A stitch in time：Self-regulation and proactive coping*. *Psychological Bulletin*，1997，121（3），pp417－436.

信息再认是指个体觉察到潜在压力事件的迫近。Taylor[①] 认为人类及其他动物对于负面或意外的刺激的注意几乎是一种天生的能力，具有原始的生存意义。它主要与个体的身心敏感性和生活经历有关，有很大的个体差异性。

初始评估是对压力事件的现状的把握，即界定问题——刚刚浮出水面的潜在问题尚不明显，需要个体依据自己的经验来判断分析问题的性质、发展趋势。初始评估的结果可能决定着人对危险信号含义及其如何发展的解释。

初步应对是个体在对压力事件的初始评估的基础上，采取自认为可以阻止或削弱被检测到的压力源的措施。Sansone 和 Berg[②] 研究表明评估和有效应对行为之间的关系是曲线型的，对威胁的过高或过低评估都不能引发适当的应对行为，而只有个体恰当估计问题的性质、类型并对问题持可以控制的信念时，才可以激发足够的行动。

获得并使用反馈信息阶段是对初始应对的修正，即先获得关于压力事件的发展历程、初步应对努力的效果的信息，根据反馈信息决定该事件是否需要额外的应对努力。这一阶段之所以重要的原因有二：一是潜在的压力事件往往会表现为恶化的趋势；二是初始评估可能基于不完整的信息或受到动机干扰而发生扭曲，即使判断正确，初始的努力也可能失败。

预先应对能在压力事件产生巨大消极影响前将压力转移或减弱，但它的“预先情境设置”特点决定了它具有一定的盲目性：预先应对的压力情境如果不发生，那预先应对的策略几乎没有用处。鉴于此，我们认为在预先应对模式的未来研究中，应注重预先应对策略与个体人格、环境等的关系的相关研究。

四、中介调节模式

青少年应对压力的有效性受多种外在相关因素影响，同时，在这些相关因素之间也有着千丝万缕的联系。它们的存在影响了青少年成功地应对压力。为了使青少年能够成功应对压力，针对不同的个体需要确定不同的训练。近几年，一种新的干预模式兴起——中介调节模式。中介调节模式是一种针对压力与适应性反应之间的若干中介调节因素进行训练的模式。

中介调节模式主要有：压力调节训练，应对效能感训练，控制感训练，认知重建训练。

---

① S. E. Taylor：*The asymmetrical effects of positive and negative events：The mobilization hypothesis. Psychological Bulletin*，1991，110 (1)，pp67－85.

② S. Sansone，C. A. Berg：*Adapting to the environment across the life span：Different process or different inputs. International Journal of Behavioral Development*，1993，16 (2)，pp215－241.

由 Meichenbaum① 发起的压力调节干预训练模式共分三步：（1）引导个体对压力过程有一个全面的了解，了解压力的起因与发展趋势及其可能造成的影响，从而激发个体学习新的应对技能的动机。（2）学习应对技能并了解其应用条件，这一阶段是此模式的关键。（3）实际应用所学应对技能，并评估其效果。评估标准是看其能否消除或削弱压力。

应对效能感训练的成功者是 Caplan 等，他在 1992 提出了一套名为“积极青年发展计划”（positive adolescent development project）的训练模式，包括 6 个单元（20 个项目），主要是压力管理、自信、问题解决、财富和健康、果断和社会关系。他的训练步骤是：（1）准备阶段：保持良好的态度，积极准备应对。（2）面对阶段：正面面对压力情境，并保持自信心。（3）应对阶段：运用具体合适的应对压力的策略，并保持心态平和。（4）自我强化阶段：从压力情境中吸取经验，增强信心。据调查，压力调节干预训练模式能明显提高人际交往和问题解决的能力，能明显减轻紧张感。

控制感训练模式即通过信息、认知、决策和行为的控制来有效应对压力。它的训练步骤是：（1）信息控制：通过信息的搜集，根据目前形势，预测将会有什么样的压力情境。（2）认知控制：根据搜集到的信息，对压力情境及其发展态势有一个全面的了解。（3）决策控制：针对压力情境准备多种应对策略。（4）行为控制：采取有效的措施与行动来避免或减轻压力造成的影响。Ellen Langer 和 Judish Rodin（1976）经实验证明：控制感训练能明显增强个体的主动性和积极性，增强身心健康，甚至能大大降低个体的死亡率（Rodin，1983；Rodin，Langer，1977）。

认知重建训练模式即通过改变对压力源的评价和如何应对此压力的自我失败认知（self-defeating cognitive）来有效应对压力。它具有三种特性：积极性、适应性和预防性。

认知重建训练模式的步骤是：（1）重新评价：在此阶段，对压力源和自己的应对资源做更进一步的评估，从更深的层次来了解压力。（2）重建压力反应：从某方面讲，个体对压力的反应依赖于他对压力的评价，不同的评价导致不同的反应（Lazarus，1994）。（3）重建应对策略：在前两者的基础上，根据压力的具体情况和自己的具体现状，重新制订和运用应对策略。

在压力应对过程中中介因素众多。需要干预的中介因素是个体归因因素、情感因素和动机因素。个体归因因素是指对压力事件和自我能力的归因；情感因素是指个体对成功应对压力的自我效能感；动机因素是指个体应对压力的内、外动机水平。

① D. Meichenbaum：*A Self-instructional Approach to Stress Management：A Proposal for Stress Inoculation Training*. In C. Speilberger，I. Sarason（eds.）：*Stress and Anxiety*（vol. 1），Washington，DC：Hemisphere Publishing Corporation，1997，pp237－263.

对于这些中介因素，如不加以调节，就可能在个体应对的过程中转化为压力源，从而影响应对效果。

中介调节模式几乎不受年龄等客观因素的限制，有较大的应用空间，能针对个体不同的需要确定不同的训练。但该模式缺乏系统性，未形成一种公认的评价体系。在其未来的研究中，应注重完善其训练模式，形成一定的系统性；建立健全具体压力的应对训练模式。

附录一　中学生学业压力问卷

亲爱的同学：你好！

欢迎你参加西南师范大学教育科学研究所组织的中学生学习现状的科研调查。本研究的目的在于了解中学生的学习状况，为指导中学生学习提供依据。下列问题答案无对错之分，回答时不要有顾虑，每一道题都要回答，不要遗漏。我们将对你们个人的作答结果严格保密。下列问题是否对你的学习构成压力，如使你感到烦恼、烦躁、不愉快等？压力的程度如何？请你根据自己日常学习中的感受，在右边字母前的方框内如实打“√”。问题右边的A，B，C，D，E的具体含义是：A=没有压力；B=压力小；C=压力中等；D=压力较大；E=压力很大，几乎无法承受。

学校：________　年级：________　姓名：________
性别：________

1. 老师要求过高。 □A □B □C □D □E
2. 学习内容难度太大。 □A □B □C □D □E
3. 需要掌握的内容太多。 □A □B □C □D □E
4. 基础差，跟不上其他同学。 □A □B □C □D □E
5. 学习方法欠缺。 □A □B □C □D □E
6. 父母管教太严。 □A □B □C □D □E
7. 作业太多，无法按时完成。 □A □B □C □D □E
8. 考试太多。 □A □B □C □D □E
9. 家长或老师认为成绩好才是好学生。 □A □B □C □D □E
10. 老师严厉处罚或侮辱。 □A □B □C □D □E
11. 希望进入班上或年级前几名。 □A □B □C □D □E
12. 考试成绩不理想。 □A □B □C □D □E

13. 总想超过某个同学的学习成绩。 □A □B □C □D □E
14. 自己成绩不如他人。 □A □B □C □D □E
15. 未来的前途。 □A □B □C □D □E
16. 怕考不上自己理想的大学。 □A □B □C □D □E
17. 以自己的学习赢得别人的尊重。 □A □B □C □D □E
18. 没有机会展示自己的才能。 □A □B □C □D □E
19. 自己的兴趣没有得到满足 。 □A □B □C □D □E
*20. 自己掌握的东西太少了。 □A □B □C □D □E
21. 父母的期望过高。 □A □B □C □D □E
22. 老师的期望。 □A □B □C □D □E
23. 同学的期望。 □A □B □C □D □E
24. 亲友的期望。 □A □B □C □D □E
25. 班级的希望。 □A □B □C □D □E
26. 社会的要求。 □A □B □C □D □E
27. 学习时间太少，不够用。 □A □B □C □D □E
28. 自己时间的分配不合理。 □A □B □C □D □E
29. 学习时间太长。 □A □B □C □D □E
30. 社会活动或工作占用时间过多。 □A □B □C □D □E
31. 余暇时间利用不好。 □A □B □C □D □E
32. 时间投入与学习效果不成比例。 □A □B □C □D □E
33. 自由支配的时间太少。 □A □B □C □D □E
*34. 自己曾经有过惨痛的失败。 □A □B □C □D □E
*35. 害怕考差了。 □A □B □C □D □E
36. 失败后别人冷嘲热讽。 □A □B □C □D □E
37. 学习上总是落后于其他同学。 □A □B □C □D □E
38. 没有分到理想的班级。 □A □B □C □D □E
39. 学习上受到老师的冷遇。 □A □B □C □D □E
40. 竞赛失败。 □A □B □C □D □E
41. 受到老师的批评。 □A □B □C □D □E
42. 受到父母的指责。 □A □B □C □D □E
43. 学习上总是达不到自己的目标。 □A □B □C □D □E
44. 我绝不能比某某同学学习差。 □A □B □C □D □E
45. 保住现在的名次。 □A □B □C □D □E
*46. 排名靠后太不光彩。 □A □B □C □D □E

47. 稍一放松，就会被别人超过。 □A □B □C □D □E
48. 老师总是把我与其他同学比较。 □A □B □C □D □E
49. 我与班上其他同学相比，没有优势。 □A □B □C □D □E
50. 每次考试都要排名次、公布名次。 □A □B □C □D □E
51. 周围的竞争对手太强。 □A □B □C □D □E
*52. 别人都在进步，而自己没有进步。 □A □B □C □D □E
53. 父母总是把我与别人比较。 □A □B □C □D □E
54. 别人都在拼命加油学习。 □A □B □C □D □E
55. 考试的恐怖情境。 □A □B □C □D □E
56. 别人经常议论学习或考试。 □A □B □C □D □E
57. 外界舆论过分渲染。 □A □B □C □D □E
58. 自己周围的朋友成绩都很好。 □A □B □C □D □E
59. 自己周围的朋友成绩都不好。 □A □B □C □D □E
60. 没有安静的学习环境。 □A □B □C □D □E
61. 学校或班上学习气氛太差。 □A □B □C □D □E
*62. 别人学得好玩得好，而自己学不好也玩不好。 □A □B □C □D □E

附录二　中学生学习压力应对策略问卷

亲爱的同学：你好！

欢迎你参加西南师范大学教育科学研究所主持的中学生学习压力应对策略调查。本研究的目的在于了解中学生的学习状况，为有效指导中学生学习提供依据。请在与你自己情况相符合的字母前面打“√”，谢谢你的参与与合作。

在日常学习中，当你感觉到有压力时，你是否采用了下列方法？

A=大都采用这种方法；B=较多采用这种方法；C=有时采用这种方法；D=很少采用这种方法；E=没有采用这种方法。

学校：__________　　年级：__________　　姓名：__________

性别：__________

1. 制订详细的计划。 □A □B □C □D □E
2. 专心于学习，忘掉烦恼。 □A □B □C □D □E
3. 努力寻找解决问题的办法。 □A □B □C □D □E

4. 注重行动，努力改变现状。 □A □B □C □D □E
5. 换一种环境，把不愉快的事情抛到脑后。 □A □B □C □D □E
6. 认真分析产生压力的原因。 □A □B □C □D □E
7. 分析压力中的有利因素。 □A □B □C □D □E
8. 把压力看成锻炼自己的好机会。 □A □B □C □D □E
9. 从以前克服压力的过程中寻找方法。 □A □B □C □D □E
10. 观察其他同学是否也有压力。 □A □B □C □D □E
11. 观察学习压力对其他同学的影响。 □A □B □C □D □E
12. 忽略压力的存在。 □A □B □C □D □E
13. 思考自己如何对待。 □A □B □C □D □E
14. 把压力看成自己前进的动力。 □A □B □C □D □E
15. 从失败中吸取教训。 □A □B □C □D □E
16. 把自己的压力与同学的压力比较。 □A □B □C □D □E
* 17. 把压力看成对自己能力的挑战。 □A □B □C □D □E
18. 从具有相同经历的人那里寻求安慰。 □A □B □C □D □E
19. 主动向父母诉说。 □A □B □C □D □E
20. 主动请求老师的帮助。 □A □B □C □D □E
21. 主动向咨询人员咨询。 □A □B □C □D □E
22. 把自己的不愉快告诉别人，希望得到同情。 □A □B □C □D □E
23. 莫名其妙发火。 □A □B □C □D □E
24. 在日记中倾诉、宣泄。 □A □B □C □D □E
25. 向好朋友诉说自己的感受。 □A □B □C □D □E
26. 在卡拉 OK 机上引吭高歌。 □A □B □C □D □E
27. 找个没人的地方大哭一场。 □A □B □C □D □E
28. 到田径场上去累个筋疲力尽。 □A □B □C □D □E
29. 幻想不切实际的事情来消除烦恼。 □A □B □C □D □E
30. 不看书、不做作业、不听课。 □A □B □C □D □E
31. 不想看书、不想做作业、不想听课。 □A □B □C □D □E
32. 在游戏机、网络中忘却学习带来的不快。 □A □B □C □D □E
33. 在一个没有人的地方呆坐。 □A □B □C □D □E
34. 自己能力有限，听天由命吧。 □A □B □C □D □E
35. 幻想没有作业多好。 □A □B □C □D □E
36. 幻想自己有超人的本领。 □A □B □C □D □E
37. 幻想自己已经解决了面临的问题。 □A □B □C □D □E

38. 我的运气总是很好，经常能猜中考题。 □A □B □C □D □E
39. 等待别人帮助我。 □A □B □C □D □E
40. 发挥其他特长来弥补。 □A □B □C □D □E
41. 压力再大也是暂时的，我对结果充满希望。 □A □B □C □D □E
42. 为了自己的前途，再大的压力也必须承受。 □A □B □C □D □E
43. 想到父母给我的奖励，压力再大也无所谓。 □A □B □C □D □E
44. 多想想生活中愉快的事情。 □A □B □C □D □E
45. 坏事也有好的方面，能忍则忍。 □A □B □C □D □E
46. 默默忍受心中的烦乱。 □A □B □C □D □E
47. 自己查找、阅读克服压力的资料。 □A □B □C □D □E
48. 抱怨自己无能、没出息。 □A □B □C □D □E
*49. 后悔以前浪费了太多的时间。 □A □B □C □D □E
50. 承认自己确实无能为力。 □A □B □C □D □E
51. 烦躁不安，却无所事事。 □A □B □C □D □E
52. 寄希望于奇迹出现。 □A □B □C □D □E
53. 避免与别人谈论学习问题。 □A □B □C □D □E
54. 尽力接受现实，最大限度利用它。 □A □B □C □D □E
55. 一步步地解决目前面临的压力。 □A □B □C □D □E
56. 与父母对着干。 □A □B □C □D □E
57. 故意调皮捣蛋。 □A □B □C □D □E
58. 把现在的压力与以前的压力比较。 □A □B □C □D □E
59. 降低目标。 □A □B □C □D □E
60. 把自己封闭起来。 □A □B □C □D □E
61. 与同学讨论如何解决面临的压力。 □A □B □C □D □E
62. 提前设想多种可能的解决办法。 □A □B □C □D □E
63. 提前做好时间安排。 □A □B □C □D □E
64. 不知所措。 □A □B □C □D □E
65. 郊游、散步。 □A □B □C □D □E
66. 及时检查自己调整心态的方法是否恰当。 □A □B □C □D □E
67. 估计压力的严重程度。 □A □B □C □D □E
68. 选择最恰当的克服压力的方法。 □A □B □C □D □E
69. 客观地分析自己的优势。 □A □B □C □D □E
70. 只当什么都没有发生。 □A □B □C □D □E

第六章

Di Liu Zhang

中学生人际压力及应对策略

中学生人际压力及其应对策略特点的研究，是人际压力及其应对理论研究必要的环节，它不仅可以使我们对青少年人际压力及其应对策略有一个初步的了解，更重要的是可以为我们更有针对性地指导青少年进行人际压力管理提供依据，进而帮助学生实现人际适应，进行积极人际交往，最终实现维护学生心理健康和提高其心理素质的目的。

第一节　研究概述

一、问题提出

首先，中学生人际压力及其应对策略的研究，是其心理健康发展的客观需要。

青春期的中学生，突然发生的身心变化，使他们体验到前所未有的心理冲突与矛盾，这些心理冲突和矛盾必然会反映到他们的人际领域中，从而使其体验到更多的人际压力。心理发展特点决定了中学生对人际更为关注和敏感，面临的人际压力更多。

其次，中学生人际压力及其应对策略的研究，是中学生心理健康教育的现实要求。学校心理健康教育的重要任务之一就是帮助学生建立和谐的人际关系，并促进其积极的人际交往（林孟平，1996①；吴增强，1998②；张大均，2002③）。另外，关

① 林孟平：《辅导与心理治疗》，商务印书馆 1996 年版，第 33 页。
② 吴增强：《现代学校心理辅导》，上海科学技术文献出版社 1998 年版，第 8～9 页。
③ 张大均：《加强学校心理健康教育、培养学生健全心理素质》，《河北师范大学学报（教育科学版）》2002 年第 1 期，第 17～23 页。

于自杀的很多研究（Marttunen，1993，1994；Huff，1999；张厚粲，2001[①]）分析发现，青少年自杀的诱因多与人际压力有关，如同伴欺负、人际冲突、教师和家长高期望以及不尊重等，这说明人际压力已经很大程度地影响了青少年的心理健康。Compas，Malcarne 和 Fomdacaro（1988）对行为问题与学习压力应对及人际压力应对的关系进行对比研究发现，行为问题和人际压力应对之间存在更密切的关系，也就是人际压力应对更能减少行为问题。楼玮群等（2000）[②] 研究也发现，在社会人际关系方面，虽然感受的压力没有学习方面大，但与心理健康的关系更为密切。谭欣（1999）[③] 关于影响青少年心理健康的因素研究表明，有 25.75%的学生认为人际交往中的矛盾是让他们感到“不安和痛苦”的首要原因。黄盈（2001）[④] 对中学生学习、生活和社交、家庭、发展四方面的压力的研究发现，生活与社交方面的问题与心身困扰症状关系最密切。从以上研究可知，目前青少年最主要的心理压力来自人际方面和学习方面，且人际压力与中学生心理健康的关系更为密切。应对作为压力和健康的中介因素，对个体身心健康的维护起着重要的作用。Olbrich（1990）认为，青少年如何应对压力对他们的适应、健康和发展比压力本身意义更重要。所以，中学生人际压力及其应对策略的研究对促进青少年心理健康、促使其形成良好的人际关系及进行积极的人际交往具有十分重要的意义。但到目前为止，还未有针对人际压力及其应对策略特点的具体研究。

再次，中学生人际压力及其应对策略的研究，是压力与应对理论研究深入发展的迫切要求。近几十年来，压力和应对研究一直是心理学研究中的热点课题，尤其是压力和应对与适应方面的研究。然而，对压力和应对研究的热情却已经逐渐被普遍的不满、强烈的批评和要求作出相应变化的呼吁所取代（如 Coyne，1997；Coyne，Gottlieb，1996；Lazarus，1998，1999；Snyder，1999；Somerfield 等，2000[⑤]）。过去的研究一直关注一般压力情境下的反应与应对方式（coping style），而目前压力和应对理论研究的深入发展迫切要求，要关注对具体压力情境下个体的特定反应与应对策略（coping strategies）的研究（Somerfield 等，2000）。有研究者指出，近二十年来的压力和应对研究相对缺乏临床与理论价值。Frydenberg（1997）[⑥] 曾指出：“到目前为止，还没有考虑在（人际）关系中评估应对。然而，

① 张厚粲：《大学生心理学》，北京师范大学出版社 2001 年版，第 364 页。

② 楼玮群、齐铱：《高中生压力源和心理健康的研究》，《心理科学》2000 年第 23 卷第 2 期，第 156～159 页。

③ 谭欣、郭振娟、张环：《影响青少年学生心理健康的因素分析》，《辽宁师范大学学报（社会科学版）》1999 年第 6 期。

④ 黄盈：《大中学生生活应激评定量表的编制》，天津师范大学硕士学位论文，2001 年。

⑤ M. R. Somerfield，R. R. McCrae：*Stress and coping research：Methodological challenges，theoretical advances，and clinical application*. *American Psychologist*，2000，55（6），pp620－625.

⑥ E. Frydenberg：*Adolescent Coping：Theoretical Research Perspectives*，London and New York：Routledge，1997.

这显然是一种最可能的趋势。”从已有文献分析也发现，关于人际压力及其应对策略尚未有专门研究。从中学生心理发展和心理健康维护的角度考虑，也要求我们对他们的人际适应和发展给予极大关注。

基于以上原因，本研究拟将压力和应对研究具体到特定的人际情境中，从而增强其对实践的指导和应用价值，并促进压力和应对理论研究的深入发展。

二、研究现状

（一）人际压力的相关研究

1. 概念界定

压力（stress）。已有文献关于压力的界定主要有三种观点：一是指个体的内部状态，是指“个体对环境要求的生理和心理反应”（Selye，1974）；二是指外界的环境或事件，是指“环境加于个体身上的负荷或要求”（Holmes，Rahe，1967）；三是指人与其所处环境的相互作用。目前多将压力界定为人与环境相互作用的一种特殊关系，这种关系被个体评价为超过其自身资源和威胁其幸福的（Richard Lazarus）。这个定义考虑了有机体与环境的相互作用、情境变量、个体特征和个体对环境的评价，认为压力产生于个体对环境与自身能力的评估中（Frydenberg，1997）①。

人际压力（interpersonal stress）。人际压力是在人际交往中个体自我内部或自我和环境之间失调的结果，是个体将人际环境要求评价为超过其自身能力与资源，或在人际交往中感到自身需要与价值受到威胁或未实现时，所产生的一种心理状态，表现为生理和心理反应。它具有以下特点：情境性，人际压力总是在一定人际情境下产生的，并会随着人际情境的变化而变化；主观感受性，面对同一人际压力源，不同个体由于对人际环境和自我评价以及自身特点的不同会产生不同的情绪体验和生理反应；动态性，从个体受到人际压力源的刺激到感受到人际压力以及产生人际压力反应，是一个复杂的动态过程，受到多种因素的影响，在整个人际压力过程中，个体与人际压力情境的关系由于个体的活动而不断被改变，继而导致个体对人际压力源性质的重新评价，从而影响个体感知到的人际压力。

2. 压力评估及其量表编制

压力评估和测量的目的主要是评价个体目前的压力水平或程度，了解压力的类型或来源等。从国内外已有压力研究文献，可以发现压力的评估和测量主要是从两个角度进行：一是从压力源的类型；二是从压力反应类型、强度和频率等。

从压力源的角度来评估和测量压力，重点是了解某段时间内使个体产生压力的

① E. Frydenberg：*Adolescent Coping*：*Theoretical Research Perspectives*，London and New York：Routledge，1997.

内外部刺激即压力源，可以用观察法、访谈法、问卷法和量表法进行评估和测量，其中使用最普遍的方法是问卷法。编制的量表主要是生活事件量表和生活再适应量表，比较常用的有：（1）霍尔姆斯和雷赫（1967）编制的生活事件量表，包括43种可能给人带来心理压力的生活变故或挫折情境，每个生活事件或情境被赋予不同分值。（2）刘贤臣（1987）编制的青少年生活事件量表，适用于青少年尤其是中学生和大学生生活事件发生频率和压力强度的评定，共有27个项目，分为人际关系、学习压力、受惩罚、丧失、健康适应和其他6个维度。（3）杨德森和张亚林（1986）编制的生活事件量表，适用于16岁以上的人群，48个项目，包括家庭、工作学习、社交与其他等问题。但这些量表过于关注消极生活事件，忽视积极生活事件对个体带来的压力；注重对事件的客观性描述，忽视不同个体对某些生活事件的不同态度。不过新的量表已经开始注意这些因素，如生活体验量表、主观感受量表（科恩和卡马克，1983）。

从压力反应角度来评估和测量压力，重点是了解个体在面临压力情境或事件时的身心反应。医学上常用仪器来测量个体的心血管变化、肌肉紧张度、神经内分泌情况等来了解个体的压力状况。但该方法的不足是若没有仪器就无法进行，即使有仪器，也不适于获得大样本数据。所以，心理学中最常通过情境观察、访谈和自我报告等来评估和测量个体的压力反应。自我报告又可采取两种形式，一是开放式的评定方法，即让被试描述其在具体压力情境中的压力感受与反应；二是问卷法，利用事先编制的压力评定量表让被试回答。访谈法可获得被试深层次信息，宜用于临床心理咨询工作中，但对某些压力情境不宜使用，且存在资料整理问题。另外，Shanan（1973）提出一种通过句子完成测验和主体统觉测验的方式来进行压力反应的评估，具有一定的创造性（韦有华，2000）[①]。这些方法同样也可以用于评估和测量个体在具体压力情境或事件中的应对策略。从这个角度编制的量表主要有生活体验量表、大学生心理压力量表（李虹、梅锦荣，2002）[②] 和主观感受量表（科恩、卡马克，1983）等。

从个体和压力源相互作用的角度来评估和测量压力，重点是了解个体与压力源相互作用的情况，是一种以动态、发展的视角来尽量准确评估和测量压力的方法。访谈法（包括结构性访谈法和非结构性访谈法）和情境测评法比较适合用来进行这种测量和评估，它不仅可以了解压力情境和个体自身的特点，还可以了解个体对压力情境以及自身资源的知觉、认知和评价，而且能进一步搞清楚个体采取的应对策略、压力环境的相应变化等。

---

① 韦有华：《人格心理辅导》，上海教育出版社2000年版，第329～340页。
② 李虹、梅锦荣：《大学生压力量表的编制》，《应用心理学》2002年第1期。

（二）应对策略研究现状分析

1. 概念界定

长期以来，研究者关于应对（coping）的界定一直存在不同的观点。已有文献中对应对的界定主要有（见表6－1）：

表6－1　应对概念一览

研究者	应　对　内　涵
Lazarus 和 Folkman，1984	个体为了处理被自己评价为超出自身能力资源范围的特定内外环境要求，而作出的不断变化的认知和行为努力。（韦有华，2000）
Lindop 和 Gibson，1982	应对是一种行为，一种解决或消除问题的行为，旨在通过个体的努力来改变压力环境或由该环境引起的负性情感体验。这种行为可以由明确的思想所指导，也可以为隐藏的企图所驱动。（韦有华，2000）
Billings，1983	应对是评价压力源的意义、控制或改变压力环境、缓解由压力引起的情绪反应的认知活动和行为。（韦有华，2000）
Skinner 和 Ellborn，1994	应对是人们在心理压力状态下调节行为、情绪以及适应的过程。（Compas 等，2001）
Frydenberg 和 Lewis	应对是个体对特别担忧反应的一系列认知性和情感性的行为，是个体恢复平衡或消除混乱的一种尝试。（韦有华，2000）
Olbrich，1990	在处理包括不确定的、不可预测的和压力的情境时，认知、社会和行为技能的灵活协调（orchestration）。（Sarah McNamara，2000）
Eisenberg 等，1997	应对是指个体面对压力时的自我调节，区分为三个方面：情绪调节、行为调节和由情绪驱动的行为调节，认为应对是有努力参与的过程，但并非总是有意识和意志参与的。（Eisenberg 等，1997）
Compas 等，2001	从发展的角度看，应对是压力反应的一系列过程的一个方面，将其定义为个体在面对压力事件和环境时，调节情绪、认知、行为和环境的有意识的意志努力。这些调节过程依赖于个体的生理、认知、社会和情绪的发展，同时又受它们的限制。（Compas 等，2001）

通过分析这些概念可以发现，应对的界定至少应包含下列五层意思：

（1）应对是尝试解决特定压力问题或消除压力感受的活动，但未必能成功。

（2）应对是个体面对压力时的一切情绪性、认知性和行为性的活动。

（3）应对是一个随着时间和情境变化而不断发生变化的动态过程。

（4）应对是一个既受个体特征（身心发展水平、人格特点、认知特点以及生活经历等）影响，也受压力情境影响的过程。

（5）应对是个体有意识地认知和评价内外环境压力和应对资源，选择和应用应对策略的过程。

本研究将应对界定为个体面对特定压力情境时，有目的、有意识地灵活作出认知、情绪和行为努力来调节自身资源，改变自我与压力环境的关系，尝试消除、控制或减轻压力，从而恢复自我平衡，实现自我与环境关系和谐的过程。应对策略（coping strategies）是指个体在特定压力情境中为减轻、控制或消除人际压力、恢复自我平衡或自我与环境和谐关系而作出的一系列有目的、有意识，灵活调整认知、情绪和行为的策略。应对方式（coping style）是指个体处理不同压力情境或事件时带有个人人格特点的、相对稳定的和习惯化了的应对方法或策略，具有跨情境性、稳定性。

因此，本研究将人际压力应对策略（interpersonal stress coping strategies）界定为个体在人际压力情境中为减轻、控制或消除人际压力、恢复自我平衡或自我与人际环境和谐关系而作出的一系列有目的、有意识，灵活调整认知、情绪和行为的策略。

2. 应对策略结构分析

应对策略研究中，最具有代表性的是 Lazarus 和 Folkman（1984）等人进行的开创性研究。他们根据应对的功能，将应对策略分为问题取向策略（problem-focused strategies）和情绪取向策略（emotional-focused strategies）。此后，许多研究者围绕这两个基本维度进行了扩展研究，还有一些研究者尝试从初级—次级控制维度、卷入—摆脱维度、积极—消极维度、外控—内控维度、行为—认知维度等新的角度对应对策略进行了大量不同的探讨。

Tom Cox 和 Eamonn Ferguson（1991）等结合应对的两种功能（问题—情绪）和两种形式（行为—认知），并参考了应对方式，对应对策略进行了比较全面的分类（韦有华，2000）[①]。Billings 和 Moos（1984）从评价、情绪和问题三个功能维度上将应对策略分为五种：逻辑分析、情绪调节、情绪释放、信息寻求和问题解决（Compas 等，2001）[②]。

Perterson（1989）、杨德森（1987）和姜乾金（1990）等从积极—消极两种维度将应对策略分为积极应对策略和消极应对策略。所谓积极和消极只是一种相对的说法，使用积极应对策略未必就产生积极的结果，使用消极的应对策略也未必就产生消极的结果，关键要看使用的应对策略是否与压力情境适合。国内研究者采用这种分类比较多。

Charg（1998）将应对策略分为卷入和摆脱两类，前者包括问题卷入和情绪卷入两种，问题卷入包括问题解决和认知重建两因素，情绪卷入包括表达情绪和社会支持两个因素；后者包括问题摆脱和情绪摆脱两个因素，问题摆脱包括逃避问题和愿望式思考，情绪摆脱包括自责和社会性摆脱。

---

① 韦有华：《人格心理辅导》，上海教育出版社 2000 年版，第 329～340 页。

② B. E. Compas, et al: *Coping with stress during children and adolescence: Problems, progress, and potential in theory and research*. *Psychological Bulletin*, 2001, 127 (1), pp87－127.

Connor-Simith（2001）在综合前人对儿童和青少年研究的基础上提出了应对分层模型（Compas 等，2001）[①]，将应对反应分为三个层次：第一层次包括意在获得对环境和个人情绪的控制感的积极应对努力，将其称为初级控制应对（primary control coping）；第二层次包括适应情境的应对努力，主要是通过重构的认知策略、接受或通过积极的想法或活动，称之为次级控制应对（sencondary control coping）；第三层次指试图回避压力源和个人情绪的应对反应，称之为不参与应对。它能深入地说明应对策略的灵活性和复杂性。

关于应对策略的分类至今尚未达成一致的看法。每个研究者根据自己的理论、评估工具以及分类技术提出了自己不同的看法，这些对本研究编制人际压力应对策略问卷均具有一定的借鉴意义。

3. 应对量表编制方法分析

从编制策略上看，目前应对量表的编制主要沿袭三种思路：一般压力情境的应对方式和具体压力情境的应对策略测量，以及二者的结合，即在保持基本应对维度不变的情况下，将一般应对量表改编为特定情境下的应对策略量表。大多数量表采用的是"特质取向"，所测的是一个人在应对环境挑战方面所表现出来的具有人格特质的、习惯化了的应对方式（coping style）；而非个体在具体压力情境和事件下所采用的应对策略（coping strategies），忽略了应对情境的特殊性。临床观察和大量研究表明，个体应对缺乏跨情境的一致性。近几年，应对的测量和评估已经开始强调情境取向应对策略的测量和评估，如 Anrotte 等编制的 EAS（Emotional Approach Scales），开始注重对应对过程的不同阶段应对策略的测量；编制指向具体压力情境的应对量表，如 Kleinke 编制的 DCQ（Depression Coping Questionnaire）。

从评估着眼点看，缺乏对积极压力事件和应对积极影响的关注。Weber（1999）[②] 认为，"后果变量的使用是应对后果研究的核心问题"。这里所指的后果，包括积极影响（有效性）、消极影响（代价）和效率等评价指标。较长时间以来，国内外的研究者在对应对后果评价指标的使用中往往选择那些总括的、不具体的压力消极后果指标，如消极的情感或身心症状。Folkman 和 Moskowitz（2000）[③] 认为，应对研究之所以进展缓慢，其部分原因便是缺乏对积极后果的关注（Folkman 等，2000）。其实，压力并非完全有害，适当的压力和恰当的应对可以促进发展，这一点早已被许多研究和临床观察所证实。

---

① B. E. Compas，et al：*Coping with stress during children and adolescence：Problems，progress，and potential in theory and research*. *Psychological Bulletin*，2001，127 (1)，pp87－127.

② H. Weber：*Sometimes more complex，sometimes more simple*. *Journal of Health Psychology*，1999，2 (2)，pp171－172.

③ S. Folkman，J. T. Moskowitz：*Positive affect and other side of coping*. *American Psychologist*，2000，55 (6)，pp647－654.

从量表的价值来看，应对量表的研究缺乏临床实践的指导意义。Coyne 和 Racioppo（2000）① 将其原因归咎于缺乏有效且科学的测评工具或手段。他们认为目前广为采用的多项式测评应对的自评量表大多为特质取向的，没有评估同临床干预有关的资料。

三、现有研究存在的问题

（一）研究对象成人多，青少年少

压力和应对的研究起始于成人，且这方面的研究大多数集中在成人和大学生范围内；对于青少年的研究相对来说较少，且研究是在成人理论基础上进行，缺乏针对青少年压力和应对的理论。不过，近些年，研究者开始将目光转向了青少年，关于青少年的研究在逐渐增加。

（二）一般情境研究多，具体情境研究少

已有压力和应对研究，多是对一般压力情境的研究，较少在具体压力情境下进行，从而使得这方面的研究多年来难以有新的发展，造成了其与临床实践研究相脱节的情况。国内外关于人际范围内的压力和应对研究就更少，对中学生人际压力及其应对策略特点的研究尤其缺乏。

（三）缺乏对压力和应对策略相结合的系统研究

国内外压力和应对的研究一直存在相互独立进行的现象，在考察应对策略时人为设想的成分较多，没有结合具体压力情境来研究应对，缺乏针对性、实践指导价值。对人际压力及其应对策略相结合的研究更为缺乏。

（四）缺乏中学生人际压力及其应对策略的专门测量工具

分析已有相关研究文献，发现缺乏针对具体压力情境的压力和应对策略测量工具，更没有发现对中学生人际压力及其应对策略进行测量的专门工具。

（五）缺乏对中学生人际压力及其应对策略特点的系统研究

目前已有相关研究，只是较少一些零散的对人际压力及其应对策略的相关研究，未见有关于这方面的系统的、专门的研究。

① J. C. Coyne, M. W. Racioppo: *Never the twain shall meet? Closing the gap between coping research and clinical intervention research*. *American Psychologist*, 2000, 55 (6), pp655－664.

第二节　中学生的人际压力

一、中学生人际压力问卷的编制

（一）中学生人际压力初始问卷的编制

采用自编的学生和专家半开半闭式问卷，抽取重庆市北碚区某中学初二、高一和高二的213名学生作为学生被试，利用上课时间对学生被试进行团体测试，在充裕的时间内要求学生用纸笔作答，当堂回收，并在事后对个别学生进行访谈；向校内外相关研究方向的知名心理学专家发出电子邮件或信函共25份，共收到回复问卷16份，返回率为64%，分析问卷调查的统计结果，拟取赞成率为75%以上的成分。分析专家返回问卷发现，专家对中学生人际压力结构中的人际期望压力、人际竞争压力、人际冲突压力、人际挫折压力、人际约束压力和人际变化压力六个成分的赞成度均高于80%。由此形成了中学生人际压力结构的理论构想。最后，我们根据专家咨询问卷和学生半开半闭式问卷的调查结果，并参照相关经验性的资料和相关量表的项目，拟定了中学生人际压力问卷的初始问卷。

（二）中学生人际压力结构的探析

采用自编中学生人际压力问卷（ISQ）的初始问卷（采用5点记分，以单选迫选形式作答）对重庆市9所中学的834名初一至高三年级学生进行问卷调查，并对数据进行统计分析，根据分析结果调整项目和因素，确定ISQ正式问卷。然后，用正式问卷对8所中学817名中学生进行调查（被试构成见表6−2），对收回的问卷再次进行因素分析，以验证和修正中学生人际压力结构的理论构想，并对问卷进行信度、效度分析，形成最终的中学生人际压力问卷。数据分析结果如下。

表6−2　正式测试有效人数

年级		初一	初二	初三	高一	高二	高三	合计
学校类型	重点	44	59	48	86	102	101	440
	非重点	69	74	63	60	64	47	377
性别	男	56	72	49	72	92	66	407
	女	57	61	62	74	74	82	410
学生来源	农村	53	81	49	74	98	107	462
	城镇	60	52	62	72	68	41	355
合计		113	133	111	146	166	148	817

1. 项目分析

经分析发现，初始问卷的所有题项的鉴别力均超过0.2。运用独立样本 t 检验高分组（占总人数的27%）和低分组（占总人数的27%）在每个题项上的差异，初始问卷所有题项的 t 值均达显著，表明初始问卷的各个题项均具有较好鉴别力。

2. 因素分析

根据因素分析理论，本研究采用公认的项目评价和筛选标准取舍题项。具体删除题项的标准如下：因素负荷小于0.4；共同度小于0.2；概括负荷小于0.5；每个项目最大的两个概括负荷之差小于0.25。

根据以上标准，对初始问卷进行题项取舍，构成小容量有效项目问卷。然后对所得的有效题项问卷进行主成分分析，以正交旋转法求出最终的因素负荷矩阵（见表6−3）。根据以上程序对初始问卷进行筛选，保留了23个题项，构成中学生人际压力正式问卷。

表6−3　中学生人际压力问卷因素负荷矩阵

题　项	因素1	因素2	因素3	因素4	因素5	共同值
A_{64}	.771					.638
A_{25}	.750					.623
A_{66}	.714					.543
A_{33}	.677					.512
A_{52}	.671					.503
A_{38}	.654					.471
A_{4}	.562					.468
A_{22}	.520					.312
A_{60}		.792				.660
A_{42}		.760				.638
A_{28}		.745				.586
A_{8}		.702				.575
A_{19}			.672			.566
A_{46}			.636			.556
A_{36}			.616			.440
A_{34}			.587			.452
A_{9}			.577			.469
A_{13}				.853		.758

续表

题　项	因素 1	因素 2	因素 3	因素 4	因素 5	共同值
A_{63}				.847		.771
A_{26}				.540		.502
A_{43}					.742	.583
A_{65}					.662	.510
A_{27}					.503	.386

表 6—4　ISQ 问卷各因素的旋转因素特征值和贡献率

因　素	特征值	贡献率（%）	累积贡献率（%）
因素 1	3.946	17.157	17.157
因素 2	2.544	11.060	28.217
因素 3	2.323	10.102	38.319
因素 4	1.980	8.609	46.928
因素 5	1.729	7.516	54.444

从表 6—3、表 6—4 可以看出，因素分析获得 23 个有效题项，共析出 5 个因素，可以解释总变异量的 54.444%。因素 1 的题项描述了由于人际期望所产生的压力，来自理论构想问卷中的人际期望压力因子，故命名为人际期望压力；因素 2 的题项描述了由于人际冲突所产生的压力，反映了理论构想问卷中的人际冲突压力因子，命名为人际冲突压力；因素 3 的题项描述了人际交往中遇到的挫折所产生的压力，故命名为人际挫折压力；因素 4 的题项主要体现了理论构想中的人际约束压力因子，故仍命名为人际约束压力；因素 5 的题项主要来自理论构想问卷中的人际情境压力因子，故命名为人际情境压力。

因素分析所得到的结构（5 个因素）与本研究的理论构想（6 个因素）不完全相同，其中人际竞争压力没有独立地从因素分析中反映出来。之所以如此，可能是因为中学生在人际竞争中所感受到的压力常常会以人际冲突压力和人际挫折压力的形式表现出来。因素分析结果显示，中学生的人际压力较为突出地反映在人际期望压力、人际冲突压力、人际挫折压力、人际约束压力和人际情境压力方面。

3. 信度检验

本研究采用内部一致性信度和分半信度作为检测中学生人际压力问卷及其各因素的信度指标。其中中学生人际压力问卷在各个因素上的内部一致性信度均在 0.5526～0.8554 之间，分半系数在 0.5529～0.8405 之间；整个问卷的内部一致性信度为 0.8637，分半信度为 0.8487。由此说明，本问卷具有良好的信度。

4．效度检验

本研究通过问卷的编制程序基本上可以保证ISQ问卷的内容效度。由于本问卷没有现成的中学生人际压力问卷作为其外部参照，因此，本研究采用内部一致性效度和结构效度来考察问卷的效度。

结构效度。本研究采用因素分析的方法来检验ISQ问卷的结构效度，该方法是最常用的也是公认最强有力的效标鉴别方法。

各个因素之间的相关在0.201～0.446之间，呈中等程度相关；各个因素与总分之间的相关在0.565～0.791之间，存在较高相关。这说明本问卷具有良好的结构效度。

内部一致性效度。为了进一步检验修正后的ISQ问卷的内部一致性，在各个题项与其所属的因素及其他因素之间进行相关分析，以检验各个因素是否具有区分价值（见表6-5）。由表6-5可知，各题项与其所属因素间的相关系数均高于与其他因素间的相关系数，这说明该问卷各因素的内部一致性效度较好。

表6-5　各题项与其所属因素及其他因素之间的相关系数

题　项	W_1	W_2	W_3	W_4	W_5
A_{22}	.569	.229	.186	.105	.172
A_{38}	.672	.232	.219	.203	.212
A_{66}	.722	.163	.243	.171	.291
A_{33}	.695	.202	.265	.215	.319
A_{52}	.694	.194	.218	.073	.309
A_4	.666	.321	.326	.239	.357
A_{64}	.770	.283	.292	.184	.310
A_{25}	.759	.136	.258	.100	.340
A_{28}	.194	.768	.284	.199	.167
A_{60}	.250	.809	.284	.198	.192
A_8	.297	.762	.333	.259	.198
A_{42}	.249	.793	.335	.170	.187
A_9	.191	.224	.641	.228	.253
A_{19}	.206	.254	.720	.322	.283
A_{34}	.288	.332	.673	.310	.253
A_{46}	.261	.280	.681	.390	.148
A_{36}	.264	.230	.629	.235	.223

续表

题　项	W_1	W_2	W_3	W_4	W_5
A_{13}	.193	.174	.305	.848	.168
A_{63}	.215	.216	.356	.854	.193
A_{26}	.149	.255	.428	.716	.125
A_{65}	.315	.179	.232	.056	.747
A_{27}	.363	.162	.279	.204	.695
A_{43}	.222	.178	.243	.170	.740
总　分	.791	.638	.732	.565	.607

综上所述，本研究开发的ISQ问卷具有良好的信度和效度，能够作为测量中学生人际压力的有效工具。

二、中学生人际压力的发展特点

采用自编的中学生人际压力问卷来考察8所中学的817名中学生人际压力在性别、年级、学校性质、学生来源等4个社会人口统计学指标上的差异，进而探讨中学生人际压力的发展特点，结果如下。

（一）中学生人际压力的多因子方差分析

通过对年级、性别、学校性质和学生来源做6×2×2×2多因子方差分析发现（见表6－6），中学生人际压力在学生来源（$F=2.635$，$p<0.01$）、年级（$F=2.709$，$p<0.0001$）和学校性质（$F=4.094$，$p<0.001$）上存在显著主效应，交互作用不显著。因此分别以性别、年级、学校性质和学生来源为自变量，人际压力各个因素为因变量，运用独立样本单因子方差分析进一步来探讨中学生人际压力的发展特点。

表6－6　中学生人际压力多因子方差分析

项　目	学校性质	年　级	性　别	学生来源	学校性质×年级	学校性质×性别	年级×性别	学校性质×学生来源
F	4.094	2.709	1.346	2.635	1.402	2.189	1.331	1.124
显著性	.001	.000	.243	.003	.110	.054	.126	.316

项　目	年级×学生来源	性别×学生来源	学校性质×年级×性别	学校性质×年级×学生来源	学校性质×性别×学生来源	年级×性别×学生来源	学校性质×年级×性别×学生来源
F	.324	1.060	1.674	.551	1.541	1.001	.547
显著性	.899	.382	.053	.737	.175	.462	.915

（二）中学生人际压力的性别差异

表 6—7　中学生人际压力性别差异分析

变　量	男（n=407）		女（n=410）		F
	平均数	标准差	平均数	标准差	
W_1	3.2436	.7584	3.4088	.8129	9.027***
W_2	3.3710	.9359	3.3360	.9032	.296
W_3	2.9867	.7740	3.0059	.7962	.121
W_4	2.5414	.9654	2.6829	.9802	4.325*
W_5	2.7641	.9022	2.8894	.9507	3.733
总　分	70.2826	12.6606	72.3610	14.3360	3.369***

注：W_1 为人际期望压力；W_2 为人际冲突压力；W_3 为人际挫折压力；W_4 为人际约束压力；W_5 为人际情境压力。表 6—8 至表 6—10 同。

从表 6—7 可以看出，整体上，女生人际压力水平显著高于男生（$p<0.001$）；从各个因素看，在人际期望压力和人际约束压力因素上，女生显著高于男生；仅在人际冲突压力因素上，男生人际压力水平稍高于女生，未达显著水平。

由研究结果可以发现，整体上，女生的人际压力水平显著高于男生（$p<0.05$）。许多研究发现（张文新，2000①；沃建中等，2002②），在社会化过程中，女生比男生更多地关注人际关系，这就直接造成了女生对人际关系和人际交往更注重、更敏感。调查结果表明，在人际期望压力和人际约束压力因素上，女生显著高于男生；而在人际冲突压力因素上，男生的人际压力水平稍高于女生，但没有达到显著水平。造成这些差异的原因可以从以下方面来考虑：一是社会角色期望的差异，由于社会角色期望的不同，女生比男生表现出来的亲社会性更强（张文新，2000），男生比女生表现出来的攻击性更强（钱铭怡等，2000）。这种社会角色期望的差异，使得女生在面临人际期望过高、人际约束和人际冲突时，常常会使用压抑和回避，这样反而加重了她们的人际期望压力和人际约束压力；而男生却经常会以人际冲突的形式表现出来，使得男生的人际冲突压力高于女生、人际期望压力和人际约束压力相对低于女生。二是关注领域的差异，女生比男生对人际关系更注重、更敏感，更愿意努力维持良好的人际关系，所以，她们比男生面临人际压力时，常常会回避或压抑，这样使得她们感受到的人际约束压力和人际期望压力更多、人际冲突压力较少。

---

① 张文新：《儿童社会性发展》，北京师范大学出版社 2000 年版，第 163 页。
② 沃建中等：《走向心理健康·发展篇》，华文出版社 2002 年版，第 223 页。

（三）中学生人际压力的学生来源差异

表 6－8　中学生人际压力在学生来源上的差异分析

变　量	农村（n=462）		城镇（n=355）		F
	平均数	标准差	平均数	标准差	
W_1	3.3130	.7647	3.3432	.8238	.217
W_2	3.3452	.8975	3.3637	.9493	.053
W_3	2.9636	.7657	3.0362	.8076	1.677
W_4	2.5794	.9554	2.6488	.9929	3.533*
W_5	2.8586	.8846	2.7900	.9305	1.846
总　分	71.0173	13.2352	71.6977	13.9869	1.702

由表 6－8 分析可知，整体上，城镇学生的人际压力水平略高于农村学生，但不具有显著性差异。仅在人际约束压力因素上，农村学生的人际压力水平显著低于城镇学生。

本研究发现，整体上，中学生的人际压力水平没有显著的学生来源差异。仅在人际约束压力因素上，农村学生的压力水平显著高于城镇学生。关于中学生人际压力学生来源差异，以前几乎没有这方面的调查研究。城乡学生人际压力水平不存在显著差异的原因，可以从以下两方面进行探讨：一是城乡差异的缩减，随着时代和社会的发展，城乡差异在日益缩小；二是被试使用的问题，本次调查使用的农村中学主要集中在经济发展较好的农村，农村学生的生活环境和教育环境与城镇中学的学生没有很显著的差异，这是造成城乡差异不显著的重要原因之一。不过，城镇学生的人际压力水平略高于农村学生，这可能是与城镇学生和农村学生所处的文化背景和家庭状况不同有关。目前城市学生独生子女多，双职工家庭多，使得他们与父母交流较少，更渴望与同伴保持良好关系，同时，又相对缺乏与人交往的经验和正确态度；而农村学生与父母的交流机会相对来说更多，且由于农村的生活环境，使得他们从小就经常与街坊邻居交往。在人际约束压力方面，农村学生显著低于城镇学生的原因可能在于城乡学生的家庭结构和成长环境的差异，一般来说，城镇学生中独生子女偏多，成长环境相对来说也较复杂，因此，城镇父母对他们的孩子寄予的期望会更大、要求会更多、保护也更多，这对处于青春期的中学生来说，都会成为一种约束。

（四）中学生人际压力的学校性质差异

表 6－9 中学生人际压力在学校性质上的差异分析

变量	重点（n=440）		非重点（n=377）		F
	平均数	标准差	平均数	标准差	
W_1	3.3662	.7894	3.2802	.7894	2.411
W_2	3.4608	.8994	3.2281	.9274	13.203****
W_3	3.0359	.7529	2.9501	.8191	2.430
W_4	2.6439	.9996	2.5756	.9451	.998
W_5	2.8629	.9657	2.7851	.8823	1.424
总　分	72.4727	13.1798	69.9867	13.8866	2.675*

从表 6－9 中看出，整体上，重点中学学生的人际压力水平显著高于非重点中学的学生。在人际冲突压力因素上，重点中学学生极显著高于普通中学学生。原因可能在于：一是期望水平不同，周围的人（教师、父母、同学等）对重点中学学生的期望水平要远远高于非重点中学学生；二是学校人际环境不同，重点中学的学生主要精力都集中到了学习上，与周围人的交往水平相对于非重点中学学生要低得多，实际上他们十分需要有朋友在身边支持和帮助，十分需要有发泄途径，所以，他们比非重点中学的学生生活得更压抑；三是成就动机和竞争水平不同，重点中学学生拥有更多的追求和抱负，面临各方面的竞争相对于非重点中学学生来说要大得多、激烈得多，再加上他们的自尊心和成就动机比非重点中学要强得多，所以承受着更多的人际压力和人际冲突。

（五）中学生人际压力的年级差异

表 6－10 中学生人际压力年级差异分析

变量	初一（n=113）	初二（n=133）	初三（n=111）	高一（n=146）	高二（n=166）	高三（n=148）	F
	平均数（标准差）	平均数（标准差）	平均数（标准差）	平均数（标准差）	平均数（标准差）	平均数（标准差）	
W_1	3.1173 (.8055)	3.3731 (.7685)	3.4077 (.8901)	3.3639 (.8145)	3.3893 (.7364)	3.2762 (.7320)	2.326*
W_2	3.3695 (.8661)	3.5714 (.7933)	3.2072 (1.0870)	3.2860 (1.0179)	3.4367 (.8473)	3.2280 (.8684)	3.084**
W_3	3.1611 (.8404)	3.2737 (.7086)	2.9045 (.8424)	3.0329 (.8235)	2.8952 (.7144)	2.7676 (.7034)	8.088****
W_4	2.8171 (.9718)	2.9850 (.8457)	2.5015 (1.0278)	2.4589 (.9413)	2.3474 (.9294)	2.6532 (1.0041)	8.799****

续表

变　量	初一（n=113）	初二（n=133）	初三（n=111）	高一（n=146）	高二（n=166）	高三（n=148）	F
	平均数（标准差）	平均数（标准差）	平均数（标准差）	平均数（标准差）	平均数（标准差）	平均数（标准差）	
W_5	2.8997（.9246）	2.9123（.9543）	2.7477（.9642）	2.8744（.9550）	2.8434（.9180）	2.6892（.8586）	1.266
总　分	71.3717（14.0923）	75.3308（11.4036）	70.3604（15.9430）	71.2192（14.7926）	70.9096（11.7519）	68.9865（13.0561）	4.501****

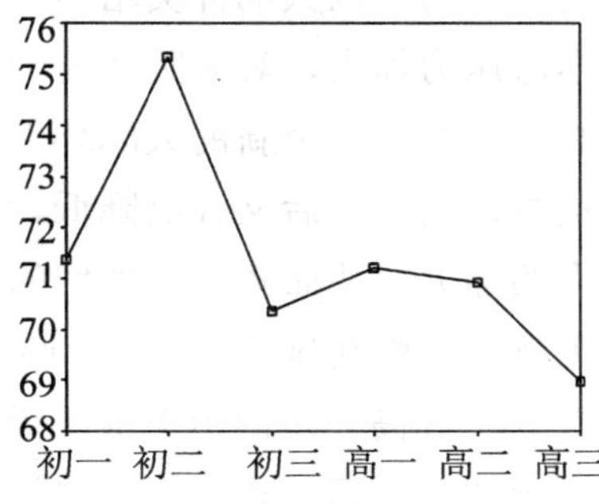

图 6－1　中学生人际压力发展趋势

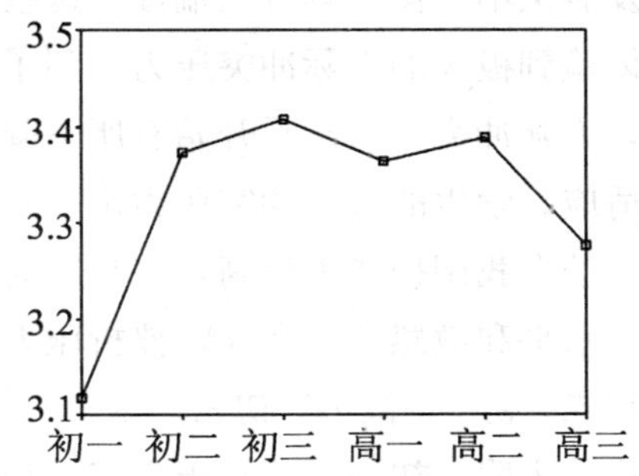

图 6－2　中学生人际期望压力发展趋势

从表 6－10、图 6－1、图 6－2 可以看出，在整体上，中学生人际压力水平存在极其显著的年级差异。其中，初二学生的人际压力水平显著高于高三学生，存在关键期（初二）和低谷期（初三和高三）。相关研究表明（沃建中等，2001）①，中学生人际交往水平从初一到初二明显下降，初三时有大幅度的攀升，高中阶段保持在一个较高的水平上。这与本研究的结果基本是吻合的，都说明初二是一个人际关系发展的关键期。究其原因，从中学生身心发展角度看，初中阶段是学生身心发展与心理冲突加剧的关键时期，该时期，他们的自我意识高涨、独立意识增强、反叛意识提高、强烈需要获得他人的认同和肯定；高中阶段中学生心理发展更成熟，自我意识更成熟，看问题更全面和客观了。所以，初中阶段中学生的人际压力水平会高于高中阶段，且会有比较强的起伏变化；整个高中阶段，中学生人际压力水平维持在一个比较稳定的水平。其中，初二是中学生人际压力发展的关键期和转折点。至于初三和高三年级的学生人际压力发展水平处于两个低谷，可能的原因是初三和高三是升学的两个关键阶段，这两个时期，学生将主要精力放在了学习上，人际交往活动减少很多，对人际变化也没那么敏感，更没时间去做过多关注和思考，因此，人际压力水平相对其他年级来说就降低到了一个比较低的水平。

---

① 沃建中等：《走向心理健康·发展篇》，华文出版社 2002 年版，第 223 页。

从人际压力各因素来看，除了人际情境压力因素，在其他各因素上均存在显著的年级差异。在人际期望压力方面，年级差异显著（$p<0.05$），中学生的人际压力水平随着年龄增长而不断增长。相对于其他因素的发展，人际期望压力在整个中学阶段都处在一个较高发展水平，这可能是因为在我国，父母和教师对中学生的期望一直都比较高的缘故。在人际冲突压力方面，年级差异极其显著（$p<0.01$），初一学生的人际压力水平比较低，初二陡增至最高，初三又开始陡然降至最低，之后高一、高二开始逐渐提高，高三又有所降低，呈现出波浪式变化趋势。这是因为初二是学生自我意识高涨的关键时期，这一时期，他们的反抗意识和独立意识急剧增强，个性发展又不平衡且具有极端性，这些特点使得他们与周围人的冲突增多，从而使他们体验到极大的人际冲突压力；到了初三，学习压力加大，对人际冲突的敏感性降低，人际冲突压力水平开始有所下降；升入高中，换了一个新的人际环境，需要重新适应，学生的人际冲突压力水平开始重新提高；高二之后又开始降低，一是因为学生的自我调控能力提高，二是因为升学压力的加大，从而降低了他们的人际冲突压力水平和敏感性。在人际挫折压力方面，年级差异极其显著（$p<0.0001$），表现为初二>初一>高一>初三>高二>高三，其中初二和高一是两个关键年级。事后多重比较表明，初一显著高于高三，初二显著高于初三、高二和高三。这是因为初二学生处于身心发展失调和心理冲突加剧的关键时期，而高一学生需要重新适应一个新的人际环境，这就不可避免地使他们体验到更多的人际挫折压力。在人际约束压力方面，年级差异极其显著（$p<0.0001$），表现为初二>初一>高三>初三>高一>高二，初一显著高于高二，初二显著高于初三、高一、高二。这是因为初二学生的自我意识高涨和独立意识增强，使得他们感受到的人际约束比以前明显增多。初二是人际约束压力发展的关键年级。

第三节　中学生人际压力的应对策略

一、中学生人际压力应对策略问卷的编制

（一）中学生人际压力应对策略问卷编制的过程

本问卷采用自陈量表法研究中学生人际压力应对策略。本研究编制的中学生人际压力应对策略问卷（ISCQ）在借鉴国内外比较成熟的应对策略量表的相关维度及其题项基础上，将人际压力应对策略成分从积极和消极两个维度上构想为 11 个因素。

题项来源一是借鉴现在公认的成熟量表的相同或相似特质题项，主要是中学生

应对方式量表（黄希庭等）、应对方式问卷（肖计划）和简易应对方式问卷（杨德森）等量表。二是自编题项。自编题项的编制程序如下：(1) 收集题项，就人际压力应对策略询问中学生，征询中学生在面对真实人际压力时所采取的应对策略；(2) 筛选题项，根据题项的典型性和代表性确定典型的人际压力应对策略作为问卷题项；(3) 测试题项，对问卷进行预测，做项目分析和因素分析，进一步筛选题项。

（二）中学生人际压力应对策略结构实证探析

采用自编中学生人际压力应对策略问卷的初始问卷（采用 5 点记分，以单选迫选形式作答）对重庆市 7 所中学的 781 名初一至高三年级的学生进行调查，并对初始问卷进行项目分析和探索性因素分析，根据分析结果调整项目和因素，确定 ISCQ 正式问卷；然后用正式问卷对 8 所中学 817 名中学生进行调查（被试构成见表 6－2），对收集回的问卷再次进行因素分析，验证因素结构和项目有效性，并对问卷进行信度、效度分析，形成最终问卷，为下一步研究中学生人际压力应对策略的发展特点提供测量工具。数据分析结果如下。

1. 项目分析

本问卷经过鉴别力分析，发现所有题项的鉴别力均大于 0.2，说明该初始问卷的题项鉴别力质量较好。

2. 一阶因素分析

对所得的有效题项问卷进行主成分分析，以正交旋转法求出最终的因素负荷矩阵（见表 6－11）。

表 6－11 因素负荷矩阵

题 项	因素 1	因素 2	因素 3	因素 4	因素 5	因素 6	因素 7	因素 8	共同度
C_{48}	.674								.506
C_{28}	.670								.491
C_{15}	.640								.444
C_{60}	.639								.474
C_{11}	.635								.539
C_{43}	.624								.450
C_{38}	.623								.462
C_{5}	.616								.498
C_{13}		.742							.575
C_{33}		.678							.534
C_{23}		.676							.578

续表

题 项	因素 1	因素 2	因素 3	因素 4	因素 5	因素 6	因素 7	因素 8	共同度
C_{39}		.624							.504
C_{8}		.610							.424
C_{52}		.491							.435
C_{45}			.749						.608
C_{53}			.708						.533
C_{2}			.704						.545
C_{25}			.649						.461
C_{9}			.486						.454
C_{66}			.446						.320
C_{42}				.694					.552
C_{46}				.685					.490
C_{41}				.659					.513
C_{62}				.563					.448
C_{47}				.543					.469
C_{20}				.471					.337
C_{18}					.705				.512
C_{29}					.689				.520
C_{27}					.488				.416
C_{6}					.483				.411
C_{74}					.476				.397
C_{57}					.415				.349
C_{78}						.715			.564
C_{40}						.619			.441
C_{19}						.581			.405
C_{59}						.531			.416
C_{68}							.697		.570
C_{34}							.662		.636
C_{24}							.522		.535
C_{21}								.621	.520
C_{3}								.596	.474
C_{12}								.560	.438
C_{58}								.507	.456

表 6－12　ISCQ 问卷各因素的旋转因素特征值和贡献率

因　素	特征值	贡献率（%）	累积贡献率（%）
1	3.819	8.882	8.882
2	3.344	7.776	16.658
3	2.976	6.922	23.580
4	2.659	6.185	29.765
5	2.388	5.553	35.318
6	1.921	4.467	39.785
7	1.867	4.343	44.128
8	1.732	4.028	48.156

从表 6－11、表 6－12 可知，因素分析获得 43 个有效题项，共析出 8 个因素，能够解释总变异量的 48.156%。因素 1 包含的题项来自理论构想问卷中的攻击和抵触两个因子，主要描述的是与“以攻击、抵触和对抗言行来应对人际压力”有关的内容，故命名为攻击/抵触；因素 2 的题项主要来自理论构想问卷中的寻求信息帮助因子和寻求社会支持因子，描述的是与“寻求他人帮助和寻求信息帮助”相关的内容，故命名为求助；因素 3 的题项全部来自理论构想问卷中的压抑因子，描述的是与“抑制自己人际压力困扰与情绪”相关的内容，故仍命名为压抑；因素 4 的题项来自理论构想问卷中的积极转移因子，描述的是与“通过运动、读书、听音乐等积极的途径来转移人际压力”相关的内容，故命名为积极转移；因素 5 的题项主要来自理论构想问卷中的积极思维因子和目标再评价因子，描述的是与“个体通过主动调整自己的认知来解决人际压力问题”相关的内容，故命名为认知调整；因素 6 的题项全部来自理论构想问卷中的幻想因子，故仍命名为幻想；因素 7 的题项全部来自理论构想问卷中的主动沟通因子，故仍命名为主动沟通；因素 8 的题项主要来自理论构想问卷中的否认因子，故命名为否认。

3. 二阶因素分析

在一阶因素分析中，本研究共抽取了 8 个因素，且发现这 8 个因素之间存在不同程度的相关。这意味着上述一阶因素群可能蕴涵着更高阶、更简单、更有解释力的大因子，有必要做二阶因素分析。

将一阶因素分析获得的 8 个因素作为新的变量群进行因素分析，采用主成分分析和正交旋转法，抽取了 2 个因子，共解释总变异量的 52.012%。表 6－13、表 6－14 分别显示了二阶因素分析的因素矩阵和二阶因素的特征值及解释变异量。

表 6－13　二阶因素分析因素矩阵

变　量	因子 1	因子 2	共同值
Y_7	.766		.591
Y_5	.736		.542
Y_2	.703		.508
Y_4	.665		.454
Y_3		.732	.608
Y_8		.696	.507
Y_6		.678	.511
Y_1		.663	.440

表 6－14　二阶因素的特征值及其解释变异数

因　子	特征值	贡献率（%）	累积贡献率（%）
1	2.211	27.644	27.644
2	1.949	24.368	52.012

二阶因素的命名仍遵循因素负荷值分配和理论构想模型两条标准。因子 1 包含了攻击/抵触、幻想、压抑、否认四个因素，它们主要来自理论构想结构中的消极维度，主要表达个体在面对人际压力情境时，旨在通过消极的方式来使人际压力情境发生改变的应对策略，故命名为消极维度。因子 2 包含求助、认知调整、积极转移、主动沟通四个因素，它们主要来自理论构想结构中的积极维度，主要表达个体在面对人际压力情境时，旨在通过积极的方式来使人际压力情境发生改变的应对策略，故命名为积极维度。

根据二阶因素分析和一阶因素分析的结果，可以得到中学生人际压力应对策略的实证模型（图 6－3）：

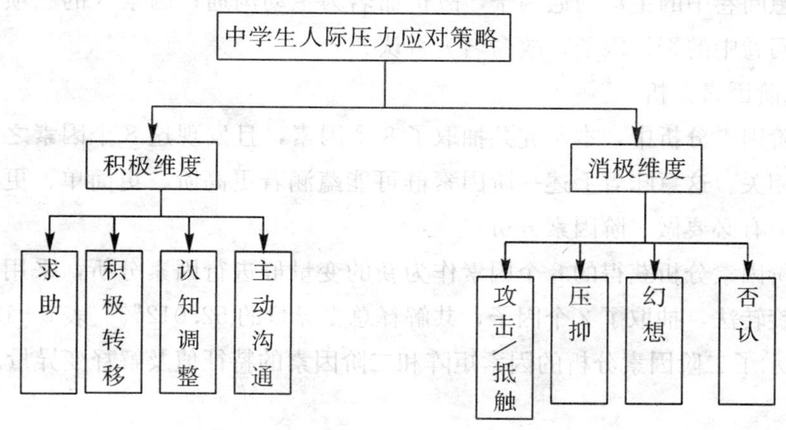

图 6－3　中学生人际压力应对策略实证结构

4. 信度检验

本研究采用内部一致性信度和分半信度作为检测中学生人际压力应对策略问卷及其各因素的信度指标。中学生人际压力应对策略问卷在各个一阶因素与二阶因素上的内部一致性信度均在 0.5698～0.8416 之间，分半信度在 0.5497～0.7972 之间；整个问卷的内部一致性信度为 0.8664，分半系数为 0.8485。由此说明，本问卷具有良好的信度。

5. 效度检验

本研究的中学生人际压力应对策略问卷通过问卷编制程序基本上可以保证其内容效度。本研究采用结构效度来考察问卷的效度。

本研究采用因素分析的方法来检验 ISCQ 问卷的结构效度。从表 6－15、表 6－16、表 6－17 可知，各个因素（包括一阶因素和二阶因素）之间基本上呈中等相关，且低于因素与问卷总分之间的相关；各个因素与问卷总分之间的相关在 0.401～0.740 之间，存在较高相关。至于个别一阶因素之间的相关过低，是由于它们分属于两个意义相反的积极维度和消极维度，如果个体采用的积极人际压力应对策略多，采用的消极人际压力应对策略就会少。但每个维度所属的因素之间均呈中等相关（0.271～0.524），各因素与所属维度的相关在 0.638～0.739 之间，且各维度与问卷总分之间的相关为 0.730 和 0.740，具有较高相关。这说明 ISCQ 问卷具有较好的结构效度。

表 6－15　各个因素之间及其与问卷总分之间的相关

变量	总分	Y_1	Y_2	Y_3	Y_4	Y_5	Y_6	Y_7	Y_8	消极	积极
总分	1.000										
Y_1	.546	1.000									
Y_2	.598	.268	1.000								
Y_3	.401	.294	－.099	1.000							
Y_4	.549	.001	.271	－.045	1.000						
Y_5	.504	－.129	.295	－.101	.458	1.000					
Y_6	.579	.295	.151	.305	.201	.162	1.000				
Y_7	.465	.036	.524	－.186	.284	.380	.090	1.000			
Y_8	.544	.271	.059	.359	.154	.184	.333	.060	1.000		
消极	.730	.738	.140	.735	.081	－.005	.638	－.019	.642	1.000	
积极	.740	.070	.734	－.139	.721	.739	.216	.698	.162	.118	1.000

表 6－16 消极维度所属因素之间及其与该维度的相关

变 量	Y_1	Y_3	Y_6	Y_8	消 极
Y_1	1.000				
Y_3	.294	1.000			
Y_6	.295	.305	1.000		
Y_8	.271	.359	.333	1.000	
消 极	.738	.735	.638	.642	1.000

表 6－17 积极维度所属因素之间及其与该维度的相关

变 量	Y_2	Y_4	Y_5	Y_7	积 极
Y_2	1.000				
Y_4	.271	1.000			
Y_5	.295	.458	1.000		
Y_7	.524	.284	.380	1.000	
积 极	.734	.721	.739	.698	1.000

综上所述，本研究开发的 ISCQ 问卷具有良好的信度和效度，能够作为测量中学生人际压力应对策略的有效工具。

二、中学生人际压力应对策略的发展特点

采用自编的中学生人际压力应对策略问卷对重庆市 8 所中学的 817 名学生进行调查，考察中学生人际压力应对策略在性别、年级、学校性质、学生来源等 4 个社会人口统计学指标上的差异，进而探讨中学生人际压力应对策略的发展特点，结果如下。

（一）中学生人际压力应对策略多因子方差分析

通过对年级、性别、学校性质和学生来源做 6×2×2×2 多因子方差分析发现，中学生人际压力应对策略在年级（$F=2.379$，$p<0.0001$）和性别（$F=3.779$，$p<0.0001$）上存在显著主效应，没有显著的交互作用。下面我们分别使用性别、年级、学校性质和学生来源为自变量，人际压力应对策略各个因素为因变量，运用独立样本单因子方差分析进一步来探讨中学生人际压力应对策略的发展特点。

表 6－18　中学生人际压力应对策略多因子方差分析

指　标	学校性质	年　级	性　别	学生来源	学校性质×年级	学校性质×性别	年级×性别	学校性质×学生来源
F	1.450	2.379	3.779	.970	1.119	1.524	.849	1.729
显著性	.163	.000	.000	.464	.272	.135	.753	.079

指　标	年级×学生来源	性别×学生来源	学校性质×年级×性别	学校性质×年级×学生来源	学校性质×性别×学生来源	年级×性别×学生来源	学校性质×年级×性别×学生来源
F	.958	.997	.869	1.107	.840	.888	.861
显著性	.553	.441	.718	.290	.579	.685	.705

（二）中学生人际压力应对策略的性别差异

表 6－19　中学生人际压力应对策略的性别差异分析

变　量	男（n=407）		女（n=410）		t
	平均数	标准差	平均数	标准差	
消　极	2.411	.547	2.340	.548	3.522
Y_1	1.929	.719	1.698	.640	23.585****
Y_3	2.636	.822	2.712	.845	1.708
Y_6	2.725	.853	2.722	.868	.003
Y_8	2.494	.794	2.681	.855	.574
积　极	2.796	.588	2.737	.577	2.120
Y_2	1.951	.859	1.850	.752	3.187
Y_4	3.236	.778	3.177	.777	1.171
Y_5	3.355	.705	3.283	.735	2.025
Y_7	2.494	.971	2.542	1.048	.454
总　分	111.776	17.595	108.944	18.016	5.449****

从表 6－19 可知，在整体上，中学生所使用的人际压力应对策略存在显著的性别差异，突出体现在消极维度的攻击/抵触策略的使用上。一项对东西方六种文化中的青少年的研究发现（Whiting，1974）①，在所有文化背景中均可发现男生比女生更多采用攻击策略；Frydenberg 和 Lewis（1991）的研究也发现 13～18 岁青少年中男生比女生更多地采用攻击策略。这均与本研究的结果是基本一致的。中学生所使

① B. Whiting，C. P. Edward：*A cross-cultural analysis of sex differences in the behavior of children aged three through eleven*. *Journal of Social Psychology*，1974，91，pp171－188.

用的人际压力策略存在显著性别差异的原因可能有两方面：一是身心发展上的差异，进入青春期后，男女在体格上的差异更为明显，男生更为强壮，因此他们更多采取攻击/抵触策略；另外，男生的独立和反叛意识相对女生来说更强，所以他们更容易采取攻击/抵触策略。二是角色社会化的差异，在我国的文化背景中，往往期望男生独立、强大和敢为敢当，而期望女生温顺、听话和合作，因此，女生更多采取压抑、否认和主动沟通策略，而男生更多采取攻击/抵触策略。

（三）中学生人际压力应对策略的年级差异

表 6－20　中学生人际压力应对策略的年级差异分析

变　量	初一（n=113）	初二（n=133）	初三（n=111）	高一（n=146）	高二（n=166）	高三（n=148）	F
	平均数（标准差）	平均数（标准差）	平均数（标准差）	平均数（标准差）	平均数（标准差）	平均数（标准差）	
消　极	2.566 (.663)	2.195 (.499)	2.312 (.524)	2.362 (.540)	2.374 (.527)	2.455 (.489)	6.804****
Y_1	2.242 (.865)	1.755 (.649)	1.607 (.584)	1.762 (.677)	1.740 (.614)	1.826 (.613)	12.256****
Y_3	2.708 (.869)	2.330 (.798)	2.595 (.778)	2.712 (.798)	2.772 (.824)	2.871 (.841)	7.201****
Y_6	2.847 (.823)	2.634 (.847)	2.811 (1.009)	2.721 (.854)	2.691 (.864)	2.684 (.772)	1.099
Y_8	2.721 (.852)	2.434 (.801)	2.797 (.926)	2.675 (.878)	2.729 (.756)	2.858 (.712)	4.327***
积　极	2.842 (.666)	2.646 (.700)	2.759 (.593)	2.737 (.531)	2.819 (.500)	2.793 (.582)	1.941
Y_2	2.404 (.908)	1.831 (.934)	1.791 (.781)	1.822 (.730)	1.766 (.683)	1.885 (.690)	11.241****
Y_4	3.081 (.793)	3.023 (.834)	3.243 (.809)	3.211 (.715)	3.360 (.746)	3.250 (.749)	3.729**
Y_5	3.080 (.723)	3.175 (.791)	3.366 (.756)	3.297 (.732)	3.508 (.639)	3.403 (.628)	6.580****
Y_7	2.767 (1.071)	2.466 (1.034)	2.511 (1.013)	2.498 (1.023)	2.448 (1.018)	2.478 (.899)	1.672
总　分	116.150 (23.166)	103.857 (16.728)	108.723 (18.899)	109.425 (16.790)	111.422 (16.183)	112.662 (14.016)	5.554****

从表 6－20 可知，整体上，中学生所使用的人际压力应对策略存在极其显著（$p<0.0001$）的年级差异，具体表现为初一＞高三＞高二＞高一＞初三＞初二，高中

生多于初中生；初一显著多于初二，初二显著少于高二、高三。从图 6－4、图 6－5 的对比分析可知，无论积极人际应对策略还是消极人际应对策略的使用，初一学生都较多，初二学生都最少，初二之后都一直呈上升发展趋势。整个中学阶段，中学生所使用的人际压力应对策略都以积极的为主，这与刘贤臣等（1998）① 和李燕等（2000）② 关于青少年人际压力应对策略的研究结果是一致的。消极维度上，年级差异非常显著（$p<0.001$），初一分别与初二、初三间存在显著性差异，高三与初二之间存在显著差异。陈建文（2002）③ 研究发现，中学生（被试无初一）的人际适应性随着年级升高而逐渐提高；赵丽霞研究表明（2003），中学生的社会自我发展趋势表现为高三＞初一＞高一＞高二＞初二＞初三。本研究之所以发现这样的结果，原因可能是：（1）初一学生的社会自我发展水平较高，自我意识还没那么强，更易向成人寻求帮助；加上刚进入一个新的人际环境，他们十分希望自己能很快融入这个环境，所以，他们更容易采取较多的积极的或消极的人际压力应对策略来缓解或消除人际压力。（2）初二学生的社会自我发展有所降低，人际适应性仍处在一个较低的水平；加上处于青春发育的关键期，身心急剧发展的失调以及由此引起的心理冲突，使得他们不知该如何应对，自我意识、自尊心和独立意识的加强，使他们不愿向周围的人寻求帮助。所以，他们对人际压力做出较少的积极或消极应对，初二成了中学生人际压力应对策略教育的关键期，这与井世洁（2001）④ 关于中学生人际压力应对策略的研究结果是一致的。（3）随着心理发展的逐步稳定和成熟，人际适应性和社会自我发展水平的日益提高，中学生所选择和使用的消极人际压力应对策略和积极人际压力应对策略都开始逐渐增多。有研究发现（Frydenberg，1997）⑤，随着年龄增长，青少年人际压力应对策略的类型逐渐增加，无论积极的还是消极的。兰玉萍等（2003）⑥ 调查发现，随着年级升高，中学生积极应对策略的使用减少，消极应对策略使用开始增多。后者与本研究的结果较为一致，前者不十分一致，可能是因为他们研究的是一般压力情境下中学生的应对策略，而本研究主要是研究人际压力情境下中学生的应对策略。具体原因还有待进一步探讨。

---

① 刘贤臣等：《青少年应激性生活事件和应对方式的研究》，《中国心理卫生杂志》1998 年第 12 卷第 1 期，第 46～48 页。

② 李燕等：《武汉市中学生心理应激因素的初步分析》，《中国心理卫生杂志》2000 年第 14 卷第 3 期，第 197 页。

③ 陈建文：《青少年社会适应的理论和实证研究：结构、机制与功能》，西南师范大学博士学位论文，2002 年。

④ 井世洁：《初中学生的应对方式与心理健康的相关研究》，《宁波大学学报（教育科学版）》2001 年第 23 卷第 4 期。

⑤ E. Frydenberg：*Adolescent Coping*：*Theoretical Research Perspectives*，London and New York：Routledge，1997.

⑥ 兰玉萍、张静芳：《中学生应对方式的调查研究》，《社会心理科学》2003 年第 2 期，第 9～13 页。

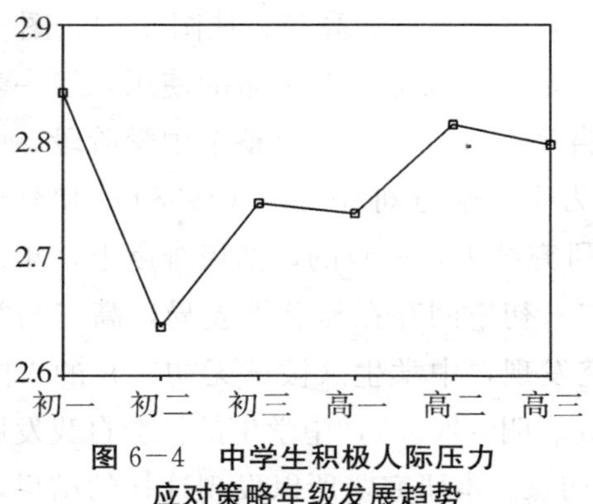

图 6－4 中学生积极人际压力应对策略年级发展趋势

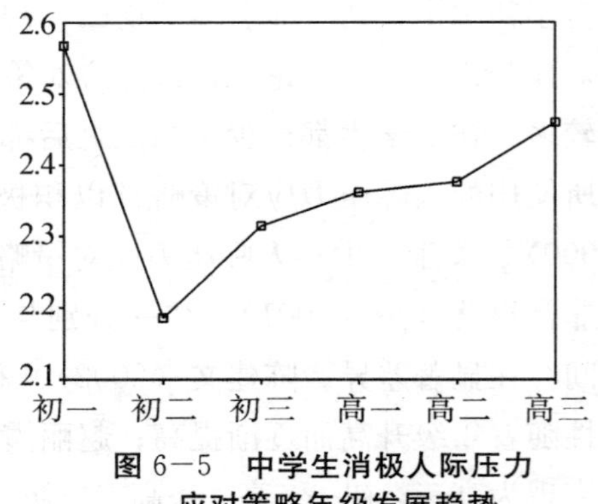

图 6－5 中学生消极人际压力应对策略年级发展趋势

从消极维度上看，中学生所使用的人际压力应对策略存在显著性的年级差异，主要体现在攻击/抵触、压抑和否认策略上。在攻击/抵触策略的使用方面，年级差异非常显著（$p<0.0001$），存在显著的“初一”效应。究其原因可能是初一学生认知、情绪和个性发展还不够成熟，自我控制能力还比较差。在压抑策略的使用方面，年级差异非常显著（$p<0.0001$），初二学生最少，之后一直呈上升趋势，高中生多于初中生，且存在显著的“初二”效应。原因可能是：一是由中学生心理发展特点决定，闭锁性、封闭性是中学生心理发展的特征之一（林崇德，1999）[①]，压抑不可避免是中学生应对人际压力时较多采用的策略之一；二是认知和个性发展的日趋成熟，中学生自我反省和自我批判能力的提高，使得他们谨慎性越来越高，从而会压抑一些人际需求、人际压力情绪或问题，另外，为了避免人际问题解决失败所带来的挫折，而会采取较多的压抑策略。在否认策略的使用方面，年级差异显著（$p<0.001$），高三和初三学生使用最多，初二学生使用最少，整个高中阶段发展呈上升趋势。这可能是因为高三和初三学生将过多精力放在了学习上，没有时间也不愿去过多关注人际压力，所以较多采取否认策略来应对；而初二学生正处于青春发展关键期，情绪比较容易冲动，认识相对片面和刻板，所以较少使用否认应对策略。

从积极维度上看，中学生所使用的人际压力应对策略没有显著的年级差异，在积极转移（$p<0.01$）和认知调整（$p<0.0001$）两个策略的使用方面，年级差异均非常显著，整体均呈随年级升高而上升趋势。这可能是因为随着认知的发展，中学生自我调控能力、移情能力、预期结果和以不同的视角思考人际问题的能力逐渐提高的缘故。在求助策略的使用方面，年级差异非常显著（$p<0.0001$），存在显著的“初一”效应。究其原因，可能是初一学生自我意识发展还不成熟，且对成人的依赖性还比较强，自己独立思考或解决人际问题的能力比较低。总之，初二学生特别需要对其进行人际压力应对策略的指导和训练。

① 林崇德：《发展心理学》，北京师范大学出版社1999年版。

（四）中学生人际压力应对策略的学生来源差异

表 6－21　中学生人际压力应对策略学生来源差异分析

变　量	农村（n=462）		城镇（n=355）		F
	平均数	标准差	平均数	标准差	
消　极	2.3463	.5503	2.4132	.5436	2.996
Y_1	1.7887	.6637	1.8454	.7218	1.359
Y_3	2.6425	.8545	2.7155	.8062	1.538
Y_6	2.6672	.8418	2.7972	.8784	4.608*
Y_8	2.6964	.8084	2.7113	.8467	.065
积　极	2.7657	.5623	2.7679	.6089	.003
Y_2	1.9163	.7972	1.8784	.8235	.441
Y_4	3.1595	.7651	3.2664	.7905	3.810
Y_5	3.3294	.6878	3.3047	.7618	.235
Y_7	2.5498	.9669	2.4761	1.0631	1.070
总　分	109.6991	18.0211	111.2085	17.6205	1.635

从表 6－21 可知，整体上，中学生所使用的人际压力应对策略，无论在积极维度还是消极维度上，均不存在显著的学生来源差异；仅在消极维度的幻想策略使用上，城镇学生显著多于农村学生。学生来源差异不显著的原因类似于中学生人际压力学生来源差异不显著的原因，这里不再加以讨论。城镇学生在幻想策略使用上显著多于农村学生，可能的原因是：城镇学生相对来说，独生子女更多，生活条件更优越，在家里更受宠爱，所以一般比较任性和自私，自控力也相对较差；与周围人（父母和同伴）交往的机会和经验相对来说不如农村学生，因而面对人际压力问题时，较多会采取幻想来缓解。

（五）中学生人际压力应对策略的学校性质差异

表 6－22　中学生人际压力应对策略在学校性质上的差异分析

变　量	重点（n=440）		非重点（n=377）		t
	平均数	标准差	平均数	标准差	
消　极	2.3865	.5159	2.3588	.5929	.504
Y_1	1.7669	.6569	1.8822	.7313	5.524*
Y_3	2.7237	.8371	2.6008	.8256	4.283*
Y_6	2.7618	.8415	2.6672	.8844	2.384

续表

变　量	重点（n=440）		非重点（n=377）		t
	平均数	标准差	平均数	标准差	
Y_8	2.7449	.8134	2.6406	.8386	3.151
积　极	2.7763	.5754	2.7524	.5937	.331
Y_2	1.8262	.7601	2.0091	.8649	10.178***
Y_4	3.2737	.7839	3.1054	.7581	9.304**
Y_5	3.3726	.7105	3.2386	.7290	6.846**
Y_7	2.4891	1.0148	2.5603	1.0026	.977
总　分	110.8012	15.6798	109.6930	20.6680	5.085****

从表6－22可知，整体上，中学生所使用的人际压力应对策略存在极其显著的学校性质差异。积极维度上，在积极转移和认知调整策略的使用上，重点中学学生极显著多于非重点中学学生；在求助策略的使用上，重点中学学生显著少于非重点中学学生。消极维度上，在压抑策略的使用上，重点中学学生极显著多于非重点中学学生；在攻击/抵触策略的使用上，重点中学学生显著少于非重点中学学生。究其原因可能是重点中学学生整体心理素质水平高于非重点学生，他们的认知水平、自我调控能力和自我效能感更强；另外，重点中学的教师整体水平相对较高，学生学习与生活环境相对更好，所以他们采取的积极人际压力应对策略（认知调整和积极转移）更多，攻击/抵触策略更少。同时，重点中学学生的学习压力更重，接受周围人的期望更高，再加上好胜心、自制力和自尊心也相对更强，所以，他们采用压抑策略更多，而求助策略更少。

三、中学生人际压力应对策略与其人际压力的关系

由 Lazarus 的压力 CPT 模型（1984）和 Frydenberg（1997）[①] 的应对过程理论可以发现，压力应对是一个既受个体特征（身心发展水平、人格特点、认知特点以及生活经历等）影响，也受压力情境影响的动态、发展变化的过程；在整个压力应对过程中个体的认知评价（对自身资源和压力情境的评价）起着核心作用。所以，本研究认为，对于同一人际压力源，不同个体由于人际环境、自我评价以及自身特点的不同，就会感知到不同程度的人际压力；又由于个体不同的认知和评价，最终使他们选择和使用的人际压力应对策略不同；选择和使用不同的人际压力应对策略又会在某种程度上影响他们的人际压力水平。也就是说，人际压力和人际压力应对

① E. Frydenberg：*Adolescent Coping*：*Theoretical Research Perspectives*，London and New York：Routledge，1997.

策略通过个体的认知加工存在一定相互作用的关系。因此，本研究提出这样两个假设：（1）不同人际压力水平的中学生，使用的人际压力应对策略存在显著性差异；（2）中学生人际压力应对策略与其人际压力存在一定相互作用的关系。本研究结果基本上验证了这两个假设。

采用自编中学生人际压力问卷（ISQ）和中学生人际压力应对策略问卷（ISCQ）对重庆市 8 所中学的 817 名学生进行调查，考察中学生人际压力应对策略与其人际压力的关系，比较不同人际压力感受水平的学生在人际压力应对策略使用上的差异，结果如下。

（一）不同人际压力组的中学生在人际压力应对策略上的差异

本研究假设不同人际压力水平的中学生所使用的人际压力应对策略存在显著性差异，所以，为了比较不同人际压力水平的学生在人际压力应对策略使用上的差异，我们拟将测试人数（$n=817$）据其人际压力水平不同分为低、中、高三组。本研究使用 27%为临界点，将被试划分为低人际压力组（占总人数的 27%）、中等人际压力组（占总人数的 46%）和高人际压力组（占总人数的 27%）。

以中学生的人际压力组别为自变量，人际压力应对策略的各因素为因变量，进行独立样本单因子方差分析，结果发现，不同人际压力水平的中学生在人际压力应对策略的使用上存在极其显著的差异（$F=1.960^{**}$，$p<0.009$），中等人际压力组显著不同于低人际压力组和高人际压力组。事后多重比较结果见表 6－23。

表 6－23　不同人际压力组学生在人际压力应对策略上的单变量方差分析摘要

变异来源	变　量	SS	df	MS	F	显著性	事后比较
组　间	消　极	2.381	2	1.190	5.234	.006	2>1、3
	Y_1	7.577	2	3.789	6.723	.001	2>1、3
	Y_3	4.510	2	2.255	5.080	.006	2>3
	Y_6	3.052	2	1.526	2.982	.051	
	Y_8	9.319	2	4.659	9.176	.000	2>1
	积　极	5.884	2	2.942	11.389	.000	2>1、3
	Y_2	5.364	2	2.682	4.704	.009	2>3
	Y_4	2.191	2	1.096	2.799	.061	
	Y_5	2.144	2	1.072	3.059	.047	2>1
	Y_7	2.243	2	1.121	1.449	.235	

续表

变异来源	变　量	*SS*	*df*	*MS*	*F*	显著性	事后比较
组　内	消　极	185.128	814	.227			
	Y_1	458.685	814	.563			
	Y_3	361.309	814	.444			
	Y_6	416.555	814	.512			
	Y_8	413.342	814	.508			
	积　极	210.269	814	.258			
	Y_2	464.127	814	.570			
	Y_4	318.595	814	.391			
	Y_5	285.298	814	.350			
	Y_7	630.141	814	.774			

注："事后比较"栏的1表示低人际压力组；2表示中等人际压力组；3表示高人际压力组。

从表6－23可知，积极维度上，不同人际压力组学生所使用的人际压力应对策略存在显著性差异，中等人际压力组显著不同于低人际压力组和高人际压力组（见图6－6），具体表现为：在求助策略的使用上，中等人际压力组显著多于高人际压力组；在认知调整策略的使用上，中等人际压力组显著多于低人际压力组。消极维度上，不同人际压力组学生所使用的人际压力应对策略存在显著性的组间差异，中等人际压力组与低人际压力组和高人际压力组之间存在显著性差异（见图6－7），具体表现为：在攻击/抵触策略的使用上，中等人际压力组多于低人际压力组和高人际压力组；在压抑策略的使用上，中等人际压力组显著多于高人际压力组；在否认策略的使用上，中等人际压力组显著多于低人际压力组；在幻想策略的使用上，无显著的组间差异。由图6－6、图6－7比较可以看出，不同人际压力组的学生所使用的人际压力应对策略均以积极的为主。

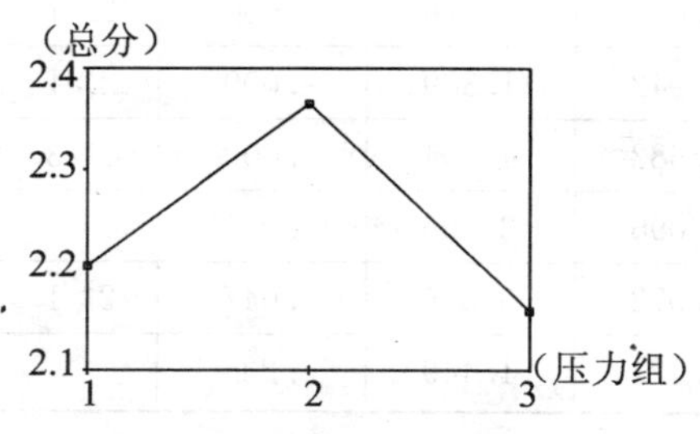

图6－6　不同人际压力组学生在积极人际压力应对策略上的差异

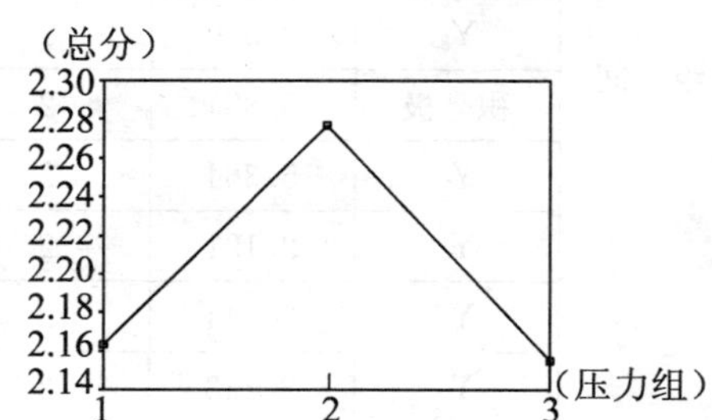

图6－7　不同人际压力组学生在消极人际压力应对策略上的差异

通过对年级、性别、学生来源、学校性质和人际压力组别做6×2×2×2×3多因子方差分析发现，人际压力组别仅与性别存在显著的交互作用（$F=1.645$，$p<$

0.05）。这就提醒我们要对性别×人际压力组别进行简单效应分析。

表 6－24　人际压力应对策略在人际压力组别×性别上的简单效应分析（F 值）

变　量	性别（S）		组别（G）		
	S_1G	S_2G	G_1S	G_2S	G_3S
消　极	6.111***	2.051	.004	.291	6.896*
Y_1	7.323***	.666	.069	12.392****	.497
Y_3	2.590	3.682*	.058	4.286*	1.822
Y_6	3.592*	1.435	.267	1.084	3.663
Y_8	15.528****	.652	1.183	1.750	9.681**
积　极	10.696****	2.772	.005	1.545	4.981*
Y_2	6.853***	.435	.453	1.054	5.263*
Y_4	2.013	1.551	.007	.802	1.431
Y_5	.932	4.057*	.436	5.007*	3.444
Y_7	3.266*	.309	.198	.192	4.042*
总　体	2.838****	1.007	.413	4.770****	1.794

注：S＝性别；S_1＝男；S_2＝女；G＝人际压力组别；G_1＝低人际压力组；G_2＝中等人际压力组；G_3＝高人际压力组。

从表 6－24 可以看出，不同人际压力组男生所使用的人际压力应对策略，无论在积极维度上还是在消极维度上，均存在极显著的组间差异（$p<0.0001$）。消极维度上，中等人际压力组男生使用的消极人际压力应对策略显著多于高人际压力组，主要体现在攻击/抵触、幻想、否认策略的使用上。在攻击/抵触和否认策略的使用上，中等人际压力组极显著多于低人际压力组和高人际压力组；在幻想策略的使用上，中等人际压力组显著多于高人际压力组。积极维度上，中等人际压力组男生使用的积极人际压力应对策略显著多于低人际压力组和高人际压力组，主要体现在求助和主动沟通策略的使用上。不同人际压力组的女生所使用的人际压力应对策略总体上没有显著的组间差异，但在消极维度的压抑策略的使用上存在显著性组间差异，在积极维度的认知调整策略使用上中等人际压力组显著多于低人际压力组。这说明中等人际压力组的男生所使用的人际压力应对策略，无论积极的还是消极的均最多。

结合图 6－8、图 6－9 可以看出，当人际压力水平较低时，男生和女生所使用的人际压力应对策略没有显著性差异。人际压力水平中等时，中学生所使用的人际压力应对策略存在极其显著的性别差异（$p<0.0001$），女生所使用的显著多于男生，但男生所使用的人际压力应对策略相比于女生来说更积极一些，在消极和积极两个维度上没有显著差异，主要体现为：消极维度上，攻击/抵触策略的使用方面，男生显著多于女生；在压抑策略的使用上，女生显著多于男生；积极维度上，认知调整

策略使用方面，女生显著多于男生。人际压力水平较高时，女生所使用的人际压力应对策略，无论在积极维度还是消极维度上均显著多于男生（$p<0.05$），主要体现为：消极维度上，否认策略的使用方面，女生显著多于男生；在积极维度上，求助和主动沟通策略的使用方面，女生显著多于男生。

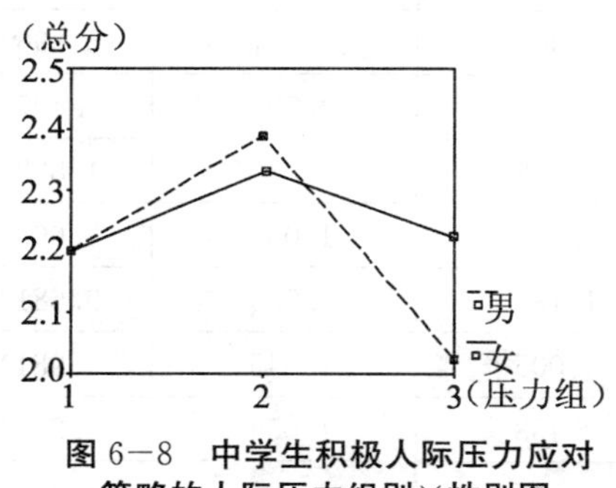

图 6－8　中学生积极人际压力应对策略的人际压力组别×性别图

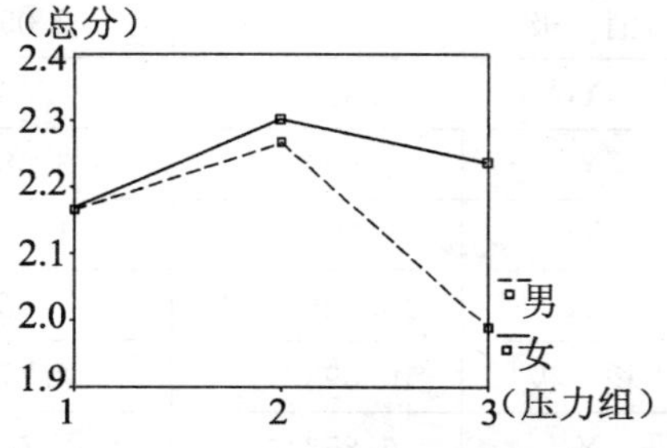

图 6－9　中学生消极人际压力应对策略的人际压力组别×性别图

（二）中学生人际压力应对策略与其人际压力的相关检验

以所测的所有中学生作为被试，考察中学生人际压力应对策略与其人际压力的相关程度。从表 6－25 可以看出，总体上认知调整策略与人际压力有显著性相关，人际压力应对策略与人际约束压力有显著性相关；从各个因素来看，攻击/抵触策略与人际期望压力、人际挫折压力存在显著相关，认知调整策略与人际挫折压力、人际情境压力存在显著相关，求助策略与人际期望压力、人际约束压力存在显著相关。这说明，中学生人际压力应对策略与其人际压力存在一定程度的显著性相关。

表 6－25　人际压力应对策略与人际压力因素间相关系数

因　素	人际压力	W_1	W_2	W_3	W_4	W_5
Y_1	.008	－.072*	.008	.071*	.064	.026
Y_2	－.042	－.078*	－.018	.008	.069*	－.088
Y_3	－.019	－.038	－.015	－.042	.067	.000
Y_4	.014	－.012	.012	－.004	.043	.042
Y_5	.075*	.057	－.024	.070*	.058	.106**
Y_6	－.039	－.063	－.049	－.026	.055	－.007
Y_7	－.023	－.001	－.044	－.029	.003	－.017
Y_8	－.027	.006	－.043	－.064	.009	－.008
积　极	－.019	－.066	－.024	.000	.074*	.010
消　极	.007	－.020	－.023	.019	.069*	.009
人际压力应对策略	－.008	－.051	－.027	.011	.082*	.011

附录一　中学生人际压力问卷（正式问卷）

同学：

您好！欢迎参加关于“中学生人际压力与应对”的心理测验。当您在与人交往过程中感到紧张、焦虑、生气、不愉快、脸红心跳等时，说明您正面临着人际压力。这时，您所采取的处理方法或想法，就是您的应对策略。请根据您的实际情况和真实感受回答下面测验中的每一个问题，以保证研究的科学性。

回答时请注意：(1) 对您的回答我们将严格保密，请放心回答。(2) 答案无对错好坏之分，您只需要根据自己的实际情况回答即可。(3) 每道题只选一个答案，请不要多选或漏选。

请您认真读懂每句话的意思，然后在相应字母左边的方框内打“√”。每个字母代表的意思如下：A：无压力；B：稍微有点压力；C：中等压力；D：较大压力；E：非常有压力。

请注意：问卷中所指的“兄弟姐妹”包括亲戚中的堂或表兄弟姐妹。

学校：＿＿＿＿＿　学校性质：□重点　□非重点　年级：＿＿＿＿＿

班级：＿＿＿＿＿　学生来源：□农村　□城镇　性别：＿＿＿＿＿

C_4　难以达到老师对我的要求。　□A　□B　□C　□D　□E

C_8　不满父母的过多约束和限制，而与他们发生争吵。

□A　□B　□C　□D　□E

C_9　提出的请求被同学拒绝。　□A　□B　□C　□D　□E

C_{13}　我无论去哪，朋友都要求我告诉他/她。　□A　□B　□C　□D　□E

C_{19}　和同学说话，没被理睬。　□A　□B　□C　□D　□E

C_{22}　难以达到父母对我的要求。　□A　□B　□C　□D　□E

C_{25}　老师希望我能考出优异的成绩。　□A　□B　□C　□D　□E

C_{26}　朋友干涉我和谁交往。　□A　□B　□C　□D　□E

C_{27}　与比自己强很多（如学习、经济条件、外貌等）的人在一起。

□A　□B　□C　□D　□E

C_{28}　与父母发生争吵。　□A　□B　□C　□D　□E

C_{33}　老师对我的要求太高。　□A　□B　□C　□D　□E

C_{34}　好朋友对我变得很冷淡。　□A　□B　□C　□D　□E

C_{36}　想放松一下，父母不允许。　□A　□B　□C　□D　□E

C_{38} 父母希望我干什么事都成功。 □A □B □C □D □E
C_{42} 和父母闹了矛盾。 □A □B □C □D □E
C_{43} 被要求在陌生人前讲话。 □A □B □C □D □E
C_{46} 父母不支持我的兴趣爱好。 □A □B □C □D □E
C_{52} 父母希望我能考上好高中或好大学。 □A □B □C □D □E
C_{60} 和父母发生争执。 □A □B □C □D □E
C_{63} 干什么事，朋友都要求我告诉他/她。 □A □B □C □D □E
C_{64} 父母对我的要求太高。 □A □B □C □D □E
C_{65} 临时被要求在众人面前发言。 □A □B □C □D □E
C_{66} 老师希望我能学好每门功课。 □A □B □C □D □E

附录二 中学生人际压力应对策略问卷（正式问卷）

在与父母、教师或同伴等交往过程中，当您感到有压力（紧张、焦虑、生气、不愉快、脸红心跳等）时，是否采用了下列做法或想法？

请仔细读懂每句话，然后在下面符合自己实际情况的相应的字母左边的方框内打“√”。每个字母代表的意思如下：A：基本上采用；B：较多采用；C：有时采用；D：很少采用；E：没有采用。

C_{2} 一个人默默地忍受心中的人际苦恼。 □A □B □C □D □E
C_{3} 与周围的人相处不是很好，却装出很融洽的样子。
□A □B □C □D □E
C_{5} 为给自己压力的人制造麻烦。 □A □B □C □D □E
C_{6} 冷静仔细分析问题，以便能更好地解决人际压力。
□A □B □C □D □E
C_{8} 查看一些有关人际沟通和人际冲突解决方面的资料。
□A □B □C □D □E
C_{9} 人际交往失败，就将自己封闭起来。 □A □B □C □D □E
C_{11} 受到嘲笑或排斥，就揍对方一顿。 □A □B □C □D □E
C_{12} 和别人发生了不愉快的事，压抑不快，仍如平常那样和他们交往。
□A □B □C □D □E
C_{13} 主动向心理咨询人员寻求帮助。 □A □B □C □D □E
C_{15} 对给自己压力的人冷嘲热讽。 □A □B □C □D □E

C_{18} 人际交往过程中，对自己作出合理的期望。 □A □B □C □D □E

C_{19} 幻想自己的人际压力已经解决了或没有发生过。

□A □B □C □D □E

C_{20} 想些高兴的事让自己忘记人际烦恼。 □A □B □C □D □E

C_{21} 受到同学排斥或拒绝，心里很难受，却表现出无所谓的样子。

□A □B □C □D □E

C_{23} 打电话到某些电台谈心节目请教一些处理人际压力的方法。

□A □B □C □D □E

C_{24} 与朋友感觉疏远了，就坐在一块共同分析原因。

□A □B □C □D □E

C_{25} 与人交往中受到伤害，就独自生闷气。 □A □B □C □D □E

C_{27} 有人际压力时，告诉自己要平静、放松。 □A □B □C □D □E

C_{28} 遇到人际挫折或人际冲突时，就揭对方的短处。

□A □B □C □D □E

C_{29} 调整人际交往中自己希望达到的目标。 □A □B □C □D □E

C_{33} 向老师请教解决人际压力的方法。 □A □B □C □D □E

C_{34} 与他人之间产生了问题，就主动进行沟通，以求找到原因。

□A □B □C □D □E

C_{38} 与人不合，就责怪他人。 □A □B □C □D □E

C_{39} 去听一些有助于提高人际压力应对能力的讲座。

□A □B □C □D □E

C_{40} 与人发生不愉快的事，想“这不是真的就好了”。

□A □B □C □D □E

C_{41} 听愉悦、轻快的音乐，缓解自己的压力情绪。 □A □B □C □D □E

C_{42} 去参加其他活动，让自己忘了人际烦恼。 □A □B □C □D □E

C_{43} 与父母或老师对着干，如不让我与异性来往，我偏来往。

□A □B □C □D □E

C_{45} 把人际交往中遇到的不愉快的事埋在心里。 □A □B □C □D □E

C_{46} 做一些自己喜欢的事来转移注意力。 □A □B □C □D □E

C_{47} 感到难受或压抑时，就去操场上累个筋疲力尽（跑步、打球等）。

□A □B □C □D □E

C_{48} 被别人误解或错怪，就给他们脸色看。 □A □B □C □D □E

C_{52} 向别人请教解决人际冲突和处理人际压力的经验和方法。

□A □B □C □D □E

C_{53} 不向别人诉说自己的人际烦恼，自己埋在心里。

□A □B □C □D □E

C_{57} 相信人际压力只是暂时的。 □A □B □C □D □E

C_{58} 有人际压力时，也强颜欢笑。 □A □B □C □D □E

C_{59} 想一些不现实的事来消除人际交往中遇到的烦恼。

□A □B □C □D □E

C_{60} 背后说给自己造成压力的人的坏话。 □A □B □C □D □E

C_{62} 投身到其他活动中来寻求新寄托。 □A □B □C □D □E

C_{66} 不愿让人知道自己的人际困难或失败。 □A □B □C □D □E

C_{68} 别人对自己的态度突然发生变化，就主动找他们交谈，搞清楚原因。

□A □B □C □D □E

C_{74} 接受人际压力，然后自己加以调节。 □A □B □C □D □E

C_{78} 自己不能达到别人的要求时，就幻想要是有奇迹发生就好了。

□A □B □C □D □E

第七章 Di Qi Zhang

重大社会生活事件后大学生的应激障碍及应对策略

大学生既处在生理、心理发展的重要时期，又处在人生观、世界观形成的关键期。重大社会生活应激情境往往导致心理障碍的发生。已有研究表明，大学生的心理问题主要表现在应激生活事件及应对特点上，负性生活事件、重大的挫折、无效的应对是大学生产生心理问题的主要原因。因此，探讨重大社会生活事件后大学生的应激障碍、应对策略特点及影响因素，可以为有效进行大学生的心理健康教育提供理论及方法指导，以提高他们的心理素质水平。

第一节　研究概述

一、重大社会生活事件后应激障碍及相关概念

（一）重大社会生活事件

重大社会生活事件有很多种，有的产生积极的影响，有的产生消极的影响，这里研究的重大社会生活事件是指那种突然发生的，对社会造成灾难的，进而对人们的生活、学习、工作造成普遍影响的事件。

（二）创伤后应激障碍

重大灾难事件会给人的心理造成严重创伤，这种伤害可能会对其工作、生活产生极为不利的影响，其中最常见的表现就是创伤后应激障碍。创伤后应激障碍（post-traumatic stress disorder）简称 PTSD，是对亲身经历的或目击的导致或可能导致自己或他人死亡或严重伤害的事件的一种强烈反应。其中最常见的创伤事件分别为目击他人严重受损、亲身经历威胁生命安全的事件。

PTSD 的主要表现症状为：（1）创伤事件在当事人的思维、记忆乃至梦境中反

复出现，恍如再度身临其境，出现错觉、幻觉以及意识分离性障碍。(2) 对现实环境感知不真切，反应迟钝，情感淡漠，出现社会性退缩行为，对前途悲观，抑郁情绪严重，没有安全感和对自己命运的把握感。(3) 明显的焦虑与警觉，易激动，有过度惊恐反应，睡眠困难。(4) 妨碍社交与职业功能，形成精神病态。(5) 多在事件发生后三个月内发病，病程可持续一个月以上，多数长达数月，个别人甚至可以长达数年之久。

有调查表明，遭受重大精神创伤后，7.8%～80%的个体会发生心理创伤性应激障碍而导致明显的甚至长期的精神痛苦。[①] 1990 年至 1992 年间对美国 34 个州的调查表明，PTSD 的发生率为 7.8%，PTSD 发病后，60%的人群在 72 个月后症状才有所改善。1997 年日本鹿儿岛西北部地震后的追踪调查发现，青少年儿童 PTSD 的发生率在灾后 3 个月为 10.2%，2 年后为 1.8%，成年人在 6 个月后 PTSD 的发生率为 6.5%，1 年半后为 4.2%。[②]

（三）应对策略

应对是指个体面临被自己评价为承受重担或超过自己能力资源范围的特定内外环境要求时，作出的不断变化的认知或行为努力（Lazarus，1991）。这一定义包括三个主要的方面：(1) 应对是与情境相连的，不是由稳定的人格特征所决定的。(2) 应对是处理问题的一种努力，是个体与环境相互作用过程中所做的任何事情，它不一定是成功地解决问题的行为。应对关注的是努力的过程而不是结果的有效性。(3) 应对是在特殊遭遇下随时间而变化的一个过程，在应对行为开始之前有一个认知评价的过程。[③]

在应对这一行为过程中，不同的人采用的方式是不同的，即对于同一种压力情境，不同个体所采用的应对策略会有所不同。具体来讲，应对策略是指个体利用自身资源和环境资源，在应激情境中为了摆脱压力而采取的一系列认知与行为方式。

二、创伤后应激障碍、应对策略的研究现状

（一）创伤后应激障碍的研究现状

1. 创伤后应激障碍的理论研究

对 PTSD 进行解释的理论主要有生物学理论和心理学的认知理论两种。

(1) 生物学理论

研究导致 PTSD 的神经生物学机制，结果表明 PTSD 不同于一般的应激反应及

① 胡冰霜、梁友信：《创伤性应激障碍》，《国外医学·精神病学分册》1997 年第 5 期，第 266～269 页。
② 久留一郎、罗丹：《灾难受害者的心理与社会支持》，《湖南医科大学学报（社会科学版）》2000 年第 4 期，第 79～82 页，第 93 页。
③ E. Frydenberg：*Adolescent Coping*：*Theoretical Research Perspectives*，London and New York：Routledge，1997，p29.

其他精神疾患，而在生理上有特殊的变化规律和特点：①下丘脑—垂体—肾上腺（hypothalamic-pituitary-adrenal，HPA）轴功能紊乱。②神经递质与相关受体功能改变。③免疫功能异常。④脑组织结构的改变。

（2）认知理论

对PTSD进行解释的各种心理学流派中，认知理论较为完善。PTSD的各种认知理论都有一个基本相同的假设：个体预存的关于世界的信念和模型会介入到创伤经验中，当创伤经验提供的信息与那些预存的模型大相径庭、难以相容时，如果不能将两者进行整合，则信息加工难以完成，最终会导致各种各样的创伤后反应。具体来说，主要有三种认知理论模型。①②

①社会认知理论

社会认知理论偏重创伤对个体生活的影响，强调个体将创伤经验整合于预存模型需要作出艰巨的重新调整。Horowitz 的应激反应理论关注对创伤信息的认知加工，认为信息加工的动力来源于完成倾向，即将新信息整合于现存认知模型或图式的心理需要。Horowitz 认为，经历创伤后，起初会惊叫哭喊或目瞪口呆，接着出现一段时期的信息超载，此时，关于创伤的思考、记忆、想象无法与现有图式协调，致使各种防御机制开始运作，力图将与创伤有关的信息排除在意识之外，人们会在一段时间里表现出麻木和否认。但是，完成倾向却力图使与创伤有关的信息活跃在记忆中，以达到与预存模型的整合，于是导致心理防御机制崩溃，促使创伤信息重新进入意识层面，其表现形式为闪回、噩梦、强迫思维等。完成倾向与防御机制之间的冲突，使人们不断在强迫回忆思维和否认、麻木两种状态之间摇摆。在这种理论中，信息加工的失败意味着部分创伤信息依然保持在记忆中，没有被完全整合，这就会导致顽固性的创伤后反应，即PTSD。

②信息加工理论

信息加工理论较为关注与创伤有关的恐惧，关注与创伤有关的信息如何在认知系统中表征，随后又是如何被加工的。Foa 等的信息加工理论认为经历创伤后，记忆中形成了一个恐惧网络，这个网络是由如下信息组成的：创伤事件的刺激信息；创伤在认知上、行为上和生理上的反应信息；刺激与反应联系起来的信息。诱发性刺激（创伤的遗留物）会激活恐惧网络，使网络信息进入意识，形成强迫性回忆症状，试图回避和压抑恐惧网络的激活，导致了回避反应症候群的出现。只有将恐惧网络的信息与现有的记忆结构整合，才能解除PTSD。在这种整合过程中，有一些

① 李雪英：《PTSD的认知理论及认知行为治疗》，《中国临床心理学杂志》1999年第7卷第2期，第125～128页。

② 杜建政、马胜祥、朱新明：《创伤后应激障碍的认知理论》，《心理学动态》2001年第9卷第2期，第157～162页。

因素会使整合出现问题，如创伤事件的不可预测性和不可控制性使恐惧网络难以整合进预存模型；事件的严重程度会干扰创伤发生时的认知过程，这种干扰会使恐惧网络变得支离破碎，很难整合进有组织的现存模型。

Chemtob 等提出了认知活动理论，这个理论与 Foa 等的信息加工理论相似，只是更为详细地分析了恐惧网络的结构，将其视为一个平行分布的层级系统。认为恐惧网络的持续激活，使患者处于紧急逃生机能状态，会导致过度警觉和强迫性回忆等症状。

③双重表征理论

Brewin 等人提出了双重表征理论，认为创伤事件会在记忆中形成两种表征：一种是有意识加工的产物，其过程是慢速、系列的，信息容量有限，称之为言语通达性记忆（verbally accessible memory），简称 VAM。另一种是无意识加工的产物，其过程是快速平行分布的，容量大，称之为情境通达性记忆（situationally accessible memory），简称 SAM。当个体处于与创伤的物理特征或意义特征相似的情境时，这种记忆会自动地提取或浮现出来。记忆表征形成后，个体会对它们进行有意识的情绪加工，一方面是对 SAM 的加工，通过提供与创伤事件有关的详细的感觉输入信息和生理反应信息，来帮助受害者进行认知调整，从而阻止对 SAM 的持续激活。另一方面是对 VAM 有意识的主动的整合和容纳，通过对 VAM 的提取，对创伤事件的意义再评价、再归因，达到新信息与预存模型整合，来减轻负性情绪。情绪加工会产生各种情绪反应，一种是与 SAM 有关的条件性情绪反应，伴随创伤事件同时产生；另一种伴随 VAM 而形成，是经过认知评价加工后产生的次级情绪。情绪加工最终产生三种不同的结果：一是整合成功。创伤记忆表征与个体以往的关于自身和世界的预存模型完全整合，个体不再表现出 PTSD 的各种症状。二是持久的情绪加工。创伤信息与预存模型不能整合，这种情形下，认知加工偏差、高度唤醒、负性情绪会顽固地持续下去。三是对情绪加工的过早抑制。创伤受害者竭力避免思考创伤情境，并发展成一套逃避模型以监控感觉输入，个体表面上看起来已从创伤影响中恢复过来，但在遭遇类似情境或处于同样的心境时，未经加工的记忆很容易再次被激活。

2. 创伤后应激障碍诊断工具的研究

随着研究的深入，PTSD 的诊断标准也在不断改进。

（1）国外的诊断工具

国外一般用两种方法来诊断 PTSD。

定式临床问诊量表：此类量表大多由医生通过问诊来完成，多数只测出了 PTSD 症状存在与否，并不能判断症状的频度与强度。临床常用的有：SCID（是与 DSM-Ⅲ-R 配套使用的定式临床问诊量表中的 PTSD 部分）、创伤后应激量表问诊版

(Post-traumatic Stress Scale－interview version)、诊断问诊量表（Diagnostic Interview Schedule，DIS）等。

PTSD 症状自评量表：内容简要且不需临床医生操作，虽然没有提供 PTSD 的综合诊断，但可提供特殊的有关 PTSD 症状严重程度和频度的详尽信息。常用的有：应激事件影响量表（Impact of Event Scale，IES），用于测查回避症状和闯入性症状的频度和严重程度；PTSD 检查表平时版（PTSD Checklist－civilian version，PCL-C），用于评价普通人在遭遇创伤后的体验。

（2）国内的诊断工具

国内一般是根据 DSM 的标准来进行诊断，如《中国精神疾病分类方案与诊断标准》（第 2 版修订本 CCMD-2-R）中有 PTSD 的诊断标准。也有研究者对 DSM 做一些修订，重新制作量表，如刘贤臣编制的创伤后应激障碍自评量表（Post-traumatic Stress Disorder Scale，PTSD-SS）。①

3. 创伤后应激障碍影响因素的研究

众多的研究表明，影响 PTSD 的因素主要有两个：个人因素和环境因素。

（1）个人因素

①性别

大量的研究表明，在创伤事件中，女性患 PTSD 的概率及患病的严重程度均比男性高。在一起车祸事故的调查中发现，女性的警觉症状是男性的 3.8 倍，而回避症状是男性的 4.7 倍。② 一项对受洪灾后群体创伤后应激反应的调查表明，面对同样的事件，女性的反应强度高于男性，在高反应组，女性人数几乎是男性的 2 倍。③ 一项对大学生的研究表明，PTSD 在大学生中有显著的性别差异。④ 其他一些对地震、癌症等的研究也表明，PTSD 存在性别差异。⑤⑥

②年龄

对癌症的研究表明，成年癌症患者的年龄与 PTSD 症状成反比，年轻患者往往缺乏面对死亡的心理准备，其他人会较多地向他们描述治疗的危害，可能会加重他们的心理应激。但少儿癌症幸存者的年龄与 PTSD 得分成正比，这是因为少儿癌症患者年龄越小，认知过程越不完善，对自身疾病的恶性程度理解不深，也更易被家

---

① 刘贤臣等：《心理创伤后应激障碍自评量表的编制和信度效度研究》，《中国行为医学科学》1998 年第 2 期，第 93～96 页。

② C. S. Fullerton, et al：*Gender differences in posttraumatic stress disorder after motor vehicle accidents*. *The American Journal of Psychiatry*，2001，158，pp1486－1491.

③ 高岚等：《对受洪灾群体创伤后应激反应的调查》，《中华精神科杂志》2000 年第 2 期，第 107～110 页。

④ 方明等：《大学生精神创伤后应激性障碍的调查》，《中国心理卫生杂志》1998 年第 3 期，第 280～281 页。

⑤ 赵丞智等：《地震后 17 个月受灾青少年 PTSD 及其相关因素》，《中国心理卫生杂志》2001 年第 3 期，第 145～147 页。

⑥ 苏冈、刘金凤：《癌症与创伤后应激障碍》，《国外医学・精神病学分册》2001 年第 4 期，第 207～211 页。

长哄骗，从而使其心理免受或少受冲击。

③生活质量

应用定式生活质量量表进行调查发现①，存在较多心理、躯体和睡眠等生活质量问题的患者出现较多的PTSD症状。其中经济收入、受教育程度也是生活质量的重要因素，低收入、低教育程度的患者在应对问题时会遇到较多的困难，加重心理创伤，从而出现PTSD。

④个性特征

那些情感反应强烈、焦虑、抑郁、神经质类型的人，可能对各种刺激反应过强，易出现PTSD症状。内向的、妄想型的人也易患PTSD。对车祸的研究表明②，情绪倾向不稳定、高掩饰性的个体更易患PTSD。

⑤家族史、创伤经历

研究表明，PTSD患者家族史中精神疾病发病率是经历同样事件未发病或无此经历者的3倍，所患疾病以焦虑症、抑郁症、重性精神病和反社会行为为主。遗传缺陷可能导致了应激障碍的病理生理基础。创伤经历，特别是童年期的创伤经历，如受歧视、受虐待、被遗弃、性创伤等均使PTSD的发病率增高。

⑥认知心理过程

最近对2647人有关PTSD的研究的回顾总结表明，灾难事件中或稍后几个月的认知心理过程，是PTSD最强的预测因素。③ 一些研究者也提出PTSD与侵扰性推理（intrusion-based reasoning，IR）相联系，IR是一种倾向，即常把面临的困扰作为危险就要发生的证据。有实验证明了IR与急性和慢性PTSD都有较强的联系。④ Ehlers和Clark提出了一个PTSD持续的认知模型，认为一些认知因素在其中起主要作用，有研究支持了他们的模型，表明预测PTSD严重性的认知变量有：在侵袭中的认知加工方式（心理溃败、心理困惑、分离）、对侵袭结局的负性评价（对症状、他人的负性反应，持久变化的消极评价）、对自己和世界的消极信念。⑤ 在对一起车祸的研究中也发现，对困扰的负性解释、反复思考、思想的压抑、愤怒的认知

---

① E. A. Mundy, et al: *Posttraumatic stress disorder in breast cancer patients following autologous bone marrow transplantation or conventional cancer treatments*. *Behaviour Research and Therapy*, 2000, 38 (10), pp1015—1027.

② 刘光雄等：《车祸事件后创伤后应激障碍的研究》，《中国心理卫生杂志》2002年第1期，第18～20页。

③ E. J. Ozer, et al: *Predictors of posttraumatic stress disorder and symptoms in adults: A meta-analysis*. *Psychological Bulletin*, 2003, 129 (1), pp52—73.

④ I. M. Engelhard, et al: *A longitudinal study of "intrusion-based reasoning" and posttraumatic stress disorder after exposure to a train disaster*. *Behaviour Research and Therapy*, 2002, 40 (12), pp1415—1434.

⑤ E. Dunmore, D. M. Clark, A. Ehlers: *A prospective investigation of the role of cognitive factors in persistent posttraumatic stress disorder after physical or sexual assault*. *Behaviour Research and Therapy*, 2001, 39 (9), pp1063—1084.

等都是在三年内持续出现 PTSD 的重要预测因素。[①]

⑦应对方式

研究表明，创伤后如果能够找到适宜的应对方式，则会避免 PTSD 的发生。但有研究发现，应对方式与应激反应的关系是比较复杂的，一项对受洪灾群体的调查表明，高反应组对消极和积极应对方式的利用都明显较多，积极应对方式并没有对健康起到保护作用。[②] 这表明，我们通常定义的“积极应对方式”，在面临灾难这样特殊而重大的应激事件时，并不一定有利于维护心理健康。

（2）环境因素

①创伤事件的严重性、创伤事件对个体的影响程度

创伤事件强度是 PTSD 的一个重要预测因素，暴露于极为强烈的创伤之中，如经历肉搏战等，大多数受害者均可患 PTSD。对受洪灾群众的调查表明，受灾严重的群体 IES 总分、闯入分、回避分都比较高，表明受灾情况对应激反应强度起重要作用。对遭受龙卷风袭击的人群的研究表明，对龙卷风的接近程度、个人伤残状况、个人财产的损失情况可以解释 PTSD 中回避、警觉的最大变异量。[③]

②社会支持

研究表明，社会支持在创伤事件中是重要的调节变量，如果得不到相应的家庭和社会支持，即使是相对较轻微的创伤，也很容易导致产生 PTSD。对地震所致孤儿的研究表明，患者组对社会支持的利用度低于正常组。[④] 对一次地震的调查表明，初始暴露程度低的组 PTSD 的发病率反而高，这主要是因为地震后所获得的社会支持不同，不管是物质上还是精神上，感知到的和实际获得的支持，初始暴露程度低的组都低于初始暴露程度高的组。[⑤] 对受洪灾群体的调查表明，良好而有效的社会支持可降低急性心脑血管病的发病率。[⑥]

（二）应对策略的研究现状

在应激源和应激的结果之间，应对起着重要的调节作用，直接影响着人们的活动。

---

① R. A. Mayou, A. Ehlers, B. Bryant: *Posttraumatic stress disorder after motor vehicle accidents: 3-year follow-up of a prospective longitudinal study*. *Behaviour Research and Therapy*, 2002, 40 (6), pp665-675.

② 高岚等：《对受洪灾群体创伤后应激反应的调查》，《中华精神科杂志》2000 年第 2 期，第 107～110 页。

③ K. L. Middleton, J. Willner, K. M. Simmons: *Natural disasters and posttraumatic stress disorder symptom complex: Evidence from the Oklahoma tornado outbreak*. *International Journal of Stress Management*, 2002, 9 (3), pp229-236.

④ 张本等：《唐山大地震所致孤儿心理创伤后应激障碍的调查》，《中华精神科杂志》2000 年第 2 期，第 111～114 页。

⑤ 赵承智等：《张北尚义地震后创伤后应激障碍随访研究》，《中国心理卫生杂志》2000 年第 6 期，第 361～363 页。

⑥ 陈新华等：《灾害事件后心理应激、社会支持与心脑血管病关系研究》，《中华内科杂志》2000 年第 7 期，第 446～448 页。

目前对应对策略没有一致的分类标准，从理论上讲，个体在处理问题时会有无数种应对行为。几种较常见的分类方法为：

Lazarus 和 Folkman 根据应对的目的和功能，把应对策略分为问题取向的应对和情感取向的应对。一些研究者则区分为功能良好性应对和功能失调性应对（Cox 等，1985；Frydenberg，Lewis，1991；Seiffge-Krenke，Shulman，1990）。Billings 和 Moos（1981）、Pearlin 和 Schooler（1978）把应对分为趋向性应对和回避性应对。Seiffge-Krenke（1993）把应对分为积极应对、内向性应对、退避。Endler 和 Parkek（1990）把应对分为问题取向、情感取向、回避性应对三种。Thoits（1986）提出了两维矩阵分类：问题取向应对、情感取向应对，每一维度又有认知、行为两种策略。Charg（1998）把应对策略分为卷入和摆脱两大类，前者包括问题卷入（问题解决、认知重建）和情绪卷入（表达情绪、社会支持），后者包括问题摆脱（逃避问题、愿望式思考）和情绪摆脱（自尊、社会性退缩）。国内很多研究者把应对方式分为积极应对和消极应对。[①②] 不同的研究者由于出发点不同，分类的标准也不一致，这样很容易产生混乱。积极、消极应对的划分也是相对的，有一定的局限性，有时在一种情境中被认为是消极的应对，在另一种情境中可能产生良好的效果。

应对的测量最常用的是问卷法，有时也结合运用访谈法。国外的量表主要有：Billing 和 Moos 1981 年制订的应对量表，Mccrae 1984 年制订的应对量表，Lazarus 和 Fokman 1980 年编制的应对方式检查表（Ways of Coping Checklist，WCC），Folkman 和 Lazarus 1985 年修订的应对方式问卷（Ways of Coping Questionnaire，WCQ），Tobin 1982 年编制的应对策略调查表（Coping Strategies Inventory，CSI），Norman 和 James 1990 编制的多维度应对调查表（Multidimensional Coping Inventory，MCI），Carver 1989 年编制的应对量表（COPE）等等。其中某些量表已经在我国进行了修订。[③] 近年来，有一些研究者根据我国的实际情况，参考国外的有关量表，编制了一些应对量表。[④⑤]

（三）已有研究存在的问题

1. PTSD 研究对象狭窄

对 PTSD 的研究大多局限于直接经历创伤的临床病人，而缺乏对灾难事件下一般大众群体的研究。到目前为止，我们对 PTSD 的理解大都集中在对经历战争的士兵和灾难直接受害者的研究上，在灾难发生过程中，针对一般人群进行流行病学的

① 姜乾金：《心理应激：应对的分类与心身健康》，《中国心理卫生杂志》1993 年第 4 期，第 145～147 页。
② 解亚宁：《简易应对方式量表信度和效度的初步研究》，《中国临床心理学杂志》1998 年第 2 期，第 114～115 页。
③ 韦有华、汤盛钦：《COPE 量表的初步修订》，《心理学报》1996 年第 4 期，第 380～387 页。
④ 肖计划、许秀峰：《“应付方式问卷”效度与信度研究》，《中国心理卫生杂志》1996 年第 4 期，第 164～168 页。
⑤ 黄希庭等：《中学生应对方式的初步研究》，《心理科学》2000 年第 1 期，第 1～5 页。

研究较少。[①] 这会造成对 PTSD 理解的一些局限。

DSM 在界定 PTSD 时没有考虑创伤应激源的特点[②]，但研究表明，灾害后的心理反应和最终结局因灾害性质、受灾者特点、所处文化背景的不同而有相当大的变异。虽然 DSM 对 PTSD 的诊断标准在不断修改，但基本上只涉及三个方面的症状：回避、再体验、高警觉。一系列的研究表明，除这三个方面的反应之外，焦虑、抑郁、分离性反应、躯体化反应、物质滥用等同样是灾害后不可忽视的不良后果。[③]症状界定的不全面会对研究造成一定的偏差。

针对这些缺陷，我们试图全面界定 PTSD 的反应症状，对灾难事件后大学生的应激障碍特点进行系统研究。

2. 应对策略的分类分歧严重，进展缓慢，需要有新的视角

在应对策略的分类中，由于各个研究者的出发点不同，没有统一的分类标准，这样很容易产生混乱。如“喝酒、吸烟、吃东西”在一些量表中是作为回避、否认因素，而在另一些量表中却属于情感取向因素。“分心”在 Thoits 的分类中是作为认知性的问题取向应对，而在 Darver，Cheier 和 Eintrsub（1989）的分析中却属于否认、摆脱性应对，并且有的应对策略同时指向问题解决和情绪。

在考察应对功能时也出现了不一致的看法。一般认为，问题取向的应对与较适宜的结果、较好的心理状态、抑郁的降低相联系，而情感取向的应对则与功能失调、紧张相联系。但是，一些研究并不支持这一观点，如一项对三里岛核污染事件的研究表明，低情感取向应对的患病人数比高情感取向的多将近三倍，而高问题取向应对的患病人数比低问题取向的多将近三倍，这说明，灾难发生时，最有效的应对策略是使自己从负面情绪中摆脱出来，寻求情绪解脱，以免再次卷入，而试图控制事态来进行抵御是相对无效的应对。[④] 回避性应对在短期内是有效的，但长期内却是不利的。当问题不可控制时，回避是有效的，但当可以做一些事情来改变环境时，趋向性应对则是有帮助的。Koeske 和 Kirk（1993）得出结论，当回避性应对单独使用时是有害的，但与控制性应对结合使用却是有效的。Miller（1990）发现人的优先应对方式在不同的情境中有偏差，似乎环境是较重要的决定因素。在某种环境中属有效的应对在另一种环境中不一定有效，环境是需要考虑的因素。[⑤] 积极和消

---

① 李子康、嵇绍岭：《308 名大学生心理健康状况及影响因素》，《中国校医》1999 年第 4 期，第 300～301 页。

② N. Breslau：*The epidemiology of posttraumatic stress disorder：what is the extent of the problem? Journal of Clinical Psychiatry*，2001，62（17），pp16－22.

③ N. Breslau，G. A. Chase，J. C. Anthony：*The uniqueness of the DSM definition of post-traumatic stress disorder：implications for research. Psychological Medicine*，2002，32（4），pp573－576.

④ P. L. Rice 著，石林等译：《压力与健康》，中国轻工业出版社 2000 年版，第 202 页。

⑤ M. J. Schabracq，J. A. M. Winnubst，C. L. Cooper：*Handbook of Work and Health Psychology*，New York：John Wiley & Sons，1996，p69.

极的应对划分也是相对的，在不同的情境和时间，在不同的人身上，同样的应对策略可能产生不同的结果。

针对这种严重混乱的现象，我们试图从另外的视角来分析应对策略，提出在灾难事件下的应对策略类型。

3. 对 PTSD 及其应对策略影响因素的研究较零散，缺乏整合性

PTSD 的影响因素主要有个人因素和环境因素，但多数只是研究了一部分因素，没有进行系统的研究，并且没有考虑一些因素之间的相互作用。国内主要考虑一些客观因素的影响，而对个体在灾难中认知因素的研究较少。

在应对的研究中，大多采用线性模型。一些研究把应对作为自变量，考察应对的结果，即心理和生理的症状，如抑郁、疾病、酗酒、吸烟等；另一些研究把应对作为因变量，考察决定和影响应对策略运用的因素，如应激事件类型、认知评价、社会支持、年龄、性别等。很少有把应对的影响因素和应对结果综合起来进行研究的。应对和其他的一些变量之间的关系很可能是双向的，例如，面对威胁事件时最初的焦虑可能导致运用情感取向的应对策略，反过来，转移注意和运用放松技巧的努力可能降低最初的焦虑。①

为此，我们试图系统探讨 PTSD 及应对策略的影响因素，以明晰各因素之间的复杂关系及相互作用。

三、社会生活事件后应激障碍及应对策略的研究意义

（一）理论意义

1. 本研究能丰富创伤后应激障碍的理论

目前创伤后应激障碍的研究对象主要集中于一般性创伤事件的经历者、移民、参战的士兵等。人们在重大社会生活事件发生后会产生各种各样的障碍，不同的创伤事件产生的应激障碍会有所不同，所以应当分别地、有针对性地进行研究。以前创伤后应激障碍的研究多是针对灾难的直接受害者，涉及的面较窄、人数较少，缺乏对灾难事件下一般大众群体的研究。我们的这项研究主要是针对重大社会生活事件后大学生的应激障碍进行的，该研究能够丰富和补充创伤后应激障碍的相关理论。

2. 本研究是对应对策略理论的补充

目前应对策略的分类还没有一致的公认的标准，出现了严重混乱的情况。多数人采用二分法，有的根据应对的目的和功能，把应对策略分为问题取向和情感取向，有的根据应对的性质将其分为积极应对和消极应对。二分法是否科学，到底有没有中间策略的存在是需要考虑的问题，并且目前应对策略的研究多是针对一般应激事

① A. M. La Greca, et al: *Stress and Coping in Child Health*, New York: Guilford Press, 1992, p13.

件，涉及特定应激情境的较少[①]，更缺乏对重大社会生活事件即灾难事件的研究，而灾难性事件下的应对策略与一般情境下会有一些不同。所以探讨重大社会生活事件下的应对策略是有一定理论意义的，是对应对策略理论的补充。

（二）实践意义

本研究对维护和促进经历过灾难的人们的心理健康，提高他们的心理素质水平具有重要的现实意义。

1. 本研究是提高个体心理适应能力的需要

有研究表明，特别是“脆弱个体”在负性生活事件下很容易发生心理疾病。[②]在重大事件下，多数人极容易出现适应不良等问题，一些人陷入震惊、悲痛、沮丧、愤怒中难以自拔，而一些人会陷入深深的恐惧、焦虑中。如何对损害采取积极的应对措施，将灾难后的损害减少到最低限度，是迫切需要解决的问题，也是提高这一群体适应性能力的需要。为此，我们需要研究应激障碍的影响因素，以提供科学的理论指导。

2. 本研究是提高个体心理发展能力的需要

指导适应和促进发展是心理素质教育的两个基本目标。[③] 促进主动发展是心理素质教育的高级目标，只有在适应的基础上强调主动发展，提高其发展能力，才能使个体在成长过程中有效地应对各种应激情境。灾难事件发生后，除了事后干预，提高受害者的适应性能力外，在灾难发生之前，如果我们有充分的知识准备、心理准备和正确的认知，就能做到“有备无患”，采取有效的手段应对灾难，以减少应激障碍的发生。也就是说我们需要提高灾难受害者的预先应对能力。

预先应对是指在应激事件发生前就有所预见，并积极采取措施来尽量避免或改变其形式，以将其损害降低到最低程度。预先应对能力是心理发展能力的一个重要方面，它可以降低应激事件发生时感知到的应激程度。当应激源在它的萌芽阶段而不是鼎盛阶段被处理时，应对资源和应激源强度的比率是最佳的，这时可能有大量供选择的方法来应对；相反，一旦事件发生或有所发展，可供选择的方法就会非常有限。从一定程度上来说，由于采取了预先应对，应激事件能被避免或降低，个人所感受到的压力很可能是相对低的。[④]

---

① 陈勃等：《高校学生应对特定压力事件的心态及表现方式》，《青年研究》2001年第8期，第29～33页。

② 孙颖、张宝帆：《大学生心理疾患产生原因及心理保健对策》，《天津大学学报（社会科学版）》2002年第3期，第254～257页。

③ 陈旭、张大均：《心理健康教育的整合模式探析》，《教育研究》2002年第1期，第71～75页。

④ 凤四海、黄希庭：《预先应对：一种面向未来的应对》，《心理学探新》2002年第2期，第31～35页。

第二节 重大社会生活事件后大学生的应激障碍及应对策略特点

一、重大社会生活事件后大学生的应激障碍及应对策略的问卷编制

（一）理论构想

1. 重大社会生活事件后大学生应激障碍问卷的理论构想

根据已有的应激、创伤后应激障碍的理论，结合对大学生的访谈、调查，我们认为在重大社会生活事件后大学生的应激障碍主要表现在生理机能障碍、认知障碍、情绪障碍、行为障碍四个方面。

（1）生理机能障碍

主要表现在神经系统、心血管系统、消化系统、呼吸系统、内分泌系统、免疫系统等方面的机能受损或出现异常。诸如头痛、胃肠不适、食欲减退、心跳加快、血压升高等。

（2）认知障碍

主要是一般认知能力及元认知能力受到影响。包括如下因子：注意力不能集中、记忆力下降、思维变得迟钝、对自己的行为缺乏一定的计划、监控等。

（3）情绪障碍

主要是指出现一些消极的情绪。包括如下因子：敏感多疑、过度焦虑、恐惧、抑郁等。

（4）行为障碍

主要是指出现一些异常的行为。包括如下因子：强迫性行为（如反复洗脸、洗手）、过度行为（如多次测量体温、大剂量服用药物）、攻击行为（如无缘无故向人发火、过分挑剔同学的毛病）、从众行为等。

2. 重大社会生活事件后大学生应对策略的理论构想

根据已有的应对理论研究及实际情况的调查，我们发现运用两分法来对应对策略进行分类有很大的局限性，也易产生混乱，根据一些学者提出的观点，我们这里试图用三个维度来划分应对策略的类型。

（1）卷入性应对

指积极投入解决问题的过程中，以使自己尽快适应环境。包括如下因子：认知重建、情绪卷入（如宣泄情绪、寻求情感支持）、参与（如积极参加一些组织活动）。

（2）摆脱性应对

指尽力避免卷入问题之中，以使自己远离不协调的环境。包括如下因子：回避

（幻想，如希望事情会意外得到解决、心存侥幸，认为自己不会被卷入事件中；转移，如通过做别的事情来使自己忘掉目前的烦恼）、埋怨（如指责别人的不适当行为、责怪自己的不当行为）。

（3）维持性应对

指保持原状，尽力忍受现实环境。包括如下因子：独自承受（如压抑自己的感受、忍受目前所处的状态）、等待（如听任事态发展，等着别人来解决问题）。

（二）实证探析

1. 重大社会生活事件后大学生应激障碍问卷结构的实证探析

采用自编的重大社会生活事件后大学生的应激障碍及应对策略问卷（采用5点记分，单选迫选形式作答）对大学生进行问卷调查，探析重大社会生活事件后大学生应激障碍的结构。

本研究的对象是大学生，由于特殊事件的影响，我们选择了四类疫区进行研究。严重疫区选择北京、广州，调查的学校有中国政法大学、北京师范大学、中央民族大学、北京林业大学、华南农业大学、华南师范大学、广东工业大学、广东商学院。较重疫区选择河北、山西两省，调查的学校有河北防灾技术专科学校、衡水师专、邢台学院、太原师范学院、太原重型机械学院、山西大学、晋中师专。一般疫区选择重庆、四川、广西、福建、上海、湖北、河南等省市，调查的学校有西南师范大学、西南政法大学、西华师范大学、川北医学院、广西大学、厦门大学、复旦大学、南京政治学院上海分院、湖北师范学院、华中师范大学、中原工学院、河南财经学院、商丘职业技术学院。非疫区选择贵州、云南，调查的学校有贵州师范大学、云南师范大学。

本研究首先对问卷进行了初测并对初始问卷进行项目分析和因素分析，根据其结果调整因素和题项，确定正式问卷。然后利用正式问卷进行测试，共发出问卷2200份，收回有效问卷1566份。对问卷再次进行因素分析，验证因素结构和项目有效性，并对问卷进行信度、效度分析，形成最终问卷。数据分析结果如下。

（1）项目分析

一般进行项目分析常用三种方法。

第一种方法是运用t检验。运用独立样本t检验高分组（占总人数的27%）和低分组（占总人数的27%）在每个题项上的差异，结果显示此问卷中的每一个题项的t值均达到显著水平，表示各个题项均具有鉴别力。

第二种方法是运用鉴别力D。题项与总分的相关越高，表明题项的鉴别力越高。鉴别力指数D在0.4以上的项目较好，0.2～0.4之间的为一般，0.2以下的题项予以淘汰。

在应激障碍问卷中，鉴别力在0.4以上的有27题，占总题项的81.8%；0.2～

0.4之间的有4题，占总题项的12.1%；0.2以下的有2题，占总题项的6.1%。进一步分析时鉴别力低于0.2的题项不再考虑。

第三种方法是运用标准差。标准差的值越大，说明个体在该因素上的差异程度越大，数据分布也越广；反之，则说明个体得分分布范围小，该因素对个体反应差异性的鉴别力较低。一般来说，问卷标准差小于0.5的因素应剔除。此问卷的标准差都在0.5以上（见表7—1）。

表7—1　应激障碍各因素的平均数和标准差

指　标	生理异常	行为过度	抑　郁	敏感恐惧	轻　信
平均数	13.1659	12.2709	11.3950	11.9255	10.7878
标准差	2.4134	2.5730	2.8160	2.7224	2.7055

（2）探索性因素分析

对问卷调查的数据进行分析，KMO＝0.923，Bartlett球形检验的显著性$p<0.001$，说明各项目之间存在明显的相关，有共同因素的存在，可以对该问卷进行因素分析。

进行主成分分析和正交旋转因素分析，根据陡阶检验结果、碎石图显示及理论构想，抽取合适的因素。为了进一步确定理论构想及问卷，需要对问卷的题项进行筛选，剔除题项的标准如下：项目负荷值小于0.4；共同度小于0.2；概括负荷小于0.5；每个项目最大的两个概括负荷之差小于0.25。

根据以上程序对初始问卷进行分析，适当删除题项。

应激障碍问卷中，共删除18个题项，保留15个题项，共析出5个因素，能够解释总变异量的60.476%（见表7—2、表7—3）。

因素的命名遵循两条原则：一是参考理论分析的构想命名，即观察该因素的题项主要来自理论构想的哪个维度，哪个维度贡献的题项多，就以哪个维度命名。二是参考因素题项的负荷值命名，一般来说，根据负荷值较高的题项所隐含的意义命名。

因素1的题项来自理论构想的生理障碍因子，故命名为生理异常。因素2的题项来自强迫行为、过度行为因子，故命名为行为过度。因素3的题项来自抑郁因子，故仍命名为抑郁。因素4的题项来自敏感多疑、恐惧因子，故命名为敏感恐惧。因素5的题项来自从众行为因子，故命名为轻信。原理论构想中认知障碍因子没有被析出，可能是因为这些事件对认知方面的影响较小，不至于造成认知方面的异常。

表 7－2　重大社会生活事件后大学生应激障碍的因素负荷

题　项	生理异常	行为过度	抑　郁	敏感恐惧	轻　信	共同度
8	.764					.642
21	.702					.592
28	.626					.548
49		.703				.642
57		.650				.576
16		.405				.530
58			.784			.705
34			.718			.610
19			.496			.607
17				.737		.668
4				.550		.479
36				.526		.588
12					.816	.732
22					.580	.545
31					.570	.608

表 7－3　重大社会生活事件后大学生应激障碍各因素的特征值和贡献率

因　素	特征值	贡献率（%）	累积贡献率（%）
生理异常	5.265	35.098	35.098
行为过度	1.140	7.603	42.701
抑　郁	1.002	6.679	49.380
敏感恐惧	.894	5.958	55.338
轻　信	.771	5.138	60.476

（3）验证性因素分析

通过探索性因素分析我们得到了重大社会生活事件后大学生应激障碍的理论结构模型，这里可以通过验证性因素分析来进一步确定理论模型与实际数据的拟合程度，从而验证理论模型的正确性。本研究采用 LISREL 进行验证性因素分析。

根据探索性因素分析的结果，应激障碍模型设置了 5 个潜变量，每个潜变量对应有 3 个观测变量。分析结果见表 7－4。

表 7-4 应激障碍模型的拟合指标

χ^2	*df*	χ^2/df	*GFI*	*AGFI*	*NFI*	*NNFI*	*CFI*
276.205	80	3.453	.977	.965	.956	.823	.969

由上表可以看出，此模型的 χ^2/df 小于 5，其他的拟合指标基本在 0.85 以上，说明该模型的拟合效果是比较好的。

（4）问卷的信度检验

本研究采用内部一致性信度来考察问卷的信度（见表 7—5）。

表 7—5 应激障碍问卷的内部一致性信度

因　素	生理异常	行为过度	抑　郁	敏感恐惧	轻　信	总量表
内部一致性信度	.7568	.6817	.6671	.6171	.6133	.8509

从上表可以看出，各个分量表的内部一致性信度范围在 0.6133～0.7568 之间，总量表的内部一致性信度为 0.8509，说明本问卷具有较好的信度。

（5）问卷的效度检验

本问卷的内容效度基本上可以通过研究过程的科学性（诸如文献分析、理论建构、访谈、调查）得到保证。由于本研究针对的是“非典”这一特殊事件，没有现成的量表可以作为外部参照，所以效度检验不采用效标效度，而是用内部一致性效度和结构效度来进行。

内部一致性效度：从各个分测验中随机抽取 3 个题项，分别计算它们与各分测验之间的相关，以考察各测验是否具有区分价值（见表 7—6）。

表 7—6 应激障碍问卷的内部一致性效度

因　素	题　项	生理异常	行为过度	抑　郁	敏感恐惧	轻　信
生理异常	8	**.809**	.461	.458	.429	.307
	21	**.823**	.518	.530	.507	.355
	28	**.827**	.517	.530	.489	.354
行为过度	16	.518	**.772**	.381	.467	.375
	49	.500	**.805**	.460	.518	.449
	57	.403	**.767**	.368	.499	.409
抑　郁	19	.639	.489	**.770**	.506	.330
	34	.434	.406	**.764**	.456	.287
	58	.375	.314	**.789**	.343	.292

续表

因　素	题　项	生理异常	行为过度	抑　郁	敏感恐惧	轻　信
敏感恐惧	4	.397	.417	.397	**.694**	.371
	17	.432	.490	.416	**.771**	.442
	36	.471	.519	.440	**.788**	.432
轻　信	12	.311	.365	.317	.407	**.731**
	22	.265	.338	.258	.412	**.749**
	31	.351	.476	.304	.427	**.773**

从上表可以看出，各题项与所属分测验的相关系数（0.694～0.827）均高于它们与其他分测验的相关系数（0.258～0.530），说明各项目的内部一致性效度较好。

结构效度：以各因素之间的相关、各因素与问卷总分之间的相关来估计问卷的结构效度（见表7－7）。一般而言，各因素间具有中等程度的相关（0.3～0.6）较好，说明各因素是相对独立的。如果各因素间的相关太低，说明测量的是一些完全不同的心理品质；如果各因素间的相关太高，则说明各因素测量的心理品质重合程度较高。各因素与总分间应具有较高程度的相关。

表7－7　应激障碍问卷的结构效度

因　素	生理异常	行为过度	抑　郁	敏感恐惧	轻　信
生理异常	1.000				
行为过度	.607	1.000			
抑　郁	.616	.514	1.000		
敏感恐惧	.578	.633	.556	1.000	
轻　信	.412	.525	.390	.553	1.000
总　分	.804	.825	.777	.837	.728

从上表可以看出，各因素之间的相关在0.390～0.616之间，相关属中等偏高程度，只有一项较低的相关为0.390，各因素与总分之间具有较高程度的相关（0.728～0.825），说明该问卷具有较好的结构效度。

（6）讨论

原理论构想中，应激障碍表现在生理、认知、情绪、行为四个方面，通过因素分析，认知方面的障碍没有表现出来，这可能是因为重大社会生活事件对大学生认知方面的影响并不明显。一般认知能力和元认知能力在高中阶段已基本形成，大学阶段处于稳定状态，受外界的影响较小。

在理论构想中，情绪障碍中含有焦虑因素，但因素分析没有表现出来。朱智贤认为，焦虑是“个体由于不能达到目标或不能克服障碍的威胁，致使自尊心与自信心受挫，或使失败感和内疚感增加，形成一种紧张不安，带有恐惧的情绪体验”①。可见，焦虑中是伴随有恐惧的。另外一种观点认为，焦虑是一种没有明确指向的情绪状态，而恐惧则是有明确对象的。在“非典”这一特殊的情境下，大学生的情绪有明确的对象，所以更多地表现为恐惧而不是泛化的焦虑。

原理论构想中，行为障碍方面有强迫行为因素，在因素分析时与过度行为发生了合并，可能是由于这里的强迫行为实质上与过度行为是一致的，都表现为行为发生的频率超出了正常状态。

原理论构想中，行为障碍中有攻击行为因素，但在因素分析时没有表现出来，这可能是因为在“非典”这种情境下，大学生都处于面临危险的非常状态，有一人患病，就会影响其他很多人，所以他们之间更多的是相互间的关心、提醒，而攻击行为就较少。

2. 重大社会生活事件后大学生应对策略问卷结构的实证探析

采用自编的重大社会生活事件后大学生的应对策略问卷（采用5点记分，单选迫选形式作答）对大学生进行问卷调查，探析重大社会生活事件后大学生应对策略的结构。

本研究的对象和程序与前面应激障碍中的相同。数据分析结果如下。

（1）项目分析

第一种方法是运用 t 检验。运用独立样本 t 检验高分组（占总人数的27%）和低分组（占总人数的27%）在每个题项上的差异，结果显示此问卷中的每一个题项的 t 值均达到显著水平，表示各个题项均具有鉴别力。

第二种方法是运用鉴别力D。应对策略问卷中，鉴别力都在0.2以上，其中在0.4以上的有10题，占总题项的38.5%，0.2～0.4之间的有16题，占总题项的61.5%。

第三种方法是运用标准差。应对策略问卷的标准差都在0.5以上（见表7—8）。

表7—8　应对策略各因素的平均数和标准差

因　素	抱怨幻想	积极行动	独自承受	等　待	转　移
平均数	11.2439	8.2203	11.8429	10.1092	8.9853
标准差	3.7128	2.7990	2.6193	2.6980	2.5415

（2）探索性因素分析

先进行一阶因素分析。对问卷调查的数据进行分析，KMO=0.735，Bartlett球

① 朱智贤：《心理学大词典》，北京师范大学出版社1989年版。

形检验的显著性 $p<0.001$，说明各项目之间存在明显的相关，有共同因素存在，可以对该问卷进行因素分析。

进行主成分分析和正交旋转因素分析。根据陡阶检验结果、碎石图显示及理论构想，抽取合适的因素，并根据有关标准删除题项。

应对策略问卷中共保留了 16 个题项，析出 5 个因素，能够解释总变异量的 51.493%（见表 7—9、表 7—10）。

表 7—9　重大社会生活事件后大学生应对策略的因素负荷

题　项	抱怨幻想	积极行动	独自承受	等　待	转　移	共同度
20	.717					.544
32	.661					.585
59	.628					.545
33	.592					.469
42		.724				.541
18		.699				.531
45		.629				.439
27			.777			.637
9			.768			.623
50			.564			.435
35				.740		.577
53				.645		.483
24				.632		.437
5					.779	.623
13					.582	.422
6					.460	.347

表 7—10　重大社会生活事件后大学生应对策略各因素的特征值和贡献率

因　素	特征值	贡献率（%）	累积贡献率（%）
抱怨幻想	2.638	16.485	16.485
积极行动	2.104	13.147	29.632
独自承受	1.360	8.502	38.134
等　待	1.139	7.120	45.254
转　移	.998	6.239	51.493

根据因素命名的原则对因素进行命名。因素 1 的题项来自抱怨因子和回避因子中的幻想部分，故命名为抱怨幻想。因素 2 的题项来自情绪卷入、参与因子，故命名为积极行动。因素 3 的题项来自独自承受因子，故仍命名为独自承受。因素 4 的题项来自等待因子，故仍命名为等待。因素 5 的题项来自回避因子中的转移部分，故命名为转移。

再进行二阶因素分析。因为在一阶因素分析中，我们发现，各因素间存在着不同程度的相关，这意味着上述因素结构群可能蕴涵着更高阶、更简单、更有解释力的大因子，同时根据理论构想模型，有必要进行二阶因素分析。

把一阶因素分析获得的因子作为新变量群再进行因素分析，采用主成分分析和正交旋转法进行。结果共析出 3 个因素，可以解释总变异量的 73.068%（见表 7－11、表 7－12）。

表 7－11　应对策略二阶因素分析的结构及负荷值

因　素	因素 1	因素 2	因素 3
等　待	.781		
独自承受	.761		
积极行动		.784	
转　移			.988
抱怨幻想			.740

表 7－12　应对策略二阶因素分析的特征值及贡献率

因　素	特征值	贡献率（%）	累积贡献率（%）
1	1.374	27.473	27.473
2	1.282	25.634	53.107
3	.998	19.961	73.068

二阶因素的命名与一阶因素相同，仍然遵循因素命名的两条标准。因素 1 包含等待、独自承受因子，主要来自理论构想中的维持性应对因子，故命名为维持性应对。因素 2 包含积极行动因子，主要来自理论构想中的卷入性应对因子，故命名为卷入性应对。因素 3 包含转移、抱怨幻想因子，主要来自理论构想中的摆脱性应对，故命名为摆脱性应对。从分析结果看，与理论构想基本一致。

（3）验证性因素分析

通过探索性因素分析我们得到了重大社会生活事件后大学生应对策略的理论结构模型，这里可以进一步通过验证性因素分析来确定理论模型与实际数据的拟合程度，从而验证理论模型的正确性。本研究采用 LISREL 进行验证性因素分析。

根据探索性因素分析的结果，应对策略模型设置了 5 个潜变量，每个潜变量对应有 4 个、3 个、3 个、3 个、3 个观测变量，分析结果见表 7－13。

表 7－13　应对策略模型的拟合指标

χ^2	df	χ^2/df	GFI	$AGFI$	NFI	$NNFI$	CFI
161.322	80	2.017	.94	.92	.87	.77	.82

由上表可以看出，该模型的 χ^2/df 小于 5，其他的拟合指标基本在 0.85 以上，说明模型的拟合效果是比较好的。

（4）问卷的信度检验

本研究采用内部一致性信度来考察问卷的信度（见表 7－14）。

表 7－14　应对策略问卷的内部一致性信度

因　素	抱怨幻想	积极行动	独自承受	等　待	转　移	总量表
内部一致性信度	.6035	.5354	.5940	.5221	.7767	.7450

从表 7－14 可以看出，各个分量表的内部一致性信度范围在 0.5221～0.7767 之间，总量表的内部一致性信度为 0.7450，说明虽然个别分量表的信度偏低，但总体上本问卷具有较好的信度。

（5）问卷的效度检验

本问卷的内容效度基本上可以通过研究过程的科学性（诸如文献分析、理论建构、访谈、调查）得到保证。由于本研究针对的是“非典”这一特殊事件，没有现成的量表可以作为外部参照，所以效度检验不采用效标效度，而是用内部一致性效度和结构效度来进行。

内部一致性效度：从各个分测验中随机抽取 3 个题项，分别计算它们与各分测验之间的相关，以考察各测验是否具有区分价值（见表 7－15）。

表 7－15　应对策略问卷的内部一致性效度

因　素	题　项	抱怨幻想	积极行动	独自承受	等　待	转　移
抱怨幻想	20	**.701**	.188	－0.020	.176	.080
	32	**.604**	－0.075	.063	.251	.105
	33	**.696**	.198	.100	.275	.196

续表

因　素	题　项	抱怨幻想	积极行动	独自承受	等　待	转　移
积极行动	18	.194	**.730**	−0.106	.032	.107
	42	.175	**.729**	.021	.067	.068
	45	.141	**.701**	−0.079	−0.067	.035
独自承受	9	.101	.009	**.745**	.159	.114
	27	.005	−0.071	**.769**	.238	.079
	50	.015	−0.113	**.712**	.252	.069
等　待	24	.185	−0.001	.213	**.644**	.081
	35	.251	.026	.185	**.755**	.146
	53	.226	.006	.223	**.745**	.169
转　移	5	.075	−0.016	.077	.127	**.672**
	6	.131	.032	.205	.197	**.649**
	13	.155	.172	−0.065	.027	**.595**

从上表可以看出，各题项与所属分测验的相关系数（0.595～0.769）均高于它们与其他分测验的相关系数（−0.001～0.275），说明各项目的内部一致性效度较好。

结构效度：以各因素之间的相关、各因素与问卷总分之间的相关来估计问卷的结构效度（见表7−16、表7−17）。

表7−16　应对策略问卷的结构效度（一）

因　素	抱怨幻想	积极行动	独自承受	等　待	转　移
抱怨幻想	1.000				
积极行动	.236	1.000			
独自承受	.058	−0.075	1.000		
等　待	.309	.015	.289	1.000	
转　移	.189	.096	.119	.187	1.000
总　分	.715	.461	.454	.627	.530

表 7－17 应对策略问卷的结构效度（二）

因素	维持性应对	卷入性应对	摆脱性应对
维持性应对	1.000		
卷入性应对	－0.037	1.000	
摆脱性应对	.276	.230	1.000
总分	.674	.461	.820

从上面二表可以看出，各因素之间的相关在 0.015～0.309 之间，具有中等偏低程度的相关。较低的相关主要来自积极行动因子，说明这一因素具有相对独立性，其他绝大部分因素之间相关适中。各因素与总分之间具有较高程度的相关（0.454～0.715），说明该问卷具有较好的效度。

（6）讨论

原理论构想中卷入性应对有认知重建、情绪卷入、行为上的参与三个因子，因素分析时三个因子发生了合并，成为积极行动一个因子。这可能是因为认知、情绪、行为在这种情况下没有明显的界限，很难区分开来。认知上发生转变之后，会据此产生相应的行为，在做出行为的同时，会有情绪参与其中。这三个方面都涉及积极地介入情境中，进而解决问题。

原理论构想中维持性应对有回避和埋怨两个因子，其中回避因子又分为幻想和转移两个方面。因素分析时，回避因子中的幻想方面与埋怨因子合并，成为抱怨幻想一个因子，而回避因子中的转移方面独立出来，成为一个因子。这可能是因为幻想和埋怨更多涉及的是情绪方面，通过想象、情绪上的发泄来减轻心理压力，很少有实际行为的介入，而转移主要涉及的是行为方面，通过做其他事情来减轻心理负担，所以幻想和埋怨合并为一个因子。

二、重大社会生活事件后大学生的应激障碍及应对策略的特点

以前面的研究为基础，采用重大社会生活事件后大学生的应激障碍及应对策略问卷对北京、广东、河北、山西、河南、重庆、四川、贵州等省市共 13 所高校的 1566 名（有效问卷）大学生进行了问卷调查，考察大学生在年级、性别、专业类型、自身经历、健康状况、疫区疫情上的差异。

经过方差分析表明，重大社会生活事件后大学生的应激障碍存在显著的学校疫区、家庭疫区、痛苦经历、身体状况等的差异。重大社会生活事件后大学生的应对策略存在着显著的学校疫区、家庭疫区、专业类型、隔离状况、痛苦经历等的差异。下面依次分析这些方面的特点。

（一）学校疫区差异

1. 重大社会生活事件后大学生应激障碍的学校疫区差异

从表7－18可以看出，应激障碍在整体水平上有显著的学校疫区差异，并且在行为过度、抑郁、敏感恐惧三因素上也有显著的差异。事后多重比较说明，在行为过度因素上，较重疫区与一般疫区、严重疫区有显著差异，且前者重于后者。在抑郁因素上，一般疫区与严重疫区有显著差异，且前者重于后者，较重疫区与一般疫区、严重疫区也有显著差异，且前者重于后者。在敏感恐惧因素上，较重疫区与一般疫区、严重疫区有显著差异，且前者重于后者。在整体水平上，也是较重疫区与一般疫区、严重疫区有显著差异，且前者重于后者。

表7－18　应激障碍的学校疫区差异

变　量	非疫区	一般疫区	较重疫区	严重疫区	F	显著性
生理异常	12.8201 (2.8723)	13.1687 (2.4004)	12.9265 (2.5400)	13.3857 (2.4803)	2.444	.062
行为过度	12.1079 (2.8328)	12.3779 (2.6176)	11.8109 (2.6322)	12.8381 (2.4126)	8.734	.000***
抑　郁	11.6619 (2.7440)	11.5223 (2.7155)	10.9265 (2.7790)	12.2095 (2.6654)	11.696	.000***
敏感恐惧	12.0288 (2.7503)	12.1080 (2.6801)	11.5105 (2.7777)	12.4333 (2.6571)	7.248	.000***
轻　信	10.7554 (2.7553)	10.8286 (2.7888)	10.5588 (2.6323)	11.0381 (2.6823)	1.746	.156
总　分	59.3741 (11.2032)	60.0054 (10.2821)	57.7332 (10.1903)	61.9048 (10.2659)	9.020	.000***

2. 重大社会生活事件后大学生应对策略的学校疫区差异

从表7－19和表7－20可以看出，在整体水平上应对策略有显著的学校疫区差异，且在抱怨幻想、积极行动、独自承受三因素上也有显著的差异。事后多重比较说明，在抱怨幻想因素上，非疫区与一般疫区有显著差异，且前者小于后者。在积极行动因素上，较重疫区与非疫区、一般疫区、严重疫区有显著差异，且前者大于后者。在独自承受因素上，较重疫区与一般疫区有显著差异，且前者大于后者。在整体水平上，严重疫区与较重疫区有显著差异。

应对策略的三个维度方面，卷入性应对上有显著的差异，另外两个维度上没有显著差异。事后多重比较说明，卷入性应对上，较重疫区与非疫区、一般疫区、严重疫区有显著差异，且前者大于后者。

表 7－19　应对策略的学校疫区差异（一）

变　量	非疫区	一般疫区	较重疫区	严重疫区	F	显著性
抱怨幻想	12.036 (3.6364)	11.0351 (3.8993)	11.0861 (3.4652)	11.8143 (3.4652)	4.864	.002**
积极行动	8.6403 (2.9758)	8.3428 (2.7639)	7.8004 (2.6644)	8.4619 (3.0010)	5.658	.001***
独自承受	11.5252 (2.8497)	12.0081 (2.5468)	11.5504 (2.6381)	12.1333 (2.6050)	4.534	.004**
等　待	10.1583 (2.5488)	10.0499 (2.7419)	10.0903 (2.6545)	10.3286 (2.7428)	.605	.612
转　移	9.1079 (2.5215)	8.9055 (2.5573)	9.0231 (2.5101)	9.1000 (2.5779)	.528	.663
总　分	51.4676 (7.8835)	50.3414 (8.2870)	49.5504 (7.8815)	51.8281 (8.3547)	4.723	.003**

表 7－20　应对策略的学校疫区差异（二）

变　量	非疫区	一般疫区	较重疫区	严重疫区	F	显著性
卷入性应对	8.6403 (2.9758)	8.3428 (2.7639)	7.8004 (2.6644)	8.4619 (3.0010)	5.658	.001***
维持性应对	21.6835 (4.1790)	22.0580 (4.2255)	21.6408 (4.2628)	22.4619 (4.4519)	2.183	.088
摆脱性应对	21.1439 (4.7236)	19.9406 (5.1074)	20.1092 (4.6327)	20.9143 (4.5854)	3.991	.008
总　分	51.4676 (7.8835)	50.3414 (8.2870)	49.5504 (7.8815)	51.8381 (8.3547)	4.723	.003**

总的看来，在学校疫区上，较重疫区大学生的应对策略与其他疫区，特别是与严重疫区有显著差异，他们有更多的独自承受行为，同时也采取更多的积极行动。

（二）家庭疫区差异

1. 重大社会生活事件后大学生应激障碍的家庭疫区差异

从表 7－21 可以看出，应激障碍在整体水平上有显著的家庭疫区差异。并且在生理异常、行为过度、抑郁、敏感恐惧四因素上也有显著的差异。事后多重比较表明，在生理异常因素上，较重疫区与严重疫区有显著的差异，且前者重于后者。在行为过度因素上，较重疫区与一般疫区、严重疫区有显著差异，且前者重于后者。在抑郁因素上，较重疫区与一般疫区、严重疫区有显著差异，且前者重于后者。在敏感恐惧因素上，较重疫区与一般疫区有显著差异，且前者重于后者。在总体水平上，较重疫区与一般疫区、严重疫区有显著差异，且前者重于后者。

表 7－21　应激障碍的家庭疫区差异

变　量	非疫区	一般疫区	较重疫区	严重疫区	F	显著性
生理异常	12.8994 (2.8523)	13.1120 (2.4771)	12.9616 (2.4487)	13.7143 (2.1992)	3.047	.028*
行为过度	12.1844 (2.8688)	12.3416 (2.5864)	11.8721 (2.6281)	12.8571 (2.4999)	5.093	.002**
抑　郁	11.6536 (2.7525)	11.4853 (2.7445)	10.9821 (2.7960)	12.4196 (2.4445)	8.865	.000***
敏感恐惧	12.2067 (2.6641)	12.0554 (2.6885)	11.5729 (2.7982)	12.2054 (2.8097)	3.790	.010**
轻　信	10.8492 (2.8570)	10.7726 (2.7388)	10.6036 (2.6124)	11.1786 (2.7971)	1.375	.249
总　分	59.7933 (11.1585)	59.7670 (10.3251)	57.9923 (10.2009)	62.3750 (9.9658)	5.869	.001***

2. 重大社会生活事件后大学生应对策略的家庭疫区差异

从表 7－22 和表 7－23 可以看出，应对策略在整体水平上有显著的家庭疫区差异，且在抱怨幻想、积极行动、独自承受三个因素上也有显著的差异存在。事后多重比较表明，在抱怨幻想因素上，一般疫区与非疫区、严重疫区有显著的差异，且前者大于后者。在积极行动因素上，较重疫区与一般疫区有显著的差异，且前者大于后者。在独自承受因素上，较重疫区与一般疫区、严重疫区有显著的差异，且前者大于后者。在总体水平上，严重疫区与较重疫区有显著的差异。

在应对策略的三个维度上，卷入性应对、维持性应对二个维度上有显著的差异。事后多重比较说明，在卷入性应对上，较重疫区与一般疫区有显著的差异，且前者大于后者。在维持性应对上，较重疫区与严重疫区有显著的差异，且前者大于后者。

表 7－22　应对策略的家庭疫区差异（一）

变　量	非疫区	一般疫区	较重疫区	严重疫区	F	显著性
抱怨幻想	11.9609 (3.5050)	11.0577 (3.8394)	11.0844 (3.4180)	12.1250 (3.7898)	5.354	.001***
积极行动	8.3408 (2.8067)	8.3620 (2.8317)	7.8465 (2.6238)	8.2143 (3.0297)	3.203	.022*
独自承受	11.7654 (2.7254)	11.9559 (2.6213)	11.4783 (2.5848)	12.3482 (2.4188)	4.546	.004**

续表

变　量	非疫区	一般疫区	较重疫区	严重疫区	F	显著性
等　待	10.0056 (2.6426)	10.1312 (2.6865)	9.9335 (2.7062)	10.7143 (2.7913)	2.546	.055
转　移	8.8827 (2.5797)	8.9819 (2.5901)	9.0818 (2.4197)	8.8393 (2.5275)	.409	.747
总　分	50.9553 (7.6282)	50.4887 (8.2626)	49.4246 (7.9922)	52.2411 (8.5226)	4.089	.007**

表 7—23　应对策略的家庭疫区差异（二）

变　量	非疫区	一般疫区	较重疫区	严重疫区	F	显著性
卷入性应对	8.3408 (2.8067)	8.3620 (2.8317)	7.8465 (2.6238)	8.2143 (3.0297)	3.203	.022*
维持性应对	21.7709 (4.2198)	22.0871 (4.2323)	21.4118 (4.2652)	23.0625 (4.4119)	5.056	.002
摆脱性应对	20.8436 (4.6214)	20.0396 (5.0465)	20.1662 (4.5630)	20.9643 (4.9172)	2.266	.079
总　分	50.9553 (7.6282)	50.4887 (8.2626)	49.4246 (7.9922)	52.2411 (8.5226)	4.089	.007**

总的看来，就家庭所在地来说，较重疫区与一般疫区、严重疫区有显著差异。较重疫区的大学生有更多的积极行动，并且也较多地运用维持性应对，自己独立地承受困境、解决问题。

（三）专业类型差异

1. 重大社会生活事件后大学生应激障碍的专业类型差异

从表 7—24 可以看出，应激障碍在整体水平上没有显著的专业类型差异，只是在抑郁因素上，理工科与文科、医学类有显著的差异，且前者弱于后者。

表 7—24　应激障碍的专业类型差异

变　量	文　科	理工科	医学类	F	显著性
生理异常	13.0607 (2.4977)	13.1746 (2.5384)	12.7302 (2.1717)	1.070	.343
行为过度	12.1363 (2.6855)	12.4111 (2.5632)	12.0476 (2.5805)	2.175	.114
抑　郁	11.2703 (2.7176)	11.7635 (2.7393)	10.6984 (3.1757)	8.332	.000***

续表

变量	文科	理工科	医学类	F	显著性
敏感恐惧	12.0206 (2.6780)	11.900 (2.8021)	11.7937 (2.7248)	.483	.617
轻信	10.6449 (2.6699)	10.9381 (2.7781)	10.7778 (2.9372)	2.119	.121
总分	59.1329 (10.3098)	60.1873 (10.5576)	58.0476 (10.2019)	2.530	.080

2. 重大社会生活事件后大学生应对策略的专业类型差异

从表7-25和表7-26可以看出，在整体水平上，应对策略有显著的专业差异，且在抱怨幻想、等待二因素上也有显著的差异。事后多重比较表明，在抱怨幻想因素上，理工科与文科有显著的差异，且前者少于后者。在等待因素上，理工科与文科、医学类有显著的差异，且前者小于后者。在整体水平上，理工科与文科、医学类有显著的差异。

在应对策略的三个维度上，维持性应对和摆脱性应对两个维度上有差异。事后多重比较说明，在维持性应对上，理工科与文科、医学类有显著差异，且前者小于后者。

表7-25 应对策略的专业差异（一）

变量	文科	理工科	医学类	F	显著性
抱怨幻想	11.0515 (3.7215)	11.5603 (3.7168)	10.7460 (3.3503)	4.042	.018*
积极行动	8.1592 (2.7233)	8.3238 (2.9148)	8.0317 (2.6577)	.781	.458
独自承受	11.8305 (2.6412)	11.9127 (2.5994)	11.3175 (2.4876)	1.502	.223
等待	9.9359 (2.6986)	10.4365 (2.6577)	9.2381 (2.7162)	9.831	.000***
转移	9.0286 (2.4467)	8.9825 (2.6264)	8.4127 (2.9162)	1.728	.178
总分	50.0057 (8.0208)	51.2159 (8.2803)	47.7460 (8.2344)	7.547	.001***

表 7—26　应对策略的专业差异（二）

变　量	文　科	理工科	医学类	F	显著性
卷入性应对	8.1592 (2.7233)	8.3238 (2.9148)	8.0317 (2.6577)	.781	.458
维持性应对	21.7663 (4.2281)	22.3492 (4.2627)	20.5556 (4.4821)	6.978	.001***
摆脱性应对	20.0802 (4.8195)	20.5429 (4.9664)	19.1587 (4.6358)	3.235	.040*
总　分	50.0057 (8.0208)	51.2159 (8.2803)	47.7460 (8.2344)	7.547	.001***

总体来说，理工科学生有较少的抱怨、幻想和等待行为。

（四）性别差异

1. 重大社会生活事件后大学生应激障碍的性别差异

从表 7—27 可以看出，应激障碍在整体水平上没有显著的性别差异，但在生理异常因素上，有性别差异的存在，男生的症状要高于女生。

表 7—27　应激障碍的性别差异

变　量	女		男		t	显著性
	平均数	标准差	平均数	标准差		
生理异常	13.2418	2.3305	12.9022	2.6968	2.621	.009**
行为过度	12.2509	2.6159	12.2336	2.6608	.129	.898
抑　郁	11.4597	2.7433	11.4277	2.7804	.227	.820
敏感恐惧	11.9614	2.7309	11.9650	2.7298	−.026	.980
轻　信	10.6844	2.6964	10.8759	2.7637	−1.379	.168
总　分	59.5982	10.0261	59.4044	10.9038	.361	.718

2. 重大社会生活事件后大学生应对策略的性别差异

从表 7—28 可以看出，在整体水平上，应对策略不存在显著的性别差异，但在独自承受这一因素上，有显著的性别差异。男生的独自承受显著高于女生。

表 7—28　应对策略的性别差异

变　量	女		男		t	显著性
	平均数	标准差	平均数	标准差		
抱怨幻想	11.1896	3.7546	11.3139	3.6598	−.657	.511
积极行动	8.1498	2.7453	8.3109	2.8661	−1.130	.259

续表

变量	女		男		t	显著性
	平均数	标准差	平均数	标准差		
独自承受	12.0136	2.5054	11.6234	2.7452	2.899	.004**
等待	10.0375	2.6892	10.2015	2.7086	−1.193	.233
转移	9.0897	2.5289	8.8511	2.5532	1.844	.065
总分	50.4802	8.0687	50.3008	8.3003	.431	.667

（五）痛苦经历差异

1. 重大社会生活事件后大学生应激障碍的痛苦经历差异

从表 7−29 可以看出，应激障碍在整体水平上有显著的痛苦经历差异，并且在生理异常、抑郁二因素上也有显著的差异，有痛苦经历的显著高于没有痛苦经历的。

表 7−29　应激障碍的痛苦经历差异

变量	痛苦		非痛苦		t	显著性
	平均数	标准差	平均数	标准差		
生理异常	12.8095	2.7044	13.2044	2.4105	−2.678	.008**
行为过度	12.1542	2.8339	12.2782	2.5530	−.801	.424
抑郁	11.0363	2.9861	11.6062	2.6485	−3.504	.000***
敏感恐惧	11.7664	2.9668	12.0400	2.6281	−1.693	.091
轻信	10.6281	2.7989	10.8231	2.6973	−1.273	.203
总分	58.3945	11.3694	59.9519	9.9890	−2.521	.012*

2. 重大社会生活事件后大学生应对策略的痛苦经历差异

从表 7−30 和表 7−31 可以看出，在整体水平上，应对策略存在着显著的痛苦经历差异，且在抱怨幻想、独自承受两个因素和维持性应对、摆脱性应对两个维度上也有显著的差异，都是有痛苦经历的大于没有痛苦经历的。

表 7−30　应对策略的痛苦经历差异（一）

变量	痛苦		非痛苦		t	显著性
	平均数	标准差	平均数	标准差		
抱怨幻想	10.6916	3.8049	11.4604	3.6550	−3.636	.000***
积极行动	8.1224	2.7812	8.2587	2.8063	−.870	.385
独自承受	11.5533	2.7082	11.9564	2.5760	−2.686	.007**
等待	10.0385	2.7954	10.1369	2.6597	−.635	.526

续表

变 量	痛 苦		非痛苦		t	显著性
	平均数	标准差	平均数	标准差		
转 移	8.7982	2.5766	9.0587	2.5250	−1.810	.071
总 分	49.2040	8.6105	50.8711	7.9437	−3.521	.000***

表 7−31 应对策略的痛苦经历差异（二）

变 量	痛 苦		非痛苦		t	显著性
	平均数	标准差	平均数	标准差		
卷入性应对	8.1224	2.7812	8.2587	2.8063	−.870	.385
维持性应对	21.5918	4.4062	22.0933	4.2070	−2.052	.041*
摆脱性应对	19.4898	4.9818	20.5191	4.8094	−3.713	.000***
总 分	49.2040	8.6105	50.8711	7.9437	−3.521	.000***

（六）健康状况差异

1. 重大社会生活事件后大学生应激障碍的健康状况差异

从表 7−32 可以看出，应激障碍在整体水平上有显著的健康状况差异，且在生理异常、抑郁、轻信三因素上也有显著的差异。事后多重比较说明，在生理异常因素上，健康状况较差的与一般、较好、很好的有显著差异，且前者重于后者。在抑郁因素上，健康状况较差的与较好、很好的有显著差异，且前者重于后者。在整体水平上，健康状况较差的与较好、很好的有显著差异，且前者重于后者。

表 7−32 应激障碍的健康状况差异

变 量	较 差	一 般	较 好	很 好	F	显著性
生理异常	11.3077 (3.5639)	13.0072 (2.3763)	13.1018 (2.5190)	13.2652 (2.4827)	5.324	.001***
行为过度	11.2692 (3.4241)	12.1727 (2.7111)	12.2493 (2.5698)	12.3573 (2.6038)	1.565	.196
抑 郁	9.8846 (2.9843)	11.2446 (2.6679)	11.4794 (2.7218)	11.6742 (2.8505)	4.596	.003**
敏感恐惧	11.0385 (2.7926)	11.7218 (2.7490)	12.0885 (2.6679)	12.0517 (2.7842)	2.723	.043
轻 信	9.8462 (2.9488)	10.4748 (2.7033)	10.9159 (2.7002)	10.8719 (2.7533)	3.494	.015*
总 分	53.3462 (12.8248)	58.6211 (10.0571)	59.8349 (10.3089)	60.2203 (10.6170)	4.994	.002**

2. 重大社会生活事件后大学生应对策略的健康状况差异

从表7—33和表7—34可以看出，在整体水平上，应对策略不存在显著的健康状况差异，但在抱怨幻想、积极行动、独自承受、等待四个因素和卷入性应对、维持性应对两个维度上存在着显著的差异。事后多重比较表明，在抱怨幻想因素上，健康状况较差的与一般的有显著的差异，且前者少于后者。在积极行动因素上，健康状况较差的与较好的、很好的有显著的差异，且前者小于后者。在独自承受因素上，健康状况较差的与一般、较好、很好的有显著差异，且前者大于后者。在等待因素上，健康状况很好的与一般、较好的有显著差异，且前者小于后者。

应对策略的三个维度中，在卷入性应对上，健康状况较差的与较好的、很好的有显著差异，且前者小于后者。在维持性应对上，健康状况较差的与一般的、很好的有显著差异，且前者大于后者。

表7—33 应对策略的健康状况差异（一）

变量	较差	一般	较好	很好	F	显著性
抱怨幻想	13.0385 (3.9444)	10.8897 (3.7000)	11.2817 (3.6998)	11.4135 (3.6980)	3.641	.012*
积极行动	9.8077 (2.5771)	8.4077 (2.8100)	8.2419 (2.7068)	7.9191 (2.8981)	5.183	.001***
独自承受	9.1538 (2.6637)	11.7626 (2.6464)	11.9277 (2.5573)	11.9461 (2.6075)	9.898	.000***
等待	9.3462 (2.6824)	9.6787 (2.7963)	10.0885 (2.5669)	10.5888 (2.7278)	9.071	.000***
转移	8.5000 (2.8036)	8.9544 (2.6028)	8.9499 (2.5378)	9.0966 (2.4755)	.665	.574
总分	49.8462 (7.3902)	49.6931 (8.4368)	50.4897 (7.9078)	50.9641 (8.3225)	1.818	.142

表7—34 应对策略的健康状况差异（二）

变量	较差	一般	较好	很好	F	显著性
卷入性应对	9.8077 (2.5771)	8.4077 (2.8100)	8.2419 (2.7068)	7.9191 (2.8981)	5.183	.001***
维持性应对	18.500 (4.2919)	21.4413 (4.2750)	22.0162 (4.0846)	22.5349 (4.3972)	10.669	.000***
摆脱性应对	21.5385 (4.5363)	19.8441 (4.9582)	20.2316 (4.8612)	20.5101 (4.8335)	1.985	.114
总分	49.8462 (7.3902)	49.6931 (8.4368)	50.4897 (7.9078)	50.9641 (8.3225)	1.818	.142

总的看来，健康状况较差的与一般、较好、很好的有显著差异，他们较少采取积极行动来应对，而多采用维持性应对，独自承受着来自重大事件的压力。

（七）讨论

1．关于疫区差异

总体来说，重大社会生活事件后大学生应激障碍的学校疫区和家庭疫区特点基本一致，说明学校和家庭的疫情都是影响应激障碍的因素。学校和家庭处于较重疫区的学生在生理异常、行为过度、抑郁、敏感恐惧等方面都显著高于其他疫区的学生，这说明较重疫区面临着发展为重疫区的危险，重疫区的种种严重情况加剧了他们的担忧，他们所处的环境使其应激障碍的程度最高。严重疫区虽然所处的环境最恶劣，但正因为此，那里的预防系统较完善，人们对“非典”的了解更清楚、更详细，也知道应该采取什么样的方式来应对，所以他们的应激障碍反而没有较重疫区的高。

从应对策略的总体特点来看，学校疫区和家庭疫区的差异基本一致，可见不管是学生生活所在地还是家庭所在地，其疫情都对其应对策略产生极大的影响。其中较重疫区学生的应对策略与其他疫区的明显不同。因为他们所处的环境特殊，面临着更大的危险，所以就较多地采取积极行动来解决问题，其卷入性应对、维持性应对要高于其他疫区。

2．关于专业类型差异

专业类型方面，应激障碍在总体上不存在显著的差异，但理工科的学生在抑郁症状上明显低于其他类学生，这主要是与理工科学生的知识背景、思维方式、行为方式有关，他们能够运用所掌握的知识进行理性分析，科学判断、估计、预测事态的发展，对前景充满乐观，相信凭借科研的力量、国际间的合作一定能够战胜灾难。

应对策略存在显著的专业类型差异。由于理工科学生的逻辑思维能力、理性思维能力较强，受其思维方式、行为风格的影响，他们在面对重大社会生活事件时，表现得较为客观、冷静，偏重于采取理性的应对策略，较少采用抱怨幻想、等待一类的行为。本来设想医学类学生的应对策略与其他类的学生会有显著差异，而这里却没有表现出来，这可能是与本次研究的取样有关，由于条件的限制，这里医学类的学生只选取了一般疫区的一所学校，共63人，其代表性较差。医学类学生与其他类学生是否有显著的差异，还需要进一步研究。

3．关于性别差异

性别方面，应激障碍在总体上来说不存在显著的差异，但在生理异常上男生的症状要高于女生。一般认为，女性在创伤事件中，患病的概率和程度要高于男生，这里的研究结果与相关的研究结论不一致。是不是由于“非典”这一特殊事件与其他事件的影响不同，这有待进一步探讨。

应对策略方面，男生在独自承受因素上显著高于女生，这与男大学生的日常行为方式有关，他们的独立性较女生强，独自处理问题、解决问题的能力较强，而女生会更多地寻求情感性、精神性的支持与帮助，这与大多数的研究结果是一致的。

4．关于痛苦经历差异

痛苦经历方面，有痛苦经历的学生在生理异常、抑郁症状及总体得分上都显著高于没有痛苦经历的学生，这与其他的相关研究结果是一致的，创伤经历增加了应激障碍的发病率且使其程度加重。

以前有过痛苦经历的学生，再次面临灾难性事件时，会唤起以前的痛苦体验。由于受到以前创伤体验的影响，他们一方面独自承受着目前的灾难，不愿与其他人分享痛苦，另一方面又存有幻想，希望灾难尽快消失，也会有更多的抱怨行为。这提示我们需要对这类学生加强指导，以使他们能更好地应对灾难。

5．关于健康状况差异

应激障碍方面，健康程度较差的学生在生理异常、抑郁症状及总体得分上都显著高于其他的学生。这提示我们对这部分学生除了指导他们加强锻炼、增强体质外，还需要对他们进行一些心理方面的指导，以减轻他们的心理负担。

应对策略方面，健康状况较差的学生较少卷入事件，较少采取积极行动，而有更多的维持性应对行为，独自承受着灾难。这提示我们需要转变这部分学生的健康观念，使他们把提高自身的生理素质、心理素质放到重要地位，适当的时候应该寻求支持、指导，而不是一味地独自承受烦恼。

第三节　重大社会生活事件后大学生的应激障碍及应对策略的影响因素

从文献分析可以看出，人格特征、社会支持、心理控制感、应对策略等因素都对应激障碍有重要的影响，本研究对 13 所高校的 1566 名（有效问卷）大学生进行考察，探讨人格特征、社会支持、心理控制感、应对策略对重大社会生活事件后大学生的应激障碍的影响情况。所用量表主要有：

（1）自编的重大社会生活事件后大学生的应激障碍及应对策略问卷。

（2）艾森克人格问卷简式量表中国版（EPQ-RSC），钱铭怡等人修订的 EPQ-RSC。①

① 钱铭怡等：《艾森克人格问卷简式量表中国版（EPQ-RSC）的修订》，《心理学报》2000 年第 3 期，第 317～323 页。

(3) 社会支持的测量采用 Zinet 等编制的领悟社会支持量表 PSSS (Perceived Social Support Scale)，这个量表包括朋友支持、家庭支持、其他支持三类，分别代表领悟到的不同类别的支持程度，以总分反映个体感受到的社会支持总程度。此量表有较好的信度、效度，国内多次用此量表进行应激的研究工作。

(4) 心理控制感量表采用控制圈量表 (Spheres of Control Scale)，此量表有较好的信度、效度，这里根据研究的需要，只取其中的一部分即个人实力量表。

一、人格特征对重大社会生活事件后大学生的应激障碍及应对策略的影响

(一) 人格特征对应激障碍的影响

1. 人格特征与应激障碍的相关分析

EPQ-RSC 由四个量表组成，E 量表是内外向维度，N 量表是神经质维度，P 量表是精神质维度，L 量表是测谎分量表。我们根据 L 量表的得分剔除无效问卷，用 E、N、P 三量表的得分作为主要的人格特征维度。

从表 7—35 可以看出，除了精神质与轻信因素的相关不显著外，其他各人格特征维度与应激障碍各因素及总分都达到了极其显著的相关水平。

表 7—35　人格特征与应激障碍的相关

人格特征	生理异常	行为过度	抑　郁	敏感恐惧	轻　信	总　分
内外向	.135**	.071**	.162**	.129**	.085**	.149**
神经质	—.249**	—.171**	—.336**	—.252**	—.199**	—.310**
精神质	—.161**	—.098**	—.066**	—.110**	—.037	—.120**

2. 人格特征对应激障碍的逐步回归分析

以人格特征的内外向、神经质、精神质为预测变量，分别以应激障碍的总分、生理异常、行为过度、抑郁、敏感恐惧、轻信为因变量，进行逐步回归分析。结果见表 7—36。

表 7—36　人格特征各维度对应激障碍总分的回归分析

变　量		多元相关系数	解释量	增加的解释量	F	净 F	标准化回归系数
应激障碍	神经质	.311	.096	.096	166.033	166.033	—.305
	精神质	.328	.108	.011	93.723	19.445	—.106
生理异常	神经质	.250	.062	.062	103.319	103.319	—.242
	精神质	.292	.085	.023	72.273	38.722	—.151

续表

变量		多元相关系数	解释量	增加的解释量	F	净F	标准化回归系数
行为过度	神经质	.171	.029	.029	47.053	47.053	—.167
	精神质	.193	.037	.036	30.195	12.975	—.090
抑郁	神经质	.337	.113	.113	199.138	199.138	—.317
	内外向	.342	.117	.004	103.216	6.580	.064
敏感恐惧	神经质	.252	.063	.063	105.487	105.487	—.247
	精神质	.271	.073	.010	61.478	16.4233	—.099
轻信	神经质	.199	.040	.040	64.009	64.009	—.199

从表7—36可以看出，三个预测变量预测效标变量应激障碍时，进入回归方程的显著变量有两个，多元相关系数为0.328，其联合解释变异量为0.108，即神经质和精神质两个变量能联合预测应激障碍10.8%的变异量。就个别变量的解释量来看，以神经质的预测力最佳，其解释量为9.6%。标准化回归方程为：应激障碍=—0.305×神经质—0.106×精神质。

三个预测变量预测效标变量生理异常时，进入回归方程的显著变量有两个，多元相关系数为0.292，其联合解释变异量为0.085，即神经质和精神质两个变量能联合预测生理异常8.5%的变异量。就个别变量的解释量来看，以神经质的预测力最佳，其解释量为6.2%。标准化回归方程为：生理异常=—0.242×神经质—0.151×精神质。

三个预测变量预测效标变量行为过度时，进入回归方程的显著变量有两个，多元相关系数为0.193，其联合解释变异量为0.037，即神经质和精神质两个变量能联合预测行为过度3.7%的变异量。就个别变量的解释量来看，以神经质的预测力最佳，其解释量为2.9%。标准化回归方程为：行为过度=—0.167×神经质—0.090×精神质。

三个预测变量预测效标变量抑郁时，进入回归方程的显著变量有两个，多元相关系数为0.342，其联合解释变异量为0.117，即神经质和内外向两个变量能联合预测抑郁11.7%的变异量。就个别变量的解释量来看，以神经质的预测力最佳，其解释量为11.3%。标准化回归方程为：抑郁=—0.317×神经质+0.064×内外向。

三个预测变量预测效标变量敏感恐惧时，进入回归方程的显著变量有两个，多元相关系数为0.271，其联合解释变异量为0.073，即神经质和精神质两个变量能联合预测敏感恐惧7.3%的变异量。就个别变量的解释量来看，以神经质的预测力最佳，其解释量为6.3%。标准化回归方程为：敏感恐惧=—0.247×神经质—0.099×精神质。

三个预测变量预测效标变量轻信时，进入回归方程的显著变量有一个，多元相关系数为 0.199，其解释变异量为 0.040，即神经质一个变量能预测轻信 4.0%的变异量。标准化回归方程为：轻信=－0.199×神经质。

综上我们可以看出，人格特征各维度能联合预测应激障碍及其各因素 0.4%～11.3%的变异量。按对因变量解释量的大小排序，得到以下结果：神经质（11.3%）＞精神质（6.3%）＞内外向（0.4%）。即神经质对应激障碍的贡献率最大，精神质的贡献率次之，内外向的贡献率最小。

3. 讨论

从上面的分析可以看出，应激障碍中，除了抑郁因素主要受神经质、内外向维度的影响外，其余各因素及总分都主要受神经质、精神质的影响，其中神经质的影响最大。

神经质又称为情绪性，得分高的人可能是焦虑的、担忧的，常常闷闷不乐、忧心忡忡，对所有的刺激都有过于强烈的反应，甚至在每次情绪引起的体验平静之后复原仍很困难。这种强烈的情绪反应使得他们较敏感，应激障碍的程度表现得较重。

精神质又称为倔强性，得分高的人讲求实际，他们缺乏情感和情感投入，不关心他人，这种人很可能是孤独的，难以适应外部环境。这样的学生人际关系较差，应激障碍的程度也表现得较重。

外向的人好交际，喜聚会，朋友多，爱交谈，随和乐观，易激动，易发脾气但很快会忘掉。这样的特点决定了他们在面对灾难时，能够乐观地看待，并与他人进行多方面的交流，所以不容易出现抑郁的情绪障碍。另有研究也表明，性格内向的青少年在面对应激事件时，不能及时释放心中的不快情绪，易产生抑郁、焦虑等情绪，导致精神疾病。①

（二）人格特征对应对策略的影响

1. 人格特征与应对策略的相关分析

从表 7－37 可以看出，除了部分因素外，人格特征的三个维度与应对策略各因素及其总分都有极显著的相关。

表 7－37 人格特征与应对策略的相关

人格特征	抱怨幻想	积极行动	独自承受	等待	转移	卷入性应对	维持性应对	摆脱性应对	总分
内外向	.008	－.124**	.231**	.211**	.037	－.124**	.275**	.025	.116**
神经质	－.146**	.038	－.263**	－.220**	－.081**	.038	－.300**	－.154*	－.236**
精神质	.030	.171**	－.154**	－.096**	－.013	.171**	－.155**	.016	－.013

① 蔡叶佩：《青少年精神疾病与个性特征、应激因素的关系》，《现代护理》2002 年第 3 期，第 204～205 页。

2．人格特征与应对策略的逐步回归分析

以人格特征的内外向、神经质、精神质为预测变量，分别以应对策略的总分、抱怨幻想、积极行动、独自承受、等待、转移、卷入性应对、维持性应对、摆脱性应对为因变量，进行逐步回归分析。结果见表7－38。

表7－38　人格特征与应对策略的回归分析

变　量		多元相关系数	解释量	增加的解释量	F	净 F	标准化回归系数
应对策略	神经质	.236	.056	.056	91.619	91.619	－.236
抱怨幻想	神经质	.146	.021	.021	33.730	33.730	－.146
积极行动	精神质	.168	.028	.028	45.379	45.379	.155
	内外向	.199	.040	.011	32.042	18.203	－.107
独自承受	神经质	.264	.070	.070	116.384	116.384	－.212
	内外向	.308	.095	.025	81.203	42.888	.150
	精神质	.332	.110	.016	64.163	27.333	－.126
等　待	神经质	.220	.048	.048	79.159	79.159	－.171
	内外向	.266	.071	.022	59.288	37.557	.149
	精神质	.275	.076	.005	42.404	8.095	－.070
转　移	神经质	.081	.007	.007	10.289	10.289	－.081
维持性应对	神经质	.301	.090	.090	154.829	154.829	－.238
	内外向	.357	.127	.037	113.313	65.389	.186
	精神质	.376	.142	.015	85.549	26.329	－.122
摆脱性应对	神经质	.153	.023	.023	37.374	37.374	－.153

从表7－38可以看出，三个预测变量预测效标变量应对策略总分时，进入回归方程的显著变量有一个，多元相关系数为0.236，其解释变异量为0.056，即神经质一个变量能预测应对策略5.6％的变异量。标准化回归方程为：应对策略＝－0.236×神经质。

三个预测变量预测效标变量抱怨幻想时，进入回归方程的显著变量有一个，多元相关系数为0.146，其解释变异量为0.021，即神经质一个变量能预测抱怨幻想2.1％的变异量。标准化回归方程为：抱怨幻想＝－0.146×神经质。

三个预测变量预测效标变量积极行动时，进入回归方程的显著变量有两个，多元相关系数为0.342，其联合解释变异量为0.119，即精神质和内外向两个变量能联合预测积极行动19.9％的变异量。就个别变量的解释量来看，以精神质的预测力最佳，其解释量为16.8%。标准化回归方程为：积极行动=0.155×精神质−0.107×内外向。

三个预测变量预测效标变量独自承受时，都进入了回归方程的显著变量，多元相关系数为0.332，其联合解释变异量为0.110，即神经质、内外向和精神质三个变量能联合预测独自承受11.0%的变异量。就个别变量的解释量来看，以神经质的预测力最佳，其解释量为7.0%。标准化回归方程为：独自承受=−0.212×神经质+0.150×内外向−0.126×精神质。

三个预测变量预测效标变量等待时，都进入了回归方程的显著变量，多元相关系数为0.275，其联合解释变异量为0.076，即神经质、内外向和精神质三个变量能联合预测等待7.6%的变异量。就个别变量的解释量来看，以神经质的预测力最佳，其解释量为4.8%。标准化回归方程为：等待=−0.171×神经质+0.149×内外向−0.070×精神质。

三个预测变量预测效标变量转移时，进入回归方程的显著变量有一个，多元相关系数为0.081，其解释变异量为0.007，即神经质一个变量能预测转移0.7%的变异量。标准化回归方程为：转移=−0.081×神经质。

因为卷入性应对是由积极行动一个因素组成的，所以人格特征与卷入性应对的回归分析与积极行动的完全相同，这里不再重复说明。

三个预测变量预测效标变量维持性应对时，都进入了回归方程的显著变量，多元相关系数为0.376，其联合解释变异量为0.142，即神经质、内外向和精神质三个变量能联合预测维持性应对14.2%的变异量。就个别变量的解释量来看，以神经质的预测力最佳，其解释量为9.0%。标准化回归方程为：维持性应对=−0.238×神经质+0.186×内外向−0.122×精神质。

三个预测变量预测效标变量摆脱性应对时，进入回归方程的显著变量有一个，多元相关系数为0.153，其解释变异量为0.023，即神经质一个变量能预测摆脱性应对2.3%的变异量。标准化回归方程为：摆脱性应对=−0.153×神经质。

综上我们可以看出，人格特征各维度能联合预测应对策略及其各因素0.7%~14.2%的变异量。总体来说，神经质对应对策略的解释量最大。人格特征的各个维度对应对策略各因素的影响是不同的，积极行动即卷入性应对策略，主要是受精神质、内外向维度的影响，其中精神质的解释量最大。抱怨幻想、转移即摆脱性应对，主要受神经质一个维度的影响。人格特征的三个维度对独自承受、等待即维持性应对都有影响，其中神经质的解释量最大，其次是内外向，精神质的解释量最小。

3. 讨论

从上面的分析可见，人格特征对应对策略有重要的影响，这与应对研究的特质取向观点是一致的。这种观点认为个体面临应激情境时，自然而然选择或表现出来的应对风格可能直接源于人格特质，其应对效果具有跨情境的一致性和稳定性。①②③一定的人格特征在应激事件中起重要作用，决定着应对策略的选择和运用，决定着整个应对过程。④⑤⑥⑦

高神经质的人情绪稳定性差，反应强烈，较多地采用回避、被动等待等摆脱性应对和维持性应对策略。低精神质的人情感和情感投入较多，关心他人，对人友好，他们较多地采用积极行动等卷入性应对策略。外向的人好交际、爱交谈，他们也较多地采用积极行动等卷入性应对。

二、社会支持对重大社会生活事件后大学生的应激障碍及应对策略的影响

（一）社会支持对应激障碍的影响

1. 社会支持与应激障碍的相关分析

表 7－39　社会支持与应激障碍的相关分析

社会支持	生理异常	行为过度	抑　郁	敏感恐惧	轻　信	应激障碍总分
朋友支持	.263**	.177**	.204**	.177**	.107**	.236**
家庭支持	.240**	.096**	.162**	.141**	.090**	.186*
其他支持	.187**	.115**	.157**	.124**	.061*	.164*
社会支持总分	.290**	.161**	.219**	.185**	.109**	.245**

从表 7－39 可以看出，社会支持各因素和总分与应激障碍各因素及总分都有极其显著的相关。

2. 社会支持对应激障碍的回归分析

以朋友支持、家庭支持、其他支持为预测变量，以应激障碍总分为因变量，进行逐步回归分析。从表 7－40 可以看出，三个预测变量中，进入回归方程的显著变量有两个，多元相关系数为 0.256，其联合解释变异量为 0.065，即朋友支持和家庭

① R. R. McCrae，P. T. Costa：*Personality，coping，and coping effectiveness in an adult sample*. *Journal of Personality*，1986，54 (2)，pp385－405.

② R. S. Lazarus，S. Folkman：*Stress，Appraisal，and Coping*，New York：Springer，1984.

③ N. Bolger，A. Zuckerman：*A framework for studying personality in the stress process*. *Journal of Personality and Social Psychology*，1995，69 (5)，pp890－902.

④ R. R. McCrae：*Situational determinants of coping responses：loss，threat，and challenge*. *Journal of Personality and Social Psychology*，1984，46 (4)，pp919－928.

⑤ I. Kardum，J. Hudek-knezevic：*The relationship between Eysenck's personality traits，coping styles and moods*. *Personality and Individual Differences*，1996，20 (3)，pp341－350.

⑥ I. Kardum，N. Krapic：*Personality traits，stressful life events，and coping styles in early adolescence*. *Personality and Individual Differences*，2001，30 (3)，pp503－515.

⑦ 陈红、黄希庭：《A 型人格、自我价值感对中学生不同情境应对方式的影响》，《心理科学》2001 年第 3 期，第 350～351 页。

支持能联合预测应激障碍6.5%的变异量，其中朋友支持的解释量最大，占5.6%。标准化回归方程为：应激障碍=0.193×朋友支持+0.107×家庭支持。这表明，在灾难情境下，来自朋友和家庭的支持能降低大学生的应激障碍程度，其中朋友的影响力最大。

表7—40　社会支持与应激障碍的回归分析

变　量	多元相关系数	解释量	增加的解释量	F	净F	标准化回归系数
朋友支持	.236	.056	.056	92.529	92.529	.193
家庭支持	.256	.065	.010	54.774	16.125	.107

3. 讨论

面对灾难情境时，来自朋友、家庭的支持是大学生的重要支撑力量，能降低他们应激障碍的程度，这与一般的理论观点是一致的。普遍认为社会支持一方面对精神紧张引起的应激障碍起缓冲作用，另一方面对维持一般良好的情绪体验具有重要意义。[①]“非典”时期，来自朋友、家庭的关心、问候对降低应激障碍起极为重要的作用，这与一些学者的调查结论是一致的。[②]

（二）社会支持对应对策略的影响

1. 社会支持与应对策略的相关分析

从表7—41可以看出，社会支持总分及各因素与抱怨幻想、转移、摆脱性应对没有显著的相关，除此外，与应对策略其他的因素和总分都有极其显著的相关。

表7—41　社会支持与应对策略的相关分析

社会支持	抱怨幻想	积极行动	独自承受	等　待	转　移	卷入性应对	维持性应对	摆脱性应对	应对策略总分
朋友支持	—.034	—.142**	.308**	.134**	.185	—.142**	.273**	—.008	.089**
家庭支持	—.042	—.157**	.242**	.100**	.743	—.157**	.211**	—.036	.166
其他支持	.144	—.183**	.252**	.118**	.496	—.183**	.229**	—.037	.166
社会支持总分	—.047	—.201**	.335**	.146**	.003	—.201**	298**	—.034	.066**

2. 社会支持对应对策略的回归分析

以朋友支持、家庭支持、其他支持为预测变量，分别以卷入性应对、维持性应

① 陈新华等：《灾害事件后心理应激、社会支持与心脑血管病关系研究》，《中华内科杂志》2000年第7期，第446～448页。

② 童辉杰：《“非典”应激反应模式及其特征》，《心理学报》2004年第1期，第103～109页。

对为因变量进行逐步回归分析，结果见表 7－42。

表 7－42　社会支持与应对策略总分的回归分析

变　量		多元相关系数	解释量	增加的解释量	F	净 F	标准化回归系数
应对策略	朋友支持	.089	.008	.008	12.580	12.580	.089
卷入性应对	其他支持	.183	.033	.033	53.905	53.905	−.145
	家庭支持	.207	.043	.010	34.994	15.580	−.105
维持性应对	朋友支持	.273	.075	.075	126.386	126.386	.180
	家庭支持	.295	.087	.012	20.704	20.704	.108
	其他支持	.302	.091	.004	7.396	7.396	.083

从表 7－42 可以看出，三个预测变量预测效标变量应对策略总分时，只有朋友支持进入了回归方程，多元相关系数为 0.089，其解释量为 0.008，即朋友支持能预测应对策略 0.8％的变异量。标准化回归方程为：应对策略＝0.089×朋友支持。

三个预测变量预测效标变量卷入性应对时，进入回归方程的显著变量有两个，多元相关系数为 0.207，其联合解释量为 0.043，即其他支持、家庭支持能联合预测卷入性应对 4.3％的变异量。其中其他支持的解释量最高，达到 3.3％。标准化回归方程为：卷入性应对＝－0.145×其他支持－0.105×家庭支持。

三个预测变量预测效标变量维持性应对时，都进入了回归方程，多元相关系数为 0.302，其联合解释量为 0.091，即朋友支持、家庭支持、其他支持能联合预测维持性应对 9.1％的变异量。其中朋友支持的解释量最高，达到 7.5％。标准化回归方程为：维持性应对＝0.180×朋友支持＋0.108×家庭支持＋0.083×其他支持

这说明，大学生所感受到的社会支持越多，他们采用的维持性应对就越少。其中，来自朋友的支持力量最大，他们在感受到好朋友的支持后，采用独自承受、等待策略的概率较小。

3. 讨论

大学生在特殊的灾难情境中，周围最接近的老师、同学的支持是他们积极行动的最大力量。他们感受到的这些支持越多，就越多地采取积极的措施来应对。其次来自家庭的支持也是他们行动的动力。来自朋友的支持没有进入回归方程，可能是由于大学生最要好的朋友一般离自己较远，空间距离因素使他们的影响相对较弱。

大学生所感受到的社会支持越多，他们就越感到关怀的温暖，越多地采取积极行动等卷入性应对策略，而采取维持性应对的概率就越小。

三、心理控制感对重大社会生活事件后大学生的应激障碍及应对策略的影响

（一）心理控制感对应激障碍的影响

从表 7－43 可以看出，心理控制感与应激障碍各因素及总分均有极其显著的相关，能够解释应激障碍 1.3％～5.4％的变异量。

表 7－43　心理控制感与应激障碍的相关分析

变　量	生理异常	行为过度	抑　郁	敏感恐惧	轻　信	应激障碍总分
多元相关系数	.233**	.115**	.211**	.151**	.117**	.211**
解释量	.054	.013	.045	.023	.C14	.045

从心理控制感与应激障碍的 R^2 可以推测，心理控制感影响应激障碍，这与一些研究结论是一致的。①② 但从 R^2 的值可知，心理控制感只能解释一部分变量，仅用心理控制感来预测应激障碍，其效力是有限的，其他的一些研究也得出了同样的结论。③

（二）心理控制感对应对策略的影响

从表 7－44 可以看出，除了转移因素外，心理控制感与应对策略的其他各因素、各维度及总分都存在着极其显著的相关，能够解释 0.7％～4.9％的变异量。

从心理控制感与应对策略的 R^2 可以推测，心理控制感也对应对策略有影响。

表 7－44　心理控制感与应对策略的相关分析

变　量	抱怨幻想	积极行动	独自承受	等　待	转　移	卷入性应对	维持性应对	摆脱性应对	应对策略总分
多元相关系数	.081**	－.193**	.222**	.215**	.040	－.193**	.272**	.082*	.125**
解释量	.007	.037	.049	.046	.002	.037	.074	.007	.016

四、应对策略对重大社会生活事件后大学生的应激障碍的影响

（一）应对策略与应激障碍的相关分析

从表 7－45 可以看出，除了生理异常与卷入性应对的相关不显著外，其他各因

① D. Moore，N. R. Schultz：*Loneliness at adolescence：Correlates，attributions，and coping*. *Journal of Youth and Adolescence*，1983，12（2），pp96－100.

② N. R. Schultz，D. Moore：*Loneliness：Correlates，attribution and coping among older adults*. *Personality and Social Psychology Bulletin*，1984，10（1），pp67－77.

③ 童辉杰：《孤独、抑郁、焦虑与心理控制源》，《中国临床心理学杂志》2001 年第 3 期，第 196～197 页。

素间的相关均达到了显著水平。

表 7－45　应对策略与应激障碍的相关分析

因　素	生理异常	行为过度	抑　郁	敏感恐惧	轻　信	应激障碍总分
卷入性应对	.005	.220**	.077**	.196**	.244**	.193*
维持性应对	.488**	.411**	.527**	.407**	.388**	.569*
摆脱性应对	.110**	.175**	.314**	.226**	.276**	.285*
应对策略总分	.322**	.394**	.489**	.415**	.451**	.534*

（二）应对策略对应激障碍的回归分析

以卷入性应对、维持性应对、摆脱性应对为预测变量，以应激障碍为因变量进行逐步回归分析。从表 7－46 可以看出，三个预测变量都进入了回归方程，多元相关系数为 0.614，其联合解释变异量为 0.376，即维持性应对、卷入性应对、摆脱性应对三个变量能联合预测应激障碍 37.6％的变异量。就个别变量的解释量来看，以维持性应对的预测力最佳，其解释量为 32.4％。标准化回归方程为：应激障碍＝0.552×维持性应对＋0.193×卷入性应对＋0.089×摆脱性应对。

表 7－46　应对策略各维度对应激障碍的回归分析

变　量	多元相关系数	解释量	增加的解释量	F	净 F	标准化回归系数
维持性应对	.569	.324	.324	748.993	748.993	.552
卷入性应对	.608	.370	.046	458.110	113.399	.193
摆脱性应对	.614	.376	.007	314.273	17.139	.089

从上表可以看出，维持性应对的解释量最大，其次是卷入性应对，摆脱性应对的解释量最小。采用的维持性应对越多，其应激障碍的程度越轻。这说明维持性应对对缓解应激障碍有很重要的作用。

五、重大社会生活事件后大学生的应激障碍影响因素的路径模型

由于本研究所涉及的应激障碍的影响因素较多，其间的关系也比较复杂，所以这里采用多元回归分析技术，以找出应激障碍的直接影响因素和间接影响因素，建立路径图，求出路径系数，构建影响应激障碍的因果关系模型。

（一）应激障碍的影响因素及赋值

从前面的有关研究可以看出，影响应激障碍的因素如下：学校疫区、家庭疫区、专业类型、性别、痛苦经历状况、隔离状况、健康状况、人格特征、社会支持、心理控制感。结合文献分析的结果，我们可以把重大社会生活事件后大学生应激障碍

的影响因素分为两大类：外界因素和自身因素，其中外界因素包括情境因素（学校疫区、家庭疫区）和社会支持，自身因素包括个人生物特征（专业类型、性别、痛苦经历状况、隔离状况、健康状况）、人格特征（内外向、神经质、精神质）、心理控制感。因为在前面对于学校疫区、家庭疫区的研究中，发现较重疫区与其他疫区有显著差异，所以把疫区分为较重疫区和其他疫区两类。各影响因素与应激障碍、应对策略的相关分析如表 7－47 所示。

表 7－47　各影响因素与应激障碍、应对策略的相关分析

影响因素	内外向	神经质	精神质	社会支持	心理控制感	学校疫区
应激障碍	.149**	－.310**	－.120*	.245**	.211**	－.113*
应对策略	.116**	－.236**	－.013	.066**	.125**	－.069**
影响因素	家庭疫区	性别	隔离状况	痛苦经历	健康状况	专业类型
应激障碍	－.084**	.009	－.037	－.067*	.079**	.026
应对策略	－.069**	.011	－.067**	－.092**	.057*	.024

从上表可以看出，神经质、精神质、学校疫区、家庭疫区、隔离状况、痛苦经历与应激障碍、应对策略呈负相关，其余都为正相关，所以对这六个变量重新进行反向赋值。内外向、神经质、精神质、社会支持、心理控制感、应对策略都以其 Z 分数赋值。

问卷变量的初始赋值如表 7－48。

表 7－48　各变量的初始赋值

变　量	赋　　值			
学校疫区	非疫区：0	一般疫区：1	较重疫区：2	严重疫区：3
家庭疫区	非疫区：0	一般疫区：1	较重疫区：2	严重疫区：3
专业类型	文科：1	理工科：2	医学类：3	
性　别	男：0	女：1		
痛苦经历	有：1	无：0		
隔离状况	是：1	否：0		
健康状况	较差：1	一般：2	较好：3	很好：4

因性别、专业类型的相关没有达到显著程度，所以把它们从影响因素中去除。重新赋值后的影响因素共有 6 个，分别为：（1）情境因素＝学校疫区＋家庭疫区；（2）个人生物特征＝痛苦经历＋隔离状况＋健康状况；（3）人格特征＝内外向＋神经质＋精神质；（4）社会支持；（5）心理控制感；（6）应对策略。其中社会支持、心理控制感、应对策略的值保持不变。

（二）应激障碍影响因素的路径分析

1. 应激障碍影响因素的逐步回归分析

以情境因素、个人生物特征、人格特征、社会支持、心理控制感、应对策略为预测变量，以应激障碍为因变量，进行逐步回归分析。应对策略、社会支持、人格特征、心理控制感情境因素首先进入回归方程，说明这五个因素对应激障碍有直接影响，而个人生物特征为间接影响变量（见表 7—49）。

再以情境因素、个人生物特征、人格特征、社会支持、心理控制感为预测变量，以应对策略为因变量，进行第二次逐步回归分析。人格特征、个人生物特征、情境因素、心理控制感进入了回归方程（见表 7—49）。

再以情境因素、个人生物特征、人格特征、社会支持、应对策略为预测变量，以心理控制感为因变量，进行第三次逐步回归分析。社会支持、人格特征、应对策略进入了回归方程（见表 7—49）。

再以情境因素、个人生物特征、人格特征、心理控制感、应对策略为预测变量，以社会支持为因变量，进行第四次逐步回归分析。人格特征、心理控制感、情境因素进入了回归方程（见表 7—49）。

再以情境因素、个人生物特征、社会支持、心理控制感、应对策略为预测变量，以人格特征为因变量，进行第五次逐步回归分析。社会支持、心理控制感、应对策略、个人生物特征进入了回归方程（见表 7—49）。

表 7—49 应激障碍影响因素的逐步回归分析

进入因素		标准化回归系数	多元相关系数	解释量	t	显著性
第一次回归	（1）应对策略	.488	.533	.284	23.336	.000
	（2）社会支持	.139	.573	.329	6.057	.000
	（3）人格特征	.125	.587	.344	5.411	.000
	（4）心理控制感	.065	.590	.348	2.908	.004
	（5）情境因素	.056	.592	.351	2.718	.007
第二次回归	（1）人格特征	.141	.183	.034	5.363	.000
	（2）个人生物特征	.112	.208	.043	4.455	.000
	（3）情境因素	.085	.225	.050	3.425	.001
	（4）心理控制感	.079	.237	.056	3.042	.002
第三次回归	（1）社会支持	.254	.336	.113	10.004	.000
	（2）人格特征	.195	.387	.150	7.586	.000
	（3）应对策略	.075	.394	.155	3.152	.002

续表

进入因素		标准化回归系数	多元相关系数	解释量	t	显著性
第四次回归	(1) 人格特征	.321	.395	.156	13.514	.000
	(2) 心理控制感	.236	.455	.207	9.958	.000
	(3) 情境因素	.046	.457	.209	2.043	.041
第五次回归	(1) 社会支持	.322	.395	.156	13.530	.000
	(2) 心理控制感	.181	.437	.191	7.567	.000
	(3) 应对策略	.125	.458	.210	5.485	.000
	(4) 个人生物特征	.111	.471	.222	4.907	.000

从上表可以看出，预测变量对因变量的回归方差都达到了极其显著程度，说明回归方程是有效的。

2. 应激障碍影响因素的路径系数分析

(1) 应激障碍影响因素的相关分析

逐步回归分析说明，应对策略、社会支持、人格特征、心理控制感、情境因素对应激障碍有直接效应，而个人生物特征有间接效应。我们进一步采用路径分析技术来考察它们之间的关系。

因为自变量与因变量之间的相关是考察它们之间因果关系的前提，因此，我们首先进行相关分析（见表 7—50）。

表 7—50　应激障碍影响因素的相关分析

因　素	应激障碍	情境因素	个人生物特征	社会支持	心理控制感	人格特征	应对策略
应激障碍	1.000						
情境因素	.105**	1.000					
个人生物特征	.102**	−.142**	1.000				
社会支持	.245**	.060*	.038	1.000			
心理控制感	.211**	.013	.039	.337**	1.000		
人格特征	.291**	.026	.145**	.395**	.309**	1.000	
应对策略	.534**	.073**	.120**	.066**	.125**	.183**	1.000

从上表可以看出，几个预测变量与应激障碍都有显著的相关。

(2) 应激障碍影响因素的路径分析

本研究采用通过标准多重回归技术所获得的偏回归系数，即标准化多元回归系数 β 来建立路径模型，见图 7—1。

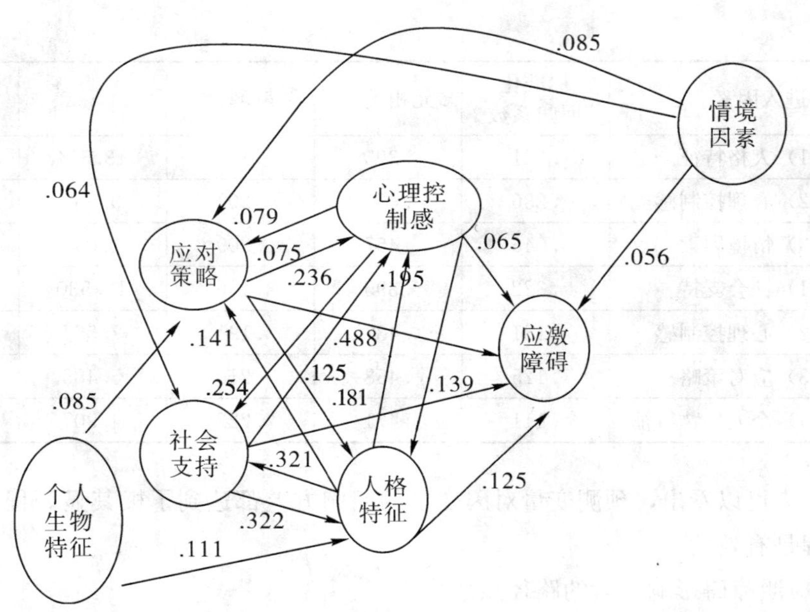

图 7－1　应激障碍影响因素路径图

直接效应。该路径模型显示，应对策略、社会支持、人格特征、心理控制感、情境因素对应激障碍有直接效应。自变量与因变量的相关系数乘以自变量对因变量的路径系数，即 $R\times\beta$ 是自变量对因变量的效应系数。可以看出，应对策略的解释力最大，可以解释应激障碍 26.01％的变异量，社会支持可以解释应激障碍 7.96％的变异量，人格特征可以解释应激障碍 7.34％的变异量，心理控制感可以解释应激障碍 3.84％的变异量，情境因素可以解释应激障碍 3.32％的变异量。

间接效应。路径分析的目的不仅在于找出自变量对因变量的直接效应，更重要的是在于找出自变量通过中介变量对因变量的间接效应。在多元回归分析中，这些间接效应往往被归于误差中。在路径分析中，间接效应可以通过下面的公式进行计算：

$P=\sum r_{ij}p_{yj}$ （$i=1$，2，3，…，m）

$j=1$

$j\neq i$

即自变量 X_i（$i=1$，2，3，…，m）通过另外的自变量 X_j（$j=1$，2，3，…，m）对因变量 Y 的间接效应等于两个自变量之间的相关系数 r_{ij} 同 X_j 与因变量 Y 的直接路径系数的积的和。

该模型显示，应对策略、心理控制感、人格特征、社会支持还互为中介对应激障碍产生间接效应，其间接效应系数是 0.5337。

总效应。直接效应与间接效应相加即为自变量对因变量的总效应。在这里自变量对因变量的总效应即是 $R^2=0.9887$，即情境因素、个人生物特征、社会支持、心理控制感、人格特征、应对策略六个变量可以解释应激障碍 98.87%的变异量。

残差路径系数。残差路径系数的求法为：$\varepsilon=(1-R^2)^{1/2}$。所以，情境因素、社会支持、心理控制感、人格特征、应对策略五个变量对应激障碍的残差系数是：$\varepsilon=(1-0.9887)^{1/2}=0.106$。

（三）应激障碍影响因素的讨论

从逐步回归分析和路径分析可以看出，在应激障碍的直接影响因素中，应对策略的影响作用最大，这说明，在重大社会生活事件中，大学生采用有效的应对策略是很必要的。这提示我们应该加强有效应对策略的指导，以降低应激障碍的程度。社会支持是其次的影响因素，这说明在重大社会生活事件下，获得来自各方面的支持也是战胜灾难的巨大动力。

在应对策略的直接影响因素中，人格特征的作用最大。一般认为人格特征在形成后具有相对的稳定性，阿尔波特认为，“人格是决定个体独特思想和行为的心理物理系统的动态结构”，在人格特征的影响下，个体所采用的应对策略就具有了一定的倾向性，即形成了相对稳定的、习惯化了的应对风格或特质。这与研究应对的特质取向观点是一致的。这也提示我们，大学生在面对重大社会生活事件时，会采取惯用的应对策略，而这种策略在特殊的情境下是否有效，是需要考虑的问题，这也是需要我们进行指导的方面。

在心理控制感的直接影响因素中，社会支持的作用最大。大学生的社会支持主要来自朋友、家庭，特别是朋友的支持是主要源泉。但是目前大学生的人际关系，特别是同学关系一直是困扰他们的第一大问题，很多学生感到大学里的同学关系没有中学时融洽，在大学里很难找到知心朋友。[①] 这种情形下，他们体验到的支持很少，很容易产生孤独感，心理控制感也相应降低。所以，从获得社会支持的观点出发，大学生的人际关系状况也是需要我们关注的问题。

社会支持的直接影响因素中，人格特征的作用最大。内向型的学生人际角色较被动，凡事多退缩，难以建立、维持良好的人际关系，在生活中客观得到和自己体验到的支持较少。神经质的学生对人际关系过分敏感，害怕被拒绝，往往使用过当的自我防御机制，这样周围的朋友很少，得到的支持也少，他们常有孤独感。精神质的人表现出明显程度的倔强性，他们缺乏情感和情感投入．不关心他人，残忍，不近人情，对人不友好甚至对朋友和亲人也这样。这样的人往往是孤独的，体验到的社会支持很少。所以较内向、高神经质、高精神质的学生会得到较少的社会支持。

在人格特征的直接影响因素中，社会支持的作用最大。这说明人格特征在形成

① 李全彩：《大学生人际关系的现状与对策》，《中国学校卫生》2002 年第 1 期，第 47～48 页。

过程中，受到社会支持的巨大影响。领悟到的社会支持越高，对其良好人格的形成越有益。

从路径模型看出，除了应对策略、社会支持之间外，应对策略、心理控制感、社会支持、人格特征四个因素之间的影响都是相互的，且达到了显著的水平。这说明在重大社会生活事件中，各因素间的影响是很复杂的，如果一个因素受到影响，就会对其他的几个因素产生影响，进而影响应激障碍。

第四节　重大社会生活事件后大学生应激障碍心理问题的指导策略

一、开展教育辅导应针对大学生的差异进行

（一）受灾程度不同辅导应有差别

从上面的研究可知，较重疫区大学生的应激障碍显著高于其他疫区，其应对策略也与其他疫区有差异。这提示我们在重大灾难发生后，除了要关注严重灾难地区外，遭受灾难较严重、很有可能发展为严重灾难的地区更需要我们多加关注。对这些地区的学生要多进行安慰、疏导，提供有效的应对策略建议，使他们能够采取适当的方式进行应对，从而减轻恐慌、焦虑。可以介绍严重灾难地区的经验教训，供他们参照，借鉴有效的方法。

（二）重视专业差异

研究表明，同年龄段不同专业的学生其应对方式有差异，原因可能是不同专业社会支持力量不一致，认识态度也不同。① 本项研究表明，理工科学生的应对策略与文科、医学类有显著的差异，他们的抱怨幻想、转移行为较少，同时其抑郁水平也比其他类学生要低。这提示我们在重大灾难发生后，尤其对文科学生要加强辅导，使他们能理性地分析情境，客观、冷静地思考、预测事态的发展，而不是凭一时的感情冲动而陷入盲目的恐慌、悲观状态，只知道一味地怨天尤人。

（三）考虑性别差异

男女生身心发育特点不同，女性内向敏感、情感细腻，她们关注家庭、生活和人际关系方面比较多，有研究表明，女生在生活事件中的平均应激量要大于男生。② 另有研究表明，男女之间的应对方式也存在着差异，女性更多地寻求他人的情感支

---

① 刘宣文、江帆、董岩芳：《我国近十年来应付方式研究的回顾与展望》，《浙江师范大学学报（社会科学版）》2003 年第 28 卷第 5 期，第 98～102 页。

② 张志群、李茹：《某军校医学生应激性生活事件的研究》，《解放军预防医学杂志》2003 年第 21 卷第 5 期，第 331～333 页。

持和富于幻想、逃避现实，与男性相比，女性可能较多地使用被动性的应对策略，而相对缺乏积极主动的精神。[①] 国外的某些研究也得出同样的结论。[②③] 本研究也表明，在应对策略方面，男生在独自承受因素上要高于女生。所以针对男女生的这些差异，我们要区别对待，指导他们采取有效的方式来应对重大社会生活事件。

（四）关注有痛苦经历的学生

有痛苦经历的学生应激障碍程度比没有痛苦经历的学生重，同时其应对策略多采用抱怨幻想、独自承受之类的维持性应对和摆脱性应对。这提示我们对这类遭受过精神创伤的学生应特别注意，以前的痛苦经历如果没有正确认知并得以适当的宣泄，在再次遇到应激事件时会加强他们的负性反应。这类学生一般敏感、内向，不轻易向他人吐露烦恼，而总是默默地独自承受。所以我们首先应保护其自尊心，在日常生活中应多给他们以关心和鼓励，应该找机会与他们多沟通、交流，尽量利用一些非正式场合进行谈心、开导，帮助他们走出心理的阴影和困惑。

（五）重视身体健康状况较差的学生

有研究显示，患有疾病的个体在应对方式上与正常的个体存在差异，他们的积极主动性较差。[④] 本研究也表明，健康状况较差的学生应用的卷入性应对较少而维持性应对较多，他们的应激障碍程度也比健康状况较好和很好的要高。这提示我们对于这些健康状况较差的学生，要加强健康理念的辅导。除了要注重锻炼身体、增强体质外，还应该提高心理素质，以增进心理健康。在面对应激情境时，不能采取逃避、听之任之的态度，而应该积极地寻求合适的方法来解决。

二、重视应对策略的训练

应对策略处于应激和健康之间，应激能否引起健康损害与应对策略有很大的关系。[⑤] 从前面的研究中也可以看出，应激障碍最重要的直接影响因素是应对策略，所以在应激事件下，加强对学生应对策略的指导是比较重要的[⑥]，应对教育也是目前高校心理素质教育的一个重要部分。从应对策略对应激障碍的回归分析可以看出，首要的影响因素是维持性应对，较多的维持性应对可以降低应激障碍，这与我们传

---

① 施承孙等：《应付方式量表的初步编制》，《心理学报》2002 年第 34 卷第 4 期，第 414～420 页。

② J. T. Ptacek, R. E. Smith, J. Zanas: *Gender, appraisal, and coping: A longitudinal analysis. Journal of Personality*, 1992, 60 (4), pp747－770.

③ J. A. Stein, A. Nyamathi: *Gender differences in relationships among stress, coping, and health risk behaviors in impoverished minority populations. Personality and Individual Differences*, 1998, 26 (1), pp141－157.

④ 刘宣文、江帆、董岩芳：《我国近十年来应付方式研究的回顾与展望》，《浙江师范大学学报（社会科学版）》2003 年第 5 期，第 98～102 页。

⑤ 肖计划等：《青少年学生的应对方式与精神健康水平的相关研究》，《中国临床心理学杂志》1996 年第 1 期，第 53～55 页。

⑥ 张晓明等：《维护创伤患者健康应对方式的护理研究》，《解放军护理杂志》2000 年第 6 期，第 1～3 页。

统的观点是有出入的。可见在灾难性事件下，不仅积极行动的应对能降低应激障碍，在一定程度上保持乐观的状况，独自承受的等待等策略也能降低应激障碍的程度。有时运用幻想、转移等摆脱性应对也可以有效地降低应激障碍。所以应激事件发生后，指导学生有效地运用多种方法来应对，才能保持心理健康，避免产生心理问题。在平时，可以创设一定的应对情境，对他们进行应对策略的训练，改善一些不良的、非适应性的应对策略，而建立起良性的、适应性的应对策略。

三、培养健全人格是提高大学生心理健康的根本

许多研究都表明，人格特征与心理健康存在着极大的相关，情绪不稳定、有精神质倾向、内向的个体更容易出现心理问题。[①] 我们的研究也发现，在应对策略的直接影响因素中，人格特征的作用最大。人格特征是由先天禀赋和后天经验积累所形成的，随着年龄的增长，环境的影响越来越大，其中后天的教育起着很重要的作用。大学之前是人格形成的基础时期，大学时期则是人格走向成熟、趋于定型的关键阶段，其中40%左右的学生的人格还处在变化之中。这一时期大学生情感的显著特点是情绪不稳定、热情而富有体验，猛烈而短暂的激情占优势，遇事好激动、忽冷忽热，在情绪的表现上外显性与内隐性并存。大学生的人格发展特点决定了大学时期是进行人格教育的关键时期，我们必须予以重视。但是从我们目前的教育情况来看，从基础教育到高等教育都存在着人格教育长期缺失的尴尬。据相关报道称，中国大学生的自杀率正在逐年上升，这是因为大学生在人格和心理上逐渐走向成熟和独立，但生活和经济上却得不到完全独立；另外他们又生活在一个相对封闭的环境中，还没有完全融入社会，但他们对自己的各方面普遍存在着比较高的期望值。所以，当现实与理想不统一，遇到重大生活事件，出现个人挫折时，往往容易产生极端的心理问题。这也说明他们的人格还不健全、心理承受力比较差。前面的研究也表明，应对策略、社会支持最重要的直接影响因素就是人格特征，人格特征通过应对策略、社会支持会对应激障碍产生影响。所以对于大学生，我们必须关注其优良人格的培养，以使他们能正确面对应激事件，运用有效的应对策略并获得各方面的社会支持力量。

由于大学生已经具备了较强的是非辨别能力、思维判断能力和独立意识，所以大学生的人格教育应以自我教育为主，教师只是引导、帮助大学生认识自我、分析自我并有效地调整自我，形成良好的“自我同一性”，做好“自我角色认同”。在日常的生活、学习中，教师要注意运用一切资源、手段在潜移默化中给学生以影响，

---

① 杨雪花、戴梅竞：《大学生个性特征及其与心理健康状况关系的研究》，《中国校医》2001年第1期，第1～3页。

使他们得到更多的正面强化，以塑造其良好的人格，其中教师树立优秀的榜样会产生很好的效果。

健康人格是在实践中形成和发展的，积极参加社会实践是大学生培养健康人格的必由之路。融洽的人际关系、完善的心理防御机制都是通过一系列的实践活动而建立起来的。所以我们应该把社会实践作为大学生的一门必修课，以帮助他们解决理论与实践之间的差距、理想与现实的矛盾，纠正人格缺陷，培养健康人格。

人格教育中很重要的一个方面是挫折教育。[①] 首先要把训练挫折承受力作为挫折教育的突破口，可以利用或设置一定的挫折情境，使学生积极认识挫折、评价挫折，利用一定策略去有效地对付挫折，并努力保持这种积极心理过程使之成为习惯化的心理状态，在此基础上逐渐将这种心理状态迁移到类似的更多的挫折情境中，并以类似的应对方式来对付挫折，这样通过不断强化、习惯化，最终内化为人的稳定的人格品质。其次，要增强学生挫折应对的预防性、准备性和主动性，即在有潜在可能的挫折事件发生之前，预先或提前采取一系列措施，努力阻止或调整它，这样可以减轻挫折对个体身心的伤害程度。另外，还要培养学生对挫折应对进行自我监控的能力，即能够不断监控自己在挫折应对过程中的认知和行为，包括：监控自己对挫折保持警惕，防患于未然；监控自己对挫折情境或事件的性质、自身挫折应对资源作出正确的认知；监控自己对有关挫折应对策略的使用条件、情境作出准确的评价；监控自己应对挫折的动态过程。更重要的是监控自己不断根据环境的变化而灵活地调整和积极发展自己的应对知识、技能和策略，形成良好的应对风格，增强应对能力。

四、提供支持系统，培养大学生应用社会支持的能力

我们的研究发现，心理控制感、人格特征最重要的直接影响因素是社会支持，同时社会支持又通过心理控制感、人格特征影响应激障碍。社会支持作为重要的缓冲器和调节器，能给人带来巨大的行为动力和百倍的信心、勇气，使他们坚强地战胜灾难。但是，目前大学生对社会支持的利用情况却不容乐观。一些研究表明，目前大学生在遇到问题时，只有 3%的人会主动去寻求帮助，并且多数学生虽然认为咨询人员是最理想的帮助者，但是在实际情境下，他们大多选择求助于朋友、同学而不是班主任、辅导员、咨询人员。[②③] 针对这种状况，我们需要从以下方面做起：

---

① 向守俊、张大均：《关于挫折教育的思考》，《天津市教科院学报》2002 年第 5 期，第 6～8 页。

② 陈琦等：《年轻大学生忧虑的问题、应对策略和寻求帮助的行为》，《心理发展与教育》1998 年第 4 期，第 26～31 页。

③ 江光荣、王铭：《大学生心理求助行为研究》，《中国临床心理学杂志》2003 年第 3 期，第 180～184 页。

（一）建立客观、有效的支持系统

重大应激事件发生后，班主任、辅导员、咨询人员应通过各种途径、手段给学生提供客观的物质的和精神的支持和帮助。在平时，也应该主动走到学生中去，增进师生之间的交流和沟通，做学生的朋友，关心他们的生活，理解他们的所思所想，为他们提供服务。学校应该设立专门的心理咨询机构，进行室内咨询、电话咨询、网上咨询或设立心理咨询信箱等，为他们提供良好的社会支持系统，发展其心理健康水平。大学生偏好向非正式的社会网络，如父母或朋友求助，而正式的心理咨询或精神卫生服务未被大学生充分利用，这主要是因为学生对这些专业人员不信任。[①]所以，心理咨询和精神卫生方面的专业人员提高其自身素质和水平，树立其良好的信誉和形象是十分必要的。学校还应该向学生提供更加广阔的活动场所和更加丰富多彩的活动，如举行各种社团活动、进行各种联赛等，使学生在更大范围内发展他们的人际关系，建立广泛的、良好的同伴关系。

（二）培养大学生利用社会支持的能力

研究发现，大多数大学生不擅长利用社会支持来解决问题，缺乏利用社会支持的意识和习惯，特别是男大学生，他们利用社会支持的程度更低。[②] 大学生强烈的自我意识和自尊心使得他们更多时候是把自己封闭起来，这样孤独感越来越强，在某些方面也越来越封闭。这对其健康成长是极为有害的。社会支持来源的存在仅仅是一种潜在的支持，要使其变成现实的支持，关键在于大学生的积极参与和主动利用。所以，学校除了提供客观的支持、帮助外，更重要的是要让学生形成寻求支持、帮助的意识，并使他们学会获得支持力量的途径和方法。我们需要关注大学生利用资源的意识和能力，应该树立正确的求助态度，抛弃对求助的负面成见，对“脸面”的顾忌，知道在依靠个人的努力不能解决问题时，应该积极地寻求帮助。平时要建立良好的广泛的人际关系网络，必要时主动向周围的同学、朋友、老师等求助，也可以利用目前已十分方便的互联网进行求助。

许多大学生人际关系存在障碍是由于他们在交往过程中往往采取被动、退缩的交往方式，总期望友谊从天而降而不积极主动地去与人交往。一部分学生的交往仅仅局限于本系、本年级、本寝室和老乡之间，或者只与同性同学交往，交往范围过于狭窄。一些学生不懂交往的基本原则和技巧，在交往过程中常常以自我为中心，导致出现种种交往问题。有研究表明，对大学生进行人际交往的团体心理辅导活动，对提高其人际交往技能有明显的效果。在感情、社交孤独、交流恐惧方面会有显著的改善，在自信心、羞怯、社交回避与苦恼各项指标上不仅在辅导后有明显改善，

---

① 梅锦荣、隋玉杰：《大学生的求助倾向》，《中国临床心理学杂志》1998 年第 6 卷第 4 期，第 210～215 页。
② 欧阳丹：《社会支持对大学生心理健康的影响》，《青年研究》2003 年第 3 期，第 29～33 页，第 38 页。

而且辅导结束 9 个月后仍向积极方面改善。[①] 具体的辅导方法可以采用团体活动、分组讨论、角色扮演、行为训练等一系列的技术，以便使学生更深入地了解自己，掌握人际交往的原则和技巧，提高人际交往的能力，从而在需要周围人支持时能够运用人际关系获得有效的支持资源。

附录一　“非典”事件中对大学生的开放式调查问卷

亲爱的朋友：

您好！“非典型肺炎”这场突如其来的灾难，改变了我们正常的学习和生活。在这一时期，您有什么特别的感受和反应？欢迎您如实地记录下来。本次调查的目的是要了解“非典型肺炎”下民众的心态，所涉及的问题无正确与错误之分。所以请您不要有任何顾虑，应真实、详尽地表达自己的想法。我们承诺对您填写的内容完全保密。

谢谢您真诚的支持与合作！

年龄：____________　性别：____________　职业：____________

1. 您生理上有什么明显的变化？
2. 经历了这一事件。您对人生、生命、人际关系有什么新的认识？
3. 您的认识能力（诸如注意、记忆、思维等）有什么变化？
4. 在全国疫情严重的那段时期，您紧张吗？具体的心情是怎样的？
5. 您的行为受到了哪些影响？正常的生活有什么变化？
6. 您是用什么方法来抗击“非典”的？
7. 如果周围有人感冒、咳嗽，您会怎么对待？有人从疫区回来，您会怎么处理？
8. 您怎样看待这一疾病对您健康的影响？您认为自己能够避免被感染吗？

① 邢秀茶、王欣：《团体心理辅导对大学生人际交往影响的长期效果的研究》，《心理发展与教育》2003 年第 2 期，第 74～80 页。

附录二 重大社会生活事件后大学生的应激障碍及应对策略问卷

亲爱的同学：

您好！欢迎参加本调查。本问卷采取不记名、不公开的方式，仅供科研之用。所有的问题没有正确与错误之分，请您不要有任何顾虑，按自己的真实情况回答。我们承诺对您填写的内容绝对保密。本问卷要反复使用，请您不要在上面做任何记号或写字，答案请按各个分问卷的要求写在答题纸上。

衷心感谢您真诚的支持与合作！

今年伊始，一场前所未有的传染性疾病“非典”逐渐在全国蔓延，共波及内地的24个省区市，266个县和市（区），部分地区在4月份、5月份达到了极其严重的程度。香港曾在4月27日达到一日死亡12人的最高记录，到6月13日，我国内地累计报告“非典”临床诊断病例5327例，死亡349例，有死亡病例报告的地区有13个省份，北京最多，154例，其次为广州，56例。疑似病例、确诊病例及死亡人数的上升，世界卫生组织的旅游警告，卫生部、教育部的预防和控制通知，这些都对我们正常的生活造成了一定的影响。有的地方甚至出现抢购风，一些人谈“非典”而色变，因害怕感染而闭门不出。各个学校都采取了一定的措施，诸如封闭校园，从疫区回来要进行隔离，每日测几次体温，有发烧症状马上送医院等等。当时的您或许恐慌，或许平静，很可能也采取了一系列的应对方法。请回忆您在“非典”时期的心理状态及应对方法，按照自己的真实情况回答有关问题。

每题的答案分五级记分，分别为：A：完全符合；B：比较符合；C：不确定；D：较不符合；E：完全不符合。请在问卷上您认为符合自己情况的字母前的方框内打“√”。

*1. 搜集各种关于“非典”的信息、资料。 □A □B □C □D □E

*2. 对周围一些人的满不在乎、麻痹大意进行指责、批评。 □A □B □C □D □E

*3. 反复洗手、洗脸。 □A □B □C □D □E

4. “非典”的到来使我有一种世界末日的感觉。 □A □B □C □D □E

5. 尽量不去想有关这场灾难或疫情的事情。 □A □B □C □D □E

6. 心情不好时就蜷缩在床上睡大觉。 □A □B □C □D □E

*7. 想开窗通风，但又害怕病毒随风而入。 □A □B □C □D □E

8. 头脑涨痛、头晕目眩。 □A □B □C □D □E

9. 默默承受担忧、烦恼、焦虑和痛苦的困扰。 □A □B □C □D □E

*10. 时时自我提示采取预防“非典”的有效措施。 □A □B □C □D □E

*11. 与室友、同学间的冲突增多。 □A □B □C □D □E

12. 容易听信一些谣言。 □A □B □C □D □E

13. 做自己喜欢的事情来忘掉烦恼。 □A □B □C □D □E

*14. 指责那些不按规定行动的人。 □A □B □C □D □E

*15. 胃肠不适、拉肚子。 □A □B □C □D □E

16. 吃大量的各种各样的营养品。 □A □B □C □D □E

17. 自己身体稍有不适就怀疑感染了“非典”。 □A □B □C □D □E

18. 时常与家人、同学和朋友交流有关预防措施。 □A □B □C □D □E

19. 感到孤独无助。 □A □B □C □D □E

20. 抱怨“非典”造成的诸多不便。 □A □B □C □D □E

21. 食欲减退，不思茶饭。 □A □B □C □D □E

22. 看到周围的人怎么做也跟着采取同样的措施。 □A □B □C □D □E

*23. 见到戴口罩的人就产生畏惧感。 □A □B □C □D □E

24. 等待组织或他人来解决一切问题。 □A □B □C □D □E

*25. 很少考虑自己哪些行为有感染“非典”的危险。 □A □B □C □D □E

*26. 不参与周围人对有关“非典”问题的讨论。 □A □B □C □D □E

27. 独自承受困惑和恐慌，不愿与他人交流。 □A □B □C □D □E

28. 心跳加快、血压升高。 □A □B □C □D □E

*29. 常无缘无故地向人发火。 □A □B □C □D □E

*30. 打扑克、打游戏、看影碟、上网的次数大大增加。

□A □B □C □D □E

31. 容易相信各种预防“非典”的偏方，并按照相应说法采取预防措施。

□A □B □C □D □E

32. 抱怨学校的一些规定太烦琐、太苛刻。 □A □B □C □D □E

33. 希望出现某种奇迹让灾难消失。 □A □B □C □D □E

34. 原来感兴趣的事情，现在觉得没有什么意义。 □A □B □C □D □E

35. 觉得只能听任事态的发展。 □A □B □C □D □E

36. 测体温时，常怀疑测得不准确而重测。 □A □B □C □D □E

*37. 通过吃东西、抽烟、打游戏等方式，使自己感觉好。

□A □B □C □D □E

*38. 行动比较盲目，想到什么就做什么。 □A □B □C □D □E
*39. 不愿学习，想等这次恐慌过后再说。 □A □B □C □D □E
*40. 不想与人交往，见到熟悉的人尽量躲避。 □A □B □C □D □E
*41. 很容易受到惊吓。 □A □B □C □D □E
42. 采取各种措施保护自己，避免感染。 □A □B □C □D □E
*43. 感到自己没有什么价值、前途无望。 □A □B □C □D □E
*44. 见人咳嗽、打喷嚏就联想到“非典”。 □A □B □C □D □E
45. 参加学校组织的抗击“非典”活动。 □A □B □C □D □E
*46. 我会作出周密计划以远离“非典”。 □A □B □C □D □E
*47. 挑剔周围人的小毛病。 □A □B □C □D □E
*48. 祈祷神灵或祖先保佑自己永不染上“非典”。 □A □B □C □D □E
49. 大剂量地服用预防药物。 □A □B □C □D □E
50. 从不向别人诉说自己的感受。 □A □B □C □D □E
*51. 埋怨一些地方控制不力、管理疏漏。 □A □B □C □D □E
*52. 嗓子发痒或发痛，无故干咳。 □A □B □C □D □E
53. 认为该发生的事情总是要发生，还是听天由命吧。
□A □B □C □D □E
*54. 有时想结束自己的生命。 □A □B □C □D □E
*55. 积极锻炼身体以增强自己的免疫力。 □A □B □C □D □E
*56. 即使身体有不适也不敢去医院，唯恐感染“非典”。
□A □B □C □D □E
57. 反复消毒，一有空就拿着消毒液四处喷洒。 □A □B □C □D □E
58. 觉得心情很郁闷。 □A □B □C □D □E
59. 经常设想“如果没有‘非典’该多好”。 □A □B □C □D □E

第三编

青少年学习适应问题及教育对策

QINGSHAONIAN XUEXI SHIYING WENTI JI JIAOYU DUICE

学习是青少年的主要活动。青少年在学习上存在的心理问题突出地表现为学习适应性问题和考试心理问题等。学习适应性问题亦称学习适应不良，是指学生在学习过程中，因不能根据学习条件的变化主动、有效地进行身心调整，而导致的学习成绩和身心健康达不到应有发展水平的学习干扰现象；[①]考试心理问题，是指个体在考试应激情境下，在具体的考试活动过程中产生的个体意识到或意识不到的主观困惑状态及身心行为障碍。[②]研究表明，我国有相当比例的青少年学生存在不同程度的学习适应性问题和考试心理问题。[③④⑤]提高青少年的学习适应能力，培养其良好的学习适应性和健全的考试心理素质对于促进学生学会学习、学会创造，推进素质教育具有重要意义。如何对学生的学习适应性和考试心理问题作出科学的诊断和评定，并在此基础上给予科学有效的训练指导，通过提高学生学习适应性和考试心理素质进而提高其学习效果，是实施素质教育尤其是心理素质教育中亟待解决的重要课题。

本编以学习适应和考试心理问题为核心，运用问卷调查、访谈研究和教育实验等方法，对青少年的学习心理问题进行了科学研究，编制了中学生考试心理问题和大学生学习适应性量表，初步揭示了青少年学习适应和考试心理问题的主要类型，分析了青少年学习适应和考试心理问题的发展特点，尤其是针对小学生学习适应性发展特点和水平，进行了教育干预实验，初步探索了提高小学生和大学生学习适应性的有效措施和方法，提出了针对中学生考试心理问题的有效调适策略。这对于指导青少年学习心理健康发展，提高其学习心理素质，具有重要的理论价值和实践意义。

---

① 田澜、张大均、陈旭：《小学生学习适应问题的整合性教育干预实验研究》，《心理科学》2004 年第 27 卷第 6 期，第 1389~1392 页。

② 江琦、张大均：《中学生考试心理问题及发展的研究》，《心理科学》2005 年第 28 卷第 1 期，第 227~229 页。

③ 田澜、肖方明、陶文萍：《关于中小学生学习适应性的研究》，《宁波大学学报(教育科学版)》，2002 年第 1 期，第 41~44 页。

④ 赵富才：《大学新生心理适应问题研究》，《健康心理学杂志》1999 年第 4 期，第 397~399 页。

⑤ 江琦、张大均：《中学生考试心理问题及发展的研究》，《心理科学》2005 年第 28 卷第 1 期，第 227~229 页。

第八章

Di Ba Zhang

小学生学习适应性问题及指导策略

学习不适应是小学生常见的学习心理问题。如何有效诊断和评定小学生学习适应性的发展水平，并给予科学有效的教育训练，以提高其学习适应性水平，促进其学习效果，是小学素质教育尤其是心理素质教育中亟待解决的重要课题。本研究通过问卷调查法和访谈法，对小学生学习适应性的主要类型和发展特点进行了初步探索，采用整合性教育干预模式对小学中年级学生进行了学习适应性的教育干预实验，探讨了该模式对提高小学中年级学生学习适应性水平、促进其学习适应能力发展的有效性和可行性，为中小学开展学习适应性辅导，预防和矫正学生学习适应问题提供了理论依据和方法支持，对全面提高小学教育教学质量和学生整体心理素质水平具有重要的理论价值与现实意义。

第一节　研究概述

一、研究现状

（一）国外关于学习适应困难的研究

国外学者对学习适应性问题的研究主要表现在其对学习适应困难的系列研究中①②③④。综合其研究成果发现，他们认为学习困难主要有四种原因：（1）神经系统的缺陷引起；（2）注意力不能集中于学习上；（3）学习动机失调；（4）学习的信

① 谢斌：《国外学业不良研究的几个历史阶段》，《教学与管理》1998 年第 2 期，第 91～92 页。
② 牛卫华、张梅玲：《西方有关学习困难问题研究的新进展》，《心理科学》2000 年第 23 卷第 3 期，第 357～358 页。
③ 张冬冬、王书荃：《美国对学习困难的研究》，《心理学动态》1996 年第 1 期，第 57～62 页。
④ 王书荃、张冬冬：《国外学习障碍研究的历史和现状》，《中国特殊教育》1996 年第 3 期，第 42～48 页。

息加工存在问题。学习困难的教育干预模式，经历了从20世纪60年代强调心理过程训练角度的干预发展到20世纪70年代的直接教学模式，再到20世纪90年代的认知与非认知整合干预的过程。20世纪60年代，人们认为学习困难儿童的感知、注意、记忆、语言和思维等基本的神经心理过程存在障碍。因此，对学习困难儿童的治疗应着重训练其心理过程，甚至主张心理过程训练应领先于学科教学，如出现了Gillingham和Stillman针对阅读障碍设计的声学训练，Fernald发展了视觉—听觉—触觉的治疗性阅读教学，Cruickshan（1961）研究了针对没有智力缺陷但有知觉损伤和多动症儿童的教学技术等等。但是，Hammill等人的研究发现，这些训练并没有使儿童的认知和学业成绩获得什么进步。于是在20世纪70年代以后，人们提出了针对学习困难儿童的直接教学（direct instruction）模式。该模式主张，针对学习困难儿童的额外训练应接近正被老师教授的那些学科技能。其做法是，分析学习困难学生在具体学科中出现的策略缺失问题，设计有针对性的教学训练，在特殊课堂上给这些儿童讲解并让其练习和掌握相关的策略步骤，从而实现学科成绩的提高。虽然实践证明，直接教学模式的干预效果较好，但在实施过程中，人们注意到，学习困难儿童的非认知品质会影响到干预的效果。因此，20世纪90年代以来，人们逐渐认识到对学习困难儿童的干预应从认知和非认知两个方面入手，并且这种干预应该让学习困难儿童融入正常的教学班级和教学环境中进行，这就是整体化干预的思想。由此可见，西方关于学习适应困难的研究经历了从适应不良原因的分析到有针对性的教育干预和训练的转变，其干预训练模式又经历了由针对学习策略的认知训练的单一性模式向针对认知和非认知训练的整合性干预模式转变的过程。

（二）国内关于学习适应不良的研究

20世纪90年代以来，国内学者围绕学习适应性的概念和功能、学习适应性的发展现状、学习适应性培养以及异质（多动症、学业不良）儿童的学习适应等问题，开展了大量的研究。

1. 学习适应性的内涵及功能

学习适应性的研究首先需要理解适应性的概念。关于适应性，不同学者有不同的看法。一般认为，适应性是指个体的心理适应能力，反映的是个体为取得自身与环境相互协调的某种身心活动中较为稳定的能力。如它是指“个体在与周围环境相互作用、与周围人们相互交往的过程中，以一定的行为积极地反作用于周围环境而获得平衡的心理能力”①，是“个体为完成某种社会生活适应过程，形成相应的心理—行为模式的能力”②，是“个体在社会化过程中，改变自身或环境，使自身与环境

① 郑日昌：《中学生心理诊断》，山东教育出版社1994年版，第222页。
② 许峰：《关于人的适应性培养的社会心理分析》，《教育研究与实验》2000年第6期，第36～40页。

协调的能力。它是认知和个性因素在个体的'适应—发展—创造'行为中的综合反映，是个体生存和发展中必要的心理因素之一"①。研究表明，具有较高心理适应性的人应该对环境变化持有积极灵活的态度，能够主动调整身心，在现实生活环境中保持一种良好的有效的生存状态。② 因此，个体的适应性水平是其心理健康的重要指标，是学生心理素质结构的重要维度（张大均，2000）。

关于学习适应性，国内学者多引用周步成等修订的《学习适应性测验手册》上的表述，认为学习适应性也就是学习适应能力，它是指"个体克服困难取得较好学习效果的倾向"，其包括"学习热情、有计划地学习、听课方法、读书和记笔记的方法、记忆和思考的方法、应试的方法、学习环境、性格和身心健康"等因素。③④⑤这种表述基本反映了学习适应性的内容结构，但其描述也有值得商榷的地方：其一，学生要克服的学习困难有很多，有内部的或外部的，客观的或主观的，有合理的或不合理的，有适应层面、发展层面的，还有创造层面的。但只有克服适应层面上合理性的内外部困难，才属于学习适应性范畴，不能把对所有困难的克服过程都称其为适应，否则就混淆了学习困难和学习适应问题。其二，"取得较好学习效果"的表述也有一定的模糊性和片面性。在应试教育尚未完全从体制上实现向素质教育转轨的情况下，学生取得良好学习效果有多种可行途径。比如，为提高学习成绩，教师可以加班加点，学生可以加倍投入学习时间和精力。我们不能把诸如此类学习过程所取得的"较好学习效果"也作为学习适应性提高的标志。否则，就会使人产生一种误解：学习成绩好就等于学习适应性高。另外，适应是为全面发展服务的，全面发展不只是知识技能的发展，还包括心理素质的发展，把良好适应的结果仅仅归为学习效果的改善，未免有些片面。

因此，结合适应性的内涵和学生学习的特点，我们把学习适应性界定为学生在学习的过程中根据学习条件（学习内容、学习环境、学习任务要求等）的变化，主动作出身心调整，以求达到内外学习环境相平衡并促进学力发展的能力。

学习适应性对学生学业进步和心理健康发展具有重要作用。研究表明，较高的学习适应性是学生取得良好成绩的重要保证。戴育红在比较了小学生的学习适应性、智力与学习成绩的相关后发现，"学习适应性和智力水平对小学生学习成绩的影响都

① 张大均、冯正直、郭成、陈旭：《关于学生心理素质研究的几个问题》，《西南师范大学学报（人文社会科学版）》2000年第3期，第56～62页。

② 樊富珉：《社会现代化与人的心理适应》，《清华大学学报（哲学社会科学版）》1996年第4期，第43～48页。

③ 白晋荣、刘桂文、郭雪梅：《中学生学习适应性的研究》，《心理学动态》1997年第5卷第2期，第60～63页。

④ 王惠萍、李克信、时建朴：《农村初中生学习适应性发展的研究》，《应用心理学》1998年第4卷第1期，第49～54页。

⑤ 宋广文：《中学生的学习适应性与其人格特征、心理健康的相关研究》，《心理学探新》1999年第19卷第1期，第44～47页。

是极其显著的，且影响程度大致相同”①。刘衍玲等研究发现，学习适应性对小学生的学业成绩有重要影响，对中等成绩的学生有直接影响，而对优等生和差生的影响均为间接的。② 因此，重视和加强学生学习适应性的指导，是转变学业不良、大面积提高教学质量的重要途径。同时，学习适应性是个体心理素质结构中适应性素质的重要成分，学习适应状况的改善、适应性素质的提高对于促进学生整体心理素质结构和功能的发展具有重要作用。宋广文研究发现，学习适应性高的学生具有高稳定性、高有恒性、高独立性、高自律性、低紧张性、低怀疑性和低忧虑性的人格特征；他们无论在总体水平，还是在具体指标上，其心理健康水平均较好。③ 由此可见，学习适应性既是学生心理健康的重要指标之一，也是健全心理素质发展的主要内容和基础。

2. 小学生学习适应性的发展及其培养

关于小学生学习适应性发展的研究主要有单因素的调查和综合性的调查两类。单因素的调查主要是从学习态度、方法（策略）和环境等单一因素来揭示学习适应性的发展特征。如陶德清比较了兰州市不同社区小学生学习态度的差异，揭示出学生的学习态度受到广泛的社会文化背景、教育思想及学生年龄等因素的影响④，其进一步调查发现，目前小学生的学习态度具有“普遍较差且个别差异很大”的特点⑤；张英彦的调查发现，低年级小学生学习态度的总体水平要优于高年级，三年级有分化的迹象⑥；罗永祥等对贵阳市中小学生学习态度的调查发现，在考试压力方面，不存在性别差异，但存在地域和学段的显著差异，随着年级的升高，学生对分数和能力辩证关系的认识更趋全面，不同学段的学生在学习兴趣上存在非常显著的差异。⑦ 这些单因素的调查研究从某一侧面揭示了我国小学生学习适应性发展的特点，对教育实践具有一定的参考价值，但要全面了解学生学习适应性的整体水平和特征还必须借助综合性调查研究。

综合性调查研究多数是使用周步成等人修订的《学习适应性测验》工具来探讨我国小学生的学习适应性发展的现状，其结论主要表现为：（1）小学生学习适应性的总体水平居于中等，各地区学生的学习适应性发展极不平衡。如戴育红在广州市的调查结果表明，3～6 年级小学生学习适应性平均等级刚达到中等“3”，学习适应

① 戴育红：《小学生学习适应性的研究》，《教育导刊》1997 年第 1 期，第 15～17 页。
② 刘衍玲：《小学生心理素质与学业成绩的相关研究》，西南师范大学硕士学位论文，2001 年。
③ 宋广文：《中学生的学习适应性与其人格特征、心理健康的相关研究》，《心理学探新》1999 年第 19 卷第 1 期，第 44～47 页。
④ 陶德清：《兰州市不同社区中小学生学习态度的比较研究》，《心理科学》1995 年第 18 卷第 1 期，第 34～37 页。
⑤ 陶德清：《中小学生学习态度的主优势型模式分析》，《心理发展与教育》1998 年第 3 期，第 33～37 页。
⑥ 张英彦：《小学生学习态度的研究》，《教育探索》1998 年第 6 期，第 53～54 页。
⑦ 罗永祥、张祎：《贵阳市城镇中小学生学习态度调查研究》，《贵州教育学院学报（社会科学版）》1999 年第 1 期，第 24～28 页。

不良率为26.71%，优等率只有1.86%[①]；杨广兴等人在天津的调查发现，三年级和五年级小学生学习适应性的平均等级分别为3.39和3.57，不良率分别为14.1%和17.4%，优等人数分别占7.54%和19.7%[②]；杨雪梅等人则报告，四川达州市小学二至四年级学生学习适应性的平均等级在2.86～2.31之间[③]，这明显低于前两项结果。由此可见，我国小学生学习适应性的总体水平不高，适应不良率偏高而优等率偏低。这表明我国还有相当一部分小学生存在学习适应问题，需要接受有针对性的学习适应性辅导。（2）小学生学习适应性发展存在一定程度的性别差异，总体上，男生低于女生。但其差异程度，不同的研究有较大出入。戴育红认为两者差异不显著；杨广兴等发现三年级性别差异显著而五年级不显著；杨雪梅等发现，不仅女生的测验总分显著高于男生，而且在七个内容量表的得分上只有学习技术一项不存在显著差异。（3）小学生学习适应发展的年级差异显著但结果不太一致。戴育红认为中年级略差于高年级；杨广兴等认为，五年级虽然比三年级略有提高，但其两极分化倾向比三年级严重；杨雪梅等提示，二年级表现最好，三、四年级出现大幅度滑坡现象。

我们认为，这些调查结果之所以会出现差异，除了有各地区小学生学习适应性发展不平衡的客观原因之外，还与调查抽样的代表性偏差有关。

关于小学生学习适应性培养的研究主要有局部培养和整体培养两类。（1）局部培养。随着学生心理健康教育的推进，近几年出现了大量旨在提高小学生学习成效的实验研究。不管这些研究的初衷是为了培养学生的良好学习习惯还是改进学习方法，抑或是优化学习品质，它们都对学生的学习适应性产生了间接的或局部的影响，故将其归结为学习适应性培养的局部研究。有些研究证明了小学生学习适应性局部培养的有效性。如，陈平等探索了从建立学习目标、激发学习积极性和保证成功体验等方面培养小学生学习主动性的可能性和实效性[④]；葛明贵等用实验证实了培养小学生的学习兴趣、动机、信心和态度等品质的可行性和效果[⑤]；张履祥等研究发现，在小学开设学习策略训练课能够显著提高学生的学习能力。[⑥]（2）整体培养。与局部培养研究相比，整体培养的实验研究并不多见，仅检索到彭云霞等以中学生为对象的研究报告。[⑦]他们在对实验班学生进行为期三年的学习心理干预后发现，

---

① 戴育红：《小学生学习适应性的研究》，《教育导刊》1997年第1期，第15～17页。
② 杨广兴、幺青：《小学生学习适应性的实验研究》，《社会心理科学》2000年第1～2期，第35～37页。
③ 杨雪梅、叶峻：《小学生学习适应性发展的研究》，《四川心理科学》2001年第3期，第36～37页。
④ 陈平、朱敏：《小学生学习主动性培养的实验研究》，《教育研究》1995年第11期，第44～50页。
⑤ 葛明贵、杨永平：《小学生学习品质训练的实验研究》，《安徽师范大学学报（哲学社会科学版）》1997年第25卷第3期，第367～371页。
⑥ 张履祥、钱含芬：《小学生学习策略训练效应的实验研究》，《心理科学》2000年第23卷第1期，第103～104页。
⑦ 彭云霞：《中学生心理素质训练与教育实验报告》，《现代教育研究》1999年第2期，第41～44页。

在 12 项因素中，除身心健康和家庭环境没有显著差异外，其余 10 个因素均表现出显著的差异。但该研究发现，三年后实验的延时效应并不明显。

二、已有研究的特点及其存在的问题

通过文献分析，我们认为，国内外中小学生学习适应性研究的特点主要表现为：（1）从研究对象上看，对中学生学习适应性的研究多，而对小学生的研究少；对特殊儿童的研究多，而对正常儿童的研究少。（2）从研究方法上看，理论思辨和心理测量法运用较多，教育实验法较少。（3）从研究类型和规格看，间接研究多，直接研究少；单一性研究多，整体性研究少。

综观已有研究，它们对揭示小学生学习适应性的内涵和机制，阐明学习适应性和学业成绩的关系，以及了解我国小学生学习适应性的发展特点和现状都有重要的启发。但从总体上看，这些研究存在如下局限性：（1）许多研究只停留在对学生学习适应性发展现状的调查上，未能深入研究各种教育力量如何对学习适应问题进行有效的教育干预。（2）有的研究虽然涉及学习适应性的教育和培养，但仅将学习适应性的单一维度引入干预范畴，缺乏对学习适应性的整体培育和对学习适应不良的综合干预，致使实验效果不够理想。为此，今后应着重围绕以下方向展开系统研究：（1）探讨适应性乃至学习适应性的本质和机制；（2）进一步探索我国中小学生学习适应性的发展水平和特点；（3）科学开展学习适应性培养方面的实验研究，系统探讨学习适应性培养的有效模式。

三、研究设计

（一）研究思路

借鉴国内外已有研究成果，通过问卷调查和访谈，探析小学四、五年级学生学习适应性问题的类型和特点。运用心理健康教育整合模式（张大均，2000），针对小学生学习适应问题的现状进行教育干预，探讨该模式对提高小学生学习适应性水平的有效性和可行性。

（二）研究方法

主要包括心理测量法和教育实验法，即运用学习适应性量表对小学生进行学习适应性测量，语文、数学学科知识技能测验，开展以学习适应性专题训练课为主，个别咨询辅导和家庭间接辅导为辅的整合性教育干预训练活动。

（三）研究内容

1. 小学四、五年级学生学习适应性的发展水平和特点研究。
2. 小学生学习适应性问题的整合性教育干预模式的有效性和可行性验证。

第二节　小学生学习适应性的特点

本研究拟通过对四、五年级小学生学习适应性问题的问卷调查，分析小学中年级学生学习适应性问题的基本类型和特征。调查对象为重庆市某重点小学的四、五年级学生409名（男生213人，女生196人）。其中，四年级207人（男生101，女生106），五年级202人（男生111，女生91）。所用量表为学习适应性量表（AAT，周步成修订，1991）。该量表由日本教育研究所学习适应能力测验研究部编制，周步成等人根据我国儿童学习情况对其进行了标准化修订。量表的分半信度为0.71～0.86，重测信度为0.75～0.88，具有较好的结构效度。小学段量表分为小1至小2，小3至小4和小5至小6三个分量表。其中，小3至小4量表包含学习态度、听课方法、学习技术、家庭环境、学校环境、独立性和毅力、身心健康等7个内容量表。小5至小6量表包括学习态度、学习技术、学习环境和身心健康4个分量表。其中，学习态度分学习热情、学习计划、听课方法3个维度，学习环境包含家庭环境和学校环境2个维度，身心健康包含独立性、毅力和身心健康3个维度，共有9个维度。该量表的记分方式为测题的每个项目实施3级记分，分别记0分、1分和2分；四年级和五年级AAT全量表的得分范围分别为0～140分和0～180分；得分越高，标志学生的学习适应性水平越高。在统计时，先将每个学生的原始分按AAT使用手册转换成标准分并据此确定其学习适应性等级。数据分析结果如下。

一、小学中年级学生学习适应性发展的总体状况

经统计分析，接受调查的四、五年级小学生学习适应性发展的总体水平见表8－1。

表8－1　四、五年级小学生学习适应性总体水平

年　级	n	总　分		标准分		等　级	
		平均数	标准差	平均数	标准差	平均数	标准差
四	207	97.14	16.70	47.46	8.82	2.82	.88
五	202	119.77	22.20	48.05	9.96	2.84	1.01

注：根据AAT的评价等级，3为中等水平。

表8－1显示，四年级小学生AAT测验的平均总分为97.14（满分为140），标准分为47.46，平均等级为2.82；五年级小学生的总体平均分、标准分和等级分别为119.77分（满分为180）、48.05分和2.84级。从平均等级可以看出，被调查的

小学生的学习适应性水平均低于中等水平“3”（M=2.82，2.84<3）。这说明小学生学习适应性水平较差。

二、小学中年级学生学习适应性各等级分布情况

表 8−2　四、五年级学生学习适应性等级分布人数和百分比

年　级	n	一等	二等	三等	四等	五等
四	207	12（5.80）	64（30.92）	81（39.13）	48（23.19）	2（0.97）
五	202	16（7.92）	62（30.69）	72（35.64）	41（20.29）	11（5.45）

表 8−2 显示，四年级学生的学习适应性位于三等和三等以上的占 63.28%，达到优等者仅有 0.97%；在三等以下亦即学习适应不良的占 36.72%。五年级的优等率为 5.45%，不良率（三等以下）为 38.61%。

三、中年级小学生学习适应性各因素发展的差异

由于小学四年级和小学五年级的 AAT 量表在维度构成上存在差异，因而只能分年级描述学生 AAT 各因素的发展差异。其在 AAT 各内容量表和分量表得分上的不良率分别见表 8−3、表 8−4 和表 8−5。

表 8−3　四年级学生在 7 个内容量表测验上的不良率

维　度	学习态度	听课方法	学习技术	家庭环境	学校环境	独立性和毅力	身心健康
不良率（%）	21.5	30.6	31.1	44.0	34.0	34.9	39.2
低—高排序	①	②	③	⑦	④	⑤	⑥

由表 8−3 可以看出，四年级学生在 AAT 测验 7 个内容量表上的不良率由低到高的排位是：学习态度<听课方法<学习技术<学校环境<独立性和毅力<身心健康<家庭环境。这说明，四年级学生除学习态度发展较好外，在其余 6 个维度上均有超过 30%的学生存在程度不同的适应困难，其中家庭环境和身心健康两方面的适应性问题比较严重。

表 8－4　五年级学生在 9 个内容量表测验上的不良率

维　度	学习热情	学习计划	听课方法	学习技术	家庭环境	学校环境	独立性	毅力	身心健康
不良率（%）	25.5	35.5	18.0	24.5	33.0	33.5	32.5	36.5	25.5
低—高排序	③	⑧	①	②	⑥	⑦	⑤	⑨	③

表 8－5　五年级学生在 4 个分量表测验上的不良率

维　度	学习态度	学习技术	学习环境	身心健康
不良率（%）	29.0	24.5	43.0	34.0
低—高排序	②	①	④	③

表 8－4 和表 8－5 显示，五年级学生在学习适应性 9 个维度上的不良率，由低到高的排位是：听课方法＜学习技术＜学习热情＝身心健康＜独立性＜家庭环境＜学校环境＜学习计划＜毅力。四个分量表的不良率由低到高的排位是：学习技术＜学习态度＜身心健康＜学习环境。这说明，五年级学生对学习环境，尤其是对学校环境的适应困难较为突出。

四、中年级小学生学习适应性发展的性别差异

中年级男女生学习适应性得分差异比较分别见表 8－6 和表 8－7。

表 8－6　四年级小学生学习适应性发展的性别差异比较

项　目	女生（n＝106）		男生（n＝101）		t
	平均数	标准差	平均数	标准差	
学习态度	15.88	2.72	14.33	3.41	3.63***
听课方法	13.81	2.63	12.14	3.01	4.26***
学习技术	13.92	3.07	12.704	3.50	2.65**
家庭环境	15.19	2.77	14.45	3.19	1.79
学校环境	14.56	3.23	12.79	3.16	3.96***
独立性和毅力	14.51	2.74	12.63	3.22	4.52***
身心健康	14.25	3.14	12.78	3.50	3.19**
总　分	102.11	15.01	91.82	16.72	4.66***
标准分	50.05	8.03	44.70	8.77	4.58***
等　级	3.08	.79	2.55	.90	4.44***

表 8-7　五年级学生学习适应性发展水平的性别差异比较

项　目		女生（n=91）		男生（n=111）		t
		平均数	标准差	平均数	标准差	
一阶因素	学习热情	15.27	3.17	13.84	3.62	2.93**
	学习计划	13.23	3.62	12.36	3.56	1.70
	听课方法	14.61	3.04	14.10	3.12	1.17
	家庭环境	13.13	3.14	12.77	4.03	.67
	学校环境	12.77	3.65	11.27	2.96	3.21**
	独立性	12.89	2.76	12.40	2.56	1.30
	毅　力	15.51	4.08	13.90	3.94	2.82**
	身心健康	13.82	3.06	13.06	2.89	1.78
二阶因素	学习态度	43.11	8.75	40.30	8.58	2.28*
	学习技术	13.05	3.68	12.84	3.20	.43
	学习环境	25.90	5.63	24.05	5.61	2.31*
	身心健康	42.22	8.44	39.36	7.05	2.60*
总　分		124.27	22.96	116.54	20.85	2.48*
标准分		49.99	9.89	46.64	9.74	2.39*
等　级		3.08	1.04	2.67	.95	2.92**

从表 8-6 可知，总体上，四年级女生的学习适应性总分、标准分和平均等级都极显著地高于男生（$p<0.01$）。具体而言，除家庭环境因素外，其余 6 个因素即学习技术、身心健康、学习态度、听课方法、学校环境、独立性和毅力的得分均极显著优于男生（$p<0.01$）。

从表 8-7 可知，总体上，五年级女生学习适应性的总分、标准分和平均等级均显著优于男生（$p<0.05$，$p<0.01$）。从具体因素上看，女生在学习热情、学校环境和毅力 3 个因素上的得分极显著优于男生（$p<0.01$）；在学习态度、学习环境和身心健康 3 个分量表上的得分显著优于男生（$p<0.05$）。

五、讨论

（一）关于小学生学习适应性的发展水平及其差异

目前来看，已有的调查研究对我国小学生学习适应性发展水平的评估还不太一致。较多的研究者认为，我国小学生学习适应性的总体水平为“略超中等水平”（3

为中等水平)[①②]，但有的则报告“低于中等水平”[③]。本研究的结果是“低于中等水平”，即四年级学生的平均等级为 2.82，五年级为 2.84。我们认为，小学生学习适应性发展水平的高低在相当程度上取决于学校教育影响的强弱。不同历史时期、不同地区、不同类型学校甚至不同班级的教育教学水平均存在着差异，从而导致了我国小学生学习适应性发展水平的地区和历史差异。

小学生学习适应性的发展存在着一定的差异，这种差异主要表现在性别和年级差异上。(1) 学习适应性发展的性别差异。本研究的结果显示，四、五年级女生的学习适应性整体发展水平显著高于男生。这与杨雪梅等人的研究结果基本一致。我们认为，这也基本符合小学教师在日常教学和管理工作中较多地偏爱女生的事实。因此，就性别来说，男生应是小学生学习适应性教育干预的重点对象。(2) 学习适应性发展的年级差异。本研究发现，两个年级学生的学习动力问题相对较弱，不良率也较低；学习环境问题最为突出，他们都对学校环境的适应能力较差；身心健康一直是学业进步的重要威胁因素；学习策略虽有逐步改善的迹象，但总的来说，问题也较为突出。就年级差异来说，其一，四年级学生的家庭环境适应不良的程度比五年级严重，五年级学生对学校环境的适应性比四年级学生有所降低；其二，四年级时较为严重的听课方法适应问题到五年级时有了改善，五年级学生的基本学习技术比四年级也有所提高，但产生了元认知学习技能——制订学习计划上的新问题。

（二）关于小学生学习适应问题的基本类型

学习适应问题是中小学生常见的学习心理问题之一。长期以来，人们对学习适应问题缺乏系统、全面的分类。我国台湾学者吴武典把学生在校学习不良行为分为外攻性行为问题、内攻性行为问题、学习适应问题、偏畸习惯、焦虑症状和精神病症候，并把学业适应问题细分为考试作弊、不做作业、粗心大意、偷懒、偏科、不专心等。[④] 很明显，这种心理治疗学的分类，虽考虑到了中小学生特有的问题，较符合学生学校生活实际，但有简单罗列之嫌。我们认为，为使学习适应问题的划分具有科学性和可操作性，主要应综合考虑两种分类方法：一是依据学习适应问题的本质来进行分析，也就是要考虑学生在学习过程中到底要根据哪些条件的变化而作出必要的身心调整性行为。一般来说，学生的学习是以一定的身心健康条件为基础，在一定的环境和气氛中，在某种动力的推动下，凭借一定的方法和手段完成一定任务的复杂性智能活动。据此，学习适应性应包含身心健康适应、环境适应、学习动力适应和学习方法适应四个基本方面。二是临床推断分类法，也就是利用心理测验

---

① 戴育红：《小学生学习适应性的研究》，《教育导刊》1997 年第 1 期，第 15～17 页。
② 杨广兴、幺青：《小学生学习适应性的实验研究》，《社会心理科学》2000 年第 1～2 期，第 35～37 页。
③ 杨雪梅、叶峻：《小学生学习适应性发展的研究》，《四川心理科学》2001 年第 3 期，第 36～37 页。
④ 张大均：《教育心理学》，人民教育出版社 1999 年版，第 246～247 页。

法（如AAT测验）、咨询访谈法和临床观察等方法来归纳和推断学生所存在的学习适应问题的类型。本研究借助科学的检测工具，鉴别出四、五年级学生存在多方面的学习适应问题。具体说来，四年级学生在身心健康、家庭环境、学习技术和听课方法上的问题最为突出，独立性和毅力、学校环境的发展也存在较大的问题，仅有学习态度一项发展较好；五年级学生的学校环境、学习计划、独立性、家庭环境、毅力、学习技术和身心健康均存在较大的问题，只有听课方法和学习热情发展较好。而后两者同属于AAT测验的学习态度分测验。可见，被调查的四、五年级小学生除学习态度较好外，学习环境（家庭环境和学校环境）、学习策略（听课方法、学习技术和学习计划）和身心健康（独立性、毅力、身心健康）三个方面的问题较为严重。再结合我们与相关教师和学生家长的访谈，并总结学生在接受个别辅导时所提出的咨询问题，我们将小学生的学习适应问题归纳为下列几种主要类型。

1. 环境适应不良。这是指学生的家庭环境和学校环境中存在某些不太容易克服的消极因素，或者他们不善于利用环境中的有利因素。这类学生的家庭和学校“硬”环境虽然也存在一些问题，但更主要的是“软”环境存在问题，他们的家庭和学校人际关系需要改善。在本次调查中，四、五年级分别有44.0％和33.0％的学生对家庭环境适应不良，有34.0％和33.5％的学生对学校环境适应不良。在接受个别咨询辅导时，有不少学生反映，他们与教师、同学和家庭成员之间存在经常性的人际冲突。

2. 学习策略失调。这类学生就是平常所说的不会学习的学生，他们在听讲、做作业、制订学习计划、合理安排学习时间、应考等具体的学习方法和技术方面总显得不是很高明。本次测查结果表明，四年级有30.6％的学生不会听课，有31.1％的学生学习技术不高；五年级有35.5％的学生不会制订学习计划，有18.0％的学生听课方法有待改进，有24.5％的学生学习技术尚需提高。在个别咨询中更有学生就较为具体的学科学习技术问题提出辅导要求。

3. 身心健康欠佳。这类学生的身心健康总体水平较低，存在着较多的心理困惑或心理问题，特别是他们在学习时常常感到体力不支，头昏脑涨；成功的学习所必需的独立性和毅力等心理品质在他们身上也表现得较弱。在本次测验中，有34.9％的四年级学生的独立性和毅力较差，有39.2％的四年级学生的身心健康水平不高；在五年级学生中，有32.5％的学生缺乏独立性，有36.5％的学生毅力不够顽强，有25.5％的学生身心健康水平需要提高。我们在对这类学生进行个别辅导时发现，他们大都能举出许多事例来证实自己确实存在某方面心理素质发展的缺陷，并有强烈的自我完善的愿望。

4. 学习动力不足。这类学生不明确学习的意义，学习动机不强，缺乏学习热情。家长和教师称其有厌学情绪。在本次调查中，有21.5％的四年级学生和25.5％

的五年级学生存在学习动力不足问题。在咨询辅导中我们也了解到，有些学生对某些学科的学习兴趣不浓，较为严重者甚至有放弃学习的念头。

第三节　整合性教育干预对小学生学习适应性的影响

一、研究目的

本研究针对小学生学习适应性问题的现状，运用整合性教育干预模式进行教育实验，探讨该模式对提高小学生学习适应性水平，促进其学习适应能力发展的有效性和可行性。

二、研究假设

有针对性地对小学生学习适应问题进行整合性教育干预能促进其学习能力的发展和学业成绩的提高。

三、研究方法

（一）研究对象

在重庆市某小学四年级随机选择两个自然班作为实验班（男生 26 人，女生 26 人）和对照班（男生 25 人，女生 27 人），两个班级的人数均为 52 人。

（二）研究方法

1. 测量工具。学习适应性测验使用周步成等人 1991 年修订的学习适应性量表。学业成绩的前后测分别以三年级下学期和四年级上学期期末语文、数学两科成绩代替。

2. 测试时间。学习适应性前测在四年级上学期正式开学后第二周，后测安排在学期期末考试前一周。集中利用实验班和对照班的心理健康教育课的时间施测。每个班级约在 45 分钟内完成测试。

3. 实验过程

（1）实验处理：本实验采用实验班和对照班前后测的等组实验设计（详见表 8-8）。

表 8－8　实验处理

分　班	前　测	实验处理	后　测
实验班	学习适应性测验 学业成绩测量	①学习适应性专题辅导课 ②个别咨询辅导 ③家庭间接辅导	同前测
对照班	学习适应性测验 学业成绩测量	日常教学	同前测

本实验的自变量为整合性教育干预措施，因变量为学生学习适应性水平和学习成绩。其中自变量的实施形式主要包括：第一，开设学习适应性专题辅导课。从《中小学生心理素质训练》小学生用书（每年级一分册，每册 20 余课）中，抽选与 AAT 量表各维度匹配的课题，编成《学习适应性专题辅导》实验教材。该教材包含 19 课。利用实验班每周一节的心理健康教育课，对学生集中进行学习适应性专题训练。实验班的授课教师由本研究者担任。第二，开展个别咨询辅导活动。主要有下列操作形式：①渗透在实验教师与学生的日常交谈和交往当中；②鼓励学生在日记或心理课作业本中倾诉自己的烦恼，或提出咨询问题，实验教师负责给予答复；③开展心理咨询辅导活动。咨询辅导人员由具有中小学生心理咨询辅导经验的十余名男女硕士研究生担任，在实验前期和中期利用班会课时间面向全班学生举行两次心理咨询辅导活动。第三，实施家庭间接辅导。虽然此活动的最直接目的是为了改善学生的家庭教育环境，但也有指导家长配合实验教师开展家庭学习适应性辅导的用意。其主要操作方式为举办家庭教育讲座和发放家庭教育辅导材料——《家长读物》。《家长读物》分学习需要好环境、培养孩子爱学习、培养孩子好习惯和亲子沟通有学问四个主题，每个主题包含判断鉴别、家教策略和家教反思三个基本板块，多以家庭教育的正反案例、名言警句、调查报告、案例评析、活动设计和问题思考等生动活泼的小栏目组成，特别是每个主题中均安排家长谈、写、演的活动，家长必须按照要求完成读写任务，在规定期限内，交给实验教师检查、批阅和评价。同时，实验教师也耐心解答家长提出的家教问题，与他们共商对策。

实验过程中所贯彻的干预原则：第一，全体全面原则。对全体学生的学习态度、学习策略、学习环境和身心健康等方面的适应问题进行全面系统的指导；耐心解答每个学生所提出的问题。第二，重点关注原则。在落实全体全面原则的基础上贯彻干预实验的意图，以指导学习适应性差的学生为重点，对他们进行重点督导。第三，民主和谐原则。在无条件尊重和理解学生及家长的前提下，开展个别咨询辅导、家庭间接辅导和专题训练课，创设民主、和谐的师生、师长互动的交流氛围。第四，体验践行原则。要求学生自我反思、积极探索、反复实践。教师重点考察学生对训练策略的接受、贯彻和运用程度。

无关变量的控制：第一，合理确定实验班和对照班。保证实验班与对照班学生的学业成绩和学习适应性起始水平大致对等。第二，控制影响实验效果的其他因素。不对实验班教师、学生和家长刻意宣扬实验的目的。不人为制造实验班和对照班在实验前后的竞赛气氛，保证学生在实验过程中做到情绪稳定。实验教师保持心态平和。

（2）实验过程：实验分三个阶段进行。

准备阶段（2001 年 6 月～8 月）。主要任务包括：①查找中外文献，制订和修改实验方案；②联系实验学校；③选择教育内容，编订《学习适应性专题辅导》学生用书（主要从由张大均主编的《中小学生心理素质训练》小学四年级学生用书中挑选）和家庭辅导材料——《家长读物》。④实施学业成绩前测。

实施阶段（2001 年 9 月～2002 年 1 月）。主要任务包括：①进行学习适应性前测（开学后第二周）；②为实验班学生家长举办家庭教育讲座，发放《家长读物》；③在实验班利用每周一节的心理健康教育课上学习适应性专题辅导课，按《学习适应性专题辅导》学生用书授课；④实验班学生在上学习适应性专题辅导课的过程中利用书面（作业形式）和面谈的方式接受个别咨询辅导；⑤在实验班举行学习心理咨询活动；⑥对实验班和对照班学生进行学习适应性和学习成绩的后测。

数据收集与处理（2002 年 2 月～4 月）。主要任务包括：①进行后测；②运用相关统计软件对数据资料进行统计分析。

四、结果与分析

（一）实验班与对照班学生学习适应性前后测得分差异比较

实验班与对照班学生在 AAT 各内容量表和全量表前后测得分的差异比较见表 8－9。

表 8－9　实验班与对照班学生学习适应性前后测得分比较

项　目		实验班（n=52）		对照班（n=52）		t
		平均数	标准差	平均数	标准差	
前测	学习态度	14.35	3.01	15.04	2.98	−1.18
	听课方法	12.35	2.39	13.12	2.92	−1.47
	学习技术	13.04	3.41	13.33	3.29	−.44
	家庭环境	14.64	3.01	15.04	2.70	−.72
	学校环境	13.44	2.73	13.67	3.05	−.41
	独立性和毅力	13.40	2.78	13.69	3.01	−.51
	身心健康	13.71	3.07	13.31	3.75	.60
	总　分	94.93	15.22	97.20	16.24	−.74
	标准分	46.13	7.97	47.56	8.73	−.87
	等　级	2.77	.85	2.79	.85	−.12

续表

项目		实验班（n=52）		对照班（n=52）		t
		平均数	标准差	平均数	标准差	
后测	学习态度	15.78	2.93	15.89	2.65	−.18
	听课方法	13.59	2.82	13.33	3.11	.41
	学习技术	14.04	3.68	13.67	3.29	.52
	家庭环境	15.94	2.45	14.24	3.01	2.94**
	学校环境	14.13	2.31	12.80	2.74	2.51*
	独立性和毅力	14.41	2.63	13.60	3.38	1.28
	身心健康	15.28	2.91	12.98	3.80	3.25**
	总　分	103.17	14.33	96.51	14.89	2.18*
	标准分	50.70	8.10	47.13	7.98	2.11*
	等　级	3.02	.88	2.80	.87	1.21

从表 8−9 可知，在实验前，实验班和对照班学生的学习适应性没有显著性差异（$p>0.05$）。但在实验后测中，实验班学生在全量表上的原始总分和标准分都显著高于对照班（$p<0.05$）；在 7 个内容量表中，实验班学生的身心健康和家庭环境得分较为显著（$p<0.01$）地高出对照班，学校环境得分也显著（$p<0.05$）高于对照班。

（二）实验班学生学习适应性前后测得分差异比较

实验班学生学习适应性前后测得分差异比较见表 8−10。

表 8−10　实验班学生学习适应性前后测得分比较

项　目	前　测（n=52）		后　测（n=52）		t
	平均数	标准差	平均数	标准差	
学习态度	14.36	3.01	15.91	2.83	−3.89***
听课方法	12.38	2.46	13.60	2.85	−2.75**
学习技术	12.98	3.47	14.04	3.72	−1.95
家庭环境	14.71	2.89	15.98	2.46	−3.18**
学校环境	13.56	2.55	14.13	2.33	−1.38
独立性和毅力	13.40	2.82	14.56	2.47	−2.81**
身心健康	13.82	3.07	15.40	2.83	−3.87***
总　分	95.20	14.82	103.62	14.17	−4.77***
标准分	46.24	7.78	50.93	8.03	−4.87***
等　级	2.76	.86	3.04	.88	−2.23*

表 8－10 显示，总体上看，实验班学生的 AAT 后测平均总分和标准分比前测有极其显著（$p<0.001$）的增长，平均等级也有显著性提升（$p<0.05$）。在 7 个内容量表中，学习态度和身心健康的增长极其显著（$p<0.001$），听课方法、家庭环境、独立性和毅力的增长较为显著（$p<0.01$）。

（三）实验班学习适应性优、中、差生 AAT 前后测得分比较

为考察实验在对学习适应性不同发展水平学生干预效果上的差异，我们依据 AAT 前测得分把实验班学生分成学习适应性优、中、差三组（等级 4 和 5 定为优、等级 3 定为中、等级 1 和 2 定为差），然后对这三组学生的学习适应性前后测得分进行比较，结果见表 8－11。

表 8－11　实验班学习适应性优、中、差三组学生 AAT 前后测得分比较

分　组	项　目	前　测		后　测		t
		平均数	标准差	平均数	标准差	
差生组（$n=19$）	学习态度	12.42	2.71	14.84	2.59	−4.11***
	听课方法	10.95	1.78	12.58	2.27	−2.48*
	学习技术	10.16	2.41	12.11	3.31	−2.20*
	家庭环境	12.74	1.941	14.47	2.44	−2.63*
	学校环境	11.68	1.97	13.16	1.86	−2.18*
	独立性和毅力	11.95	2.32	13.32	2.43	−2.063
	身心健康	11.32	2.36	13.84	2.63	−3.86***
	总　分	81.22	6.26	94.32	9.60	−5.21***
	标准分	38.89	2.98	45.68	5.18	−5.10***
	等　级	1.89	.32	2.63	.60	−4.38***
中等组（$n=22$）	学习态度	14.56	2.06	15.56	2.63	−1.31
	听课方法	12.19	1.87	13.25	2.79	−1.16
	学习技术	13.88	2.31	14.06	3.40	−.18
	家庭环境	15.50	2.31	16.75	2.05	−1.95
	学校环境	14.13	1.93	14.56	2.56	−.60
	独立性和毅力	13.31	2.68	14.88	1.89	−2.11
	身心健康	15.00	2.39	15.50	2.56	−.66
	总　分	98.57	5.73	104.56	12.37	−1.74
	标准分	47.94	3.09	51.44	6.88	−1.84
	等　级	3.00	.00	3.00	.90	.00

续表

分组	项目	前测		后测		t
		平均数	标准差	平均数	标准差	
优等组（$n=11$）	学习态度	17.70	1.42	18.50	2.01	−1.31
	听课方法	15.40	1.71	16.10	2.64	−1.11
	学习技术	16.90	1.73	17.70	1.89	−1.31
	家庭环境	17.20	2.86	17.60	1.43	−.51
	学校环境	16.20	1.48	15.30	2.21	1.78
	独立性和毅力	16.30	1.57	16.40	2.22	−.15
	身心健康	16.70	.67	18.20	.79	−4.88***
	总分	116.40	2.88	119.80	8.18	−1.64
	标准分	57.50	1.43	60.10	5.57	−1.69
	等级	4.00	.00	3.90	.74	.43

由表 8−11 可知，经过一个学期的教育干预，优、中、差三组学生的后测学习适应性比各自的前测都有不同程度的改善：差生的 AAT 后测总分、标准分和等级均极其显著地（$p<0.001$）高于前测。在 7 个内容量表中，仅在独立性和毅力上，差生的前后测得分差异未达到显著性水平，其余 6 项的后测得分均有显著或极其显著的提高：听课方法、学习技术、家庭环境和学校环境的后测得分增长显著（$p<0.05$），学习态度和身心健康的改善程度极其显著（$p<0.001$）。虽然中等组学生在 AAT 全量表和各内容量表上的后测得分比前测均有提高，但经检验，其得分差异均未达到显著性水平。优等组学生的 AAT 后测总分的提高不显著（$p>0.05$）。在 7 个内容量表中，唯有身心健康一项出现较为显著的增长（$p<0.01$）。

（四）对照班学生学习适应性前后测比较

根据等组实验的要求，我们也分析了对照班学生学习适应性前后测得分的变化情况，详见表 8−12。

表 8−12　对照班学生学习适应性前后测得分比较

项目	前测（$n=52$）		后测（$n=52$）		t
	平均数	标准差	平均数	标准差	
学习态度	14.98	3.03	15.89	2.65	−2.132*
听课方法	13.09	3.03	13.33	3.11	−.588
学习技术	13.22	3.44	13.67	3.29	−1.010
家庭环境	14.78	2.63	14.24	3.01	.996
学校环境	13.69	3.23	12.80	2.74	1.737

续表

项　目	前　测（n=52）		后　测（n=52）		t
	平均数	标准差	平均数	标准差	
独立性和毅力	13.60	3.18	13.60	3.38	.000
身心健康	13.36	3.74	12.98	3.80	.851
总　分	96.72	16.83	96.51	14.89	.113
标准分	47.33	9.07	47.13	7.98	.218
等　级	2.78	.88	2.80	.87	−.198

表 8−12 表明，总体上看，对照班学生的 AAT 前后测总分、标准分和等级的差异都不显著（$p>0.05$）。在 7 个内容量表中，仅有学习态度的后测得分比前测得分有显著的提高（$p<0.05$）。

（五）实验班与对照班学生学业成绩前后测比较

实验班、对照班学生语文和数学两科前后测成绩的比较见表 8−13。

表 8−13　实验班对照班学生前后测学业成绩比较

前后测	学　科	实验班（n=52）		对照班（n=52）		t
		平均数	标准差	平均数	标准差	
前测	语　文	−.063	1.08	−.063	.92	−.64
	数　学	−.017	1.07	−.017	.94	.175
后测	语　文	.19	.89	−.19	1.08	2.02*
	数　学	−.025	1.16	−.025	.83	.26

表 8−13 显示，实验前实验班和对照班学生的语文和数学两科平均成绩的差异均不显著；实验后，实验班学生的语文成绩显著超出对照班（$p<0.05$），而两班数学成绩的差异未达到显著性水平。

（六）实验班优、中、差生学业成绩实验前后差异比较

为考察实验对不同学习成绩学生的影响差异，我们依据前测语文和数学两科的总分成绩，把实验班学生分成学习成绩优、中、差三组，其中优等和差等生各占全班人数的 27%，中等生占 46%。然后对这三组学生学习成绩的前后测差异进行比较，结果见表 8−14。

表 8－14　实验班优、中、差生的学业成绩前后测比较

分组	学科	前测		后测		t
		平均数	标准差	平均数	标准差	
差生（n=14）	语文	−1.23	1.14	−.72	.94	−2.30*
	数学	−1.33	1.17	−1.06	1.65	−.86
中等生（n=24）	语文	−.008	.49	.40	.61	−3.17**
	数学	.34	.436	.29	.59	.40
优等生（n=14）	语文	1.01	.42	.75	.50	2.23*
	数学	.79	.20	.64	.41	1.28

表 8－14 显示，实验对优、中、差生学习成绩的影响是不同的：差生的语文和数学单科后测成绩较前测均有所提高，但只有语文成绩的增幅达到了显著性水平；中等生的语文成绩有较为显著的提高（$p=0.004<0.01$）；优等生的后测语文成绩比其前测有显著性降低（$p<0.05$）。

（七）实验班学生对学习适应性专题辅导课的教学评价

为考察学习适应性专题辅导课的实施效果，在实验结束前，我们利用自编的学习适应性专题辅导课（学生）评价问卷，让学生对实验教师的教学进行客观评价。该问卷涉及专题辅导的内容、方法、气氛及效果等 4 个方面，每一方面包含 5 个项目，每个项目实施 5 点记分。全问卷分值在 20～100 之间，分值越高，表明学生对教师的教学评价越高。实验班学生对学习适应性专题辅导课的评价见表 8－15。

表 8－15　学生对学习适应性专题辅导课的教学评价

学生	辅导内容	辅导方法	辅导气氛	辅导效果	总体评价
女生（n=26）	20.04±2.81	17.07±2.87	21.00±2.24	19.36±3.42	77.46±8.06
男生（n=26）	21.20±3.64	17.84±3.41	20.36±2.94	19.64±3.90	79.04±9.64
全班（n=52）	20.58±3.25	17.43±3.13	20.70±2.59	19.49±3.62	78.21±8.79

表 8－15 显示，学生对学习适应性专题辅导课的总体评价接近优等水平。学生对辅导气氛的评价最高，对教学内容和教学效果的评价次之，对教学方法的评价相对稍差。

五、讨论

（一）小学生学习适应问题教育干预的必要性和可能性

学生的学习包括学会适应、学会发展和学会创造三个功能性层次，教育的目标就是要促进学生沿着“适应—发展—创造”的路线健康成长。从目前来看，已有研

究往往局限于发展层次的教育目标，忽视了学会适应是学会发展和学会创造的基础和前提，属于教育目标的"单纯发展观"，它与"适应—发展—创造"教育目标的"三维立体观"有着根本性区别。一般说来，持"单纯发展观"者认为，差生差在"发展不够"，主张为他们提供"学科知识技能"的补差教育；而"三维立体观"不否认差生存在知识技能基础缺陷的可能性，但认为差生更有可能存在学习适应困难，因此培养差生学业进步的心理基础——学习适应性更加重要。原因在于，首先，大量调查表明，的确有相当一部分小学生处于学习适应不良状态；其次，现有研究发现，学习适应性与学业成绩之间存在较高程度的正相关，对于智力正常的学生来说，学习适应不良是导致学业不良的重要原因；第三，教育实践表明，单纯的学科知识技能补差教育只能暂时提高学生的学习成绩，并不能真正提高其学习能力，可谓"治标不治本"，更何况它要以加重学生课业负担为代价。这种做法已遭到广泛批评。可见，只有针对差生客观存在的学习适应问题，加强对他们的学习适应性指导，才能使他们的学习成绩和学习能力得以稳步提高。在小学生学习适应性随年级升高而出现降低的情况下，教师更应及时有效地抓好学习适应性的培养教育。

其实，小学生学习适应问题的教育干预不仅具有必要性，也具有现实的可能性。虽然学习适应性是一个多要素复杂同构的自组织系统，对它进行综合培养并不是一件易事，但我们的研究表明，在接受整合性教育干预之后，实验班学生的后测学习适应性水平显著超过对照班后测及自身前测，实验效果极其显著。这说明，以学生心理素质为基础，综合培养其学习适应性是完全可行的。

（二）整合性教育干预模式的提出及其含义

在国外，学者们曾围绕学习困难问题相继提出过"神经心理过程训练"和"直接教学"干预模式，如今又有人提出整体化的干预研究思想。在国内，随着心理健康教育研究的深入，研究者们开始探讨心理健康教育的模式。张履祥和李学红（2000）提出了完善认知结构（C）、强化智能训练（I）和加强人格品质培养（P）相结合的学习心理教育模式（CIP）。[①] 张喆（2001）主张中小学心理健康教育应构建一种开放的教育模式，包括注重感知的直观教育模式、激发学生积极参与的活动教育模式、充分发挥学生主体作用的问题解决模式以及综合学校和社区教育资源的群体教育模式。[②] 郭斯萍和陈培玲（2001）提出，我国心理健康教育应坚持以教育模式为主、医学模式为辅的服务原则，坚持以素质模式为主、专业模式为辅的培训原则，坚持以文本模式为主、教学模式为辅的教学原则。[③] 陈旭和张大均（2002）

① 张履祥、李学红：《学校心理素质教育》，安徽大学出版社 2000 年版，第 72～88 页。

② 张喆：《关于建构中小学心理健康教育模式的思考》，《沈阳师范学院学报（社会科学版）》2001 年第 25 卷第 4 期，第 84～86 页。

③ 郭斯萍、陈培玲：《学校心理健康教育模式初探》，《江西教育科研》2001 年第 9 期，第 14～16 页。

提出了整合性模式，即："以促进学生积极适应和主动发展为基本目标，以指导学生学会学习、学会生活、学会交往、学会做人，促进智能、个性、社会性和创造性发展为基本教育内容，运用专题训练、学科渗透、咨询辅导等基本方式，从自我认识—动情晓理—策略导行—反思内化—形成品质等主体心理素质形成过程的五个基本环节，创设适宜的教育干预情境，设计有效的教育策略，最终达到培养健全心理素质和保持心理健康发展的根本目的。"① 在借鉴国内外关于学习困难和心理健康问题的教育干预理论模式的基础上，遵循心理健康教育整合模式的基本思想，我们在针对学习适应问题实施教育干预过程中，具体提出了小学生学习适应问题的整合性教育干预模式，即教育干预以提高学生的学习适应性和学习成绩为目标，通过专题辅导、个别咨询辅导和家庭间接辅导等途径和方式，围绕学习态度、学习方法、学习环境和身心健康等内容对学生进行学习适应性辅导，根据不同的干预方式选用适宜的教育策略。

（三）整合性教育干预模式的效应分析

1. 总效应分析

对实验班学生 AAT 前后测的纵向和横向比较（分别见表 8－9 和表 8－10）结果显示：（1）整合性教育干预显著提高了实验班学生的学习适应性总体水平。在实验前，实验班和对照班学生的学习适应性发展水平不存在显著性差异。在接受一个学期的整合性教育干预之后，实验班学生的 AAT 后测总分显著超过对照班（$p<0.05$）后测和自身前测。这表明，无论是从纵向比较还是横向比较上看，实验班学生的学习适应性均获得了显著性增长。（2）整合性教育干预对学习适应性 7 个维度的影响不同。表 8－9 和表 8－10 联合显示，整合性教育干预实验对学习适应性 7 个维度的影响程度可以分为四种情况：①对家庭环境和身心健康的改善效果极其显著（$p<0.001$）；②对听课方法、独立性和毅力的改善效果较为显著（$p<0.01$）；③对学习态度和学校环境也有改善；④对学习技术的改善未达到显著性水平（$p>0.05$）。

为什么整合性教育干预在 AAT 各维度上会产生不同的干预效应呢？究其原因主要有：

（1）家庭环境。从生态学上看，学生的学习环境分为校内环境和校外环境。后者又包括学生的家庭环境和社区环境，其中家庭环境的影响力度更大。众多研究表明，父母的职业、文化程度、亲子关系、养育方式和家庭文化氛围等家庭因素对学

① 陈旭、张大均：《心理健康教育的整合模式探析》，《教育研究》2002 年第 1 期，第 71～75 页。

生学业成绩和身心健康有显著性影响。[①②] 在现时的中小学教育中，教师一般较注重对校内环境进行控制、引导和操纵，比如通过改善课堂教学环境、改进班主任工作、加强班风和学风建设等措施来优化环境育人的效果。但面对社会转型时期日趋复杂化的家庭环境，教师们常有失控感和无助感。如何避免和减少家庭对学生的消极影响，这是学校教育所面临的新课题。本实验结果表明，通过由实验教师主动发起的、深受家长欢迎并予以积极配合的家庭教育辅导活动，家长逐渐懂得科学合理地为孩子创设良好的家庭环境，积极引导和激发子女的学习兴趣，逐步培养孩子的良好学习行为习惯，不断改进养育方式，学会与孩子进行平等交流。而所有这些发生在家长身上的变化，极其显著地（$p<0.001$）促进了学生对家庭环境的适应能力。

（2）身心健康。研究表明，我国中小学生中约有10%～20%的人存在程度不同的心理问题，并且随年级的升高学生的心理健康问题有逐步加重的趋势。[③] 这显然与传统教育忽视学生心理健康有直接的关系。表8－10显示，实验班学生的后测身心健康得分极其显著地高于前测得分（$p<0.001$）。这说明，在心理健康教育整合模式框架内构建的学习适应性整合性教育干预模式也能极其显著地改善学生的身心健康。

（3）听课方法。研究表明，从小学三年级开始，随着学生间学习方法的分化而出现较为明显的学习成绩分化。课堂是学生接受学校教育影响的最重要场所，听课方法上的差别自然成为小学生学习方法的首要差别。在本研究中，我们通过“上课听讲有学问”和“课堂也有红绿灯”两个专题辅导，从普遍意义上指导学生学会专心致志听讲，大胆质疑问难，积极参与课堂教学活动，减少分心走神、违纪违规及低效听讲行为。同时，考虑到小学生听课方法中的习惯性成分和态度化倾向的特点，我们强化了此方面的个别咨询辅导，重点指导差生（其他学生也可自愿参与）填写“课堂听讲监督卡”，以矫正他们不良的听课习惯。实验结果表明，实验班学生的后测听课方法的得分比其前测有较为显著的增长（$p<0.01$）。

（4）独立性和毅力。学生的学习是一项艰苦复杂的智力活动，顽强的毅力和极强的独立性对学生的学习无疑会起到增力和维持作用。本研究通过“父母出差我咋办”和“敢于坚持己见”两个专题来培养学生的生活独立性和思维独立性，利用“学习遇难我不怕”和“坚持到底就胜利”两课集中训练学生的毅力。表8－10显示，实验班学生后测的独立性和毅力得分较为显著地超出其前测（$p<0.01$），而对

① 万云英、李涛：《优、差生学习行为模式与家庭教育方式的关系的比较研究》，《心理发展与教育》1993年第3期，第1～6页。

② 俞国良、张登印、林崇德：《学习不良儿童的家庭资源对其认知发展学习动机的影响》，《心理学报》1998年第30卷第2期，第174页。

③ 王极盛、赫尔实、李焰：《9970名中学生心理素质的研究》，《心理科学》1998年第21卷第5期，第404～406页。

照班学生后测的独立性和毅力得分与其前测比并没有增长。这说明，在偏重于追求知识技能教学目标的传统课堂教学中，大多数学生的独立性和毅力难有发展，而通过整合性教育干预模式的学习适应性专题训练，学生的独立性和毅力能获得较为显著的提高。

（5）学习态度。表 8－10 和表 8－12 显示，实验班和对照班学生的后测学习态度分别比其前测有极其显著（$p<0.001$）和显著性（$p<0.05$）的改善。这一方面说明，班主任和科任教师结合日常的班级管理和教育教学工作对学生的学习态度问题进行渗透式干预，也能取得实际成效；另一方面，实验班与对照班学生在学习态度改善程度上存在明显差别，这又说明本研究中的整合性教育干预模式对学生学习态度问题的干预效果比渗透式更显著。

（6）学校环境。学校环境按其控制和作用的特点可分为“硬环境”和“软环境”。[①] 随着社会的进步与发展以及教育科研的深化，我国小学的硬环境正在不断得到改善。但由于多方面的原因，学校软环境中存在诸多消极因素，严重威胁着学生的心理健康——它们影响“学生正确的自我认识的形成、和谐人际关系的建立以及健康情绪生活的营造”[②]。在本研究中，我们把学生所处的班级内人际环境，即师生关系和同学关系，作为重要的干预内容。一方面，利用“心目之中有老师”、“同学为何不理我”、“同学进步我高兴”三个专题训练活动来提高学生对师生关系和同学关系的认识，指导他们使用一些小窍门和方法来改善这两种关系；另一方面，我们也为学生提供了大量涉及学校人际关系冲突方面的个别辅导。从实际情况来看，学生普遍认为这些课题的训练最有用且有效，他们课堂参与的积极性很高。但表 8－10 显示，实验班学生在学校环境上后测得分的增幅尚未达到显著水平。这说明本实验在此方面的干预效果还不够理想。我们认为，出现这种情况可能存在如下原因：其一，师生关系是一种典型的双边关系，本研究只干预了学生一方，而未把各科任教师列入干预范畴，其干预效果可能受到了一定影响。其二，应试教育体制下教师狭隘的人才观和不正确的学生观以及学生间的恶性竞争破坏了良好师生关系和同学关系的建立和恢复，导致学生对学校环境的适应性呈现负向发展趋势。这在一定程度上抵消了本实验对学校环境适应问题的干预效应。然而，若从横向对比来看，本实验干预还是有效阻止了实验班学生学校环境适应性的负向发展。表 8－9 和表 8－12 显示，在对照班学生学校环境后测得分出现较大幅度下降的情况下，实验班学生的后测学校环境得分较其前测有一定的增长且显著性超出对照班后测。据此，可以肯定本实验对学校环境适应问题仍有显著的干预效果。

---

① 刘志宏：《论学校软环境与学生的心理健康》，《教育科学》1999 年第 4 期，第 36～38 页。
② 刘志宏：《论学校软环境与学生的心理健康》，《教育科学》1999 年第 4 期，第 36～38 页。

（7）学习技术。学习技术属于具体方法类的学习策略范畴，它主要指学生在各学习环节中所运用的各种学习方法和技巧的总称。近年来国内外有不少研究者报告，关于学习策略的专项训练取得了良好的效果。[①②③] 本实验结果（表 8－9）显示，实验班学生的后测学习技术得分的增幅未达到显著水平（$p<0.05$）。这说明，本实验对小学生学习技术适应问题的干预效果不太理想。为此，我们作出如下归因性反思：第一，我们通过“课前预习有学问”、“科学复习有学问”、“学习之后要多想”、“好记性并不神秘”、“高效记忆有秘诀”和“迎考紧张心平静”6 个专题训练，把预习、复习、反思、记忆和应考等方面的策略性知识集中传授给学生。但这些知识需要与学生已有认知结构中的旧知识发生相互作用而重组，因而有一个逐步发挥作用的过程。第二，大量研究表明，结合学科知识教学的策略训练的效果比没有结合的更好。在本研究中，实验教师在讲授各种学习方法时，虽然与学科教学有所结合，但总的来说其结合的广度和深度都不够。第三，有研究表明，策略性知识的讲授方法不同，其训练效果也有区别。教师随堂渗透讲授、学生出声思维与实验人员指导相结合这两种教学方式的训练效果较显著，而讨论法的训练效果并不显著。本实验中的学习技术训练主要以教师举例讲解和学生经验交流方法为主，与讨论法有些类似。鉴于上述原因，本实验中关于学习技术适应问题的干预应在加大干预密度、延长干预时间、结合学科教学以及改进策略讲授方法等方面进行完善。

2. 对学习适应性不同水平学生的干预效应

表 8－11 显示，整合性教育干预对实验班学习适应性不同水平的学生具有不同的干预效果。从总体上看，整合性教育干预对差生的学习适应性水平的改善效果极其显著，而对中等生和优等生的改善程度未达到显著性水平。差生的 AAT 后测总分、标准分和等级均极其显著地高于前测（$p<0.001$）。虽然中等生和优等生的 AAT 后测总分、标准分和等级较各自的前测均有所增加，但其增幅均未达到显著水平。这说明，小学生学习适应问题同其他心理问题一样均属于发展中的问题。只要教育干预适时得当，不同层次学生的学习适应性都可得到一定的改善。但另一方面，教育干预对差生的学习适应性促进最大，这也许与我们在遵循“全体全面”原则的基础上，落实“重点关注”原则和注重教育干预的针对性和实效性的实验意图有关。从学习适应性各维度的干预效果来看，差生组仅有独立性和毅力的改善程度未达到显著水平，其余 6 个维度均有显著或极其显著的改善；中等组在学习适应性所有维

① D. L. Butter: *Promoting strategic learning by postsecondary students with learning disabilities. Journal of Learning Disabilities*, 1995, 28 (3), pp170－190.

② A. Graves, M. Montingue: *Using story grammar guiding to improve the writing of students with learning disabilities. Learning Disabilities Research & Practice*, 1991, 16, pp246－250.

③ 方平、郭春彦、汪玲、罗峥：《数学学习策略的实验研究》，《心理发展与教育》2001 年第 1 期，第 43～47 页。

度上的改善均未达到显著水平；优等组仅在身心健康维度上出现了较为显著的改善。整合性教育干预对差生的听课方法、学习技术、家庭环境和学校环境均有显著促进（$p<0.05$），对其学习态度和身心健康的促进程度极其显著（$p<0.001$）。本实验干预对差生的独立性和毅力的促进效果不明显，这与独立性和毅力作为一种个性倾向，具有相对稳定、难以改变的特性有关，因而它应是差生学习适应性辅导的重点和难点。

3. 整合性教育干预对学生学业成绩的影响

从总体影响上看，表8－9和表8－13联合显示，经过一个学期的整合性教育干预，随着实验班学生学习适应性水平的显著性改善，他们的语文成绩也有显著性提高，但其数学成绩却不见显著性提高。为什么同一实验会对语数两科成绩产生如此截然不同的影响呢？这可能有这样一些原因：其一，学习适应性和学业成绩虽具有较高程度的正相关，但它们是否同步发展与学科性质有关。对于某些学科（如数学），学生学习成绩的进步较大程度上依赖于他们对该学科的基础性知识和技能的掌握。如果学生不具备相关基础知识和技能，单纯的学习适应性水平的提高也不能促成该学科学习成绩的同步提高。对于另一些学科（如语文），其学习对基础性知识和技能的依赖性相对较弱，学生的学习成绩也许能与学习适应性水平的提高同步。其二，实验教师在对学生进行学习适应性专题辅导，尤其是在进行学习技术辅导时，策略指导与语文教学的结合比数学更多一些。其三，在整个实验期间，作为实验教师的协作者，实验班语文教师坚持观摩学习适应性专题辅导课，她很有可能把自己在该课堂上所领悟到的学习适应性辅导原则和策略自觉或不自觉地运用于自己的语文学科教学之中，达到了“学科渗透”的效果。相比之下，数学学科教学则没有这种优势。

从对优、中、差生学业成绩影响的差异看，表8－14显示，整合性教育干预对优、中、差生的学业成绩具有不同的影响：差生和中等生的后测语文成绩分别有显著和较为显著的提高，优等生的后测语文成绩出现了显著性下降，优、中、差生的数学成绩均未见显著性增长。表8－14还显示，中等生和优等生的学习适应性分别有极显著和显著性改善，差生学习适应性的改善未达到显著水平。由此可见，经过整合性教育干预，差生学业成绩的增长速度领先于其学习适应性的改善；中等生的学业成绩随其学习适应性的极显著改善而同步增长；优等生的学业成绩却随其学习适应性水平的显著提高而明显下降。为什么教育干预对优、中、差生的学习成绩产生如此悬殊的分化性影响？我们初步认为，除与前述的学科性质差异以及学习适应性和学习成绩之间的“有联系但并不一定同步”的复杂关系有关外，还与学生本身的特点有关。首先，优、中、差生的前测学习成绩的高低差异较大，各自后测成绩提高的潜力悬殊。所以从统计学上看，优等生学习进步的幅度肯定不如差生和中等生明显。其次，由于本实验属于教育干预性实验，其干预措施较多地是针对差生和中等生的，这在一定程度上影响了优等生参与辅导活动的积极性，他们与实验教师的配合度不如差生和中等生。

第四节　促进小学生学习适应性发展的教育对策

学习适应性是小学生心理素质的重要成分，是影响其学业成绩和心理健康的重要因素之一。一般认为中小学校开展心理健康教育可以选择的途径主要有：开设专门的心理素质训练课、个别咨询辅导和学科渗透。培养小学生学习适应性属于心理健康教育的一部分，当然也不例外。因此，我们确定了开设学习适应性专题辅导课、个别咨询辅导和家庭间接辅导三种基本的教育干预方式。其中，开设学习适应性专题辅导课属于直接的团体性学校辅导，个别咨询主要是直接的个别化学校辅导，家庭辅导则属于间接的个别化家庭辅导。这三种辅导方式覆盖了学生在校和在家学习的两大主导空间，形成了团体化和个别化、直接性和间接性相结合的辅导网络。本研究证实，学习适应性训练的整合性教育干预模式对于提高小学生的学习适应性品质，进而促进其学业成绩、维护其心理健康具有显著效应。因此，加强小学生学习适应性的教育训练对于促进其健康成长具有重要意义。

一、高度重视小学生学习适应性的培养

本研究发现，从总体上看，我国小学生学习适应性水平不高，这同近年来我国其他相关研究结论基本一致。然而，在当前小学教育实践中，人们对培养学生学习适应性的必要性和紧迫性存在着一些错误的认识。其一，学生学习适应性的提高是一种很自然的过程，根本就不用着意培养，学生的学习适应困难也能自行消除。诚然，从理论上讲，随着学生自我意识的发展和自我教育能力的增强，其学习适应性也有一个自然发展和成熟的过程。但事实上，在现实的教育背景下，学生学习适应问题的累积速度远远超过其学习适应性自然提高的速度，学生的学习适应问题越往后拖其情形会越严重。本研究结果表明，对照班学生的学习适应性因得不到培养而停止发展。这就从反面证明了学习适应性培养的必要性。其二，学习适应性培养只需要在起始年级进行，其他年级不用培养。教育实践表明，当年幼的小学生刚刚步入新的学校，面临新的学习环境和学习任务时，难免会表现出这样或那样的不适应。因此，在起始年级抓学习适应性培养当然很有必要。但是，若因强调起始培养的重要性而淡化或忽视后续教育的必要性，那就会犯片面性和主观臆断的错误。大量的调查资料表明，从总体上看，小学生的学习适应性有随年级升高而下降的趋势。因此，我们认为，除了在小学低年级应突出学习适应性的起始培养之外，还要在中年

级抓好学习适应性的“防滑”教育，在高年级既要抓“防滑”又要抓与中学学习适应性的“衔接”教育。

上述两种错误观点的共同渊源，就是没有认识到适应和发展的辩证关系，低估、否认或忽视了良好适应是全面发展的前提和基础。事实上，适应、发展和创造是人生的三大主题。学生只有适应学习才能全面发展和大胆创新。因而，培养学生的学习适应性理应成为智育的基础性和学校教育的常规性任务。

二、明确小学生学习适应性教育的目标和内容，突出训练重点和难点

培养学生良好的学习适应性是整合性教育干预的基本目的。根据小学生的学习特点，其学习适应性主要包括学习态度（学习热情、学习计划和听课方法）、学习环境（家庭环境、学校环境）、学习策略（学习技术等）和身心健康（独立性、毅力）等基本维度。学习适应性教育干预应围绕这些维度来组织教育内容。我们在开设学习适应性专题辅导课时，精心设计了18个训练主题：用“学习中的苦与乐”、“门门功课我喜欢”、“兴趣是最好的老师”来培养学生正确的学习态度；用“上课听讲有学问”、“课堂也有红绿灯”来传授听课方法；用“课前预习有学问”、“科学复习讲究多”、“学习之后要多想”、“好记性并不神秘”、“高效记忆有秘诀”、“迎考紧张心平静”课题来指导学生的预习、复习、反思、记忆和应考等一般学习技术；我们选择“为何同学不理我”、“同学进步我高兴”、“心目之中有老师”这些专题来改善学生的同学关系和师生关系；用“父母出差我咋办”、“敢于坚持己见”来培养学生的独立性；用“学习遇难我不怕”、“坚持到底就胜利”来培养学生的毅力。此外，在教育训练中，我们编写的《家长读物》也主要围绕家庭学习环境、子女学习态度、学习习惯和方法以及亲子沟通四个方面来组织内容。这样，从学校到家庭的学习适应性辅导就实现了由目标到内容的整合。

针对小学生学习适应问题的教育干预应紧扣重点和突破难点。小学生学习适应问题复杂纷繁，教师所进行的教育干预要取得实效，既应围绕各种学习适应问题来组织教育内容，注重教育干预的全面性和系统性，又要紧扣干预重点，并在此基础上突破干预难点。结合本研究的调查和实验结果，我们认为，小学生学习适应问题干预的重点和难点内容既有联系又有区别，有时还会出现重叠。具体说来，有些问题情形严重但容易干预的当属干预重点但非难点，比如家庭环境、听课方法和身心健康；有些问题情形严重且难于干预的则既属干预重点又是难点，比如学校环境和学习技术；有些问题情形不严重但难于干预，是干预难点但非重点，如独立性和毅力；还有的问题情形既不严重又容易干预，就可以不列入重点培养的计划，比如学习态度。当然，教师在确定具体的干预重点和难点时应结合学生的年级、性别、学习成绩等方面的差异以及本地区、本校和本班教育教学实际，通盘考虑。

三、选择整合性教育干预的有效策略，注重多途径、多策略的有机结合

选准干预途径与方式只是解决问题的第一步。更关键的是，如何科学设计和组织实施与这些途径和方式相匹配的教育策略。本研究在心理健康教育整合模式的指导下，对开设学习适应性专题辅导课、开展个别咨询辅导和家庭间接辅导的具体实施策略进行了如下探讨。

（一）开设学习适应性的专题辅导课

专题辅导课是学习适应性问题教育干预的"课程模式"。我们认为，开设学习适应性专题辅导课，除了应从教学内容的科学选择入手外，还要合理运用教学设计、教学实施和教学评价等一系列的整合性课程实施策略，设计科学的训练。

1. 专题辅导课程的实施原则

学习适应性专题辅导课是一种全新的心理素质教育活动，它既不同于传统的学科教学，又有别于一般的活动课程。这就要求教师在对它进行教学设计时不能机械照搬传统学科课和活动课的教学设计原理和技术，而应该在充分考虑小学生学习适应性辅导的独特性、目标和现实需要的基础上，既遵循教学设计的一般原则，注重系统性、程序性和可教性，又应体现自身的特殊性，遵循以下具体原则：

第一，目标设计的综合化。学习适应性辅导比其他学科教育更注重教育目标的综合性。教师所确定的具体目标不应是单一的，而应是多元综合的：既包括认知目标（主要是自我认识和对训练策略的认识），如理解、应用和评价等；又包括情感、意志和态度目标，如感受与体验、调节与控制等；还含有行为与习惯目标，如反思与检查，矫正、改进与完善等。在进行学习适应性辅导设计时不应把教育目标仅仅限定在某一方面而忽视或舍弃其他方面，而应该采取多方面、多层次的综合性教育目标制订模式。

第二，内容设计的生活化。首先，教师应注重选取贴近学生心理生活的热点、焦点和难点问题作为教育材料。上课前教师须深入了解学生的学习心理生活实际，或通过调查师长和学生本人，或者查阅有关文献资料，广泛搜集涉及辅导主题的材料。训练过程中教师呈现准备材料，引导学生判断、鉴别、分析、评价自己的学习适应性发展现状与水平，引发学生认知上的认同感、缺失感，激发学生改善学习适应性的强烈愿望。其次，教师应通过精心设计一系列的训练活动，让学生在模拟的或现实的学习情境中，获得充分的心理体验，形成正确的认知观念，掌握并运用心理调控的策略，养成良好的学习行为习惯，进而在体验学习心理生活的基础上提高学习适应性。

第三，方法设计的多样化。学习适应性辅导强调在主题明确、形式多样、教师主导、学生主体的互动性训练活动中培养学生良好的学习适应性。为加强课堂辅导的针对性，确保实效性，教师应根据不同的训练内容、情境和学生特点，采用多种

多样的组织形式或训练辅导方法。概括起来，教师可综合运用认知法、游戏法、测验法、经验交流法、讨论法、角色扮演法、行为改变法和实践操作法等训练方法。

第四，评价设计的全面性。学习适应性专题辅导课可通过学生问卷测评、学生活动产品的分析、内省与调查材料分析等方式全面获取质性和量性教学评价信息。在量性评价方面，教师既可通过比较学生 AAT 前后测得分差异来评定学习适应性的专题辅导课对学生学习适应性发展的影响效应，也可设计教学评价问卷，让学生评定教学效果；在质性评价方面，教师应尽量了解学生对学习适应性专题辅导课的体会、感受、要求和建议，同时还要全面考察学生在学校、家庭和社区的表现，客观、全面地评价学习适应性专题辅导课对学生学习行为习惯的实际影响。

第五，环境设计的互动化。学习适应性专题辅导主要是通过师生、生生之间民主、平等的多向交流活动来实现的，因而它要求高度互动化的教学环境。为此，在上课时教师应设法打消学生参与训练活动的种种顾虑，在接纳、尊重学生的前提下，合理引导学生积极参与课堂讨论、表演和游戏等训练活动，诱导学生主动反思，积极领悟正确的行为方式、方法，大胆实践。同时，对部分或个别的弱势学生（群体），教师还要采取鼓励、安慰和保密等特殊关照措施。

2. 专题辅导课程的实施策略

有效的专题训练需要实施“两高一深”的训练策略，即提高兴趣、提高参与度和加深体验。

第一，提高兴趣。有人认为学生对心理课天生就有浓厚的学习兴趣。其实也不尽然。客观地讲，在心理课堂上学生没有了知识学习的压力，可以放松心情，自然会对心理课产生兴趣。但据我们的观察和调查，如果教师不采取兴趣培养的教学策略，学生对心理课的天然兴趣优势也维持不久。更何况学习适应性专题辅导课的教学内容多与学习有关，课题性质相对单调，缺乏变化，这在一定程度上会抑制学生学习兴趣的发展。有鉴于此，我们实施了提高兴趣策略。顾名思义，该策略的基本含义就是让学生在浓厚学习兴趣的驱动下接受学习适应性专题辅导。实施本策略主要有下列操作要领：追求新课导入的新异性，即教师尽量不用简单化平铺直叙式言语导入形式，多用案例评析、小故事、心理测评、小品表演和游戏热身等形式把学生吸引到训练当中。注重活动形式的多样化，即根据训练主题意图、学生特点和现有教学条件，教师精心安排多种多样、富于变化的组织形式或教育方法，综合运用认知法、游戏法、测验法、经验交流法、讨论法、角色扮演法、行为改变法和实践操作法等训练方法。建立积极的评价机制，即对学生在课堂上的发言、表演等活动多采用积极的评价，尽量不作否定性评价。

第二，提高参与度。让学生积极参与各种课堂训练活动，使他们在课堂上接受切实的心理辅导，这是心理训练取得实效的前提。因此，我们把提高学生的课堂参与作为一个重要的教学策略贯穿到整个实验过程的始终。力争从广度和深度上保证每一位学生在每一节课上都能够积极参与课堂训练，这就是提高参与度策略的要旨。在实验过程中我们发现，提高参与度策略的实施有赖于一系列的教学措施：（1）调动每个学生参与活动的积极性。首先，教师要设法打消学生参与训练活动的种种顾虑，为学生提供充分的心理自由和心理安全感。其次，教师所设计的训练活动的内容、形式和难易程度要适合全体学生，努力提高学生的参与率。对某些只需要少数学生参与的活动，比如小品表演，教师也应借助提问、助兴、评价等形式引导其他学生产生同感。（2）采用多向交往和合作学习的方式。采用分组教学、合作学习的形式是实现师生间多向交往和扩大参与面的有效办法。适合学习适应性专题辅导课的合作学习方式主要有：游戏竞赛法、小组经验交流、小组表演、小组探索法和共同学习法。（3）注重学生在训练活动中判断鉴别和反思体验的深度。有些心理课表面上看热热闹闹，但实效性不佳，其原因主要就是学生的活动流于形式，缺乏心理参与的深度。要保证参与深度，首先，教师所提供的教学材料，比如案例、故事、小品表演的情境等都应尽可能贴近学生的心理生活实际，能引起学生的情感共鸣。其次，教师在设计具体的训练活动时，要预先揣测学生体验参与的可能性，避免将那些不能对学生产生实际影响的“花哨性”活动纳入训练之中。（4）教师进行适度有力的引导。学生的课堂参与需要教师的巧妙引导。首先，教师可通过适度的“心理卷入”，催发学生参与的愿望。其次，教师应发挥教学监控作用。在训练活动过程中教师应突出“三点”技术：一是“点醒”学生的缺失和不足，激发学生参与活动的积极性，引导学生深入活动的程序之中；二是及时“点拨”，当学生被疑难问题卡住难以深入问题的核心时，教师要选择适当的时机，采取恰当的方式，给予必要的点拨和开导；三是教师不能仅仅满足于学生对训练策略的领悟，还要画龙点睛式地予以“点化”，尽量使学生掌握的策略性知识条理化。

第三，加深体验。体验内化在学生心理素质形成过程中起关键作用。当前在一些学校的心理素质教育实践中，不同程度地存在着“重行为训练、轻体验内化”的倾向，由于忽视学生对训练内容和策略的体验内化环节，其训练效果大打折扣。在本研究中，我们主要采用了深化体验策略来回避上述不良倾向，也就是在保证学生积极参与训练活动的基础上，强化学生对训练内容和策略的反思、体验、消化和运用环节的教学，保证内化的效果。在实施这一策略时，教师应注意以下几个操作要点：（1）视体验为学生心理素质形成的重要环节。它是心理训练过程从策略的传授到操作练习和迁移巩固的过渡性环节，是实现从教师“言传”到学生“意会”顺利过渡的环节。无此环节的心理教育是不完整的。（2）强调学生在学习适应性专题辅导课上的体验是积极、主动而真实的体验，避免消极、被动、虚伪的体验。（3）明确体验活动的外部行为与内部过程之间的关系。教师通过布置适量的外部操作任务或提出恰到好处的问题把握学生感受、体验与反思的方向，借助外部活动促进、深化内部体验。

（二）开展个别咨询辅导

从规模上看，开设学习适应性专题辅导课是一种团体性辅导，它关注辅导对象的一般性问题，具有经济性的显著优点，但它容易忽视个别性问题。因而，在开展团体辅导的同时还应该配合开展个别咨询辅导。目前关于中小学生普遍意义上的个别咨询辅导的原则、方法、技术和措施已有不少论述。它们对开展小学生学习适应性个别辅导具有一定的理论指导意义，但我们认为，小学生学习适应性个别辅导更具有其独特性及与之相应的操作要求。

第一，辅导内容的多样性。一方面，针对小学生学习适应性的个别辅导主要围绕学生的学习适应问题而展开，这些问题可能涉及学习兴趣、学习方法、同学关系、师生关系、亲子关系、个性发展等多个方面；另一方面，不同辅导对象的问题严重程度也可能存在较大的差异。因此辅导人员需要通过多种途径全面了解学生学习适应性的发展状况，针对不同问题选择不同咨询形式（现场、通信、电话、宣传、作业），区别运用认知重建、模仿学习、行为契约、自我肯定训练和图书阅读治疗等多项技术，进行积极的干预性辅导。

第二，辅导内容与教育教学的关联性。学生的学习适应问题是在接受各种教育教学因素的影响中产生的。因此对学生进行个别辅导时应紧密结合其学校教育和家庭教育的实际。当然，这也要求辅导人员既要掌握一般的心理咨询理论与技术，又要有儿童发展心理学和教育心理学的理论涵养，还要有小学教育和家庭教育的实践经验。因此，只有经过专门训练的小学心理健康教育专职教师方能担当这一职责。

第三，辅导对象心理发展的不成熟性。相对于成年人来说，小学生的心理发展还比较稚嫩，他们的自我意识水平还很低，很多时候他们意识不到自己确实存在某些学习适应问题，不会主动向辅导人员提出辅导要求；他们在接受辅导时，又表现出对辅导人员较为明显的依赖性；对于许多很好的辅导建议，他们也不能自觉落实。所有这些都给辅导人员开展个别辅导带来了一定的困难。针对这些情况，辅导人员首先应发挥主动性，调动学生求询的意愿；其次，辅导人员与学生共同研讨的辅导措施和方案应尽量简化和具体，减少抽象性；最后，辅导人员应加强对辅导的全程监控，督促学生修订和落实辅导方案。

（三）实施家庭辅导

家庭学习适应性辅导属于对学生的间接辅导。它是指受过训练的专业辅导人员针对学生存在的学习适应问题与学生家长共同商讨和探究，通过双方共同参与和合作来解决问题的心理辅导模式。从历史上看，直接辅导是在临床心理学中孕育和发展起来的，具有强烈的医学治疗的特点，而间接辅导则是对这一模式的超越。“它更注重学生与环境的生态学关系，力图从改变这一关系的角度解决学生的问题。”[①] 我们实施家庭学习适应性辅导，就是要通过解决家长的问题来解决学生的问题，也就是要使家长在接受辅导的过程中，不断调整认识、感悟科学的养育方式和方法，学会与子女进行合理的沟通。所有这些变化无疑会对学生产生积极的影响。在本实验研究中，我们主要通过三种方式对家长开展辅导活动：其一，发放《家长读物》，侧重从家庭环境、学习态度、学习习惯与方法和亲子沟通四方面介绍家庭学习适应性辅导的观念和技术；其二，举办家庭教育讲座，介绍小学生学习心理特点和科学的家庭教育理念；其三，通过电话、书信和面谈等沟通渠道为家长提供家教咨询。

实施家庭学习适应性辅导的直接对象是学生家长，辅导人员与家长的关系有别于其与学生的关系。咨询对象上的特殊性自然要求辅导人员在对家长进行辅导时应注意下列事项：（1）与家长建立相互尊重、相互信任、平等、配合的和谐咨询关系。这是成功实施家庭辅导的前提。为了与家长建立起和谐互动的咨询关系，首先，辅导人员应让家长明确家庭教育对学校教育所起到的不可替代的助推作用，强化家长开展家庭辅导的职责；其次，应逐步打消家长的种种顾虑，增强其成功开展家庭辅导活动的信心；第三，应主动询问家长在家教过程中所遇到的问题，了解学生接受家教活动的效果，就具体问题与家长平等协商、共议对策。（2）由于不同家长的文化素质、职业、个性及家庭经济条件千差万别，因此，辅导人员在为家长提供一般性辅导的基础上，更要针对不同的家庭，灵活选择走访、接访、电话、书信、电子邮件等多种沟通方式，为家长提供个别辅导。

小学生学习适应性发展状况千差万别，学习适应性维度构成上的复合性以及心理健康教育途径和方法的多样化，决定了教师必须多途径多策略灵活培养学生的学习适应性。本实验结果表明，以开设学习适应性专题辅导课为主、以个别辅导和家庭间接辅导为辅，遵循全体全面、重点关注、民主和谐以及体验践行四大教育原则，科学选择教育内容，科学设计教育活动，实施“两高一深”的教育策略，注重教育的针对性、常规性和实效性的整合性教育干预模式，能够显著改善学生的学习适应性。小学教师在开展学习适应性辅导、预防和矫正学生的学习适应问题时，可以参照并在实践中进一步完善该模式。当然，除我们的整合性教育干预模式中所提到的教育途径和策略外，还有其他的一些途径和方法也可以采用。比如，科任教师和班主任通过日常的学科教学和班级管理“渗透”培养学生的学习适应性，也不失为一种好的途径和方法。总之，教师应根据学生学习适应性发展特点，结合本地区、本校和本班实际，综合运用多种途径和方法，灵活培养学生的学习适应性。

① 刘翔平：《学校心理学——学生心理教育评估与干预》，世界图书出版公司 1996 年版，第 133～187 页。

第九章 Di Jiu Zhang

中学生考试心理问题及指导策略

考试作为一种生活事件影响着学生的成长和发展。中学生考试心理问题已经成为当代中学生比较突出的心理问题之一，解决这一问题是中学心理素质教育的重要任务，是保证中学生健康成长的客观需要。国内外研究者围绕考试心理活动过程的特征、影响考试活动绩效的因素以及容易产生的心理和行为问题等方面内容展开了研究。但是由于考试心理问题的复杂性，目前该领域研究既零散又大多数是描述性的，缺乏深层次的理论分析和系统的实证研究。本研究采用文献研究法、问卷调查法、路径分析法、因素分析法、经验实证法等研究方法，在借鉴国内外已有研究成果的基础上，从揭示中学生考试心理问题的发展现状出发，系统考察了中学生考试心理问题的类型及特征，分析了中学生考试心理活动，探讨了考试心理素质的概念内涵、结构及功能，对中学生心理健康教育、青少年考试心理问题的诊断和咨询辅导具有重要的理论价值和实践意义。

第一节　研究概述

一、中学生考试心理问题研究的价值

（一）科学研究中学生考试心理问题，是实施心理素质教育，推动素质教育发展的客观要求

随着心理素质教育的理论与实践研究的深入发展，培养学生良好的适应能力，提高其对学习、生活、人际交往和身体发展的适应水平，已成为中学推进心理素质教育的突破口和实施素质教育的重要课题。从某种意义上讲，学习作为中学生生活的主要内容，考试作为特定的持久的压力源，不可避免地要影响中学生的心理素质

水平及其发展。中学生在学习生活中，适应良好的一个重要指标是积极有效地应对考试。王极盛对51名高考状元的调查显示，在影响高考成绩的20个因素中，前四位依次是：考场心态、考前心态、学习方法和学习基础。刘衍玲等研究发现，心理素质结构中，认知维度的智力、创造力，个性维度的抱负水平、自制性、独立性、自尊心，适应性维度的人际适应、心身适应等因子对学业成绩有重要影响。[①] 因此，我们认为，学生考试作为表现其学业成绩的重要活动是和学生考试心理素质的发展水平密切相关的。同时，考试活动是学校教育不可或缺的环节，在全面实施素质教育的过程中，不是要取消考试，关键问题是如何对待考试。考试不是造成应试教育的根本原因，取消或忽视考试也不是实施素质教育应持的科学态度。目前考试作为一个已经并正在影响学生健康发展的重要现实问题，已经超越了测量学或一般评价的范畴，日益成为一个影响全社会的重要教育问题。考试问题不科学解决，最终将影响正在进行的素质教育向纵深发展。因此，只有科学地对待考试，以求实求真的态度研究考试，建立科学有效的适应素质教育要求的考试制度，才能确保我国素质教育目标的真正达成。

（二）客观研究中学生考试心理问题是中学生健康发展的现实要求

虽然科学的考试具有证实预测、诊断调节、激励动机等积极作用，但考试本身也存在一些负面效应。这种情况在中学尤为突出。有关调查表明：在高考期间，16.8％的考生反映头晕，25.4％的考生有严重的心理障碍，50％的考生在考前坐立不安。有的调查还表明：考试作为影响学生心理的重要的生活事件，在每学期的期中、期末考试前后，无论高一、高二或者高三年级的学生，各种心理问题的发生都处于明显的高峰期，而每学期开始后的前一两个月中学生的心理状态普遍稳定，各种心理问题较少发生或处于潜伏状态。这表明，考试作为一种生活事件已经或正在严重影响着学生的心理健康。考试心理问题已经成为中学生突出的心理问题，解决这一问题是保证中学生健康成长的客观需要。

二、中学生考试心理问题的研究现状

国内外研究者围绕考试心理的概念、考试心理活动过程的特征、影响考试活动绩效的因素以及容易产生的心理和行为问题等方面展开了一些研究。

（一）考试心理问题与考试心理素质的概念界定

1. 考试心理问题

对中学生来说，考试不仅是学业的竞争，而且是心理素质的竞争。考试活动是

① 张大均、刘衍玲、冯正直：《高中生心理素质水平与学业成绩的相关研究》，《西南师范大学学报（自然科学版）》2000年第25卷第4期，第495～501页。

一种“小应激”情境，虽然没有应激灾难性事件那样强烈，但具有持久性。小应激是“令人激恼的，使人有挫折感的，令人烦恼的要求”，这些要求在某种程度上每天都与环境有着交互作用。

社会应激理论认为，社会变化与紧张是社会发展不可避免的结果。紧张本身就是社会的一部分。紧张的一个重要根源就是社会在某种程度上不得不强制自己的成员去遵守社会准则。个体不仅必须接受社会变化的现实，而且应该尽量适应这种变化而不是与之抗争。该理论强调人对社会变化的积极适应。

应激的认知交互作用理论则假设人是主动的、理性的、决策的人。应激“既不是环境刺激，不是性格，也不是一个反应，而是需求以及理性地应对这些需求之间的联系”。个人在应激过程中启动高度个人化的图式来认知应激情境并作出反应。

应激的系统观则把人看做独立的提供保障的系统，这个系统会采取一些行为来影响个体健康变好或变坏。Simon 等在医学行为科学领域中提出了一个“生物—心理—社会模型”。该模型认为，医学诊断应当考虑出现在病人过去和当前条件中的生物的、心理的和社会的因素的矩阵。除此之外，这个模型也认为治疗过程必须考虑各种治疗方法之间的交互作用以及病人的心理社会系统。他们使用了一个患者评估表（PEG）来考察应激影响健康、疾病与治疗过程的多种途径。生物维度使用的有生理倾向因素、身体因素等；个体维度考虑的是认知、态度、人格及适应性性格；环境维度包括许多支持性系统、生活变迁、家庭和工作网以及与社会角色相关的期望。

无论我们是否考虑已知的应激反应能否会有一个健康的结果，这个矩阵表明，应激包括在一个多变量的系统中，应激也有潜力在系统中产生多种效应，其范围从身体机能到心理功能。有鉴于此，我们在分析考试心理问题的成因、类型及其特征时，应结合个体的身心机能、主客观原因来进行分析。

关于考试中容易出现的心理问题，国内有两种观念：（1）考试心理偏差：指考生在考试中产生的一些有关人的感知觉、记忆、思维、情感以及能力等超出了常态的心理现象。[①]（2）考试心理异常：是指学生对考试的主观异常反应，主要指过度焦虑及其带来的身心和行为的不良反应。[②] 这两种观念都是研究者在分析考试焦虑时，以考试焦虑及其身心反应为对象提出的，其局限性不言而喻。

根据以上分析，我们可以看出考试心理问题具有以下特点：（1）应试情境作为一种“小应激”情境，对考生的心理和行为会造成持久的但不具有灾难性的影响；（2）在考试活动过程中，考生心理是动态变化的，在不同时段的考试心理问题存在

---

① 茅维蓝：《考试心理偏差及调控》，《学科教育》1996 年第 7 期，第 43～46 页。

② 张金宝：《中学生考试心理异常的分析及其辅导建议》，《山东教育科研》1997 年第 2 期，第 14～15 页。

类型和程度上的差异；(3) 考试心理问题是发生在考试活动过程中的个体意识到或意识不到的主观困惑状态、身心及行为障碍，伴随着一定的身心和行为不良反应，并通过一定的行为表现出来；(4) 考试心理问题总是表现为一定的具体行为，我们可以通过考生的行为反应来观察考生中存在的考试心理问题。

由此，本研究认为，所谓考试心理问题，即是指个体在考试应激情境下，在具体的考试活动过程中产生的个体意识到或意识不到的主观困惑状态及身心行为障碍。

2. 考试心理素质

通过文献分析发现，中学生考试心理素质的发展水平对中学生在考试前、考试中和考试后的心理行为表现及其考试绩效具有重要影响。①② 由此可见，研究考试心理素质这样一个被理论界和实践界频繁提到的影响中学生考试活动及其绩效的重要的专门心理素质，是当前的重要课题。但是，除了一些文章或专著提到考试心理素质这一术语，并对不同学科（如历史、化学）的考试对学生心理素质提出的不同要求进行了理论分析外，当前对考试心理素质的概念、成分、结构、功能及其形成机制尚缺乏系统研究。③④⑤

从考试心理的应激特征分析来看，由于考试作为特定的持久的情境刺激（压力源）对学生心理品质的发展会产生重要的影响，为了顺利通过考试，达到考试目标或在考试中获胜，应试者从维护自身健康的角度出发，也会自觉地按照考试的要求训练自己，以顺利通过考试。

本研究认为，考试心理就是考试者在考试活动中适应考试环境，参与、调控和完成考试任务的心理活动。考试心理活动既是一个共时的结构，也是一个历时的过程。考试心理素质就是指考试者在特定的持久的压力情境中，以一定生理条件为基础，在主试者与应试者的相互作用中，形成的有利于个体顺利通过考试的心理品质。这种品质可以通过考试情境表现在考试行为中，因此，考试心理素质与人的其他心理现象一样可以通过一些具体的行为指标来反映。从时间维度上，考试心理素质可以解剖为心理能量、心理控制感和心理弹性三种成分；从意识维度看，考试心理素质作为心理素质在考试活动中的表现，也是由认知、个性和适应性三个亚系统同构而成、相互作用、动态协调发展的自组织系统。

（二）考试心理研究的现状

1. 研究领域：单因素研究较多，综合研究较少；相关研究较多，直接研究

① 徐玫平：《考试学》，成都科技大学出版社 1989 年版。
② 葛明贵：《学生的考试心理特点与教育》，《安徽师范大学学报（人文哲学社会科学版）》1995 年第 4 期，第 503～506 页。
③ 王立建：《历史考试中的心理素质》，《考试研究》1997 年第 3 期，第 27～28 页。
④ 李庆路：《培养学生的应试心理素质》，《教育实践与研究》2001 年第 6 期，第 14 页。
⑤ 齐玉和：《试析近年来高考化学试题对心理素质的考查》，《化学教育》2001 年第 21 期，第 51～53 页。

较少。

（1）单一研究

国内外对考试心理及考试心理问题的研究多集中在某些单一的研究领域。

①考试焦虑研究。包括考试焦虑的测量和分析，考试焦虑的形成原则、过程和机制的理论分析，考试焦虑的辅导与治疗。[①②③④]

②归因分析。国内外研究已证实，运用归因的基本原理对学生考试结果进行认知分析，是调查动机作用的有效途径（Fiske，Taylor，1991；Undan，Maehr，1994）。孙煜明（1994）探索了学生对考试成败结果的复合原因、情况反应和行为决策；[⑤] 王志蓉（2000）探讨了学生在不同时段下考试归因的特征；[⑥] 沈烈敏分析了初中男生对考试成败归因的特点及其对成就动机的影响。[⑦]

③考试压力及压力应对分析。莫志兵、施强华、王文英（1998）分析了社会支持对考试应激的影响[⑧]；楼玮群、齐铱研究了考试压力源和心理健康的关系；王亚南（2001）分析了高三学生的高考压力与人格现状的关系。

（2）相关研究

①考试焦虑与人格特征、智力水平、家庭教育、学习方法及学业成就的相关研究。[⑨⑩]

②中学生心理素质（主要包括智力与性格因素）与学业成绩的相关研究。龙文祥、姚本先调查发现，中学生智力发展与学生学业成就之间存在中等程度相关；性格类型与学业成就之间的相关很低；情绪稳定性与学业成就之间的相关，随着年级的增高相关越来越显著。刘衍玲研究发现，心理素质结构中，认知维度的智力、创造力，个性维度的抱负水平、自制性、独立性、自尊心，适应性维度的人际适应、

---

① 凌文全：《用 TAI 量表对中国大学生考试焦虑的测量与分析》，《心理学报》1985 年第 2 期，第 137～143 页。

② 杨骏、赵慧俐、郑晓华：《中学生考试焦虑问题》，《中国心理卫生杂志》1996 年第 10 卷第 5 期，第 220 页。

③ 刘贤臣等：《2462 名青少年焦虑自评量表测查结果分析》，《中国心理卫生杂志》1997 年第 11 卷第 2 期，第 75～77 页。

④ 李寿欣、庄捷、李德亮：《关于高中生和中师生考试焦虑的测验研究》，《滨州教育学院学报》1999 年第 9 期，第 28～31 页。

⑤ 孙煜明：《考试成败结果的复合原因、情感反应和行为决定试探》，《南京师范大学学报（社会科学版）》1999 年第 4 期，第 71～75 页。

⑥ 王志蓉：《不同时段下高中生考试焦虑与考试成败归因的关系研究》，西南师范大学硕士学位论文，2000 年。

⑦ 沈烈敏：《初中男生考试失败对成就动机的影响研究》，《心理科学》2001 年第 24 卷第 1 期，第 102～103 页。

⑧ 莫志兵、施强华、王文英：《社会支持对考试应激的影响》，《中国行为医学科学》1998 年第 7 卷第 3 期，第 193～195 页。

⑨ 葛明贵：《学生的考试心理特点与教育》，《安徽师范大学学报（人文哲学社会科学版）》1995 年第 4 期，第 503～506 页。

⑩ 王薇娜、李斌、王明宾：《重点中学高三学生考试焦虑与学习成绩关系的研究》，《江苏教育学院学报（社会科学版）》2001 年第 17 卷第 2 期，第 33～35 页。

心身适应等因子对学业成绩有重要影响。其中，认知与个性因素对学业成就有直接效应，而适应性因素通过认知与个性因素对学业成就产生间接影响。

（3）综合研究

①关于考试心理的概念以及考试心理活动的特征分析。徐玫平从理论思辨的角度分析了考试心理活动及其特征，认为考试心理素质对考试活动绩效有重要影响。葛明贵（1995）分析了学生考试心理的特点，并提出了教育建议。郑和钧、邓京平运用调查法系统分析了考试心理活动过程以及容易产生的问题，认为学生考试活动绩效的差异主要来源于考试心理素质的差异，学生的考试心理素质发展水平存在学校类型的差异。郑日昌分析了考试心理，并运用了一个联合问卷考察影响考试的心理因素。赛晓光、宋兴川、谢路军（2002）较为全面地分析了影响考试的心理因素以及考生容易产生的心理问题的类型、特征，并根据现代心理学的研究成果提出了应对策略。

上述研究的不足是并未对考试心理、考试心理问题以及考试心理素质进行深入系统的概念分析，也未通过理论与实证研究来揭示考试心理问题的类型、成因，考试心理素质的成分、结构及其运行机制。

②考试心理状态及其心理健康水平分析。杨理荣、张宏友等（1999）运用自编问卷进行了高考生心理健康研究。[①] 马震祥等（1996）、叶明志等（1999）、刘铭涛等（2001）、刘立群等（2002）、王蕾（2002）运用SCL－90症状自评量表对中考、会考以及高考前学生的心理状态及其心理健康水平进行调查发现，中学生在重大考试前后，其心理存在一个动态变化过程，考生在考前、考中和考后的心理状态及心理健康水平发展变化不一致；考前心理状态及心理健康水平和考试成绩存在密切相关；不同学习基础的考生，其心理健康水平不一致，学习基础的优劣对心理健康水平有重要影响。

2. 研究方法：理性思辨、心理测量研究多，实验研究少

对考试心理问题的研究，从理论思辨发展到实证研究，既得益于学校教育的客观需要，又得益于众多的考试心理问卷的开发与运用。在众多的研究中，大部分是运用调查法对学生智力、非智力、学习策略、学习归因、人格特征等因素与学业成绩的关系进行研究。有的运用自编问卷调查考试心理健康（杨理荣、张宏友，1999）、考试成败归因（沈烈敏，2001）及生活事件等。有的运用现有量表调查考试焦虑（如斯皮尔伯格的测验焦虑调查表TAI、焦虑自评量表SAS、郑日昌的考试焦虑量表）、考试心理健康水平（主要是SCL－90心理症状自评量表）、考试与学生人格特征（卡特尔16种人格特质量表、YG－WR中学生人格量表）及考试与学生心

① 杨理荣、张宏友：《高考生心理健康研究》，《心理科学》1999年第22卷第1期，第283～284页。

理素质（张大均、冯正直的中学生心理素质量表）的关系等。

在普通中小学的教育实践中，常常运用专题讲座、授课、个别心理辅导等方式，采用模拟考试训练、自信训练、放松训练等方法，对考生的考试心理问题进行教育干预。由于缺乏系统的理论指导和有效的诊断工具，这些教育干预从教育目标、教育内容到教育方法策略等都既缺乏针对性，又缺乏整合，实效性差；没有经过实验验证，没有信度和效度资料，缺乏说服力。从心理素质教育角度出发，采用心理素质专题训练形式对考生的心理问题进行整体性教育干预的研究更为少见。

3. 研究策略：间接研究多，直接研究少；静态研究多，动态研究少；定性描述多，定量描述少

从已有的文献资料来看，大部分研究运用调查法对智力、非智力、学习策略、学习归因、人格特征、心理素质与考试焦虑及学业成绩关系进行研究，从某个侧面，即从考试结果来对考试心理做间接的研究。在数量较少的直接研究考试心理的相关研究中，多采用单因素或少数几个因素的调查研究，即只涉及考试焦虑、成败归因、智力和非智力因素等心理因素。而只考察考试心理中的单一变量或少数几个变量对学业成绩的影响，极有可能因忽视多种心理变量的共同作用而使单个变量的作用受到错误的或过高的估计。

众所周知，考试心理活动既是一个共时的结构，也是一个历时的过程。现有的大多数研究属于静态的相关研究，而把考试作为一个动态过程来考察的研究较少，定量地、系统地、全面地研究考试心理过程的更少。曹立人、翁柏泉对初中生的考试焦虑状况的动态特征进行了研究；[①] 王志蓉在历时的过程中研究了考试焦虑；赛晓光、宋兴川、谢路军动态地分析了在考前、考试过程中、考试后学生的心理变化以及容易出现的心理问题。[②]

同样，由于缺乏科学有效的研究工具，人们在对考试心理的某些单一问题可以进行定量研究，而在对考试心理进行整体研究时，只能进行定性研究。

综上观之，我们认为，在研究影响考试活动的内在心理因素时，首先要考虑到在不同时段学生的考试心理及其考试心理问题是有较大差异的。其次，应充分考虑到心理因素的整体性和心理因素的综合效应。人在考试活动过程中的行为是受整个心理系统各亚系统共同作用、共同影响的，研究中应考虑到尽可能多的心理因素。因此，应研究由多种心理因素组成的整体的考试心理素质，研究考试心理素质对学生的考试绩效的影响，考察考试心理素质对学生在考试活动中的心理和行为的影响机制及其发生作用的途径。第三，应探讨科学有效的教育干预措施，提高对学生考

---

① 曹立人、翁柏泉：《初中生焦虑状况的动态特征研究》，《心理科学》1999 年第 22 卷第 4 期，第 367～368 页。

② 赛晓光、宋兴川、谢路军：《高考心理攻关》，学苑出版社 2002 年版。

试心理问题的教育干预力度。

本研究对全面实施素质教育，提高教育教学质量，提高学生整体心理素质水平尤其是考试心理素质水平具有重要的理论价值和现实指导意义。

三、本研究的设计

（一）研究目的

本研究在借鉴国内外已有研究成果的基础上，从客观揭示中学生考试心理问题的发展现状出发，系统考察考试心理活动过程（从历时的时间维度、共时的意识维度和考试情境维度出发），揭示考试心理素质的内涵、结构、功能及其发展规律；探讨运用心理素质教育实验促进学生考试心理素质发展进而解决其考试心理问题的可能性、现实性和有效性。

（二）研究思路

本研究的基本思路：理论分析→研制工具→调查分析→揭示关系。

理论分析。首先，在综述国内外关于考试心理的研究的基础上，本研究从时间维度把考试心理过程分为考前心理状态、考场心理状态和考后的心理调适三个阶段进行考察。其次，从意识维度我们发现：（1）关于考试心理问题可以采用结构—过程研究策略从认知、个性和心理适应性三个方面加以考察；（2）关于考试心理素质可以采用结构过程研究策略从认知、个性和适应性三个维度进行研究，从而建立起关于考试心理素质的理论构想模型。最后，探索解决考试心理问题的根本途径。

研制工具。从研究需要出发，开发出了中学生考试心理问题症状自评量表（ATMP）及中学生考试心理素质量表（ATMQ）。

调查研究。首先，采用开放式问卷调查社会公众的考试心理观及考试心理素质观。其次，通过预测及正式测量，验证：（1）考试心理素质的理论构想模型；（2）中学生考试心理问题症状自评量表；（3）中学生考试心理素质量表。

揭示关系。通过大规模调查，揭示中学生考试心理问题、考试心理素质与考试绩效之间的关系。

（三）研究构想

1. 考试心理问题的类型及特征

运用过程—结构研究策略对相关理论文献进行分析、概括，总结出考生在考前、考试过程中以及考试后容易出现的常见的包括认知、个性、适应性等方面的考试心理问题。

（1）认知问题。考生在考试活动中容易出现的认知问题主要有注意涣散、记忆阻滞和思维阻抑等。

（2）个性问题。考生在考试活动中的个性问题即指考生由于个性中的主观困惑状态或个性障碍，造成心理动力及其调节机能失调。主要有以下几种形式：

①动力。反映学生的考试动力，目标过高、动机太强可能会给学生带来过大的压力，造成情绪问题；目标过低、动机太弱则会影响学生对待复习考试的态度及考试绩效。心理学研究表明，适度的动机有利于激发学生的学习热情，获得较好结果。

②自卑。指的是个体在同他人就体貌、学习能力、学业成绩以及社会地位等方面进行比较后，感到自我适应性差，某方面或某几方面不如他人，因而表现出无能、软弱、沮丧、精神不振的心理不平衡状态。

③自责。指个体在考试过程中产生的不能正确看待失败，常将失败、过失归咎于自己的思想和行为表现。

④抑郁。是考生经常出现在考试之后的情绪问题，抑郁苦闷的情感和心境是代表性症状。它还以对生活的兴趣减退、缺乏活动愿望、丧失活动力等为特征，包括失望、悲观以及与抑郁相联系的其他感知及躯体方面的问题。

⑤强迫。强迫症状主要指个体在复习考试过程中出现的那些明知没必要，但又无法摆脱的无意义的思想、冲动、行为等表现，还有一些比较一般的感知障碍。

⑥焦虑。临床上明显与焦虑症状相联系的症状及其体验，一般指那些无法静息、神经过敏、紧张以及由此产生的躯体征象（震颤），那些游离不定的焦虑及惊恐。

⑦精神病性症状。主要指在考试的应激反应过程中，考生所产生的一些精神症状，包括幻听、思维播散、被控制感和思维插入等症状。

（3）适应性问题。主要表现为以下几种形式：

①怯场。由于过去的失败体验，或自身期望过高，过于看重分数，从而产生的对考试所怀的恐惧心理，使个体无法安心学习、考试。

②家庭压力。主要反映家庭对学生学习考试的态度、期望、教养方式等内容，意味着“家庭的期待与教养”已成为学生的精神负担。

③人际敏感。主要指某些个人不自在感、孤立感，包括自卑、懊恼、孤独、与人疏离、缺乏可利用的社会支持系统等内容。

④身体症状。主要反映的是身体不适感，包括心血管、胃肠道、呼吸等系统的主诉不适，以及头痛、背痛、肌肉酸痛等。

2. 考试心理素质结构模型的理论分析

考试心理过程是在特定的持久的压力情境下，主试者与被试者交互作用的过程。考试心理过程从时间维度上看，可以划分为三个阶段：（1）复习迎考阶段；（2）实考阶段；（3）考试后心理适应持续阶段。通过从意识维度考察学生在这三个阶段中所表现出的心理和行为方面的特征，我们可以得到三个二阶因素。

（1）心理能量（mental energy）。心理能量是复习迎考启动应试心理机制阶段的心理因素。本研究借用“心理能量”概念，一是作为个体考试心理素质的心理资源，二是作为考试心理结构的动力成分，它包含认知、情感和意志三方面的成分，表现为个人在考试行为的动力性、方向性、水平上的力量，具体说来，考试活动中的心理能量可以解剖出以下几个成分。

①活力（vigor）。活力是心理能量维度的重要特质。具有活力的人表现为在考试活动中精力旺盛而充沛，态度积极而主动，情绪和行动具有感染力。其特征可以从心理、行为的主动性和活动性两个方面来考察。主动性是指个体在明确而具体的内在动机的支配下，表现出积极主动而非消极被动的行为特点。活动性是指在良好身心素质的基础上表现出精力旺盛、喜欢各种身体活动和人际交流活动，行为迅速而灵活，兴趣广泛等行为特征。

②动力（motivity）。动力是心理能量维度的第二个重要特质。在这里，动力特征是指个人在有意识、有目的和有计划的情况下，表现出考试活动行为的方向性、持久性等特征。主要可以从勤奋性和成就倾向两方面来考察。勤奋性是指在一定目标的支配下，不断地体现出努力从事活动，而不是懒散、随意、半途而废的行为特征。成就倾向是指个人在学习活动中能主动建构符合个体、家庭及社会环境要求的积极而健康的目标，始终明确地意识到自己的目标并调节自己的行为以确保自己的行为指向目标，保证实现预期目标的心理倾向。

③能力（ability）。能力是心理能量维度的第三个重要特质。能力表现为人的行为和认知的机制和水平。它是作为成功完成某些活动的条件的心理特征，决定心理能量的表现水平。由于中学生对自我能力品质的自我知觉和评价已经达到相当水平，也就是说，中学生对自己的能力基本上有了一个较为准确客观的认识和评价，因此根据卡特尔等人的研究，能力也可以通过调查的方式进行测量。

（2）心理控制感（sense of psychological control）。它是实考阶段的心理因素。考试活动作为主试者和应试者的交互作用并不等同于客观世界的物质之间的随机分布和随机运动，而是应试主体主动参与考试情境，从而发生与主试者设置的考试情境交互作用的过程。具体说来，心理控制感可以解剖成以下几个成分。

①控制信念（belief of control）。这是一种关于心理控制感的一般优势信念。该因素可以分解为控制信念与归因倾向两种成分。

②自信心（self-confidence）。它是认知成分的优势信念。自信心代表应试者对自己平时学习成绩、知识水平、考试成绩和将来考试成功的意识信念和评价。它包括两个相互交织的成分：一个是自我效能感，也称自我能力有效感；二是自我价值有效感，作为一种认知成分，它是指一个人对自己持有的积极的期望和乐观的态度。

③独立性（independence）。它是意志成分的优势信念，也称自我意志有效感。独立性表现为独立自强，当机立断。独立性强的人喜欢独自作出决定，独自完成工作，也不需要他人的好感，不易受社会舆论的约束。

④责任感（sense of responsibility）。它是情感成分的优势信念，也称自我负责，是指学生在活动中对应尽义务的认识和相应的情感体验，包括对学生义务的清晰认识以及与承担责任相关的情绪体验。

⑤心身协调（physically and mentally harmonize）。它是实考阶段的操作性因素，也称心身适应。心身适应指身体对环境、行为方式和心境的改变所引起的心血管、消化等系统的保护性反应的能力，而身体某一系统的适应又改善心境。

（3）心理弹性（mental resilience）。它是考试后的心理适应持续阶段的心理因素。考试活动是应试者主动参与主试者设置的考试情境，旨在顺利通过考试，达到社会、学校、家庭和个人目标，从而使自我内在及自我与环境达到平衡状态。在实考结束后，伴随着考试结果的揭晓，个体肯定会遭遇各种来自社会和家庭情境的压力或问题。个体是否具有一种弹性——心理弹性，即个体是否是“一个计划者，问题解决者和处理者”（艾米·沃娜），决定了个体能否克服压力，解决问题，成功地度过应激期。Block（1971）认为，社会适应良好所应具备的人格特征，有两个重要的人格维度：自我弹性和自我控制。所谓自我弹性，就是指人们面对改变之后的情境要求（特别是压力情境和创伤事件）所表现出来的灵活性、变通性行为倾向；所谓自我控制是指人们维持和表达情感、愿望或冲动的动力性心理和行为的内外倾向。具体说来，心理弹性可以具体解剖为以下几个成分：

①理智性（rationality）。它是心理弹性中的情绪表达和管理的优化成分，表达性格的理智特征，指一个人辨别是非、利害关系以及控制自己行为的能力。

②情绪适应性（emotion adoption）。它是心理弹性的情绪表达和管理的控制成分。卡特尔“适应与焦虑性”复合个性因素表明，低分者生活适应顺利，通常感觉心满意足，但极端低分者可能缺乏毅力，事事知难而退，不肯艰苦奋斗与努力；高分者并不一定有精神疾病，但通常易于激动、焦虑，对自己的境遇常常感到不满意。

③坚韧性（diligency）。它是心理弹性中的意志成分。保罗·史托兹（1997）认为，坚持就是一种即使面临失败、挫折仍然继续尝试的能力。[①] Kobasa（1982）的“心理韧性”概念可以解释坚持性人格的适应意义。心理韧性就是当个体面临生活压力事件时，作为支持性资源发挥功能的人格特征的集合体。[②] 心理韧性在某种程度上能够较好地充当压力与身心健康之间的调节变量，也就是说心理韧性可以起到压力缓冲效果。因此，该成分可以分解为坚持性和挫折耐受力。

④乐观主义（optimism）。它是心理弹性中的认知成分，指一个人对未来持有的积极的期望和乐观的态度。乐观主义作为一种人格特质，对个体在考试活动中维护

---

① 保罗·史托兹著，姜翼松译：《逆境商数》，天津人民出版社 1998 年版。
② S. C. Kobasa：*Stressful life events，personality，and health：An inquiry into hardiness. Journal of Personality and Social Psychology*，1979，37（1），pp1－11.

身心健康具有积极的适应意义。

综合上述，我们运用结构—过程分析策略，对考试心理素质作了理论分析。首先从时间维度出发，根据考试心理活动过程的三个阶段，将中学生考试心理素质归纳为心理能量、心理控制感和心理弹性三个基本维度，然后从意识维度出发，把三个基本维度解剖成12个因素，20种成分，由此形成一个多维度、多层次的结构模型，如图9—1。

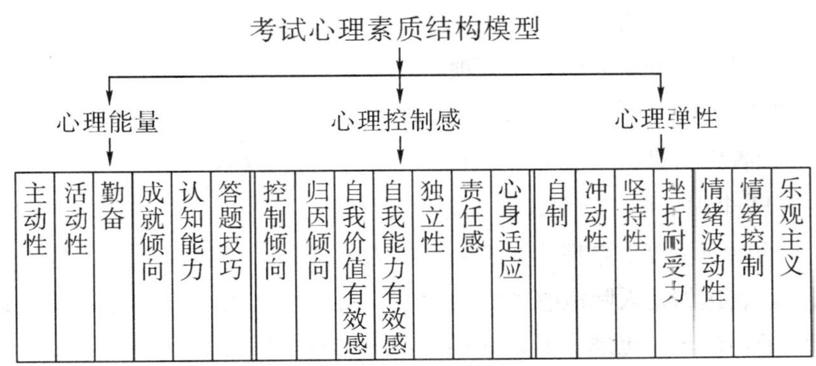

图9—1　中学生考试心理素质理论结构模型

（四）研究方法

本研究采用文献研究法、经验实证法与实验验证法相结合的方式，以全日制中学生为被试进行研究。

文献研究的目的是通过相关文献的分析与综合，总结以往的研究成果，提出本研究的研究思路和实证研究的逻辑起点。实证研究采用个案分析法、因素分析法、社会调查法等研究技术研究考试心理素质结构模型以及考试心理问题的类型及特征。

本研究对所收集到数据统一采用SPSS 10.0统计软件包进行处理。

第二节　中学生考试心理问题的特点

一、中学生考试心理和行为问题量表的编制

本研究拟通过问卷调查和统计分析，探索中学生考试心理问题的类型，以验证和修正中学生考试心理问题类型的理论构想，并在此基础上建立中学生考试心理问题症状自评量表，为下一步中学生考试心理问题的发展研究提供测量工具。

首先，本研究采用自编的中学生考试心理问题症状自评初始量表（采用5点记分，单选追选形式作答）在重庆某中学选择一定数量的中学生进行预测，对预测问卷进行项目分析和因素分析，根据分析结果调整因素和项目，确定中学生考试心理

问题症状自评量表。然后对重庆市某中学的422名中学生（其中男生215名，女生207名）进行正式调查，统计分析结果如下。

（一）项目分析

通过区分度来检测各题目与问卷总分的相关。经分析，量表108个题项中，区分度较好的有102项，占问卷题目总数的94.44%；区分度一般的有4项，占3.70%；区分度差的有2项，占1.85%。运用独立样本t检验高分组（占总人数的27%）和低分组（占总人数的27%）在每个题项上的差异，量表中108个题项的t值均达显著，说明初始量表的各个题项均具有鉴别力。

（二）因素分析

对问卷调查资料进行主成分分析和正交旋转因素分析，共剔除52个题目，保留55个题目，11个因素能够解释总变异量的57.844%。

因素1的题项主要来自理论构想问卷的人际敏感因子，部分来自精神病性和抑郁两个因子，表达的是人际敏感方面的内容，故仍命名为人际敏感。因素2的题项来自焦虑因子，命名为焦虑。因素3的题项来自怯场因子，仍命名为怯场。因素4的题项来自自责因子，仍命名为自责。因素5的题项来自家庭压力因子，仍命名为家庭压力。因素6的题项来自身体症状因子，仍命名为身体症状。因素7的题项来自动力问题因子，仍命名为动力问题。因素8的题项来自强迫，仍命名为强迫。因素9的题项来自抑郁，仍命名为抑郁。因素10的题项来自自卑，仍命名为自卑。因素11的题项来自精神病性，仍命名为精神病性。

表9—1 中学生考试心理问题症状自评量表的因素负荷

题项	人际敏感	焦虑	怯场	自责	家庭压力	身体症状	动力问题	强迫	抑郁	自卑	精神病性
V_{61}	.733										
V_{67}	.689										
V_{73}	.662										
V_{65}	.647										
V_{64}	.609										
V_{107}	.598										
V_{76}	.565										
V_{66}	.530										
V_{44}		.707									
V_{43}		.656									
V_{45}		.636									

续表

题项	人际敏感	焦虑	怯场	自责	家庭压力	身体症状	动力问题	强迫	抑郁	自卑	精神病性
V_{47}		.635									
V_{46}		.589									
V_{42}		.537									
V_{53}			.668								
V_{51}			.654								
V_{54}			.646								
V_{55}			.604								
V_{52}			.599								
V_{60}			.545								
V_{59}			.533								
V_{22}				.751							
V_{26}				.684							
V_{23}				.656							
V_{21}				.604							
V_{29}				.602							
V_{25}				.577							
V_{85}					.798						
V_{86}					.736						
V_{84}					.700						
V_{87}					.677						
V_{82}					.561						
V_{31}						.736					
V_{33}						.717					
V_{32}						.700					
V_{34}						.528					
V_{39}						.498					
V_{1}							.737				
V_{5}							.692				
V_{3}							.636				
V_{2}							.602				

续表

题项	人际敏感	焦虑	怯场	自责	家庭压力	身体症状	动力问题	强迫	抑郁	自卑	精神病性
V_{18}								.658			
V_{19}								.555			
V_{11}								.552			
V_{12}								.528			
V_{17}								.506			
V_{104}									.669		
V_{101}									.561		
V_{106}									.549		
V_{95}										.655	
V_{94}										.602	
V_{97}										.501	
V_{71}											.657
V_{69}											.595
V_{70}											.521

表 9—2　中学生考试心理问题各因素的旋转因素特征值和贡献率

因　素	特征值	贡献率（%）	因　素	特征值	贡献率（%）
人际敏感	4.515	8.209	动力问题	2.597	4.722
焦　虑	3.729	6.780	强　迫	2.403	4.370
怯　场	3.652	6.641	抑　郁	1.920	3.490
自　责	3.282	5.967	自　卑	1.811	3.292
家庭压力	3.105	5.646	精神病性	1.804	3.280
身体症状	2.996	5.447	累积贡献率（%）		57.844

另外，根据理论分析及构想问卷，还筛选出两个因素：认知问题，包括 12、18、19、52、53 和 59 等题项，指考生在考试活动中容易出现的注意涣散、记忆阻滞和思维阻抑等认知问题；神经症，即抑郁、焦虑和强迫三个因素得分之和的算术平均。该量表显示，在中学生中较为突出的考试心理问题主要是人际敏感、焦虑、怯场和自责四种。

（三）问卷信度检验

本研究考察了问卷的分半信度和内部一致性信度。各分量表的相关在 0.5408～0.8497 之间，总量表的相关为 0.8819；各分量表的内部一致性信度在 0.5624～

0.8633之间，总量表的内部一致性信度为0.9427。说明虽然有个别分量表的信度稍低，但总量表的信度颇佳。

（四）问卷效度检验

本问卷的内容效度基本上可以通过内容关联程序（包括文献分析、理论构想，专家、老师和学生对问卷的评价等程序）得到保证。本研究着重讨论问卷的结构效度。

本研究以各因素之间的相关、各因素与问卷总分之间的相关来估计问卷的结构效度。结果表明，各因素之间具有中等偏高程度的相关，最高为0.835，最低为0.217，说明该问卷的结构效度较好。

综上所述，本研究开发的中学生考试心理问题症状自评量表具有良好的信度和效度，能够作为测量中学生考试心理问题的有效工具。

二、中学生考试心理问题的特点

采用中学生考试心理问题症状自评量表对重庆市两所中学的576名中学生（男生302人，女生274人）进行问卷调查，考察中学生考试心理问题在年级、性别、家庭来源、学习成绩等四个社会人口统计学资料上的差异，进而探讨中学生考试心理问题的特点。结果如下。

（一）中学生考试心理问题的方差分析及简单效应分析

通过方差分析，我们发现中学生考试心理问题存在年级、性别、学校类型×年级以及学校类型×年级×性别×家庭来源间的显著差异。这提示我们需要对中学生考试心理问题进行简单效应分析。

表9－3　中学生考试心理问题在年级×学校类型上的简单效应分析

因　素		平方和	自由度	均　方	F	显著性
G因子（年级）	在X_1（重点学校）	7.58	5	1.52	4.95	.000
	在X_2（普通学校）	14.02	5	2.80	9.15	.000
X因子（学校类型）	在G_1（初一）	2.30	1	2.30	7.35	.007
	在G_2（初二）	1.05	1	1.05	3.37	.067
	在G_3（初三）	.62	1	.62	1.96	1.600
	在G_4（高一）	1.29	1	1.29	4.13	.043
	在G_5（高二）	10.96	1	10.96	35.08	.000
	在G_6（高三）	.20	1	.20	.62	.430

从表9－3可以看出，年级因素在不同类型学校均有极其显著的效应。学校类型因素在高二年级有极其显著的效应，在初一和高一有显著的效应。

（二）中学生考试心理问题的性别差异

表 9－4　中学生考试心理问题的性别差异分析

变　量	男生（n=302）		女生（n=274）		t	显著性
	平均数	标准差	平均数	标准差		
家庭压力	2.8915	.9788	2.6498	1.0225	2.851	.005**
抑　郁	1.7066	.8759	1.5421	.8289	2.274	.023*

从表 9－4 可以看出，从整体上看，中学生的考试心理问题不存在性别差异，中学生考试心理问题在个别因素如家庭压力因素上存在极其显著的性别差异，在抑郁方面存在显著的性别差异。

（三）中学生考试心理问题的学校类型差异

本次调查涉及两所学校，分别代表重点中学和普通中学。我们对学校类型差异的研究主要是考察重点中学和普通中学之间的差异。

从表 9－5 可以看出，中学生考试心理问题在整体水平上存在极其显著的学校类型差异，重点中学学生的考试心理问题发展水平极其显著地高于普通中学学生。在个别因素上，重点中学学生在人际敏感、焦虑、强迫、抑郁、自卑、认知问题和神经症等因素水平上极其显著地高于普通中学学生；重点中学学生在自责因素水平上显著高于普通中学学生。

表 9－5　中学生考试心理问题的学校类型差异分析

变　量	普通中学（n=328）		重点中学（n=248）		F	显著性
	平均数	标准差	平均数	标准差		
人际敏感	2.0846	.8199	1.8652	.7905	10.263	.001**
焦　虑	1.9836	.8543	1.7812	.8087	8.165	.004**
怯　场	2.3239	.8639	2.1639	.8433	3.809	.051
自　责	2.4600	.7179	2.3141	.6932	5.911	.015*
家庭压力	2.8246	.9894	2.7193	1.0314	1.518	.218
身体症状	1.8258	.8220	1.7432	.7465	1.519	.218
动力问题	1.8948	.6368	1.7951	.6648	3.282	.071
强　迫	2.5225	.7940	2.2568	.9831	12.676	.000***
抑　郁	1.7210	.8547	1.5240	.8628	7.328	.007**
自　卑	2.5313	.9035	2.3032	.9106	8.805	.003**
精神病性	1.7826	.7865	1.6763	.7044	2.774	.096
认知问题	2.5251	.7772	2.3121	.7946	10.250	.001**
神经症	2.0757	.6851	1.8540	.7025	14.245	.000***
总　分	2.1903	.5894	2.0275	.5587	11.095	.001**

（四）中学生考试心理问题的家庭来源差异

从表 9-6 可以看出，在考试心理问题整体水平上城镇学生显著好于农村学生；在自责、强迫、认知问题及神经症等因素水平上，城镇学生显著低于农村学生。

表 9-6　中学生考试心理问题的家庭来源差异分析*

变　量	城镇学生（n=352）		农村学生（n=208）		F	显著性
	平均数	标准差	平均数	标准差		
人际敏感	1.9265	.8106	2.0628	.7868	2.696	.068
焦　虑	1.8513	.8598	1.9485	.7888	.919	.400
怯　场	2.3454	.8747	2.4796	.7790	2.640	.072
自　责	2.3291	.7210	2.5129	.6833	4.764	.009**
家庭压力	2.7665	1.0396	2.7720	.9524	.341	.711
身体症状	1.7830	.8066	1.7816	.7524	.118	.889
动力问题	1.8290	.6731	1.7951	.6648	.871	.419
强　迫	2.3034	.9383	2.5517	.7558	5.351	.005**
抑　郁	1.5758	.8756	1.7118	.8159	2.945	.053
自　卑	2.3617	.9431	2.3032	.9106	2.808	.061
精神病性	1.6866	.7573	1.7778	.6983	2.510	.082
认知问题	2.3466	.8067	2.5588	.7386	6.413	.002**
神经症	1.9102	.7233	2.0706	.6273	3.815	.023*
总　分	2.0689	.5996	2.1813	.5281	3.250	.040*

* 说明：部分被试的部分背景信息可能有缺失，因此书中存在被试分类统计数据与被试总数不一致的情况，下文不再说明。

（五）中学生考试心理问题年级差异的方差分析

从表 9-7 可以看出，在整体上，中学生考试心理问题存在显著的年级差异，其中，高中学生的得分高于初中学生，得分从高到低依次为高二>高一>高三>初三>初一>初二，呈现出波浪形变化趋势；事后多重比较表明，初一与高一、高二存在显著差异，初二与高一、高二存在显著差异。人际敏感存在极其显著的年级差异，得分从高到低依次为高一>高二>高三>初三>初一>初二，呈现出波浪形变化趋势；事后多重比较表明，初二与高一、高二存在显著差异。焦虑存在显著的年级差异，得分从高到低依次为高三>高一>初一>高二>初三>初二，呈现出波浪形变化趋势；事后多重比较表明，初二与高三存在显著差异。怯场、自责、家庭压力不存在显著的年级差异。身体症状存在极其显著的年级差异，得分从高到低依次为高二>高三>初三>初一>高一>初二，呈现出波浪形变化趋势；事后多重比较表明，初二与高二存在显著差异。动力问题存在极其显著的年级差异，得分从高到低依次为高二>高一>高三>初二>初三>初一，呈现出波浪形变化趋势；事后多重比较表明，初一与高一、高二存在显著差异。强迫存在极其显著的年级差异，得分从高到低依次为高一>高二>高三>初三>初一>初二，呈现出波浪形变化趋势；事后多重比较表明，高一与初一、初二存在显著差异。抑郁存在极其显著的年级差异，得分从高到低依次为高三>高二>高一>初三>初二>初一，呈现出随年级增高而逐渐增高的趋势；事后多重比较表明，高三与初三、初二、初一存在显著差异。自卑存在显著的年级差异，得分从高到低依次为高一>高二>初三>高三>初一>初二，呈现出波浪形变化趋势；事后多重比较表明，高一与初三、初二、初一存在显著差异。精神病性不存在显著的年级差异。认知问题存在极其显著的年级差异，得分从高到低依次为高一>初二>高二>初三>高三>初一，呈现出波浪形变化趋势；事后多重比较表明，高一与初一、初二存在显著差异。神经症存在极其显著的年级差异，得分从高到低依次为高三>高一>高二>初三>初一>初二，呈现出波浪形变化趋势；事后多重比较表明，初二与高三存在显著差异。

表 9-7 中学生考试心理问题的年级差异分析

变量	初一 (n=119) 平均数 (标准差)	初二 (n=113) 平均数 (标准差)	初三 (n=92) 平均数 (标准差)	高一 (n=107) 平均数 (标准差)	高二 (n=100) 平均数 (标准差)	高三 (n=42) 平均数 (标准差)	F	显著性
人际敏感	1.904 (.784)	1.730 (.730)	1.957 (.711)	2.414 (.777)	2.260 (.991)	2.074 (.762)	5.839	.000***
焦虑	1.944 (.901)	1.715 (.779)	1.870 (.749)	1.951 (.662)	1.915 (1.003)	2.246 (.874)	2.679	.021*
怯场	2.365 (.900)	2.303 (.843)	2.444 (.771)	2.546 (.790)	2.437 (.908)	2.330 (.775)	1.117	.350
自责	2.381 (.768)	2.478 (.711)	2.252 (.632)	2.477 (.628)	2.427 (.737)	2.302 (.787)	1.541	.175
家庭压力	2.797 (1.106)	2.848 (.936)	2.672 (.992)	2.828 (.902)	2.850 (1.000)	2.481 (1.409)	1.205	.305
身体症状	1.775 (.808)	1.552 (.633)	1.822 (.806)	1.770 (.640)	1.998 (.936)	1.967 (.882)	4.027	.001**
动力问题	1.650 (.589)	1.820 (.625)	1.763 (.589)	1.998 (.565)	2.044 (.754)	1.924 (.798)	5.791	.000***
强迫	2.266 (1.151)	2.220 (.757)	2.383 (.759)	2.692 (.711)	2.558 (.921)	2.391 (.824)	4.526	.000***

续表

变　量	初一（n=119）平均数（标准差）	初二（n=113）平均数（标准差）	初三（n=92）平均数（标准差）	高一（n=107）平均数（标准差）	高二（n=100）平均数（标准差）	高三（n=42）平均数（标准差）	F	显著性
抑　郁	1.504（.781）	1.546（.849）	1.573（.768）	1.660（.855）	1.753（.975）	2.127（.889）	4.119	.001**
自　卑	2.350（.944）	2.322（.897）	2.413（.894）	2.685（.839）	2.483（.960）	2.373（.911）	2.285	.045*
精神病性	1.661（.762）	1.679（.710）	1.728（.628）	1.748（.659）	1.853（.964）	1.857（.814）	1.079	.371
认知问题	2.339（.879）	2.658（.757）	2.467（.768）	2.729（.715）	2.468（.831）	2.385（.798）	4.642	.000***
神经症	1.905（.761）	1.827（.657）	1.942（.600）	2.091（.559）	2.075（.812）	2.255（.758）	3.694	.003**
总　分	2.054（.611）	2.019（.529）	2.080（.518）	2.224（.450）	2.234（.696）	2.188（.699）	2.688	.021*

（六）讨论

中学生考试心理问题发展水平呈现出年级、性别、城乡和学校类型等方面的差异。这与杨理荣、张宏友等（1999）① 的研究结果基本一致。研究结果表明，在整体上，中学生考试心理问题存在显著的年级差异，其中，高中学生的得分高于初中学生，得分从高到低依次为高二>高一>高三>初三>初一>初二，呈现出波浪形变化趋势；事后多重比较表明，初一与高一、高二存在显著差异，初二与高一、高二存在显著差异。究其原因：（1）从中学生身心发展角度看，初中高年级和高中低年级是学生身心发展尤其是心理冲突加剧的时期，同时，他们又面临成长过程中所出现的越来越复杂的发展任务，在此阶段会产生一些心理问题。高二和高一学生处在中考和高考的休整期，又面临从初中向高中学习生活的适应问题，其心理素质尤其是学习适应性发展处于最低点，容易产生考试心理问题是自然的。高三学生随着经验的积累，学会了作出调整以顺利通过考试，从而有效抑制了考试心理问题的产生。（2）考试作为一种小应激情境，对学生而言会产生一定强度的学业压力，从而导致学生在临近考试的时候容易产生心理和行为问题。（3）随着年级的升高，应试教育对学生的影响也越来越大，学业压力导致学生考试心理问题在类型上增多、强度上加大。初中低年级学生学业压力相对较小，因而考试心理问题较少。就考试心理问题各因素来说，怯场、家庭压力、强迫等因素始终处于较高水平，并且除了怯场、

① 杨理荣、张宏友：《高考生心理健康研究》，《心理科学》1999年第22卷第1期，第283～284页。

自责、家庭压力和精神病性等因素没有年级差异外，抑郁随着年级升高而逐渐升高，其他因素的发展都呈现出起伏状态，且初中优于高中，初中高年级和高中低年级发展水平最差。

在考试心理问题整体水平上城镇学生显著好于农村学生。在个别因素上，城镇学生在自责、强迫、认知问题、神经症等因素水平上显著低于农村学生。原因可能是：(1) 由于成才的道路和机会不同，城镇学生和农村学生对考试的重要性和威胁程度存在认识和体验上的差异。农村学生更渴望在考试中取得成功，因而体验到的压力更大，更容易产生自责、神经症、强迫和认知问题等考试心理问题。(2) 由于农村家庭、社会对学生在考试中取得成功的期望值更高，教育方式也相对较简单，环境尤其是家庭因素更不利于农村学生准备和参加考试，因而更容易造成其心理问题。

中学生考试心理问题在整体水平上存在极其显著的学校类型差异，重点中学学生的考试心理问题发展水平极其显著地优于普通中学学生。在个别因素上，重点中学学生在人际敏感、焦虑、强迫、抑郁、自卑、认知问题和神经症等因素水平上极其显著地高于普通中学学生；重点中学学生在自责因素水平上显著高于普通中学学生。可能的原因是：(1) 重点中学在教育教学过程中，由于生源质量良好，可以加强非智力因素的培养和训练，使学生在认知因素得到发展的同时，情感因素也得到锻炼和提高，因而情绪稳定、自信心强。同时，重点中学学生群体气氛更好，更有利于复习应考和相互解决存在的心理和行为问题。(2) 重点中学考生具有更多的成功体验，对考试具有更强的控制能力，具有更大的灵活性，因而能够主动灵活地调整心态，以顺利通过考试。

中学生的考试心理问题不存在性别差异，从整体上看，女生优于男生，这与杨理荣等的研究结果一致。中学生考试心理问题在个别因素如家庭压力因素上存在极其显著的性别差异，在抑郁方面存在显著的性别差异。根据冯正直的研究，女生的抑郁水平高于男生，这与本研究结果不一致。原因可能是冯正直的研究涉及的是中学生的一般抑郁状况，而本研究主要探讨与考试相关的抑郁心情，男生更注重考试及考试结果，更容易因此体验到抑郁不舒的心境。这也说明包括抑郁在内的心理现象受领域导向即以具体适应情境为条件的适应心理机制制约。

研究者认为，人在考试活动过程中的行为是受整个心理系统各亚系统共同作用、共同影响的，在辅导中应考虑到尽可能多的心理因素，注意教育干预的全面性和系统性。同时，又要考虑到人在不同时段下的考试心理活动是有区别的，应该针对学生在考试前、考试中和考试后容易产生的考试心理问题，抓住重点进行教育干预，在此基础上突破难点，达到教育干预的最终目的。当然，在确定教育干预的重点和难点时，应该考虑到学生考试心理问题发展状况的差异很大，应该注意结合学生在年级、性别、学业成绩等方面的具体特点，以及本地区、本校和本班的教育教学实际，整体考虑。因此，在解决学生考试心理问题的过程中，应该开展多种形式多种途径的教育辅导，采用多种多样的辅导策略进行学生考试心理素质的训练。

第三节　中学生考试心理素质的结构及发展特点

一、中学生考试心理素质的结构研究

本研究拟通过问卷调查和统计分析，探索中学生考试心理素质的结构，以验证和修正中学生考试心理素质结构的理论构想，并在此基础上建立中学生考试心理素质问卷，为下一步中学生考试心理素质的发展研究、中学生考试心理问题教育对策研究提供测量工具。

首先，本研究采用自编的中学生考试心理素质初始量表（采用 5 点记分，单选迫选形式作答）在重庆某中学选择一定数量的中学生进行预测，对初始量表进行项目分析和因素分析，根据分析结果调整因素和项目，确定中学生考试心理素质量表。然后对重庆市某中学的 583 名中学生（其中男生 308 名，女生 275 名）进行正式调查，统计分析结果如下。

（一）项目分析

经分析，量表 158 个题项中，区分度较好的有 72 项，占问卷总题目数的 45.57%；区分度一般的有 70 项，占 44.30%；区分度差的有 16 项，占 10.13%。运用独立样本 t 检验高分组（占总人数的 27%）和低分组（占总人数的 27%）在每个题项上的差异，量表中 158 个题项的 t 值均达显著，表明初始量表的各个题项均具有鉴别力。

（二）因素分析

1. 一阶因素分析

对问卷调查资料进行主成分分析和正交旋转因素分析，共剔除 78 个题目，保留 80 个题目，结果 20 个因素能够解释总变异量的 58.764%。

表 9－8　中学生考试心理素质量表的因素负荷

题项	认知能力	勤奋主动	控制信念	情绪波动	乐观主义	控制倾向	冲动性	坚持性	轻松兴奋	自信
F_{37}	.755									
F_{33}	.750									
F_{36}	.740									

续表

题项	认知能力	勤奋主动	控制信念	情绪波动	乐观主义	控制倾向	冲动性	坚持性	轻松兴奋	自信
F_{35}	.704									
F_{34}	.555									
F_{40}	.543									
F_{17}		.753								
F_{21}		.679								
F_{2}		.633								
F_{3}		.625								
F_{18}		.567								
F_{1}		.451								
F_{98}			.646							
F_{71}			.641							
F_{96}			.594							
F_{97}			.544							
F_{51}			.543							
F_{55}			.447							
F_{100}			.438							
F_{141}				.693						
F_{140}				.654						
F_{138}				.569						
F_{136}				.530						
F_{137}				.475						
F_{156}					.746					
F_{155}					.745					
F_{154}					.684					
F_{153}					.614					
F_{50}						.676				
F_{58}						.587				
F_{54}						.547				
F_{111}							.654			
F_{110}							.568			
F_{113}							.533			

续表

题项	认知能力	勤奋主动	控制信念	情绪波动	乐观主义	控制倾向	冲动性	坚持性	轻松兴奋	自信
F_{109}							.498			
F_{112}							.465			
F_{125}								.680		
F_{127}								.594		
F_{124}								.583		
F_{122}								.485		
F_{139}									.790	
F_{9}									.701	
F_{158}									.673	
F_{68}										.681
F_{67}										.526
F_{70}										.514
F_{59}										.451
F_{52}										.447
题项	独立性	情绪调控	责任感	自制	元认知意识	挫折耐受力	作息习惯	成就欲	活力	元认知监控
F_{81}	.772									
F_{80}	.754									
F_{87}	.580									
F_{82}	.497									
F_{145}		.684								
F_{143}		.614								
F_{61}		.498								
F_{135}		.453								
F_{90}			.809							
F_{89}			.630							
F_{94}			.488							
F_{91}			.484							
F_{120}				.647						
F_{86}				.645						

续表

题项	独立性	情绪调控	责任感	自制	元认知意识	挫折耐受力	作息习惯	成就欲	活力	元认知监控
F_{115}				.492						
F_{118}				.454						
F_{116}					.742					
F_{41}					.599					
F_{38}					.556					
F_{130}						.729				
F_{129}						.640				
F_{134}						.498				
F_{12}							.769			
F_{13}							.570			
F_{30}								.609		
F_{31}								.522		
F_{26}								.493		
F_{15}									.748	
F_{16}									.735	
F_{44}										.656
F_{42}										.650
F_{45}										.564

表 9－9　中学生考试心理素质各因素的旋转因素特征值和贡献率

因　素	特征值	贡献率（%）	因　素	特征值	贡献率（%）
认知能力	4.324	5.405	情绪调控	2.016	2.520
勤奋主动	3.806	4.757	责任感	1.988	2.485
控制信念	3.757	4.696	自　制	1.831	2.289
情绪波动	3.091	3.864	元认知意识	1.749	2.186
乐观主义	3.055	3.819	挫折耐受力	1.671	2.089
控制倾向	2.886	3.608	作息习惯	1.598	1.998
冲动性	2.549	3.186	成就欲	1.505	1.881
坚持性	2.288	2.860	活　力	1.474	1.842

续表

因　素	特征值	贡献率（%）	因　素	特征值	贡献率（%）
轻松兴奋	2.191	2.738	元认知监控	1.152	1.440
自　信	2.060	2.575	累积贡献率（%）		58.764
独立性	2.020	2.526			

因素 1 的题项来自理论构想问卷的认知能力因子，故仍命名为认知能力。因素 2 的题项主要来自勤奋性因子，部分来自主动性因子，表达的是个体勤奋主动地学习等方面内容，故命名为勤奋主动。因素 3 的题项主要来自身心协调因子，部分来自控制倾向、归因倾向和自我能力有效感等因子，表达的是个体在考试情境中主动调节身心状态，积极适应考试情境变化等方面内容，故命名为控制信念。因素 4 的题项来自情绪波动性因子，故命名为情绪波动。因素 5 的题项来自乐观主义因子，仍命名为乐观主义。因素 6 的题项来自控制倾向、归因倾向等因子，仍命名为控制倾向。因素 7 的题项来自冲动性因子，仍命名为冲动性。因素 8 的题项来自坚持性，仍命名为坚持性。因素 9 的题项来自乐观主义、活动性和情绪波动性等因子，表达的是个体面对考试情境时充满活力，情绪轻松而兴奋，故命名为轻松兴奋。因素 10 的题项主要来自自我价值有效感、自我能力有效感和归因倾向等因子，主要表达的是个体在面对考试情境时对自己的能力和价值充满信心，故命名为自信。因素 11 的题项来自独立性，仍命名为独立性。因素 12 的题项主要来自情绪调控、归因倾向和情绪波动性等因子，主要表达个体在面对考试情境时能够主动对自己的情绪进行调节或控制，轻松应试，故命名为情绪调控。因素 13 的题项来自责任感，仍命名为责任感。因素 14 的题项主要来自自制力因子，故命名为自制。因素 15 的题项来自元认知意识和自制力等因子，故命名为元认知意识。因素 16 的题项主要来自挫折耐受力因子，故仍命名为挫折耐受力。因素 17 的题项来自活动性，主要表达个体在复习考试过程中，注意有规律地学习、休息，故命名为作息习惯。因素 18 的题项主要来自成就欲因子，故命名为成就欲。因素 19 的题项来自活动性，表达个体在学习生活中精力旺盛，能够胜任学习生活的要求，故命名为活力。因素 20 的题项主要来自元认知监控因子，故命名为元认知监控。

根据理论分析及构想问卷，我们认为，应该将 17 和 19 两个因素合并处理，即合并为活动性，主要表达个体在复习考试过程中精力旺盛、充满活力，保证复习考试活动的顺利进行。这样本量表共获得 19 个因素。该量表显示，中学生中最重要的四种考试心理素质主要是认知能力、勤奋主动、控制信念和情绪波动。

2. 二阶因素分析

把一阶因素分析获得的 19 个因子作为新变量群进行因素分析。采用主成分分析法和正交旋转法进行因素分析，根据理论构想模型，硬性抽取三个因子。结果，三个因子的因子结构比较合适，共解释总变异量的50.401%。

表9－10 三个因素的特征值及解释的变异数分配

因素	特征值	变异数（%）	变异数累积（%）
1	3.830	20.158	20.158
2	3.483	18.330	38.488
3	2.263	11.913	50.401

表9－11 二阶因素分析的结构及其负荷值

因素	因素1	因素2	因素3	因素	因素1	因素2	因素3
认知能力		.506	.584	独立性			.399
勤奋		.742		情绪调控		.466	.475
控制信念	.692			责任感		.554	
情绪波动	.756			自制力	.684		
乐观主义			.603	元认知意识		.508	
控制倾向	.678			挫折耐受力		.539	
冲动性	.700			活动性		.526	
坚持性	.707			成就欲		.661	
轻松兴奋			.748	元认知监控		.720	
自信	.689						

因子1包含自制力、自信、控制倾向、冲动性、坚持性、控制信念和情绪波动等因素，它们主要来自理论构想模型的心理控制感维度，主要表达个体在面对考试情境时，理解、控制或改变考试情境的能力感和信念，故仍命名为心理控制感。因子2包含认知能力、勤奋、情绪调控、责任感、元认知意识、挫折耐受力、活动性、成就欲和元认知监控等因素，它们大部分来自心理能量理论构想维度，表达个体适应考试所必需的动力、活力和能力，故仍然命名为心理能量。因子3包含认知能力、乐观主义、轻松兴奋、独立性和情绪调控等因素，它们主要来自心理弹性理论构想维度，表达个体在考试情境（尤其是考试结束后）中，在情绪、行为、态度、观念上的韧性或承受力，故仍命名为心理弹性。

根据二阶因素分析的结果，可以得到考试心理素质结构的实证模型（图9－2）。

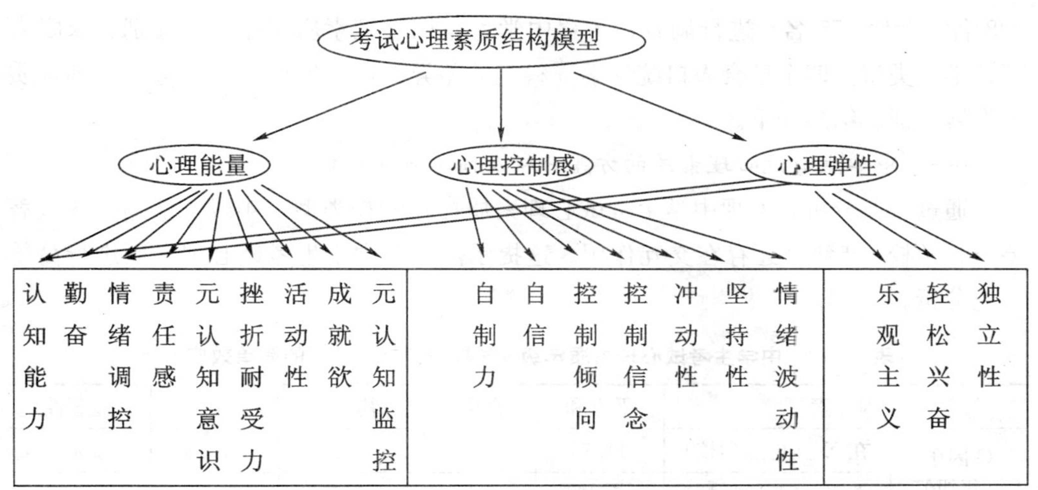

图 9－2　中学生考试心理素质结构实证模型

（三）问卷信度检验

本研究考察了问卷的分半信度、内部一致性信度和重测信度。各分量表的相关在 0.5610～0.8602 之间，总量表的相关为 0.8405；各分量表的内部一致性信度在 0.5855～0.8973 之间，总量表的内部一致性信度为 0.9253。说明虽然有个别分量表的信度稍低，但总量表的信度颇佳。

（四）问卷效度检验

我们采用结构效度来考察问卷的效度。

经分析发现，各个因素之间具有中低等程度相关，最高为 0.538，最低为 0.204；各因素与问卷总分具有中等程度相关，最高为 0.649，最低为 0.276；各分量表之间具有中等程度相关，最高为 0.735，最低为 0.287。说明该问卷的结构效度较好。

综上所述，得出如下结论：

1. 采用过程—结构策略，获得了由 3 个维度、19 个因素构成的中学生考试心理素质结构模型：心理控制感（自制力、自信、控制倾向、冲动性、坚持性、控制信念和情绪波动）、心理能量（认知能力、勤奋、情绪调控、责任感、元认知意识、挫折耐受力、活动性、成就欲和元认知监控）和心理弹性（认知能力、乐观主义、轻松兴奋、独立性和情绪调控）。

2. 本研究开发的中学生考试心理素质量表具有良好的信度和效度，能够作为测量中学生考试心理问题的有效工具。

二、中学生考试心理素质的特点

采用中学生考试心理素质量表对重庆市两所中学的 583 名中学生（其中男生

308名，女生275名）进行调查，考察中学生考试心理素质在年级、性别、家庭来源、学校类型等四个社会人口统计学资料上的差异，进而探讨中学生考试心理素质的发展特征。结果如下。

（一）中学生考试心理素质的方差分析及简单效应分析

通过方差分析，发现中学生考试心理素质存在学校类型、年级、性别间的显著差异，学校×年级间还存在交互作用。这提示需要对中学生考试心理素质进行简单效应分析。

表9－12　中学生考试心理素质年级×学校类型交互作用的简单效应分析

因素		平方和	自由度	均方	F	显著性
G因子（年级）	在X_1（重点学校）	11.79	5	2.36	17.08	.000
	在X_2（普通学校）	5.40	5	1.08	7.83	.000
X因子（学校类型）	在G_1（初一）	2.51	1	2.51	17.08	.000
	在G_2（初二）	.19	1	.19	1.31	.252
	在G_3（初三）	.00	1	.00	.02	.901
	在G_4（高一）	.00	1	.00	.02	.891
	在G_5（高二）	4.09	1	4.09	27.78	.000
	在G_6（高三）	3.81	1	3.81	25.88	.000

从表9－12可以看出，年级因素在不同类型学校均有极其显著的效应。学校类型因素在初一、高二和高三年级有极其显著的效应。

（二）中学生考试心理素质的性别差异

从表9－13看出，在整体上女生的考试心理素质水平略高于男生，但不具备显著的差异性。在个别因素方面，男生在认知能力、独立性两个因素的发展水平上高于女生，差异达到极其显著的水平；女生则在控制倾向、轻松兴奋、自信等因素的发展水平上高于男生，差异达到显著水平。

表9－13　中学生考试心理素质的性别差异分析

变量		男生（n=308）		女生（n=275）		t	显著性
		平均数	标准差	平均数	标准差		
二阶因素	心理控制感	3.2679	.6197	3.3540	.5895	1.574	.116
	心理能量	3.5098	.4973	3.5177	.5430	.169	.866
	心理弹性	3.6358	.5706	3.5905	.5606	−.887	.376

续表

变量		男生（n=308）		女生（n=275）		t	显著性
		平均数	标准差	平均数	标准差		
一阶因素	认知能力	3.6306	.7398	3.3898	.8394	−3.373	.001**
	勤　奋	3.1982	.7781	3.2910	.8196	1.286	.199
	控制信念	3.2835	.8411	3.2651	.8021	−.246	.805
	情绪波动性	2.9496	.8942	2.8797	.8893	−.867	.386
	乐观主义	3.8848	.8175	3.8845	.8450	−.004	.997
	控制倾向	3.5748	.9064	3.7768	.8839	2.495	.013*
	冲动性	3.0425	.6585	3.1398	.6849	1.603	.110
	坚持性	2.8799	.8776	2.9672	.9611	1.050	.294
	轻松兴奋	3.4501	.8655	3.6780	.9422	2.790	.005**
	自　信	3.7756	.8968	3.9390	.8028	2.119	.035*
	独立性	3.6319	.8038	3.3591	.8709	−3.606	.000***
	情绪调控	3.5817	.8236	3.6409	.7739	.818	.414
	责任感	3.6348	.7063	3.7585	.7895	1.829	.068
	自制力	3.3691	.8381	3.5106	.8075	1.900	.058
	元认知意识	3.4593	.7880	3.4732	.8414	.188	.851
	挫折耐受力	3.7808	.7311	3.7288	.7791	−.763	.446
	活动性	3.1634	.7391	3.2320	.8006	.986	.324
	成就欲	3.8412	.8212	3.8701	.8768	.376	.707
	元认知监控	3.2979	.8052	3.2754	.8130	−.307	.759
总　分		3.4142	.3753	3.4397	.4246	.705	.481

（三）中学生考试心理素质的学校类型差异

本次调查涉及两所学校，分别代表重点中学和普通中学，我们对学校类型差异的研究主要是考察重点中学和普通中学之间的差异。

从表9−14看出，在考试心理素质的整体水平上存在极其显著的学校类型差异，重点中学学生的考试心理素质发展水平极其显著地高于普通中学学生。在个别因素上，重点中学学生在心理控制感、心理能量、心理弹性、认知能力、情绪波动、乐观主义、冲动性、轻松兴奋、自信、元认知意识、成就欲等方面极其显著地高于普通中学学生；在控制信念、控制倾向、坚持性、责任感、自制力、挫折耐受力等方面，重点中学学生显著高于普通中学学生。

表 9—14　中学生考试心理素质的学校类型差异分析

变量		普通中学（n=329）		重点中学（n=254）		t	显著性
		平均数	标准差	平均数	标准差		
二阶因素	心理控制感	3.1977	.5827	3.4646	.6056	−4.920	.000***
	心理能量	3.4188	.4881	3.6453	.5336	−4.872	.000***
	心理弹性	3.4906	.5342	3.7854	.5647	−5.883	.000***
一阶因素	认知能力	3.3415	.7520	3.7553	.7987	−5.854	.000***
	勤奋	3.2129	.7465	3.2846	.8667	−.980	.328
	控制信念	3.1739	.8065	3.4146	.8242	−3.229	.001**
	情绪波动	2.7839	.8191	3.0995	.9558	−3.922	.000***
	乐观主义	3.7482	.8005	4.0744	.8348	−4.369	.000***
	控制倾向	3.5602	.9150	3.8276	.8579	−3.275	.001**
	冲动性	2.9888	.6458	3.2293	.6851	−3.964	.000***
	坚持性	2.8237	.8570	3.0585	.9844	−2.811	.005**
	轻松兴奋	3.4187	.8360	3.7561	.9713	−4.116	.000***
	自信	3.7200	.8789	4.0410	.7876	−4.163	.000***
	独立性	3.4412	.8560	3.5829	.8294	−1.831	.068
	情绪调控	3.5035	.7958	3.7585	.7833	−3.522	.000***
	责任感	3.6246	.7354	3.7915	.7594	−2.445	.015*
	自制力	3.3333	.8285	3.5817	.8016	−3.318	.001**
	元认知意识	3.2947	.7805	3.7041	.7998	−5.668	.000***
	挫折耐受力	3.6678	.7063	3.8780	.8022	−3.069	.002**
	活动性	3.1491	.7180	3.2622	.8328	−1.608	.109
	成就欲	3.7287	.8547	4.0309	.8075	−3.951	.000***
	元认知监控	3.2468	.7729	3.3431	.8536	−1.302	.193
总分		3.3347	.3505	3.5540	.4286	−6.219	.000***

（四）中学生考试心理素质的家庭来源差异

从表 9—15 看出，在考试心理素质整体发展水平上城镇学生显著高于农村学生。在个别因素上，如心理控制感、心理能量、认知能力、勤奋、乐观主义、冲动性、自信、情绪调控、元认知意识、挫折耐受力等方面城镇学生显著高于农村学生；在心理弹性、轻松兴奋两个因素上这种差异达到极其显著的水平。

表 9－15　中学生考试心理素质的家庭来源差异分析

变　量		农村学生（n=249）		城镇学生（n=334）		t	显著性
		平均数	标准差	平均数	标准差		
二阶因素	心理控制感	3.2309	.5691	3.3485	.6211	−2.030	.043*
	心理能量	3.4137	.4895	3.5634	.5272	−3.033	.003**
	心理弹性	3.4725	.5141	3.6845	.5776	−3.967	.000***
一阶因素	认知能力	3.3456	.7514	3.5989	.8077	−3.346	.001**
	勤　奋	3.1278	.7730	3.3002	.8065	−2.260	.024*
	控制信念	3.2524	.7985	3.2857	.8341	−.422	.673
	情绪波动	2.8577	.8275	2.9450	.9218	−1.021	.308
	乐观主义	3.7807	.7968	3.9365	.8425	−1.964	.050*
	控制倾向	3.5787	.8557	3.7187	.9196	−1.624	.105
	冲动性	2.9840	.6644	3.1419	.6712	−2.461	.014*
	坚持性	2.8420	.8629	2.9618	.9442	−1.360	.174
	轻松兴奋	3.3252	.8364	3.6769	.9230	−4.098	.000***
	自　信	3.7239	.8601	3.9193	.8476	−2.392	.017*
	独立性	3.4525	.8313	3.5245	.8550	−.887	.376
	情绪调控	3.4586	.7769	3.6858	.8015	−2.987	.003**
	责任感	3.6488	.7199	3.7171	.7636	−.951	.342
	自制力	3.3773	.7863	3.4671	.8442	−1.135	.257
	元认知意识	3.3272	.8169	3.5352	.8039	−2.684	.008**
	挫折耐受力	3.6258	.6807	3.8206	.7814	−2.711	.007**
	活动性	3.1810	.7664	3.2041	.7718	−.314	.754
	成就欲	3.7996	.8579	3.8828	.8425	−1.023	.307
	元认知监控	3.2086	.7390	3.3262	.8389	−1.520	.129
总　分		3.3441	.3698	3.4675	.4080	−3.254	.001**

（五）中学生考试心理素质的年级差异

从表 9－16 看出，在整体上，中学生考试心理素质存在着极其显著的年级差异，表现为初一＞高一＞初二＞高二＞初三＞高三的波浪形变化趋势；事后多重比较表明，初一与初三、高二、高三有显著差异，初三与初一、高一有显著差异，高一与高二有显著差异，高三与初一、初二、高一、高二有显著差异。中学生考试心理素质中的心理控制感存在显著的年级差异，表现为初一＞初二＞高一＞高二＞初三＞高三，呈现波浪形变化趋势；事后多重比较表明，初一与初三、高三有显著差异，初三与初一、初二有显著差异。心理能量存在显著的年级差异，表现为初一>高一>初二>高二>初三>高三，呈现波浪形变化趋势；事后多重比较表明，初一与初三、高二、高三存在显著差异，高三与初一、初二、高一存在显著差异。心理弹性存在显著的年级差异，表现为初一>高一>初二>高二>初三>高三，呈现波浪形变化趋势；事后多重比较表明，初一与初三、高三存在显著差异，高三与初一、初二、高一、高二存在显著差异。认知能力不存在年级差异，表现为初一>初二>高一>高二>初三>高三；事后多重比较显示，高三与初一、初二、高一、高二存在显著差异。

表9－16　中学生考试心理素质的年级差异分析

变量		初一 (n=115)	初二 (n=105)	初三 (n=107)	高一 (n=108)	高二 (n=108)	高三 (n=40)	F	显著性
二阶因素	心理控制感	3.444 (.695)	3.374 (.617)	3.093 (.599)	3.291 (.459)	3.241 (.559)	3.058 (.575)	5.566	.000***
	心理能量	3.663 (.570)	3.515 (.447)	3.343 (.532)	3.552 (.451)	3.388 (.551)	3.116 (.637)	9.187	.000***
	心理弹性	3.697 (.582)	3.612 (.524)	3.418 (.600)	3.660 (.526)	3.590 (.603)	3.108 (.642)	8.411	.000***
一阶因素	认知能力	3.613 (.852)	3.529 (.762)	3.440 (.782)	3.525 (.775)	3.482 (.836)	3.186 (.825)	1.839	.103
	勤　奋	3.491 (.826)	3.291 (.797)	3.118 (.714)	3.232 (.771)	2.912 (769)	3.138 (.816)	6.641	.000***
	控制信念	3.294 (.896)	3.238 (.838)	3.133 (.805)	3.316 (.784)	3.324 (.758)	3.107 (.713)	1.071	.376
	情绪波动	2.951 (.965)	3.024 (.897)	2.794 (.792)	2.794 (.805)	2.967 (.919)	2.955 (.798)	1.246	.286
	乐观主义	3.991 (.845)	3.846 (.777)	3.532 (.927)	3.954 (.785)	3.903 (.865)	3.150 (.808)	9.214	.000***
	控制倾向	3.745 (.919)	3.820 (.878)	3.223 (.932)	3.716 (.814)	3.599 (.879)	3.225 (.633)	7.673	.000***
	冲动性	3.108 (.773)	3.180 (.710)	3.012 (.705)	3.048 (.569)	3.059 (.650)	2.770 (.570)	2.332	.041*
	坚持性	3.211 (1.097)	3.015 (.879)	2.864 (.806)	2.833 (.849)	2.646 (.814)	2.913 (.829)	4.972	.000***
	轻松兴奋	3.690 (.939)	3.657 (.857)	3.398 (.745)	3.543 (.932)	3.444 (.947)	3.050 (.768)	4.178	.001**
	自　信	4.132 (.801)	3.922 (.861)	3.373 (.979)	3.939 (.672)	3.720 (.825)	3.315 (.875)	12.961	.000***

续表

变量	初一 (n=115)	初二 (n=105)	初三 (n=107)	高一 (n=108)	高二 (n=108)	高三 (n=40)	F	显著性
独立性	3.396 (.896)	3.316 (.878)	3.381 (.842)	3.692 (.752)	3.644 (.815)	3.106 (.927)	4.959	.000***
情绪调控	3.794 (.839)	3.711 (.763)	3.340 (.813)	3.588 (.736)	3.479 (.788)	3.050 (.823)	7.886	.000***
责任感	3.674 (.821)	3.681 (.657)	3.381 (.853)	3.852 (.625)	3.704 (.805)	3.138 (.902)	7.473	.000***
自制力	3.667 (.981)	3.417 (.828)	3.255 (.850)	3.387 (.677)	3.370 (.734)	3.119 (.857)	4.026	.001**
元认知意识	3.632 (.935)	3.444 (.806)	3.427 (.725)	3.534 (.763)	3.324 (.783)	2.992 (.710)	4.572	.000***
挫折耐受力	4.087 (.712)	3.833 (.694)	3.473 (.927)	3.673 (.707)	3.531 (.782)	3.133 (.773)	13.639	.000***
活动性	3.152 (.872)	3.066 (.741)	3.109 (.674)	3.315 (.759)	3.225 (.767)	3.031 (.901)	1.607	.156
成就欲	4.012 (.883)	3.869 (.771)	3.550 (.879)	3.941 (.800)	3.741 (.881)	3.442 (849)	5.527	.000***
元认知监控	3.510 (.883)	3.209 (.776)	3.249 (.723)	3.309 (.725)	3.093 (.824)	2.941 (1.021)	4.526	.000***
总分	3.541 (.454)	3.439 (.362)	3.259 (.373)	3.451 (.339)	3.351 (.425)	3.093 (.284)	11.600	.000***

总的来说，中学生勤奋感存在显著的年级差异，事后多重比较显示，初一与初三、高二存在显著差异；高二与初一、初二存在显著差异。中学生控制信念以及情绪波动不存在年级差异。中学生乐观主义存在极其显著的年级差异，表现为初一>高一>高二>初二>初三>高三，呈现波浪形变化趋势；事后多重比较显示，初三与初一、高一存在显著差异，高三与初一、初二、高一、高二存在显著差异。中学生控制倾向存在极其显著的年级差异，表现为初二>初一>高一>高二>高三>初三，呈现波浪形变化趋势；事后多重比较显示，初二与初三、高三存在显著差异，初三与初一、初二、高一存在显著差异。中学生冲动性存在显著的年级差异，表现为初二>初一>高二>高一>初三>高三，呈现波浪形变化趋势；事后多重比较显示，高三与初一、初二、高一、高二存在显著差异。中学生坚持性存在极其显著的年级差异，表现为初一>初二>高三>初三>高一>高二，呈现随着年级增高逐步下降的趋势；事后多重比较显示，初一与高二有显著差异。中学生轻松兴奋存在极其显著的年级差异，表现为初一>初二>高一>高二>初三>高三，呈现波浪形变化趋势；事后多重比较显示，高三与初一、初二存在显著差异。中学生在自信方面存在极其显著的年级差异，表现为初一>高一>初二>高二>初三>高三，呈现波浪形变化趋

势；事后多重比较显示，初一与初三、高二、高三存在显著差异，初三与初一、初二、高一存在显著差异，高三与初一、初二、高一存在显著差异。中学生在独立性方面存在极其显著的年级差异，表现为高一>高二>初一>初二>初三>高三，呈现波浪形变化趋势；事后多重比较显示，高三与高一、高二存在显著差异。中学生在情绪调控方面存在极其显著的年级差异，表现为初一>初二>高一>高二>初三>高三，呈现波浪形变化趋势；事后多重比较显示，初三与初一、初二存在显著差异，高三与初一、初二、高一存在显著差异。中学生在责任感方面存在显著的年级差异，表现为初一>初二>高一>高二>初三>高三，呈现波浪形变化趋势；事后多重比较显示，高一与初三、高三存在显著差异，高三与初一、初二、高一、高二存在显著差异。中学生在自制力方面存在极其显著的年级差异，表现为初一>初二>高一>高二>初三>高三，呈现波浪形变化趋势；事后多重比较显示，初一与初三、高三存在显著差异。中学生在元认知意识方面存在着显著的年级差异，表现为初一>高一>初二>初三>高二>高三的波浪形变化趋势；事后多重比较表明，高三与初一、高一存在显著差异。中学生在挫折耐受力方面存在极其显著的年级差异，表现为初一>初二>高一>高二>初三>高三，呈现波浪形变化趋势；事后多重比较显示，初一与初三、高一、高二、高三存在显著差异，初三与初一、初二存在显著差异，高三与初一、初二、高一存在显著差异。中学生在活动性方面总体上不存在显著的年级差异。中学生在成就欲方面存在显著的年级差异，表现为初一>高一>初二>高二>初三>高三的波浪形变化趋势；事后多重比较表明，初三与初一、高一存在显著差异，高三与初一存在显著差异。中学生在元认知监控方面存在显著的年级差异，表现为初一>高一>初三>初二>高二>高三的波浪形变化趋势；事后多重比较表明，初一与高二、高三存在显著差异。

（六）讨论

实证资料说明，中学生考试心理素质发展水平呈现出年级、性别、家庭来源和学校类型的差异。总的来看，随着年级的升高，中学生考试心理素质呈现下降趋势。这与冯正直（2002）关于中学生心理素质发展呈现不平衡趋势的研究结果相一致。① 说明考试心理素质作为一种专门心理素质，与中学生整体心理素质的发展是相一致的。同时，从初一到初三，从高一到高三，随着中考和高考的日益临近，中学生考试心理素质呈现下降趋势，其中，初一的考试心理素质最好，高一次之，又部分证实了王极盛和刘晓玲的研究结果。我们认为：（1）正是考试的小应激性质，情境因素使学生在面对重要程度较高的考试时，考试心理素质处于较低水平，但是参加考试的经验因素使他们学会了主动调整心态，有意识地调用或激发某些考试心理素质

① 冯正直：《中学生抑郁症状的社会信息加工方式研究》，西南师范大学博士学位论文，2002年。

以应对考试。Buss（1996）[①] 用策略助长和策略干扰来解释五因素模型人格因素在解决适应问题中所起的正面作用和负面作用。同样，考试心理素质的策略助长作用就是某些考试心理素质有助于人们解决考试过程中的适应问题；策略干扰作用就是某些考试心理素质不利于人们解决考试过程中的适应问题。由于考试心理不仅是一个共时的结构，而且是一个历时的过程，在考试的不同阶段，需要动用的考试心理素质是不同的，因此，我们可以看到，到了高三，学生在坚持性、情绪波动性方面较高一、高二有较为明显的进步。（2）由于扩招，现在升学压力较以往有所降低，但是，目前集中在升入好学校的竞争却愈演愈烈，各级各类学校还是以应试教育为核心，学生被迫以表层取向学习策略和成就取向学习策略进行学习。于是出现了搞应试教育，却使学生考试心理素质、应试能力不断下降，学生厌学、厌考的现象。（3）初中高年级和高中低年级是中学阶段自我意识发展过程中的关键时期，是学生身心发展和心理冲突加剧的时期，因此，我们认为，初中二年级和高中二年级是考试心理素质发展的关键期和转折点。

在整体上女生的考试心理素质水平略高于男生，但不具备显著的差异性。在个别因素方面，男生在认知能力、独立性两个因素的发展水平上高于女生，差异达到极其显著的水平；女生则在控制倾向、轻松兴奋、自信等因素的发展水平上高于男生，差异达到显著水平。这与冯正直（2002）、王极盛和刘晓玲的研究结果基本一致。造成这种性别差异的原因是：（1）从身心发展角度看，女生的身体发育和心理发展都比男生早，其生理和心理较男生相对成熟，心理整合能力较强，自我意识更成熟，使女生在面对考试时能够控制倾向、轻松兴奋、自信更强。（2）从社会期许和教育方式看，家庭、社会对中学女生定性为文静、听话，她们更倾向于在考试中获胜以获得他人赞许。

在考试心理素质整体发展水平上城镇学生显著高于农村学生。在个别因素上，如心理控制感、心理能量、认知能力、勤奋、乐观主义、冲动性、自信、情绪调控、元认知意识、挫折耐受力等方面城镇学生显著高于农村学生；在心理弹性、轻松兴奋两个因素上这种差异达到极其显著的水平。原因可能是：（1）从教育资源和接受的教育活动看，城镇学生拥有更好的教育资源，接触面更广，教育活动更为丰富多彩、形式多样，因此，更有机会发展自己的考试心理素质。（2）从社会期望和教育方式看，城镇学生有更多的成才机会，对他们来说，重要的不是单纯考上大学，而是以后的发展，因此，他们更倾向于培养自己的素质，包括考试心理素质。

在考试心理素质的整体水平上存在极其显著的学校类型差异，重点中学学生的

① A. H. Buss: *Evolutionary perspectives on personality traits*. In R. Hogan, J. Johnson, S. Briggs (eds.): *Handbook of Personality Psychology*, New York: Academic Press, 1997.

考试心理素质发展水平极其显著地高于普通中学学生。在个别因素上，重点中学学生在心理控制感、心理能量、心理弹性、认知能力、情绪波动、乐观主义、冲动性、轻松兴奋、自信、元认知意识、成就欲等方面极其显著地高于普通中学学生；在控制信念、控制倾向、坚持性、责任感、自制力、挫折耐受力等方面，重点中学学生显著高于普通中学学生。其原因可能是：(1) 对中学生而言，环境、教育和实践是影响考试心理素质发展的关键因素。重点中学学生生源质量好，教师在教育教学中可以在抓好知识教学的基础上，着眼于学习目的性、学习习惯和行为习惯的教育和培养，加强学生的个性和适应性品质的培养。更为合理科学的教育方式提高了中学生的考试心理素质。随着年级的升高，这种环境和教育的影响对学生考试心理素质的发展的作用越来越大，不同学校类型的学生在考试心理素质的发展上的差异会越来越大。(2) 从学生自身来看，重点中学学生本身就是考试中的获胜者，其成功体验丰富，抱负水平高，自信心强。(3) 从社会期望来看，重点中学学生更被期望在考试中获胜，从而对其考试心理素质的发展创造了良好的环境。

从总体上看，我国中学生考试心理素质水平不高，现行的学校教育和家庭教育中还存在众多的不利于学生考试心理素质发展的因素。考试心理素质发展水平在一定程度上限制了学生自主解决考试心理问题和积极应对考试的能力。当前学生中存在的类型众多、程度严重的考试心理问题，正是教育现状的反映。因此，在教育中不应该只重视知识学习和智力发展，而重视考试心理素质的培养和训练，是保证学生身心健康发展的现实需要，是培养高素质人才的客观需要。

第四节　中学生考试心理问题的教育对策

考试作为主要的生活压力事件，不可避免地要影响中学生的心理活动。现有研究表明，考试心理问题已经成为中学生突出的心理问题，解决这一问题是保证中学生健康成长的客观需要，是学校心理健康教育的重要任务。

一、考试心理素质是考试心理问题影响考试绩效的中介变量

和心理素质一样，考试心理素质是一个本土化的研究范畴。从考试心理的应激特征看，为了达到既定考试目标，应试者往往会自觉地按照考试的要求训练自己，以期顺利通过考试。因此，考试心理素质就是指应试者在持久的压力情境中，以一定生理素质和知识文化素养为基础，在主试者与应试者的相互作用过程中形成的有利于个体顺利通过考试的心理品质。由于考试可以自然地划分为考试前、中、后三个阶段，因此，总结各阶段应试者应具备的心理素质，可以归纳出学生考试心理素

质的三个二阶因素：一是心理能量，指复习迎考启动应试心理机制阶段的心理因素。心理能量一方面是作为个体考试心理素质的心理资源，另一方面是作为考试心理结构的动力成分，具体包括认知能力、勤奋、情绪调控、责任感、元认知意识、挫折耐受力、活动性、成就欲和元认知监控等成分。二是心理控制感，指考试过程中应试者对考试情境的理解，对考试情境的调节控制能力。应试者与考试情境的交互作用的过程，首先体现为个体对考试情境的理解，其次表现为个体对考试情境及自身心理行为的控制和调节。而个体能否正确理解考试及考试情境，能否针对考试情境及自身心理行为的变化进行调节控制以及调控的程度如何，在很大程度上又取决于在个体考试情境相互比较的基础上所产生的心理优势感。心理优势感的长期积淀形成个体对情境的心理控制感。具体说来，心理控制感可以解剖或自制力、自信、控制倾向、冲动性、坚持性、控制信念和情绪波动等成分。三是心理弹性。在实考结束后，伴随着考试结果的揭晓，个体肯定会遭遇各种来自社会和家庭情境的压力或问题。个体是否具有一种弹性——心理弹性，即个体是否是“一个计划者，问题解决者和处理者”，决定了个体能否克服压力，解决问题，成功地度过应激期。具体包括认知能力、乐观主义、轻松兴奋、独立性和情绪调控等成分。①

有关心理素质的研究表明，心理素质不仅是人的素质的重要组成部分，而且是制约其他素质（如文化科学素质）形成和发展的中介变量。② 心理健康是心理素质的功能指标，而心理素质是心理健康的心理基础；有什么样的心理素质水平，就会有什么样的心理健康水平。在考试压力情境中，考试心理素质是考试心理问题影响考试成绩的中介变量，能使个体有效抑制考试心理问题的发生，或减轻考试心理问题对考试绩效的负面影响，提高考试绩效。

二、考试心理素质培育的基本模式

随着理论与实践研究的逐步深入，人们开始探讨心理健康教育的模式化问题。③④⑤ 陈旭、张大均（2002）提出心理健康教育整合模式，认为心理健康教育应“以促进学生积极适应和主动发展为基本目标，以指导学生学会学习、学会生活、学会交往、学会做人，促进智能、个性、社会性和创造性发展为基本教育内容，运用专题训练、学科渗透、咨询辅导等基本方式，从自我认识—动情晓理—策略导行—反思内化—形成品质等主体心理素质形成过程的五个基本环节，创设适宜的教育干

① 江琦：《中学生考试心理问题及教育对策研究》，西南大学硕士学位论文，2003年。
② 张大均、冯正直、郭成、陈旭：《关于学生心理素质研究的几个问题》，《西南师范大学学报（哲学社会科学版）》2000年第26卷第3期，第56～62页。
③ 张履祥、李学红：《学校心理素质教育》，安徽大学出版社2000年版，第72～88页。
④ 张喆：《关于建构中小学心理健康教育模式的思考》，《沈阳师范学院学报（社会科学版）》2001年第25卷第4期，第84～86页。
⑤ 郭斯萍、陈培玲：《学校心理健康教育模式初探》，《江西教育科研》2001年第9期，第14～16页。

预情境，设计有效的教育策略，最终达到培养健全心理素质和保持心理健康发展的根本目的"[①]。田澜（2002）针对小学生学习适应性问题现状，运用整合性教育干预模式进行了教育干预实验。[②]

Spielberger 和 Vagg（1995）概述了当前国外针对考试焦虑的治疗方法，认为主要有情绪中心、认知中心和技能中心等三种治疗定向，每一种治疗定向之下又有若干种治疗方法，但各种治疗方法其效果却不一样。[③] 在国内大量的教育实践中，普通中小学常常运用专题讲座、授课、个别心理辅导等方式，采用模拟考试训练、自信训练、放松训练等方法，对考生的考试心理问题进行教育干预。汪小琴、吕国新等（2000）检验了集体心理辅导和个别心理干预对提高学生考试成绩的效果。结果发现，考前心理辅导方案有利于改善考试焦虑状态，提高学习成绩，而个别干预比集体心理辅导的实验效果更显著；小容量的心理辅导方案在中学行之有效。[④] Barry J. Zimmerman 等（2000）提出一个基于元认知的培养学生考试预测与准备技能的训练策略。包括自我评价与监控、目标设置与策略计划、策略执行与监控以及策略实施结果的监控四个环节。[⑤]

综上所述，综合运用多种训练方法，通过多种干预途径，从整体上对中学生考试心理素质进行有针对性的培养和训练，提高其考试心理素质水平，将有助于解决其考试心理问题。

要在借鉴国内外关于心理健康教育和考试心理问题的教育干预理论模式的基础上，遵循心理健康教育整合模式的基本思想，针对学生考试心理问题进行教育干预——即对中学生进行考试心理素质训练。这种训练以提高学生的考试心理素质和学习成绩为目标，以考试心理素质专题训练为主要途径，同时辅以个别咨询和家庭间接辅导等途径和方式，对学生进行考试心理素质专项训练。在具体的教育干预过程中，根据不同的干预方式选用适宜的教育促进策略，利用每周一节的心理健康教育课，对学生集中进行考试心理素质专题训练。教师遵循"目标设计综合化、内容设计生活化、方法设计多样化、评价设计全面化和环境设计互动化"的"五化"[⑥] 辅导设计原则设计教学，在具体教学活动中强调实施"提高兴趣—提高参与—加深体

---

① 陈旭、张大均：《心理健康教育的整合模式探析》，《教育研究》2002 年第 1 期，第 71～75 页。

② 田澜：《小学生学习适应问题的整合性教育干预模式研究》，《西南师范大学学报（人文社会科学版）》2004 年第 30 卷第 3 期，第 40～43 页。

③ C. D. Spielberger, P. R. Vagg: *Test Anxiety: Theory, Assessment and Treatment*, Washington, DC: Taylor & Francis, 1995, pp183－215.

④ 汪小琴、吕国新：《中学生考前心理辅导实验研究》，《江西教育学院学报（社会科学版）》2000 年第 5 期，第 74～76 页。

⑤ M. Zuckerman, S. C. Kieffer, C. R. Knee: *Consequences of self-handicapping: Effects on coping, academic performance, and adjustment*. *Journal of Personality and Social Psychology*, 1998, 74 (6), pp1616－1628.

⑥ 张大均、田澜：《论心理素质教育的设计和实施策略》，《课程·教材·教法》2003 年第 6 期，第 66～70 页。

验”的“两高一深”的辅导策略。[①] 每个活动包括判断鉴别、策略训练和反思体验等三个基本环节。判断鉴别环节旨在通过检测，让学生了解自己某方面考试心理素质发展的现状，自己是否存在考试心理问题，以此引起学生的认同感或缺失感，唤起情感共鸣或震撼，激活心理活动，激发思考和提出问题；让学生明白道理，了解某种心理现象产生的原因及这种考试心理素质对他们的考试及成长的影响。策略训练是面向全体学生进行专项考试心理素质训练的核心环节，目的在于让学生掌握相应的行为策略。反思体验环节旨在让学生通过对训练中的心理感受、情感体验、行为变化、活动过程及效果等进行反思，以进一步将训练中掌握的方法、步骤延伸到类似的其他情境。

三、考试心理素质训练的策略

（一）正确认识考试，确立合理的考试目标，激发适度的考试动机

考试目标是对考试期望水平的具体化，合理的考试目标来源于合理的考试期望水平。合理的考试目标有利于激发适度的考试动机，使活动效果和期望水平相协调；而过高的期望水平，不合理的考试目标，会挫伤学生的信心，从而导致学习效率下降，考试成绩下滑。一般而言，合理的考试目标首先要适合自身的智力水平、知识基础和个性特征等基本条件；其次，合理的考试目标要充分反映社会、学校、家庭和个人对考试活动结果的期望和要求。

（二）以充分自信、主动积极的心态对待考试

有人说心态决定命运，自信走向成功。事实证明，自信是保证考试成功的重要心理素质。自信的学生学习积极主动，相信通过自己的努力能够获得学习考试的成功。他们全力以赴，竭尽所能，较少怀疑、彷徨和胡思乱想。自信心不足的学生则难以在学习上做到全身心投入，获得考试成功的机会相对较小。

自信心来源于考试的成功体验，来自于对考试成功、学业成就的追求，是对美好未来的向往。自信心不仅是考生心理健康的标志，而且是将成功的愿望转变为成功的现实的基础。

心理学研究表明，自信心能使我们将最好的智力、能力和体力发挥出来。有人曾经将一批智力和知识水平大致相当的学生分成三组，让他们分别做难度相同的作业。第一组，只在作业前向他们作一般的说明。第二组在作一般的说明之外，还加了些鼓励性话语：“我了解你们的能力，下面的作业对你们来说有些困难，但经过你们的努力是可以完成的。”第三组在作一般的说明之外，增加了如下的指导语：“这

---

① 田澜：《小学生学习适应问题的整合性教育干预模式研究》，《西南师范大学学报（人文社会科学版）》2004年第30卷第3期，第40～43页。

些作业超过了你们现在能力所能达到的限度，你们中的大多数人都不能解决，不过，你们尽力而为吧！”实验结果是，第一组有50%的人完成了作业，第二组有80%的人完成了作业，而第三组只有30%的人完成了作业。差别如此之大，根本原因就在于学生是否有自信心。

自信心的培养步骤：

（1）客观地评价自己。开一张清单，列出自己的优缺点，尤其是优点，从而发现自己是一个不错的人，增强自信心。

（2）正确对待失败和挫折。①分析失败的原因，可归结为内在的、稳定的、可控制的因素，如学习方法、努力程度等方面；②面对失败不要悲观失望，而是要吸取经验教训，努力改善；③对于那些无法控制、非人为的因素造成的失败，要坦然接受。

（3）言语暗示。在复习迎考阶段，在做每一件事之前都自我鼓励，告诉自己“我能行”。假如每天在自己醒来后或做每一件事之前都这样做，那么每天的精神就会格外好，自信心也就会逐渐地树立起来。

（三）保持良好的自我情感，控制不良情绪

心理学研究证明，不同性质、不同强度的情绪，往往会使人具有不同的活动表现，从而影响人的实践活动的效率和效果。如果你整天陷在焦虑、担忧、失望、沮丧、憎恶、仇恨和嫉妒等不良情绪状态中，你怎么有时间和精力去为考试做准备，进而去实现考试目标获得成功呢？

保持良好自我情感的方法有：（1）生活有规律，休息时间科学；（2）多参加群体活动；（3）保持自己的兴趣、爱好等。

控制不良情感的方法主要有：（1）合理宣泄；（2）理性的情绪认知。

（四）从成功者那里寻找自己的不足，全面提升自己

通往考试成功的道路千万条，但成功者都有一些相同的品质保证他们殊途同归。要实现自己的理想就要知道自己需要什么样的品质。从考试成功者出发，看看他们的经历，制订出详细的自我提升计划，缩小与成功者的差距，使自己也成为成功者。

附录一　中学生考试心理问题症状自评量表（ATMP）

亲爱的同学：

你好！欢迎你参加关于中学生考试心理问题的科学研究。本问卷由一些描述考试中容易产生的观念和行为表现的题目组成，为了帮助你准确地把握自己在考试心理方面存在的问题，请仔细阅读每一道题目，并根据从上周以来包括今天在内的一段时间内的实际感受作出回答。谢谢你的合作！

注意事项：

●请认真读懂每句话的意思，然后根据该句话所描述的观念和行为在你身上从上周以来发生的频度和严重程度，在答题纸上勾选出一个相应的字母。至于频度和严重程度的具体含义由你自己体会和评判。字母的具体含义如下：

A：没有；B：很少很轻；C：中等；D：较多偏重；E：很多严重。

●一定要如实作答，不要花太多时间思考，尽可能按你看完题目后的第一感觉来回答。

●每一个问题都要回答，但只能选择一个答案，如果认为没有合适的答案，可以选出与你比较接近的答案，或你认为最合适的答案。

●修改答案时，要用橡皮擦干净。

●本测验题册要反复使用，请不要在上面做任何记号或写字！请保持整洁，答案只能答在答题纸上。

1. 不求上进，只求及格。　□A　□B　□C　□D　□E

2. 为了考试才读书。　□A　□B　□C　□D　□E

3. 因考试成绩不理想而灰心，不谋求改善。　□A　□B　□C　□D　□E

*4. 尽量避免读不喜欢或困难的学科。　□A　□B　□C　□D　□E

5. 如有不懂的，根本不想设法弄懂。　□A　□B　□C　□D　□E

*6. 常常想自己不用花太多的时间成绩也会超过别人。

□A　□B　□C　□D　□E

*7. 为了及时完成某项作业，宁愿废寝忘食、通宵达旦。

□A　□B　□C　□D　□E

*8. 为了把功课学好，放弃了许多感兴趣的活动，如体育锻炼、看电影与郊游等。

□A　□B　□C　□D　□E

*9. 迫切希望在短时间内就大幅度提高自己的学习成绩。

□A　□B　□C　□D　□E

*10. 常常为短时间内不能提高成绩而烦恼不已。 □A □B □C □D □E
11. 头脑中有不必要的想法或字句盘旋。 □A □B □C □D □E
12. 忘性大。 □A □B □C □D □E
*13. 担心自己的衣饰。 □A □B □C □D □E
*14. 感到难以完成任务。 □A □B □C □D □E
*15. 做事或做题必须做得很慢以保证做得正确。 □A □B □C □D □E
*16. 做事或做题必须反复检查。 □A □B □C □D □E
17. 难以作出决定。 □A □B □C □D □E
18. 脑子变空了。 □A □B □C □D □E
19. 不能集中注意力。 □A □B □C □D □E
*20. 必须反复洗手、点数或触摸某些东西。 □A □B □C □D □E
21. 在打排球、篮球、踢足球等体育比赛中输了时，心里一直以为是自己不好。 □A □B □C □D □E
22. 受到批评后，总是认为是自己不好。 □A □B □C □D □E
23. 当受到别人嘲笑时，总会认为是自己做错了什么事。 □A □B □C □D □E
*24. 当学习成绩不好时，总会认为是自己不用功造成的。 □A □B □C □D □E
25. 感到自己考试成绩不理想并为此感到羞愧。 □A □B □C □D □E
26. 大家受到责备时，总是认为主要是自己的过错。 □A □B □C □D □E
*27. 在参加体育比赛或考试时，稍一出错就特别留神。 □A □B □C □D □E
*28. 碰到为难的事情时，总是认为自己难以应付。 □A □B □C □D □E
29. 和同学发生矛盾后，总是认为是自己的错。 □A □B □C □D □E
*30. 有时会后悔，那件事不做就好了。 □A □B □C □D □E
31. 头痛、胸痛、腰痛或肌肉酸痛。 □A □B □C □D □E
32. 头昏或昏倒。 □A □B □C □D □E
33. 恶心或胃部不舒服。 □A □B □C □D □E
34. 呼吸有困难。 □A □B □C □D □E
*35. 很容易疲劳。 □A □B □C □D □E
*36. 夜里很难入睡。 □A □B □C □D □E
*37. 每次考试期间，身上经常莫名其妙地出现不舒服。 □A □B □C □D □E

*38. 每当复习考试期间，经常会有一些慢性疾病复发。
□A □B □C □D □E

39. 感到身体某一部分软弱无力。 □A □B □C □D □E

*40. 一阵阵发冷或发热。 □A □B □C □D □E

*41. 神经过敏，心中不踏实。 □A □B □C □D □E

42. 发抖。 □A □B □C □D □E

43. 无缘无故地感到害怕。 □A □B □C □D □E

44. 心跳得很厉害。 □A □B □C □D □E

45. 感到紧张或容易紧张。 □A □B □C □D □E

46. 一阵阵恐惧或惊恐。 □A □B □C □D □E

47. 感到坐立不安心神不定。 □A □B □C □D □E

*48. 感到熟悉的东西变成陌生的或不像是真的。 □A □B □C □D □E

*49. 当读书时，需要花很长时间才能提起精神。 □A □B □C □D □E

*50. 感到要赶快把事情做完。 □A □B □C □D □E

51. 一听说要考试心里就紧张。 □A □B □C □D □E

52. 曾经在考试过程中，因为注意力不集中而看错或看漏考题。
□A □B □C □D □E

53. 曾经在考试过程中，因为紧张而回忆不起原先掌握的知识。
□A □B □C □D □E

54. 一遇到考试，就担心会失败。 □A □B □C □D □E

55. 觉得自己比别人更担心考试。 □A □B □C □D □E

*56. 做关于考试失败的梦。 □A □B □C □D □E

*57. 在以往的考试中，因为对答案多次涂改，使得卷面无法保持整洁。
□A □B □C □D □E

*58. 当了解到考试结果的好坏在一定程度上将影响自己的前途时，就觉得心烦意乱。 □A □B □C □D □E

59. 面对重大考试，大脑像凝固了一样。 □A □B □C □D □E

60. 考场中的噪音（如日光灯的响声，其他考生发出的声音等）使你烦恼。
□A □B □C □D □E

61. 和别人在一起时，经常感到孤独寂寞。 □A □B □C □D □E

*62. 感到对别人神经过敏。 □A □B □C □D □E

*63. 当被别人看着或谈论着时会感到不自在。 □A □B □C □D □E

64. 感到人们对你不友好，不喜欢你。 □A □B □C □D □E

65. 感到别人不理解、不同情你。 □A □B □C □D □E

66. 你的感情容易受到伤害。 □A □B □C □D □E
67. 人们之间不存在什么可靠的联系。 □A □B □C □D □E
*68. 对别人求全责备。 □A □B □C □D □E
69. 感到别人能控制你的思想。 □A □B □C □D □E
70. 听到旁人听不到的声音。 □A □B □C □D □E
71. 旁人能知道你私下的想法。 □A □B □C □D □E
*72. 有一些不属于自己的想法。 □A □B □C □D □E
73. 即使和别人在一起也感到孤独。 □A □B □C □D □E
*74. 你认为应该为自己的过错而受到惩罚。 □A □B □C □D □E
*75. 感到自己的身体有严重的问题。 □A □B □C □D □E
76. 从未感到与其他人很亲近。 □A □B □C □D □E
*77. 感到自己的脑子有毛病。 □A □B □C □D □E
*78. 为一些有关“性”的想法而苦恼。 □A □B □C □D □E
*79. 做过考试成绩不好时，受到爸爸妈妈严厉训斥的梦。
□A □B □C □D □E
*80. 考试失败的原因与家里人施加的压力太大有关。 □A □B □C □D □E
*81. 复习考试期间，父母常以“人生难得几回搏”的道理来激励你。
□A □B □C □D □E
82. 过去曾经因考试失败而遭到家长的无情责骂。 □A □B □C □D □E
*83. 总感到父母对考试成绩的要求太高，因此，再努力也是枉费心机。
□A □B □C □D □E
84. 每次重大考试期间，父母显得比你自己还紧张。 □A □B □C □D □E
85. 每次重大考试期间，父母总是反复叮嘱你一定要考好。
□A □B □C □D □E
86. 父母经常拿你的考试分数和别人比较。 □A □B □C □D □E
87. 你的父母认为，考试成绩直接关系到你的前途和命运。
□A □B □C □D □E
*88. 父母经常和你就某次考试能否考出好成绩“打赌”。
□A □B □C □D □E
*89. 时常幻想或希望自己长得比现在漂亮些。 □A □B □C □D □E
*90. 自信别人会认为你的外表富有吸引力。 □A □B □C □D □E
*91. 自己的身手不够协调。 □A □B □C □D □E
*92. 老师改过的考卷发下来了，同学要看时，你总是把打分的地方折起来让他们看不到。 □A □B □C □D □E

*93. 当被别人称做“笨蛋”或“不知趣的人”时，你心中感到不好受，默默走开，独自流泪。 □A □B □C □D □E

94. 和同学相比，你觉得自己必须比他们付出更多努力才能得到与他们相同的分数。 □A □B □C □D □E

95. 和同学相比，你觉得自己在把能力水平在考试过程中发挥出来方面存在更多困难。 □A □B □C □D □E

*96. 觉得自己的能力不如别人。 □A □B □C □D □E

97. 在某一次考试中取得的好分数，不能增加你在其他考试中的自信心。 □A □B □C □D □E

*98. 你受到周围人的欢迎和爱戴。 □A □B □C □D □E

*99. 感到自己的精力下降，活动减慢。 □A □B □C □D □E

*100. 对事物不感兴趣。 □A □B □C □D □E

101. 感到前途一片凄惨。 □A □B □C □D □E

*102. 最近好像什么事也干不成。 □A □B □C □D □E

*103. 睡眠不安宁，容易惊醒。 □A □B □C □D □E

104. 死对我来说是最好的解脱。 □A □B □C □D □E

*105. 从自己现在所做的事情中无法得到乐趣和满足。 □A □B □C □D □E

106. 认为自己无可救药了。 □A □B □C □D □E

107. 时常感到孤独和苦闷。 □A □B □C □D □E

*108. 心情很坏，经常想哭。 □A □B □C □D □E

附录二 中学生考试心理素质量表（ATMQ）

亲爱的同学：

你好！欢迎你参加关于中学生考试心理素质成分与发展的科学研究。这份问卷由许多关于考试的问题组成，所有问题都没有标准答案，无所谓对错好坏。因此，对每一个问题，你实际上是怎么做的，怎么想的，就怎么回答。这既能保证本项研究的科学性，又有助于你真正地了解自己。谢谢你的合作！

注意事项：

●下面是一些描述中学生在日常学习生活中容易出现的观念和行为的语句，请认真读懂每句话的意思，然后根据该句话与你自己近一周来的实际情况相符合的程度，在答题纸上勾选出一个相应的字母。字母的具体含义如下：

A：非常不符合；B：比较不符合；C：不确定；D：比较符合；E：非常符合。

●除非你认为其他 4 个选项确实都不符合你的真实想法，否则，请尽量不要选择“不确定”。

●在你读完每一个问题后，不要花费时间去反复考虑，只需要选择出你即时想到的第一个符合自己实际情况的答案。请尽快作出选择，在一分钟内所答的问题不要少于 4～5 题。

●每一个问题都要回答，但只能选择一个答案，如果认为没有合适的答案，可以选出与你比较接近的答案，或你认为最合适的答案。

●修改答案时，要用橡皮擦干净。

●本测验题册要反复使用，请不要在上面做任何记号或写字！请保持整洁，答案只能答在答题纸上。

●引导题

1. 中学阶段是人生的一个重要阶段。 □A □B □C □D □E
2. 我喜欢参加体育活动。 □A □B □C □D □E
3. 我觉得心理测验很有趣。 □A □B □C □D □E

●心理能量

一、活力

（一）主动性

+1. 我乐于参加考试。 □A □B □C □D □E

+2. 没有人督促，我也能主动学习。 □A □B □C □D □E

+3. 只要有学习机会，我就努力争取，不想放过。 □A □B □C □D □E

*4. 我很少到书店、图书馆、阅览室去寻找我想要的书。

□A □B □C □D □E

*5. 对于动手做一些小实验或制作标本、模型，我没有多大兴趣。

□A □B □C □D □E

*+6. 为了搞好学习，我很注意选择适合自己的学习目标和学习方法。

□A □B □C □D □E

*+7. 对学习成绩不好的科目，我会更加努力学习。 □A □B □C □D □E

*8. 在学习中遇到不懂的问题时，我一般不愿意花太多时间去钻研。

□A □B □C □D □E

（二）活动性

+9. 别人把我看做一个很有生气和活力的人。 □A □B □C □D □E

*10. 我常常很疲惫，无心学习。 □A □B □C □D □E

*+11. 即使在紧张的学习过程中，短暂休息，就能解除我的学习疲劳。

□A □B □C □D □E

+12. 学习越忙，我越会注意有规律地休息、学习。 □A □B □C □D □E

+13. 为了保持旺盛的精力，我会很注意睡眠和饮食习惯。

□A □B □C □D □E

*+14. 我能在一个比较长的时间内，把注意力集中到当前的学习内容上。

□A □B □C □D □E

+15. 我喜欢从事一种紧张、忙碌的工作。 □A □B □C □D □E

+16. 我喜欢从一项活动很快投入另一项活动，而中间几乎没有停歇。

□A □B □C □D □E

二、动力

（一）勤奋

+17. 我认为自己是一个勤奋的、学习刻苦的人。 □A □B □C □D □E

+18. 期中和期末考试时我总是制订好具体的复习计划，然后认真执行该计划。

□A □B □C □D □E

*19. 我经常因为玩耍而挤掉了学习时间。 □A □B □C □D □E

*+20. 我总是努力在规定的时间内完成任务。 □A □B □C □D □E

+21. 整个学期，我都踏踏实实地学习，当考试临近时，就有规律地进行复习。

□A □B □C □D □E

*+22. 我认为，要想取得好成绩，必须有一种吃苦耐劳的精神。

□A □B □C □D □E

*+23. 为了更好地复习，我很注意检查自己所使用的复习方法是否得当。

□A □B □C □D □E

*+24. 为了实现自己的理想，我会努力克服遇到的一切困难。

□A □B □C □D □E

（二）成就欲

*+25. 我有一个经过努力就可以达到的学习目标。 □A □B □C □D □E

+26. 我是一个竞争意识很强的人。 □A □B □C □D □E

*+27. 我更愿意承担一些有一定难度、富于挑战性的工作。

□A □B □C □D □E

＊28．中学毕业后如果不能升学，我就感到前途完了。
□A □B □C □D □E

＊＋29．我争取在所有功课中都得高分，因为这有利于我毕业时与他人竞争。
□A □B □C □D □E

＋30．我有近期目标，也有远大的人生理想。 □A □B □C □D □E

＋31．我把在学校的学习视为一场竞赛，并要取胜。 □A □B □C □D □E

＊32．只要对找到一份好工作来说是必要的话，我将继续学习下去。
□A □B □C □D □E

三、能力

（一）一般认知能力

＋33．我的思维能力较强。 □A □B □C □D □E

＋34．我的记忆力较好。 □A □B □C □D □E

＋35．我的理解能力较强。 □A □B □C □D □E

＋36．同学们都认为我头脑灵活、反应快。 □A □B □C □D □E

＋37．思考问题时，我的思路很清晰、逻辑性强。 □A □B □C □D □E

＋38．当我陈述问题时，别人能正确地知道我的意思。
□A □B □C □D □E

＊＋39．我善于运用学过的知识解决那些遇到的问题。 □A □B □C □D □E

＋40．我有比较强的随机应变能力。 □A □B □C □D □E

（二）自我监控能力

＋41．在处理各种事情时，我总是能意识到自己为什么这样处理。
□A □B □C □D □E

＋42．解题时，我总是先考虑解决这个问题的各种方法，而不是仅仅想到一种解法就开始解题。 □A □B □C □D □E

＊＋43．解题时，我总是在把题目的意思弄清楚后才开始解答。
□A □B □C □D □E

＋44．在解题时，我“跟踪”自己的思维过程，必要时会修改自己的思考方法。
□A □B □C □D □E

＋45．我边做题边检查题目做得对不对，是不是找到了正确的解题方法。
□A □B □C □D □E

＊＋46．我认为在考试时按试题的顺序进行比先易后难的答题策略更稳妥。
□A □B □C □D □E

＊47．考试中，我经常因为时间计划不好而没时间做试卷后面那些对我来说较为容易的试题。 □A □B □C □D □E

●**心理控制感**

一、控制信念

（一）控制倾向

＊+48. 我相信，一个人只要下足工夫就能考好任何科目。

□A □B □C □D □E

＊+49. 我重视从过去的考试成败中吸取教训，总结经验。

□A □B □C □D □E

50. 我觉得，大多数时候都不值得去努力，因为事情从来不会如愿。

□A □B □C □D □E

51. 即使在我对考试作了认真准备之后，我还是担心自己考不好。

□A □B □C □D □E

52. 考不好算了，反正我也没办法，随它去吧！ □A □B □C □D □E

＊+53. 我有信心学好各门功课。 □A □B □C □D □E

（二）归因倾向

54. 我认为，处理大多数问题的办法，就是不去想它。

□A □B □C □D □E

55. 如果在某门课程的学习中几经挫折，考试一再失败，我会丧失信心。

□A □B □C □D □E

＊+56. 我取得好成绩的重要原因是考前复习效果好。 □A □B □C □D □E

＊+57. 我取得好成绩的重要原因是我在考试时身心都处于最佳状态。

□A □B □C □D □E

58. 如果事情出了差错，我常把它们归结为运气不好，而不是方法不当。

□A □B □C □D □E

59. 考试成绩带有很大的偶然性，所以我对考试抱着无所谓、碰碰运气的态度。

□A □B □C □D □E

＊+60. 我取得好成绩的重要原因是我具有较强的学习能力。

□A □B □C □D □E

+61. 在考试开始时，我通常能把自己的思想、情绪、行为或感觉都控制得很好。

□A □B □C □D □E

二、自信

（一）自我价值有效感

＊+62. 我认为自己是一个有用的人，至少和别人不相上下。

□A □B □C □D □E

＊+63. 我是一个很自信的人。 □A □B □C □D □E

*64. 我常常想，我是另外一个人就好了。 □A □B □C □D □E

*65. 如果可能，我会大大改变自己。 □A □B □C □D □E

*+66. 在班上，我从不担心会被人看做笨蛋。 □A □B □C □D □E

67. 总的来说，我倾向于认为自己是一个失败者。 □A □B □C □D □E

68. 我觉得自己没有什么值得自豪的地方。 □A □B □C □D □E

*+69. 我觉得自己有许多优点。 □A □B □C □D □E

（二）自我效能感

70. 我觉得自己不是读书的材料，经常怀疑自己能否学好功课。

□A □B □C □D □E

71. 在重大考试中，我总是不能把自己的能力水平正常发挥出来。

□A □B □C □D □E

*+72. 当我发现自己做的事情不能取得成功时，我立即停止做这件事。

□A □B □C □D □E

*+73. 我做事可以做得跟大多数人一样好。 □A □B □C □D □E

*+74. 我在制订学习计划时，就已经几乎肯定自己可以把它付诸实现。

□A □B □C □D □E

*+75. 我在考试或平时做作业中体现出的答题技巧通常水平较高。

□A □B □C □D □E

*76. 我经常怀疑自己能否达到自己的学业目标。 □A □B □C □D □E

*77. 我可能缺乏某些重要能力，以至不能取得成功。

□A □B □C □D □E

*+78. 当我参加一些重要的测验或完成其他作业时，我确信我能取得好成绩。

□A □B □C □D □E

*79. 我常常感到没有自信，即使是处在以前取得过好成绩的情况下也是如此。

□A □B □C □D □E

三、独立性

+80. 我喜欢独立执行我的计划，不受别人的干预或影响。

□A □B □C □D □E

+81. 当做一件新的事情时，我喜欢自己单独干。 □A □B □C □D □E

+82. 我解决问题多数依靠个人独立思考。 □A □B □C □D □E

*83. 和同学一起玩时，我总是不喜欢拿主意。 □A □B □C □D □E

*84. 我的言行容易受周围人的习惯支配。 □A □B □C □D □E

*85. 在一个陌生的城市找一个目的地时，我经常见到人就问。

□A □B □C □D □E

86. 我有时容易受广告的影响而买一些自己并不想要的东西。

□A □B □C □D □E

+87. 我经常独自作出决定。 □A □B □C □D □E

四、责任感

*88. 我觉得学习好不好不是什么大不了的问题，无所谓。

□A □B □C □D □E

+89. 如果我说出来要做某事，就从不食言，尽管此事可能很困难。

□A □B □C □D □E

+90. 我能问心无愧地说我比大多数人都守信用。 □A □B □C □D □E

+91. 我觉得自己的责任心很强。 □A □B □C □D □E

*+92. 我会为自己在某次考试中的成绩不够理想而难过。

□A □B □C □D □E

*93. 学习活动应该由老师来决定和安排，我们不必自作主张。

□A □B □C □D □E

+94. 大多数人都认为我值得信赖。 □A □B □C □D □E

*95. 在答题时，我有时因为粗心草率看错题目的要求，做了半天，最后还得重新做。 □A □B □C □D □E

五、身心协调

96. 面临一场必须参加的重大考试，我会紧张得睡不着觉。

□A □B □C □D □E

97. 在重大考试前后，我往往食欲不佳。 □A □B □C □D □E

98. 在考试中如果遇到自己没复习透的题目，我就会感到恐慌，担心考试砸锅。

□A □B □C □D □E

*+99. 在许多紧张情况下，我能保持镇静，不会丢三落四。

□A □B □C □D □E

100. 我在参加比赛时，气氛越热烈，我的成绩就越差。

□A □B □C □D □E

*101. 我经常为自己的健康状况担忧。 □A □B □C □D □E

*+102. 外出旅游、访友，即使生活环境变化很大，我总能吃得饱、睡得好。

□A □B □C □D □E

*103. 我觉得我的睡眠不稳定、容易惊醒，所以经常感到很疲倦。

□A □B □C □D □E

*104. 只有在非常安静的环境里，我才能安心学习。

□A □B □C □D □E

*105. 当我和新同学或不熟悉的同学坐在一起学习时，我总不能安心。

□A □B □C □D □E

●心理弹性

一、理智性

（一）冲动性

*106. 当我做事失败时，我总是心乱如麻，不知下一步该怎么办。

□A □B □C □D □E

*+107. 面对失败，我总是冷静、客观地分析原因。 □A □B □C □D □E

*108. 在面临选择时，我是以感情、喜好为基础作出选择。

□A □B □C □D □E

109. 有时我会莫名其妙地与周围的人产生对立或敌视情绪。

□A □B □C □D □E

110. 我容易对别人产生厌烦情绪，并表现出来。 □A □B □C □D □E

+111. 我常以批判的眼光看待老师或权威人物的意见。

□A □B □C □D □E

112. 我经常想到什么就说什么，不考虑后果。 □A □B □C □D □E

113. 我被冤枉时，会怒气冲冲地寻求攻击。 □A □B □C □D □E

（二）自制

*+114. 在与人讨论的过程中，我经常能抑制住无理的情绪性的争论。

□A □B □C □D □E

115. 当我觉察别人对我有意见时，我会很生气，并少和他来往。

□A □B □C □D □E

+116. 当我和别人说话时，我会把我的思维组织好才开口。

□A □B □C □D □E

*+117. 学校的规章制度不一定合理，但我总是努力遵守。

□A □B □C □D □E

118. 遇到自己喜欢的东西，我总是先买了再说，而不管这笔钱是否还有更重要的用途。 □A □B □C □D □E

*+119. 当我和同学相约准备外出玩耍遭到父母劝阻时，我会尊重父母的意见留在家里。 □A □B □C □D □E

120. 当我正在学习时，若有一个很好看的电视节目开始了，我会先看完电视再做作业。 □A □B □C □D □E

*+121. 在人声嘈杂中，我仍能不受妨碍，专心学习。

□A □B □C □D □E

二、坚韧性

（一）坚持性

122. 当需要较长时间进行一项单调工作时，我会感到很厌卷。
□A □B □C □D □E

＊＋123. 我能锲而不舍地把一项工作耐心坚持下去。 □A □B □C □D □E

124. 不知什么原因，我制订的学习计划总是不能坚持下去。
□A □B □C □D □E

125. 别人说我做事只有“三分钟热情”，我也这样认为。
□A □B □C □D □E

＊126. 我很少能把一部长篇小说从头到尾读完。 □A □B □C □D □E

127. 在做一些需要耐心、细致的工作时，我经常半途而废。
□A □B □C □D □E

（二）挫折耐受力

＊＋128. 当我上课时感到身体不舒服，有些发热、发晕，我总是会继续认真上课。
□A □B □C □D □E

＋129. 离考试结束只剩 10 分钟，我感到头昏脑涨，可还有一道难题没做出，我会努力到最后一分钟。 □A □B □C □D □E

＋130. 期终考试结束后，知道答题有错，又不知道错在哪里，在这种情况下我会设法弄懂。 □A □B □C □D □E

＊＋131. 比赛中即使输定了，我也会信心十足坚持到底。
□A □B □C □D □E

＊＋132. 在自习课上，即使教室里纪律不好，我也会坚持认真学习。
□A □B □C □D □E

＊＋133. 在长跑中碰到生理反应而举步维艰时，我会咬紧牙关，坚持跑完。
□A □B □C □D □E

＋134. 在复习功课的过程中，碰到不懂的地方，我会设法直到弄懂为止。
□A □B □C □D □E

三、情绪适应性

（一）情绪波动性

＋135. 我没有因为生活或交际上的困扰影响考试的情绪。
□A □B □C □D □E

136. 我的情绪常常受到周围环境的影响。 □A □B □C □D □E

137. 当我想到当天发生的种种事情时，我会陷入一种紧张和混乱的状态中。
□A □B □C □D □E

138. 我的心情时好时坏。 □A □B □C □D □E

+139. 多数人都认为我是一个活泼开朗的人。 □A □B □C □D □E

140. 我是一个很容易伤感的人。 □A □B □C □D □E

141. 我有时会无缘无故地觉得自己很悲惨。 □A □B □C □D □E

* +142. 在生活中，我经常发现许多愉快而有趣的事。

□A □B □C □D □E

（二）情绪调控

+143. 在考试之前，我经常注意稳定情绪，消除不必要的顾虑。

□A □B □C □D □E

* 144. 对考试结果的担忧，在考前妨碍我的准备，在考试中干扰我答题。

□A □B □C □D □E

+145. 在考试之前，我经常注意安慰自己，提醒相信自己，从容应试。

□A □B □C □D □E

* 146. 我常常把不愉快埋在心里，一个人默默承受。

□A □B □C □D □E

* 147. 我能够比较快地从不良情绪中摆脱出来。 □A □B □C □D □E

* +148. 与人发生激烈争吵后，我能够比较快地恢复平静，投入其他活动。

□A □B □C □D □E

* +149. 如果我对朋友有什么不满，我会在适当的时候说出来。

□A □B □C □D □E

* 150. 有人烦扰我时，我能不动声色。 □A □B □C □D □E

* +151. 我常用幽默或玩笑的方式缓解冲突和不快。 □A □B □C □D □E

* +152. 我会从事一些自己喜欢的事情，以减轻挫折带来的烦恼。

□A □B □C □D □E

四、乐观主义

+153. 我总是认为困难是暂时的，我最终会走出困境。

□A □B □C □D □E

+154. 凡事我常往好的方面想。 □A □B □C □D □E

+155. 我对自己的未来充满信心。 □A □B □C □D □E

+156. 我对自己有一个肯定的态度。 □A □B □C □D □E

* +157. 我经常拥有轻松愉快的心情。 □A □B □C □D □E

+158. 同学们都说我是一个乐天派。 □A □B □C □D □E

●测谎题：反向测谎题

* 159. 我从没有将废纸扔在地上。 □A □B □C □D □E

160. 我所有的习惯都是好的。 □A □B □C □D □E

161. 我从没有将自己的过错推给别人。 □A □B □C □D □E

162. 我从没有和父母顶嘴。 □A □B □C □D □E

163. 老师或父母说的话，我都会照办。 □A □B □C □D □E

164. 我认为我每天的生活都很快乐。 □A □B □C □D □E

*165. 我从不说谎。 □A □B □C □D □E

166. 我从不把当天该做的事情拖到第二天。 □A □B □C □D □E

说明：题号前带“+”的表示是正向题。

第十章 Di Shi Zhang

大学生学习适应性问题及指导策略

大学生的学习具有较强的专业定向性和一定的研究探索性，其学习的自主性与独立性、方法的灵活性和探索性十分突出，其学习在内容、策略、方式、途径上都与中小学生的学习具有不同的特点，这决定了大学生的学习亦存在适应的问题，而学习适应水平又会直接或者间接地影响大学生的专业成就、就业状况和心理素质的发展与完善。事实上，大学生面对新的学习环境和更高的学习要求，其适应性问题十分突出，因此从教育与心理学的角度解决这些问题是大学生心理素质教育的重要课题，是保证大学生健康成长的需要。大学生学习适应性是指大学生依据学习内外条件的变化及自身学习需要，主动调整自己的学习动力与行为，使自身的学习心理和行为与不断变化的学习条件相互协调，取得良好学习成就的能力特征。这一能力水平主要通过学生的学习动力、学习行为两个基本方面来体现。本研究系统地探讨了大学生学习适应性的内涵、结构、维度和因素，以所编制的大学生学习适应性问卷（ULAQ）作为测量工具，揭示了大学生学习适应性发展的特点，通过多元回归与路径分析技术，考察了影响大学生学习适应性的主要因素，并提出相应教育对策，为大学生学习适应性培养提供了理论与实践指导。具体来说，在理论上，本研究在一定程度上深入地研究了大学生的学习适应性问题，丰富了学校心理素质教育的内容和领域；在实践上，本研究为大学生学习心理辅导、心理素质教育与干预提供了理论支持和测量工具。

第一节 研究概述

一、大学生学习适应性研究的现状

（一）国外研究现状

国外在20世纪80年代就开始对大学生学习适应问题进行了广泛而深入的研究，研究者主要对影响大学生学习适应性的主要因素和大学生学习适应性的测量工具进行了一系列的探讨。综合已有的研究资料，研究者认为影响大学生学习适应性的因素主要包括学生的个性因素和环境因素（家庭社会背景、学校环境、教学环境和寝室环境等）两大方面。

从学生的个性品质因素来看，J. M. Chartrand（1990）① 从社会心理学与人—环境适应的角度研究了大学生的个性因素对其学习适应性的影响。研究表明，大学生的自我评价、对学习的责任感和成为一名优秀学生的期待会直接影响大学生在第一学年的学习适应性，并进一步影响其以后的学习适应状况和学业成就。这三者水平高且同一性强的学生表现出好的学习行为和较低的学业压力，反之，学生则会面临更多的学习适应问题和更多的心理压力。M. M. Chemers，Li-tze Hu 和 B. F. Garcia（2001）② 研究了学业自我效能感和对学业成就的乐观态度对大学生学习适应性、心理压力与健康和学业成就的关系。研究发现，学业自我效能感、乐观倾向、应对压力能力评估与学生的学业期待和学习适应性水平呈显著的正相关。学业效能感高的学生对自己有更高的学业期待，能更好地应对学习压力，更合理地评估自己面临的挑战，更灵活地调整自己在课堂内外的学习行为并更顺利地完成大学的学习，而后者又反过来影响学生的学业效能感和乐观倾向。Kashubeck 和 Christensen（1995）以及 Rice's（1992）的研究则表明，大学生的自尊水平也是其学习适应性的一大预测指标，学生的自尊水平与其社会与学习适应，以及与职业适应呈显著的正相关。

从环境因素来看，研究者对学生的家庭因素对其学习适应性和学业成就的影响做了大量的研究，研究者主要从家庭的教养风格、家庭结构、社会经济地位等方面进行了探讨。这些研究表明，父母依然是影响学生社会化的重要因素，父母与学生的关系是预测学生适应大学生活的重要指标（Brooks，1996）。首先，家庭的教养方

① J. M. Chartrand：*A causal analysis to predict the personal and academic adjustment of nontraditional student*. *Journal of Counseling Psychology*，1990，37（1），pp65—73.

② M. M. Chemers，Li-tze Hu，B. F. Garcia：*Academic self-efficacy and first-year college student performance and adjustment*. *Journal of Educational Psychology*，2001，93（1），pp55—64.

式在很大程度上影响学生学习、生活和人际适应性的发展水平，影响学生的学业成就。许多研究发现，在三种基本的教养方式（权威型、民主型和放任型）中，权威型和放任型的教养方式容易导致大学生更多的适应性问题和更低的学业成就。Gregory P. Hickman，Suzanne Bartholomae 和 Patrick C. McKenry（2000）在考察了以往研究的基础上指出，民主的教养方式和学生较高的自尊水平能导致大学生较好的学习适应（$F=3.21$，$p<0.001$），同时，母亲的高教育水平也能促进大学生达到高水平的学习适应。其次，研究者还从家庭结构的角度探讨了不同的家庭结构对大学生学习适应的影响。研究者估计，有40%的美国学生处于父母离婚或面临离婚的情境中（Glueck，1988），而这种家庭环境往往会导致学生更多的适应问题，破裂家庭学生适应不良问题比正常家庭学生适应不良问题发生的概率更高，学生的退学率也最高，而且，这一适应问题往往会从中学时代延续到大学生活甚至以后的工作和家庭之中。第三，家庭的社会经济地位也是影响学生学习适应的重要因素。研究证明，家庭教养方式与家庭社会经济地位和父母受教育程度有明显的相关，那些社会经济地位低的家庭更倾向于权威型的教养方式，不重视学生的自治、探索、沟通和独立能力的培养，而中产阶级的家庭则对学生更宽容、更重视其好奇心、沟通、创造性和独立能力的培养。父母的教育程度高的学生对大学的学习更有目标、更有计划，也更容易取得更好的学业成就。

除此之外，研究者还从大学生的性别、学习任务的难度、学校纪律、教学交往、寝室环境、图书馆资料和互联网信息的利用等方面对大学生的学习适应性问题进行了探索。

研究者也进行了大学生学习适应性测评工具的研究，其中，大多数对大学生学习适应性的测量都是包括在大学生整体适应之中的。Pascarella 和 Terenzi（1983）等人编制了一系列大学生适应性问卷（ITS），并以此作为测量工具对大学生休学的问题进行了研究。这些量表从大学生的学习目标、学习行为以及学习效率进行了综合的评价。Zitzow 编制了大学生适应性水平问卷（CARS），主要用于研究学生在面临大学生活中的压力事件时的主观评估，其中主要是对学习压力事件的评估。国外公认的较好的测量大学生适应性的量表则是由 Baker 和 Siryk（1984）编制的大学生适应性问卷（SACQ）。这一问卷对大学生的适应性问题从多方面进行评估，如大学生的学习适应、社会适应、情绪适应等，该问卷具有良好的信度和效度，是国外研究大学生适应问题（包括学习适应性问题）采用最多的问卷之一。但这些问卷都不是针对学习适应性的，因此 L. Simon 和 R. Roland 专门针对大学新生的学习适应问题编制了大学生反应与适应性问卷（TRAC），该问卷包括50个题项，从大学生个性的角度，将学习适应性分为以信念（Belief）、情感（Emotional）和行为(Behavioral)为基本维度的九大因素，即害怕失败、考试焦虑、考试准备、注意质量、同伴帮助、求助教师、学习优先、有效的学习方法和学习容易度来评估大学生的学习适应性。

（二）国内研究现状

目前，国内对大学新生的学习适应性的调查研究还处于探索阶段，相对于中小学生学习适应性的研究而言，对大学生学习适应性的研究甚少且集中于对新生学习适应性的研究。研究者主要是从大学生学习适应性的发展特点、原因和培养对策上进行调查与分析，特别是对新生的研究较多，也有少数研究考开始探索测量工具（冯廷勇、李红，2002）①。

下面我们主要从大学生学习适应性的发展特点、原因等两个方面来把握国内学者有关大学生学习适应性的研究状况。

表 10－1　大学生学习适应性问题及其原因的调查与分析研究一览

序号	研究者	学习适应问题
1	章明明、冯清梅（2001）②	大学新生学习适应问题在新生总体不适应问题中占 27.8%，其中学习心理不适应障碍主要表现为学习动力缺乏，有 44.7%的新生上课时思想难以集中，有 33.2%的学生学习缺乏坚持性，相当大一部分学生自学能力差，学习方法不适应等。
2	赵富才（1999）③	大学新生的学习适应问题在整体适应（学习、生活和人际适应）中处于第二位，主要问题表现为学习态度消极、缺乏学习兴趣、不适应大学的教学与学习方法，学习心理紧张。教学方法的适应问题最多，学习方法次之。理科生比文科生、外倾者比内倾者和中间者存在更多适应问题，且差异显著。
3	冯廷勇、李红等（2001）	学生的学习适应存在院校间的差异，综合性大学学生的学习适应性状况明显优于理工类、农业类大学学生，师范类大学学生学习适应性水平最低。在教学模式上，综合性大学学生学习适应状况明显高于理工类大学学生。学习的整体适应性存在性别差异，男生显著地好于女生。
4	姚利民（2002）④	大学生在学习方法上存在一定的问题，即有些学生采用浅层的学习方法，注重机械记忆，忽视意义学习。另外，学生在方法上存在不会抓重点、只注意细节、缺乏综合的问题。相当一部分学生存在自我效能感低、害怕学习失败的紧张心理。过分依赖外部指导，缺乏学习的主动性、独立性，自主学习能力低。大学生在学习方法上没有显著差异。
5	王卫红、杨渝川（1997）⑤	大学生在常规性的学习方法上，以课堂笔记为主，不重视预习与复习；在学习的自我控制上，学生们普遍表现不佳；在强化性学习方法和开放性学习方法上，四年级学生明显强于其他三个年级的学生。
6	李春香（2001）⑥	一年级大学生的学习心理不适应主要表现为学习方式的不适应和学习态度的不稳定。

① 冯廷勇、李红：《当代大学生学习适应的初步研究》，《心理学探新》2002 年第 1 期，第 44～48 页。
② 章明明、冯清梅：《大学新生学习心理障碍分析及调适途径》，《广州大学学报（综合版）》2001 年第 15 卷第 4 期，第 81～84 页。
③ 赵富才：《大学新生心理适应问题研究》，《健康心理学杂志》1999 年第 4 期。
④ 姚利民：《当代中国大学生学习状况的调查》，《清华大学教育研究》2002 年第 2 期。
⑤ 王卫红、杨渝川：《大学生学习方法的特点及教育对策研究》，《西南师范大学学报（哲学社会科学版）》1997 年第 4 期。
⑥ 李春香：《一年级大学生学习心理分析》，《开封大学学报》2001 年第 3 期。

续表

序号	研究者	适应问题产生的原因
1	章明明、冯清梅（2001）①	大学新生学习不适应的主要原因是学习动机强度不足、对专业缺乏兴趣、心理冲突与情绪波动、缺乏自主学习能力等。
2	冯廷勇、李红等（2002）②	影响大学生学习适应性的因素主要是学习动机、学习能力、学习环境、教学模式和社交活动五方面，其中教学模式对学生学习不适行为的影响最大。
3	徐鸿（2000）③	大学生学习适应问题的原因主要表现在对学习方法、学习环境、学习计划和学习自我意识不适应四个方面。
4	李春香（2001）④	大学新生学习适应问题产生的原因主要是：学习环境骤变而产生的暂时情境性反应、专业情绪困扰、中学阶段学习方式和管理方式产生的负效应、社会因素影响学习态度与目标的实现、高校教育引导不及时等。
5	牛芳（2002）⑤	大学新生学习不适应的原因主要表现在三个方面：学习具有较强的专业定向性和一定的研究探索性、大学生学习的自主性与独立性、学习途径和方法的灵活性。

综合表中各研究者对大学生学习适应的为数不多的调查与分析可以看出：（1）大学生存在一定程度的学习适应性问题，其中以新生的学习适应性问题最为突出，研究也最多；（2）大学生学习适应性问题主要表现在学习动力不足、学习行为有障碍、学习策略水平不高、不适应大学的教学模式、缺乏自主性和身心健康等方面；（3）从整个大学生群体来看，大学生学习适应性的发展存在学校类型差异、年级差异和性别差异。

二、现有研究存在的问题

上述已有研究对大学生学习适应性的概念、成分及学习适应性发展状况进行了一些初步的、有益的探讨，对本研究有所启发。但这些研究也存在一定的问题，主要表现在以下四个方面：

（一）大学生学习适应性的理论与实证研究薄弱

目前，有关学生学习适应性的研究主要集中在中小学领域，对大学生学习适应性的研究相当不足，主要表现为：对大学生学习适应性的概念缺乏深入的探讨；对大学生学习适应性的结构不清楚；对大学生学习适应性缺乏深入的实证研究。

① 章明明、冯清梅：《大学新生学习心理障碍分析及调适途径》，《广州大学学报（综合版）》2001 年第 15 卷第 4 期，第 81～84 页。
② 冯廷勇、李红：《当代大学生学习适应的初步研究》，《心理学探新》2002 年第 1 期，第 44～48 页。
③ 徐鸿：《大学新生学习不适应的原因分析》，《教育与现代化》2000 年第 1 期。
④ 李春香：《一年级大学生学习心理分析》，《开封大学学报》2001 年第 3 期。
⑤ 牛芳：《大学新生适应不良与心理调适的对策探讨》，《科学·经济·社会》2002 年第 1 期。

（二）大学生学习适应性测量工具缺乏科学性、针对性

目前尚缺乏一套较好的适合中国大学生学习适应性的测查工具。研究者在大学生学习适应性工具的研究与选用上主要表现为以下几方面：

1. 单项测试问卷与自编问卷。如 L. Simon 和 R. Roland 专门针对大学新生的学习适应问题编制了大学生反应与适应性问卷（TRAC）；姚利民自编的大学生学习取向问卷和大学生学习方法调查问卷；王卫红、杨渝川等①自编的大学生学习方法自评问卷；申淑琴、经柏龙自编问卷，调查了并轨后大学生的学习适应状况；胡继红②自编了大学新生学习心理自测问卷；冯廷勇、李红③编制了大学生学习适应问卷；魏丽华等④设计了大学新生学习适应性调查问卷。

2. 学习适应性仅作为问卷中的一个维度。如由 Baker 和 Siryk（1984）编制的大学生适应性问卷（SACQ），这一问卷对大学生的适应性问题从多方面进行评估，如大学生的学习适应、社会适应、情绪适应等；吴秀碧、贺孝铭⑤编制的大学新生心理调查表，将学习适应心理作为其中的一个因素；赵富才自编的有关大学新生适应状况的问卷，也将新生的学习适应作为整体适应中的一个子维度；王滔⑥在大学生心理素质问卷中也是将学习适应性作为适应维度的一个子维度。

上述测量工具的运用主要存在如下的问题：（1）缺乏权威性。这些问卷大多是自编的问卷，从其报告的情况来看，没有报告量表的因素结构，也没有进行因素分析；没有报告问卷的信度、效度，只能作为一般的自陈问卷，不能加以推广和使用。（2）缺乏全面性。研究者更多地将大学生的学习适应性置于大学生的整体适应性研究中，因此较少开发和使用成套的大学生学习适应性测评工具，这样的问卷显然不能全面、深刻地反应大学生学习适应性的发展特点。（3）缺乏针对性。由于研究者将重点集中于对大学新生学习适应性的研究上，对整个大学生群体的研究较少，因此，在问卷开发上也只针对大学新生的学习适应问题，没有考虑整个大学生群体的特征。（4）缺乏必要的实证依据。研究者对量表结构的维度和因素的确立多是建立在理论分析之上，很少进行开放式或半开半闭式的问卷调查，也没有分析问卷的区分度，没有进行因素分析和信度、效度检验，不符合量表编制的基本程序。

（三）缺乏对大学生学习适应性发展特点的系统研究

从前述的有关大学生学习适应性的调查与分析研究中不难看出，当前研究者主

① 王卫红、杨渝川：《大学生学习方法的特点及教育对策研究》，《西南师范大学学报（哲学社会科学版）》1997 年第 4 期。

② 胡继红：《2000 级大学新生心理自测分析》，《兰州铁道学院学报（哲学社会科学版）》2001 年第 5 期。

③ 冯廷勇、李红：《当代大学生学习适应的初步研究》，《心理学探新》2002 年第 1 期，第 44～48 页。

④ 魏丽华、石运芝：《对一年级医学新生学习适应状况的分析》，《西北医学教育》2002 年第 3 期。

⑤ 吴秀碧、贺孝铭：《新生大学生生活困扰之调查研究》，《辅导学报》（中国台湾）1991 年第 14 期，第 175～206 页。

⑥ 王滔：《大学生心理素质结构及其发展特点的研究》，西南师范大学硕士学位论文，2004 年。

要将重点集中在对大学新生的学习适应性问题上，极少有人对整个大学生群体的学习适应性的发展特点进行系统的探索。虽然有人也曾探讨了大学生学习适应性的发展特点，但其测量的是学习适应性的影响因素，不是从大学生学习适应性本身来研究其发展特点的。因此，需要从大学生学习适应性的角度来把握大学生学习适应性发展的整体特征、因素特征、性别特征、年级差异、专业特征等。

三、本研究的价值

（一）大学生学习适应性的研究是大学生适应社会发展的客观要求

当今时代，知识不断更新，这使得学习的形式和重要性发生了重大转变。“学会学习”、“终生学习”成为当前教育界的共识。联合国教科文组织前总干事福尔指出，“21世纪的文盲不是不识字的人，而是不会学习的人”，这显示出培养学生的学习能力、提高学生的学习适应性是目前世界上教育发展的一大趋势。学会学习不仅强调对知识的合理建构，更为重要的是掌握并内化获取知识的策略、方法和手段，以及在不断变化的学习内容和学习环境中的自主调控与主动适应的能力。它同学会做事、学会共同生活和学会生存一起构成当今教育的四个支柱。因而，指导大学生学会学习，提高学习效率，培养其健全的学习适应能力是知识爆炸时代对大学生的素质提出的必然要求，是当今世界各国教育领域所共同关注的课题。正是基于此，本研究旨在通过编制大学生学习适应性问卷，调查大学生学习适应性的发展特点，探索大学生学习适应性与其心理健康的关系，帮助大学生更快地适应大学学习生活，进而适应知识经济时代对大学生学习的新要求。

（二）大学生学习适应性研究是大学生心理素质健康发展和自身成才的需要

研究（张大均，2000）① 表明，适应性因素是学生心理素质的基本维度之一，它是认知和个性因素在个体的“适应—发展—创造”行为中的综合反映，是个体生存和发展的基本心理因素之一，它和学生的认知因素与个性因素共同组成了学生心理素质的完整框架。而学习适应性又是适应性维度的核心成分之一，是学生适应性发展的关键环节。王滔（2002）② 也将学习适应作为大学生心理素质的重要维度。显然，学生的学习适应性发展状况直接影响学生心理素质的健全、健康发展。然而，下述理由表明，有必要加强大学生学习适应性方面的研究：

1. 已有的研究表明，当前大学生的学习适应性发展不太乐观，大学生在整个大学阶段都存在一定程度上的适应性问题，但对大学生学习适应性的特点缺乏系统研究。

---

① 张大均、郭成：《探索教学规律，开展心理素质教育研究》，《西南师范大学学报（人文社会科学版）》2000年第6期。

② 王滔：《大学生心理素质结构及其发展特点的研究》，西南师范大学硕士学位论文，2004年。

2. 大学生学习适应性具有独特性。与中学生的学习比较而言，大学生的学习在学校管理、教学模式、学习内容、学习方法和主动性上存在很大的差别（冯廷勇等，2002）①，大学生的学习较中学生的学习更复杂、更高级，同时也更自觉、自主，表现出专业性、阶段性、自主性和探索性等特点，学习适应对整个大学的学习和生活都有很大的影响，而学习适应问题在入学之初表现尤甚。相当一部分学生表现出学习态度消极、缺乏学习目标、专业兴趣缺乏、学习成就动机不高、不适应大学的学习管理和教学模式、自主调节学习能力不足以及对学习环境不适应等方面的适应性问题（赵富才，1999）②。大学生的学习不适应如果不予以教育干预，势必影响大学生学习行为，影响大学生整体心理素质的健康发展。在这一点上，国外有较深入的研究。然而，国内研究不多，高校对大学生的学习适应问题也仍然不够重视，认为时间是解决适应问题的最好方式，这使得相当一部分学生在大二之后也没有适应大学的学习，严重影响了其学业成就和身心健康。

3. 当前大学生教育的现实问题。这主要是大学"扩招"为大学生学习带来的不利影响。大学的扩招使得在校的学生人数大量增加，但教育相应的配套资源却没有跟上，特别是师资力量相对不足，大班教学、一个辅导员带多个班的情况在很多大学都是常有的现象，学生的学习得不到应有的指导，产生了比扩招前更为突出的学习适应性问题。

因此，加强对大学生学习适应性的研究，做好学习适应指导，是当前大学生心理健康教育的重要课题。

（三）大学生学习适应性的研究能为学生心理素质教育提供理论与实践依据

学生心理素质教育是多维度、多层次的，即心理素质教育要求针对不同阶段、不同文化水平的学生，针对学生心理素质的不同品质。从这一视角，通观当前学生心理素质教育的研究实际，我们不难发现，有关学生心理素质教育的研究多集中在学生的认知、个性方面；有关学生学习适应性的研究则更多地集中于基础教育领域，特别是对中小学生学习适应性研究较多，也很深入，编制了相应的测评工具，提出了有效的培养模式与策略，而对高等教育层面的学习适应性的研究尚处于起步阶段，忽视对大学生适应性心理素质的研究。因此，本研究对大学生学习适应性的探讨，能进一步丰富和完善学生心理素质教育的理论体系，大学生学习适应性问卷的编制以及对大学生学习适应性发展特点的调查能为高校教育工作者培养学生学习适应性提供实践依据。

① 冯廷勇、李红：《当代大学生学习适应的初步研究》，《心理学探新》2002 年第 1 期，第 44～48 页。
② 赵富才：《大学新生心理适应问题研究》，《健康心理学杂志》1999 年第 4 期。

四、本研究的设计

（一）学习适应性及其结构

1. 学习适应性的内涵

关于学习适应性的概念，我国学者大都援引了周步成等修订的《〈学习适应性测验〉手册》上的表述，即学习适应性是指“个体克服困难取得较好学习效果的倾向，亦即学习适应能力”。这是目前国内使用得最多的有关学习适应性的概念。田澜（2002）① 在考察了这一概念后指出：“学习适应性是指学生在学习的过程中根据学习条件（学习态度、学习方法、学习环境等）的变化，主动作出身心调整，以求达到内外学习环境平衡的有利发展状态的能力。”王滔（2002）② 将学习适应性界定为“对学习充满热情，根据学习环境、学习内容等的变化不断调整自己的学习计划和学习方式的习惯性倾向”。

如前所述，由于大学与中学之间的学习在学校管理、教学模式、学习内容、学习策略和主动性上存在很大的差别，大学生的学习较中学生的学习更复杂、更高级，同时也更自觉、自主，表现出专业性、阶段性、自主性和探索性等特点。本研究认为，从大学生的角度，学习适应性是个体依据学习内外条件的变化及自身学习需要，主动调整自己的学习动力与行为，提高学习能力，使自身的学习心理和行为与不断变化的学习条件相互协调、取得良好学习成就的能力特征。这一能力水平主要通过学生的学习动力、学习行为两个基本方面来体现。

2. 学习适应性的结构

由于适应性具有层次结构性，学习适应性也具有相应的因素结构。对于学习适应性的结构因素，研究者主要是从中小学生学习适应性角度来加以研究的，这些研究提出了如表 10－2 中的观点。

表 10－2　学习适应性因素一览

序号	研究者	学习适应性因素
1	陈英豪、林正文、李坤崇（1991）③	学习方法、学习习惯、学习态度、学习环境、心身适应
2	周步成等（1991）④	学习热情、有计划地学习、听课方法、读书和笔记的方法、记忆和思考的方法、应试的方法、学习环境、性格、身心健康

① 田澜：《小学生学习适应问题及其教育干预研究》，西南师范大学硕士学位论文，2002 年。
② 王滔：《大学生心理素质结构及其发展特点的研究》，西南师范大学硕士学位论文，2002 年。
③ 陈英豪、林正文、李坤崇：《学习适应量表》，台北心理出版社有限公司 1991 年版。
④ 周步成：《学习适应性测验（AAT）》，1991 年版。

序号	研究者	学习适应性因素
3	李政云（2001）①	自我认识、自我监控
4	冯廷勇、李红（2002）②	学习动机、学习能力、环境因素、教学模式、社交活动
5	王滔（2002）③	学习的动力性、计划性和方法性三个维度
6	L. Simon，R. Roland（1993）④	学习信念（belief）、学习情感（emotion）、学习行为（behavior）三个维度，害怕失败、考试焦虑、考试准备、注意质量、同伴帮助、求助教师、学习优先、有效的学习方法、学习容易度九大因素

上述研究中，除了4、5、6三项是以大学生学习为对象来构建学习适应性因素维度外，其他的研究大多是以中小学生的学习实际来构建的。从上表可以看出，大学生学习适应性的因素结构与中小学生学习适应性的因素结构既有共同的要素，也有不同的要素。这主要是由于他们的学习既有连续性，又有阶段性。大学生的学习既是中小学生学习的延续，又存在其独特的阶段性特征，因此大学生学习适应性的构成因素也应反映这种连续性和阶段性。结合发展与教育心理学的理论和已有的研究成果，参照有关的学习适应性研究成果，本研究初步认为大学生学习适应性的维度主要包括学习动力和学习行为两个基本方面。

（二）研究目的与内容

1. 研究目的

在理论上建构大学生学习适应性的结构；在实证上编制大学生学习适应性问卷，运用问卷调查和相关统计方法，探析大学生学习适应性的结构成分；最后，在整合结构成分和正式问卷调查结果的基础上，探讨大学生学习适应性的发展特点以及大学生学习适应性水平与其心理健康的关系，从理论探讨与实证调查的角度，全面、深入地研究大学生学习适应性的结构、发展特点以及功能等问题。

2. 研究内容

（1）大学生学习适应性的结构维度的构建。

（2）大学生学习适应性测量工具的编制。

（3）大学生学习适应性发展的特点分析。

---

① 李政云：《初一新生学习适应水平特点调查》，《株洲师范高等专科学校学报》2001年第6期。
② 冯廷勇、李红：《当代大学生学习适应的初步研究》，《心理学探新》2002年第1期，第44～48页。
③ 王滔：《大学生心理素质结构及其发展特点的研究》，西南师范大学硕士学位论文，2002年。
④ L. Simon，R. Roland：*Test of reaction and adaptation in college*（TRAC）：*A new measure of learning propensity for college students*. *Journal of Educational Psychology*，1995，87（2），pp293－306.

第二节　大学生学习适应性问卷的编制

一、大学生学习适应性结构维度的构建

基于对以往研究文献的分析并综合专家的建议，本研究拟从学习动力和学习行为2个维度下的12个因子有针对性地编制大学生学习适应性的学生、专家和教师问卷。然后在西南地区的两所大学抽取大一、大二、大三、大四在校大学生335人进行团体调查，由研究者本人作主试，其过程严格遵循心理测试的程序；以邮寄或直接联系的方式向全国发展与教育心理学专家、学者18人进行半开半闭式问卷咨询，回收问卷13份；以西南地区三所大学的48名大学教师作为教师被试，由研究者本人进行个别咨询调查，回收有效问卷35份。最后，分析问卷调查的结果（见表10—3），根据经验指标和考虑到被试的赞成率较高，抽取平均赞成等级高于3的成分，并综合考虑专家、教师和学生在开放问题中提出的建议，对原有大学生学习适应性理论成分构想进行修正，得到大学生学习适应性和影响因素的理论构想。

表10—3　大学生学习适应性半开半闭式问卷调查分析

维度（因子）		赞成度		
		专　家	高校教师	大学生
学习动力	专业兴趣	4.13	4.33	3.45
	自主学习	3.66	3.23	3.24
	成就取向	2.33	3.42	2.75
	压力应对	4.67	3.84	3.12
	归因偏好	2.33	2.01	2.65
学习行为	方法运用	4.48	3.85	3.64
	求助行为	4.67	3.64	3.25
	考试准备	2.03	2.46	2.47
	择业准备	2.83	2.15	1.76
	信息利用	4.57	3.46	3.42
	环境选择	4.36	3.56	3.24
	知识应用	4.35	4.25	3.26

统计表明，专家、高校教师和大学生对大学生学习适应性的维度和因子的赞成度基本支持了本研究的理论构想，对于平均赞成度低于3的因子合并或者排除，删除成就取向、归因偏好、考试准备和择业准备4个因子，最后得出学习动力与学习

行为下的 8 个因子的大学生学习适应性的理论构想。

二、大学生学习适应性问卷的编制

在现有相关研究和前期对大学生学习适应性结构维度实证调查的基础上，严格按照问卷编制的原则、要求和程序，编制大学生学习适应性问卷（ULAQ），并通过因素分析技术确定正式问卷，对问卷进行信度、效度检验，为后续的对大学生学习适应性发展特点和影响因素的研究提供研究工具。

问卷的编制步骤，首先是依据理论构想和问卷调查得到的大学生学习适应性成分来编制初始问卷。项目选择参照周步成①学习适应量表、王滔②大学生心理素质量表、冯廷勇③大学生学习适应影响因素问卷、L. Simon 和 R. Roland④ 的 TRAC 量表（Test of Reaction and Adaptation in College）、Zitzow⑤ 的 CARS 问卷（College Adjustment Rating Scale）和 Baker 等⑥的 SACQ 问卷（Student Adaptation to College Questionnaire）等，并结合大学生学习活动的实际。所有项目采用 5 点记分，单选迫选形式，按学生的同意程度分为五级评分，其中，完全同意记 5 分，大部分同意记 4 分，同意记 3 分，大部分不同意记 2 分，完全不同意记 1 分。问卷包括 3 个引导题，9 个测谎题，每个成分分别准备了 15～24 个初选题项，其中测试同一成分的题目间隔排列，同向记分和反向记分的题目也尽量间隔排列，以避免产生系统误差。其次是确定初始问卷，即选择教育心理学专家 3 人、大学教师 12 人、教育系和心理系大学生 25 人进行预测，要求在不改动项目内容的基础上对测题做修改，最后给每一个成分确定了 12～15 个预测题目，编制成由 140 个项目构成的初始问卷。再次是确定正式问卷。采用整群抽样，对 278 名大学生进行测量。对初始问卷进行项目分析和因素分析，进一步得到实证的有效维度和因子，调整项目，形成正式问卷。最后进行正式测量，检验问卷的结构和信度、效度。采用整群抽样的方法，选取四川省的两所大学在校大二、大三学生作为研究对象，共发放问卷 1300 份，回收有效问卷 994 份。正式测量的数据分析结果如下。

（一）项目分析

1. 区分度分析。在除去引导题和测谎题后的量表 117 个题目中，鉴别力优良、

① 周步成：《学习适应性测验（AAT）》，1991 年版。

② 王滔：《大学生心理素质结构及其发展特点的研究》，西南师范大学硕士学位论文，2002 年。

③ 冯廷勇、李红：《当代大学生学习适应的初步研究》，《心理学探新》2002 年第 1 期，第 44～48 页。

④ L. Simon，R. Roland：*Test of Reaction and Adaptation in College*（*TRAC*）：*A new measure of learning propensity for college students*. *Journal of Educational Psychology*，1995，87（2），pp293－306.

⑤ D. Zitzow：*The College Adjustment Rating Scale*. *Journal of College Student Personnel*，1984，25（2），pp160－164.

⑥ R. W. Baker，B. Siryk：*Measuring adjustment to college*. *Journal of Counseling Psychology*，1984，31（2），pp179－189.

一般和差的分别为 84 题、21 题和 12 题，分别占总问卷的 71.79%、17.95%、10.26%。运用独立样本 t 检验高分组（占总人数的 27%）和低分组（占总人数的 27%）在每个题项上的差异，结果表明，量表 117 题中有 113 题的 t 值达到显著水平，表明本量表具有较好的鉴别力。

2. 标准差。本问卷的 8 个因素的标准差均大于 0.5（见表 10—4），说明问卷各项目的鉴别力较好。

表 10—4　问卷各因子的平均数与标准差

因　素	专业兴趣	自主学习	压力应对	信息利用	求助行为	方法运用	环境选择	知识应用
平均数	3.5166	3.0835	2.8459	2.9934	2.5595	3.5959	3.5003	3.2826
标准差	.88353	.82034	.85809	.81290	.77928	.63543	.75431	.91385

（二）大学生学习适应性的因素分析

本研究通过题项的相关度、KMO 检验和 Bartlett 球形检验来考察大学生学习适应性问卷的因素分析的切实性。结果表明，KMO 值为 0.912，Bartlett 球形检验的卡方系数为 1242.65，其显著性达到 0.001，表明非常适合作因素分析。

1. 学习适应性问卷的一阶因素分析

对问卷调查进行主成分分析和斜交旋转因素分析。根据理论构想和陡阶检验结果及碎石图抽取 8 个因素，可解释总变异量的 42.771%。

其因素负荷及贡献率见表 10—5、表 10—6。

表 10—5　大学生学习适应性量表的因素负荷

题　号	因　素　负　荷								共同度
	自主学习	方法运用	压力应对	专业兴趣	信息利用	环境选择	知识应用	求助行为	
10	.636								.466
14	.625								.462
18	.623								.497
22	.622								.446
23	.591								.442
25	.565								.431
27	.490								.396
37	.469								.278
40	.457								.321
5		.627							.434
11		.581							.388

续表

题　号	因　素　负　荷								共同度
	自主学习	方法运用	压力应对	专业兴趣	信息利用	环境选择	知识应用	求助行为	
16		.576							.380
21		.566							.463
30		.538							.323
42		.516							.354
43		.470							.337
44		.463							.449
48		.458							.380
54		.452							.308
6			.731						.566
17			.710						.571
38			.679						.559
49			.562						.377
53			.544						.439
4				.648					.536
12				.626					.551
19				.609					.430
26				.525					.475
41				.492					.325
47				.442					.365
52				.472					.493
8					.633				.458
15					.557				.378
29					.538				.410
35					.536				.400
51					.515				.367
7						.650			.502
28						.609			.477
33						.544			.457
43						.544			.485
55						.521			.377

续表

题　号	因　素　负　荷								共同度
	自主学习	方法运用	压力应对	专业兴趣	信息利用	环境选择	知识应用	求助行为	
9							.553		.516
34							.538		.395
50							.439		.324
31							.426		.364
20								.586	.517
32								.558	.466
39								.412	.396

表 10－6　大学生学习适应性各因素的旋转因素特征值和贡献率

因　素	特征值	贡献率（%）	累积贡献率（%）
自主学习	3.830	7.980	7.980
方法运用	3.808	7.933	15.913
专业兴趣	2.569	5.351	21.264
压力应对	2.397	4.994	26.258
求助行为	2.342	4.879	31.137
信息利用	2.305	4.802	35.939
环境选择	1.734	3.612	39.552
知识应用	1.546	3.220	42.771

2. 大学生学习适应性的二阶因素分析

在一阶因素分析中，采用斜交旋转法抽取了 8 个成分。我们发现 8 个成分之间存在着不同程度的相关，这意味着上述成分结构群可能蕴涵着更高阶、更简单、更有解释力的大因素，因此有必要做二阶因素分析。

把一阶因素分析获得的 8 个成分作为新变量群进行因素分析。采用主成分分析和斜交旋转法，在不限定因素个数的情况下，结果旋转得出 2 个因素，共解释总变异量的 53.864%。二阶因素分析的结构、负荷、共同度及 2 个因素的特征值和所解释的变异数比例分配见表 10－7。

表 10－7　二阶因素分析的结构、负荷及各成分的共同度

因　素	因　素　载　荷	共同度
因素一：特征值：3.065；变异数（%）：38.318		
求助行为	.802	.547
信息利用	.796	.584
知识应用	.644	.452
方法运用	.634	.571
环境选择	.406	.403
因素二：特征值：1.244；变异数（%）：15.547		
压力应对	.789	.592
专业兴趣	.782	.540
自主学习	.745	.621

根据以上程序对初始问卷进行筛选，共剔除 69 个题项，保留 48 个题项，加上 3 个引导题和 4 个测谎题构成包括 55 个题项的正式问卷。

3. 因素与维度命名

探索性因素分析的结果为，一阶因素分析最终抽取出了 8 个因子，共获得了 48 个题项，解释了总方差的 42.771%，表明这 8 个因子能够较好地解释观测对象。下面是结合理论构想对各因素的具体命名及简要解释。

因素一：自主学习。对自己的学习时间、学习任务进行有效决策、计划与控制，主要包括对自己学习时间、内容等的合理计划与管理，适应大学生自主学习的要求。因素二：方法运用。依据学习任务和条件来选择、运用和创造适合自身学习的学习方法。主要指大学生能够依据大学学习的特点，适应大学学习的方式。因素三：压力应对。能主动、有效地调适影响学习行为的学业压力、考试压力和求职压力等。因素四：专业兴趣。对所学专业充满热情与兴趣，高求知倾向，克服厌学情绪与行为。因素五：环境选择。能够正确地评估学习环境及其变化，选择与创造有效学习的学习环境的行为。因素六：信息利用。能适应现代信息社会的要求，对图书馆、互联网和人际关系等信息资源进行有效利用。因素七：求助行为。在遇到学习困难，需要帮助时，向学长、教师等的有效求助行为意向。因素八：知识应用。将抽象的理论知识运用于实际的生活、学习与工作中，能够理论联系实际，适应社会实践的要求。

对析出的 8 个因素进行二阶因素分析，获得两个维度，共解释总方差的 53.864%。维度一包括方法运用、求助行为、环境选择、信息利用和知识应用，主要与学习行为有关，可命名为学习行为；维度二包括了专业兴趣、自主学习和压力

应对，这主要是与学习动力有关，可将其命名为学习动力。根据一、二阶因素分析结果，得到大学生学习适应性的实证结构，具体见图10－1。

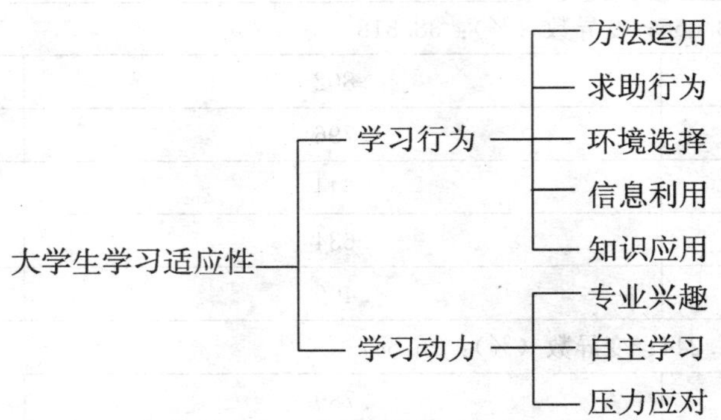

图10－1　大学生学习适应性结构：维度与因素

（三）信度检验

本研究采用内部一致性信度和重测信度作为问卷信度分析的指标。从表10－8可以看出，大学生学习适应性问卷8个成分的内部一致性信度在0.512～0.790之间，重测信度在0.533～0.852之间。从正式测量的被试中随机抽取104人，两周后进行重测，计算出重测信度为0.8671。

表10－8　大学生学习适应性问卷的信度系数

变　量		内部一致性信度	重测信度
一阶因素	自主学习	.7909	.7334
	方法运用	.7735	.8235
	专业兴趣	.7172	.8343
	压力应对	.7028	.7011
	求助行为	.6003	.6465
	信息利用	.6579	.8359
	环境选择	.5072	.5175
	知识应用	.5124	.7914
二阶因素	学习动力	.8427	.7953
	学习行为	.8444	.8462
总　分		.8854	.8671

（四）效度检验

采用内容效度和结构效度作为本问卷的效度考察指标。内容效度基本上可以通过研究程序（包括文献分析、理论构想、专家对问卷的评价等程序）得到保证。因而，本研究着重讨论问卷的结构效度。

本研究以各因素之间的相关、各因素与问卷总分的相关来估计问卷的结构效度。结果表明，各个成分及因素与问卷总分的相关在 0.507～0.844 之间，有较高的相关；学习动力因素和学习行为因素两个因素内部成分的相关多数高于三个因素之间的相关；各个因素之间的相关在 0.298～0.789 之间，相关较适中。这说明大学生学习适应性问卷具有较为良好的结构效度。

总之，本研究开发的 ULAQ 问卷具有良好的信度和效度，能够作为测量大学生学习适应性水平的有效工具。

（五）讨论

从方法学角度看，本研究采用的主要是人格研究的自评量表方法。下面主要讨论本研究中大学生学习适应性测量工具编制的科学性、可靠性、有效性，以及尚存在的问题。

1. 测量工具的科学性

本研究中测量工具的编制严格遵照心理量表的编制原理、原则与程序，从三个有序的环节保证了其科学性。首先，在编制之前，研究者从方法学的角度对问卷编制的基本原理有了较为深入的把握，对大学生学习适应性的理论构建主要是基于对国内外相关研究成果，并考虑到大学生学习的实际，结合了大学教师、教育专家的经验与建议，有理论与实证的保证，反映出本问卷在编制的准备上是较为充分的；其次，在理论构想的基础上，通过对概念相对具体的操作性定义，细化构想的具体维度与因子来编制具体的题项，其题项来源主要是已有的相关心理量表的题项和在半开半闭式问卷中收集到的大学生对学习适应性问题的特征性描述，这保证了在题项上对大学生学习适应性的切实性；再次，对问卷进行了预测、初测和重测，进行了项目分析，并依据相应的理论与标准修改与筛选有效题项，并最终确定了学习适应性的维度与成分。

2. 测量工具的可靠性与有效性

在编制问卷的过程中，严格按照人格理论取向下的心理测量量表的编制方法，保证概念的清晰性、结构的合理性，从维度与成分，并将各成分再进行组化分解，尽量以操作性定义的方式形成问卷题项，使题项最大限度地反映成分的内涵，避免与其他成分产生交叉，并通过咨询相关领域的专家，来保证问卷具有较好的内容效度。对初始问卷进行调查后，主要对问卷进行了探索性因素分析，其保留题项的因素负荷均在 0.4 以上，题项的质量较高；信度检验表明，问卷 8 个成分的内部一致性信度在 0.512～0.790 之间，重测信度在 0.533～0.852 之间，表明问卷具有良好的信度。八个因子与总问卷的效度资料都表明该问卷有良好的效度。

3. 测量工具编制中存在的问题

由于现有的对于大学生学习适应性的研究不多，亦没有现成的大学生学习适应性测量工具可供参考，所以本问卷的编制具有探索性的特点，尚存在的问题主要是以下一些方面：

（1）理论构想中大学生学习适应性结构成分的完备性。从因素分析来看，问卷题项对学习适应性的解释量为42.771%，说明可能还有一些成分未被考虑进来，需要在以后的研究中加以完善。

（2）问卷还缺乏效标。依据心理测量理论，衡量量表效度的一个重要指标是效标关联效度。本研究最初拟考虑将对学业成绩的预测作为本问卷的一个效标，但由于大学生的学习成绩与学习适应性的相关度不高，所以其所具有的预测意义不大，故放弃了这一指标。如何为本问卷选定一个效标，亦是以后努力的一个方向。

（3）被试的代表性问题。在本问卷的编制过程中，由于实际的原因，所抽样的被试基本上是从四川和重庆的部分大学，这说明本问卷对中西部地区的大学生具有更大的切实性，对于全国大学生的切实性如何尚待进一步研究。

（4）问卷的标准化问题。测量量表如要具有诊断价值，需要有一个标准化的常模，但限于时间、经费的实际，目前，本量表还没有建立常模。

第三节　大学生学习适应性的特点

运用所编制的大学生学习适应性量表在重庆市、四川省共七所大学随机抽取1765名在校大学生进行问卷调查，共获得有效问卷1399份（大一447份，大二440份，大三314份，大四198份），考察大学生学习适应性在性别、年级、生源、专业类型、家庭和健康状况六个方面的差异问题，探讨大学生学习适应性的特点。

一、大学生学习适应性的性别差异

以大学生性别为自变量，对大学生学习适应性进行独立样本 t 检验。从表10－9可以看出，在整体上，男女生的学习适应性没有显著差异。在各因素上，除信息利用有极显著差异（$p<0.01$）外，其余各因素之间没有显著差异，表明大学生学习适应性在性别发展上较为平衡。

表10－9　大学生学习适应性的性别差异分析

因　素	男（n=625）		女（n=774）		t	显著性
	平均数	标准差	平均数	标准差		
学习动力	**62.378**	**12.9900**	**62.135**	**11.6500**	**.369**	**.712**
专业兴趣	18.104	4.6492	17.717	4.5803	1.560	.110

续表

因　素	男（n=625）		女（n=774）		t	显著性
	平均数	标准差	平均数	标准差		
自主学习	26.444	7.3637	26.741	6.6930	−.780	.430
压力应对	17.830	4.8894	17.677	4.5814	.604	.545
学习行为	**89.683**	**15.0813**	**88.689**	**13.6725**	**1.290**	**.197**
方法运用	37.424	7.6768	37.316	7.0484	.270	.780
求助行为	13.000	3.3831	13.199	3.1010	−1.146	.252
信息利用	15.689	3.8002	14.825	3.5382	4.392**	.000
环境选择	13.326	3.0438	13.348	2.9086	−.140	.888
知识应用	10.244	2.6619	10.001	2.5924	1.725	.084
总　分	**152.061**	**22.3311**	**150.824**	**20.1865**	**1.080**	**.277**

二、大学生学习适应性的生源性差异

大学生学习适应性的生源性差异是从学生是来源于城市还是来源于农村的角度来考察大学生学习适应性的发展状况。通过以大学生的生源差异为自变量，对大学生学习适应性进行独立样本 t 检验发现，从整体上看，来自农村的学生的学习适应性显著地好于来自城市的大学生（$p<0.01$）；在二级维度上，二者在学习动力上没有显著性差异，但在学习行为上则有极其显著的差异（$p<0.001$）；在各因子水平上，农村大学生的专业兴趣显著地低于城市大学生（$p<0.01$），但在自主学习（$p<0.001$）、方法运用（$p<0.001$）、求助行为（$p<0.01$）、信息利用（$p<0.01$）、环境选择（$p<0.01$）上农村大学生则显著地好于城市大学生，表现出明显的生源差异，其他各因子的差异不显著。

表 10－10　大学生学习适应性的生源差异分析

因　素	农村（n=684）		城市（n=715）		t	显著性
	平均数	标准差	平均数	标准差		
学习动力	**62.218**	**12.3033**	**61.466**	**12.3385**	**1.045**	**.296**
专业兴趣	17.541	4.6897	18.290	4.5803	−2.76**	.0061
自主学习	27.045	6.9250	25.594	7.0874	3.54***	.0000
压力应对	17.632	4.6955	17.582	4.6791	.184	.8550
学习行为	**91.033**	**13.9455**	**87.858**	**14.0096**	**3.885*****	**.000**
方法运用	38.634	7.1456	36.686	7.0480	4.69***	.0000

续表

因　素	农村（n=684）		城市（n=715）		t	显著性
	平均数	标准差	平均数	标准差		
求助行为	13.285	3.2753	12.879	3.1155	2.17*	.02970
信息利用	15.486	3.7129	15.015	3.5656	2.213*	.027
环境选择	13.505	2.8656	13.211	3.0693	1.691*	.0911
知识应用	10.123	2.4982	10.067	2.8013	.364	.7158
总　分	**153.251**	**21.0606**	**149.324**	**21.3852**	**3.165****	**.002**

三、大学生学习适应性的年级差异

以大学生年级为自变量，对大学生学习适应性进行独立样本单因子多变量分析。从表10－11可以看出，在整体上大学生学习适应性在四个年级间存在显著差异（$p<0.05$），表现为大一>大三>大四>大二。在学习动力和学习行为维度上，学习行为的年级差异显著（$p<0.05$），表现为大一>大三>大四>大二；事后多重比较表明，大一与大二有显著差异（$p<0.05$），大二的适应性水平最低，大四其次。在学习适应性的各因子水平，除自主学习、方法运用、信息利用和求助行为的差异不显著外，其他各因子年级差异均显著。在专业兴趣因子上，年级差异极其显著（$p<0.001$），表现为大一>大二>大三>大四，呈随年级升高而下降的趋势；事后多重比较表明，大一分别与大三、大四存在显著差异，大三与大四存在显著差异。在压力应对因子上，年级差异极其显著（$p<0.001$），表现为大四>大二>大一>大三；事后多重比较表明，大四与大一、大三存在显著差异。在环境选择因子上，年级差异极其显著（$p<0.01$），表现为大一>大三>大二>大四；事后多重比较表明，大一与大二、大四存在显著差异。在知识应用因子上，年级差异极其显著（$p<0.01$），表现为大一>大四>大二>大三；事后多重比较表明，大一与大三之间存在显著差异。

表10－11　大学生学习适应性年级差异分析

因　素	大一（n=447）	大二（n=440）	大三（n=314）	大四（n=198）	F	显著性	事后比较（$p<0.05$）
学习动力	**62.582**	**62.643**	**61.548**	**61.662**	**.751**	**.518**	—
	13.0197	**11.7280**	**11.8974**	**12.1265**			
专业兴趣	18.606	18.153	17.457	16.006	14.788***	.000	1>3，4；2>4；3>4
	4.4394	4.4560	4.7487	4.6593			

续表

因　素	大一 (n=447)	大二 (n=440)	大三 (n=314)	大四 (n=198)	F	显著性	事后比较 (p<0.05)
自主学习	26.522	26.430	26.805	26.908	.301	.825	—
	7.2825	6.7365	6.8930	7.0752			
压力应对	17.454	18.060	17.286	18.748	4.790**	.002	4>1，3
	5.1804	4.3963	4.5074	4.3537			
学习行为	**90.733**	**87.804**	**89.063**	**87.968**	**3.577***	**.013**	**1>2**
	14.9900	**13.4530**	**13.5240**	**15.6802**			
方法运用	37.918	36.880	37.610	36.460	2.482	.059	—
	7.3544	7.1124	7.0803	8.1975			
求助行为	13.268	12.923	13.020	13.306	1.141	.332	—
	3.3446	3.0189	3.1989	3.4611			
信息利用	15.427	14.894	15.351	15.098	1.796	.146	—
	3.9111	3.4694	3.5978	3.6552			
环境选择	13.683	13.119	13.324	12.914	4.051**	.007	1>2，4
	3.0348	3.0032	2.7970	2.9468			
知识应用	10.437	9.988	9.758	10.190	4.912**	.002	1>3
	2.5717	2.6858	2.6570	2.4609			
总　分	**153.315**	**150.447**	**150.611**	**149.630**	**3.430***	**.043**	**—**
	22.7290	**20.1713**	**20.6344**	**19.7530**			

注：表中各因素对应的两行数值分别为平均数和标准差。表10—12至表10—15同。

四、大学生学习适应性的专业类型差异

将这次调查的被试按专业类型分为文科、理科和艺体科，考察了大学生学习适应性的专业差异，结果见表10—12。

以大学生的专业类型（文=1，理=2，艺体=3）为自变量，对大学生学习适应性进行方差分析。从表10—12可以看出，整体适应上大学生学习适应性存在极其显著的专业差异（$p<0.001$），表现为理科生好于文科生和艺体生；事后多重比较表明，理科生适应性水平分别与文科生和艺体生存在显著的专业差异（$p<0.05$）。

在学习动力与学习行为的二级维度上均存在极其显著的专业差异（$p<0.001$）。事后多重比较表明，在学习动力维度，艺体生适应性水平显著高于文科生而低于理科生；在学习行为维度，文科生和理科生的适应水平均好于艺体生，有显著性差异。

在学习适应性的各因子水平上，除求助行为和环境选择两因子无明显的专业差

异外，其余各因子皆有显著的专业差异（$p<0.05$）。在专业兴趣因子上，专业差异极其显著（$p<0.001$），表现为艺体生>理科生>文科生；事后多重比较表明，艺体生的专业兴趣显著地强于理科生和文科生，而文科与理科之间的差异则不明显。在自主学习、压力应对因子上，专业差异极其显著（$p<0.001$），表现为理科生>文科生>艺体生；事后多重比较表明，理科生分别与文科生、艺体生有显著差异。在方法运用、信息利用和知识应用等因子上，存在极其显著的专业差异（$p<0.001$），表现为艺体生分别与文科生、理科生的差异显著，艺体生适应水平显著差于文科生、理科生。

表 10－12　大学生学习适应性专业类型差异分析

因　素	文科（$n=538$）	理科（$n=700$）	艺体（$n=161$）	F	显著性	事后比较（$p<0.05$）
学习动力	**60.683**	**63.457**	**61.790**	**7.409*****	**.0006**	**2>3>1**
	12.5965	**12.4000**	**10.4512**			
专业兴趣	17.361	18.003	19.457	11.038***	.0000	3>2>1
	4.9289	4.4411	4.0039			
自主学习	26.002	27.227	25.488	6.096**	.002	2>1>3
	7.0507	7.1229	6.4555			
压力应对	17.320	18.227	16.845	7.930***	.000	2>1>3
	4.8763	4.6379	4.3668			
学习行为	**89.255**	**89.681**	**84.285**	**7.828*****	**.000**	**2>3；1>3**
	14.0925	**14.4830**	**14.3408**			
方法运用	37.393	37.778	34.767	9.230***	.000	2>3；1>3
	7.0907	7.5068	7.0050			
求助行为	13.104	13.085	12.488	2.085	.125	—
	3.1752	3.2727	2.8942			
信息利用	15.223	15.347	14.108	6.280**	.002	1>3；2>3
	3.7032	3.6010	3.7338			
环境选择	13.375	13.305	13.426	.132	.876	—
	2.9906	2.9861	3.0536			
知识应用	10.160	10.166	9.496	3.712*	.025	1>3；2>3
	2.5679	2.6782	2.7304			
总　分	**149.938**	**153.138**	**146.075**	**7.393*****	**.0006**	**2>3；2>1**
	22.0001	**20.9403**	**20.2394**			

五、大学生学习适应性的家庭教养方式差异分析

以大学生的家庭教养方式（民主型=1，放任型=2，溺爱型=3，专制型=4）为自变量，对大学生学习适应性进行方差分析，从表10—13可以看出，总体上，学习适应性存在显著的教养方式的差异（$p<0.001$），表现为民主型>专制型>放任型>溺爱型；事后多重比较表明，民主型分别与放任型、溺爱型、专制型差异显著。在二级维度上，学习动力与学习行为的教养方式差异显著（$p<0.001$），在表现趋势上不一致，在学习动力上表现为民主型>溺爱型>放任型>专制型，在学习行为上表现为民主型>专制型>放任型>溺爱型，但专制型的教养方式与民主型的差异不大。在各因子水平上，除求助行为和信息利用外，其余各因子皆存在显著的教养方式差异，虽然表现的特点不尽一致，但基本上是民主型和专制型教养方式要优于其他类型的教养方式。

表10—13　大学生学习适应性的家庭教养方式差异分析

因　素	民主型（$n=715$）	放任型（$n=248$）	溺爱型（$n=186$）	专制型（$n=250$）	F	显著性	事后比较（$p<0.05$）
学习动力	**63.647**	**58.827**	**59.386**	**56.904**	**11.66^{***}**	**.000**	**1>2，4**
	12.0931	**12.0023**	**12.4222**	**13.3704**			
专业兴趣	18.638	16.720	18.000	17.052	6.974^{***}	.000	1>2，4
	4.5716	4.5405	4.6761	4.9965			
自主学习	27.031	25.064	23.645	23.789	8.666^{***}	.000	1>4
	7.0766	6.6181	6.7158	7.2301			
压力应对	17.978	17.043	17.741	16.063	5.082^{**}	.002	1>4
	4.6943	4.4377	5.4648	4.9029			
学习行为	**90.942**	**84.589**	**80.739**	**90.082**	**10.513^{***}**	**.000**	**1>2，3；4>3**
	13.8560	**13.0386**	**15.0620**	**12.3078**			
方法运用	38.360	35.247	33.419	38.494	10.048^{***}	.000	1>2，3；4>2，3
	6.8941	6.8551	7.5752	6.7931			
求助行为	12.968	12.612	11.612	13.410	2.895^{*}	.035	—
	3.0793	3.3848	2.4856	3.5204			
信息利用	15.464	14.462	14.322	15.305	2.983^{*}	.031	—
	3.4909	3.6072	3.9275	3.5552			
环境选择	13.777	12.688	11.935	13.000	8.073^{***}	.000	1>2，3
	2.9218	2.6250	3.3954	3.1011			

续表

因　素	民主型（n=715）	放任型（n=248）	溺爱型（n=186）	专制型（n=250）	F	显著性	事后比较（p<0.05）
知识应用	10.373	9.580	9.451	9.873	3.856**	.009	—
	2.6273	2.6098	2.8500	2.7914			
总　分	**154.589**	**143.416**	**140.125**	**146.986**	**13.27*****	**.000**	**1>2，3，4**
	21.7505	**17.7710**	**21.5170**	**19.5113**			

六、大学生学习适应性的健康水平差异分析

本研究以学生自评的方式评定学生自己的身体和心理健康水平。研究发现，大学生的学习适应性因其生理和心理健康水平的高低不同而呈现不同的水平差异。下面我们从生理健康水平和心理健康水平两个方面来分析其学习适应性的差异问题。

（一）大学生学习适应性的生理健康水平差异分析

以生理健康水平（良好=1，一般=2，较差=3）为自变量，对大学生学习适应性进行方差分析，主要考察大学生学习总体适应性及学习动力和学习行为两个维度在不同生理健康水平的差异。从表10－14可以看出，在总体适应、学习动力和学习行为维度上，均存在生理健康水平的差异，且差异极其显著（$p<0.001$），表现为生理健康良好学生的学习适应性水平显著高于生理健康水平一般和较差学生。

表10－14　大学生学习适应性的生理健康差异分析

因　素	良好（n=638）	一般（n=466）	较差（n=295）	F	显著性	事后比较（p<0.05）
学习动力	63.280	60.771	59.657	15.376***	.000	1>2
	12.643	12.233	11.107			
学习行为	92.029	86.967	83.605	4.664***	.000	1>2，3
	13.730	13.534	12.784			
总　分	155.309	147.738	143.262	17.092***	.000	1>2，3
	21.327	21.1580	19.5222			

（二）大学生学习适应性的心理健康水平差异分析

以学生自评的心理健康水平（良好=1，一般=2，较差=3）为自变量，对大学生学习适应性进行方差分析，考察大学生学习适应性在各维度、各因子上的差异。表10－15表明，在总体适应、学习动力和学习行为维度上，均存在心理健康水平的差异，且差异极其显著（$p<0.001$），表现为心理健康学生的学习适应性水平显著

高于心理健康水平一般和较差的学生。在各因子水平上，除求助行为外，其余各因子皆存在极其显著的差异，均表现为心理健康的学生适应水平高于心理健康水平一般和较差的学生；事后多重比较表明，心理健康水平良好的学生与健康水平一般和较差的学生的学习适应水平存在显著差异（1>2，3），心理健康水平一般的学生与较差的学生的学习适应水平存在显著差异（2>3）。

表 10－15　大学生学习适应性的心理健康差异分析

因　素	良好（n=407）	一般（n=349）	较差（n=74）	F	显著性	事后比较（p<0.05）
学习动力	**64.640**	**60.308**	**57.432**	**17.886*****	**.000**	**1>2，3**
	12.186	**12.196**	**12.674**			
专业兴趣	18.842	17.842	16.554	9.657***	.000	1>2，3
	4.6704	4.5657	4.6409			
自主学习	27.238	25.673	24.243	8.088***	.000	1>2，3
	7.1071	6.9828	7.2580			
压力应对	18.560	16.793	16.635	15.307***	.000	1>2，3
	4.9610	4.3334	4.6125			
学习行为	**92.732**	**87.758**	**82.755**	**23.619*****	**.000**	**1>2，3；2>3**
	13.227	**13.889**	**13.2766**			
方法运用	39.090	37.080	34.567	17.210***	.000	1>2，3；2>3
	6.7575	7.0592	6.7236			
求助行为	13.000	12.962	12.378	1.248	.288	—
	3.1816	3.1860	2.8845			
信息利用	15.660	15.000	14.635	4.711**	.009	1>2
	3.3591	3.6039	4.0122			
环境选择	14.253	12.914	12.094	30.198***	.000	1>2，3
	2.9390	2.7498	3.0167			
知识应用	10.729	9.802	9.081	19.233***	.000	1>2，3
	2.5770	2.6659	2.5198			
总　分	**157.372**	**148.066**	**140.187**	**31.775*****	**.000**	**1>2，3；2>3**
	20.666	**21.0616**	**20.1913**			

七、讨论

本研究从四川和重庆有代表性的高校进行整群抽样，抽取1000名（有效830名）在校大学本科生来调查大学生学习适应性的描述性特征。

研究表明，大学生学习适应性的发展具有不平衡性。从前述研究的结论可以看出，大学生学习适应性在总体上不存在性别差异。表明大学生学习适应性在性别发展上较为平衡。姚利民（2002）[①] 对大学生学习方法的调查发现，大学生的学习方法不存在性别差异。本研究中，方法运用因子亦不存在性别差异，与其结论基本一致。但冯廷勇（2002）[②] 等从影响因素的角度编制的大学生学习适应性的问卷调查则表明，大学生的学习适应存在显著的性别差异，这可能是由于两种问卷所依据的理论假设不一致所致。另外，在具体的因素水平上，男女生在信息利用上存在显著性的差异，这提示我们在实际的辅导中要注意培养女生的信息利用能力，特别是有关网络信息利用能力的培养。

适应性发展的不平衡性还表现在年级差异上，在整体上大学生学习适应性在四个年级间存在显著差异，呈现随年级升高而下降的趋势，大二和大四学生的学习适应性水平最低，这与以前的研究结论不尽一致，这可能是出于以下原因：一是学生在大一时还更多地带着新奇感，没有真正意识到不适应，但到大二时，由于学习任务开始加重，压力加大，表现出更多的不适应问题；在大四期间，由于学习面对着就业压力，英语过级压力，学习亦表现出较多的不适应。另外也可能存在研究上的问题，由于在测量的时间安排上，在对大一学生进行测量时，他们才进校三个月左右，这时他们没有表现出充分的不适应（这表现在大一学生的总体适应分数和大多数因子的分数均较其他年级高），如果到一年级下期进行测试，可能一年级的适应分数不会这样高，这是后续研究需要注意的问题。

不平衡性的另外一个表现是适应发展存在维度的差异，从前述分析中可以看到各维度在发展上是不一致的，如在学习动力和学习行为维度上，学习行为的年级差异显著，表现为大一>大三>大四>大二，大二得分最低，表现出较多的不适应行为，再结合各因子的分析观之，大二学生学习行为不适应主要表现在低求助行为、低信息利用和低方法运用上，这表明从大一到大二是学习行为适应的一个关键期。虽然学习动力不存在显著的年级差异，但横向比较表明，学习动力有随年级上升而下降的弱趋势，特别是大三的学习动力最差，究其原因，可能与大三专业课程过多、学习压力过大（横向比较表明，大三学生的压力应对水平最低）有关。分析各因子

① 姚利民：《当代中国大学生学习状况的调查》，《清华大学教育研究》2002年第2期。
② 冯廷勇、李红：《当代大学生学习适应的初步研究》，《心理学探新》2002年第1期，第44～48页。

可以发现，大一学生在专业兴趣、方法运用、环境选择、知识应用因子上得分最高，表明大一学生对自己的专业充满好的期待（不幸的是，专业兴趣却随年级上升而下降），在方法运用、环境选择和知识应用方面可能存在假适应性现象。大四学生在自主学习、压力应对和求助行为上得分最高，而在方法运用、环境选择、专业兴趣和学习动力上得分最低，究其原因可能是，大四学生的独立能力逐渐增强，更善于自我管理，自我调节；由于就业压力较大，需要获得外界的帮助，所以求助行为得分较高。但是大四学生较少将时间用于学习，忽视学习方法，学习兴趣不高，所以表现出低方法运用和低学习动力性。显然，在年级差异上，大学生学习适应性存在很大的不平衡性，表现在总体和各因子上存在显著的年级不平衡性。这表明，不同年级具有不同的适应性问题，而不是像以前认为的那样，只有大一才是学生最不适应的时期（实际上，大一学生可能还没有意识到不适应问题，至少大一上期如此）。从本调查可以发现，大二和大四是总体学习不适应最重的时期，这提醒教育与心理工作者，要注意在大二和大四加强大学生的学习适应性教育与指导，而在各个年级则应有针对性地加强相应适应问题的适应性辅导。

本研究有一个有趣的发现，那就是来自不同地区（农村和城市）的学生在学习适应性方面存在较大的适应性差异，且总体上农村学生较之城市学生适应较好，存在显著的差异。具体到各因子水平上，农村学生在学习动力、学习行为、自主学习、方法运用和求助行为上较城市学生的适应较好，且差异显著；而在专业兴趣上，城市学生显著地好于农村学生。目前对这一现象还没有较好的解释，但从先验的角度可以推测，由于农村学生本身的社会、经济条件较差，独立较早，自主性更强，较之城市学生有更强的学习动力和良好的学习行为，但在最初的专业选择上更多是考虑如何能上大学，所以对专业是否适合自己考虑不够，进入大学后才发现专业对自己的不适性；而城市学生一开始就对专业考虑得多一些，所以在专业兴趣上城市学生好于农村学生。

在专业类型上，大学生学习适应性存在极其显著的专业差异，这一结论与其他研究者的结论一致（赵富才，2002）①。这提醒我们在进行大学生学习适应性辅导时，要针对不同的专业采取相应的干预措施，特别是应当加强对文科生的学习适应性的辅导工作。

在前面的文献综述中我们提到，国外研究发现，不同的教养方式对大学生学习适应的影响不一样，这与我们传统上认为家庭对大学生学习适应性影响不大的经验性看法不一致。有趣的是，本研究亦发现了中国大学生的学习适应性存在家庭教养方式上的差异，民主型的教养方式要优于其他的教养方式，这与国外的研究相一致。

① 赵富才：《大学新生心理适应问题研究》，《健康心理学杂志》1999 年第 4 期。

但是有一点与国外不同：在总体适应和学习行为上，专制型的教养方式与民主型的教养方式一样亦表现出其优势性，这可能与中国权威式的家教方式有关。这提醒家长在教养方式上将民主与权威相结合可能更能增强孩子的学习适应能力。

学习适应性作为心理素质的重要内容，从理论上讲，可以假设其水平势必影响大学生的心理健康水平，反过来亦然。从本次调查来看，大学生学习适应性在心理健康水平上存在显著的差异，从而证实了这一假设。在总体适应、学习动力和学习行为维度上，均存在心理健康水平的差异，且差异极其显著，表现为心理健康的学生的学习适应性水平显著高于心理健康水平一般和较差的学生。同时，研究者对二者进行相关分析表明，心理健康水平与学习适应性的总体相关为0.211，表明二者之间存在相互影响的关系，这提示我们要将大学生学习适应性教育与心理健康教育结合起来进行。当然，在本研究中，没有采用具有较高信度、效度的心理健康量表来测量被调查大学生的心理健康状况，而是采用学生自评等级的方式，这可能与大学生实际的情形不完全一致，但这一探索性的发现有助于我们后续的研究。

第四节　促进大学生学习适应性发展的教育对策

学习适应性作为心理素质的基本维度——适应性维度之一，是当前教育与心理研究的一大热点。与中小学不同的是，大学教育具有复杂性和专业性，大学的学习具有较强的专业定向性和一定的研究探索性，大学生学习具有自主性与独立性等等；同时大学生学习在内容、策略、方式、途径上都与中小学生的学习具有不同的特点，这就决定了大学生学习亦存在适应问题。本研究的结果显示，相当一部分大学生无法完全适应大学阶段的学习，不同的学生在学习适应上存在着不同的发展特点与问题。因此，本节主要依据前文研究结果，从教育原则、自我培养和学校教育等方面来探讨如何解决当前大学生的学习适应性、如何培养大学生的学习适应能力问题。

一、大学生学习适应性的教育原则

针对本研究所发现的大学生学习适应性问题，我们认为，大学生的学习适应性教育首先应遵循一定的教育原则，在具体原则的指导下有针对性地实施相应的教育对策。

（一）客观性原则

这一原则要求针对大学生不同的学习适应性问题采取相应的教育对策。首先应坚持客观性标准，对每一种类型的学习适应性问题和每个学生的学习适应性问题均应区别对待，坚持具体问题具体分析，研讨具有较强针对性的解决措施；要循序渐进，从实际出发；在制订和施行教育措施时，教育者应充分考虑文、理、工、艺等不同学科的差异，考虑男女生的性别差异、城乡学生的来源差异，以及学生产生学习适应问题的成因及问题程度等。

（二）发展性原则

辩证唯物主义认为，一切事物都是在发展变化的。大学生的学习适应性问题也是如此。坚持发展性原则主要应注意两个方面的发展：其一，大学生的年级发展。不同的年级具有不同的适应性问题，不能一成不变地看待其问题。其二，要相信大学生在科学有效的引导下，有能力解决自己的学习适应问题，要着眼于大学生的学习适应现状，同时更要以此为基础看到其发展变化的趋向，从而科学地加以预测和控制。

（三）主体性原则

在制订大学生的学习适应性教育对策时，教育者应尊重大学生的主体作用。在重视发挥教师的积极引导和适量监控作用的同时，更应引导学生对自身的学习适应问题进行自我认识和自我适应。

二、大学生学习适应性的培养对策

对大学生学习适应性的教育培养应该坚持以学生自我调节、自我训练与学校教育引导相结合，外化与内化相结合的方式来培养。

在对大学生学习适应性的结构的分析中，我们从学习动力和学习行为两个维度把大学生学习适应性进行了分类，学习动力维度由专业兴趣、自主学习、压力应对三个因素构成，学习行为维度由方法运用、求助行为、信息利用、环境选择和知识应用五个因素构成。根据这一分类，我们分别针对学习动力和学习行为两个方面，同时结合大学生学习适应性的特点，对大学生的学习适应性提出相应的教育培养对策。

（一）激发学生的学习动力，提高其学习积极性

1. 从对大学生进行理想信念教育入手，树立正确的学习目标

大学生不同于中小学生，他们的身心发展等各方面都已具备了成人的特征，因此要具备相应的社会责任意识。要让大学生科学地规划自己的人生道路，以前的学习是为了考大学，进入大学后很多人的学习不适应主要是由于目标缺乏或者不明确引起的。这就要求对大学生进行专业思想教育，使他们对自己所学的专业有实质性的了解，明确学习目标和方向。具体而言有两个方面，一是每一门功课都要有一个总体目标，包括各门功课的每一个章节都要有具体的、能够完成的学习目标，并逐步制订出系统的适合自己的目标和子目标。二是根据自身发展的需要，订立一个总目标（本科四年）和学年目标或学期目标，使自己有目标可寻，更有动力和方向去

完成大学四年的学业。

2. 激发学生内在的学习动机

进入大学以后，学生需要根据新情况重新确立学习目标，培养学习兴趣，端正学习态度。这一过程需要积极的自我调整，否则就会影响学习的适应。随着学业层次增高，非智力因素的作用越来越大，培养良好的学习动机是大学学习适应的关键。学习动机是激发学习者进行学习行动、维持已引起的学习行动，使其行为朝向一定的学习目标的一种内在心理过程或内部动力。它反映了学生的需要和愿望，并体现在意志行动过程中。动机层次越高，成功的可能性往往越大。目前大学生的学习动机主要有这样一些类型：考试型、求职型、兴趣型、感情型、责任型、充实型。因此激发学生的学习动机要针对不同情况因人而异。即便对于同一个大学生，也不可能受单一动机的支配，其学习动机也是多种多样的。并且在不同学习阶段也会有不同的学习动机。作为大学生要深刻认识自己的学习动机，明确学习目标，才能更好地适应大学学习。

（1）培养学习兴趣

学习兴趣是学生力求探索研究事物并带有强烈情绪色彩的认识倾向，它是在需要的基础上发生和发展起来的。正是由于学生有认知需要，才会产生学习兴趣，而需要的满足常常会引起更浓厚的兴趣。兴趣会使学生在大学阶段的学习中更好地适应各个学业阶段，因此教育者要充分发挥大学生的主观能动性，提高其独立获取知识的能力。要让学生善于自我加压，自我设疑，创设问题情境，时时保持新鲜感和好奇心，才能将学习兴趣广泛地、稳固地、持久地保持下去，提高学习的积极性、主动性、自觉性。

（2）培养大学生的学习自信心

对于在学习上经常受挫的大学生而言，他们更缺乏自信心。已有的研究说明，具有良好自信心的学生能更好地适应大学生活，包括学业方面。作为教育者，应该从如下三个方面来提高大学生的自信心：首先，指导学生自主策划一些成功的活动，使他们认识到自己的能力和长处，并给予肯定和鼓励，使其建立自信；其次，促进学生的自我认识与自我认同，形成一定的自我满足感，要善于发现学生的优点并及时给予积极评价，使之形成良好的自我意识，促进个性的健康发展；第三，在学业上通过学生自我确立目标，成绩每前进一步都自我鼓励，感受到学习进步带来的益处，最终获得较高的学习自信心。

（二）针对学习行为，增强学习能力

学习能力对大学生的学习适应有着重大影响。学习能力主要是指感知能力、记忆能力和思维能力，也包括掌握学习方法的能力。大学学习的内容多、难度大、进度快、独立性高，这对学生的学习能力提出新的挑战，是影响学习适应的重要方面。

1. 学习能力的培养和训练

首先是训练学生的元学习能力。元学习能力即自觉意识与自我监控的能力，是学生学会学习的能力，主要包括学习活动前的计划和准备，学习活动中的方法和如何执行，以及学习活动后的反馈总结等。其次是具体的学习能力的培养，如观察力、注意力、记忆力、想象力、思维力等一般能力，这些能力需要大学生通过长期坚持不懈的努力和训练才能得到提高。

2. 改进学习方法，促进大学生自主学习

学习方法是影响学习适应性的一个重要方面。首先要让学生深刻认识到学习方法的重要性，掌握了好的学习方法可以达到事半功倍的效果，盲目苦学并不值得提倡；其次应为学生提供具体的学习方法指导，可请有经验的同学现身说法，介绍学习经验，如如何制订学习计划、学习笔记的记录与整理、资料查找与利用等；最后要让大学生能做到自主学习。学习者要自我拟订培养目标，自我拟订学习计划，要非常有主见地、主动地解决自己有关学习方面的问题，努力使自己成为知识的积极建构者，逐步提高自控能力，学会自主学习，为终身学习打下良好的基础。

3. 合理归因

引导大学生对学习成败进行正确归因。多数学生将学习中的成功与失败归因于四种因素，即学习能力、努力程度（内归因），以及学习的难度和运气（外归因）。将学业成功归因于任务容易和运气好等外部原因时，不利于学习者付出更多的努力；将学业成功归因于学习能力和努力程度等内部因素时，有利于强化学习者的自信心和努力行为。通过引导正确归因，可以激发学生的学习动机，从而更好地达到学习适应的目的。

4. 采取积极的学业压力应对策略

在面对学业压力时，不同的应对策略会对大学生的学习产生不同的影响。积极的应对策略可以使学生更好地面对学业困难和压力，并能较好地应对；反之，消极的应对策略则会造成大学生的学习不适应，产生不良的学习后果。因此，大学生应充分利用解决问题、主动求助、自我调节、预先应对和认知重建等有效的积极的学业压力应对策略，调整自己的心态，适应大学阶段的学习。

（三）针对大学生学习适应性的特点实施有效的教育与训练

大学生在学习适应性上主要有如下的发展特点：从性别上看，男女生在信息利用上存在着显著的差异，显示男生在网络信息、图书馆资源利用上较女生更好，因此强调对女生进行信息技术、多媒体和图书资源利用的指导是相当重要的。从年级差异上看，学生在大一时还更多带着新奇感，没有真正意识到不适应；到大二时，由于学习任务开始加重，压力加大，表现出更多的不适应问题；在大四期间，由于面对着就业压力、英语过级压力，学习亦表现出更多的不适应。也就是说，大二和大四学生的学习适应性水平最低。因此不同年级具有不同的适应性问题，而不是像以前认为的那样，只有大一才是学生最不适应的时期（实际上，大一学生可能还没有意识到不适应问题，至少大学一年级上学期如此）。这提醒教育与心理工作者，要注意在大二和大四加强对大学生的学习适应性教育与指导，而在各个年级则应有针对性地加强相关适应问题的适应性辅导。在生源差异上，农村学生在学习动力、学习行为、自主管理、方法运用和求助行为上较城市学生的适应较好，且差异显著；而在专业兴趣上，城市学生显著地好于农村学生。因此需要采用有效的方法来提高城市学生的学习动力、自主管理和学习方法水平，而对农村学生则要提高其专业兴趣。在专业类型差异上，艺体生比文科生、文科生比理科生存在更多的学习适应问题，因此，要求着重加强对艺体生和文科生的学习适应教育力度，特别是在学习动力上，要大力加强其学习的自主性、专业兴趣和方法运用能力的培养。

总之，大学生学习适应性的培养是一个综合的、复杂的教育过程，既需要学校创设相应的环境，对不同年级、不同性别和不同背景的学生采取多样化的有针对性的方式，也要求学生针对自己在不同的学习适应性因子上存在的问题进行自我诊断，自我调节和训练。

附录　大学生学习适应性问卷（ULAQ）

亲爱的同学：

您好！欢迎您参加西南师范大学教育科学研究所关于大学生学习心理发展特点的研究。这份问卷的目的在于帮助您了解自己，答案没有对错和好坏之分。为了能真实地反映您对这些问题的看法和做法，请您不要过多地思考，您平时是怎么做的，怎么想的，就怎么回答。

请您认真读懂每句话的意思，然后根据该句话与您自己的实际情况相符合的程度，在相应的字母前的方框内打“√”。各个字母的具体含义如下：

A：完全同意；B：大部分同意；C：同意；D：大部分不同意；E：完全不同意。

真诚地感谢您的合作与支持。

1. 我很喜欢做心理测验。　□A　□B　□C　□D　□E
2. 我能够认真完成这次测试。　□A　□B　□C　□D　□E
3. 大学时期是人生的一个很重要的阶段。　□A　□B　□C　□D　□E
4. 总体上我还是很喜欢自己的专业。　□A　□B　□C　□D　□E

5. 我能依据大学学习的需要采取不同的学习方法。 □A □B □C □D □E

6. 感觉英语过级考试的压力太大，无所适从。 □A □B □C □D □E

7. 我能很快适应大学新的学习环境。 □A □B □C □D □E

8. 我经常向老师请教如何更好地适应大学的学习。 □A □B □C □D □E

9. 我经常参加有意义的活动，这也能够增长人的知识。

□A □B □C □D □E

10. 常努力一阵又放弃，有前劲没有后劲。 □A □B □C □D □E

11. 我有自己的一套学习方法，并能很好地运用于学习中。

□A □B □C □D □E

12. 我觉得我的专业不适合自己，不是我自愿选择的。

□A □B □C □D □E

13. 我从没有说过脏话。 □A □B □C □D □E

14. 常常因为贪玩而浪费了学习时间。 □A □B □C □D □E

15. 如果在教材上遇到不懂的地方，我常常去查阅辞典或者其他相关的资料。

□A □B □C □D □E

16. 平时没有好好学习，考前临时抱佛脚，熬夜复习。

□A □B □C □D □E

17. 经常害怕考试不及格而重修。 □A □B □C □D □E

18. 我常常认定长期与短时相结合的学习目标。 □A □B □C □D □E

19. 上专业课时，我常常在下面偷偷地做其他事情。□A □B □C □D □E

20. 除了专业课以外，我能够大量涉猎其他的知识。□A □B □C □D □E

21. 经常在网上或者书上看一些有关学习方法的资料。

□A □B □C □D □E

22. 学习动力不足，有“三天打鱼两天晒网”的行为。

□A □B □C □D □E

23. 在期中与期末考试的时候，我一般会制订自己的复习计划。

□A □B □C □D □E

24. 我从没有讲过别人的坏话。 □A □B □C □D □E

25. 如是我自己的学习目标不能实现我会及时作出调整。

□A □B □C □D □E

26. 我常常担心我的专业课会需要重修。 □A □B □C □D □E

27. 在学习时，常常不能够在规定的时间内完成任务。

□A □B □C □D □E

28. 在学校学习时，如果周围有点吵，我就烦躁而停止学习。

□A □B □C □D □E

29. 我常常借鉴别人好的学习经验来提高自己的学习效率。

□A □B □C □D □E

30. 为了更好地学习，我能够考虑自己的学习方法的优点和缺点。

□A □B □C □D □E

31. 我能够很好地处理恋爱和学习的关系。 □A □B □C □D □E

32. 我能够很好地利用图书馆的图书资料。 □A □B □C □D □E

33. 即使我的学习环境不好，我也能够自己想办法创造良好的学习环境。

□A □B □C □D □E

34. 上大学后，我的社会实践能力明显增强。 □A □B □C □D □E

35. 如果我的情绪情感问题影响了学习，我会向班主任或心理辅导老师寻求帮助。

□A □B □C □D □E

36. 我从没有损坏或遗失过别人的东西。 □A □B □C □D □E

37. 大学里课太少，自由时间太多使我变得懒散。 □A □B □C □D □E

38. 对自己的就业前途担忧，未来工作与现实学习的矛盾很严重。

□A □B □C □D □E

39. 我常常关注学校内外的信息，尽量增加自己的信息占有量。

□A □B □C □D □E

40. 大学对学生的管理方式不如中学，我感觉自己的自控能力比较差。

□A □B □C □D □E

41. 我觉得我的专业学了不好找工作，所以想换专业。

□A □B □C □D □E

42. 在记忆方面，我能更多地注重理解而不是死记硬背。

□A □B □C □D □E

43. 我常常上网，但玩游戏和聊天多，学习少。 □A □B □C □D □E

44. 学习上虽然很紧张和焦虑，但我一般能够找到放松的方法。

□A □B □C □D □E

45. 我很少跟高年级的同学请教学习经验和方法方面的问题。

□A □B □C □D □E

46. 我从没有随地丢过垃圾。 □A □B □C □D □E

47. 由于对专业课不感兴趣，我的学习积极性受到了影响。

□A □B □C □D □E

48. 我能够不断改进自己的学习方法，以适应不同的学习任务。

□A □B □C □D □E

49. 学习压力很大，一天太累了。 □A □B □C □D □E

50. 我不喜欢参加学校的文体活动，觉得学习不到什么。

□A □B □C □D □E

51. 我经常向已经过了英语四、六级的同学请教学习经验。

□A □B □C □D □E

52. 我所学的专业将来没有多大用处。 □A □B □C □D □E

53. 感觉到以后就业太难，就业压力很大，但不知道怎样做才能解决问题。

□A □B □C □D □E

54. 我常常参加学校或班上开展的学习交流活动，听一些有关学习方法与经验的讲座。 □A □B □C □D □E

55. 我常常去适合学习的地方上自习。 □A □B □C □D □E

第四编

青少年人际交往问题及教育对策

QINGSHAONIAN RENJI JIAOWANG WENTI JI JIAOYU DUICE

人际交往是青少年社会性发展领域中十分重要的研究课题，是青少年认识自我、他人和社会的基本形式与途径。青少年人际交往效能感、同伴竞争、异性交往、亲子沟通等是青少年人际交往中容易产生心理问题的主要方面。青少年的自我效能感，对其面对挫折是采取积极主动的应对方式，还是采取回避退缩的行为起着关键作用。研究表明，当代青少年缺乏正确的竞争观念、必要的竞争技能以及与人合作的技巧。如何让青少年在激烈的竞争环境中形成正确的竞争观念和良好的人际适应能力，是当前青少年心理素质教育中亟待解决的问题。异性交往是青少年社会化发展的"必修课"，是实现其社会化过程中必不可少的链条。亲子沟通是家庭环境给青少年心理发展提供指导和帮助的有效方式。青少年时期是个体心理发展的关键期和"危机期"，容易产生各种心理矛盾或问题，亟须社会关爱和师长指导。良好的亲子沟通与青少年心理的健康发展，尤其与青少年的社会性发展密切相关，而不良的亲子沟通与青少年不良的社会适应甚至是严重的问题行为密切相关。本编内容中，人际交往效能感侧重基础性研究，同伴竞争、异性交往、亲子沟通突出的是以人际交往技能训练为主的应用研究，这两方面的研究构成了一个有机的整体。

第十一章 Di Shi Yi Zhang

青少年人际交往自我效能感及其促进

人际交往是青少年认识自我、他人和社会的基本形式与途径。善于与人交往，有利于青少年自我意识的增强和自我同一性的发展，能满足青少年的内在需要，加速青少年的社会化进程，是青少年保持心理平衡和个性完善的有效方式。相反，不善于与人交往则可能导致青少年不能正确认识自我、他人和社会，引发许多心理问题，影响青少年的心理健康，阻碍他们顺利地成长和发展。尤其是在现代社会中，个人的成就往往是以广泛合作为基础的，与人和谐交往已成为人们获得成功的基本条件之一。然而，青少年由于缺乏人际交往的经验和技巧及个性的不成熟，在实际的交往活动中，往往容易受到挫折。面对挫折，是采取积极主动的应对方式，及时总结经验教训，学习掌握有效的交往技巧，以便在交往活动中提高自已的交往能力，还是采取回避退缩的行为，形成错误的自我评价和归因，造成心理困惑和交往障碍，自我系统中自我效能感的能动性起着关键作用。因此，对青少年人际交往情境中自我效能感及其影响因素进行系统的理论和实证研究，是人际交往心理学和青少年人际交往教育领域十分重要的研究课题。

第一节　研究概述

一、人际交往自我效能感的概念

（一）人际交往的概念

人际交往是人际沟通的基本形式，是人与人之间交换意见、传达思想、表达感情和需要等的信息交流过程。人际交往分为言语沟通和非言语沟通（非言语沟通是通过副言语、表情、手势、体态以及人际距离等来传递信息的沟通过程）。

（二）自我效能感和人际交往自我效能感的概念

自我效能感（Bandura，1977）[①] 提出以来，已成为心理学领域研究的热点。作为Bandura社会认知理论的核心内容之一，自我效能感是指人们对影响自己的事件的自我控制能力的自我知觉（Bandura，1986）[②]。青少年人际交往自我效能感是青少年作为交往主体在不同的交往情境中，对运用自身所具备的交往能力和所掌握的交往策略，能否达到预期的交往成效的自我评价和体验。

二、青少年人际交往自我效能感研究现状

（一）自我效能感的研究

Bandura（1986）认为，自我效能感与一定特殊领域相关，随情境的变化而变化。自我效能感是针对特定任务领域而言的，因为在不同的任务领域，对技能的需求也各不相同，因此，一个人在不同任务领域中的自我效能感存在很大差异。但也有些学者（Schwarzer，1992）认为存在着超越特殊领域的一般自我效能感。[③] 一般自我效能感是指个体应对广泛的任务要求或新情境的一般能力信心。Schwarzer（1992）等人还编制了单维度的共20个题目的李克特四点式量表，后修订为10个题目，该量表有20多种文字版本，其中中文版由Zhang J. X.（1995）编译，并在多种文化中进行了跨文化研究（Schwarzer等，1997）[④]。但有人（张鼎昆，1999）认为，一般自我效能感其实质是自尊，且所测到的一般自我效能感对绩效的预测力并不显著。[⑤] Bandura认为心理学理论的好坏主要取决于其对行为的解释和预测能力，而领域相关自我效能感与一般自我效能感相比，它的针对性更强，能更好地解释和预测行为，其与绩效的相关度更高。因此，目前国内外大多数研究者倾向于领域相关自我效能感研究思路。青少年人际交往自我效能感即是在人际交往领域中青少年的自我效能感，属于领域相关自我效能感研究范畴。

由于领域相关自我效能感研究范围广阔，研究者针对不同的领域开发了大量的测量自我效能感的量表，包括Betz和Hackett（1981）编制的职业自我效能感量表（Occupational Self-efficacy Scale）[⑥]、Rooney和Osipow（1992）编制的特殊任务职

---

① A. Bandura: *Self-efficacy: Toward a unifying theory of behavioural change. Psychological Review*, 1977, 84 (2), pp191—215.

② 班杜拉著，林颖等译：《思想和行为的社会基础——社会认知论》，华东师范大学出版社2001年版。

③ R. Schwarzer: *Self-efficacy: Thought Control of Action*, Washington, DC: Hemisphere Publishing Corporation, 1992.

④ R. Schwarzer, et al: *The assessment of optimistic self-beliefs: Comparison of the German, Spanish, and Chinese versions of the General Self-efficacy Scale. Applied Psychology: An International Review*, 1997, 46 (1), pp69—88.

⑤ 张鼎昆等：《自我效能感的理论及研究现状》，《心理学动态》1999年第1期。

⑥ N. E. Betz, G. Hackett: *The relationship of career-related self-efficacy expectations to perceived career options in college women and men. Journal of Counseling Psychology*, 1981, 28 (5), pp399—410.

业自我效能感量表（Task-specific Occupational Self-efficacy Scale）[①]、Taylor 和 Betz（1983）编制的择业自我效能感量表（Career Decision-making Self-efficacy Scale）[②]、郑日昌（2002）采用半结构访谈法编制的中国大学生择业效能感问卷[③]、Jeery Jinks 和 Vieky Morgan 编制的 Morgan-Jinks 学生效能感量表（Morgan-Jinks Student Efficacy Scale）[④]、王凯荣（1999）等人编制的学业自我效能感量表[⑤]、Gibson 和 Dembo（1984）编制的教师效能感量表（Teacher Efficacy Scale）[⑥]、Betz 和 Hackett 编制的数学自我效能感量表（Mathematic Self-efficacy Scale）[⑦] 等。

以上量表的编制者都是在对特定领域的技能知识的具体分析或调查中构建维度选取项目，以对自己能力的自评为核心。由于领域的特殊性和不同的人在建构量表时所依据的标准不一，致使各个量表在测量的信度、效度方面水平不同（张鼎昆，1999）[⑧]。Bandura（1997）指出，自我效能感应考虑从水平（level）、广泛性（generality）和强度（strength）三个不同维度进行测量。[⑨] 自我效能感的测量多采取混合测量。到 20 世纪 90 年代中后期，研究者发现用单一、多等级的 Likert 量表测量自我效能感同样有效（陆昌勤，2002）[⑩]。

综合上述可以看出，关于自我效能感的研究在人际交往情境领域很少涉及。因此，遵循 Bandura 的自我效能感的理论框架，探讨青少年人际交往自我效能感的结构维度及影响因素将有助于丰富和发展自我效能感的研究。

（二）人际交往的相关研究

自我效能感理论认为，个体自我效能感的高低源于个体对自己能力的自我评价的高低。个体对自己能力评价高，自我效能感就高；个体对自己能力评价低，自我效能感就低。自我能力的评价对个体自我效能感产生决定性影响。因此，青少年人际交往中自我效能感研究的重要问题之一是对人际交往或沟通能力的研究。国内关

---

① R. A. Rooney, S. H. Osipow: *Task-specific Occupational Self-efficacy Scale, the development and validation of a prototype*. *Journal of Vocational Behavior*, 1992, 40 (1), pp14—32; R. B. Rubin, P. Palmgreen, H. E. Sypher: *Communication Research Measures: A Sourcebook*, New York: Guilford Press, 1994.

② K. M. Taylor, N. E. Betz: *Applications of self-efficacy theory to the understanding and treatment of career indecision*. *Journal of Vocational Behavior*, 1983, 22 (1), pp63—81.

③ 郑日昌等:《择业效能感结构的验证性因素分析》,《心理科学》2002 年第 1 期。

④ J. Jinks, V. Morgan: *Children's Perceived Academic Self-efficacy: An Inventory Scale*. *Clearing House*, 1999, 72 (4), pp224—230.

⑤ 王凯荣等:《中学生自我效能感、归因与学习成绩关系的研究》,《心理发展与教育》1999 年第 4 期，第 22～25 页。

⑥ S. Gibson, M. H. Dembo: *Teacher efficacy: A construct validation*. *Journal of Educational Psychology*, 1984, 76 (4), pp569—582.

⑦ N. E. Betz, G. Hackett: *The relationship of career-related self-efficacy expectations to perceived career options in college women and men*. *Journal of Counseling Psychology*, 1981, 28 (5), pp399—410.

⑧ 张鼎昆等:《自我效能感的理论及研究现状》,《心理学动态》1999 年第 1 期。

⑨ A. Bandura: *Self-efficacy: Toward a unifying theory of behavioural change*. *Psychological Review*, 1977, 84 (2), pp191—215.

⑩ 陆昌勤:《组织行为学中自我效能感研究的历史、现状与思考》,《心理科学》2002 年第 3 期。

于人际沟通能力的研究大都限于言语表达能力的研究，而国外由于组织管理领域的需要，对人际沟通能力的研究相对较为系统，其研究主要采取自上而下和自下而上两种范式进行。

1. 关于人际沟通能力的研究

自上而下的研究范式是从理论的推演概括沟通能力的结构与成分，其最新理论是 Sarah Trenholm 提出的过程论。Sarah Trenholm 认为，沟通能力是用个体有效的和在社交上适当的方法进行沟通的能力。这种能力可分为两种水平：(1) 表面水平，它说明某人经常表现在实践中的有效和适当的沟通行为，称为表现能力。(2) 深层水平，包括个体为工作所必须知道的每一件事，称为过程能力。沟通能力由所有的对产生适当表现所必需的认知行为和知识组成。他认为有效和适当是评定人际沟通能力的重要标准。他把沟通过程能力划分为五种：理解能力、角色能力、自我能力、目标能力和信息能力。

自下而上的研究范式主要采用文献搜索、问卷调查和等级评定法，先从沟通理论文献中搜集有关沟通行为的词汇，把它们编入问卷中，让一线工作人员或专家评定它们的重要性，再对调查结果进行统计处理，最后归纳出某一职业所需要的有效沟通技能。如 Maddox 和 Martha Eaton (1990)① 等人的研究就是采用这种方法，得出七项重要的沟通技能：沟通理论、动力、非言语、书写、读、讲、听；Maxwell，Maureen，Dickson 和 A. David (1991)② 提出心理治疗专业学生应具备九种沟通技能：非言语沟通、强化、提问、反应、集合归纳 (set induction)、封闭、解释、倾听、自我开放。自下而上的研究范式的局限是被试都具有不同的职业或专业背景，所调查的人际沟通能力都是针对特定的职业或专业技能，对一般人际沟通行为预测性不强 (张淑华，2000)③。

2. 关于青少年人际交往的研究

国内关于青少年人际交往的研究主要包括：(1) 青少年人际交往与心理健康的相关研究 (吴承红，2000④；乌思奇等，1996⑤；何成银，1992⑥；富景春等，1998⑦)。(2) 青少年人际交往与认知方式及创造力的相关研究 (李寿欣等，

---

① M. E. Maddox：*Communication skills needed by first-line managers*. *Manage*，1990，42 (2)，pp11－13，p35.

② M. Maxwell，D. A. Dickson，C. Saunders：*An evaluation of communication skills training for physiotherapy students*. *Medical Teacher*，1991，13 (4)，pp333－338.

③ 张淑华：《人际沟通能力研究进展》，《心理科学》2002 年第 4 期。

④ 吴承红：《大学生心理障碍和严重程度及其结构因素的分析》，《四川精神卫生》2000 年第 4 期，第 217～219 页。

⑤ 乌思奇等：《208 名蒙古族中学生心理健康测评》，《中国心理卫生杂志》1996 年第 10 期，第 108～112 页。

⑥ 何成银：《大学生心理咨询与治疗》，四川教育出版社 1992 年版，第 204 页。

⑦ 富景春等：《不同专业大学生 SCL90 测查分析》，《健康心理学杂志》1998 年第 2 期。

2000)[①]。(3) 青少年人际交往心理问题的研究（章梅珍，2001[②]；关淑萍，2002[③]；傅安球，2001)[④]。(4) 青少年异性交往特征、问题与影响因素研究（吴晶等，2002[⑤]；王磊，2003[⑥]）。(5) 青少年人际交往的教育干预研究（连淑芳，1996[⑦]；官锐园，2002[⑧]；孔维民，2000[⑨]）。(6) 青少年人际交往特征、教育对策研究（唐为民，2001[⑩]；方富熹等，1998[⑪]；凌辉，2000[⑫]）。(7) 亲子、同伴与师生关系的研究（叶子，1999)[⑬]。

国外关于青少年人际交往的研究主要集中于：(1) 教育与发展心理学领域，如关于同伴交往的研究（C. Howes 等，1994[⑭]，1998[⑮]），师生沟通模式的应用研究（E. L. Donaldson，S. M. Kurtz，1997），成人与青少年交往的研究（Robert C. Pianta，1997)[⑯]，亲子沟通的研究（王争艳等，2002)[⑰]。(2) 犯罪心理学领域，如萨瑟兰（Sutherland）的不同交往理论与青少年犯罪行为的研究（Defleur，1966）。(3) 咨询心理学领域，如对沟通技能在心理咨询中的应用的研究（V. M. Rilcardi，S. M. Kartz，1983）。

3. 有关人际交往的心理测量工具

国内（贺淑曼等，1999[⑱]；宋专茂，1999[⑲]）有关人际交往的心理测量工具主要有：处世能力测试、嫉妒心理诊断、社交焦虑量表、处理交往难题能力测试、中学生一般人际关系测验、大学生人际关系综合诊断量表等。

---

① 李寿欣等：《大学生认知方式与人际交往及创造力之间关系的研究》，《心理科学》2000 年第 1 期。
② 章梅珍：《关于大学生心理健康教育的途径和方法》，《福建商业高等专科学校学报》2001 年第 3 期，第 11～13 页。
③ 关淑萍：《中学生人际交往的心理障碍浅析》，《教学与管理》2002 年第 6 期，第 24～25 页。
④ 傅安球：《实用心理异常诊断矫治手册》，上海教育出版社 2001 年版。
⑤ 吴晶等：《青春期学生异性交往心理与行为特征研究》，《心理科学》2002 年第 3 期。
⑥ 王磊：《青少年异性交往心理问题及教育对策研究》，西南师范大学硕士学位论文，2003 年。
⑦ 连淑芳：《学分制下大学新生人际交往技巧训练报告》，《心理科学》1996 年第 2 期。
⑧ 官锐园：《10 名大学生人际交往团体训练前后 16PF 测评》，《中国心理卫生杂志》2002 年第 7 卷第 16 期，第 483～484 页。
⑨ 孔维民：《人际关系训练对大学生心理健康水平的影响》，《中国学校卫生》2000 年第 21 卷第 2 期，第 82～83 页。
⑩ 唐为民：《大学生人际关系的特点及转换的印象知觉对其影响的研究》，《心理科学》2001 年第 1 期。
⑪ 方富熹等：《7～15 岁儿童认知和解决家庭人际关系冲突的道德推理发展》，《心理发展与教育》1998 年第 2 期。
⑫ 凌辉：《中学生人际交往障碍及对策》，《湖南教育学院学报》2000 年第 18 卷第 4 期，第 85～89 页。
⑬ 叶子：《论儿童亲子关系、同伴关系和师生关系的相互关系》，《心理发展与教育》1999 年第 4 期。
⑭ C. Howes，C. E. Hamilton，C. C. Matheson：*Children's relationships with peers：Differential associations with aspects of the teacher-child relationship*. *Child Development*，1994，65，pp253－263.
⑮ C. Howes，C. E. Hamilton，L. C. Philipsen：*Stability and continuity of child-caregiver and child-peer relationships*. *Child Development*，1998，69 (2)，pp418－426.
⑯ R. C. Pianta：*Adult-child relationship processes and early schooling*. *Early Education and Development*，1997，8 (1)，pp11－26.
⑰ 王争艳等：《家庭亲子沟通与儿童发展关系》，《心理科学进展》2002 年第 10 卷第 2 期，第 192～198 页。
⑱ 贺淑曼等：《人际交往与人才发展》，世界图书出版公司 1999 年版。
⑲ 宋专茂等：《心理健康测量》，暨南大学出版社 1999 年版。

国外（R. B. Rubin，1994）① 有关人际交往的心理测量工具主要有：沟通焦虑量表（Communication Anxiety Inventory）（B. Buterfield，S. Gouldm，1986），交往满意度问卷（Communication Satisfaction Questionnaire）（C. W. Downs，M. Hazen，1977），交往适应性量表（Communicative Adaptability Scale）（J. M. Wieman，1922），沟通能力量表（Communicative Competence Scale）（R. L. Duran，L. Kelly，1992），沟通者方式测量（Communicator Style Measure）（R. W. Norton，1978），人际的吸引量表（Interpersonal Attraction Scale）（J. C. Mclroskey，T. W. Mclain，1974），人际交往满意度问卷（Interpersonal Communication Satisfaction Inventory）（M. L. Hecht，1978），人际和谐性量表（Interpersonal Solidarity Scale）（L. R. Wheeless，1978），孤独感量表（Loneliness Scale）（N. Sckmklt，V. Sermat，1983）。

（三）现有研究存在的主要问题

1. 从研究领域看，现有研究对功能单一、情境变量少的领域进行研究较多，而对情境变量复杂、功能多的领域研究较少，如对人际交往中自我效能感的研究很少。对人际交往的认知过程进行研究，真正从心理学角度对青少年人际交往内在心理机制，如动机、情感、态度等个体的心理动力因素研究较缺乏，把人际交往与个体的自我效能感相结合进行研究更为鲜见，更缺乏信度、效度较好的青少年人际交往自我效能感量表。

2. 从研究方法看，调查研究多，而成因与发展的实证研究较少，同时缺乏干预培养研究。

3. 从研究对象上看，现有研究多以大学生和成人为研究对象，而以青少年为研究对象的不多。

三、研究设计

（一）研究目的

本研究在文献分析的基础上，首先揭示人际交往自我效能感的心理结构，并据此编制青少年人际交往自我效能感量表；其次，采用因素分析的方法验证青少年人际交往自我效能感心理结构模型，检验青少年人际交往自我效能感量表的有效性；最后，运用自编量表对 1236 名中学生人际交往自我效能感的特点进行测量研究。

（二）研究内容

1. 青少年人际交往自我效能感的界定

① R. B. Rubin，P. Palmgreen，H. E. Sypher：*Communication Research Measures：A Sourcebook*，New-York：Guilford Press，1994.

根据 Bandura 的自我效能感理论及人际交往的特点，本研究把青少年人际交往自我效能感初步定义为青少年对自己在人际交往情境中掌握适当而有效的交往技能的能力的自我评价。

2. 青少年人际交往自我效能感心理结构的理论构想

通过对青少年自我效能感的心理成分的实证调查，综合专家、心理学专业研究生、学生调查问卷的分析研究结果，并结合国内外的相关文献，归纳出青少年人际交往自我效能感及其影响因素的构成成分。其中青少年人际交往自我效能感是指青少年作为交往主体在不同的交往情境中，对运用自身所具备的交往能力，采取遵循交往规则的交往策略，所能达到的交往成效的自我评价，它包括三个维度：交往能力自我效能感、交往策略自我效能感、交往动机自我效能感。交往能力自我效能感指青少年在人际交往过程中，对其所具备的与交往对象能适当而有效沟通的能力的自我判断。它包括理解与表达能力、角色能力、自我能力三个因素。交往策略自我效能感指青少年在人际交往过程中，根据具体的情境，对其所能采取的具有维持正常、友好交往的多种方法与方式的自我判断。它包括尊重与坦诚、把握情绪、灵活沟通三个因素。交往动机自我效能感指青少年在交往过程中，对其所具有的动机水平的自我判断。它包括主动性、坚持性两个因素。

第二节 青少年人际交往自我效能感量表的编制

本研究首先根据调查问卷的结果分析与国内外相关研究成果，参考其他信度、效度较好的自我效能感量表和与人际交往相关的问卷，编制青少年人际交往自我效能感量表的初始量表；然后选择初一年级 46 名学生作为初始问卷的小样本测试对象，考察被试对量表中题项的理解程度，对被试难以理解的题项进行修改，确立初始量表；再次选择初一、初二、高一、高二年级 392 名学生作为初测对象，并对数据进行项目分析和因素分析，从而得到实证支持的有效维度、因素及题项，确立正式量表；最后采用整群分层抽样法，选择初一至高三共 1236 名学生（男生 595 人，女生 641 人）作为正式问卷测量对象，对正式测量的有效样本再次进行因素分析，验证因素结构和项目有效性，并采用内部一致性信度、分半信度和结构效度、内容效度来检验青少年人际交往自我效能感量表的信度和效度。数据分析结果如下。

一、青少年人际交往自我效能感量表的因素分析

（一）一阶因素分析

表 11－1　青少年人际交往自我效能感量表的因素负荷

题　项	理解能力	主动性	坚持性	尊重与坦诚	灵活沟通	自我能力	表达能力	共同度
A_5	.729							.586
A_{23}	.632							.545
A_{24}	.616							.435
A_{25}	.594							.502
A_{28}	.568							.414
A_{30}	.508							.412
A_4		.777						.669
A_9		.763						.660
A_{12}		.579						.545
A_{36}		.528						.492
A_7			.623					.599
A_{14}			.604					.630
A_{15}			.539					.471
A_{22}			.538					.576
A_{29}			.496					.610
A_{21}				.761				.445
A_{34}				.694				.502
A_{35}				.556				.443
A_{17}					.714			.443
A_{26}					.672			.502
A_{27}					.503			.489
A_{10}						.696		.490
A_{31}						.656		.444
A_{32}						.563		.566
A_{33}						.550		.513
A_6							.677	.484
A_{11}							.580	.436
A_{18}							.575	.567
A_{19}							.472	.550

表 11－2　青少年人际交往自我效能感各因素的旋转因素特征值和贡献率

因　素	特征值	贡献率（%）	累积贡献率（%）
理解能力	6.066	20.986	20.986
主 动 性	2.044	7.047	28.033
坚 持 性	1.64	5.655	33.688
尊重与坦诚	1.388	5.062	38.750
灵活沟通	1.222	4.786	43.536
自我能力	1.201	4.213	47.749
表达能力	1.18	4.070	51.819

因素 1 中的 6 个题项分别来自理论构想结构中的理解与表达能力因素与灵活沟通因素，它们所指的是交往主体在不同的交往情境中，对不同交往对象所传递的语言与非语言信息的理解能力，因此命名为理解能力；因素 2 中的 4 个题项有 3 个来自理论构想结构中的主动性因素，1 个来自灵活沟通因素，其描述的是交往主体能积极地参与各种交往活动，主动地建立各种交往关系，对交往有兴趣和好奇心，是交往主体对交往的参与倾向，因此把该因素依旧命名为主动性；因素 3 中的 5 个题项有 3 个来自理论构想结构中的坚持性因素，1 个来自角色能力因素，1 个来自尊重与坦诚因素，其描述的是交往主体在遭遇交往困境时，在遵循交往规则的前提下，能坚持自己的信念，通过自己的努力克服困难，因此该因素仍命名为坚持性；因素 4 中的 3 个题项全部来自理论构想结构的尊重与坦诚因素，其描述的是交往主体在交往过程中能诚恳待人，承认交往对象与自己地位平等，愿意尊重他人的隐私、感受和观点，因此该因素仍旧以尊重与坦诚命名；因素 5 中的 3 个题项有 2 个来自理论构想结构的灵活沟通因素，1 个来自角色能力因素，其描述的是交往主体能根据不同的交往任务与交往对象的特征，使用合理的言行，达到交往目的，因此仍旧命名为灵活沟通；因素 6 中的 4 个题项有 2 个来自理论构想结构的自我能力因素，另 2 个来自理论构想结构的角色能力因素，其描述的是交往主体在交往情境中懂得如何通过自己的言行来表现美好理想的自我形象，且来自自我能力因素的 2 个题项比来自角色能力因素的 2 个题项的因素负荷值高，故以自我能力为该因素命名；因素 7 中的 4 个题项中有 3 个来自理论构想结构的理解与表达能力因素，1 个来自理论构想结构的把握情绪因素，其描述的是交往主体在交往情境中知道如何有效地加工交往所需信息，表达自己思想和感情的能力，故命名为表达能力。

（二）二阶因素分析

将对一阶因素分析得出的 7 个因素作为新变量再进行二阶因素分析。采用主成分分析和斜交旋转因素分析，在不限定因素个数的情况下，得出两个因素，共解释总变异量的 64.721%。二阶因素分析的结构、负荷、共同度及两个因素的特征值和所解释的变异数比例分配见表 11—3、表 11—4。

表 11—3　初始量表二阶因素负荷

因　素	交往策略	交往能力	共同度
F_3	.789		.570
F_4	.694		.481
F_2	.689		.628
F_5	.687		.488
F_1		.767	.531
F_6		.701	.588
F_7		.634	.551

表 11—4　因素特征值和贡献率

因　素	特征值	贡献率（%）	累积贡献率（%）
交往策略	2.808	40.118	40.118
交往能力	1.423	24.721	64.839

从表 11—3、表 11—4 可以看出，对青少年人际交往自我效能感初测样本的二阶因素分析，得出两个大因素。第一个因素包含了坚持性、主动性、尊重与坦诚、灵活沟通 4 个一阶因素，其涵盖的是交往主体在人际交往过程中，根据具体的情境所能采取的能够维持交往正常、友好的方法与策略，故命名为交往策略。第二个因素包含了理解能力、自我能力、表达能力 3 个一阶因素，其涵盖的是交往主体在人际交往过程中所具备的与交往对象能适当而有效沟通的能力，故命名为交往能力。通过一阶、二阶因素分析，获得青少年人际交往自我效能感心理结构实证模型，见图 11—1。

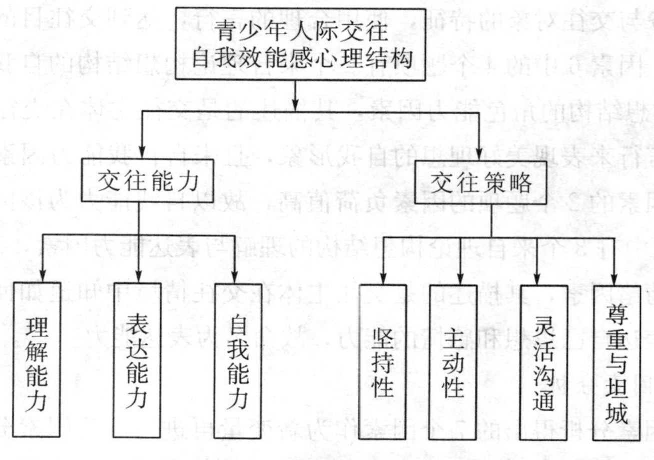

图 11—1　青少年人际交往自我效能感心理结构实证模型

从图 11－1 可以看出：（1）把青少年人际交往自我效能感心理结构的实证模型与理论构想模型进行比较，发现实证模型与理论构想在维度上基本吻合，但实证模型少了一个交往动机维度，该维度的 2 个因素坚持性与主动性归入了理论构想模型的交往策略维度中，说明坚持性和主动性更应该解释为交往活动中交往主体运用的策略。（2）青少年人际交往自我效能感心理结构的实证模型与理论构想模型在因素上也基本吻合，但实证模型中缺少了理论构想模型中交往能力维度的角色能力因素和交往策略维度的把握情绪因素，也证实了专家意见的正确性。理论构想模型中交往能力维度的理解与表达能力被分为理解能力与表达能力 2 个因素。

二、青少年人际交往自我效能感量表的信度、效度检验

（一）信度检验

本研究采用内部一致性信度和分半信度作为对量表样本进行信度分析的指标。青少年人际交往自我效能感量表 7 个因素的内部一致性信度在 0.5466～0.7468 之间，分半信度在 0.5412～0.7107 之间；2 个维度中交往能力的内部一致性信度为 0.7240，分半信度为 0.6144；交往策略的内部一致性信度为 0.7950，分半信度为 0.7276；总问卷的内部一致性信度为 0.8546，分半信度为 0.7827。说明本量表的信度较好。

（二）效度检验

（1）结构效度。各因素之间的相关在 0.176～0.466 之间，呈中等程度相关，各因素与问卷总分之间的相关在 0.506～0.895 之间，呈中高等程度相关，因此青少年人际交往自我效能感量表具有较好的结构效度。

（2）效标效度。本研究以 Schwarzer 等人编制的一般自我效能感量表作为效标，其相关系数为 0.665，说明本量表具有较好的效标效度。

三、讨论

（一）青少年人际交往自我效能感的结构

青少年人际交往自我效能感的心理结构是编制青少年人际交往自我效能感量表的基础，也是对青少年人际交往自我效能感不断深入研究的基础。从国内外对自我效能感的现有研究来看，对人际交往方面的自我效能感研究非常少见，因此，本研究尝试通过对青少年人际交往自我效能感的概念、特点和结构的实证调查结果的分析，并结合国内外对自我效能感和人际交往的现有研究成果，构建青少年人际交往自我效能感的心理结构。

首先，对人际交往自我效能感的概念和成分进行了心理学专家与心理学专业在读硕士研究生的开放式问卷咨询调查，并根据调查结果和国内外学者对自我效能感

的概念界定，归纳总结出人际交往自我效能感的内涵与成分，得出人际交往自我效能感是交往主体在不同的交往情境中，对运用自身所具备的交往能力，采取遵循交往规则的交往策略，所能达到的交往成效的自我评价，它包括交往能力、交往策略和交往动机三个方面。从调查中得知，交往能力与交往策略是人际交往自我效能感的两个重要方面，因此，本研究必须对交往能力与交往策略进行成分分析和归纳。对交往能力的成分归纳主要参照 Sarah Trenholm（2000）提出的沟通能力的过程模式，他把沟通能力按沟通的过程划分为五种：理解能力、角色能力、自我能力、目标能力和信息能力。理解能力指标志、组织和理解沟通互动情境的能力，也就是说知道怎样评价人和情境；角色能力指扮演社会角色，知道这些角色的适当行为；自我能力指知道怎样选择和表现理想自我形象的能力；目标能力指设定目标、预测结果和选择有效行为的能力；信息能力指知道怎样编译沟通中的语言、非语言及关系的能力。本研究通过对这五种能力的分析，认为理解能力和信息能力在沟通过程中有内涵的重合性，在沟通时沟通对象和沟通者所组成的沟通情境其本身就是沟通主体所感知的沟通中的非语言信息之一，沟通过程的理解能力是对沟通信息的理解，是信息能力的一个方面，而信息能力其实质是沟通主体对沟通对象和由不同沟通者所组成的沟通情境所传递的语言与非语言信息进行准确理解和有效反应与制造的能力，它包括信息的理解和表达两个方面。因此，本研究把理解能力与信息能力合并为理解与表达能力；而在沟通过程中理解与表达能力、角色能力与自我能力都包含着对沟通目标的设定和如何选择有效沟通行为的方面，为了避免成分内涵的重合，本研究排除沟通能力过程模式中的目标能力，把交往能力归纳为理解与表达能力、自我能力和角色能力三个方面。关于交往策略的成分，本研究主要对 CNKI 中文期刊有关人际交往策略与技巧的文献进行词义分析，归纳总结出交往策略主要包括尊重与坦诚、把握情绪和灵活沟通三个方面。通过文献分析、咨询调查并依据中学生的特点，编制了青少年人际交往自我效能感开放式调查问卷和交往能力与交往策略半开半闭式调查问卷对中学生进行实证调查，进一步了解青少年在人际交往自我效能感上的特点和对交往能力与交往策略的看法。然后，编制青少年人际交往自我效能感心理结构专家咨询问卷，在综合考虑专家提出的建议的基础上，构建出青少年人际交往自我效能感心理结构的理论构想。青少年人际交往自我效能感是指青少年作为交往主体在不同的交往情境中，对运用自身所具备的交往能力，采取遵循交往规则的交往策略，所能达到的交往成效的自我评价，它包括三个维度：交往能力自我效能感、交往策略自我效能感、交往动机自我效能感。交往能力自我效能感指青少年在人际交往过程中，对其所具备的与交往对象能适当而有效沟通的能力的自我判断。它包括理解与表达能力、角色能力、自我能力三个因素。交往策略自我效能感指青少年在人际交往过程中，根据具体的情境，对其所能采取的具有维持正常、友好交往的多种方法与策略的自我判断，它包括尊重与坦诚、把握情绪、灵活沟通三个因素。交往动机自我效能感指青少年在交往过程中，对其所具有的动机水平的自我判断，它包括主动性、坚持性两个因素。

其次，以青少年人际交往自我效能感心理结构的理论构想为基础，编制青少年人际交往自我效能感初始量表，采用整群分层抽样法对中学生被试进行初测，对青少年人际交往自我效能感初始量表样本进行项目分析和因素分析，修正理论构想，得出青少年人际交往自我效能感 2 维度 7 因素的实证结构模型。对比实证模型和理论构想可以看出，其差异主要表现在理论构想中交往动机维度的主动性与坚持性两个因素归入交往策略维度，说明主动性与坚持性两个因素更具备交往策略的特征，而交往策略中把握情绪因素被剔除，表明把握情绪因素与人际交往自我效能感的影响因素之一情感体验在内涵上有很大重合，这个问题在专家意见中也曾经被提到。但青少年人际交往自我效能感的大部分内部因素基本未变，两者在总体上是比较吻合的，说明本研究提出的青少年人际交往自我效能感心理结构理论构想较为合理，得到了实践的证实。

同时，在分析相关研究文献的基础上，根据生态环境学观点，把青少年人际交往自我效能感的影响因素分为个体特征、家庭环境、学校环境和社会环境四个维度，编制青少年人际交往自我效能感影响因素专家咨询问卷和中学生开放式和半开半闭式调查问卷，分析调查结果，得出影响因素的维度与成分，并根据影响因素的维度与成分编制青少年人际交往自我效能感影响因素问卷。

（二）关于测量工具的编制

本研究对青少年人际交往自我效能感量表的编制严格遵循心理测量量表的编制程序，所做信度、效度检验和项目分析的结果也证明本量表具有较高的可靠性和有效性。编制量表的具体过程分为三个阶段：(1) 通过对国内外现有研究的文献分析，结合实证调查的结果，构建青少年人际交往自我效能感的理论结构；(2) 在理论结构的基础上，遵循人格理论或概念取向的心理问卷编制方法，尽量做到题项与理论成分的匹配，编制的题项尽量在反映成分的内涵的基础上自编题项，再对题项进行小范围预测，并根据预测结果进行初步项目分析和调整，形成初始量表。(3) 对初始量表进行初测，初测后对初测样本进行项目分析（主要采取鉴别力分析和因素分析），修改和筛选题项，确定青少年人际交往自我效能感的结构与成分，形成正式量表。

在量表的施测过程中，本研究注意了样本选择的典型性和施测的严密性。初始量表和正式量表的被试涉及重点中学、普通中学的初一至高三共六个年级的全日制中学生，样本具有一定的代表性。问卷从试测、预测到正式测量，从主试的选取到施测过程，都严格按照心理测量的原则和要求，从而保证了测量结果的可靠性。另外，为了有效分辨被试回答的真伪，问卷设计了 4 道测谎题，统计分析前首先对问卷进行了测谎鉴别，进一步保证了样本的有效性。尽管如此，本研究还只是对青少年人际交往自我效能感进行的一个初步的探索性研究，所构建的人际交往自我效能感的心理结构和编制的测量工具还需要不断进行深入研究来加以验证、修订和完善。

第三节　青少年人际交往自我效能感的特点

采用自编的青少年人际交往自我效能感量表对正式量表测量的被试进行考察，探讨青少年人际交往自我效能感的特点。

一、青少年人际交往自我效能感总体特点

从表 11－5 可知，青少年人际交往自我效能感的总平均分为 3.5045，总体水平呈中等偏上；在交往能力和交往策略两个维度上的平均得分分别为 3.4427、3.5621，交往策略＞交往能力；在 7 个因素上的平均得分由高到低依次为：尊重与坦诚、理解能力、坚持性、主动性、灵活沟通、表达能力、自我能力。

表 11－5　青少年人际交往自我效能感各因素的平均数与标准差

变　量	平均数	标准差
理解能力	3.7718	.6954
主动性	3.3952	.6840
坚持性	3.6214	.7029
尊重与坦诚	3.9259	.8060
灵活沟通	3.3222	.8713
自我能力	3.1077	.8718
表达能力	3.2841	.7258
交往能力	3.4427	.5512
交往策略	3.5621	.5639
总均分	3.5045	.4980

二、青少年人际交往自我效能感的性别差异

对青少年人际交往自我效能感的 7 个因素、2 个维度及总分在性别上进行独立样本 t 检验，被试共 1236 人。从表 11－6 中可以看出，在整体上，女生的人际交往自我效能感的发展水平高于男生，男女生有显著差异；从 2 个维度上看，女生的交

往能力和交往策略平均分均显著高于男生，男女生有显著差异；从 7 个因素上看，除在主动性与自我能力 2 个因素上男生高于女生外，女生在理解能力、坚持性、尊重与坦诚、灵活沟通、表达能力这 5 个因素上平均分显著高于男生，且在坚持性、尊重与坦诚、表达能力上有显著差异。

表 11－6　青少年人际交往自我效能感的性别差异检验

变　量	男生（n=595）		女生（n=641）		t	显著性
	平均数	标准差	平均数	标准差		
理解能力	3.7482	.7016	3.7985	.6677	－1.555	.120
主动性	3.3721	.8755	3.3384	.9000	.559	.577
坚持性	3.5832	.7110	3.6648	.6914	－2.499	.013
尊重与坦诚	3.8088	.7997	3.9961	.7710	－3.506	.000
灵活沟通	3.2680	.8642	3.3124	.8719	－.751	.453
自我能力	3.1941	.8048	3.1209	.8969	1.263	.207
表达能力	3.2290	.7299	3.3469	.7163	－3.501	.000
交往能力	3.4155	.5429	3.4737	.5592	－2.273	.023
交往策略	3.5252	.5617	3.6042	.5638	－3.019	.003
总均分	3.4722	.4933	3.5412	.5010	－2.984	.003

三、青少年人际交往自我效能感的年级特点

本研究选取正式测量样本中的重点中学与普通中学学生共 1094 人进行青少年人际交往自我效能感的年级发展特点分析。

表 11－7　青少年人际交往自我效能感的年级差异检验

变　量		初一	初二	初三	高一	高二	高三	F	显著性
理解能力	平均数	3.6657	3.7645	3.9407	3.7835	3.7772	3.9493	4.448	.000
	标准差	.6605	.6810	.6569	.6677	.7696	.6155		
主动性	平均数	3.3243	3.7645	3.3840	3.2840	3.4022	3.3015	.745	.590
	标准差	.8340	.9061	.8991	.8269	.8478	.8656		
坚持性	平均数	3.5554	3.5565	3.5367	3.7188	3.6370	3.6162	2.716	.019
	标准差	.7237	.7232	.7065	.6530	.7041	.6408		
尊重与坦诚	平均数	3.7219	3.8043	3.9158	3.9309	4.0435	4.1405	4.849	.000
	标准差	.8935	.8062	.7072	.7889	.7199	.7151		
灵活沟通	平均数	3.1543	3.1546	3.3162	3.4289	3.2862	3.4150	2.836	.015
	标准差	.8634	.8324	.8589	.8337	.9628	.8893		

续表

变量		初一	初二	初三	高一	高二	高三	*F*	显著性
自我能力	平均数	3.0971	3.1141	3.1972	3.1479	3.2500	3.1814	.567	.725
	标准差	.8177	.7808	.8574	.8535	.9243	.9255		
表达能力	平均数	3.2786	3.2609	3.3157	3.3049	3.3609	3.4475	.201	.962
	标准差	.6875	.7185	.7596	.7211	.6793	.7886		
交往能力	平均数	3.3727	3.4348	3.5497	3.4652	3.4790	3.5274	6.101	.000
	标准差	.4982	.5039	.5619	.4809	.5924	.5449		
交往策略	平均数	3.4469	3.4926	3.5275	3.5870	3.5855	3.6484	2.258	.047
	标准差	.5317	.5639	.5702	.5283	.6343	.5623		
总均分	平均数	3.4207	3.4673	3.5382	3.5282	3.5341	3.5909	2.335	.040
	标准差	.4535	.4806	.5020	.4574	.5688	.4942		

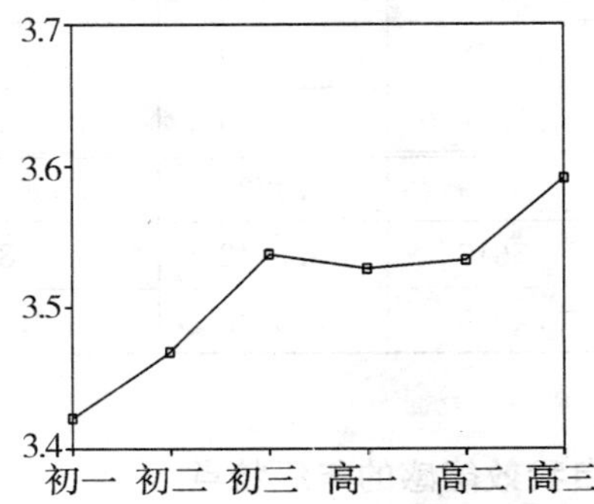

图 11－2 青少年人际交往自我效能感年级发展趋势

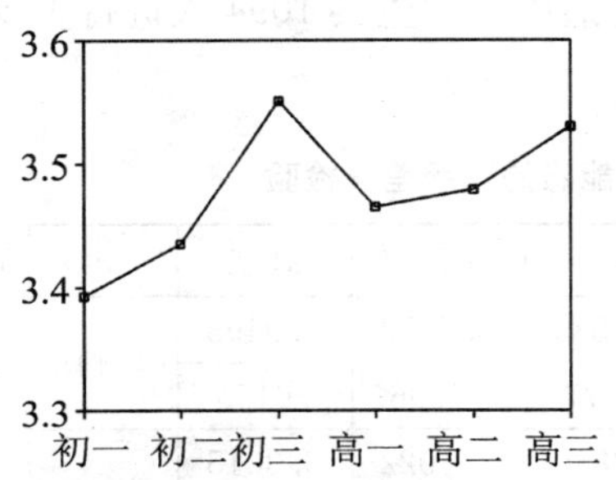

图 11－3 青少年人际交往能力的年级发展趋势

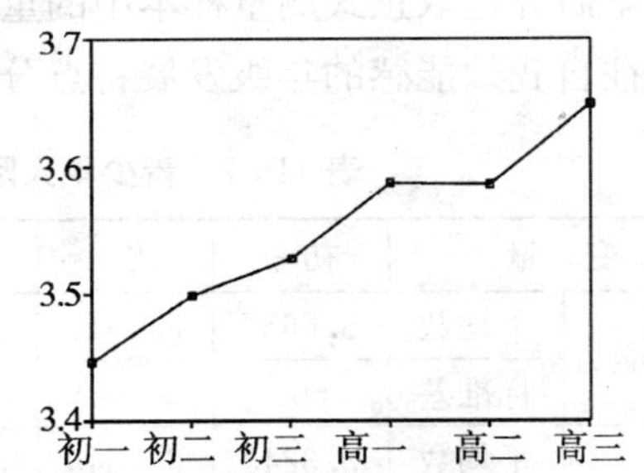

图 11－4 青少年人际交往策略的年级发展趋势

对青少年人际交往自我效能感的 7 个因素、2 个维度及总分在年级上进行单因子独立样本方差分析，从表 11－7 可以看出，从整体上看，青少年人际交往自我效能感存在显著年级差异，在得分上表现为高三>初三>高二>高一>初二>初一的变化趋势，随年级递增呈先上升后下降再上升趋势，其中初一年级为最低点，高三年级为最高点（如图 11－2），事后多重比较表明，各年级之间差异不显著。各年级在交往能力维度上存在显著差异，表现为在得分上初三>高三>高二>高一>初二>初一的变化趋势，随年级递增呈先上升后下降再上升趋势，其中初一年级为最低点，初三年级为最高点（如图 11－3），事后多重比较表明，高一年级与初一、初二、初三、高三年级差异显著；在交往策略维度上各年级也存在显著差异，在得分上表现为高三＞高一＞高二＞初三＞初二＞初一的变化趋势，随年级递增呈上升趋势，其中初一年级为最低点，高三年级为最高点（如图 11－4），事后多重比较表明，高一年级与初一年级有显著差异，其他各年级之间差异不显著。在 7 个因素中理解能力、坚持性、尊重与坦诚、灵活沟通 4 个因素在年级上存在显著差异。

在理解能力方面，青少年随年级的递增呈先上升后下降再上升的趋势，在得分上表现为高三＞初三＞高一＞高二＞初二＞初一，其中初一年级为最低点，高三年级为最高点。事后多重比较表明，初三年级和高一、高二年级有显著差异，初三年级在理解能力因素上的得分显著高于高一、高二年级。在坚持性方面，青少年随年级递增呈先上升后下降再上升的趋势，在得分上表现为高三＞高一＞高二＞初二＞初一＞初三。事后多重比较表明，初三和高一、高二、高三年级有显著差异，初三年级在坚持性因素上的得分显著低于高一、高二、高三年级。在尊重与坦诚方面，青少年随年级递增呈逐级上升趋势，在得分上表现为高三＞高二＞高一＞初三＞初二＞初一，其中初一年级为最低点，高三年级为最高点。事后多重比较表明，高三年级与初一年级有显著差异。在灵活沟通方面，青少年随年级递增呈先上升后下降再上升的趋势，在得分上表现为高一＞高三＞初三＞高二＞初二＞初一，其中初一年级为最低点，高一年级为最高点。事后多重比较表明，各年级之间差异不显著。

四、青少年人际交往自我效能感的学校类型差异

为了全面考察青少年人际交往自我效能感在学校类型上的差异，本研究既对重点中学与普通中学的初中、高中六个年级的 1094 人进行了独立样本 t 检验，同时也对重点中学、普通中学和职业中学的高中部共 648 人进行了单因子方差分析。结果见表 11－8、表 11－9。

表 11－8　重点中学与普通中学学生人际交往自我效能感的差异检验

变　量	重点中学（n=568）		普通中学（n=568）		t	显著性
	平均数	标准差	平均数	标准差		
理解能力	3.9138	.6454	3.7594	.6883	3.173	.002
主 动 性	3.3328	.8686	3.4019	.8959	1.092	.275
坚 持 性	3.6826	.6700	3.5830	.7099	2.016	.044
尊重与坦诚	3.9259	.7533	3.8897	.8084	.636	.525
灵活沟通	3.4190	.8387	3.2218	.8798	3.205	.001

续表

变　量	重点中学（n=568）		普通中学（n=568）		t	显著性
	平均数	标准差	平均数	标准差		
自我能力	3.2604	.8446	3.1070	.8514	2.504	.012
表达能力	3.3672	.7006	3.2418	.7342	2.442	.015
交往能力	3.5709	.5032	3.4251	.5355	3.931	.000
交往策略	3.6037	.5432	3.5540	.5692	1.469	.120
总 均 分	3.5879	.4680	3.4666	.4951	3.522	.000

表 11－9　不同性质中学的中学生人际交往自我效能感差异检验

变　量	重点中学（n=246）		普通中学（n=260）		职业中学（n=142）		F	显著性
	平均数	标准差	平均数	标准差	平均数	标准差		
理解能力	3.8769	.6726	3.8077	.6890	3.5581	.7586	7.501	.001
主 动 性	3.3866	.8989	3.3957	.9225	3.4340	.8305	.340	.712
坚 持 性	3.7676	.6316	3.6874	.6765	3.5652	.7308	2.774	.063
尊重与坦诚	4.1201	.6510	3.9744	.7934	3.8965	.8351	2.568	.078
灵活沟通	3.4565	.8518	3.3576	.8943	3.1970	.9191	2.679	.070
自我能力	3.3986	.8135	3.0870	.9093	3.0246	.8201	6.601	.001
表达能力	3.3829	.7013	3.3258	.7378	3.2298	.6603	2.009	.135
交往能力	3.5991	.4989	3.4367	.5377	3.3393	.5037	7.626	.001
交往策略	3.6613	.5195	3.5784	.5850	3.5177	.5812	1.919	.148
总 均 分	3.6313	.4633	3.5100	.5091	3.4316	.4835	5.004	.007

从表 11－8、表 11－9 可知，青少年人际交往自我效能感在学校类型上存在着显著的差异。两次比较的结果是大体一致的，在总得分以及交往能力、交往策略 2 个维度上表现出重点中学＞普通中学＞职业中学的发展特点，且三类学校在总得分及交往能力维度上有显著的差异，事后多重比较表明，在总得分上重点中学与职业中学差异显著。在交往能力方面重点中学分别与普通中学和职业中学之间差异显著。7 个因素方面，除主动性在得分上呈现职业中学＞普通中学＞重点中学的趋势外，其他因素的得分都是重点中学＞普通中学＞职业中学，三类学校在理解能力和自我能力两个因素上差异显著，事后多重比较表明，在理解能力方面，职业中学分别与重点中学和普通中学之间差异显著；在自我能力方面，重点中学分别与普通中学和职业中学之间差异显著。

五、讨论

通过对四川省、重庆市共1236名中学生人际交往自我效能感的测量，从性别、年级、学校类型三个方面对其发展特点进行如下分析。

（一）青少年人际交往自我效能感的总体特征

从表11－5可知，在交往能力和交往策略2个维度上交往策略>交往能力；在7个因素上的平均得分依次为：尊重与坦诚>理解能力>坚持性>主动性>灵活沟通>表达能力>自我能力。说明青少年掌握交往策略的发展水平快于其具备交往能力的发展水平，在对两方面的评价时，表现出对掌握交往策略更有信心。究其原因，一方面是交往策略的掌握易于交往能力的养成；另一方面，受中国传统社会文化影响，家庭、学校和社会往往注重对青少年在人际交往中道德品性方面的教导，要求青少年对社交规范的遵守和服从，而对青少年自我意识的唤醒和人际交往中有效的现实生活能力的培养较为忽视，使青少年在交往能力特别是善于、敢于表现自我理想形象的自我能力上有所欠缺，表现出对他们所具备的交往能力信心不足。

（二）青少年人际交往自我效能感的性别差异

从表11－6可以看出，在总体上，女生的人际交往自我效能感的总得分高于男生，男女生有显著差异；从2个维度上看，女生在交往能力和交往策略上的平均分均显著高于男生，男女生有显著差异；从7个因素上看，除在主动性与自我能力2个因素上男生高于女生外，女生在理解能力、坚持性、尊重与坦诚、灵活沟通、表达能力这5个因素上平均分显著高于男生，且在坚持性、尊重与坦诚、表达能力上有显著差异。这表明女生的人际交往自我效能感的发展水平高于男生。究其原因，可以从男女生身心发展水平的不一致和社会文化因素得到解释。从发展心理学角度来看，在青少年阶段，女生的生理与心理的发展较男生早，在认知、言语等智力水平和自我意识的发展方面较男生更为成熟，使得女生对理解能力与表达能力等自身能力的评价表现得更为自信；从社会文化角度看，女生的社会化程度较男生更高，更倾向于表现出受社会所赞许的行为方式，家庭、社会往往期望女生更为温顺、懂事，为了获得社会的认同，女生在交往行为上更遵从交往规范，使得女生对自己在交往中采取遵循交往规则的尊重与坦诚、坚持性、灵活沟通等交往策略的评价较男生更高。同时，受社会对女性角色规定的影响，女生在交往中又往往表现得矜持和保守，因此，其对在交往中的主动性与勇于、善于表现自我的自我能力方面的评价低于男生。

（三）青少年人际交往自我效能感的年级差异

从表11－7可以看出，整体上，青少年人际交往自我效能感存在显著的年级差异，得分上表现为高三>初三>高二>高一>初二>初一的变化趋势，随年级递增呈先上升后下降再上升趋势，其中初一年级为最低点，高三年级为最高点（如图 11－2），这表明青少年人际交往自我效能感大体上随年级的升高而上升，这与 Bandura（1986）提出的关于青少年自我效能感是通过青春期的过渡性经验的获得来发展的观点相一致，也与发展心理学理论相一致。青少年随着年龄的增长，身心发育越成熟，社会化程度越高，社会经验的增加，使其更为广泛地适应社会生活，懂得更多的人际交往规则，掌握了更多的交往技巧与策略，自然在人际交往中所表现出的自信心更强。另外，可以看出初三年级的人际交往自我效能感大于高一、高二年级，其主要原因可能是学校交往环境的改变，在初中阶段，随着时间的推移，青少年与同学、教师之间的交往越来越密切，彼此间感情越来越融洽，交往体验更加轻松愉快，交往中的自信心到初三年级达到最高，而当他们进入高中阶段后，面对陌生的同学、教师和环境，难免在交往中产生无助感和失落感，交往中的自信心水平回落，随着对新环境的不断适应与自我能力的发展，交往中的自信心又随年级的升高而回升和发展。

各年级在交往能力维度上存在显著差异，表现为在得分上初三>高三>高二>高一>初二>初一的变化趋势，随年级递增呈先上升后下降再上升趋势，其中初一年级为最低点，初三年级为最高点（如图 11－3）。这表明随着年级的升高，青少年交往能力不断发展，使其对自身具备的交往能力评价也更为积极，这符合青少年心理发展规律。对于在初三年级处于所有年级的最高点，其可能的解释是，青少年在初中阶段处于生理发展的巨变期，从而带来自我意识的高涨，由于其心智的不成熟，使其评价事物具有片面性，加之社会经验的缺乏，交往范围的狭小，在交往中又很少有失败的经历，因此，青少年在初中阶段常常过高估计自身所具备的交往能力，并且随着年级的升高，在初三年级达到最高。而在高中阶段，青少年处于人生发展的青年初期，生理发展已成熟，心智发展接近成人水平，随着社会经验和交往经历的丰富，使其对自身具备交往能力的评价更为客观与准确。因此，其对自身具备交往能力的评价相比初三年级有所回落，在高一年级最低，但又随着交往能力的客观增长而逐步回升。在交往策略维度上各年级也存在显著差异，在得分上表现为高三>高一>高二>初三>初二>初一的变化趋势，随年级递增呈上升趋势，其中初一年级为最低点，高三年级为最高点（如图 11－4）。这表明随着年级的升高，青少年更加懂得交往规范，对运用交往策略的评价更有信心，这与青少年的社会化发展趋势相一致。

在 7 个因素中，理解能力、坚持性、尊重与坦诚 3 个因素在年级上存在显著差异。在理解能力方面，青少年随年级的递增呈先上升后下降再上升的趋势，在得分上表现为高三>初三>高一>高二>初二>初一，其中初一年级为最低点，高三年级为最高点。其可能原因与青少年在对交往能力的评价上初三年级学生高于其他年级的原因相同，即与初三年级的学生过高估计自身所具备的理解能力有关。在坚持性方面，青少年随年级递增呈先上升后下降再上升的趋势，在得分上表现为高三>高一>高二>初二>初一>初三，初三年级为最低点，高三年级为最高点。青少年对交往中坚持性的评价在初三年级最低，究其原因，可能是青少年在初中阶段由于自我意识的迅速觉醒，更倾向于追求独立与自尊，但他们幼稚的某些想法和行为常常不能被父母与教师所接受，屡遭挫折，这种挫折感激起的反抗心理和初三年级越来越重的升学压力，使初三年级的学生对掌握在不破坏正常交往状态的前提下，达到坚持自己的想法和行为的交往策略缺乏信心。在尊重与坦诚方面，青少年随年级递增呈逐级上升趋势，在得分上表现为高三>高二>高一>初三>初二>初一，其中初一年级为最低点，高三年级为最高点。这表明随着年龄的增长，青少年遵守社交规范的意识越来越强，它与青少年的品德发展规律相一致。

（四）青少年人际交往自我效能感的学校类型差异

青少年人际交往自我效能感在学校类型上存在着显著的差异。在总得分、交往能力和交往策略上表现出重点中学>普通中学>职业中学的发展特点，且三类学校在总得分及交往能力维度上有显著的差异。7个因素方面，除主动性在得分上呈现职业中学>普通中学>重点中学的趋势外，其他因素的得分都是重点中学>普通中学>职业中学，三类学校在理解能力和自我能力两个因素上差异显著。关于三类学校在人际交往自我效能感总体上的差异和各维度、各因素的差异，一方面从三类学校学生的整体素质比较看，重点中学的学生在认知、言语等智力水平方面最高，自我意识更强，在特长和各方面能力上更突出，有更高的理想与抱负，且其在成功体验上多于普通中学和职业中学的学生，因此，其对自我的评价最有信心。从另一方面看，在中国教育现状和传统社会观念的影响下，家庭、学校和社会对重点中学的学生更为关注和重视，使重点中学的学生在人际交往中获得更多积极的社会性评价，积极的社会性评价使重点中学的学生更加自信；而普通中学特别是职业中学的学生很少受到大家的关注，家长、学校和社会常常对其采取放任的态度，他们在人际交往中获得的更多是负面与消极的社会性评价，负面与消极的社会性评价使普通中学和职业中学的学生自信心减弱。在主动性因素上职业中学的学生的得分比重点中学和普通中学高的原因，可能是受传统教育观念的影响，家长与学校更加关注学生的学业成绩，特别是重点中学的学生，其首要任务是升学，使学生过分注重学习，同学之间竞争激烈，在人际交往活动中被家长、教师过分保护、控制和干涉，使他们的交往需求被忽视或压抑；职业中学的学生学习压力小，他们与社会的接触面更广，更渴望通过交往获得更多的社会关爱，他们的交往需求强烈，在交往中表现出更主动的行为倾向，对自身交往主动性的评价也更为积极。

第四节　青少年人际交往自我效能感的促进策略

个体的行为在很大程度上受其自我效能感的影响。因此，提高青少年的人际交往自我效能感，对于促进其人际交往行为，增强人际适应能力具有积极意义。结合本研究和关于自我效能感的教育实践研究成果，现归纳出促进青少年人际交往自我效能感的如下三种基本策略。

一、恰当运用外部强化，增强人际交往自我效能感

班杜拉的学生舒可（D. H. Shunk，1983）在以不擅长除法运算的青少年作为对象的研究中采用了外部强化的方法。在实验中他设置了三个组：(1) 奖励伴随组，根据青少年解决问题的数目给予奖赏。(2) 课题伴随组，对参加训练的青少年一律给予奖赏。(3) 控制组，训练中对奖赏不作任何提示，结束之后出其不意地给予奖励。结果发现，奖励伴随组的自我效能提高的幅度最大。这项研究证明，给予被试适当的外部奖励这种积极的强化，有助于提高个体的人际自我效能。正如班杜拉所指出的，在人们掌握了某些知识和技能，显示了自己有能力的时候，外部强化的恰当运用有助于自我效能感的建立。首先，外部强化能促进对任务的完成，激励人去努力学习，向新的目标前进，掌握新的知识和技能，更积极地与人交往；其次，在复杂的活动中外部提供的有关信息使人看到了自己的进步，进而产生了自我效能感。需要注意的是，并不是强化提高了人的能力，而是由于进步受到了强化，从而加强了人的自我效能感。我们知道，人际适应不良已经成为青少年心理问题的重要表现之一。为此，在教育实践中，要有效促进青少年的人际交往，改善其人际适应不良的心理困扰，就需要运用恰当的外部奖励，如对学生的交往给予肯定、鼓励和赞扬，尤其是对其交往能力进行积极评价，这样有助于避免人际交往恐惧心理，提高其人际交往自我效能感，从而为化解人际交往心理困扰提供积极的心理力量。

二、引导青少年积极运用自我强化，提高其人际交往自我效能感

人不仅受到外部强化的影响，还受到自我强化的作用。自我强化对调节人的行为很重要，它是以自我奖赏的方式激励或维持自己达到某个标准的行为过程。当达到自己的标准时会提高自我效能感，反之，则易于对自己与人交往的能力丧失信心。

引导青少年进行积极的自我强化，关键是使青少年建立合适的标准。标准过高则易遭受失败和挫折，标准过低又不利于激发进一步努力的热情。青少年的标准是通过学习内化而来的。在一个具体的学习活动中，青少年可以通过观察自己的进展

情况或问题解决的程度来判断自己的能力，这基本上是一个客观的标准。

心理学家费斯汀格（Forsterlinger，1954）在他的社会比较理论中指出，人有知道自己的好坏、优劣的需要；人会通过与他人比较来了解自己的情况；人会选择与他相似（能力或经历相似）的人作比较。他进一步指出，与相似的人比较更能提供评价的依据，与不相似的人比较则与确立自己境况的关系不大。研究还显示出，有时人会选择能力高的人作比较，有时会选择能力低的人作比较。前者有助于提高自己的斗志，后者有利于保护自尊与自我形象。

从费斯汀格的理论可以引出几条措施：（1）鼓励青少年的自我比较，使青少年看到自己的优点和进步，建立信心。有一点点进步就及时地给予适度的鼓励。（2）为减轻自卑心理，可以和较低水平的青少年进行比较。（3）在青少年遇到失败时尽量避免将他们与能力相似的人作比较，当他们做得好时，鼓励他们向更好的青少年看齐，鞭策其进步。

班杜拉指出，设立适当的标准可以通过一步步地设立较近的目标来做到。较近的目标易达到，因而有助于增强青少年的自我效能感。目标设得过于远大和不切实际，无助于青少年估价自己的能力和培养自信。总之，在人际交往中使青少年学会设立目标，促使其进行自我比较，是提高人际关系自我效能感的一种有效的办法。

三、通过合理归因训练，促进人际交往自我效能感

表 11—10　积极的归因模式与消极的归因模式

积极的归因模式	成功——能力高——自豪、自尊——增强对成功的期望——愿意从事有成就的任务
	失败——缺乏努力——内疚——相对地增强对成功的高期望——愿意并坚持从事有成就的任务
消极的归因模式	成功——运气——不在乎——很少增强对成功的期望——缺乏从事有成就任务的愿望
	失败——缺乏能力——羞愧、无能感、沮丧——降低对成功的期望——避免或缺乏对有成就任务的坚持性

归因及所属的维度对人的情绪、期待和行为产生重要影响。研究表明，在任务完成情况下，通过对成功和失败进行归因，对自我效能感和主体的控制感都能发生影响。因而，不可忽视归因对青少年的自我效能感的作用。那么什么才是理想的归因形态呢？费斯汀格（1985）通过维纳的归因论、Seligmen（1975）及 Maier（1976）等的习得性无助模式（learnedhelplessness model）和班杜拉的自我效能感理论对理想的归因作了如下归纳：

积极的归因一方面会带来自尊、自信、更高的成就动机和成功期望，另一方面

也能防止产生无助感和行为上的偏差。因此，对失败作出“努力不足”的归因是普遍可接受的主流思想。舒可（1982）发现，对青少年过去的行为给予努力归因反馈比对未来的行为给予努力归因反馈，在提高青少年的自我效能感方面效果更好。在1983年的一个研究中，他把对过去行为给予能力归因和努力归因反馈结合起来，探讨了它们对自我效能感的提高和技能学习的影响。结果发现，对过去的行为只给予能力反馈的组，比其他三个组，即只给予努力归因反馈的组，给予能力和努力两种归因反馈的组和完全不给予反馈的组，在青少年对除法的自我效能感的提高和技能的进步两方面都有显著的效果。另一个有趣的结论是，给予能力归因和努力归因两种反馈的组与只给予努力归因反馈的组之间几乎没有什么差异，即给予能力反馈是有效的条件，再给予努力归因反馈，则抵消了能力归因反馈的部分效果。

在归因训练中让青少年学会对原因有一个客观的认识也很重要。如果倾向于把一切原因都归于自我内部（称之为内控型），这类青少年往往较勤奋，成功使他们认识到自己有能力，而失败使他们意识到自己努力不足，因而需付出更大的努力。这样，不论成功与否，都能使他们对新的学习产生较高的期待，维持或提高自我效能感。但把一切原因都归于内部主观上也是不现实的，容易在失败之后产生自责心理。倾向于把成功与失败的原因归于外部的人（称之为外控型），这类青少年常有较低的自我效能感，对自己的能力和努力程度估计不足，缺乏责任心，在学习中不是对自己要求过低，就是高得不切实际，不愿对学习投入更多的精力和作出更大的努力。教师应该注意培养青少年有一个平衡的归因结构，使青少年对自己的成功和失败的原因有一个科学的认识。总之，应使青少年在成功时认识到自己是有能力的，在失败时不对自己的能力丧失信心，促使其作更进一步的努力。

归因训练一般分为两步，一是诊断，二是训练。在诊断阶段，可通过青少年对成功和失败的总结，或青少年的日常言行来确定青少年的归因倾向。训练方式主要有三种：（1）操作。让青少年对相同事件作出归因，青少年作出正确的归因时给予表扬，反之，给予矫正。（2）说服。由训练者向青少年提供正确的归因，或让青少年观察能够作出正确归因者的示范，或提供给青少年有关的材料。这是试图凭借说服性的建议、劝告、解释和自我引导，来改变人们自我效能感的一种方法。由于使用简便，它已成为一种极为常用的方法。（3）转移。具体做法是将能带来心理障碍的归因引导为外部的归因。

尽管训练的方式多种多样，但不论采取什么方式，关键是要有助于青少年对自己的能力建立信心，或使他们坚定自己的信心，让青少年在每一个微小的进步中意识到自己的努力是有成效的。

总之，青少年人际交往自我效能感的提高是一个综合的过程，可以根据不同情况，针对不同的条件，采取不同的途径来进行教育和训练。

附录　青少年人际交往自我效能感量表（AICSE）

亲爱的同学：

您好！欢迎您参加关于青少年交往方面的调查。本调查的目的在于了解青少年交往中自信心的情况，为指导青少年交往提供科学依据。因此，您的意见对我们非常宝贵。下列问题无对错之分，请按您的真实想法回答，我们将对您的回答严格保密，请您不要有所顾虑。请仔细阅读下列句子，每个句子后面的“A”表示完全不符合，“B”表示部分不符合，“C”表示不能确定，“D”表示部分符合，“E”表示完全符合，请在与您自己情况相符合的字母前面打“√”。每道问题都要回答，请不要遗漏。在此感谢您对我们科研工作的支持与合作！

学校：________　　年级：________　　性别：________

*1. 我对心理测验比较感兴趣。　□A　□B　□C　□D　□E

*2. 我已经清楚作答的要求。　□A　□B　□C　□D　□E

*3. 我会按我的真实的想法回答问题。　□A　□B　□C　□D　□E

4. 我能够不失时机地主动与人交往。　□A　□B　□C　□D　□E

5. 我能准确理解别人的想法，无论他（她）是长辈或同龄人。　□A　□B　□C　□D　□E

6. 我能清楚地表达自己的想法。　□A　□B　□C　□D　□E

7. 在与人交谈时，我不能做到认真地倾听别人的谈话。　□A　□B　□C　□D　□E

*8. 我不是中学生。　□A　□B　□C　□D　□E

9. 我能够主动地跟坐在身边的人进行交流，不管是否跟他熟悉。　□A　□B　□C　□D　□E

10. 我能设身处地为对方着想。　□A　□B　□C　□D　□E

11. 在正式聚会或班级活动中，在同学与老师面前，我很难做到镇定自若地发表言论。　□A　□B　□C　□D　□E

12. 我不知道怎么才能与陌生人很快成为朋友。　□A　□B　□C　□D　□E

*13. 我从来没有做过错事。　□A　□B　□C　□D　□E

14. 与同学争论时，我能坚持自己的观点与看法，并采取委婉的方式说服对方。　□A　□B　□C　□D　□E

15. 被同学或老师误会时，面对压力我也能坚持自己的看法与做法，并相信以后能消除误会。 □A □B □C □D □E

*16. 我从来没有参加过考试。 □A □B □C □D □E

17. 我能根据交往对象的不同，及时调整自己的行为举止。 □A □B □C □D □E

18. 把一件复杂的事情描述清楚明白，对我来说非常困难。 □A □B □C □D □E

19. 我能把枯燥乏味的事描述得生动形象。 □A □B □C □D □E

*20. 我的心情永远愉快。 □A □B □C □D □E

21. 我能做到不讽刺嘲笑别人的缺点和缺陷。 □A □B □C □D □E

22. 很多人都夸奖我在交往中行为举止得体。 □A □B □C □D □E

23. 我能根据交往时的具体情况，了解谈话者的言外之意。 □A □B □C □D □E

24. 我能觉察对方的心理，及时调整交往的方式。 □A □B □C □D □E

25. 在交往中，我能同时兼顾不同类型的人，使交谈气氛融洽。 □A □B □C □D □E

26. 我能用委婉的言语向对方提出批评意见，而不伤害对方。 □A □B □C □D □E

27. 面对易冲动的人，我能运用委婉的语言与之平静交谈。 □A □B □C □D □E

28. 在与人交往时，我不清楚哪些言行是不恰当的。 □A □B □C □D □E

29. 假如参加演讲比赛，由于紧张，我发挥失常，被同学们笑话，但我不会气馁，我会再接再厉争取下一次获得成功。 □A □B □C □D □E

30. 我能根据别人的手势、表情或眼神，知道他想要表达的意思。 □A □B □C □D □E

31. 对初次交往的人，我不知道能否给他（她）留下美好的印象。 □A □B □C □D □E

32. 在与不同的人交往时，我不知道如何把握说话的分寸。 □A □B □C □D □E

33. 在与人交往中，我不知道如何表现自己的优点与长处。 □A □B □C □D □E

34. 在与人交往中，我能真诚地表达意见。 □A □B □C □D □E

35. 我能尊重别人的感受与观点。 □A □B □C □D □E

36. 我能主动与同学（包括异性同学）交往。 □A □B □C □D □E

第十二章 Di Shi Er Zhang

中学生同伴竞争问题及指导策略

随着社会竞争的加剧，青少年由于恶性同伴竞争而造成的人际适应问题已经日益严重。一些青少年由于缺乏正确的竞争观念和必要的竞争方式指导，以及如何在竞争中进行人际交往的技能，导致他们在同伴竞争中采用一些不正当的手段，如缺乏合作精神、嫉妒他人取得的成就、不能承受失败、损人利己等，从而对他们的人际关系带来了不利的影响，造成了同伴竞争中的人际适应问题。近年来，青少年竞争及人际适应问题已经成为学校心理素质研究的热点问题。从文献分析中发现，当前这方面的研究大都单纯地从研究竞争的正面效应出发，或只是研究青少年的人际关系问题，很少有把两者结合起来进行系统研究的。因此关于如何避免青少年同伴竞争的负面效应，如何让青少年在激烈的竞争环境中形成正确的竞争观念和良好的人际适应能力，是当前青少年心理素质教育中亟待研究的重要课题。

第一节 研究概述

一、同伴竞争人际适应的相关概念

（一）人际适应的概念

人际适应指个体在进入新的生活环境时，主动调整自己的心理观念和行为模式去适应新的社会群体，形成良好的人际关系的过程。相应的，人际适应问题（即人际适应不良）的产生则是由于个体无法根据变化的社会生活环境去主动地应对变化了的人际关系。

已有研究表明，人际关系确实在成为一个日趋敏感的青少年心理问题。据文献统计发现，有10%～30%的青少年存在不同程度的心理问题，其中人际关系问题是一个重要方面。在一项有关挫折情况的调查（向守俊，2001）中发现，4.86%的学生认为人际关系方面的挫折是他们碰到的最大挫折之一，仅次于学习。[①] 有研究发现，10.8%的高中生存在各种明显的心理健康问题，主要表现为强迫、敌对、偏执、人际关系敏感和抑郁等症状，而形成人际关系敏感的主要因素则与受冷遇和歧视、与教师和同学关系紧张、交友不当、受教师讽刺挖苦、教师偏心不公等相关较高。[②] 另一项有关影响青少年学生心理健康的因素分析的研究（谭欣等，1999）发现，有25.75%的高中生认为人际交往中的矛盾是让他们感到"不安和痛苦"的首要原因。[③]

研究人际关系的兴趣之所以日益高涨，原因之一是发现协调人际关系有利于生活幸福，有利于心理健康和生理健康。当然，不良的人际关系则为人们增添了烦恼。英国的一项研究（Qconnor 等，1984）发现，在自评有"忠诚的非常亲切的人际关系"的妇女中，70%的人没有情感上的失调，而在缺乏这种关系的妇女中，只有43%的人没有情感上的失调。一项研究（Peplaw，Perlman，1982）[④] 发现，没有足够社会支持感的人会感到孤独，这是由于他们感到孤立无援，没有更多的社会联系，或者在人际交往过程中得不到足够的自我暴露的机会所导致。良好的人际关系对身体健康发生积极影响，其中一个原因是朋友和亲属之间相互提供正确合适的健康习惯。一项研究（House，1980）指出，独居的人比其他的人更多地抽烟、酗酒，就是因为独居者与人联系少，得不到他人劝告的信息，养成了不利于健康的坏习惯。[⑤]

对于中学生来说，建立良好的人际关系可以帮助他们更好地适应身体和心理变化。相比较而言，他们的同伴关系要比亲子关系、同胞关系和师生关系更为亲密，因而也更加重要。由性成熟所带来的心理动荡和心理过渡期社会地位的不稳定性使得他们强烈渴望心理和社会地位的安定，并希望能够依赖朋友使自己的要求得到满足。群体社会化发展理论（Harris，1995）就认为家庭环境对儿童心理特征没有长期影响，对儿童个性留下明显长期影响的环境是他们与同伴共享的环境，社会文化的传递也主要通过群体而不是家庭完成的。[⑥] 日本总理府青少年政策总部（1986）的调查表明，高中生在回答"向谁倾诉自己的苦恼和忧虑"这个问题时，最多的答案是"邻居或学校的朋友"，其次才是"母亲"、"父亲"。同一调查还发现，高中生

① 向守俊：《初中生挫折应对自我监控训练的实验研究》，西南师范大学硕士学位论文，2001年。
② 胡胜利：《高中生心理健康水平及其影响因素的研究》，《心理学报》1994年第5期，第153～160页。
③ 潭欣、郭振娟、张环：《影响青少年学生心理健康的因素分析》，《辽宁师范大学学报（社会科学版）》1999年第6期，第31～34页。
④ 转引自蒋艳菊、李艺敏、李新旺：《当代西方孤独感研究进展》，《河南大学学报》2006年第5期，第157～162页。
⑤ 时蓉华：《社会心理学》，浙江教育出版社1998年版，第338～340页。
⑥ J. R. Harris：*Where is the child's environment? A group socialization theory of development*. *Psychological Review*，1995，102（3），pp458－489.

最容易结交朋友的场所是学校。而在另外一项有关中学生人际关系发展特点的研究（沃建中等，2001）中发现，中学生同伴交往水平要高于与成人交往水平，与异性同伴的关系要好于与同性同伴的关系。[①] 毫无疑问，建立良好的同伴关系、形成和谐的人际适应对青少年心理的健康成长具有重大的意义。

（二）竞争及其对人的心理影响

竞争是每个参与者不惜牺牲他人利益，以期最大限度地获得个人利益的行为，它的目的在于追求富有吸引力的目标（Baron，1984）[②]。古钿和孝认为，合作世态和竞争世态都是一种心理情境，其中竞争世态是指一个人或者有限几个人进入或接近目标就会相应地妨碍团体中其他人进入目标，而且竞争者会产生这样一种心理状态，即认知自己达到目标的机会是在同团体其他成员的关系中彼此妨碍地相互依存的。从以上可以看出，竞争具有三个特征：首先，它必须是人们对一个相同目标的追求，目标不同就不会进行竞争；其次，这个目标必须是比较少的或难以得到的；最后，竞争的目的虽在于达到目标而非反对竞争者，但在竞争过程中不可避免地要对他人进行排斥，因此竞争具有排他性。竞争可以分为个体竞争和群体竞争，古钿和孝（1980）的研究表明，群体之间的竞争对群体内的每个成员来说，可以产生更高的创造性；而在个人竞争条件下，多数人只关心自己的工作，相互不够支持，发言不友好等。[③]

竞争对人的心理影响是双方面的：一方面，它极大地激发了竞争者的成就动机，去排除困难实现自己的目标，可以使竞争者获得自信心、赢得他人尊敬；另一方面，它使竞争者承受了巨大的心理压力，导致焦虑、急躁、抑郁等心理障碍，同时在与他人进行竞争时，难免会带来人际关系问题。[④] 有人（时蓉华，1998）[⑤] 认为，竞争作为一种外部刺激，会对情境下的个体产生一系列的心理效应：（1）激发动机，发挥潜力；（2）肌肉产生紧张感，精力更加充沛；（3）增强自我意识；（4）阻碍人与人之间友好关系的发展；（5）不利于自己身心健康。

可以看出，竞争会对群体内的人际关系和个体的心理健康造成一定的影响。竞争对个体心理健康既会产生增长效应，也包括减少效应。它的减少效应包括：（1）加大现代人的心理紧张度，个人心理压力增大，导致社会转型期心理障碍的升高。（2）竞争在一定情境中增强人与人的敌意和攻击性，产生情感上的孤独感，对他人甚至自己产生不信任感，最终妨碍竞争者建立良好的人际关系。（3）竞争还会导致

---

① 沃建中等：《中学生人际关系发展特点的研究》，《心理发展与教育》2001年第3期，第9～15页。

② R. A. Baron: *Reducing organizational conflict: An incompatible response approach. Journal of Applied Psychology*, 1984, 69 (2), pp272－279.

③ 时蓉华：《社会心理学》，浙江教育出版社1998年版，第504页。

④ 韩啸：《市场经济条件下的竞争对心理健康的影响》，《许昌师专学报》2001年第4期，第105～108页。

⑤ 时蓉华：《社会心理学》，浙江教育出版社1998年版。

认知偏差。霍妮把由竞争所带来的心理冲突而导致的自我认识冲突归结为三种：一是自谦（self-effacement），贬低自己，常产生失败感和自卑感，讨厌自己；二是夸张（expansion），美化自己，有强烈的优越感，自信好胜；三是放弃（resignation），放弃努力、避免冲突、喜欢独处。

（三）青少年同伴竞争人际适应问题的概念

青少年同伴竞争的人际适应问题是指青少年面对同伴竞争时，不能依据正确的竞争观念、采取健康竞争方式去恰当地处理人际关系而出现的心理和行为问题。

二、青少年同伴竞争人际适应问题的研究现状

（一）国外研究情况

鲁宾等的研究（K. Rubin 等，1998）发现，良好的同伴关系对儿童青少年的社会技能、自我意识、学业成就和心理健康有重要影响。[①] 古德曼的研究（Gottmen，1983）发现，儿童的合作、友善与亲善行为和同伴接受性呈正相关。Chen 等的研究表明攻击和破坏等行为会导致同伴拒绝（Chen 等，1995），而且，在同伴接纳上有困难的儿童，往往会产生消极的自我评价和对外界的敌意倾向，而这又往往进一步加强了他们的攻击性和破坏性。[②]

竞争会对建立良好的同伴关系产生一些不利的影响。多伊奇（Deutsch，1968）在这方面的研究最为人们称道。他指出，合作有三种心理上的意义，第一是相互帮助，第二是相互鼓励，第三是相互支持。但在竞争情境下，上述心理意义则完全相反，表现为相互对立、不友好、不支持。他做了一个简单的实验，要求一半被试以竞争为基础，按照每个人对讨论的问题所作出的贡献，给每个人不同的成绩；另一半被试则以合作为基础讨论一个问题，并给予所有人同样的成绩。实验表明，合作讨论问题的成员之间协调一致，相互友好，而处于竞争状态的成员之间则很少沟通，更多表现出忧心忡忡。[③]

关于如何解决这一问题，国外学校对适应不良学生所采取的有成效的对应措施主要有五种：（1）适宜的课程。使学生能获得满意的成绩和成就，足以提高学生的自尊心和自信心。（2）有效和合适的教学。在教学的每个阶段，要充分鼓励他们进行各种尝试，在牢固地掌握了一个新概念后再进入下一阶段，使他们不断产生自我提高感。（3）帮助建立良好的同伴关系，提高他们在同伴中的地位和自信。（4）善

---

① K. Rubin，W. Bukowski，J. G. Parker：*Peer interactions，relationships and groups*. In W. Damon，N. Eisenberg（eds.）：*Handbook of Child Psychology*（Vol. 3），New York：John Wiley & Sons，1998，pp619—700.

② X. Chen，K. Rubin：*Social functioning and adjustment in Chinese children：a longitudinal study. Developmental Psychology*，1995，31（4），pp531—539.

③ 时蓉华：《社会心理学》，浙江教育出版社 1998 年版，第 505～506 页。

意和耐心的劝导，扭转其偏见。（5）教师与家长合作，共同采取矫正措施。[①] 歌德斯坦的准备教程（Goldstein's Prepare Curriculum）提出了一套结构完整的内容，可以教会学生协作与掌握人际交往技能，其中还包括对生气的控制、对紧张的调节、道德推理以及同情心等：（1）初级的社会技能：听人说话、开始交谈、维持谈话、提问题、说谢谢、介绍自己、介绍他人、赞扬某人。（2）高级的社会技能：寻求帮助、参与（参加）、作出指导、遵循指示、道歉、相信他人。（3）处理情感的技能：了解自己的情感、表达自己的情感、理解他人的情感、对他人生气的处理、表达爱情、对恐惧的处理、自我奖励。（4）解决冲突的技能：请求许可、分享某事、帮助他人、谈判、进行自我控制、坚持自己的正确观点、对戏弄的反应、避免与他人纠缠、从争斗中解脱出来。（5）调节紧张的技能：诉苦、对抱怨的反应、在游戏后保持运动家风格、处理窘迫、处理遗漏、支持朋友、对劝说的反应、对失败的反应、处理矛盾的事情、对责备的反应、为一个困难的交谈做准备、对待团体压力。（6）建立计划的技能：决定做某事、考虑引起某个问题的原因、设立目标、判断自己的能力、搜集信息、根据重要性来安排问题、作出决策、倾全力于某一任务。[②]

（二）国内研究情况

国内相关研究较少，但由于当前学生的学习压力较大，竞争对中学生同伴关系所造成的不良影响已引起一定的关注。

邹泓（1997）对青少年的同伴关系进行了研究。她认为良好的同伴关系是发展社会能力的重要背景，是满足社会需要，获得社会支持和安全感的重要源泉，有利于自我概念和人格的发展；不良的同伴关系有可能导致学校适应困难，甚至影响成年后的社会适应。[③] 而另一项研究（庞维国、程学超，1992）发现，9～16 岁的儿童随着年龄的增长，合作的倾向越来越小，尤其当分数被规定为学生在班上排列名次的依据时，儿童变得越来越具有竞争性而较少合作，而高一的学生的合作倾向更是明显小于其他年级。[④] 有人曾就中国文化背景下的个体竞争性做过一些研究，发现在中国文化环境中，个体的竞争性同样具有过度竞争态度和良性竞争态度这两个独立的维度（李林、陈国鹏等，2001）[⑤]。

综合国内外的文献可以得出如下认识：

1. 就竞争中的学生参与方而言，如果竞争程度较为激烈而又缺乏相互间的合作的话，一般会在一定程度上阻碍学生建立良好的人际关系。竞争的目标利益往往是单一、稀缺的资源，参与竞争的学生自然都会产生战胜对手、抢占资源的想法，所

① 车文博：《心理咨询百科全书》，吉林人民出版社 1991 年版，第 685 页。
② 徐芬：《学业不良儿童的教育与矫治》，浙江教育出版社 1997 年版，第 206 页。
③ 邹泓：《同伴接纳、友谊与学校适应的研究》，《心理发展与教育》1997 年第 3 期，第 55～59 页。
④ 庞维国、程学超：《9～16 岁儿童竞争与合作行为综述》，《心理发展与教育》1992 年第 3 期，第 20～24 页。
⑤ 李林、陈国鹏、王卫：《中国文化背景下的个体竞争性》，《心理科学》2001 年第 2 期，第 221～222 页。

以比较倾向于把对方看做敌手，采取一些偏激的手段；或对自己估计过高，对竞争对手的优点、友好的表示等不想作出公正的评价，蔑视、贬低对手；或低估自己的实力，产生嫉妒、褊狭心理，对对方采取敌视态度。这样，自然难以产生融洽的人际关系，形成良好的人际适应。

2. 就竞争处于劣势的学生不利群体而言，人际关系也会受到同伴竞争情况的左右。在班级同伴群体人际互动结构中，由于竞争模式往往侧重单一的学业标准，使得班级中的“学业不良”分子大都被排挤在人际吸引的圈子外，成为班级里的“孤立分子”，在一定程度上造成他们的人际适应不良。

3. 对学生群体而言，凝聚力受到严重的影响。在学校教育中，因为强调竞争而忽视合作，同学之间往往难以做到正常的资料分享和信息沟通。一些同学为了占据竞争中的优势地位，对自己拥有的信息、资料、资源极端保密，不愿向同学公开，互助、友爱的氛围严重缺失。对于竞争中的优胜者，往往造成他们自高自大、目空一切、疏远集体，难以形成很好的人际适应能力；而那些“失败者”则往往自卑自贱、愤愤不平，回避集体甚至逆向而行，也往往会造成人际适应的问题。

三、青少年同伴竞争人际适应问题的研究构想

（一）研究思路

针对当前我国中学生同伴竞争中存在的人际适应问题，为了保证研究的科学性与完整性，本研究拟遵循如下思路进行：

1. 进行中学生同伴竞争人际适应情况调查。了解中学生同伴竞争人际适应问题的现状，包括同伴竞争对中学生人际适应的影响因素以及中学生同伴竞争人际适应问题具体表现在哪些方面。

2. 采用相关测量工具对中学生同伴竞争人际适应水平进行客观测评，把握中学生同伴竞争人际适应水平，作为衡量教育干预实验能否取得效果的重要指标。

3. 根据调查和测量获得的信息，进行中学生同伴竞争人际适应教育干预实验，探讨提高中学生同伴竞争人际适应能力，建立良好人际关系的科学有效的途径和方法。

（二）理论构想

1. 进行人际适应教育干预的必要性

有研究发现，当存在竞争还是合作两种取向时，越来越多的人选择了竞争。一项名为“合作还是竞争：中美大学生之间的比较”的研究发现（唐盛明，1998），中国大学生比美国大学生更倾向于选用竞争策略去获取成功，这是中美两国不同的教

育体制影响的结果。[①] 的确，中国学生要想进入大学，尤其是名牌大学，必须经过激烈的竞争。残酷的个人经历告诉这些学生，要想获得成功就必须选择竞争。因此，要成功就得竞争是中国学生所经常保持的态度。竞争给学生造成的人际适应问题已经在上文有所体现，而这一问题无论是在理论界还是在实践教育中都没有得到足够的重视。当然，对学校的领导者和教师来说，存在着高考升学率的压力，没有足够的精力，也不能安排足够的时间去关注学生的这一心理问题；对于中学生自身来说，他们要忙于应付各种考试，升学竞争的压力很大，也无暇自顾。但是，这并不能成为放任自流的理由，未来社会对人才的人际适应能力提出了越来越高的要求，很多用人单位在招聘时都要求应聘者具备良好的人际适应、与同伴团结合作的能力。

2. 进行人际适应训练的可能性

正如前面所分析的，人的适应性培养是个人认知、控制情绪和调节其行为以适应一定社会情境的学习过程。人际关系就像一种运动，不仅需要遵守规则，还需要一定的技巧。阿盖尔（Argyle，1983）指出，处理好人际关系的技巧是可以通过训练而掌握的。[②]

许多专家研究了众多的具有各种精神、心理疾病的人，发现他们之所以会产生一些与常人不同的行为，都有一个共同的原因，就是缺乏与人交往的技能。因此，对于人际交往技能的研究日益增多。人际交往技能是规定人与人交往质量的一组行为表现。这方面的定性研究在心理学中还是一个较新的领域，但是关于言语和非言语交际的相互影响等问题，目前已有了不少系统的研究结果。其中，人际交往技能发展的观念以及随之兴起的技能训练都说明这种技能的获得不是与生俱来的，而是可以通过后天的培训和学习获得的。交往技能训练是一种帮助人们在人际交往过程中更有效地进行反应的技术。交往技能训练的内容一般包括两个方面：（1）与一人或多人间的相互交往；（2）通过正常的交往后解决部分问题。交往技能训练一般是通过客观的或评定的方式，找到在一定背景中最佳的交往技能和行为方式，然后再确定受训练者的行为方式与最佳方式之间的差别，最后通过一定方式的训练，使受训练者的行为方式得到改进，并逐步接近和达到最佳方式。通常使用的交往技能训练方式有试误法、教育法、激励法、解决问题法、敏感训练法、心理角色扮演等。[③]

总之，交往技能训练对提高产生人际适应问题的学生的人际适应能力具有十分重要的意义，主要表现在两个方面：（1）交往技能训练使受训者产生了日益增多的有意义的行为；（2）有意义行为的增多又导致了其他行为的变化，如不适当的行为

---

① 张智、阎秀冬、杜丽华：《三校大学生竞争/合作策略取向的特点及影响因素》，《心理学探新》2001 年第 3 期，第 30～35 页。

② 时蓉华：《社会心理学》，浙江教育出版社 1998 年版，第 33 页。

③ 李维：《心理学百科全书》，浙江教育出版社 1995 年版，第 1938 页。

减少、与同伴关系改善等。因此，进行交往技能训练对有人际适应问题的学生是必需的，但要注意必须关注他们在不同情况下所发生的异常行为，并采用不同的交往技能训练，以使他们在人际交往过程作出更有效的反应，提高人际适应水平。

第二节　中学生同伴竞争人际适应量表的编制

一、中学生同伴竞争情况调查

为了了解同伴竞争究竟在哪些方面影响中学生的人际适应，造成人际适应不良问题，我们首先通过分析国内外同伴竞争及人际适应研究的相关文献，形成初始问卷。为了使问卷通俗易懂，不至于造成误读，请专家对问卷进行修改，在不改动项目内容基础上对题目进行修改，找出表述不清、难于理解或有其他疑问的项目，加以修改或删除，选出符合本研究的项目，构成相应的调查问卷。然后，在重庆市某中学抽取中学生 110 人（男 49 人，女 61 人）进行调查，调查后的分析结果如下。

1. 从总的同伴竞争情况来看，统计结果表明中学生感觉心理压力最大的竞争依次为：学习竞争，占 81.45%；人际关系（包括同性同伴和异性同伴、教师等）竞争，占 9.43%；身体竞争（包括相貌、体育等），占 4.38%；个性竞争（包括自主性、独立性、创造性等），占 3.24%；其他占 1.50%。

2. 从中学生所持有的竞争观来看，有相当一部分学生抱有不健康的竞争观。如 13.44%的受访对象认为“高考竞争就是你死我活的竞争”；有 17.23%的人认为“把竞争对手的笔记扔了”的做法是可以理解的；有 20.35%的人认为“其他人的进步会妨碍自己取得成功”。

3. 在面对同伴竞争时，有 33.73%的人认为班级内的竞争气氛过于激烈；17.85%的人承认“嫉妒对手所取得的成功”；有 26.34%的人承认“当竞争对手在竞争中失败时会感到幸灾乐祸”；有 16.63%的人表示当自己在竞争中失败时会“长时间沮丧、自卑”，有 4.3%的人表示会产生“攻击别人的冲动”；当自己在竞争中取得成功时，4.66%的人表示“非常喜欢看到别人失败的样子”。

4. 在同伴竞争中所表现的行为上，13.24%的人承认曾做过类似“星期天在家看书，却告诉同学说玩了一整天”的事；17.74%的人认为自己“不会把很有用的学习资料拿出来和同学分享”；当被问及“你是否会在考试前帮同学复习功课”时，27.15%的人选择“不会”，43.52%的人选择“要考虑考虑”，有 16.33%的人选择“在不妨碍复习的前提下会”。

通过以上调查以及对一些学生和教师的访谈，我们认为当前高中学生同伴竞争人际适应问题主要表现在以下几个方面：

一是观念问题：把与自己竞争的同伴都当做敌人，认为其他人的进步是对自己的妨碍，认为“人不为己，天诛地灭”等。如有的中学生就认为谁的成绩超过自己就是和自己过不去，认为自己取得好成绩与其他人无关，其他人的好坏也不关己事等。

二是情感问题：人际关系冷漠、敏感，对人焦虑，不关心竞争同伴、充满敌意，嫉妒他人取得进步。如有的中学生对其他人取得的成绩冷嘲热讽，心里不舒服；当自己失败时悲观沮丧，认为人生无望；取得胜利时全然不顾其他人的心理感受忘我陶醉等。

三是行为问题：常做出损人利己行为，在竞争取得胜利时以自我为中心，而失败时自卑等。如有些学生在考试前会采取撕毁竞争对手的笔记等卑劣手段；得意时骄傲自大、目中无人，失意时自轻自贱、全无斗志，甚至产生轻生的念头等。

二、中学生同伴竞争人际适应量表的编制

根据对国内外有关人际适应及同伴竞争研究成果的分析，并结合对学生半开半闭式问卷调查结果的分析，我们确定了问卷的维度以及组成问卷的项目，形成初始问卷 45 个题项。为了使问卷通俗易懂，不至于造成误读，先请专家对问卷进行修改，并在此基础上在中学进行团体施测，要求被试在不改动项目内容基础上对题目进行修改，找出表述不清、难以理解或有其他疑问的项目，加以修改或删除，形成了中学生同伴竞争人际适应水平正式问卷，共 30 个题项，分别从认知、情感和行为三个维度进行考察。所有题目采用自陈测验（选择式），每一测题在一个描述句后，有五个备选答案，即“很不符合”、“不太符合”、“不确定”、“比较符合”、“非常符合”，按 5 点记分。为避免选择的定式，采用正反向计分的方法。

然后，我们在重庆市某中学抽取学生 110 人进行初始问卷的测试，根据因素分析的结果，重新调整维度、因素和项目，编制成正式的中学生同伴竞争人际适应水平问卷。最后，在重庆市再抽取中学生 327 人（高一 110 人，高二 105 人，高三 112 人）进行施测，并通过项目分析和因素分析后筛选出正式问卷的题目，进而编制出具有较高信度、效度的同伴竞争人际适应水平问卷。数据分析结果如下。

（一）项目分析

进行鉴别力分析（鉴别力分析取高分组人数与低分组人数各占总人数的 27%）及各题与量表总分的相关分析，作为正式问卷选题的依据，标准有二：

（1）根据鉴别力分析结果，决断值未达 0.01 显著水准者予以删除。

（2）各项目与问卷总分的相关系数不及 0.30 者予以删除。

据上述标准观察，同伴竞争人际适应问卷各题项与全问卷相关系数最低为 0.328，最高为 0.513，均为显著水平，说明同伴竞争人际适应问卷具有较高的鉴别力。

（二）因素分析

本研究利用主成分分析法抽取共同因素，并力争保留研究者内定之因素，再以最大变异法进行正交旋转。

题项取舍的标准有：（1）剔除与总量表相关不足 0.3 的题项。（2）根据因素负荷、表述不清、归类不当等原则依次去掉题项。

表 12—1 中学生同伴竞争人际适应问卷的因素分析结果

因素	贡献率（%）	题项	因素负荷	题项	因素负荷
观念	16.387	3	.653	30	.632
		12	.617	31	.624
		17	.682	35	.529
		19	.588	36	.572
		21	.724	37	.673
		25	.572	39	.723
		28	.718	44	.653
		29	.626		
情感	11.394	1	.557	26	.596
		2	.664	32	.674
		8	.626	33	.643
		10	.582	34	.573
		14	.684	38	.583
		15	.703	41	.637
		20	.583	43	.732
		23	.713		
行为	14.792	4	.673	18	.627
		5	.692	22	.716
		6	.527	24	.589
		7	.725	27	.568
		9	.662	40	.629
		11	.577	42	.715
		13	.712	45	.655
		16	.682		

注：观念、情感、行为三个因素的累积贡献率为 42.564%。

（三）问卷的信度分析

本研究采用内部一致性信度和重测信度作为问卷信度分析的指标。

以上统计结果表明问卷各因素的内部一致性信度在0.654～0.734之间，总问卷的内部一致性信度为0.784；问卷各因素的重测信度在0.697～0.771之间，总问卷的重测信度为0.743，有较高信度。

（四）问卷效度的检验

对问卷效度的检验，一般采用结构效度和内容效度两个指标，由于缺乏现成的量表作为参照，所以我们以各因素之间的相关、各因素与全量表的相关估计量表的结构效度。

同伴竞争人际适应问卷各因素之间的相关在0.232～0.326之间，都达到了0.001的显著水平，其相关情形应属于中低度正相关，显示本问卷各因素的方向一致，但彼此基本独立。总问卷与各因素间的相关介于0.591～0.683之间，皆达到0.001的显著水平，呈中高度正相关，显示各因素与整体概念相当一致。

（五）关于测量工具编制的讨论

1. 编制测量工具的必要性。学生同伴竞争人际适应现实水平是我们进行教育干预训练的出发点，因此要进行教育干预训练，必须首先对学生现有的同伴竞争人际适应水平有一个确切的了解。只有比较彻底地了解学生同伴竞争的人际适应状况，以及学生在面对竞争的知情意行等各个方面的基本情况后，我们才能根据实际情况确定相应的人际适应训练的内容和目标。鉴于当前缺乏有关的测试工具，所以我们有必要编制具有符合心理测量学要求和较高信度和效度的测量工具。

2. 测量工具的科学性。在问卷的编制过程中，我们严格按照心理测量学的步骤和要求，尽量做到科学地编制问卷。我们从高中学生的实际情况出发，采用半开半闭式问卷，同时借鉴国内外有关研究成果，并在征求专家建议和意见的基础上，精心选择题项，编制初始问卷。首先在小范围内初测，然后在此基础上对问卷利用相关分析、因素分析等手段筛选题项，最后才编制出正式问卷，并在一定范围内测试，对问卷进行信度、效度检验，结果表明问卷具有较高的信度和效度。

第三节　中学生同伴竞争人际适应训练的实验研究

一、教育实验设计

（一）研究目的

1. 通过教育干预训练改善中学生同伴竞争人际适应问题。

2. 通过训练形成正确的同伴竞争观念和良好的人际适应技能，以此探索解决中学生同伴竞争人际适应问题的基本途径和有效策略。

（二）实验变量的确定

1. 自变量：中学生同伴合理竞争观念和良好人际交往技能的训练。

2. 因变量：中学生同伴竞争人际适应水平的变化，包括竞争观念、情感和行为表现。

另外，我们选择实验对象的心理健康水平作为辅助因变量。正如豪斯顿（Houstone，1988）[①] 所指出的，研究人际关系的兴趣之所以日益高涨，原因之一是发现协调人际关系有利于生活幸福，有利于心理健康和生理健康。另外根据一项关于高中学生压力源的研究发现（楼玮群、齐铱，2000），社会人际关系是高中生压力的重要来源之一，与心理健康的关系也最密切。[②]

3. 无关变量的控制：设置实验班和对照班。随机在高一、高二各选出两个普通班分别作为实验班和对照班，实验班进行训练，对照班则不进行任何训练。实验过程中告知实验班和对照班均为实验对象，以消除实验的主观期望效应。

保持实验教师水平相当。所选两位实验教师都经过事前培训；每次课后，组织者都要对实验教师的授课进行点评。

（三）研究对象和测试工具

1. 研究对象

本实验采用了实验班和对照班分别进行前测和后测的等组实验设计。实验班接受教育干预，对照班不接受。实验班与对照班皆为自然班，通过随机抽样选取。高一实验班 59 人，对照班 54 人；高二实验班 48 人，对照班 51 人。整个实验教育训练时间从 2001 年 10 月至 12 月，共计 3 个月。

2. 测试工具

（1）自编中学生同伴竞争情况调查问卷，用以调查中学生同伴竞争的主要表现及其对中学生人际适应的影响。

（2）自编中学生同伴竞争人际适应量表，用以测查中学生同伴竞争人际适应水平。

（3）SCL－90 症状自评量表，用以测查学生心理健康水平，作为训练的辅助依据，并考察训练是否会对学生的心理健康水平有影响。该量表对有心理症状（即有可能处于心理障碍或心理障碍边缘）的人有良好的区分能力，能较好地区分他们的心理健康水平，能很好地检测不同的心理治疗结果。

---

① 杨明桂：《以改善人际关系促进大学生心理健康发展》，《广西师范学院学报（哲学社会科学版）》2004 年第 4 期，第 45～48 页。

② 楼玮群、齐铱：《高中生压力源和心理健康的研究》，《心理科学》2000 年第 2 期，第 156～159 页。

二、实验过程

第一阶段：前测。实验班与对照班的学生均参加前测。内容包括同伴竞争人际适应量表及 SCL－90 量表。

第二阶段：教育干预。实验班进行同伴竞争人际适应能力的训练，实验材料《高中生同伴竞争人际适应训练》编选自张大均等主编《中小学生心理素质训练》(西南师范大学出版社，2000）高中学生用书。实验为期 3 个月，每周 1 次，共 12 次，另外进行个别心理辅导；对照班不进行任何训练。为了消除期望效应的影响，研究人员定期与控制组学生进行接触，但不进行指导；举办两次心理讲座，包括实验班和对照班。

对实验班的实验干预主要是按照既定的训练程序，采用一系列的方法，在教育、教学活动中有目的、有计划、有针对性地进行。大体如下：

(1）训练设计。把握三个阶段：首先是人际适应及交往的知识获得阶段（形成正确观念)；其次是交往技巧习得阶段（掌握交往技能)；最后是练习和迁移阶段。在自然或创设的半自然情境下，学生利用获得的观念和习得的技能去解决现实同伴竞争所造成的人际适应问题，达到习以成性（形成品质）的目的。

(2）训练策略。集体干预：运用学生心理素质教育研究课题组（张大均，2000）提出的心理素质专题训练的方法，如即兴讨论、榜样示范、情境模拟、角色扮演等方法，进行旨在达成实验目标的训练。个别干预：与集体干预同步进行，主要采用个别咨询与辅导的方式。研究人员在与学生进行个别谈话时，解答他们在面对同伴竞争时产生的人际适应问题所造成的实际困难和心理困惑，并提出具体的策略帮助学生找准适应问题，引导其探索解决问题的途径和方法，积极走出困境，促进同伴人际和谐。

对照班不接受上述训练。

第三阶段：后测。实验班与对照班均参加后测，内容与前测相同。

三、数据处理

利用 SPSS 10.0 在微机上进行处理。

四、实验结果

（一）实验班与对照班同伴竞争人际适应前后测结果比较

表 12—2　高一实验班与对照班同伴竞争人际适应前后测结果比较

变　量	前　测	后　测	t
实验班	133.965±6.345	146.608±6.861	3.901**
观　念	43.285±3.274	48.638±4.737	3.942**
情　感	45.949±4.173	49.255±3.437	2.385*
行　为	44.631±3.719	48.715±4.153	2.467*
对照班	131.647±6.128	133.843±7.674	.634
观　念	43.436±3.274	44.743±4.636	.988
情　感	43.874±4.173	44.257±3.756	1.457
行　为	44.337±3.719	44.844±4.716	.754
t	.783	3.873**	
	1.667	2.956**	
	.599	2.368*	
	1.125	2.641*	

表 12—3　高二实验班与对照班同伴竞争人际适应前后测结果比较

变　量	前　测	后　测	t
实验班	131.4736±7.0457	145.6341±6.9041	3.445*
观　念	42.6264±4.0821	47.7532±4.7463	3.523**
情　感	43.7537±3.6353	48.7723±3.7661	2.654*
行　为	45.1035±4.9094	49.1086±4.0988	2.339*
对照班	133.9548±7.0912	132.7719±6.4556	.496
观　念	44.6409±3.2738	43.9927±5.0342	.739
情　感	43.9402±4.1732	44.1778±4.6638	1.368
行　为	45.3737±4.2692	44.6114±4.6436	.677
t	2.525	3.447**	
	1.667	3.104**	
	.832	2.518*	
	.934	2.701*	

从以上两表可以看出，高一、高二实验班和对照班在实验前的同伴竞争人际适应状况在各个维度上均没有显著差异。实验后，实验班和对照班在总体上有了非常显著差异，在各个维度上也发生了非常显著或显著差异。与实验前相比，实验班的同伴竞争人际适应产生了非常显著的变化，而对照班则没有。

（二）高一、高二实验班与对照班 SCL—90 量表前后测结果比较

表 12—4 高一实验班与对照班接受训练前后心理健康水平比较

变 量	测 验	实验组（平均数±标准差）	对照组（平均数±标准差）
阳性项目数	前	36.228±15.973	35.304±19.426
	后	25.178±11.538	36.097±16.819
躯体化	前	1.389±0.358	1.365±0.354
	后	1.316±0.221	1.339±0.388
强 迫	前	1.795±0.433	1.790±0.453
	后	1.739±0.377	1.801±0.605
人际敏感	前	1.799±0.514	1.745±0.564
	后	1.488±0.386**	1.788=0.461
抑 郁	前	1.534±0.417	1.547±0.476
	后	1.344±0.331*	1.516±0.573
焦 虑	前	1.578±0.426	1.548±0.533
	后	1.327±0.285**	1.554±0.389
敌 对	前	1.662±0.481	1.665±0.531
	后	1.335±0.397**	1.733±0.702
恐 怖	前	1.473±0.429	1.554±0.427
	后	1.361±0.352*	1.513±0.498
偏 执	前	1.677±0.512	1.766±0.567
	后	1.487±0.345*	1.675±0.645
精神病性	前	1.624±0.511	1.543±0.431
	后	1.427±0.231*	1.557±0.431

上表说明实验前两组无论是在阳性项目数上还是各项心理指标上都没有显著差异。实验后实验组除了躯体化和强迫两个因子外，无论是在阳性项目数上还是其他各项因子上均明显好于对照组，尤以人际敏感、敌对和焦虑三个因子的差异最为显著（$p<0.001$）。对照组前后测各个因子无显著性差异（$p>0.05$）。

表 12－5　高二实验班与对照班接受训练前后心理健康水平比较

变　量	测　验	实验组（平均数±标准差）	对照组（平均数±标准差）
阳性项目数	前	35.329±14.894	35.716±17.435
	后	24.993±13.618	36.293±15.523
躯体化	前	1.391±0.419	1.415±0.426
	后	1.327±0.318	1.386±0.328
强　迫	前	1.736±0.397	1.841±0.426
	后	1.697±0.411	1.793±0.584
人际敏感	前	1.652±0.632	1.783±0.534
	后	1.416±0.462**	1.804±0.632
抑　郁	前	1.563±0.486	1.566±0.462
	后	1.428±0.362*	1.636±0.527
焦　虑	前	1.581±0.529	1.621±0.618
	后	1.409±0.387*	1.589±0.582
敌　对	前	1.627±0.395	1.673±0.682
	后	1.417±0.537**	1.718±0.525
恐　怖	前	1.503±0.476	1.507±0.474
	后	1.396±0.563*	1.573±0.519
偏　执	前	1.697±0.635	1.683±0.472
	后	1.517±0.423*	1.604±0.526
精神病性	前	1.674±0.483	1.534±0.525
	后	1.495±0.361*	1.596±0.446

上表说明实验前两组无论是在阳性项目数上还是在各项心理指标上都没有显著差异。实验后实验组除了在躯体化和强迫这两个指标上没有显著差异外，无论是在阳性项目数上还是其他各项因子上均明显好于对照组，尤以人际敏感、敌对两个因子的差异最为显著（$p<0.01$），而对照组前后测各个因子无显著性差异（$p>0.05$）。以上结果也说明，训练对提高学生的心理健康水平是有一定帮助的。

五、讨论

（一）实验效果的归因分析

通过同伴竞争人际适应训练，学生的同伴竞争适应问题得到了一定的改善，无论在观念、情感还是行为上都发生了显著或是极其显著的变化，学生的心理健康水平通过训练也得到了一定的提高。

统计分析表明，同伴竞争人际适应教育干预训练在一定程度上是成功的，它改善了中学生面对同伴竞争时的人际适应问题，帮助他们形成了良好的竞争观念、情感及行为，提高了学生的心理健康水平。概括分析本实验效果，特做如下归因分析。

1. 训练具有很强的针对性

青少年的心理发展正处于过渡期，是心理问题的多发阶段，对此，西方的许多学者把青少年期描述为“苦恼期”、“暴风骤雨期”、“不安定期”、“危机期”等等，而这一时期青少年的心理也具有如断乳期心理、闭锁心理、逆反心理等特征。受这种心理特征的影响，一方面他们渴求融入同伴团体，渴望友谊；另一方面当他们面对竞争时，既缺乏正确的竞争观念，又缺乏健康的竞争方式和如何在竞争中正确地处理人际适应问题和进行人际交往的技能，使他们无法正确地处理与竞争同伴的人际关系，因此很容易导致人际适应问题的产生。顺利地解决这些心理和发展问题，是中学生心理健康成长、顺利度过这一人生的暴风骤雨期并适应社会发展变化的重要条件之一。我们对此进行了有目的的调查，发现了中学生面对同伴竞争所产生的一系列人际适应问题，并从竞争观念、情感及行为等各个方面进行剖析。对此，我们在教育干预训练中特别注重从培养学生正确的竞争观念入手，重点培训他们掌握必要的在同伴竞争情境下的人际交往技能，帮助他们形成良好的人际适应能力。

2. 训练的基本内容完整合理

我们通过调查发现，造成中学生同伴竞争人际适应问题主要在于不健康的同伴竞争观念、不恰当的情绪反应和不适当的行为表现以及必要的人际交往技能的缺乏。因此在教育干预训练过程中，我们模拟学生同伴竞争的真实情境，首先教给学生关于竞争的陈述性知识，让他们懂得什么是竞争，我们应该如何正确对待竞争，怎样辩证地看待竞争与合作的关系，为什么我们在竞争中会产生嫉妒、自卑等情感……然后让学生掌握竞争情境下人际适应的交往技能（程序性知识），比如如何有效地与同学进行交往、如何摆脱嫉妒和自卑等。在此基础上，让学生通过实践运用，掌握所习得的策略技能，从而达到“习以成性”的目的。在这三部分内容中，陈述性知识掌握是训练的基础，目的是为了使学生形成健康的竞争观、建立合理的知识结构。而人际交往技能的形成则是训练的重点所在，光有了合理知识是不够的，必要的技巧可以让学生在面对同伴竞争情境时更灵活、主动、积极地形成良好的人际适应。掌握知识、形成技能最终体现的是形成相应的应对人际适应问题的策略，它可以让学生根据具体条件和实际情况的变化灵活地运用所学知识和技能，即使在面对变化了的社会生活时，也能够正确应对和处理人际适应问题。基于上述认识，我们在教育干预训练中，十分注重训练内容的完整性、系统性和合理性。

3. 教育干预训练遵循了科学有效的原则

科学性和有效性是学生心理素质教育应遵循的两条基本原则，本实验在贯彻这两条原则时，将其具体化为以下两个方面：

（1）科学性。第一，理论正确。我们在掌握了大量国内外相关研究的基础上，遵循心理素质教育的基础理论和基本模式，从实际出发，客观分析中学生的同伴竞争人际适应问题。第二，思路得当。本研究从中学生同伴竞争人际适应问题的现状着手，通过对高中师生的调查和访谈，并在仔细研究国内外相关资料的基础上，编制具有针对性、有较高信度和效度的测量工具，通过科学的实验设计（包括变量的确定、实验对象的选择、实验材料的编选等），探索解决中学生同伴竞争人际适应问题的有效途径。第三，方法科学。在本次教育干预实验中，采用了测量法、实验法等较为科学的方法，保证了实验过程的严谨性和客观性。

（2）有效性。第一，从实际出发。只有真正了解和把握中学生同伴竞争人际适应问题的真实现状，教育干预才能真正落到实处并收到实效，我们所进行的调查（包括访谈）保证了实验的出发点是立足于中学生的实际的。第二，策略有效。我们在教育干预实验过程中所采用的策略（如创设活动、激发兴趣等）是有成效的，因为这些策略既满足了中学生对心理健康教育课的要求（如活动性、新颖性、趣味性等），又符合了青少年心理发展的年龄阶段特征（如自主意识、独立意识的增强等）。第三，操作性强。实验注重学生对程序性知识的运用和掌握，实验材料的重点在于活动策略的练习，教师对相关知识的传授点到为止或以学生自学为主，每次训练主要是让学生当场练习、运用所学习的人际交往技能。第四，方法具体。我们在教会学生运用某种人际交往技巧时，要帮助他们分析如何根据不同的场合、对象加以运用，以及在运用程度上的区分，并要求他们在课堂上当场运用，增强他们的感性体验。

（二）实验存在的主要问题

1. 测试工具编制。中学生同伴竞争人际适应量表有待进一步完善，比如可以考虑加进与之相关的生活适应维度。

2. 理论探索相对薄弱。因国内外相关研究不多，因此本研究对中学生同伴竞争的方式没有作深入探讨；同时，限于时间，本研究对实验效应的交互作用未做探讨。

3. 变量控制有待加强。由于本研究中的实验训练系在自然条件下进行，加之目前高中升学压力仍然很大，所以实验课多选在班会进行，不可能占用太多的课时；实验学校自身活动的安排、教师自身因素等也在一定程度上影响了训练时间的安排，对实验效果有一定影响。因为缺乏常规训练的参照，无法获取真正意义上的实验班，只能把没有接受过任何训练的学生作为参照对象，这也可能在一定程度上影响实验的说服力。

第四节　中学生同伴竞争人际适应的调节策略

人际适应对中学生的生活、学习和心理健康等都有着极大的影响，对中学生的健康成长极为重要。因此，针对中学生同伴竞争人际适应中存在的问题，从心理素质教育入手，让中学生对竞争和人际适应有一个客观、科学的认识和理解，并从认知和行为两方面进行自我调节训练是必要的。

一、合理的竞争观教育

首先，要从认识上让学生懂得竞争的本质是什么。竞争的基本精神是要有成就，是为了更好地发展，相互促进。但在任何竞争中，胜出者都永远是少数。如果想胜出只有靠自己的努力，而不是靠其他的东西。只要自己努力了，失败也并不可耻。要有一定的心理承受力，只要不断努力，总有一天会成功。

其次，要让学生懂得过度和不良的竞争会导致什么样的后果。竞争往往是以自我为中心，进一步发展就容易变为自私，自私就会带来许多负面效应，人际适应必定会受到影响。故此，在强调竞争的环境里，我们不断地制造着大批的失败者（至少是心理上的失败者），而长期失败，容易使人放弃学业，更会使人变得愤世嫉俗，严重影响到个体的人际适应。“如果只强调竞争的话，即使对取胜的少数人有利，但不能达到目标的大多数人，必然陷入需求不满之中。这种经验的积累就会产生敌意和不安，也是精神病的一种原因。竞争和不信任感、怀疑感有很大关系，从竞赛场面的研究中可以明白这一点。”[①]

因此，有必要对中学生进行竞争观教育、竞争中的人际交往技能训练，以帮助中学生正确处理同伴竞争中的人际关系，提高人际适应水平，形成“公平、公正、公开”的竞争理念，养成“胜不骄、败不馁”的心理承受能力。许多策略都是针对学生全体实施的，注重训练所取得的整体效果，主要起一个预防的作用。但是针对少数问题严重的学生，我们要因人而异、因问题而异，进行个别心理辅导。

最后，学校教育与家庭教育应双管齐下，注重对学生合理竞争观的教育，同时为学生提供多种竞争途径。家庭教育是学生成长的主要途径，因此，学校教育和家庭教育应双管齐下，重视竞争给学生带来的负面心理效应，及时发现学生的心理问题。具体措施可以包括：学校可以针对家长、教师举办一些有关讲座；班主任平时注意与家长就有关问题沟通；家长有意识地对学生进行减压等。另外，以往青少年

① 张人杰、杨美怡：《对目前流行的竞争观的再审视》，《上海高教研究》1997 年第 1 期。

所面临的竞争主要是学习竞争，对学生评价的标准过于单一，在升学时为进入重点高中、重点大学进行竞争，平时在班级内也要排名次，这都会使中学生把同伴看成自己的竞争者甚至敌人，对对方充满敌意。为学生提供其他方面的竞争（如体育、创造性、动手能力、道德修养等）可以在一定程度上起到缓解的作用。德国国际教育研究所米特教授就指出："每个人都要表现自己的才智和成绩，学生要表现自己获得的知识，在教育中不应过分强调这种竞争……要鼓励他们在情感、品德方面的竞争……这才是竞争的方向。"

二、认知训练策略

（一）问题定向

1. 针对观念上的问题。为了达到让学生形成健康竞争观念的目的，比较常用的训练策略是价值澄清法。使用价值澄清法有助于学生反思自己的竞争观念，对自己竞争观的利弊作出判断与评价。可以通过集体讨论、作品分析、设计两难问题、辩论等形式的活动来加以实施。

2. 针对认知上的问题。针对认知上的问题我们可以以认知疗法为主，结合暗示、角色扮演、行为训练等方法，对学生进行观念上的改变。

3. 针对情感上的问题。针对情感上的问题我们可以采取以暗示、角色扮演等方法为主的策略，结合观念和行为训练等手段进行辅导。

（二）教育干预训练

1. 创设活动。学生活动是同伴竞争人际适应训练的基本形式。学生通过主动参与、相互体验的活动来发现问题，分析自我，探究原因，寻找方法，反思体验，身体力行，达到"在做中学"的目的。活动既提高了学生的兴趣、激起了他们的好奇心，又为学生人际交往技能的形成和发展提供了实验和练习的载体。在活动中，学生可以了解、选择、判断和整合客观刺激和内部信息，把训练中掌握的价值观念、相关知识和技能策略内化为自身素质。

2. 激发兴趣。针对目前有些学校的心理健康教育过多注重心理学知识传授，教师照本宣科，激不起学生兴趣的实际，我们在进行教育干预实验中既注重知识传授，更注重根据学生的现实需要对所学知识及技能加以理解和运用。为了激起和维持学生的兴趣，每次训练课都采取活动导入的形式（如讲故事、举例子、做游戏、放录像等）；所选例子、原型或讨论题目注意结合学生实际生活；强调活动的参与性，争取做到每个人都有参加的机会；训练后注意与学生及时沟通、反馈，总结经验和不足等。这一系列的措施调动了学生的积极性和主动性，学生也反映喜欢接受这样的训练。

3. 引导反思。创设问题情境，开展讨论和反思，通过教师的引导启发和同学们的相互帮助，可以使学生更好地掌握所学知识或技能。教师通过创设某种情境，学生通过口述或笔述的形式总结自己原有的观念和行为表现，并同现有观念和行为进行对比，同时对自己学习知识和技能的体会、训练收获等进行总结。

4. 促进迁移。通过教师讲解使学生明确所学技能的使用条件和适用范围，提供榜样或范例，提醒学生运用所学知识和技能时要联系个人实际和现实处境。同时，设置多种练习情境，增加训练背景的变化性和多样性，让学生在不同的背景条件下练习，增强迁移效果。平时注意与实验班班主任及学生保持联系，以检查训练效果的迁移情况。

三、行为训练策略

（一）针对行为的训练策略

1. 榜样示范。学生能够借助榜样，模仿到有效的交往技巧。榜样可以是著名人物，也可以是学生身边的朋友、师长。呈现榜样时，可以采用播放录像、看连环图画、小品表演等各种不同的形式。在学生观察学习的过程中，教师应该辅以适当的语言指导。

2. 阅读与讨论。配合训练目的选用一定的阅读材料也能够为学生提供观念与行为的榜样，在阅读的基础上组织学生加以讨论与评价，能够促进学生间交往技能的交流，丰富学生关于交往的技巧、知识和经验。

3. 情境创设与心理角色扮演。角色扮演是心理健康教育较为常用的方法。通过创设情境，能够促进学生将观察、阅读、讨论过程中获得的技能转化为实际的行为。

（二）进行面对同伴竞争的人际交往技能训练

人际交往技能是说明人与人交往质量的一组行为表现。这方面的定性研究在心理学中还是一个较新的领域，但是关于言语和非言语交际的相互影响等问题，目前已有了不少系统的研究结果。其中，人际交往技能发展的观念以及随之兴起的技能训练都说明这种技能的获得不是与生俱来的，而是可以通过后天的培训和学习获得的。交往技能训练是一种帮助人们在人际交往过程中更有效地进行反应的技术，一般是通过客观的或评定的方式，找到在一定背景中最佳的交往技能和行为方式，然后确定受训练者的行为方式与最佳方式之间的差别，最后通过一定方式的训练，使受训练者的行为方式得到改进，并逐步接近和达到最佳方式。对中学生进行交往技能训练可以从以下两个方面着手：一是与一人或多人间的相互交往；二是通过正常的交往解决部分问题。

附录 中学生同伴竞争人际适应问卷

亲爱的同学：

您好！我们是西南师范大学教育科学研究所的研究人员，为了改善中学生面对同伴竞争的人际适应能力，特邀请您参加这次测试。请您认真回答以下问题。因为每个人的情况有所不同，因此，答案无所谓正确或错误。为了保证科学研究的真实性，请您一定要如实反映自己的情况和想法，在问卷上相应的地方打“√”。

我们对您的回答将严格保密，请不要有任何顾虑。

在您回答问题时，请注意下列几点：

第一，不要费时斟酌。您平时是怎么做、怎么想的就怎么选。

第二，请不要遗漏。务必对每一个问题进行回答。

第三，请真实反映自己的情况，不必顾及他人意见。

谢谢您的合作！

学校：________ 年级：________ 班级：________

姓名：________ 性别：________ 年龄：________

你认为下列哪种描述最符合你的真实情况？

A：很不符合；B：不太符合；C：不确定；D：比较符合；E=非常符合。

1. 我感觉周围的人很容易相处。 □A □B □C □D □E
2. 我更适应现在的环境。 □A □B □C □D □E
3. 我认为周围的人对我充满敌意。 □A □B □C □D □E
4. 如果和周围的人发生矛盾，我会设法解决。 □A □B □C □D □E
5. 如果别人对我有不满的情绪，我会反省平日的言行。 □A □B □C □D □E
6. 当别人获得成功时我会主动表示祝贺。 □A □B □C □D □E
7. 我喜欢在别人面前显示自己的成功。 □A □B □C □D □E
8. 尽管有时会产生矛盾，但我更喜欢和同学在一起活动。 □A □B □C □D □E
9. 如果别人对我有意见我很少主动和他们交流。 □A □B □C □D □E
10. 除了自己的考试名次，我对其他同学的成绩丝毫不感兴趣。 □A □B □C □D □E
11. 即使周围的人都批评我，我也坚持自己的观点。 □A □B □C □D □E

12. 虽然我的本意是好的，但却总是受到别人的误解。

□A □B □C □D □E

13. 我在班集体里只有几个朋友。 □A □B □C □D □E

14. 当其他同学取得进步时，我真心为他们高兴。 □A □B □C □D □E

15. 当父母拿我与其他同学相比时，我心里很不舒服。

□A □B □C □D □E

16. 当与同伴相处气氛紧张时我不知怎么办。 □A □B □C □D □E

17. 我希望看到成绩比我好的同学失败。 □A □B □C □D □E

18. 当与别人发生冲突时，我全力维护自己的利益。□A □B □C □D □E

19. 为了集体的利益我可以个人受点委屈。 □A □B □C □D □E

20. 大家都喜欢和我做朋友。 □A □B □C □D □E

21. 我认为凡是阻碍我取得成功的人都是我的敌人。□A □B □C □D □E

22. 我能改善与周围人的关系。 □A □B □C □D □E

23. 即使来到新环境，我也能很快融入新的人际关系。

□A □B □C □D □E

24. 当与其他同学发生利益冲突时，我总是选择回避。

□A □B □C □D □E

25. 我很害怕失败。 □A □B □C □D □E

26. 我对我的班集体很不满。 □A □B □C □D □E

27. 周围的同学经常反映我的脾气不好。 □A □B □C □D □E

28. 我会对一次考试中的失误念念不忘。 □A □B □C □D □E

29. 我希望老师只表扬我一个人。 □A □B □C □D □E

30. 如果某个同学的成绩超过我，我对他/她的好感会下降。

□A □B □C □D □E

第十三章 Di Shi San Zhang

青少年异性交往心理问题及指导策略

“学会交往”是青少年整体素质健康发展不可或缺的部分，青少年异性交往是其交往活动的重要方面，是其社会化发展的“必修课题”。青少年阶段是人生社会化过程的重要时期，而青少年阶段的异性交往，又是实现其社会化过程中必不可少的链条。因为“人不可无群”，在男女参半的社会中，青少年必然面对异性交往，只有学会与异性健康交往，才会形成良好人际关系，保证学习、生活的正常进行。心理学研究表明，随着青少年生理和心理的发展，异性之间交往的愿望日益强烈，但由于其既缺乏异性交往的心理准备又缺乏相应的经验和技巧，难免产生心理和行为问题。因此，从理论和实证系统研究青少年异性交往的心理问题，指导青少年培养异性交往能力和积累异性交往经验，为其步入社会做好准备十分必要。

第一节 研究概述

一、青少年异性交往的心理问题与定位

（一）青少年异性交往心理问题

青少年异性交往心理问题即在与异性交往方面存在的心理问题。根据心理问题的定义及相关文献分析，青少年异性交往心理问题大多属于心理成长问题与心理障碍问题，从轻度、中度、重度的角度来划分，则大多属于轻度与中度心理问题。具体表现为认知失调——对与异性交往的认识、观念不正确；情绪情感偏差——对与异性交往产生焦虑、抑郁、压抑、胆怯、恐惧、敏感、苦恼等情绪情感体验；行为障碍——具体表现为拒绝、侵犯或过分关心异性，与异性的交往方式不当，不能有效消除与异性交往的矛盾和障碍，缓解交往压力等；对异性交往的态度、动机不合

理——炫耀自己、盲目模仿、尝试爱情、满足生理需求、出自逆反心理等。

（二）关于青少年异性交往的定位

国内研究大多将青少年异性交往定位于由青春期的性生理发育而引起的性心理、性道德问题范畴。国外研究所关注的焦点，多在恋爱心理和行为、性行为、避孕、预防性疾病等方面。

显然，国内定位强调青少年异性交往的生理基础和道德层面，忽视了青少年异性交往的社会心理学意义，人为窄化了青少年异性交往研究的价值。我们并不否认强调青少年异性交往的生理基础尤其是性生理基础的重要性，然而，单纯从性生理及性心理、性道德角度看待青少年的异性交往，既不利于全面揭示青少年异性交往心理问题的原因，也不利于对青少年进行有效的异性交往教育。国外定位强调青少年交往的过激行为，与我国国情相去甚远，难说具有直接参考价值，不过可借鉴其研究方法。因此，我们认为，急需从多层面、多维度开展对青少年异性交往的心理学研究。

二、关于青少年异性交往的心理功能

研究表明，异性交往对青少年的成长与发展具有积极的功能。国内外研究成果表明，异性交往对青少年心理发展的功能主要表现在以下方面。

（一）促进青少年同一性的发展

埃里克森认为，青少年阶段的关键任务是发展同一性。在青春期的初始阶段，青少年就通过与母亲、父亲、同性朋友、异性朋友和其他人的关系而形成对于自我的感知，并且这种感知作为一种自我展示的社会化的功能而不断发展。[①] 异性交往在青少年的同一感发展中主要通过两种作用方式产生影响：第一，异性交往有利于他们建立清晰的自我感知。在与同龄人相互作用的过程当中，他们不仅仅简单地拥有一个自我概念，而是拥有多个不同的自我概念，这些自我概念分别是在与一般的同伴群体、亲密朋友和异性同伴之间的相互作用中形成的。[②③④] 与异性交往比较积极、健康（水平高）的青少年，相对于那些与异性交往不成功（水平低）的青少年，对于自身的交往能力有更清晰的感知，并且具有更强的自信，会认为自己具备较强的吸引力或魅力。第二，异性交往及其自我概念能够影响个体的自我价值感。因为在与异性交往过程中形成的自我概念与众多其他自我概念相关，如身体外表及同伴

① S. Harter：*The Construction of the Self：A Developmental Perspective*，New York：Guilford Press，1999.

② J. A. Connolly，R. Konarski：*Peer self-concept in adolescence：analysis of factor structure and of associations with peer experience*. *Journal of Research on Adolescence*，1994，4（3），pp385－403.

③ V. Gecas：*Parental behavior and contextual variations in adolescent self-esteem*. *Sociometry*，1972，35（2），pp332－345.

④ S. Harter：*Manual for the self-perception Profile for adolescents*，Denver：University of Denver，1988.

接纳方面，这些不同方面的自我概念综合作用决定了个体的自我价值感。据 Harter 的研究，异性交往自我概念与自我价值的相关系数达到 0.40 到 0.55 的显著水平。此外，异性交往对自我表现、道德价值、合法的同一感选择、职业准备以及一系列社会角色，比如性别角色的发展都有很大影响。①

（二）增进青少年的心理健康

异性交往可以满足青少年的心理需求，从而达到心理平衡。反之，缺乏异性交往会导致适应不良，引起性心理扭曲、性变态等问题。在子女比较多的年代，青少年在兄弟姐妹中自然地交往，仿佛无师自通，很容易得到与异性交往的经验。如今，独生子女越来越多，独生子女本来没有兄弟姐妹，缺少与异性交往的机会，与同学伙伴的交往其实恰恰可以代替兄弟姐妹间的交往。许多独生子女从小与异性接触很少，进入青春期后，就很可能出现对异性的特殊敏感，在与异性交往中也容易遇到困难。这样他们便很容易走向只关注自己、封闭自己的极端。当他们发现自己有某些不如他人之处时，便会产生自卑、嫉妒、自暴自弃的心理。这会更加妨碍他们与异性的交往，结果还可能因此而患上“异性恐惧症”或成为性心理变态的隐患。而正常的异性交往能够消除这种不健康的心理。研究者还认为，青少年异性交往有利于个性的完善。因为异性交往能否成功，常常反映出个人的个性品质的优劣。青少年在交往中能够自动发现性格弱点，并以对方为参照加以改善，从而使自己的个性更加完善。多方面的交往才会使自己的个性更加丰富。交往如果仅限于同性，人心理的发展往往是狭隘的。尤其青春期是人的个性养成阶段，男生可以从女生那里感受到娴静、温柔，克服自己的粗野；女生可以从男生的坚毅、果敢中消除自己的娇气与做作。

（三）增进青少年间的友谊，为日后获得成熟爱情奠定基础

健康的异性交往扩大了青少年的交友范围，使他们友谊的发展不再仅仅局限于同性同学的狭小圈子；同时，青少年通过异性交往，从对方身上学到的优点又能够迁移到他们与同性同学的交往过程中。因此，异性交往对于发展青少年友谊的广度和深度有着十分重要的作用。从长远来看，正如只有在行车走路中才能真正学会遵守交通法规一样，青少年也必须在与异性交往过程中切实掌握交往的科学规则。通过与异性同学的交往，积累与异性合理交往的经验，并且逐渐学会进行比较与鉴别，掌握友谊与爱情的区别，才能够更稳妥地把握自己的情感。这样也会促使他们将来更认真地择偶，为以后完满的婚姻生活做好准备。

---

① A. S. Waterman：*Identity in the context of adolescent psychology*. In A. S. Waterman（ed.）：*Identity in Adolescence：Processes and Contents*，San Francisco：Jossey-Bass，1985，pp5—24.

（四）促进青少年的社会性发展

首先，与异性同伴的良好关系有助于青少年获得熟练成功的社交技巧。经常和异性同伴在一起，青少年能锻炼自己和异性交流的能力，特别是语言技巧。与异性同伴关系良好的青少年能够适当地控制自己的行为，具有较高的道德水平，比较友好和喜爱交际。其次，良好的异性同伴关系能使青少年具有安全感和归属感，有利于情绪的社会化，有利于培养青少年对环境进行积极探索的精神。社会测量研究表明，具有良好异性同伴关系的青少年易表现出友好、谦虚的品质和低焦虑，能顺利适应环境。此外，良好的异性同伴关系还有利于青少年社会价值的获得。

（五）对青少年心理和行为的多方面的积极影响

综合相关研究，心理学家将青少年异性交往所带来的有利方面归纳为八条：（1）带来稳定感；（2）使之度过快乐的时光；（3）使之获得与别人友好相处的经验；（4）使宽容大度和理解力得到发展；（5）得到掌握社会技术的机会；（6）得到批评他人和受到他人批评的机会；（7）提供了解异性的经验；（8）培养诚实的道德观。同时，日本大阪教育大学所做的一份中学生异性交际的调查结果显示，女初中生认为异性交往有如下好处：（1）增加对异性的了解；（2）感到快乐；（3）可以谈论和女孩无法交谈的事情，可以听到和女孩不同的意见；（4）学习上得到帮助；（5）可以更加了解自己；（6）会对什么事情都感到美好。而男初中生认为通过异性交往，可以：（1）增加对女性的了解；（2）变得天天充满生气，并感到快乐；（3）相互间能无话不谈，也能诉说苦恼；（4）变得乐于和异性进行交谈；（5）会增加朋友，变得开朗起来。显然，这些结论同前述观点是基本一致的。许多相关研究结果也揭示了异性交往对于青春期学生成长的巨大推动和促进作用。①②③ 同时，研究也发现青少年的异性交往存在很多心理问题。④⑤ 因此，对青少年异性交往心理问题及其影响因素进行科学研究，能够为有针对性地进行教育和采取相关措施预防与矫正青少年异性交往心理问题、提高异性交往水平提供理论依据，为更好地发挥异性交往对于青少年成长和发展的特有功能起到指导和促进作用，因而本研究具有积极的现实意义。

三、青少年异性交往的研究现状

（一）青少年异性交往的发展阶段和特点

通过查阅文献资料，发现此方面的研究并不多见。近年来有少量研究涉及青少

① 郑和钧等：《高中生心理学》，浙江教育出版社 1993 年版，第 239～241 页。
② 项新球、高桥：《大学生心理与健康》，中国建材出版社 2000 年版，第 94～96 页。
③ 邹丽洁：《异性交往的健康与成熟——关于青少年性心理问题的通信》，大众文艺出版社 1998 年版，第 125～127 页。
④ 吴晶等：《青春期学生异性交往心理与行为特征研究》，《心理科学》2002 年第 3 期。
⑤ 张景焕、李慎力：《青少年性生理、性心理发展及其相关因素研究》，《教育研究》1996 年第 5 期。

年异性交往的发展特点问题。沃建中等对11743名中学生的调查发现，不同年级中学生与异性同伴的交往水平存在着非常显著的差异，总体呈上升趋势，并且与异性同伴的关系要好于与同性同伴的关系；各年级女生与异性同伴的关系要好于男生，年级与性别之间的交互作用显著。女生与男生同异性同伴的交往水平分别于初三和高二以后保持稳定。① 吴晶等对679名高中生的调查发现，当前的高中生并不害怕和回避异性交往，缺乏的是如何进行正确的与异性交往的知识和与异性学生适度交往的技巧。结果还发现，学生的自尊水平、自信程度和语言能力对青春期的异性交往水平有较大影响，学校环境和学生自己在交往中的努力程度对青春期学生的异性交往产生重要影响。② 张景焕等的研究表明，中学生与异性交往愿望随年级升高有上升趋势，初中女生异性交往水平显著高于男生，高中男生的异性交往水平略高于女生。对影响中学生的异性交往水平的因素分析发现，自我认识是影响异性交往水平的关键因素，并且自我认识和对交往重要性认识的交互作用也在异性交往水平上产生效应。③ 蒋有慧对初中生异性交往心理发展特点的研究发现，初二年级是学生异性交往心理发生显著变化的时期。④

（二）青少年异性交往心理问题的影响因素

青少年异性交往心理问题受到许多内外因素的影响。根据各种因素与青少年异性交往心理问题的密切程度，我们认为，从大的方面来说，青少年异性交往心理问题主要受到个体因素、家庭因素、同学关系和社会环境四个方面因素的影响。具体说来，个体因素主要指青少年个体的各种主客观特征，如身体发育状况、外貌、学习成绩、努力程度、自我效能感等；家庭因素主要指青少年生活成长的家庭环境特征，它包括各种物理因素与心理因素，如父母职业、文化程度、家庭结构、家庭氛围、家庭教养方式、学生与父母关系等；同学关系因素主要指与同班同学的关系情况，包括与同性同学和异性同学的竞争程度、合作程度、友谊的广度与深度等；社会环境因素主要指与青少年异性交往相关的社会舆论与交往氛围，比如教师、社会大众对其异性交往的态度，书籍、报刊、网络等有关异性交往的内容，班级、学校、社区的异性交往氛围等。国外对青少年异性交往影响因素的研究，多集中在家庭因素和个人特征方面。

上述对青少年异性交往发展特点及其影响因素的研究为我们研究青少年异性交往心理问题提供了有益启示，但已有研究既缺乏专门测查青少年异性交往心理问题的工具，也没有对青少年异性交往心理问题进行归因研究。因此，我们认为对青少

① 沃建中等：《青少年人际关系发展特点的研究》，《心理发展与教育》2001年第3期。
② 吴晶等：《青春期学生异性交往心理与行为特征研究》，《心理科学》2002年第3期。
③ 张景焕、李慎力：《青少年性生理、性心理发展及其相关因素研究》，《教育研究》1996年第5期。
④ 蒋有慧：《初中生异性交往心理发展的特点》，《教育研究》1991年第3期。

年异性交往心理问题及其影响因素进行实证研究，编制能够全面反映青少年异性交往心理问题和影响因素的测量工具十分必要。

（三）关于正确对待青少年异性交往的教育构想

关于青少年异性交往的相关研究虽然较多，但多是经验性和思辨性的；研究者们对如何对青春期学生进行异性交往方面的正确教育提出了若干建议，但这些教育建议都是经验总结和理论构想层面的，缺乏科学实证的依据；对何谓健康的异性交往、青少年异性交往容易出现哪些心理问题、影响青少年异性交往心理的因素有哪些等问题鲜有探讨。因此对如何针对不同学生进行有效的教育和引导迫切需要以科学研究为依据，构建科学合理的青少年异性交往教育模式，以提高教育的实效性。

（四）关于青少年异性交往的研究方法

目前，国内关于青少年异性交往的研究方法主要是问卷调查法、经验总结法和理论思辨法；国外对此问题的研究除了采用问卷调查法外，还采用了追踪研究法、自然观察法、录像分析法及生物学水平的研究（如通过唾液分析得到个体的肾上腺激素水平与异性交往的关系）等。

（五）现有研究的问题

1. 研究领域狭窄。现有研究多集中在青少年异性交往的现状、发展特点、基本问题和教育对策的理论构想方面，缺乏对青少年异性交往问题，尤其是对青少年异性交往心理问题的科学研究，如对青少年异性交往心理问题的概念界定、问题类型、特征、影响因素和矫正策略等的研究较少报道。

2. 理论研究多，实证研究少。目前对青少年异性交往的研究多集中在理论探讨方面，主要运用经验总结和思辨的方法探讨了青少年异性交往的功能、问题和教育对策，仅在对青少年异性交往的现状和发展特点方面作了少量的调查研究，缺乏对青少年异性交往心理问题的科学研究。

3. 缺乏专门、科学的测量工具。目前，对青少年异性交往的研究大多借用相关研究工具，如一些人际关系量表等相关量表，缺乏信度、效度较高的专门测量工具，这就不可避免地影响了研究的针对性和科学性，从而降低了研究的理论价值与实践意义。因此迫切需要开发信度、效度较高的专门测量工具，提高研究方法的科学性，增强研究的深度。

针对现有研究的不足，本研究拟从青少年的社会性发展角度出发，将青少年异性交往定位为人际适应与发展的一个重要方面。在对国内外大量文献综合分析研究的基础上，界定青少年异性交往心理问题的概念和类型，并且采用问卷调查、访谈法和因素分析法，编制青少年异性交往心理问题自评问卷和影响因素问卷，以此为工具，力求全面、系统探讨青少年异性交往心理问题及其成因，探讨针对青少年异性交往心理问题特点的教育指导策略，为青少年异性交往教育提供科学依据和方法指导。

第二节　青少年异性交往心理问题问卷的编制

一、青少年异性交往心理问题的维度构建

首先，根据对相关文献的分析，从认知、情绪、行为、动机四个维度分别编制青少年异性交往心理问题的学生、专家、教师和家长问卷。为保证调查收到最佳效果，我们根据调查对象的不同特点，对每种问卷从文字和形式上分别进行设计。其次，对学生、教师的调查实行团体施测，并请心理专业的研究生作为主试，施测过程严格遵守心理测验规则：对专家的调查采用信函或电子邮件的形式；对家长的调查采用委托班主任代测的方式，利用家长会进行团体施测，并提前对班主任进行主试培训。最后，分析问卷的调查结果。考虑到心理问题问卷对学生、教师、家长分别测的是其自身、学生和孩子的心理问题，因此根据经验指标，拟取赞成率为5%以上的成分，而对专家调查结果取赞成率60%以上的成分；并根据专家、学生、教师、家长在开放式问题中作出的补充和提出的建议，对部分成分进行维度调整、内容修改或重新命名，得到青少年异性交往心理问题的理论构想（表13−1）。

表13−1　青少年异性交往心理问题半开半闭式问卷调查结果（赞成率:%）

因素		学生	专家	教师	家长
认知失调	规范	31.44	71.43	56.25	18.18
	择友标准	64.01	90.48	84.38	22.73
	功能	27.33	85.95	71.88	27.27
	性别差异	30.30	79.84	62.50	15.91
情绪偏差	焦虑	13.67	90.48	40.63	11.36
	抑郁	7.97	85.71	21.88	9.09
	自责	14.12	60.13	25.00	6.82
	自卑	15.72	95.24	25.00	11.36
	恐惧	17.31	80.95	18.75	9.09
	敏感	24.15	85.71	65.63	18.18
	冷漠	18.45	86.11	15.63	25.00
	嫉妒	7.97	86.46	50.00	6.82

续表

因 素		学 生	专 家	教 师	家 长
行为障碍	冲 动	20.27	100	87.50	18.18
	退 缩	21.41	95.24	15.63	11.36
	过分害羞	27.33	80.95	28.13	22.73
	应对力低	11.85	80.95	59.38	6.82
	侵 犯	6.38	76.19	15.63	9.09
	过分关注	7.74	76.19	46.88	6.82
	方式不当	5.69	100	34.38	0
动机不当	间接动机	27.79	95.68	78.13	45.45
	直接动机	77.68	81.47	87.50	36.36

综合国内外的相关研究，并根据半开半闭式问卷的调查结果，同时在不断深入思考的基础上，我们对青少年异性交往心理问题的构成成分做了如下调整：将认知失调重新命名为价值观失调；将自责并入自卑；添加敌意因素；去掉应对力低因素；将侵犯重新命名为攻击；将动机维度分为外部动机和内部动机。具体见表 13－2。

表 13－2　青少年异性交往心理问题理论构想

价值观失调	情绪偏差	行为障碍	动机不当
功 能	焦 虑	冲 动	外在动机
规 范	抑 郁	退 缩	内在动机
择友标准	自 卑	攻 击	
性别差异	恐 惧	过分害羞	
	敏 感	过分关注	
	冷 漠	方式不当	
	嫉 妒		
	敌 意		

二、青少年异性交往心理问题问卷的编制

首先，根据理论构想和调查问卷中收集到的特征词句，并参考已有的公认信度、效度较好的相关问卷，编制青少年异性交往心理问题问卷的初始问卷；再在重庆市抽取 55 名中学生作为初始问卷的小样本试测对象，通过对小样本试测结果的分析，对初始问卷中被试感觉表述不清、难以理解的题项进行修改或佐以补充解释；然后采用整群分层抽样法，在四川省、重庆市抽取 369 名中学生作为初始问卷的正式测

量对象，并对问卷进行项目分析和因素分析，从而得到实证支持的有效维度、因素和项目，确立正式问卷；最后，抽取重庆市921名普通中学学生与职业中学学生作为正式问卷的测量对象，并采用内部一致性信度、分半信度、结构效度和内容效度来检验青少年异性交往心理问题问卷的信度和效度。数据分析结果如下。

（一）项目分析

采用项目与总分的相关系数作为内部效标进行项目的鉴别力分析，其中98项D>0.4，33项0.2<D<0.4，表明青少年异性交往心理问题初始问卷的项目鉴别力绝大部分较好，均可继续参加因素分析。

（二）因素分析

采用主成分分析法和正交旋转法对数据进行分析。抽取出16个共同因子，共获得76个题项，解释总方差60.762%的变异，结果见表13－3。

表13－3 青少年异性交往心理问题问卷因素分析结果

题号	项 目	共同度	因素负荷
因素1：攻击。特征值为3.962，贡献率为5.213%，共6道题。累积贡献率为5.213%。			
4	常与异性打架。	.629	.665
22	对所嫉妒的异性或同性采取过不道德行为（如背后编造对方坏话或破坏对方东西）。	.635	.599
39	不能控制想攻击异性的念头（包括言语攻击和动作攻击）。	.626	.544
57	以攻击异性为乐（包括言语攻击和动作攻击）。	.600	.528
70	常与异性争吵。	.572	.497
78	对很受异性欢迎的同性冷嘲热讽。	.565	.357
因素2：抑郁。特征值为3.609，贡献率为4.748%，共6道题。累积贡献率为9.961%。			
5	同异性交往时总怕说错话或表现不当。	.683	.720
23	异性称赞自己时不知如何是好。	.556	.616
41	在异性面前吃东西很不舒服。	.563	.593
58	与异性交往时感到心理压力很重。	.655	.562
71	尽管很想多交一些异性朋友，但一直压抑住心中的想法。	.556	.471
79	有时明知对方（为异性）没有危险，但还是害怕他（她）。	.520	.334
因素3：退缩。特征值为3.496，贡献率为4.600%，共4道题。累积贡献率为14.561%。			
6	尽量不到有异性的场合。	.656	.680
24	怕家长、老师不喜欢我而尽量少与异性交往。	.606	.628
42	总怕同学说闲话而尽量少与异性交往。	.649	.616
59	见到异性就想逃离。	.565	.565
因素4：过分害羞。特征值为3.432，贡献率为4.516%，共8道题。累积贡献率为19.077%。			

续表

题号	项　　目	共同度	因素负荷
7	与陌生异性见面时表现得很不自然。	.548	.699
25	与异性交谈时不敢坦率表达自己的思想。	.597	.616
43	与异性说话很容易脸红。	.515	.587
60	与异性交往时反应迟钝，不能很好地表现自己。	.592	.547
72	在与异性交往中想象到的失败感多于成功感（如感到我是不会与对方处好关系的）。	.616	.495
80	缺乏与异性交往的勇气。	.610	.479
82	不敢单独与异性在一起。	.622	.422
84	虽然希望与异性交往，但又很少主动打招呼。	.557	.391
因素5：功能失调。特征值为3.401，贡献率为4.474%，共6道题。累积贡献率为23.551%。			
8	同异性交往没什么好处。	.577	.710
26	好学生应尽量不与异性交往。	.585	.631
44	与异性交往危险。	.590	.593
61	瞧不起异性，所以很少与异性交往。	.544	.524
73	与异性交往会影响学习。	.609	.482
81	讨厌异性。	.621	.365
因素6：方式不当。特征值为3.374，贡献率为4.439%，共5道题。累积贡献率为27.990%。			
9	经常与某一固定的异性朋友单独在一起。	.626	.696
27	经常与异性出入校外公共场所，如公园、酒吧等。	.660	.688
45	与异性有过抚摸、拥抱行为。	.677	.602
62	与异性单独约会。	.669	.600
74	同异性接过吻。	.567	.479
因素7：过分关注。特征值为3.287，贡献率为4.324%，共6道题。累积贡献率为32.315%。			
11	一想到某个异性就学习不下去。	.681	.676
28	与异性交往有时不能控制自己的感情而步入恋爱。	.646	.657
46	因思慕异性而影响了睡眠等日常生活。	.637	.615
63	经常为异性交往问题而睡不着觉。	.645	.509
75	为尝试恋爱的滋味而与异性交往。	.593	.436
83	很容易把自己对异性同学的好感当做“爱情”。	.495	.406
因素8：择友标准失调。特征值为2.808，贡献率为3.695%，共5道题。累积贡献率为36.010%。			
12	选择与外表时尚、前卫的异性交往。	.647	.737

续表

题号	项　目	共同度	因素负荷
29	因为喜欢异性的外貌而与其交往。	.635	.629
47	选择与出手大方或有钱的异性交往。	.624	.565
64	选择外表漂亮（英俊）的异性朋友。	.626	.532
76	长时间注视、打量异性。	.492	.453
因素 9：内部动机不当。特征值为 2.678，贡献率为 3.524%，共 4 道题。累积贡献率为 39.534%。			
13	为满足生理需要而与异性交往。	.681	.674
31	异性朋友多恋爱对象就会多。	.670	.570
48	为补偿与同性同学交往的失败而与异性交往。	.548	.488
65	中学生可以有性行为，他人无权干涉。	.541	.439
因素 10：外部动机不当。特征值为 2.670，贡献率为 3.513%，共 5 道题。累积贡献率为 43.047%。			
14	与异性交往是为了向别人炫耀自己。	.675	.634
32	与异性交往是为了证明自己的吸引力。	.642	.626
49	与异性交往是为了对家长、老师在这方面的压制表示不满和反抗。	.626	.500
66	与异性交往是为了随大流（比如因为大多数同学都这样做，所以我也这样做）。	.557	.409
77	与异性交往是为了寻求依赖与安全感（女生回答此半句）；与异性交往是为了寻求保护他人的成就感（男生回答此半句）。	.465	.371
因素 11：冷漠。特征值为 2.538，贡献率为 3.340%，共 4 道题。累积贡献率为 46.387%。			
15	有时异性主动与你说话也不理睬。	.654	.682
33	在与异性交往时总是神经过敏。	.567	.541
51	尽量不与异性交往，除非必要时才与异性打交道。	.604	.527
67	尽量避免与异性待在一起。	.629	.497
因素 12：嫉妒。特征值为 2.329，贡献率为 3.065%，共 3 道题。累积贡献率为 49.452%。			
16	不喜欢异性朋友与自己的同性朋友交往。	.615	.661
34	嫉妒与自己的异性朋友关系良好的同性。	.649	.638
52	憎恨异性。	.671	.431
因素 13：自卑。特征值为 2.293，贡献率为 3.017%，共 4 道题。累积贡献率为 52.469%。			
17	感到自己在异性同学眼中是个可有可无的人。	.628	.703
35	对自己与异性的交往感到悲观、失望。	.631	.532
53	只要有异性在场，就感到很紧张。	.580	.399
68	对异性感到持久而强烈的害怕。	.584	.334

续表

题号	项　　目	共同度	因素负荷
因素 14：敌意。特征值为 2.266，贡献率为 2.981%，共 4 道题。累积贡献率为 55.450%。			
18	很少帮助异性。	.633	.631
36	经常对异性说一些难听的话。	.621	.592
54	对异性的长处心怀不满。	.622	.526
69	不信任异性，从不和异性坦诚相见。	.630	.380
因素 15：规范失调。特征值为 2.059，贡献率为 2.710%，共 3 道题。累积贡献率为 58.160%。			
19	中学生异性之间发展恋爱关系属正常现象。	.621	.653
37	只要两个同学之间愿意，可以发展恋爱关系，他人无权干涉。	.651	.645
55	中学生恋爱没什么大不了的，不会给自己带来不良影响。	.612	.509
因素 16：多疑。特征值为 1.978，贡献率为 2.603%，共 3 道题。累积贡献率为 60.762%。			
21	每当看到有两个男女同学经常在一起，我会认为他们在谈恋爱。	.651	.696
38	感到异性不理解、不同情自己。	.593	.522
56	感到异性经常谈论、监视自己。	.590	.449

第一个因素的 6 个题项涉及对异性进行攻击的想法、言语、感受和行为等内容，因此仍采用理论构想中的因素名称攻击；第二个因素的 6 个题项描述了异性交往中的抑郁情绪体验和行为表征，因此仍沿用理论构想中的因素名称抑郁；第三个因素的 4 个题项涉及异性交往退缩的心理感受和行为表现，因此仍沿用理论构想中的因素名称退缩；第四个因素的 8 个题项描述了与陌生异性见面时表现得很不自然，与异性交谈时不敢坦率表达自己的思想，与异性说话很容易脸红等与异性交往时过分害羞的心理和行为特征，因此仍采用理论构想中的因素名称过分害羞；第五个因素的 6 个题项都与认识不到异性交往的功能或异性的优点有关，故仍采用理论构想中的因素名称功能失调；第六个因素的 5 个题项涉及了与异性交往不恰当的对象范围、场合和行为方式等内容，因此仍采用理论构想中的因素名称方式不当；第七个因素的 6 个题项描述了对异性过分关注的感受、表现和后果，因此仍采用理论构想中的因素名称过分关注；第八个因素的 5 个题项分别描述了青少年在选择异性朋友时存在的不当标准，因此仍采用理论构想中的因素名称择友标准失调；第九个因素的 4 个题项描述了为满足生理需要而与异性交往等异性交往中的不当内部动机，故仍采用理论构想中的因素名称内部动机不当；第十个因素的 5 个题项涉及了与异性交往是为了向别人炫耀自己，或为了对家长、老师在这方面的压制表示不满和反抗等异性交往中的不当外部动机，故仍采用理论构想中的因素名称外部动机不当；第十一个因素的 4 个题项描述了异性交往冷漠的特征，故仍采用理论构想中的因素名称冷

漠；第十二个因素的3个题项描述了与异性交往中存在的嫉妒的特征，故仍采用理论构想中的因素名称嫉妒；第十三个因素的4个题项描述了感到自己在异性同学眼中是个可有可无的人，对自己与异性的交往感到悲观、失望等异性交往中自卑的特征，故仍采用理论构想中的因素名称自卑；第十四个因素的4个题项描述了经常对异性说一些难听的话，不信任异性，从不和异性坦诚相见等对异性充满敌意的心理和行为特征，故仍采用理论构想中的因素名称敌意；第十五个因素的3个题项描述了认为中学生异性之间发展恋爱关系属正常现象，只要两个同学之间愿意，可以发展恋爱关系，他人无权干涉等对异性交往规范的不当认知或态度（主要是认同中学生恋爱），因此可以沿用理论构想中的因素名称规范失调；第十六个因素的3个题项描述了认为每当看到有两个男女同学经常在一起，就会认为他们在谈恋爱，感到异性经常谈论、监视自己等异性交往中多疑的表现，因此命名为多疑。

对析出的16个因素再进行二阶因素分析，获得了4个维度，共解释总方差的68.048%（表13－4）。维度一包括了过分害羞等5个因素，可以命名为退缩性人格；维度二包括了动机、方式不当等有关交往态度、行为失调的6个因素，因此可以命名为交往失调；维度三包括了敌意和功能失调2个因素，可以命名为偏执；维度四包括了多疑等3个因素，可以命名为过度防卫。

表13－4 青少年异性交往心理问题问卷二阶因素分析结果

维度	因素	特征值	累积贡献率(%)	因素负荷			
退缩性人格		3.868	24.173				
	过分害羞			.888			
	抑郁			.852			
	自卑			.781			
	退缩			.748			
	冷漠			.622			
交往失调		3.378	45.283				
	内部动机不当				.768		
	择友标准失调				.760		
	方式不当				722		
	过分关注				.702		
	外部动机不当				.677		
	规范失调				.670		
偏执		2.103	58.427				
	敌意					.741	

续表

维 度	因 素	特征值	累积贡献率(%)	因素负荷			
	功能失调					.721	
过度防卫		1.539	68.048				
	多 疑						.738
	攻 击						.679
	嫉 妒						.437

根据因素分析结果，得到青少年异性交往心理问题的类型结构，见表13—5。

表13—5 青少年异性交往心理问题的类型

退缩性人格	交往失调	偏 执	过度防卫
过分害羞	内部动机不当	敌 意	多 疑
抑 郁	择友标准失调	功能失调	攻 击
自 卑	方式不当		嫉 妒
退 缩	过分关注		
冷 漠	外部动机不当		
	规范失调		

（三）信度考察

对青少年异性交往心理问题问卷的信度检验采用内部一致性信度和分半信度两个指标，以全面考察问卷总体及各因素的可靠性。最后得知，问卷总体的内部一致性信度为0.9338，分半信度为0.9060；各因素的内部一致性信度基本在0.60～0.84之间，分半信度基本在0.50～0.82之间，说明本问卷具有较好的信度。

（四）效度考察

对青少年异性交往心理问题问卷的效度考察采用结构效度和内容效度。

1. 结构效度

各因素相关系数在−0.002～0.769之间，基本上呈中等程度相关，低于因素与问卷总分的相关，且各因素与问卷总分之间的相关在0.304～0.781之间，普遍较高，因此本问卷具有良好的结构效度。至于有的因素之间呈负相关，如因素3退缩与因素6方式不当，是因为这两个因素所反映的异性交往心理问题是相对的，在异性交往上表现为退缩的学生一般不会出现交往方式不当的问题，比如一个见到异性就想逃离的学生是不会与异性单独约会的，这恰恰符合现实情况和问卷的检测目的。

2. 内容效度

本问卷的编制过程严格遵循心理测量学的研究程序，从文献分析出发，通过半开半闭式调查，获得了大量有效信息，保证了题项内容范围的代表性；在编制问卷的过程中请多名相关领域的心理学教授或专家进行审查和修正，从而不断完善了问卷。因此，本问卷的内容效度符合心理测量的科学标准。

（五）讨论

测量工具的科学性直接关系本研究的结果，而测量工具的科学性又体现在问卷设计和问卷形成两个基本环节之中。

1. 问卷设计的科学性

为了确保问卷设计的科学性，本研究问卷的设计严格遵循心理测量学的基本原则。

（1）目的明确性

任何问卷调查都是有目的的：证实或证伪某个结论。因此，目的明确是问卷设计的首要条件。只有目的明确具体，才能提出明确的假设，才能围绕假设来设计题项；只有目的和假设明确，才能选择好合适的问卷设计形式。因此，本研究紧紧围绕检测青少年异性交往心理问题的目的，从概念界定出发，提出了青少年异性交往心理问题的有关假设，构建了青少年异性交往心理问题类型模式，并从半开半闭式调查问卷开始，全面获得了专家、学生、教师、家长四个关键群体的宝贵信息，从而保证了问卷具体题项的设计符合测量目的，也为问卷以后的完善和测量工作打下了坚实的基础。具体到青少年异性交往心理问题问卷的结构，理论构想包括20个因素，探索性因素分析的结果为16个因素，理论构想中的性别认知失调、焦虑、恐惧与冲动因素消失，但焦虑与恐惧中的部分题项被抑郁和自卑因子吸取，说明这几类心理问题之间有交叉。其实从已有相关研究和现实情况来看，抑郁与自卑通常会伴有焦虑、恐惧等情绪体验，反之亦然，因此焦虑与恐惧因素被抑郁和自卑因子吸取也是不足为奇的。另外，敏感因素于因素分析后更名为多疑，嫉妒因子中涉及行为或言语侵犯的两个项目被攻击因子吸取，其他因素只是内部题项的筛选，名称均无变化，实证模型基本拟合理论模型，说明本研究的理论构想较为合理。至于二阶因素分析后维度名称的改变，因其并不与青少年异性交往心理问题的具体心理和行为表现直接相关，所以理论构想与实证结果名称的不统一并不影响问卷的信度和效度。另外，这也是我们首先从理论上构建青少年异性交往心理问题类型的研究方法所必然导致的结果。由于在实证研究前没有现成的青少年异性交往心理问题类型理论作依据，因此我们从心理的结构—功能角度出发，将青少年异性交往心理问题类型暂时归类为价值观失调、情绪偏差、行为障碍和动机不当，而因素分析后将青少年异性交往心理问题归为退缩性人格、交往失调、偏执和过度防卫四大类型，但其内部因素基本未变，仍是理论构想维度中的各因素，只是因素所属类别的调整，这恰恰证明了上述方法的正确性，因而最终实现了本研究的目的。

（2）问卷的基本维度

下面我们通过对青少年异性交往心理问题问卷的基本维度的具体分析，再来看测量工具从结构和内容方面对测量目的的体现。

①退缩性人格维度。主要指青少年在异性交往中表现出退缩性的情绪和行为方面的人格特点。其中过分害羞侧重于异性交往中的行为障碍，主要表现为与陌生异性见面很不自然，与异性说话很容易脸红，不敢坦率表达自己的思想，与异性交往时反应迟钝，不能很好地表现自己等。抑郁是异性交往中的一种消极情绪体验或行为表征，主要表现为同异性交往时总怕说错话或表现不当，在异性面前吃东西很不舒服，与异性交往时感到心理压力很重，尽管很想多交一些异性朋友，但一直压抑住心中的想法，害怕明知没有危险的异性等。自卑主要表现在消极的情绪或心理感受方面，如感到自己在异性同学眼中是个可有可无的人，对自己与异性的交往感到悲观、失望等。[①] 退缩主要是一种由于太在意、担心自己或外界的反映而表现出犹豫不决、胆小怕事、畏缩不前和孤独的消极行为特征，如尽量不到有异性的场合，因怕家长、老师不喜欢自己而尽量少与异性交往，总怕同学说闲话而尽量少与异性交往，见到异性就想逃离等。冷漠主要是指青少年异性交往中的一种消极态度，如有时异性主动与之说话也不理睬，尽量不与异性交往，除非必要时才与异性打交道等。

②交往失调维度。主要指青少年在异性交往过程中存在的不合理认识、观念、态度、动机和行为。其中内部动机不当因子是指青少年在异性交往的内部动机方面存在不恰当的想法或目的，如为满足生理需要，恋爱的冲动或为补偿与同性同学交往的失败而与异性交往。择友标准失调是指青少年在选择异性朋友方面存在不正确的标准，主要指选择与外表漂亮、英俊或时尚、前卫的异性交往，选择出手大方或有钱的异性交往等。方式不当是指青少年在异性交往的范围、场合、行为方式上存在的失调表现，如异性交往对象单一（经常与某一固定的异性朋友单独在一起）、异性交往场合不健康（经常与异性出入校外公共场所，如公园、酒吧等）、把握不好异性间正常交往的程度并表现出不当的行为（与异性有过抚摸、拥抱、亲吻行为，与异性单独约会等）。过分关注是指对异性过分思慕、爱恋的心理和行为表现，这种心理状况通常会对青少年正常的学习、生活甚至生理健康造成不良影响，如一想到某个异性就学习不下去，因思慕异性而影响了睡眠等日常生活，与异性交往有时不能控制自己的感情而步入恋爱等。外部动机不当是指青少年在异性交往方面存在不恰当的外部动机，如与异性交往是为了向别人炫耀自己或是证明自己的吸引力，为了对家长、老师在这方面的压制表示不满和反抗，随大流等。规范失调主要是指青少

① 陈永胜：《小学生心理诊断》，山东教育出版社 1994 年版，第 185 页。

年在异性交往的规范方面存在不合理的认知或观念，如认为中学生异性之间发展恋爱关系属正常现象，只要两个同学之间愿意，可以发展恋爱关系，他人无权干涉等。

③偏执维度。主要指青少年对异性交往或异性存在固执的偏见。其中敌意因子是指青少年对异性心存敌意，表现在行为上则包括很少帮助异性、经常对异性说一些难听的话、不信任异性，从不和异性坦诚相见等。功能失调是指青少年不能正确认识异性交往的积极功能或异性的优点，如认为同异性交往没什么好处，"好学生"应尽量不与异性交往，与异性交往会影响学习，与异性交往危险，瞧不起异性，讨厌异性等。

④过度防卫维度。主要指青少年在异性交往方面出于对异性的过度防卫心理而表现出的情绪或行为特征。其中多疑主要指对异性交往或异性敏感、多心与求全责备，如每当看到有两个男女同学经常在一起，就会认为他们在"谈恋爱"，感到异性不理解、不同情自己，感到异性经常谈论、监视自己等。攻击是指对异性经常进行言语或行为的侵犯、攻击，甚至以攻击异性为乐，如不能控制想攻击异性的念头，常与异性打架，对所嫉妒的异性或同性采取过不道德行为等。嫉妒是指青少年在异性交往中存在嫉妒的不良情感，主要表现为不喜欢异性朋友与自己的同性朋友交往，嫉妒与自己的异性朋友关系良好的同性。

从上述分析可以看出，本问卷的结构和内容较好地体现了测量的目的，从而为问卷设计的科学性提供了必要的保证。

（3）项目适当性

选择的题项要与研究假设相符，这包含三层意思：一是所选择的题目是针对研究假设的，是研究假设合理的内涵和外延；二是所选题项在数量上要适当；三是项目选择要考虑调查对象的年龄特征。本研究问卷的题项大部分来源于文献分析、半开半闭式问卷调查和相关的公认信度、效度较好的量表，并且经过较大规模的试测、预测和正式测量，因此基本保证了各项目对研究假设内涵和外延的体现。因素分析后问卷项目总数由原来的140题缩减为76题，其数量结构是符合青少年心理测量的。问卷项目的具体编写力求简单化，尽量做到语言简单、概念明确、内容具体、通俗易懂。同时考虑到青少年的理解水平，小样本试测时选取了思维水平相对最低的初一学生，并据学生反应对指导语和部分项目作了修改，从而保证了问卷能为绝大多数中学生所理解，提高了问卷的测量效果。鉴于以上分析，本问卷的项目选择是适当的，问卷信度、效度系数较高的检验结果也证明了这一点。

2. 问卷形成过程的科学性

（1）样本的典型性。本研究属大样本测量，调查对象涉及重点中学、普通中学、职业中学、城市中学、农村中学的初一至高三六个年级的全日制中学生，初测被试369人，正式测量921人，因此研究样本具有较强的典型性和代表性，研究结果可以供其他同类研究借鉴。

（2）施测的严密性。本研究问卷从试测、预测到正式测量，从主试的选取到施测过程，都严格按照心理测量的原则和要求，从而保证了测量结果的可靠性。另外，为了有效分辨被试回答的真伪，问卷从正反两个方面设计了 6 道测谎题（问卷其他题目都是正向的），统计分析前对问卷首先进行测谎鉴别，保证了分析结果的有效性和可信度。

综上所述，本研究编制的青少年异性交往心理问题问卷有较好的信度和效度，可以作为测量和研究青少年异性交往心理问题的科学工具，有着较高的理论价值和实用价值。

第三节 青少年异性交往心理问题的特点

采用自编的青少年异性交往心理问题问卷，以重庆市 921 名学生作为正式问卷的测量对象（男生 519 名，女生 402 名），考察青少年异性交往心理问题的性别、年级、学校类型、地区类型和年龄差异，进而探讨青少年异性交往心理问题的特点。

一、青少年异性交往心理问题的总体特点

表 13－6 各因素的平均数和标准差

因素	平均数	标准差	因素	平均数	标准差
C_1（攻击）	1.7439	.6459	C_{12}（嫉妒）	1.8382	.7454
C_2（抑郁）	2.4996	.8585	C_{13}（自卑）	2.1821	.7842
C_3（退缩）	2.2226	.8918	C_{14}（敌意）	1.8491	.6491
C_4（过分害羞）	2.4971	.8959	C_{15}（规范失调）	2.8122	1.1069
C_5（功能失调）	1.7765	.6021	C_{16}（多疑）	2.4387	.7959
C_6（方式不当）	1.8830	.9166	W_1M（退缩性人格）	2.3419	.7264
C_7（过分关注）	2.1203	.8779	W_2M（交往失调）	2.0532	.6284
C_8（择友标准失调）	2.2208	.8692	W_3M（偏执）	1.8055	.544
C_9（内部动机不当）	1.8084	.6982	W_4M（过度防卫）	1.9412	.5578
C_{10}（外部动机不当）	1.716	.6529	TM（总均分）	2.1017	.4857
C_{11}（冷漠）	2.0738	.7697			

注：W_1M、W_2M、W_3M、W_4M 分别代表各维度的平均分，TM 代表问卷总平均分。本章下同。

从表 13－6 可以看出，4 大类型的青少年异性交往心理问题平均得分顺序为：退缩性人格＞交往失调＞过度防卫＞偏执。而具体到 16 种青少年异性交往心理问题

的类型来看，各类心理问题的平均得分依次为：规范失调>抑郁>过分害羞>多疑>退缩>择友标准失调>自卑>过分关注>冷漠>方式不当>敌意>嫉妒>内部动机不当>功能失调>攻击>外部动机不当。

二、青少年异性交往心理问题的具体特点

（一）青少年异性交往心理问题的性别差异

表 13-7　青少年异性交往心理问题性别差异的 t 检验

变　量	男生（n=519）	女生（n=402）	t	显著性
C_1	1.6766（.6409）	1.8308（.6428）	−3.617***	.000
C_2	2.6580（.8644）	2.2952（.8072）	6.501***	.000
C_3	2.2847（.9151）	2.1424（.8552）	2.407*	.016
C_4	2.6248（.9357）	2.3324（.8138）	5.063***	.000
C_5	1.7868（.6041）	1.7633（.5999）	.587	.557
C_6	1.9961（.9671）	1.7368（.8256）	4.385***	.000
C_7	2.2579（.9000）	1.9428（.8159）	5.487***	.000
C_8	2.3915（.8797）	2.0005（.8045）	6.943***	.000
C_9	1.9600（.7409）	1.6126（.5839）	7.959***	.000
C_{10}	1.7892（.6812）	1.6214（.6023）	3.960***	.000
C_{11}	2.1209（.8076）	2.0131（.7141）	2.113*	.035
C_{12}	1.9011（.7711）	1.7570（.7034）	2.921**	.004
C_{13}	2.2548（.8148）	2.0883（.7333）	3.255**	.001
C_{14}	1.8516（.6623）	1.8458（.6325）	.136	.892
C_{15}	2.8337（1.1238）	2.7844（1.0854）	.669	.503
C_{16}	2.4663（.8285）	2.4030（.7512）	1.212	.226
W_1M	2.4457（.7530）	2.2079（.6680）	5.067***	.000
W_2M	2.1705（.6466）	1.9019（.5703）	6.683***	.000
W_3M	1.8127（.5462）	1.7963（.5416）	.455	.649
W_4M	1.9302（.5716）	1.9554（.5398）	−.682	.496
TM	2.1796（.4942）	2.0011（.4560）	5.621***	.000

从表 13-7 可知，在异性交往心理问题总分和退缩性人格、交往失调分问卷得分上存在极为显著的性别主效应，男生得分均高于女生。在 16 种具体类型心理问题得分上，除了在攻击因素上男生得分显著低于女生外，其他因素的得分男生均高于

女生。

（二）青少年异性交往心理问题的年级差异

由于职业学校只有高中部属于职业中学性质，所以样本中没有包括职业中学的初中部。因此我们选取正式测量数据中的重点中学与普通中学共 706 人进行青少年异性交往心理问题的年级发展特点分析。具体结果见表 13－8 和图 13－1、图 13－2。

表 13－8　青少年异性交往心理问题年级差异的多重比较（独立样本方差分析）

变量	初一 (n=103)	初二 (n=121)	初三 (n=122)	高一 (n=107)	高二 (n=141)	高三 (n=112)	F
C_1	1.7913 (.6592)	1.8595 (.6494)	1.7992 (.6779)	1.5950 (.6101)	1.6478 (.6085)	1.6012 (.5390)	3.892**
C_2	2.1828 (.8147)	2.4793 (.8412)	2.3811 (.8673)	2.4237 (.8885)	2.4515 (.7867)	2.4583 (.8476)	1.836
C_3	2.4466 (.9133)	2.2541 (.8880)	2.1107 (.9040)	2.0491 (.8373)	2.0869 (.8420)	2.0737 (.8870)	3.302**
C_4	2.2937 (.9130)	2.5320 (.9463)	2.3607 (.9053)	2.4708 (.8588)	2.4477 (.8246)	2.3449 (.8724)	1.162
C_5	1.9337 (.6389)	1.8085 (.6111)	1.7527 (.6422)	1.5950 (.5094)	1.6726 (.5702)	1.6339 (.4880)	5.064***
C_6	1.4524 (.6848)	1.8942 (.8779)	1.6115 (.6419)	1.8150 (.7562)	1.8099 (.8739)	2.0661 (1.1654)	7.026***
C_7	1.4935 (.6860)	2.1074 (.8915)	1.9590 (.8371)	2.0872 (.8040)	2.0485 (.7773)	2.1949 (.8060)	10.304***
C_8	1.8757 (.8005)	2.1736 (.8854)	2.2066 (.7692)	2.1551 (.9129)	2.0298 (.7402)	2.2804 (.8837)	3.354**
C_9	1.5388 (.6405)	1.8099 (.7310)	1.7623 (.6594)	1.6472 (.5888)	1.7340 (.6403)	1.9509 (.7227)	4.827***
C_{10}	1.4311 (.4849)	1.6810 (.6411)	1.7279 (.6551)	1.6299 (.6400)	1.6780 (.6444)	1.6946 (.6347)	3.177**
C_{11}	2.0316 (.7530)	2.0145 (.7980)	2.0020 (.7347)	1.9953 (.7405)	2.0514 (.7755)	2.0491 (.7651)	.117
C_{12}	1.6861 (.6905)	1.8485 (.7175)	1.7568 (.7655)	1.7695 (.7515)	1.8085 (.7572)	1.9137 (.7253)	1.255
C_{13}	1.9854 (.7482)	2.0971 (.7789)	2.2520 (.7191)	2.1542 (.8066)	2.1312 (.7298)	2.0915 (.7899)	1.481
C_{14}	1.8519 (.6926)	1.7831 (.5764)	1.8893 (.6924)	1.7944 (.5703)	1.7624 (.6075)	1.7143 (.5898)	1.191

续表

变量	初一 (*n*=103)	初二 (*n*=121)	初三 (*n*=122)	高一 (*n*=107)	高二 (*n*=141)	高三 (*n*=112)	*F*
C_{15}	1.8414 (1.0683)	2.7824 (1.2207)	2.7404 (1.0922)	2.8879 (.9788)	3.1087 (1.0545)	3.1577 (.9985)	21.394***
C_{16}	2.1327 (.8275)	2.4105 (.8264)	2.3060 (.7886)	2.4174 (.7785)	2.3830 (.7817)	2.5357 (.7650)	3.116**
W_1M	2.2039 (.7235)	2.3306 (.7304)	2.2550 (.7327)	2.2732 (.7168)	2.2834 (.6869)	2.2448 (.7131)	.395
W_2M	1.5870 (.5049)	2.0348 (.6335)	1.9555 (.5609)	1.9920 (.5790)	2.0051 (.5502)	2.1661 (.6187)	12.127***
W_3M	1.9010 (.5803)	1.7983 (.5083)	1.8074 (.5941)	1.6748 (.4731)	1.7085 (.5186)	1.6661 (.4557)	3.370**
W_4M	1.8503 (.5838)	1.9945 (.5539)	1.9153 (.5940)	1.8442 (.5707)	1.8717 (.5366)	1.9129 (.4750)	1.194
TM	1.8809 (.4541)	2.0985 (.4719)	2.0321 (.5119)	2.0231 (.4867)	2.040 (2.4387)	2.0873 (.4022)	3.039*

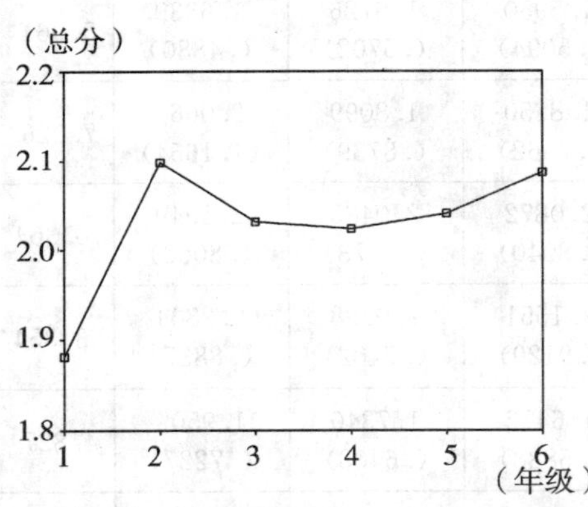

图 13-1　青少年异性交往心理问题总体状况的年级发展趋势图

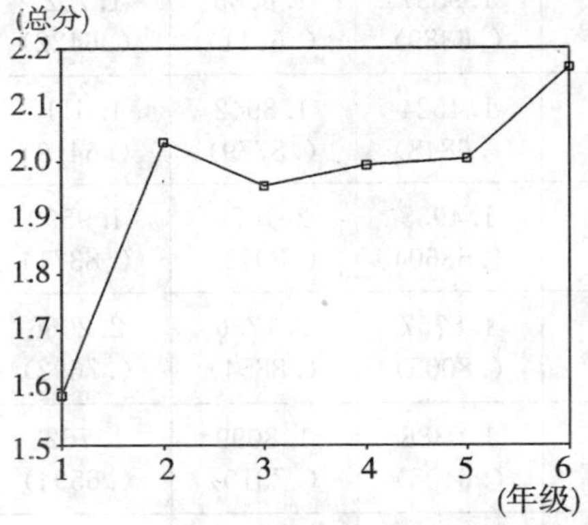

图 13-2　青少年异性交往失调的年级发展趋势图

结果显示，青少年异性交往心理问题在整体得分和交往失调维度得分上存在显著的年级主效应（表 13-8）。事后多重比较表明，在问卷的整体得分上，初一显著低于初二，其他年级之间差异不显著；在交往失调维度上，初一显著低于初二、初三、高一、高二、高三，其他各年级之间差异不显著。将差异显著的这两个方面以折线图的形式直观呈现出来（图 13-1、图 13-2），可以很容易地看出：青少年异性交往心理问题的总体状况在年级发展上有一个低谷期和一个高峰期，分别为初一和初二，各年级得分的高低顺序是：初二>高三>高二>初三>高一>初一，其中初二是转折期或关键期；青少年异性交往失调在年级发展上也存在转折期或关键期，同样为初二年级，各年级得分的排序是：高三>初二>高二>高一>初三>初一。具体到各因素的差异来看，在偏执维度的功能失调（C_5）因素上，初一显著高于高一、高二、高三；交往失调维度的所有因子（C_6 方式不当、C_7 过分关注、C_8 择友标准失调、C_9 内部动机不当、C_{10}外部动机不当、C_{15}规范失调）上都有显著的年级差异，且基本是初一低于其他各年级；在过度防卫维度的多疑（C_{16}）因子上，初一显著低于高三。统观青少年异性交往心理问题的各因素、维度和总体差异，除了方式不当因素（初三与高三差异显著）和自卑因素（高一与高三差异显著）外，其他差异显著的方面都表现在初一与其他各年级间。

（三）青少年异性交往心理问题的学校类型差异

为了全面考察重点中学、普通中学和职业中学在青少年异性交往心理问题上的差异，我们既做了重点中学与普通中学六个年级（初一至高三）的比较，同时也做了三类学校高中部的比较。结果见表 13－9、表 13－10。

表 13－9　重点中学与普通中学差异的 t 检验

变　量	重点中学（n=326）	普通中学（n=380）	t	显著性
C_1	1.6145（.5863）	1.8026（.6573）	−4.018***	.000
C_2	2.1769（.8095）	2.5947（.8228）	−6.777***	.000
C_3	1.9962（.8554）	2.3086（.8856）	−4.746***	.000
C_4	2.2216（.8821）	2.5750（.8584）	−5.384***	.000
C_5	1.7019（.5904）	1.7539（.5870）	−1.170	.242
C_6	1.8871（.9322）	1.6868（.8032）	3.032**	.003
C_7	1.8359（.7756）	2.1246（.8543）	−4.704***	.000
C_8	2.1233（.8077）	2.1195（.8630）	.061	.952
C_9	1.7308（.7037）	1.7566（.6505）	−.505	.614
C_{10}	1.6141（.6263）	1.6742（.6282）	−1.269	.205
C_{11}	1.9049（.7443）	2.1276（.7592）	−3.921***	.000
C_{12}	1.7086（.7312）	1.8772（.7345）	−3.047**	.002
C_{13}	1.9969（.7529）	2.2296（.7545）	−4.089***	.000
C_{14}	1.7178（.5911）	1.8671（.6424）	−3.194**	.001
C_{15}	2.8793（1.2095）	2.6921（1.0887）	2.147*	.032
C_{16}	2.2393（.7901）	2.4772（.7938）	−3.979***	.000
W_1M	10.8853（3.7026）	12.5663（3.5559）	−6.144***	.000

续表

变　量	重点中学（n=326）	普通中学（n=380）	t	显著性
W_2M	9.1166（2.7672）	9.2088（2.8203）	−.437	.662
W_3M	8.5414（2.5957）	8.9961（2.6699）	−2.285*	.023
W_4M	7.1769（2.1908）	7.9596（2.1723）	−4.754***	.000
TM	1.9439（.4726）	2.1047（.4467）	−4.641***	.000

表 13−10　三类学校高中部差异的多重比较

变　量	重点高中（n=168）	普通高中（n=192）	职业高中（n=215）	F	显著性
C_1	1.5635（.5529）	1.6649（.6130）	1.8364（.6826）	9.470	.000
C_2	2.2411（.8246）	2.6241（.8040）	2.8209（.8343）	23.811	.000
C_3	1.9315（.8003）	2.1940（.8798）	2.4140（.8891）	14.811	.000
C_4	2.2686（.8448）	2.5573（.8320）	2.7773（.8712）	16.870	.000
C_5	1.6359（.5301）	1.6389（.5263）	1.9295（.6212）	17.992	.000
C_6	2.0167（.9821）	1.7812（.9072）	2.2233（.9825）	10.798	.000
C_7	1.9702（.7135）	2.2240（.8432）	2.5442（.8962）	23.061	.000
C_8	2.1655（.7855）	2.1271（.8935）	2.5479（.8931）	14.751	.000
C_9	1.8155（.7009）	1.7409（.6268）	2.0174（.7323）	8.802	.000
C_{10}	1.6726（.6341）	1.6656（.6446）	1.9442（.6832）	11.846	.000
C_{11}	1.9494（.7540）	2.1081（.7600）	2.2349（.7809）	6.547	.002
C_{12}	1.7817（.7341）	1.8715（.7556）	1.9659（.7591）	2.858	.058
C_{13}	2.0476（.7596）	2.1940（.7750）	2.3791（.8242）	8.475	.000
C_{14}	1.7455（.5997）	1.7669（.5834）	2.0163（.7036）	11.259	.000
C_{15}	3.1389（1.0600）	2.9878（.9782）	2.9225（.9495）	2.299	.101
C_{16}	2.3472（.7272）	2.5226（.8097）	2.6729（.7355）	8.692	.000
W_1M	11.0619（3.6669）	12.4375（3.5244）	13.4512（3.6990）	20.410	.000
W_2M	9.6290（2.5645）	9.5234（2.8668）	10.9465（2.9683）	16.020	.000
W_3M	8.3988（2.4511）	8.4505（2.4110）	9.8209（2.8204）	19.638	.000
W_4M	7.2560（2.0745）	7.7240（2.1270）	8.3116（2.2046）	11.677	.000
TM	1.9954（.4434）	2.0974（.4371）	2.3357（.4785）	28.849	.000

从表 13−9、表 13−10 可知，青少年异性交往心理问题在学校类型上存在着显著的主效应。两次比较的结果是一致的，三类学校在整体得分及四个分问卷得分上

都有显著的差异，表现出职业中学＞普通中学＞重点中学的发展特点。其中，重点中学与普通中学除了在交往失调维度没有显著差异之外，在心理问题总体和其他三类心理问题得分上差异均达显著，且呈现为普通中学＞重点中学的趋势（交往失调维度也为普通中学得分高于重点中学）；在16类心理问题的得分上，除了规范失调重点中学显著高于普通中学外，其他差异显著的因素均为普通中学＞重点中学。在三类学校高中部各因子的多重比较中，呈现显著差异的因子基本上是职业高中分别与重点高中和普通高中之间的差异，重点高中与普通高中仅在退缩性人格维度和过分关注因素上呈现显著差异，表现为普通高中＞重点高中。

（四）青少年异性交往心理问题的城乡差异

根据所测样本，我们分别对处于城市和农村的职业中学高一年级进行了比较，以此来考察青少年异性交往心理问题的地区差异。结果见表13－11。

表13－11　城乡差异的 t 检验

变　量	城市（n=71）	农村（n=57）	t	显著性
C_1	1.8709（.6590）	1.9386（.7853）	－.530	.597
C_2	2.8967（.8893）	2.9737（.7056）	－.546	.586
C_3	2.4824（.8867）	2.6711（.8334）	－1.229	.222
C_4	2.8028（.9185）	2.8947（.7762）	－.602	.548
C_5	1.8897（.5156）	2.1053（.6701）	－2.057*	.042
C_6	2.3070（1.0468）	2.0351（.9328）	1.533	.128
C_7	2.6408（.9389）	2.5088（.9545）	.785	.434
C_8	2.5944（.9769）	2.4316（.8757）	.981	.329
C_9	2.0669（.7791）	2.0614（.8429）	.038	.970
C_{10}	1.9915（.6671）	1.9298（.7815）	.482	.631
C_{11}	2.2324（.8359）	2.3728（.7879）	－.969	.334
C_{12}	2.1033（.8368）	2.1170（.8440）	－.092	.927
C_{13}	2.4894（.7647）	2.4254（.7165）	.434	.629
C_{14}	2.0599（.6714）	2.1447（.7777）	－.662	.509
C_{15}	3.0563（.9377）	2.5146（.8662）	3.360**	.001
C_{16}	2.7606（.8265）	2.7251（.5846）	.283	.777
W_1M	13.7239（3.9396）	14.1754（3.1931）	－.700	.485
W_2M	11.2911（3.2363）	10.4708（3.2096）	1.430	.155
W_3M	9.7887（2.5420）	10.6053（2.9862）	－1.671	.097

续表

变量	城市（$n=71$）	农村（$n=57$）	t	显著性
W_4M	8.6056 (2.4072)	8.7193 (2.1802)	−.277	.782
TM	2.3916 (.5297)	2.3825 (.4660)	.102	.919

从表13−11中可以看出，青少年仅在功能失调（C_5）因素和规范失调（C_{15}）因素上存在显著的城乡主效应。其中，功能失调因素表现为乡村学校＞城市学校，规范失调因素表现为城市学校＞乡村学校。在问卷总体得分上表现为城市学校＞乡村学校，但差异不显著。

（五）青少年异性交往心理问题的年龄差异

为了使各年龄段（自变量）的人数分布尽量平衡，我们选取测量数据中的重点中学与普通中学作为考察青少年异性交往心理问题年龄发展特点的样本，而根据样本的年龄分布，又选取了12岁～18岁七个年龄段作为分析研究的自变量。样本年龄分布情况及具体分析结果见表13−12、表13−13、表13−14和图13−3。

表13−12　样本的年龄分布（重点中学与普通中学）

年龄	11	12	13	14	15	16	17	18	19	20	总数
人数	4	35	98	115	121	131	124	73	4	1	706
百分比(%)	.6	5.0	13.9	16.3	17.1	18.6	17.6	10.3	.6	.1	100.0

注：平均年龄为15.2677岁。

表13−13　样本的差异显著性检验（F值）

变量	F	变量	F	变量	F
C_1	2.924**	C_8	2.259*	C_{15}	12.873***
C_2	1.251	C_9	3.357**	C_{16}	.519
C_3	2.437*	C_{10}	1.305	W_1M	.566
C_4	.613	C_{11}	.762	W_2M	7.790***
C_5	3.513**	C_{12}	.925	W_3M	2.700*
C_6	7.030***	C_{13}	.881	W_4M	.375
C_7	4.909***	C_{14}	1.183	TM	.909

表 13－14　青少年异性交往心理问题年龄差异的多重比较

变量	12	13	14	15	16	17	18
C_1	1.8381 (.6203)	1.8639 (.6892)	1.7449 (.5962)	1.7934 (.6969)	1.6310 (.6115)	1.6116 (.5931)	1.5913 (.5556)
C_2	2.2619 (.9176)	2.3061 (.8086)	2.4029 (.8725)	2.3375 (.8226)	2.5496 (.8432)	2.4462 (.8684)	2.3630 (.7639)
C_3	2.3429 (.8788)	2.3878 (.9004)	2.2239 (.9034)	2.0661 (.8574)	2.1794 (.8908)	2.0504 (.9033)	1.9966 (.7666)
C_4	2.4750 (.8987)	2.3916 (.9954)	2.4076 (.8930)	2.3822 (.8538)	2.5382 (.8892)	2.3508 (.8438)	2.3836 (.8279)
C_5	1.9905 (.6467)	1.8963 (.6375)	1.7449 (.5978)	1.6942 (.5690)	1.6616 (.5762)	1.6747 (.5698)	1.6187 (.5004)
C_6	1.3829 (.3952)	1.5204 (.7811)	1.8922 (.8610)	1.6678 (.6780)	1.7588 (.7629)	1.8258 (.9436)	2.2219 (1.1516)
C_7	1.5524 (.5554)	1.7687 (.8941)	2.0246 (.9041)	1.9848 (.7844)	2.1170 (.8391)	1.9718 (.7112)	2.2694 (.8163)
C_8	1.8571 (.8168)	1.9531 (.8218)	2.2261 (.8206)	2.2017 (.8558)	2.0534 (.8030)	2.1468 (.8424)	2.2575 (.8290)
C_9	1.5357 (.5693)	1.6378 (.7428)	1.8261 (.7111)	1.6901 (.6225)	1.7405 (.6282)	1.7016 (.6373)	2.0034 (.6916)
C_{10}	1.4857 (.4833)	1.5367 (.6123)	1.6783 (.5992)	1.7025 (.6133)	1.6321 (.6729)	1.6677 (.6476)	1.7205 (.6375)
C_{11}	2.1000 (.7770)	2.0561 (.7845)	1.9500 (.7384)	1.9587 (.7277)	2.0744 (.7619)	2.0948 (.7973)	1.9658 (.7480)
C_{12}	1.9524 (.7718)	1.6905 (.6688)	1.7507 (.7048)	1.7741 (.7579)	1.8321 (.7661)	1.8226 (.7621)	1.8813 (.7399)
C_{13}	2.0929 (.7767)	2.0230 (.7225)	2.1522 (.7728)	2.1880 (.7204)	2.2099 (.8191)	2.0726 (.7310)	2.0788 (.7937)
C_{14}	2.0000 (.7376)	1.8163 (.6797)	1.7870 (.5474)	1.8244 (.6596)	1.8073 (.6033)	1.7843 (.6085)	1.6712 (.6036)
C_{15}	1.8667 (1.1150)	2.2313 (1.1922)	2.8203 (1.2005)	2.7218 (1.0778)	3.0254 (1.0440)	2.9167 (.9965)	3.3333 (1.0062)
C_{16}	2.2952 (.7531)	2.2993 (.8871)	2.3072 (.7924)	2.3554 (.7574)	2.4097 (.7948)	2.4328 (.8176)	2.4110 (.7169)
W_1M	11.9029 (3.9388)	11.7673 (3.7810)	11.7965 (3.7596)	11.5868 (3.5509)	12.2916 (3.8432)	11.6710 (3.7498)	11.4822 (3.4802)

续表

变量	12	13	14	15	16	17	18
W_2M	7.4476 (1.9732)	8.1514 (2.7992)	9.4826 (2.9325)	9.1157 (2.6120)	9.3270 (2.6704)	9.2648 (2.5797)	10.4384 (2.8016)
W_3M	9.9714 (2.9802)	9.3214 (2.7818)	8.8087 (2.5492)	8.7314 (2.6638)	8.5992 (2.6504)	8.5927 (2.5704)	8.1986 (2.3684)
W_4M	7.9238 (2.1889)	7.7177 (2.3435)	7.5478 (2.1617)	7.7163 (2.3908)	7.5038 (2.2925)	7.4785 (2.1520)	7.4749 (1.8425)
TM	1.9462 (.4724)	1.9676 (.4523)	2.0545 (.4960)	2.0163 (.4737)	2.0675 (.5105)	2.0206 (.4275)	2.0903 (.3778)

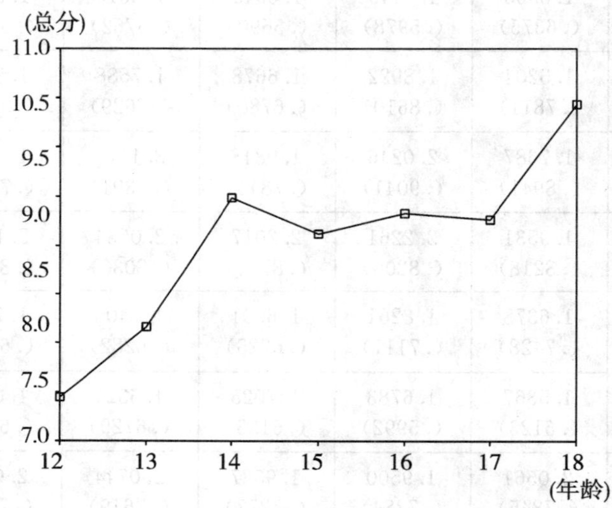

图 13－3　青少年异性交往失调的年龄发展趋势图

由表 13－14 可以看出，青少年异性交往心理问题仅在 W_2M 交往失调维度及其内部因素 C_6 方式不当、C_7 过分关注、C_{15} 规范失调上存在显著的年龄主效应，且基本表现为 12 岁、13 岁显著低于其他年龄段的发展趋势。从交往失调的年龄发展折线图（图 13－3）可以看出，青少年异性交往失调存在关键年龄（14 岁）和低谷期（12 岁、13 岁），各年龄段的排序是：18 岁＞14 岁＞16 岁＞17 岁＞15 岁＞13 岁＞12 岁。

三、讨论

（一）青少年异性交往心理问题的总体特点的归因分析

调查发现，当前青少年异性交往心理问题在退缩性人格上有较高的得分。我们认为，导致青少年异性交往心理问题在退缩性人格上得分较高的原因主要源于我国的教育特点和社会特点。从教育特点上看，我国的学校教育与家庭教育限制多于自由，专制多于民主。尤其是中学生，面对中考和高考的沉重压力，在自身烦闷的同时，还要受到学校与家庭的双重期望所带来的压力；尤其在异性交往这个对学校、教师和家长都十分敏感的问题上，外界给予他们过多的限制或“保护”，这种限制或“保护”反映在异性交往心理方面就表现出退缩性的人格特点，因此这是不难理解的。另外，我国的社会环境特点也是影响青少年异性交往心理突出表现为退缩性人格的重要原因。有研究发现，社会环境中的社会舆论（教师、社会大众对青少年异性交往的态度以及网络中的相关内容）因素和社会氛围（学校、班级、社区）因素同青少年异性交往心理问题有着显著的相关。具体说来，如当前由于不少教师对青少年异性交往持有不正确的观念和态度，不提倡或是严厉限制青少年的正常异性交往，同时缺乏对青少年异性交往进行必要的指导，从而造成青少年异性交往的退缩性。从社会公众态度来看，由于受中国传统文化的影响，男女有别、男女授受不亲的观念依然存在于不少人的思想中，因此他们对青少年正常的异性交往往往持不赞成或嘲笑、说闲话的不当态度，也导致了青少年异性交往的退缩性。从学校的异性交往氛围来看，大多数学校的异性间的交往非常有限，由于青少年正处于心理的发展期，受外部环境因素的影响比较大，因此这种学校异性交往氛围对青少年异性交往的退缩性人格特点也产生了较大的影响。

（二）青少年异性交往心理问题的具体特点的归因分析

1. 青少年异性交往心理问题的性别特点

研究发现，在青少年异性交往心理问题的总分、退缩性人格维度（及其内部所有因素）和交往失调维度上，男生得分显著高于女生，这与我们课题组前期做的中学生心理素质的性别特点研究结果相一致，即中学女生的整体心理素质高于男生。[①]这既证明了心理素质的整体性，也说明了我们的问卷是科学的、测量结果是可靠的。具体分析其原因，可能是与青少年的身体发育（特别是青春期性的发育与第二性征的成熟）及性别角色差异有关。中学阶段正值青少年男女学生青春期的关键阶段，中学生的身体发育突飞猛长，进入了人生发育的第二次“生长高峰”。具体表现为身高、体重、面貌等身体外形的明显变化；呼吸系统、心血管系统、脑和神经系统等体内机能的迅速发育；力量、速度、灵敏性等身体素质的急剧增强；其中最突出的变化是性发育的日趋成熟以及由此引起的第二性征的出现。而青春期男生的身体发育普遍晚于女生，平均差异1～2年。生理状况是心理机能的基础，因此男生在异性交往方面容易表现出抑郁、退缩、过分害羞、自卑、冷漠等心理问题，所以男生的退缩性人格及其内部因素得分要比女生高一些，但其中的具体机制还需要作进一步

① 冯正直：《中学生心理素质成分及其发展研究》，西南师范大学硕士学位论文，1999年。

的探索。而在交往失调维度上男生得分显著高于女生，这显示了我国社会长久以来对男女两性性别角色规定的差异。女性在异性交往方面受到更多的舆论限制，因此往往表现得较为矜持和保守，所以也就不易出现异性交往的不合理态度、动机和行为。而现实情况也证明了男性比女性更易出现异性交往失调的问题，比如内部与外部动机不当、方式不当、择友标准失调、过分关注等。因此除了在规范失调因素上差异不显著（但男生得分略高于女生）外，在交往失调维度及其内部其他因素的得分上男生均显著高于女生。退缩性人格与交往失调两个维度的性别差异看似矛盾，实际上正是反映了男生群体异性交往心理问题的两极性：一方面，男生比女生更易出现退缩性人格；另一方面，男生也更易比女生出现交往失调。这或许也体现了随着社会文明的进步，男强女弱的状况正逐渐消除，现代女性已表现得越来越独立与刚强。现实情况也一次次展现出“阴盛阳衰”的景象。因此男性要应对更多的压力，迁移到异性交往方面，男生就比女生表现出更多的退缩性人格问题。但历史的沉淀不会立刻消失，所以在交往失调方面男生的得分依然显著高于女生。这就提醒我们更应关注男生的异性交往心理问题。

2. 青少年异性交往心理问题的年级和年龄特点

青少年异性交往心理问题的年级和年龄分析结果基本是相吻合的，这也从另一个角度证明了我们自编问卷的有效性。分析显示，青少年异性交往心理问题在总体状况上存在一个低谷期——初一（12 岁、13 岁），一个高峰期——初二（多为 14 岁）。因此初二是青少年异性交往开始出现问题并且问题出现也最多的时期，其得分在各年级中最高，可以说是青少年异性交往心理问题的转折期或关键期，这与其他众多有关青少年心理发展特点的研究结果是相一致的，如蒋有慧的研究揭示了初二年级是学生异性交往心理发生显著变化的时期。具体到各维度的年级年龄差异，青少年异性交往失调同样在初一（12 岁、13 岁）得分最低，表现出低谷期的特征；而在初二（14 岁）表现出关键期（关键年龄）的特征，而高三的异性交往失调得分最高，这与其他研究者的结果和现实经验也是相一致的。据张景焕、李慎力于 1996 年的调查，中学生与异性交往的愿望随年级升高有上升趋势，且有显著的性别差异（$p<0.05$），初中生中，女生比男生有更多的人愿意与异性交往，但这种差异到了高中就不那么明显了。[①] 另据李鹰的研究，十五六岁至十七八岁是青少年的接近异性阶段。[②] 由于此时的青少年处于青春期的中期，随着性生理的进一步成熟，中学生开始有了性欲的体验和要求，并且逐渐摆脱心理上的闭锁状态，希望接触异性，了解异性，进入性别的特定角色，于是男女同学间出现了情感上的相互吸引与行为

① 张景焕、李慎力：《中学生性生理、性心理发展及其相关因素研究》，《教育研究》1996 年第 5 期，第 69 页。

② 李鹰：《青少年性心理的发展》，《山东师范大学学报（社会科学版）》1995 年第 1 期，第 65 页。

上的接近或亲近，表现为愿意结交异性朋友，渴望获得异性的好感和注意，开始小群体的异性相约的活动，经常谈论异性并且对倾慕的异性产生恋情等。在这一阶段，中学生对异性的好感和接近多不是指向特定的对象，具有广泛性和不确定性，和异性的接触没有专一性和排他性。而我们的调查也显示了在异性交往失调上主要表现为高中年级与初中年级的显著差异，高三得分高于其他各年级，研究结果与上述研究吻合。具体到各因素的差异来看，在偏执维度的功能失调因素上，存在初一年级得分最高的现象，这是因为初一相对于其他年级来说，其认知水平最低，受外界影响最大，因此不能正确看待异性及异性交往的功能，所以容易出现功能失调的异性交往心理问题。在过度防卫维度的多疑因子上，表现出初一显著低于高三的年级差异，这可能是因为高三年级身心发育已基本成熟，对异性交往问题的关注接近于成人早期，因此在这个问题上表现得较为敏感，同时由于升学就业压力最大，导致更容易产生多疑的异性交往心理问题。总之，青少年异性交往的年级及年龄特点提示我们应根据各个年级和不同年龄段的具体特点对其进行有针对性的教育，尤其应关注初二（14 岁）这个关键时期。

3. 青少年异性交往心理问题的学校类型特点

青少年异性交往心理问题在整体得分及四个分问卷得分上都有显著的学校类型差异，在 16 类具体类型心理问题的得分上，也基本表现为职业中学>普通中学>重点中学的趋势。在三类学校高中生的差异上，基本表现为职业高中>重点高中和普通高中的特点，重点高中与普通高中仅在抑郁、退缩、过分害羞、过分关注四个因素上呈现显著差异（普通高中>重点高中）。

关于三类学校的总体差异和各维度差异，一方面可从三类学校的学生整体素质来看。重点中学的学生有更高的理想和抱负，更远的目标和追求，其成功体验多于普通中学和职业中学学生，其认知水平更高，自制力和自我效能感更强，因此相对来说在异性交往方面较少出现认知、情绪和行为障碍。另外可通过三类学校的软件、硬件差异来比较。重点中学的教师整体素质相对更高，学校风气相对较好，学生的学习、生活条件更好，因此学生容易得到更为有效的指导，学生的剩余精力和心理冲动容易得到更多健康转移和宣泄的渠道，所以在异性交往方面出现心理问题的概率相对较少。至于在抑郁、退缩、过分害羞、过分关注四个因素上呈现普通高中显著高于重点高中的特点，也是不难解释的。由于受以往经历和社会观念的影响，普通高中学生更易出现抑郁、退缩和过分害羞的心理问题，这种心理状态也表现在了异性交往方面，说明了心理的统一性和心理问题的影响广度。同时，普通高中的学生自制力较差，较难控制自己的生理和心理冲动，因此更容易出现异性交往心理问题。青少年异性交往心理问题的学校类型差异提醒广大教育工作者和社会各界应特别关注普通中学和职业中学学生的异性交往心理问题的调适。

4. 青少年异性交往心理问题的城乡特点

青少年异性交往心理问题的总体状况在城乡差异上不显著。这可能是因为随着当前我国经济文化的进一步发展，城乡差距日趋缩小的缘故。在问卷各具体因素的差异显著性检验上，功能失调因素表现出农村学校>城市学校的特点，这说明农村学生受社会传统观念的禁锢和影响更深，因此不能正确认识异性的长处和异性交往的积极作用。规范失调因素表现出城市学校>农村学校的特点，这说明城市学生的思想观念更为开放，同时受到各种刺激和诱惑的机会也更多，而其正处于身心发展的可塑期，不容易正确把握自己的心理和行为，因此容易在外界的不良影响下出现异性交往心理问题。这与吴增强①、李宛青等②的研究结果相一致：有不小比例的学生对婚前性行为持宽容态度（30%左右），甚至有10%的中学生认为性是为了满足生理需要。同时，中学生对贞操所持无所谓或应破除贞操观念态度的比例达到56%；且男生的性爱观开放程度大大高于女生。关于青少年异性交往心理问题的城乡差异研究结果提醒我们：对城市学校的学生进行异性交往心理教育时尤其要提防容易出现的规范失调的问题，对农村学校的学生进行异性交往心理教育和指导时尤其要注意学生的功能失调问题。

第四节　青少年异性交往心理问题的教育对策

对青少年异性交往心理问题特点及影响因素的研究结果，为教育者对青少年进行具有针对性和实效性的异性交往心理教育提供了重要的依据。结合本研究的结果及课题组关于青少年心理素质教育的相关研究成果，我们对青少年异性交往心理问题提出如下教育对策。

一、确立科学的异性交往观念

相关研究表明，学会与异性交往，达成异质社交性是青春期最重要的社会目标之一，所以与异性交往并非“长大以后的事，而是青少年走向成熟的一个重要途径”。因此，教育者应转变将青少年的异性交往神秘化、危险化，从而把异性交往视为禁区的教育观念。这种观念也许能够成功地阻止一些青少年的不当尝试行为，但是，它同时也加重了青少年在异性交往方面的心理负担，给青少年达成异质社交性增添了不必要的障碍。实际生活中许多因与异性交往而影响学习（主要是影响考试

① 吴增强：《当代高中生的性困惑》，《当代青年研究》1999年第4期，第42页。
② 李宛青、杜天伟：《郑州市中学生青春期健康知识调查结果及引发的思考》，《河南教育学院学报（自然科学版）》2001年第1期，第65页。

成绩）的情况，其真正原因并不是分散了精力，而是承受不了巨大的精神压力，这种压力又往往来自教师或家长对于异性交往的过敏反应。本研究发现当前青少年在异性交往的退缩性人格上表现较为突出的现象已经证实了这种教育观念的危害性。同时研究也发现教师和家长对学生正常异性交往持赞成态度的学生群体其异性交往心理最为健康（优于不提倡、放任与严厉限制态度下的群体），这也说明了教育者教育观念对青少年异性交往心理健康状况的重要影响作用。另有不少教师存在指导青少年的异性交往不属于教师责任范围的观点，或是认为随着青少年的成长，自然而然就能学会如何与异性交往。诚然，如何与异性交往不在学校考试范围之内，但它应该在教育范围之内。尤其是当我们强调素质教育的时候，老师就有责任指导学生学习与异性交往。因为对涉世不深的青少年来说，与异性交往是一个全新的领地，有很多的疑问和困惑。据一些心理咨询专家反映，我国青少年来电来信所寻求帮助的问题中，与异性交往有关的占了相当大的比例。[①] 所以，教育者既应看到青少年异性交往的积极作用，又应注意青少年容易出现的异性交往心理问题，以正确的观念和科学的态度对其进行必要的帮助和指导。

二、贯彻适时、适度、适当的教育原则

1. 适时。是指确定异性交往心理教育的时机必须遵循青少年的身心发展顺序，既不超越，也不延缓。异性交往的指导应与学生的心理发展同步进行，前阶段的教育要顾及后一个阶段，注意前后衔接与前后一致。贯彻适时的原则就要考虑不同阶段青少年的身心发展特点，因为学生的身心发展特点是异性交往心理教育的出发点。教师必须尽可能地全面了解学生，既要了解他们的生理、心理发展的一般规律，又要了解他们常见的异性交往心理问题，尤其应关注初二学生或14岁学生这个关键群体的异性交往心理问题（特别是交往失调方面和男生群体）。只有严格从中学生的身心发展特点出发，才可能科学而真实地阐明异性交往知识，使学生正确认识自己的身心在青春期所发生的奇妙变化，学会用科学的知识解释现象和问题，维护自己的身心健康。

2. 适度。是指在进行异性交往心理教育时，要根据青少年的年龄特征与承受能力，把握分寸，防止过度。过多的教育内容有可能适得其反，太少又起不到指导作用；过分超前不符合青少年实际，落后了青少年又不愿意听．并且还应符合国情民俗。对于设有专门心理素质教育课程的学校，教育者在选择青少年异性交往心理教育内容时，最好能够根据本班学生实际。这是异性交往心理教育取得成功的一条基本原则。教师在对学生异性交往进行指导时必须注意联系本班学生实际，所涉及的

---

① 彭泗清：《对“青春期”异性交往的八种误解》，《中国青年研究》2000年第1期。

事例和现象最好是学生身边的、所关心的和能够接受的，切忌教师“想当然”，杜撰事实。只有当学生真正意识并体验到青春期异性交往心理教育课程是针对他们的实际需要开设的，他们是课堂上的主人时，他们才可能积极投身到学习活动中，才愿意倾诉心声、宣泄感情。根据具体问题，有时可男女混合进行，有时可男女分开进行，还可针对处于异性交往心理问题发生早期（初一或12岁、13岁）、高峰（初二或14岁）、中间阶段（初三至高二）的不同学生分别进行。如高年级学生恋爱现象突出时，可举办爱情系列讲座“什么是爱情”、“友谊与爱情”等。[①] 要做到这一点，教师必须善于洞悉学生的心理世界，做到理解、尊重学生，做学生的朋友，这样才能引起他们的共鸣，取得他们的认同，这样，教师的赞成或反对意见，才有可能引起他们的思考而不致被当成不屑一顾的说教。

3. 适当。主要指教育的观念、形式、方法与态度要适当。对学生应持善意、真诚、严肃、认真的态度，启发、引导和帮助青少年，并且注意不要随便触及学生的隐私，如他们的日记、书信等。教师应考虑到中西方文化、习俗的差异，摒弃西方性泛滥的弊端；应以正面教育为主，而不是漫无边际的批评否定和一味从反面事例中寻找教训，这是异性交往心理教育成功的一个重要保证。最后，教师的选择应适当，应选择个性心理品质健全、热爱这项教育工作、具有较强事业心的老师。

三、采取有效策略

青少年异性交往心理问题的有效教育策略，应该符合不同群体、不同个体青少年异性交往心理问题的特点，并能针对影响异性交往心理问题的因素。

（一）区别对待不同类型与个体特征的青少年

对于外貌较好、身体发育成熟（女生来月经或男生有遗精）、与异性交往愿望强烈、异性交往效能感高、在异性交往方面付出努力多的青少年，本研究发现他们容易产生交往失调的心理问题，因此教育者要注意这些青少年在异性交往过程中是否存在不合理认识、观念、态度、动机或行为。如他们是否是为满足生理需要、为了向别人炫耀自己而与异性交往；是否单纯选择外表漂亮、英俊、时尚、前卫、出手大方或有钱的异性交往；异性交往的对象是否单一、异性交往场合是否健康；是否容易把握不好异性间正常交往的程度并表现出不当的行为；是否因对异性过分思慕、爱恋而对正常的学习、生活甚至生理健康造成不良影响；是否对异性交往的规范存在不合理的认知或观念。对这部分青少年进行有针对性的教育时，教育者应指导学生把握住异性交往的原则，主要是指应把握好异性交往的适度原则，包括广度与深度两个方面。异性同学之间离得太近或太远，都不是最佳状态；与异性同学交往不

---

① 李鹰：《关于青春期教育若干理论问题的探讨》，《教育研究》1996年第5期，第75页。

能影响学业，不能损害身心健康；异性交往的方式要恰到好处，应为大多数人所接受等。把握好这些交往的“度”，才不至于因异性交往过密而萌发“早恋”，也才不会因回避或拒绝异性而对交往双方造成心灵伤害。另外，还应教给学生交往技巧。健康异性关系的建立有许多技巧，比如讲究礼节、礼仪，说话和气，称呼得体，举止大方，以诚相待等。集体交往：积极向上的群体交往氛围，有利于培植异性交往的能力，便于掌握异性交往的原则、方法，抑制交往中出现的不良现象。不定项交往：扩大与异性同学交往的圈子，尽量不固定异性同学交往的对象，要做到心态平和，一视同仁。自我控制：要重视启发学生的内部心理机制，用自己的意志和理智来调节自己的交往心理和行为，用苏霍姆林斯基的话来说，就是“用理智来管住自己的心”，做心灵的主人。感情升华：对于已经陷入“早恋”漩涡的学生，应使他们学会升华自己的感情。

对于身体发育不成熟（女生没来月经或男生没有遗精）、学习成绩低、与异性交往愿望不强、异性交往效能感低、在异性交往方面付出努力的程度小的青少年，本研究发现其容易产生退缩性人格、偏执和过度防卫的异性交往心理问题。因此教育者应关注这部分青少年的相关情绪和行为特征。如与陌生异性见面是否很不自然，与异性说话是否很容易脸红，是否害怕明知没有危险的异性，是否感到在异性同学眼中是个可有可无的人，对自己的异性交往感到悲观、失望。教育者还应关注这部分青少年是否对异性交往或异性存在固执的偏见。如是否对异性心存敌意；是否不能正确认识异性交往的积极功能或异性的优点。另外，还应关注这部分青少年是否对异性交往或异性敏感、多心与求全责备；是否对异性经常进行言语或行为的侵犯、攻击，甚至以攻击异性为乐；是否在异性交往中存在嫉妒的不良情感。对这部分青少年进行针对性的教育时，应首先引导其端正认识。对异性交往的正确认识是加强教育和辅导的前提。在异性交往日益开放、频繁的情况下，教师应帮助青少年认识到正常异性交往的必要性，将正常交往带来的益处和不当交往或回避交往带来的弊端区分开来，摒弃“男女授受不亲”、“异性交往就是谈恋爱”等种种不正确观念，切忌将不当交往中出现的问题归咎于正常的异性友谊或异性关系，并由此全盘否定中学阶段的异性交往。其次应帮助他们调整心态。教师在指导青少年异性交往的教育过程中，要提醒他们保持大方、坦然、热情、谦虚的良好心态，因为正常的异性友谊本来就是感情的自然发展，不带任何矫揉造作和忸怩作态，那样反而影响彼此之间的真诚交流，异性间自然交往的步履常能描绘出纯洁友谊的轨迹，这已被无数的生活实践所证明。

另外，进入青春期的青少年常常会遇到许多各不相同的异性交往心理问题，但又担心“隐私”暴露，不敢对别人讲，自己又找不到解决的方法，往往十分苦恼，有时甚至发展为较严重的心理障碍。对这部分学生进行个别咨询或个别指导效果会比较显著。

（二）建立友好和谐的同学关系

研究显示，与同性、异性同学合作较多，同性、异性好友较多的青少年，不容易产生退缩性人格、偏执、交往失调等异性交往心理问题（但异性好友太多的青少年容易产生交往失调），这就提醒教育者应引导青少年建立一种团结合作、竞争适度、和谐健康的同学关系；应鼓励青少年扩大与同性同学和异性同学的合作面，并尽量给他们创造合作学习、合作活动的机会；鼓励青少年健康交友，包括多交同性朋友和异性朋友，但对朋友的选择要慎重，不能光看外表或其他表面的东西，尤其在对异性朋友的选择上。健康和谐的同学关系，不仅会减少青少年异性交往心理问题的发生，还会对其成长和发展起到非常积极的作用。

（三）发挥学校教育的主导作用

学校教育在青少年异性交往心理教育活动中起着主导作用。本研究证明了教师态度、学校、班级异性交往氛围、同学关系对青少年异性交往心理问题的关键作用。学校之所以是青少年异性交往教育的主导力量和场所，其原因一是可以最大限度地减少成年人面对青少年进行异性交往心理教育时的尴尬；二是对同一年龄段的青少年比较容易进行系统的教育。学校是专门的教育机构，是青少年接受异性交往科学知识的重要场所，学校有目的、有计划、有秩序地按学生不同年龄特点和接受能力，分层次地实施系统异性交往心理教育，对青少年异性交往心理的健康发展起着主导作用。由于异性交往心理教育有其相对独立的教育内容，为了更好地开展异性交往心理教育，学校除了专门设置异性交往心理教育内容外，还应充分利用其他机会和教育条件，把异性交往心理教育渗透到教学、团队活动、文化娱乐等各个方面，使学生在异性交往方面健康、和谐地发展。

（四）营造文明、温暖、民主的家庭环境

家庭是孩子成长的主要环境，是青少年接触最多、最容易引发矛盾的场所。本研究发现家庭因素对青少年异性交往心理问题既产生较大的直接影响，又产生一定的间接影响。父母文化程度越高、职业地位越高、经济状况越好、家庭结构越完整、家庭气氛越和谐、家庭教养方式越民主、父母赞成其与异性正常交往、与父母关系越和谐的青少年不容易产生异性交往心理问题。对于各种客观的家庭因素，如父母文化程度、职业、家庭经济状况、家庭结构，是很难人为控制或在短时期内改善的，但这对父母们提出了努力的方向；对于家庭的心理因素，如家庭气氛、家庭教养方式、父母对其异性交往的态度、孩子与父母的关系，却完全可以人为地加以改善和控制，我们的研究结果也发现这几个方面与青少年的异性交往心理问题显著相关。正如马卡连柯所说的："……如果孩子从一岁起就看到父母之间真正的爱情，相互尊重、帮助和关心，公开表现的温柔和爱抚，那么这一切是最有效的教育因素，男女之间这种严肃而美好的关系必定会引起孩子的注意。”① 家庭教育既是学校教育的先导，又是学校教育的有益补充。青少年的异性交往心理教育需要家庭教育的密切配合。父母们应努力营造温馨和睦的家庭气氛，对子女采取民主的教养方式，对子女的正常异性交往持赞成态度，与子女建立一种和睦平等的关系，这样才能避免或减少青少年出现异性交往心理问题。学校的异性交往心理教育也必须向家庭延伸。学校可通过建立家长学校、开办家庭教育讲座、召开家长会议、设立家长接待日等向家长宣传有关异性交往心理教育常识，探讨家庭异性交往心理教育方法，从而优化家庭教育环境，提高家庭教育质量。

（五）创设健康的社会环境

对青少年进行异性交往心理教育不仅仅是学校和家庭的责任，社会是青少年的大课堂，因此，应调动学校、家庭、社会三方面的积极力量，形成一个立体交叉的教育网络，以此增强教育效果。据日本异性交往心理教育协会1974年对日本全国范围的社会调查资料反映，80%的教师和90%的家长认为异性交往心理教育在学校进行是必要的，但家庭和社会必须同学校合作。本研究显示社会环境因素在青少年异性交往心理问题中处于比较核心的地位，调查显示社会大众对异性交往的态度、网络以及社区的异性交往氛围都与青少年异性交往心理问题有着显著的相关。进一步研究发现，家庭所在社区异性交往多而健康的学生不易出现异性交往心理问题；社会大众赞成青少年与异性正常交往，青少年的心理问题发生概率显著低于不提倡的、嘲笑或说闲话的；青少年从书籍、影视、报刊、网络中接触到较多的相关内容，其异性交往心理问题得分较低（交往失调除外）。社会是青少年成长的基础和大环境。青少年异性交往心理教育不但需要学校、家庭配合一致，还需要有社会成员的大力协助。社会上的其他成员要以对下一代和社会负责的态度，用自己的言行对青少年施以良好的影响。医学工作者、文学工作者、心理学工作者、画家和影视工作者都要给青少年提供一些有益的精神食粮；公安、新闻机关的人员要对音像、图书出版部门进行严格监督检查，加大扫黄力度；网络文化在发展建设中要加强自律，为青少年一代创造一个美好的洁净的社会环境。

① 吴运友：《论中学生性理教育》，《当代教育科学》1999年第1期，第38页。

附录　青少年异性交往心理问题问卷

亲爱的同学：

您好！欢迎您参加国家社会科学基金项目的一项研究。为了对青少年进行有效的教育和指导，您的意见对我们是非常宝贵的。由于个人情况和观点不同，因此答案无对错之分。此调查只用于科学研究，我们将对您的回答严格保密，请不要有任何顾虑。

在您回答问题时，请注意以下几点：

●问卷中所提到的“异性交往”主要指男女同学之间的交往，如打招呼、交谈、共同活动等。

●本测验所有题项均为单选题。请仔细阅读问卷的每句话，然后根据该句话与您自己实际情况相符合的程度，在答题纸上用“√”选一个相应的字母。每题有5个备选项，5个字母代表的含义为：

A：非常不符合；B：比较不符合；C：不确定；D：比较符合；E：非常符合。

●虽然没有时间限制，但对每个测题不必费时间反复考虑，可以凭自己的第一印象作答。

●调查的成功将取决于您的真诚合作，所以请您务必真实回答，不要相互交谈和看别人的答案；若有不清楚的问题，可以问施测人员。

真诚感谢您对我们科研工作的支持！

*1. 我对心理测验比较感兴趣。　□A　□B　□C　□D　□E

*2. 我已经清楚了测试的作答要求。　□A　□B　□C　□D　□E

*3. 我会真实回答测验中的每个问题。　□A　□B　□C　□D　□E

4. 常与异性打架。　□A　□B　□C　□D　□E

5. 同异性交往时总怕说错话或表现不当。　□A　□B　□C　□D　□E

6. 尽量不到有异性的场合。　□A　□B　□C　□D　□E

7. 与陌生异性见面时表现得很不自然。　□A　□B　□C　□D　□E

8. 同异性交往没什么好处。　□A　□B　□C　□D　□E

9. 经常与某一固定的异性朋友单独在一起。　□A　□B　□C　□D　□E

*10. 我不是中学生。　□A　□B　□C　□D　□E

11. 一想到某个异性，就学习不下去。　□A　□B　□C　□D　□E

12. 选择外表时尚、前卫的异性交往。　□A　□B　□C　□D　□E

13. 为满足生理需要而与异性交往。　□A　□B　□C　□D　□E

14. 与异性交往是为了向别人炫耀自己。　□A　□B　□C　□D　□E

15. 有时异性主动与自己说话也不理睬。 □A □B □C □D □E

16. 不喜欢异性朋友与自己的同性朋友交往。 □A □B □C □D □E

17. 感到自己在异性同学眼中是个可有可无的人。 □A □B □C □D □E

18. 很少帮助异性。 □A □B □C □D □E

19. 中学生异性之间发展恋爱关系属正常现象。 □A □B □C □D □E

*20. 我不喜欢某些人。 □A □B □C □D □E

21. 每当看到有两个男女同学经常在一起，我会认为他们在谈恋爱。

□A □B □C □D □E

22. 对所嫉妒的异性或同性采取过不道德行为（如背后编造对方坏话或破坏对方东西）。 □A □B □C □D □E

23. 异性称赞自己时不知如何是好。 □A □B □C □D □E

24. 怕家长、老师不喜欢我而尽量少与异性交往。 □A □B □C □D □E

25. 与异性交谈时不敢坦率表达自己的思想。 □A □B □C □D □E

26. 好学生应尽量不与异性交往。 □A □B □C □D □E

27. 经常与异性出入校外公共场所，如公园、酒吧等。

□A □B □C □D □E

28. 与异性交往有时不能控制自己的感情而步入恋爱。

□A □B □C □D □E

29. 因为喜欢异性的外貌而与其交往。 □A □B □C □D □E

*30. 我的心情总是一样的。 □A □B □C □D □E

31. 异性朋友多恋爱对象就会多。 □A □B □C □D □E

32. 与异性交往是为了证明自己的吸引力。 □A □B □C □D □E

33. 在与异性交往时总是神经过敏。 □A □B □C □D □E

34. 嫉妒与自己异性朋友关系良好的同性。 □A □B □C □D □E

35. 对自己的异性交往感到悲观、失望。 □A □B □C □D □E

36. 经常对异性说一些难听的话。 □A □B □C □D □E

37. 只要两个同学之间愿意，可以发展恋爱关系，他人无权干涉。

□A □B □C □D □E

38. 感到异性不理解、不同情自己。 □A □B □C □D □E

39. 不能控制想攻击异性的念头（包括言语攻击和动作攻击）。

□A □B □C □D □E

*40. 我也会说错话或做错事。 □A □B □C □D □E

41. 在异性面前吃东西很不舒服。 □A □B □C □D □E

42. 总怕同学说闲话而尽量少与异性交往。 □A □B □C □D □E

43. 与异性说话很容易脸红。 □A □B □C □D □E
44. 与异性交往危险。 □A □B □C □D □E
45. 与异性有过抚摸、拥抱行为。 □A □B □C □D □E
46. 因思慕异性而影响了睡眠等日常生活。 □A □B □C □D □E
47. 选择与出手大方或有钱的异性交往。 □A □B □C □D □E
48. 为补偿与同性同学交往的失败而与异性交往。 □A □B □C □D □E
49. 与异性交往是为了对家长、老师在这方面的压制表示不满和反抗。
□A □B □C □D □E
*50. 我从没学过语文。 □A □B □C □D □E
51. 尽量不与异性交往，除非必要时才与异性打交道。
□A □B □C □D □E
52. 憎恨异性。 □A □B □C □D □E
53. 只要有异性在场，就感到很紧张。 □A □B □C □D □E
54. 对异性的长处心怀不满。 □A □B □C □D □E
55. 中学生恋爱没什么大不了的，不会给自己带来不良影响。
□A □B □C □D □E
56. 感到异性经常谈论、监视自己。 □A □B □C □D □E
57. 以攻击异性为乐（包括言语或动作攻击）。 □A □B □C □D □E
58. 与异性交往时感到心理压力很重。 □A □B □C □D □E
59. 见到异性就想逃离。 □A □B □C □D □E
60. 与异性交往时反应迟钝，不能很好地表现自己。 □A □B □C □D □E
61. 瞧不起异性，所以很少与异性交往。 □A □B □C □D □E
62. 与异性单独约会。 □A □B □C □D □E
63. 经常为异性交往问题而睡不着觉。 □A □B □C □D □E
64. 选择外表漂亮（英俊）的异性朋友。 □A □B □C □D □E
65. 中学生可以有性行为，他人无权干涉。 □A □B □C □D □E
66. 与异性交往是为了随大流（比如因为大多数同学都这样做，所以我也这样做）。 □A □B □C □D □E
67. 尽量避免与异性待在一起。 □A □B □C □D □E
68. 对异性感到持久而强烈的害怕。 □A □B □C □D □E
69. 不信任异性，从不和异性坦诚相见。 □A □B □C □D □E
70. 常与异性争吵。 □A □B □C □D □E
71. 尽管很想多交一些异性朋友，但一直压抑住心中的想法。
□A □B □C □D □E

72. 在异性交往中想象到的失败感多于成功感（如感到我是不会与对方处好关系的）。 □A □B □C □D □E

73. 与异性交往会影响学习。 □A □B □C □D □E

74. 同异性接过吻。 □A □B □C □D □E

75. 为尝试恋爱的滋味而与异性交往。 □A □B □C □D □E

76. 长时间注视、打量异性。 □A □B □C □D □E

77. 与异性交往是为了寻求依赖与安全感（女生回答此半句）；与异性交往是为了寻求保护他人的成就感（男生回答此半句）。 □A □B □C □D □E

78. 对很受异性欢迎的同性冷嘲热讽。 □A □B □C □D □E

79. 有时明知对方（为异性）没有危险，但还是害怕他（她）。 □A □B □C □D □E

80. 缺乏与异性交往的勇气。 □A □B □C □D □E

81. 讨厌异性。 □A □B □C □D □E

82. 不敢单独与异性在一起。 □A □B □C □D □E

83. 很容易把自己对异性同学的好感当做“爱情”。 □A □B □C □D □E

84. 虽然希望与异性交往，但又很少主动打招呼。 □A □B □C □D □E

*85. 我有缺点。 □A □B □C □D □E

第十四章 Di Shi Si Zhang
青少年亲子沟通问题及指导策略

父母是儿童的第一任教师。父母在儿童心理发展中的重要地位和作用已被众多的研究所证实。对于父母和儿童之间的关系，即亲子关系的研究也一直是儿童发展心理和教育心理学研究的重要领域。近年来，随着学术界对亲子关系的研究重心从静态审视转移到动态考察，人们越来越关注亲子之间的互动和交流情况对儿童心理发展的影响，而亲子互动的内在运行机制，则被认为就是亲子沟通。

由于青少年时期被认为是个体心理发展的关键期和危机期，容易产生各种心理矛盾或问题，亟须社会关爱和师长指导，而亲子沟通则是家庭环境中给青少年心理发展提供指导和帮助的有效方式，因此亲子沟通的研究，尤其是针对青少年阶段的亲子沟通与青少年心理问题的关系的研究，是最近国外心理学界研究的重要课题，而国内关于亲子沟通的研究还较少见。

第一节　研究概述

一、亲子沟通的概念

亲子沟通自20世纪70年代进入人们的研究视野至今，国外的心理学者对该领域已经进行了不少的研究，取得了一些研究成果。在国内，亲子沟通领域的心理学研究目前仍处于起步阶段。概括起来，目前国内外心理学界对亲子沟通的研究主要集中在亲子沟通概念的界定、亲子沟通的特点、亲子沟通的影响因素、亲子沟通对青少年心理发展的影响等方面。

沟通（communication）是指通过符号手段进行信息交流的过程。人类行为的沟通过程，即人们通过各种言语和非言语的形式而交流信息（如思想、感情、知识等）

的过程。[①] 沟通是人与人之间发生相互联系的最主要的形式。作为一种社会性动物，人类的生存不能没有沟通，通过沟通，人们得以互相了解、互相合作、互相学习、适应环境、共同发展。沟通按照不同的分类法可分为不同的类型，一般可以分为语词沟通和非语词沟通、口语沟通与书面沟通、有意沟通与无意沟通、正式沟通与非正式沟通、个人内沟通与人际沟通。[②]

亲子沟通（parent-child communication）是一种特殊类型的人际沟通，特指在家庭中父母与子女之间通过各种言语和非言语的形式而交流信息的过程。本研究尝试对亲子沟通作如下定义：亲子沟通是父母与子女双方主体在亲缘关系的基础上，在共同创造的独特家庭情境中，基于各自的角色定位和不同的态度、需要，运用各种沟通方式在双方之间传递信息、交流感情的过程。

与亲子沟通密切相关的一个概念是亲子关系（parent-child relation）。亲子关系是指父母与子女之间的关系，是人类初级群体——家庭中最重要的两种人际关系之一（另一种是夫妻关系）。亲子关系是儿童最早建立的人际关系，这种关系直接影响儿童的身心发展，并且也影响儿童以后形成的各层次的人际交往关系。[③]

二、青少年亲子沟通研究现状

（一）亲子沟通特点的研究

对亲子沟通特点的现有研究主要集中在以下几个方面：沟通的内容、沟通的频率、沟通的主动性、沟通的满意度和沟通中存在的问题。

1. 沟通的内容

亲子沟通的内容指亲子在沟通中交流的话题范围。Youniss 和 Smollar（1985）的研究发现，大多数青少年与父母讨论很多方面的话题，包括家庭、学校、未来的打算以及与朋友的相处等。[④] 而 Noller 和 Tesser 等人（1990，1989）的研究发现，青少年在很多话题上与父母的沟通很少，只偶尔与母亲讨论一下学校里的情况、闲暇时间是如何度过的、喜欢的朋友等，很少与父母谈论敏感的话题，比如性、饮酒和吸毒。[⑤⑥] 造成这种不一致的原因除了文化背景的差异外，可能很重要的一点在于研究者对沟通的内容范围的界定标准不同，比如前述 Youniss 和 Smollar 的研究只

① 《中国大百科全书·心理学》，中国大百科全书出版社 1991 年版。

② 章志光、金盛华：《社会心理学》，人民教育出版社 1996 年版，第 255～259 页。

③ 朱智贤：《心理学大词典》，北京师范大学出版社 1989 年版，第 493 页。

④ J. Youniss，J. Smollar：*Adolescents Relations with Mothers，Fathers，and Friends*，Chicago：University of Chicago Press，1985.

⑤ P. Noller，V. J. Callan：*Adolescents' perceptions of the nature of their communication with parents. Journal of Youth and Adolescence*，1990，19（4），pp349－362.

⑥ A. Tesser，R. Forehand，N. Long：*Conflict：The role of calm and angry parent-child discussion in adolescent development. Journal of Social and Clinical Psychology*，1989，8（3），pp317－330.

考察了与青少年的日常生活密切相关的一般性话题：学业、花钱、外表、课外活动等；[①] 而前述 Noller 和 Tesser 等人的研究则更多考察了青少年与父母在一些敏感话题上的沟通状况，如异性交往、性、饮酒、吸毒等。这种研究现状提示，在探讨亲子沟通的内容时，应充分考虑青少年特定的年龄特征和该阶段的发展任务，全面考察青少年与父母在各个方面的沟通状况。

2. 沟通的频率、主动性和满意度

Barnes 和 Noller 等人（1985，1990）[②③] 的研究发现，进入青春期后，青少年与父母沟通的频率较低。青少年认为在很多话题上与父母的沟通很少。

亲子沟通的主动性是指在亲子沟通中谁是发起者。Grotevant 和 Cooper (1983)[④] 的研究发现，家庭中的女性成员比男性成员在沟通中更积极主动，母亲比父亲更主动。母亲更多是交谈的发起者，母亲比父亲更能接受孩子的观点。

对亲子沟通满意度的研究发现了代际差异。Barnes 和 Olson（1985）[⑤] 对 426 个正常家庭中亲子沟通状况的研究发现，青少年对亲子沟通的满意度与父母对亲子沟通的满意度存在差异：青少年对亲子沟通的满意度较低，青少年认为与父母的沟通缺乏开放性和存在更多沟通问题；但父亲和母亲却认为与青少年有较为开放的沟通，沟通存在的问题也更少。这种代际差异的原因尚有待进一步探讨。

3. 沟通中存在的问题

Vangelisti（1992）[⑥] 在研究中运用开放式问卷，要求青少年描述与父母沟通时出现困难的情境，并写下当时与父亲（母亲）之间的对话，然后对青少年的回答进行编码。结果发现，青少年与父母的沟通问题主要表现在沟通方式方面，如分歧、误解、行为约束、盘问、批评和缺乏沟通等。

涉及沟通问题的话题主要有课外活动、异性交往、职业与教育、花钱、行为问题等。在所有的沟通问题中，父母对青少年过多的行为约束是出现亲子沟通问题的重要原因（占所有沟通问题的 20%）；在沟通话题方面，出现问题最多的是课外活动（约占 48%）和异性交往（约占 14%）。虽然已有研究在不同程度上提出了亲子沟

① J. Youniss, J. Smollar: *Adolescents Relations with Mothers, Fathers, and Friends*, Chicago: University of Chicago Press, 1985.

② H. L. Barnes, D. H. Olson: *Parent-adolescent communication and the circumplex model*. *Child Development*, 1985, 56 (2), pp438－447.

③ P. Noller, V. J. Callan: *Adolescents' perceptions of the nature of their communication with parents*. *Journal of Youth and Adolescence*, 1990, 19 (4), pp349－362.

④ H. D. Grotevant, C. R. Cooper: *The role of family communication patterns in adolescent identity and role taking*. Paper presented at the meeting of the Society for Research in Child Development, Detroit, 1983.

⑤ H. L. Barnes, D. H. Olson: *Parent-adolescent communication and the circumplex model*. *Child Development*, 1985, 56 (2), pp438－447.

⑥ A. L. Vangelisti: *Older adolescents' perceptions of communication problems with their parents*. *Journal of Adolescent Research*, 1992, 7 (3), pp382－402.

通中存在的一些问题，但还缺乏对亲子沟通问题的全面系统研究。

（二）有关亲子沟通影响因素的研究

现有研究主要探讨了沟通对象、青少年的性别和年龄、家庭环境等因素对亲子沟通的影响。

1. 沟通对象对亲子沟通的影响

现有研究考察了亲子沟通的内容、频率、满意度、主动性与沟通对象之间的关系。（1）在亲子沟通的内容方面，Noller 和 Callan（1991）① 的研究发现，青少年与母亲的沟通话题多于与父亲的沟通话题。在有关父母—青少年亲子沟通内容的 14 个题目中，在 9 个题目上青少年与母亲讨论的更多，只有在政治问题上，青少年与父亲的讨论多于与母亲的讨论。并且，男女青少年受沟通对象的影响并不相同，如在对社会规范的态度、一般性问题、对未来的打算等方面，女孩对父亲谈的比对母亲谈的更多。（2）在亲子沟通的频率方面，Barnes 和 Noller 等人（1985，1985）②③ 的研究发现青少年与母亲之间的沟通多于与父亲之间的沟通。Shek 等人（2000）④ 采用个别访谈的方法，考察了亲子沟通的频率，结果也发现青少年报告的与母亲沟通的频率高于与父亲沟通的频率。（3）在亲子沟通的满意度和主动性方面，现有研究也得到了较为一致的结论：青少年认为与母亲的沟通比与父亲的沟通更令人满意，母亲也比父亲更倾向于认为与青少年有较好的沟通（Noller，Callan，1990）⑤；青少年认为与母亲的沟通伴随的积极情感明显多于与父亲的沟通（Shek，2000）⑥。母亲在沟通主动性上也高于父亲，母亲更多是交谈的发起者，母亲比父亲更能接受孩子的观点（Barnes，Olson，1985⑦；Noller，Bagi，1985⑧；Shek，2000⑨）。

无疑，现有研究给人们的印象是：父亲在亲子沟通中是一个不够积极的参与者。但父亲在青少年心理发展中的作用是不可忽视的，因此父亲在亲子沟通中的消极表现无疑是亲子沟通中的一个问题。Noller 和 Bagi（1985）的研究表明，父亲在儿童

---

① P. Noller，V. J. Callan：*The Adolescent in the Family*，London：Routledge，1991.

② H. L. Barnes，D. H. Olson：*Parent-adolescent communication and the circumplex model*. *Child Development*，1985，56（2），pp438—447.

③ P. Noller，S. Bagi：*Parent-adolescent communication*. *Journal of Adolescence*，1985，8（2），pp125—144.

④ D. T. L. Shek：*Differences between fathers and mothers in the treatment of，and relationship with their teenage children：Perceptions of Chinese adolescents*. *Adolescence*，2000，35（137），pp135—146.

⑤ P. Noller，V. J. Callan：*Adolescents' perceptions of the nature of their communication with parents*. *Journal of Youth and Adolescence*，1990，19（4），pp349—362.

⑥ D. T. L. Shek：*Differences between fathers and mothers in the treatment of，and relationship with their teenage children：Perceptions of Chinese adolescents*. *Adolescence*，2000，35（137），pp135—146.

⑦ H. L. Barnes，D. H. Olson：*Parent-adolescent communication and the circumplex model*. *Child Development*，1985，56（2），pp438—447.

⑧ P. Noller，S. Bagi：*Parent-adolescent communication*. *Journal of Adolescence*，1985，8（2），pp125—144.

⑨ D. T. L. Shek：*Differences between fathers and mothers in the treatment of，and relationship with their teenage children：Perceptions of Chinese adolescents*. *Adolescence*，2000，35（137），pp135—146.

青少年的性别角色社会化中起重要作用；Clark 和 Shields（1997）① 的研究则发现，青少年与父亲沟通的开放性与青少年的犯罪行为有显著负相关，而与父亲的不良沟通有显著正相关。所以，需要进一步考察父亲在亲子沟通中的地位和作用，沟通对象影响亲子沟通的原因以及沟通对象的差异对青少年心理发展的影响。

2. 青少年的性别和年龄对亲子沟通的影响

亲子沟通是否受青少年性别的影响，现有研究存在争议，结果不一致。Noller 和 Bagi（1985）的研究发现，女孩与父母的沟通比男孩多，女孩与母亲谈论更多的话题；Youniss 和 Smollar（1985）② 的研究发现，女孩更可能认为自己与母亲有更亲密的关系。而 Noller 和 Callan（1990）的研究发现，女孩与男孩相比，对与父母沟通的满意度更低。也有研究（Masslam，1990）③ 发现亲子沟通与青少年的性别无关，男女青少年对与父母沟通的满意度方面的评价不存在显著差异。

青少年的年龄也是一个值得关注的影响因素。Jackson 等人（1998）④ 的研究发现，青春早期的青少年沟通的开放性显著高于青春中期的青少年，但在沟通存在的问题上没有显著差异。而 Collins 等（1990）⑤ 的研究发现，青春中期的青少年与父母的沟通问题与青春早期相比更为尖锐和突出。方晓义等人（1998）⑥ 的研究发现，初中生与父母的多数冲突随年级升高而增加。

有研究者（Vangelisti，1992）⑦ 对不同年龄阶段青少年与父母的沟通问题做了比较，发现青春中期青少年与父母的沟通问题更多涉及沟通中父母对青少年的行为约束，以及课外活动和异性交往等方面；青春晚期青少年与父母的沟通问题主要表现在家庭关系和职业选择方面。并且，青春晚期的青少年与青春中期的青少年相比，前者与父母之间产生沟通问题的频率更低。

3. 家庭环境对亲子沟通的影响

有关家庭环境对亲子沟通影响的研究，多把家庭环境分为温暖、支持和敌意、

---

① R. D. Clark，G. Shields：*Family communication and delinquency*. *Adolescence*，1997，32（125），pp81－92.

② J. Youniss，J. Smollar：*Adolescents Relations with Mothers*，*Fathers*，*and Friends*，Chicago：University of Chicago Press，1985.

③ V. J. Masslam：*Adolescents' perceptions of the nature of their communication with parents*. *Journal of Youth and Adolescence*，1990，19（4），pp349－362.

④ S. Jackson，L. Ostra，H. Bosma：*Adolescents' perceptions of communication with parents relative to specific aspects of relationships with parents and personal development*. *Journal of Adolescence*，1998，21（3），pp305－322.

⑤ W. E. Collins，B. M. Newman，P. C. McKenry：*Intrapsychic and interpersonal factors related to adolescent psychological well-being in stepmother and stepfather families*. *Journal of Family Psychology*，1995，9（4），pp433－445.

⑥ 方晓义、董奇：《初中一、二年级学生的亲子冲突》，《心理科学》1998 年第 21 卷第 2 期，第 122～125 页。

⑦ A. L. Vangelisti：*Older adolescents' perceptions of communication problems with their parents*. *Journal of Adolescent Research*，1992，7（3），pp382－402.

强制两个维度。Rueter 和 Conger（1995）[①] 利用四年时间对 335 个从青春早期进入青春中期的青少年家庭中的亲子沟通状况，运用结构方程模型进行了分析。结果发现，在温暖、支持的家庭环境中，父母与青少年能够更为直接、开放、充满耐心地讨论相互之间的分歧，较少出现沟通的困难和问题；而在敌意、强制的家庭环境中，亲子之间在沟通时，经常相互抱怨，缺乏耐心，回避分歧，沟通问题也更多。并且，不同的家庭环境对于亲子沟通有持续的影响作用。

雷雳等（2002）[②] 在考察家庭环境系统对初中生亲子沟通的影响时发现，父母受教育水平对亲子沟通的直接影响很小，它主要通过家庭结构对亲子沟通产生影响。家庭结构影响父子沟通，很少影响母子沟通。家庭功能中的情感反应维度对父子沟通和母子沟通都有影响，但总的家庭功能只对母子沟通产生影响。

（三）有关亲子沟通对青少年心理发展的影响

现有亲子沟通对青少年心理发展影响的研究主要集中在青少年的社会性发展领域，具体表现为对社会适应、问题行为以及其他一些方面的研究。

1. 亲子沟通对青少年社会适应的影响

Jackson 等人（1998）[③] 的研究表明，父母与青少年之间的沟通与青少年的社会适应相联系。Collins 等人（1995）[④] 认为，在良好的亲子沟通中，父母与子女交流的一些信息受到重视，这些信息会使儿童形成正确的世界观和掌握良好的与人交往的技能；亲子之间良好的沟通能帮助青少年认清自己在家庭中所处的地位，并能够敏感地体察家庭中其他成员的思想和情感。

Dilorio 等人（1999）[⑤] 研究了 40 个家庭的沟通模式对其 12～16 岁的孩子的道德推理的影响，结果发现，在沟通过程中，如果父亲从一开始就使用较多的可执行的、操作性的讨论的方式，那么可以预测青少年能获得更强的道德推理能力；对母亲来说，其在讲故事的过程中对青少年语言反应的敏感性能促进该青少年获得更强的道德推理能力。

---

① M. A. Rueter, R. D. Conger: *Antecedents of parent-adolescent disagreements. Journal of Marriage and the Family*, 1995, 57 (2), pp435—448.

② 雷雳、王争艳、刘红云、张雷：《初中生的亲子沟通及其与家庭环境系统和社会适应关系的研究》，《应用心理学》2002 年第 8 卷第 1 期，第 14～20 页。

③ S. Jackson, L. Ostra, H. Bosma: *Adolescents' perceptions of communication with parents relative to specific aspects of relationships with parents and personal development. Journal of Adolescence*, 1998, 21 (3), pp305—322.

④ W. E. Collins, B. M. Newman, P. C. McKenry: *Intrapsychic and interpersonal factors related to adolescent psychological well-being in stepmother and stepfather families. Journal of Family Psychology*, 1995, 9 (4), pp433—445.

⑤ C. Dilorio, et al: *Communication about sexual issues: Mothers, fathers, and friends. Journal of Adolescent Health*, 1999, 24 (3), pp181—189.

Grotevant 和 Cooper（1983）① 研究了沟通在青少年脱离家庭、获得独立的过程中的作用。他们认为亲子沟通会影响青少年同一性的形成和观点采择能力的发展，能够从父母那里得到支持的青少年能更好地发展自我同一性。

2. 亲子沟通与青少年问题行为的相关

Hartos 和 Power（1997）② 对 14～15 岁的青少年与他们的母亲之间的沟通进行了研究，发现亲子沟通与青少年的问题行为有显著负相关（r＝－0.31～－0.51）。Clark 和 Shields（1997）③ 的研究则发现，青少年与父亲沟通的开放性与青少年的犯罪行为有显著负相关，而与父亲的不良沟通有显著正相关。

亲子沟通与青少年的性行为的关系研究是目前国外亲子沟通研究的一个热点。研究者分别就亲子沟通对青少年获得性知识、性侵犯、艾滋病传播、未婚先孕和延迟性行为等方面的影响以及对青少年的性行为的干预进行了研究。

首先，目前家庭中对性问题进行的沟通比较缺乏。Rothenthal 和 Feldman（1999）④ 对 298 名 16 岁的青少年调查其父母对 20 个不同的性话题的沟通频率和重要性，这些话题涉及个人的发展和社会热点、性安全、性体验及性活动。结果发现，父母与青少年性话题的沟通频率很低；当有沟通时，谈论最多的是前两个话题；而且母亲比父亲对孩子有更多的性话题的沟通，女孩比男孩接受了更多的性话题的沟通；父母仍旧维持他们的传统角色，支持大量的社会准则。

其次，对父母—青少年就性问题的沟通的研究发现，父母—青少年在性问题上的沟通是促使青少年采取负责任的性行为的有效方式（Moore，Rosenthal，1993）⑤。当父母是主要的性信息的提供者时，青少年的性行为要比其性信息主要来自朋友时更少有危险性（Guijarro，1999）⑥。

3. 亲子沟通与青少年心理发展的其他方面的相关研究

在亲子沟通与青少年心理发展的其他方面的相关研究中，研究者发现，良好的亲子沟通与青少年的学业成就、自尊和心理健康呈正相关，而与青少年的孤独、抑

---

① H. D. Grotevant, C. R. Cooper: *The role of family communication patterns in adolescent identity and role taking*. Paper presented at the meeting of the Society for Research in Child Development, Detroit, 1983.

② J. L. Hartos, T. G. Power: *Relations among single mothers' awareness of their adolescents' stressors, maternal monitoring, mother-adolescent communication, and adolescent adjustment*. *Journal of Adolescence*, 1997, 15 (5), pp546－563.

③ R. D. Clark, G. Shields: *Family communication and delinquency*. *Adolescence*, 1997, 32 (125), pp81－92.

④ D. A. Rosenthal, S. S. Feldman: *The importance of importance: Adolescents' perceptions of parental communication about sexuality*. *Journal of Adolescence*, 1999, 22 (6), pp835－851.

⑤ S. M. Moore, D. A. Rosenthal: *Sexuality in Adolescence: Current Trends*, New York: Routledge, 1993.

⑥ S. Guijarro: *Family risk factors associated with adolescent pregnancy: Study of a group of adolescent girls and their families in Ecuador*. *Journal of Adolescent Health*, 1999, 25 (2), pp166－172.

郁呈负相关（Clark，Shields，1997①；Rueter，Conger，1995②；方晓义等，2001③；辛自强等，1999④）。

综合现有探讨亲子沟通对青少年心理发展影响的研究，不难发现这方面研究都比较零散，不成系统；而且多是相关研究，未能解释亲子沟通影响青少年心理发展的作用机制。

三、青少年亲子沟通的研究价值

（一）研究青少年亲子沟通是青少年心理健康发展的需要

青少年期既是个体身心发展的关键时期，又是个体社会性发展的关键时期，也是个体由自然人向社会人过渡的重要时期。在这个时期，青少年逐步摆脱了对父母的心理依赖而走向独立和自主，人际交往的范围逐步扩大，角色意识逐步增强，开始探索并构建自我同一性。

青少年面临繁重的发展任务，仅凭青少年自己的力量是很难完成的，必须得到外界的支持。其中学校和社会的支持固然重要，但来自父母的支持也是不可或缺的。父母支持的重要而具体的途径就是与子女进行有效的沟通。

研究表明，良好的亲子沟通与青少年心理的健康发展，尤其与青少年的社会性发展密切相关，而不良的亲子沟通与青少年不良的社会适应甚至严重的问题行为密切相关。

（二）研究青少年亲子沟通是改善青少年期亲子沟通现状的要求

亲子沟通与青少年心理的健康发展密切相关，但青少年期却是亲子沟通问题比较多的时期。由于青少年期个体独立自主意识的发展，他们在心理和行为上对父母的脱离感增强，越来越不满意父母的管束，而这时如果父母没有意识到子女心理上的变化，没有及时调整与子女的沟通方式，就不可避免会导致亲子沟通障碍和亲子冲突的发生。

青少年期亲子沟通现状的不尽如人意和亲子冲突的普发性提示我们应该加强对青少年期亲子沟通的研究，探寻实现亲子沟通的有效途径。

（三）研究青少年亲子沟通是亲子关系研究的深入和发展

亲子关系研究是发展与教育心理学领域重要的研究课题。亲子关系作为家庭中

---

① R. D. Clark，G. Shields：*Family communication and delinquency*. *Adolescence*，1997，32（125），pp81－92.

② M. A. Rueter，R. D. Conger：*Antecedents of parent-adolescent disagreements*. *Journal of Marriage and the Family*，1995，57（2），pp435－448.

③ 方晓义、郑宇、林丹华：《家庭诸因素与初中生吸烟行为的关系》，《心理学报》2001 年第 33 卷第 3 期，第 244～250 页。

④ 辛自强、陈诗芳、俞国良：《小学学习不良儿童家庭功能研究》，《心理发展与教育》1999 年第 15 卷第 1 期，第 22～26 页。

最基本、最重要的一种关系，具有极强的情感亲密性，它直接影响儿童的身心发展，并将影响他们以后形成的各层次的人际关系。因此长期以来，国内外学者从不同侧面对亲子关系进行了研究，得出了许多富有意义的研究成果。但是，已有的对亲子关系的研究有如下问题：（1）研究范式大多是静态的，是一种“社会地址模型”①。研究偏重于简单列举各种影响因素，没有探讨各因素影响亲子关系的过程，也很少阐述各因素间的相互关系。（2）多是对亲子关系与儿童心理发展之间的相关的研究，缺乏对亲子关系与儿童心理发展之间的作用机制的研究。

四、以往关于青少年亲子沟通的研究存在的问题

综上所述，我们认为，国内外亲子沟通研究已取得了一定成果，但也存在两大问题。

（一）亲子沟通研究没有形成一个相对独立的、完整的研究领域

有学者认为：“以往研究常常把亲子沟通作为亲子关系的一部分，以研究亲子关系对儿童的影响，或者根本不对亲子沟通和亲子关系加以区分。”② 因此可以说，亲子沟通研究目前仍处于初始阶段。这个问题具体表现在：

其一，分散研究多，整体研究少。现有研究多是对亲子沟通某一方面的分散研究，缺乏对亲子沟通的整体、系统研究。亲子沟通是一个复杂的交互作用过程，目前的研究多是选取亲子沟通过程的某一方面进行单独研究，不同的研究者对于研究的范围、概念的界定等方面没有统一的标准，造成了许多研究结果的不一致，也无法把握亲子沟通的整体情况。

其二，工具性研究多，实体性研究少。现有研究多是从亲子沟通是影响青少年行为和心理发展的重要因素这一点出发，把亲子沟通作为一种手段，或研究中的一个变量，强调亲子沟通的工具性，对亲子沟通进行实体性的研究较少见。这说明亲子沟通研究还没有形成独立的研究领域。

（二）没有真正从心理机制的角度研究亲子沟通

通过对现有亲子沟通研究的分析，我们发现，现有亲子沟通研究的最大问题就是没有真正从心理机制的角度研究亲子沟通。现有的研究在探讨亲子沟通的特点时，几乎是根据亲子沟通的外在行为指标（比如亲子沟通的频率、时间、内容、主动性等）来衡量，鲜有从亲子沟通内部心理过程探讨亲子沟通特点的研究。有研究者就认为：“沟通研究之所以五花八门，原因之一是缺乏对沟通过程心理机制的研究。沟通过程研究……基本上是从传播学的角度介绍沟通过程：从信息发出者解码信息并

① 雷雳、王争艳、李宏利：《亲子关系与亲子沟通》，《教育研究》2001年第22卷第6期，第49～53页。
② 雷雳、王争艳、李宏利：《亲子关系与亲子沟通》，《教育研究》2001年第22卷第6期，第49～53页。

发出信息，经过信道将信息传至信息接收者，接收者接受信息并译码。这是较简单的沟通过程模型。”①

本研究认为，如果没有从心理机制的角度深入探讨亲子沟通的内部心理过程，则亲子沟通的研究就无法深入，也无法准确理解亲子沟通与其影响因素的关系，进而也无法准确预测亲子沟通对青少年心理发展的影响，当然也就很难从根本上找到提高亲子沟通效果的有效途径和方法。

第二节 青少年亲子沟通问卷的编制

一、青少年亲子沟通心理结构的理论构想

首先，本研究在查阅资料和理论探讨的基础上，尝试对亲子沟通作如下定义：亲子沟通是父母与子女双方主体在亲缘关系的基础上，在共同创造的独特家庭情境中，基于各自的角色定位和不同的态度、需要，运用一定的沟通策略，通过各种沟通方式，在双方之间传递信息、交流感情的过程。这个定义试图在广义沟通概念的基础上捕捉亲子沟通的特点，即沟通双方主体的角色特殊性和由此引出的情境特殊性。所谓角色特殊性是指亲子沟通双方的亲缘关系以及由此而来的角色规定性，这种规定性使得亲子之间的沟通在遵循沟通的一般规则之外还形成了一些不同的潜规则；同时这种角色规定性使得沟通的情境也具有了某种特殊性，并且深深地打上了每个家庭所具有的独特的烙印。

然后，根据以上对亲子沟通的理解并依据同样的思路，即结合沟通的一般过程和亲子沟通的特点，分析青少年亲子沟通的心理结构构成成分。

考察沟通的一般过程，在查阅资料和自主思考的基础上，从心理学的角度，本研究认为可以从动力、能力和情感体验三个维度构建亲子沟通的心理结构。

所谓动力是指引起并维持沟通的，存在于沟通者内部的那些推动力，主要包括沟通者对待沟通的态度和通过沟通而得到满足的一些需要。对待沟通的态度集中体现在沟通者的参与倾向性上，所谓参与倾向性是指沟通参与者对待沟通所具有的界于积极参与与消极参与之间的心理反应倾向性，也就是反映沟通者对待沟通情境是主动积极还是被动消极。通过沟通而得到满足的需要可以概括为以下三种：交流需要、支配需要和情感需要。这三种需要可分别产生三种动机，驱使沟通者发起并参与沟通。由交流需要产生的交流动机是相互学习，交换信息，表述自己看法，听取对方看法；由支配需要产生的沟通动机是力图改变或控制对方思想、行为；由情感

① 张淑华：《人际沟通能力研究进展》，《心理科学》2002年第4期，第503～505页。

需要产生的沟通动机是为了表达爱与关心，使自己得到爱和归属感的满足。

所谓能力是指沟通者所具有的能有效发起、维持良好的沟通，达到沟通目的，产生良好效果的特质、能力及所采用的策略，主要可概括为积极倾听、开放的表达、理解尊重与信任、沟通灵活性四个方面。积极倾听是指沟通时能够专注于对方的语言、表情和动作，对沟通表现出兴趣，能够给对方以及时有效的反馈。开放的表达是指能够直截了当地表达自己的看法与感受，清楚地传递信息的能力。理解尊重与信任是指承认每件事都可以有多方面的看法，愿意接受对方的感觉，并试着去了解；能够换位思考，与对方感同身受；认为对方与自己地位平等，尊重对方的隐私、感受、观点；相信对方的言行和感受，正向评价对方的价值，真诚面对对方，不无端猜疑对方。由于这些特质的内涵十分接近，难以清楚区分，所以在此并未对它们进行区分，而作为一种特质对待。沟通灵活性是指沟通者能够及时调整和改编沟通信息，使之适应需要，适应对方期望及不同的沟通情境的策略。

所谓情感体验是指沟通者在沟通过程中所体验到的因沟通而产生的情感，主要通过轻松感这个向度来衡量。所谓轻松感则是指沟通是让人感到轻松还是感到压抑。

综上所述，本研究从 3 个维度共 9 个因素来构建青少年亲子沟通心理结构，这些维度和因素是：

（1）动力维度，指在沟通中沟通主体所具有的对待沟通的态度和动机。具体包括 4 个因素：参与倾向性、交流需要、支配需要、情感需要。

（2）能力维度，指在沟通中沟通主体所具有的维持正常、良好、健康、有效的沟通所必需的能力和使用的策略。具体包括 4 个因素：积极倾听，开放的表达，理解尊重与信任，沟通灵活性。

（3）情感体验维度，指在沟通过程中沟通主体产生的情感体验。具体包括轻松感 1 个因素。

二、青少年亲子沟通心理结构专家问卷调查

为了检验和修正青少年亲子沟通心理结构理论构想，并为编制青少年亲子沟通心理问卷提供实证支持，本研究基于前述理论构想中得到的心理结构，编制了青少年亲子沟通心理结构专家咨询问卷，以信函和电子邮件的形式向国内的教育心理学、发展心理学专家进行了调查，共发放问卷 20 份，返回 10 份，并对返回的问卷进行统计分析（结果见表 14－1）。根据对问卷调查的分析，确定青少年亲子沟通心理结构的初步构想，即青少年亲子沟通心理由参与倾向性、交流需要、情感需要、支配需要、积极倾听、沟通灵活性、理解尊重与信任、开放的表达、轻松感 9 个因素构成。

表 14－1　青少年亲子沟通心理结构专家咨询问卷统计结果

维　度	成　分	各评议等级赞成数及比率					
		等级 3	比率（%）	等级 4	比率（%）	等级 5	比率（%）
动　力	参与倾向性	4	40	0	0	6	60
	交流需要	0	0	4	40	6	60
	支配需要	2	20	2	20	6	60
	情感需要	2	20	0	0	8	80
能　力	积极倾听	0	0	2	20	8	80
	开放的表达	2	20	4	40	4	40
	理解尊重与信任	2	20	4	40	4	40
	沟通灵活性	0	0	2	20	8	80
情感体验	轻松感	0	0	6	60	4	40

注：等级 1—5 的含义依次为：完全不同意，基本不同意，同意，非常同意，完全同意。被调查专家均未给出等级 1 和 2 的评判。

三、青少年亲子沟通心理问卷的编制

首先，采用自编的青少年亲子沟通心理问卷（PACT）（采用 5 点记分，单选迫选形式作答），采取整群分层抽样的方法，选取四川省初一至高二年级的 354 名学生作为初测对象，通过对初测结果的分析，对最初问卷中被试感觉表述不清、难以理解的题项进行修改或佐以补充解释，确立初始问卷；然后，采用整群分层抽样法，在四川省、重庆市抽取初一至高三年级 1100 名学生（男生 522 名，女生 578 名）作为初始问卷的正式测量对象，并对问卷进行项目分析和因素分析，从而得到实证支持的有效维度、因素和项目，并采用内部一致性信度、分半信度和结构效度、内容效度来检验其信度和效度。数据分析结果如下。

（一）青少年亲子沟通心理问卷因素分析

1. 一阶因素分析

对问卷进行主成分分析和正交旋转因素分析，求出最终的因素负荷矩阵。

根据陡阶图检验结果，获得 8 个成分，33 个有效题项（另有 4 道测谎题）。一阶因素分析结果见表 14－2 和表 14－3。从表 14－2、表 14－3 可以看出，一阶因素分析共获得 33 个有效题项，共析出 8 个成分，可以解释总变异量的 54.171%。

因素 1 中的 8 个题项主要来自理论构想问卷的参与倾向性因子，部分来自情感需要因子和轻松感因子，描述的是积极参与沟通交流的态度和行为，故命名为参与倾向性；因素 2 中的 4 个题项主要来自理论构想问卷的情感需要因子，部分来自理解尊重与信任因子，描述的是沟通中的情感需要，故命名为情感需要；因素 3 中的

6 个题项主要来自理论构想问卷的轻松感因子，部分来自参与倾向性因子，描述的是沟通中的情感体验，命名为轻松感；因素 4 中的 4 个题项主要来自理论构想问卷的理解尊重与信任因子，部分来自开放的表达因子，描述的是孩子在沟通中对父母的理解，故命名为理解；因素 5 中的 3 个题项主要来自理论构想问卷的积极倾听因子，部分来自开放的表达因子，描述的是在沟通中能否耐心、积极地倾听，故命名为积极倾听；因素 6 中的 3 个题项来自理论构想问卷的支配需要因子，描述的是在沟通中力图改变或控制对方的动机和行为，故仍命名为支配需要；因素 7 中的 2 个题项来自理论构想问卷的沟通灵活性因子，描述的是能够根据情境调整沟通的能力，故仍命名为沟通灵活性；因素 8 中的 3 个题项来自理论构想问卷的开放的表达因子，描述的是沟通中表达的开放性程度，故仍命名为开放的表达。

表 14－2　青少年亲子沟通心理问卷一阶因素分析的结构、负荷及各项目的共同度

题号	参与倾向性	情感需要	轻松感	理　解	积极倾听	支配需要	沟通灵活性	开放的表达	共同度
A_{31}	.764								.621
A_{29}	.709								.558
A_{37}	.636								.540
A_{33}	.624								.492
A_{35}	.520								.563
A_{19}	.465								.581
A_{20}	.458								.453
A_{25}	.455								.476
A_{1}		.680							.626
A_{2}		.660							.538
A_{10}		.615							.566
A_{27}		.589							.569
A_{22}			.744						.620
A_{28}			.630						.560
A_{4}			.610						.588
A_{34}			.523						.588
A_{30}			.504						.504
A_{13}			.488						.458
A_{8}				.660					.574
A_{32}				.630					.453
A_{24}				.594					.532

续表

题号	参与倾向性	情感需要	轻松感	理　解	积极倾听	支配需要	沟通灵活性	开放的表达	共同度
A_{11}				.403					.364
A_5					.707				.597
A_{14}					.505				.425
A_{23}					.459				.452
A_3						.772			.631
A_{12}						.736			.590
A_{21}						.686			.586
A_7							.755		.588
A_{15}							.691		.586
A_9								−.718	.585
A_{17}								.687	.505
A_{18}								.622	.481

表 14－3　青少年亲子沟通心理问卷各成分的特征值和贡献率

成　分	特征值	贡献率（%）	累积贡献率（%）
参与倾向性	7.617	23.082	23.082
情感需要	2.392	7.248	30.330
轻松感	1.715	5.198	35.528
理　解	1.496	4.532	40.060
积极倾听	1.257	3.808	43.868
支配需要	1.195	3.621	47.489
沟通灵活性	1.127	3.415	50.904
开放的表达	1.078	3.267	54.171

2. 二阶因素分析

把一阶因素分析获得的 8 个成分作为新变量群进行因素分析。采用主成分分析法和正交旋转法，在不限定因素个数的情况下，结果得出 2 个因素，共解释总变异量的 63.023%。二阶因素分析的结构、负荷、共同度及 2 个因素的特征值和所解释的变异数比例分配见表 14－4、表 14－5。

表 14－4　二阶因素分析的结构、负荷及各成分的共同度

成　分	动　力	能　力	共同度
C_1	.855		.749
C_2	.855		.720
C_6	.640		.531
C_3	.626		.586
C_5		.841	.748
C_7		.721	.585
C_4		.720	.558
C_8		.681	.566

注：C_1 代表参与倾向性，C_2 代表情感需要，C_3 代表轻松感，C_4 代表理解，C_5 代表积极倾听，C_6 代表支配需要，C_7 代表沟通灵活性，C_8 代表开放的表达。

表 14－5　2 个因素的特征值和所解释的变异数比例分配

因　素	特征值	变异数（%）	变异数累积（%）
动　力	3.632	42.901	42.901
能　力	1.410	20.122	63.023

从表 14－4、表 14－5 可以看出，青少年亲子沟通心理问卷的二阶因素分析得出 2 个大因素。第一个因素包含了参与倾向性、情感需要、轻松感、支配需要 4 个成分，描述的是沟通中沟通主体所具有的对待沟通的态度和动机，故命名为动力因素。第二个因素包含了理解、积极倾听、沟通灵活性与开放的表达 4 个成分，描述的是在沟通中沟通主体所具有的维持正常、良好、健康、有效的沟通所必需的能力和使用的策略，故命名为能力因素。

3. 青少年亲子沟通心理结构实证模型

根据因素分析的结果，得到青少年亲子沟通心理结构实证模型，见图 14－1。

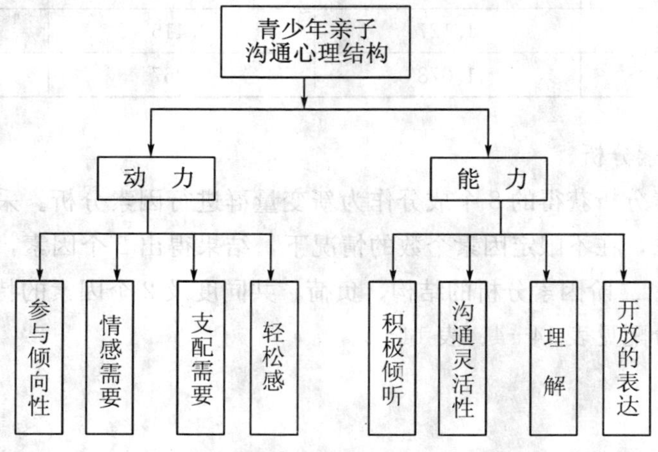

图 14－1　青少年亲子沟通心理结构实证模型

从图 14-1 可以看出：

首先，青少年亲子沟通心理结构的实证模型与理论构想模型在维度上基本吻合，但实证模型少了一个情感体验维度，该维度的成分归入了原理论构想模型的动力维度中，表明情感体验本身具有动力性，与动力维度不能截然分开。这也证实了专家问卷中专家意见的正确性。

其次，青少年亲子沟通心理结构的实证模型与理论构想模型在成分上也基本吻合，略有差异。差异主要表现在：青少年亲子沟通的结构中动力维度与理论构想相比，失去了独立的交流需要因素。

（二）青少年亲子沟通心理问卷的信度、效度检验

1. 青少年亲子沟通心理问卷的信度检验

内部一致性信度：青少年亲子沟通问卷中 8 个一阶因素和 2 个二阶因素的内部一致性信度除开放的表达和沟通灵活性分别为－0.3554 和 0.4385 以外，其余在 0.5087～0.8465 之间，总问卷的内部一致性信度为 0.8699，说明本研究的青少年亲子沟通问卷的内部一致性信度是可以接受的。

分半信度：青少年亲子沟通问卷中 8 个一阶因素和 2 个二阶因素的分半信度除开放的表达和沟通灵活性分别为－0.3554 和 0.4385 以外，其余在 0.5087～0.7999 之间，总问卷的分半信度为 0.8015，说明本研究的青少年亲子沟通问卷的分半信度是可以接受的。

2. 青少年亲子沟通心理问卷的效度检验

本研究采用内容效度和结构效度作为问卷的效度考察指标。内容效度基本上可以通过研究程序（包括文献分析、理论构想、专家对问卷的评价等程序）得到保证。

结构效度：青少年亲子沟通心理问卷各因素的相关在－0.226～0.695 之间，基本上呈中等程度相关；各因素与问卷总分之间的相关在 0.304～0.818，呈中高程度相关。因此，青少年亲子沟通心理问卷具有较好的结构效度。

四、讨论

（一）青少年亲子沟通心理问卷的理论分析

亲子沟通的研究是一个复杂的问题，研究的内容和角度很多。本研究力图从发展与教育心理学的角度，对亲子沟通过程中沟通主体（尤其是青少年）的心理活动规律进行研究。本研究遵循理论分析与实证检验结合的思路，对该问题的解决采取了以下步骤：

（1）在查阅资料和理论分析的基础上，尝试给亲子沟通下一个心理学化的定义：亲子沟通是父母与子女双方在亲缘关系的基础上，在共同创造的独特家庭情境中，基于各自的角色定位和不同的态度、需要，运用各种沟通方式传递信息、交流感情

的过程。

（2）根据对亲子沟通的这种理解并结合沟通的一般过程提出了亲子沟通心理结构的假设模型，即将亲子沟通心理结构设定为由动力、能力和情感体验3个维度9个因子构成。

（3）对该假设模型进行专家咨询和大范围的学生问卷调查。

（4）根据专家的反馈意见和对学生初始问卷的项目分析和因素分析修正该假设模型。

（5）形成亲子沟通心理结构的动力、能力两维度八因子实证模型。

对比实证模型和假设模型可以看出，两者在总体上是比较吻合的，其差异主要表现在假设模型中的情感体验维度的因子归入动力维度中，表明假设模型忽视了情感的动力性，但其内部因子基本未变。因此，本研究提出的亲子沟通心理结构理论假设模型较为合理，得到了实践的证实。

（二）关于青少年亲子沟通心理问卷的编制

本研究遵循心理测量的要求，在建构亲子沟通心理结构理论模型的基础上，编制了青少年亲子沟通心理问卷。

该问卷的编制从维度的分解、题项的编选、样本的选择到施测的过程都严格按照心理测量学的科学规范进行，具体表现在以下方面：

1. 题项的适切性。本研究在编制初始问卷时遵循人格理论或概念取向的心理问卷编制方法，尽量做到题项与理论成分的匹配，编制的题项尽量反映成分的内涵。由于没有找到成熟的相关问卷作参考，本问卷编制主要采用自编题项的方法。自编题项的编制程序如下：首先针对青少年亲子沟通心理结构成分具体化后的内容编制题项；然后征求发展与教育心理学专家的意见；最后对题项进行小范围预测，根据预测结果进行初步项目分析和调整，形成初始问卷。

2. 样本的典型性。本研究属大样本测量，调查对象涉及城市和农村的重点中学、普通中学、职业中学的初一至高三年级的全日制中学生，初测被试354人，正式测量1100人，因此研究样本具有较强的典型性和代表性，研究结果可以供其他同类研究借鉴。

3. 施测的严密性。本研究问卷从试测、预测到正式测量，从主试的选取到施测过程，都严格按照心理测量的原则和要求，从而保证了测量结果的可靠性。另外，为了有效分辨被试回答的真伪，问卷设计了4道测谎题，统计分析前首先对问卷进行测谎鉴别，保证了分析结果的有效性和可信度。

综上所述，本研究编制的青少年亲子沟通心理问卷有较好的信度和效度，可以作为测量和研究青少年亲子沟通心理问题的科学工具，具有较高的理论价值和实用价值。

第三节 青少年亲子沟通的特点及与亲子关系的相关分析

本研究目的在于考察青少年的亲子沟通心理在性别、年级以及不同的沟通对象（父亲、母亲）上的差异，进而探讨青少年亲子沟通心理的发展特点，以及青少年亲子沟通心理与亲子关系状况之间的关系。本研究的调查对象为四川省和重庆市6所中学的1100名中学生。所使用的研究工具，一是自编的青少年亲子沟通心理问卷（PACT）。该问卷共37题，其中包括测谎题4题。由参与倾向性、情感需要、支配需要、轻松感、积极倾听、沟通灵活性、理解、开放的表达8个因素构成，采用5分制评分方法，问卷的信度、效度指标都比较好。二是由品川不二郎等编制，华东师大心理系周步成等修订的《亲子关系诊断测验（PCRT）手册》①。该量表由“对父母的管教态度的评定”和“对孩子问题特点的评定”两部分构成。根据需要，本研究只选取了“对父母的管教态度的评定”部分，作为对亲子关系情况的测量工具。在这一部分里，把父母的管教态度分为5大类，每一大类又各分为2个小类，即分为拒绝（消极和积极）、支配（严格和期待）、保护（干涉和不安）、服从（溺爱和盲从）、矛盾（矛盾和不一致）共十个因素，每个因素都有10个题项，共100个题项。该量表的信度和效度均较好。该测验分为父母分测验和子女分测验两部分。根据需要，本研究只选取了子女分测验部分，这部分实际上测察了子女对父母管教态度的认知。研究结果如下。

一、青少年与父亲的沟通

在青少年与父亲的沟通方面，对沟通结构的8个因素、2个维度及总分作性别和年级的多因子方差分析。结果发现，从总体上看，青少年与父亲的沟通存在显著的性别和年级差异，性别和年级交互作用不显著。

（一）青少年与父亲沟通心理发展的性别差异

对沟通结构的8个因素、2个维度及总分在性别上进行独立样本 t 检验，从表14-6可以看出，在整体上，女生在与父亲沟通心理方面发展水平高于男生，男女生有显著差异；从8个因素上看，女生在参与倾向性、轻松感、沟通灵活性、理解、开放的表达这5个因素上平均分显著高于男生；从2个维度上看，女生在动力和能力维度平均分均显著高于男生。

① 周步成等：《亲子关系诊断测验（PCRT）手册》，华东师范大学出版社1991年版。

表 14－6　青少年与父亲沟通心理发展的性别差异分析

变量		男生（n=522）		女生（n=578）		t	显著性
		平均数	标准差	平均数	标准差		
一阶因素	参与倾向性	3.1386	.8848	3.2995	.8562	3.063	.002
	情感需要	2.8525	.9906	2.9161	.9359	1.095	.274
	支配需要	2.8084	1.006	2.7612	1.0096	−0.775	.438
	轻松感	3.2628	.8030	3.3815	.8772	2.333	.020
	积极倾听	3.4246	.9798	3.5156	1.0027	1.518	.129
	沟通灵活性	3.6044	1.0391	3.7811	.9804	2.902	.004
	理　解	3.5474	.8062	3.6804	.7518	2.830	.005
	开放的表达	3.0722	.7783	3.1615	.8189	1.849	.045
二阶因素	动　力	3.0156	.5432	3.0896	.5638	2.212	.027
	能　力	3.4122	.5331	3.5346	.5090	3.897	.000
总　分		3.2139	.4518	3.3121	.4393	3.654	.000

（二）青少年与父亲沟通心理发展的年级差异

对沟通结构的 8 个因素、2 个维度及总分在年级上进行单因子独立样本方差分析，从表 14－7 可以看出，整体上，青少年与父亲的沟通存在显著年级差异，表现为初一>高三>初二>高二>高一>初三的变化趋势（如图 14－2），随年级递增呈先下降后上升之势，其中初一年级为最高点，初三年级为最低点。各年级在动力和能力维度以及情感需要、支配需要、轻松感、积极倾听、沟通灵活性各因素上存在显著差异。其中在情感需要、轻松感、积极倾听三个因素上差异非常显著（$p<0.01$）。

表 14－7　青少年与父亲沟通心理发展的年级差异分析

变量			初一（n=214）	初二（n=287）	初三（n=87）	高一（n=268）	高二（n=186）	高三（n=58）	F	显著性
一阶因素	参与倾向性	平均数	3.3119	3.1659	3.3017	3.2430	3.1761	3.1207	1.126	.345
		标准差	.8944	.9031	.9039	.8377	.8487	.8282		
	情感需要	平均数	3.1402	2.8850	2.8908	2.7948	2.7661	2.7500	4.342	.001
		标准差	.9551	1.0017	1.0299	.9326	.8969	.8836		
	支配需要	平均数	2.8178	2.7085	2.9579	2.7662	2.9032	2.4655	2.603	.024
		标准差	1.0329	1.0115	1.0636	.9843	.9197	1.1133		
	轻松感	平均数	3.4026	3.3780	2.9923	3.2606	3.3647	3.4483	3.983	.001
		标准差	.8418	.8244	.8667	.8237	.8522	.8820		

续表

变　量			初一（n=214）	初二（n=287）	初三（n=87）	高一（n=268）	高二（n=186）	高三（n=58）	F	显著性
	积极倾听	平均数	3.5903	3.5738	2.6667	3.3980	3.4785	4.0690	18.533	.000
		标准差	.8910	.8906	1.2051	.9800	1.0139	.7329		
	沟通灵活性	平均数	3.6963	3.6202	4.0287	3.6754	3.6398	3.8707	2.706	.019
		标准差	1.0465	1.0192	.8154	1.0199	1.0446	.8864		
	理　解	平均数	3.6063	3.6115	3.6494	3.6017	3.6129	3.7241	.280	.924
		标准差	.8057	.7937	.7724	.7617	.7614	.8039		
	开放的表达	平均数	3.2103	3.0813	3.2261	3.0734	3.0789	3.1494	1.280	.270
		标准差	.8673	.8023	.7965	.7959	.7310	.7702		
二阶因素	动　力	平均数	3.1681	3.0344	3.0357	3.0161	3.0525	2.9461	2.606	.024
		标准差	.5567	.5584	.6107	.5295	.5520	.5333		
	能　力	平均数	3.5258	3.4717	3.3927	3.4371	3.4525	3.7033	3.421	.005
		标准差	.5293	.5155	.5592	.5192	.5232	.4559		
总　分		平均数	3.3470	3.2530	3.2142	3.2266	3.2525	3.3247	2.342	.040
		标准差	.4481	.4437	.4748	.4378	.4568	.4143		

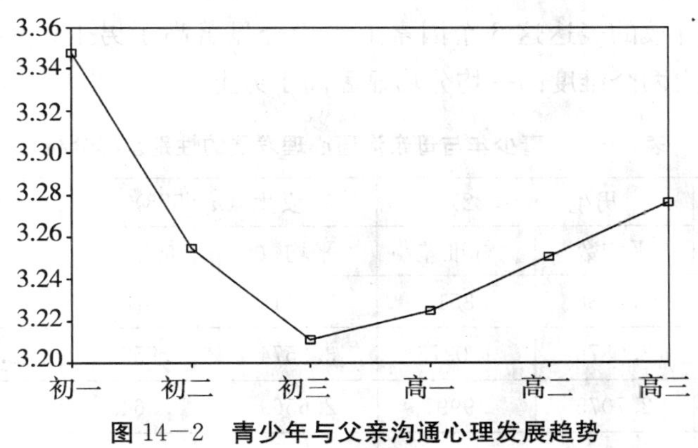

图 14—2　青少年与父亲沟通心理发展趋势

在情感需要方面，青少年与父亲的沟通情况随年级的升高呈逐级下降趋势，表现为初一>初三>初二>高一>高二>高三。事后多重比较表明，初一和高一、高二、高三年级有显著差异，初一年级情感需要的平均分显著高于高一、高二和高三年级。

在轻松感方面，青少年与父亲的沟通情况在整体上表现为初一>高三>初二>高二>高一>初三的变化趋势，随年级递增呈先下降后上升之势，其中初一年级为最高点，初三年级为最低点。事后多重比较表明，初三和初一、高三、初二、高二年级有显著差异，初三年级的轻松感的平均分显著低于初一、高三、初二、高二年级。

在积极倾听方面，青少年与父亲的沟通情况在整体上表现为高三＞初一＞初二＞高二＞高一＞初三的变化趋势，随年级递增呈先下降后上升之势，其中初三年级为最低点，高三年级为最高点。事后多重比较表明，高三年级与其他年级均有显著差异，高三年级分数均显著高于其他年级；初三年级与其他年级也均有显著差异，初三年级分数均显著低于其他年级。

二、青少年与母亲的沟通

在青少年与母亲的沟通方面，同样对沟通结构的 8 个因素、2 个维度及总分作性别和年级的多因子方差分析，结果发现，从总体上看，青少年与母亲的沟通也存在显著的性别和年级差异，性别和年级交互作用同样不显著。

下面选择性别、年级为变量，具体分析青少年与母亲沟通的发展特点。

（一）青少年与母亲沟通心理发展的性别差异

对沟通结构的 8 个因素、2 个维度及总分在性别上进行独立样本 t 检验，从表 14－8 可以看出，在整体上，女生在与母亲沟通心理方面的发展水平高于男生，男女生有显著差异；从 8 个因素上看，女生在参与倾向性、情感需要、轻松感、沟通灵活性、理解、开放的表达这 6 个因素上平均分显著高于男生；从 2 个维度上看，女生在动力和能力两个维度的平均分均显著高于男生。

表 14－8　青少年与母亲沟通心理发展的性别差异分析

变量		男生（n=522）		女生（n=578）		t	显著性
		平均数	标准差	平均数	标准差		
一阶因素	参与倾向性	3.2488	.8515	3.4118	.8781	3.1180	.002
	情感需要	3.0876	1.0273	3.2574	.9596	2.8330	.005
	支配需要	2.7075	.9991	2.6569	.9649	−.8550	.393
	轻松感	3.3614	.8027	3.4893	.8577	2.5460	.011
	积极倾听	3.4080	.9606	3.4700	.9737	1.0610	.289
	沟通灵活性	3.5709	1.0212	3.7310	.9785	2.6540	.008
	理　解	3.6116	.7973	3.7206	.7365	2.3570	.019
	开放的表达	3.1641	.7681	3.3166	.8358	3.1400	.002
二阶因素	动　力	3.1014	.5482	3.2038	.5682	3.0370	.002
	能　力	3.4387	.5328	3.5595	.4945	3.9020	.000
总　分		3.2700	.4573	3.3817	.4421	4.1160	.000

（二）青少年与母亲沟通心理发展的年级差异

对沟通结构的 8 个因素、2 个维度及总分在年级上进行单因子独立样本方差分析，从表 14－9 可以看出，整体上，青少年与母亲的沟通存在显著年级差异，表现为高三＞初一＞高二＞初二＞初三＞高一的变化趋势（如图 14－3），随年级升高呈先下降后上升之势，其中高三年级为最高点，高一年级为最低点。各年级在能力维度以及情感需要、支配需要、轻松感、积极倾听、开放的表达各因素上存在显著差异。其中在情感需要、支配需要、轻松感、积极倾听四个因素上差异非常显著（$p<0.01$）。

表 14－9　青少年与母亲沟通心理发展的年级差异分析

变量			初一（n＝214）	初二（n＝287）	初三（n＝87）	高一（n＝268）	高二（n＝186）	高三（n＝58）	F	显著性
一阶因素	参与倾向性	平均数	3.4381	3.2500	3.4368	3.3419	3.3105	3.2586	1.516	.182
		标准差	.8583	.9004	.8764	.8560	.8404	.8701		
	情感需要	平均数	3.4054	3.1376	3.1925	3.1343	3.0349	3.1552	3.241	.007
		标准差	.9091	1.0515	1.0835	.9970	.9466	.9246		
	支配需要	平均数	2.6308	2.5621	3.0230	2.6878	2.8620	2.3276	5.975	.000
		标准差	.9820	.9461	1.1511	.9624	.9193	.9438		
	轻松感	平均数	3.4868	3.4942	3.0690	3.3713	3.4462	3.6379	4.882	.000
		标准差	.8395	.8006	.8744	.8197	.8380	.8325		
	积极倾听	平均数	3.5249	3.5180	2.7931	3.3495	3.4677	4.0517	14.449	.000
		标准差	.8858	.8839	1.2485	.9521	.9632	.6863		
	沟通灵活性	平均数	3.6379	3.6289	3.7989	3.6399	3.5887	3.9138	1.362	.236
		标准差	1.0575	.9702	.9955	1.0019	1.0102	.9039		
	理　解	平均数	3.6963	3.6228	3.7874	3.6549	3.6478	3.7500	.851	.514
		标准差	.7790	.8056	.7076	.7584	.7437	.7390		
	开放的表达	平均数	3.3645	3.2195	3.3487	3.1654	3.1756	3.3506	2.287	.044
		标准差	.8037	.8270	.8274	.8106	.7197	.8993		
二阶因素	动　力	平均数	3.2403	3.1110	3.1803	3.1338	3.1634	3.0948	1.601	.157
		标准差	.5786	.5612	.5954	.5396	.5555	.5377		
	能　力	平均数	3.5559	3.4973	3.4320	3.4524	3.4700	3.7665	4.544	.000
		标准差	.5175	.5196	.5706	.5037	.4968	.4474		
总　分		平均数	3.3981	3.3042	3.3032	3.2931	3.3167	3.4307	2.275	.045
		标准差	.4603	.4544	.4684	.4407	.4544	.4152		

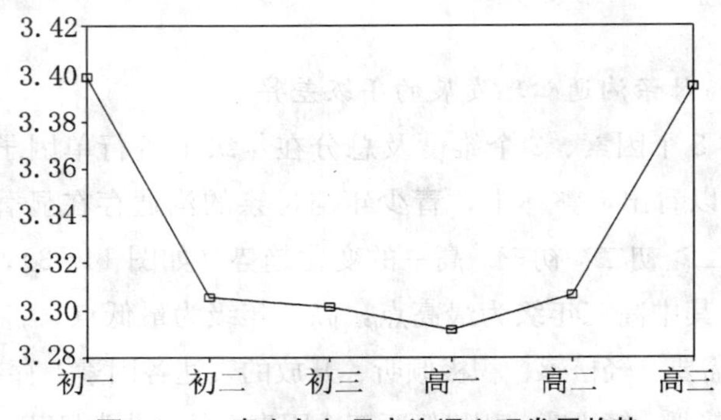

图 14－3　青少年与母亲沟通心理发展趋势

在情感需要方面，青少年与母亲的沟通情况随年级的升高呈逐级下降趋势，中间有波浪起伏，后又趋于上升的趋势，表现为初一>初三>高三>初二>高一>高二。事后多重比较表明，初一和高二年级有显著差异，初一年级情感需要的平均分显著高于高二年级。

在支配需要方面，青少年与母亲的沟通情况在整体上表现为随年级升高呈波浪起伏之势，表现为初三>高二>高一>初一>初二>高三的变化趋势，其中初三年级为最高点，高三年级为最低点。事后多重比较表明，初三和高三、初二年级有显著差异，初三年级的支配需要的平均分显著高于高三、初二年级；高三和初三、高二年级有显著差异，高三年级的支配需要的平均分显著低于初三、高二年级。

在轻松感方面，青少年与母亲的沟通情况在整体上表现为高三>初二>初一>高二>高一>初三的变化趋势，随年级升高呈先下降后上升之势，其中高三年级为最高点，初三年级为最低点。事后多重比较表明，初三和初一、高三、初二、高二年级有显著差异，初三年级的轻松感的平均分显著低于初一、高三、初二、高二年级。

在积极倾听方面，青少年与母亲的沟通情况在整体上表现为高三>初一>初二>高二>高一>初三的变化趋势，随年级升高呈先下降后上升之势，其中初三年级为最低点，高三年级为最高点。事后多重比较表明，高三年级与其他年级均有显著差异，高三年级分数均显著高于其他年级；初三年级与其他年级也均有显著差异，初三年级分数均显著低于其他年级。

三、青少年与父亲、母亲沟通的比较

为了比较青少年在与自己的父亲和母亲沟通时有没有差异，我们对同一青少年在分别与自己的父亲和母亲沟通时在沟通心理结构的总分以及 2 个维度、8 个因素上做了匹配样本 t 检验，结果如表 14－10。

表 14－10　青少年与父亲和母亲沟通差异分析

匹配变量		父亲（n=1100）		母亲（n=1100）		相关系数	t	显著性
		平均数	标准差	平均数	标准差			
一阶因素	参与倾向性	3.2232	.8732	3.3344	.8690	.786	－6.472	.000
	情感需要	2.8859	.9624	3.1768	.9954	.757	－14.116	.000
	支配需要	2.7836	1.0077	2.6809	.9811	.773	5.079	.000
	轻松感	3.3252	.8445	3.4286	.8342	.770	－6.031	.000
	积极倾听	3.6973	.9925	3.6550	.9676	.831	2.062	.039
	沟通灵活性	3.4724	1.0121	3.4406	1.0017	.772	1.848	.065
	理　解	3.6173	.7806	3.6689	.7675	.779	－3.321	.001
	开放的表达	3.1191	.8008	3.2442	.8076	.710	－6.777	.000
二阶因素	动　力	3.0545	.5551	3.1552	.5609	.800	－9.454	.000
	能　力	3.4765	.5239	3.5022	.5164	.812	－2.666	.008
总　分		3.2655	.4478	3.3287	.4526	.825	－7.873	.000

从表 14－10 可以看出，每一匹配的父母变量均存在显著相关，并且在所有匹配变量中，除了沟通灵活性因素没有表现显著差异以外，其余各变量均存在显著差异。其中，在参与倾向性、情感需要、轻松感、理解、开放的表运诸因素以及动力、能力两个维度和总分上都是与母亲的沟通水平显著高于与父亲的沟通，在支配需要和积极倾听两因素上则表现为与父亲的沟通水平显著高于与母亲的沟通。

四、青少年亲子沟通心理和亲子关系的相关分析

对青少年与父和与母亲子沟通心理的诸因子及动力和能力两维度，以及总分和亲子关系诊断测验的 10 个因子分别进行相关分析，结果见表 14－11 和表 14－12。

从表 14－11 和表 14－12 可以看出，青少年亲子沟通心理的各个因子与亲子关系（更具体地说是对父母管教态度的评定）的大部分因子之间均有显著相关。而且从与父沟通和与母沟通这两个问卷分别来看，与亲子关系的相关情况基本一致，仅有很小的不同。

整体上看，青少年亲子沟通在与父和与母这两个方面与亲子关系的相关情况是一致的，都表现为与亲子关系中的父母消极拒绝、积极拒绝、严格支配以及不一致的态度 4 个因子表现出显著的正相关。由于在亲子关系诊断测验（学生用）中，子女越认为父母不具有这些管教态度，则得分越高，所以从上述相关分析中可以初步得出结论，即青少年越认为父母不具有消极拒绝、积极拒绝、严格支配的管教态度，他们越认为父母两方的管教态度是一致的，则他们与父母的沟通情况就越好。

接下来，将通过单因子独立样本方差分析，对亲子沟通问卷的总分和亲子关系诊断测验的10个因子之间作方差分析，以进一步探讨两者之间的关系。

表14—11　青少年亲子沟通心理与亲子关系各因子的相关系数（与父）

因子	消极拒绝	积极拒绝	严格支配	期待支配	干涉保护	不安保护	溺爱服从	盲从服从	矛盾	不一致
CY	.371** .000	.371** .000	.288** .000				−.159* .010		.131* .033	.241** .000
QG	.264** .000	.222** .000	.203** .001	.139* .023			−.192** .002	−.132* .032		
ZP	−.140* .022	−.165** .007						.159** .009		
QS	.415** .000	.377** .000	.346** .000	.198** .001					.123* .046	.263** .000
QT	.184** .003	.239** .000	.177** .004		.176** .004		.154* .012	.127* .038	.132* .031	.171** .005
LH						−.142* .020			−.137* .026	−.180** .003
LJ	.297** .000	.321** .000	.252** .000	.124* .043			−.171** .005			.129* .035
BD	.159* .010	.210** .001	.143* .019							
DL	.367** .000	.320** .000	.304** .000	.155* .011			−.127* .039			.229** .000
NL	.234** .000	.292** .000	.213** .000							
TM	.375** .000	.379** .000	.321** .000							.181** .003

注：CY表示参与倾向性，QG表示情感需要，ZP表示支配需要，QS表示轻松感，QT表示积极倾听，LH表示沟通灵活性，LJ表示理解，BD表示开放的表达，DL表示动力维度，NL表示能力维度，TM表示总分。未达显著水平的相关系数没有列出。每一相关系数下方数字表示其显著性水平。表14—12同。

表 14－12　青少年亲子沟通心理与亲子关系各因子的相关系数（与母）

因子	消极拒绝	积极拒绝	严格支配	期待支配	干涉保护	不安保护	溺爱服从	盲从服从	矛盾	不一致
CY	.333** .000	.334** .000	.296** .000			－.143* .019	－.201** .001			.221** .000
QG	.278** .000	.189** .002	.177** .004				－.226** .000	－.121* .047		
ZP								.141* .021		
QS	.409** .000	.333** .000	.355** .000	.134* .028						.302** .000
QT	.208** .001	.207** .001	.141* .021		.182** .003		.178** .003	.161** .008	.200** .001	.241** .000
LH						－.123* .044			－.155* .011	－.137* .025
LJ	.270** .000	.242** .000	.209** .001			－.123* .044	－.166** .006			.151* .013
BD		.165** .007	.126* .039							
DL	.374** .000	.293** .000	.306** .000				－.168* .006			.231** .000
NL	.237** .000	.256** .000	.196** .001							
TM	.373** .000	.331** .000	.306** .000							.215** .000

五、青少年亲子沟通心理和亲子关系的方差分析

按照亲子沟通心理问卷总分的标准分数，将亲子沟通心理的得分划分为高分组（标准分数大于 1.0）、中等组（标准分数在－1.0 和 1.0 之间）以及低分组（标准分数小于－1.0），然后对亲子沟通的总分和亲子关系 10 个因子作单因子独立样本方差分析，结果见表 14－13、表 14－14。

表 14－13　青少年与母亲沟通心理总分在亲子关系各因子上的方差分析（F 值）

因　子	消极拒绝	积极拒绝	严格支配	期待支配	干涉保护	不安保护	溺爱服从	盲从服从	矛盾	不一致
F	12.527	17.168	13.861	1.326	.593	1.993	.606	1.166	.196	4.372
显著性	.000	.000	.000	.267	.554	.138	.546	.313	.822	.014

表 14－14　青少年与父亲沟通心理总分在亲子关系各因子上的方差分析（F 值）

因　子	消极拒绝	积极拒绝	严格支配	期待支配	干涉保护	不安保护	溺爱服从	盲从服从	矛盾	不一致
F	17.036	13.377	12.918	.485	.347	.483	3.167	.654	.487	5.713
显著性	.000	.000	.000	.616	.707	.617	.054	.521	.615	.004

从表 14－13、表 14－14 可以看出，从整体上看，青少年亲子沟通心理的 3 个水平（高、中、低）在亲子关系中的父母消极拒绝、积极拒绝、严格支配以及不一致的态度 4 个因子上有显著差异，并且在与父和与母两个方面的结果是一致的。

通过对亲子沟通心理的 3 个水平和亲子关系各因子分别进行事后多重比较发现，在与父亲的沟通方面，青少年亲子沟通心理的 3 个水平在父母消极拒绝因子上均存在显著差异，表现为低分组＜中等组＜高分组。在与母亲的沟通方面得到一致结果。由于在亲子关系诊断测验中，子女越认为父母不具有该因子的典型特征，得分越高，所以上述结果表明，与父母沟通越好的青少年越倾向于认为其父母没有消极拒绝的管教态度。

在父母积极拒绝因子上，在与父亲的沟通方面，青少年亲子沟通心理的 3 个水平之间也存在显著差异，表现为低分组＜中等组＜高分组。在与母亲的沟通方面结果基本一致，只是低分组和中等组差异不显著。这一结果同样表明，与父母沟通越好的青少年越倾向于认为其父母没有积极拒绝的管教态度。

在父母严格支配因子上，青少年与父、与母的沟通有一致的结果，即仍都表现为低分组＜中等组＜高分组，且高分组和低分组、中等组之间差异显著，但低分组和中等组差异不显著。这一结果也表明，与父母沟通越好的青少年越倾向于认为其父母没有严格支配的管教态度。

在父母不一致态度因子上，青少年与父、与母的沟通也有一致的结果，即仍都表现为低分组＜中等组＜高分组，且高分组和低分组、中等组之间差异显著，但低分组和中等组差异不显著。这一结果也表明，与父母沟通越好的青少年越倾向于认为其父母的管教态度是一致的。

六、讨论

（一）青少年亲子沟通心理的性别差异

本研究发现，青少年的亲子沟通心理存在显著的性别差异，无论是在与父亲的沟通还是在与母亲的沟通上都是如此。这与一些研究的结论相当一致。如 Noller 和 Bagi（1985）① 的研究发现，女孩与父母的沟通比男孩多，女孩与母亲谈论更多的话题；Youniss 和 Smollar（1985）② 的研究发现，女孩更可能认为自己与母亲有更亲密的关系。出现这种结果的可能原因是，女生的身体发育和心理发展都较男生早，其生理和心理较男生相对成熟；并且，女生的言语和交往能力的发展比男生更有优势。这些都决定了女生在与父母的沟通心理发展上优于男生。然而 Noller 和 Callan（1990）的研究发现，女孩与男孩相比，对与父母沟通的满意度更低。Masslam（1990）③ 发现亲子沟通与青少年的性别无关，男女青少年对与父母沟通的满意度方面的评价不存在显著差异。当然，男女青少年在沟通话题、沟通方式、选择谁作为某一话题的沟通对象，以及这些方面是否随情境而改变等问题都需要作进一步探讨。

（二）青少年亲子沟通心理的年级差异

本研究发现，综合父母两方面的信息，从整体上看，青少年亲子沟通心理发展呈 U 字形曲线，在初二年级开始下降，初三或高一达最低点，随后开始回升。Jackson 等人（1998）④ 的研究发现，青春早期的青少年沟通的开放性显著高于青春中期的青少年，但在沟通存在的问题上没有显著差异。Collins（1990）⑤ 的研究发现，青春中期的青少年与父母的沟通问题与青春早期相比更为尖锐和突出。方晓义等人（1998）⑥ 的研究发现，初中生与父母的多数冲突随年级升高而增加。这些研究主要涉及从青年早期到青年中期，基本上属于本研究中初中被试的年龄层次，本研究所得结论与以上研究基本一致。以上研究未揭示高中阶段亲子沟通心理发展状况。有研究者（Vangelisti，1992）⑦ 对不同年龄阶段青少年与父母的沟通问题做了比较，

---

① P. Noller, S. Bagi: *Parent-adolescent communication. Journal of Adolescence*, 1985, 8 (2), pp125－144.

② J. Youniss, J. Smollar: *Adolescents Relations with Mothers, Fathers, and Friends*, Chicago: University of Chicago Press, 1985.

③ V. J. Masslam: *Adolescents' perceptions of the nature of their communication with parents. Journal of Youth and Adolescence*, 1990, 19 (4), pp349－362.

④ S. Jackson, L. Ostra, H. Bosma: *Adolescents' perceptions of communication with parents relative to specific aspects of relationships with parents and personal development. Journal of Adolescence*, 1998, 21 (3), pp305－322.

⑤ W. E. Collins, B. M. Newman, P. C. McKenry: *Intrapsychic and interpersonal factors related to adolescent psychological well-being in stepmother and stepfather families. Journal of Family Psychology*, 1995, 9 (4), pp433－445.

⑥ 方晓义、董奇：《初中一、二年级学生的亲子冲突》，《心理科学》1998 年第 21 卷第 2 期，第 122～125 页。

⑦ A. L. Vangelisti: *Older adolescents' perceptions of communication problems with their parents. Journal of Adolescent Research*, 1992, 7 (3), pp382－402.

发现青春中期青少年与父母的沟通问题更多涉及沟通中父母对青少年的行为约束，以及课外活动和异性交往等方面；而青春晚期青少年与父母的沟通问题主要表现在家庭关系和职业选择方面。并且，青春晚期的青少年与青春中期的青少年相比，前者与父母之间产生沟通问题的频率更低。这与本研究所获得结论颇不一致。

我们认为，青少年亲子沟通心理的这种发展特点，可以从青少年心理的整体发展特点得到解释。个体的发展在初中阶段进入青春发育期，初中生的身体和生理机能迅速发育和趋于成熟，心理也在加速发展，产生成人感和独立需求，自我意识进一步增强，内心世界日益丰富，开始将更多的心智用于内省，表现出自我中心化和心理闭锁性。同时，初中生在人际交往上也发生了很大的变化，同伴群体中的友谊关系变得日益重要。成人感的产生、自我意识的增强和对同伴友谊的看重都不可避免地导致初中生与父母的关系发生变化，具体表现在情感、行为和观点上对父母依赖的脱离，父母的榜样作用也削弱了。而此时如果父母没有意识到孩子心理上的这些变化，仍旧用原来的方式和孩子进行沟通，仍然不减轻对孩子的心理控制，必然导致孩子的反抗。在亲子沟通心理上这种与父母脱离和反抗的表现就是沟通水平的全面下降，这种下降趋势从青春早期（初一）开始显现，到青春晚期（初三和高一）表现最明显。个体经过青春期生理和心理上的剧变和动荡，进入青年初期（高二和高三）之后，生理和心理均趋于成熟和稳定，自我意识趋于成熟，在与父母的关系方面，逐渐学会了用理性的态度去对待，一方面重视自己的独立需求，另一方面又主动接受父母的指导，并且逐渐掌握了与父母沟通的策略，沟通能力进一步增强，表现在亲子沟通心理上就是沟通水平的回升和提高。

从亲子沟通心理结构的具体因子上看，某些因子在年级上表现出显著差异。在情感需要因子上，青少年与父亲的沟通情况随年级的升高呈逐级下降趋势，这种发展特点表明，随着青少年年级的升高，在沟通中对父母的情感需求动机在逐渐减弱，这也是青少年独立需求的表现，符合青少年心理发展的总体特点。这一特点也表现出了父母差异，即对父亲的情感需求动机是持续下降，而对母亲的情感需求动机在下降之后又有回升趋势，表明青少年在与母亲沟通中的情感需求动机更强烈。

在轻松感因子上，青少年与父亲的沟通情况在整体上表现随年级升高呈先下降后上升之势，其中初一年级为最高点，初三年级为最低点，这表明随着年级的升高，处在青春晚期（初三）的青少年在与父母沟通的心理上出现最强烈的压力和冲突，而青春期过后这种压力和冲突逐渐减弱直至消失。

在积极倾听因子上，青少年与父亲的沟通情况在整体上表现为随年级升高呈先下降后上升之势，其中初三年级为最低点，高三年级为最高点，这表明处于青春晚期（初三）的青少年在与父母的沟通上反抗心理表现强烈以及沟通能力不足，随着青春期的过去和沟通能力的增强，青少年在与父母的沟通中积极倾听这种重要的沟通能力不断提高。

（三）青少年亲子沟通心理的沟通对象差异

本研究发现，青少年亲子沟通心理存在显著的父母差异。从整体上看，青少年与母亲的沟通心理水平高于与父亲的沟通，两者存在显著差异。从亲子沟通心理结构的具体因子上看，除了沟通灵活性因素没有表现出显著差异以外，其余各变量均存在显著差异。其中，在参与倾向性、情感需要、轻松感、理解、开放的表达诸因素以及动力、能力两个维度和总分上都是与母亲的沟通水平显著高于与父亲的沟通，在支配需要和积极倾听两因素上则表现为与父亲的沟通水平显著高于与母亲的沟通。这个结果与现有研究的结论是基本一致的，这表明了在青少年亲子沟通心理发展中母亲角色的重要性。但本研究发现，青少年亲子沟通心理水平在支配需要和积极倾听两因素上表现为与父亲的沟通水平显著高于与母亲的沟通，这表明青少年在与父亲沟通时支配对方的动机显著低于与母亲的沟通（支配需要因子得分越高，支配动机越弱），而且更倾向于倾听父亲的谈话而不是表达，说明在亲子沟通中，青少年更倾向于接受父亲的指导，父亲在亲子沟通中更像是一个指导者和经验传授者，而不像是一个平等的交流者。这表明了父亲角色在亲子沟通中不同于母亲的独特性和不可替代性。

（四）关于青少年亲子沟通心理与亲子关系状况的关系

亲子关系的研究也是个复杂的问题，可以从不同的角度和方面去界定和量度亲子关系的状况。本研究对亲子关系的界定和量度采用了日本东京学芸大学名誉教授、田中教育研究所所员品川不二郎等编制，经华东师大心理系周步成等修订的《亲子关系诊断测验（PCRT）手册》。该测验对亲子关系的界定主要是从父母管教态度的角度进行的，把影响亲子关系的有问题的父母管教态度分为 5 大类和 10 小类，具体包括拒绝（消极和积极）、支配（严格和期待）、保护（干涉和不安）、服从（溺爱和盲从）、矛盾（矛盾和不一致），较为全面地把握了影响亲子关系的父母管教态度，也较为全面地把握了亲子关系的状况和不同的关系类型，便于与亲子沟通心理的不同水平之间进行比较，因此，本研究选择了《亲子关系诊断测验（PCRT）手册》作为探讨亲子关系和亲子沟通心理关系的工具。

在对亲子沟通心理和亲子关系的 10 个因子做相关分析后发现，青少年亲子沟通心理的各个因子与亲子关系（更具体地说是对父母管教态度的评定）的大部分因子之间均有显著相关，而且与父沟通和与母沟通这两个方面与亲子关系的相关情况基本一致，仅有很小的不同。

整体上看，青少年亲子沟通在与父和与母这两个方面与亲子关系的相关情况是一致的，都表现为与亲子关系中的父母消极拒绝、积极拒绝、严格支配以及不一致的态度 4 个因子表现出显著的正相关。由于在亲子关系诊断测验（学生用）中，子女越认为父母不具有这些管教态度，则得分越高，所以从上述相关分析中可以初步得出结论，即青少年越认为父母不具有消极拒绝、积极拒绝、严格支配的管教态度，他们越认为父母两方的管教态度是一致的，则他们与父母的沟通情况就越好。

为了进一步探讨亲子沟通心理发展的不同水平在亲子关系的不同类型上的具体表现，又做了不同水平的亲子沟通心理与亲子关系各因子的方差分析，结果表明，不同水平的亲子沟通心理在亲子关系中的父母消极拒绝、积极拒绝、严格支配以及不一致的态度4个因子上有显著性差异，而且在与父和与母两方面有一致的结果，这与相关分析的结论也是一致的。

这个结论表明，青少年亲子沟通心理发展的水平受父母的消极拒绝、积极拒绝、严格支配以及不一致的态度4种管教态度影响最明显。

如果子女认为父母具有上述的管教态度，那么他们与父母的亲子沟通水平将是很低的。这与Rueter和Conger的研究结论基本一致①。这提示我们，在亲子沟通心理的影响因素上，亲子关系的状况，尤其是父母的不良管教态度，比如拒绝关爱、精神虐待、严厉束缚以及父母教养态度的不一致是非常重要的影响因素。青少年良好亲子沟通心理的发展，除了要求青少年自身提高沟通动力与增强沟通能力之外，父母具有健康、民主、一致的教养态度，从而营造良好的亲子关系氛围也是很重要的方面。

（五）本研究的局限和今后的研究方向

（1）在青少年亲子沟通心理结构构建上，理论基础比较薄弱，理论结构模型和实证模型存在一定差异，需要进一步探讨和充实。

（2）自编的青少年亲子沟通心理问卷个别因素信度偏低，表明该问卷在题项编选方面还存在一定问题，需要进一步完善。问卷的效标效度也需要在以后的研究中加以考察和验证，常模也亟待建立。

（3）对于亲子沟通和亲子关系的关系研究，只做了相关分析和方差分析，初步探讨了二者的相关关系。今后应在此基础上进一步明确二者的关系和相互影响机制。

（4）除了亲子关系外，对亲子沟通心理的其他影响因素的研究是今后研究的方向之一。

（5）如何利用亲子沟通心理理论对亲子沟通不良的家庭进行有效的干预和指导也是今后研究的方向之一。

---

① M. A. Rueter, R. D. Conger: *Antecedents of parent-adolescent disagreements*. *Journal of Marriage and the Family*, 1995, 57 (2), pp435-448.

第四节　青少年亲子沟通的指导策略

青少年期既是个体身心发展的关键时期，又是个体社会性发展的关键时期，也是个体由自然人向社会人过渡的重要时期。在这个时期，青少年逐步摆脱了对父母的心理依赖而走向独立和自主，人际交往的范围逐步扩大，角色意识逐步增强，开始探索并构建自我同一性。

亲子沟通与青少年心理的健康发展密切相关，但青少年期却是亲子沟通问题比较多的时期。由于青少年期个体独立自主意识的发展，他们在心理和行为上对父母的脱离感增强，越来越不满意父母的管束，而这时父母如果没有意识到子女心理上的变化，没有及时调整与子女的沟通方式，则不可避免会导致亲子沟通障碍和亲子冲突的发生。青少年期亲子沟通状况的不尽如人意和亲子冲突的普发性提示我们应该加强对青少年期亲子沟通的研究，探寻实现亲子沟通的有效途径。

一、亲子沟通技巧指导和训练对策

亲子沟通一直是发展心理学研究的重要课题。青少年的亲子沟通技巧往往与父母的教养方式有关。中国传统的父母教养子女方式，归结起来，正如《心理学百科全书》中所指出的：一个重要维度是允许—限制，是指父母是否允许、认可、鼓励和容忍子女各种各样的活动与行动。另一个维度是接受—拒绝，是指对子女是否热情，是否给以爱和温暖，是经常接受子女要求，还是拒绝子女要求，甚至对子女抱有对立情绪。接受型的父母认为，孩子有许多积极的品质，喜欢和孩子在一起。绝对的拒绝，常常与产生沟通障碍的行为有关联。为此，学校对青少年亲子沟通的技巧训练，必须与对家长进行指导相结合，使家庭教育成为青少年训练沟通技巧的基本载体，家校配合，以有效提高青少年及家长的亲子沟通能力。

针对青少年亲子沟通的现状，我们认为青少年处于自我意识迅速发展的阶段，改善亲子沟通技巧，有助于他们自我意识的发展，并能使之在迁移中学会关心他人，与人合作，提高交往能力，促进个性完善与个体社会化发展。

在指导和训练中，我们要把沟通技巧指导以“学生发展为本”和“培养学生的实践能力和创造能力”为目标，不仅教给学生有关沟通的技巧和知识，更重要的是训练他们选择、修正沟通技巧的能力，使青少年学生在未来生活中更加适应社会。为此，教师、青少年、父母在辅导、训练、评价过程中应从以下四个方面进行实践。

（一）遵循认知规律，积极启发青少年

贯彻启发性原则，学生参与，自觉确定目标。在辅导活动中，教师如果把本来应属于学生自我开拓的内容灌输给学生，尽管教师出于好心，课堂内“满堂灌”，结果往往事与愿违，久而久之，学生对心理辅导活动逐渐丧失兴趣，视心理辅导为“纯理论的课程”，就会失去自我开拓的机会。所以，教师要从学生实际出发，启发学生开动思维，调动积极性和主动性，指导学生掌握心理辅导的理论方法，使他们能积极主动地获得知识和提高沟通能力。总之，教师的责任就是要教会学生学习，而不是代替学生学习。学生不能“唯师是从”，应在生活中觉察问题和学会思考，激活和探究与沟通有关的知识与技巧。

（二）注意心理辅导规律，指导学生掌握沟通技巧和方法

贯彻自主性原则，让学生体验，指导训练学生掌握方法。心理辅导要突出一个“导”字，决不能把辅导变成“无导”。教师在讲解有关基本原理时，要通过实例分析，使学生清楚地了解沟通技巧形成的过程。要注意培养学生的思维能力和想象能力，发展他们的智力。贯彻循序渐进的原则，知识要逐步积累、扩展和加深，独立工作能力、思维能力、自我调节能力等要逐步提高，不能急于求成、要求过高，否则就可能影响学生的兴趣。

教师要在心理辅导中大力开展学生自我训练活动，贯彻“以学生发展为本”的原则，促进学生主动活动，使学生自己检查对亲子沟通技巧的理解程度，是否能在现实中灵活运用。总之，学生不能“唯果是从”，应在主动学习的基础上，提高亲子沟通的能力水平。

（三）参与心理辅导亲子沟通训练，使学生学会运用沟通知识

通过交互性原则，师生共同参与训练，使学生实现主体经验的积累与内化，学会运用沟通知识。心理辅导是实验学科，不能“唯题是从”，要主动实践。如何真正将训练落到实处，不能“纸上谈兵”，最重要的是自己去做一做。亲自实践，能够使学生观察具体的现象，进行认真分析，实事求是地探究亲子沟通的技巧，这对提高学生兴趣以及训练的积极性，都具有不可替代的作用。例如在心理辅导活动中，可以组织部分同学家访，开展师生之间、学生之间在民主化气氛中的平等探讨亲子沟通技巧现状问题的调查。在训练过程中，不仅可以锻炼学生的能力，培养学生的团队协作精神，而且实践训练本身作为科学实验过程，可以为学生培养实践能力和创新能力提供有效的渠道和宽广的空间。

（四）创设良好训练氛围，提高学生的创新能力

在心理辅导活动的亲子沟通技巧训练过程中，辅导学生认识自己，在家庭中选择适合自己的沟通技巧，使自己在已有知识基础上自觉地、主动地追求更高层次的认知结构，探索尚未认知的新事物，体现创造性原则。

在心理辅导活动中，尽管有不少书本知识，但不能“唯本是从”，应重视创新能力培养。因此，教师在讲解心理辅导知识的同时，还应重视对知识的应用，使学生

学会运用沟通技巧知识解释人际交往现象，培养独立分析和解决问题能力，同时培养学生创造性思维的习惯。教师应当鼓励学生敢于求异，要热情赞扬学生标新立异的思想火花，要培养学生评价自己思维的习惯。对学生的习作、论文，让学生参与评定，使之养成检验自我的习惯。对自己与父母沟通的行为态度提供评价机会，使学生摆脱别人的影响，克服思维的依赖性。教师还要创造条件，为学生沟通技巧的培养和应用搭建平台。

二、改善亲子沟通质量的基本策略

为了形成良好的亲子关系，父母必须注意和子女之间的正确沟通。要维系良好的亲子沟通，转化异常的亲子沟通，可采用以下策略。

（一）定时沟通

定时沟通对了解孩子是非常有益的。可以采取以下具体程序：每周保证有一定的时间量进行沟通，沟通内容可以是事先设计的，也可以是随机的，前者主要是了解子女的情况，后者用于情感的交流。一般是先做设计好的沟通，这样会使孩子形成对父母的信任，很乐意说出个人的想法或困惑，表达个人的主张。

（二）尊重子女人格

父母在子女早期的成长过程中一直都是处于帮助、管理、指导等等支配性的地位，再加上受传统文化的影响，以子女为自己的私有财产，遇事不能以子女为具有独立人格的个体，这样就容易产生双方心理上的疏离、不信任或畏惧等，不利于建立有益的沟通气氛。只有在父母尊重子女的独立人格的前提下才可以改变这种异常。

（三）鼓励表达

父母除在心理状态上对子女的独立人格予以尊重之外，在行为上也需要鼓励子女表达他们自己的想法、态度、情感等，这样才能使异常的单向沟通发生改变，子女除了能够了解父母的想法、态度、情感之外，也能把自己的想法、态度、情感传达给父母，从而使亲子沟通真正成为双向沟通。

（四）耐心倾听

在父母鼓励子女表达自我时，很重要的一点就是要耐心倾听。由于父母的人生经历比子女丰富得多，子女在成长过程中所体会的种种变化和感受也许父母都曾经历过，这些不是什么“新鲜”的东西可能会使父母觉得乏味，但要记住这些东西对成长中的孩子来讲，真的是希望与值得信赖的人去分享的。

（五）宽容异见

在家长倾听子女的表达时有时会发现孩子有一些“奇怪的”、“不可思议的”、“错误的”的想法、看法、打算，尤其是有些东西与父母所信奉的价值观是背道而驰的。对此，父母要有足够宽广的胸襟宽容地让孩子充分表达自己的内心，之后再以讨论的方式与孩子交换意见，否则可能堵塞沟通。

（六）解释规则

在父母对子女实施的管教中必然包括许多行为规范的要求，特别是有些要求是在沟通和观察中发现孩子有某种问题之后才提出来的，这就需要父母向孩子解释这些要求。可能的话，父母可以和孩子一起协商制定规范，这也是上述沟通策略要点的充分体现。

附录　青少年亲子沟通心理问卷（PACT）

亲爱的同学：

您好！欢迎您参加我们的这项问卷调查。这份问卷里列出了大家在和父母沟通时可能有的一些想法和行为。请大家仔细阅读每一道题目，并与自己的实际情况相比较，看一看自己有没有题目中的想法和行为，然后按照下面的答题要求逐一回答。请大家注意，这些题目的答案没有对错好坏之分，答题时不用过多思考，您平时是怎么想的，怎么做的，就怎么回答。

真诚感谢您的合作！

西南师范大学教育科学研究所

答题要求：

1. 请将答案写在答题纸上，不要直接做在这份问卷上。这份问卷要反复使用，请不要在上面做任何记号或写字。

2. 问卷中的每道题目都是一句话，请您仔细地阅读每一句话，然后根据该句话与您自己实际的想法或行为相符合的程度，在答题纸上相应字母前的方框内打“√”。每个字母的具体含义是：

A：完全不符合；B：大部分不符合；C：不确定；D：大部分符合；E：完全符合。

3. 请注意，这份问卷分别考察了您和父亲以及您和母亲的沟通情况，因为您和父亲以及和母亲的沟通可能不一样。所以每道题目请您做两次：第一次请您考虑您和您的父亲的沟通情况，并在相应题号后的“对父”一栏作答；第二次请您考虑您和您的母亲的沟通情况，并在相应题号后的“对母”一栏作答。

4. 请根据自己的实际情况认真回答。每一道题都要回答，请不要漏答。每一题的“对父”、“对母”都只各选一个答案。

对父　　　　对母

1. 当我有心事时，父亲（母亲）是我的第一倾诉对象。
□A □B □C □D □E　□A □B □C □D □E

2. 我通过与父亲（母亲）谈心这种方式表达我对父亲（母亲）的爱与关心。
□A □B □C □D □E　□A □B □C □D □E

3. 与父亲（母亲）交流时，我会力图说服他（她）接受我的观点。
□A □B □C □D □E　□A □B □C □D □E

4. 我害怕和父亲（母亲）谈话。
□A □B □C □D □E　□A □B □C □D □E

5. 我在听父亲（母亲）讲话时，会打断他（她）的讲话。
□A □B □C □D □E　□A □B □C □D □E

*6. 我从来没有挨过父亲（母亲）的批评。
□A □B □C □D □E　□A □B □C □D □E

7. 父亲(母亲)心情不好时，我会尽量避免找他(她)谈话，会等他（她）心情好了之后再说。
□A □B □C □D □E　□A □B □C □D □E

8. 我能体会父亲（母亲）在与我交谈时流露出的对我的关爱和期望。
□A □B □C □D □E　□A □B □C □D □E

9. 在我与父亲（母亲）的沟通中几乎没有不能涉及的敏感话题。
□A □B □C □D □E　□A □B □C □D □E

10. 在学校遇到不顺心的事，回家后与父亲（母亲）谈一会儿，我的心情会变好。
□A □B □C □D □E　□A □B □C □D □E

11. 与父亲（母亲）交谈时，我能够试着从父亲（母亲）的角度去体会和感受父亲（母亲）的内心世界。
□A □B □C □D □E　□A □B □C □D □E

12. 如果父亲（母亲）不接受我的观点，我会做很多说服工作让他（她）接受。
□A □B □C □D □E　□A □B □C □D □E

13. 与父亲（母亲）谈话主要是为了向父亲（母亲）汇报自己的学习生活情况，其他方面没有必要过多涉及。
□A □B □C □D □E　□A □B □C □D □E

14. 在与父亲（母亲）交谈时，父亲（母亲）会说听不懂我在说什么。
□A □B □C □D □E　□A □B □C □D □E

15. 如果父亲（母亲）看起来很累，我会推迟原来打算进行的交谈。
□A □B □C □D □E　□A □B □C □D □E

*16. 我的父亲（母亲）从来没有对我发过脾气。
□A □B □C □D □E　□A □B □C □D □E

17. 我在与父亲（母亲）的交流中能够直截了当地表达自己的观点而不是拐弯抹角地表达。 □A □B □C □D □E □A □B □C □D □E
18. 在与父亲（母亲）交谈时，我会有意隐藏自己的真实感受。
□A □B □C □D □E □A □B □C □D □E
19. 我乐于与父亲（母亲）分享自己的感受（无论是喜悦还是悲伤）。
□A □B □C □D □E □A □B □C □D □E
20. 我觉得我的思维和言语表达能力在与父亲（母亲）交流的过程中得到了提高。
□A □B □C □D □E □A □B □C □D □E
21. 我会与父亲（母亲）辩论直至父亲（母亲）接受我的观点为止。
□A □B □C □D □E □A □B □C □D □E
22. 我觉得和父亲（母亲）谈话让我不安。
□A □B □C □D □E □A □B □C □D □E
23. 当父亲（母亲）在讲话时，我的注意力很难集中在父亲（母亲）身上。
□A □B □C □D □E □A □B □C □D □E
24. 我能够坦然面对父亲（母亲）的批评，因为我觉得父亲（母亲）都是为了我好。 □A □B □C □D □E □A □B □C □D □E
25. 在与父亲（母亲）交流时，我能够毫无顾虑地谈出自己的想法和感受。
□A □B □C □D □E □A □B □C □D □E
*26. 我觉得我的父亲（母亲）身上没有一点缺点。
□A □B □C □D □E □A □B □C □D □E
27. 与父亲（母亲）谈话这件事本身就能让我获得心理上的满足。
□A □B □C □D □E □A □B □C □D □E
28. 我觉得与父亲（母亲）沟通时的气氛让人感到压抑。
□A □B □C □D □E □A □B □C □D □E
29. 我觉得与父亲（母亲）的交流可以让我学到一些新东西。
□A □B □C □D □E □A □B □C □D □E
30. 与父亲（母亲）交谈过后，我感到心情愉快。
□A □B □C □D □E □A □B □C □D □E
31. 我觉得和父亲（母亲）交流是一件有意义的事情。
□A □B □C □D □E □A □B □C □D □E
32. 在与父亲（母亲）交流时，我会感到与他（她）的想法差距太大，无法相互理解。 □A □B □C □D □E □A □B □C □D □E
33. 与父亲（母亲）交谈时，我觉得他（她）既是父亲（母亲），又是朋友。
□A □B □C □D □E □A □B □C □D □E

34. 与父亲（母亲）交谈是一件让人感到轻松的事。

□A □B □C □D □E　□A □B □C □D □E

35. 我会把自己的想法跟父亲（母亲）探讨。

□A □B □C □D □E　□A □B □C □D □E

*36. 我从来没有惹父亲（母亲）生气过。

□A □B □C □D □E　□A □B □C □D □E

37. 当自己有空时，就会想和父亲（母亲）说说话。

□A □B □C □D □E　□A □B □C □D □E

第五编

青少年情绪问题及教育对策

QINGSHAONIAN QINGXU WENTI JI JIAOYU DUICE

青少年情绪问题是指以情绪显著而持久变化为特点，伴有相应的思维和行为改变的心理问题。青少年情绪问题十分复杂，本编主要研究青少年挫折心理、焦虑敏感、抑郁、强迫等突出的情绪问题。青少年时期是挫折的高发期，加之青少年耐挫能力差，所以在面对挫折时，青少年不同程度地存在一些情绪问题。这些情绪问题如果得不到及时解决就会积累起来而导致心理疾患。焦虑是人类心理失调最主要和最经常出现的问题之一。青少年作为一个特殊的群体，正处于焦虑的发作高峰年龄阶段。有过度焦虑的青少年往往在学业和社会化过程中面临诸多困难，难以承受生活中的压力和突发性灾难事件，因而，焦虑已成为影响青少年心理健康的一种负性情绪。焦虑敏感是急性焦虑的易患因素之一，是早期经历与焦虑症状之间的中介因素，对焦虑的发生具有一定的预测作用。因此，研究焦虑敏感是揭示青少年焦虑产生机制的切入点。抑郁是几乎每个人在生活中都体验过的情感障碍。研究青少年抑郁的产生机制对于预防抑郁，提高青少年的心理健康水平，促进青少年健康成长是迫在眉睫的课题。强迫症状是影响青少年心理健康的常见问题之一，主要开始于青少年时期或成年早期。主要是指严重影响个体日常生活的周期性强迫思维或强迫动作。科学研究并有效解决青少年强迫问题是我国青少年心理健康教育面临的一项重要课题。

第十五章 Di Shi Wu Zhang

青少年挫折心理问题及教育策略

已有的调查研究显示，青少年时期是挫折的高发期之一，在青少年中较普遍存在着耐挫能力差的情况。在挫折应对方面，青少年不同程度地存在一些心理问题，如果得不到及时解决就会积累起来而导致心理疾患。1998年教育部在《关于进一步加强和改进学校德育工作的若干意见》中明确要求："要通过多种方式对不同年龄层次的学生进行心理健康教育和指导，帮助学生提高心理素质，健全人格，增强承受挫折，适应环境的能力。"挫折承受力教育已受到教育界和国家教育决策层的重视，其重要性和迫切性由此可见一斑。挫折承受力即"抵抗挫折而没有不良反应的能力，即个体适应挫折、抗御和对付挫折的能力"。在这个概念里，包含对挫折的防御和应对。挫折承受力是心理素质的一个重要指标，同时在实践中，"挫折辅导"是心理辅导的一个项目亦已成为心理学家和心理学工作者的共识。

第一节　研究概述

一、问题提出

应对作为应激与健康的中介机制，对身心健康的维护起着重要的作用。Pelietier于20世纪70年代提出"现代人类疾病一半以上与应激有关"[①]。20世纪70年代，应对研究是随着应激的心理学理论模型的形成而兴起的，至今已积累了较丰富的研究资料。研究方法不断完善，理论观点逐渐形成，并已走向临床应用。Gen-

① P. G. Zimbardo：*Understanding and managing stress*. In P. G. Zimbardo（ed.）：*Psychology and Life*，London：Foresman and Company，1985，pp454－487.

try（1983）曾较乐观地认为我们正趋向发展一门“应对科学”（science of coping）。[①] 我国关于应对的研究刚刚开始，还没有受到心理学界应有的重视。

现代社会竞争激烈，生活节奏加快，人们面对未知与变动的挑战日渐频繁，挫折遭遇也更加平常，Braunstein（1981）[②] 曾将应激源分成四类：（1）躯体性应激源，如外伤等；（2）心理性应激源，如人际关系方面的矛盾和冲突、挫折等；（3）社会性应激源，如学业失败；（4）文化性应激源。社会生活的复杂对人们的适应与发展提出了更高的要求。其中，良好的挫折承受力是现代人的一个重要心理品质。相应地，良好的挫折应对作为学会生存的重要条件也无疑成为素质教育的重要内容。

已有的调查研究显示，在挫折应对方面，青少年不同程度地存在一些心理问题。据北京有关部门对10所重点中学进行的一次问卷调查表明：“在你的弱点是什么”一题中，有60%的同学认为自己“缺乏毅力、不能自我调适感情、经不起挫折”[③]。有人设计了6种初中生常见的挫折情境：（1）平时某次考试失败；（2）升学考试失败；（3）当着同学的面受到老师严厉批评；（4）与父母的意见不一致；（5）受到同学嘲笑；（6）某种上进的愿望不能实现。调查结果表明：初中生在承受（2）、（3）、（4）、（5）等挫折项目上出现非理智反应的人数接近或超过50%，在（1）、（6）两个项目上出现非理智反应的人数接近40%，并将非理智反应分为5种类型：自卑型、攻击型、焦虑型、逃避型、嫉妒型。目前，在中小学学生中较普遍地存在着耐挫能力差的情况，突出表现在三个方面：（1）对挫折的容忍承受程度差。在挫折面前，心理脆弱，惊慌失措，过分焦虑，容易陷入长时间不良情绪的困扰中不能自拔。（2）产生不理智的对抗行为，包括消极对抗、暴力侵犯、过分发泄不满情绪等。（3）诱发严重的心理疾病。个别学生在遇到较大或连续的挫折后，产生神经衰弱、恐惧症、强迫症、疑病症、抑郁神经症等心理失常现象。

青少年时期是挫折的高发期之一。青少年正值青春发育期，他们生理上急剧变化，心理上动荡发展，学业上紧张繁重，他们所面临的生理、心理与社会变化的压力相当大，并且随着身心发展，他们的需要日益变得丰富和强烈。但是他们的很多需要常常遭遇障碍，由于自身缺乏社会适应和应变能力以及外部教育缺乏及时正确有效的教育、引导，使这些需要不能通过正常途径得到满足，而造成心理上无法解决冲突。比如由性成熟产生的需要同性道德、性教育内容的冲突；对运动、娱乐的需要同学业负担过重，家庭、学校对其过多过严的限制的冲突；初中生渴望独立、

---

① B. D. Carter, et al: *Behavioral health: Focus on preventive child health behavior*. In A. R. Zeiner, et al (eds.): *Health Psychology: Treatment and Research Issues*, New York: Plenum Press, 1985, pp8－19.

② J. J. Braunstein, R. P. Toister: *Medical Applications of the Behavioral Sciences*, Chicago and London: Year Book Medical Publishers, Inc., 1981.

③ 肖力华：《挫折教育：家庭教育不容忽视的问题》，《惠州大学学报》1997年第1期。

平等，渴望人格受到尊重和理解同成人世界教育对这种需要的忽视和压制的冲突；日益激烈的竞争所造成的心理压力；当今社会日益多元的社会思想、价值观念给青少年在价值选择时带来的心理矛盾和冲突等等。总之，青少年时期是挫折比较集中的时期，如果得不到及时解决就会积累起来而导致心理疾患。

大桥正夫把心理发展与挫折联系起来论述[①]，认为人从婴儿到成人的整个发展过程中，都有各自的不同的挫折事件。到青少年期和成年期，可能遇到更多的挫折。埃里克森认为人的发展的每一阶段都有相应的问题和矛盾，包括挫折，对这些问题的解决或处理的效果，直接关系个体的下一步成长和发展。解决得好，就会促进个体进一步发展，否则就会阻碍个体的成长。E. Vaillant[②]的研究得出结论，数百名被试经过数十年所形成的在生活和工作上显著的差异，关键在于他们在适应和应对生活的过程中所采用的心理应对机制不同，即能否采用成熟的应对机制决定个体是否适应生活，取得发展。

因此，研究青少年挫折应对具有重要的理论和实践意义与价值。

二、研究现状

（一）挫折应对的相关概念

1. 挫折的概念

挫折是个人从事有目的的活动时，由于遇到障碍和干扰，其需要不能得到满足时一种消极的情绪状态。挫折的概念包括三方面的含义：其一是指需要不能获得满足时的内外障碍或干扰等情境状态或情境条件，这是造成挫折的情境因素，也称为挫折情境；其二是对挫折情境的知觉、认识和评价，称为挫折认知；其三是指伴随着挫折认知，对于自己的需要不能满足而产生的情绪和行为反应，称为挫折反应。在挫折情境、挫折认知和挫折反应这三个因素中，挫折认知是最重要的，挫折情境与挫折反应没有直接的联系，它们的关系要通过挫折认知来确定。挫折反应的性质及程度，主要取决于挫折认知。

2. 应激和挫折应对的概念

研究者对应对比较一致的看法是，应对是个体为了处理被自己评价为超出自己能力资源的特定内外环境要求，而作出的不断变化的认知和行为努力。[③] Billings-deng 等（1983）认为："应对是评价应激源的意义，控制或改变应激环境，缓解由应激引起的情绪反应的认知活动和行为。"[④] 关于应激，在当代的科学文献中，至少

① 周国光：《试论挫折及其教育》，《贵州教育学院学报（社会科学版）》1997 年第 3 期。

② G. E. Vaillant 著，颜文伟等译：《怎样适应生活——保持心理健康》，华东师范大学出版社 1996 年版。

③ R. S. Lazarus，S. Folkman：*Stress*，*Appraisal*，*and Coping*，New York：Springer，1984.

④ 肖计划：《应付与应付方式》，《中国心理卫生杂志》1992 年第 6 卷第 4 期，第 181～183 页。

有三种不同的含义。[①] 第一种，应激指那些使人感到紧张的事件或环境刺激。从这个意义上讲，应激对人是外部的。当我们把应激看成外部刺激时，将它称为应激源更恰当一些。第二种，应激指的是一种主观反应。从这个意义上讲，应激是紧张或唤醒的一种内部心理状态，它是人体内部出现的解释性的、情感性的、防御性的应对过程。最后一种，应激也可能是人体对需要或伤害侵入的一种生理反应。需要会提高人体的自然唤醒水平，以达到高水平的活动。这些身体反应的作用可能是支持行为和心理上的应对努力。

无论从上述关于应激的定义，还是从 Braunstein 对应激源的分类，我们可以说，挫折是应激的一个子课题，有关应激的理论可以在研究挫折时采用。

通过对应对和应激两个概念的简单陈述，至此我们可以给挫折应对下一个定义。所谓挫折应对，是评价挫折源的意义，控制或改变挫折环境，缓解由挫折引起的情绪反应的认知活动和行为。

3. 挫折承受力的概念

从心理动态—稳态这个维度上来看，我们认为挫折承受力是一种心理素质，它是一种稳定的心理特征，它是教育培训的目标；而挫折应对是一个动态的过程，或者说要培养学生良好的挫折承受能力，就必须从挫折应对的具体过程中开始。冯江平等人[②]认为挫折承受力包括挫折耐受力和挫折排解力。挫折耐受力，也称为耐挫力，是指个体遭受挫折时经受挫折的打击和压力，保持心理和行为正常的能力；挫折排解力，也称排挫力，指个体遭遇挫折后，对挫折进行直接的调整和转变，积极改善挫折情境，解脱挫折状态的能力。挫折耐受力与挫折排解力的区别在于：(1) 挫折耐受力是对挫折消极被动的适应，即忍受、接受、顺应，其典型特征是忍辱负重；而挫折排解力则是对挫折积极主动的适应，即调整、改善、克服，其典型特征是拼搏进取。(2) 挫折耐受力表现为对挫折的负荷能力；挫折排解力则表现为对挫折情境的改造能力。(3) 挫折耐受力是接受现实，减轻挫折情绪反应的强度；挫折排解力则是改变现状，夺取事情本身的成功。相应地，挫折应对从功能上看，也有两种取向，即问题应对和情绪应对。Folkman 和 Lazarus[③④] 认为：个体的应对有两种主要类型，即问题关注应对和情绪关注应对。前者指应激努力是针对引起动机的原因，个体试图通过改变应激事件的原因而改变该事件所造成的后果；后者指应激努力是针对由应激事件诱发的个体的情绪状态，个体试图通过调节该情绪状态而摆

---

① P. L. Rice 著，石林等译：《压力与健康》，中国轻工业出版社 2000 年版，第 5～6 页。

② 冯江平：《挫折心理学》，山西教育出版社 1991 年版，第 78～82 页。

③ S. Folkman，R. S. Lazarus：*An analysis of coping in a middle-aged community sample*. *Journal of Health and Social Behavior*，1980，21 (3)，pp219－239.

④ R. S. Lazarus，S. Folkman：*Stress*，*Appraisal*，*and Coping*，New York：Springer，1984.

脱应激事件所造成的影响。希尔加德等人认为[1]，防御策略和应对策略是个体遭遇挫折后的两种反应。挫折和其他形式的应激引起焦虑，而焦虑是一种不愉快的情绪，人不能长期忍受长时间的焦虑，我们常有强烈的动机要设法减轻痛苦。应对策略是力图改善引起焦虑的情境，防御策略则在于力图减少焦虑的情感。防御策略包括各种防御机制。防御机制可以解除焦虑，使人能够找到解决个人问题的更为实际的方法。这里，防御策略实际上就是情绪关注应对，应对策略实际上就是问题关注应对。

（二）国内外挫折研究情况

1. 国外挫折研究情况

国外关于挫折的研究在最近十多年呈现以下特点：

（1）探讨影响挫折感受及挫折反应的相关因素

生理因素：比如，挫折感的性别差异与年龄特征，残疾与挫折等。

心理因素：比如，学生的气质、性格、高低焦虑特质等对挫折的影响；比较天才、学业不良者、普通男孩对学校挫折的应对的不同特点等。

社会因素：探讨组织或团体的控制点对挫折事件中人的情绪和行为反应的影响；探讨挫折与社会经济地位的相关关系；探讨同伴比较与挫折等。

（2）探讨影响挫折容忍的因素

比如探讨生理因素对挫折的容忍力的影响；探讨认知类型、人格水平等心理因素对挫折承受力的影响；探讨噪音、音乐等环境因素对挫折容忍力的影响等。

（3）不断完善、补充、验证、重新构建挫折—攻击理论

比如提出一些解释挫折—攻击理论的新方法；研究药品、镇静剂、酒精与挫折—攻击的关系；进行综合研究，探讨年龄、性别、社会经济地位、人格、智力和学业成绩对挫折—攻击的类型与方向的影响；研究文化价值的冲突、文化剥夺等与挫折—攻击的关系等。

2. 国内挫折研究情况

国内有关青少年挫折及其应对的研究主要表现在：

（1）调查青少年所涉及的挫折表现

如孙煜明（1986）在观察访问的基础上，发现中小学生在学习、人际关系、兴趣和愿望、自我尊重等方面所涉及的主要挫折事件。调查材料表明，学生在学习方面所受挫折的比例高于其他方面，并发现不同年级受挫的频率和人次也有差别。对青少年应激性生活事件的研究表明：青少年学生的生活事件主要来自学习方面，如

① E. R. 希尔加德、R. L. 阿特金森、R. C. 阿特金森著，周先庚等译：《心理学导论》，北京大学出版社1987年版。

考试失败、学习负担重和升学压力等（刘贤臣、杨杰等，1998）①。

（2）利用修订的或自编的问卷调查中学生挫折应对方式

黄希庭等人用自编中学生应对方式量表对1254名中学生的测量结果表明，我国中学生对挫折和烦恼的应对方式主要是问题解决、求助、退避、发泄、幻想、忍耐；女生比男生更多采用发泄和忍耐应对，男生比女生更多采用幻想应对；重点中学学生更多采用问题解决应对，而较少采用幻想和退避应对；随着年龄的增长中学生应对方式的变化趋势不明显。②

（3）对青少年挫折应对教育提出自己的思考和建议

很多心理卫生或心理健康著作都有专章介绍有关挫折的理论，并提出很多挫折应对的具体方法。其中冯江平的《挫折心理学》，李海洲、边和平的《挫折教育论》对挫折、挫折应对、挫折教育等方面进行了较深入的探讨。本研究查阅最近十几年来我国心理学、教育学等有关报刊文献索引，关于青少年挫折教育的文章不时见诸报端，在强调挫折应对教育的重要性和迫切性的同时进行了各自的理论探索。其中有研究者提及的"心理预防接种"③训练设想对本研究具有重要参考价值。

3. 国内外有关挫折应对教育的概况总结

综上所述，国内外关于挫折应对的研究有以下几个特征：

（1）一般问题探讨多（关于挫折应对训练的原则、内容、方法），实践训练少。

（2）对具体挫折应对方法介绍多，提出完善的理论构建少。

（3）关于挫折应对的研究多停留在一般认知层面，较少涉及元认知层面。

（4）多为事后应对，忽略预先应对。（国外有学者已经注意到这个问题，同时也提出了预期应对的概念及相应理论模型，本研究在实验的理论依据部分将要谈及。）

（5）从已有理论研究看，已有人注意到自我监控的作用和地位，但没有对自我监控的操作构成做进一步理论探讨。

（6）在有关挫折的研究中，多数研究把青少年作为受动者来探讨影响青少年应对挫折的各种因素，而忽视青少年作为能动者其对挫折应对的自我监控的性质。

综合已有研究的情况，本研究拟解决以下问题：

（1）探讨一种较有统摄力的挫折应对理论，一是对众多挫折应对知识、方法进行整合，二是探讨在有限的训练时间内，教会学生掌握挫折应对基本技能的可能性。实验训练的目标设定在：在一定挫折应对知识、技能习得的基础上，加强青少年的主体性，使其能在适应与发展过程中不断提高自身的挫折应对水平，增强应对的有

---

① 刘贤臣、杨杰等：《青少年应激性生活事件和应对方式研究》，《中国心理卫生杂志》1998年第12卷第1期，第46～48页。

② 黄希庭等：《中学生应对方式的初步研究》，《心理科学》2000年第23卷第1期，第1～5页。

③ 姜燕琴：《"心理预防接种"训练是提高青少年挫折容忍力的有效方法》，《龙岩师专学报（社会科学版）》1998年第16卷第2期，第21～23页。

效性。

（2）将理论假设变为教学实践，并在实践中验证和完善理论；将理论方法等陈述性知识转化为青少年实际的技能，将有关自我监控知识和技能结构化、程序化、熟练化、自动化。为此，我们选择教学训练实验作为基本途径。总之，本研究把提高青少年挫折应对自我监控能力作为训练的目标和作为训练的理论支撑点，并提出了挫折应对自我监控技能的操作构成；努力尝试使挫折应对自我监控的理论构建能将有关挫折应对方法有序化、系统化、具体操作化。

第二节　青少年挫折应对的实证研究

一、挫折应对自我监控的理论研究

（一）挫折应对自我监控的理论依据

1. 挫折应对的可变性与应对技能训练的可行性

（1）根据挫折应对的定义。应对是指个体通过不断改变认知和行为的努力，从而控制（包括容忍、降低、回避等）那些被评价为超出个体适应能力的内部的或外部的需要。这个定义有两个特点：第一，它把应对视为一个过程，强调人在应激事件中想些什么，做些什么，以及随着事件的发展，这些想法和做法是怎样变化的。这种观点与对有关特质的探讨形成了鲜明的对照。后者关心的是人通常是如何行为的，强调的是稳定性，而不是变化的过程。第二，应对是与情境相关联的，人如何评价事件重要的程度，如何评价自己对该事件的适应能力影响人们如何去应对。换句话说，应对既包括特定的人这个变量，也包括环境变量。从应对及挫折应对的定义中，我们知道挫折应对的实质是一系列的认知和行为过程，它涉及评价、控制、缓解等认知活动，这些认知和行为从心理活动的维度上来看，属于心理过程，具有不稳定性、可变性。[①]

（2）根据挫折应对所包含的内容。它包含挫折应对技能、挫折应对策略、挫折应对风格等，这些内容具有从动态向稳态转变的特征。挫折应对风格是挫折应对技能、挫折应对策略的一贯化、定式化，而挫折应对技能、挫折应对策略是通过学习获得的，具有不稳定性、可变性。

（3）根据挫折应对方式形成的影响因素。就像任何能力的发育一样，成熟防御机制（也可称为应对机制，所谓精神分析理论的防御机制亦经常被称为应付或适应

① 张大均：《挫折应对自我监控探析》，《西南师范大学学报（自然科学版）》2002 年第 6 期。

机制[①]）的发育也需要肌体在生物学上有所准备，并且在心理上有了适当的认同榜样这两个条件。[②]通过环境影响、榜样认同、社会支持和心理治疗等途径，“人们会放弃较僵硬的心理防御机制方式，代之以比较灵活的应付方式”[③]。

研究表明，影响挫折承受力的因素有生理条件、生活经历、挫折频率、期望水平、心理准备、挫折认知、思想基础、个性特征、防卫机制、社会支持等。在这些因素中，有些因素如期望水平、挫折认知、防卫机制、社会支持等因素是不稳定的、易变的，从而使得挫折承受力本身具有可变性和可塑性。

（4）根据应对研究成果。拉扎鲁斯（1993）[④]把关于应对研究的一些最重要的成果做了总结，认为：①应对是复杂的。人们在任何应激遭遇中都使用很多基本的应对策略。②应对取决于对情境性质和应对资源的评价。如果个体认为能够有所作为去改变情境，问题关注应对就占主导地位；如果个体认为无能为力，那么情感关注应对就占优势。③应对策略在复杂的应激情境中随着阶段的变化而变化。如果我们实在要概括出一个在各种复杂的应激情境所通用的应对策略，那只能是对应对过程的一个失真的映像。

通过以上四个方面的探讨，我们知道挫折应对是一个动态过程，挫折应对方式受挫折认知、挫折评价、挫折应对技能、挫折应对策略、社会支持等等因素的制约，而这些因素是可变的，并且是可控的；另外有研究证明，人们可以“通过环境影响、榜样认同、社会支持和心理治疗等途径获得灵活有效的挫折应对方式”。因此挫折应对方式在一定程度上是可变的和可控的。挫折应对具有可变性和可控性等特点，为挫折应对培训的可行性提供了直接的理论依据。

2. 对挫折应对进行自我监控的必要性

“自我监控就是某一客观事物为了达到预定的目标，将自身正在进行的实践活动（目的性是实践活动的特征之一）过程作为对象，不断地对其进行的积极、自觉的计划、监察、检查、评价、反馈、控制和调节的过程。”[⑤]斯腾伯格在智力三重结构理论中，十分强调元认知在智力结构中的核心作用。元认知监控认知活动对认知活动起着计划、监视和评价作用。元认知能起到提高行为的自觉性和认知效率的作用。大量的实验表明，要使个体的认知活动和行为有效，就必须提高个体的自我监控水平（也称为元认知水平），因为“自我监控是认知活动的核心，也是人的心理系统的

---

① G. E. Vaillant 著，颜文伟等译：《怎样适应生活——保持心理健康》，华东师范大学出版社 1996 年版，第 1～5 页。

② 莫文彬：《应激与应对的认知现象学理论简介》，《心理学动态》1991 年第 1 期，第 68～71 页。

③ G. E. Vaillant 著，颜文伟等译：《怎样适应生活——保持心理健康》，华东师范大学出版社 1996 年版，第 311～313 页。

④ R. S. Lazarus：*From psychological stress to the emotions*：*A history of changing outlooks*. *Annual Review of Psychology*，1993，44，pp1－21.

⑤ 董奇、周勇、陈红兵：《自我监控与智力》，浙江人民出版社 1996 年版，第 13 页。

指挥中心”[①]，“自我监控是智力的核心成分，它在人类智力中处于支配地位，对智力的其他成分起着控制和调节作用”[②]。研究发现，如果没有元认知策略的使用，一个人的较强的一般认知能力在解决问题的过程中就得不到有效的发挥。反之，如果一个人有很好的元认知知识，那么即使一般认知能力不高，也能在问题解决过程中表现得很好，元认知知识能弥补一般认知的不足。国内专家也明确指出：在问题解决的过程中（挫折应对也是一种问题解决），存在问题解决者的自我监控。它作为一种内隐的过程，是问题解决方法的寻找、选定和实施的操纵者和指挥者，不仅在某项具体问题的解决中起着十分关键的作用，而且对于个体解决问题能力的发展与提高也有着非常重要的意义。

研究表明，有效应对的一个主要的因素就是建立对挫折源的控制感，即能根据事件的过程而采取相应的措施。有效的应对涉及四种控制类型：信息控制（知道期待什么）、认知控制（能从不同角度和更具建设性地思考）、决定控制（能够灵活变通地作出决定）以及行为控制（采取行动减少应激事件的后果）。挫折应对是评价挫折源的意义，控制或改变挫折环境，缓解由挫折引起的情绪反应的认知活动和行为。挫折应对实质上是一系列的认知活动（这里的认知包括获取信息、作出决定、采取行为等），而认知活动会受各种因素的影响而出现偏差，从而影响挫折应对的效果。美国临床心理学家艾里斯（A. Ellis）在20世纪50年代创立“合理情绪疗法”时提出挫折ABC理论。其中，A指诱发性事件，B指人对挫折产生的认识和信念，即他对于这一事件的想法、解释和评价，C指特定情境中个体的情绪反应及行为的结果。该理论认为，诱发事件A只是引起情绪及行为反应C的间接原因，人们对诱发性事件所持的信念、看法、解释B才是引起人的情绪及行为反应C的直接原因。C的性质及程度主要取决于B。挫折ABC理论强调了人的主观认知在个体遭受挫折时对行为反应的制约作用。人们可以主动调整自己对诱发事件A的看法和态度，学会并扩大自己的理性思考和合理的信念，减少不合理的信念，从而调整自己的情绪，最大限度地减少挫折通过人的不合理信念所产生的不良反应C，解除苦恼、郁闷等情绪困扰所带给人的不良影响。[③]

从应激的有关理论来看，美国心理学家Richaid S. Lazarus对应激的研究作出了很大贡献。他特别强调认知因素在应激反应中的作用，注重对应激过程进行研究，直到现在他仍是这一领域最重要的领导人物之一。[④]他的理论非常强调认知评价过程在应激和应对中的绝对作用。这与艾里斯提出的挫折ABC理论如出一辙。

① 沃建中：《智力研究的实验方法》，浙江人民出版社1996年版，第24页。

② 董奇、周勇、陈红兵：《自我监控与智力》，浙江人民出版社1996年版，第49页。

③ 冯江平：《国外关于挫折心理理论研究述评》，《河北师范大学学报（社会科学版）》1993年第1期，第56～60页。

④ 韦有华等：《几种主要的应激理论模型及其评价》，《心理科学》1998年第21卷第5期，第441～444页。

Lazarus、Folkman、Cox、Mackay 等人倡导应激的 CPT 理论模型，即认知—现象—相互作用（cognitive-phenomennological-transactional，CPT）理论模型，如图 15—1 所示。

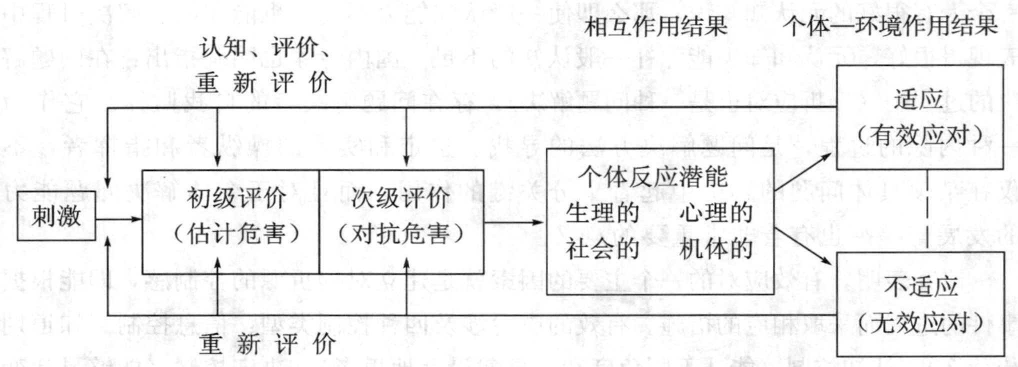

图 15—1　应激的 CPT 模型（根据 Lazarus，1966，1976，1979）

CPT 理论的一个重要观点是认知。它认为，思维、经验以及个体所体验到的事件的意义是决定应激反应的主要中介和直接动因，即应激是否发生，以什么形式出现，这都依赖于每个个体评价他和环境之间关系的方式，包括初级评价、重新评价和次级评价。初级评价是指个体对事件的危害性（即该事件对他的信仰、价值或目标等等是有害还是有益）进行评价，可能的结果是：（1）不相干的；（2）平和、积极的；（3）应激的。初级评价决定在事件中情绪反应的性质，平和积极的评价导致积极的情绪反应，如振奋、放松等等。次级评价是指个体对自身应对资源（coping resource）、应对方式、策略、能力进行的评价，同时还会考虑应对活动是否会带来新的问题。

该理论把人看成具有能动性的高级生命体，它提供了一种可以用于现实生活的对付应激的方法。根据 CPT 模型，个体可以借助他人（他助），也可以通过自己（自助）对自身的初级和次级评价进行干预或矫正，确定所感知的威胁的来源，设计应对策略，帮助个体对环境压力进行自我控制，并对所运用的应对策略的有效性及时进行评估，进而调整应对行为，适应环境需要。

受上述各种理论观点的启发，我们可以这样说：决定我们能否有效应对挫折的因素在于我们的认知活动，特别是我们对挫折情境或挫折事件以及自我应对挫折的资源的评价。换一句话说，从心理健康自助的角度出发，个体在遭遇挫折时，要减少或消除情绪困扰和心理问题以及对挫折的不适当的反应，最终要学会对自己头脑中的想法、解释和评价进行自我监控：自己的认识和信念是否合乎逻辑或合乎理性？自己对挫折情境或挫折事件的评价是否正确和客观？自己所采取的应对策略是否妥当？必要时又该采取哪些措施来调整自己的认知、情绪、意志、行为等？也就是说，要想有效地应对挫折，就必须发挥个体的主体性，对自己的认知活动和行为进行有效监控。

3. 对挫折应对进行自我监控的可能性

我们认为，通过挫折应对自我监控训练，学生能对自己的挫折应对过程中的认知和行为进行有效的自我监控；能对自己的应对模式和应对风格进行有效的自我监控；能对挫折事件和挫折中的自我作出正确的认识和评价；能根据具体情境选择合适的应对模式、应对策略，从而形成适应或成熟的挫折应对风格，最终提高自己挫折承受的心理素质。

（二）挫折应对自我监控理论构成

1. 挫折应对自我监控的内涵

与元认知的构成成分一样，我们认为挫折应对自我监控也包含三要素：挫折应对自我监控知识、挫折应对自我监控技能和挫折应对自我监控体验。

（1）挫折应对自我监控知识。挫折应对自我监控知识包括三个方面的内容，第一，有关挫折应对主体方面的知识，即有关人（包括自己，也包括他人）作为挫折应对者的主体的一切特征的知识。这方面的知识可以再细分为三类：①关于个体内差异的认识。例如，正确认识自己的个性特征、能力大小，客观看待自己的长处、优点和短处、缺点，如何发挥自己特有的优势，克服自己的不足。②关于个体间差异的认识。例如，知道个体之间在价值观念、知识、阅历、性格等方面存在差异，这些差异可能影响到不同个体挫折应对的效果。③关于影响挫折应对效果的各种主体因素的普遍性的认识。例如，知道挫折应对能力不是一成不变而是可以改变的，知道人的观念和实践是有效应对挫折的重要因素等。第二，有关挫折方面的知识，如挫折的种类、挫折的严重程度、挫折的价值等等。第三，有关挫折应对策略方面的知识，比如挫折应对有哪些方法策略，这些方法策略的优点和不足是什么，它们应用的条件和情境是什么，以及挫折应对风格等等。

（2）挫折应对自我监控技能。本研究对挫折应对自我监控技能作了初步理论构想。大致有以下共同的监控成分：

注意识别：即对潜在挫折源的注意和发现，监测自己对有关可能的挫折内外线索、信息的注意和识别。发现潜在的挫折源，需要注意潜在的威胁信息。有时，这个任务包含对来自环境的警示信号的解释；有时，关于潜在挫折源的信息来自个体内部的思考。注意识别实质就是在挫折应对中对自己回答“是什么”的问题。

评价：即监测自己对自身应对资源、挫折情境、挫折类型（真实或预期的）以及挫折应对策略的评价。评价实质就是在挫折应对中给自己回答“怎么样”的问题。

计划：即对应对活动（包括预期应对、事先应对、遭遇挫折时的应对）的计划和安排，选择并采取合适的应对策略和方法。在应对活动的早期，计划主要体现为明确任务、明确目标、回忆相关知识、选择问题解决策略、确定问题解决思路等。值得一提的是，计划并不仅仅发生在应对活动的初期，在应对活动进行的过程中也存在着计划。比如，个体在对自己的应对活动采取某种调整措施之前，也会就如何调整作出相应的计划。计划实质就是在挫折应对中对自己回答"怎么做"的问题。

检查总结：即对执行过程、策略、方法和结果以及事件变化等方面进行评价和矫正，亦即在应对活动进行的过程中以及结束后，个体对应对活动的效果作出自我反馈。在应对活动的中期，表现为获知活动的进展，检查自己有无差错，检验思路是否可行；在应对活动的后期，表现为对应对活动的效果、效率以及收获进行评价，如检验是否完成了任务，评价应对活动的效率如何，以及总结自己的收获、经验、教训等。同时，根据监测所得到的信息，对应对活动采取适当的矫正性或补救性措施，包括纠正错误、排除障碍、调整思路等。检查总结实质就是在挫折应对中对自己回答"做得怎么样，对以后的挫折应对有何经验教训"的问题。

（3）挫折应对自我监控体验。挫折应对自我监控体验是指个体对应对活动的有关情况的觉察和了解。挫折应对自我监控体验的内容有哪些呢？在应对活动的初期阶段，主要是关于任务的难度、任务的熟悉程度，以及对完成任务的把握程度的体验；在应对活动的中期，主要是关于当前进展的体验、关于自己遇到的障碍或面临的困难的体验；在应对活动的后期，主要是关于目标是否达到，应对活动的效果、效率如何的体验，以及关于自己在任务解决过程中的收获的体验。

2. 挫折应对自我监控的内容

我们在培训中，重点训练学生监控自己挫折应对的模式。

就应对模式而言，需要说明的是，在构建挫折应对自我监控技能的理论框架时，我们借鉴了 Lisa G. Aspinwall，Shelley E. Taylor，Folkman 和 Lazarus 等人提出的有关概念。即预先应对（proactive coping，即在有潜在出现可能的应激事件发生之前，预先或提前采取一系列措施或努力以阻止它或调整它）、事先应对（anticipatory coping，即对即将可能或肯定要发生的事件的应激后果加以准备）以及应对（coping，指个体所采取的控制、容忍、降低或减少要求的一系列活动，这些环境或内心要求被个体感觉为是具有潜在的威胁、存在伤害或损失的）三个概念。[①] 因此在考虑挫折应对自我监控时，我们将视野放得更宽，并从中提取相关成分。

预先应对在三个方面与应对和事先应对有所不同。

首先，预先应对在时间上先于应对和事先应对。它指的是扩展应对资源和获得技巧，这些技巧不是针对特殊的挫折源而是一般意义上的准备，它用来辨别要发生

① L. G. Aspinwall，S. E. Taylor：*A Stitch in time*：*Self-regulation and proactive coping*. *Psychological Bulletin*，1997，121（3），pp417－436.

的挫折源并提前做好准备以备适时之需。其次，预先应对需要的技巧不同于针对特殊事件的应对。例如，因为预先应对活动不是指向具体的挫折源，因此有关在挫折发生之前就能辨别它的潜在源头的技能在预先应对活动中承担重要角色。最后，与针对具体事件的应对比较，不同的技巧和活动对于预先应对将可能是成功的。

如图 15—2 所示，预先应对始于在具体的可预期的挫折源发生之前储备应对资源和获得技巧（资源扩展）。有效的预先应对包含积累时间、金钱、计划和组织技能、社会支持，并且在尽可能大的范围内对精神压力进行调控，这样，当挫折源不可避免地被察觉时，个体可以尽可能地控制它。

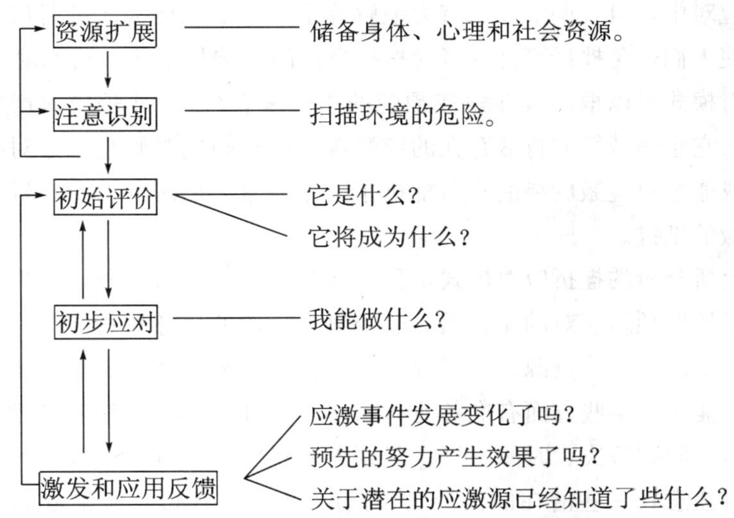

图 15—2　预先应对五个阶段，每一阶段的任务及各个阶段之间的反馈回路示意图

预先应对也包含识别潜在的挫折源。识别指的是有能力洞察潜在的挫折事件的到来。它依赖于审视环境危险的能力以及对内部线索的敏感，这些内部线索暗含着某种威胁可能出现。察觉到潜在的挫折源后，就开始了初始评价。初始评价包括对潜在挫折源当前状态（“这是什么?”）和潜在状态（“这可能会变为什么?”）的初步评估以及相关的其他评估，例如“我应该为此担心焦虑吗?”和“这是我应该留意的事情吗?”这些评价可能强化对挫折源的高度注意，也可能增强初始的应对努力。初始应对努力是指所采取的一系列活动，这些活动被认为可能可以阻止或减弱一个被识别或猜想的挫折源。我们认为成功的预先应对在这一阶段实际上总是积极的而不是逃避的，既包含认知活动，例如计划，也包含行为活动，例如从他人那里寻找信息和采取初步行动。

激发和应用反馈是预先应对过程的最后步骤。它的核心围绕着获得和应用反馈。这些反馈是关于挫折事件本身的发展变化的（“它进一步发展，改变形式，或者加剧?”），是关于个体起初的努力在挫折事件上所产生的效果的（“我是否成功地避免了挫折源?”)，也是关于是否应该针对事件增加应对努力的（“还有什么更多的事我可以做? 或者我应该停下来看看它是否是一个问题?”)。这个反馈也许可以用来修正个体对于潜在或初期的挫折源的评价以及调整个体关于抵消挫折源的策略。

在这个模式中一个重要的因素是存在一些反馈回路，特别是资源积聚、注意、评估和调节消极情绪唤醒被概括为相互关联的任务，其中对所认为的一个可能的威胁的评价导致对潜在的挫折源提高注意力，同时促使个体努力去调节情绪以及丰富应对资源。具体的初始评价影响起初所采取的应对努力，而反过来，应对努力影响被提炼出的关于潜在挫折源的信息，从而为评价程序和调整应对策略提供信息。

在预先应对中，自我调节技巧有力地解释了个体是怎样提前准备应对挫折源的发生，从而使人们避免挫折事件或者使挫折事件的影响最小化。马塞尼（Matheny）等人提出应对模式可以根据其斗争或预防的本质来看待。[①] 斗争应对产生于应激源引起反应时，它企图减轻或打败存在的应激源。而预防应对则是通过对要求的感知的认知结构或通过对应激后果的不断抵抗来防止应激源出现的努力。资源的增加也增加了对应激的抵抗。

根据以上所分析的挫折应对模式，我们认为在预防应对阶段，挫折应对自我监控的内容就是按照预防应对的流程图，监控每一阶段的任务执行情况，比如自己的应对资源扩展情况（身体资源、心理资源、社会支持等)，尤其是自己的挫折应对技能准备情况；能否在某些方面有准备地训练自己，如关注挫折信息、“评估、放松训练、认知重组、问题解决、时间安排、营养咨询和锻炼计划”[②]；自己对潜在挫折源的识别（是否注意到一些潜在的信号)、对有关事件的评价、所采取的应对措施情况，比如是否按照有关策略（调整要求水平、调整生活躲避挫折源、改变引起挫折的行为方式）进行了相应调整。

在挫折应对阶段，挫折应对自我监控首先监控自己对挫折事件的评价，因为应对取决于能否做些事情以改变对应激情境的评价。[③] 如果个体认为能够有所作为去改变情境，于是问题关注应对就占主导地位；如果个体认为无能为力，那么情感关注应对就占优势。根据前面的理论以及评价在整个应对过程中所起的作用，挫折应对自我监控时就要监控自己对挫折事件的危害程度的评价，监控自己对自身应对资源的评价，通过自我监控，力争自己对挫折、对自己应对挫折的资源有个清醒、客观和积极的评价。同时，改变对应激的评估以及改变关于处理应激方式的自我挫败的认知也是更具适应性的处理应激的一个有效途径。所以面对挫折情境，必须监控

---

① J. M. Matheny, W. J. Lyddon: *Where will it turn up next? Journal of Cognitive Psychotherapy*, 1999, 13 (3), pp267－269.

② P. L. Rice 著，石林等译：《压力与健康》，中国轻工业出版社 2000 年版，第 5～6 页。

③ R. S. Lazarus: *From psychological stress to the emotions: A history of changing outlooks. Annual Review of Psychology*, 1993, 44, pp1－21.

自己寻找另外的思路，重新思考自己的角色以及自己对后果的归因。另外就是监控自己重新建构对于应激反应的认知，用自我激励取代自我挫败．通过改变自己的自我对话更好地控制应激事件。

“应对方式是在应对过程中继认知评价之后所表现出来的应对活动。”[1] 在挫折应对过程中对应对方式（或应对策略、应对机制）的自我监控，首先应根据一定标准来评价自己的挫折应对情况。（1）根据应对活动的针对性，可分为问题指向应对和情绪指向应对，或者攻击应激源、容忍应激源和降低唤醒；（2）根据应对效果，可分为建设性应对和破坏性应对[2]、消极应对方式和积极应对方式[3]、适应性应对和机能失调性应对[4]，或者精神病理性应对机制、不成熟应对机制、神经症性应对机制和成熟应对机制[5]。然后根据评价的情况对自己的应对策略或应对方式作相应的调整。通过对应对方式的识别、评价、调整，使自己能根据挫折情境采取灵活的有效的应对策略，从而使自己适应内外环境，保持心理健康。

总的说来，挫折应对自我监控就是利用挫折应对自我监控技能监控自己在挫折应对中的应对模式、应对风格；在应对模式选定之后，进一步监控自己执行模式的具体情况。

（三）挫折应对自我监控培训模式的构建

1. 挫折应对自我监控培训的一般模式

挫折应对自我监控培训首先遵循的是心理素质教育的基本模式。根据张大均等人提出并经过大量实证研究证明行之有效的心理素质教育模式[6]，本研究认为挫折应对自我监控训练所应遵循的模式是：以培养学生良好的挫折承受力为基本目标；遵循适应与发展两条基本原则；运用专题训练、咨询辅导等基本教育方式；着眼于“自我认识—晓之以理—导之以行—反思内化—形成品质”的学生心理素质形成过程的五个阶段；重点突出学会学习、学会交往、个性发展和社会性发展等方面的基本内容。

挫折应对自我监控培训突出实用性。针对中学生心理发展的特点和挫折耐受力训练的要求，实用性具体体现在：（1）趣味性。力求每课或以故事引入，或以自我测验，或以案例归纳总结等形式开始，让学生在愉快、新奇的心境下客观认识自我，引起兴趣。（2）操作性。重点突出每课的训练主题。设计具体的训练环节和活动步骤，让师生共同完成。（3）针对性。根据不同学生所出现的不同问题，精心设计针

---

① 肖计划：《应付与应付方式》，《中国心理卫生杂志》1992 年第 6 卷第 4 期，第 181～183 页。
② 朱智贤：《心理学大辞典》，北京师范大学出版社 1989 年版，第 1891 页。
③ C. S. Carver, M. F. Scheier, J. K. Weintraub: *Assessing coping strategies: A theoretically based approach*. *Journal of Personality and Social Psychology*, 1989, 56 (2), pp267—283.
④ R. S. Lazarus: *Psychological Stress and the Coping Process*, New York: McGraw-Hill, 1966.
⑤ G. E. Vaillant 著，颜文伟等译：《怎样适应生活——保持心理健康》，华东师范大学出版社 1996 年版。
⑥ 张大均、彭智勇：《中小学生心理素质训练》，西南师范大学出版社 2000 年版。

对不同挫折背景的训练策略。

2. 挫折应对自我监控的具体模式

“元认知体验的这种中介作用决定了只有通过元认知体验，个体才能基于当前认知活动进展的有关信息，并利用相关的元认知知识，对认知活动进行有效的调节。因此可以说，元认知体验是使调节得以进行的关键因素。”[①] 那么，如何可以获得元认知体验呢？

有人认为[②]，通过进行反省性自我提问，可以激发相应的元认知体验。以问题解决过程为例，在认知活动的早期阶段，通过向自己提问，可以使个体产生关于问题的熟悉程度、难度，以及成功解决的把握程度等方面的元认知体验；在中期阶段，通过向自己提问，可以使个体产生关于活动的进展、障碍等方面的元认知体验；在认知活动的后期阶段，通过提问，可以使个体产生关于活动的效果、效率及收获等方面的元认知体验。

Dorminowski（1990）进行的研究表明说出理由的言语活动能促进问题解决，其原因是这类言语活动引发了、调动了元认知加工（监控）过程。这种元认知加工过程（如评价、计划、监控）对于问题解决起到重要作用。J. C. Atan 和 Hennie（1990）的实验表明，元认知训练程序能提高学生的思维技巧。Alision King（1991）进行了一项问题解决中的策略提问训练的实验研究，结果表明训练学生就一些认知策略相互提问（利用元认知训练问题单）有助于提高元认知能力和解决问题的能力。Berardo-Coletta 等人（1995）进行的元认知实验发现，向学生提出“你为什么那样做”的问题可以激发元认知加工过程（即个体自己的思维加工过程），能够使人的注意力从指向信息加工的内容转移到指向信息加工的过程，更好地监控评价、调节、修正自己的认知活动，从而提高解决问题的效果。

在应对挫折所带来的负性情绪或情感问题上，梅钦鲍姆（D. Meichenbaum）提出自我教导训练[③]。自我教导训练是受艾里斯理性—情绪辅导影响而设计的一种具有明显的认知重建模式特征的训练方案。自我教导训练实质是通过处理内在对话，从而改变人的思考、认知结构和行为方式的程序。所谓内在对话是一种自己说、自己听的自我沟通过程。人们对自己所说的话决定了他们所做的事。例如，自我挫败者通常使用的内在对话总是带有自我批判性或自毁性质。

（1）出声思维模式的含义

根据上述研究结果，我们在挫折应对自我监控培训时采取了出声思维模式。出声思维模式是指通过言语的自我调节来实现挫折应对活动的自我监控。认知心理学，

---

① 张大均、彭智勇：《中小学生心理素质训练》，西南师范大学出版社 2000 年版。
② 张大均、彭智勇：《中小学生心理素质训练》，西南师范大学出版社 2000 年版。
③ 刘华山：《学校心理辅导》，安徽人民出版社 1998 年版，第 193 页。

尤其是元认知的研究已充分证实，个体的言语不仅反映了其行为、情感等心理活动，而且对行为、心理活动也产生着很大影响，如计划、协调和控制等。在该模式中，一方面，出声思维是教师的一种教学策略，教师通过出声思维为学生的学习和自我监控提供榜样和模式，通过自我陈述来呈现识别监控、评估监控、计划监控、检查总结监控等自我控制活动；另一方面，出声思维模式也是学生的一种学习策略，即学生在独立训练时，通过相互提问、自我对话以及自我提问等方式进行自我指导。

（2）出声思维模式培养的实施

一般来说，出声思维模式的训练可分为以下五个步骤。

第一步，介绍出声思维模式的内涵和意义。

第二步，提供“说理由”、叙述自己解决问题的过程、相互提问、自我提问、自我交谈的课堂环境。由于学生各异，任务难度不同，并不是所有学生都同时需要出声思考问题，进行自我交谈。应教会学生小声地进行自我交谈。

第三步，采取办法消除学生消极的、与任务不相干的出声思维。

第四步，结合具体挫折情境进行出声思维指导。其中又包括以下环节：①自我观察。观察自己的学习与生活，找出挫折情境，说出或写出与情境有关的负向内在对话。②寻找积极的内在对话。引导学生寻找与原有非理性观念不相容的思考方式，并用新的内在对话来表达。③学习新的技巧。让学生在现实情境中练习新的内在对话，并帮助学生掌握一些有效的应对技巧，以便更好地适应挫折情境。

第五步，将出声思维方法从课堂内迁移到课堂外，使学生通过出声思维指导改善自己的挫折应对。

二、挫折应对测试问卷的编制

（一）研究目的

通过对国内外有关挫折以及自我监控研究成果的分析，并结合对青少年开放式问卷调查结果的分析，编制出有较高信度和效度的挫折应对状况问卷和挫折应对自我监控问卷。

（二）研究对象

初中二年级学生 255 人，其中男 125 人，女 130 人。

（三）研究材料

通过分析国内外挫折应对以及自我监控研究的文献，确定问卷的维度以及组成问卷的题项，形成初始问卷。为了使问卷通俗易懂，适用于中学生，先请专家对问卷进行修改，并在此基础上对中学生进行团体施测，要求被试在不改动项目内容的基础上对题目作出修订，找出表述不清、难于理解或有其他疑问的项目，然后加以修改或删除，最后选出符合本研究要求的项目，形成相应的问卷。

针对中学生挫折应对状况问卷，结合挫折应对的动态—静态维度，分别从心理过程、心理状态和心理特征等不同侧面和层面考察挫折应对状况，并结合开放式问卷中有代表性和普遍性的回答，编制出中学生挫折应对状况初始问卷。中学生挫折应对状况初始问卷共25个题目，分为认知、情绪、意志和行为四个维度，所有测题采用自陈测验（选择式），每一测题在一个描述句之后，有三个选项："不是"、"不一定"、"是的"，按3点记分。为避免出现选择的定势，采用了正反向记分的方法。

针对中学生挫折应对自我监控的初始问卷，依据自我监控理论，参照状态元认知问卷[①]对项目作进一步选择。分为注意识别、评估、计划、检查总结四个维度，每一维度的题目分布见表15－5。所有测题采用自陈测验方式（选择式），每一测题在一个描述句之后，有四个备选答案："很少如此"、"有时如此"、"一般如此"、"常常如此"，按4点记分。

（四）研究程序

1. 对所选定的对象进行初始问卷的测试。

2. 根据标准差、重测信度、因素分析理论及有关标准[②]，剔除不符合要求的题项。对剩下的题项用主成分分析法和正交旋转法进行因素分析，根据因素分析的结果，重新调整维度、因素和项目，确定正式的中学生挫折应对状况问卷和中学生挫折应对自我监控问卷。

3. 利用正式问卷进行测试。

4. 利用SPSS 10.0进行统计处理，分析问卷的信度和效度。

（五）研究结果与分析

1. 挫折情况调查分析

（1）从总的挫折打击程度来看，统计结果表明对学生打击最大的方面依次为：学习方面，包括考试成绩不理想、成绩不如意等占63.51%；人际关系方面，占14.86%；生活方面，占9.46%；个性发展方面，占6.76%。

（2）从挫折事件数量来看，人际交往方面挫折＞学习方面挫折＞个性发展方面挫折＞生活适应挫折＞身体发育挫折。

（3）从具体挫折事件的打击程度来看，通过对开放式问卷题项"请写出三件对你打击最大的事情"的统计，大致了解到对学生打击最大的事情依次有：学习上，包括考试成绩不好、学习不如意、学习达不到既定目标等，占63.51%；同学关系的困扰，占40.54%，其中遭受他人的挖苦、嘲笑、讽刺、欺负、取绰号占

① H. F. O'Neil, J. Abedi: *Reliability and validity of a state metacognitive inventory: Potential for alternative assessment*. *The Journal of Educational Research*, 1996, 89 (4), pp234－245.

② M. J. Kavsek, I. Seiffge-Krenke: *The differentiation of coping traits in adolescence*. *International Journal Behavioral Development*, 1996, 19 (3), pp651－668.

29.73％；同学之间闹矛盾占10.81％；父母对自己的不了解、不信任、责备、发火、矛盾、冲突，占24.32％；老师批评，占13.51％；家庭意外事件，占13.51％；没有考上理想学校，占12.16％；父母吵架，占8.10％；个人兴趣爱好得不到父母的支持，占8.10％。

（4）从具体挫折事件对学生的打击程度的排列顺序来看，具体情况如表15－1。

表15－1　部分挫折事件打击程度顺序

部分挫折事件按打击程度排列	总均分
1. 学习：学习跟不上。	3.2482
2. 生活：家庭发生意外事件。	3.0496
3. 人际：与父母关系不好。	3.0213
4. 学习：没能考上理想的学校。	2.9858
5. 个性：得不到老师和同学的信任，常受到轻视和忍受委屈。	2.9504
6. 个性：个人的兴趣和爱好得不到成人的支持，却受到过多的限制和责备。	2.9078
7. 学习：学习成绩达不到自己的目标。	2.9007
8. 人际：父母教育方法不当。	2.8794
9. 人际：交不到能讲知心话的朋友。	2.8440
10. 人际：经常受到同学排斥、讽刺。	2.7872
11. 个性：遭受同学的挖苦和取笑。	2.7730
12. 人际：同学不愿和我往来。	2.7730
13. 人际：自己没有好的人缘。	2.7234

2. 问卷分析

依据收回的问卷进行项目分析和因素分析，筛选出正式问卷题目。对问卷题目的分析主要有两个标准：第一是项目分析，第二是因素分析。

（1）项目分析

进行鉴别力分析（鉴别力分析取高分组人数与低分组人数各占总人数的27％）及各题与量表总分之相关分析，作为正式问卷选题的依据，标准有二：

①根据鉴别力分析结果，决断值（CR）未达0.01显著水平者予以删除。

②各项目与问卷总分的相关系数不及0.30者予以删除。

表 15－2　初中生挫折应对状况问卷各题项与全问卷的相关系数

题　项	CYZ_1	CYZ_2	CYZ_3	CYZ_4	CYZ_5	CYZ_6	CYZ_7	CYZ_8	CYZ_9	CYZ_{10}
相关系数	.474	.416	.554	.384	.482	.464	.386	.466	.513	.495
题　项	CYZ_{11}	CYZ_{12}	CYZ_{13}	CYZ_{14}	CYZ_{15}	CYZ_{16}	CYZ_{17}	CYZ_{18}	CYZ_{19}	
相关系数	.348	.411	.490	.487	.518	.521	.509	.387	.387	

从表 15－2 可以看出，挫折应对状况问卷各题项与全问卷的相关系数最低为 0.373，最高为 0.674，都达到显著水平。说明挫折应对状况问卷的题项具有较高的鉴别力。

表 15－3　初中生挫折应对自我监控问卷各题项与全问卷的相关系数

题　项	CYJ_1	CYJ_2	CYJ_3	CYJ_4	CYJ_5	CYJ_6	CYJ_7	CYJ_8	CYJ_9
相关系数	.570	.638	.541	.542	.531	.650	.474	.674	.373
题　项	CYJ_{10}	CYJ_{11}	CYJ_{12}	CYJ_{13}	CYJ_{14}	CYJ_{15}	CYJ_{16}	CYJ_{17}	
相关系数	.627	.539	.624	.422	.510	.656	.406	.481	

从表 15－3 可以看出，挫折应对自我监控问卷各项目与全问卷的相关系数最低为 0.348，最高为 0.554，都达到显著水平。说明挫折应对自我监控问卷的题项具有较高的鉴别力。

（2）因素分析

利用主成分分析法抽取共同因素，并力争保留研究者内定之因素，再以最大变异法进行正交旋转。

初中生挫折应对状况问卷因素分析。题项筛选的原则是：①剔除与总量表相关不足 0.3 的题项；②根据因素负荷过低、表述不清、归类不当等原则依次逐一删除题项。结果见表 15－4。

表 15－4　初中生挫折应对状况问卷因素分析结果

因　素	贡献率（%）	条　　目	因素负荷
情　绪	11.885	2. 我会厌恶和训斥自己。	.661
		3. 我的情绪会很低落。	.652
		13. 我感到自己受到伤害。	.608
		15. 尽管事情过去很长时间，我的心头仍然笼罩着一些阴影。	.607
		5. 当我仔细考虑挫折中的各种利害关系时，我陷入紧张或混乱状态。	.564

续表

因　素	贡献率（%）	条　　目	因素负荷
意　志	11.792	10. 我常常手足无措。	.749
		9. 我不能独立作出决定。	.724
		8. 我表现得优柔寡断、举棋不定。	.644
		17. 我毫无主见，常常依赖他人。	.622
归　因	9.484	14. 我怨天怨地，迁怒于人。	.739
		6. 我只怪老天待我不公。	.739
		1. 我觉得自己没有办法去解决这些困难。	.545
行　为	9.363	18. 事实证明，我所采取的措施有助于问题的解决。	.728
		4. 我能随机应变采取相应的措施去对付这些困难。	.589
		19. 知道自己做得不对，但很难控制自己。	.536
		7. 我能冷静地分析原因、修改或调整方案。	.529
效　能	9.160	11. 我对自己的表现还算满意。	.710
		12. 总的说来，我更多地以积极的态度对待挫折。	.668
		16. 我充满信心。	.548
合　计	51.684		

初中生挫折应对自我监控问卷因素分析。题项筛选的原则是：①根据维度内部因素分析结果，去掉评估维度中多余题项；②依次逐一去掉因素负荷小于0.40的题项；③依次逐一去掉跨越两个维度、归类不当或者表述重复的题项。结果见表15—5。

表15—5　初中生挫折应对自我监控问卷因素分析结果

因　素	贡献率（%）	项　　目	因素负荷
检查总结	17.306	7. 在对付失败或挫折的过程中，如果发现错误，我会去加以改正。	.697
		1. 在对付失败或挫折的过程中，我检查自己做得对不对。	.651
		2. 总结对付失败或挫折的过程，我知道自己存在哪些不足。	.635
		12. 通过总结自己对付挫折的经验和教训，丰富和提高了自己应对挫折的知识和技能。	.600
		8. 通过总结自己对付挫折的经验和教训，有助于我以后更好地对付挫折。	.587

续表

因　素	贡献率（%）	项　　目	因素负荷
计　划	13.360	11. 我总是把挫折的前前后后彻底想清楚了才着手行动。	.677
		5. 我努力弄清楚我该干些什么。	.653
		14. 经过慎重思考后，我才作出如何去行动的决定。	.613
		6. 我问自己，眼前的挫折与以往我对付挫折所取得的知识、经验和技巧有什么联系。	.487
		15. 我“跟踪”自己对付失败或挫折的过程，必要时我会修改自己的策略。	.451
评　价	12.267	17. 我尽量对自己评价公正、客观。	.750
		16. 我很清楚自身的缺陷或缺点。	.637
		10. 我能从失败或挫折的消极影响中，看到积极的价值。	.590
		4. 在困难面前，我一直认为总会有办法对付的。	.581
注意识别	9.771	3. 他人的挫折遭遇常能引起自己对挫折的重视。	.697
		9. 我有时思考自己可能会遇到哪些挫折。	.693
		13. 我能从一些事情中，感受到自己将要遭遇的挫折。	.644
合　计	52.704		

（3）问卷的信度

本研究采用内部一致性信度和重测信度作为鉴定两个问卷的信度指标。由表15－6和表15－7可知，初中生挫折应对状况问卷4个因素的内部一致性信度在0.678～0.790之间，重测信度在0.683～0.798之间；总问卷的内部一致性信度为0.813，重测信度为0.765。初中生挫折应对自我监控问卷4个因素的内部一致性信度在0.657～0.819之间，重测信度在0.554～0.668之间；总问卷的内部一致性信度为0.899，重测信度为0.723。说明本研究所编两个问卷的信度较好。

表15－6　初中生挫折应对状况问卷的信度系数

维　度	内部一致性信度	重测信度
认　知	.678	.798
情　绪	.732	.772
意　志	.754	.683
行　为	.790	.742
总问卷	.813	.765

表 15－7 初中生挫折应对自我监控问卷的信度系数

维　度	内部一致性信度	重测信度
注意识别	.781	.635
评　估	.684	.646
计　划	.657	.554
检查总结	.819	.668
总问卷	.899	.723

（4）问卷的效度

对问卷效度的检验，一般采用结构效度和内容效度。由于无现成的量表作为参照，所以我们以各因素之间的相关、各因素与全量表的相关来估计量表的结构效度。

初中生挫折应对状况问卷各分问卷间及各分问卷与总问卷之间的相关结果如表15－8。各分问卷间的相关介于0.183～0.441间，皆达0.001显著水平，其相关情形属于中低度正相关，显示各分问卷的方向一致，但彼此基本独立。总问卷与各分问卷的相关介于0.585～0.749之间，皆达到0.001显著水平，呈中高度正相关，显示各分问卷与总问卷相当一致。

表 15－8 初中生挫折应对状况问卷各分问卷间及各分问卷与总问卷之间的相关系数

维　度	情　绪	意　志	归　因	行　为	效　能	全问卷
情　绪	1.000					
意　志	.358	1.000				
归　因	.330	.441	1.000			
行　为	.230	.183	.239	1.000		
效　能	.269	.188	.217	.384	1.000	
全问卷	.749	.679	.633	.594	.585	1.000

初中生挫折应对自我监控问卷各分问卷间及各分问卷与总问卷之间的相关结果如表15－9。各分问卷间的相关介于0.326～0.611之间，皆达0.001显著水平，其相关情形属于中低度正相关，显示各分问卷的方向一致，但彼此基本独立。总问卷与各分问卷的相关介于0.627～0.835之间，皆达到0.001显著水平，呈中高度正相关，显示各分问卷与总问卷相当一致。

表 15－9 初中生挫折应对自我监控问卷各分问卷间及各分问卷与总问卷之间的相关系数

维　度	识　别	评　估	计　划	检查总结	全问卷
注意识别	1.000				
评　估	.386	1.000			

续表

维度	识别	评估	计划	检查总结	全问卷
计划	.377	.456	1.000		
检查总结	.326	.467	.611	1.000	
全问卷	.627	.738	.835	.827	1.000

另一个检验结构效度常用的数理方法是因素分析，该方法被认为是最强有力的效度鉴别方法。将正式问卷的题目使用主成分分析法进行因素分析，并依据原先设想的因素，将挫折应对自我监控问卷的四个因素命名为：①检查总结；②计划；③评估；④注意识别。四个因素共解释总变异量的52.704%。正式题目的因素分析结果见表15-5。同样，经过以上途径得到挫折应对状况五个因素，并将此五个因素命名为：①情绪；②意志；③归因；④行为；⑤效能。五个因素共解释总变异量的51.684%。正式题目的因素分析结果见表15-4。通过因素分析得到的问卷和因素结构，与通过开放式问卷构建的成分基本一致，从而证明了问卷具有良好的结构效度。

另外，相关分析表明，挫折应对状况与挫折应对自我监控之间呈极显著相关（$r=0.522$）。这说明通过挫折应对状况的改变可以推测挫折应对自我监控训练的效果。

（六）关于挫折应对状况、挫折应对自我监控测试问卷的研制

1. 工具的必要性。学生挫折应对状况是我们进行挫折应对训练的出发点，要进行挫折应对训练，必须首先了解学生现有的挫折应对状况水平。只有了解学生挫折应对状况，了解学生在挫折应对中知、情、意、行等各个方面的情况，我们才能根据这个标准挑选训练对象，根据实际情况确定相应的挫折应对的训练内容和训练目标。鉴于目前理论研究和实践中缺乏有关的测试工具，所以我们编制了挫折应对状况问卷。而挫折应对自我监控是本次实验的因变量，即我们的理论假设是挫折应对自我监控水平对学生挫折应对状况的提高和挫折应对方式的改变起决定作用（统计结果证明挫折应对自我监控水平与学生挫折应对状况呈显著正相关）。挫折应对状况不良的一个重要原因是挫折应对自我监控水平低，要改变和提高学生挫折应对状况，就必须提高学生挫折应对自我监控水平。所以，为衡量学生挫折应对自我监控水平同时也鉴于缺乏相关测试工具，我们编制了挫折应对自我监控问卷。

2. 工具的科学性。在问卷的编制过程中，我们严格遵照心理测量学的步骤和要求，科学编制问卷。从初中生实际情况出发，采用开放式问卷，同时借鉴有关的研究成果，并征求专家意见和建议，精心选择题项，编制初始问卷。在小范围内初测，在此基础上利用相关分析、因素分析等手段筛选题项，编制正式问卷，再在一定范围内测试，并在此基础上对问卷进行信度和效度检验。结果表明问卷具有良好的信度和效度。

三、挫折应对自我监控训练的实验研究

（一）实验目的

挫折应对教育的目的是：（1）使学生形成正确的挫折观，提高学生的挫折承受力；（2）探索挫折应对技能训练的有效途径和方法。

（二）实验变量的确定

1. 自变量

初中学生挫折应对自我监控的知识传授和技能训练。

2. 因变量

初二学生训练后的挫折应对状况、挫折应对方式，挫折应对自我监控的水平。

3. 无关变量的控制

设置实验班、对照班。根据一定标准在一个学校选出挫折应对不良的学生，组成实验班、对照班。实验班进行挫折应对自我监控训练，对照班不进行任何训练。实验过程中均告诉实验班、对照班为实验对象，以消除实验的社会赞许效应。

（三）测试的主要工具和方法

1. 挫折情况半开半闭式问卷。用以调查学生挫折源集中体现在哪些方面，以便训练时突出重点，加强训练的针对性。

2. 中学生应对方式量表。该量表由黄希庭等人编制。量表共 30 道题，构想中学生应对挫折的方式有 6 类，即：问题解决、求助、退避、发泄、幻想和忍耐。量表采用 5 点记分进行评定。重测信度为 0.76（$p<0.01$），因素分析结果说明本量表具有良好的构想效度，确实反映了当前中学生应对的实际情况。

3. 自编挫折应对自我监控问卷。

4. 自编挫折应对状况问卷。

（四）实验过程

整个实验培训过程从 2000 年 11 月～12 月，共计 2 个月。分为三个阶段：

第一阶段：前测验

实验班与对照班的学生均参加前测验。前测验的内容包括挫折情况调查、挫折应对状况、挫折应对方式、焦虑感问卷、挫折应对自我监控。

第二阶段：教育干预

实验班进行挫折应对自我监控的训练；对照班不进行任何训练，但为了避免期望效应的影响，研究人员也定期与控制班学生接触，但不进行指导。

对实验班的教育干预主要是按照规定的训练程序，采用一系列的方法，在教育、教学活动中有目的、有计划、有针对性地进行。大体如下：

1. 教学设计把握三个阶段

首先是挫折应对自我监控知识（元认知知识）获得阶段。

其次是挫折应对技能和挫折应对自我监控技能习得阶段。

最后是迁移、练习阶段。在自然情境中，学生利用习得的技能去应对生活中的挫折，或者教师创设一定的挫折情境，让学生应用所学技能。

2. 教学策略

集体干预。集体干预沿用心理素质培训的通用方法，如讨论、小品表演、榜样示范、情境创设、角色扮演等。

个别干预。个别干预与集体干预同步进行，主要采用咨询辅导等方式。研究人员在同学生个别谈话时，解答他们在学习、生活、交往中遇到的问题，并提出具体的措施，帮助学生克服困难，鼓励学生对挫折作出积极的应对。

第三阶段：后测验

实验班与对照班均参加后测验，后测验内容与前测验相同。

（五）实验结果

1. 实验班与对照班挫折应对状况前后测结果比较

表 15－10　实验班与对照班挫折应对状况前后测结果比较

维　度	组　别	前测（$n=20$）	后测（$n=20$）	t
全问卷	实验班	37.9500±3.7623	43.2000±5.9347	3.952**
	对照班	35.4545±3.8727	36.4000±4.3256	.636
	t	.621	3.834**	
情　绪	实验班	9.2000±2.4192	11.1000±2.8636	2.981*
	对照班	8.2727±2.5454	8.0000±1.5635	.455
	t	.467	2.797*	
意　志	实验班	8.3500±1.3089	9.5500±1.5720	2.596*
	对照班	7.5227±1.6911	7.000±1.2517	.377
	t	.789	3.624**	
归　因	实验班	6.9500±1.2763	8.5000±1.1921	2.718*
	对照班	6.3636±1.4800	7.3000±1.4181	1.869
	t	2.261	2.481*	
行　为	实验班	7.7500±1.2513	8.7000±1.4903	2.334*
	对照班	7.5682±1.3364	7.2000±1.4757	.724
	t	.007	2.812**	
效　能	实验班	5.7000±1.5252	7.3500±1.2680	3.540**
	对照班	5.7273±1.3702	6.2000±1.0328	1.223
	t	.599	2.860*	

从表 15－10 可以看出，实验班与对照班在实验前的挫折应对状况（$t=0.621$），包括情绪、意志、归因、行为、效能等方面没有显著性差异。实验后，实验班与对照班之间在挫折应对状况总体上有了非常显著差异（$t=3.834$），挫折应对各个维度均有非常显著或显著的差异，同时与实验前相比，实验班的挫折应对状况有了非常显著的差异（$t=3.952$），而对照班则没有显著差异（$t=0.636$）。

2. 实验班与对照班挫折应对方式前后测结果比较

从实验班与对照班挫折应对方式前后测结果比较中，我们可以获得以下信息。

（1）实验班实验前学生挫折应对方式的采用序列情况：

忍耐（3.0330）>问题解决（2.9345）>发泄（2.9125）>退避（2.9100）>求助（2.8790）>幻想（2.2845）。

（2）实验班实验后学生挫折应对方式的采用序列情况：

问题解决（3.1307）>发泄（2.9773）>求助（2.8377）>退避（2.8273）>忍耐（2.6667）>幻想（2.5152）。

（3）实验前对照班应对不良学生的应对方式：

忍耐（3.0530）>求助（2.8604）>发泄（2.8239）>退避（2.8091）>问题解决（2.7614）>幻想（2.4697）。

（4）实验后对照班应对不良学生的应对方式：

发泄（3.5833）>退避（3.2444）>忍耐（3.1852）>幻想（3.0000）>问题解决（2.7361）>求助（2.6984）。

从上面的信息可以判定，实验班与对照班在实验前挫折应对方式均以消极应对方式或着重情绪应对方式（包括忍耐、退避、发泄和幻想）为主。实验后，实验班的应对方式变为以积极或着重问题应对（问题解决、求助）为主，而对照班的应对方式几乎没有改变。

3. 实验班与对照班挫折应对自我监控前后测结果比较

表 15－11　实验班与对照班挫折应对自我监控技能前后测结果比较

维　度	组　别	前测（$n=20$）	后测（$n=20$）	t
全问卷	实验班	41.0500±8.7388	44.7000±8.7124	2.814*
	对照班	40.1628±8.1297	40.2000±7.5248	.568
	t 值	1.184	2.798*	
注意识别	实验班	7.7500±1.7130	9.5500±2.3946	3.342**
	对照班	7.3409±2.2716	7.5000±2.3214	1.020
	t 值	.410	2.900*	

续表

维 度	组 别	前测（n=20）	后测（n=20）	t
评 估	实验班	10.6500±2.9784	13.0500±2.1392	3.950***
	对照班	10.0455±2.7446	10.1000±1.6633	.450
	t 值	1.739	3.785***	
计 划	实验班	11.4000±3.3935	14.4200±2.9576	3.015**
	对照班	10.8182±2.6700	11.4000±2.7968	.770
	t 值	1.928>0.05	3.267**<0.01	
检查总结	实验班	11.2500±2.9890	13.8000±3.0711	3.140*
	对照班	11.0239±3.2761	11.2000±3.5528	1.036
	t 值	1.511	2.689*	

从表 15－11 可以看出，实验班与对照班在实验前的挫折应对自我监控技能（t=1.184），包括注意识别、评估、计划、检查总结等方面没有显著差异。实验后，实验班与对照班之间在挫折应对自我监控技能总体上有了显著差异（t=2.798），挫折应对自我监控各个维度均有非常显著或显著的差异，同时与实验前相比，实验班的挫折应对自我监控技能有了非常显著差异（t=2.814），而对照班则没有显著差异（t=0.568）。

（六）挫折应对自我监控训练对中学生挫折应对状况改善的实验效应分析

通过挫折应对自我监控训练实验，学生的挫折应对方式由原来的消极应对（忍耐）变为积极应对（问题解决）；相对于实验前，学生在挫折面前表现出的应对状况也发生显著的变化，其中各个子维度，如对挫折的归因、在挫折面前的自我效能感、在挫折中的情绪与情感反应、在挫折中的意志表现以及应对挫折的行为效果都有显著或极其显著的变化。分析发现，学生的挫折应对状况与学生挫折应对自我监控水平呈显著正相关。统计结果表明，与实验前比较，学生的挫折应对自我监控水平也确实发生了显著的变化，表明实验对提高中学生挫折应对自我监控水平是有效的。

研究表明，我们所进行的中学生挫折应对自我监控实验研究在一定程度上是成功的，它丰富和发展了中学生挫折应对的技巧和策略，改善了中学生挫折应对状况。对此我们进行如下的归因分析。

1. 训练的基本内容（知识、技能、策略）完整合理

在调查中，我们发现，对挫折中人和事的认识和观念不当、不全、错误，缺乏挫折应对策略性知识和技巧是学生挫折应对不良的原因所在。在训练过程中结合学生挫折应对的实际情况，首先教给学生关于挫折的陈述性知识，比如挫折是什么，为什么我们要正确应对挫折，怎样辩证地看待挫折的影响，影响人们挫折应对的因

素是什么，什么是问题关注应对策略，什么是情绪关注应对策略，然后让学生掌握挫折应对的程序性知识（关于做什么、怎样做的知识），比如如何对待父母关系破裂，如何对待成绩落后等。在此基础上，让学生体验和提炼出关于挫折应对的策略性知识（如何应对挫折的一般性、原则性知识，具有高度抽象性），比如让学生知道在什么时候用问题解决应对策略，什么时候用情绪关注应对策略。

这三部分内容逐层递进，其中有关挫折应对的知识传授是本次训练的基础，目的是使学生建立对挫折中的人和事的合理的知识结构，以指导学生有效地应对挫折，包括具体知识和元认知知识；挫折应对技巧是本次训练的重点。缺少挫折应对技巧，学生面对挫折时的选择性、能动性和主动性就会减少。不仅教给学生挫折应对技巧，而且通过自我言语等自我监控途径教给学生挫折应对自我监控技巧，如注意识别、评估、计划和检查总结，这样学生利用这些元认知技巧来监控自己的挫折应对技巧，使挫折应对技巧、策略更加灵活、有效。因此，挫折应对策略就是本次训练的灵魂。策略性知识可以根据情境的特征调节主体运用挫折应对的知识和技能，它的功能在于使主体能根据实际情况和具体条件灵活地运用知识和策略。缺乏策略性知识，再多的挫折应对知识和技能也会派不上用场，成为僵化的知识和无效的技巧。

2. 训练重点定位（自我监控）准确

挫折应对自我监控培训突出了挫折应对训练的重点。从重视认知在挫折应对过程中的作用转变为重视元认知的自我监控作用，更突出重视人本身的能动作用。

认知心理学家认为，在传授一般认知策略的同时进行元认知策略的训练能提高学生解决问题的能力，它能使人更加意识到解决问题时自己的认知加工过程，更自觉地使用所学到的有效知识和策略方法对认知过程进行调控。为了使学生真正掌握所学的挫折应对策略，对所学策略进行计划、监控、调节，就必须结合元认知监控训练，唯如此才能取得好的效果。

对于挫折应对，有两种研究取向，一种是过程性研究，一种是特质性研究。前者注重应对者在应对过程中所想、所做，重点研究特定生活事件中个体的应对过程；后者研究个体是否存在有个性倾向性的、相对稳定和习惯化了的应对风格。我们认为，可以将二者综合。一方面关注应对者在挫折应对过程中的所想、所做，以便外界可以对之进行有针对性的监控，同时个体也可以对自己的认知和行为进行有针对性的监控，使自己的应对更有效；另一方面，了解由于人格等特质的不同，个体存在着独特个性倾向性的、相对稳定和习惯化了的认知评价倾向和应对行为方式，从而制约着挫折反应的发生方式、强弱、久暂和机体受影响的程度。[①] 而要适应环境，个体不得不随着环境的变化而改变自己一些固有的无法适应环境的“认知评价倾向

① 陈恩辉：《心理应激反应与人格特质》，《湘潭师范学院学报》1994 年第 15 卷第 4 期，第 69～71 页。

和应对行为方式”，这种改变是可能的，因为心理学家已经取得共识，一个人的性格或人格特质虽然与先天因素有一定关系，但主要是后天学习的结果，是个体在认识环境事件中形成和发展起来的。要改造自身特质就必须依赖自我的监控功能。所以挫折应对自我监控能够将两种研究取向协调，既承认挫折应对的相对稳定性，又承认其变化性，最大限度地发挥主体的能动性。

自我监控是对认知过程的监控与调节。研究表明，挫折承受力的高低受到各种因素的影响，如学生的生理条件、生活经历、思想水平、个性特点、期望值、心理准备状态、对挫折的知觉判断、社会支持以及思维方式的灵活性。有人认为，在相同或相似的挫折情境中，不同的个体产生的挫折感强度不同，这主要是由于个体的价值观念不同、成就动机水平不同、挫折归因不同、个性品质不同、对挫折的主观态度不同等导致的。除了生理条件外，其他心理成分都不是无组织地、杂乱无章地影响挫折应对的方式和效果，它们都由自我进行协调和控制，从而产生影响挫折应对的交互作用。并且上述这些因素都是一些具有一定稳定性的心理特征和心理状态，形成对外界反应的一种心理定势，不易受外界的影响而改变。如何才能使个体顺应环境的变化而主动作出改变，这就要发挥个体自我监控的调节、平衡作用。同时中学生，尤其是初中生自我意识正处于迅速形成发展时期，可谓是培养正确、积极的自我意识包括自我监控能力的关键时期。根据方俊明等人的研究，中学生自我调控方式表现为知、情、意的整合调控，具有意志行为。初中生思想上带有强烈的“内省性”和“分析性”的色彩，常将自己的思想作为一种客体去审视和分析。通过自我监控，发挥个体的主体性，将问题定向和情绪定向协调起来，并根据情境的变化作出相应的调整。

因此，对初中生进行挫折应对自我监控的培训，抓住了初中生挫折应对培训的关键点与突破口，有利于初中生在较短时间内提高其挫折应对的水平。实验结果也支持这一理论假设。

我们知道，在构成挫折的所有因素中，挫折认知是关键性因素。对挫折的认知和判断会决定挫折反应的有无、强弱、时间长短等。因此，本实验抓住这一关键性因素，提高学生对挫折和自身应对挫折状况的认知和判断能力，提高学生监控自己对挫折和自身应对挫折状况的认知和评价能力，不断监控自己作出正确的认知和评价。许多训练设想关心学生对外界知识的接受与建构，忽略了对个体自身内部知识的认识和指导，个体不能围绕特定的挫折应对活动来正确认识、评价自己，不能正确认识、评价挫折以及无法灵活地寻找相应的策略知识。现代认知心理学认为个体头脑中的知识结构对问题解决等认知过程和行为起决定作用。不仅如此，个体还借助头脑中知识结构的各种功能调节和保持内部身心平衡、个体与环境之间的平衡，从而适应环境并取得发展。如果知识结构内容失真或出现伪科学的东西，那么就会误导人的观念和行为。在挫折应对自我监控训练过程中，我们力求向学生传授正确的知识、观念，唤醒学生随时监控自己的知识、观念的意识，对自己内部的知识、观念保持警惕。在自我监控训练中，教给学生的自我监控的静态知识本身具有反省的效果。这些元认知知识使学生知道什么因素影响自己对挫折的认知和应对，这些因素是如何起作用的，它们之间又是怎样相互作用的。自我监控训练最大限度地激活了学生的主体意识，使学生的认识和行为从自发到自觉。

调查表明，学生挫折应对不良是由于学生对挫折应对自我监控技能的训练不够，影响学生对挫折应对的针对性，学生在应对挫折时，具有很大的随意性、盲目性、自发性，因而遭受挫折的消极影响也较大。经过训练，一方面学生使用挫折应对策略、技巧的能力有所增强，能够对有关的挫折应对策略、技巧的使用条件、情境作出准确的评价，并监督自己运用挫折应对策略、技巧的情况；另一方面学生能监控自己不断根据环境的变化而主动获得相应的应对策略和技巧，包括如何预防、如何准备、如何丰富和提炼自己挫折应对的经验和策略，能够根据挫折事件的性质做策略上的灵活转换，主动增强应对挫折的能力，同时还能不断监控自己运用策略应对挫折的情况。

经过挫折应对自我监控训练，学生能熟练运用自我提问技术，发挥自我监控技能的作用，通过注意识别、评估、计划、检查总结等环节，使个体有效对自己应对挫折的认知和行为进行监控，比如是否真正识别挫折的性质、是否对挫折性质作出客观的评价、是否认识到自身应对挫折的资源、面对挫折自己应该采取问题解决还是情绪应对、自己选择的挫折应对策略是否妥当、自己的应对方式是积极的还是消极的、还有哪些方面自己做得不理想等等。同时让学生从三个层次来应对挫折，即预先应对、事先应对、挫折应对，初步建立一个挫折应对的预防和应对体系，有效加强对挫折的预防和准备，减轻挫折对个体身心的伤害程度。

实验表明，学生在面对挫折时，首先都能运用通过培训所掌握的策略对自己的情绪进行有效的调节，减少情绪对自己的干扰。从实验前后学生的焦虑感的明显变化可以清楚地说明经过挫折应对自我监控训练，学生能有意识地反省自己应对挫折的状况，能动地对挫折作出有效的反应，增强了挫折应对的能力。

3. 训练模式科学有效

训练模式体现训练思想，制约训练成效，因此建构科学、有效、可行的培训模式是达到实验目标的重要环节。基于上述认识，依据心理素质训练的通用模式和自我监控训练的具体模式构建了相应的挫折应对自我监控训练模式，即一般训练模式和具体训练模式。

挫折应对自我监控技能培训一般模式的特点可以概括为：整个训练分为四大板块（学习、人际交往、生活适应、个性发展）；每个板块分为三个阶段（知识获得、技能习得、策略形成）；每个阶段分为三个步骤（判断鉴别、策略训练、反思体验）；整个训练遵循心理素质形成的五个环节（认识自我、晓之以理、导之以行、反思内化、形成品质），下面是训练模式的示意图。

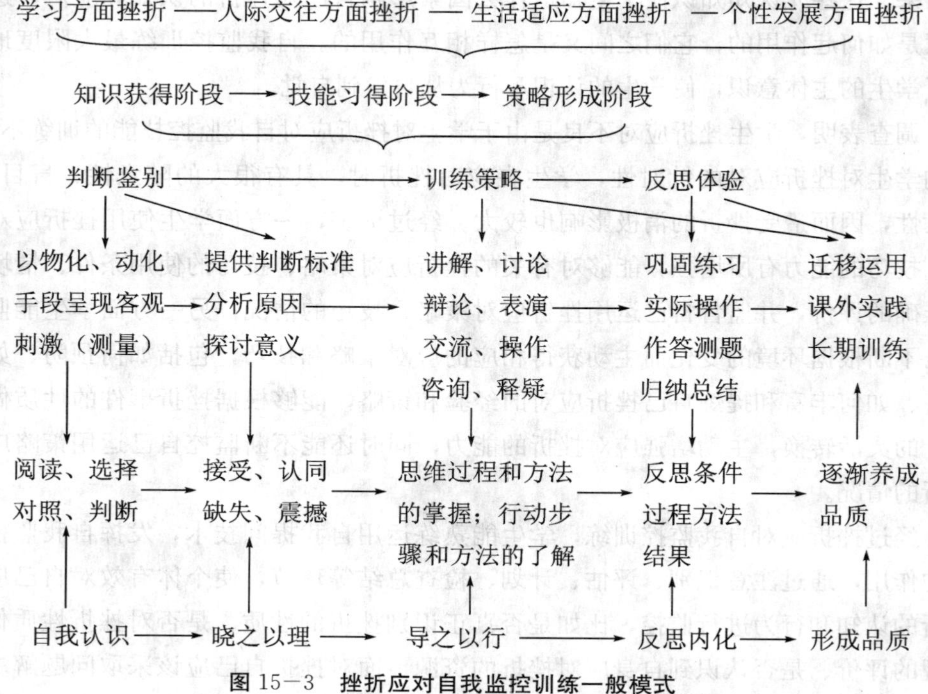

图 15－3　挫折应对自我监控训练一般模式

四大板块在前面已作分析，此处不再重复。

三个阶段：教育（知识获得）；掌握应对技巧（技能习得）；运用应对技巧对付不同程度的挫折源（策略形成）。

第一阶段为教育阶段，其目的是让学生获得挫折应对过程中的元认知知识。这些知识储备可以提高学生对挫折的心理准备程度，能够帮助学生改变在危险情境控制下的感受强度，清除头脑中的不合理的认知，同时有助于发挥学生的积极主动性，能让他们根据自身情况和挫折事件的实际情况采用灵活的应对策略应对挫折，从而提高学生挫折应对的自我效能感。

第二阶段即技能习得阶段。这一阶段的目标是帮助学生获得挫折应对的基本技巧。要有效地进行挫折应对，学生必须掌握一些基本应对技术，这些技术包括重新认识、调整情绪、停止消极思考和自我指导等等。在此基础上，利用大声思维模式，如自我提问、自我交谈、自我暗示等方法来激活学生进行挫折应对自我监控的技能训练，掌握注意识别、评估、计划和检查总结等挫折应对自我监控的技能。

第三阶段是策略形成阶段。通过创设一系列想象的或真实的挫折情境，让学生演练所学的挫折应对技巧，并提炼出挫折应对技巧的策略性知识。例如学生可以通过想象考试过程来为即将举行的考试做好准备，对考试中可能产生的紧张进行脱敏。当真正的考试举行时，学生就可能以一种平静的熟练的方式来面对。学生通过应用，加深对策略使用条件和范围的理解，获得条件性知识，指导学生更好地利用挫折应对技巧。

三大步骤：判断鉴别；训练策略；反思体验。

一是判断鉴别。

目的：(1) 通过检验，让学生了解自己某方面挫折应对自我监控技能的发展状况，自己是否具有应该具有的技能或素质，以此引起学生的认同感或缺失感，唤起情感共鸣或震撼，激活心理活动，促使学生思考这类问题；(2) 清除学生头脑中不正确的信念、非科学的知识，让学生明白道理，建立挫折应对合理的知识结构，了解某种技能对应对挫折的意义。

内容：(1) 测验的内容及对自己现状的判断（这部分内容是对训练所涉及的某种挫折应对技能的分解和具体化，是由该课训练意图衍生的）；(2) 判断的标准；(3) 挫折应对知识介绍。

形式：(1) 自我测验题；(2) 故事加判断；(3) 案例加总结；(4) 小实验；(5) 活动情境，参与活动。

二是训练策略（核心板块）。

目的：(1) 引思，引导学生思考该课题涉及的问题，提高认识，转变思维方式、角度，确立新观念；(2) 导行，设置思维步骤和行动步骤；(3) 激情，在思考、行动中唤醒其情感体验；(4) 练习，按照思考的、操作的方式、方法练习，掌握基本的思维过程、思维方法及行动方法。

内容：根据挫折的实际情况选择相应的训练策略。

形式：(1) 让学生讲出来；(2) 角色扮演、表演；(3) 讨论；(4) 辩论；(5) 学生与学生之间、师生之间交流；(6) 实际动手操作；(7) 观察、感悟；(8) 教师少量讲授或提供咨询。

三是反思体验。

目的：(1) 对训练过程、方式进行反思；(2) 将训练中掌握的方法、步骤延伸到类似的其他情境；(3) 对训练结果进行总结。

内容：以训练目标、内容为依据，考察训练目标的达成度。

形式：(1) 呈现问题；(2) 设计情境，实际操作；(3) 对案例进行归纳总结；(4) 训练前后对比。

4. 训练遵循了科学有效的原则

(1) 知识性原则

适当的挫折应对知识是自我监控训练的基础。由于自我监控过程是对主体心理活动的监控，尤其是对主体认知活动的监控，所以它随认知内容的变化而变化。自我监控知识是人们实际自我监控的基础与前提，指导人们自觉地、有效地选择、评价、修正或放弃挫折应对活动的任务、目标和策略。同样，它也能引起有关自身、目的、任务的各种各样的自我监控体验，帮助人们理解这些自我监控体验的意义及其在行为方面的含义。自我监控知识的重要意义还在于，它是元认知活动的必要支持系统，为调节活动的进行提供一种经验背景，认知调节的本质就是对当前的认知活动进行合理的规划、组织和调整。在这个过程中，个体对自身认知资源特点的认识，对任务类型的了解以及某些策略知识，对调节活动起着关键作用，个体正是根据这些知识而对当前的认知活动进行组织的。如果不具备相关的元认知知识，调节就具有很大的盲目性。因此，挫折应对能力既依赖于方法和技巧的训练，也依赖于挫折知识的掌握，特别是具体的某一方面的知识。

（2）示范性原则

提供榜样。它是指教师或监控能力较强的学生，用语言将自己的调节活动过程呈现出来，为多数学生提供进行监控活动的榜样。由于挫折应对过程中的思维活动是内隐抽象的，在培养中提供榜样无疑是十分必要的。提供榜样的具体内容即是大声思维的内容，主要有问题确定、评估、计划、策略的选择以及检查和总结等。提供榜样的方式主要有教师榜样、同伴榜样和媒介榜样三种。教师提供的榜样，是学生学习的一个主要途径，而同伴的榜样也是非常重要的，它可以使学生体验到其他同学如何运用语言来指导他人。另外，应特别指出的是，录像提供的榜样也能收到很好的效果。每星期安排学生看50分钟的录像，这样进行两个月后，学生便能运用与录像相类似的大声思维活动并使之内化。

提供原型。体现一般的挫折应对过程及结构，值得学生模仿和追求。在应对挫折时，只要从长时记忆中搜索到与自己当前所面对的挫折近似的原型，问题就得到解决。研究表明，挫折承受力强或者弱在挫折应对知识结构上的差异，表现为前者有挫折应对经验，头脑中储存有多种挫折应对知识单元，这些知识单元具有某种应对挫折的功能。不仅要考虑让学生在头脑中建构相应的挫折应对原型，更重要的是发展学生的主体性，让他们不断通过观察、总结、体验去主动构建更丰富、更完善的原型。此外还应让学生将自己的挫折应对过程与理想的过程两相对照，并从中获得建设性的收益，变教师的因材施教为学生自主的因材施教，从而立足现实，实现挫折应对过程的最佳化。

（3）活动性原则

学生活动是挫折应对自我监控训练的前提。让学生在主动参与的活动中发现问题，分析自我，探究原因，寻求方法，反思体验，通过脑动、手动、嘴动、眼动，达到心动，进而引导行动。首先，活动为心理素质发展提供动力源泉，满足学生参与活动的需要；其次，活动为学生挫折应对自我监控技能的产生、发展提供载体，提供存在和表现的阵地和契机；再次，活动为学生挫折应对自我监控技能的发展提供内容基础，在活动中，他们了解、选择、判断和整合客观的社会刺激和自我信息，把内外选择性的刺激源内化为自身素质；最后，活动促使学生把社会要求的社会规范、价值观念、知识信息内化为自己的素质。

（4）有序性原则

板块训练过程包含知识获得、技能习得、策略形成三个阶段，从知识性质的角度，也可称为陈述性知识、程序性知识、策略性知识三个阶段。这三者不是并列关系，而是逐层递进。陈述性知识是基础，在此基础上，在各种情境中应用，经过不断练习而转化为程序性知识，最后从中领悟到一些跨情境的指导性知识，即指导自己根据不同的情境采取不同的应对策略的知识，也就是策略性知识，策略性知识处于个体知识结构的最高层次。

技能分解——技能整合。在自我监控技能的训练过程中，先把挫折应对的自我监控技能，即注意识别、评估、计划、检查总结逐一分解练习，让学生对每个技能都能熟练应用，然后通过参与情境活动把习得的技能整合起来，并达到熟练应用的程度，使挫折应对自我监控技能程序化、自动化。

（5）体验性原则

在实验中我们特别注重增强学生的体验，尤其是元认知体验。挫折应对自我监控体验对挫折应对自我监控知识的丰富完善和实际的自我监控有非常重要的作用。通过各种自我监控体验，学生可以补充、删除或修改原有的自我监控知识，即通过同化和顺应机制来发展完善自我监控知识。在实际自我监控过程中，自我监控体验有助于学生重新确定目标，修改或放弃旧的目标，有助于激活挫折应对策略和自我监控策略。元认知体验是元认知知识和认知调节之间、元认知活动和认知活动之间的重要的中介因素。一方面，元认知体验作为对当前认知活动有关情况的觉察和感受可以激活相关的元认知知识，使长时记忆中的元认知知识出现在个体工作记忆中，从而能够被个体用来为调节活动提供指导；另一方面，元认知体验可以为调节活动提供必要的信息，如果没有关于当前认知活动的体验，元认知活动与认知活动之间就处于脱节的状态，无法衔接起来，只有清楚地意识到当前认知活动中的种种变化，才能使调节过程有方向、有针对性地进行下去。

大量的心理情境的创设，比如讲故事、欣赏音乐、实验操作、小品表演、角色扮演、活动参与等等实际上就是唤醒和增强学生的认知和元认知体验，从而引发学生认知上的认同感、缺失感，激发情感共鸣或震撼，诱发行动愿望。

（6）反思性原则

反思是自我监控的一个重要特征。创设问题情境，开展讨论与反思，有教师引导和监督，有同学的启发和互助，这是强有力的训练环境。学生从明确什么是良好的挫折应对策略和为什么是好策略，到愿意实践，到真正形成良好的挫折应对，这是一个很长的过程。教师要有意识地创设问题情境，组织学生进行挫折应对反思讨论。为此，教师特别创设了情境组织系统的反思，让学生陈述自己的思路（把自己和同学的认知过程作为研究对象）→对这些策略归类（评价同一认知结果的不同认知过程）→讨论还有无其他解法（利用有意思考激活相关知识，进一步获得元认知体验）→讨论最优策略（促使学生评价不同思路在达到应对这个目标中的优劣）→让应对不佳的同学叙述原因（把错误认知过程也作为研究对象）→说出反思的收益，或者说出自己是否听懂各种策略，是否掌握。同时，估计自己在以后类似的情况下能否想起并正确运用这些解法（促使学生进一步评价自己有关的知识和能力状况，进一步激发把自己和同学的认知过程作为意识对象，进一步感受认知过程所产生的情感）。可见，学生在教师创设的情境中充分暴露自己挫折应对的认知过程，进行由不知到知的体验，依靠自己的思维能力学习知识，从而加深思维体验，培养自我监控技能。

记反思日记。研究表明，记反思日记可以使学生注意自己头脑中在想些什么，能让思维更加清晰。本研究中，教师布置学生在课后记反思日记，将自己在日常生活中所遭遇的挫折以及自己应对挫折的方式、表现在日记中记录下来，并结合自己在训练课上所学对自己的应对状况进行评价和总结。

（7）反馈性原则

学会对自己的应对活动的方法、策略、过程和结果及时进行信息反馈和恰当评价，并依此调控和改进自己的活动。这是挫折应对自我监控的重要技能之一，也是培训者进行挫折应对自我监控培训的必要手段。信息反馈是自我监控的必要条件，个体如果缺乏反馈技能，就会严重影响其进行有效的自我监控活动。因此，培训者应及时、准确、适当地对学生的监控活动作出评价，指导他们学会对自己的应对方法、策略、过程和结果进行反馈和评价，促进其自我监控能力的发展。

（8）迁移性原则

通过直接讲解使学生明确意识到自我监控策略运用的条件，同时提供范例，经常联系自己的实际，并提醒学生注意运用自我提示的方法。比如写座右铭、格言警句提示自己监控自己的认知和行为。另外，设置多种练习情境，在多种情况下运用这些监控策略，使训练背景增加变化性、多样性，让学生在不同的背景条件下进行练习，从而认识和体验到所学技能在广泛条件下的实用性，促进迁移效果。

第三节　青少年挫折心理问题的教育策略

一、将挫折教育纳入青少年素质教育的计划之中

对挫折教育的概念，至今没有一个统一的定义。有学者认为[①]，“所谓挫折教育（又叫抗挫折教育、磨砺教育或磨难教育），应该是使学生正确认识挫折、预防挫折、正视挫折、增强对挫折承受力和调节力的教育”。在挫折中得到锻炼，是挫折教育的核心。大量事实表明，消极的挫折应对会给身心造成不良甚至极其严重的后果，影响个体身心素质的发展。前已提及，有效的挫折应对必然牵涉到学生的生理条件、生活经历、思想水平、个性特点、期望值、心理准备状态、对挫折的知觉判断、思维方式的灵活性、社会支持等。挫折应对状况是对人身体素质、心理素质、社会文化素质的整体要求和综合反映。这也就是说，要使学生有效应对挫折，必须考虑学生各个方面的素质。挫折教育，就必然放眼学生综合整体素质，在挫折教育过程中，就必然着手提高学生各个方面的素质。正因为挫折教育所具有的高度综合性，在素质教育中，它具有牵一发而动全身的作用，所以挫折教育应成为素质教育的重要组成部分，纳入中学素质教育计划之中。

首先，发挥学校教育的主导作用。学校应加强对特殊青少年的挫折教育，如对残缺家庭青少年的挫折应对教育。在发挥学校对青少年学生进行挫折教育的主导作用的过程中，学校至少应考虑四个方面的内容[②]：（1）通过科学调查，摸清青少年挫折应对状况和挫折应对方式；（2）开展形式多样的挫折应对训练活动，其中重视创设一定的挫折应对预演情境，增强青少年挫折应对的自我效能，提高青少年挫折应对策略和技能，同时提高青少年对挫折的免疫力和承受力；（3）建立、健全心理咨询、心理辅导机构，帮助青少年处理好成长过程中遇到的挫折事件；（4）分析教师的积极和消极行为，开展有效的教学训练活动，建立评价体系，确保及时反馈。

其次，发挥家庭的助推作用。家庭应当转变教育观念，将视野从只关注青少年某一方面的发展到重视孩子整个身心素质的培养，包括挫折承受力的培养；家长应努力改善自己的教育方式，规范自身的教育行为，避免对孩子过度保护或者过高期望和要求，掌握运用科学的教育方式，帮助青少年提高挫折预防和挫折应对的技能；家庭应努力营造一种相互尊重、彼此理解、平等民主的育人氛围，这既是在青少年遭遇挫折时一种有力的社会支持，有助于学生化解或缓解挫折的打击程度，又有利

---

① 周国光：《试论挫折及其教育》，《贵州教育学院学报（社会科学版）》1997 年第 3 期，第 11～17 页。

② 张大均等：《关于学生心理素质研究的几个问题》，《西南师范大学学报（人文社会科学版）》2000 年第 3 期，第 56～62 页。

于青少年主动发展挫折应对的技巧、策略，形成积极的挫折应对风格。

第三，社区应发挥强化作用。青少年挫折应对的品质如何不仅是青少年个人的事，也关系到社会生活的稳定和发展，关系到一个国家和民族在世界上的生存状况、生存地位。社会洗礼将最终检验青少年挫折承受力水平的高低。社区文化心理环境对青少年的挫折承受力的形成具有强化作用。给青少年提供锻炼挫折承受力的机会，如通过提供勤工俭学、社会实践等机会，让青少年认识社会、认识生活、认识自己，并积极参与其中，解决实际问题，从而增长青少年挫折应对的知识，磨炼青少年挫折应对的意志，增强青少年的挫折承受力。

二、增强挫折应激接种训练，提高青少年的挫折免疫力

我们将挫折应对分为预先应对、事先应对和应对三个完整的环节或模式，相应地挫折应对自我监控的领域也就被扩展。这就需要增强学生挫折应对的预防性、准备性和主动性。

通过预先应对训练，我们发现预先应对可以产生如下效果。首先，预先减小挫折的打击程度。当挫折仅仅是可能时，通过预先应对，挫折的影响可减小甚至使个体感觉不到它的影响。其次，当挫折初露端倪时，应对资源相对于挫折本身显得相当丰富。第三，当挫折事件刚刚萌芽之时，可供学生选择的回旋余地还很大；当挫折已经发生或进一步发展，回旋余地就小多了，选择也就受限了。第四，通过预先应对，使挫折事件在一定程度上得以好转，这样就使个体所承受的精神负担相对降低。

梅森鲍姆认为[①]，如果人接受了少量的心理威胁，并获得了对付这种威胁的技巧，那么他将具有对应激的抵抗力。在遇到应激情境时他们就像有了免疫力一样，心理应激不会伤害他们。在进行挫折应对训练前，我们设想通过挫折应对训练使学生对挫折产生一定的免疫力。为了抵制传染病，医学上发展了接种预防的方法。医生将一定量的疫苗注入人体内。人体通过自我免疫系统对这些细菌作出反应，产生大量的抗体与细菌斗争。换句话说，身体获得了对这种疾病的免疫力，所以再大量接触这种细菌时就不容易得病。“挫折免疫”的意义与医学上的接种预防相同，通过让个体参与虚拟的挫折情境或者想象最坏的情况来提高挫折承受能力。这种方法假设个体曾经历过自己最害怕的事，也曾冥思苦想寻找对策，那么当它真的发生时个体就会处理得更好。而且，由于已经经历过这种情绪体验，该挫折也就容易承受。

在训练中，我们不断创设情境，让个体一次处理一小部分挫折事件和挫折感，通过应用挫折应对的有关策略和技能，让个体逐步消除恐惧。当个体获得成功时，

① P. L. Rice 著，石林等译：《压力与健康》，中国轻工业出版社 2000 年版，第 178 页，第 263 页。

他就具备了对挫折更大的抵抗性。通过训练，学生达到在心理上对挫折产生一种无形的抗体，提高了挫折免疫力。以后一旦遇到类似的挫折，人体马上激发相应的“挫折免疫系统”，产生相应的抗体以克服挫折，从而保护学生的心理健康。

三、将人际交往技能、学习挫折应对作为重点

调查发现，初中生的挫折源主要包括以下四个方面：（1）学习上的挫折，比如成绩不如意、考试考不好等。（2）人际交往上的挫折，具体分为师生关系挫折，比如得不到老师的喜欢；同学或同伴关系挫折，比如与同学相处有距离，不能沟通，受同学的欺负、嘲笑，被取绰号，得不到朋友的理解与支持；亲子关系挫折，比如不能与父母沟通，受父母的责骂。（3）生活上的挫折，比如父母发生矛盾、吵架、离异，失去亲人、追星被老师发现。（4）个性上的挫折，比如爱好、兴趣得不到家长、老师的支持，自己缺乏特长等。其中学习方面的挫折对学生打击程度最大，人际交往方面的挫折对学生困扰最多。前已述及，初中生身心发展的动荡性、不平衡性与家庭变化甚至变故等诸多因素的交互作用，造成初中阶段冲突和挫折显著增多。主要表现在人际交往（性意识的萌芽所带来的异性交往的困扰；个性张扬与良好合作之间的矛盾；独立意识、成人感的产生与父母、老师关系的尴尬）、学习（学习内容增多、难度加大、压力增大）、个性发展（不断产生的各种身心需要与外界对这些需要所形成的阻碍）和生活适应（身体发育、心理发育、家庭变故）等方面。关于这些方面对初中生身心及社会性等方面的适应与发展的重要性已有广泛论述，在此不作重复。需要说明的是，这些方面正是初中生所必须面对的主要矛盾和中心课题，构成影响其身心及社会性适应与发展的重要条件。初中生在应对这些挫折时，由于自身心理发展的局限性，缺乏清醒的认识、有效的应对技能，并且情绪容易失控，所以对这些挫折情境经常采取不当或消极的应对方式，而这些应对方式一旦习惯化、定式化，就会内化为人的心理特征，形成人的某一方面的性格特质，转化为心理健康问题。我国研究人员的调查研究发现，有三类刺激因素对疾病发生影响最大，即在较紧张的学习或工作中，伴随不愉快的情绪；人际关系不协调；家庭不幸事件。[①]因此从身心健康发展的角度，家庭、学校和社会都应该积极主动寻找有效途径帮助学生获得和形成有效的应对机制以预防和解决这些挫折源。我们的研究在实际调查的基础上，抓住当前初中学生所面临的主要挫折事件，在从元认知层面培训他们的主体性和能动性的同时，也具体地教授和培训他们关于有效应对这些方面挫折的观念和技能，帮助他们成功应对这些挫折情境。这样使挫折应对自我监控能结合具体挫折事件，切实发挥自我监控的效用。

① 朱智贤：《心理学大辞典》，北京师范大学出版社 1989 年版，第 1416 页。

四、培养学生的自我效能感

在挫折应对状况这个因变量中，我们把自我效能感作为一个重要的指标。自我效能感指个体对自己能否胜任某项活动的自信程度。这里主要指学生对自己能否有效应对挫折的自信程度。研究表明[①]，学生的自我效能感与其认知策略、控制策略、努力程度有显著正相关。日莫曼和玛廷日—帕里斯发现，自我效能感与学生的组织、评价、计划、目标设置等自我监控能力也都具有显著正相关。Humburg 和 Joff 研究发现[②]，自我评价低的人，在面临各种问题时总是自动放弃一些解决问题的办法，显出被动的特点。班杜拉认为可以感知到的控制能力在减弱中介因素致病方面具有重要作用[③]。他写道："由于引起紧张的思维在人的唤醒中起重要作用，那么应对效率的自我印象可在严峻的经历之前、期间和之后降低唤醒水平。"他强调，一个人只要相信自我印象中的应对效率，便能导致较少的自主唤醒，引发疾病的可能性也就小。通过挫折应对自我监控训练，提高学生应对挫折的自我效能感，使学生意识到自己面对挫折不是充当被动消极的角色，而是可以发挥能动性，积极选择适合自己能力水平而又富有挑战性的任务，相信自己有能力应对挫折，积极主动地投入挫折应对活动中，能经受挫折打击，通过多种策略和途径应对挫折。另外，前面我们谈到，应对的一个主要的因素就是建立对应激源的控制感，即能根据事件的过程而采取相应的措施，包括信息控制、认知控制、决定控制，以及行为控制。通过训练，提高学生对挫折的控制感，学生能通过预先应对、事先应对以及应对等模式建立自己对挫折的控制感，从而增强自我效能感。

五、出声思维模式有利于挫折应对自我监控技能的形成

在培训挫折应对自我监控技能时，可以采用出声思维模式，比如自我交谈、自我暗示、自我提问等培训策略。在传授这些策略时，培训者结合学生日常生活、学习、交往等方面的挫折情境，采用出声思维的方法，将自己的监控过程外化出来让学生观察学习，并让学生在所设置的情境中演练具体的挫折应对自我监控技能。训练中，首先，我们进行挫折应对的一般知识和策略教学，包括认识挫折、认识自己、挫折应对（情绪关注应对和问题解决应对）的策略。教这些策略时所使用的例子包括学习、生活、人际交往、个性等领域内的问题。教学时每个学生手上都有一份提纲，上面印有应该掌握的策略及所教的实例，让学生阅读所发的提纲，自己举出更

① 董奇、周勇、陈红兵：《自我监控与智力》，浙江人民出版社 1996 年版，第 197 页。
② 肖计划等：《587 名青少年学生应付行为研究——年龄、性别与应付方式》，《中国心理卫生杂志》1995 年第 9 卷第 3 期，第 100～102 页。
③ 朱智贤：《心理学大辞典》，北京师范大学出版社 1989 年版，第 1223 页。

多的例子，回答训练者所提出的问题。末了，学生参加上述知识和策略的测验，全部达到及格水平。其次，练习阶段，创设大量挫折情境，让学生运用有关知识和策略进行练习。练习中，发给每个学生一张绘有“挫折应对流程图”的自我提问单，由教师专门上一次课，利用具体例子讲解如何对照流程图使用提问单，如何逐一分析挫折应对，让学生明确监控练习的意义（监控自己挫折应对过程）及方法、步骤，然后创设一定的挫折情境，要求学生利用自我提问单提问。同时向学生布置作业，要求学生利用自我提问单对自己日常生活中的挫折事件学会自我提问，并告诉学生要进行考核，看谁能熟练应用这种技能。这样做可以达到一个目的：促使学生主动、自觉地使用自我提问单，并增强自我提问单的实际效用。有效的自我提问技术激励学生确认自己的挫折遭遇情况，尽量客观评估挫折事件以及自己应对挫折的资源。提问策略能够促使学生积极地监控自己的挫折应对活动，并随时采取策略性行动。

除了上面应用自我提问单进行单纯的挫折应对自我监控技能训练外，还结合挫折应对模式比如预防应对进行该项训练。

总之，学生良好的心理素质是教育的目标之一，而要实现这一目标，必须寻找积极有效的途径。而挫折应对训练正是青少年心理素质培育的一个重要手段和内容。有效的挫折应对既可以促使青少年平时有意识地扩展自己的挫折应对资源，如身体资源、心理资源和社会资源等；又可以加强青少年对挫折的预防；在遭遇挫折时，还能帮助青少年调节自己的情绪，减缓或减弱自己的紧张、焦虑等负性情绪，从而维护个体身心健康，维护个体与环境的平衡，最终使个体更好地适应环境，并取得相应的发展。

附录一　挫折应对自我监控训练材料一则

——假如爸爸妈妈分了手

一、主题分析

（一）训练意图

学会在逆境面前保持勇敢、坚强的精神，并能克服逆境所造成的伤害从而取得进步。

（二）训练目标

1. 面对逆境，引导自己澄清认识，树立正确的观念。

2. 主动应用各种有效的应对挫折的策略，调整心境，继续自己正常的生活和学习。

（三）重点、难点

重点：能够主动调整自己对逆境或挫折的认识，运用有关策略稳定自己的心境或情绪。

难点：让那些各方面比较顺利的学生体会到逆境或挫折是没有人可以完全避免的，它是判断生命坚强与否的试金石，激发这部分学生居安思危的意识。

二、板块剖析

（一）判断鉴别

1. 目标

体会挫折，引导自己正确认识挫折事件。

2. 操作程序

步骤1：教师借用古语导入课题。古人云："人有悲欢离合，月有阴晴圆缺。"生活中，每个人都会遭遇到不顺心的事情，请学生说说自己生活中遭遇过哪些烦恼。然后教师请大家听一段录音，讲述一个中学生不堪面对父母离异的故事。

步骤2：结合生活中的例子，教师让学生谈谈对父母分手的认识，并让学生假设自己遭遇到这种事，那么会怎样呢？教师鼓励学生实事求是，并引导他们从情感上、认识上、行为上来分析自己面对父母分手可能存在问题。根据学生情况，可以让他们写在纸条上，交给老师，由老师念给大家听。

步骤3：教师启发学生认识到：当人们不能改变或阻挡挫折的发生时，那么就可以调整对挫折的认识，以减轻自己的痛苦。让学生自愿组合，针对相关问题相互问答。

（二）训练策略

1. 目标

使用挫折应对策略，调节情绪，纠正认识。

2. 操作程序

策略1：顺应事实

步骤1：让学生设想，父母分手后自己的生活和学习会产生哪些具体变化，自己怎样对付。比如：搬家、转学、他人的闲言碎语、经济条件的变化、家庭重新组合、面对新的人际关系等等。

步骤2：请出几名勇敢者，让他们当"靶子"，其他同学轮番"攻击"他们，向他们提出父母分手后可能面临的问题，询问他们如何克服。如果攻击方超过规定时间不能提出问题，就算被打败；如果勇敢者一方在规定时间不能回答攻击方所提的问题，就算被打败。勇敢者"胜利"了，教师带领学生给以掌声鼓励，并激励他们再接再厉；如果勇敢者"失败"了，教师鼓励他们从"失败"中站起来，因为幸福最终属于勇敢者。

策略2：寻求情感的支持

步骤1：教师和学生共同创作一段小品，小品歌颂友情、亲情。让学生通过观赏，体验到真情可以缓解或化解痛苦，增添面对困难的力量。在小品中最好能加上一首感激亲情、友情的歌曲，如《像我这样的朋友》，如果配有舞蹈则更好。

步骤2：让学生在纸上写一段发生在自己身上的真实故事，故事讲述在困难和逆境中友情、亲情对自己的鼓励和支持。写完后交给教师，由教师念出来。

步骤3：教师向大家介绍班上某个（几个）同学现在正遭受痛苦和不幸，请大家给他（们）真诚的鼓励。

策略3：主动转移

生活多么宽广。教师讲讲眼不见，心不烦的道理。然后问问同学，他们在遇到不开心的事情时，是利用哪些途径转移注意力的，比如旅游、写作、绘画、听音乐、运动等方式。请他们绘声绘色地谈谈自己的感受。

策略4：心理防卫

挫折清单。请学生列举从小到大自己所遭遇的挫折，然后教师用投影让学生观摩下列挫折清单，并请学生对比，然后说说自己的感想。

1816年	他的家人被赶出了居住的地方，他必须工作以抚养他们。
1818年	他母亲去世。
1831年	经商失败。
1832年	竞选州议员——但落选了！
1832年	工作也丢了——想就读法学院，但进不去。
1833年	向朋友借一些钱经商，但年底就破产了，接下来他花了17年，才把债还清。
1834年	再次竞选州议员——赢了！
1835年	订婚后就快结婚了，但伊人却死了，因此他的心也碎了！
1836年	精神完全崩溃，卧病在床六个月。
1838年	争取成为州议员的发言人——没有成功。
1840年	争取成为选举人——失败了！
1843年	参加国会大选——落选了！
1846年	再次参加国会大选——这次当选了！前往华盛顿特区，表现可圈可点。
1848年	寻求国会议员连任——失败了！
1849年	想在自己的州内担任土地局长的工作——被拒绝了！
1854年	竞选美国参议员——落选了！
1856年	在共和党的全国代表大会上争取副总统的提名——得票不到100张。
1858年	再度竞选美国参议员——再度落败。
1860年	当选美国总统。

他就是永不退缩的林肯。

教师告诉学生林肯在面对挫折时，他曾如是说：

“此路破败不堪又容易滑倒。我一只脚滑了一跤，另一只脚也因而站不稳，但我回过气来告诉自己：这不过是滑了一跤，并不是死掉都爬不起来了。”

请学生大声读读这段话。

比较法让同学思考自己或他人的人生中还有哪些事情是比父母分手更让人痛苦的。

教师让学生重点练习合理化法。因为人的消极情绪往往来源于失真的认知，特别是内心的自责思想。改变它必须采取三个步骤：

步骤 1：认识到并记录下内心的自责思想。

步骤 2：弄清这些错误（或不真实）思想的根源。

步骤 3：对这些错误或不真实的思想进行反击，并发展出一个更加现实的自我评价系统。请学生按照下表中的例子，纠正自己头脑中其他的错误认识。

随想（自责）	认识偏差的根源	合理的想法
父母离婚是因为我。	乱找原因。	父母离婚是因为他们自身。

将上述四个策略用小品表演的形式综合展现出来。注意后三个策略都是用来调整情绪的，在此基础上，做到冷静、正确地认识、顺应和接受事实。

（三）反思体验

1. 目标

感悟挫折的价值，激励自己勇敢面对挫折。

2. 操作程序

（1）教师用投影显示下面这段故事，让学生读读并谈谈自己的感想。

逆 境

晴晴摔了一跤，当时也没哭。两天后，她的左手举不起来，才发现锁骨受了伤，又痛又不方便，还得很长时间才能康复。

我心里很不舒服，可是晴晴却发现了一项意外的收获。“妈，我现在知道哪边是左边了！”她太小，一直分不清楚左右，这下好了，她知道了，痛的那边就是左！

有一句话说：“当上帝关上了所有的门，他会给你留一扇窗。”我们总是不甘心地哭着去捶那关上了的门，却忘记了那个开向清风明月的窗。

（2）教师提供素材。比如：沙漠里的鸵鸟被追击而无法逃脱时，它就把头钻入沙堆，危险看不见了，也就等于不存在了。小孩子摔了东西，闯了祸，常用双手把眼睛蒙起来。让学生创作漫画。

(3) 征得同意，请有类似经历的同学介绍自己是如何面对父母离异，并且能够不断取得进步的。

(4) 让学生写一段激励自己勇敢面对挫折的格言警句，并在激越的音乐声中念出来与大家一起共勉。

(5) 青春的回答（填完后，请学生念出来）。

面对父母的离异，一开始你接受不了，在情绪上可能会＿＿＿＿＿＿＿＿，并且思想上有一些这样那样的想法，认为父母的离异确实给你造成了一些影响，比如：＿＿＿＿＿＿＿＿＿＿＿＿＿＿＿＿＿＿＿＿＿＿＿。但是你通过＿＿＿＿＿＿＿＿＿＿＿＿＿＿＿＿＿途径，逐渐恢复了自己正常的学习、生活和交往，你的生活又充满阳光和希望！并且，通过磨难，你发现自己培养了很多以前不曾拥有的品质：＿＿＿＿＿＿＿＿＿＿＿＿＿＿＿。你已经能够面对很多事情，如：＿＿＿＿＿＿＿＿＿＿＿＿＿。祝贺你！你成功地经受了一次重大的人生考验。为自己颁发一枚勋章，奖励自己面对逆境时所表现出的勇气和信心。继续努力吧！

附录二　挫折应对自我监控训练的提问单

注意识别阶段

1. 问题是什么？

2. 关于这个问题我目前知道了些什么？已有哪些信息？这些信息对我有什么作用？

评价阶段

1. 我是否正确认识了挫折性质？

2. 我对自己应对挫折的资源是否认识全面？

计划阶段

1. 我的计划是什么？

2. 我将采取哪些策略？

检查总结阶段

1. 我遵照了我的计划或策略吗？我需要一个新的计划或策略吗？

2. 哪些措施起了作用？
3. 哪些措施没有起作用？
4. 下一次我应该有什么不同措施？

附录三　预先应对自我提问单

资源扩展阶段

我积聚应对资源了吗？

识别阶段

我注意到什么潜在的挫折源了吗？

初始评价

1. 这个潜在的挫折源是什么？
2. 这个潜在的挫折源会变成什么？
3. 我应该为此担心吗？
4. 有什么需要我留意的事情吗？

初步应对

我能做什么？

激发和应用反馈

1. 潜在挫折源进一步变化了吗？
2. 初始努力产生效果了吗？
3. 关于潜在挫折源我知道些什么？

附录四　应对过程中自我言语单

准备阶段

我能制订一个计划对付这个挫折。

仔细想想我能做些什么。这要比一味焦虑好得多。
不要消极的自我言语，尽量想得积极些。

面对阶段

循序渐进；我能对付这件事。
这种焦虑正是专家所说的我应该体验到的；它提醒我启动应对活动。
放松；事情还在我的控制之中，慢慢地进行深呼吸。

应对阶段

感到恐惧或害怕时，不妨暂停一下。
关注当前；我必须做些什么？
不必企图完全摆脱恐惧，只要能够设法控制就行。
在所发生的事情中，它不是最糟糕的。
想想其他的事情。

自我强化

应对措施生效了；我能处理这个事情。
它不像我预期的那么糟糕。
我确实为自己所取得的进步高兴。

第十六章 Di Shi Liu Zhang

青少年焦虑敏感及调适策略

焦虑（anxiety）是人类心理失调最主要和最经常出现的问题之一。根据临床表现，焦虑症分为广泛性焦虑和急性焦虑症（也称惊恐障碍）两种主要形式。我国流行病学调查资料显示：焦虑症患病率1.48%，女性多于男性，约为2∶1。美国的流行病学调查资料显示：惊恐障碍的患病率男性为1.3%，女性为3.2%，多发生于青春期和成年早期。[①] 青少年作为一个特殊的群体，正处于焦虑症发作的高峰年龄阶段，青少年中有焦虑症的人数也随着竞争压力的增加而有所上升。有焦虑症的青少年往往在学业和社会化过程中面临诸多困难，难以承受生活中的压力和突发性灾难事件，这对于旨在"面向全体"、"面向发展"的素质教育，是一个亟待解决的重要课题。

第一节　研究概述

一、焦虑敏感的概念

焦虑敏感概念的提出源于对急性焦虑症的病因学的研究。急性焦虑症的主要临床表现为：患者在日常生活中无特殊的恐惧性处境时，突然感到一种突如其来的惊恐体验，伴随濒死感、失控感以及严重的自主神经紊乱等症状。如患者感觉死亡将至，或奔走、惊叫、四处呼救，伴有胸闷、心动过速、心跳不规则、呼吸困难或过度换气、头痛、头昏、眩晕、四肢麻木、感觉异常、出汗、发抖或全身无力等症状。

① S. Taylor, B. J. Cox: *Anxiety sensitivity: Multiple dimensions and hierarchic structure*. *Behaviour Research and Therapy*, 1998, 36 (1), pp37－51.

发病急骤，中止迅速，一般历时5～20分钟，发作期间意识清晰，高度警觉。

1980年，Reiss[①]在研究中提出，急性焦虑症有两种不同的形成原因：第一，对危险的恐惧或对被伤害的恐惧；第二，“对恐惧的恐惧”。1985年，Reiss与McNally一起提出了焦虑敏感（anxiety sensitivity，AS）的概念[②]，用于解释“对恐惧的恐惧”，并认为，急性焦虑症并非由焦虑和压力直接引起的，而是由个体对焦虑和压力产生的后果的消极认知而引起。

焦虑敏感是相信与焦虑有关的感觉对自身的生理、心理和社会评价有危害，从而产生的对焦虑症状的害怕和担心，是反映个体对自身发生焦虑的恐惧程度的一个相对稳定的指标。焦虑敏感是急性焦虑症的易患因素之一，是早期经历与急性焦虑症之间的中介因素。焦虑敏感的概念主要强调了三点：第一，个体能感知到自身的生理唤醒（生理唤醒是指个体处于应激状态时，下丘脑—垂体—肾上腺轴活动所引起的机体血压增高，心跳、呼吸加快，血糖升高，基础代谢率增加，机体适应能力增强的现象）；第二，个体认为生理唤醒会对自己的生理、心理和社会评价造成伤害；第三，由于感知到了生理唤醒而产生恐惧。实际上这是对“对恐惧的恐惧”这两个“恐惧”的进一步解释，为焦虑敏感维度的建构提供了信息。

Reiss等根据焦虑敏感的定义，将焦虑敏感的结构维度划分为三个[③]：对生理唤醒的恐惧；对社会评价的恐惧；对心理能力丧失的恐惧。在随后的许多对焦虑敏感的维度的研究中，研究学者们利用SPSS对焦虑敏感测定量表进行探索性因素分析和验证性因素分析，在此基础上提出过十多个焦虑敏感的因素结构模型。[④]然后利用拟合度的测定从这些模型中筛选出两个模型：(1) 三维度模型（如上）；(2) 四维度模型：对生理唤醒的恐惧；对失控的恐惧；对心理能力丧失的恐惧；对社会评价的恐惧。四维度模型将失控从心理能力中划分了出来，但笔者认为，失控（此处仅涉及思维失控）只是心理能力失调的一个方面，并不能与其他三个维度相提并论，所以笔者认为三维度模型更为合理一些。

二、焦虑敏感测试工具

国外焦虑敏感量表分为成人焦虑敏感测定量表ASI（anxiety sensitivity index）和儿童焦虑敏感测定量表CASI（children anxiety sensitivity index）。

---

① S. Reiss：*Pavlovian conditioning and human fear：An expectancy model*. *Behavior Therapy*，1980，11，pp380－396.

② S. Reiss，R. J. McNally：*The expectancy model of fear*. In S. Reiss，R. R. Bootzin (eds.)：*Theoretical Issues in Behavior Therapy*，New York：Academic Press，1985，pp107－121.

③ S. Reiss，et al：*Anxiety sensitivity，anxiety frequency，and the prediction of fearfulness*. *Behaviour Research and Therapy*，1986，24 (1)，pp1－8.

④ B. J. Cox，J. D. A. Parker，R. P. Swinson：*Anxiety sensitivity：Confirmatory evidence for a multidimensional construct*. *Behaviour Research and Therapy*，1996，34 (7)，pp591－598.

ASI是最早的用于测量成年个体的焦虑敏感的量表，是根据三维度模型设计的，共有16个题目，询问个体在出现与焦虑有关的感觉的时候，其内心的忧虑、难受、担心、恐惧的主观体验的程度；或者当出现与焦虑有关的感觉的时候，其内心的思考内容。每个题目回答的分数是0～4分（0=从不如此，1=很少如此，2=有时候如此，3=常常如此，4=总是如此），总分由每题的分数相加，总分范围是0～64分。

ASI分为三个子问卷：（1）对生理现象的关注，例如：当我心跳加快时，我就感到害怕。（2）对心理能力的关注，例如：我一紧张，就担心自己有心理问题。（3）对社会评价的关注，例如：我认为不在别人面前表现出自己的紧张是很重要的。

研究显示，得分在25～30分表明个体可能有焦虑心理问题，大于30分提示个体可能患有急性焦虑症、广场恐惧症、创伤后应激综合征或其他严重的精神障碍。

ASI的重测信度为0.75，内部一致性信度为0.82。三个分量表的内部一致性信度分别为0.79、0.81、0.84。

ASI-R（Taylor，Cox，1998b）是ASI的修订版，包括36个题项，分为4个维度：对心血管症状的恐惧、对公众中引人注目的焦虑反应的恐惧、对认知失控的恐惧、对呼吸症状的恐惧。随后Silverman（2001）把对呼吸症状的恐惧和对心血管症状的恐惧合并为一条：对生理唤醒的恐惧。

儿童焦虑敏感测定量表CASI首次由Silverman（1991）根据ASI修订而来，其内容和维度与ASI是一致的，仅是在用词方面作了一些修改，使之更容易被儿童所理解。回答是4点式：1=从来不，2=有时，3=常常是这样，4=从来都是这样。总分范围是16～64分，由各题目分数相加而得。其内部一致性信度为0.87，重测信度为0.79。

儿童焦虑敏感量表修订版CASI-R也是根据ASI-R改编而来，其维度和内容均与ASI-R一致。

三、焦虑敏感的理论及研究

（一）焦虑敏感发展性的研究

影响个体焦虑敏感初始水平的因素有遗传倾向、性别差异和亲子依恋。在产生之后，焦虑敏感的水平也不是一成不变的。国外关于焦虑敏感的发展提出了两个理论[①]：学习理论和伤痕理论。

学习理论是指个体通过对与焦虑有关的知识信息的学习，观察他人焦虑担心的反应以及操作性条件反射等，而使焦虑敏感水平升高或降低。

① C. F. Weems，C. Hayward，J. Killen，C. B. Taylor：*A longitudinal investigation of anxiety sensitivity in adolescence*. *Journal of Abnormal Psychology*，2002，111（3），pp471－477.

Watt 在 1998 年做了一项研究：首先测试被试者的焦虑敏感水平，然后请其回答以下问题：（1）是否曾因身体不适而得到了父母的特别关注并被允许离开刺激性的环境（操作性条件反射）；（2）是否曾观察到父母对自身的身体不适表现出害怕，从而获得了某种利益（观察学习）；（3）父母是否曾提醒过他们：身体不适的症状意味着某种危险（信息学习）。结果显示：焦虑敏感水平高的个体其三种学习经历都多于焦虑敏感低的个体。

伤痕理论主要是指惊恐发作的经历会改变焦虑敏感的易患性，比如有过创伤性记忆和被惩罚经历的个体更易产生高水平的焦虑敏感。最近有实验性的研究验证了伤痕理论：经历了突发性惊恐的个体，其焦虑敏感水平有可能会在短期内明显升高。Schmidt 在 2000 年报告，惊恐经历和一般性的精神压力（比如抑郁症状）与焦虑敏感水平的增高有关。

焦虑敏感水平有不同的发展途径。根据易患性假说，因为不同的个体对焦虑敏感的易患性不同，所以个体的焦虑敏感水平在初期就有相对的高水平和低水平之分。根据学习理论，随着个体对相关的信息的学习量的增加，其焦虑敏感会升高。根据伤痕理论，可以假设稳定的高水平的焦虑敏感的个体和焦虑敏感随时间而逐渐增加的个体，这二者比具有较稳定的低水平的焦虑敏感的个体更有可能经历过惊恐发作。

（二）焦虑敏感与急性焦虑症的关系

Taylor 在 1992 年的报告中认为急性焦虑症与高水平的焦虑敏感有关。这份报告调查了美国、加拿大、欧洲共 10000 名急性焦虑症的确诊病人。研究结果显示：急性焦虑症患者的焦虑敏感水平非常高。美国奥尔巴尼的焦虑症中心的 Barlow 发现，当急性焦虑症得到有效治疗后，焦虑敏感水平随之下降。焦虑敏感水平还可以预测治疗的远期效果，特别是复发的危险性。

Telch 证明，焦虑敏感是急性焦虑症发作的一项高危因素。在研究过程中，大学生通过吸入安全水平的二氧化碳引起生理唤醒，这种唤醒导致高焦虑敏感的学生产生惊恐，但对其他学生无效。

1996 年，Schmidt 在对空军院校学生的训练中，发现在对焦虑和压力的其他可测量的方面进行了控制之后，通过测量焦虑敏感可以预测惊恐发作。Lau 等人①研究了正常青少年的焦虑敏感和惊恐症状的关系，发现焦虑敏感的水平与经历的惊恐的次数、惊恐引起的痛苦的程度、惊恐引发的独立症状的数目、个体对惊恐的消极认知及严重性的判断有明显的相关。Kearney 等人在临床样本中也进行了这个实验，并得到了相似的结果。

---

① J. J. Lau, J. E. Calamari, M. Waraczynski: *Panic attack symptomatology and anxiety sensitivity in adolescents. Journal of Anxiety Disorders*, 1996, 10 (5), pp355-364.

（三）焦虑敏感和特质焦虑的关系

焦虑敏感和特质焦虑通常被认为是焦虑症的易患因素，特质焦虑和焦虑敏感有明显相关。Taylor 和 Silverman 采用儿童和成人样本，利用 ASI、CASI 和 BAI（贝克焦虑量表）测定，发现特质焦虑与焦虑敏感的相关系数为 $r=0.72$（$p<0.001$）。同时也明确，二者在概念和结构上都是有明显区分的：特质焦虑是对有潜在激惹性的应激源的综合全面的反应倾向；焦虑敏感是对于那些与焦虑有关的症状的消极后果的反应倾向。从病因学角度来看，焦虑敏感和特质焦虑在焦虑症的精神病理学上有各自独立的作用机理。①

Chorpita 利用 CASI 研究发现，测试儿童的焦虑敏感比测试其外显的害怕和焦虑症状更能有效地预测特质焦虑的变化。Cox 认为②，焦虑敏感的维度反映了个体对于特定类型的焦虑的倾向性，比如害怕令公众瞩目的行为会使社交焦虑升高。

（四）焦虑敏感和抑郁的关系

Otto 和 Taylor 发现，有抑郁症状的病人的焦虑敏感得分高于正常控制组。Weems③ 证实了在控制了焦虑症状的条件下，儿童焦虑敏感和抑郁有明确的关系，但需要进一步确定焦虑敏感在儿童、青少年抑郁发展过程中的角色和地位。另外有研究提出，焦虑敏感可能是重症抑郁的伴随物。④

（五）焦虑敏感与父母教养方式的关系

Taylor（1996）认为焦虑敏感的三个维度（因素）——对生理唤醒的恐惧、对社会评价的恐惧、对心理能力丧失的恐惧，前两个因素与焦虑症状有关，后一个因素与抑郁症状有关。有研究表明：后一个因素与父母对子女的敌对和拒绝行为有关，前两个因素与父母的威胁行为有关。Taylor（1996）发现：焦虑敏感因素与焦虑和抑郁的关系显示了焦虑敏感是养育经历与焦虑和抑郁症状的中介因素。但该项研究还需进一步深入。

（六）焦虑敏感与人格的关系

1. 焦虑敏感与正常范围的人格的关系

Lilienfeld 发现，焦虑敏感与专注程度（一种易于沉迷于自身的感觉或想象中的

---

① P. Muris, H. Schmidt, H. Merckelbach, E. Schouten: *Anxiety sensitivity in adolescents: factor structure and relationships to trait anxiety and symptoms of anxiety disorders and depression*. *Behaviour Research and Therapy*, 2001, 39 (1), pp89－100.

② B. J. Cox, J. D. A. Parker, R. P. Swinson: *Anxiety sensitivity: Confirmatory evidence for a multidimensional construct*. *Behaviour Research and Therapy*, 1996, 34 (7), pp591－598.

③ C. F. Weems, K. Hammond-Laurence, W. K. Silverman, C. Ferguson: *The relation between anxiety sensitivity and depression in children and adolescents referred for anxiety*. *Behaviour Research and Therapy*, 1997, 35 (10), pp961－966.

④ S. Taylor, W. J. Koch, S. Woody, P. McLean: *Anxiety sensitivity and depression: How are they related?* *Journal of Abnormal Psychology*, 1996, 105 (3), pp474－479.

倾向）有中等程度的相关[①]，而专注程度与惊恐发作的经历有着显著的正相关。但此结果还未在其他的研究中得到证实，仍需进一步研究。

在一份关于 320 例大学生的研究中，Borger[②] 报告焦虑敏感与外倾性有显著的负相关。但在另一份有关 94 例精神科门诊病人的调查中，Arrindell[③] 没有发现焦虑敏感与外倾性有明显的关联。

2. 焦虑敏感与人格障碍、精神病态的关系

现在还没有公开的数据表明焦虑敏感与人格障碍之间的关系，但有几项调查结果提供了关于焦虑敏感和一些人格障碍的关系的暗示。这些结果显示[④]：个体在面对有挑战性的任务（如解一道有难度的心算题）时，伴随有正常水平的生理唤醒。中等焦虑敏感的个体可以感知到这种唤醒，并产生适度的反应，而低焦虑敏感的个体则几乎意识不到这种唤醒。因此 Shostak 等假设：低焦虑敏感的个体易于形成反社会型人格障碍（ASPD）。ASPD 是指有长期的违反法律、无责任感，甚至犯罪行为（如偷窃、暴力行为、身体侵犯）的经历。因为如果个体不把自身的生理唤醒看成消极的反应并进行加工处理，其道德的发展就处于较低的水平，也就易于产生反社会行为。

Stewart 等在一个大学生与惊恐障碍病人的混合样本的研究中发现，焦虑敏感与人际依赖存在相关。有数据提示[⑤]，焦虑敏感可能与依赖型人格障碍呈正相关。依赖型人格障碍表现为强烈地依赖他人并自动地调整自己的需要使之顺应他人的要求（美国精神病学协会，1994）。

Peterson 推测，精神病态型人格可能与低于正常水平的焦虑敏感有关。虽然 ASPD 与精神病态的症状有一些重叠，但前者本质上是用于反社会和犯罪行为的领域，而后者本质上是用于描述一定的人格特征，如缺乏内疚、冷漠、难以与他人形成亲密依恋关系、身体冒险、令人厌倦的倾向、过多地责备外界等。

焦虑敏感与 ASPD 与精神病态呈负相关。如果低水平的焦虑敏感是这两者之一（或两者都有）的特征，那么这提示，焦虑敏感有一正常值范围，过高的焦虑敏感与焦虑症有关，而过低的焦虑敏感又与精神病态、ASPD 有关，这一观点在 Scott 的

---

① S. O. Lienfeld：*Anxiety sensitivity and the structure of personality*. In S. Taylor（ed.）：*Anxiety Sensitivity：Theory，Research，and Treatment of the Fear of Anxiety*，Mahwah，NJ：Erlbaum，1999，pp149－180.

② S. C. Borger，et al：*Anxiety sensitivity and the five-factor model of personality*. *Behaviour Research and Therapy*，1999，37（7），pp633－641.

③ W. A. Arrindell：*The fear of fear concept：Evidence in favor of multidimensionality*. *Behaviour Research and Therapy*，1993，31，pp507－518.

④ S. O. Lilienfeld，S. Penna：*Anxiety sensitivity：Relations to psychopathy，DSM-IV personality disorder features，and personality traits*. *Journal of Anxiety Disorders*，2001，15（5），pp367－393.

⑤ C. D. Scher，M. B. Stein：*Developmental antecedents of anxiety sensitivity*. *Journal of Anxiety Disorders*，2003，17（3），pp253－269.

研究中得到了支持。但由于焦虑敏感和特质焦虑在本质的阐述上相反，所以这种相关在控制了特质焦虑的分数后有所下降。

（七）焦虑敏感与种族的关系

Rabian（1999）报告：8～11岁的在校学生，通过CASI测定发现非裔美国孩子的焦虑敏感的水平比白种人的孩子高，但二者的关系还需进一步研究。

（八）焦虑敏感与遗传的关系

Stein（1999）研究了焦虑敏感与遗传的关系。他调查了179对单卵双生子和158对异卵双生子，发现焦虑敏感有很强的遗传倾向（$h^2=0.45$）。但是数据显示：环境是焦虑敏感最大的影响因素（55%）。有一些资料显示：童年的学习经历在焦虑敏感的发展过程中起了一定的作用（Stein，1999）。

（九）焦虑敏感的性别差异

研究发现：焦虑敏感有明显的性别差异，女性的焦虑敏感、特质焦虑、焦虑症状和抑郁的得分都明显高于男性。焦虑敏感的遗传倾向只在女性身上表现出来，遗传可以解释其总体变量的37%～48%，其他由环境因素得到解释。而在男性中，环境因素可以解释100%的变量。在焦虑敏感的几项因素中，女性的对身体症状的关注得分高于男性，而在心理和社会关注方面男性得分高于女性。其具体机制还有待进一步探索。

四、以往研究的不足之处

目前国内对焦虑敏感的研究刚刚起步，未见相关文献报道。国外的横向研究较多，而纵向研究少。迄今为止，焦虑敏感量表的各种修改版众多，但没有形成一个统一的测量工具，也未见焦虑敏感量表的中文版本。已有的研究因素比较单一，大多研究只侧重于一个或两个方面因素的研究，未能综合考察这些因素在共同作用时的情况。

第二节　中学生焦虑敏感问卷的修编

一、中学生焦虑敏感第一次预测问卷的编译

首先，从国外所用的焦虑敏感量表的众多版本中选出信度和效度较好，应用较广的两个版本：ASI（16个项目）与ASI-R（36个项目）。

由一名心理学专家、一名心理学博士和笔者分别翻译原量表项目，对比综合三份译稿，形成初稿。再由一名外语专家、两名英语专业硕士回译问卷的项目，最后将以上问卷综合成预稿。

被试选自一所普通中学和一所重点中学，从初一到高三年级，每个年级选择5～7名学生，成绩兼顾高、中、低水平，男女各半，共计38人。

由施测者念出每一个项目及其所属维度，并对各维度含义进行解释。询问每位学生对此项目的理解，并讨论该项目是否反映了该维度的内容。对于理解有异议的项目，作出标记，并作了相应的修改，形成第一次预测问卷。

二、中学生焦虑敏感第二次预测问卷的编制

调查对象抽取重庆市某中学初一至高三学生共654人（按有效问卷统计），其中初一104人，初二81人，初三107人，高一135人，高二138人，高三89人，男女总人数接近，作为第一次预测的被试。统一利用上课时间对学生进行测查，当堂收回。

将所得数据用SPSS进行统计分析，根据项目分析和因素分析结果修改了部分项目的表达方式。重点将每一项目与所属子量表的相关以及与非所属子量表的相关进行统计分析，对于与所属子量表相关较低，与非所属子量表相关较高的项目进行重点分析，看翻译时是否有误，是否易于理解。将一些涉及较为专业的术语的表述进行了修改或解释。比如："当我头痛得厉害时，我担心自己可能会中风。"在"中风"后加上解释"脑溢血"。又如另一项目原文是"When my thoughts seem to speed up，I worry that I might be going crazy."最初翻译为："当我的思维速度加快时，我担心自己快疯了。"根据其所属维度并结合急性焦虑症的症状，改为："当我的思维速度越来越快时，我担心自己控制不住自己的思维了。"还有一个项目原文为："When I feel 'spacey' or spaced out，I worry that I may be mentally ill."最初翻译为："当我感到自己在想入非非或者有一些飘飘然的迷幻的感觉出现时，我担心自己可能患了精神病。"将此句中不易理解的表达进行修改，翻译为："当我感到自己在想入非非时，我担心自己心理有问题。"

最后请一名临床心理学专家、三位医学心理学硕士、一位心理学博士以及笔者一起就问卷进行了讨论，形成了第二次预测问卷。

三、中学生焦虑敏感正式问卷的编制

抽取重庆市三所重点中学、五所普通中学的学生1194人作为被试，其中男生584人，女生610人；初一170人，初二193人，初三220人，高一257人，高二199人，高三155人。采用自编的中学生焦虑敏感问卷（ASQ）的初始问卷（ASI包括16个项目，ASI-R包括36个项目，采用5点记分，要求学生根据自己的情况选择答案。"1"表示"从不如此"；"2"表示"偶尔如此"；"3"表示"有时如此"；"4"表示"经常如此"；"5"表示"总是如此"）进行团体施测，然后对初始问卷进

行探索性因素分析，确定问卷的因素结构，形成正式问卷。用正式问卷对 50 名被试（高一年级，男 24 人，女 26 人）进行施测与重测，重测间隔为 2 周。分析问卷的各种信度、效度指标。

（一）中学生焦虑敏感正式问卷的确定

在初始问卷的基础上，将 ASI 与 ASI-R 进行比较，由于 ASI-R 的项目更为详尽，将 ASI 的绝大部分内容都囊括在内，并具有较好的结构效度和信度，因此以 ASI-R 为问卷修订的对象。对 ASI-R 进行了必要的删减和修订后，确定正式的中学生焦虑敏感问卷。

1. 项目分析

项目分析求出问卷每个项目的临界比率值（CR），将未达显著水平的题项删除。经项目分析，发现问卷的 36 个项目均具有鉴别力，所有题项均能鉴别出不同受试者的反应程度，无题项剔除。

2. 因素分析

项目的负荷表示公共因素与该项目的相关，项目在某个因素上的负荷越大，表明该项目与此因素的关系越密切；若项目在因素上的负荷很小，则说明该项目不能反映出此因素所代表的心理特征。项目的共同度是各个项目效度系数的估计值（即项目在各个公共因素上负荷值的平方和），项目的共同度反映了所提取的公共因素对项目的贡献。因此，在保证项目在某一特定公共因素上有较大的负荷的前提下，还应尽可能保证公共因素对项目的共同度，这样就使该项目对特定公共因素的贡献大，对其他的公共因素的贡献小。所以，可以根据各个项目的因素负荷和共同度来判断项目的有效性。

探索性因素分析中取样适当性 KMO 的指标为 0.938，Bartlett 球形检验非常显著（统计量为 9535.055），这说明了对数据进行因素分析的适当性。对所得的正式问卷进行因素分析，用主成分分析法提取因子，并进行斜交旋转，根据理论假设限定抽取三个因子，保留每个因素中负荷高（大于 0.40）、项目含义最接近因素命名的前 5 个题项，然后对压缩后的问卷再一次进行探索性因素分析。结果见表 16－1、表 16－2。

表 16－1　中学生焦虑敏感问卷的特征值和贡献率

因　素	特征值	贡献率（%）	累积贡献率（%）
1	4.997	33.313	33.313
2	1.712	11.414	44.727
3	1.135	7.565	52.292

将因素 1 命名为对社会评价的恐惧，将因素 2 命名为对生理唤醒的恐惧，将因

素三命名为对心理能力丧失的恐惧。三个因素的累积贡献率为 52.292%，说明这三个因素可以解释全量表一半以上的变异量。

表 16－2　中学生焦虑敏感问卷的因素负荷

题　项	因素 1	因素 2	因素 3
4	.983		
2	.783		
6	.737		
3	.733		
7	.727		
12		－.932	
11		－.928	
8		－.911	
10		－.735	
9		－.698	
14			－.953
15			－.873
13			－.847
1			－.831
5			－.630

3. 中学生焦虑敏感问卷的信度检验

本研究采用内部一致性信度和重测信度作为检验中学生焦虑敏感问卷及其各个因素的信度指标。问卷在各个维度上的内部一致性信度在 0.73～0.78 之间，分半信度在 0.71～0.76 之间，重测信度在 0.70～0.80 之间。整个问卷的内部一致性信度为 0.8493，分半信度为 0.8225，间隔两周的重测信度为 0.8334。说明本研究的中学生焦虑敏感问卷具有良好的信度（表 16－3）。

表 16－3　中学生焦虑敏感问卷的信度系数

指　标	因素 1	因素 2	因素 3	总问卷
内部一致性信度	.7302	.7880	.7596	.8493
分半信度	.7101	.7593	.7630	.8225
重测信度	.7054	.7639	.8030	.8334

4. 中学生焦虑敏感问卷的效度检验

本研究的焦虑敏感问卷基本上可以通过问卷的编制程序保证其内容效度，效标效度还有待今后进一步的研究而得到验证。在这里，我们着重分析和讨论问卷的结构效度。

测验的结构效度是指测验能够测验到理论上的结构和特质的程度。检验结构效度的方法很多，本研究采用因素分析和相关分析来检验焦虑敏感问卷的结构效度。因素分析法被认为是最强有力的效度鉴别方法，本研究通过因素分析得到的因素结构表明该问卷具有良好的结构效度。

下面根据相关分析检验各个因素之间及因素与总问卷之间、题项与因素之间、题项与问卷之间的结构效度。根据相关分析原理，各个维度与因素应该与问卷总分具有较高的相关，以体现问卷整体的同质性；各个因素内部的相关应高于因素之间的相关；各个因素之间的相关应该适当，相关过低说明问卷的同质性太低，相关过高则说明因素之间有重复成分。分析结果见表16—4、表16—5。

表16—4　中学生焦虑敏感问卷因素之间及因素与总分之间的相关

因　素	因素1	因素2	因素3
因素1	1.000		
因素2	.376	1.000	
因素3	.531	.483	1.000
总　分	.826	.729	.843

注：以上相关系数的显著性均在0.01以上。

表16—5　中学生焦虑敏感问卷题项、因素及问卷之间的相关

题　项	因素1	因素2	因素3	总　分
2	.697			.618
3	.664			.508
4	.746			579
6	.696			.610
7	.687			.582
8		.696		.471
9		.710		.545.
10		.741		.571

续表

题　项	因素 1	因素 2	因素 3	总　分
11		.784		.554
12		.762		.542
1			.684	.557
13			.731	.619
5			.687	.615
14			.733	.602
15			.735	.620

注：以上相关系数的显著性均在 0.01 以上。

由表 16－4 和表 16－5 可知，因素彼此之间的相关在 0.376～0.531 之间，相关适中；而三个因素分别与问卷总分之间的相关则在 0.729～0.843 之间，有较高的相关；三个因素内部的相关均在 0.664～0.784 之间，并且都高于三个因素之间的相关；项目与问卷的相关均低于项目与因素的相关。这说明中学生焦虑敏感问卷具有良好的结构效度。

四、讨论

在焦虑敏感量表中文减缩版的修订过程中，参考心理学、医学、外语专业的专家和学者的多次意见和建议进行了翻译和编写，最大限度地维持了原问卷的维度结构和风格，又根据中国的实际情况以及测查的结果进行了修订，具有良好的信度和效度，为进一步研究焦虑敏感在惊恐障碍中的病理心理学机制奠定了基础。

本研究的不足之处在于：问卷项目数较少，三个因素的累积贡献率还不够高；研究样本仅限于普通中学生。拟在下一步研究中，扩增部分项目，进一步提高因素的累积贡献率；将研究对象扩展到患有惊恐障碍的临床样本，进一步完善焦虑敏感问卷。

第三节　中学生焦虑敏感的发展特点

本节研究的目的是在前面编制的焦虑敏感问卷的基础上，考察中学生焦虑敏感的年龄和年级特征。调查对象为重庆市共 11 所中学的 1253 名中学生，共回收有效问卷 814 份（实际统计时剔除了未填社会人口统计学资料的问卷），被试构成见表 16－6。

表 16—6　中学生焦虑敏感发展特点调查被试构成

学校类型	性别	初一	初二	初三	高一	高二	高三	合计
重点中学	男	39	22	38	71	56	31	257
	女	37	25	51	74	59	10	256
普通中学	男	11	40	21	31	12	13	128
	女	24	47	51	11	13	27	173
合　计		111	134	161	187	140	81	814

一、中学生焦虑敏感各因素的发展趋势

（一）中学生焦虑敏感及其各因素平均分比较

表 16—7　中学生焦虑敏感及其各因子平均分比较（$n=814$）

指　标	因素 1	因素 2	因素 3
平均数	11.6695	7.4975	9.9435
标准差	4.22814	3.12580	3.85171

从表 16—7 可以看出，通过比较各个因子平均分的平均数发现，出现频率最高的是因素 1（对社会评价的恐惧）；出现频率最低的是因素 2（对生理唤醒的恐惧）。由此可见，中学生焦虑敏感的各因素之间发展并不平衡。

（二）中学生焦虑敏感水平发展的年级差异

以年级为自变量，对中学生焦虑敏感进行独立样本单因子方差分析。

表 16—8　中学生焦虑敏感水平的年级差异分析

指　标	初一	初二	初三	高一	高二	高三
平均数	28.3604	28.9701	28.8075	29.4973	30.2929	28.0370
标准差	9.46841	10.53597	7.84818	8.75004	9.05896	8.38666

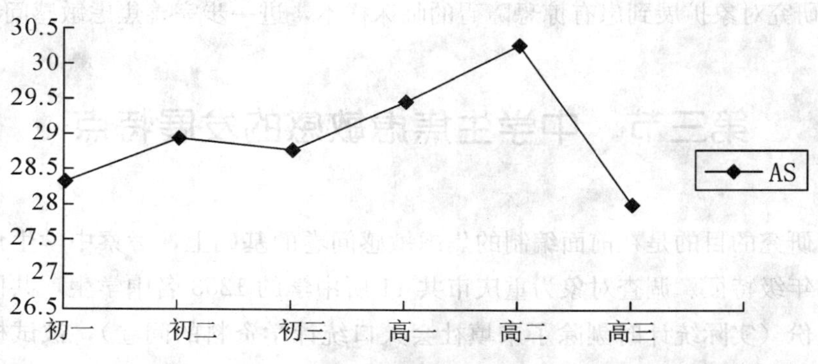

图 16—1　中学生焦虑敏感的总体发展趋势

表 16—9　中学生焦虑敏感各因素的年级差异分析

因　素	指　标	初一	初二	初三	高一	高二	高三
因素 1	平均数	10.9910	11.6642	11.3230	11.7326	12.6071	11.5309
	标准差	4.60137	4.43998	3.84968	3.97345	4.56401	3.84736
因素 2	平均数	7.5766	7.4478	7.5404	7.6578	7.4214	7.1481
	标准差	3.26009	3.47616	3.21130	3.09187	2.61998	3.09883
因素 3	平均数	9.7928	9.8582	9.9441	10.1070	10.2643	9.3580
	标准差	3.68317	4.64718	3.18247	3.89779	3.93401	3.62046

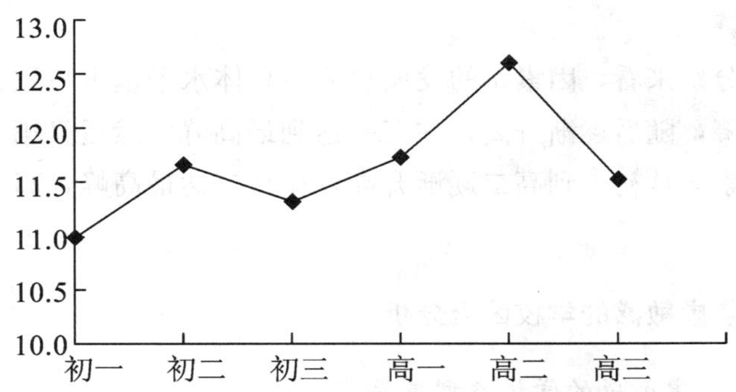

图 16—2　因素 1（对社会评价的恐惧）的发展趋势

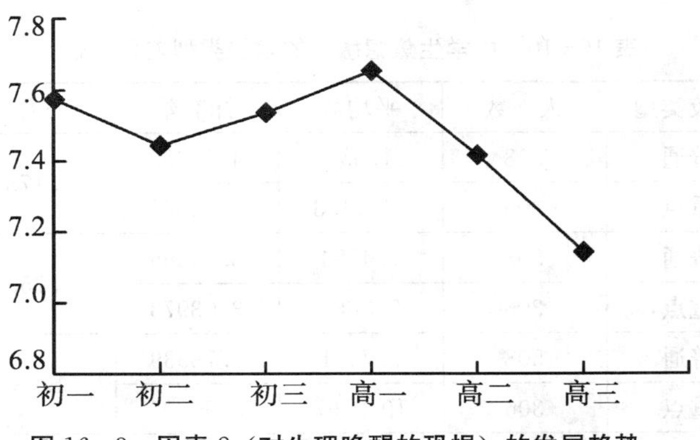

图 16—3　因素 2（对生理唤醒的恐惧）的发展趋势

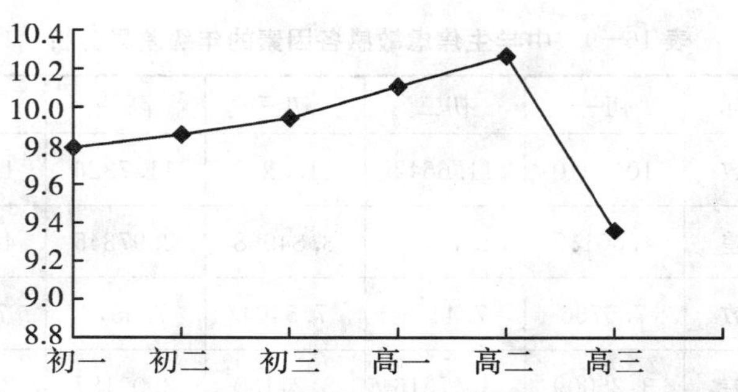

图 16－4 因素 3（对心理能力丧失的恐惧）的发展趋势

从总体水平上看，中学生焦虑敏感从初中到高中有逐渐升高的趋势，从初一到初二个体的焦虑敏感缓慢升高，到初三时出现第一次下降，幅度较小，然后逐步回升，到高二达最高峰，从高二到高三时出现第二次下降，幅度较第一次大，整体呈“M”型。

从三个因素分别来看，因素 1 的发展趋势与总体水平基本一致；因素 2 从初一到初二第一次下降，随后逐渐升高，在高一达到最高峰，然后又第二次下降，整体呈下降趋势；因素 3 从初一到高二逐渐升高，在高二达最高峰，高二到高三时陡然下降。

二、中学生焦虑敏感的学校因素分析

（一）中学生焦虑敏感的学校类型差异

这次调查共涉及 11 所学校，根据有关资料，把它们分为重点中学和普通中学。我们对学校类型的研究主要是探讨重点中学和普通中学之间的差异。

以中学生的学校类型为自变量，对中学生焦虑敏感进行独立样本 t 检验。

表 16－10 中学生焦虑敏感的学校类型差异分析

因素	学校类型	人数	平均数	标准差	t	显著性
因素 1	普通	508	11.6594	4.34963	.178	.861
	重点	306	11.7133	4.03635		
因素 2	普通	508	7.4154	3.15396	.756	.450
	重点	306	7.5867	3.03973		
因素 3	普通	508	9.7461	3.78939	1.687	.092
	重点	306	10.2167	3.90305		
总分	普通	508	28.8209	9.18543	1.060	.290
	重点	306	29.5167	8.72756		

结果显示：普通学校学生焦虑敏感各因素的得分水平均低于重点中学学生，但

差异都不显著。

（二）中学生焦虑敏感的学校管理方式差异

表 16－11　中学生焦虑敏感的学校管理方式差异分析

因　素	学校管理方式	人　数	平均数	标准差	F	显著性	事后比较
因素 1	1. 强制型	299	12.1773	4.55526	3.397	.034	1>3
	2. 放任型	76	11.2676	3.82831			
	3. 民主型	439	11.3986	4.02992			
因素 2	1. 强制型	299	7.7191	3.27406	1.292	.275	
	2. 放任型	76	7.5634	3.19702			
	3. 民主型	439	7.3440	3.01710			
因素 3	1. 强制型	299	9.9599	4.00650	.310	.733	
	2. 放任型	76	10.2676	4.45920			
	3. 民主型	439	9.8815	3.64204			
总　分	1. 强制型	299	29.8562	9.64658	1.66	.190	
	2. 放任型	76	29.0986	9.56803			
	3. 民主型	439	28.6241	8.45441			

结果显示：不同的学校管理方式在因素 1（对社会评价的恐惧）层面上存在显著差异，事后多重比较发现，强制型与民主型的差异达到显著水平；其他因素上差异都不显著。从各因素的得分上看，在因素 1 上为强制型＞民主型＞放任型；在因素 2（对生理唤醒的恐惧）层面上，强制型＞放任型＞民主型；在因素 3（对心理能力丧失的恐惧）层面上，放任型＞强制型＞民主型。从焦虑敏感的总分来看：强制型＞放任型＞民主型。

三、中学生焦虑敏感的家庭因素分析

（一）中学生焦虑敏感的家庭来源差异

以中学生的家庭来源为自变量，对中学生焦虑敏感进行独立样本 t 检验。

表 16－12　中学生焦虑敏感的家庭来源差异分析

因　素	家庭来源	人　数	平均数	标准差	t	显著性
因素 1	农村	267	12.2403	4.36697	2.594	.010
	城市	547	11.3985	4.14108		
因素 2	农村	267	7.7946	3.31493	1.767	.078
	城市	547	7.3638	3.03418		

续表

因　素	家庭来源	人　数	平均数	标准差	t	显著性
因素3	农村	267	10.6047	4.04627	3.392	.001
	城市	547	9.5978	3.67287		
总　分	农村	267	30.6395	9.85251	3.197	.001
	城市	547	28.3601	8.49823		

结果显示：家庭来源对于学生的焦虑敏感有着明显的影响，表现为来自农村家庭的学生其焦虑敏感显著高于来自城市家庭的学生。

（二）中学生焦虑敏感的家庭结构差异

以中学生的家庭结构为自变量，对中学生焦虑敏感进行独立样本单因子方差分析。

表 16－13　中学生焦虑敏感的家庭结构差异分析

因　素	家庭结构	人　数	平均数	标准差	F	显著性
因素1	单亲	91	11.5055	4.50277	.222	.801
	双亲	678	11.6652	4.20364		
	其他	45	12.0227	4.12868		
因素2	单亲	91	7.2198	2.80793	.520	.595
	双亲	678	7.5206	3.17468		
	其他	45	7.7500	3.04329		
因素3	单亲	91	9.2967	3.65603	2.816	.060
	双亲	678	9.9617	3.86802		
	其他	45	10.9545	3.86369		
总　分	单亲	91	28.0220	8.25426	1.37	.250
	双亲	678	29.1475	9.12584		
	其他	45	30.7273	8.90091		

结果显示：中学生焦虑敏感在各因素层面及总分上均不存在显著的家庭结构差异，不过从得分上看，在各因素层面及总分上都表现为，其他（如寄养、离异等）＞双亲家庭＞单亲家庭。

（三）中学生焦虑敏感的家庭气氛差异

表 16－14　中学生焦虑敏感的家庭气氛差异分析

因　素	家庭气氛	人　数	平均数	标准差	*F*	显著性	事后比较
因素 1	1. 父母分居	78	11.2308	4.07693	4.515	.004	1<2，2>4
	2. 经常争吵	31	14.0968	4.42986			
	3. 偶尔争吵	281	11.9004	4.04316			
	4. 和睦安宁	424	11.4198	4.30769			
因素 2	1. 父母分居	78	6.7436	2.07293	3.523	.015	2>4
	2. 经常争吵	31	8.5806	4.44803			
	3. 偶尔争吵	281	7.7438	3.39724			
	4. 和睦安宁	424	7.3939	2.95163			
因素 3	1. 父母分居	78	9.3205	3.42828	1.838	.139	
	2. 经常争吵	31	10.8065	4.15066			
	3. 偶尔争吵	281	10.2171	4.04958			
	4. 和睦安宁	424	9.8137	3.75562			
总　分	1. 父母分居	78	27.2949	7.26334	4.597	.003	1<2，2>4
	2. 经常争吵	31	33.4839	10.96014			
	3. 偶尔争吵	281	29.8612	9.28393			
	4. 和睦安宁	424	28.6274	8.86531			

结果显示：在焦虑敏感总分和因素 1、因素 2 上都存在显著的家庭气氛差异，表明家庭气氛对于焦虑敏感水平有着明显的影响。从得分上看，在焦虑敏感总分及各因素水平上都表现为，经常争吵的家庭>偶尔争吵>和睦安宁>父母分居。其中又以在因素 1（对社会评价的恐惧）和总分层面上的差异最为显著。

（四）中学生焦虑敏感的父母文化程度差异

以父母文化程度为自变量，对中学生焦虑敏感进行独立样本单因子方差分析。

表 16－15　中学生焦虑敏感的父亲文化程度差异分析

因　素	父亲文化程度	人　数	平均数	标准差	*F*	显著性
因素 1	1. 小学	85	11.8824	4.38996	.211	.888
	2. 初中	265	11.6830	4.29736		
	3. 高中	359	11.5487	4.12680		
	4. 大专以上	105	11.8173	4.28537		

续表

因　素	父亲文化程度	人　数	平均数	标准差	F	显著性
因素 2	1. 小学	85	7.8588	3.98555	.604	.613
	2. 初中	265	7.3547	2.85021		
	3. 高中	359	7.5348	3.05321		
	4. 大专以上	105	7.4135	3.27275		
因素 3	1. 小学	85	10.1059	3.75126	.143	.934
	2. 初中	265	9.8491	3.79990		
	3. 高中	359	9.9192	3.83408		
	4. 大专以上	105	10.0673	4.12020		
总　分	1. 小学	85	29.8471	9.57490	.274	.844
	2. 初中	265	28.8368	8.87468		
	3. 高中	359	29.0028	8.80214		
	4. 大专以上	105	29.2981	9.65510		

结果显示：中学生的焦虑敏感在父亲文化程度上不存在显著差异。不过从焦虑敏感的总分上看，父亲文化程度为小学的，其子女焦虑敏感水平最高，其次是大专、高中，最低的是初中。

表 16－16　中学生焦虑敏感的母亲文化程度差异分析

因　素	母亲文化程度	人　数	平均数	标准差	F	显著性	事后比较
因素 1	1. 小学	89	13.2360	4.77927	4.708	.003	1>2，1>3
	2. 初中	259	11.4942	4.02355			
	3. 高中	396	11.4369	4.18963			
	4. 大专以上	70	11.5507	4.06758			
因素 2	1. 小学	89	7.9213	3.42194	.829	.478	
	2. 初中	259	7.5444	3.19898			
	3. 高中	396	7.4116	3.01721			
	4. 大专以上	70	7.2319	3.08290			
因素 3	1. 小学	89	11.3258	4.46139	4.716	.003	1>2，1>3，1>4
	2. 初中	259	9.7027	3.60883			
	3. 高中	396	9.8636	3.87156			
	4. 大专以上	70	9.4203	3.37118			

续表

因　素	母亲文化程度	人　数	平均数	标准差	F	显著性	事后比较
总　分	1. 小学	89	32.4831	9.98876	4.862	.002	1>2，1>3，1>4
	2. 初中	259	28.7413	8.60495			
	3. 高中	396	28.7121	9.03764			
	4. 大专以上	70	28.2029	8.21151			

从焦虑敏感及其各因素的得分上看，我们会发现母亲文化为小学程度的，其子女的焦虑敏感水平明显高于母亲具有初中以上文化程度的子女，其中在总分及因素1（对社会评价的恐惧）和因素3（对心理能力丧失的恐惧）层面差异均达到了极其显著水平。

（五）中学生焦虑敏感的父母职业差异

表16－17　中学生焦虑敏感的父亲职业差异分析

因　素	父亲职业	人　数	平均数	标准差	F	显著性	事后比较
因素1	1. 农民	98	12.6429	4.53906	2.137	.094	
	2. 工人	355	11.6423	4.12296			
	3. 干部	47	11.3191	3.82842			
	4. 其他	314	11.4490	4.27852			
因素2	1. 农民	98	7.9490	3.48893	1.992	.114	
	2. 工人	355	7.5099	2.96244			
	3. 干部	47	8.1277	3.15276			
	4. 其他	314	7.2484	3.16764			
因素3	1. 农民	98	11.2245	4.24150	4.659	.003	1>2，1>4
	2. 工人	355	9.8479	3.74158			
	3. 干部	47	10.2553	3.89798			
	4. 其他	314	9.6051	3.77356			
总　分	1. 农民	98	31.8163	10.06202	3.906	.009	1>4
	2. 工人	355	29.0000	8.67980			
	3. 干部	47	29.7021	8.50554			
	4. 其他	314	28.3025	9.00661			

由上表可知，在焦虑敏感总分和因素3（对心理能力丧失的恐惧）上存在显著的父亲职业差异。总体来看，父亲职业为农民的，其子女焦虑敏感水平最高。在因素1和因素2上，不存在显著的父亲职业差异。

表 16－18　中学生焦虑敏感的母亲职业差异分析

因　素	母亲职业	人　数	平均数	标准差	F	显著性	事后比较
因素 1	1. 农民	119	12.4118	4.33240	1.515	.209	
	2. 工人	285	11.6351	4.18500			
	3. 干部	45	11.6136	4.37336			
	4. 其他	365	11.4658	4.20584			
因素 2	1. 农民	119	7.9160	3.21959	1.625	.182	
	2. 工人	285	7.4667	3.08045			
	3. 干部	45	8.0682	3.66884			
	4. 其他	365	7.3151	3.05570			
因素 3	1. 农民	119	10.9496	3.97630	3.485	.015	1>3，1>4
	2. 工人	285	9.9018	3.81124			
	3. 干部	45	9.3636	3.55090			
	4. 其他	365	9.7205	3.84218			
总　分	1. 农民	119	31.2773	9.57833	2.874	.035	1>4
	2. 工人	285	29.0035	8.78479			
	3. 干部	45	29.0455	9.49162			
	4. 其他	365	28.5014	8.90012			

结果显示：在因素 1（对社会评价的恐惧）和因素 2（对生理唤醒的恐惧）层面上不存在显著的母亲职业差异。在因素 3（对心理能力丧失的恐惧）和焦虑敏感的总分上存在显著的母亲职业差异，都表现为母亲职业为农民的学生的焦虑敏感水平最高。

（六）中学生焦虑敏感的父母教养方式差异

表 16－19　中学生焦虑敏感的父母教养方式差异分析

因　素	教养方式	人　数	平均数	标准差	F	显著性
因素 1	1. 强制型	143	12.0000	4.49569	1.138	.333
	2. 放任型	81	11.9506	4.37007		
	3. 溺爱型	50	12.3000	4.21973		
	4. 民主型	540	11.4815	4.13205		
因素 2	1. 强制型	143	8.0420	3.80673	2.265	.080
	2. 放任型	81	7.4568	2.49023		
	3. 溺爱型	50	7.8800	3.80998		
	4. 民主型	540	7.3241	2.92526		

续表

因　素	教养方式	人　数	平均数	标准差	*F*	显著性
因素 3	1. 强制型	143	10.2657	4.15874	1.096	.350
	2. 放任型	81	10.3580	4.07219		
	3. 溺爱型	50	10.2200	3.29681		
	4. 民主型	540	9.7704	3.77904		
总　分	1. 强制型	143	30.3077	9.97266	1.962	.118
	2. 放任型	81	29.7654	8.97952		
	3. 溺爱型	50	30.4000	8.56905		
	4. 民主型	540	28.5759	8.77506		

结果显示：在焦虑敏感总分及其各因素上不存在显著的父母教养方式差异。不过从得分上看，在因素 1（对社会评价的恐惧）层面上，溺爱型>强制型>放任型>民主型；在因素 2（对生理唤醒的恐惧）层面上，强制型>溺爱型>放任型>民主型；在因素 3（对心理能力丧失的恐惧）层面上，放任型>强制型>溺爱型>民主型；在焦虑敏感的总体水平上，溺爱型>强制型>放任型>民主型。

四、中学生焦虑敏感的自身因素分析

（一）中学生焦虑敏感的性别差异

以中学生性别为自变量，对中学生焦虑敏感进行独立样本单因子方差分析。

表 16－20　中学生焦虑敏感各因素的性别差异分析

指标	因素 1		因素 2		因素 3		总　分	
	男	女	男	女	男	女	男	女
平均数	11.0833*	12.2051	7.1901**	7.7716	9.4948**	10.3427	27.7682**	30.3093
标准差	4.0407	4.3244	2.8602	3.3284	3.7430	3.9115	8.6965	9.1530

由表 16－20 可以看出，中学生焦虑敏感有着显著的性别差异，尤其是因素 2（对生理唤醒的恐惧）和因素 3（对心理能力丧失的恐惧）的差异达到了极其显著水平。女生的焦虑敏感总分的平均水平高于男生，三个因素的平均水平均高于男生。

再将性别、年级作为自变量，进行双因子方差分析，分析性别、年级的交互作用。分析结果显示交互作用不明显，因此直接比较其主要效果。

表 16－21　性别、年级在 AS 变量上的双因子变异数分析

变异来源	*SS*	*df*	*MS*	*F*	事后比较
性　别	1058.680	1	1058.680	13.257**	女生＞男生
年　级	510.202	5	102.040	1.278	
交互作用	337.728	5	67.546	.846	

表 16－22　不同年级中学生焦虑敏感的性别差异分析

性　别	指　标	初一	初二	初三	高一	高二	高三
男　生（*n*＝385）	平均数	27.0600	28.1452	26.5345	27.4455	29.6176	27.7682
	标准差	9.85074	10.65840	6.21886	7.85936	8.94766	8.69656
女　生（*n*＝429）	平均数	29.4262	29.6806	30.0874	31.9070	30.9306	28.6389
	标准差	9.08563	10.45153	8.39130	9.16467	9.17947	8.33976

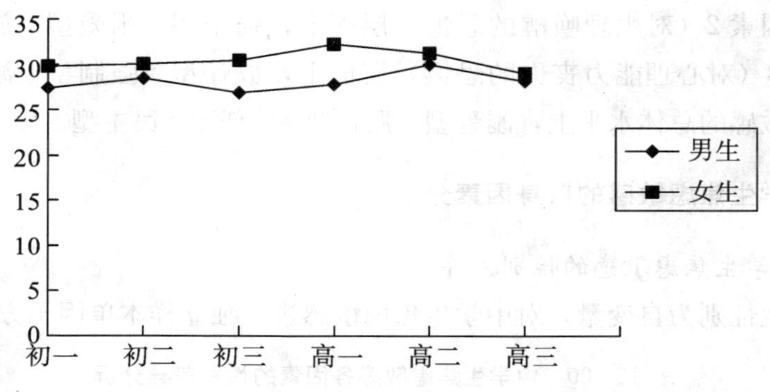

图 16－5　不同年级中学生焦虑敏感的性别差异

从发展趋势上来看，各年级女生的焦虑敏感水平都高于男生。在初三和高一时差距最为明显，在高二和高三时差距逐渐缩小。

（二）中学生焦虑敏感的年龄差异

由表 16－23 和图 16－6 可知，中学生焦虑敏感随着年龄增长而变化，在 14 岁和 16～17 岁时有两次高峰，这两个年龄段正处于初二和高二的阶段。此趋势与前面所测变化规律一致。

表 16－23　不同年龄中学生焦虑敏感的因素差异分析

因　素	年龄	12～13	14	15	16	17	18～19	总　体
	人数	146	134	138	177	163	56	814
因素 1	平均数	10.9452	11.7836	11.4058	29.7175	29.6258	11.4464	11.6695
	标准差	4.46562	4.19517	4.14278	9.35532	8.77924	3.32986	

续表

因素	年龄	12～13	14	15	16	17	18～19	总体
	人数	146	134	138	177	163	56	814
因素2	平均数	7.2397	7.7836	7.4783	7.7232	7.1718	7.7679	7.4975
	标准差	3.01789	3.38809	3.22675	3.26781	2.63780	3.33571	
因素3	平均数	9.8425	9.8881	9.8188	10.1525	10.1166	9.4821	9.9435
	标准差	3.96483	4.03865	3.51895	3.99067	3.90851	3.33025	
总分	平均数	28.0274	29.4552	28.7029	29.7175	29.6258	28.6964	29.1106
	标准差	9.19966	9.57960	8.40526	9.35532	8.77924	8.28782	

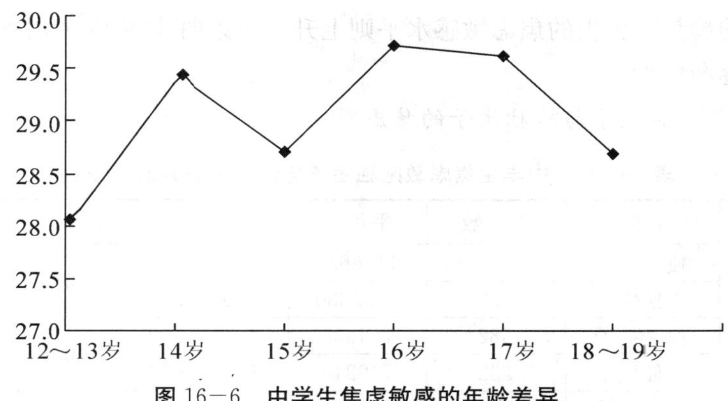

图16—6　中学生焦虑敏感的年龄差异

再以性别、年龄为自变量，对中学生焦虑敏感进行双因子方差分析，分析性别、年龄的交互作用。分析结果显示交互作用不明显，因此直接比较其主要效果。

表16—24　性别、年龄在AS变量上的双因子变异数分析

变异来源	*SS*	*df*	*MS*	*F*	事后比较
性别	1170.519	1	1170.519	14.644**	女生>男生
年龄	417.450	5	83.490	1.045	
交互作用	345.441	5	69.088	.864	

表16—25　不同年龄中学生焦虑敏感的性别差异分析

年龄		12～13	14	15	16	17	18～19	总体
男	平均数	26.0615	28.1273	26.9643	27.7582	29.4756	27.6857	27.7682
	标准差	8.37757	9.08000	7.92227	8.84853	8.88365	8.84431	8.69656
女	平均数	29.6049	30.3797	29.8902	31.7907	29.7778	30.3810	30.3093
	标准差	9.57037	9.86356	8.56494	9.47953	8.72496	7.15176	9.14476

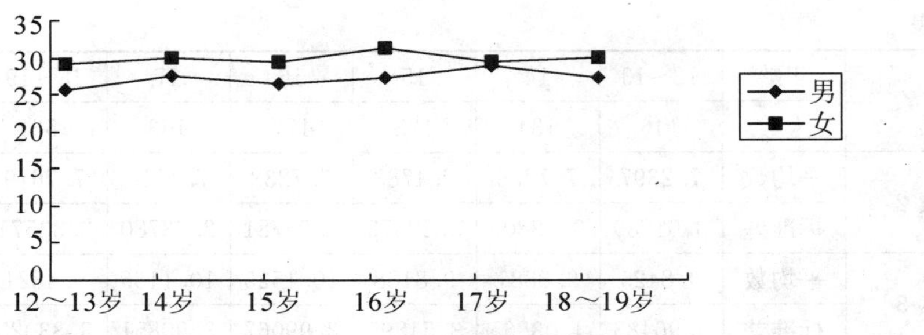

图 16－7　不同年龄中学生焦虑敏感的性别差异

从发展趋势上来看，女生在各年龄的焦虑敏感水平都高于男生，在14岁时二者焦虑敏感水平差距第一次减小，在17岁时（大约处于高二的阶段）女生的焦虑敏感水平有下降的趋势，男生的焦虑敏感水平则上升，两条曲线在17岁时非常接近，17岁后差距又逐渐增大。

（三）中学生独生子与非独生子的焦虑敏感水平差异

表 16－26　中学生焦虑敏感独生子与非独生子的差异分析

因　素	是否独生子	人　数	平均数	标准差	t	显著性
因素 1	独 生 子	582	11.6632	4.16402	－1.573	.116
	非独生子	232	12.2680	4.47509		
因素 2	独 生 子	582	7.4330	2.99652	－1.609	.109
	非独生子	232	7.9216	3.42692		
因素 3	独 生 子	582	9.7818	3.59558	－3.207	.002
	非独生子	232	11.0392	4.48518		
总　分	独 生 子	582	28.8780	8.69656	－2.568	.011
	非独生子	232	31.2288	9.15307		

结果显示：是否独生子对中学生的焦虑敏感有明显影响，非独生子的焦虑敏感的各因素以及总分均高于独生子，且在因素3（对心理能力丧失的恐惧）层面和焦虑敏感总分层面，非独生子与独生子的差异达到显著水平。

五、讨论

（一）中学生焦虑敏感的年级和年龄差异

首先，从整体上看，中学生焦虑敏感存在显著的年级差异，从初一到高三呈现出M形的变化趋势。得分高低依次为高二>高一>初二>初三>初一>高三。

在初二和高二年级出现两次高峰，其中高二>初二。可能的原因如下：（1）从中学生身心发展的趋势来看，初二和高二均处于生理发育的转折期和心理冲突加剧的时期，这期间的中学生开始更多关注自己的身心变化，对自身的一些生理、心理现象的敏感性增加。（2）初一到高二，焦虑敏感总体水平呈上升趋势，但在初三和高三时明显下降。这可能是因为，初三和高三学生由于学业和社会要求的压力增大，把更多的注意力转向了外界，而不再仅限于关注自身；而且高三学生由于认知结构的完善和丰富，用于解释自身焦虑症状的知识和态度也随之变得更为客观和科学，焦虑敏感下降的趋势就更为明显。焦虑敏感的年龄发展趋势与年级发展趋势基本一致，在 14 岁和 16～17 岁出现了两次高峰。

（二）中学生焦虑敏感的性别差异

中学生焦虑敏感有着显著的性别差异。从整体来看，男女生在焦虑敏感的各因素以及总分上，女生的焦虑敏感的平均水平高于男生，且差异达到极其显著的水平。从焦虑敏感的各因素上来看，女生焦虑敏感的三个因素的得分均高于男生，尤其是在因素 2（对生理唤醒的恐惧）和因素 3（对心理能力丧失的恐惧）上的差异达到了极其显著水平。从各年级来看，女生在每个年级的平均水平都高于男生。究其原因，可能是由于女生更倾向于关注自身的细微的变化，对自身的身心变化更为敏感，更倾向于为这些变化作出自己的解释。

（三）中学生焦虑敏感的学校类型差异

从学校类型来看，普通学校学生焦虑敏感各因素的得分水平均低于重点中学学生，其中因素 3 得分差异>因素 2 得分差异>因素 1 得分差异。究其原因，可能是由于重点中学学生背负的外界及自身的压力较大，其身心变化的冲突更为剧烈，更倾向于为自身的变化寻找一种解释和突破，而在压力过大的情况下又更容易从消极的方面来进行解释，其焦虑敏感便自然升高。

（四）中学生焦虑敏感的学校管理方式差异

从学校管理方式来看，强制型管理方式的学校的学生其焦虑敏感水平高于放任型和民主型的学校的学生，尤其是在因素 1（对社会评价的恐惧）层面上，强制型显著高于民主型。究其原因，可能是由于强制型的学校对学生的要求较为严格，责罚较重，学生的个性被压抑的程度较为严重，其内心的情绪不易找到合适的向外发泄的渠道，只有把注意转向自身，导致焦虑敏感升高。

（五）中学生焦虑敏感的家庭来源、父母职业和文化程度差异

从家庭来源来看，来自农村家庭的学生其焦虑敏感水平显著高于来自城市家庭的学生。父母文化程度为小学的，其子女的焦虑敏感水平明显高于其母亲具有初中以上文化程度的子女。父母亲职业为农民的，其子女的焦虑敏感水平最高，且与父母亲是其他职业（如经商等）的学生在焦虑敏感上的得分的差异达到显著水平。究其原因可能是：父母文化水平较低，职业为农民的，其具有的与焦虑症状有关的一些认知和体验的科学性较低，经验性成分甚至迷信成分较大，其言传身教对于子女在对这些现象的认识上有很大影响，导致子女的焦虑敏感水平比其他学生要高。

（六）中学生焦虑敏感的家庭气氛差异

从家庭气氛来看，家庭气氛对于焦虑敏感水平有着明显的影响，经常争吵的家庭其子女的焦虑敏感水平>偶尔争吵>和睦安宁>父母分居，又以在因素1（对社会评价的恐惧）层面上的差异最为显著。经常争吵的家庭，家里人际关系紧张，情绪和内心冲突较为激烈，家庭内部气氛常常较为压抑。子女在这种充满火药味的环境中生活，内心常处于高度的压抑和苦闷状态，情绪和生理反应均会受到影响，焦虑的症状出现较为频繁，更容易对体验到的这些症状作出消极的评价，也更倾向于从外界寻求认同和接纳，对外界的评价更为敏感，其焦虑敏感水平受到影响而升高。

（七）中学生焦虑敏感的家庭教养方式差异

从家庭教养方式来看，中学生父母教养方式的差异影响着子女的焦虑敏感水平，溺爱型家庭子女的焦虑敏感>强制型家庭>放任型家庭>民主型家庭。这可能是由于溺爱型家庭对子女各方面的关照过于细致，并且常常对于一些正常范围内的身心变化也过于紧张和关注。而父母对于子女的这种态度影响着子女对焦虑症状的认知。子女在父母的影响下逐渐倾向于把这些与焦虑有关的症状看做具有不利后果的反应，其焦虑敏感水平便随之升高。

（八）中学生焦虑敏感的家庭结构差异

从家庭结构来看，生活在双亲家庭的学生焦虑敏感水平高于单亲家庭，而其他如寄养、离异等，又高于双亲家庭。独生子与非独生子的焦虑敏感也有不同，独生子的焦虑敏感水平各因素以及总分均低于非独生子。究其原因，可能是由于寄养、离异家庭的孩子其心理压力及情绪压抑较为严重，但又常常找不到合适的渠道进行宣泄，情绪往往处于抑郁状态，对自身的看法也容易变的悲观，倾向于从消极的角度去解释自身的生理和心理现象。而双亲家庭高于单亲家庭的原因可能是因为双亲家庭父母双方加于孩子身上的关注更多，对孩子的身心变化更敏感，对孩子的潜移默化的影响也更大。非独生子高于独生子的原因可能是因为：独生子生于城市的较多，而非独生子多来源于农村。

第四节　青少年焦虑敏感的调适策略

对青少年焦虑敏感的研究具有重要的理论价值和实践意义。急性焦虑症对中学生的学习生活、心理健康、社会适应等都有着极大的影响，对青少年的健康成长极为不利。因此中学生阶段作为急性焦虑症的发病高峰期，应受到广泛的关注。焦虑敏感是急性焦虑症的易患因素之一，是早期经历与焦虑症状之间的中介因素，具有显著的个体差异。因为不同的个体来自不同的家庭和文化背景，对有关焦虑症状的信息的搜集量有差异，对周围人对焦虑症状的态度的社会观察学习也有差异，就导致了不同人具有不同的焦虑敏感水平。这种焦虑敏感的差异模型也为焦虑敏感的控制和调适提供了可能。

一、科学认识和评估自己的焦虑程度

（一）正确认识焦虑

焦虑和惊恐是每个人都会体会到的自然的情感反应，它们是人类所共同具有的体验之一。只要人们认为有威胁性的事情即将发生，就会出现焦虑。这些有威胁性的事情包括躯体的威胁（如生病、受伤、死亡等）、社会的威胁（如被拒绝、被羞辱、被嘲笑等）或者心理的威胁（如可能会发疯、失去控制或者丧失能力）。

当个体感觉到危险时，大脑发送信息到交感神经系统，使该系统被激活，从而导致肾上腺素和去甲肾上腺素两种化学物质的释放增加。肾上腺素和去甲肾上腺素引起心跳加快、呼吸增快、血液循环加快、血液给肌体输送的氧增加、血糖升高，同时，血供在体内重新分布，大脑、重要脏器和较大的肌肉的血供增加，而表皮、肢端、消化道等的血供减少，基础代谢率增加。这些变化（又称为生理唤醒）为个体进行战斗或者逃跑提供了能量的准备，同时，个体也会感到由此变化而引起的一系列不舒服的躯体感受，比如心慌、手足发凉、口干舌燥、肌肉紧张、呼吸困难等。也就是说，保护性的躯体变化产生了不舒服的躯体症状，但这些症状都是无害的，不会带来不利的后果。

惊恐发作一般有特定的顺序。首先，个体体验到自身的生理唤醒。产生这些生理唤醒的原因包括：来自学业、工作或者人际关系的压力，这些压力可能会导致肾上腺素等化学物质增多，产生与惊恐类似的症状；由于对惊恐发作的焦虑，个体把过多的注意力放在了搜寻不寻常的躯体感觉上，发现了那些在其他情况下可能不会注意到的躯体症状，由此产生的焦虑导致了更多的惊恐症状。其次，个体认为生理唤醒会对自己的生理、心理和社会评价造成伤害；生理唤醒时的躯体变化会引起不舒服的感觉，包括心慌、胸闷、出汗、手足冰凉等。个体可能会因为曾经的早期经历而将这些感觉与负性的后果联系起来，担心这些症状与躯体疾病、精神障碍有关，或者影响别人对自己的看法或者评价。第三，由于感知到了生理唤醒而产生恐惧。惊恐发作的人，显然是受了以上的生理症状的惊吓。他们把以上的一系列症状解释为负性的、有害的、异常的现象，从而产生“对恐惧的恐惧”。然后形成了一个负性的、滚雪球似的循环，导致更多的躯体感受、惊恐想法和惊恐行为（惊叫、呼救、奔跑等）的产生。

（二）评估自身的焦虑情绪

个体在体验到自己的焦虑时，首先要做的就是客观、详尽、准确地评估自己的害怕程度、各项躯体症状、持续的时间、诱因，进行焦虑情绪的自我评估和监测。表16－27是焦虑情绪记录单，需要个体在出现焦虑情绪时尽快填写，这有助于个体对自己有一个更为可观的知觉，客观的自我监测可以代替负性的自我陈述，比如把“这太可怕了……我整个人都失控了”等负性的自我陈述，换成“我的焦虑水平是6……我的症状包括发抖、胸闷、呼吸急促”等客观的自我认知。客观的自我知觉能够减少负性感受，并能够为下一步的自我调适提供反馈资料。

表16－27　焦虑情绪记录单

日　期		开始时间		诱　因			
检查是否有以下症状，按照0～10评分，0代表完全没有，10代表最严重的程度。							
项　目	计　分	项　目	计　分	项　目	计　分	项　目	计　分
呼吸困难		恶心反胃		眩　晕		心跳加快	
胸闷/胸痛		害怕死亡		窒　息		忽冷忽热	
害怕自己失控		麻　木		冒　汗		发　抖	
有不真实的感觉							

二、掌握放松的方法

放松训练能够有效减轻生理唤醒的一些躯体症状。生理唤醒时会产生心跳加快、呼吸窘迫、手足冰凉等症状。放松训练可以帮助缓解肌肉紧张、减缓呼吸节律、使双手温暖等。一旦体会到这些改变，其焦虑程度会随之减轻。这里主要介绍三种方法。

1. 渐进性肌肉放松法。系统、有序地使躯体的主要肌肉紧张然后放松。先紧张一小段时间（5分钟）然后再松弛肌肉，可以使肌肉保持比开始更松弛的状态。首先选择一个舒适的姿势坐或仰靠在躺椅上，环境要安静没有干扰，闭上双眼，按照表16－28的顺序和紧张该肌肉的方法，紧张每组肌肉5分钟；然后突然放松，感受这种紧张和放松之间的不同，持续5分钟，再进行下一组肌肉的练习，直到所有的肌肉都得到了紧张和松弛。

表16－28　肌肉练习顺序和方法

顺　序	肌肉组	紧张的方法	顺　序	肌肉组	紧张的方法
1	手和手臂	用力曲臂屈肘	4	下颚、颈部	咬牙、抬下巴
2	前额、双眼	睁眼、用力抬眉	5	肩背部、胸部	耸肩、扩胸
3	鼻子	皱鼻子	6	腹部	向前挺腰，使腹部肌肉紧张

续表

顺　序	肌肉组	紧张的方法	顺　序	肌肉组	紧张的方法
7	臀部	收紧臀部	9	小腿	脚尖向上翘，拉伸小腿肌肉
8	大腿	收缩大腿肌肉，使之紧张			

2. 腹式呼吸。该呼吸方式是一种慢节律的深呼吸，每一次吸气都使用了膈肌，尽量多地吸入空气。因为焦虑出现时，常常出现浅而快的呼吸，腹式呼吸以一种更放松的方式取代了这种浅快的呼吸方式，从而可以减轻焦虑。练习腹式呼吸时，选择一个舒适的姿势，可以坐着或者躺着。闭上双眼，把一只手放在腹部和胸肋交界处（也就是膈肌的位置）。慢慢吸气 3～5 秒直到感觉肺里充满了空气，同时感觉到膈肌在向下运动，腹部开始膨隆，然后缓慢呼气 3～5 秒钟。注意力集中在呼吸的感觉上，呼气和吸气都通过鼻腔。焦虑的感觉会慢慢减轻。

3. 注意集中训练。直接注意一个愉快的或者中性的刺激，从而转移对焦虑刺激的注意。方法包括冥想、催眠等。使用冥想法时，选择一个舒适的坐姿或者卧位，闭上双眼，通过听音乐或者催眠磁带，想象一个情境或者影像，比如金色的沙滩，或者碧绿的草原。想象得越生动越详细效果就越好，因为把注意力集中在情境的想象上，那些焦虑的想法或者影像就逐渐消失了。

三、系统脱敏和现实脱敏

1. 系统脱敏。系统脱敏是在想象引起焦虑的情境时，同时练习放松。这些焦虑的情境根据引起焦虑的程度分为不同的等级，一旦在想象每个层次的情境时都能保持放松的状态，系统脱敏就完成了。系统脱敏包括三个步骤：

（1）放松技术的学习（同上）。

（2）建立焦虑刺激的等级。焦虑刺激等级量表以 0～100 分级，0 代表完全没有焦虑，100 代表极度的焦虑。受试者自己建立 10～20 项不同等级的容易引发焦虑的情境，比如有考试焦虑的学生可以建立如下的焦虑刺激等级表：

表 16－29　焦虑刺激等级

焦虑程度	想象中的刺激情境	焦虑程度	想象中的刺激情境
0	没有考试	70	距离考试还有一个星期
20	看着别人复习准备考试	80	距离考试还有三天
30	看着别人考试	90	明天考试
40	距离考试有三个月	95	考试前发试卷时
60	距离考试有一个月	100	开始考试

（3）在想象焦虑刺激的同时练习放松技术。首先进行放松训练，然后想象第一级的情境，只产生很轻微的焦虑，想象着这种情境，同时继续放松。当在想象的同时能够保持放松的时候，就可以进入下一个等级的想象。继续重复上述过程，直到能够通过所有的等级而保持放松。

2. 现实脱敏。现实脱敏类似于系统脱敏，只是受试者是逐步暴露在真实的（而非想象的）事件面前。在现实脱敏中，不用想象等级中的刺激，而是直接体验等级中的每种情境，同时用放松来减轻焦虑情绪。

四、减少重大生活事件

研究发现，特质—状态焦虑、重大生活事件、自身因素和学校因素是焦虑敏感的直接影响因素，而家庭因素是间接影响因素。在特质—状态焦虑的影响因素中，重大生活事件的影响最大。在青少年重大生活事件中，学习压力大、人际关系紧张、不喜欢上学、失恋、与人打架、遭父母打骂、受惩罚、健康状况不佳都会导致较高的焦虑敏感水平。所以，应从下面几个方面进行干预。

1. 减轻学习压力。提倡有利于青少年生动、活泼、主动发展的教学观、教育观和人才观。通过教学媒体创造一个能使学生生动、活泼、主动学习的教学环境，让每一个学生在课程教学中都有成功和收获的体验。在评价学校时，不应以单一的“升学率”和“中高考分数”来评价学校的教育质量；对青少年，则应把自主性、自律性、创造性、能力、爱好、特长和个性品质列为评价指标，在承认青少年个别差异的基础上尊重每一个青少年的价值，相信每一个青少年都有发展自我的潜能。青少年要学会劳逸结合，学习之余要多进行跑步、打球或棋类等活动；培养对艺术的兴趣，如绘画、音乐等爱好，以陶冶性情。

2. 培养青少年的团队精神，改善人际关系。在日常生活中，老师和家长要注意青少年的团队精神、爱心、责任心以及合群意识等素质的综合培养。比如，在学习生活中要让青少年互相帮助；对有困难的同学要有同情心并给予热情帮助；值日生要负责任。对于孤僻的青少年，首先要消除其与其他学生的疏远感，使之真正融入团队之中，然后才有可能进一步培养其团队精神。在这方面，老师和家长要以身作则，为青少年创造一个良好的学习环境和家庭环境，要让学生在互敬互爱的班级气氛和家庭气氛中形成合群与合作的品格。同时还要树立学生正确的竞争意识，要使用正当手段，要具有正确的心态，不能走极端。

3. 增加来自家庭和学校的支持。家庭和睦、学校管理方式民主，可以明显降低青少年的焦虑敏感水平。尤其在遇到重大生活事件时，来自家庭和学校的支持可以明显降低青少年的焦虑敏感水平，增加其应激的心理承受能力。老师和家长要认识到，青少年“心理断乳期”是从幼稚到成熟的转折时期，要关注青少年的成长和成熟，尊重青少年的自尊心，与他们建立一种亲密的平等的朋友式的关系；要相信青少年有独立处理事情的能力，尽可能支持他们，尤其在他们遇到困难或失败的时候，老师和家长更应鼓励、安慰他们，帮助他们分析原因、明辨是非。与此同时，老师和家长又不能迁就青少年的不合理要求和不良行为，以防学生以后总是用反抗的方式来要挟老师和父母。作为家长，要认识到培养青少年健康心理的重要性，优化教养方式，增强责任感，为子女的成长创设一个和睦、温暖、民主的生活环境。

五、加强女生青春期心理健康教育

性别的差异决定了焦虑敏感水平的最初差异，女生的焦虑敏感水平显著高于男生。女生对自己成绩的过低期望，容易使其在活动中，在人际交往和完成任务的过程中产生自卑感。另外，受女性特有的细腻、羞涩、依赖等心理特点的影响，当她们面对学习竞争中的巨大压力，面对失意等情感失落，面对相对复杂的人际关系时，她们往往不像男生那样轻易向别人表露由此产生的孤独感、无助感、情绪抑郁等心理不适，无形中加重了她们的焦虑反应。而且中学生焦虑敏感呈现随年级、年龄增高而增高的趋势，关键的年龄是 14 岁、16～17 岁，关键的年级是初二和高二。此阶段，处于女性发育的关键期，身体及生理的变化使很多女性变的异常敏感，不知所措。此时应该正确引导，告诉青少年这些变化是正常的。学校应重视生理教育。平时，家长、老师要有意识地引导她们提升自己对未来成就的期望值和个体的自尊需要，通过正常的人际交往以及获得的成功经验来增强自信心，减轻焦虑感。

附录　中学生焦虑敏感问卷（ASQ）

年级：____________　班级：____________　学号：____________

指导语：下面的陈述是一些日常生活中可能出现在每个人身上的想法或感受，请仔细阅读下面列出的每一条，并根据自己的实际情况，勾选一个与自己情况最相符合的字母。各个字母的具体含义如下：

A：从不如此；B：偶尔如此；C：有时如此；D：经常如此；E：总是如此。

1. 当我不能集中注意去做一件事时，我担心自己可能控制不住自己的思维。

□A　□B　□C　□D　□E

2. 当我在别人面前发抖时，我害怕人们会对我产生某些不好的看法。

□A　□B　□C　□D　□E

3. 我认为当众呕吐是一件十分糟糕的事情。　□A　□B　□C　□D　□E

4. 我很担心别人会注意到我的焦虑反应（比如心慌、紧张、出汗、脸红等）。
□A □B □C □D □E

5. 当我感到自己在想入非非时，我担心自己心理有问题。
□A □B □C □D □E

6. 在别人面前脸红，会让我惊恐不安。 □A □B □C □D □E

7. 当我在社交场合出汗时，我害怕人们会对我有一些不好的评价。
□A □B □C □D □E

8. 当我心跳得很快时，我担心自己可能患了心脏病。
□A □B □C □D □E

9. 当我感到呼吸困难时，我担心自己可能窒息而死。
□A □B □C □D □E

10. 当我感到胸口很闷时，我担心自己不能正常呼吸了。
□A □B □C □D □E

11. 当胸口痛的时候，我担心自己患了心脏病。 □A □B □C □D □E

12. 当我感觉心跳得不规则时，我担心自己患了严重的心脏病。
□A □B □C □D □E

13. 当我不能集中注意去做一件事时，我会感到惊恐不安。
□A □B □C □D □E

14. 当我思维不清晰时，我会惊恐不安。 □A □B □C □D □E

15. 当我感到头脑一片空白时，我担心自己思维出了问题。
□A □B □C □D □E

第十七章 Di Shi Qi Zhang

青少年抑郁及调适策略

抑郁（depression）是人类心理失调的最主要和最经常出现的问题之一，是几乎每个人在生活中都体验过的情感障碍。联合国卫生组织研究指出，抑郁是1990年世界致残的首要原因，并预测到2020年，抑郁将成为全世界引起死亡和残疾因素中的第二位，仅次于缺血性心脏病。[①] 美国男性患重型抑郁的可能性是1∶10，女性是1∶4。澳大利亚男性在其一生中患抑郁的比例是1∶6，女性是1∶4，每年造成的损失约为440亿美元，与冠心病相当。[②] 我国成人抑郁流行率男性为16.7%，女性为19.5%。抑郁症的平均发病年龄为25岁，大多数发病于15～19岁和25～29岁年龄段。对于我国青少年，抑郁发生率在25.5%～44%之间，与西方青少年自我报告的流行率在25%～40%之间相一致。[③] 可见，研究青少年抑郁的产生机制对于预防抑郁，提高青少年的心理健康水平，促进青少年健康成长是迫在眉睫的课题。

第一节　研究概述

一、青少年抑郁的定义与分类

（一）青少年抑郁的定义

早在2400年前，希腊著名医生希波克拉底就已经将抑郁界定为一种气质类型，

① World Bank: *Global Economic Prospects and the Developing Countries*, Washington, DC: World Bank, 1992.

② D. P. Rice, L. S. Miller: *Health economics and cost implications of anxiety and other mental disorders in the United States*. *British Journal of Psychiatry*, 1998, 172 (supp. 34), pp4-9.

③ 王卫：《青少年抑郁的预防：青少年应变力辅导计划简介》，《心理科学》2000年第23卷第4期，第506～508页。

称为“忧郁质”(melancholia)。抑郁(depression)起源于拉丁文 Deprimere，意指“下压”，这个词最早被用于描述情绪状态是在 10 世纪。然而抑郁本身的含义受到研究取向的影响，精神分析、行为主义和认知心理学家对抑郁的具体定义各不相同。综合各家各派的观点，青少年抑郁是指青少年期出现的以忧郁为主的显著而持久的悲哀、不幸和烦躁的情绪、行为和身心不适症状。与儿童相比较，青少年早期的抑郁发生率增加迅速，从青少年中期到青少年晚期，抑郁的比例已接近成人总体的水平。而且，青少年期的抑郁与成年后继发抑郁的危险有显著相关。在青少年时期，由于生理的、社会的和心理的改变，使其发生抑郁的可能性增加。研究青少年期抑郁流行病学、认知和分子免疫的特性，除了能增加我们对这一人生发展特殊时期的理解之外，还有助于丰富我们对抑郁的发展心理病理学的认识。

（二）青少年抑郁的分类

研究青少年抑郁的发生原因和特点，青少年抑郁的分类是关键，因为不同类型的青少年抑郁有各自不同的发生原因和特点。目前，青少年抑郁分为三类。第一类是抑郁情绪；第二类是抑郁行为的症状；第三类是基于临床诊断的抑郁性神经症(DSM-Ⅲ-R，1987；ICD-10，1990)。抑郁情绪(depressed mood)是指一个人悲哀、不幸福和烦躁的心境，是个体对环境和内在刺激的一种情绪反应，关于青少年抑郁的研究以前主要集中在这个方面。抑郁症状(depressive symptoms)是由青少年行为问题引起的个体悲哀情绪的现象，与青少年退缩、身体不适、社会问题、思维问题、注意问题、攻击行为、过失行为等密切相关。抑郁症状主要的信息来源有三个方面，即父母、老师和青少年自己，其特点是具有许多由抑郁引起的身心不适症状，并伴有社会性发展不良。抑郁性神经症(depressive disorder)是指抑郁的严重状态，即个体由于长时间受到抑郁影响而不能进行正常学习和生活，表现为：(1)食欲下降；(2)睡眠障碍；(3)疲倦；(4)低自尊；(5)注意力难以集中；(6)无望感；(7)想自杀等心理和生理症状。这是精神病学研究的一个重点领域。

（三）青少年抑郁的模式

抑郁情绪、抑郁症状和抑郁性神经症反映青少年期三种水平层次的抑郁。它们之间是以阶梯模式和序列模式相互联系的。①②

有关研究总结青少年抑郁三种水平的测量表明，诊断为抑郁性神经症的青少年在抑郁症状的范围之内；有抑郁症状的青少年又是抑郁情绪测量范围内的一个子群体。这表明，实际上所有达到抑郁症状的群体，是经历抑郁情绪青少年这样一个大群体的子群体；达到抑郁性神经症的青少年是经历过抑郁症状大群体的子群体。抑

① B. E. Compas，E. Y. Sydney，K. E. Grant：*Taxonomy，assessment，and diagnosis of depression during adolescence*. *Psychological Bulletin*，1993，114 (2)，pp323－344.
② 瞿书涛：《抑郁症的多样性表现》，《中华精神科杂志》1998 年第 31 卷第 4 期，第 243～244 页。

郁水平是呈阶梯状的，抑郁症状是抑郁情绪的一个子集，抑郁性神经症则是抑郁情绪和抑郁症状两种水平的子集。

抑郁的三种水平也进一步反映了青少年抑郁的序列进程，许多青年人在特定的时候由于学习和生活压力、激素水平波动和人际关系等一系列的因素，而体验到抑郁情绪的短期升高。对有些人而言，这一抑郁心境会自然恢复，但有些人的抑郁情绪会持续一段时间，如果抑郁情绪加剧与发展就成为明显加重的抑郁症状。在抑郁症状的青少年中，有小部分人可能发展成抑郁性神经症。因此，三种抑郁的水平是呈序列状的，抑郁情绪的增加可能先于抑郁症状的明显增加，抑郁症状的显著水平可能先于抑郁性神经症。

二、抑郁的流行病学特点

抑郁症的流行病学是把研究流行病学的基本方法应用于抑郁症研究的一门科学。研究的方法原则上并没有什么特殊，流行病学的研究方法完全适合对抑郁症的研究。

20 世纪 70 年代以来，我国各地区进行精神障碍大样本流行病学调查，但未见对抑郁症的单独的报告。国际上精神病流行病学研究较深入。世界卫生组织进行了世界范围的抑郁症年患病率调查，结果高达 3%～5%，约有 1.2 亿～2 亿病人。因此，许多学者称抑郁症为精神障碍中的“普通感冒”。抑郁症的流行病学研究为抑郁症的防治提供了科学的根据。

（一）国内研究情况

1982 年，全国 12 个地区采用统一的诊断标准和筛选工具、标准化的检查方法、统一的调查程序和时点，调查情感障碍的总患病率为 0.76‰，时点患病率为 0.37‰。我国台湾林宗义等（1973）[①] 调查情感障碍总患病率为 0.7‰。北京精神卫生保健所（1991）调查情感障碍总患病率为 0.54‰，时点患病率为 0.28‰。王金荣等人对七个地区情感性精神障碍进行流行病学调查[②]，发现有抑郁症的诊断率为 0.52‰。肖凉等人对城市人群中抑郁症状与抑郁症的发生率进行了调查[③]，发现有抑郁症状者为 19.94%，抑郁症患者为 0.67%。关于青少年抑郁的流行病学调查，在早期青少年精神病文献中，“抑郁”这一术语的定义与成人混同，直到 20 世纪 70 年代末、80 年代初，国外学者对青少年抑郁问题有了较确定的认识，即分类为抑郁

① 转引自王卫红：《抑郁症、自杀与危机干预》，重庆出版社 2006 年版。

② 王金荣、王德平、沈渔邨等：《中国七个地区情感性精神障碍流行病学调查》，《中华精神科杂志》1998 年第 31 卷第 2 期，第 75～76 页。

③ 肖凉、季建林、张寿宝等：《城市人群中抑郁症状及抑郁症的发生率调查分析》，《中国行为医学科学》2000 年第 9 卷第 3 期，第 200～201 页。

情绪、抑郁症状和抑郁性神经症。[①②] 随后，刘贤臣对高中生抑郁情绪及其影响因素进行调查[③]，发现其抑郁情绪发生率为 25.14%，与其相关的因素主要为睡眠不规律、学习生活不满意感、生活事件、母亲文化程度低、体育活动少以及健康自评状况。刘振兴对青少年抑郁情绪及相关因素进行了分析[④]，发现北京市青少年抑郁情绪检出率为 27.7%，相关因素为学习压力、升学与就业、青春期烦恼和性格品质缺陷等。Dongqi 和 Bin Yang[⑤] 以及袁浩龙[⑥]对青少年抑郁的调查结果与上面的结果基本一致。

D. W. Chan[⑦] 发现香港大学生抑郁流行率为 50%；杜召云、王克勤[⑧]发现青少年抑郁流行率为 44.2%。从这些资料中，我们发现，随着年龄的增长和社会的进步，抑郁水平、抑郁流行率有增高趋势；在青少年早期，男生抑郁高于女生，而在青少年中晚期，女生抑郁略高于男生。

（二）国外研究情况

国外抑郁症流行病学研究资料较丰富，研究也比较深入，对成人的流行病学调查是将抑郁症分为非双相性抑郁症、双相性情感障碍抑郁症和抑郁状态或抑郁症状三大类[⑨]；对青少年抑郁的流行病学调查是分为抑郁情绪、抑郁症状、抑郁性神经症。较早检测青少年抑郁情绪大多采用抑郁调查单中的单一条目和总分两种统计。Achenbach 等[⑩]报道，父母认为子女中，男孩有 10%～20%，女孩有 15%～20%有抑郁情绪的表现；而青少年自我报告显示，20%～35%的男生，25%～40%的女生有抑郁情绪体验，而男女之间差异不大。最近的研究大多采用信度、效度较好的抑郁情绪量表，如 Kandel 和 Davies 用 KDS（Kandel Depression Scale）对 14～18 岁的 8206 名青少年进行了调查[⑪]，发现 18%～28%的青少年有抑郁情绪。Compas 对

① A. Angold, E. J. Costello, C. M. Worthman: *Puberty and depression: the roles of age, pubertal status and pubertal timing*. *Psychological Medicine*, 1998, 28 (1), pp51－61.

② B. E. Compas, E. Y. Sydney, K. E. Grant: *Taxonomy, assessment, and diagnosis of depression during adolescence*. *Psychological Bulletin*, 1993, 114 (2), pp323－344.

③ 刘贤臣、郭传琴、王均乐等:《高中生抑郁情绪及其影响因素调查》,《中国心理卫生杂志》1991 年第 5 卷第 1 期，第 24～26 页。

④ 刘振兴:《青少年抑郁情绪及其相关因素的研究》,《心理发展与教育》1992 年第 2 期，第 53～58 页。

⑤ Qi Dong, Bin Yang, T. H. Ollendick: *Fears in Chinese Children and Adolescents and Their Relations to Anxiety and Depression*. *Journal of Child Psychology and Psychiatry*, 1994, 35 (2), pp351－363.

⑥ 袁浩龙:《儿童与青少年抑郁症的流行病学研究》,《中国心理卫生杂志》1995 年第 8 卷第 6 期，第 46～48 页。

⑦ D. W. Chan: *Depressive symptoms and depressed mood among Chinese medical students in Hong Kong*. *Comprehensive Psychiatry*, 1991, 32 (2), pp170－180.

⑧ 杜召云、王克勤:《1597 名大学生抑郁的流行病学调查》,《中国行为医学科学》1999 年第 8 卷第 3 期，第 172～173 页。

⑨ 蔡焯基:《抑郁症——基础与临床》，科学出版社 2001 年版。

⑩ T. M. Achenbach, S. H. McConaughy, C. T. Howell: *Child/adolescent behavioral and emotional problems: Implications of cross-informant correlations for situational specificity*. *Psychological Bulletin*, 1987, 101 (2), pp213－232.

⑪ D. B. Kandel, M. Davies: *Epidemiology of depressive mood in adolescents: An empirical study*. *Archives of General Psychiatry*, 1982, 39 (10), pp1205－1212.

1993年以前的文献进行综述后发现①，青少年抑郁情绪的流行率在15%~40%之间；Wichstrom对挪威12000名青少年进行调查发现②，47%的青少年有抑郁情绪，女生的抑郁分值有1/3高于男生。

抑郁症状的调查，常使用BDI（Beck Depression Inventory）、SCL-90（Symptom Checklist 90，1975）、Zung氏量表等来测验，Nolen-Hoeksema等采用BDI研究发现③，抑郁症状的流行率为28%。

关于青少年抑郁性神经症，Petersen总结了10篇文章的研究④，发现其流行率在0%~31%之间，其均数为11%；大量的调查研究发现，时点流行率为2.9%，其终身流行比率为20%。⑤⑥

在这些研究中，可以发现其流行率变化较大，这主要是因为：（1）使用的量表不同；（2）调查时间的差别；（3）样本选择的不同。但青少年抑郁的普遍性、增长趋势是明显的，同时也说明用2~3个量表限定的必要性。⑦

抑郁的影响因素研究是流行病学研究的另一个领域。这些影响因素主要包括：（1）性别差异。女性的抑郁发生率是男性的1~2倍，认为女性较男性适应社会更为艰难，应激情况更多，经常处于负性生活体验之中，又缺乏有效应付对策，因而女性抑郁患病率较高。⑧（2）年龄差别。主要是指在儿童期，男生的抑郁高于女生的抑郁，存在显著差异；大约十二三岁后，女性抑郁显著高于男性，是男性的1~2倍，并保持终生。⑨（3）社会阶层。据西方国家调查，低社会阶层比高社会阶层患重症抑郁症的危险高2倍；相反，双相情感性抑郁多发生于高社会阶层，特别是受过高等教育者。（4）婚姻状态。抑郁症状在单身男子和已婚妇女身上的发生率明显

① B. E. Compas, E. Y. Sydney, K. E. Grant: *Taxonomy, assessment, and diagnosis of depression during adolescence. Psychological Bulletin*, 1993, 114 (2), pp323—344.

② L. Wichstrom: *The emergence of gender difference in depressed mood during adolescence: The role of intensified gender socialization. Developmental Psychology*, 1999, 35 (1), pp232—245.

③ S. Nolen-Hoeksema, J. Larson, C. Grayson: *Explaining the gender difference in depressive symptoms. Journal of Personality and Social Psychology*, 1999, 77 (5), pp1061—1072.

④ A. C. Petersen, et al: *Depression in Adolescence: Current Knowledge, Research Directions, and Implications for Programs and Policy*, Washington, DC: Carnegie Council on Adolescent Development, 1992.

⑤ P. M. Lewinsohn, P. Rohde, J. R. Seeley, H. Hops: *Comorbidity of unipolar depression: I. Major depression with dysthymia. Journal of Abnormal Psychology*, 1991, 100 (2), pp205—213.

⑥ G. I. Olsson, A. L. von Knorring: *Adolescent depression: prevalence in Swedish high-school students. Acta Psychiatrca Scandinavica*, 1999, 99 (5), pp324—331.

⑦ H. Tennen, J. A. Hall, G. Affleck: *Depression research methodologies in the Journal of Personality and Social Psychology: A review and critique. Journal of Personality and Social Psychology*, 1995, 68 (5), pp885—891.

⑧ S. Nolen-Hoeksema, J. Larson, C. Grayson: *Explaining the gender difference in depressive symptoms. Journal of Personality and Social Psychology*, 1999, 77 (5), pp1061—1072.

⑨ L. Wichstrom: *The emergence of gender difference in depressed mood during adolescence: The role of intensified gender socialization. Developmental Psychology*, 1999, 35 (1), pp232—245.

增高。[①] 非双相抑郁症在已婚者中发生率较低，但婚姻状态与双相情感障碍无明显相关性。(5) 生活事件。Cui[②③] 发现抑郁症状的程度与最近的负性生活事件有明显的关系，进一步研究发现有 25%的严重抑郁症状与分居、经济问题、失业、开除、法律问题等应激源有关。(6) 家族遗传。家族遗传主要研究疾病病因，在家族中的疾病控制，在人群中疾病的遗传特点。目前大样本人群遗传病学调查显示，情感障碍亲属患本病的概率高于一般人群 10～30 倍，血缘关系越近，患病概率越高。[④]

青少年抑郁的影响因素主要集中在：(1) 学校因素，包括年级、学业成绩、老师的态度、学校的管理方式、人际关系等；(2) 家庭因素，包括父母教养方式、父母职业、父母文化程度、家庭氛围、家庭经济状况等；(3) 自身发展因素，包括青春发育、健康状况、年龄、性格特征等。

三、抑郁研究的理论

(一) 抑郁的生物学理论与研究

有关抑郁症生物学病因的学说可以追溯到古希腊的希波克拉底。希波克拉底认为抑郁症是由于“黑胆汁”及“黏液”淤积影响脑功能所致。现代有关抑郁症的生物学的病因学说是近 40 年左右才发展起来的。在 20 世纪 60 年代，多数学者认为抑郁症是由于脑内缺乏去甲肾上腺素所致。随着近年来实验室技术水平的不断提高，中枢神经系统研究进展很快，尤其对受体的研究更有新的发现。同时，分子生物学及大脑影像技术的空前进步，为抑郁症的研究提供了不少生物学证据。[⑤]

抑郁症的神经生物学研究，主要集中在三个方面：(1) 关于抑郁症脑结构和功能性脑影像的研究；(2) 关于抑郁症的神经内分泌研究；(3) 关于抑郁症的神经递质和分子免疫学研究。这里就抑郁症的神经内分泌、神经递质和分子免疫学的研究进展作一综述。

1. 抑郁的神经内分泌理论与研究

目前的证据已表明了抑郁的神经内分泌影响作用。抑郁的植物神经症状和情绪紊乱，与边缘系统的调节障碍有关。这可以通过两方面研究，即下丘脑—垂体—肾上腺（HPA）轴和下丘脑—垂体—甲状腺（HPT）轴的变化来测量，确认抑郁的生物学神经内分泌机制。

---

① R. C. Kessler: *The effects of stressful life events on depression*. *Annual Review of Psychology*, 1997, 48, pp191-214.

② X. J. Cui, G. E. Vaillant: *Antecedents and consequences of negative life events in adulthood: A longitudinal study*. *The American Journal of Psychiatry*, 1996, 153 (1), pp21-26.

③ X. J. Cui, G. E. Vaillant: *Does depression generate negative life events? The Journal of Nervous and Mental Disease*, 1997, 185 (3), pp145-150.

④ 蔡焯基:《抑郁症——基础与临床》，科学出版社 2001 年版。

⑤ C. B. Nemeroff: *The Neurobiology of depression*. *Science American*, 1998, 278, pp42-49.

抑郁的神经内分泌相关研究集中在HPA轴，主要有三个方面的结论：

（1）抑郁与HPA轴功能亢进有关。与早期的研究结果一致，近来的研究也显示抑郁患者的血浆皮质醇浓度增加，失去了正常人夜间自发性分泌抑制的节律，整天处于肾上腺皮质功能亢进状态。① Rubin等的研究还发现②，与健康对照组相比，抑郁患者的肾上腺皮质增生约为38%，增生的程度与皮质醇的浓度有关；且随着抑郁的恢复，这种增生似乎也随着皮质醇的正常化而逐步消失。还有研究发现抑郁患者的垂体也增大。③ 近年来，Catalan④、Axelson⑤研究发现，抑郁症患者下丘脑及下丘脑外的促肾上腺皮质激素释放因子（CRF）浓度都升高，与轻度或中度抑郁发作相比，重度抑郁组CRF血浓度显著相关，而促肾上腺皮质激素血浓度与对照组无显著差别。HPA轴功能亢进是呈状态依赖性，随抑郁症状的缓解，HPA轴功能亢进也逐步正常。Mitchell⑥等的研究发现，经抗抑郁药治疗后，CRF趋于正常，Steiger等的研究发现⑦，抑郁缓解后皮质醇的浓度下降。

（2）HPA与抑郁患者神经心理缺损有关。抑郁患者存在学习记忆等神经心理缺损，早期的研究提示抑郁患者的神经心理缺损可能是继发于情绪低落，但近年来的研究显示抑郁患者的神经心理缺损不能完全由情绪低落等心理因素解释，待情绪好转后，其神经心理缺损仍然存在。⑧

研究显示，大鼠皮质酮浓度升高与记忆学习的缺损有关。⑨ 在柯兴综合征患者，高水平的内源性皮质类固醇与其明显的记忆缺损有关，通过治疗柯兴综合征，患者的神经心理缺损可好转。健康志愿者服用皮质类固醇后，会在一系列的神经心理测验中显示有神经心理缺损，且与抑郁患者的神经心理缺损相似。健康志愿者在经受创伤性应激事件后，皮质醇水平升高，而记忆能力也相应有下降。

---

① M. Takebayashi, et al: *Plasma dehydroepiandrosterone sulfate in unipolar major depression*. *Journal of Neural Transmission*, 1998, 105 (4—5), pp537—542.

② R. T. Rubin, et al: *Adrenal gland volume in major depression: Relationship to basal and stimulated pituitary-adrenal cortical axis function*. *Biological Psychiatry*, 1996, 40 (2), pp89—97.

③ D. A. Axelson, et al: *In vivo assessment of pituitary volume with magnetic resonance imaging and systematic stereology: Relationship to dexamethasone suppression test results in patients*. *Psychiatry Research*, 1992, 44 (1), pp63—70.

④ R. Catalan, et al: *Plasma corticotropin-releasing factor in depressive disorders*. *Biological Psychiatry*, 1998, 44 (1), pp15—22.

⑤ D. A. Axelson, et al: *In vivo assessment of pituitary volume with magnetic resonance imaging and systematic stereology: Relationship to dexamethasone suppression test results in patients*. *Psychiatry Research*, 1992, 44 (1), pp63—70.

⑥ A. J. Mitchell: *The role of corticotropin releasing factor in depressive illness: A critical review*. *Neurosci Biobehavior Review*, 1998, 22 (5), pp635—651.

⑦ A. Steiger, F. Holsboser: *Nocturnal secretion of prolactin and cortisol and the sleep EEG in patients with major endogenous depression during an acute episode and after full remission*. *Psychiatry Research*, 1997, 72 (2), pp81—88.

⑧ D. R. Rubinow, R. M. Post, R. Savard, P. W. Gold: *Cortisol hypersecretion and cognitive impairment in depression*. *Archives of General Psychiatry*, 1984, 41 (3), pp279—283.

⑨ J. M. G. Williams, et al: *Cognitive Psychology and Emotional Disorders*, New York: John Wiley & Sons, 1988, pp120—154.

抑郁患者存在神经心理缺损，而 HPA 轴又与神经心理缺损有关，为此有人对 HPA 轴功能与抑郁患者的神经心理缺损之间的关系进行了研究。发现与抑郁患者的地塞米松抑制实验（DST）阴性的抑郁患者相比，DST 阳性的抑郁患者有更多的神经心理缺损。还有研究显示抑郁患者的皮质醇血浓度与认知主动加工过程呈正相关，而与认知的自动加工过程呈负相关。所以有理由推测抑郁患者的神经心理缺损可能是肾上腺皮质功能亢进伴随的症状。①

（3）皮质类固醇调节中枢 5－HT 功能。5－HT 在抑郁的发生中起着非常重要的作用，那么在 HPA 轴功能与 5－HT 之间存在什么样的关系呢？有研究显示，多数情况下，皮质类固醇与 5－HT 的剂量反应关系呈“钟”形。海马单个细胞的电生理研究发现，盐皮质激素受体（MR）的激活降低了突触后 5－HT1A 受体介导的超极化，而选择性的糖皮质激素受体（GR）激动剂可阻止皮质激素受体 MR 的这一作用，所以皮质类固醇对突触后 5－HT 系统的作用是受自身的血浓度以及 MR 与 GR 之间的相对平衡情况影响的。另一方面，5－HT 系统反过来也可以影响整个 HPA 轴功能。下丘脑局部使用 5－HT 会使 GRF 的释放呈剂量依赖增加；5－HT 也可通过 5－HT1A 及 5－HT2A 受体直接作用于垂体，使其释放促肾上腺皮质激素。也有研究发现，大鼠 5－HT 神经元的神经毒性损害可使海马皮质类固醇受体 MRNA 表达减少，而 5－HT 可能增加皮质类固醇受体的结合位点，该作用也是由 5－HT1A 受体介导的。所以，5－HT 系统可能是通过 5－HT1A 受体调节 HPA 轴的负反馈。②

综上所述，抑郁患者的 HPA 轴功能亢进，而且 HPA 轴的功能亢进是状态依赖的，随着抑郁的恢复，患者的 HPA 轴功能也逐步恢复正常。抑郁患者的神经心理缺损不能完全由抑郁心境解释，可能与患者的 HPA 轴功能有关。抑郁患者的 5－HT 与 HPA 轴功能之间存在相互作用，可能正是由于它们之间的相互作用，使得抑郁患者的临床表现多样化。③

2. 抑郁的神经递质理论与研究

抑郁症的发病与单胺递质有关。单胺递质主要包括 5－羟色胺（5－HT）、去甲肾上腺素、多色胺等。其中研究较深入的是 5－HT 递质系统。

5－HT 的前体是色胺酸，色胺酸在神经元内经色胺酸羟化酶作用，生成 5－羟色胺酸（5－HTP），再经脱酸作用生成 5－HT。5－HT 存在于囊泡中，在神经元兴奋时 5－HT 从囊泡中释放到突触间隙，再到达 5－HT 受体。迄今，已发现 5－HT

① D. R. Rubinow, R. M. Post, R. Savard, P. W. Gold: *Cortisol hypersecretion and cognitive impairment in depression*. *Archives of General Psychiatry*, 1984, 41 (3), pp279－283.

② J. M. G. Williams, et al: *Cognitive Psychology and Emotional Disorders*, New York: John Wiley & Sons, 1988, pp120－154.

③ 左玲俊：《HPA 轴功能与抑郁症》，《中国心理卫生杂志》2001 年第 15 卷第 2 期，第 112～114 页。

家族有七个成员，即5－HT1～7。每种受体又有多种亚型，它们大都分布在中枢神经系统。

早在1967年，Coppen，Shaw等人就发现①，中枢缺乏5－HT能引起抑郁。进一步研究证实如果同时有去甲肾上腺素（NE）功能低下，则出现抑郁症，同时有NE功能过高则出现躁狂症，并提出了抑郁症的5－羟色胺的学说。抑郁症病人常具有5－HT功能低下，5－HT功能低下是自身代谢障碍，5－HT功能低下是抑郁症的易感因素。②

随着分子生物学的发展，对抑郁症的5－羟色胺学说又有新的发展。（1）5－羟色胺可能主要是通过5－HT1A受体而导致抑郁。支持的证据主要有慢性给予啮齿动物抗抑郁药或电抽搐（ECT）治疗可使中缝核5－HT1A自身受体下调，从而使5－HT增加；慢性使用选择性5－HT重摄取抑制剂会使5－HT1A自身受体下调，从而使5－HT增加。还有研究发现，在给予5－HT重摄取抑制剂时同时给予5－HT1A受体拮抗剂，其抗抑郁作用下降。③（2）5－羟色胺神经元内Ca^{2+}增高是抑郁症的决定因素。5－羟色胺1A型和2型受体相拮抗，前者能降低胞浆Ca^{2+}，抗抑郁，后者能升高Ca^{2+}，致抑郁。（3）5－羟色胺浓度低下是抑郁症的触发因素而非决定性因素。当1A型和2型受体功能正常时，5－羟色胺浓度低下不引起抑郁症，但当2型受体超敏时，5－羟色胺浓度低下则能触发或恶化抑郁，因为这是2型受体功能比1A型受体功能相对增强显得突出，导致胞浆Ca^{2+}浓度增高。（4）5－HT递质受体，均为G蛋白偶联体。它们通过不同的G蛋白，激活或抑制脑内不同信号转导途径，影响基因转录和发生内化，从而使单胺类递质的重吸收减少，脑外浓度增加，达到抗抑郁的目的。④

总之，抑郁症的发病与5－HT递质有关，5－HT递质受体系统在抑郁症的发病及治疗过程中会发生明显变化。

3. 抑郁的免疫学理论与研究

近十几年来，心理神经免疫学（psychoneuroimmunolong，PNI）作为精神病学、神经病学与免疫学的交叉边缘学科发展很快。从20世纪60年代使用外周血涂片进行各类白细胞计数及血浆免疫球蛋白水平检测发展到细胞免疫功能检测，80年代中期以来，又从细胞水平发展到分子水平。目前细胞因子（cytokine）和淋巴细

---

① A. Coppen, D. M. Shaw, B. Herzberg, R. Maggs: *Tryptophan in the treatment of depression*, Lancet II, 1967, pp1178－1180.

② R. Whale et al: *Decreased sensitivity of 5-HT (1D) receptors in melancholic depression. The British Journal of Psychiatry*, 2001, 178, pp454－457.

③ 高霄飞、王雪琦、何成等：《抑郁症单胺类递质受体研究进展》，《生理科学进展》2002年第33卷第1期，第17～20页。

④ A. L. Bauman, et al: *Cocaine and antidepressant-sensitive biogenic amine transporters exist in regulated complexes with protein phosphatase* 2 A. *Journal of Neuroscience*, 2000, 20 (20), pp7571－7578.

胞表面受体成为研究的焦点，许多研究表明，细胞因子可能在抑郁症的发病机制中起着重要作用。

白细胞介素（interleukin，IL）是在1979年第二届淋巴因子国际会议上命名的，该概念具有细胞间沟通之意。IL主要是由单核细胞（包括淋巴细胞、单核巨噬细胞）产生的细胞因子，可作用于淋巴细胞、巨噬细胞和其他细胞，在细胞的激活、增殖和分化中起到沟通信息、相互调节的作用。近年来发现，神经细胞、神经胶质细胞、血管内皮细胞、成纤维细胞和某些肿瘤细胞也可产生IL，IL也可作用于这些细胞并调节其细胞功能。①

20世纪90年代以前，大量关于抑郁症细胞免疫功能的研究集中在抑郁症有免疫细胞数量的改变和细胞免疫功能的改变。但是由于研究对象纳入标准不同，研究样本数量各异，以及研究方法和检测指标的差异导致结果颇不一致。Stein等②曾对1978～1990年间22项有关抑郁症细胞免疫功能的研究进行资料元分析。Stein认为，用各类免疫细胞的数量来评价抑郁症的免疫改变不可靠，只有自然杀伤细胞（NK细胞）活性是诸多指标中最好的，具有可重复性。

20世纪90年代以来，抑郁症的免疫学研究从细胞水平发展到细胞因子水平，其中研究最多的是IL。Maes等的临床研究发现③，抑郁症患者外周血色氨酸浓度低下与IL-6浓度升高有关。另外发现④，抑郁症病人外周血中IL-1β、IL-6及SIL-6R、SIL-2R和IL-1受体拮抗剂（IL-1rA）显著高于正常对照组。而且Maes等还发现⑤⑥，抑郁症病人外周血IL-β、IL-6水平与皮质醇水平呈正相关，下丘脑—垂体—肾上腺轴活动过度部分是由于IL-1和IL-6水平升高引起。其机制可能是调节NE，Ach或5－HT功能进而影响CRH分泌，最后引起皮质醇水平升高。HPA轴活动增加反过来对IL-1，IL-6的分泌有抑制作用。Ur⑦、Seidel⑧、范长河⑨等的研

① 祝卓宏、刘协和：《白细胞介素与抑郁症的发病机制》，《临床精神医学杂志》2000年第10卷第4期，第243～244页。

② M. Stein，A. H. Miller，R. L. Trestman：*Depression，the immune system，and health and illness. Findings in search of meaning*. *Archives of General Psychiatry*，1991，48（2），pp171－177.

③ M. Maes，E. Bosmans，H. Y. Meltzer，et al：*Interleukin-1 beta：a putative mediator of HPA axis hyperactivity in major depression? The American Journal of Psychiatry*，1993，150，pp1189－1193.

④ 曹晓蕾、王桂兰、陈莉等：《抗精神病药的副反应》，《临床精神医学杂志》2000年第4期，第60～62页。

⑤ M. Maes，E. Bosmans，R. Jongh，et al：*Increased serum IL-6 and IL-1 receptor antagonist concentrations in major depression and treatment resistant depression*. *Cytokine*，1997，9（11），pp853－858.

⑥ M. Maes，E. Bosmans，H. Y. Meltzer：*Immunoendocrine aspects of major depression. Relationships between plasma interleukin-6 and soluble interleukin-2 receptor，prolactin and cortisol*. *European Archives of Psychiatry and Clinical Neuroscience*，1995，245（3），pp172－178.

⑦ E. Ur，P. D. White，A. Grossman：*Hypothesis：Cytokines may be activated to cause depressive illness and chronic fatigue syndrome*. *European Archives of Psychiatry and Clinical Neuroscience*，1992，241（5），pp317－322.

⑧ A. Seidel，V. Arolt，M. Hunstiger，et al：*Cytokine production and serum proteins in depression*. *Scandinavian Journal of Immunology*，1995，41（6），pp534－538.

⑨ 范长河、谢光荣、陈凤华等：《抑郁症患者血清炎症细胞因子和急性期反应蛋白水平及其意义》，《中国神经精神疾病杂志》2000年第26卷第5期，第272～275页。

究与 Maes[①②③④] 结果一致。但 Weizmana 等[⑤]报告抑郁症病人用氯丙咪嗪治疗之前 IL-1β、IL-2、IL-3 样物质拮抗剂（IL-3LA）均低于正常对照组。Guidi 等[⑥]、杨权[⑦]报告 IL-2、IL-4 低于正常对照组。

随着对 IL 与抑郁症及神经递质、神经内分泌系统的关系的研究不断深入，研究者提出了细胞因子导致抑郁症的可能机制。

Smith 提出抑郁症的巨噬细胞假说。[⑧] 他认为巨噬细胞过度分泌单核因子可能是导致抑郁的一种原因。给志愿者注射一定量的单核因子（如 IL-1）能产生 DSM-Ⅲ-R 诊断标准中抑郁发作所要求的抑郁症状，IL-1 还能引起与抑郁有关的内分泌异常。这一假说可以解释伴有巨噬细胞激活的疾病（如冠心病、风湿性关节炎、卒中等）与抑郁症有密切关系，还可解释抑郁症病人的性别差异（男：女为 1：3）可能与雌激素能激活巨噬细胞有关。

Maes[⑨] 在对诸多有关抑郁症细胞免疫、体液免疫及炎性标志的研究进行了分析之后，提出：（1）细胞因子的改变是心理应激的共同反应；（2）IL-6 可能刺激 HPA 轴，通过使 HPA 轴活动过度及 5－HT 代谢障碍，产生抑郁症状与植物神经系统症状。

目前，抑郁症的免疫学研究，尤其是对 IL 与抑郁症的关系的研究虽然不甚一致，但多数研究表明[⑩]：（1）在抑郁症急性反应期，IL-1β、IL-6、IL-lrA、SIL-6R、SIL-2RL 均高于正常水平，而 IL-2 则低于正常水平，随着症状缓解逐渐恢复正常。（2）抑郁症病人 IL 水平与疾病所处阶段、抑郁症状的程度与性别、年龄等诸因素有关。（3）这些研究主要是在临床抑郁症病人中进行，而对非临床性的青少年抑郁的研究较少，

---

① M. Maes, E. Bosmans, H. Y. Meltzer, et al: *Interleukin-1 beta: a putative mediator of HPA axis hyperactivity in major depression? The American Journal of Psychiatry*, 1993, 150, pp1189－1193.

② M. Maes, H. Y. Meltzer, E. Bosmans, et al: *Increased plasma concentrations of interleukin-6, soluble interleukin-6, soluble interleukin-2 and transferring receptor in major depression. Journal of Affective Disorders*, 1994, 34 (4), pp301－309.

③ M. Maes, E. Bosmans, H. Y. Meltzer: *Immunoendocrine aspects of major depression. Relationships between plasma interleukin-6 and soluble interleukin-2 receptor, prolactin and cortisol. European Archives of Psychiatry and Clinical Neuroscience*, 1995, 245 (3), pp172－178.

④ M. Maes, E. Bosmans, R. Jongh, et al: *Increased serum IL-6 and IL-1 receptor antagonist concentrations in major depression and treatment resistant depression. Cytokine*, 1997, 9 (11), pp853－858.

⑤ R. Weizmana, N. Laorab, E. Podliszewskia, et al: *Cytokine production in major depressed patients before and after clomipramine treatment. Biological Psychiatry*, 1994, 35 (1), pp42－47.

⑥ L. Guidi, C. Bartoloni, D. Frasca, et al: *Impairment of lymphocyte activities in depressed aged subjects. Mechanisms of Ageing and Development*, 1991, 60 (1), pp13－24.

⑦ 杨权、林凌云、李景吾等：《抑郁症患者血清细胞因子水平的研究》，《中华精神科杂志》2001 年第 34 卷第 1 期，第 13～14 页。

⑧ R. S. Smith: *The macrophage theory of depression. Medical Hypotheses*, 1991, 35 (4), pp298－306.

⑨ M. Maes, E. Bosmans, H. Y. Meltzer: *Immunoendocrine aspects of major depression. Relationships between plasma interleukin-6 and soluble interleukin-2 receptor, prolactin and cortisol. European Archives of Psychiatry and Clinical Neuroscience*, 1995, 245 (3), pp172－178.

⑩ 祝卓宏、刘协和：《白细胞介素与抑郁病的发病机制》，《临床精神医学杂志》2000 年第 10 卷第 4 期，第 243～244 页。

故选择非临床青少年抑郁症状进行研究是对抑郁症免疫学假说的补充与验证。

（二）抑郁的认知理论与研究

抑郁症的社会认知理论以 Beck 与 Abramson 为代表人物。Beck① 在 20 世纪 60 年代提出了抑郁的认知理论及建立在其基础上的认知疗法，引起了心理科学工作者的广泛的研究。80 年代末期，Beck② 对自己的认知理论作了修正，Abramson③、Monroe④ 等人提出了抑郁症的社会认知理论，使抑郁症的认知、社会心理因素研究得到了很大的发展。

1. 抑郁的认知理论

在 20 世纪 60 年代初，Beck 发现⑤，用精神分析方法治疗抑郁症病人时疗效并不满意。他观察了相当数量的抑郁病人，并对抑郁病人与正常人的思维方式进行对照研究，结果发现：（1）抑郁病人比非抑郁人群具有更多消极性；（2）抑郁病人消极看待自我、世界和未来，即认识三联征；（3）抑郁病人具有消极的认知无意识的反复出现，不易被控制；（4）抑郁病人的信息处理过程出现歪曲与偏离等特点。

Beck 认识了抑郁的特点后，进一步提出了抑郁的原因假说，即抑郁认知功能的特点与抑郁的图式相联系。例如，一些人觉得“我要是不完美，我就是一无是处”，这就预示着他在失败后产生消极的认知和抑郁。⑥⑦ 图式（schemata）通常被认为是影响信息编码、贮存和提取的认知结构，包括对自我的认知概括，组织和指导关于自我的信息加工。按照 Beck 等人的观点，一些早期创伤经验使某些人关于自我的图式发展为消极的模式，这种图式持续存在，成为消极性自我概念的基础，从而去反应和体验形成的，指导以后知觉与评价的知识体⑧⑨⑩，自我图式（self-schemata）则被认为是对自我及客观现实的消极选择性解释与错误知觉，使其更易患抑郁。

① A. T. Beck: *Thinking and depression, II: Theory and therapy. Archives of General Psychiatry*, 1964, 10, pp561—571.

② A. T. Beck: *Cognitive therapy*. In H. I. Kaplan, M. D. Sadock (eds.): *Comprehensive Textbook of Psychiatry*, Baltimore: Williams and Wilkins, 1985.

③ L. Y. Abramson, G. I. Metalsky, L. B. Alloy: *Hopelessness depression: A theory based subtype of depression. Psychological Review*, 1989, 96, pp358—372.

④ S. M. Monroe, A. D. Simons: *Diathesis-stress theories in the context of life stress research: Implications for the depressive disorders. Psychological Bulletin*, 1991, 110 (3), pp406—425.

⑤ 转引自陈树林：《抑郁症的社会认知理论研究》，《临床精神医学杂志》2001 年第 11 卷第 4 期，第 240—242 页。

⑥ A. T. Beck, A. J. Rush, B. F. Shaw, G. Emery: *Cognitive Therapy of Depression*, New York: Guilford Press, 1979, pp5—37.

⑦ M. Kovacs, A. T. Beck: *Maladaptive cognitive structures in depression. The American Journal of Psychiatry*, 1978, 135, pp525—533.

⑧ K. S. Dobson, B. F. Shaw: *Cognitive assessment with major depressive disorders. Cognitive Therapy and Research*, 1986, 10 (1), pp13—29.

⑨ K. A. Dodge, J. M. Price: *On the Relation between Social Information Processing and Socially Competent Behavior in Early School-aged Children. Child Development*, 1994, 65, pp1385—1397.

⑩ J. H. Flavell: *Cognitive Development: Children's knowledge about the mind. Annual Review of Psychology*, 1999, 50, pp21—45.

Beck 在提出抑郁的原因假说即抑郁的认知理论的同时，在 20 世纪七八十年代开展了一系列的研究和论证。Dobson 等对 Beck 提出的自主性思维进行了研究[①]，研究结果表明，抑郁症病人相比于非抑郁性精神病病人和正常人，有更多消极的自主性思维。Haaga 等研究了消极的自我，研究结果发现[②]，抑郁症患者比对照组有更多的消极性自我概念，更少积极性自我概念。Abramson 等对认知三联征进行了研究，结果发现[③]，抑郁症病人对自我、将来和外部世界的推论更为消极、悲观。从国外的这些研究来看，它们对抑郁症的认知理论都作出了肯定的论证。

陈树林等对大学生抑郁情绪的心理社会因素调查发现[④]，抑郁情绪者有更多的消极生活体验及消极的自我概念，认知心理因素是抑郁障碍发生的最直接原因，应激源要通过认知因素起作用，应激源对抑郁障碍的直接作用很少。龚梅恩等用自主性思维问卷（ATQ）研究大学生消极的自动性思维和心理健康之间的关系[⑤]，结果表明，ATQ 得分与抑郁、焦虑情绪障碍的得分呈明显的正相关（$r=0.63$，$r=0.57$），ATQ 得分高者 SCL-90 的得分也明显增高。焦丽用 ATQ、功能失调性态度问卷（DAS）研究了抑郁症病人的认知模式[⑥]，结果表明，抑郁程度越严重，消极的自动性思维出现越频繁，功能失调性态度亦增强。

认知理论虽然提出了与抑郁的产生有关的认知因素，但人们在以后的研究中发现，认知因素和抑郁症的因果关系并不十分肯定。有抑郁性认知因素的个体并不都产生抑郁症，而有些抑郁症病人没有抑郁性认知。另外，抑郁症水平和认知因素之间的因果关系也没有明确的研究成果，究竟是抑郁症状导致抑郁性认知，还是抑郁性认知导致抑郁症，一直没有肯定的结论。再者，哪些方面、哪些内容的抑郁性认知导致抑郁症也没有肯定的研究结果。

2. 抑郁的社会认知理论

20 世纪 80 年代是抑郁症认知理论研究开展最繁荣的时期。很多社会心理学研究者对抑郁症的认知理论进行了深入的研究，他们发现，抑郁症的认知理论还存在很多问题。Beck，Abramson 与 Simons 等自 80 年代开始对认知理论进行了补充修改，并提出了新的抑郁症病因学模型[⑦]：社会—认知理论模型。他们认为，抑郁症

---

① K. S. Dobson，B. F. Shaw：*Specificity and stability of self-referent encoding in clinical depression*. *Journal of Abnormal Psychology*，1987，96（1），pp34－40.

② D. A. F. Haaga，M. J. Dyck，D. Ernst：*Empirical status of cognitive theory of depression*. *Psychological Bulletin*，1991，110（2），pp215－236.

③ L. Y. Abramson，G. I. Metalsky，L. B. Alloy：*Hopelessness depression：A theory based subtype of depression*. *Psychological Review*，1989，96，pp358－372.

④ 陈树林、郑金全：《大学生抑郁情绪的心理社会因素调查》，《中国临床心理学杂志》1999 年第 7 卷第 2 期，第 101～102 页。

⑤ 龚梅恩、许行健：《不良认知与心理健康的关系》，《岭南精神医学杂志》1998 年第 3 期，第 24～26 页。

⑥ 焦丽、徐俊冕：《抑郁障碍的认知模式研究》，《中国心理卫生杂志》1993 年第 7 卷第 5 期，第 193～196 页。

⑦ 陈树林：《抑郁症的社会认知理论研究》，《临床精神医学杂志》2001 年第 11 卷第 4 期，第 240～242 页。

的病因学是由两方面的因素决定的：一是认知因素，即个体本身所具有的易产生抑郁症的认知倾向性因素；另外一个是社会应激因素，即消极的生活事件，如重大的灾难、日常生活烦恼、长期的适应不良等。他们认为，认知因素与应激因素是以一种交互作用的方式对抑郁症的发生、发展起作用，即单一的认知因素或应激因素并不能导致抑郁症的产生；同样，仅仅是应激因素也不能对抑郁症状的产生起作用。另外，Abramson 还指出[①]，不是所有的消极生活事件都会导致抑郁症的产生。

Kessler 研究发现[②]，导致个人从自己的社会生活领域主动或被动地退出的重大生活事件或失落可预测抑郁症的发作，而危险的生活事件则预测焦虑障碍的发生。这说明，每种应激只与特定类型的心理障碍存在着易感性的关系。因此，很有必要来研究究竟哪些社会应激因素可以与认知因素相互作用而导致抑郁症的发生。郑维廉等研究发现[③]，抑郁与自尊心、想象力等因素密切相关。焦丽等[④]证实了抑郁存在不同层次的认知模式，一是与特定情境有关的表层认知，另一个是潜在的、或不易受环境影响的认知层次。陈树林等[⑤]验证了抑郁障碍的社会认知理论，建立了应激源、消极自我概念、抑郁歪曲认知与抑郁障碍之间的因果关系模型。张光健等综述了国内外的研究[⑥]，提出抑郁症状与社会关系问题解决能力缺陷有关。社会关系问题解决能力缺陷通过增加患者经历的应激事件，减少寻求有效应付的动机等方式作用于抑郁，使抑郁进一步加重，抑郁症反过来使问题解决能力进一步下降，从而形成了一个恶性循环。

3. 抑郁的素质—压力理论（diathesis-stress theory）

素质—压力理论来源于 1963 年 Bleuler 和 Rosentha 提出的精神分裂症的素质应激相互作用理论[⑦]，认为精神分裂症的发病原因是由于病人本身的素质性因素与环境应激因素的相互作用，但这里的素质性因素只局限于基因等生理方面的因素。后来，Monroe 和 Simons 认为[⑧]，在抑郁产生的过程中，压力和素质之间至少存在三

---

① L. Y. Abramson, G. I. Metalsky, L. B. Alloy: *Hopelessness depression: A theory based subtype of depression*. *Psychological Review*, 1989, 96, pp358－372.

② R. C. Kessler: *The effects of stressful life events on depression*. *Annual Review of Psychology*, 1997, 48, pp191－214.

③ 郑维廉、胡寄南、杨治良等：《抑郁症患者自责心、想象力、谨慎度特征的相关分析》，《中国心理卫生杂志》1995 年第 9 卷第 4 期，第 156～157 页。

④ 焦丽、徐俊冕：《抑郁障碍的认知模式研究》，《中国心理卫生杂志》1993 年第 7 卷第 5 期，第 193～196 页。

⑤ 陈树林、郑全全：《应激源、认知评价与抑郁障碍的关系研究》，《中国临床心理学杂志》2000 年第 8 卷第 2 期，第 104～106 页。

⑥ 张光健、钱铭怡：《社会关系问题解决能力缺陷与抑郁症的关系》，《中国临床心理学杂志》1998 年第 6 卷第 4 期，第 254～256 页。

⑦ 郑全全、陈树林：《应激源、认知评价与抑郁障碍的关系研究》，《中国临床心理学杂志》2000 年第 8 卷第 2 期，第 104～106 页。

⑧ S. M. Monroe, A. D. Simons: *Diathesis-stress theories in the context of life stress research: Implications for the depressive disorders*. *Psychological Bulletin*, 1991, 110 (3), pp406－425.

种关系：一是素质和压力共同构成抑郁产生的必要条件，二者缺一不可；二是素质是抑郁产生的唯一必要条件；三是抑郁产生的唯一必要条件是压力。这里的素质主要是指归因方式、人格、自我、应对方式等；压力因素是指各种生活事件。Kessler总结了近二十年的相关研究成果①，认为：（1）生活事件和严重的抑郁的产生有联系；（2）生活事件和抑郁之间关系的强弱受生活事件测量方法的影响；（3）生活事件强度与抑郁强度之间存在剂量反应关系（dose-response）；（4）在这些研究中，严重生活事件非常普遍，多数抑郁病人报告出在抑郁发生之前有严重事件发生，但在发生这种生活事件的人当中，只有少数人变得抑郁。②

4. 抑郁归因方式理论模型（attributional style theory）

Abramson假设③：归因方式的某些特征是导致人们抑郁的因素之一。如果一个人倾向于把坏事件的原因归结为自身的、持久的和整体的，而把好事件的原因归结为他人的、暂时的和局部的，则有较大的可能性要表现出抑郁；相反如果一个人倾向于将坏事件的原因归结为他人的、暂时的和局部的，而将好事件的原因归结为自身的、持久的和整体的，相对于前者来说，他表现出抑郁的可能性要小。Peterson④和Monroe⑤用实验支持了该抑郁模型。张雨新、魏立莹等证明了抑郁症患者缺乏正常人归因时自我服务的偏向，采取的是消极的自我归因，把坏事件看做稳定的、普遍的因素，采用的是一种悲伤的解释模式。⑥⑦

第二节　青少年抑郁的实证研究

一、青少年抑郁的流行病学研究

对青少年抑郁的流行病学研究，其目的在于探讨中学生抑郁症状的流行状况，分析中学生抑郁症状构成比的性别、年龄、年级和学校类型差异，以便有针对性地采取防治措施，促进中学生心理健康。为此，采取整群分层取样的方法，随机选取

---

① R. C. Kessler: *The effects of stressful life events on depression. Annual Review of Psychology*, 1997, 48, pp191—214.

② 邱炳武、王极盛：《抑郁症研究中的素质—压力理论述评》，《心理科学》2000年第23卷第3期，第361～362页。

③ L. Y. Abramson, M. E. Seligman, J. D. Teasdale: *Learned helplessness in humans: Critique and reformulation. Journal of Abnormal Psychology*, 1978, 87 (1), pp49—74.

④ C. Peterson, P. Villanova, C. S. Raps: *Depression and attributions: factors responsible for inconsistent results in the published literature. Journal of Abnormal Psychology*, 1985, 94 (2), pp165—168.

⑤ S. M. Monroe, A. D. Simons: *Diathesis-stress theories in the context of life stress research: Implications for the depressive disorders. Psychological Bulletin*, 1991, 110 (3), pp406—425.

⑥ 张雨新、王燕、钱铭怡：《Beck抑郁量表的信度和效度》，《中国心理卫生杂志》1990年第4卷第4期，第164～168页。

⑦ 魏立莹、赵介城、巫善勤：《抑郁与归因方式关系的研究》，《中国临床心理学杂志》1999年第7卷第4期，第213～215页。

重庆市和四川省 5 所中学的学生作为研究对象。为了保证研究的精确性，对参与统计变量的缺失值采用了列删的方法（listwise）进行处理。共有 2634 人的数据参与了统计。被试具体情况见表 17—1。

表 17—1　被试构成情况

年　级	性别	初一	初二	初三	高一	高二	高三	合计
重点中学	男	180	115	119	115	141	88	758
	女	184	134	128	100	111	105	762
普通中学	男	41	77	95	222	42	63	540
	女	76	91	94	208	56	49	574
合　计		481	417	436	645	350	305	2634

本研究所用的工具，一是 Beck 抑郁自评问卷。该问卷共有 21 项，每项有 4 种可供选择的答案，根据症状轻重按无（0 分）、轻度（1 分）、中度（2 分）和重度（3 分）四级评分。各题项所反映的症状分别为：（A）心情；（B）悲观；（C）失败感；（D）满意感缺失；（E）自罪感（或内疚感）；（F）受惩罚感；（G）自我失望感；（H）自责；（I）自杀倾向；（J）痛苦；（K）易激动；（L）社会退缩；（M）犹豫不决；（N）形象歪曲；（O）工作困难；（P）睡眠障碍；（Q）疲乏感；（R）食欲丧失；（S）体重减轻；（T）疑病感；（U）性兴趣。抑郁的诊断参照有关文献，按 Beck 抑郁自评问卷，总分 4 分为无抑郁或极轻微；5～13 分为轻度；14～20 分为中度；21 分或更高为重度，以此作为判断存在轻度、中度、重度抑郁症状的界限值（张雨新，1990；郑洪波，1998）。二是 Zung 氏抑郁量表。该量表由 William W. K. Zung 于 1965 年编制，用于评估抑郁状态的轻重程度及其在治疗中的变化，为自评量表。该问卷由 20 个陈述句和相应问题条目组成，每一条目相当于一个有关症状。20 个条目反映抑郁的四组特异性症状：（1）精神性—情感性症状；（2）躯体性障碍；（3）精神运动障碍；（4）抑郁的心理障碍。每一条目均按 1，2，3，4 四级评分，根据最适合受试者情况的时间频度圈出 1（从无或偶尔），或 2（有时），或 3（经常），或 4（总是如此）。其中有 10 个条目是反向记分。按 Zung 氏抑郁量表，总分在 40 以下为无抑郁；41～47 分为轻微至轻度抑郁；48～55 分为中度抑郁；56 分及以上为重度抑郁（吴文源，1990）。

测验时，由学校安排专门的时间，进行整班测试。每班由两个测验员负责，测验员经过培训，使用统一的调查说明语和指导语。整个测试全部为纸笔测验，用时 40 分钟。然后将测试数据输入 SPSS 软件系统，根据 Beck 问卷和 Zung 氏量表轻、中、重抑郁症状的判断标准，要求必须同时满足两个量表的评定标准，才算抑郁症状阳性。数据统计分析结果如下。

（一）青少年抑郁症状的流行率

青少年 2634 人，抑郁症状的青少年人数是 1115 人，占 42.33%；其中男生 513 人，占 19.48%，女生 602 人，占 22.85%。男女性别间总体抑郁流行率的比较，$\chi^2=8.082$，$p<0.01$，说明女青少年抑郁症状的人数显著多于男青少年。在 1115 例抑郁症状的青少年中，轻度为 384 人，占调查总人数的 14.58%；中度为 404 人，占 15.34%；重度 327 人，占 12.41%。轻、中、重抑郁流行率没有显著性差异。具体分布如图 17－1 所示。

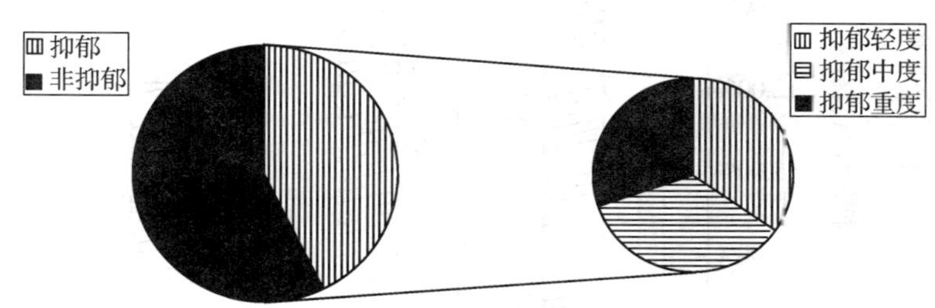

图 17－1　青少年抑郁症状的流行率

（二）不同学校类型青少年轻、中、重抑郁症状的分析

重点中学有抑郁症状学生 616 人，占重点中学学生的 40.53%；普通中学有抑郁症状学生 499 人，占普通中学学生的 44.79%；重点中学与普通中学抑郁率的比较，$\chi^2=27.964$，$p<0.01$，说明普通中学的抑郁症状学生显著多于重点中学的学生。其中重点中学有抑郁症状的男生 291 人（19.14%），女生 325 人（21.38%），$\chi^2=2.722$，$p>0.05$；普通中学有抑郁症状的男生 222 人（19.92%），女生 277 人（24.87%），$\chi^2=5.747$，$p<0.01$。普通中学的女生抑郁症状的人数显著多于男生。我们进一步分析了不同学校类型青少年抑郁症状水平的差异（见图 17－2），$\chi^2=27.6$，$p<0.01$，表明重点中学和普通中学学生抑郁症状的构成比存在显著差异。

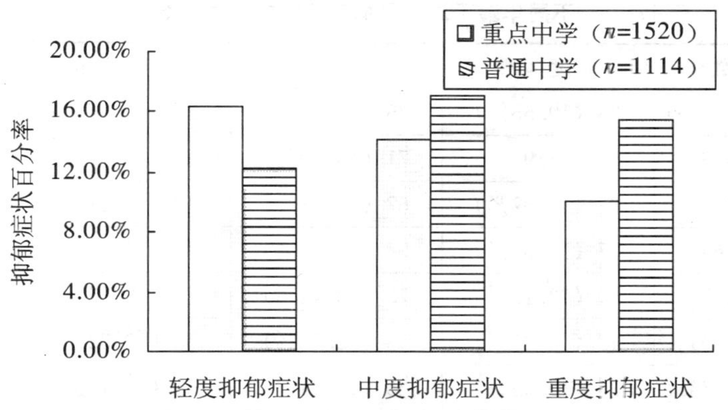

图 17－2　重点中学、普通中学不同水平抑郁症状的差异比较

（三）青少年不同水平抑郁症状的性别差异

中学男生有抑郁症状学生 513 人，占中学男生的 39.52%；中学女生有抑郁症状学生 602 人，占中学女生的 45.06%，$\chi^2=5.638$，$p<0.01$，抑郁症状的女生显著多于男生。不同水平抑郁症状的男女生构成比见图 17－3，$\chi^2=11.911$，$p<0.01$，说明男女生不同水平抑郁症状的构成比存在显著差异。

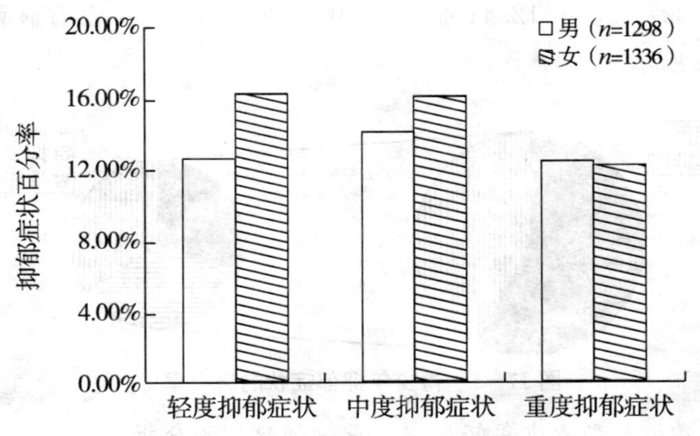

图 17－3　青少年不同水平抑郁症状的性别差异比较

（四）青少年不同水平抑郁症状的年龄差异

从表 17－2 可以看出，不同年龄青少年的不同水平抑郁症状存在差异，总的构成比存在显著差异，$\chi^2=35.736$，$p<0.01$。同时，不同水平抑郁症状在不同年龄有不同的发展趋势（图 17－4），轻度抑郁症状在不同年龄之间存在显著差异，$\chi^2=15.198$，$p<0.01$，而中度、重度抑郁症状在不同年龄之间没有显著差异。

表 17－2　不同年龄不同水平抑郁症状的学生人数及所占比例

年龄和人数	轻度抑郁	中度抑郁	重度抑郁	合　计
11～12 岁（n=179）	35（19.55%）	25（13.95%）	25（13.97%）	85（47.49%）
13 岁（n=423）	80（18.91%）	71（16.79%）	43（10.17%）	194（45.86%）
14 岁（n=437）	65（14.87%）	67（15.33%）	49（11.21%）	181（41.42%）
15 岁（n=564）	77（13.65%）	98（17.38%）	83（14.72%）	258（45.74%）
16 岁（n=457）	60（13.13%）	75（16.41%）	61（13.35%）	196（42.89%）
17 岁（n=339）	42（12.39%）	43（12.68%）	35（10.32%）	120（35.40%）
18～19 岁（n=235）	25（10.64%）	25（10.64%）	31（13.19%）	81（34.47%）
合计（n=2634）	384（14.58%）	404（15.34%）	327（12.41%）	1115（42.33%）

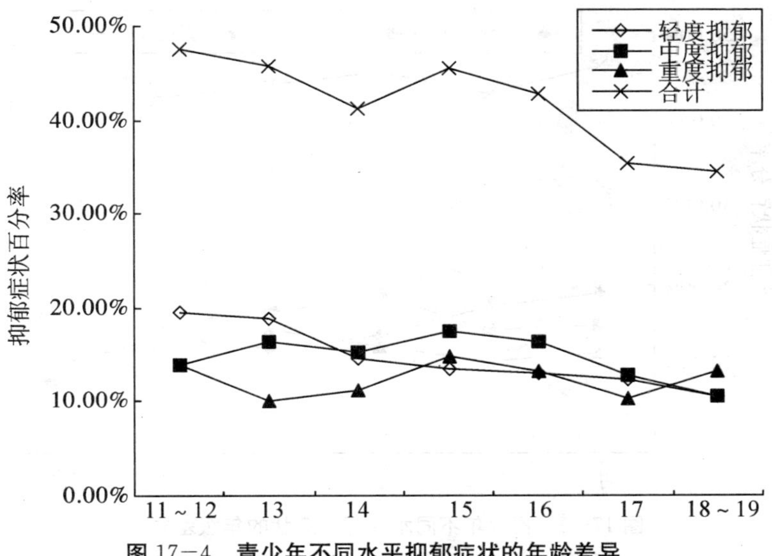

图 17－4 青少年不同水平抑郁症状的年龄差异

（五）青少年抑郁症状的年级差异

从表 17－3 可以看出，不同年级的不同水平抑郁症状存在差异，总的构成比存在显著差异，$\chi^2=42.437$，$p<0.01$。同时，不同水平抑郁症状在不同年级有不同的发展趋势（图 17－5），轻度、中度抑郁症状在不同年级之间存在显著差异，卡方值分别为 $\chi^2=17.449$，$p<0.01$；$\chi^2=14.985$，$p=0.01$。重度抑郁症状在不同年龄之间没有显著差异。

表 17－3 不同年级不同水平抑郁症状学生人数所占比例

年级及人数	轻度抑郁	中度抑郁	重度抑郁	合　计
初一（n=481）	91（18.92%）	73（15.18%）	57（11.85%）	221（45.95%）
初二（n=417）	73（17.51%）	61（14.63%）	45（10.79%）	179（42.93%）
初三（n=436）	60（13.76%）	82（18.81%）	55（12.61%）	197（45.18%）
高一（n=645）	81（12.56%）	107（16.59%）	94（14.57%）	282（43.72%）
高二（n=350）	48（13.71%）	54（15.43%）	44（12.57%）	146（41.71%）
高三（n=305）	31（10.16%）	27（8.85%）	32（10.49%）	90（29.51%）
合计（n=2634）	384（14.58%）	404（15.34%）	327（12.41%）	1115（42.33%）

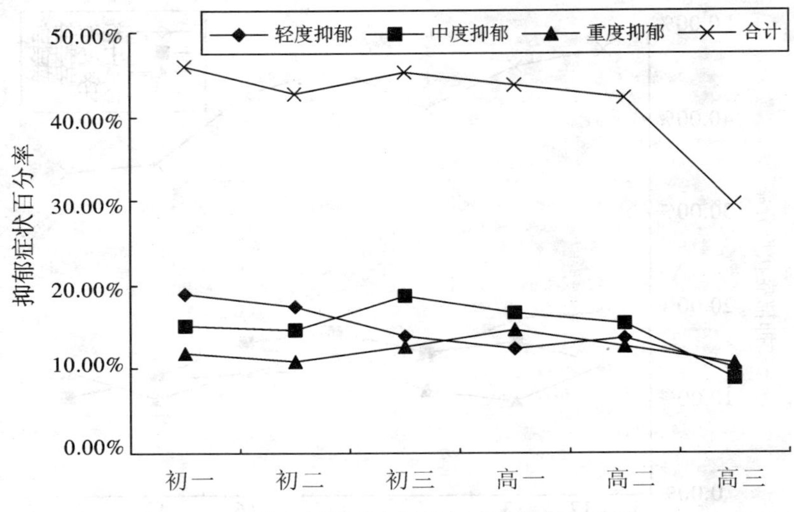

图 17－5 青少年不同水平抑郁症状的年级差异

（六）讨论

1. 关于 Beck 抑郁自评问卷（BDI）和 Zung 氏抑郁量表（SDS）

Beck 抑郁自评问卷（BDI）由美国学者 Beck 于 20 世纪 60 年代编制[①]，是美国最早的抑郁自评量表之一，被广泛应用于人群流行病学调查。BDI 虽不是一种诊断量表，但作为自评量表其总分能充分反映个体的抑郁症状及其严重程度，主要适用于具有一定文化基础和水平的人群。Beck 本人认为该量表在美国人群中具有较好的信度和效度。国内学者郑洪波等[②]研究认为，BDI 在中国人群（抑郁症患者）中亦有较好的结构效度和信度。

Zung 氏抑郁量表（SDS）系 Zung 氏于 1965 年编制，能有效反映抑郁状态的有关症状及其严重程度和变化。SDS 的评分不受年龄、性别、经济状况等因素影响，在国外已广泛应用。我国于 1985 年将其译成中文，首先用于评定抗抑郁药米那匹林治疗抑郁症的疗效和抑郁症的临床研究。

吴文源研究认为[③]，SDS 在中国人群中亦有较好的信度和效度，与 BDI 的各因子有中度和高度相关性。Compas 等[④]对青少年抑郁研究进行分析时，认为 Beck 抑

① 张明园：《精神科评定量表手册》，湖南科学技术出版社 1998 年版，第 31～34 页。

② 郑洪波、郑延平：《抑郁自评问卷（BDI）在抑郁患者中的应用》，《中国神经精神疾病杂志》1998 年第 13 卷第 3 期，第 236～237 页。

③ 吴文源：《抑郁自评量表（SDS）》，《上海精神医学》1990 年新 2 卷增刊（《精神科评定量表专辑》）。

④ B. E. Compas，E. Y. Sydney，K. E. Grant：*Taxonomy，assessment，and diagnosis of depression during adolescence*. *Psychological Bulletin*，1993，114（2），pp323－344.

郁量表、Zung 氏抑郁量表评估抑郁症状是信度、效度好的检查工具。①② 所以，选择这两个问卷作为本研究的评估量表是合适的。同时，Tennen③ 对美国《人格和社会心理学杂志》上发表的关于研究抑郁的论文进行了分析，认为采用多种测验量表来选择抑郁被试，是保证研究科学性的条件之一。因此，我们采用 BDI 和 SDS 两种抑郁量表来选择被试是可行的，这样会增加研究的有效性。④

2. 抑郁流行情况

有关青少年抑郁症状流行情况的研究尚不多见。刘贤臣等⑤对高中生抑郁情绪用 SDS 进行了测评，结果发现抑郁发生率为 25.14%。刘振兴⑥对青少年抑郁情绪进行调查，发现抑郁发生率为 27.7%，处于抑郁边缘的为 15.6%。杜召云等⑦采用 BDI 对大学生进行了抑郁调查，发现轻度抑郁流行率为 42.1%，重度为 2.1%。刘贤臣（1994）⑧ 采用 SDS 对 560 名医学专业学生进行测评，结果发现抑郁现患率为 17.32%。D. W. Chan⑨ 用 BDI 在香港医学专业学生中进行了调查，结果发现抑郁流行率约为 50%，重度抑郁流行率为 2%。西方国家对青少年抑郁流行率的研究发现，抑郁的发生率在 25%～40%之间。⑩⑪⑫

本研究采用 BDI 和 SDS 双限定的方法与判断标准进行调查研究，结果发现青少年抑郁症状流行率为 42.33%，其中轻度抑郁症状流行率为 14.58%，中度为 15.34%，重度为 12.41%，且存在显著性别差异，女生流行率高于男生，这与国内

---

① A. T. Beck: *Depression: Clinical, Experimental and Theoretical Aspects*, New York: Harper & Row, 1967.

② A. C. Petersen, B. E. Compas, J. Brooks-Gunn: *Depression in Adolescence: Current Knowledge, Research Directions, and Implications for Programs and Policy*. Working paper commissioned by the Carnegie Council on Adolescent Development, Washington, DC, 1992.

③ H. Tennen, J. A. Hall, G. Affleck: *Depression research methodologies in the Journal of Personality and Social Psychology: A review and critique. Journal of Personality and Social Psychology*, 1995, 68 (5), pp885－891.

④ R. E. Ingram, S. Partridge, W. Scott, C. Z. Bernet: *Schema specificity in subclinical syndrome depression: Distinctions between automatically versus effortfully encoded state and trait depressive information. Cognitive Therapy and Research*, 1994, 18 (3), pp195－209.

⑤ 刘贤臣、郭传琴、王均乐等：《高中生抑郁情绪及其影响因素调查》，《中国心理卫生杂志》1991 年第 5 卷第 1 期，第 24～26 页。

⑥ 刘振兴：《中学生抑郁情绪及其相关因素的研究》，《心理发展与教育》1992 年第 2 期，第 53～58 页。

⑦ 杜召云、王克勤：《1597 名大学生抑郁的流行病学调查》，《中国行为医学科学》1999 年第 8 卷第 3 期，第 172～173 页。

⑧ 刘贤臣：《抑郁自评量表（SDS）医学生测查结果的因子分析》，《中国临床心理学杂志》1994 年第 2 卷第 3 期，第 18～20 页。

⑨ D. W. Chan: *Depressive symptoms and depressed mood among Chinese medical students in Hong Kong. Comprehensive Psychiatry*, 1991, 32 (2), pp170－180.

⑩ G. I. Olsson, A. L. von Knorring: *Adolescent depression: prevalence in Swedish high-school students. Acta Psychiatrca Scandinavica*, 1999, 99 (5), pp324－331.

⑪ D. P. Cantwell, P. M. Lewinsohn, P. Rohde, J. R. Seeley: *Correspondence between adolescent report and parent report of psychiatric diagnostic data. Journal of the American Academy of Child and Adolescent Psychiatry*, 1997, 36 (5), pp610－619.

⑫ C. Z. Garrison, et al: *Incidence of major depressive disorder and dysthymia in young adolescents. Journal of the American Academy of Child and Adolescent Psychiatry*, 1997, 36 (4), pp458－465.

外的研究基本一致。

3. 青少年学校类型、年级、年龄差异

从图 17-2、图 17-3 可见，重点中学与普通中学的轻、中、重度抑郁症状学生的构成比有显著差异，普通中学学生在中度、重度抑郁症状发生率上高于重点中学学生；中学男生与女生的轻、中、重度抑郁症状的构成比有显著差异，女生在轻度、中度抑郁症状发生率上显著多于男生；不同年龄和不同年级青少年轻、中、重度抑郁症状的构成比各不相同，轻度抑郁症状在不同年龄和不同年级之间存在显著差异，中度抑郁症状在不同年级之间存在显著差异，这与 Wichstrom①、Ge② 的研究一致。

从调查结果来看，青少年抑郁症状较为普遍存在，其中女生的轻度、中度抑郁症状流行率较高，而普通中学的中度、重度抑郁症状显著多于重点中学的学生。这提示：（1）加强青少年心理健康教育刻不容缓；（2）对抑郁症状的干预重点是普通中学的女生；（3）从年级和年龄上看，应加强低年级学生的心理素质训练。

4. 青少年抑郁症状的流行率发展趋势

从图 17-4、图 17-5 可知，青少年抑郁症状随着年龄和年级的增高，流行率有下降的趋势。这与 Olsson③、Cantwell④、Garrison⑤、Ge⑥ 等人的研究不一致。经分析，可能的原因有以下几点：（1）本研究采用 Beck 和 Zung 氏两个量表测试，而以前的研究大多选择一个量表；（2）青春发育给生理和心理带来的冲击在逐渐减弱；（3）由于高考制度的改革，升入大学的压力下降，升入好中学成为新的竞争；（4）与抽样有关。

二、青少年抑郁的发展特点

国外青少年抑郁研究发现，青少年抑郁发展存在年龄和年级特征，即关键年龄是 13～15 岁，关键年级是初二、初三，且存在性别差异（Angold，1998；Nolen-Hoeksema，1999；Wichstrom，1999）。我国中学生抑郁症状流行率与国外基本一

---

① L. Wichstrom：*The emergence of gender difference in depressed mood during adolescence：The role of intensified gender socialization*. *Developmental Psychology*，1999，35（1），pp232-245.

② X. J. Ge，R. D. Conger，G. H. Elder：*Pubertal transition，stressful life events，and the emergence of gender differences in adolescent depressive symptoms*. *Developmental Psychology*，2001，37（3），pp404-417.

③ G. I. Olsson，A. L. von Knorring：*Adolescent depression：prevalence in Swedish high-school students*. *Acta Psychiatrca Scandinavica*，1999，99（5），pp324-331.

④ D. P. Cantwell，P. M. Lewinsohn，P. Rohde，J. R. Seeley：*Correspondence between adolescent report and parent report of psychiatric diagnostic data*. *Journal of the American Academy of Child and Adolescent Psychiatry*，1997，36（5），pp610-619.

⑤ C. Z. Garrison，et al：*Incidence of major depressive disorder and dysthymia in young adolescents*. *Journal of the American Academy of Child and Adolescent Psychiatry*，1997，36（4），pp458-465.

⑥ X. J. Ge，R. D. Conger，G. H. Elder：*Pubertal transition，stressful life events，and the emergence of gender differences in adolescent depressive symptoms*. *Developmental Psychology*，2001，37（3），pp404-417.

致，那么，我国中学生抑郁症状水平的年龄、年级特征如何呢？为此，我们进行了调查，研究对象和工具同上。

（一）青少年抑郁症状水平发展趋势的横断面比较

以抑郁症状青少年为被试，以BDI得分为抑郁症状指标，各年级和各年龄的平均分以及标准差分别如表17－4和表17－5。

表17－4 不同年级青少年抑郁症状水平的横断面比较

年 级	初一	初二	初三	高一	高二	高三
平均数	16.18	15.94	17.65	18.32	17.93	18.18
标准差	7.25	7.26	7.82	8.23	7.71	7.64

表17－5 不同年龄青少年抑郁症状水平的横断面比较

年 龄	11～12	13	14	15	16	17	18～19
平均数	16.27	15.71	16.81	18.09	18.04	17.79	18.74
标准差	7.50	6.70	7.38	8.11	8.49	7.55	7.80

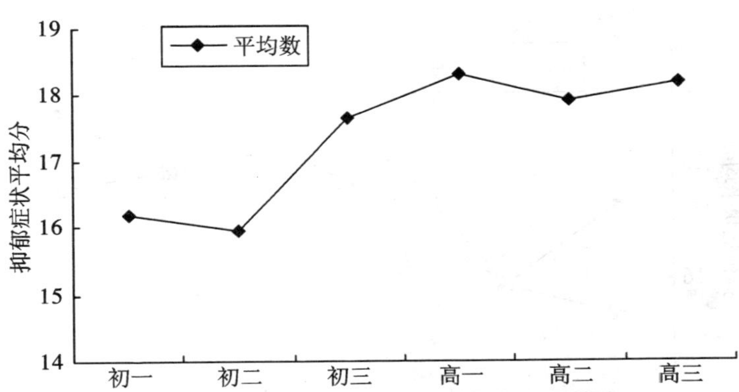

图17－6 不同年级青少年抑郁症状水平的横断面比较

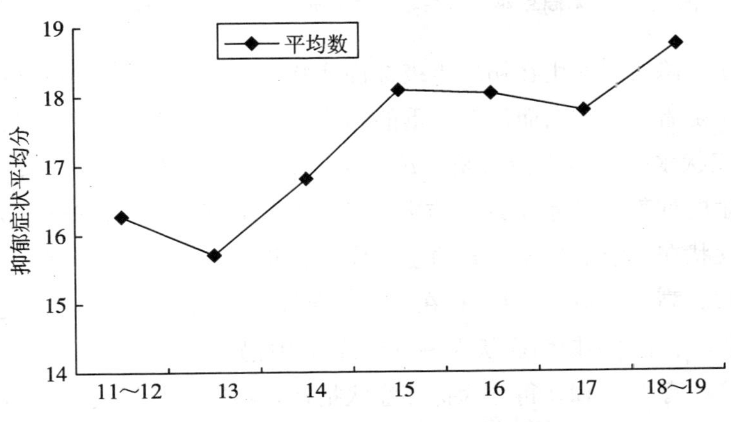

图17－7 不同年龄青少年抑郁症状水平的横断面比较

由表 17－4、表 17－5 和图 17－6、图 17－7 可知，除了初二和 13 岁青少年比其他年级和年龄青少年抑郁症状水平低以外，其他青少年的抑郁症状水平表现出随着年级和年龄增高而逐渐加重的趋势。以年级和年龄为自变量，进行方差分析，其 F 值分别为 F（5，1114）＝4.658，$p<0.01$；F（6，1114）＝3.047，$p<0.01$。说明青少年抑郁症状在年级和年龄上存在显著的主效应。

（二）青少年抑郁症状水平发展特点的性别差异

1. 不同年级青少年抑郁症状水平发展特点的性别差异

以抑郁症状青少年 BDI 得分为抑郁症状指标，各年级男女的平均得分及标准差如表 17－6。

表 17－6　不同年级青少年抑郁症状水平发展特点的性别差异

年　级	初一	初二	初三	高一	高二	高三	总　体
男（n＝513）	17.3(7.9)*	15.9(7.7)	18.1(8.3)	18.3(7.8)	17.9(7.8)	18.9(7.6)*	17.8(8.1)
女（n＝602）	15.4(6.6)	15.9(6.9)	17.3(7.3)	18.3(8.1)	17.9(7.6)	17.6(7.7)	17.0(7.4)

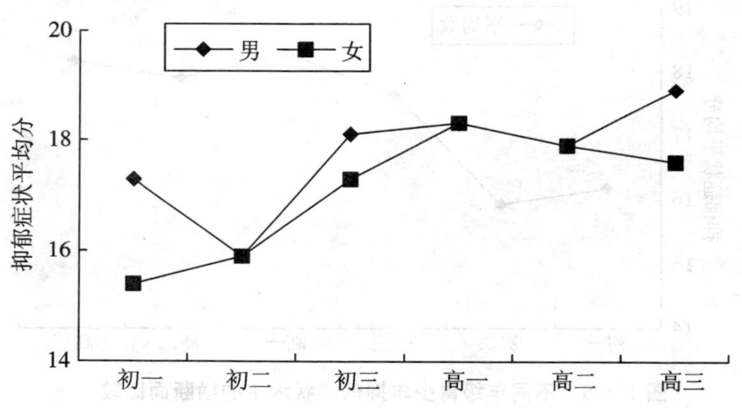

图 17－8　不同年级青少年抑郁症状水平发展特点的性别差异

结果显示，除了男女生在初二年级抑郁症状水平低以外，其他青少年的抑郁症状水平表现出随着年级增高而逐渐加重的趋势（见图 17－8）。以年级为自变量，对男生的抑郁症状水平进行方差分析，F（5，512）＝1.072，$p>0.05$；以年级为自变量，对女生的抑郁症状水平进行方差分析，F（5，601）＝2.886，$p<0.05$。说明女生抑郁症状在年级上存在显著的主效应。各年级的男女的 t 检验发现，只有初一（$p<0.01$）、高三（$p<0.01$）存在显著的差异，其他年级没有显著性差异。

2. 不同年龄青少年抑郁症状水平发展特点的性别差异

以抑郁症状青少年 BDI 得分为抑郁症状指标，不同年龄男女学生的平均分和标准差如表 17－7。

表 17－7　不同年龄青少年抑郁症状水平发展特点的性别差异

年　龄	11～12	13	14	15	16	17	18～19	总　体
男（n=513）	16.3 (8.4)	16.5 (7.4)**	17.5 (8.0)**	18.4 (8.3)	17.9 (8.6)	18.2 (7.7)*	18.9 (8.1)	17.7 (8.1)
女（n=602）	16.1 (7.1)	15.1 (6.1)	16.3 (6.9)	17.8 (7.9)	18.2 (8.4)	17.2 (7.3)	18.4 (7.8)	16.9 (7.4)

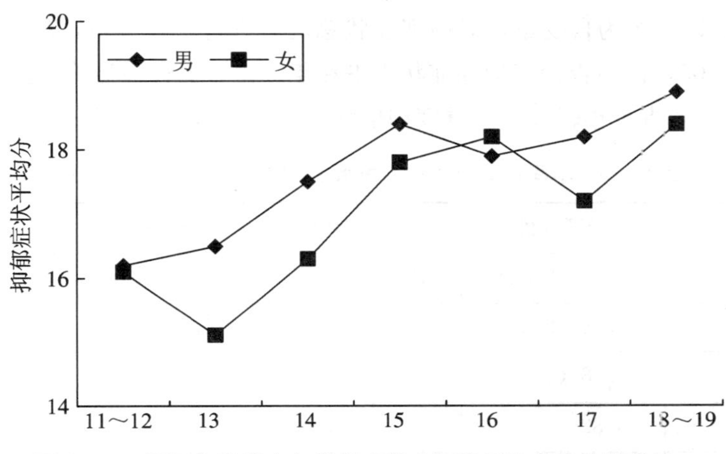

图 17－9　不同年龄青少年抑郁症状水平发展特点的性别差异

结果显示，除了 13 岁女生比其他年龄青少年抑郁症状水平低以外，其他青少年的抑郁症状水平表现出随着年龄增高而逐渐加重的趋势（见图 17－9）。以年龄为自变量，对男女生的抑郁症状水平进行方差分析，女生的抑郁症状水平有显著性差异，F（5，601）＝2.434，p<0.05，男生抑郁症状水平没有显著性差异。说明女生抑郁症状水平在年龄上存在显著的主效应。各年龄的男女的 t 检验发现，在 13 岁（t＝3.462，p<0.01）、14 岁（t＝2.689，p<0.01）、17 岁（t＝2.223，p<0.05）存在显著的差异，其他年龄和总分没有显著差异。

3. 不同年级青少年轻、中、重度抑郁症状水平发展特点的分析

表 17－8　不同年级青少年不同水平抑郁症状发展特点的分析

年　级	轻度抑郁	中度抑郁	重度抑郁	总均分
初　一	9.60（2.48）	16.93（2.01）	25.72（5.31）	16.18（7.25）
初　二	9.21（2.44）	16.84（1.93）	25.67（5.07）	15.94（7.26）
初　三	10.05（2.27）	16.71（1.89）	27.36（7.03）	17.65（7.82）
高　一	9.87（2.43）	16.66（1.97）	27.47（6.75）	18.31（8.28）
高　二	9.90（2.39）	17.46（1.89）	27.27（5.34）	17.93（7.71）

续表

年　级	轻度抑郁	中度抑郁	重度抑郁	总均分
高　三	10.68（2.11）	17.00（2.11）	26.44（5.63）	18.17（7.64）
总均分	9.78（2.41）	16.88（1.96）	26.77（6.08）	17.33（7.75）

由表 17－8 可知，青少年的抑郁症状水平表现出随着年级增高而逐渐加重的趋势。以年级为自变量，对轻度、中度、重度抑郁症状水平进行方差分析，没有发现有显著差异；以年级为自变量，对抑郁症状总均分进行方差分析，F（5，1114）＝3.526，$p<0.05$，说明青少年抑郁症状水平在年级得分上存在显著的主效应。

4. 不同年龄青少年轻、中、重度抑郁症状水平发展特点的分析

表 17－9　不同年龄青少年不同水平抑郁症状发展特点的分析

年　龄	轻度抑郁	中度抑郁	重度抑郁	总均分
11～12	9.37（2.82）	17.08（1.99）	25.12（5.47）	16.27（7.50）
13	9.55（2.31）	16.87（1.94）	25.23（4.74）	15.71（6.70）
14	9.58（2.45）	16.81（2.01）	26.41（5.11）	16.81（7.38）
15	9.82（2.35）	16.79（1.90）	27.19（6.83）	18.09（8.11）
16	9.66（2.34）	16.68（1.92）	28.08（7.04）	18.04（8.49）
17	10.45（2.32）	17.28（2.14）	27.23（5.37）	17.79（7.55）
18～19	10.64（2.27）	17.12（1.92）	26.58（5.89）	18.74（7.80）
总均分	9.78（2.41）	16.88（1.95）	26.77（6.08）	17.33（7.75）

从表 17－9 可见，青少年的抑郁症状水平表现出随着年龄增长而逐渐加重的趋势。以年龄为自变量，对轻度、中度、重度抑郁症状和抑郁症状总均分进行方差分析，结果发现轻度、中度、重度抑郁症状在年龄上没有显著差异，而抑郁症状总均分有显著的年龄差异，F（6，1114）＝3.047，$p<0.05$，说明青少年抑郁症状在年龄得分上存在显著的主效应。

（三）讨论

抑郁研究领域有一个不变的现实，就是女性总是占优势，成年男女临床抑郁症患病人数之比在 1∶1.6 到 1∶2 之间，这种差异在青少年中已存在。但是，青春前期的男孩似乎稍微比女孩易患抑郁，随着青春期的出现，青少年抑郁开始增加，且女生的增加尤为明显。女生抑郁的发生率是男生的 2～3 倍，抑郁症状存在明显的性

别差异。[①②③④] 我们的研究部分证实了这些现象。（1）青少年抑郁症状发展水平的关键年龄是 13 岁，关键年级为初二，因为这个时间段正好是青少年早期向青少年晚期的过渡期，心理和行为在 10～15 岁之间发生显著变化；[⑤⑥] 这与 Hankin 等[⑦]、Ge 等[⑧]的研究结果一致。（2）用发展的眼光来看，女生在年龄和年级上都存在显著的主效应，说明女生在青春期情绪波动大，易受各种刺激的影响。[⑨] （3）男生的抑郁症状水平在年龄和年级上普遍高于女生，部分有显著差异。这与刘凤瑜[⑩]的研究基本一致，而与 Wichstrom[⑪]、Hayward 等[⑫]、Ge 等[⑬]不一致。这说明我国男青少年比女青少年经历着更多的烦恼和压力，提示我们，现代社会对男性角色要求的不断变化让男性感受到更多的压力，且人们对女性抑郁抱有更多的理解与同情，而对男性的抑郁缺乏认识，给男生的身心造成了不良的影响；另一方面，有研究表明[⑭]，男生在感受社会性支持和善于利用社会性支持方面显著差于女生，在某种程度上，男生承受的压力可能更大些，而又没有合理的应对方式，不善于利用社会支持，因此我们应关注男青少年的心理健康，并加强对男青少年的压力和挫折等应对方式和技

---

① G. I. Olsson，A. L. von Knorring：*Adolescent depression：prevalence in Swedish high-school students. Acta Psychiatrca Scandinavica*，1999，99（5），pp324－331.

② A. Angold，M. Rutter：*Effects of age and pubertal status on depression in a large clinical sample. Developmental and Psychopathology*，1992，4，pp5－28.

③ A. Angold，E. J. Costello，C. M. Worthman：*Puberty and depression：the roles of age，pubertal status and pubertal timing. Psychological Medicine*，1998，28（1），pp51－61.

④ S. Nolen-Hoeksema，J. Larson，C. Grayson：*Explaining the gender difference in depressive symptoms. Journal of Personality and Social Psychology*，1999，77（5），pp1061－1072.

⑤ M. Rutter：*Age changes in depressive disorders：Some developmental considerations.* In J. Garber，K. A. Dodge（eds.）：*The Development of Emotion Regulation and Dysregulation*，Cambridge University Press，1991，pp273－300.

⑥ J. Garber，B. Weiss，N. Shanley：*Cognitions，depressive symptoms，and development in adolescents. Journal of Abnormal Psychology*，1993，102（1），pp47－57.

⑦ B. L. Hankin，L. Y. Abramson，T. E. Moffitt，et al：*Development of depression from preadolescence to young adulthood：Emerging gender differences in a 10-year longitudinal study. Journal of Abnormal Psychology*，1998，107（1），pp128－140.

⑧ X. J. Ge，R. D. Conger，G. H. Elder：*Pubertal transition，stressful life events，and the emergence of gender differences in adolescent depressive symptoms. Developmental Psychology*，2001，37（3），pp404－417.

⑨ F. D. Alsaker：*Annotation：The Impact of Puberty. Journal of Child Psychology and Psychiatry*，1996，37（3），pp249－258.

⑩ 刘凤瑜：《儿童抑郁量表的结构及儿童青少年抑郁发展的特点》，《心理发展与教育》1997 年第 2 期，第 57～61 页。

⑪ L. Wichstrom：*The emergence of gender difference in depressed mood during adolescence：The role of intensified gender socialization. Developmental Psychology*，1999，35（1），pp232－245.

⑫ C. Hayward，J. D. Killen，D. M. Wilson，et al：*Psychiatric risk associated with early puberty in adolescent girls. Journal of the American Academy of Child and Adolescent Psychiatry*，1997，36（2），pp255－262.

⑬ X. J. Ge，R. D. Conger，G. H. Elder：*Pubertal transition，stressful life events，and the emergence of gender differences in adolescent depressive symptoms. Developmental Psychology*，2001，37（3），pp404－417.

⑭ 王玲、陈怡华：《师范院校学生抑郁与社会支持度的关系研究》，《中国行为医学科学》2001 年第 10 卷第 6 期，第 603～604 页。

能的训练。(4) 轻、中、重度青少年抑郁症状在年龄、年级上没有显著差异。这与Wichstrom①、Ge等②的研究结果不一致。这可能：①与他们大多数使用单一的量表，而我们是使用两种量表限定有关；②与中西方文化的差异有关；③说明我国青少年心理应激源多而重，青少年、父母和教师等又不太关注青少年的心理问题，造成轻度抑郁症状向中度和重度发展，同时也说明我国青少年心理健康教育、心理卫生保健存在不足。

三、青少年抑郁的影响源分析

研究已经发现，中学生抑郁症状流行率较高，且存在性别、年龄、学校类型差异。这些差异受哪些因素影响呢？为此我们采用了自编的青少年抑郁影响因素调查表（包括家庭因素、学校因素、自身因素等，见表17—10）和自动思维问卷进行了考察。其中自动思维问卷（Automatic Thoughts Questionnaire，ATQ）是为评价与抑郁有关的自动出现的消极思想的频度，由Hollon和Kendall（1980）设计的。ATQ涉及四个层面：(1) 个体适应不良及对改变的渴求；(2) 消极的自我概念与消极期望；(3) 自信心不足；(4) 无助感。频度分五组评分：1=无；2=偶尔；3=有时；4=经常；5=持续存在。ATQ具有较好的信度与效度（焦丽，1993；陈树林，2000）。

表17—10　中学生抑郁症状影响因素主要调查内容及赋值方法

变　量	赋　值
性　别	男=1；女=2
学　校	重点=1；普通=2
年　级	高三=1；高二=2；高一=3；初三=4；初二=5；初一=6
父母职业	干部=1；工人=2；其他=3
家庭结构	双亲=1；单亲=2；其他=3
父母文化程度	大专及以上=1；高中（中专）=2；初中=3；小学=4
父母教养方式	民主型=1；放任型=2；溺爱型=3；强制型=4
家庭气氛	和睦安宁=1；偶尔争吵=2；经常争吵=3；父母分居=4
学校管理方式	民主型=1；放任型=2；强制型=3
教师对你的态度	关心=1；比较关心=2；不关心=3

① L. Wichstrom: *The emergence of gender difference in depressed mood during adolescence: The role of intensified gender socialization*. *Developmental Psychology*, 1999, 35 (1), pp232—245.

② X. J. Ge, R. D. Conger, G. H. Elder: *Pubertal transition, stressful life events, and the emergence of gender differences in adolescent depressive symptoms*. *Developmental Psychology*, 2001, 37 (3), pp404—417.

续表

变　量	赋　值
青春发育	女生来月经或男生有遗精=1；女生没来月经或男生没有遗精=2
人际交往	有好朋友3～5个=1；有好朋友1～2个=2；没有好朋友=3
学习成绩	学期末平均成绩85分以上=1；75～84分=2；60～74分=3；60分以下=4
身体情况	一学期因病请假0～3次=1；一学期因病请假4～6次=2；一学期因病请假7次以上=3

（一）青少年抑郁症状的家庭因素分析

1. 父母文化程度对青少年抑郁症状的影响

表17—11　父母文化程度对青少年抑郁症状的影响

父母文化程度	小　学	初　中	高　中	大专以上	总均分
轻度抑郁	10.63（2.61）	9.78（2.39）	9.88（2.39）	9.43（2.44）	9.77（2.41）
中度抑郁	16.25（1.99）	17.03（1.79）	16.94（2.01）	16.96（2.01）	16.87（1.96）
重度抑郁	27.42（9.46）	27.22（5.75）	26.12（6.14）	27.48（5.22）	26.77（6.08）
总均分	19.47（8.87）	18.28（8.00）	16.84（7.42）	16.89（7.85）	17.33（7.75）

以青少年的父母文化程度为自变量，对青少年抑郁症状总均分进行方差分析，F（3，1114）=3.598，p<0.05，说明父母文化程度对青少年抑郁症状有显著影响，即父母文化程度越低，青少年发生抑郁症状的可能性越大。对轻、中、重度抑郁症状得分进行方差分析，发现轻、中、重度抑郁症状没有显著差异。

2. 家庭结构对青少年抑郁症状的影响

表17—12　家庭结构对青少年抑郁症状的影响

家庭结构	双　亲	单　亲	其　他	总均分
轻度抑郁	9.78（2.42）	9.61（2.11）	10.11（2.82）	9.77（2.41）
中度抑郁	16.87（1.95）	16.86（2.03）	17.00（2.07）	16.88（1.96）
重度抑郁	26.52（7.51）	27.31（7.37）	32.33（12.00）	26.79（6.09）
总均分	17.19（7.51）	18.27（8.67）	17.29（9.71）	17.32（7.75）

以青少年家庭结构为自变量，对青少年抑郁症状进行方差分析，F（2，1114）=1.095，p>0.05。对轻、中、重度抑郁症状进行方差分析，发现轻度、中度抑郁症状没有显著差异，而重度抑郁症状有显著差异，F（2，324）=4.233，p<0.05，说明青少年重度抑郁症状在家庭结构上存在显著的主效应。

3. 家庭氛围对青少年抑郁症状的影响

表 17－13 家庭氛围对青少年抑郁症状的影响

家庭氛围	和睦安宁	偶尔争吵	经常争吵	父母分居	总均分
轻度抑郁	9.51（2.33）	9.93（2.50）	10.27（2.32）	10.12（2.11）	9.77（2.41）
中度抑郁	17.00（1.91）	16.65（1.93）	17.63（2.06）	17.08（2.16）	16.87（1.95）
重度抑郁	26.46（5.31）	26.72（6.16）	27.72（6.40）	27.54（8.31）	26.77（6.08）
总均分	16.64（7.39）	17.45（7.83）	20.35（8.21）	18.29（8.26）	17.33（7.75）

以青少年家庭氛围为自变量，对青少年抑郁症状进行方差分析，F（3，1114）$=4.299$，$p<0.05$，说明家庭氛围对青少年抑郁症状有显著影响。从表 17－13 可知，主要是父母争吵对青少年抑郁症状的影响最大。对轻、中、重度抑郁症状进行方差分析，发现轻、中、重度抑郁症状没有显著差异。

4. 家庭教养方式对青少年抑郁症状的影响

表 17－14 家庭教养方式对青少年抑郁症状的影响

家庭教养方式	民主型	溺爱型	放任型	强制型	总均分
轻度抑郁	9.77（2.42）	9.80（2.50）	9.85（2.62）	9.74（2.26）	9.77（2.41）
中度抑郁	16.78（2.00）	16.50（2.13）	17.13（1.89）	17.03（1.86）	16.87（1.95）
重度抑郁	26.59（5.25）	26.11（4.43）	27.17（7.79）	27.03（6.88）	26.77（6.08）
总均分	16.58（7.43）	17.32（7.39）	18.75（8.55）	18.52（8.00）	17.33（7.75）

以青少年家庭教养方式为自变量，对青少年抑郁症状进行方差分析，F（3，1114）$=5.635$，$p<0.01$，说明家庭教养方式对青少年抑郁症状有显著影响。从表 17－14 可知，主要是不良的家庭教养方式对青少年抑郁症状的影响最大。对轻、中、重度抑郁症状进行方差分析，发现轻、中、重度抑郁症状没有显著差异。

（二）青少年抑郁症状学校因素分析

1. 学校管理方式对青少年抑郁症状的影响

表 17－15 学校管理方式对青少年抑郁症状的影响

学校管理方式	民主型	放任型	强制型	总均分
轻度抑郁	9.69（2.45）	11.36（1.50）	9.77（2.39）	9.78（2.41）
中度抑郁	16.53（1.94）	16.08（1.97）	17.19（1.92）	16.87（1.95）
重度抑郁	26.17（5.21）	28.44（7.95）	27.09（6.52）	26.77（6.08）
总均分	16.31（7.29）	17.93（8.19）	18.17（8.01）	17.33（7.75）

以学校管理方式为自变量，对青少年抑郁症状总均分进行方差分析，$F(2, 1114)=7.912$，$p<0.01$，说明学校管理方式对青少年抑郁症状有显著影响。对轻、中、重度抑郁症状进行方差分析，发现轻度、中度抑郁症状没有显著差异，而重度抑郁症状有显著差异，$F(2, 326)=6.520$，$p<0.01$，说明青少年总体抑郁症状水平和重度抑郁症状在学校管理方式上存在显著的主效应。从表 17－15 可知，放任型、强制型的学校管理方式对青少年抑郁症状的影响较大。

2. 教师态度对青少年抑郁症状的影响

表 17－16　教师态度对青少年抑郁症状的影响

教师态度	关　心	比较关心	不关心	总均分
轻度抑郁	9.98 (2.23)	9.50 (2.48)	10.81 (2.99)	9.77 (2.41)
中度抑郁	16.61 (1.96)	17.07 (1.92)	16.50 (2.26)	16.86 (1.95)
重度抑郁	26.52 (5.78)	26.42 (5.54)	29.91 (8.97)	26.77 (6.08)
总均分	16.42 (7.23)	17.56 (7.59)	22.29 (11.11)	17.33 (7.75)

以教师对学生的态度为自变量，对青少年抑郁症状进行方差分析，$F(2, 1114)=15.054$，$p<0.01$。对轻、中、重度抑郁症状进行方差分析，发现中度抑郁症状没有显著差异，而轻度抑郁症状、重度抑郁症状有显著差异，$F(2, 383)=3.426$，$p<0.05$；$F(2, 326)=4.083$，$p<0.01$。说明青少年总体抑郁症状水平、轻度抑郁症状和重度抑郁症状在教师对学生的态度上存在显著的主效应。从表 17－16 可知，教师对学生的不关心对总体抑郁症状水平、重度抑郁症状影响最大。

3. 人际关系对青少年抑郁症状的影响

表 17－17　人际关系对青少年抑郁症状的影响

人际关系	3～5 个朋友	1～2 个朋友	无朋友	总均分
轻度抑郁	9.62 (2.40)	10.47 (2.34)	10.57 (2.14)	9.78 (2.41)
中度抑郁	16.87 (1.96)	16.77 (1.99)	17.78 (1.39)	16.87 (1.95)
重度抑郁	26.29 (5.65)	26.87 (5.35)	32.05 (10.43)	26.77 (6.08)
总均分	16.68 (7.32)	18.90 (7.80)	24.09 (11.93)	17.33 (7.75)

以青少年人际关系为自变量，对青少年抑郁症状总均分进行方差分析，发现青少年抑郁症状总水平、轻度和重度抑郁症状存在明显的主效应，$F(2, 1114)=21.464$，$p<0.01$；$F(2, 383)=3.743$，$p<0.05$；$F(2, 326)=8.235$，$p<0.01$。对中度抑郁症状进行方差分析，没有发现显著差异。从表 17－17 可知，无朋友对青少年抑郁症状总水平、轻度和重度抑郁症状的影响最明显。

4. 学习成绩对青少年抑郁症状的影响

表 17－18　学习成绩对青少年抑郁症状的影响

学习成绩	85 分以上	75～84 分	60～74 分	60 分以下	总均分
轻度抑郁	9.64 (2.49)	9.79 (2.27)	9.89 (2.49)	9.65 (2.38)	9.77 (2.41)
中度抑郁	16.98 (1.99)	16.72 (1.98)	17.07 (1.86)	16.63 (2.07)	16.87 (1.96)
重度抑郁	26.04 (5.07)	25.34 (4.83)	26.51 (5.45)	30.11 (8.27)	26.77 (8.27)
总均分	16.66 (7.50)	16.51 (6.70)	16.97 (7.34)	21.53 (10.15)	17.32 (7.75)

以青少年学习成绩为自变量，对青少年抑郁症状进行方差分析，发现青少年抑郁症状总体水平和重度抑郁症状存在明显的主效应，F（2，1114）＝16.538，p＜0.01；F（2，326）＝9.146，p＜0.01。对轻度和中度抑郁症状进行方差分析，没有发现显著差异。从表 17－18 可知，青少年学习成绩越差，总体抑郁症状水平和重度抑郁症状水平就越高。

（三）青少年抑郁症状自身发展因素的分析

1. 青春发育对青少年抑郁症状的影响

表 17－19　青春发育对青少年抑郁症状的影响

青春发育	发　育	未发育	总均分
轻度抑郁	9.93 (2.35)	9.11 (2.53)	9.78 (2.41)
中度抑郁	16.90 (1.94)	16.71 (2.06)	16.87 (1.95)
重度抑郁	26.82 (5.95)	26.58 (6.72)	26.77 (6.09)
总均分	17.39 (7.61)	16.98 (8.41)	17.32 (7.75)

以青少年青春发育为自变量，对青少年抑郁症状进行方差分析，发现轻度抑郁症状在青少年青春发育上存在明显的主效应，F（2，383）＝6.752，p＜0.01。从表 17－19 可知，发育对轻度抑郁症状有较大的影响，而青少年抑郁症状总水平、中度和重度抑郁症状没有显著差异。

2. 健康状况对青少年抑郁症状的影响

表 17－20　健康状况对青少年抑郁症状的影响

健康状况	0～3 次假	4～6 次假	7 次假	总均分
轻度抑郁	9.79 (2.39)	9.53 (2.99)	8.50 (1.29)	9.77 (2.41)
中度抑郁	16.89 (1.95)	16.41 (2.12)	17.15 (2.31)	16.82 (2.04)
重度抑郁	26.39 (5.27)	27.15 (6.03)	34.23 (10.15)	26.77 (6.08)
总均分	17.04 (7.33)	19.45 (8.66)	28.17 (10.64)	17.34 (7.75)

以青少年健康状况为自变量，对青少年抑郁症状进行方差分析，发现青少年抑郁症状总水平和重度抑郁症状存在明显的主效应，$F(2,1114)=20.173$，$p<0.01$；$F(2,326)=10.999$，$p<0.01$，身体状况越差，对青少年抑郁症状总水平和重度抑郁症状的影响越大。对轻度和中度抑郁症状进行方差分析，没有发现显著差异。

（四）青少年抑郁症状与负性自主思维因子的关系分析

1. 青少年不同类型抑郁症状与负性自主思维总分的关系

表 17－21　青少年不同类型抑郁症状与认知的相关分析（$n=1115$）

抑郁程度	轻度抑郁	中度抑郁	重度抑郁	总均分
自主思维	.292**	.138**	.337**	.583**

表 17－21 表明，青少年不同水平的抑郁症状与自主思维都有显著的相关，但相关程度有差异，提示负性自主思维与抑郁症状关系密切。

2. 不同水平抑郁症状与自主思维因子的多元逐步回归

以自主思维量表中 30 个自主思维因子为自变量，青少年不同水平抑郁症状及其抑郁得分为因变量，用多元逐步回归方法探讨负性认知特征能否作为抑郁的一种易患因素。结果见表 17－22。从表 17－22 可以看出，自主思维不同的项目对不同水平抑郁症状的作用不尽相同。自信不足、无助感、对改变的渴求、消极的自我概念与消极的期待等进入方程的次数多。

表 17－22　不同类型抑郁症状与自主思维因子多元逐步回归分析

抑郁程度	轻度抑郁	中度抑郁	重度抑郁	总均分
1. 我觉得活在世上困难重重。				.115**
3. 为什么我总不成功？	.278**			.185**
5. 我让人失望。	.161**			.073**
8. 我很虚弱。				.053*
9. 我的生活不按我的愿望发展。			－.133**	－.078**
10. 我对自己很不满意。				.146**
12. 我无法坚持下去。	.113*		.326**	.237**
14. 我究竟犯了什么毛病？				.060*
15. 真希望我是在另一个地方。		.100*		
17. 我恨我自己。		.144**	.153**	.437**
22. 我的生活一团糟。				.082**

续表

抑郁程度	轻度抑郁	中度抑郁	重度抑郁	总均分
25. 我觉得孤立无援。			.108*	.087**
26. 有些东西必须改变。	.146**			
28. 我的将来毫无希望。			.223**	.296**

（五）讨论

在青少年期，青少年经历着生理的、心理的和社会的变化和挑战，受到众多因素的影响。① Nolen-Hoeksema② 提出了影响青少年抑郁的因素是自身发展、青春期挑战、生活压力等。Wichstrom③ 认为导致青少年抑郁的危害因素是青春期发育、学校和家庭压力、自身发展等。刘贤臣④选取年级、性别、生活事件、行为、性格和父母文化程度等 18 个因素进行研究，发现睡眠不规律、学习生活满意感、生活事件、父母文化程度、体育活动、健康自评、偏食习惯和母亲职业与青少年抑郁情绪有关。刘振兴⑤从七个方面进行了分析，以期能对青少年抑郁的影响因素进行较全面的分析，调查研究发现，家庭、学校、自身发展和认知因素与抑郁症状有密切的关系。陈树林⑥对大学生抑郁的影响因素进行分析发现，认知因素是抑郁发生的直接原因，应激源要通过认知因素起作用。

本研究发现：(1) 学校、家庭、自身发展、自主思维四个方面的 13 个因素对青少年抑郁症状有显著的影响，这说明青少年抑郁症状的发生不是某一因素单独作用的结果，而是由多方面的主客观因素相互作用所致。因此进行积极的认知引导，减轻学生的学业压力，有效沟通师生、生生和家庭的关系，进行合理的身心保健，提高父母的文化水平，是减少青少年抑郁症状的有效措施和途径。(2) 父母的文化程度低、无父母教养、父母分居、家庭和学校的强制性管理、教师不关心学生、青春发育、健康状况差、人际交往不良、学习成绩差、负性自主思维与青少年抑郁症状水平有显著相关，提示青少年抑郁症状与负性生活事件、负性自主思维、学校和家庭不良的教育和管理方式有关，并伴有社会关系与交往技能的发展不良。(3) 自主

① J. A. Graber, J. Brooks-Gunn: *Transitions and turning points: Navigating the passage from childhood through adolescence*. *Developmental Psychology*, 1996, 32 (4), pp768－776.

② S. Nolen-Hoeksema, J. S. Girgus: *The emergence of gender differences in depression during adolescence*. *Psychological Bulletin*, 1994, 115 (3), pp424－443.

③ L. Wichstrom: *The emergence of gender difference in depressed mood during adolescence: The role of intensified gender socialization*. *Developmental Psychology*, 1999, 35 (1), pp232－245.

④ 刘贤臣、郭传琴、王均乐等：《高中生抑郁情绪及其影响因素调查》，《中国心理卫生杂志》1991 年第 5 卷第 1 期，第 24～26 页。

⑤ 刘振兴：《青少年抑郁情绪及其相关因素的研究》，《心理发展与教育》1992 年第 2 期，第 53～58 页。

⑥ 陈树林、郑全全：《应激源、认知评价与抑郁障碍的关系研究》，《中国临床心理学杂志》2000 年第 8 卷第 2 期，第 104～106 页。

思维因子部分与青少年抑郁相关。提示负性自主思维是一个与特定情境有关的认知层次，构成抑郁症状的一部分，与抑郁症状水平关系密切；另一方面，负性自主思维的某些因子与抑郁相关，这说明负性思维认知特征可作为抑郁的一种易患组因素。同时轻、中、重度抑郁症状的自主思维回归因子不尽相同，提示青少年不同水平抑郁症状的负性认知因素有各自不同的特点。这与 Dobson①、焦丽②的研究结果相一致。

第三节　青少年抑郁的调适策略

对青少年抑郁的研究较对其他心理问题的研究更具有紧迫性。有抑郁症状的青少年是一个非常庞大的群体，在青少年中的流行率为 25%～45%，无论是从个体发展，还是从学校教育以及社会人才培养的角度看，作为有着“特殊需要”的青少年，他们应该受到社会关注、理解和救助，更不应该被忽视。有抑郁症状的青少年往往在学业和社会化过程中面临诸多困难，不能承受过度的压力和痛苦，这对于旨在“面向全体”、“面向发展”的素质教育，无疑是所面临的一个亟待解决的重要课题。如果这部分青少年抑郁症状不能消除或缓解，其心理就不能健康发展，全面实施素质教育，培养高素质的创造性人才的目标就会落空。

我们研究发现，青少年抑郁症状水平呈现出年级、年龄、性别等方面的发展特点。青少年抑郁症状呈现随年级、年龄增高而增高的趋势，关键的年龄是 13 岁，关键的年级是初二。预测青少年抑郁症状发生的因素依次为自主思维、学习成绩、健康状况、学校类型、人际关系、父母文化程度六个因素。进行积极的认知引导，减轻学生的学业压力，有效沟通师生、生生和家庭的关系，进行合理的身心保健，提高父母的文化水平，是减少青少年抑郁症状的有效措施和途径。

一、科学认识抑郁

抑郁是影响青少年身心健康的常见心理问题之一，它给青少年带来的是无用感、无希望感、无助感和无价值感。首先，表现为很明显的、持续时间很长的情感低落，对生活缺乏兴趣，没有愉快感，闷闷不乐，精力明显减退，常有无原因的疲劳感，对任何事情都提不起兴趣，比如，对平时非常爱好的活动，像看足球比赛、唱歌、跳舞等，也会觉得索然无味；其次，表现为思维联想速度缓慢、反应迟钝、会感到

---

① K. S. Dobson, B. F. Shaw: *Cognitive assessment with major depressive discraers*. *Cognitive Therapy and Research*, 1986, 10 (1), pp13—29.

② 焦丽、徐俊冕：《抑郁障碍的认知模式研究》，《中国心理卫生杂志》1993 年第 7 期，第 193～196 页。

“脑子好像生锈了一样”或“脑子不能用”等，同时表现出沉默寡言、语速明显减慢、思考问题困难、工作和学习能力明显下降；再次，表现为行为缓慢、生活懒散、不想做事或学习、不愿外出、回避社交、疏远亲友、常常独自静坐或喜欢卧床不起，甚至不愿参加平常喜欢的业余活动。如果人患上了重度抑郁，就可能会由于消极悲观的负性自动想法而感到绝望，最后发展成为自杀的倾向或行为。这对青少年的健康成长极为不利。因此，青少年抑郁应备受关注。研究表明：学校、社会因素与负性自主思维对青少年抑郁有直接效应，因此，调适困扰青少年身心健康的抑郁，首先要从识别抑郁入手，让青少年对其有一个客观、科学的认识和理解，然后从行为和认知两方面来进行自我调适。

青少年抑郁症状具有普遍性。我们的研究结果显示，青少年抑郁症状流行率达到42.33%，男女之间有显著性差异，这与国内外的研究结果和我们的理论假设一致。①② 但进一步具体分析发现，青少年抑郁症状轻度、中度、重度的构成比没有显著差异，但在普通中学和重点中学中存在显著差异；性别差异体现在普通中学的男女之间；青少年抑郁症状的构成比呈现年龄和年级特征，即总体上随年龄和年级增高流行率呈下降趋势，但是在轻、中、重度抑郁症状流行率上存在不同的发展趋势。这些结果提示：(1) 普通中学的女生抑郁症状流行率较高，这可能与普通中学女生受关注少，且担忧自己的前途与发展有关；(2) 对青少年抑郁症状的干预既要注意心理健康教育、心理素质训练，还应加强心理咨询和治疗；(3) 应更多关注低年级、低年龄段的青少年的心理健康。

二、参加积极有益的活动

青少年在体验到自己的抑郁情绪时，首先要做的就是活动起来，采取新的有效行为。被动的和闲散的生活使抑郁永存，被动加深虚弱感，易形成“灰姑娘心理”。抑郁常常导致自尊心的下降甚至自暴自弃。易感抑郁的人往往比较善良，体贴他人，利他主义，却往往过低评价自己，贬低自己，拒绝应得的欢乐。

1. 多安排一些能使你愉快的活动，大至约一个朋友出去旅游，小至舒舒服服地泡一个澡。患有抑郁症的人往往会认为自己没有资格享受欢乐，甚至觉得享受欢乐有罪，尤其是在发现他们未能像往常一样完成日常工作任务时，更容易产生这类想法。这种情况下，可以利用写日记来帮助自己跳出内疚的牢笼。

2. 安排一些能使自己恢复精神的活动，例如步行去商店、参加体育活动或与朋

---

① L. Wichstrom: *The emergence of gender difference in depressed mood during adolescence: The role of intensified gender socialization*. *Developmental Psychology*, 1999, 35 (1), pp232-245.

② X. J. Ge, R. D. Conger, G. H. Elder: *Pubertal transition, stressful life events, and the emergence of gender differences in adolescent depressive symptoms*. *Developmental Psychology*, 2001, 37 (3), pp404-417.

友散步等等。由于抑郁而带来的疲倦感会使你越发不想活动，把自己投身于日常活动中，能使你恢复精神。体育活动也有这种效果。

3. 寻求自己认为比较有吸引力的活动。被某种活动所吸引，能帮助你从沮丧的心情中解脱出来。即使在开始时这种解脱只是暂时的，也值得一试，值得依赖。如果你的精神难以集中，读书难以专注，不妨浏览一本杂志或看一部录像。

4. 看看你的日记，检查一下你的时间是怎样消磨的。有的人在抑郁时会迷失方向，活动越来越没有计划。如果你也有这种情况，为自己设计一个日常生活时间表会有所帮助。还有一些人是由于生活过于呆板，过于死气沉沉而产生抑郁，那么稍微改变一下生活日程就会有所裨益，哪怕在开始时不大适应也不要紧。

无论学习怎么忙，都必须找时间来让自己轻松一下，做一点你觉得能使自己高兴的事情。眼前的欢乐能帮助你预防未来的抑郁，愉快心情则能帮助你更顺利地做好事情。

三、注意睡眠、饮食和运动

不可忽视那些有可能导致情绪低落的基本生理因素。如果你睡眠不佳，食欲不振，听任自己处于不良的生理状态，你就很容易出现低落情绪，因为日常活动耗尽了你的精力，很快就会把你压垮。失眠是低落情绪的一种很普遍的后果，反过来它又能使你容易发作抑郁症。睡眠不足已成为影响中国青少年健康的重要因素，对于青少年个体来说，处理好学业、娱乐与睡眠之间的关系对于自身的发展至关重要。首先是采取积极的认知策略。作为青少年，要切实认识到睡眠问题的重要性以及忽视睡眠会造成的危害，如影响身体的发育、智力的发展与创造性思维的形成，以及良好性格与心理素质的培养。要认识到在睡眠问题上自己不是消极无为的，而是可以采取积极的策略加以改变的，要增加对自己生物节律的了解，找出适合自己的睡眠方式。对科学睡眠知识的了解也相当重要，尤其是对于良好的睡眠标准的理解。其次是采取积极的行动策略。它包括如下几个方面：其一是养成良好的睡眠习惯。其二是努力营造适于睡眠的环境。睡眠时光线要适度，周围的色彩尽量柔和，通风但不能让风直吹，尽量防止噪音干扰。其三是采取积极的心理调适策略。

过度节食会使人心情烦躁、抑郁、疲倦和虚弱。在我们的社会中，女孩普遍希望自己的体重和体型得到控制，因而控制自己的饮食。这实际上是一个误区，把自尊心和体型外貌乃至节食过于紧密地联系在一起了。

四、改善人际关系

我们研究发现，导致青少年抑郁的原因与失落、变动，以及缺乏亲密的支持性的人际关系相关，因此对青少年抑郁进行调适，改变青少年的人际关系非常重要。

要合理利用社会支持。老师、家人、朋友、同学的精神支持，可以改变青少年不良认知和提高其适应能力，有助于改善人际关系。得到支持就是最大的帮助，你知道有人理解你的心情，关怀你的心情。同朋友谈心还能让你有机会思考你为什么会感到抑郁，生活中究竟出现了什么令你垂头丧气的问题。朋友能帮助你寻找对付这些问题的办法，能为你正确对待问题和正确对待自己提供不同的建议。朋友还能鼓励你将你已经选定的策略付诸实施。当发生什么不利事件时，有一个可以完全信赖的人，无论是亲戚、老师或朋友，是防止抑郁的最重要保证之一。如果你还没有这么一种亲密的可以依靠的人际关系，你的朋友也不能向你提供能帮助你防止抑郁的感情支持，你就应该想办法开始建立这样的支持关系。

可靠的人际关系决不应该是溺爱式的关系。我们不仅需要支持，还需要有自己的空间，自己的独立性和意志自由。你应该对关键性的关系进行一下检查，有没有“支持过度”？是不是给你留下太少的独立自主时间？如果有这样的情况，你应该同对方商量，作一点改变，以寻求支持和独立之间和最佳平衡。

附录一　Beck 抑郁自评问卷（BDI）

指导语：这个问卷由许多项目组成，请仔细看每组的项目，然后在每组内选择最适合你现在情况（最近一周，包括今天）的一项描述，并将那个数字圈出。请先读完一组内的各项叙述，然后选择。

A：

0. 我感到不忧愁。

1. 我感到忧愁。

2. 我整天都感到忧愁，且不能改变这种情绪。

3. 我非常忧伤或不愉快，以致我不能忍受。

B：

0. 对于将来我不感到悲观。

1. 我对将来感到悲观。

2. 我感到没什么可指望的。

3. 我感到将来无望，事事都不能变好。

C：

0. 我不像一个失败者。

1. 我觉得我比一般人失败的次数多些。

2. 当我回首过去我看到的是许多失败。

3. 我感到我是一个彻底失败了的人。

D：

0. 我对事物像往常一样满意。

1. 我对事物不像往常一样满意。

2. 我不再对任何事物感到真正满意。

3. 我对每件事都不满意或讨厌。

E：

0. 我没有特别感到内疚。

1. 在相当一部分时间我感到内疚。

2. 在部分时间内我感到内疚。

3. 我时刻感到内疚。

F：

0. 我没有感到正在受惩罚。

1. 我感到我可能受惩罚。

2. 我预感会受惩罚。

3. 我感到正在受惩罚。

G：

0. 我感到我并不使人失望。

1. 我对自己失望。

2. 我讨厌自己。

3. 我痛恨自己。

H：

0. 我感觉我并不比别人差。

1. 我对自己的缺点和错误常自我反省。

2. 我经常责备自己的过失。

3. 每次发生糟糕的事我都责备自己。

I：

0. 我没有任何自杀的想法。

1. 我有自杀的念头但不会去自杀。

2. 我很想自杀。

3. 如果我有机会我就会自杀。

J：

0. 我并不比以往爱哭。

1. 我现在比以往爱哭。

2. 现在我经常哭。
3. 我以往爱哭，但现在即使想哭我也不哭。

K：

0. 我并不比以往更容易被惹恼。
1. 我比以往更容易被惹恼或更容易生气。
2. 我现在经常容易发火。
3. 以往能激惹我的那些事情现在则完全不能激惹我了。

L：

0. 我对他人的兴趣没有减少。
1. 我对他人的兴趣比以往减少了。
2. 我对他人丧失了大部分兴趣。
3. 我对他人现在毫无兴趣。

M：

0. 我与以往一样能作决定。
1. 我现在作决定没有以前果断。
2. 我现在作决定比以前困难得多。
3. 我现在完全不能作决定。

N：

0. 我觉得自己看上去和以前差不多。
1. 我担心我看上去老了或没有以前好看。
2. 我觉得我的外貌变得不好看了，而且是永久性的改变。
3. 我认为我看上去很丑了。

O：

0. 我能像往常一样工作。
1. 我要经过一番特别努力才能开始做事。
2. 我做任何事都必须作很大的努力，强迫自己去做。
3. 我完全不能工作。

P：

0. 我睡眠像以往一样好。
1. 我睡眠没有以往那样好。
2. 我比往常早睡一两个小时，再入睡有困难。
3. 我比往常早醒几个小时，且不能入睡。

Q：

0. 我现在并不比以往感到容易疲劳。

1. 我现在比以往容易疲劳。

2. 我做任何事都容易疲劳。

3. 我太疲劳了以至于我不能做任何事情。

R：

0. 我的食欲与以前一样好。

1. 我现在食欲没有往常那样好。

2. 我的食欲现在差多了。

3. 我完全没有食欲。

S：

0. 我最近没有明显的体重减轻。

1. 我体重下降超过 5 斤。

2. 我体重下降超过 10 斤。

3. 我体重下降超过 25 斤，我在通过控制饮食来减轻体重。

T：

0. 与以往比我并不过分担心身体健康。

1. 我担心我身体的毛病，如疼痛、反胃及便秘。

2. 我为身体的毛病感到很着急，而妨碍我思考其他问题。

3. 我非常着急身体疾病，以至于不能思考任何其他事情。

U：

0. 我对异性的兴趣最近没有什么变化。

1. 我对异性的兴趣比以往差些。

2. 现在我对异性的兴趣比以往减退了许多。

3. 我完全丧失了对异性的兴趣。

附录二 Zung 氏抑郁量表（SDS）

指导语：这个问卷由 20 个题目组成，请仔细阅读每个题目并完全理解，然后选择最适合你现在情况（最近一周，包括今天）的一项描述，并将那个字母勾选出来。注意：前注 * 者为逆向记分题。各个字母的具体含义如下：

A：偶尔；B：有时；C：经常；D：持续。

1. 我感到情绪沮丧、郁闷。 □A □B □C □D

*2. 我感到早晨心情最好。 □A □B □C □D

3. 我要哭或想哭。 □A □B □C □D

4. 我夜间睡眠不好。 □A □B □C □D

*5. 我吃饭像平时那样多。 □A □B □C □D

*6. 我对异性有兴趣。 □A □B □C □D

7. 我感到体重减轻。 □A □B □C □D

8. 我为便秘烦恼。 □A □B □C □D

9. 我的心跳比平时快。 □A □B □C □D

10. 我无故感到疲劳。 □A □B □C □D

*11. 我的头脑像往常一样清楚。 □A □B □C □D

*12. 我做事情像平时一样不感到困难。 □A □B □C □D

13. 我坐卧不安，难以保持平静。 □A □B □C □D

*14. 我对未来感到有希望。 □A □B □C □D

15. 我比平时更容易激怒。 □A □B □C □D

*16. 我觉得决定什么事很容易。 □A □B □C □D

*17. 我感到自己是有用的和不可缺少的人。 □A □B □C □D

*18. 我的生活很有意义。 □A □B □C □D

19. 假若我死了别人会过得更好。 □A □B □C □D

*20. 我仍旧喜爱自己平时喜爱的东西。 □A □B □C □D

第十八章 Di Shi Ba Zhang

青少年强迫问题及调适策略

强迫症状（obsessive-compulsive symptoms）是影响青少年心理健康的主要问题之一。青少年正值青春发育时期，他们生理上急剧变化，心理上动荡发展，学业上紧张繁重，他们所面临的生理、心理与社会变化的压力相当大，而压力、紧张和焦虑等则是促使强迫滋生的土壤。尽管强迫症在普通人群中的检出率相对较低，在青少年中更为少见，但强迫症状则较为常见，在普通人群中有20%～60%的人报告曾有过强迫症状，而在精神科门诊，有70%～94%的就诊者报告曾有过强迫症状（Weissman等，1994）[①]。强迫症状是影响中学生心理健康的常见问题之一，主要开始于青少年时期或成年早期，33%～50%的成人强迫症患者报告发病于青少年时期（Rasmussen和Eisen，1990）[②]。而且，由于青少年的临床表现与成人相似，因而青少年的强迫症状可以预测成人的发病症状（March等，1995）[③]。由此可见，研究青少年强迫问题具有重要的理论和实践意义。

① M. H. Weissman, et al: *The cross national epidemiology of obsessive compulsive disorder. Journal of Clinical Psychiatry*, 1994, 55 (suppl.), pp5－10.

② S. A. Rasmussen, J. L. Eisen: *Epidemiology of obsessive compulsive disorder. Journal of Clinical Psychiatry*, 1990, 51 (2), pp10－14.

③ J. S. March, K. Mulle, B. Herbel: *Behavioral psychotherapy for children and adolescents with obsessive-compulsive disorder: An open trial of a new protocol-driven treatment package. Journal of the American Academy of Child and Adolescent Psychiatry*, 1994, 33 (3), pp333－341.

第一节　青少年强迫症状和强迫信念概述

一、强迫症状及强迫信念的概念

（一）强迫症状的概念

强迫症状最早是由J. 艾斯基罗尔发现的，并于1838年描述了一例强迫怀疑的症状，并把它归入单狂。其后，许多学者对此进行了研究并提出各自的论点（《中国大百科全书》，1991）①。但到目前为止，关于强迫症状，国内外并没有一个明确的概念。Amir等人（2001）② 给它下了一个操作性定义：以强迫量表（Obsessive Compulsive Inventory，OCI）的得分高低来区分强迫症状的有无。高于120分属于高强迫症状（HI-OC），低于5分则没有强迫症状（LOW-OC）。这种划分标准是由Foa等人（1998）③ 经研究确立的，他们以强迫症患者（实验组）和非焦虑者（控制组）为样本，结果发现90％的强迫症患者能成功地从样本中鉴别出来。国内对强迫症状一词的理解类似于强迫状态（国外并无强迫状态一说），所谓强迫状态是指一种个人并不希望、不愿接受，但又不能自主抗拒的异常心理现象（《中国大百科全书》，1991）。

综合国内外的观点，我们认为，青少年强迫症状是指青少年期出现的以强迫为主的显著而持久的思想、冲动、意向和行为症状。这个概念包含三层意思：（1）它可以是某种观念（强迫观念）或行为（强迫行为）。（2）个体明知是不必要去想、去做的，甚至认为是不正常的、不合理的事情却不能对之加以控制，而重复出现在自己的意识中，暂时成为压倒一切的优势心理状态，即“心不由己”。（3）倘若个体强制对抗或试图摆脱这种状态，就会引起严重的焦虑或恐惧，致使不得不停止正在进行的日常活动，直到所要进行的某种强迫行为已经完成，或强迫思考的问题得到解决，才能恢复原来的日常活动。

对于强迫症状，国内一般分为三类：强迫观念、强迫意向和强迫行为。国外则普遍分为两类，即强迫观念和强迫行为，而将强迫意向划入强迫观念。所谓强迫意向，是指在某种场合下，患者出现一种明知与当时情况相违背的念头，却不能控制其出现的情况，患者会十分苦恼。实际上，强迫意向还是个体头脑中的一种想法，应属于强迫观念的范畴。因此，我们赞同两分法，将强迫症状分为强迫观念和强迫行为。强迫观念是指重复出现的，强制性的，令人苦恼的，持久的思想、冲动和意

---

① 《中国大百科全书·心理学》，中国大百科全书出版社1991版，第243页。

② N. Amir，et al：*Thought-action fusion in individuals with OCD symptoms*. *Behaviour Research and Therapy*，2001，39（7），pp765－776.

③ E. B. Foa，et al：*The validation of a new obsessive compulsive disorder scale：The Obsessive Compulsive Inventory（OCI）*. *Psychological Assessment*，1998，10（3），pp206－214.

向。强迫行为是指个体感觉被迫从事与强迫观念相关的或需遵从某种严格规则（如必须以特定的顺序完成任务）的重复行为（如清洗、打扫等）或心智动作（如重复思考特定的字词、数数、检查等）。强迫观念又包括强迫怀疑（doubting obsession）、一般强迫思维（obsessing）、攻击性强迫观念（aggressive obsession）、性强迫观念（sexual obsession）、传染性强迫观念（contamination obsession）、精确性或对称性强迫观念（exactness or symmetry obsession）、收藏性强迫观念（hoarding obsession）等等；强迫行为包括强迫清洗（washing and cleaning）、强迫检查（checking）、强迫排序与分类（ordering）、强迫收藏（hoarding）、强迫计数（counting）、幸运符号（lucky symbols）、重复性仪式动作（repeating rituals）等等。

（二）强迫信念的概念

强迫症的早期理论认为侵扰思想直接导致了情绪障碍（如焦虑或不安），情绪障碍促使强迫行为产生以减轻焦虑（Rachman 和 Hodgson，1980）。之后 Salkovskis（1985，1989）对此认知模型作了一个重要补充，即增加了一个中间步骤——“对侵扰思想的评价（appraisal of the intrusion）”，他认为“对侵扰思想的评价”决定了是否出现强迫观念和强迫行为。

Rachman（1997）[①] 进一步提出：强迫观念的产生是由于极其错误地解释了某人思想（意向、冲动）的意义。包括两个推论：（1）只要错误解释继续，强迫观念就持续存在；（2）随着错误解释的减弱或终止，强迫观念将会减少或消失。也就是说，重复出现强迫观念的人远远比没有强迫观念的人更有可能把他们的侵扰思想看做具有重要个人意义。当他们把侵扰思想解释为非常有意义时，这些侵扰思想将在他们的强迫观念中起重要作用；反之，当他们把侵扰思想解释为几乎无意义时，这些侵扰思想将不在强迫观念中起重要作用。该理论的立足点有二：（1）假定不受欢迎的侵扰思想是强迫赖以产生的原料；（2）研究发现人们几乎普遍经历过这些思想，即侵扰思想是普遍存在的。

现在人们倾向于认为，对侵扰思想的错误解释或评价（或者说认知偏差）是强迫症产生的重要原因。许多研究者认为认知内容（信念和评价）与认知过程对于强迫症的产生具有重要的病原学意义（Rachman，1997）。一些认知模型（Foa，Kozak，1986[②]；Salkovskis，1989[③]；Tallis，1995a[④]）认为认知因素是形成强迫症

---

① S. Rachman：*A cognitive theory of obsessions*. *Behavior Research and Therapy*，1997，35（9），pp793－802.

② E. B. Foa，M. J. Kozak：*Emotional processing of fear*：*Exposure to corrective information*. *Psychological Bulletin*，1986，99（1），pp20－35.

③ P. M. Salkovskis：*Cognitive behavioural factors and the persistence of intrusive thoughts in obsessional problems*. *Behavior Research and Therapy*，1989，27（6），pp677－682.

④ F. Tallis：*Obsessive compulsive disorder*：*A cognitive and neuropsychological perspective*，New York：John Wiley & Sons，1995.

的关键所在。这里，我们尝试从认知信念角度探索强迫产生的原因。为此，有必要区别三个相关的概念，即侵扰思想、评价与信念。

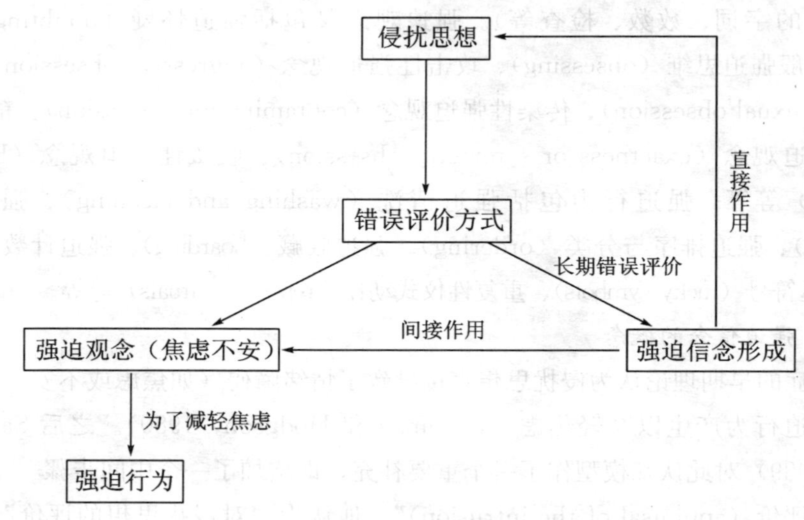

图 18－1　强迫的认知理论简明图

侵扰思想（intrusions）是指一些突然进入个体头脑的令人讨厌的思想、冲动或意向，这些思想、冲动或意向可能打断个体正在想的或做的事，在个别情形下有重复出现的倾向。大多数人都时常经历着侵扰思想，如怀疑："假如煤气没关会出现什么情况呢?"一些人报告说有特别紧张、频繁或令人不安的侵扰思想，并且易于对这些侵扰思想进行消极评价，从而企图消除它们或阻止其可能出现的结果。此类侵扰思想就是典型的强迫观念，被看做强迫症的特征症状之一。

评价（appraisals）即个体对进入其头脑中的具体事件（如一种侵扰思想）所赋予意义的方式。评价可以采取预期、解释或其他判断类型。

信念（beliefs）是指个体所拥有的相对持久的、泛化的而不是专门指向特定事件的、未经验证的假定，即自己认为可以确信的看法。所谓强迫信念，也就是关于强迫的信念。

侵扰思想、评价和信念是认知的三个水平。侵扰思想是普遍存在的，大多数人都经历过，这是强迫观念的原料，是一种正常思想。评价就是对进入脑海的侵扰思想进行评价，它对于是否产生强迫非常重要，评价方式的不同直接决定了强迫的有无。正如认知理论所说，对侵扰思想的错误解释或评价是强迫产生的重要原因。当个体长期使用某种或某类评价方式时，就形成了相对持久的信念，如果个体长期使用易导致强迫产生的评价方式，久而久之就形成了与之相对应的强迫信念。从图 18－1 我们可以清楚看出侵扰思想、评价、信念和强迫之间的关系。由于强迫信念相对容易测量，因此我们选择从强迫信念角度探讨强迫产生的原因。

二、强迫症状及强迫信念的测量

(一) 强迫症状的测量

关于强迫症状的测量，国内鲜有研究。国外针对强迫症状的测量如下：

1. Maudsley强迫量表（Maudsley Obsessive-compulsive Inventory，MOCI），由30个正误题组成，2点记分，用来评价明显的强迫动作以及相关的强迫观念。Hodgson和Rachman（1977）[①] 将它分为4个分量表：检查、清洗、怀疑、迟缓。通过因素分析得到4个维度：清洗、检查、迟缓、怀疑。清洗和检查2个分量表的外部效度令人满意，而迟缓和怀疑2个分量表则相对较差。该量表有两个缺陷，一是2点记分形式限制了量表鉴别的灵敏度；二是量表的项目只包含了两种强迫行为（清洗和检查）和一种强迫观念（怀疑被污染）。因此，Foa等（1998）认为MOCI的四个分量表只抓住了所有强迫症状的一个子集。

2. 修订的莱顿儿童强迫量表（Child Version of the Leyton Obsessional Inventory，LOI-CV），由20个5点记分题组成，专门测量8～18岁儿童和青少年的强迫症状（Berg，Whitaker，Davies，Flament和Rapoport，1988）[②]。

3. 修订的Padua强迫量表（Revised Padua Inventory，PI-R），由41个5点记分题组成。Van Oppen，Hoekstra和Emmelkamp（1995）[③] 将它分为5个分量表：检查、冲动性、精确性、犹豫不决、清洗。研究发现，该量表的结构在很大程度上与强迫症中的不同类型的现象相似（Van Oppen等，1995）。

4. 强迫量表（Obsessive Compulsive Inventory，OCI），由62个5点记分题组成。Foa等（1998）根据心理疾病的诊断与统计手册（第四版，DSM-Ⅳ）[④] 所描述的强迫症的主要症状将之分为7个分量表：清洗、检查、怀疑、排序、强迫思想、收藏、心理平衡术。

5. Leckman等（1997）[⑤] 利用耶鲁—布朗强迫量表（YBOCS）对两个独立样本（n=208，n＝98）进行检测，发现了13类强迫症状，即攻击性（aggressive）、性（sexual）、宗教信仰（religious）、躯体症状（somatic）、精确性（symmetry）、

---

① R. Hodgson, S. Rachman: *Obsessional compulsive complaints. Behaviour Research and Therapy*, 1977, 15 (5), pp389－395.

② C. Z. Berg, et al: *The survey form of the Leyton Obsessional Inventory－child version: Norms from an epidemiological study. Journal of the American Academy of Child and Adolescent Psychiatry*, 1988, 27 (6), pp759－763.

③ P. Van Oppen, R. J. Hoekstra, P. M. G. Emmelkamp: *The structure of obsessive-compulsive symptoms. Behavior Research and Therapy*, 1995, 33 (1), pp15－23.

④ American Psychiatric Association: *Diagnostic and statistical manual of mental disorder*, 4th Edition, 1994.

⑤ J. E. Leckman, et al: *Symptoms of obsessive-compulsive disorder. The American Journal of Psychiatry*, 1997, 154 (7), pp911－917.

污染（contamination）和收藏（hoarding），这 7 个方面属于强迫观念范畴；检查（checking）、排序（ordering）、计数（counting）、重复性仪式动作（repeating rituals）、清洗（cleaning）和收藏（hoarding），这 6 个方面属于强迫行为范畴。经因素分析后进一步划分为 4 个维度：（1）强迫观念与强迫检查（obsessions and checking）——包括攻击性强迫观念、性强迫观念、与信仰有关的强迫观念、躯体强迫观念和强迫检查；（2）精确性和排序（exactness and ordering）——包括精确性强迫观念和强迫排序；（3）打扫和清洗（cleaning and washing）——包括与污染有关的强迫观念和强迫清洗；（4）收藏（hoarding）——包括与收藏有关的强迫观念和强迫收藏。这 4 个维度能解释变量的 60%以上。大多数研究者基本赞同 YBOCS 上所列的症状代表了强迫症的主要类型。

6. Swedo，Rapport 等（1989）① 总结了青少年常见的强迫症状：强迫观念包括污染（contamination）、伤害自己或别人（harm to self or others）、攻击性主题（aggressive themes）、性冲动（sexual urges）、宗教信仰（religiosity）、精确性冲动（symmetry urges）以及询问需求（need to tell，ask，confess）7 个方面；强迫行为包括清洗（washing）、重复性仪式动作（repeating）、检查（checking）、触摸（touching）、计数（counting）、排序（ordering）、收藏（hoarding）以及祈祷（praying）8 个方面。其中最常见的强迫观念有害怕污染、伤害自己、伤害熟悉的人以及精确性冲动，最常见的强迫行为是清洗，其次是检查、计数、重复性仪式动作、触摸和排序。

以上列举的这些量表，大多针对成人，缺乏统一的理论指导，研究者都是依据自己的研究目的和思路加以编制，对各自维度的定义也各不相同，但是这些量表都紧密结合强迫的临床症状，且有不少共同因素，可作为我们自编量表的借鉴。

（二）强迫信念的测量

关于强迫信念的测量，强迫认知工作组（OCCWG，1997）② 认为，目前至少有 16 个测量工具是测量与强迫有关的信念与态度的（见表 18—1）。然而，这些量表相互交叉，缺乏心理测量学的评价，并且研究者之间对于最有可能影响强迫的重要认知内容的类型缺乏一致意见。这就为比较各种研究结果增加了难度。为此，OCCWG（由 26 个成员组成，均为强迫领域的知名专家、教授及临床医生）通过三次大的研讨会，在相关理论、已有的证据及临床经验的基础上，首先从这 16 个测量工具中抽取出了 19 个不同的信念维度，最终从这 19 个维度中进一步抽取出 6 个维度

---

① S. E. Swedo，J. L. Rapport，et al：*High prevalence of obsessive-compulsive symptoms in patients with Sydenham's chorea*. *The American Journal of Psychiatry*，1989，146（2），pp246—249.

② Obsessive Compulsive Cognitions Working Group：*Cognitive assessment of obsessive-compulsive disorder*. *Behavior Research and Therapy*，1997，35（7），pp667—681.

(见表18—2)。他们抽取的标准有二：(1) 专门针对强迫的维度，即该信念普遍存在于强迫症患者中，而较少发现于其他人群；(2) 只要该维度作为强迫的诱因具有重要的理论价值，就不管它是否专门针对强迫，也不管它是否可能出现在其他心理障碍中。

鉴于强迫信念的测量国内尚无研究，而OCCWG (1997) 对强迫信念的划分又比较合理，因此，我们对强迫信念维度的划分将在此基础上进行。

表18—1 强迫信念测量工具一览

作者	量表	分量表
Brown等 (1995)①	态度与信念量表 (Attitude and Belief Scale)	—
Clark, Purdon (1995)②	元认知信念量表 (Meta-cognitive Beliefs Questionnaire)	1. 控制思想的重要性 2. 思想—行为融合 3. 对侵扰思想的羞耻和困窘 4. 对侵扰思想的积极归因
Freeston等 (1995)	对思想的典型解释 (Typical Interpretation of Thoughts)	—
Freeston等 (1993)③	关于强迫观念的非理性信念 (Irrational Beliefs Regarding Obsessions)	1. 责任感、犯罪感、过失感、惩罚感和遗弃感 2. 过高评价威胁 3. 不能忍受不确定性
Frost等 (1990)④	多维完美主义量表 (Multidimensional Perfectionism Scale)	1. 关心错误 2. 个人标准 3. 家长期望 4. 家长评论 5. 怀疑行为 6. 秩序与组织
Frost等 (1993)⑤	侥幸信念量表 (Lucky Beliefs Questionnaire)	—
Hoekstra (1995)⑥	强迫认知量表 (Obsessive-compulsive Cognitions List)	—

① G. P. Brown, M. G. Craske, Y. Rassovsky: *A new scale for measuring cognitive vulnerability to anxiety disorders: The Anxiety Attitude and Belief Scale*. Paper presented at the annual meeting of the Association for Advancement of Behavior Therapy, Washington, DC, 1995.

② D. A. Clark, C. Purdon: *Meta-cognitive Beliefs Questionnaire*. Unpublished questionnaire, Department of Psychology, University of New Brunswick, Fredericton, New Brunswick, Canada, 1995.

③ M. H. Freeston, R. Ladouceur, F. Gagnon, N. Thibodeau: *Beliefs about obsessional thoughts*. *Journal of Psychopathology and Behavioral Assessment*, 1993, 15 (1), pp1—21.

④ R. O. Frost, P. Marten, C. Lahart, R. Rosenblate: *The dimensions of perfectionism*. *Cognitive Therapy and Research*, 1990, 14 (5), pp449—468.

⑤ R. O. Frost, D. L. Shows: *The nature and measurement of compulsive indecisiveness*. *Behaviour Research and Therapy*, 1993, 31 (7), pp683—692.

⑥ R. J. Hoekstra: *Obsessive-compulsive Cognitions List*. Unpublished scale, Research Office, Faculty of Medicine, Limburg University, Maastricht, Netherlands, 1995.

续表

作者	量表	分量表
Kozak (1996)①	信念僵化量表 (Fixity of Beliefs Scale)	—
Kugler, Jones (1992)②	内疚量表 (Guilt Inventory)	1. 特质内疚 2. 状态内疚 3. 道德标准
Kyrios, Bhar (1995)③	责任感量表 (Responsibility Questionnaire)	—
Shafran 等 (1996)④	思想—行为融合量表 (Thought-action Fusion Scale)	1. 有关道德的思想—行为融合 2. 可能性的思想—行为融合
Rheaume 等 (1995)⑤	责任感量表 (Responsibility Questionnaire)	—
Salkovskis (1992)⑥	责任感量表 (Responsibility Scale)	—
Sookman, Pinard (1995)⑦	强迫症认知一览表 (Obsessive Compulsive Disorder Cognitive Schemata Scale)	1. 脆弱性 2. 责任感 3. 思想—行为融合 4. 病态怀疑 5. 对暧昧、新奇和变化的反应 6. 控制的需求 7. 对强烈感情的反应 8. 完美主义 9. 持续言语(指言语反复不止的病态) 10. 过多包涵物 11. 推理 12. 自我知觉

① M. Kozak: *Fixity of Beliefs Scale*. Unpublished scale, Department of Psychiatry, Medical College of Pennsylvania, PA, 1996.

② K. Kugler, W. H. Jones: *On conceptualizing and assessing guilt*. *Journal of Personality and Social Psychology*, 1992, 62 (2), pp318-327.

③ M. Kyrios, S. S. Bhar: *A measure of inflated responsibility*: *Its development and relationship to obsessive-compulsive phenomena*. Paper presented at the World Congress of Behavioral and Cognitive Therapies, Copenhagen, Denmark, 1995.

④ R. Shafran, D. S. Thordarson, S. Rachman: *Thought-action fusion in obsessive compulsive disorder*. *Journal of Anxiety Disorders*, 1996, 10 (5), pp379-391.

⑤ J. Rheaume, et al: *Perfectionism*, *responsibility and obsessive-compulsive symptoms*. *Behavior Research and Therapy*, 1995, 33 (7), pp785-794.

⑥ P. M. Salkovskis: *Cognitive models and therapy of obsessive compulsive disorder*. Paper presented at the World Congress of Cognitive Therapy, Toronto, Ontario, Canada, 1992.

⑦ D. Sookman, G. Pinard: *The Cognitive Schemata Scale*: *A multidimensional measure of cognitive schemas in obsessive compulsive disorder*. Paper presented at the World Congress of Cognitive Therapy, Copenhagen, Denmark, 1995.

续表

作　者	量　表	分量表
Steketee 等（1996）①	强迫信念量表（Obsessive Compulsive Beliefs Questionnaire）	1. 对伤害的责任感 2. 对思想与行为的控制 3. 对危险的评价 4. 难以忍受不确定性
Tallis（1995b）②	强迫信念（Obsessional Beliefs Scale）	—

表 18－2　强迫信念维度一览

强迫信念维度	界　定
1. 自我责任的泛化（inflated responsibility）	个体相信自己拥有一种力量，这种力量对于主观上引发或阻止至关重要的消极结果具有关键性作用。这些结果可能是真实的，也就是说，它们在现实世界或道德水平上是存在的。如："我经常认为我要对一些别人并不认为是我的过失的事情负责。"
2. 过高看重思想（overimportance of thoughts）	个体相信只要一种思想出现在头脑中就表明它很重要。包括思想与行为融合以及不可思议的思想。如："假如一种侵扰思想闯进我的脑海，那么这种思想一定是重要的。"
3. 控制思想的需求（need to control thoughts）	个体把是否能完全控制自己头脑里的侵扰性的思想、冲动和意向看得非常重要，并且相信对它们进行控制是可能的、应该的。如："如果我没有控制住自己的令人讨厌的思想，就一定会发生不好的事情。"
4. 过高评价威胁（overestimation of threat）	个体过于夸大伤害的可能性或严重性。如："在我的生活中，小问题似乎总会转变为大问题。"
5. 难以忍受不确定性（intolerance of uncertainty）	个体相信确定性是必要的，他（她）处理不可预知的变化的能力很差，并且很难在模棱两可的情形下作出充足的反应。即个体认为不确定性、新奇性和变化是难以忍受的，因为它们存在潜在的危险。如："如果我不能完全确定某件事，我就一定会犯错。"
6. 完美主义（perfectionism）	个体相信每个问题都有一个完美的解决方法，把事情做得至善至美是可能而且必要的，并且认为即使是微小的错误也会产生严重的后果。如："对我来说，犯错就跟完全失败一样糟糕。"

三、青少年强迫症状的理论和实证研究

（一）强迫症状与强迫症的关系

强迫症状不同于强迫症，强迫症（obsessive-compulsive disorder，简称 OCD）是指一种焦虑障碍，其特征是重复的、令人烦恼的思想、冲动或意向，以及为减少

① G. Steketee，R. Frost，I. Cohen：*Measurement of beliefs in patients with OCD*. Paper presented at the Annual Meeting of the Association for Advancement of Behavior Therapy，New York，1996.

② F. Tallis：*Obsessional Beliefs Scale*. Unpublished scale，Charter Nightingale Hospital，London，1995.

由强迫思想引起的不舒服感而进行的重复行为。强迫症在世界人口中的终生患病率约为 2.5%（Reiger 等，1988）[①]，时点流行率约为 2.8%（Henderson，Pollard，1988）[②]，居精神障碍的第四位。在非临床样本中有 80%的人报告有过强迫观念，而约 55%的人报告曾有过强迫行为（Muris 等，1997）[③]。Rachman，De Silva（1978）与 Salkovskis，Harrison（1984）[④] 证实，大多数人都经历过与临床强迫观念非常相似的强迫观念，但是二者在强度和频率方面有很大的区别。非临床被试与强迫症患者所报告的强迫观念的内容和形式很相似，但是患者经历的强迫观念更加强烈、更加逼真，持续时间更长。也就是说，强迫症患者比非临床样本的强迫症状更加频繁（平均每天超过一小时）、更加强烈（严重影响个体的学习和生活），并带来更多的苦恼和焦虑（削弱了各项心理功能）。由此可见，当强迫症状引起青少年显著的焦虑、不安并且（或者）显著干扰其正常的学习和生活时，就形成强迫症。也就是说，强迫症是指强迫的严重状态，这是精神病理学研究的一个重点领域。

（二）强迫观念与强迫行为的关系

强迫观念和强迫行为紧密联系，Akhtar，Wig，Verma 等（1975）[⑤] 的研究发现，只有 25%的病人只存在强迫观念而无强迫行为。Wilner，Reich，Robins 等（1976）[⑥] 报告，69%的病人既有强迫观念又有强迫行为，25%的病人只有前者，6%的病人只有后者。由此可见，强迫观念与强迫行为经常相伴出现。

强迫观念和强迫行为与焦虑联系紧密，甚至可以说是为焦虑所驱使。强迫观念几乎总是让个体产生焦虑，这通常促使个体采取措施以减少焦虑，这些措施就是我们平常所见的强迫行为。强迫行为之所以能持久存在，关键在于它能减少由强迫观念引发的焦虑（Swinson，Antony 等，1998）[⑦]。

大量实验发现，当人为地给强迫症患者一个适当刺激（如接触脏东西），他们几乎总是报告自己焦虑急剧增加，并且伴随着想要执行强迫行为（如清洗）的冲动（Rachman，Hodgson，1980）[⑧]。如果立即执行了强迫行为，则焦虑迅速减少/降低。在另一种实验条件下，要求他们延缓执行强迫行为（比如清洗），他们的焦虑水平则

---

① D. A. Reiger，H. H. Boyd，J. D. Burke：*One-month prevalence of mental disorders in the United States*. *Archives of General Psychiatry*，1988，45（11），pp977—978.

② J. G. Henderson，C. A. Pollard：*Three types of obsessive compulsive disorder in a community sample*. *Journal of Clinical Psychology*，1988，44（5），pp747—752.

③ P. Muris，H. Merckelbach，M. Clavan：*Abnormal and normal compulsions*. *Behavior Research and Therapy*，1997，35（3），pp249—252.

④ P. M. Salkovskis，P. Harrison：*Abnormal and normal obsessions：A replication*. *Behaviour Research and Therapy*，1984，22（5），pp549—552.

⑤ S. Akhtar，et al：*A phenomenological analysis of the symptoms of obsessive-compulsive neuroses*. *British Journal of Psychiatry*，1975，127，pp342—348.

⑥ A. Wilner，et al：*Obsessive-compulsive neuroses*. *Comprehensive Psychiatry*，1976，17，pp527—539.

⑦ R. P. Swinson，et al：*Obsessive-compulsive Disorder：Theory，Research，and Treatment*，New York：Guilford Press，1998，p62.

⑧ S. Rachman，R. Hodgson：*Obsessions and Compulsions*，Englewood Cliffs，NJ：Prentice-Hall，1980.

先持续一段时间，接着逐步降低。换句话说，执行相关的强迫行为会使焦虑更加迅速地降低（Rachman，Hodgsor，1980）。

只有在极少数情况下，强迫行为能引发强迫观念，比如重复检查煤气炉可能导致对个体的心理稳定性和可信度的强迫怀疑。

（三）强迫信念的相关研究

1. 自我责任的泛化。Salkovskis（1985[①]，1989）发现，“个体认为自己要对侵扰思想以及侵扰思想的可预见的后果负责”这种评价方式导致了强迫症状，这是一种自我责任感泛化的评价方式。其他研究者也指出了自我责任的泛化对强迫症的重要性（Freeston等，1996[②]；Rachman，1993[③]）。这种极度膨胀的个人责任感评价方式源自扭曲的责任感信念（responsibility beliefs）。

2. 过高看重思想。初步的研究发现，随着“过高看重思想”这种信念强度的降低，强迫观念的频率也减少了（Rheaume等，1997）[④]。过高看重思想还有一个相关的概念，叫思想—行为融合（thought-action fusion），它包括两个亚类：可能性偏差和道德偏差（R. Shafran，D. S. Thordarson和S. Rachman等，1996）。道德偏差（TAF-Morality），指一种信念，即出现难以接受的思想（如对暴力的幻想）在道德上等同于执行了相应的行为（如暴力）。可能性偏差（TAF-Likelyhood）也是指一种信念，即仅仅想到一个假定的情形（如车祸）就会促进这种情形变成现实（如想到车祸，就会增加车祸发生的可能性）。思想—行为融合增强了人们对侵扰思想的责任感，从而被认为是形成临床强迫观念（或病理性强迫观念）的一个易受影响的因素（Rachman，1997）。

3. 控制思想的需求（一种元认知信念）。元认知信念是关于思想和意念的信念，该思想和意念的形式或内容占据了意识流。根据Salkovskis（1989）的观点，元认知信念影响了个体对侵扰思想的评价，因而是产生和维持强迫观念及行为的助长剂。Clark和Purdon（1993）[⑤]的研究发现，“思想必须控制否则就会成真”这种信念预测了“对让人不安的侵扰思想的控制”。

4. 过高评价威胁。Foa和Kozak（1986）提出，强迫症患者存在认识论上的推理问题。也就是说，正常人认为根本没有危险的事件，强迫症患者却总认为存在潜

---

① P. M. Salkovskis：*Obsessional-compulsive problems：A cognitive-behavioural analysis. Behavior Research and Therapy*，1985，23（5），pp571—583.

② M. H. Freeston，J. Rheaume，R. Ladouceur：*Correcting faulty appraisals of obsessional thoughts. Behavior Research and Therapy*，1996，34（5），pp433—446.

③ S. Rachman：*Obsessions，responsibility and guilt. Behavior Research and Therapy*，1993，31（2），pp149—154.

④ J. Rheaume，R. Ladouceur，M. H. Freeston：*The prediction of obsessive-compulsive symptoms：New evidence for a multiple cognition explanation. Clinical Psychology and Psychotherapy*，submitted，1997.

⑤ D. A. Clark，C. Purdon：*New perspectives for a cognitive theory of obsessions. Australian Psychologist*，1993，28，pp161—167.

在的危险，直到证明安全为止。一些经验研究也倾向于支持强迫症与过高评价威胁的联系（如 Steketee 等，1996）。

5. 难以忍受不确定性。很早以前研究者们就观察到强迫症患者通常难于做决定（Beech，Liddell，1974[①]）。强迫症状个体比控制组显得更加谨慎；他们花更长时间将对象归类，更频繁地需要重复信息（Frost 等，1988）[②]。强迫症患者相对于其他组来说，也呈现出对他们的决定的正确性给以更多的怀疑的特点（Frost，Shows，1993）[③]。难以做决定可能源于对确定性的需求信念。难以忍受不确定性经常在强迫症中观察到（Carr，1974）[④]。

6. 完美主义。完美主义在强迫症的理论（Mallinger，1984[⑤]；McFall，Wollersheim，1979[⑥]）和对强迫的临床描述（Honjo 等，1989）[⑦] 中扮演着主要角色。对非临床群体（Frost，Marten 等，1990；Frost，Steketee 等，1994[⑧]；Rheaume 等，1995）和临床群体（Ferrari，1995）[⑨] 的测量都发现，完美主义尤其是对错误的极度关心与强迫症状相关。Frost 和 Steketee（1997）[⑩] 的研究发现强迫症患者的完美主义显著高于非临床样本。其他一些研究则发现完美主义和强迫症状的某些类型，如强迫检查（Gershunny，Sher，1995）[⑪]、强迫清洗（Tallis，1996）[⑫] 和强迫收藏（Frost，Gross，1993）[⑬] 有联系。

---

① H. R. Beech，A. Liddell：*Decision-making，mood states and ritualistic behaviour among obsessional patients*. In H. R. Beech (ed.)：*Obsessional States*，London：Methuen，1974，pp143－160.

② R. O. Frost，et al：*Information processing among non-clinical compulsives*. *Behavior Research and Therapy*，1988，26 (3)，pp275－277.

③ R. O. Frost，D. L. Shows：*The nature and measurement of compulsive indecisiveness*. *Behaviour Research and Therapy*，1993，31 (7)，pp683－692.

④ A. Carr：*Compulsive neurosis：A review of the literature*. *Psychological Bulletin*，1974，81 (5)，pp311－318.

⑤ A. E. Mallinger：*The obsessive's myth of control*. *Journal of the American Academy of Psychoanalysis*，1984，12 (2)，pp147－165.

⑥ M. E. McFall，J. P. Wollersheim：*Obsessive-compulsive neurosis：A cognitive-behavioral formulation and approach to treatment*. *Cognitive Therapy and Research*，1979，3 (4)，pp333－348.

⑦ S. Honjo，et al：*Obsessive compulsive symptoms in childhood and adolescence*. *Acta Psychiatrica Scandinavica*，1989，80 (1)，pp83－91.

⑧ R. O. Frost，et al：*Personality traits in subclinical and non-obsessive-compulsive volunteers and their parents*. *Behavior Research and Therapy*，1994，32 (1)，pp47－56.

⑨ J. R. Ferrari：*Perfectionism cognitions with nonclinical and clinical samples*. *Journal of Social Behavior and Personality*，1995，10，pp143－156.

⑩ R. O. Frost，G. Steketee：*Perfectionism in obsessive compulsive disorder patients*. *Behavior Research and Therapy*，1997，35 (4)，pp291－296.

⑪ B. Gershunny，K. Sher：*Compulsive checking and anxiety in a nonclinical sample：Differences in cognition，behavior，personality，affect*. *Journal of Psychopathology and Behavioral Assessment*，1995，17 (1)，pp19－38.

⑫ F. Tallis：*Compulsive washing in the absence of phobic and illness anxiety*. *Behaviour Research and Therapy*，1996，34 (4)，pp361－362.

⑬ R. O. Frost，R. C. Gross：*The hoarding of possessions*. *Behavior Research and Therapy*，1993，31 (4)，pp367－381.

四、以往研究的不足之处

（一）国内研究的不足之处

（1）大多属于临床研究，非临床研究寥寥无几。

（2）在非临床研究中，专门针对强迫症状所做的研究很少，很多研究是在考察学生心理健康问题时，将强迫症状作为其中一个因子进行的。在用非临床样本研究强迫症状时就存在强迫症状的操作性定义问题。由于强迫症状自评工具的非特异性、强迫症状操作标准的差异、缺乏必要的对照组等问题，因而这些结果很难真实反映强迫症状与这些因素的关系。

（3）许多研究是横向或回顾性的病例研究，尽管从临床样本的研究中得出了很多有价值的结果，但用临床样本进行的研究也存在一些不可忽视的问题。

（4）目前，国内缺乏信度、效度良好的、专门针对青少年的测量工具。国内广泛使用的SCL-90并不是专门针对强迫症状的量表，其中只有10个项目是测量强迫症状的，不能全面反映个体的强迫症状。

（二）国外研究的不足之处

（1）对强迫症状的认知归因研究尚处于探索阶段，交叉重叠较多。

（2）在强迫信念的问题上，针对成人的临床研究多，而针对青少年的研究很少，并且所编制的问卷大多是针对成人的。

（3）横向研究多，纵向研究少。

（4）研究因素比较单一，大多数研究只侧重于一个或两个方面因素的研究，未能综合考察这些因素在共同作用时的情况。

五、本研究的目的

本研究以探讨非临床青少年群体的强迫症状特征为基点，尝试从认知（信念）角度探讨青少年强迫症状产生的深层心理机制，为当前强迫研究所面临的困境提供新视角。具体是通过比较研究的方式探讨高强迫症状中学生与低强迫症状中学生在强迫信念上的差异。同时，在借鉴国外量表的基础上，尝试构建符合中国文化背景的强迫症状模型和强迫信念模型，编制相应的强迫症状量表和强迫信念量表，探讨青少年强迫症状的特点。

六、本研究的总体设计与思路

为了证实本研究所提出的各项假设，我们拟定分下列三个阶段进行研究：

第一阶段：强迫症状量表的编制和青少年强迫症状发展特点研究。本研究首先要编制一个信度、效度良好的强迫症状量表，在此基础上探讨青少年强迫症状的发展特点。

第二阶段：强迫信念量表的编制。强迫信念量表的编制是为下一步研究做准备，要从认知角度探讨强迫的深层心理机制，该量表的编制是关键。由于目前国内尚未有这方面的研究，因而这是本研究的一个难点。我们力求编制一个信度、效度良好的测量工具。

第三阶段：强迫症状的认知归因研究。挑选出强迫症状高分组和低分组，探讨二者在强迫信念上的差异，以及在对强迫症状的归因上的差异。验证 Rachman (1997)，Rachman 和 Hodgson (1980)，Salkovskis (1989) 的认知模型，即认知内容（信念和评价）与认知过程对于强迫症的产生具有重要的病原学意义。揭示强迫症状的认知机制。

第二节　青少年强迫症状和强迫信念问卷的编制

一、青少年强迫症状问卷（OCS）的编制

（一）青少年强迫症状结构的构建与初始问卷的编制

抽取重庆市某中学初一至高三学生共 365 人，其中初一 55 人（男 30，女 25），初二 62 人（男 35，女 27），初三 57 人（男 29，女 28），高一 65 人（男 36，女 29），高二 59 人（男 20，女 39），高三 67 人（男 34，女 33）作为开放式调查问卷的被试。利用上课时间对学生进行团体施测，在充裕的时间内要求学生用纸笔作答，当堂收回，并在事后对个别学生进行访谈。将问卷结果进行内容分析，统计词频，将词频达到一定水平的强迫症状指标作为问卷的典型内容，并结合专家意见制成强迫症状初始问卷。

对开放式问卷的调查结果进行内容分析发现，中学生的强迫症状主要表现在以下两个方面：

1. 强迫观念方面，包括强迫怀疑、一般强迫思维、攻击性强迫观念、性强迫观念、传染性强迫观念、精确性强迫观念和收藏性强迫观念等。比如“重复想象某个异性同学”、“打人、摔东西”、“想象一些与性有关的事情”、“怀疑身上出现不明伤口”、“别人坐了我的床会觉得不干净”、“反复想象被别人取笑时的情况”、“关注书写整洁和整洁的作业本”、“不愿扔掉用旧的东西”等。

2. 强迫行为方面，包括强迫清洗、强迫检查、强迫排序、强迫收藏、强迫计数、幸运符号、重复性仪式动作等。比如“反复检查到底有没有关灯、锁门”、“收藏一些没有用的东西”、“吃饭时会看一下厨房是否干净”、“很少在饭馆里吃饭”、“洗头、洗澡、书写格式有固定的顺序”、“重复某些数字”、“重复做一些事情”、“相

信幸运符号”等。

根据开放式问卷调查的结果，并参照国内外有关量表的项目，结合专家意见拟定出青少年强迫症状问卷初始问卷，该问卷共有 139 个题项。

（二）青少年强迫症状正式问卷的编制

在四川省绵阳、双流、乐山等中学抽取学生 815 人为被试，其中男 422 人，女 393 人；初一为 165 人，初二为 174 人，初三为 148 人，高一为 99 人，高二为 99 人，高三为 117 人（13 人年级资料缺失）。采用自编的青少年强迫症状初始问卷对被试进行团体施测。对初始问卷进行探索性因素分析，确定问卷的因素结构，形成正式问卷。用正式问卷对 118 名被试（高一和初二年级，男 58 人，女 60 人）进行施测与重测，重测间隔为两周。分析问卷的各种信度、效度指标。所有数据采用 SPSS 10.0 统计软件进行分析，结果如下。

1. 青少年强迫症状正式问卷的因素分析

在初始问卷的基础上，根据鉴别力分析和探索性因素分析两个标准来选择相关的项目组成正式问卷。根据因素分析结果共抽出 10 个因素（见表 18－3），各因素的特征值和贡献率见表 18－4。

表 18－3 青少年强迫症状问卷的因素负荷

项目	因素负荷										共同度
	因素 1	因素 2	因素 3	因素 4	因素 5	因素 6	因素 7	因素 8	因素 9	因素 10	
42	.701										.561
12	.660										.444
3	.638										.437
34	.609										.557
20	.596										.473
27	.561										.470
23	.543										.446
7	.519										.459
47	.509										.382
51	.506										.491
43		.729									.520
35		.648									.548
1		.639									.524
24		.584									.534

续表

项目	因素负荷										共同度
	因素 1	因素 2	因素 3	因素 4	因素 5	因素 6	因素 7	因素 8	因素 9	因素 10	
48		.549									.454
39		.494									.410
13		.411									.448
44			.833								.571
36			.690								.513
2			.685								.487
14			.626								.441
25			.511								.406
26				.746							.542
15				.656							.491
45				.639							.564
4				.596							.464
37				.534							.501
49				.400							.422
5					.736						.441
16					.613						.499
38					.589						.480
28					.536						.487
46					.525						.472
50					.421						.450
6						.846					.556
40						.641					.582
17						.541					.424
29						.400					.507
18							.802				.645
8							.789				.611
30							.517				.504
19								.708			.617
9								.692			.616
31								.495			.545

续表

项目	因素负荷										共同度
	因素 1	因素 2	因素 3	因素 4	因素 5	因素 6	因素 7	因素 8	因素 9	因素 10	
32									.622		.456
10									.598		.526
21									.531		.471
41										.724	.524
33										.674	.507
11										.608	.477
22										.473	.465

注：表内只列出了因素负荷大于 0.4 的题项。

表 18－4　青少年强迫症状问卷的特征值和贡献率

因　素	特征值	贡献率（%）	累积贡献率（%）
1	11.307	22.171	22.171
2	2.788	5.467	27.638
3	2.013	3.946	31.584
4	1.632	3.201	34.785
5	1.438	2.819	37.604
6	1.400	2.745	40.349
7	1.301	2.551	42.900
8	1.220	2.391	45.291
9	1.182	2.318	47.609
10	1.140	2.235	49.844

从表 18－3、表 18－4 可以看出，因素分析共获得 51 个有效题项，共析出 10 个因素，能够解释总变异量的 49.844%，项目在该因素上的负荷均大于 0.40，而在其余因素上的负荷很小。其中第一个因素包含 10 个项目，主要描述了洗手、洗东西、细菌、疾病、感染等内容，命名为强迫清洗；第二个因素包含 7 个项目，主要涉及个体对自己或他人的伤害，因此命名为攻击性强迫观念；第三个因素包含 5 个项目，主要体现个体严格按某种顺序排列物体，命名为强迫排序；第四个因素包含 6 个项目，主要反映个体不能控制地数物体或数数，命名为强迫计数；第五个因素包含 6 个项目，所涉及的主要是个体的一般性强迫思维，命名为一般强迫思维；第六个因素包含 4 个题项，反映的是个体反复做某种特定的动作，因而命名为重复性仪式动作；第七个因素包含 3 个题项，描述了下流思想、肮脏思想、性等内容，命名为性

强迫观念；第八个因素包含 3 个题项，与个体反复检查事物有关，命名为强迫检查；第九个因素包含 3 个题项，描述了霉运、坏运气、坏事情等内容，命名为幸运符号；第十个因素包含 4 个题项，涉及的是个体大量搜集或收藏无价值物品，命名为收藏。

因素分析所得到的结构（10 个因素）与我们的理论构想（14 个因素）不完全相同。其中传染性强迫观念融入了强迫清洗，精确性强迫观念融入了强迫排序，收藏性强迫观念融入了强迫收藏，这实际上是强迫观念与对应的强迫行为的融合，暗示二者相关度很高，难以从结构上区分，这与 Summerfeldt 等（1999）[①] 对强迫症状的结构进行验证性因素分析所得到的结果相一致。另外，强迫怀疑融入了一般强迫思维，也说明二者重合度很大，不宜分成两个因素。

2. 青少年强迫症状问卷的信度检验

本研究采用内部一致性信度、分半信度和重测信度作为检验青少年强迫症状问卷及其各个因素信度的指标。根据相关分析得到问卷在各个维度上的内部一致性信度在 0.58～0.82 之间，分半信度在 0.50～0.83 之间，重测信度在 0.54～0.83 之间。整个问卷的内部一致性信度为 0.92，分半信度为 0.88，间隔两周的重测信度为 0.89。表明本研究的青少年强迫症状问卷具有良好的信度。

3. 青少年强迫症状问卷的效度检验

根据相关分析检验各个因素之间及因素与总问卷之间、题项与因素之间、题项与问卷之间的结构效度。10 个因素彼此之间的相关在 0.17～0.51 之间，相关适中；而 10 个因素分别与问卷总分之间的相关则在 0.50～0.80 之间，有较高的相关；10 个因素内部的相关均在 0.56～0.80 之间，并且都高于 10 个因素之间的相关；项目与问卷的相关均低于项目与因素的相关。这说明青少年强迫症状问卷具有良好的结构效度。

（三）讨论

青少年强迫症状问卷的编制严格遵循心理量表的编制程序，具体分为三个步骤：(1) 从已有的有关强迫的概念和国外相关量表的结构出发，结合中学生现有的实际情况，以及临床专家的经验，从理论上初步构建青少年强迫症状的理论结构。(2) 在该理论结构的基础上编制具体题项，形成青少年强迫症状初始问卷。题项有两个来源：一是从已有的相关心理量表中选择题项；二是在无相关题项的情况下自己编制题项。(3) 对初始问卷进行预测、初测和重测，对问卷进行项目分析（主要运用了鉴别力分析和因素分析），修改和筛选题项，确定强迫症状的因素和成分，最终形成正式问卷。

① L. J. Summerfeldt, M. A. Richter, M. M. Antony, R. P. Swinson: *Symptom structure in obsessive-compulsive disorder: A confirmatory factor-analytic study*. *Behaviour Research and Therapy*, 1999, 37 (4), pp297－311.

因素分析所得到的结构（10个因素）与我们的理论构想（14个因素）不完全相同但基本一致，具体调整如上所述。

目前关于正常群体强迫的调查研究大多是借用SCL-90（王征宇，1984）①、Leyton强迫量表（李占江、王极盛，1999）② 或Maudsley量表（肖泽萍，1990）③，这三种量表的局限性前面已谈到。本研究根据有关强迫概念和结构成分的科学分析和界定，自主开发编制青少年强迫症状问卷，该问卷涵盖了强迫症状的许多重要亚类，弥补了以往问卷的不足，是一项具有开创性的探索。该问卷的结构与近年来国外对强迫症状的结构分析基本一致，充分印证了“各个国家的群体在强迫症状的类型上没有差异”（Swinson等，1998）的说法。

尽管如此，但强迫症状量表的编制和建立并非一蹴而就的事情，需要研究者不断地通过收集资料来加以验证、修订和完善，唯如此方能形成精确、完整、科学、权威和标准化的青少年强迫症状量表。本问卷也还需要在以后的研究中进一步完善。

二、青少年强迫信念问卷（OBQ）的编制

（一）青少年强迫信念问卷结构的构建

本研究编制的青少年强迫信念问卷借鉴OCCWG（1997）的划分标准，将强迫信念分为6个维度，具体见表18－2。

青少年强迫信念问卷的题项来源，一是现今公认成熟量表的相同或相似特质的题项，二是自编题项。自编题项的编制程序如下：（1）收集题目，就青少年常见的强迫信念特征词询问中学生，征询有关这些特征词的日常行为描述；（2）筛选题项，根据题项的典型性和代表性确定恰当的语句作为测试题项；（3）测试题项，对题项进行预测，进行项目分析和因素分析，进一步提高题项的质量。

问卷的数量结构即各个因素的题项数量分布见表18－5。

表18－5　青少年强迫信念问卷的数量结构

因　素	初始问卷题数	正式问卷题数
自我责任的泛化	23	7
过高看重思想	14	9
控制思想的需求	17	—
过高评价威胁	13	5
难以忍受不确定性	12	7

① 王征宇：《症状自评量表SCL－90》，《上海精神医学》1984年第2卷第2期，第68～70页。
② 李占江、王极盛：《莱顿强迫问卷（儿童版）的信、效度研究》，《中国临床心理学杂志》1999年第2期。
③ 肖泽萍：《Maudsley强迫症状问卷》，《上海精神医学》1990年新2卷增刊。

续表

因　素	初始问卷题数	正式问卷题数
完美主义	22	8
测谎题	6	4
合　计	107	40

（二）青少年强迫信念正式问卷的确定

抽取重庆市三所中学的学生 350 人为被试，其中男 184 人，女 166 人；初一为 32 人，初二为 41 人，初三为 49 人，高一为 61 人，高二为 105 人，高三为 62 人。采用自编的青少年强迫信念问卷的初始问卷（包括 107 个题项，罗列了人们可能拥有的不同的态度或信念，让学生判断在多大程度上同意或不同意它，按 5 点记分，1 表示“完全同意”，2 表示“比较同意”，3 表示“不确定”，4 表示“比较不同意”，5 表示“完全不同意”）进行团体施测，然后对初始问卷进行探索性因素分析，确定问卷的因素结构，形成正式问卷。用正式问卷对 118 名被试（高一和初二年级，男 58，女 60）进行施测与重测，重测间隔为 2 周。分析问卷的各种信度、效度指标，情况如下。

1. 青少年强迫信念问卷的因素分析

在初始问卷的基础上，根据鉴别力分析和因素分析两个标准来选择相关的项目组成正式问卷。根据因素分析结果共抽出 5 个因素（见表 18－6），各因素的特征值和贡献率见表 18－7。

表 18－6　青少年强迫信念问卷的因素负荷

项　目	因素负荷					共同度
	因素 1	因素 2	因素 3	因素 4	因素 5	
35	.788					.583
36	.721					.519
21	.646					.419
26	.566					.351
15	.553					.444
23	.529					.374
16	.429					.297
33	.400					.241
18		.703				.436
31		.630				.351

续表

项　目	因素负荷					共同度
	因素 1	因素 2	因素 3	因素 4	因素 5	
22		.620				.400
30		.605				.426
29		.511				.387
20		.468				.285
13		.458				.278
25		.427				.286
12		.427				.247
17			.714			.502
11			.677			.437
34			.539			.302
8			.528			.363
4			.469			.273
5			.464			.242
32			.430			.230
6				.600		.360
7				.561		.388
9				.552		.372
2				.523		.280
27				.471		.322
14				.431		.303
1				.429		.223
3					.693	.473
10					.624	.385
19					.490	.360
24					.462	.328
28					.402	.354

注：表内只列出了因素负荷大于0.4的题项。

表 18－7　青少年强迫信念问卷的特征值和贡献率

因　素	特征值	贡献率（%）	累积贡献率（%）
1	6.785	19.957	19.957
2	3.300	9.707	29.664
3	1.904	5.600	35.264
4	1.388	4.084	39.348
5	1.308	3.848	43.196

从表 18－6、表 18－7 可以看出，因素分析共获得 36 个有效题项，共析出 5 个因素，能够解释总变异量的 43.196%，项目在该因素上的负荷均大于 0.40，而在其余因素上的负荷很小。其中第一个因素包含 8 个项目，主要描述了完美、至善至美、无可挑剔等内容，命名为完美主义；第二个因素包含 9 个项目，反映了个体对自己脑海里的思想过分重视，因此命名为过高看重思想；第三个因素包含 7 个项目，涉及的是个体过于夸大自己对消极结果的责任感，因而命名为自我责任的泛化；第四个因素包含 7 个项目，描述了不确定性、模棱两可、确切答案、难以捉摸等内容，命名为难以忍受不确定性；第五个因素包含 5 个项目，主要反映了个体过于夸大伤害的可能性或严重性，命名为过高评价威胁。原理论构想中的控制思想的需求这个因素消失了，究其原因在于控制思想的需求与过高看重思想相关过高，出现了重叠，这与 OCCWG（2001）的研究基本一致。

2. 青少年强迫信念问卷的信度和效度的检验

本研究采用内部一致性信度和重测信度作为检验青少年强迫信念问卷及其各个因素的信度指标。从表 18－8 可以看出问卷在各个维度上的内部一致性信度大致在 0.57～0.78 之间，重测信度大致在 0.52～0.67 之间。整个问卷的内部一致性信度为 0.84，间隔两周的重测信度为 0.87。说明本研究的青少年强迫信念问卷具有良好的信度。

表 18－8　青少年强迫信念问卷的信度

指　标	因素 1	因素 2	因素 3	因素 4	因素 5	总问卷
内部一致性信度	.7845	.7168	.6153	.6018	.5709	.8422
重测信度	.623	.674	.516	.536	.551	.865

根据相关分析检验各个因素之间及因素与总问卷之间、题项与因素之间、题项与问卷之间的结构效度。5 个因素彼此之间的相关在 0.27～0.47 之间，相关适中；而 5 个因素分别与问卷总分之间的相关则在 0.61～0.80 之间，有较高的相关；5 个

因素内部的相关均在 0.47～0.68 之间，并且都高于 5 个因素之间的相关。这说明青少年强迫信念问卷具有较好的结构效度。

（三）讨论

青少年强迫信念问卷的编制程序与青少年强迫症状问卷的编制程序基本相同，这里就不再介绍。所不同的是，强迫信念问卷的理论结构借鉴了 OCCWG（1997）对强迫信念维度的划分标准，将其分为 6 个理论维度。因素分析得到的结构（5 个因素）与 OCCWG（1997）的理论构想（6 个因素）基本一致，只有控制思想的需求这个因素消失了，究其原因在于控制思想的需求与过高看重思想相关过高，出现了重叠，这与 OCCWG（2001）的研究所得到的结果相似。

对强迫信念初始问卷进行分析的各项指标如下：鉴别力分析显示有效题项达到 91.6%，说明初始问卷的题项鉴别力质量很好；因素分析保留负荷值在 0.4 以上的题项，结果从初始问卷题项 107 题中保留了 36 个有效题项，题项本身的质量得到了严格保证；信度检验发现，内部一致性信度在 0.57～0.84 之间，重测信度在 0.52～0.87 之间，表明强迫信念问卷具有良好的信度。最后通过相关分析考察了问卷的结构效度，5 个因素与总问卷的效度资料都表明该问卷的效度良好。因此，本研究编制的青少年强迫信念问卷具有较强的可靠性和有效性。

目前对强迫信念的研究，国内尚处于空白状态，而国外也不过是近十年的事情。因此本研究开发研制的青少年强迫信念量表在国内可以说是一项开创性的研究，在国外也具有前沿性意义。然而，本量表尚存在不完善之处，研究者今后还要继续加以修订、完善，力求形成一个更加科学且标准化的测量工具。

第三节　青少年强迫症状的发展特点及认知归因研究

一、青少年强迫症状的发展特点

为探讨中学生强迫症状的发展特点，本研究采用自编的青少年强迫症状问卷，对重庆市、四川省共 11 所中学的 2804 名中学生进行调查。共收回有效问卷 2562 份，其中男生 1273 人，女生 1151 人（性别缺失 138 人）；初一为 429 人，初二为 525 人，初三为 395 人，高一为 459 人，高二为 384 人，高三为 370 人。数据分析结果如下。

（一）青少年强迫症状及其各因子平均分比较

从表 18－9 可以看出，通过比较各个因子平均分的平均数发现，出现频率最高的依次是强迫排序、一般强迫思维、强迫收藏和强迫检查；出现频率最低的是强迫计数和幸运符号。

表 18－9　中学生强迫症状及其各因子平均分比较

因　素	平均数	标准差
清　洗	1.8265	.6442
攻击性	1.8294	.6870
排　序	2.5103	.8362
计　数	1.6315	.6608
一般强迫思维	2.3781	.8001
重复性仪式动作	1.9493	.7703
性	1.9728	.9117
检　查	2.0662	.9878
幸运符号	1.6862	.8825
收　藏	2.2214	.8542
强迫症状	1.9909	.5134

（二）青少年强迫症状的性别差异

以中学生性别为自变量，对中学生强迫症状进行独立样本 t 检验。从表 18－10 可以看出，在整体上，男生的强迫症状显著高于女生（$p<0.01$）；从各个因素看，在攻击性（$p<0.0001$）、计数（$p<0.0001$）、重复性仪式动作（$p<0.05$）、性（$p<0.0001$）和检查（$p<0.0001$）各个因素上，男生均显著高于女生；在清洗、排序、一般强迫思维、幸运符号和收藏各个因素上，男女生没有显著差异。

表 18－10　中学生强迫症状的性别差异分析

因　素	男（n=1273）		女（n=1151）		t	显著性
	平均数	标准差	平均数	标准差		
清　洗	18.1304	6.5575	18.4344	6.4048	−1.152	.249
攻击性	13.2687	4.9586	12.3301	4.6401	4.813***	.000
排　序	12.4203	4.0746	12.7211	4.2925	−1.765	.078
计　数	10.0880	4.1564	9.5161	3.7564	3.558***	.000
一般强迫思维	14.2822	4.7743	14.2294	4.7740	.272	.785
重复性仪式动作	7.9128	3.2172	7.6064	2.9545	2.434*	.015
性	6.5271	3.0038	5.2415	2.2510	11.993***	.000
检　查	6.4501	3.0513	5.9618	2.8709	4.059***	.000
幸运符号	5.1469	2.6849	4.9661	2.5781	1.687	.092
收　藏	8.7950	3.3978	8.9505	3.4298	−1.120	.263
强迫症状	103.0215	27.1098	99.9574	25.4934	2.858**	.004

（三）青少年强迫症状的年级差异

以中学生年级为自变量，对中学生强迫症状进行独立样本单因子变异数分析。从表 18－11 可以看出，在整体上，中学生强迫症状六个年级之间存在显著差异（$p<0.0001$），表现为初一＞高一＞初二＞高三＞初三＞高二。事后多重比较表明：初一分别与初三、高二、高三有显著性差异，并且初一高于后面各班；高二分别与初二、高一有显著性差异，并且高二低于初二、高一。

中学生强迫症状的各个因素均存在显著的年级差异。其中，在清洗因子上，年级差异非常显著（$p<0.0001$），表现为初一＞初二＞高一＞高三＞初三＞高二。事后多重比较表明：初一分别与初二、初三、高一、高二、高三有显著性差异，并且初一高于后面各班；高二分别与初二、高一有显著性差异，并且高二低于初二、高一。

在攻击性因子上，年级差异显著（$p<0.05$），表现为高三＞高一＞初一＞初二＞初三＞高二。事后多重比较表明：差异不显著。

在排序因子上，年级差异非常显著（$p<0.0001$），表现为初一＞初二＞高一＞高三＞初三＞高二。事后多重比较表明：初一分别与初二、初三、高一、高二、高三有显著性差异，并且初一高于后面各班；初二分别与初三、高二、高三有显著性差异，并且初二高于后面各班。

在计数因子上，年级差异非常显著（$p<0.0001$），表现为初一＞初二＞高一＞高三＞高二＞初三。事后多重比较表明：初一分别与初二、初三、高一、高二、高三有显著性差异，并且初一高于后面各班；初二分别与初三、高二有显著性差异，并且初二高于后面各班；初三与高一有显著性差异，并且初三低于高一。

在一般强迫思维因子上，年级差异非常显著（$p<0.01$），表现为高三＞初二＞高一＞初一＞初三＞高二。事后多重比较表明：初三与高三有显著性差异，并且初三低于高三。高二与高三有显著性差异，并且高二低于高三。

在重复性仪式动作因子上，年级差异显著（$p<0.05$），表现为高一＞高三＞初一＞初三＞高二＞初二。事后多重比较表明：差异不显著。

在性因子上，年级差异非常显著（$p<0.0001$），表现为高三＞高一＞高二＞初二＞初三＞初一。事后多重比较表明：初一分别与高一、高三有显著性差异，并且初一低于高一、高三。初三分别与高一、高三有显著性差异，并且初三低于高一、高三。

在检查因子上，年级差异非常显著（$p<0.0001$），表现为初一＞初二＞高一＞初三＞高三＞高二。事后多重比较表明：初一分别与初二、初三、高一、高二、高三有显著性差异，并且初一高于后面各班；初二与高二有显著性差异，并且初二高于高二。

在幸运符号因子上，年级差异非常显著（$p<0.0001$），表现为初一>高一>初二>高三>初三>高二。事后多重比较表明：初一分别与初三、高二有显著性差异，并且初一高于后面各班；高二分别与初二、初三、高一、高三有显著性差异，并且高二低于后面各班。

在收藏因子上，年级差异非常显著（$p<0.01$），表现为初一>初二>高一>高二>高三>初三。事后多重比较表明：差异不显著。

表 18－11　中学生强迫症状的年级差异分析

因素	1. 初一 (n=429)	2. 初二 (n=525)	3. 初三 (n=395)	4. 高一 (n=459)	5. 高二 (n=384)	6. 高三 (n=370)	F	显著性	事后比较 (p<0.05)
清洗	20.1049 (6.6838)	18.4781 (6.3072)	17.5089 (5.9620)	18.3856 (6.4984)	16.9167 (6.2279)	17.8838 (6.5124)	12.116***	.000	1>2，3，4，5，6 5<2，4
攻击性	12.8858 (4.8316)	12.6857 (5.1179)	12.5316 (4.1398)	13.2026 (4.9707)	12.2839 (4.7562)	13.2243 (4.7979)	2.443*	.032	—
排序	13.9697 (4.3660)	13.0419 (4.2258)	11.8329 (4.0401)	12.4684 (4.0833)	11.7526 (3.8590)	11.9108 (3.9939)	18.865***	.000	1>2，3，4，5，6 2>3，5，6
计数	10.9860 (4.2826)	9.9581 (4.1173)	9.1165 (3.2792)	9.8693 (4.1247)	9.1380 (3.7037)	9.4541 (3.7639)	13.229***	.000	1>2，3，4，5，6 2>3，5 3<4
一般强迫思维	14.1166 (4.5463)	14.2229 (4.8119)	14.0911 (4.4387)	14.1444 (4.7304)	13.8906 (5.1310)	15.2459 (5.0747)	3.830**	.002	6>3，5
重复性仪式动作	7.8788 (2.9258)	7.5352 (2.8960)	7.6734 (3.2653)	8.0588 (3.3052)	7.6380 (3.1160)	8.0459 (2.9560)	2.301*	.043	—
性	5.4732 (2.6978)	5.7848 (2.9469)	5.6456 (2.4662)	6.2854 (2.7365)	6.0365 (2.5658)	6.3378 (2.7989)	6.925***	.000	1<4，6 3<4，6
检查	7.0326 (3.1584)	6.3581 (2.9242)	5.9620 (2.8438)	6.1155 (2.9615)	5.6849 (2.8555)	5.8946 (2.8231)	10.972***	.000	1>2，3，4，5，6 2>5
幸运符号	5.5664 (3.0013)	5.0438 (2.7274)	4.9570 (2.3513)	5.2375 (2.6676)	4.4557 (2.0902)	5.0027 (2.7620)	7.814***	.000	1>3，5 5<2，3，4，6
收藏	9.2308 (3.3649)	9.1581 (3.5323)	8.4481 (3.2942)	8.8431 (3.4637)	8.7578 (3.3376)	8.7514 (3.4125)	3.087**	.009	—
强迫症状	107.2448 (26.5507)	102.2667 (27.1104)	97.7671 (23.0286)	102.6106 (27.0293)	96.5547 (26.3801)	101.7513 (24.8917)	8.872***	.000	1>3，5，6 5<2，4

（四）青少年强迫症状的学校类型差异

这次调查共涉及11所学校，根据有关资料，把它们分为重点中学和普通中学，我们对学校类型的研究主要是探讨重点中学和普通中学学生在强迫症状上的差异。

以中学生的学校类型为自变量，对中学生强迫症状进行独立样本t检验。从表18－12可以看出，在强迫症状的整体水平上，重点中学的学生与普通中学的学生没有显著差异。但是在个别因子上，比如重复性仪式动作，重点中学的学生非常显著地低于普通中学的学生（$p<0.01$）。

表18－12　中学生强迫症状的学校类型差异分析

因　素	重点（n=898）		普通（n=1664）		t	显著性
	平均数	标准差	平均数	标准差		
清　洗	17.9866	6.6113	18.4147	6.3497	－1.603	.109
攻击性	12.7645	4.7917	12.8287	4.8192	－.322	.747
排　序	12.3728	4.1898	12.6502	4.1760	－1.602	.109
计　数	9.6719	4.0394	9.8564	3.9240	－1.123	.262
一般强迫思维	14.2671	4.8932	14.2680	4.7523	－.005	.996
重复性仪式动作	7.5357	2.9215	7.9357	3.1560	－3.138**	.002
性	5.8404	2.6073	5.9615	2.8021	－1.069	.285
检　查	6.1507	2.9951	6.2260	2.9482	－.613	.540
幸运符号	5.1317	2.7537	5.0198	2.5899	1.019	.308
收　藏	8.7132	3.3698	8.9808	3.4404	－1.891	.059
强迫症状	100.4346	26.2426	102.1418	26.1473	－1.574	.116

（五）青少年强迫症状的家庭来源差异

以中学生的家庭来源为自变量，对中学生强迫症状进行独立样本t检验。从表18－13可以看出，在整体上，城市来源的中学生强迫症状水平非常显著低于农村来源的中学生（$p<0.0001$）；从各个因子看，除了攻击性、排序和幸运符号三个因子在家庭来源上没有显著性差异外，其他七个因子即清洗（$p<0.05$）、计数（$p<0.001$）、一般强迫思维（$p<0.0001$）、重复性仪式动作（$p<0.0001$）、性（$p<0.05$）、检查（$p<0.05$）和收藏（$p<0.01$）都存在显著性差异，并且城市来源的中学生低于农村来源的中学生。

表 18—13　中学生强迫症状的家庭来源差异分析

因素	城市（n=1587）		农村（n=975）		t	显著性
	平均数	标准差	平均数	标准差		
清　洗	18.0074	6.5744	18.6693	6.3329	−2.400*	.016
攻击性	12.7303	4.7936	12.9545	4.9060	−1.090	.276
排　序	12.4687	4.1697	12.6750	4.2067	−1.159	.246
计　数	9.6133	4.0767	10.2011	3.8459	−3.462***	.001
一般强迫思维	13.8574	4.7099	14.8878	4.8042	−5.106***	.000
重复性仪式动作	7.5958	3.0344	8.0659	3.1938	−3.572***	.000
性	5.8009	2.6360	6.0523	2.8580	−2.172*	.030
检　查	6.0753	2.9876	6.3852	2.8996	−2.466*	.014
幸运符号	5.0686	2.5885	5.0409	2.5935	.251	.802
收　藏	8.7095	3.3680	9.1500	3.4786	−3.038**	.002
强迫症状	99.9272	26.2194	104.0820	26.5939	−3.706***	.000

（六）青少年强迫症状的家庭结构差异

以中学生的家庭结构为自变量，对中学生强迫症状进行独立样本单因子变异数分析。从表 18—14 可以看出，在整体上，中学生强迫症状在家庭结构上不存在显著差异。从各个因子看，清洗、排序、计数、一般强迫思维、重复性仪式动作、检查和幸运符号七个因子在家庭结构上不存在显著差异。在攻击性因子（$p<0.01$）和性因子（$p<0.01$）上表现相似，家庭结构差异都非常显著，表现为他人照顾组>单亲家庭组>双亲家庭组；事后多重比较表明：他人照顾组与双亲家庭组存在显著差异，并且前者高于后者。在收藏因子上，家庭结构差异非常显著（$p<0.01$），表现为单亲家庭组>双亲家庭组>他人照顾组；事后多重比较表明：单亲家庭组分别与双亲家庭组、他人照顾组存在显著差异，并且单亲家庭组高于双亲家庭组和他人照顾组。

表 18—14　中学生强迫症状的家庭结构差异分析

因素	1. 双亲家庭组（n=2041）	2. 单亲家庭组（n=334）	3. 他人照顾组（n=187）	F	显著性	事后比较（$p<0.05$）
清　洗	18.1950 (6.3952)	18.2778 (6.9105)	18.9051 (7.1639)	.772	.462	—
攻击性	12.7109 (4.7978)	13.0598 (4.9187)	14.0146 (5.2032)	4.992**	.007	1<3

续表

因　素	1. 双亲家庭组（n=2041）	2. 单亲家庭组（n=334）	3. 他人照顾组（n=187）	F	显著性	事后比较（$p<0.05$）
排　序	12.5982（4.2083）	12.0427（4.0858）	12.5109（4.1853）	1.844	.159	—
计　数	9.7766（3.9844）	10.0043（4.0443）	9.7664（3.8773）	.347	.707	—
一般强迫思维	14.2005（4.7959）	14.4316（4.7075）	14.4234（4.8442）	.356	.701	—
重复性仪式动作	7.7570（0.1154）	7.6026（2.8691）	8.2701（3.3111）	2.136	.118	—
性	5.8398（2.6304）	6.2051（3.4105）	6.5109（2.9732）	5.338**	.005	1<3
检　查	6.2376（2.9952）	5.8932（2.7627）	6.3212（3.0844）	1.507	.222	—
幸运符号	5.0647（2.5768）	5.1880（3.3015）	4.7737（2.4495）	1.077	.341	—
收　藏	8.8177（3.3912）	9.5214（3.6841）	8.6131（3.2227）	4.891**	.008	2>1，3
强迫症状	101.1980（26.3070）	102.2265（27.4523）	104.1094（27.1409）	.884	.413	—

（七）青少年强迫症状的年龄差异

以中学生年龄为自变量，对中学生强迫症状进行独立样本单因子变异数分析。从表18—15可以看出，从整体上看，中学生强迫症状七个年龄段之间存在显著差异（$p<0.0001$），表现为13>12>15>14>16>18>17。事后多重比较表明：13岁分别与14、15、16、17、18岁之间存在显著差异，并且13岁高于14、15、16、17、18岁。

从各个因子看，除了攻击性、一般强迫思维和重复性仪式动作三个因子在年龄上不存在显著差异外，其他七个因子即清洗、排序、计数、性、检查、幸运符号和收藏均存在非常显著的差异。其中，在清洗因子（$p<0.0001$）上，年龄差异非常显著，表现为12>13>15>14>16>17>18。事后多重比较表明：12岁分别与16、17、18岁有显著差异，并且12岁高于16、17、18岁；13岁分别与14、16、17、18岁有显著差异，并且13岁高于14、16、17、18岁；15岁与18岁有显著差异，并且15岁高于18岁。

在排序因子（$p<0.0001$）上，表现为13>15>17>18>16>14>12。事后多重比较表明：12岁分别与15、16、17、18岁有显著性差异，并且12高于15、16、17、18岁；13岁分别与14、15、16、17、18岁有显著性差异，并且13岁高于14、

15、16、17、18 岁。

在计数因子（$p<0.0001$）上，表现为 13>12>14>15>16>17>18。事后多重比较表明：12 岁分别与 17、18 岁有显著性差异，并且 12 岁高于 17、18 岁；13 岁分别与 14、15、16、17、18 岁有显著性差异，并且 13 岁高于 14、15、16、17、18 岁。

在性因子（$p<0.0001$）上，表现为 18>16>17>14>15>13>12。事后多重比较表明：18 岁分别与 12、13 岁有显著性差异，并且 18 岁高于 12、13 岁。

在检查因子（$p<0.0001$）上，表现为 13>12>14>15>16>18>17。事后多重比较表明：12 岁分别与 17、18 岁有显著性差异，并且 12 岁高于 17、18 岁；13 岁分别与 14、15、16、17、18 岁有显著性差异，并且 13 高于 14、15、16、17、18 岁。

在幸运符号因子（$p<0.0001$）上，表现为 13>12>15>14>16>18>17。事后多重比较表明：13 岁分别与 16、17、18 岁有显著性差异，并且 13 高于 16、17、18 岁。

在收藏因子（$p<0.01$）上，表现为 13>14>12>15>17>18>16。事后多重比较表明：13 岁分别与 15、16、17 岁有显著性差异，并且 13 岁高于 15、16、17 岁。

表 18－15　中学生强迫症状的年龄差异分析

因素	1. 12 岁 (n=120)	2. 13 岁 (n=402)	3. 14 岁 (n=376)	4. 15 岁 (n=412)	5. 16 岁 (n=464)	6. 17 岁 (n=356)	7. 18 岁 (n=244)	F	显著性	事后比较 ($p<0.05$)
清洗	19.8750 (6.1652)	19.8483 (7.0293)	18.1888 (6.1648)	18.5024 (6.2854)	17.6552 (6.4169)	17.3202 (6.6611)	16.9836 (5.9039)	8.985***	.000	1 > 5，6，7 2 > 3，5，6，7 4>7
攻击性	12.4167 (4.7837)	13.1791 (5.3958)	12.6064 (4.6532)	12.9879 (4.4697)	12.7306 (4.9497)	12.7865 (4.9935)	12.7746 (4.5109)	.738	.619	
排序	13.7750 (4.3896)	13.8483 (4.4754)	12.7314 (4.0746)	12.2112 (4.0269)	12.0733 (3.9950)	12.0646 (4.0286)	11.8197 (4.1186)	12.048***	.000	1 > 4，5，6，7 2 > 3，4，5，6，7
计数	10.7833 (4.4158)	10.9627 (4.3724)	9.9149 (4.0051)	9.6505 (3.7337)	9.5625 (3.9599)	9.2163 (3.7312)	9.0656 (3.5711)	10.127***	.000	1>6，7 2 > 3，4，5，6，7
一般强迫思维	14.3417 (4.2713)	14.2040 (4.8850)	14.1862 (4.7009)	14.5631 (4.7110)	13.8692 (4.6745)	14.1461 (4.9169)	14.5287 (4.8842)	.977	.439	—

续表

因素	1. 12岁 (n=120)	2. 13岁 (n=402)	3. 14岁 (n=376)	4. 15岁 (n=412)	5. 16岁 (n=464)	6. 17岁 (n=356)	7. 18岁 (n=244)	F	显著性	事后比较 (p<0.05)
重复性仪式动作	7.8167 (2.8195)	7.8483 (3.1121)	7.5186 (2.7818)	8.0801 (3.4831)	7.6315 (3.1252)	7.7051 (2.9283)	7.7951 (3.0319)	1.342	.235	—
性	5.1917 (2.7110)	5.5846 (2.9828)	5.8590 (2.6329)	5.7209 (2.5607)	6.1336 (2.6566)	6.0843 (2.6851)	6.3770 (2.9294)	4.626***	.000	7>1，2
检查	6.9250 (3.0380)	7.0721 (3.2765)	6.2340 (2.7614)	6.1214 (2.9039)	6.0345 (3.0081)	5.6770 (2.8023)	5.8320 (2.7111)	9.880***	.000	1>6，7 2>3，4，5，6，7
幸运符号	5.2918 (3.6239)	5.6269 (2.8170)	5.0372 (2.6115)	5.1917 (2.6461)	4.8427 (2.3804)	4.7556 (2.2864)	4.8320 (2.7473)	5.023***	.000	2>5，6，7
收藏	8.8750 (2.8947)	9.5448 (3.5940)	9.0638 (3.5771)	8.7597 (3.4029)	8.5927 (3.3622)	8.7331 (3.3900)	8.7254 (3.3027)	3.510**	.002	2>4，5，6
强迫症状	105.2918 (24.1634)	107.7191 (29.4055)	101.3403 (25.5347)	101.7889 (25.4931)	99.1258 (26.1138)	98.4888 (26.2354)	98.7337 (25.1415)	6.012***	.000	2>3，4，5，6，7

（八）讨论

1. 青少年强迫症状的性别差异

在整体上，男生的强迫症状水平显著高于女生。这与胡胜利（1994）[①] 的研究结果一致。而在攻击性强迫观念、强迫计数、重复性仪式动作、性强迫观念和强迫检查五个因子上，女生显著低于男生。这暗示了中学男生更容易出现伤害事件，对异性的幻想更多，强迫行为的出现频率也较女生多。

据研究，强迫症状与应激源及负性生活事件有关（李占江，2000）[②]；临床及亚临床强迫性障碍的发生与较多的非期望性生活事件和较少的期望性生活事件有关（Valleni-Basile 等，1996）[③]。这是一个值得关注的现象，似乎说明在我国教育条件下，男生在青春期面临更多的心理应激源和负性生活事件；同时，由于整个社会对中学男生的不合理的期望，也导致了男生的心理健康问题。

① 胡胜利：《高中生心理健康水平及其影响因素的研究》，《心理学报》1994 年第 26 卷第 2 期，第 155～160 页。

② 李占江：《青少年强迫症状与心理社会因素关系的研究现状》，《健康心理学杂志》2000 年第 8 卷第 6 期，第 667～670 页。

③ L. A. Valleni-Basile, C. Z. Garrison, J. L. Waller et al: *Incidence of obsessive-compulsive disorder in a community sample of young adolescents. Journal of the American Academy of Child and Adolescent Psychiatry*, 1996, 35 (7), pp898-906.

2. 青少年强迫症状的年级差异

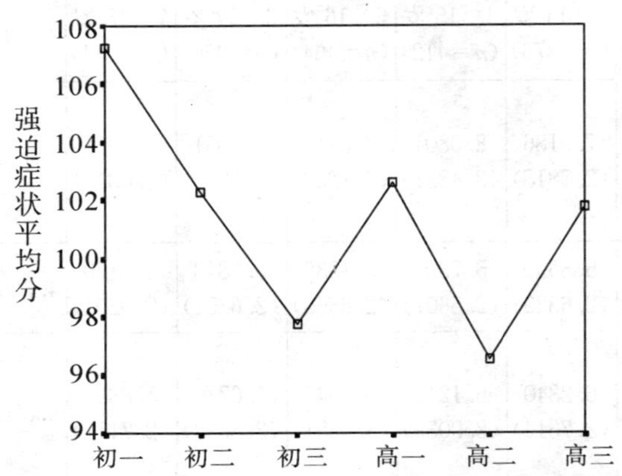

图 18－2　不同年级中学生强迫症状水平的横断面比较

在整体上，中学生强迫症状六个年级之间存在显著差异，表现为初一>高一>初二>高三>初三>高二（如图 18－2 所示）；从初一到初三呈下降趋势，高一开始回升，高二下降到最低点，高三又一次回升，其中初一、高一和高三是三个关键年级。分析各因子得分可知，初一学生在清洗、排序、计数、检查、幸运符号和收藏因子上得分最高；高一学生在清洗、攻击性、重复性仪式动作、性、幸运符号因子上得分较高；高三学生在攻击性、一般强迫思维和性这三个因子上得分最高。究其原因，可能是：(1) 由于初中与小学的学习方式差别很大，刚上初一的学生对于新的学习方式难以适应；另外，初一学生正处于青春初期，身体的急剧变化对心理也产生了巨大影响。(2) 高一学生也存在一个适应新的学习环境和学习方式的问题。现在的学生普遍心理承受能力低、适应性差，因而一遇到环境的改变就带来很多心理问题，这是值得广大教育工作者注意的。(3) 到了高三阶段，高考的压力、家长的期望、老师的期望三座大山压在学生头上，给学生带来了诸多的心理困扰和情绪问题。正如胡胜利（1994）的研究结果所显示，影响高中生强迫症状的主要因素为学习负担过重、经常性考试失败、父母关心少管束多、不良习惯等。

3. 青少年强迫症状的学校类型差异

从前面的研究结果可知，除了重复性仪式动作因子在学校类型上有显著差异外，其他因子及强迫症状水平都没有显著差异，尽管普通中学学生得分稍高于重点中学。关于重点中学和普通中学学生在强迫症状方面的差异研究过去未见报道，因此我们无从进行比较研究。不过，我们可以从重点中学和普通中学的划分标准来看这个问题。从学生角度看，重点中学和普通中学的差异主要是学生来源和学生所处的教育环境不同。从学生来源看，重点中学的学生学习能力和学习成绩要好于普通中学的学生，但这种学习能力和学习成绩方面的差异并没有成为中学生强迫症状的重要原因。从学生的教育环境看，重点中学无论在硬件、软件方面都强于普通中学，这是有利于学生身心发展的。然而，重点中学学生拥有更多的追求和抱负，面临更激烈的竞争和挑战，承受更大的压力和冲突，这些应激源更容易引起学生的心理问题。

4. 青少年强迫症状的家庭来源差异

在整体上，城市来源的中学生强迫症状水平非常显著低于农村来源的中学生，这与夏朝云（1995）[①] 所报道的“乡村中学生总分明显高于城市中学生（$p<0.001$）”的结论相一致。再看各个因子，除了攻击性、排序和幸运符号这三个因子在城市来源上没有显著性差异外，其他七个因子都存在显著性差异，并且都是城市来源的中学生低于农村来源的中学生。

5. 青少年强迫症状的家庭结构差异

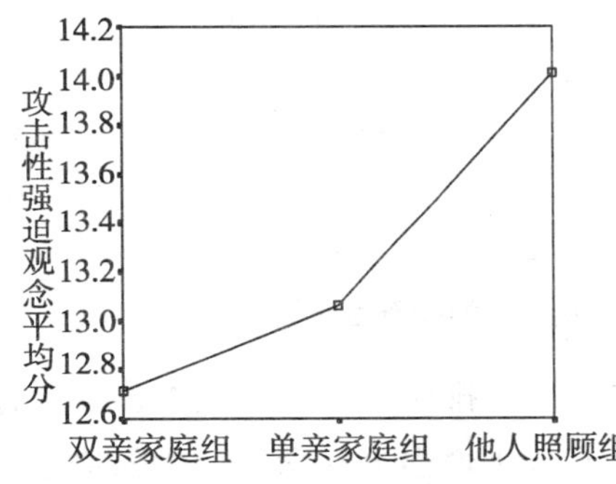

图 18－3　不同家庭结构组攻击性强迫观念比较

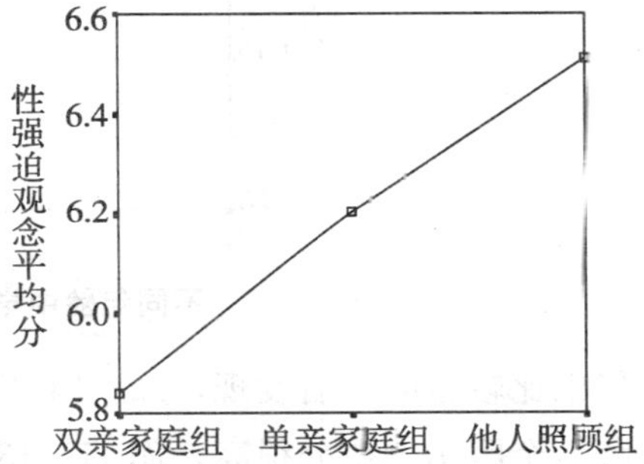

图 18－4　不同家庭结构组性强迫观念比较

尽管中学生的强迫症状在总体上不存在显著差异，但是我们不能由此得出结论，认为无论单亲、双亲还是他人照顾的孩子在强迫问题上不存在差异。我们不得不承认，不同家庭结构组的孩子在攻击性强迫观念和性强迫观念问题上存在显著差异，而且他人照顾组的孩子攻击性强迫观念和性强迫观念远远高于双亲家庭组（如图 18－3 和图 18－4）。究其原因，可能是：(1) 他人照顾组的孩子比其他两组更缺少父母关爱，不懂如何与他人友好相处，因而遇事倾向于以拳头解决问题。(2) 他人照顾组的孩子比较敏感、自卑、早熟。这个问题值得我们所有父母和广大教育工作者深思。

6. 青少年强迫症状的年龄差异

从图 18－5 可以看出，在整体上，中学生强迫症状七个年龄段之间存在显著差异（$p<0.0001$），表现为 13＞12＞15＞14＞16＞18＞17；强迫症状水平基本上随着年龄的增加而逐渐降低，13 岁达到最高点，可见 13 岁是一个关键年龄。这与 Mancini 等（1998）所报道的结果不一致，他们以 15～18 岁的学生作为被试，用 Padua 量表为测量工具，得出 15 岁是关键年龄。这可能是因为：(1) 测量工具不同。Padua 量

① 夏朝云：《强迫症状问卷对大中学生的评定分析》，《中国临床心理学杂志》1995 年第 3 卷第 3 期，第 173～174 页。

表不是专门针对青少年的量表，只测量了四个因子；而我们编制的量表是专门针对青少年学生的，并且发现有十个因子对学生是至关重要的。量表的差异可能导致结论的不同。(2) 被试的年龄段不同。他们只选取了15～18岁的学生作为被试，而对于12～14岁的学生则没有论及。如果单从这个年龄段看，从图18－5可以看出15岁正是一个关键年龄，这与他们的研究结果是一致的。(3) 东西方文化的差异。

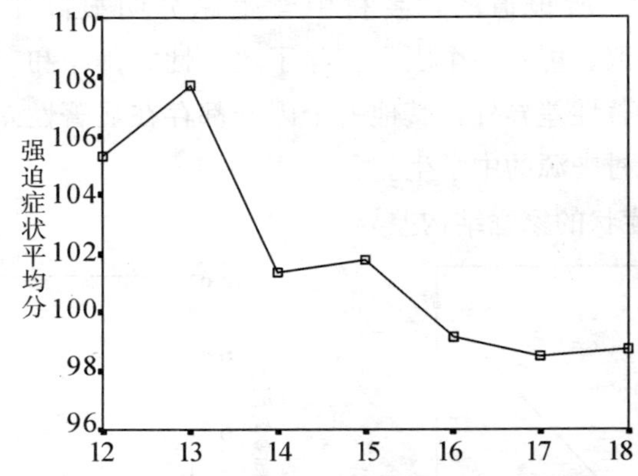

图18－5　不同年龄中学生强迫症状水平的横断面比较

仔细比较各因子后发现，12～13岁学生在清洗、排序、计数、检查、幸运符号和收藏六个因子上得分很高，而17～18岁学生在攻击性强迫观念、一般强迫思维和性强迫观念三个因子上的得分很高，说明强迫观念以年长学生为多见，而强迫动作却以年幼学生为多见。这可能与年幼学生的各种生理机能尚不成熟有关。这个结果与朱培俊、徐松泉、王苑华等（1999）① 的报道一致。

二、青少年强迫症状的认知归因研究

青少年强迫症状认知归因研究的目的是采用自编的青少年强迫症状问卷和青少年强迫信念问卷来探讨青少年强迫症状与强迫信念的关系，并且通过多元回归技术，探讨强迫信念诸因素对中学生强迫症状的预测作用。调查对象为重庆市5所中学的1989名中学生，回收有效问卷1661份，其中男884人，女777人；初一为234人，初二为154人，初三为252人，高一为355人，高二为274人，高三为192人（年级缺失200人）。采用SPSS 11.0统计软件包进行统计分析，结果如下。

（一）不同强迫症状青少年强迫信念的差异

由于强迫症在世界人口中的终生患病率约为2.5%（Reiger等，1988），时点流行率约为2.8%（Henderson，Pollard，1988），为了比较高强迫与低强迫在强迫信

① 朱培俊、徐松泉、王苑华等：《儿童精神分裂症强迫症状特征分析》，《中华精神科杂志》1999年第32卷第2期，第125～126页。

念上的差异，我们拟以测试人数（$n=1661$）的 2.6%为界，划分为强迫症状高分组与低分组，即 OCS 总分在 159～227（最高分）之间的 43 人（1661×2.6%=43）为高分组，而 OCS 总分在 53（最低分）～63 之间的 43 人为低分组。由于强迫症状低分组的学生分数非常低（53～63），可以认为这类学生没有或偶有强迫症状，属于正常学生，因此我们把低分组学生作为控制组。

以中学生 OCS 组别为自变量，对中学生强迫信念进行独立样本 t 检验。从表 18－16 可以看出，在整体上，OCS 高分组与低分组被试的强迫信念差异非常显著（$p<0.0001$）。从各个因子看，完美主义（$p<0.01$）、过高看重思想（$p<0.001$）、自我责任的泛化、难以忍受不确定性（$p<0.05$）和过高评价威胁（$p<0.001$）五个因子均在 OCS 高分组与低分组上存在非常显著的差异。

表 18－16　不同强迫症状青少年强迫信念的差异

因　素	OCS 低分组（$n=43$）		OCS 高分组（$n=43$）		t	显著性
	平均数	标准差	平均数	标准差		
完美主义	29.3023	7.4243	19.4419	5.3555	7.063***	.000
过高看重思想	39.1163	4.9580	23.0698	6.0055	13.512***	.000
自我责任的泛化	21.6744	4.9412	17.8372	5.3716	3.448***	.001
难以忍受不确定性	24.0930	4.3140	16.0465	4.5090	8.455***	.000
过高评价威胁	21.9302	2.8735	15.1163	4.1473	8.856***	.000
强迫信念	136.1162	17.4741	91.5117	12.9713	13.440***	.000

（二）青少年强迫信念与强迫症状之间的相关检验

以所测的所有中学生为被试，考察强迫症状与强迫信念之间的相关程度。从表 18－17 可以看出，除少数因子外，强迫症状问卷各因子与强迫信念问卷各因子之间存在显著的相关。从整体上看，强迫信念与强迫症状之间存在显著相关（－0.401***），强迫信念与强迫症状各因子存在非常显著的相关，而强迫症状与强迫信念各因子相关也非常显著。进一步分析后发现，强迫信念问卷中的自我责任的泛化因子与强迫症状问卷中的三个因子（攻击性、重复性仪式动作和幸运符号）之间相关不显著，难以忍受不确定性因子与排序因子相关不显著；而强迫症状问卷中的性因子与强迫信念问卷中的完美主义和过高评价威胁两因子之间相关不显著。

表 18－17　中学生强迫症状与强迫信念之间的相关分析

因　素		OBQ 问卷（n=1661）					
		完美主义	过高看重思想	自我责任的泛化	难以忍受不确定性	过高评价威胁	强迫信念
OCS 问卷	清　洗	－.238***	－.314***	－.083***	－.120***	－.294***	－.317***
	攻击性	－.108***	－.334***	.021	－.216***	－.181***	－.256***
	排　序	－.256***	－.098***	－.166***	－.017	－.127***	－.194***
	计　数	－.164***	－.299***	－.061*	－.128***	－.248***	－.274***
OCS 问卷	一般强迫思维	－.151***	－.328***	－.070**	－.365***	－.194***	－.331***
	重复性仪式动作	－.131***	－.311***	－.015	－.275***	－.212***	－.286***
	性	－.019	－.162***	.101***	－.101***	－.028	－.077***
	检　查	－.195***	－.237***	－.057*	－.126***	－.217***	－.251***
	幸运符号	－.173***	－.271***	－.034	－.104***	－.225***	－.247***
	收　藏	－.159***	－.210***	－.126***	－.158***	－.156***	－.240***
	强迫症状	－.261***	－.413***	－.086***	－.258***	－.307***	－.401***

（三）OCS 高分组与低分组被试强迫症状与强迫信念之间的相关检验

OCS 高分组与低分组的划分同前。分别以 OCS 高分组与低分组为被试，考察强迫症状与强迫信念之间的相关程度。对于 OCS 高分组被试，从表 18－18 可以看出，在整体上，强迫症状与 OBQ 问卷中的完美主义因子相关显著。仔细分析各个因子后发现，OCS 问卷中除了清洗、计数、检查和幸运符号与 OBQ 问卷中的各个因子相关均不显著外，OCS 问卷中其他各因子均与 OBQ 问卷中某个或某些因子相关显著。

对于 OCS 低分组被试，从表 18－19 可以看出，无论在整体上还是各因子上，强迫症状与强迫信念相关均不显著。

比较表 18－18、表 18－19 的结果可知，强迫信念与个体的高强迫症状关系非常密切，而与个体的低强迫症状少有联系。这实际上为当代认知模型（Salkovskis, 1989）提供了间接的证据。当代认知模型认为，专门针对强迫的信念（不同于一般信念）对强迫症是必要的，测量专门的信念可能对于验证强迫理论具有最重要的价值。

表 18－18　OCS 高分组被试强迫症状与强迫信念之间的相关分析

因　素		OBQ 问卷（n=43，OCS 高分组）					
		完美主义	过高看重思想	自我责任的泛化	难以忍受不确定性	过高评价威胁	强迫信念
OCS 问卷	清　洗	.134	－.202	－.014	.144	－.009	.007
	攻击性	－.131	.311*	－.031	－.073	－.089	.023
	排　序	－.203	－.227	－.013	.053	－.322*	－.283
	计　数	－.229	.150	.053	.245	－.284	.000
	一般强迫思维	－.297	.227	－.060	－.591***	－.144	－.317*
	重复性仪式动作	－.450**	.261	－.119	－.208	－.075	－.217
	性	－.028	.241	.240	.160	.182	.324*
	检　查	－.145	－.209	－.161	.096	.027	－.180
	幸运符号	－.289	.095	－.095	.095	.035	－.065
	收　藏	－.212	－.087	－.305*	.068	.110	－.192
	强迫症状	－.416**	.118	－.118	－.003	－.177	－.225

表 18－19　OCS 低分组被试强迫症状与强迫信念之间的相关分析

因　素		OBQ 问卷（n=43，OCS 低分组）					
		完美主义	过高看重思想	自我责任的泛化	难以忍受不确定性	过高评价威胁	强迫信念
OCS 问卷	清　洗	.081	.122	.182	.150	.059	.131
	攻击性	.169	.101	.115	.065	.147	.137
	排　序	.251	.170	.224	.205	.283	.251
	计　数	－.270	－.187	－.122	－.234	－.261	－.283
	一般强迫思维	－.068	－.193	－.096	－.221	－.110	－.175
	重复性仪式动作	－.179	－.202	－.149	－.271	－.172	－.220
	性	－.025	－.049	－.099	－.079	－.010	－.056
	检　查	－.067	－.203	－.164	－.087	－.125	－.147
	幸运符号	.147	.120	－.026	.068	.141	.111
	收　藏	.011	－.035	－.155	－.153	－.085	－.079
	强迫症状	.115	－.066	.009	－.154	.063	－.004

（四）青少年强迫症状影响因素的逐步回归分析

以 OBQ 问卷中的完美主义、过高看重思想、自我责任的泛化、难以忍受不确定性、过高评价威胁和强迫信念为自变量，分别以 OCS 问卷中的清洗、攻击性、排序、计数、一般强迫思维、重复性仪式动作、性、检查、幸运符号、收藏、强迫症状为因变量，进行逐步回归分析，结果如表 18－20 至表 18－30 所示。

以 OBQ 问卷中的完美主义、过高看重思想、自我责任的泛化、难以忍受不确定性、过高评价威胁和强迫信念为自变量，以 OCS 问卷中的强迫清洗为因变量，进行逐步回归分析。从表 18－20 可以看出，六个预测变量预测效标变量（强迫清洗）时，进入回归方程式的显著变量共有三个，其联合解释变异量为 0.130，亦即此三个变量能联合预测强迫清洗 13.0％的变异量。标准化回归方程式为：强迫清洗＝－0.516×强迫信念＋0.158×自我责任的泛化＋0.168×难以忍受不确定性。

表 18－20　强迫信念及其各因子对强迫清洗的回归分析

选出的变量	多元相关系数	解释量	增加的解释量	F	净 F	标准化回归系数
强迫信念	.317	.100	.100	176.771	176.771	－.516
自我责任的泛化	.338	.114	.014	102.153	24.873	.158
难以忍受不确定性	.361	.130	.016	79.100	29.340	.168

以 OBQ 问卷中的完美主义、过高看重思想、自我责任的泛化、难以忍受不确定性、过高评价威胁和强迫信念为自变量，以 OCS 问卷中的攻击性强迫观念为因变量，进行逐步回归分析。从表 18－21 可以看出，六个预测变量预测效标变量（攻击性强迫观念）时，进入回归方程式的显著变量共有三个，其联合解释变异量为 0.133，亦即此三个变量能联合预测攻击性强迫观念 13.3％的变异量。标准化回归方程式为：攻击性强迫观念＝－0.306×过高看重思想＋0.124×自我责任的泛化＋－.0131×难以忍受不确定性。

表 18－21　强迫信念及其各因子对攻击性强迫观念的回归分析

选出的变量	多元相关系数	解释量	增加的解释量	F	净 F	标准化回归系数
过高看重思想	.334	.111	.111	198.704	198.704	－.306
自我责任的泛化	.346	.120	.008	107.607	14.783	.124
难以忍受不确定性	.365	.133	.013	80.978	24.525	－.131

以 OBQ 问卷中的完美主义、过高看重思想、自我责任的泛化、难以忍受不确定性、过高评价威胁和强迫信念为自变量，以 OCS 问卷中的强迫排序为因变量，进行逐步回归分析。从表 18－22 可以看出，六个预测变量预测效标变量（强迫排序）时，进入回归方程式的显著变量共有四个，其联合解释变异量为 0.080，亦即此四个变量能联合预测强迫排序 8.0％的变异量。标准化回归方程式为：强迫排序＝－

0.226×完美主义+－0.098×自我责任的泛化+0.100×难以忍受不确定性+－0.063×过高评价威胁。

表 18－22　强迫信念及其各因子对强迫排序的回归分析

选出的变量	多元相关系数	解释量	增加的解释量	F	净 F	标准化回归系数
完美主义	.256	.066	.066	111.418	111.418	－.226
自我责任的泛化	.266	.071	.005	60.251	8.554	－.098
难以忍受不确定性	.278	.077	.006	44.097	11.026	.100
过高评价威胁	.284	.080	.003	34.626	5.813	－.063

以 OBQ 问卷中的完美主义、过高看重思想、自我责任的泛化、难以忍受不确定性、过高评价威胁和强迫信念为自变量，以 OCS 问卷中的强迫计数为因变量，进行逐步回归分析。从表 18－23 可以看出，六个预测变量预测效标变量（强迫计数）时，进入回归方程式的显著变量共有两个，其联合解释变异量为 0.100，亦即此两个变量能联合预测强迫计数 10.0%的变异量。标准化回归方程式为：强迫计数=－0.234×过高看重思想+－.120×过高评价威胁。

表 18－23　强迫信念及其各因子对强迫计数的回归分析

选出的变量	多元相关系数	解释量	增加的解释量	F	净 F	标准化回归系数
过高看重思想	.299	.090	.090	156.181	156.181	－.234
过高评价威胁	.316	.100	.010	87.668	17.528	－.120

以 OBQ 问卷中的完美主义、过高看重思想、自我责任的泛化、难以忍受不确定性、过高评价威胁和强迫信念为自变量，以 OCS 问卷中的一般强迫思维为因变量，进行逐步回归分析。从表 18－24 可以看出，六个预测变量预测效标变量（一般强迫思维）时，进入回归方程式的显著变量共有三个，其联合解释变异量为 0.176，亦即此三个变量能联合预测一般强迫思维 17.6%的变异量。标准化回归方程式为：一般强迫思维=－0.297×难以忍受不确定性+－0.222×过高看重思想+0.068×自我责任的泛化。

表 18－24　强迫信念及其各因子对一般强迫思维的回归分析

选出的变量	多元相关系数	解释量	增加的解释量	F	净 F	标准化回归系数
难以忍受不确定性	.365	.134	.134	244.384	244.384	－.297
过高看重思想	.415	.172	.039	164.934	74.205	－.222
自我责任的泛化	.420	.176	.004	113.066	7.895	.068

以OBQ问卷中的完美主义、过高看重思想、自我责任的泛化、难以忍受不确定性、过高评价威胁和强迫信念为自变量，以OCS问卷中的重复性仪式动作为因变量，进行逐步回归分析。从表18－25可以看出，六个预测变量预测效标变量（重复性仪式动作）时，进入回归方程式的显著变量共有三个，其联合解释变异量为0.132，亦即此三个变量能联合预测重复性仪式动作13.2%的变异量。标准化回归方程式为：重复性仪式动作＝－0.248×过高看重思想＋－0.205×难以忍受不确定性＋0.099×自我责任的泛化。

表 18－25　强迫信念及其各因子对重复性仪式动作的回归分析

选出的变量	多元相关系数	解释量	增加的解释量	F	净 F	标准化回归系数
过高看重思想	.311	.097	.097	169.956	169.956	－.248
难以忍受不确定性	.351	.123	.026	111.308	47.660	－.205
自我责任的泛化	.363	.132	.009	80.243	16.006	.099

以OBQ问卷中的完美主义、过高看重思想、自我责任的泛化、难以忍受不确定性、过高评价威胁和强迫信念为自变量，以OCS问卷中的性强迫观念为因变量，进行逐步回归分析。从表18－26可以看出，六个预测变量预测效标变量（性强迫观念）时，进入回归方程式的显著变量共有四个，其联合解释变异量为0.056，亦即此四个变量能联合预测性强迫观念5.6%的变异量。标准化回归方程式为：性强迫观念＝－0.202×过高看重思想＋0.157×自我责任的泛化＋－0.094×难以忍受不确定性＋0.085×过高评价威胁。

表 18－26　强迫信念及其各因子对性强迫观念的回归分析

选出的变量	多元相关系数	解释量	增加的解释量	F	净 F	标准化回归系数
过高看重思想	.162	.026	.026	42.595	42.595	－.202
自我责任的泛化	.211	.045	.019	37.063	30.733	.157
难以忍受不确定性	.225	.051	.006	28.129	9.847	－.094
过高评价威胁	.236	.056	.005	23.261	8.271	.085

以 OBQ 问卷中的完美主义、过高看重思想、自我责任的泛化、难以忍受不确定性、过高评价威胁和强迫信念为自变量，以 OCS 问卷中的强迫检查为因变量，进行逐步回归分析。从表 18－27 可以看出，六个预测变量预测效标变量（强迫检查）时，进入回归方程式的显著变量共有三个。其联合解释变异量为 0.077，亦即此三个变量能联合预测强迫检查 7.7％的变异量。标准化回归方程式为：强迫检查＝－0.379×强迫信念＋0.133×自我责任的泛化＋0.080×难以忍受不确定性。

表 18－27　强迫信念及其各因子对强迫检查的回归分析

选出的变量	多元相关系数	解释量	增加的解释量	F	净 F	标准化回归系数
强迫信念	.251	.063	.063	106.320	106.320	－.379
自我责任的泛化	.271	.074	.011	63.004	18.515	.133
难以忍受不确定性	.278	.077	.003	44.234	6.275	.080

以 OBQ 问卷中的完美主义、过高看重思想、自我责任的泛化、难以忍受不确定性、过高评价威胁和强迫信念为自变量，以 OCS 问卷中的幸运符号为因变量，进行逐步回归分析。从表 18－28 可以看出，六个预测变量预测效标变量（幸运符号）时，进入回归方程式的显著变量共有四个，其联合解释变异量为 0.088，亦即此四个变量能联合预测幸运符号 8.8％的变异量。标准化回归方程式为：幸运符号＝－0.195×自我责任的泛化＋－0.098×完美主义＋－0.086×过高评价威胁＋0.055×过高看重思想。

表 18－28　强迫信念及其各因子对幸运符号的回归分析

选出的变量	多元相关系数	解释量	增加的解释量	F	净 F	标准化回归系数
自我责任的泛化	.271	.073	.073	125.494	125.494	－.195
完美主义	.286	.082	.009	70.389	14.237	－.098
过高评价威胁	.292	.085	.003	49.119	6.124	－.086
过高看重思想	.296	.088	.003	38.040	4.480	.055

以 OBQ 问卷中的完美主义、过高看重思想、自我责任的泛化、难以忍受不确定性、过高评价威胁和强迫信念为自变量，以 OCS 问卷中的强迫收藏为因变量，进行逐步回归分析。从表 18－29 可以看出，六个预测变量预测效标变量（强迫收藏）时，进入回归方程式的显著变量共有一个，多元相关系数为 0.240，其联合解释变异量为 0.058，亦即表中一个变量能预测强迫收藏 5.8％的变异量。标准化回归方程式为：强迫收藏＝－0.240×强迫信念。

表 18－29　强迫信念及其各因子对强迫收藏的回归分析

选出的变量	多元相关系数	解释量	增加的解释量	F	净 F	标准化回归系数
强迫信念	.240	.058	.058	96.985	96.985	－.240

以 OBQ 问卷中的完美主义、过高看重思想、自我责任的泛化、难以忍受不确定性、过高评价威胁和强迫信念为自变量，以 OCS 问卷中的强迫症状为因变量，进行逐步回归分析。从表 18－30 可以看出，六个预测变量预测效标变量（强迫症状）时，进入回归方程式的显著变量共有三个，其联合解释变异量为 0.197，亦即此三个变量能联合预测强迫症状 19.7％的变异量。标准化回归方程式为：强迫症状＝－0.150×过高看重思想＋－0.371×强迫信念＋0.155×自我责任的泛化。

表 18－30　强迫信念及其各因子对强迫症状的回归分析

选出的变量	多元相关系数	解释量	增加的解释量	F	净 F	标准化回归系数
过高看重思想	.413	.170	.170	325.443	325.443	－.150
强迫信念	.430	.185	.015	179.932	28.732	－.371
自我责任的泛化	.444	.197	.012	129.813	24.287	.155

通过分析比较表 18－20 至表 18－30 可知，强迫信念问卷及其各因子能联合预测强迫症状及其各因子 5.6％～19.7％的变异量。按强迫信念对因变量解释量大小排序，得到以下结果：强迫症状（19.7％）＞一般强迫思维（17.6％）＞攻击性强迫观念（13.3％）＞重复性仪式动作（13.2％）＞强迫清洗（13.0％）＞强迫计数（10.0％）＞幸运符号（8.8％）＞强迫排序（8.0％）＞强迫检查（7.7％）＞强迫收藏（5.8％）＞性强迫观念（5.6％）。即强迫信念问卷及其各因子对强迫症状的解释变异量最大，对性强迫观念的解释量最小。

（五）OCS 高分组中学生强迫症状影响因素的逐步回归分析

选择 OCS 高分组（划分标准同前）为被试，考察强迫症状高分组中学生强迫症状的影响因素。以 OBQ 问卷中的完美主义、过高看重思想、自我责任的泛化、难以忍受不确定性、过高评价威胁和强迫信念为自变量，分别以 OCS 问卷中的清洗、攻击性、排序、计数、一般强迫思维、重复性仪式动作、性、检查、幸运符号、收藏、强迫症状为因变量，进行逐步回归分析。其中，在分别以清洗、计数、检查和幸运符号为因变量进行回归时，无显著变量进入回归方程。其他项目的结果如下：

以 OBQ 问卷中的完美主义、过高看重思想、自我责任的泛化、难以忍受不确定性、过高评价威胁和强迫信念为自变量，以 OCS 问卷中的攻击性强迫观念为因变量，进行逐步回归分析。从表 18－31 可以看出，六个预测变量预测效标变量（攻击性强迫观念）时，进入回归方程式的显著变量共有一个，多元相关系数为 0.311，其联合解释变异量为 0.097，亦即表中一个变量能预测攻击性强迫观念 9.7％的变异量。标准化回归方程式为：攻击性强迫观念＝－0.311×过高看重思想。

表 18－31　强迫信念及其各因子对攻击性强迫观念的回归分析

选出的变量	多元相关系数	解释量	增加的解释量	F	净 F	标准化回归系数
过高看重思想	.311	.097	.097	4.380	4.380	－.311

以 OBQ 问卷中的完美主义、过高看重思想、自我责任的泛化、难以忍受不确定性、过高评价威胁和强迫信念为自变量，以 OCS 问卷中的排序为因变量，进行逐步回归分析。从表 18－32 可以看出，六个预测变量预测效标变量（强迫排序）时，进入回归方程式的显著变量共有一个，多元相关系数为 0.322，其联合解释变异量为 0.104，亦即表中一个变量能预测强迫排序 10.4％的变异量。标准化回归方程式为：强迫排序＝－0.322×过高评价威胁。

表 18－32　强迫信念及其各因子对强迫排序的回归分析

选出的变量	多元相关系数	解释量	增加的解释量	F	净 F	标准化回归系数
过高评价威胁	.322	.104	.104	4.733	4.733	－.322

以 OBQ 问卷中的完美主义、过高看重思想、自我责任的泛化、难以忍受不确定性、过高评价威胁和强迫信念为自变量，以 OCS 问卷中的一般强迫思维为因变量，进行逐步回归分析。从表 18－33 可以看出，六个预测变量预测效标变量（一般强迫思维）时，进入回归方程式的显著变量共有一个，多元相关系数为 0.591，其联合解释变异量为 0.349，亦即表中一个变量能预测一般强迫思维 34.9％的变异量。标准化回归方程式为：一般强迫思维＝－0.591×难以忍受不确定性。

表 18－33　强迫信念及其各因子对一般强迫思维的回归分析

选出的变量	多元相关系数	解释量	增加的解释量	F	净 F	标准化回归系数
难以忍受不确定性	.591	.349	.349	21.993	21.993	－.591

以 OBQ 问卷中的完美主义、过高看重思想、自我责任的泛化、难以忍受不确定性、过高评价威胁和强迫信念为自变量，以 OCS 问卷中的重复性仪式动作为因变量，进行逐步回归分析。从表 18－34 可以看出，六个预测变量预测效标变量（重复性仪式动作）时，进入回归方程式的显著变量共有一个，多元相关系数为 0.450，

其联合解释变异量为0.202，亦即表中一个变量能预测重复性仪式动作20.2%的变异量。标准化回归方程式为：重复性仪式动作=－0.450×完美主义。

表18－34　强迫信念及其各因子对重复性仪式动作的回归分析

选出的变量	多元相关系数	解释量	增加的解释量	F	净F	标准化回归系数
完美主义	.450	.202	.202	10.390	10.390	－.450

以OBQ问卷中的完美主义、过高看重思想、自我责任的泛化、难以忍受不确定性、过高评价威胁和强迫信念为自变量，以OCS问卷中的性强迫观念为因变量，进行逐步回归分析。从表18－35可以看出，六个预测变量预测效标变量（性强迫观念）时，进入回归方程式的显著变量共有两个，其联合解释变异量为0.216，亦即此两个变量能联合预测性强迫观念21.6%的变异量。标准化回归方程式为：性强迫观念=0.626×强迫信念+－0.449×完美主义。

表18－35　强迫信念及其各因子对性强迫观念的回归分析

选出的变量	多元相关系数	解释量	增加的解释量	F	净F	标准化回归系数
强迫信念	.324	.105	.105	4.819	4.819	－.626
完美主义	.464	.216	.111	5.500	5.636	－.449

以OBQ问卷中的完美主义、过高看重思想、自我责任的泛化、难以忍受不确定性、过高评价威胁和强迫信念为自变量，以OCS问卷中的强迫收藏为因变量，进行逐步回归分析。从表18－36可以看出，六个预测变量预测效标变量（强迫收藏）时，进入回归方程式的显著变量共有一个，多元相关系数为0.305，其联合解释变异量为0.093，亦即表中一个变量能预测强迫收藏9.3%的变异量。标准化回归方程式为：强迫收藏=－0.305×自我责任的泛化。

表18－36　强迫信念及其各因子对强迫收藏的回归分析

选出的变量	多元相关系数	解释量	增加的解释量	F	净F	标准化回归系数
自我责任的泛化	.305	.093	.093	4.197	4.197	－.305

以OBQ问卷中的完美主义、过高看重思想、自我责任的泛化、难以忍受不确定性、过高评价威胁和强迫信念为自变量，以OCS问卷中的强迫症状为因变量，进行逐步回归分析。从表18－37可以看出，六个预测变量预测效标变量（强迫症状）时，进入回归方程式的显著变量共有一个，多元相关系数为0.416，其联合解释变

异量为 0.173，亦即表中一个变量能预测强迫症状 17.3%的变异量。标准化回归方程式为：强迫症状=−0.416×完美主义。

表 18−37　强迫信念及其各因子对强迫症状的回归分析

选出的变量	多元相关系数	解释量	增加的解释量	F	净 F	标准化回归系数
完美主义	.416	.173	.173	8.592	8.592	−.416

通过分析比较可知，强迫信念问卷及其各因子能联合预测强迫症状及其各因子 9.3%～34.9%的变异量。按对因变量解释量大小排序，得到以下结果：一般强迫思维（34.9%）＞性强迫观念（21.6%）＞重复性仪式动作（20.2%）＞强迫症状（17.3%）＞强迫排序（10.4%）＞攻击性强迫观念（9.7%）＞强迫收藏（9.3%）。即强迫信念问卷及其各因子对一般强迫思维的解释变异量最大，对强迫收藏的解释量最小。

（六）OCS 低分组中学生强迫症状影响因素的逐步回归分析

选择 OCS 低分组（划分标准同前）为被试，考察强迫症状低分组中学生强迫症状的影响因素。以 OBQ 问卷中的完美主义、过高看重思想、自我责任的泛化、难以忍受不确定性、过高评价威胁和强迫信念为自变量，分别以 OCS 问卷中的清洗、攻击性、排序、计数、一般强迫思维、重复性仪式动作、性、检查、幸运符号、收藏、强迫症状为因变量，进行逐步回归分析。结果显示：没有显著变量进入回归方程。这充分说明了低强迫症状或无强迫症状学生的认知信念不同于高强迫症状学生。

（七）讨论

Foa 和 Kozak（1986）、Salkovskis（1989）以及 Tallis（1995）等的认知模型认为认知因素对强迫症是至关重要的。OCCWG（1997）进一步得出认知内容（个体所持的信念）与认知过程在强迫症中具有病原学意义，并根据已有文献、相关研究及临床经验划分出了信念的维度，认为以下六个维度对强迫症最为重要：自我责任的泛化、过高看重思想、控制思想的需求、过高评价威胁、难以忍受不确定性和完美主义。

那么非临床中学生强迫症状与强迫信念有没有关系呢？高强迫症状的中学生与低强迫症状的中学生在强迫信念上是否有差异呢？强迫信念的这几种类型是否能预测中学生的强迫症状呢？

研究结果显示：强迫症状低分组中学生与高分组中学生在强迫信念及其各因子上的差异非常显著，并且前者的强迫信念水平远远低于后者，这与 Frost 和 Steketee（1997）以临床群体为被试得出的结论一致。另外，相关研究的结果也表明，强迫症状与强迫信念各因子相关非常显著；强迫信念与高强迫症状学生的关系较低强迫症状学生密切得多。这实际上间接验证了 Salkovskis（1989）的当代认知模型。

本研究还分别以所有中学生、高强迫症状中学生和低强迫症状中学生为样本，以 OBQ 问卷中的完美主义、过高看重思想、自我责任的泛化、难以忍受不确定性、过高评价威胁和强迫信念为自变量，分别以 OCS 问卷中的清洗、攻击性、排序、计数、一般强迫思维、重复性仪式动作、性、检查、幸运符号、收藏、强迫症状为因变量，进行逐步回归分析。结果发现除了低分组学生外，其他两组学生都有显著变量进入回归方程。以所有中学生为样本时，自变量能预测因变量 2.6%～17%的变异量；以高分组为样本时，则能预测 9.3%～33.3%的变异量。其中，自我责任的泛化因子的预测率小于 10%，这与 Wilson 和 Chambless（1999）① 以大学生为被试得到的结果相一致。完美主义的预测率在 6.6%～21.6%之间，这与 Rheaume 和 Ladouceur 等（2000）② 以非临床群体为被试得到的结果 5.99%～18.45%相接近。

综合以上数据可知，强迫信念与强迫症状之间确实存在密切关系，而且高强迫症状的学生较低强迫症状的学生有更多的强迫信念。高强迫症状的学生强迫信念及其各因子对强迫症状及其各因子的贡献率高于一般学生和低强迫症状的学生。完美主义、过高看重思想和难以忍受不确定性三个因子的贡献率较其他因子要高一些；尤其是完美主义和难以忍受不确定性两个因子在高强迫症状学生中非常明显，这与 Salkovskis（1985，1989）所特别强调的自我责任的泛化因子对强迫的作用有所不同。这可能是因为：（1）区域文化差异。美国是一个法治国家，讲求原则，特别强调个人的责任、权利和义务教育；而我国在这方面的教育相对要薄弱一些。（2）父母对孩子的期望值过高。由于面临激烈的就业压力和生存压力，为了孩子的将来，父母往往不顾孩子的实际情况，给孩子拟订很高的标准，这可能是形成孩子完美主义思想的一个重要原因。（3）青春期特点。本研究调查的 12～18 岁的中学生，正处在自我意识高度发展的时期，自尊心较强，个性偏执，追求完美。

遗憾的是，由于本研究没有适当的量表从中筛选出具有强迫症的学生，因而不能比较临床群体与非临床群体之间在强迫信念上的差异。另外，我们看到强迫信念对强迫症状的贡献率最高只达到 33.3%，这意味着还有一些潜在的因素影响着强迫症状，只是我们尚未发现。这些问题，都需要我们在今后进一步研究。令人欣慰的是，本研究已经证明了强迫信念水平反映了中学生强迫症状的程度，说明认知因素确实对强迫症状存在影响，具有精神病理学和心理健康教育意义。

---

① K. A. Wilson, D. L. Chambless: *Inflated perceptions of responsibility and obsessive-compulsive symptoms*. *Behaviour Research and Therapy*, 1999, 37 (4), pp325－335.

② J. Rheaume, R. Ladouceur, M. H. Freeston: *The prediction of obsessive-compulsive tendencies: does perfectionism play a significant role?* *Personality and Individual Differences*, 2000, 28 (3), pp583－592.

第四节 青少年强迫症状及强迫信念的调适策略

对青少年强迫症状及强迫信念的研究具有理论和实践的双重意义。强迫症状和强迫信念对青少年的学习生活、心理健康、社会适应等都有着极大的影响，对青少年的健康成长极为不利。因此青少年时期作为急性焦虑症的发病高峰期，应受到广泛的关注。年龄、性别、家庭、文化背景的差异，导致了青少年具有不同的强迫症状及强迫信念水平。因此，调适青少年强迫症状及强迫信念的水平，首先应从心理健康教育入手，让青少年对心理健康知识有一定的了解，客观、科学地认识和理解强迫症状及强迫信念，进而进行自我调节以及接受相应的训练。

一、分析和应对压力源

研究发现，初一、高一和高三是三个关键年级，这三个年级学生的强迫症状水平较其他几个年级高，并且高三学生在攻击性、一般强迫思维和性这三个因子上得分最高，这充分反映了学生适应环境能力差、缺乏应变能力、高考压力重的问题。适应问题在学生中是一个普遍问题，从小学到初中、高中的环境变化，青少年面临的就是环境和生活的适应，学校应做好新学生到校时的衔接工作。往往新生到校后对新环境、新同学、新教师及新的校风、班风、学风等有很大的不适应。他们到校后应在老师的引导下逐渐相互接纳、磨合，使学生能感受到来自学校、同学、老师的关心和帮助，而不是感到紧张、孤独等，在校园中形成健康的心理氛围。教师应做到像长辈一样关心学生，在对待学生的态度上应一视同仁，既不偏袒好学生，也不歧视差生，做到奖罚有度，以鼓励为主，与学生建立融洽、友好的关系。教师的言行举止、思想意识、仪表风度都会在他们的教学和生活中体现出来，而起到言传身教的作用。因此，教师必须不断培养自己良好的形象，培养健全的人格，不能赏罚无度，喜怒无常，对学生冷漠或过度严厉，否则容易引起学生的困惑，甚至产生心理障碍等。

高考压力也是一个不容忽视的问题，很多研究都显示高三学生心理问题检出率最高，这与应激源增多有很大联系。考试压力是客观存在的，学生要正视其存在，不要逃避，更不能过度紧张和焦虑。考试焦虑对学习的影响是因焦虑程度的不同而不同的，考试焦虑与学习之间存在着一种 U 字形曲线关系，即焦虑水平过高或过低，都对学习有不同程度的影响，只有程度适当，学习和考试效果才能好。因此，学校要大力开展心理健康教育，在平常的学习生活中要研究学生的心理特点，开展适合其心身发展需要的文化和娱乐活动，使青少年在不知不觉中形成朝气蓬勃、团结向上的良好心理状态。学生要学会调节自己的情绪和心理，保持健康稳定的心理状态。

青少年是一个特殊群体，特别是男女学生正处在青春发育期间，他们的心理特征一方面带有某些童年期的痕迹，同时，又开始出现某些成人期的心理特征。这时期的青少年处在半幼稚、半成熟、独立性和依赖性并存、变化错综复杂的时期，他们的情绪不稳定、情感多变，容易激动是这个时期青少年突出的心理特征。性器官和性机能的发育，给青少年的心理、情绪和行为等各个方面都带来明显的影响。随着性意识的萌发，对异性开始感兴趣而出现性冲动、手淫和早恋现象。因此，要有针对性地对青春期青少年适时进行性发育、性的卫生知识教育以及道德伦理教育，引导他们科学地对待自身的变化和正确地对待异性，把充沛的精力投入到有益的活动中去。

二、大力开展学校心理健康教育

大力开展学校心理健康教育，以普及心理卫生知识为抓手，让学生掌握有关心理卫生、生理卫生及性方面的专业知识，使学生特别是大学生和中学生对自己的心理、生理等问题有比较科学而系统的了解和认识。积极开展并且做好对学生的素质教育。素质教育不仅是知识技能水平的提高，还应包括人格、心理健康等方面的教育，要做到使学生德智体全面发展，而且德育是第一位的。学校应该教学先教人，品德和人格更重于知识技能的培育，使青少年学生从小知法、懂法，懂得自尊、自律，敢于维权护权，将来才能成为有益于社会的人。做好学生社会学方面的教育引导工作，培养学生正确的人生观、价值观，使他们明白成长不仅意味着自由，更重要的是责任心、宽容和关爱，全社会都要真正秉承“成才更要成人”的素质教育观。普遍开设学校心理健康咨询室，建立比较完整的校园内学生健康档案，以便心理辅导老师可以根据学生的性格情感特征开展心理健康咨询，有针对性地开展辅导和提供帮助。

三、家庭关爱

我们的研究还发现，受他人（祖父母、亲戚等）照顾的孩子更容易出现暴力倾向和性心理问题。这是一个值得整个社会关注的社会问题。现在越来越多的父母或迫于生存压力，或为了追求事业的成功，或贪图享受，而将自己的孩子托付给他人照顾，致使孩子缺乏父母关爱，导致亲子疏离。有研究证实，亲子疏离与学业失败是学生一切心理适应问题的根源，也是导致青少年犯罪行为的主要原因（张春兴，1998）。为了孩子的健康成长，家长要加强自身的学习，营造关爱、宽松的家庭气氛，加强对孩子的爱心教育，教他们学会正确地表达自己的愿望和要求，不要把不满情绪闷在心里，在和别人发生矛盾时能用沟通的方法解决，而不是诉诸武力。另一方面，家长要为孩子树立一个待人处世讲文明、讲礼貌的好榜样。家长应主动配合学校，经常沟通信息，了解子女性意识发展状况，也经常把子女性发育变化的现象向学校教师汇报，取得联系，形成同步教育。一旦发现子女出现性心理障碍，家长应与学校、社会其他部门配合，及时进行心理咨询和心理治疗。家庭应提供一个宽松、舒适的性教育环境，对处于性发育期的学生，应理解、爱护和帮助，不应随意干涉和指责。父母应主动向青春期的子女传播必要的知识，做好心理上和物质上的准备，帮助孩子掌握摆脱性压抑的方法，及早拨开子女内心的迷雾，使他们健康地度过青春期这个人生的十字路口。

四、降低期望值

本研究结果显示，高强迫症状的学生大多具有完美主义倾向。原因之一是父母对孩子的期望过高，要求过严。实际上父母的“高期望，严教育”不仅会给孩子带来强迫问题，还会带来焦虑、抑郁等心理问题，甚至自杀，这在现实生活中不胜枚举。这里我们再次提醒广大父母，要从孩子的实际情况出发，合理期望，尊重孩子，注意亲子沟通，营造一个民主、轻松的家庭氛围。父母一些极端的教育方式，对孩子的负面影响很大。

附录一　青少年强迫症状问卷（OCS）

指导语：下面的每条叙述都是日常生活中一些可能出现在每个人身上的想法和行为，这些想法和行为可能给你带来烦扰。请你仔细阅读每一条，然后根据最近一个月以内该事件对你生活、学习的干扰程度，在相应的字母前的方框内打“√”。各字母的具体含义是：A：一点都不；B：有一点；C：较多；D：多；E：非常多。

1. 骑车时，有时会产生一种想撞某人或某物的冲动。
□A　□B　□C　□D　□E
2. 喜欢精确地按时间做事。　□A　□B　□C　□D　□E
3. 每次别人坐了我的床后，我会等人一走，马上把床单洗了。
□A　□B　□C　□D　□E
4. 每天在回家的路上，都要数路上的电杆或者树木。
□A　□B　□C　□D　□E

5. 感觉自己总不能把事情解释清楚，尤其是这些事情关系到我时。
□A □B □C □D □E

6. 学习上落后往往是因为我一遍遍地重复做某些事情。
□A □B □C □D □E

7. 如果接触了自认为“被污染”了的物体，我马上就得清洗自己。
□A □B □C □D □E

8. 头脑里经常出现有关性的想法。 □A □B □C □D □E

9. 我多次返回家检查门、窗、抽屉等，以确保它们真的关好了。
□A □B □C □D □E

10. 我为了避免坏运气而以特定的方式走路或说话。 □A □B □C □D □E

11. 我不愿把用旧的东西扔掉。 □A □B □C □D □E

12. 别人坐过的凳子我要反复擦了以后才会坐。 □A □B □C □D □E

13. 有时感觉有一种力量驱使我去做一些实际上毫无意义的、自己并不想做的事。
□A □B □C □D □E

14. 晚上收拾东西时，必须把它们放得恰到好处。 □A □B □C □D □E

15. 有时我会毫无原因地开始数物体。 □A □B □C □D □E

16. 当令人不快的事情进入我的脑海时，想甩都甩不掉。
□A □B □C □D □E

17. 由于一些事情我必须重复做,因此很难完成作业或有难度的任务。
□A □B □C □D □E

18. 经常出现下流的、肮脏的思想，并且很难除掉。 □A □B □C □D □E

19. 关上门后，我常是走出几步后又回来检查，怀疑门没关好。
□A □B □C □D □E

20. 当知道一种东西已被陌生人或某些人摸过后，很难让我再去接触它。
□A □B □C □D □E

21. 为了摆脱坏运气或坏事情，我会说一些特定的数字或词句。
□A □B □C □D □E

22. 我自己认为要留着那些尽管已经用空的东西（如食品罐、清洁剂盒子等）。
□A □B □C □D □E

23. 觉得别人用过或摸过的东西对自己有害。 □A □B □C □D □E

24. 在头脑里想象有关暴力或令人害怕的情境。 □A □B □C □D □E

25. 对整洁的作业本和书写整洁非常关心。 □A □B □C □D □E

26. 走过每天必经的台阶时，总是反复地数台阶数，即使已经数过，还是要数。
□A □B □C □D □E

27. 比一般人更关心细菌和疾病。 □A □B □C □D □E

28. 对自己做的很多事情都产生怀疑。 □A □B □C □D □E

29. 因为不敢肯定已做过的事正是自己要做的，我多次反复做它们。

□A □B □C □D □E

30. 头脑里经常对异性充满幻想。 □A □B □C □D □E

31. 反复检查本已关掉的液化气开关、水龙头和电灯开关等。

□A □B □C □D □E

32. 一些数字会给人带来非常不好的运气，我看到或数到这些数字后会非常不安。

□A □B □C □D □E

33. 我的房间堆满旧玩具、细绳、用空的盒子或不穿的衣服等，仅仅是因为我认为它们将来某一天可能用得上。 □A □B □C □D □E

34. 经常洗手，而且洗手的频率和每次洗手的时间比一般人长。

□A □B □C □D □E

35. 经常出现不被允许的、不受约束的想法或冲动。 □A □B □C □D □E

36. 做日常事情时会遵守严格的路线。 □A □B □C □D □E

37. 常常克制不住地数从自己面前经过的人。 □A □B □C □D □E

38. 即使是已经非常仔细做的事，常常觉得那仍不十分好。

□A □B □C □D □E

39. 有时会产生一种想伤害没有反抗力的孩子或动物的冲动。

□A □B □C □D □E

40. 因为不得不一遍又一遍做某事，这使我在完成家庭作业或其他日常活动时遇到麻烦。 □A □B □C □D □E

41. 我的房间里堆放着许多实际上并不需要的东西。 □A □B □C □D □E

42. 在公交车上别人不小心碰到我的手，我会浑身不舒服，到家后一遍遍用肥皂或香皂洗手。 □A □B □C □D □E

43. 出现过毫无理由的想要伤害自己或家庭成员的想法。

□A □B □C □D □E

44. 放自己的所有东西都有固定的位置。 □A □B □C □D □E

45. 感觉自己会不由自主地重复某些数字。 □A □B □C □D □E

46. 在某些情形下，害怕失去自控力而做出令人尴尬的事。

□A □B □C □D □E

47. 无论怎样都不喜欢触摸别人或被别人触摸。 □A □B □C □D □E

48. 当一辆汽车急驰而来时，有时想迎面撞上去。 □A □B □C □D □E

49. 感觉自己不得不完全记住不重要的数字。 □A □B □C □D □E

50. 几乎每天都被进入脑海的有违心愿的想法弄得灰心失望。
□A □B □C □D □E

51. 比一般人用肥皂或香皂的数量多。 □A □B □C □D □E

附录二　青少年强迫信念问卷（OBQ）

指导语：这个问卷罗列了人们可能拥有的不同的态度或信念。仔细阅读每一道题，然后决定你在多大程度上同意或不同意它。对每一道题，选择一个最能反映你的想法的答案，打上“√”。请注意，每道题只能选择一个答案。由于人与人之间各不相同，因而这些问题既没有正确的答案，也没有错误的答案。请按下面的评定标准回答：A＝完全同意；B＝比较同意；C＝不确定；D＝比较不同意；E＝完全不同意。

注意：除非你认为其他四个选项都确实不符合你的真实想法，否则请尽量不要选择“不确定”。

1. 我不喜欢周围的事物经常变化，那令我捉摸不透。
□A □B □C □D □E

2. 我很难在模棱两可的情形下作出快速反应。 □A □B □C □D □E

3. 假如我看见别人被某个物品（如斧头、小刀等）弄伤过，以后我就再也不敢用这个物品了。 □A □B □C □D □E

4. 对我来说，当可能影响到别人时，即使是微小的粗心也是不可宽恕的。
□A □B □C □D □E

5. 没有阻止伤害等同于引发伤害。 □A □B □C □D □E

6. 假如发生了令人意想不到的事情，我不知该如何处理。
□A □B □C □D □E

7. 越是想控制某种思想却越是控制不了，这会让我非常不安。
□A □B □C □D □E

8. 假如我知道可能出现伤害，不管它的可能性有多小，我都应该尽力阻止它发生。 □A □B □C □D □E

9. 我经常花很长时间才能作出决定。 □A □B □C □D □E

10. 只要我曾被某个东西（如小刀）弄伤过，以后一看见类似的东西就会胆战心惊。 □A □B □C □D □E

11. 假如我对一件正在变坏的事件能有哪怕一点点影响力，那么我就必须采取行

动阻止它发生。 □A □B □C □D □E

12. 可怕的事情想象得越多，它变成事实的可能性越大。

□A □B □C □D □E

13. 如果控制某种侵扰思想失败，就一定会对自己或别人产生某种程度的伤害。

□A □B □C □D □E

14. 对于关系到我的问题，我必须得到确切答案才能放下心。

□A □B □C □D □E

15. 无论在什么情况下，我都认为应该把事情做得完美无缺。

□A □B □C □D □E

16. 对我来说，部分失败跟完全失败一样糟糕。 □A □B □C □D □E

17. 即使伤害出现的可能性非常小，我无论如何也应该一直尽力阻止其发生。

□A □B □C □D □E

18. 拥有不好的思想或冲动意味着我可能会这样做。 □A □B □C □D □E

19. 假如我看见别人被某种动物伤害过，以后我对所有的动物都会心存畏惧。

□A □B □C □D □E

20. 头脑里出现坏思想意味着我怪异或不正常。 □A □B □C □D □E

21. 为了得到他人的认可，我必须成为一个完美的人。

□A □B □C □D □E

22. 想象坏事情会使它变得更有可能发生。 □A □B □C □D □E

23. 对我来说，一言一行、一举一动都必须非常规范、完美，让人无可挑剔。

□A □B □C □D □E

24. 为了安全起见，我不得不随时为可能出错的每件事做好周全的准备。

□A □B □C □D □E

25. 假如我的脑海里出现某件可怕的事情而没有采取一些预防措施，那么这和我故意做这件事的效果是一样的。 □A □B □C □D □E

26. 大多数人都渴望我成为一个完美的人。 □A □B □C □D □E

27. 我不能忍受不确定性。 □A □B □C □D □E

28. 假如我曾经被某种白色的小动物伤害过，以后一看见白色的动物就会害怕，或躲得远远的。 □A □B □C □D □E

29. 脑海里出现侵扰思想意味着我失去了控制。 □A □B □C □D □E

30. 假如我考虑一件事，这意味着我想要它发生。它暴露了我的真实本性。

□A □B □C □D □E

31. 我脑海里的侵扰思想反映了我的真实本性。 □A □B □C □D □E

32. 我将为我的不良行为受到谴责。 □A □B □C □D □E

33. 我相信把事情做得至善至美是可能的。 □A □B □C □D □E

34. 我有责任或义务去阻止坏事情发生。 □A □B □C □D □E

35. 我的目标就是成为一个完美的人。 □A □B □C □D □E

36. 我相信做事应该达到至善至美的程度。 □A □B □C □D □E

第六编

青少年婚恋心理问题及教育对策

QINGSHAONIAN HUNLIAN XINLI WENTI JI JIAOYU DUICE

爱情与婚姻是人生的重大事件，是青年时期必然面对的重大课题。进入青年期的青年，随着年龄的增长，都会或早或迟地经过一个谈情说爱、选择配偶的时期。在这件事情上处理得好与坏不仅会影响一个人一生的幸福，而且会影响一个人一生的发展和成就。所以，青年人的婚姻被人们称为“终身大事”。心理学认为青少年婚恋关系的发展可以促进其自我同一性的发展，并且可以预示其以后生活（尤其是其家庭婚姻生活）的成功与否。近年来有关大学生因失恋而自杀或报复对方的行为时有发生，究其原因大都是因为其不健康的婚恋心理造成的。青少年婚恋心理问题已成为当代青少年最突出的心理健康问题之一。另外，大学生作为现代青年一代的主体，是接受时代变化最快的一个群体，因而也是受多元文化和观念的冲击最大的一个群体。这一群体的婚恋价值观，在某种程度上能够影响和反映出未来相当长一段时期青少年的婚恋价值取向。因此，探讨我国青少年的婚恋心理特点，开展有针对性的婚恋心理教育与辅导已成为当前青少年心理健康教育的一项重要任务。青少年婚恋心理问题是复杂多样的，本编拟从青少年性道德价值观、婚恋观和恋爱心理压力等几个重要方面来探讨我国青少年的婚恋心理问题及教育对策。

第十九章

Di Shi Jiu Zhang

大学生婚恋观结构、特点及教育

婚恋观是个体世界观、人生观、价值观的一种体现。如何让个体的婚恋观更加符合社会发展的要求，能够在一定程度上促进社会和谐，这就涉及婚恋观正确与否的问题。今天的大学生明天便是国家建设的栋梁，而婚恋观积极与否直接关系到大学生的心理健康、学业成功等问题，从而会影响到大学生的综合素质和整体发展水平，进而影响未来的国民素质、社会的发展。从我国高校的现实情况来看，虽然有调查显示高校中已经登记结婚的学生只有万分之一，但是新的《中华人民共和国婚姻法》颁布以后，在校结婚的大学本科生却有所增加，而且在我们的大学校园里还有一个正在形成的群体——“夫妻部落”，这个所谓的“夫妻部落”并不限于登记结婚的大学生，而是包括恋爱者，尤指那些恋爱同居者。我们不得不承认，在大学生中间存在着登记婚姻与事实婚姻的情况，而并非仅仅存在恋爱的问题了。由于大学生正处在人生的一个重要过渡时期，其心理发展表现出了动荡性的特点，可以说他们对婚姻与恋爱的认识还不稳定、不成熟，对于教育者来说，有必要对其进行婚恋观指导与教育，而这种指导与教育的有效性又必须建立在对大学生婚恋观的研究之上。

另外，婚恋问题对整个社会来说都是一个比较敏感的话题，尤其是对处于青春期的大学生，他们正处在生理和心理快速发展和成熟的时期，强烈希望与异性交往，因此婚恋与性是一个他们经常探讨、非常感兴趣而又十分好奇的话题。正因为如此，恋爱与婚姻直接关系到了青年人的生活、学习和工作。但是，在大学生中间，由于恋爱、与异性交往而产生困惑的大有人在，还发生了许多不该发生的、有损于大学生前途的事件，并且还有许多大学生因为不能正确地看待恋爱与失恋，导致他杀与自杀等事件；另一方面，大学生由于性生理发育特点，使他们的性欲望和性意识都很强烈，性在他们的生活中占有很大比重，性问题便成为大学生中的一个突出问题，如婚前性行为、女生未婚先育、同居、“一夜情”等事件在大学生中间流行甚至还成了“时尚”的代名词等，有的学生甚至产生了性放纵行为。这类现象的出现，就其内源性原因而言就是这些大学生缺乏正确的婚恋观。因此科学研究大学生婚恋观，是大学生身心健康和成长的现实需要。

第一节　研究概述

一、婚恋观的概念

关于婚恋观的概念，学术界迄今没有给出一个明确的定义，只有一些相关概念的探讨。如关于爱情价值观，黄希庭等人①认为：“爱情价值观是人的价值观在爱情问题上的具体体现，涉及什么样的爱情有意义，什么样的婚恋生活幸福以及选择什么样的婚恋对象等问题。”如对恋爱观的界定：“恋爱观是一个人世界观、人生观、价值观在恋爱问题上的具体体现，一个正确的恋爱观会引导人们走向健康、幸福和美好的生活”②；“恋爱观是人们对待恋爱与爱情的基本观点和态度，它是由人们的世界观、人生观和价值观决定的”③；“恋爱价值观是人们的价值观对于恋爱问题的具体体现，是回答为什么恋爱，选择什么样的恋爱对象以及怎样追求爱情生活等的观念系统”④；“恋爱价值观，是指青年在恋爱过程中必须承担的，对社会、对他人的责任与贡献以及社会、他人对青年恋爱需要的尊重与满足的统一，是对恋爱问题的一种评价和概括，体现了青年对恋爱的深刻理解和目的评价”⑤。如对婚恋观的界定：“婚恋观是人们的价值观在婚姻、恋爱问题上的体现”⑥；“婚恋观指人们对恋爱、婚姻和性的基础问题的看法，是人生观的重要构成因素和具体体现”⑦。这些表述基本反映了婚恋观的内容，但我们认为这些描述也有值得商榷的地方。

其一，很多表述只是停留在婚恋观的某一方面，并不全面。有的单纯是“恋爱观”，有的单纯是“婚姻观”。

---

① 黄希庭、郑涌：《当代中国大学生心理特点与教育》，上海教育出版社2002年版。
② 卢春莉：《当代大学生恋爱观的新动态探析》，《山西农业大学学报（社会科学版）》2003年第2期，第271～274页。
③ 李庆祝：《当代大学生恋爱心态及其对策》，《华北煤炭医学院学报》2002年第4卷第6期，第798～799页。
④ 李志、彭建国：《大学生恋爱价值观特点及教育对策》，《重庆教育学院学报》2000年第13卷第4期，第76～81页。
⑤ 李颖：《引导大学生树立正确的恋爱价值观促进青年的健康成长》，《广州师范学院学报（社会科学版）》2000年第21卷第12期，第92～95页。
⑥ 赵冰洁：《大学生婚恋观的调查与研究》，《中国临床心理学杂志》2002年第10卷第2期，第111～113页。
⑦ 刘亚丽：《当代大学生婚恋观特点及引导》，《思想教育研究》2003年第10期，第28～30页。

其二，运用词汇不统一，但内涵基本一致。有些学者用“××观”，有些学者用“××价值观”，而“观”与“价值观”是有区别的，并不是相同的概念，因此，有必要将其明确化。

其三，无论是“恋爱观”、“婚姻观”还是“婚恋观”，都必不可少有对“性”的看法，但是上述观点很少涉及这一层面的内容。

综上所述，我们将婚恋观定义为：人们对婚前恋爱、婚姻生活以及婚恋过程中性爱取向的基本看法，它是人们对待婚姻和恋爱的内在标准和主观看法，不但直接影响个体对配偶的选择，还会影响个体对未来婚姻、家庭的责任和义务的承担。

从这一概念出发，我们认为婚恋观具有如下特点：

（1）主观性。婚恋观是个体对婚姻、恋爱、性问题进行评价时所持有的内部标准和主观观念，它是支配人们在此方面行为的内部动力。

（2）可变性。个体的婚恋观会因年龄的不同而呈现出不同的特点，也会随着所处环境的改变而变化，如在初中、高中时期，个体对配偶的选择往往是注重长相与身材等外部特征，而到大学阶段，个体对配偶的选择除注重外部特征外还重视其人品与能力。

（3）时代性。婚恋观中包括婚恋价值观的组成部分，而随着社会的发展，价值判断越发体现出多元性，这在一定程度上冲击个体业已形成的婚姻价值评判体系和婚姻行为的稳定性，而折射出这个时代婚恋价值取向的基本特征。如在择偶标准问题上，各个年代就各有不同，20 世纪 50 年代，女青年追求“南下干部”，喜欢工农兵；60 年代谈恋爱被打上了深深的阶级烙印，配偶须是“根正苗红”；70 年代，人们开始注重物质条件，“高价姑娘”出现；80 年代人们尊重知识、人才，女方选择男方注重学识；90 年代，人们开始追求精神生活，青年人的择偶标准是“谈得来”、“情投意合”。①

（4）相对稳定性。虽然个体的婚恋观具有可变的特性，但是其在较长的一段时期内还是相对稳定的，它并不是随时随地、时时刻刻都在改变着。

二、大学生婚恋观的研究现状

（一）国外的研究现状

1. 国外对大学生婚恋观态度的研究

国外对婚姻、恋爱、性心理等相关课题的研究以 19 世纪弗洛伊德精神分析学说的建立为起点，至今已有一百多年的历史了，所以对此方面的研究成果颇多。

（1）对国外大学生婚恋观的研究

① 刘达临等：《社会学家的观点：中国婚姻家庭变迁》，中国社会出版社 1999 年版。

①国外大学生对大学期间恋爱呈现支持态度。Knox 和 Zusman[①] 的研究表明恋爱在高校中是很普遍的，83%的从未结过婚的大学生报告说自己正在和一个约会对象恋爱；而且有 2/3 的人认为爱情很重要，爱情是幸福婚姻的基础，如果没有爱情他们即使结婚也会离婚。

②国外大学生对于婚姻的态度很积极。Paige D. Martin[②] 的研究表明绝大多数青年人表示出了对不良婚姻的否定态度和把婚姻作为一生责任的观点，同时，仅有 1/3 的青年人对婚前性行为表示出了积极的态度，但是，却有一半的青年人对同居表示积极的态度。Salts 和 Connie 等[③]的研究还发现女生比男生对于婚姻具有更为积极的态度。

③国外大学生性观念较为开放。Rubinson 和 Laurna 等[④]在 1972、1977、1982、1987 年，在十五年间对 868 名大学生被试进行了调查，结果显示被试对婚前性交无论从态度还是从行为上都更加开放。Huang Karend 等[⑤]对旅美大学生进行了一项关于婚前性行为的态度调查，有 58.7%的女生和 33%的男生涉及了婚前性行为，60%以上的被试赞同出于爱情或定情的婚前性行为，且在容忍程度上无性别差异。Mayyekiso[⑥] 对 90 名 16～35 岁南非大学生的一项调查结果显示，大学生对婚前性行为持赞成态度。在 Westera 和 Bennett[⑦] 的一项研究中发现，高校中 88%的男生和 84%的女生表示出了对婚前性行为的支持。Murphy 和 Boggess[⑧] 的研究发现，在 20 世纪 90 年代，也许是因为 HIV 的发病率不断上升，美国的年轻人较之以前少有婚前性行为，有过性行为的人从 1988 年的 60%下降到 1995 年的 55%，到 2001 年，大学生的性行为仍在下降，降至男生占 48%左右，女生占 43%左右。这说明在大学生中间赞成婚前性行为的人仍然很多，而且男生的性观念较女生更为开放。在性伴侣的选择上，Rachel Saul Lacey，Alan Reifman[⑨] 等人研究发现，持有不同性态度的

---

① A. Brantley, D. Knox, M. E. Zusman: *When and why gender differences in saying "I love you" among college students. College Student Journal*, 2002, 36 (4), pp614－615.

② P. D. Martin, G. Specter, D. Martin, M. Martin: *Expressed attitudes of adolescents toward marriage and family life. Adolescence*, 2003, 38 (150), pp359－367.

③ C. J. Salts, et al: *Attitudes toward marriage and premarital sexual activity of college freshmen. Adolescence*, 1994, 29 (116), pp775－779.

④ L. Rubinson, L. Rubertis: *Trends in sexual attitudes and behaviors of a college population over a 15-year period. Journal of Sex Education and Therapy*, 1991, 17 (1), pp32－41.

⑤ K. Huang, L. Uba: *Premarital sexual behavior among Chinese college students in the United States. Archives of Sexual Behavior*, 1992, 21 (3), pp227－240.

⑥ T. V. Mayyekiso: *Attitudes of student at the University of Transkei towards premarital sex. South African Journal of Psychology*, 1994, 24 (2).

⑦ D. A. Westera, L. R. Bennett: *Adolescent attitudes about marriage, relationships and premarital sex. International Journal of Nursing Studies*, 1994, 31, pp521－531.

⑧ J. J. Murphy, S. Boggess: *Increased condom use among teenage males, 1988－1995: The role of attitudes. Family Planning Perspectives*, 1998, 30 (6), pp276－280.

⑨ R. S. Lacey, A. Reifman, J. P. Scott, et al: *Sexual-moral attitudes, love styles, and mate selection. The Journal of Sex Research*, 2004, 41 (2), pp121－128.

人会有不同的选择，性态度开放的人，在选择性伴侣时更注重对方的外貌品质，而性态度较为传统的人，在选择性伴侣时更注重对方的个性品质。

2. 对大学生婚恋观影响因素的研究

（1）White 和 DeBlassie①发现一些因素与青年人的性态度和行为有关，这些因素包括：年龄、性别、信仰、家庭（是破裂的或是完整的）、父母的交流、同胞群体的关系及数量、社会政策、个性品质。Salts 等人②用修订后的 FAMS 量表（Favorableness of Attitudes toward Marriage Scale）对大学生婚姻观作了调查，结果发现大学新生的婚姻态度与性别和婚前性行为相关，女性比男性有更为有利的婚姻态度，这与 Hill③，Walters 等④的结论一致。Kahn 和 London⑤也认为人的个性会影响婚姻观，有更为保守的婚姻态度的人比婚姻态度开放的人更为强调婚姻的责任与牺牲精神，而且会有更少的婚前性行为、更低的离婚率。

（2）Gage 等⑥在博茨瓦纳、布隆迪、肯尼亚、津巴布韦、多哥、利比里亚等国家的调查表明，这些国家大部分未婚女青年已有婚前性行为。作者将其原因归结为经济文化因素，认为近年来这些国家的经济发展导致女性初婚年龄的增大，进而导致婚前性行为增加。

（3）Martin 等人⑦认为家庭结构（是完整的还是破裂的）、个体性别、年龄、父母对子女的教育方式、父母的交流方式都会影响青少年的性态度及性行为。

（4）Gokengin 等人⑧也发现婚姻观及性观念与个体的性别、受教育年限、社会经济地位等显著相关，在他们的研究中，低社会经济地位的被试指出他们有固定的性伙伴和性生活，但是几乎一半的中产阶级被试报告说他们在不同时期有不同的性伙伴。其实早在 20 世纪早期，美国社会学家金赛就曾指出，社会经济阶层和受教育程度较高的人，在恋爱和婚前性爱问题上比较保守，而下层社会的态度较为开放。他在 1948 年出版的《金赛报告——人类男性性行为》（*Sexual Behavior in the Hu-*

① S. D. White，R. R. DeBlassie：*Adolescent sexual behavior*. *Adolescence*，1992，27（105），pp183－192.

② C. J. Salts，M. D. Seismore，B. W. Lindholm，et al：*Attitudes toward marriage and premarital sexual activity of college freshmen*. *Adolescence*，1994，29（116），pp775－779.

③ R. J. Hill：*Attitudes toward Marriage*. Unpublished master's thesis，Palo Alto，CA：Stanford University，1951.

④ J. Walters，K. K. Parker，N. Stinnett：*College students' perceptions concerning marriage*. *Family Perspective*，1972，7（1），pp213－222.

⑤ J. R. Kahn，K. A. London：*Premarital sex and the risk of divorce*. *Journal of Marriage and the Family*，1991，53（4），pp845－855.

⑥ A. J. Gage，D. Meekers：*Sexual activity before marriage in sub-Saharan Africa*. *Social Biology*，1994，41（1－2），pp44－60.

⑦ P. D. Martin，D. Martin，M. Martin：*Adolescent premarital sexual activity*，*cohabitation*，*and attitudes toward marriage*. *Adolescence*，2001，36（143），pp601－609.

⑧ D. Gokengin，T. Yamazhan，D. Ozkaya，et al：*Sexual knowledge*，*attitudes*，*and risk behaviors of students in Turkey*. *The Journal of School Health*，2003，73（7），pp258－263.

man Male）中指出，2/3 的大学程度的人在结婚前保持贞洁，而下层社会的男子几乎人人都在恋爱期间发生过性行为。

（5）Dodge 等人[①]对比了美国与荷兰人后发现婚恋观与个体所处的社会文化氛围、个体的宗教信仰、家庭教育等有关。

（6）Salts 和 Connie 等人的研究假设处女比非处女在婚姻上有更为积极的态度，而且只有一个性伙伴的非处女的婚姻态度比处女少有婚姻积极性，但比有多个性伙伴的非处女更为积极一些，即在对待婚姻的态度上，处女的积极性>有一个性伙伴的非处女>有多个性伙伴的非处女。结果是处女对婚姻的态度比有许多性伙伴的非处女更为积极，这点与 Kahn 和 London[②] 的假设（婚姻态度及婚前性行为与离婚相关）相一致。正如预期的一样，有一个性伙伴的非处女的得分位于处女和有众多性伙伴的非处女之间。[③] 这表明婚恋观与个体的身份有关。

（7）Martin 等[④]在调查青年人对婚姻的态度时发现超过一半的单亲家庭的青年人表示他们在生活中经常看到的是婚姻冲突，他们很可能对成功的婚姻和家庭生活没有充分的准备，即他们对成功的婚姻抱消极态度。他们还发现父母婚姻关系破裂与否对于青年人的生活有显著影响，它会影响青年人对于婚姻的态度，在一定程度上影响他们对婚姻生活的信心。另外，对于婚前同居来说，Martin 等人认为家庭破裂的青年人赞同婚前同居是因为他们很难看到成功的婚姻，所以，他们似乎想借助婚前同居来寻找一种婚姻成功的技巧。另有一些研究[⑤⑥⑦⑧]表明，父母间相处的关系模式会影响孩子之间的关系模式，父母间所持有的关于自己亲密关系的态度会影响孩子对自己的同伴关系的态度，还会影响孩子以后浪漫依恋关系的形成。更有一

---

① B. Dodge, T. G. M. Sandfort, W. L. Yarber, et al: *Sexual health among male college students in the United States and the Netherlands*. *American Journal of Health Behavior*, 2005, 29 (2), pp172－182.

② J. R. Kahn, K. A. London: *Premarital sex and the risk of divorce*. *Journal of Marriage and the Family*, 1991, 53 (4), pp845－855.

③ C. J. Salts, et al: *Attitudes toward marriage and premarital sexual activity of college freshmen*. *Adolescence*, 1994, 29 (116), pp775－779.

④ P. D. Martin, G. Specter, D. Martin, M. Martin: *Expressed attitudes of adolescents toward marriage and family life*. *Adolescence*, 2003, 38 (150), pp359－367.

⑤ P. R. Amato: *Marital conflict, the parent-child relationship and child self-esteem*. *Family Relations*, 1986, 35 (3), pp403－410.

⑥ T. D. Fisher: *An exploratory study of parent-child communication about sex and sexual attitudes of early, middle, and late adolescents*. *Journal of Genetic Psychology*, 1985, 147 (4), pp543－557.

⑦ V. Gecas, M. A. Seff: *Families and adolescents: A review of the 1980 s*. *Journal of Marriage and the Family*, 1990, 52 (4), pp941－958.

⑧ R. M. Cate, T. L. Huston, J. R. Nesselroade: *Premarital relationships: Toward the identification of alternative pathways to marriage*. *Journal of Social and Clinical Psychology*, 1986, 4 (1), pp3－22.

些学者[①②③④]试图研究年青一代的爱情观与老一代人的爱情观的联系，结果发现父母与子女在一些爱情问题上有相似的态度。另外，还有研究也表明，父母的分离或离婚会对年轻人的生活产生显著的影响，这会影响年轻人对于婚姻和婚姻制度的态度，尽管现在的青年人对父母的离婚呈现出理解的态度，但这还是会在一定程度上影响他们对于婚姻和开始家庭生活的决定。[⑤⑥]

综上所述，国外研究者发现影响婚恋观的因素包括：(1) 个人因素：性别、年龄、身份、个性品质、个体受教育程度、信仰等；(2) 家庭因素：家庭结构、家庭背景、家庭成员的沟通与交流情况、父母的婚姻关系与婚姻状况、父母对子女的养育方式等；(3) 社会因素：所处的社会经济地位、社会文化氛围、社会政策等。

（二）国内的研究现状

对于婚恋问题的研究，我国起步较晚，在新中国成立初期个人生活要求公开化，因此谈恋爱结婚等都需要向组织上汇报，婚恋的价值取向是以共同的革命理想为指针的，而且当时也处于谈性色变的年代，所以学者们对此方面的研究很受局限。从20世纪80年代开始情况有所好转，学者们对此课题的研究多了起来，研究成果也颇为丰富。

1. 对恋爱态度的研究

对大学生恋爱持支持态度。研究发现，绝大多数的大学生对在校期间谈恋爱持赞成态度，认为恋爱是婚姻的基础[⑦⑧]，而且更为有意思的是大学生对多角恋居然也持宽容态度[⑨]，表现出了一种现代与开放的观念。

2. 对恋爱动机的研究

恋爱动机多种多样。总体来说大学生的恋爱动机与目的是不清晰的，而且是多种多样的，有的基于传统观念，出于爱情而恋爱；也有的基于现代观念，出于非爱情因素而恋爱，这些因素包括：生理与心理需要、感情寄托、排遣寂寞和孤独、好

---

① D. T. Crow: *A Mother-daughter Comparison Study in Styles of Loving*. Unpublished manuscript, Doraville, Georgia: Agnes Scott College, 1991.

② V. Gecas, M. A. Seff: *Families and adolescents: A review of the* 1980 s. *Journal of Marriage and the Family*, 1990, 52 (4), pp941－958.

③ J. Inman-Amos, et al: *Love attitudes: Similarities between parents and between parents and children. Family Relations*, 1994, 43 (4), pp456－461.

④ G. F. Sanders, R. L. Mullis: *Family influences on sexual attitudes and knowledge as reported by college students. Adolescence*, 1988, 23 (92), pp837－846.

⑤ S. G. Johnston, A. M. Thomas: *Divorce versus intact parental marriage and perceived risk and dyadic trust in present heterosexual relationships. Psychological Reports*, 1996, 78 (2), pp387－390.

⑥ P. Johnson, W. K. Wilkinson, K. Mcneil: *The impact of parental divorce on the attainment of the developmental tasks of young adulthood. Contemporary Family Therapy*, 1995, 17 (2), pp249－264.

⑦ 胡利人、徐盈、谭秋浩：《低年级医学生婚恋观和性观念调查》，《健康心理学杂志》2000年第8卷第6期，第698～701页。

⑧ 罗萍、封颖：《从性别视角看当代大学生的婚恋观念》，《武汉大学学报（社会科学版）》2001年第5期，第631～635页。

⑨ 程静：《浅析当代大学生的恋爱观》，《乐山师范学院学报》2003年第1期，第95～97页。

奇、从众等①②③④⑤⑥⑦，基于这样的动机，大学生们往往重视恋爱的情感体验，注重恋爱的过程而不考虑恋爱的结果。

3. 婚姻自主观的研究

研究发现，“父母之命，媒妁之言”的择偶方式在青年人中间已经很少了，据中国社会科学院的一项全国性调查表明，在“婚姻问题上你倾向于听谁的意见”，选择“听自己意见”的城市与农村青年都占到了3/4的比例，选择“听父母的意见”的比例很小，这表明青年人在婚姻问题上的自主意识更加突出，突显出现代观念的气息。⑧

4. 婚姻价值观的研究

什么样的婚姻才有价值，是感情婚姻，是经济婚姻，是政治婚姻，还是其他?有学者以下面三个问题来进行调查：“婚姻应以感情为基础，其他并不重要”，“婚姻应以感情为基础，也要充分考虑到经济条件”，“应首先考虑经济条件，感情可在婚后培养”，发现人们认为有感情的婚姻才是有价值的，但是经济条件也是必须考虑的因素。⑨

5. 婚姻角色观的研究

我国传统的婚姻角色观是“男主外，女主内”，在对大学生进行研究后，研究者⑩⑪⑫⑬发现大学生尤其是女生虽然有着较高的学历，但是仍然比较赞同该观念，而且对于夫妻文化水平、社会地位、收入等方面，大多数学生认为应是“男高女低”，选择“女高男低”的人数非常少。

---

① 阎晓军：《独生子女和非独生子女大学生婚恋观的比较研究》，《健康心理学杂志》2003年第11卷第2期，第81～83页。

② 方敏：《大学生的婚恋家庭观》，《青年研究》1998年第8期，第26～32页。

③ 黄雪萍、徐康、冯晨曦等：《600名大学生性角色和婚恋观念分析》，《中国行为医学科学》1998年第7卷第3期，第214～215页。

④ 武亦文、孙庆祥、徐康：《船员、教师、学生对性角色和婚恋观选择比较》，《中国行为医学科学》2001年第2期。

⑤ 肖莉：《大学生恋爱心理调查及恋爱观教育探析》，《连云港化工高等专科学校学报》2002年第3期，第63～64页。

⑥ 李庆祝：《当代大学生恋爱心态及其对策》，《华北煤炭医学院学报》2002年第6期，第798～799页。

⑦ 顾馨梅：《重视大学生群体正确的爱情观教育》，《安徽电子信息职业技术学院学报》2004年第2期，第19～21页。

⑧ 王平一：《大陆和台湾地区青年婚恋观的比较研究》，《中国青年政治学院学报》2002年第21卷第4期，第33～36页。

⑨ 李宁宁：《现代化浪潮冲击下的婚姻价值观——现代化初期苏南人价值观研究之一》，《学海》1996年第6期，第65～71页。

⑩ 罗萍、封颖：《从性别视角看当代大学生的婚恋观念》，《武汉大学学报（社会科学版）》2001年第5期，第631～635页。

⑪ 李宁宁：《现代化浪潮冲击下的婚姻价值观——现代化初期苏南人价值观研究之一》，《学海》1996年第6期，第65～71页。

⑫ 朴都雷：《中、韩大学生性与婚姻态度比较研究》，北京师范大学硕士学位论文，2000年。

⑬ 李庚：《从当代大学生婚恋观看未来中国家庭服务与教育》，《河北青年干部管理学院学报》2000年第3期，第22页。

6. 婚姻忠诚观研究

大多数研究者发现，在婚姻忠诚观上，大学生的观念仍以传统为主，依然认为婚姻中夫妻双方应该互相忠诚，不允许婚外恋的发生。如钱兰英[①]以“如果发现你的伴侣对你不忠，你会离婚”，“已婚的男女也可以自由拥有情人”这样的问题调查大学生，发现2/3以上的被调查学生赞同前者，而有七成左右的学生不赞同后者。这里也存在着性别差异，总体来说，女生比男生有着更为传统的忠诚观，比男生更希望对方对自己忠诚。

7. 性爱抉择观研究

研究发现多数大学生认为只要两者存在爱情、双方相爱就可以发生性行为；也有研究发现大学生认为只要双方愿意就可以性交。叶丽红[②]发现虽然大多数的大学生认为性交的目的是发展爱情，但是仍有一部分大学生是为了“追求感官快乐”，这说明部分学生在性爱抉择上是为了追求一种生理上的满足，这打破了传统的性爱抉择观，发生性爱不光是为了爱情、婚姻而是还有别的目的，而且性爱发生的随意性增加。

8. 性爱行为观研究

众多的研究发现大学生在对婚前性行为上的看法较之以前更为开放、较为宽容，主张“试婚”的人数也不少。对于“一夜情”、“婚外情”也十分宽容。在这个方面，现有研究发现存在性别差异，多数研究认为男生比女生更为倾向于接受婚前性行为，也容易发生婚前性行为。总之，男生在婚前同居与性行为问题上比女生更为开放与轻率。并且另有研究发现，独生子女群体比非独生子女群体在同居与性问题上更为开放与轻率。[③] 在对待贞操的问题上，大学生们是开放思想与传统思想并存，他们一方面认为贞操很重要，另一方面却可以接受婚前与婚外性行为。2005年在重庆的一项调查中，发现过半的女生对陈旧的封建贞操观可以淡然处之，她们认为“看得开，只要是给了自己所爱的人”[④]。

9. 对大学生婚恋观影响因素的研究

刘娅俐（1997）研究发现：大学生的专业、所处城市和地域、父母学历等因素对择偶标准、性以及婚姻态度的某些方面产生影响（$p<0.05$）。张运生、崔金奇[⑤][⑥]指出，社会环境、家庭和学校教育、个人素质等都会影响大学生的恋爱观。另外家

① 钱兰英：《大学生对婚姻与性的态度》，《青年研究》2000年第11期，第29～34页。

② 叶丽红、高亚兵、骆伯巍：《当代大学生性观念调查》，《青年研究》2000年第6期，第34～39页。

③ 阎晓军：《独生子女和非独生子女大学生婚恋观的比较研究》，《健康心理学杂志》2003年第11卷第2期，第81～83页。

④ 《重庆高校调查：九成女大学生恋爱不考虑婚姻》，http://www.cq.xinhuanet.com/2005-03/03/content-3806422.htm，2005－03－03。

⑤ 张运生：《大学生恋爱心理特点与教育》，《理论纵横》1996年第4期，第49～51页。

⑥ 崔金奇：《低年级大学生恋爱心理分析》，《医学理论与实践》2003年第16卷第3期，第279～280页。

庭因素对大学生的婚恋观也产生影响，岳晚东[1]认为父母离婚的长期精神压抑，使子女在恋爱过程中产生羞愧和焦虑。陶国富等[2]指出："在一个家庭内，父母的地位不平等，父亲过分惧内（怕妻子）或母亲过分惧外（怕丈夫），均可使儿童过分崇拜与依附于在家庭中地位高的那一性别，如母亲的地位高，则儿童（男孩）倾向于崇拜母亲，心理上产生向女性发展的趋向，长大后则可能成为同性恋者。"

综上所述，我们可以发现，现在的大学生对于在校期间恋爱持赞成态度；婚恋态度颇为现实，不是一味只讲求感情，经济条件也是影响他们婚恋的一个重要因素；他们与传统的婚恋观有所背离，对性的态度较之以前更为开放。

（三）测量工具的研究

在对大学生婚恋观的调查中，国内外的研究者们编制了许多测量或调查工具，但大多数是对大学生婚恋观的某一方面进行测量与调查。Hill's（1951）[3] 编制了婚姻态度量表（Favorableness of Attitude toward Marriage Scale）以测查个体对婚姻所持有的态度，主要是看个体对婚姻是持积极还是消极的态度。Lee（1973）编制了爱情方式量表（Love Style Scale），后来 Hendrick（1986）在 Lee 的基础上编制了爱情态度量表（Love Attitudes Scale），以测量个体在恋爱与择偶上的态度。该问卷具有良好的信度和效度，是国外研究个体恋爱态度时采用最多的问卷，有 6 个维度，42 个题项。还有许多学者是采用自编问卷进行测查，Adler，L. Nancy 等（1991）编制的性态度量表（Sex Attitudes Scale）和 Rachel Saul Lacey，Alan Reifman 等（2004）[4] 编制的性道德态度量表（Sex-moral Attitudes Scale）是对个体在婚前性行为、婚外性行为、同性恋等的态度的测量。

在国内的研究中，学者们大多采用自编问卷对婚恋观的某一方面或某几方面进行测查，尚缺乏在学术界比较流行和得到普遍认可的标准化的测量工具。

三、现有研究存在的问题

上述已有研究对大学生婚恋观的概念、状况、影响因素等进行了一些初步的、有益的探讨，取得了一定的成果，这对本研究具有重要的启发意义和帮助作用。但这些研究也存在一定的问题，主要表现在以下几个方面。

---

① 岳晓东：《登天的感觉——我在哈佛大学做心理咨询》，北京师范大学出版社 1997 年版。

② 陶国富：《大学生恋爱心理》，华东理工大学出版社 2002 年版。

③ R. J. Hill：*Attitudes toward Marriage*. Unpublished master's thesis，Palo Alto，CA：Stanford University，1951.

④ R. S. Lacey，A. Reifman，J. P. Scott，et al：*Sexual-moral attitudes，love styles，and mate selection*. *The Journal of Sex Research*，2004，41 (2)，pp121－128.

（一）对大学生婚恋观的理论研究相对薄弱

目前对大学生婚恋观的理论构建相对来说较薄弱，而以自陈式问卷调查为主的实证研究较多，这就带来了如下的后果：

1. 对大学生婚恋观的概念缺乏深入探讨。纵观现有研究，学者们对于婚恋观没有给出一个统一的概念。这样，就让许多人好像知道婚恋观是指什么，但又不能确定指出它到底是什么。

2. 对大学生婚恋观的结构划分不明确。目前还没有研究者对大学生婚恋观的结构进行研究。正是由于对大学生婚恋观的概念划分不明确，所以在对婚恋观的结构划分上也存在各自为政的状况。这一点也可以从上文的综述中看出。

3. 以前的婚恋观研究大多是从社会学或教育学角度出发进行的状态性研究，缺乏从心理学角度出发的过程性研究。

（二）大学生婚恋观的测量工具需要进一步完善

我们都知道，一个好的测量工具无疑可以对大学生婚恋观进行较为深入的研究，但是目前还缺乏一套较好的适合大学生婚恋观的调查工具。现在学者们在进行研究时多采用单项测试问卷与自编问卷，这些测量工具的运用往往存在如下两个问题：

（1）缺乏权威性。这些问卷大多是自编的问卷，绝大多数没有报告其信度和效度分析结果，没有报告量表的因素结构，也没有进行因素分析，只能作为一般的自陈问卷，不能加以推广使用。

（2）缺乏必要的实证依据。因为大多数婚恋观的研究者是从教育学与社会学角度出发的，其问卷是以自陈式问卷的形式出现的，所以不具有量表的性能，而且他们在编制问卷时大多建立在理论构想的基础上，没有对问卷进行严格的心理测量学意义上的信度和效度检验。

（三）缺乏对大学生婚恋观特点的系统研究

从前述对现有调查与分析的综述中不难看出，已有许多研究者做过大学生婚恋观的特点研究，如男女生性别差异、学校类型差异等，但是少有人对整个大学生群体的婚恋观特点进行系统的探索，而且许多研究者探讨大学生婚恋观特点时，是从大学生婚恋观的影响因素出发的，并不是从大学生婚恋观本身来研究其特点，即他们所作的研究大多是状态性研究，而没有从过程性来研究大学生婚恋观。因此，需要从大学生婚恋观的角度来把握大学生婚恋观的整体特征、因素特征、性别特征、年级特征、学科类别特征等。

四、本研究的基本构想

针对以上研究中存在的问题，本研究将在以往研究的基础上，提出有关大学生婚恋观的研究构想。

（一）研究目的

1. 通过理论与实证研究构建大学生婚恋观的结构模型。

2. 根据大学生婚恋观结构编制具有较高信度和效度的大学生婚恋观问卷，以此评估大学生婚恋观的现实状况。

3. 探讨大学生婚恋观在专业、性别、民族、地域、家庭背景等方面的差异。

（二）研究方法

本研究采用文献分析法与问卷调查法相结合的研究方式。

文献分析法的目的是通过研究相关文献，总结以往研究成果，提出本研究的思路。

问卷调查法的目的是通过向大学生发放具有较高信度和效度的问卷，测查大学生现有的婚恋观水平。

（三）基本思路

以大学生婚恋观因素的理论结构为前提，编制大学生婚恋观问卷；运用问卷调查和相关统计方法，探析确定大学生婚恋观的心理结构；根据大学生婚恋观的心理结构形成正式问卷；根据正式问卷调查结果，全面深入地研究大学生婚恋观的结构、特点等。

第二节　大学生婚恋观的结构及问卷的编制

一、大学生婚恋观理论模型的构建

（一）开放式与半开半闭式问卷调查的结果

为构建符合我国大学生实际的婚恋观理论模型，首先对国内的一些问卷进行了分析，析出婚恋观的主要维度，发现关于大学生婚恋观的结构构建，研究者们没有取得一个统一的认识，大多是根据自己的研究目的对婚恋观进行研究，很少严格地划分其结构。根据已有的研究，大致可将研究者对婚恋观结构的观点概括如下：

（1）认为大学生婚恋观包括恋爱动机、择偶标准、婚姻基础、婚前性行为评价、婚外恋观五个方面。[①]

（2）认为大学生婚恋观包括恋爱观（恋爱时期、恋爱动机）、爱情观、婚姻观（择偶观、婚前同居观、婚外情观）、家庭观、生育观、赡养观六个方面。[②]

---

① 李志、吴绍琪：《研究生婚恋价值取向的调查研究》，《重庆大学学报（社会科学版）》1997 年第 1 期，第 116～121 页。

② 方敏：《大学生的婚恋家庭观》，《青年研究》1998 年第 8 期，第 26～32 页。

（3）认为大学生婚恋观包括择偶观、婚姻家庭观、性爱观三个大的方面。其中，择偶观又包括择偶范围、择偶条件；婚姻家庭观又包括婚外恋、婚内隐私、婚前财产公证；性爱观又包括性开放程度、婚前性行为等因素。[①]

（4）认为大学生婚恋观包括恋爱目的、择偶标准、婚姻基础、性道德观四个方面。[②]

（5）认为大学生婚恋观包括婚恋观、择偶观、性观念三个方面。其中，婚恋观又包括恋爱目的、恋爱动机、婚姻基础等因素；择偶观又包括择偶条件、配偶的年龄、配偶的受教育程度及经济状况等因素；性观念又包括对贞操的看法、对婚前性行为和婚外性行为的看法等因素。[③]

（6）认为大学生婚恋观包括恋爱观、性观念、婚姻家庭观三个方面。对这三个方面的具体内容，不同的研究者又有所出入：①恋爱观包括恋爱动机、失恋等，性观念包括性开放程度及婚前同居等，婚姻家庭观包括生育观、家庭模式观等因素；[④] ②恋爱观包括恋爱心理依据，性观念包括婚前性行为，婚姻观包括对大学生在校期间结婚的看法、婚恋观点等因素；[⑤] ③恋爱观包括恋爱动机与目的，性观念包括对手淫和对性行为的态度等因素；[⑥] ④恋爱观包括恋爱态度与恋爱动机，性观念包括对婚前性行为与同居的态度等因素。[⑦]

（7）认为大学生婚恋观包括婚前性行为态度、择偶条件、婚恋价值取向三个方面。[⑧]

（8）认为大学生婚恋观包括婚姻基础、婚姻年龄、择偶标准、结婚形式、婚外恋观、离婚观六个方面。[⑨]

（9）认为大学生婚恋观包括择偶观（择偶条件、择偶方式、离婚观）、性观念两个大的方面。[⑩]

（10）认为大学生婚恋观包括恋爱与结婚的关系、结婚愿望、生育愿望、同居

---

① 吴鲁平：《当代中国青年婚恋、家庭与性观念的变动特点与未来趋势》，《青年研究》1999年第12期，第19～25页。

② 马建青、严立芬：《女研究生婚恋观现状及特点探析》，《高等教育研究》1999年第2期，第59～63页。

③ 胡利人、徐盈、谭秋浩：《低年级医学生婚恋观和性观念调查》，《健康心理学杂志》2000年第8卷第6期，第698～701页。

④ 罗萍、封颖：《从性别视角看当代大学生的婚恋观念》，《武汉大学学报（社会科学版）》2001年第5期，第631～635页。

⑤ 张钰等：《医科学生的婚恋心理调查分析》，《健康心理学杂志》2002年第10卷第4期，第294～295页。

⑥ 郭霞：《对大学生性观念及婚恋态度的调查与思考》，《中华女子学院山东分院学报》2003年第3期，第18～25页。

⑦ 蔡宜旦：《大学生婚恋观变化比较研究》，《浙江青年专修学院学报》2003年第4期，第6～9页。

⑧ 赵冰洁：《大学生婚恋观的调查与研究》，《中国临床心理学杂志》2002年第10卷第2期，第111～113页。

⑨ 解英兰：《浅论大学生婚姻观念发展趋势》，《运城高等专科学校学报》2002年第20卷第6期，第78～80页。

⑩ 王平一：《大陆和台湾地区青年婚恋观的比较研究》，《中国青年政治学院学报》2002年第21卷第4期，第33～36页。

观、性宽容、家庭和个人的关系六个方面。①

根据已有观点，本研究拟从心理学的角度出发，把恋爱—婚姻的过程性与状态性结合起来。因此本研究在吸取已有研究成果的基础上，初步认为大学生婚恋观的结构分为恋爱倾向、恋爱动机、婚姻倾向、婚姻自主观、婚姻角色观、婚姻价值观、婚姻忠诚观、性爱抉择观、性爱行为观 9 个因素。

与此同时，我们采用半开半闭式问卷对西南大学、重庆工学院大一至大四四个年级的在校生现有的婚恋观进行测查，回收有效问卷 70 份；并且以电子邮件的方式联系一些心理学专家或学者，回收问卷 13 份。分析问卷的调查结果，根据经验指标和考虑到被试的赞成率较高，抽取了赞成率高的因子。调查结果表明，专家和大学生对大学生婚恋观因子的赞成度基本支持了我们的理论构想，如对恋爱倾向、恋爱动机、性爱抉择观、性爱行为观、婚姻倾向、婚姻价值观、婚姻角色观、婚姻自主观、婚姻忠诚观的赞成度均属于“完全同意”或“基本同意”。但是有专家提出个别成分的界定有模糊、不清楚之嫌，因此，我们又将之重新整理、重新界定，由此形成了如表 19－1 的较为清晰的大学生婚恋观结构。

表 19－1　**大学生的婚恋观结构**

因　素	成　分　含　义
恋爱倾向	大学生对在校期间恋爱是否支持。
恋爱动机	大学生为了什么而恋爱，即恋爱的驱力是什么。
婚姻倾向	大学生对婚姻的向往程度，是积极还是消极对待婚姻。
婚姻价值观	大学生追求什么样的婚姻，向往以什么为基础的婚姻。
婚姻自主观	大学生对如何选择伴侣的看法，主要依靠自己还是听从家人的意见。
婚姻角色观	大学生如何看待家庭中夫妻双方各自的地位。
婚姻忠诚观	大学生如何看待家庭中夫妻双方的忠诚情况。
性爱行为观	大学生如何看待一系列的性行为，尤其是对婚前与婚外性行为的看法。
性爱抉择观	大学生是基于什么选择性爱和性爱伴侣。

（二）大学生婚恋观的理论模型

根据上述两项调查的结果，本研究提出如图 19－1 的理论模型。

① 阎晓军：《独生子女和非独生子女大学生婚恋观的比较研究》，《健康心理学杂志》2003 年第 11 卷第 2 期，第 81～83 页。

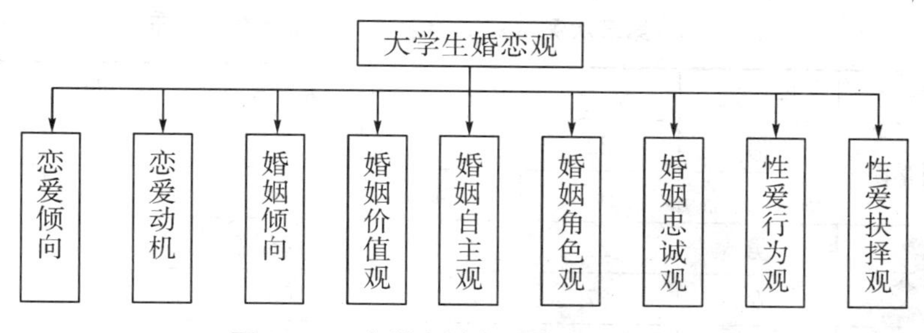

图 19－1　大学生婚恋观的理论模型

二、大学生婚恋观问卷的编制

大学生婚恋观问卷编制的整个流程为：首先，编制初始问卷，进行预测，并根据预测的结果对题项进行删除和调整，形成正式问卷；然后，进行一次大规模的结构式问卷调查，将回收的问卷进行探索性因素分析，以最终确定大学生婚恋观的成分；最后，综合考察大学生婚恋观问卷的信度和效度。

（一）大学生婚恋观问卷的预测

根据大学生婚恋观的理论模型，并结合半开半闭式问卷所收集到的词句，编制了大学生婚恋观的第一次预测问卷。该问卷共 71 个题项，回答为 5 级反应，即“非常不符合”、“比较不符合”、“不确定”、“比较符合”、“非常符合”。为避免被试的反应定式，部分题项为反向记分题。采用分层随机整群抽样法，从重庆地区 3 所大学（西南大学、重庆工商大学、重庆工学院）抽取了部分大学生作为第一次预测的被试，共回收有效问卷 360 份。然后对数据进行了分析。在经过项目分析之后，对问卷进行了主成分分析和正交旋转，求出了因素负荷矩阵，显示因素聚集很差，说明题项设置不好，故而需要对问卷题项作进一步的调整。

第二次预测问卷共 65 题，采用分层随机整群抽样法，从重庆地区 3 所大学（西南大学、重庆工商大学、重庆工学院）抽取了部分大学生作为第二次预测被试，共回收有效问卷 290 份，然后进行第二次项目分析和探索性因素分析。经过项目分析发现，第二次预测效果较好，题项设置比较好，题项聚类也比前次施测结果好，但也有一些不足，故而我们对量表进行了第三次修订。

（二）大学生婚恋观问卷的第三次施测

第三次施测的研究对象同样采用整群分层抽样的方法，选取重庆市区 4 所大学的大学生作为研究对象（被试构成见表 19－2），研究工具采用了自编的大学生婚恋观初始问卷，问卷题项构成见表 19－3。

表 19－2　第三次测试被试的学校、年级及性别分布

学　校	性　别	大　一	大　二	大　三	大　四	合　计
重庆交通学院	男	22	9	90	0	121
	女	6	4	9	0	19
重庆医科大学	男	21	19	23	17	80
	女	37	21	60	16	134
西南大学	男	20	11	17	5	53
	女	31	25	12	9	77
重庆科技学院	男	37	23	19	11	90
	女	44	15	30	22	111
合　计		218	127	260	80	685

表 19－3　大学生婚恋观初始问卷题项构成

因　子	题项数	因　子	题项数
恋爱倾向	4	恋爱动机	5
婚姻倾向	5	婚姻价值观	5
婚姻自主观	5	婚姻角色观	5
婚姻忠诚观	4	性爱抉择观	5
性爱行为观	5		

1. 大学生婚恋观问卷的项目分析与因素分析

(1) 项目分析

鉴别力又称区分度。依据美国测量学家伊贝尔的观点，鉴别力指数在 0.2 以下的题项质量较差，鉴别力在 0.2～0.4 之间的题项质量一般，鉴别力指数在 0.4 以上的题项质量较好。本问卷 43 道题中，区分度较好的有 10 题，区分度一般的有 30 题，区分度差的有 3 题。另外，运用独立样本 t 检验高分组（占总人数的 27%）和低分组（占总人数的 27%）在每个题项上的差异，问卷中 43 道题的 t 值均达到显著水平，说明问卷的各个题项均具有较好的鉴别力。

(2) 因素分析

本研究通过题项的相关度、KMO 检验和 Bartlett 球形检验来进行大学生婚恋观问卷的因素分析。检验结果表明，有部分题项之间的相关系数较高且达到显著水平，表明可以找到便于解释的公因子。同时，KMO 值为 0.813，Bartlett 球形检验的卡方系数为 16399.07，其显著性达到 0.001 水平，表明非常适合进行因素分析。

一阶因素分析。对问卷数据进行主成分分析和正交旋转因素分析。根据理论构

想、陡阶检验结果和碎石图，抽取7个因素，共解释总变异量的54.722%。

表19-4 大学生婚恋观问卷的因素负荷

题号	因素1	因素2	因素3	因素4	因素5	因素6	因素7	共同度
36	.779							.633
27	.761							.665
43	.727							.554
26	.706							.592
9	.673							.545
35	.671							.541
18	.633							.512
42	.585							.466
15		.794						.660
41		.716						.599
6		.712						.592
24		.639						.525
33		.378						.378
14			.737					.556
23			.696					.548
32			.655					.520
5			.596					.511
21				.731				.592
30				.625				.564
12				.560				.396
3				.528				.594
37				.473				.456
38					.785			.671
20					.678			.549
29					.668			.487
19					.663			.551
7						.637		.609
25						.611		.525
17						.603		.483

续表

题号	因素 1	因素 2	因素 3	因素 4	因素 5	因素 6	因素 7	共同度
34						.591		.540
8						.520		.562
4							.691	.538
31							.639	.517
22							.510	.546

表 19－5　大学生婚恋观各因素的旋转因素特征值和贡献率

因　素	特征值	贡献率（%）	累积贡献率（%）
因素 1	4.545	13.369	13.369
因素 2	2.708	7.964	21.333
因素 3	2.470	7.263	28.596
因素 4	2.445	7.190	35.786
因素 5	2.433	7.155	42.941
因素 6	2.123	6.246	49.187
因素 7	1.882	5.535	54.722

根据以上程序对初始问卷进行筛选，共剔除 9 个题项，保留 34 个题项作为正式问卷。

根据因素命名的基本原则（观察该因素的题项主要来自理论构想的哪个因素；参考该因素具有较高负荷值的题项），因素 1 的题项主要来源于理论构想维度的性爱抉择观，部分来源于性爱行为观，表达的主要是如何选择性爱行为与性爱对象的内容，其实就是一种抉择观念，故仍命名为性爱抉择观。因素 2 的题项全部来源于婚姻角色观，故仍命名为婚姻角色观。因素 3 的题项全部来自于婚姻自主观，故仍命名为婚姻自主观。因素 4 的题项主要来自于婚姻倾向，故命名为婚姻倾向。因素 5 的题项主要来自于恋爱动机，部分来源于恋爱倾向，表达的主要是为什么恋爱，即恋爱驱力的内容，故将其命名为恋爱动机。因素 6 的题项主要来自于婚姻忠诚观，部分来源于性爱行为观，表达的主要是对婚姻忠诚与否的内容，故将其命名为婚姻忠诚观。因素 7 的题项主要来自于婚姻价值观，故仍将其命名为婚姻价值观。

二阶因素分析。把一阶因素分析中抽取出来的 7 个因子作相关分析，建立相关矩阵（表 19－6），发现这 7 个因子之间虽然相关达到显著性水平，但是仔细分析数据，可以看出它们之间的相关并不高，因此没有必要作二阶因素分析。

表 19－6　**大学生婚恋观各因子的相关矩阵**

因　子	F_1	F_2	F_3	F_4	F_5	F_6	F_7
F_1	1						
F_2	.119**	1					
F_3	.044	.297**	1				
F_4	.157**	.069**	.026	1			
F_5	.027	.106**	.134**	.143**	1		
F_6	.196**	.313**	.090**	.063*	.022	1	
F_7	.232**	.002	.087**	.304**	.040	.035	1

因此，根据因素分析结果，可以构建如图 19－2 的大学生婚恋观实证模型。

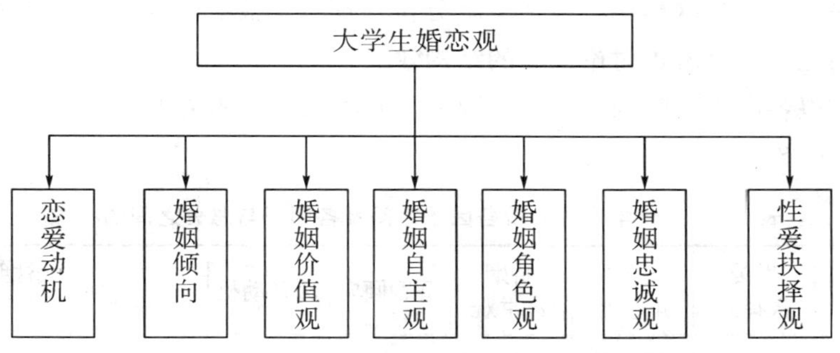

图 19－2　**大学生婚恋观的实证模型**

3. 大学生婚恋观问卷的信度和效度检验

利用第三次测试的全部数据，进一步考察正式问卷的信度和效度。

（1）信度检验

采用内部一致性信度和分半信度作为问卷信度分析的指标，从表 19－7 可以看出，大学生婚恋观问卷的 7 个因子的内部一致性信度在 0.5840～0.8570 之间，分半信度在 0.3298～0.8315 之间。除了婚姻价值观因子的信度较低外，其他因素的信度都在可以接受的范围之内，而造成婚姻价值观因子信度较低的原因可能是由于该因子下题项过少。总体来看，总量表的信度达到可接受的范围，因此本问卷具有可接受的信度，可以作为测量大学生婚恋观的工具使用。

表 19－7　**大学生婚恋观问卷的信度系数**

变　量	内部一致性信度	分半信度
性爱抉择观	.8570	.8315
婚姻角色观	.7377	.6226

续表

变　量	内部一致性信度	分半信度
婚姻自主观	.6758	.6839
婚姻倾向	.6118	.6524
恋爱动机	.6003	.2231
婚姻忠诚观	.6370	.5484
婚姻价值观	.5840	.3298
总问卷	.7410	.7011

（2）效度检验

采用内容效度和结构效度作为本问卷的效度考察指标，内容效度基本上可以通过研究程序（内容关联程序，包括文献分析、理论构想、专家对问卷的评价等）得到保证，因此本研究着重讨论问卷的结构效度。

本研究以各因素之间的相关、各因素与问卷总分的相关来估计问卷的结构效度。结果见表19－8。

表19－8　大学生婚恋观各因子之间及各因子与总分之间的相关

因　子	性爱抉择观	婚姻角色观	婚姻自主观	婚姻倾向	恋爱动机	婚姻忠诚观	婚姻价值观	总　分
性爱抉择观	1							
婚姻角色观	.119	1						
婚姻自主观	.144	.297	1					
婚姻倾向	.157	.100	.126	1				
恋爱动机	.127	.106	.134	.143	1			
婚姻忠诚观	.196	.313	.101	.093	.122	1		
婚姻价值观	.232	.102	.100	.304	.140	.135	1	
总　分	.680	.408	.330	.336	.166	.578	.307	1

根据因素分析的理论，各个因子之间应该有中等程度的相关，如果相关太高则说明因子之间有重合，有些因子可能并非必要；如果因子之间相关太低，则说明有的因子可能测的是与所想要测量的完全不同的内容。Tuker曾提出，为给测验提供满意的信度和效度，项目的组间相关应在0.10～0.60之间；各因子与总分的相关应高于相互之间的相关，以保证各因子间既有不同但测的又是同一心理特征。从表19－8可以看出，各个因子与问卷总分之间的相关在0.307～0.680之间，有中等程度的相关；各因素之间也具有相关，最高为0.313，最低为0.093。这说明本问卷的

结构效度较好。

三、讨论

大学生婚恋观结构的实证模型与理论构想基本吻合，不同之处在于，理论构想中的恋爱倾向、恋爱动机是两个独立的因子，但经实证后发现二者并非完全独立，恋爱倾向中的一些题项进入了恋爱动机因子，这是因为最初拟定的恋爱倾向因子的题项主要是看大学生对大学期间恋爱是否持支持态度，但究其深层含义可以看出，其实质也是一种恋爱动机，因为支持所以才恋爱，故可以将恋爱倾向与恋爱动机合并，命名为恋爱动机。实证模型中性爱行为观因子被删除掉了，因为在拟定性爱行为观因子的题项时，主要是希望测查大学生如何看待一系列的性爱行为问题，如婚前性行为等，以及在进行性行为时所要考虑的一些基本问题，仔细分析可以发现，前者其实已涉及婚姻忠诚观的内容，而后者涉及了性爱抉择观的内容，所以将性爱行为观因子去掉，有关题项归并到婚姻忠诚观与性爱抉择观因子中。因此，我们将大学生婚恋观分为性爱抉择观、婚姻角色观、婚姻自主观、婚姻倾向、恋爱动机、婚姻忠诚观、婚姻价值观 7 个因素。

综上所述，我们认为本研究所编制的大学生婚恋观问卷有中等程度的信度和效度，适合作为测量大学生婚恋观的有效工具。

第三节　大学生婚恋观的特点

为考察我国大学生婚恋观的特点，我们将第三次预测后得到的正式问卷对全国五个城市的部分大学生进行了正式测试，得到有效问卷 1531 份。

研究分成三个部分：第一，比较大学生婚恋观诸因子间的差异，从横向考察大学生婚恋心理的特点。第二，比较大学生婚恋观在年级上的差异，从纵向考察大学生婚恋心理的特点。第三，比较不同性别、来源地、专业类型和家庭情况的大学生婚恋观的差异，探讨不同背景环境因素下的大学生婚恋观特点。

一、大学生婚恋观诸因子的水平差异

根据描述性统计结果（表 19－9），绝大多数因子的平均得分居于中等程度范围。从总体上看，我国大学生的婚恋观水平处于传统观念与现代观念之间，各因子得分从低到高排列依次为：婚姻自主观＜恋爱动机＜婚姻角色观＜婚姻价值观＜婚姻倾向＜性爱抉择观＜婚姻忠诚观。由此可见，大学生婚恋观各因子的水平是不平衡的，婚姻自主观、恋爱动机、婚姻角色观得分较低，说明大学生在此三方面的观念

水平比较现代与开放，而婚姻忠诚观的得分最高，说明大学生在此方面的观念水平比较传统，说明大学生仍然看重婚姻的忠诚。

表 19－9　大学生婚恋观诸因子水平比较（n=1531）

变　量	性爱抉择观	婚姻角色观	婚姻自主观	婚姻倾向	恋爱动机	婚姻忠诚观	婚姻价值观	总　分
平均数	3.9469	2.9965	2.6982	3.5536	2.8481	4.0768	3.2870	5.1571
标准差	.87766	.93845	.87414	.77848	.50468	1.05907	.58406	.47423

二、大学生婚恋观的年级差异

以大学生年级为自变量，对大学生婚恋观进行独立样本单因子多变量分析，从表 19－10 可以看出，在整体上大学生婚恋观在五个年级间存在显著差异（$p<0.001$）。仔细分析表 19－10 和图 19－3 可以看出：(1) 大学生婚恋观在传统与开放这个水平上的发展大致呈现出 V 形的发展状态。大一和大二阶段的学生婚恋观水平几乎相当，在大三时，大学生的婚恋观水平最为开放或者说现代。大四年级的学生逐步变为传统，大五时大学生婚恋观念达到最为传统的境界。根据 Scheffe 事后多重比较的结果，虽然大学生婚恋观在大多数因子上都存在着显著差异，但是大三出现的差异最为显著，可以说大学生婚恋观在大三时是一个特殊期。(2) 从总体上看，我国高年级大学生的婚恋观较之低年级大学生更为传统一些。(3) 大学生婚恋观各因子间的发展较不平衡，大多数因子呈现出 V 形的发展特点，但也有因子呈现出倒 V 形的发展特点，如婚姻自主观和婚姻倾向因子。(4) 事后多重比较发现，在性爱抉择观因子上一年级与二、三、四、五年级的差异均显著，但二、三、四、五年级之间的差异不显著，这说明大学生在一年级时在性爱抉择观上是一个发展阶段，而在二、三、四、五年级时是发展的另一个阶段，具体表现为大一>大五>大四>大二>大三；在婚姻角色观因子上，一年级与二年级，二年级与三年级差异显著，表现为大二>大一，大二>大三；在婚姻自主观因子上，一年级与二、三、四年级的差异显著，表现为大二>大四>大三>大一；在恋爱动机因子上，二年级与三年级差异显著，表现为大二>大三；在婚姻价值观因子上，一年级与三年级，二年级与三年级，三年级与四年级均差异显著，表现为大一>大三，大二>大三，大四>大三；在总分上，三年级与一、二、四年级差异显著，表现为大三<大一<大四<大二。

表 19－10　大学生婚恋观的年级差异分析

变　量	大一		大二		大三		大四		大五		MS	F	事后比较 ($p<0.05$)
	n=534		Sn=268		n=383		n=311		n=35				
	平均数	标准差	平均数	标准差	平均数	标准差	平均数	标准差	平均数	标准差			
性爱抉择观	4.2097	.82651	3.7743	.82936	3.7595	.90118	3.8710	.87164	3.9857	.85469	15.045	20.529***	1>5>4>2>3
婚姻角色观	2.8577	1.06690	3.2851	.84831	2.9117	.82045	3.0527	.83058	3.3314	1.04818	11.753	11.753***	2>1，2>3
婚姻自主观	2.4977	.87082	2.9244	.90934	2.7546	.85374	2.7613	.80615	2.8429	.87255	12.936	12.936***	2>4>3>1
婚姻倾向	3.5161	.94589	3.5351	.68639	3.5253	.70582	3.6637	.60402	3.6000	.68942	2.065	2.065	
恋爱动机	2.8647	.48459	2.9067	.57424	2.7611	.46194	2.8569	.49312	3.0214	.65409	5.001	5.001**	2>3
婚姻忠诚观	4.0187	1.18271	4.2267	.86178	4.0105	1.03999	4.1278	1.01080	4.0857	.97003	2.307	2.307*	
婚姻价值观	3.3046	.59391	3.3483	.58610	3.1758	.55878	3.3290	.59265	3.3905	.46079	5.060	5.060***	1>3，2>3，4>3
总　分	3.3230	.35160	3.3697	.38426	3.2319	.41552	3.3389	.40406	3.4269	.37055	6.895	6.895***	3<1，2，4

注："事后比较"栏的 1～5 分别代表大一至大五五个年级。

研究表明，大学生婚恋观各年级之间存在不平衡性。总体上，大三年级学生的婚恋观与其他四个年级相比，差异特别显著，从图 19－3 也可以看出，三年级的大学生婚恋观得分达到最低，在 V 形的谷底，表明三年级学生的婚恋观念达到最开放的程度，他们更容易接受性行为、不太接受在家庭中男性角色一定要比女性强的观念、在选择配偶时更为自主、比其他四个年级的学生更为不接受婚姻的束缚、恋爱动机更呈现出与其他年级学生的不同，更加注重对恋爱的亲身体验，在婚姻价值观上更加崇尚自主的婚姻。大一、大二时，学生的婚恋观水平总体基本持平，大三时得分达到最低，在大四、大五时得分明显回升，大五时达到最高点，说明大四、大五的学生婚恋观又回归传统。之所以出现此种情况，大致是由于如下原因：大一与大二时，刚从高中升到大学，虽然大学阶段学校不再强行限制学生的婚恋行为，但是原来在高中时学校非常限制学生婚恋行为的出现，而且学校向学生灌输的婚恋观念以传统观念为主，尤其表现在性行为观方面，而在大一与大二时，学生的这种观

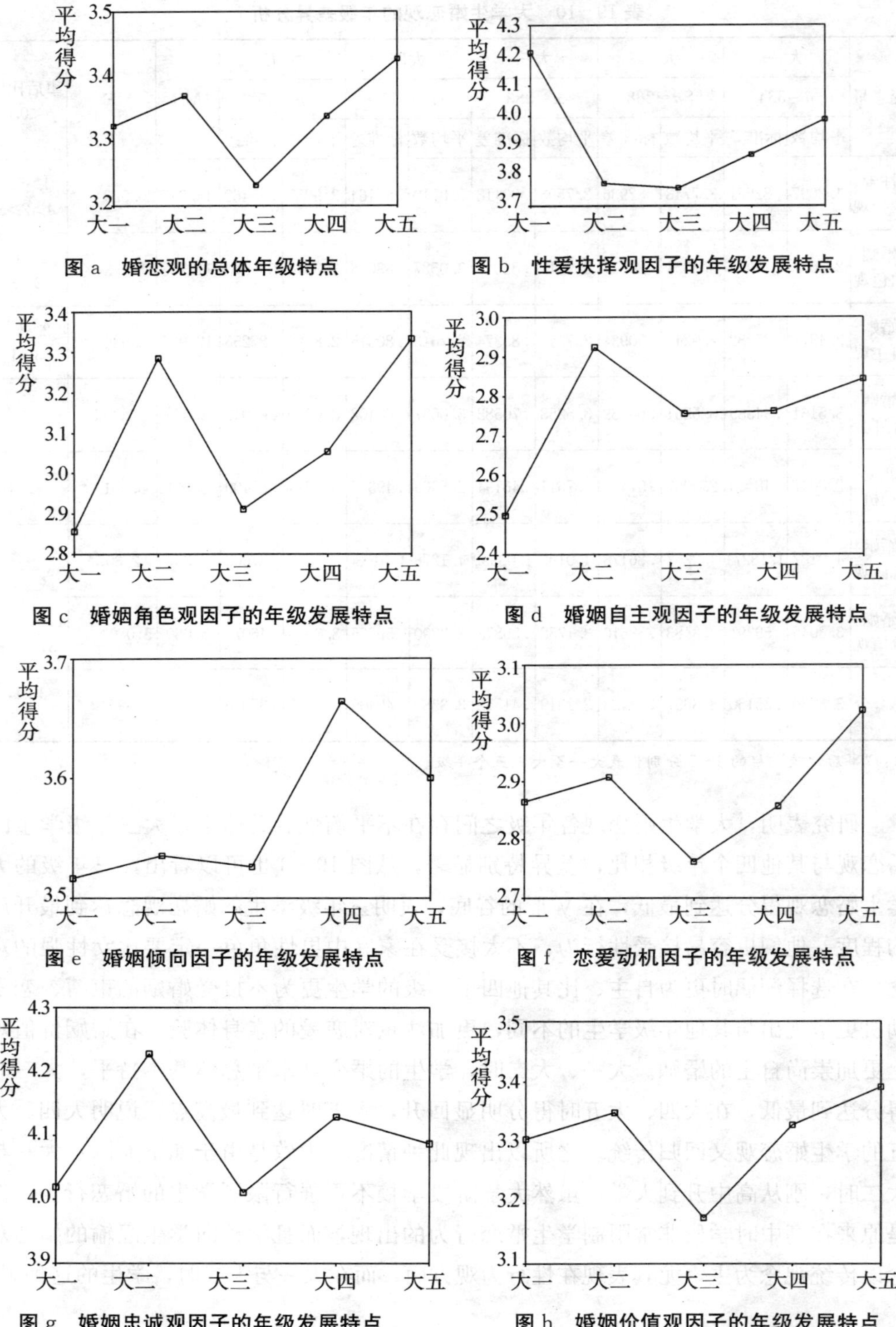

图 a　婚恋观的总体年级特点

图 b　性爱抉择观因子的年级发展特点

图 c　婚姻角色观因子的年级发展特点

图 d　婚姻自主观因子的年级发展特点

图 e　婚姻倾向因子的年级发展特点

图 f　恋爱动机因子的年级发展特点

图 g　婚姻忠诚观因子的年级发展特点

图 h　婚姻价值观因子的年级发展特点

图 19—3　不同年级的大学生在婚恋观的各个因子上的比较

念还没有较大的转变，因此其婚恋观念还停留在高中阶段，但是到了三年级，由于在大学里接触的东西多了，经历也丰富了，而且由于大学里学校不再像高中那样对学生婚恋行为管制那么多，况且三年级的学生较之一二年级的学生生理更加成熟，他们对于异性的渴求也会增强，所以他们的婚恋观就起了变化。另外，随着年级的增长，四年级（或医学专业的五年级）——一个即将毕业的年级，大学生此时考虑婚恋问题可能更切合实际，而且他们也有可能立即面临婚恋与性问题，会考虑到更多的责任，因此在观念上就显得更为传统一些。

大学生婚恋观的不平衡性还表现在各个年级在各个因子上所存在的差异。从前述分析可以看出，各因子的得分情况及线型图走势是不平衡的，在性爱抉择观因子上，一、二、三年级大学生的得分是逐步下降的，三、四、五年级大学生得分呈现逐步上升的趋势，三年级为一个分水岭，三年级的学生在性爱抉择观上达到最为开放的程度，四、五年级时，大学生又回归传统观念。在婚姻角色观因子上，一年级与三年级的学生最为开放，他们不赞同家庭中男子在地位、文化、收入等方面要高于女生，而二年级与四、五年级的学生却正好相反。在婚姻自主观因子上，一年级的得分最低，三年级的得分次之，而二年级的得分最高，四、五年级次之，说明一年级与三年级的大学生非常注重个人择偶，而二、四、五年级的学生则注重听取家人的意见。在恋爱动机因子上，三年级学生得分最低，一、二年级学生次之，他们更可能因为生理因素或周围环境等因素而选择恋爱，而四、五年级学生得分相对较高，表明他们更可能因为一些传统意义上的原因而恋爱，如为了防止学习枯燥、追求爱情等。在婚姻价值观因子上，同样也是一、二、三年级得分较低，而四、五年级得分较高，表明在此因子上，一、二、三年级学生的婚恋观水平更为开放，而四、五年级的学生婚恋观要传统一些。在婚姻倾向因子上，一、二、三年级的得分基本持平，都很低，而四年级的学生得分最高，这说明四年级的学生最为看重婚姻家庭生活，也很向望此种生活，但一、二、三年级的学生并不看好婚姻生活。之所以出现此种情况，可能是因为：(1) 一、二、三年级的学生因为自己还是在校学生，而未过多考虑婚姻的问题；(2) 从发展心理学的观点来看，人随年龄的增长而心理越加稳定，一、二、三年级的学生相对于四、五年级的学生年龄较小，因此在对待婚恋问题上的心理还不够成熟，可以说他们还处于贪玩的年龄，不想承担过多的责任，对待婚姻的态度也较随意，不想受婚姻的束缚。

三、大学生婚恋观的性别差异

以大学生性别为自变量，对大学生婚恋观进行独立样本 t 检验。从表 19－11 可以看出，在婚恋观总体上，大学生存在显著的性别差异，而且在多数因子上也存在显著差异。在有显著性差异的各因子上比较男女生的平均分可以发现，女生得分普遍高于男生，这说明女生在婚恋观水平上比男生更为传统、更为保守一些。

表 19—11 大学生婚恋观的性别差异分析

变 量	男 (n=900)		女 (n=631)		t
	平均数	标准差	平均数	标准差	
性爱抉择观	3.7976	.96131	4.1599	.68900	8.116***
婚姻角色观	2.9544	.99347	3.0564	.85106	2.095*
婚姻自主观	2.5539	.88304	2.9044	.81890	7.871***
婚姻倾向	3.5256	.83506	3.5937	.68847	1.686
恋爱动机	2.8628	.48150	2.8273	.53570	1.356
婚姻忠诚观	4.0019	1.07275	4.1837	1.03067	3.315**
婚姻价值观	3.2715	.58575	3.3090	.58141	1.238
总 分	3.2432	.39520	3.4149	.35479	8.724***

整体上，女生的婚恋观得分高于男生，而且达到显著水平，表明女生比男生观念更为传统一些。从各个因子来看，在性爱抉择观、婚姻角色观、婚姻自主观、婚姻忠诚观等因子上差异显著，说明女生更加不赞同随意性行为，更加赞同男性在婚姻家庭中在地位、文化、收入等方面要高于女生，在婚姻自主方面比男生更多依赖于家人，更加重视婚恋双方的忠诚，更加对在大学期间恋爱持谨慎态度，更为崇尚个性相符、兴趣相投的婚姻。这些情况与朴都雷、李庚、罗萍①、Hill②、Walters 和 Parker③、Salts 和 J. Connie④、Murphy 和 Bogges⑤、Angel Brantley⑥ 等人的研究结果基本相同。出现这种性别差异的原因主要是：(1) 社会化过程中性别角色期待的差异。社会对男女生出现婚恋与性问题的态度不同，如男生发生婚前性行为或与多名女生发生性关系可以为社会上大多数人所理解与接受，但对于女性则不然。(2) 由于我国传统思想的影响，大多数学生的父母依然有着传统的婚恋观念，而这

---

① 罗萍、封颖：《从性别视角看当代大学生的婚恋观念》，《武汉大学学报（社会科学版）》2001 年第 5 期，第 631～635 页。

② R. J. Hill: *Attitudes toward Marriage*. Unpublished master's thesis, Palo Alto, CA: Stanford University, 1951.

③ J. Walters, K. K. Parker, N. Stinnett: *College students' perceptions concerning marriage*. *Family Perspective*, 1972, 7 (1), pp213—222.

④ C. J. Salts, et al: *Attitudes toward marriage and premarital sexual activity of college freshmen*. *Adolescence*, 1994, 29 (116), pp775—779.

⑤ J. J. Murphy, S. Boggess: *Increased condom use among teenage males*, 1988—1995: *The role of attitudes*. *Family Planning Perspectives*, 1998, 30 (6), pp276—280.

⑥ A. Brantley, D. Knox, M. E. Zusman: *When and why gender differences in saying "I love you" among college students*. *College Student Journal*, 2002, 36 (4), pp614—615.

种观念无形之中会影响到学生本身。在传统思想上，对于婚恋与性观念，对女性的束缚显然多于男性。（3）在性格特征上，“女性比男性显得更为胆小、怯懦、多虑，而且她们自己也承认焦虑要比男性强烈些”①，在婚恋与性问题上她们比男生更为关注自己是否受到伤害，另外，她们也比男生更关注社会对她们的要求。

四、大学生婚恋观在是否独生子女上的差异

以大学生是否为独生子女为自变量，对大学生婚恋观进行独立样本 t 检验。

表 19－12　大学生婚恋观在是否独生子女上的差异分析（n＝1530）

变　量	独生子女（n＝651）		非独生子女（n＝879）		t
	平均数	标准差	平均数	标准差	
性爱抉择观	3.9136	.81322	3.9711	.92254	1.268
婚姻角色观	3.1032	.89952	2.9158	.95836	3.881***
婚姻自主观	2.8592	.94707	2.5776	.79498	6.308***
婚姻倾向	3.5066	.70680	3.5873	.82596	2.006*
恋爱动机	2.8306	.53044	2.8618	.48447	1.193
婚姻忠诚观	4.0162	.93156	4.1209	1.14308	1.913
婚姻价值观	3.2898	.55622	3.2848	.60448	.166
总　分	3.3248	.38475	3.3053	.39050	.972

从表 19－12 可以发现是否是独生子女在大学生婚恋观整体上没有显著性差异，但在个别因子上却有显著性差异，如在婚姻角色观与婚姻自主观上，是独生子女的大学生比不是独生子女的大学生更为传统，而在婚姻倾向因子上，不是独生子女的大学生比是独生子女的大学生更为传统。这说明是独生子女的大学生更加赞同男性在婚姻家庭中在地位、文化、收入等方面要高于女生，在择偶时更关注家人与朋友的意见，而不是独生子女的大学生更为注重婚姻，更向往婚姻。阎晓军②的研究发现，独生子女与非独生子女在婚前同居和性观念上差异显著，但是本研究未发现此现象（本研究中，独生子女与非独生子女在性爱抉择观上无差异）。之所以出现此种差异，可能的原因在于：（1）有学者研究表明，相对于非独生子女来说，独生子女的父母对子女择偶的期望值偏高，而这种过分期望子女婚姻美满的愿望往往自觉或

① 时蓉华：《社会心理学》，浙江教育出版社 1998 年版。
② 阎晓军：《独生子女和非独生子女大学生婚恋观的比较研究》，《健康心理学杂志》2003 年第 11 卷第 2 期，第 81～83 页。

不自觉地转成了越俎代庖的行为，父母的婚前干预易使学生缺乏婚姻自主性。（2）上海社会科学院社会学专家徐安琪教授认为，独生子女受父母的溺爱很多，他们承受挫折的能力相对于非独生子女来说要小，而他们的自我意识却比后者要高。由于这些因素，独生子女会比非独生子女有较少的婚姻责任感，而且他们怕承担这些责任；另外有研究发现独生子女更强调个人隐私、个人空间，因此他们相对于非独生子女来说较不愿结婚，不愿受他人干扰。

五、大学生婚恋观在不同民族上的差异

以大学生的不同民族为自变量，对大学生婚恋观进行独立样本 t 检验。

表 19－13　大学生婚恋观在不同民族上的差异分析（n=1521）

变　量	汉族（n=1384）		少数民族（n=137）		t
	平均数	标准差	平均数	标准差	
性爱抉择观	3.9813	.86579	3.6286	.91316	4.525***
婚姻角色观	2.9762	.93619	3.1518	.95994	2.090*
婚姻自主观	2.6743	.85621	2.8796	.96306	2.646**
婚姻倾向	3.5610	.78690	3.5022	.70005	.842
恋爱动机	2.8403	.49360	2.8923	.60612	1.152
婚姻忠诚观	4.0719	1.05804	4.1606	1.07817	.934
婚姻价值观	3.2955	.56895	3.1922	.70794	1.979*
总　分	3.3166	.38351	3.2825	.42579	.983

从表 19－13 可以发现，从婚恋观整体来看，大学生在不同民族上不存在显著性差异，但在个别因子上存在显著性差异。在性爱抉择观上，汉族学生的得分高于少数民族学生，表明汉族学生比少数民族学生在此因子上更为传统；但在婚姻角色观上，少数民族学生的得分高于汉族学生，表明少数民族的学生比汉族学生在此观念上更为传统，即少数民族学生更为崇尚男权；在婚姻自主观上，少数民族的学生比汉族的学生得分高，表明后者比前者更为自主，少数民族的学生比汉族的学生在选择对象上更趋向听从家人的意见，这可能是因为少数民族聚居的地方多是不发达的地区，他们所受传统观念的约束更强。

六、大学生婚恋观在学科类别上的差异

以大学生的学科类别为自变量（将被试分为文科、理科、艺术类、医科、工科五种专业类型），以大学生婚恋观的各因子及总问卷得分为因变量，进行独立样本单因子变异数分析。

从表19－14可以看出，整体上大学生婚恋观在学科类型上的差异达到了极其显著（$p<0.001$）水平，表现为文科学生在婚恋观水平上最为传统与保守，而理科学生最为现代与开放。在性爱抉择观因子上差异极显著（$p<0.001$），事后多重比较发现，文科与理科、文科与医科、理科与医科、艺术类与医科、工科与理科、工科与医科之间存在显著差异，表现为医科＞文科＞理科、医科＞艺术类、工科＞理科，表明医科大学生比其他各科学生在性爱抉择观因子上更为传统，理科学生在此因子上更趋向现代与开放。在婚姻角色观因子上差异极显著（$p<0.001$），事后多重比较发现，医科与文科、理科、工科差异显著，表现为医科＜理科＜工科＜文科，表明医科大学生在婚姻角色观上最为开放与现代，而文科大学生最为传统与保守。在婚姻自主观因子上达到极显著水平（$p<0.001$），事后多重比较发现，文科与理科、医科存在显著差异，理科与工科存在显著差异，表现为文科＞医科＞理科、工科＞理科。在婚姻倾向因子上差异显著（$p<0.01$）。在恋爱动机因子上差异极显著（$p<0.001$），事后多重比较发现，文科与理科、工科差异显著，表现为文科＞工科＞理科。在婚姻价值观因子上存在差异（$p<0.05$），但事后多重比较未发现差异。在大学生婚恋观总分上各专业类型差异极显著（$p<0.001$），表现为文科＞医科＞工科＞理科。

是理科学生而不是艺术类学生的婚恋观念最为开放，这是本研究一个出人意料的地方；另外在各个因子上，如在性爱抉择观因子上，原来认为是艺术类或医科类大学生最为开放，但结果又不同，反而是医科类学生在该因子上最为传统与保守。究其原因，这可能与医科学生比其他科类学生更为关注自己的心理与生理健康有关。而文科学生在其他几个因子上的得分均为最高，表明文科学生最为传统，这与赵冰洁的研究有相似之处（文科生较理科生更为重视童贞）。究其原因，可能在于：（1）文科生中女生较男生多，而女生的婚恋观较男生更为传统；（2）文科生较理科生或其他学科的学生而言，因为学科的原因，他们对我国或世界的传统思想接受较多，表现在婚恋观上也是传统观念较为深厚与牢固。而为何理科生最为开放，目前还没有合适的解释。

表19－14　大学生婚恋观的学科类型差异分析

变量	文科（n=190）		理科（n=357）		艺术类（n=74）		医科（n=757）		工科（n=153）		*MS*	*F*	事后比较（$p<0.05$）
	平均数	标准差	平均数	标准差	平均数	标准差	平均数	标准差	平均数	标准差			
性爱抉择观	3.7428	.89357	3.4741	.96894	3.5236	1.02592	4.2794	.69455	3.8636	.65963	46.433	71.370***	4＞1＞2，4＞3，5＞2
婚姻角色观	3.3021	.81876	3.1396	.78635	2.9703	1.06947	2.8058	.98886	3.2392	.87451	15.409	18.287***	4＜2＜5＜1

续表

变量	文科（n=190）		理科（n=357）		艺术类（n=74）		医科（n=757）		工科（n=153）		MS	F	事后比较（$p<0.05$）
	平均数	标准差	平均数	标准差	平均数	标准差	平均数	标准差	平均数	标准差			
婚姻自主观	3.1421	.91948	2.6597	.87714	2.8581	.92814	2.5433	.79830	2.9248	.87414	16.464	22.774***	1>4>2，5>2
婚姻倾向	3.4916	.66685	3.4779	.70463	3.5784	.55647	3.4366	.72491	3.4366	.72491	2.226	3.699**	
恋爱动机	3.0197	.54609	2.8074	.49135	2.8986	.66069	2.8217	.47705	2.8366	.49030	1.732	6.903***	1>5>2
婚姻忠诚观	4.1724	1.00900	4.1821	.92491	4.0980	1.16881	4.0146	1.13827	4.0098	.92742	2.335	2.088	
婚姻价值观	3.2526	.61667	3.2344	.58554	3.1532	.66022	3.3386	.56549	3.2614	.57219	1.164	3.434*	
总　分	3.3825	.42999	3.2112	.44499	3.2297	.47289	3.3507	.33810	3.3281	.32661	1.561	10.613***	1>4>5>2

注："事后比较"栏的1代表文科，2代表理科，3代表艺术类，4代表医科，5代表工科。

七、大学生婚恋观的不同家庭来源差异

以大学生的不同家庭来源（城市、城镇、农村）为自变量，对大学生婚恋观的各因子及总分进行单因子独立样本变异数分析。

表19－15　大学生婚恋观的不同家庭来源差异分析（n=1518）

变　量	农村（n=589）		城镇（n=378）		城市（n=551）		MS	F	事后比较（$p<0.05$）
	平均数	标准差	平均数	标准差	平均数	标准差			
性爱抉择观	4.0585	.80822	3.6845	.95546	4.0216	.85127	13.207	17.707***	1>3>2
婚姻角色观	3.0385	1.1573	3.0688	.74330	2.8998	.80531	3.882	4.438	
婚姻自主观	2.9478	.99869	2.6273	.81380	2.5017	.72213	20.278	27.941***	1>2>3
婚姻倾向	3.5946	.75436	3.6042	.67873	3.4958	.85145	2.768	4.599**	
恋爱动机	2.8507	.53178	2.7560	.50013	2.8888	.45614	3.698	14.915***	3>1>2
婚姻忠诚观	3.8305	1.1522	4.0595	.88201	4.3137	1.0225	22.339	20.686***	3>2>1
婚姻价值观	3.3085	.52646	3.2795	.59894	3.2756	.62909	.265	.777	
总　分	3.3550	.01656	3.2489	.39370	3.3175	.37711	.845	5.659**	1>2

注："事后比较"栏的1代表农村，2代表城镇，3代表城市。

本研究发现来自不同地区（城市、城镇、农村）的学生在婚恋观上存在显著差异（$p<0.001$）。具体情况见表19－15，总体上农村学生的婚恋观最为传统，城市次之，最开放的是来自于城镇的学生。在性爱抉择观上，表现为农村>城市，说明农村学生在性爱抉择观上更为传统与保守，城市学生更为开放，这与Deniz Gokengin 等[①]的研究结果有相似之处；在婚姻自主观因子上，城市学生最为自主；在婚姻倾向上农村学生更渴望婚姻。究其原因，可能是因为：（1）农村学生相对于城市学生而言，生长在一个较为闭塞的环境里，所接受的传统思想观念较城市学生为多，因此在婚恋观上表现更为传统；城市学生生长在一个外界知识颇丰的环境里，各种思潮会很快传播到他们身边，形成对传统观念的冲击。（2）农村学生较城市学生显得不自信，尤其是来到城市里的高校中，在与城市学生的接触过程中易产生自卑心理，这种不自信、自卑的心理必然影响其人际交往，限制其婚恋观念。

八、大学生婚恋观的父母婚姻状况差异

以父母的婚姻状况为自变量，大学生婚恋观的诸因子及问卷总分为因变量，进行独立样本单因子变异数分析。从整体检验结果来看，父母的婚姻状况差异达到极显著水平（$p<0.01$），表现为父母婚姻状况良好的大学生>父母未离异但分居的大学生>父母离异的大学生，表明在父母婚姻关系存续的情况下，大学生婚恋观趋向传统，但父母关系欠佳或破裂的大学生婚恋观更为开放一些。从表 19－16 还可以看出父母婚姻状况不同的大学生在大多数因子上都呈现出极显著性差异。在性爱抉择观、婚姻自主观、婚姻忠诚观上，父母婚姻状况良好的大学生>父母离异的大学生，表明在这几个因子上，前者比后者更为传统一些；但在婚姻角色观上恰恰相反。在婚姻价值观上，父母婚姻状况良好的大学生与后两者没有显著性差异，而父母未离异但分居的大学生与父母离异的大学生却有显著性差异，表现为前者得分高于后者，表明在这个因子上，前者比后者观念要传统些。

表 19－16　大学生婚恋观的父母婚姻状况差异分析（$n=1498$）

变　量	婚姻状况良好（$n=1315$）		离异（$n=147$）		未离异但分居（$n=36$）		*MS*	*F*	事后比较（$p<0.05$）
	平均数	标准差	平均数	标准差	平均数	标准差			
性爱抉择观	3.9597	.86250	3.5944	.91711	3.9549	.81348	18.361	24.956***	1>2
婚姻角色观	2.9983	.88438	3.3755	.98562	3.2111	.82107	51.439	65.832***	2>1
婚姻自主观	2.7068	.84679	2.4099	1.06627	2.8463	.87387	11.375	15.304***	1>2
婚姻倾向	3.5198	.76263	3.6735	.91114	3.5222	.64370	9.096	15.433***	
恋爱动机	2.8437	.49743	2.8265	.60789	2.9583	.51582	.431	1.694	
婚姻忠诚观	4.1640	.97909	3.7704	.54805	3.3426	.39429	101.046	109.216***	1>2>3
婚姻价值观	3.2695	.58864	3.2698	.54805	3.3426	.39429	5.779	17.487***	3>2

① D. Gokengin, T. Yamazhan, D. Ozkaya, et al: *Sexual knowledge, attitudes, and risk behaviors of students in Turkey*. *The Journal of School Health*, 2003, 73 (7), pp258－263.

续表

变　量	婚姻状况良好（n=1315）		离异（n=147）		未离异但分居（n=36）		MS	F	事后比较（p<0.05）
	平均数	标准差	平均数	标准差	平均数	标准差			
总　分	3.4534	.39544	3.2305	.40645	3.3215	.38921	.668	4.460**	3>2

注："事后比较"栏的1代表婚姻状况良好，2代表离异，3代表未离异但分居。

九、大学生婚恋观的父母婚姻关系差异

以大学生认知的父母的婚姻关系为自变量，大学生婚恋观诸因子及问卷总分为因变量，进行独立样本单因子变异数分析。从整体检验结果来看，父母婚姻关系差异不显著。但从婚恋观的各因子上来看（表19－17），父母婚姻关系不同的学生在婚姻角色观、婚姻自主观、恋爱动机、婚姻忠诚观方面存在显著差异。事后多重比较发现，这种差异主要出现在父母婚姻关系很好和父母婚姻关系一般的大学生之间，在婚姻角色观与婚姻忠诚观两个因子上，大学生婚恋观得分表现为父母婚姻关系很好>父母婚姻关系一般，表明父母婚姻关系很好的大学生在此因子上更趋向传统与保守，但在婚姻自主观因子上却正好相反，表明父母婚姻关系很好的大学生在此因子上更趋向现代与开放，即更加自主。

从总体上看，父母婚姻关系很好与父母婚姻关系一般两种情形下的大学生婚恋观差异较大，而父母婚姻关系一般与父母婚姻关系很差的大学生的婚恋观差异不大。

表19－17　大学生婚恋观的父母婚姻关系差异分析

变　量	很好（n=1009）		一般（n=442）		很差（n=80）		MS	F	事后比较（p<0.05）
	平均数	标准差	平均数	标准差	平均数	标准差			
性爱抉择观	3.9649	.90391	3.9140	.81055	3.9407	.8785	.401	.522	
婚姻角色观	3.0517	.96213	2.8846	.88699	2.8897	.85198	4.749	5.424**	1>2
婚姻自主观	2.6345	.91872	2.8243	.72907	2.8141	.96315	6.073	8.010**	2>1
婚姻倾向	3.5487	.82271	3.5950	.69717	3.3923	.59822	1.406	2.231	
恋爱动机	2.8337	.52639	2.8807	.46326	2.8333	.42956	.346	1.361**	
婚姻忠诚观	4.1773	.96923	3.8756	1.17118	3.9263	1.13192	14.927	13.510**	1>2
婚姻价值观	3.2950	.58141	3.2647	.59651	3.3333	.53452	.225	.660	
总　分	3.3290	.40340	3.2889	.34809	3.2715	.39958	.323	2.147	

注："事后比较"栏的1代表父母婚姻关系很好，2代表父母婚姻关系一般，3代表父母婚姻关系很差。

十、大学生婚恋观的个人居住情况差异

以大学生的居住情况为自变量，大学生婚恋观的各因子及问卷总分为因变量，

进行独立样本单因子变异数分析。从整体检验结果来看，大学生婚恋观在个人居住情况上的差异达到极显著水平（$p<0.01$）。从诸因子检验结果（表 19－18）来看，大学生的个人居住情况在所有因子上都达到了显著性差异。事后多重比较结果显示，这种差异主要发生在随父生活与其他三种居住情况之间。在性爱抉择观因子上，居住情况差异显著（$p<0.05$），事后多重比较表明，差异不显著；在婚姻角色观因子与婚姻倾向因子上，居住情况差异显著（$p<0.001$），事后多重比较发现随父母生活、随父生活、随母生活差异显著，随父生活的大学生得分最高，表明其婚恋观念在此二因子上最为传统与保守；在婚姻自主观因子上，居住情况差异显著（$p<0.001$），事后多重比较发现随父母生活、随父生活、随母生活差异显著，随父生活的大学生得分最低，表明其婚恋观念在此因子上最为现代与开放；在恋爱动机因子上，居住情况差异显著（$p<0.05$），事后多重比较发现随父母生活>随父生活；在婚姻忠诚观与婚姻价值观因子上，居住情况差异显著（$p<0.01$），事后多重比较发现随其他亲属生活的大学生在此二因子上的得分高于其他居住情况。

从总体上看，随其他亲属生活的大学生婚恋观念得分显著高于其他三种居住情况，表明随其他亲属生活的大学生婚恋观念最为传统与保守，其次是随父母生活的大学生，最后是随母亲生活的大学生。

表 19－18　大学生婚恋观的居住情况差异分析

变　量	随父母一起生活（$n=1299$）		随父生活（$n=134$）		随母生活（$n=55$）		随其他亲属生活（$n=43$）		MS	F	事后比较（$p<0.05$）
	平均数	标准差	平均数	标准差	平均数	标准差	平均数	标准差			
性爱抉择观	3.9756	.87882	3.8134	.87369	3.7454	.91469	3.7413	.73263	2.488	3.243*	
婚姻角色观	2.9487	.95706	3.3806	.98831	2.9000	.74808	3.3302	.65739	9.341	10.820***	2>1，2>3
婚姻自主观	2.7242	.84821	2.2817	.99123	2.9537	.96894	2.8605	.76045	9.592	12.856***	1>2，3>2，4>2
婚姻倾向	3.5313	.76509	3.8403	.91726	3.2889	.67703	3.6419	.58482	5.259	8.815***	2>1，2>3
恋爱动机	2.8587	.49619	2.7220	.56250	2.9306	.60932	2.8314	.35657	.885	3.494*	1>2
婚姻忠诚观	4.0641	1.06550	3.9590	.82044	4.3056	1.20403	4.5233	1.21721	4.448	4.024**	4>1，4>2
婚姻价值观	3.2984	.57867	3.1119	.59928	3.2901	.69754	3.4806	.43219	1.963	5.806**	1>2，4>2
总　分	3.3142	.38416	3.2882	.38209	3.2805	.43818	3.4145	.43836	.195	1.293	

注："事后比较"栏的 1 代表随父母生活，2 代表随父生活，3 代表随母生活，4 代表随其他亲属生活。

十一、大学生婚恋观的是否与父母交流差异

以大学生是否与父母交流有关婚恋与性爱的问题为自变量，对大学生婚恋观进行独立样本 t 检验。

表 19—19 大学生婚恋观在是否与父母交流有关婚恋与性爱的问题上的差异分析

变　量	是（n=317）		否（n=1214）		t
	平均数	标准差	平均数	标准差	
性爱抉择观	3.9651	.82312	3.9412	.89185	.430
婚姻角色观	3.1962	1.12583	2.9440	.87619	4.274***
婚姻自主观	2.9341	1.11475	2.6340	.78591	5.495**
婚姻倾向	3.6419	.78507	3.5193	.77524	2.291*
恋爱动机	2.8548	.55664	2.8468	.49064	.250
婚姻忠诚观	3.8190	1.17218	4.1414	1.01652	4.852***
婚姻价值观	3.3608	.63062	3.2685	.56993	2.504*
总　分	3.3655	.38287	3.2996	.38810	2.691**

从表 19—19 可以看出，父母是否与大学生交流婚恋与性爱问题与大学生婚恋观有着显著性差异（$p<0.01$），表现为是>否。从诸因子检验结果来看，在婚姻角色观、婚姻自主观、婚姻忠诚观等因子上差异达到了极显著水平，而在婚姻倾向、婚姻价值观等因子上达到显著水平。究其原因，可能是因为：（1）与父母进行交流也就是与父母之间的观念交换，Sander 等①和 Inman-Amos 等②的研究已经发现父母对婚姻爱情的观念必然会影响到子女。（2）就我国国情来说，父母辈所受到的传统思想的教育比当代大学生更多，在与父母交流的过程中，父母会将自己的传统观念传授给子女。

第四节　大学生婚恋观的教育与引导策略

根据大学生婚恋观影响因素的调查研究结果，对大学生的教育与引导应注重以人为本，尊重学生，实事求是，面对学生婚恋观多元化的事实，采取有针对性的措施，动员家庭、学校和社会的力量，帮助大学生树立正确的婚恋观。调查显示，大学生婚恋观在四个年级间存在显著差异，其中大三的差异最为显著。因此有必要根据年级特点，采取有针对性的措施。

一、注重对新生的恋爱观教育引导

调查显示，许多同学在刚刚步入大学不久就糊里糊涂地谈起了恋爱。有位同学

① G. F. Sanders, R. L. Mullis: *Family influences on sexual attitudes and knowledge as reported by college students*. *Adolescence*, 1988, 23 (92), pp837—846.
② J. Inman-Amos, et al: *Love attitudes: Similarities between parents and between parents and children*. *Family Relations*, 1994, 43 (4), pp456—461.

说："刚进入大学，看到别人成双成对，自己也不太明白。当自己有了机会，就立刻有试一试的想法，其实自己还是什么也不明白。"新生在新环境适应期中有很强的可塑性，如果没有正面的教育引导，一旦他们在不良环境中确立了不正确的人生价值观、恋爱观，那么再去改变将会非常困难。所以，加强对新生的教育引导，帮助他们尽快建立正确的人生价值观、恋爱观，能收到事半功倍的教育效果。要一改过去放任自流、"出了问题才处理"的被动工作局面，变被动解决为主动预防，可利用课堂教育或邀请恋爱、婚姻方面的专家来校开展定期或不定期的专题讲座、举办丰富多彩的校园活动、组织同学就恋爱问题展开专题讨论等，引导学生树立正确的恋爱观，慎重选择恋爱时机，以纯洁的动机、高尚的情操、文明的行为审慎对待自己的爱情，用学业的目标去引导爱情的航向。要让大学生明白任何从功利思想出发，把物质条件放在第一位，希望从恋爱中获得"靠山"，为日后就业和发展创造条件的行为，都是缺乏恋爱道德责任感的表现。

二、加强对大二、大三学生的性知识教育

（一）性教育的原则

1. 性知识教育与性道德教育相结合原则

对当代大学生进行性教育要坚持性知识教育和性道德教育相结合的原则。通过教育让大学生明白性的科学知识，特别是性生理方面的知识；同时按照社会发展要求与社会道德规范，强化性伦理道德教育，使大学生懂得两性相处的道德原则和社会责任。

2. 性教育与性修养相结合的原则

性教育与性修养是帮助大学生建立性健康意识过程中的两个不同侧面。性教育是他律，属外在影响，性修养是内化体验，是把外在性教育的力量注入到主体中，转化为自律的过程，也就是使大学生把所接受的外在信息内化并达到自律水平。因此对大学生进行性教育时，必须循序渐进地提高大学生的性修养。

3. 适时、适度、适当的原则

性教育是个敏感的话题，对大学生进行性教育要坚持适时、适度、适当的原则。适时，是指教育时机必须遵循大学生心理发展规律；适度，是指在传授性知识时，要根据大学生的年龄特征和承受能力，把握分寸，防止过度；适当，是指性教育的方法和教育态度要适当，性教育方法适当的关键在于理解大学生的情感，尊重大学生的人格，尤其应注意在性教育中不能随便触及大学生个人内心深处不愿公开的隐私。

4. 正面疏导与丰富活动相结合的原则

对大学生进行正面性教育，应该以一种严肃、科学、活泼的方式进行，把正面疏导与丰富活动相结合。可以采用专题讲座、知识竞赛、文体活动等各种方式，使

大学生旺盛的精力得到适当释放，尤其是跳舞与体育活动，在这方面有良好的作用，能促进个性协调发展，净化不健康情感。

（二）大学生性教育的内容

大学生性教育的内容应尽量全面、系统，至少应该包括性知识、性道德和性法律意识等方面。

1. 大学生的性知识教育。包括性生理知识、性心理知识两部分。

2. 大学生的性道德教育。简单来说，大学生的性道德教育包括以下内容：

第一，性责任教育。性责任教育主要包括两个方面：一是性的社会规范教育，就是让大学生确立正确的性价值观，明确什么样的性意识、性行为才是符合本国社会道德标准的。二是性的权利和义务的关系的教育，要让大学生明白自己对自己、对他人、对社会的责任和义务，懂得男女之间的性关系总是与应尽义务联系在一起的。

第二，贞操观教育。应明确告诉大学生，贞操观体现了人类的羞耻感、自尊心，重名誉、讲道德、性忠诚是我们共同的责任，男性女性都应该讲贞操。

第三，异性交往方法教育。在大学生性道德教育中，教育他们掌握与异性交往的方法与分寸，教育他们明确在与异性交往的场合和活动范围中哪些该做、哪些不该做，让他们懂得怎样的衣着和言行才能赢得异性的尊重，如何在异性面前把握自己的语言、行为、表情和声调等，注意与异性单独接触的空间距离和时间，学会如何看待异性对自己的好感，把握自己的情感，掌握异性交往中接受和拒绝的技巧，做到与异性之间能文明礼貌、有节制地交流，增进友谊。

第四，人格教育。“性”是一种道德、一种教养，更是一种人格，人格教育是性道德教育的重点所在。人格教育的目的是培养大学生的人格力量，使其在生理、心理、人际关系和婚姻上保持平衡、健康。

3. 大学生的性法律意识教育。性法律意识教育是大学生性教育的一个重要组成部分。让大学生知道在现实社会中什么样的两性关系是正当的、符合社会发展要求的，哪些行为是法律法规所禁止的，从而在处理两性性行为中约束冲动、控制情绪、平衡心态，使自己的行为控制在法律允许的范围内，使自己的行为方式符合社会的要求。

三、对高年级大学生加强成才教育，增强其对失恋挫折的承受能力

调查显示，大四、大五学生的婚恋观趋于传统，这与学生即将走上社会，面临人生重要选择有关。在人生的不同发展阶段，人生的矛盾是多种多样的，主要矛盾也各不相同。在大学阶段，人生的主要矛盾是现有素质与人生持续发展需要的矛盾，在大学这个人生成才的最关键时期，大学生应树立远大理想，提高综合素质，为自己的人生征途迈出坚实的步伐，打下扎实的基础。因此，学校应营造良好的氛围，引导大学生从国际国内环境对人才的需求出发来加强自己学习成才的紧迫感和危机感。还

可以请专家做事业与爱情关系的专题讲座，让大学生明白在大学期间学习的重要性。

培养大学生对失恋挫折的承受能力。莫里哀说："爱情是一位伟大的导师，教我们重新做人。"如果遭遇失恋，应该正确面对。一是要理解对方。即给对方中止恋爱的行为以合理的解释，多为对方着想，也要合理评价自己，找出自己的缺点和不足，冷静分析失恋的原因。二是要转移注意力。爱情不是生活的全部，失恋了，可以把精力投入到学习、运动等自己感兴趣的方面，把消极情绪转化为积极行动。三是倾诉。过分压抑不良情绪，一旦超过个人的承受能力，后果将十分严重。找自己信任的人倾诉一下，可以宣泄苦闷，获得心理平衡。四是到心理咨询中心求助。一般而言，心理咨询中心的老师会理解这种感受，并给予适当的指导。

附录　大学生婚恋观（CMLCQ）

下面的句子描述了大学生对婚恋问题的看法，请你根据其与自己情况的符合程度，在问卷上用"√"标出一个相应的字母。字母的具体含义如下：

A：非常不符合；B：比较不符合；C：不确定；D：比较符合；E：非常符合。

除非你认为其他四个选项确实都不符合你的真实想法，否则，请尽量不要选择"不确定"。

在你读完每一个问题后，不要花费时间去反复考虑，请根据你的第一感觉作出选择。

每一个问题都需要回答，限选一个答案。

A_3　我认为结不结婚都无所谓。　□A　□B　□C　□D　□E

A_4　我认为自我做主的婚姻是好的婚姻。　□A　□B　□C　□D　□E

A_5　我认为找伴侣时，家人的意见很重要。　□A　□B　□C　□D　□E

A_6　我认为丈夫的社会地位应高于妻子。　□A　□B　□C　□D　□E

A_7　我认为人的一生只能有一个婚姻伴侣。　□A　□B　□C　□D　□E

A_8　我不能容忍婚前性行为。　□A　□B　□C　□D　□E

A_9　我认为性与爱一样，也需要忠诚，所以一个人同时只能有一个性伴侣。

□A　□B　□C　□D　□E

A_{12}　我渴望结婚，过上家庭生活。　□A　□B　□C　□D　□E

A_{14}　我认为我在找伴侣时会听从家人的安排。　□A　□B　□C　□D　□E

A_{15}　我认为丈夫的经济收入应高于妻子。　□A　□B　□C　□D　□E

A_{17}　我不能容忍女生发生婚前性行为。　□A　□B　□C　□D　□E

A_{18} 我认为为满足自己的好奇心而与人发生性关系是不可取的。 □A □B □C □D □E

A_{19} 我认为在入学阶段最好谈一下恋爱。 □A □B □C □D □E

A_{20} 我认为现在谈恋爱可丰富我的恋爱经验。 □A □B □C □D □E

A_{21} 我认为婚姻在人生中不可缺少。 □A □B □C □D □E

A_{22} 我认为两人个性相符的婚姻是好的婚姻。 □A □B □C □D □E

A_{23} 我认为找伴侣一定要自己做主。 □A □B □C □D □E

A_{24} 我认为丈夫的文化水平应高于妻子。 □A □B □C □D □E

A_{25} 我认为离婚是不幸的。 □A □B □C □D □E

A_{26} 我认为与我发生性行为的伴侣一定要是个自己爱的人。 □A □B □C □D □E

A_{27} 我认为为满足自己的一时冲动而与人发生性关系是不可取的。 □A □B □C □D □E

A_{29} 我认为谈恋爱可以驱逐我内心的空虚。 □A □B □C □D □E

A_{30} 我认为结了婚就不要轻易离婚。 □A □B □C □D □E

A_{31} 我认为性生活和谐的婚姻是好的婚姻。 □A □B □C □D □E

A_{32} 我认为家人给我介绍的对象比自己找的更为合适。 □A □B □C □D □E

A_{33} 我认为丈夫应是一家之主。 □A □B □C □D □E

A_{34} 我认为婚姻就该天长地久。 □A □B □C □D □E

A_{35} 我认为我在发生性行为时会考虑道德问题。 □A □B □C □D □E

A_{36} 我认为为了满足自己一时的生理需要而与人发生性关系是不可取的。 □A □B □C □D □E

A_{37} 我认为婚姻不适合我。 □A □B □C □D □E

A_{38} 我认为学校学习生活太枯燥，谈恋爱可以找到一些新的刺激。 □A □B □C □D □E

A_{41} 我认为在家庭中还是应该倡导“男主外，女主内”。 □A □B □C □D □E

A_{42} 我认为我在发生性行为时会考虑对方的人品。 □A □B □C □D □E

A_{43} 我认为为了满足自己的经济需要而与人发生性关系是不可取的。 □A □B □C □D □E

第二十章 Di Er Shi Zhang

大学生恋爱压力及其调适

著名精神分析学家埃里克森（E. H. Erikson）认为，恋爱是人的一生中无法回避的课题，从十七八岁到三十岁是亲密与孤独的关键期，是建立友谊和爱情等亲密情感的重要发展阶段。[①] 不少心理学家认为青少年恋爱关系的发展可以促进其自我同一性的发展，并且可以预示其以后生活（尤其是家庭婚姻生活）的成功与否。[②③] 美国一项关于自杀的研究[④]发现，在自杀男女留下的日记中，恋爱问题比学校和工作问题要多，并且没有性别和年龄差异。由此可见恋爱问题对青年心理发展的重要性。在我国的一项调查研究[⑤]显示，44.06%的大学生正处于恋爱状态，有过恋爱经验的大学生占到70.83%。佘双好的调查发现[⑥]，如果把恋爱的概念广义地理解为"爱上异性"，那么93.2%的大学生都有过恋爱体验。可见恋爱已经成为大学生生活的重要组成部分。

然而，亲密关系的建立不是一件简单的事情，两个人从相识、相知到相爱，其间要经历无数次的冲突与磨合，会遇到冲突、伤心、失望、担忧、焦虑、烦恼等等。如果遇到重大挫折，压力过大的大学生情绪就可能失去控制，有的甚至会做出一些过激的行为，如自暴自弃、自我伤害、伤害恋人以及其他无辜的人等。近年来有关大学生因爱自杀或报复对方的行为时有报道。因此，根据我国大学生的恋爱压力特

① 胡申生：《女性与恋爱》，上海教育出版社2003年版，第4页。

② E. H. Erikson: *Identity: Youth and Crisis*, New York: W. W. Norton, 1968.

③ S. Shulman, W. A. Collins: *Romantic Relationships in Adolescence: Developmental Perspectives*, San Francisco: Jossey Bass, 1998.

④ S. S. Canetto, D. Lester: *Love and achievement motives in women's and men's suicide notes*. *The Journal of Psychology*, 2002, 136 (5), pp573-576.

⑤ 周友泉、王琦：《大学生恋爱状况及心理特征的调研》，《安徽农业大学学报（社会科学版）》2000年第2期，第40～41页。

⑥ 佘双好：《大学生恋爱中的性问题及教育》，《青年研究》2000年第5期，第41～46页。

点开展有针对性的恋爱压力教育与辅导，已成为当前大学生心理素质教育的一项重要任务。

第一节　研究概述

一、恋爱压力的概念

压力（stress）一词，源于拉丁文的 stringere，原意是“扩张、延伸、抽取”等。早在 14 世纪，压力一词就被用来表示苦难（hardship）、逆境（adversity）或痛苦（affliction）。自 19 世纪初开始，生理学家、心理学家、社会学家和医生借用这个词来描述动物和人类在紧张状态下的生理、心理和行为反应。Phillip L. Rice① 认为在现在的科学文献中，压力的概念至少有三种不同的含义：（1）压力是指那些引起人们紧张的事件或者环境刺激；（2）压力是一种紧张或者唤醒的内部心理状态；（3）压力是人体对需要或者伤害入侵的生理反应。这三种含义其实代表了压力的三个最主要的组成部分：压力源、压力感受和压力反应。

目前，心理学关于压力的研究往往整合了这三种含义，全面地研究个体的压力。其中 Richard Lazarus② 提出了压力交互作用定义，即“压力是人与环境之间的一种特殊关系，这种关系被个体评价为超过其自身资源并威胁其幸福的”。这一定义就是整合了压力源、压力感受、压力反应，充分地考虑了它们各自的作用以及交互作用。由于其充分地考虑了刺激情境、个体的认知与压力反应之间的多重关系，比较全面地揭示了压力产生的过程，因此成为不少压力研究的定义依据。

根据 Richard Lazarus 的压力定义，结合其他的压力界定，我们认为恋爱压力是指在个体追求爱情的过程中，由于外部的客观环境或内部的心理冲突超出了个体的应对能力而使个体感到烦恼、痛苦、焦虑等的心理状态，它表现在个体的生理和心理反应上。

压力源是压力的重要组成部分。Folkman 和 Lazarus③ 认为压力源是个体感知到的并且经过认知评价为对机体有威胁、引起机体的应激反应的事物或情境。压力源的分类方式很多④，如 Eisdorfer（1985）根据研究方式把压力源分为三类：动物实验研究压力源、人类实验研究压力源和人类自然压力源。Wheaton（1996）对压力源研究进行了总结，认为根据压力源的性质和持续时间可以将其分为以下几类：重

---

① P. L. Rice 著，石林等译：《压力与健康》，中国轻工业出版社 2000 年版，第 5 页。
② 转引自李鲁平：《大学生压力应对及其相关因素的研究》，北京师范大学硕士学位论文，2003 年。
③ R. S. Lazarus，S. Folkman：*Stress，Appraisal，and Coping*，New York：Springer，1984.
④ 李育辉：《中学生应激、应对和心理健康研究》，中科院心理研究所硕士学位论文，2003 年。

大生活事件、日常烦扰、角色紧张、非事件性压力源、创伤性事件和外界有害刺激。一些研究者认为根据压力源的持续性可以将其分为两类：不连续的压力源和连续的压力源（Pearlin，Menaghan，Lieberman 和 Mullan，1981；Wheaton，1996）。大部分关于不连续压力源的研究集中在重要生活事件上，如离婚、失业等；大部分关于连续压力源的研究集中在日常烦扰和慢性压力上。近来，不少研究认为与那些在生活中发生频次低的重大生活事件相比，每天发生的、很平常的日常烦扰对健康的影响更大（Lazarus，Folkman，1984；Pearlin，1982；Repetti，Wood，1997）①。并且，日常烦恼相对独立于重大生活事件，二者相关很低（Leadbeater 等，1995；Kanner 等，1987；Seifge-Kernke，1995）。对青少年压力的研究主要集中在重大生活事件和日常烦扰方面。本研究试图考察大学生恋爱过程中的总体压力感受和特点，因此本研究既考察了大学生在追求爱情过程中所发生的重大生活事件，又考察了他们的日常烦恼。

根据 Folkman 和 Lazarus② 对压力源的定义，我们认为恋爱压力源是指源于恋爱心理需求，超出个体应对能力范围的任何物理刺激与心理刺激，包括个体所遭遇的重大生活事件和日常烦恼。

二、大学生恋爱压力的研究现状

（一）压力的评估与测量方法研究的现状

压力评估和测量的目的主要是了解压力的来源和类型，评估个体目前的压力水平和程度以及个体在面对压力时的反应。从国内外已有的研究文献来看，研究者对于压力的评估主要从三个角度来进行③：（1）从压力源角度。从压力源的角度来评估压力，重点是了解某段时间内个体面临的内外部刺激和需求，了解压力构成、发生的频次以及个体对压力的感受。（2）从压力反应或体验角度。从压力反应的角度来评估压力，重点是了解个体在面对压力情境和事件时的身心反应。（3）从压力产生的过程角度。从压力产生的过程角度来评估压力，重点是了解压力源、个体应对特质、压力感受之间相互作用的情况，这是一种以动态、发展的视角来尽量准确评估压力的方法。研究者对于压力的具体测量方法也大致可以分为三类④：（1）表现测验。压力会影响人的行为表现，处于不同压力体验下的人会有不同的表现。表现测验通过测量人们暴露于压力下的典型行为反应来研究压

① J. Serido，D. M. Almeida，E. Wethington：*Chronic stressors and daily hassles：Unique and interactive relationships with psychological distress*. *Journal of Health and Social Behavior*，2004，45（1），pp17—33.

② R. S. Lazarus，S. Folkman：*Stress，Appraisal，and Coping*，New York：Springer，1984.

③ 王淑敏：《中学生人际压力及其应对策略特点的研究》，西南师范大学硕士学位论文，2004 年。

④ L. Brannon，J. Feist 著，李新鹤等译：《健康心理学：行为与健康入门》，心理出版社 1999 年版，第 100～107 页。

力对人产生的有害影响。但是这种测验受到个体的体质、疲劳程度、疾病等因素的影响，因而不宜单独使用。(2) 生理测量。生理指标包括血压、心率、呼吸频率以及皮肤电反应等，同时也包括一些生物化学指标，包括胆固醇、儿茶酚胺等内分泌激素的数据。这种压力测量方法的优点是直接、可靠，缺点是电子仪器和门诊环境本身就会增加人们的压力。(3) 自陈问卷法。从20世纪50年代晚期到60年代早期，研究者发展出许多测量压力的自陈问卷。这些问卷主要包括两类：生活事件量表和日常琐事量表。生活事件是压力源的一个重要组成部分。[①] 一般来说，生活事件是指发生在个体自身或者周围的重大事故、变迁、改变等。Richard Lazarus及其同事发现，与生活中的变故如离婚、丧偶等生活事件相比，那些日常的小应激与疾病的关系更为密切。Richard Lazarus称这些小应激事件为日常琐事。Lazarus认为，日常琐事是指"被评估为显著的、有害的或者威胁个体健康安宁的日常生活经验和状况"(Lazarus，1984a)[②]。继Lazarus之后，不少研究者支持用日常琐事而不是重大生活事件来测量压力。

由于问卷法简单易行、被试范围广、收集资料的代表性强等优点，用问卷法从压力源的角度来研究压力是国内外压力研究常用的方法。不少研究者编制了一些信度、效度比较高的问卷，推动了压力研究的发展。国内外编制的比较有影响的生活事件量表包括：(1) Thomas H. Holmes和Richard Rahe (1967)[③] 编制的社会再适应量表(SRRS)。该量表由43项生活事件组成，要求被试对这些事件按照压力的大小顺序排序。(2) Barbara Dohrenwend和Krasnoff等人 (1978，1982)[④] 编制的精神病流行病学研究访谈生活事件量表(PERI)。这份量表共102个项目，使用了比较多的生活事件。(3) Christian Crandall，Jeanne Preisler和Julie Aussprung (1992) 编制的大学生压力问卷(CLSI)，这份问卷内容包括了大学生常见的生活事件，如亲友死亡、考试、约会等。问卷用83个项目评价压力的严重度、普遍性和频率。(4) 刘贤臣 (1987)[⑤] 编制的青少年生活事件量表，适用于中学生和大学生生活事件压力研究。国内外比较常见的琐事量表有：(1) Lazarus等 (1981)[⑥] 发展的琐事量表(daily hassles and uplifts)，该量表由个人认为是麻烦的、恼人的或挫折的117个项目构成。这份量表首先要求填答者检视过去一个月发生的琐事，接着在

---

① 狄敏：《中学生生活压力事件问卷的初步编制》，西南师范大学硕士学位论文，2004年。

② R. S. Lazarus，S. Folkman：*Stress，Appraisal，and Coping*，New York：Springer，1984.

③ T. H. Holmes，R. H. Rahe：*The Social Readjustment Rating Scale. Journal of Psychosomatic Research*，1967，11 (2)，pp213—218.

④ 转引自梁红、费立鹏：《探讨国内生活事件量表的应用》，《中国心理卫生杂志》，2005年第1期，第42～44页。

⑤ 刘贤臣等：《高中生心理卫生、健康行为及生活事件调查分析》，《数理医药学杂志》1993年第6期（增刊），第180～181页。

⑥ 转引自腰秀平：《大学生恋爱压力测量工具及其发展特点研究》，西南大学硕士学位论文，2006年。

三点量表上评价每件事情的严重度。（2）Kohn，Lafreniere 和 Gurevich（1991）[①] 编制的大学生最近生活经验量表（ICSRLE），该量表由 49 个项目组成，每个项目都反映学生的生活经验，而不是他们的生理或心理的苦恼。国内尚未见被比较认同的生活琐事量表。还有不少压力问卷没有明确的区分是生活事件量表还是生活琐事量表，例如陈旭（2004）[②] 编制的中学生学业压力问卷，王淑敏（2004）[③] 编制的中学生人际压力问卷，陈超然（2004）[④] 编制的大学教师工作压力问卷。

（二）大学生恋爱心理研究概况

1. 恋爱心理的内涵

有人[⑤]认为恋爱是异性间择偶与培育爱情的过程，是以爱情为主旋律的社会心理行为。恋爱过程一般包括择偶、初恋、热恋和结婚。有人[⑥]认为恋爱是男女双方培育爱情的过程，包括体会阶段（对异性感兴趣）、想象阶段（对别人有好感但是没有表现出来）、求爱阶段、亲密阶段和结婚阶段。我们采用后面这个比较广义的含义，认为恋爱心理是指男女双方在培育爱情过程中所产生的认知、情感等心理活动。

2. 大学生恋爱心理研究概况

从恋爱心理的研究者角度来看，国外从事恋爱心理研究的人员包括社会心理学家、人格心理学家、人际关系理论研究者、婚姻家庭理论研究者、心理咨询工作者等多方面的学者和专家；国内专门从事恋爱心理研究的人员很少，社会心理学家、人格心理学家很少关注爱情这一领域，家庭婚姻研究者只关注家庭婚姻生活，对恋爱也很少关注，对于大学生恋爱关注较多的是大学的教学管理者以及心理辅导老师等教育工作者。

从恋爱心理的研究内容这个角度看，国外关于恋爱心理的研究内容涉及爱情的定义[⑦][⑧]，爱情风格[⑨]，影响爱情的因素，如自尊[⑩]、承诺[⑪]，成人依恋[⑫]，以及在发展恋爱关系过程中的追求策略等方面；国内关于恋爱心理的研究内容包括恋爱动机、

---

① 转引自腰秀平：《大学生恋爱压力测量工具及其发展特点研究》，西南大学硕士学位论文，2006 年。

② 陈旭：《中学生学业压力、应对策略及应对的心理机制研究》，西南师范大学博士学位论文，2004 年。

③ 王淑敏：《中学生人际压力及其应对策略特点的研究》，西南师范大学硕士学位论文，2004 年。

④ 陈超然：《大学教师工作压力的现状及其与人格维度关系的研究》，河南大学硕士学位论文，2001 年。

⑤ 高希庚、孙颖：《大学生心理健康教育理论与实践》，天津大学出版社 1999 年版，第 212 页。

⑥ 邢莹、吴敏：《大学生心理健康教育》，郑州大学出版社 2002 年版，第 161～163 页。

⑦ R. J. Sternberg：*A triangular theory of love*. *Psychological Review*，1986，93（2），pp119－135.

⑧ B. Fehr，J. A. Russell：*The concept of love viewed from a prototype perspective*. *Journal of Personality and Social Psychology*，1991，60（3），pp425－438.

⑨ J. A. Lee：*The Colors of Love*：*An Exploration of the Ways of Loving*，Don Mills，Ontario，Canada：New Press，1973.

⑩ S. L. Murray，et al：*Putting the partner within reach*：*A dyadic perspective on felt security in close relationship*. *Journal of Personality and Social Psychology*，2005，88（2），pp327－347.

⑪ J. Wieselquist，et al：*Commitment*，*pro-relationship behavior*，*and trust in close relationships*. *Journal of Personality and Social Psychology*，1999，77（5），pp942－966.

⑫ L. A. Kirkpatrick，K. E. Davis：*Attachment style*，*gender*，*and relationship stability*：*A longitudinal analysis*. *Journal of Personality and Social Psychology*，1994，66（3），pp502－512.

择偶标准、恋爱价值观、恋爱现状调查、恋爱中的性行为、恋爱中的心理特点以及心理问题等方面。

从恋爱心理的研究方法看，国外关于恋爱心理的研究方法多种多样，涉及理论分析、观察、访谈、问卷调查、实验、情境模拟等方法，研究者常常运用几种方法的组合来研究恋爱心理现象。国内关于恋爱心理的研究多采用理论分析和问卷调查两种方式。

3. 大学生恋爱压力研究

目前关于恋爱压力的研究只是散见于一些对大学生生活压力的研究之中。由Crandall等人编制的大学生生活压力问卷中包含了一些关于恋爱压力的项目，如接触性病、女友或男友欺骗自己、第一次约会等等。刘陈陵（2002）[①] 编制的大学生生活压力问卷中包括了异性交往和性压力，他的研究结果发现大学生的异性交往压力虽然在频次上低于大学生的学业压力、人际交往压力，但是在压力感上却比较突出，表现在“与异性单独相处”的压力指数在综合压力指标排序上位居第六位，此外，谈恋爱和暗恋的综合压力指数也较高。

三、现有研究存在的问题与不足

（一）压力研究中的问题与不足

首先，已有的压力研究中针对一般情境的压力研究多，针对具体情境的压力研究少。大部分关于压力的研究都是涉及某一特殊群体，如中学生、大学生、教师等的全部，这种研究可以揭示个体在一段生活时间内的总体压力感受，然而由于其笼统性，很难揭示个体在各个具体生活领域的压力来源和压力感受，因此也就很难为教育工作者提供具体准确的教育对策，影响了研究的实际指导意义。目前，一些研究者已经注意到这个问题，如已经有了对中学生学业压力、人际压力以及教师工作压力的具体研究，然而到目前为止还没有对于恋爱压力这个对大学生具有重大意义的问题的专门、系统的研究。

其次，压力研究中静态研究多，动态研究少。已往的研究大多是从压力事件的角度来评估个体的压力类型和感受，这是从静态的角度来研究压力，它可以有效揭示个体在某段时间内所承受的压力类型以及感受，但无法揭示压力产生的过程。压力的产生是个动态、发展的过程，只有全面地揭示个体的压力感受以及压力产生的过程，才能提出有针对性的教育措施。

（二）大学生恋爱心理研究中的问题与不足

首先从研究者来看，我国从事恋爱心理研究的研究者极其缺乏，尤其缺乏专业

① 刘陈陵：《大学生日常生活压力、社会支持及其相关研究》，华中师范大学硕士学位论文，2002年。

的心理学家从事于这一领域的研究。爱情本来是人类社会最复杂也是最基本的感情需要，需要投入较多的人力和物力去研究这一社会心理现象，可是由于种种原因，我国心理学研究者还很少介入恋爱心理的研究，这一领域的从业者还远远不能满足社会发展的需求。由于从事于这一领域的研究者比较少，相应的我国在恋爱心理研究方面的成果也非常少。

其次从研究的内容看，我国恋爱心理研究的内容仅仅局限于恋爱动机、价值观、行为等一些最基本的社会心理和行为的调查和理论探讨上，缺乏对于恋爱本身的特点、影响亲密关系的因素、不同个体的恋爱风格及其影响因素等的研究。总体来说我国研究者重视从伦理道德和价值观的角度来研究恋爱，强调爱情的社会性特征，但是过于忽视爱情的生理、心理特点，忽视个体对于爱情的独特的生理心理需求。这种偏向导致了我国对恋爱心理的研究重社会、轻个体，重说教、轻心理辅导，对于个体具体的恋爱心理的发展指导意义极其有限。

最后从研究方法看，我国关于恋爱心理的理论探讨多，实证研究少。关于恋爱心理的研究大多是根据经验进行理论分析或者进行简单的问卷调查。理论分析受研究者经验和偏见的影响很大，并且缺乏科学依据，问卷调查仅能调查现状和揭示相关，不能说明因果关系。用这种方法来研究恋爱心理，其结果是值得怀疑的。加上恋爱心理的隐蔽性、复杂性、多样性和微妙性，用单一的研究方法就很难真正揭示人类的恋爱心理。因此在恋爱心理的研究中要把多种方法，如访谈、问卷、实验、行为观察等结合起来，把纵向研究和横向研究结合起来，用不同的方法从不同的角度进行全面揭示。

四、本研究的理论构想

（一）概念界定

恋爱压力是指个体在追求爱情的过程中，由于外部的客观环境或者内部的生理、心理冲突超出了个体的应对能力而使个体感到烦恼、痛苦、抑郁等的心理状态，它表现在个体的生理和心理反应上。

恋爱压力源是指源于恋爱心理需求，超出个体应对能力范围的任何物理刺激与心理刺激，包括个体所遭遇的重大生活事件和日常烦恼。

恋爱心理是指男女双方在培育爱情过程中所产生的认知、情感等心理活动。

（二）研究设计

1. 研究目的

编制大学生恋爱压力问卷，探索大学生恋爱压力的来源及现状，了解大学生恋爱压力在年级、性别、恋爱状态、父母婚姻质量、家庭结构等方面的特点，为大学生心理健康教育提供理论依据和实证支持。

2. 研究对象

大学生。

3. 研究方法

文献分析法、访谈法、问卷调查法。

第二节　大学生恋爱压力问卷的编制

一、大学生恋爱压力问卷理论模型的构建

为构建符合我国大学生实际状况的大学生恋爱压力问卷理论模型，本研究采用一个开放式问题"请您尽可能多地列举出您在恋爱问题上遇到过的那些烦恼和有压力的事件"对西南师范大学、重庆市文理学院的100名学生进行调查，收集大学生在恋爱问题上感到有压力的事件或者情境。共收回有效问卷82份，其中男生33人，女生49人；文科54人，理科28人；一年级10人，二年级32人，三年级40人。

问卷回收后，采用内容分析法进行归类整理，结果发现大学生在恋爱问题上遇到的压力从来源方面看主要表现在家庭、学校、社会、伴侣、自我身心等方面。根据开放式问卷调查的结果，设计了访谈提纲。访谈选取了西南师范大学资源与环境学院、中文系、外语系和生物系的18名同学（从自愿参加访谈的20名被试中随机选取的），其中7名男生，11名女生；16人有过恋爱经历（包括正在恋爱中的），2人从未恋爱过。访谈的结果证实和补充了开放式问卷的结果。

根据开放式问卷调查、访谈的结果，并经过专家咨询，最终提出以下理论构想（见表20－1）。

表 20-1　大学生恋爱压力理论构想

三阶	二阶	一阶	含　义
外部压力	家庭压力	亲友压力	是指由于男女双方或者一方的家庭成员及其亲朋好友对其恋爱关系发展所持的态度和所采取的行为对其造成的压力。
	学校压力	家庭背景压力	是指由于恋爱双方家庭的社会政治经济文化地位、地域、民族、宗教信仰等问题给其造成的压力。
		学业困扰压力	是指由于恋爱与学习发生冲突而造成的压力。
	社会压力	同伴压力	在恋爱问题上，由于同伴比较、同伴态度、同伴竞争、同伴疏远等问题而使个体感受到的压力。
		舆论压力	由于社会舆论与个体的认知或行为不一致而使个体感受到的压力。
		价值冲突压力	由于社会上的恋爱价值观、择偶观、性观念等与个体自身的观念发生冲突而使个体感受到的选择压力。
	伴侣压力	悲观爱情论压力	由于对爱情所持的一些悲观的看法而使个体感受到的压力。
		期望压力	因伴侣对自己的要求过高或者期望过高而使个体感受到的压力。
		比较压力	由于把恋人的各方面与自己比较而使自己产生的压力。
		忠诚压力	在恋爱过程中，由于对方感情或者行为出轨而使个体感受到的压力。
		冲突压力	在恋爱过程中，由于恋爱双方的生活习惯、兴趣、性格、价值观等不一致导致个体不高兴或者发生冲突而使个体产生的压力。
		距离压力	由于和恋爱对方距离比较远而使个体产生的压力。
		经济压力	在恋爱问题上，由于金钱的原因而使个体感受到的压力。
内部压力	性压力	外表压力	在追求爱情的过程中，由于对自己的身高、长相等不满而使个体感受到的压力。
		性生理压力	在个体追求爱情的过程中，由于性生理方面的问题而使个体感受到的压力。
		性关系压力	在恋爱过程中，因在发生性关系问题上产生的问题而使个体感受到的压力。
	自我认知情感压力	分手抉择压力	在恋爱关系破裂的过程中由于双方的冲突所产生的压力。
		恋爱经验压力	在建立恋爱关系的过程中，由于个体以前的恋爱经验影响到恋爱关系的再次建立所产生的压力。
		未来担忧压力	在恋爱问题上，由于对未来恋爱关系的建立、发展、结果等问题的担心而使个体感受到的压力。
		异性交往压力	在个体追求爱情的过程中，在与异性交往问题上个体所感到的困惑、紧张、自卑等体验。

二、大学生恋爱压力预测问卷的编制

以大学生恋爱压力理论构想为指导，根据收集到的原始题项，编制了大学生恋爱压力原始问卷的预测问卷。原始问卷的预测问卷的题项表达采用事件陈述的方式，题项排列采用螺旋式。问卷编制完后，请有关人员（压力研究专家、心理学专业的学生、大学辅导员）对问卷的内容效度进行评价（主要是对问卷的结构是否合适、主要条目对大学生是否构成压力、条目的语句是否恰当等方面进行评价），并根据所提出的意见做了相应的修改。修改完后选取西南农业大学和西南师范大学的318名学生进行测试。测试的主要目的是了解压力事件发生的频次、压力感受的强度、问卷的指导语和题项是否表达清楚以及补充收集题项等。根据原始问卷的预测问卷的测试结果，结合压力事件发生频率、压力感受强度等因素进行修订，形成了大学生恋爱压力原始问卷。原始问卷仍然采用半开半闭形式，请大学生主观评定其压力感受，压力感受采用五级记分，用1、2、3、4、5表示（1代表无压力；2代表稍微有压力；3代表有压力；4代表有较大压力；5代表有非常大的压力）。那些被试经历过但是问卷没有列出的压力事件由被试补充在后面。

三、大学生恋爱压力问卷的编制

大学生恋爱压力问卷编制的整个流程为：首先，以所编制的原始问卷进行测试，对测试结果进行统计和理论分析，形成初始问卷；然后，以初始问卷进行一次大规模的测试，将回收的问卷随机分成两半，对一半数据进行探索性因素分析，对另一半数据则进行验证性因素分析，最终确定问卷的基本结构；最后，综合考察大学生恋爱压力问卷的信度和效度。

（一）初始问卷的形成

采用自编的大学生恋爱压力原始问卷，在重庆市某大学随机发放问卷850份，回收有效问卷632份，被试的具体构成见表20-2。

表20-2　大学生恋爱压力原始问卷的被试构成

性　别	一年级	二年级	三年级	四年级	合　计
男	33	102	110	30	275
女	58	162	92	45	357
总　计	91	264	202	75	632

通过t检验、相关分析、标准差三种方法进行项目分析，发现各个题项均具有比较好的辨别力。在探索性因素分析中，样本对于因素分析的适切性考察结果，

KMO 检验值为 0.954，Bartlett 球形检验值为 29310.900，显著性为 0.000，证明适合作因素分析。根据因素分析常用的项目筛选标准以及因素数目确定标准，得出大学生恋爱压力原始问卷因素负荷矩阵以及各因素的特征值及贡献率，如表 20－3、表 20－4。

表 20－3　大学生恋爱压力原始问卷因素负荷矩阵

题项	学业困扰压力	性关系压力	性生理压力	冲突压力	悲观爱情论压力	距离压力	舆论压力	亲友压力	家庭背景压力	外表压力	经验压力	忠诚压力	经济压力	异性交往压力	共同度
A_{23}	.765														.692
A_{43}	.752														.678
A_{63}	.704														.700
A_{81}	.629														.640
A_{45}		.818													.725
A_{46}		.791													.684
A_{58}		.721													.692
A_{68}		.818													.662
A_{38}		.569													.564
A_{53}			.779												.657
A_{73}			.767												.656
A_{88}			.753												.652
A_{30}				.759											.664
A_{10}				.754											.655
A_{50}				.759											.642
A_{70}				.673											.630
A_{27}					.728										.608
A_{67}					.700										.638
A_{84}					.668										.603
A_{19}						.788									.692
A_{39}						.722									.630
A_{59}						.659									.581
A_{106}							.703								.646
A_{108}							.666								.560

续表

题项	学业困扰压力	性关系压力	性生理压力	冲突压力	悲观爱情论压力	距离压力	舆论压力	亲友压力	家庭背景压力	外表压力	经验压力	忠诚压力	经济压力	异性交往压力	共同度
A_{56}							.593								.584
A_{1}								.857							.770
A_{21}								.742							.712
A_{5}									.774						.721
A_{6}									.770						.700
A_{32}										.804					.605
A_{12}										.685					.710
A_{52}										.600					.564
A_{79}											.727				.694
A_{40}											.675				.673
A_{92}											.613				.624
A_{71}												.832			.731
A_{86}												.799			.707
A_{104}												.658			.594
A_{51}												.605			.590
A_{2}													.827		.737
A_{22}													.752		.650
A_{14}														.850	.765
A_{34}														.652	.603
A_{105}														.624	.636

表 20－4　大学生恋爱压力原始问卷各因素的特征值和贡献率

因　素	特征值	贡献率（%）	累积贡献率（%）
因素 1	4.835	27.423	27.423
因素 2	4.148	5.433	32.856
因素 3	4.035	4.152	37.008
因素 4	4.149	3.884	40.892
因素 5	3.180	3.298	44.190

续表

因　素	特征值	贡献率（%）	累积贡献率（%）
因素 6	3.673	2.947	47.137
因素 7	3.583	2.849	49.986
因素 8	2.417	2.730	52.716
因素 9	2.090	2.666	55.382
因素 10	3.658	2.406	57.788
因素 11	3.041	2.187	59.975
因素 12	4.649	2.007	61.982
因素 13	3.757	1.908	63.890
因素 14	3.028	1.848	65.738

因素分析删除了 64 个题项，保留了 44 个题项，共析出 14 个因子，可以解释总变异量的 65.738%，其中有 6 个理论构想中的因子没有能够聚合在一起。因素 1 的题项全部来自理论构想中的学业困扰压力，因此命名为学业困扰压力；因素 2 的题项来自理论构想中的价值观冲突和舆论压力，主要表达的是性关系方面的压力，因此命名为性关系压力；因素 3 的题项主要来自理论构想中的性压力，主要表达的是性生理方面的压力，因此命名为性生理压力；因素 4 的题项全部来自理论构想中的冲突压力，因此命名为冲突压力；因素 5 的题项全部来自理论构想中的悲观爱情论压力，因此命名为悲观爱情论压力；因素 6 的题项全部来自理论构想中的距离压力，因此命名为距离压力；因素 7 的题项主要来自理论构想中的舆论压力和价值观压力，主要表达的是舆论压力，因此两个因子合并为舆论压力；因素 8 的题项主要来自理论构想中的亲友压力，因此命名为亲友压力；因素 9 的题项主要来自理论构想中的家庭背景压力，因此命名为家庭背景压力；因素 10 的题项主要来自理论构想中的外表压力，因此命名为外表压力；因素 11 的题项主要来自理论构想中的分手抉择和恋爱经验压力，主要是由于恋爱经验引起的压力，因此命名为经验压力；因素 12 的题项主要来自理论构想中的忠诚压力，因此仍然命名为忠诚压力；因素 13 的题项来自理论构想中的经济压力，因此仍然命名为经济压力；因素 14 的题项来自理论构想中的异性交往压力，因此命名为异性交往压力。原来理论构想中的同伴压力、校规压力、期望压力、比较压力和未来担忧压力没有进入，可能是因为这些因子的题项所代表的生活事件发生概率比较低，也可能是因为它们和其他因子的意思有重合。因此在下面的研究中不再考虑这些因子。

根据上面因素分析的结果，对于保留下来的 14 个因子中题项少于三个的通过修改原来的题项和增加新的题项进行了调整，最终形成了由 47 个题项（包括 1 道测谎题）构成的大学生恋爱压力初始问卷。

（二）大学生恋爱压力正式问卷的确立

1. 探索性因素分析

采用随机分层取样的方法在河南、重庆的五所高校选取被试。采用自编的大学生恋爱压力初始问卷进行测试。问卷采用主观评定压力感受法，分 5 级记分。共发放问卷 2000 份，回收有效问卷 1531 份。在有效回收的问卷中，随机选取一半即 766 份做探索性因素分析，该部分被试的具体构成如表 20－5。

表 20－5　大学生恋爱压力初始问卷探索性因素分析的被试构成

性　别	一年级	二年级	三年级	四年级	合　计
男	65	66	149	35	315
女	142	182	106	21	451
总　计	207	248	255	56	766

通过 t 检验、相关分析、标准差三种方法进行项目分析，发现各个题项均具有比较好的辨别力。在探索性因素分析中样本对于因素分析的适切性考察结果，KMO 检验值为 0.941，Bartlett 球形检验值为 14536.407，显著性为 0.000，证明适合作因素分析。根据因素分析常用的项目筛选标准以及因素数目确定标准，得出大学生恋爱压力初始问卷因素负荷矩阵以及各因素的特征值和贡献率，如表 20－6、表 20－7。

表 20－6　大学生恋爱压力初始问卷因素负荷矩阵

题项	家庭背景压力	性关系压力	异性交往压力	悲观爱情论压力	冲突压力	学业困扰压力	距离压力	亲友压力	忠诚压力	经济压力	性生理压力	挫折压力	分手抉择压力	外表压力	共同度
A_{31}	.753														.732
A_{17}	.682														.655
A_{3}	.524														.633
A_{41}		.761													.713
A_{59}		.737													.717
A_{43}		.707													.697
A_{52}		.653													.646
A_{27}		.630													.673
A_{13}		586													.640
A_{2}			.810												.726

续表

题项	家庭背景压力	性关系压力	异性交往压力	悲观爱情论压力	冲突压力	学业困扰压力	距离压力	亲友压力	忠诚压力	经济压力	性生理压力	挫折压力	分手抉择压力	外表压力	共同度
A_{16}			.725												.695
A_{30}			.634												.638
A_{24}				.805											.696
A_{38}				.727											.702
A_{57}				.572											.707
A_{39}					.783										.676
A_{50}					.738										.673
A_{25}					.729										.705
A_{11}					.596										.714
A_{28}						.748									.685
A_{42}						.660									.647
A_{14}						.590									.615
A_{53}						.526									.555
A_{9}							.809								.719
A_{37}							.740								.680
A_{23}							.688								.644
A_{4}								.819							.706
A_{18}								.762							.735
A_{45}								.494							.560
A_{5}									.817						.718
A_{19}									.789						.704
A_{33}									.649						.672
A_{20}										.820					.710
A_{47}										.615					.611
A_{12}											.701				.612
A_{51}											.696				.697
A_{26}											.686				.665
A_{58}											.668				.654
A_{8}												.785			.672
A_{22}												.708			.673

续表

题项	家庭背景压力	性关系压力	异性交往压力	悲观爱情论压力	冲突压力	学业困扰压力	距离压力	亲友压力	忠诚压力	经济压力	性生理压力	挫折压力	分手抉择压力	外表压力	共同度
A_{63}													.782		.679
A_{56}													.657		.594
A_{61}													.543		.486
A_{35}														.798	.708
A_{21}														.632	.659
A_{7}														.580	.666

表 20－7　大学生恋爱压力初始问卷一阶因子的特征值和贡献率

因　素	特征值	贡献率（%）	累积贡献率（%）
因素 1	3.601	27.975	27.975
因素 2	4.616	6.317	34.292
因素 3	3.065	3.868	38.160
因素 4	4.261	3.664	41.824
因素 5	4.000	2.992	44.816
因素 6	3.798	2.851	47.667
因素 7	3.503	2.548	50.215
因素 8	3.722	2.321	52.536
因素 9	4.412	2.193	54.729
因素 10	3.471	2.141	56.870
因素 11	4.038	2.061	58.931
因素 12	3.737	2.007	60.938
因素 13	3.525	1.792	62.730
因素 14	4.193	1.708	64.438

由表 20－6、表 20－7 可以看出，探索性因素分析共析出 14 个因子，可以解释总变异量的 64.438%。其中家庭背景、性关系、性生理、悲观爱情论、冲突、学业困扰、距离、亲友、忠诚、经济和外表几个因子没有多大变化，因此仍然用原来的名字命名。可能是由于舆论压力的题项所代表的含义与其他压力的含义比较接近，舆论压力没有被析出；经验压力分成了两个因子：恋爱挫折和分手抉择，整个问卷仍然保持 14 个因子。

在一阶因素分析中，我们发现，各因素之间存在不同程度的相关，这意味着上述因素结构群可能蕴含着更高阶、更简单、解释力更大的因子，同时根据理论构想，有必要进行二阶因素分析。把一阶因素分析所获得的因子作为新的变量群进行因素分析，KMO 检验值为 0.835，Bartlett 球形检验值为 937.147，显著性为 0.000，适合作因素分析。分析结果如表 20－8、表 20－9。

表 20－8　大学生恋爱压力初始问卷二阶因子的因素负荷矩阵

因　素	因素 1	因素 2	因素 3	因素 4	因素 5
学业困扰压力	.495				
冲突压力	.800				
距离压力	.570				
忠诚压力	.495				
经济压力	.495				
亲友压力		.791			
家庭背景压力		.590			
性生理压力			.715		
性关系压力			.563		
异性交往压力				.800	
外表压力				.570	
挫折压力					.495
悲观爱情论压力					.799
分手抉择压力					.607

表 20－9　大学生恋爱压力初始问卷二阶因子的特征值和贡献率

因　素	特征值	贡献率（%）	累积贡献率（%）
因素 1	1.492	10.660	10.660
因素 2	1.481	10.579	21.239
因素 3	1.436	10.259	31.498
因素 4	1.350	9.645	41.143
因素 5	1.314	9.386	50.529

因素 1 主要由学业困扰、冲突、距离、忠诚、经济 5 个因子组成，主要来自理论构想中的伴侣压力和学校压力，因其主要是由于与伴侣的关系而引起的压力，故命名为伴侣压力。因素 2 由亲友和家庭背景 2 个因子组成，因其主要来自理论构想

中的家庭压力，故命名为家庭压力。因素 3 由性生理和性关系 2 个因子构成，因其主要表达的是性压力，因此命名为性压力。因素 4 由异性交往压力、外表压力 2 个因子构成，主要来自理论构想中的异性交往压力、自我认知情感压力，因其主要表达的是异性交往困难和障碍，故命名为异性压力。因素 5 由挫折压力、分手抉择和悲观爱情论 3 个因子构成，主要表达的是不愉快的恋爱经验给人造成的压力，因此命名为恋爱经验压力。

2. 验证性因素分析

用有效问卷中的另外一半 765 份问卷作验证性因素分析。该部分被试的具体构成如表 20－10。

表 20－10　大学生恋爱压力初始问卷验证性因素分析的被试构成

性　别	一年级	二年级	三年级	四年级	合　计
男	55	66	148	52	321
女	154	162	104	24	444
总　计	209	228	252	76	765

根据探索性因素分析的结果，我们提出了以下五个模型：

M_1：虚无模型，假设观测变量间不存在任何相关。

M_2：一阶十四因素模型，14 个一阶因子——家庭背景、性关系、异性交往、悲观爱情论、冲突、学业困扰、距离、亲友、忠诚、经济、性生理、挫折、分手抉择、外表并行排列，两两相关。

M_3：二阶一因素一阶十四因素模型，14 个一阶因子同质，二阶因子为恋爱压力。

M_4：二阶五因素一阶十四因素模型，二阶 5 个因素为性压力、家庭压力、伴侣压力、恋爱经验压力和异性压力，它们之间并行排列，两两相关。

M_5：三阶一因素二阶五因素一阶十四因素模型，二阶的 5 个因素是同质的，共同组成了三阶因素，即恋爱压力。

经验证，有关的拟合指数如表 20－11。

表 20－11　验证性因素分析各模型的拟合指数

模　型	χ^2	χ^2/df	*GFI*	*AGFI*	*TLI*	*CFI*	*RMR*	*RMSEA*
M_1	4916.159	4.971	.710	.682	.661	.676	.103	.073
M_2	2370.520	2.637	.869	.842	.860	.879	.182	.047
M_3	2874.749	2.942	.838	.820	.834	.843	.089	.051
M_4	2478.273	2.582	.862	.844	.865	.875	.074	.046

续表

模　型	χ^2	χ^2/df	*GFI*	*AGFI*	*TLI*	*CFI*	*RMR*	*RMSEA*
M_5	2526.544	2.607	.859	.842	.863	.871	.075	.046

根据验证性因素分析各项拟合指标的标准综合分析，M_1 各项拟合指标都不好，明显被拒绝；M_3 的 *RMSEA* 超过了 0.05，也被拒绝；M_2 的 *RMR* 指标明显高于其他的模型，因此也被拒绝；M_4 与 M_5 的各项拟合指标都达到了要求，M_4 在拟合优度方面稍微高于 M_5，但是根据简省原则，M_5 要比 M_4 简洁得多，因此，我们最终还是选择了 M_5。

根据探索性因素分析和验证性因素分析的结果，最终确立了大学生恋爱压力问卷。问卷由 46 个题项构成，其基本结构由三阶一因素二阶五因素一阶十四因素构成。图示如下：

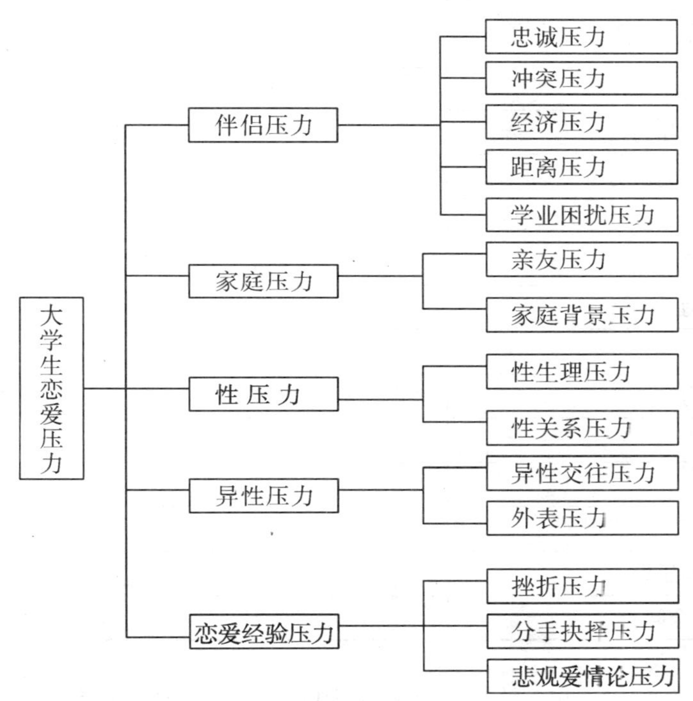

图 20－1　大学生恋爱压力结构图

3. 大学生恋爱压力问卷的信度和效度检验

利用第三次测试的全部有效问卷（$n=1531$）来考察大学生恋爱压力正式问卷的信度和效度，结果如下。

（1）信度检验

本研究考察了问卷的分半信度和内部一致性信度。

分半信度。使用全部样本（$n=1531$）计算问卷的分半信度值。将各个分因素项目按照单双号分成两组计算他们的积差相关系数 r_{xx}，然后用斯皮尔曼—布朗校正公式 $r_{xx}=2r_{hh}/(1+r_{hh})$ 进行校正，以恢复原信度估计，获得分半信度，其结果见表20－12。

表 20－12　大学生恋爱压力问卷的信度

因素		内部一致性信度	分半信度
一阶因素	距离压力	.686	.674
	忠诚压力	.715	.669
	学业困扰压力	.736	.723
	性生理压力	.752	.707
	性关系压力	.841	.831
	异性交往压力	.652	.629
	挫折压力	.602	.602
	外表压力	.588	.499
	分手抉择压力	.645	.673
	悲观爱情论压力	.601	.521
	亲友压力	.673	.609
	家庭背景压力	.696	.703
	经济压力	.425	.455
	冲突压力	.745	.722
二阶因素	伴侣压力	.855	.756
	家庭压力	.736	.659
	性压力	.888	.847
	异性压力	.703	.588
	恋爱经验压力	.749	.711
全问卷		.939	.893

从表20－12可以看出，大学生恋爱压力问卷各因素的分半信度在0.455～0.847之间，全问卷的分半信度为0.893。由于题项数目过少，个别因素的分半信度偏低，但是全问卷的分半信度还是比较高的，说明本问卷具有比较好的分半信度。

内部一致性信度。大学生恋爱压力问卷各因素的内部一致性信度在0.425～0.888之间，全问卷的内部一致性信度为0.939。同样由于个别因素题项数目过少的原因，内部一致性信度显得比较低，但是全问卷的内部一致性信度比较高，说明本问卷的内部一致性信度比较理想。

（2）效度检验

本研究考察了问卷的结构效度、效标效度和内容效度。

结构效度。本研究以各因素之间的相关以及各因素与问卷总分之间的相关来估计问卷的结构效度。

从表20－13、表20－14可以看出，本研究编制的大学生恋爱压力问卷各个因素之间的相关在0.256～0.674之间，大部分因素之间的相关在0.3～0.4之间，具有中等偏低的相关。各因素与问卷总分的相关在0.557～0.900之间，具有比较高的相关。说明本问卷具有比较好的结构效度。

表20－13　大学生恋爱压力问卷的结构效度（一阶因素）

因素	距离压力	忠诚压力	学业困扰压力	性生理压力	性关系压力	异性交往压力	挫折压力	外表压力	分手抉择压力	悲观爱情论压力	亲友压力	家庭背景压力	经济压力	冲突压力
距离压力	1.000													
忠诚压力	.462	1.000												
学业困扰压力	.350	.458	1.000											
性生理压力	.256	.346	.550	1.000										
性关系压力	.290	.451	.642	.674	1.000									
异性交往压力	.295	.329	.415	.372	.313	1.000								
挫折压力	.421	.366	.409	.338	.340	.403	1.000							
外表压力	.402	.419	.392	.364	.375	.417	.457	1.000						
分手抉择压力	.398	.435	.488	.382	.470	.329	.339	.391	1.000					
悲观爱情论压力	.424	.363	.413	.400	.391	.381	.357	.381	.465	1.000				
亲友压力	.345	.478	.448	.340	.452	.311	.353	.374	.386	.358	1.000			
家庭背景压力	.398	.477	.428	.354	.402	.388	.376	.433	.363	.362	.492	1.000		
经济压力	.321	.370	.396	.247	.335	.328	.267	.381	.340	.336	.343	.418	1.000	
冲突压力	.395	.406	.427	.325	.368	.372	.344	.367	.443	.473	.407	.440	.397	1.000
总　分	.590	.684	.764	.697	.782	.582	.586	.636	.668	.647	.651	.663	.557	.657

表 20－14　大学生恋爱压力问卷的结构效度（二阶因素）

因　素	伴侣压力	家庭压力	性压力	异性压力	恋爱经验压力
伴侣压力	1.000				
家庭压力	.673	1.000			
性 压 力	.579	.492	1.000		
异性压力	.609	.518	.462	1.000	
恋爱经验压力	.709	.552	.548	.607	1.000
总　分	.900	.761	.810	.724	.822

效标效度。国内外大量研究表明，个体的压力感受与抑郁之间有较为密切的关系①②，因此本研究采用大学生抑郁状况评定量表作为检查自编的大学生恋爱压力问卷的效度的效标。

表 20－15　大学生恋爱压力问卷的效标效度

因　素	距　离	忠　诚	学业困扰	性生理	性关系	异性交往	挫　折
与抑郁的相关系数	.342*	.235**	.251**	.244**	.198*	.375**	.375**
因　素	外　表	分手抉择	悲观爱情论	亲　友	家庭背景	经　济	冲　突
与抑郁的相关系数	.422**	.290**	.304**	.230**	.331**	.286**	.288**
因　素	伴侣压力	家庭压力	性压力	异性压力	恋爱经验压力		总　分
与抑郁的相关系数	.380**	.326**	.235**	.470**	.406**		.420**

由表 20－15 可以看出，本问卷的各个因子与抑郁之间存在中等偏低程度的相关，问卷总分与抑郁之间的相关是 0.420，说明本问卷具有比较好的效标效度。

内容效度。本研究在问卷编制过程中，严格遵循问卷编制的原则，在开放式问卷和访谈基础上确定问卷的基本结构和题项，然后请有关专家评定问卷理论结构的合理性以及题项的代表性和意义，根据专家意见修订后，又请心理学专业的研究生再一次评定题项的意义和代表性。这些措施有效地保证了本问卷的内容效度。

（三）讨论

1. 关于问卷题项的选择

在题项选择的方法上，由于相关的文献资料特别少，本研究主要依靠开放式问

① 陈明丽、许明：《国外关于教师职业压力的研究》，《福建师范大学学报（哲学社会科学版）》2000 年第 3 期，第 123～129 页。

② 冯永辉、周爱保：《中学生生活事件、应对方式及焦虑的关系研究》，《心理发展与教育》2002 年第 1 期，第 71～74 页。

卷和访谈从大学生群体中选取他们曾经经历过的压力事件和日常烦恼，用这样的方式获得的题项可以更好地代表当前我国大学生在恋爱问题上所遇到的压力，具有更好的时代性和地域代表性。在题项所代表的压力事件的性质上，本研究兼顾了重大生活事件和日常琐事，因为目前的压力研究一般认为重大生活事件和日常琐事相对独立，并且都对个体的压力感有相应的影响。在题项的选择上，本研究还遵循了一个原则，就是兼顾压力感受和压力发生的频次，在原始问题题项的选取过程中，本研究首先选取了一定量的大学生做了预测，预测后分析了各个题项的压力感受以及发生的频次，并结合两者最终确定了大学生恋爱压力原始问卷。

2. 关于问卷的基本结构

本问卷的基本结构是在实证调查和理论分析的基础上，由研究者提出基本的理论构想，并请有关专家评定，作为问卷编制的基本理论依据，然后通过两次实际测试和统计分析，最终确定下来的。根据实际测试最终确定下来的问卷结构和最初研究者提出的理论构想在很多低阶的维度上是一致的，但是在三阶的层面上原来理论构想中认为压力的来源可以以个体为参照轴划分为外部压力和内部压力的构想没有得到实证研究的支持，实证研究的结果是在三阶上只有一个因素，即恋爱压力。这可能是因为压力是人的主观感受，虽然压力的来源可以分为外部的和内部的，但是，不管来自外部的还是来自内部的压力最终都是反映到个体的压力感受上，而压力感受是没有内外之分的。因此本研究接受了实证研究的结果，认为大学生恋爱压力是由三阶一因素二阶五因素一阶十四因素构成。当然，由于被试取样、研究中研究者个人的价值观念以及统计方法的局限性等方面的原因，本研究得到的大学生恋爱压力的结构只是一个初步的研究基础，今后还需要通过实践检验并进一步修订和完善。

3. 关于问卷编制的科学性和有效性

本问卷的编制严格遵循问卷编制的基本原则。在问卷编制前通过文献查阅、开放式问卷调查、访谈、专家评定等方式广泛收集有关方面的资料和信息，然后提出大学生恋爱压力的基本理论构想，在理论构想的指导下编制问卷；又通过两次较大规模的试测和统计分析，最终确定了问卷的基本结构和题项。所有这些科学的步骤保证了问卷编制的科学性。通过对问卷信度和效度的检验发现，自编的大学生恋爱压力问卷在各项信度和效度指标上都达到了相关的基本要求。所有这些，可以证明自编问卷的科学性和有效性。

第三节　大学生恋爱压力的特点

为考察我国大学生恋爱压力的特点，本研究从以下三个角度对最终确定的大学生恋爱压力问卷进行了分析：首先，比较大学生恋爱压力诸因子间的水平差异，从横向上考察大学生恋爱压力的特点；然后，比较大学生恋爱压力在年龄和年级上的差异，从纵向上考察大学生恋爱压力的发展趋势；最后，比较大学生恋爱压力在不同性别、家庭姊妹状况、恋爱状态和父母婚姻质量上的差异，探讨个体自身以及周围环境因素对大学生恋爱压力的影响。

采用随机分层取样的方法在河南师范大学、河南理工大学、洛阳师范学院、重庆大学和重庆工商大学五所高校选取被试。共发放问卷 1800 份，回收有效问卷 1531 份。被试构成如下表。

表 20－16　大学生恋爱压力正式问卷的被试构成

性　别	学校类型		年　级				专　业	
	师范	理工	一年级	二年级	三年级	四年级	理工	文科
男	203	432	114	142	306	75	427	207
女	577	288	296	335	206	29	282	583
总　计	780	720	410	477	512	104	709	790

注：有缺失值的未统计进去。

一、大学生恋爱压力诸因子水平的比较

表 20－17　大学生恋爱压力诸因子的比较（n=1531）

因　素	距　离	忠　诚	学业困扰	性生理	性关系	异性交往	挫　折
平均数	2.5877	3.0124	2.7247	2.4302	3.0177	2.2075	2.2943
标准差	.90689	1.05818	.86184	.86184	1.10145	.81343	.98850
因　素	外　表	分手抉择	悲观爱情论	亲　友	家庭背景	经　济	冲　突
平均数	2.3087	2.7931	2.5564	2.6074	2.4415	2.7183	2.5639
标准差	.84109	.87163	.90208	.90966	.88812	.94563	.85727

因　素	伴侣压力	家庭压力	性压力	异性压力	恋爱经验压力
平均数	2.7120	2.5244	2.7827	2.2581	2.5796
标准差	.66271	.77366	.97214	.69480	.70452

由表 20－17 可以看出，大学生的恋爱压力在一阶因子上的压力感受存在比较明显的差异，表现为在性关系、忠诚、分手抉择、学业困扰和经济方面的压力要远大于在异性交往、恋爱挫折以及外表方面的压力。进一步对一阶因子进行配对样本 t 检验，结果发现，除了距离—悲观爱情论（$p=0.207$）、距离—亲友（$p=0.462$）、距离—冲突（$p=0.341$）、忠诚—性关系（$p=0.858$）、学业困扰—经济（$p=0.804$）、性生理—家庭背景（$p=0.682$）、挫折—外表（$p=0.563$）、悲观爱情论—亲友（$p=0.054$）、悲观爱情论—冲突（$p=0.745$）、亲友—冲突（$p=0.080$）之外，其他因子之间的差异均达到了 $p<0.05$ 的显著性水平。

由表 20－17 还可以看出，大学生恋爱压力在二阶因子上表现出性压力＞伴侣压力＞恋爱经验压力＞家庭压力＞异性压力的特点。进一步对二阶因子进行配对样本 t 检验，结果发现，除了家庭压力—恋爱经验压力的显著性是 $p=0.002$ 之外，其他各对因子之间的差异显著性均为 $p=0.000$。

通过对大学生恋爱压力各个因子平均得分的比较分析发现，我国大学生在性关系压力、忠诚压力上感受特别强烈，在异性交往压力、外表压力和性生理压力上感受相对来说比较低。这可能与我国特殊的社会文化背景有关。在我国的传统文化和价值观念中，性是一个特别敏感的话题。在性道德方面非常强调性关系的合法性，即在婚姻范围内的性关系才是被认可的，婚姻之外的性关系如婚前性关系、婚前同居等形式的性关系是要遭到社会舆论的否认的。在我国，长期以来高校禁止大学生结婚，虽然 2005 年教育部颁布的新校规规定大学生可以结婚，可是由于传统的习俗以及大学生自身的经济不独立等原因，在大学阶段结婚的可能性还是非常低的。然而由于大学生性生理的成熟、性意识的觉醒等，大学生的性要求是非常强烈的。为了满足自己的性需要或者因为一时的性冲动，一些大学生发生了婚外性关系，这种关系往往遭到社会舆论的谴责。因此我国大学生在性关系压力上显得特别突出。我国的传统性观念还强调两性关系的忠贞和唯一，因此，如果恋人或者自己出现了移情别恋等行为，都会给自己或者恋人巨大的压力。我国大学生受这种传统观念的影响，在忠诚压力上感受也是比较强烈的。相反，我国大学生在异性交往、外表和性生理上感觉压力比较小，这也许是因为我国大学生已经能够很好地处理异性交往以及性冲动等方面的问题，但也可能是因为他们受到传统观念的影响，压抑了自己的性需要，具体原因需要在以后的研究中进一步探索。

二、大学生恋爱压力发展趋势

（一）大学生恋爱压力发展的年龄特点

表 20－18 大学生恋爱压力年龄差异的单因子方差分析

因素		A（n=255） 平均数（标准差）	B（n=464） 平均数（标准差）	C（n=354） 平均数（标准差）	D（n=254） 平均数（标准差）	E（n=117） 平均数（标准差）	F	显著性
一阶因素	距离	2.602（.851）	2.574（.909）	2.602（.924）	2.629（.943）	2.538（.923）	.273	.895
	忠诚	3.032（.978）	3.117（1.052）	2.983（1.092）	2.963（1.065）	2.886（1.117）	1.757	.135
	学业困扰	2.873（.825）	2.808（.872）	2.696（.874）	2.605（.855）	2.596（.852）	4.878	.001
	性生理	2.656（1.115）	2.514（1.003）	2.346（.957）	2.263（.911）	2.380（.874）	6.654	.000
	性关系	3.285（1.095）	3.256（1.097）	2.959（1.101）	2.606（1.025）	2.680（.913）	22.20	.000
	异性交往	2.231（.806）	2.219（.851）	2.170（.788）	2.216（.821）	2.213（.769）	.269	.898
	挫折	2.317（.950）	2.315（1.039）	2.254（.993）	2.293（.985）	2.346（.894）	.304	.876
	外表	2.364（.809）	2.331（.860）	2.262（.812）	2.284（.826）	2.324（.968）	.684	.603
	分手抉择	2.773（.864）	2.867（.850）	2.754（.857）	2.794（.891）	2.755（.942）	1.089	.361
	悲观爱情论	2.496（.845）	2.600（.874）	2.555（.938）	2.492（.921）	2.606（.934）	.971	.422
	亲友	2.711（.898）	2.706（.891）	2.546（.944）	2.510（.895）	2.532（.951）	3.453	.008
	家庭背景	2.443（.851）	2.461（.927）	2.474（.879）	2.482（.879）	2.287（.892）	1.147	.333
	经济	2.768（.930）	2.709（.924）	2.787（.966）	2.628（.950）	2.692（.988）	1.256	.285
	冲突	2.566（.850）	2.549（.813）	2.608（.885）	2.560（.878）	2.564（.880）	.263	.902

续表

因素		A（n=255）	B（n=464）	C（n=354）	D（n=254）	E（n=117）	F	显著性
		平均数（标准差）	平均数（标准差）	平均数（标准差）	平均数（标准差）	平均数（标准差）		
二阶因素	伴侣	2.762 (.614)	2.745 (.643)	2.722 (.689)	2.668 (.697)	2.643 (.690)	1.203	.308
	家庭	2.577 (.752)	2.584 (.795)	2.510 (.778)	2.496 (.762)	2.410 (.733)	1.652	.159
	性	3.034 (1.032)	2.959 (.972)	2.713 (.951)	2.469 (.913)	2.560 (.792)	17.23	.000
	异性	2.298 (.659)	2.275 (.708)	2.216 (.684)	2.250 (.717)	2.269 (.727)	.604	.660
	恋爱经验	2.555 (.630)	2.629 (.714)	2.554 (.737)	2.555 (.714)	2.597 (.719)	.847	.495
总分		126.7 (27.57)	126.1 (29.17)	121.8 (29.61)	118.6 (30.05)	119.1 (28.58)	4.471	.001

注：A=19 岁以下；B=20 岁；C=21 岁；D=22 岁；E=23 岁以上。图 20—2 至图 20—7 同。

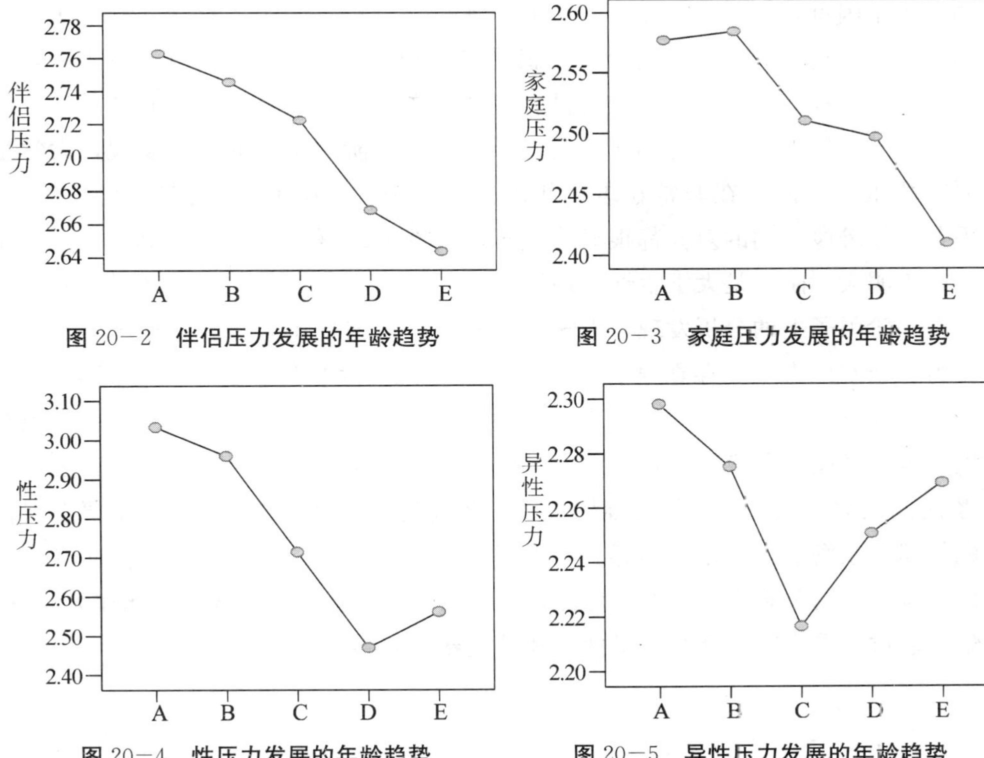

图 20—2　伴侣压力发展的年龄趋势

图 20—3　家庭压力发展的年龄趋势

图 20—4　性压力发展的年龄趋势

图 20—5　异性压力发展的年龄趋势

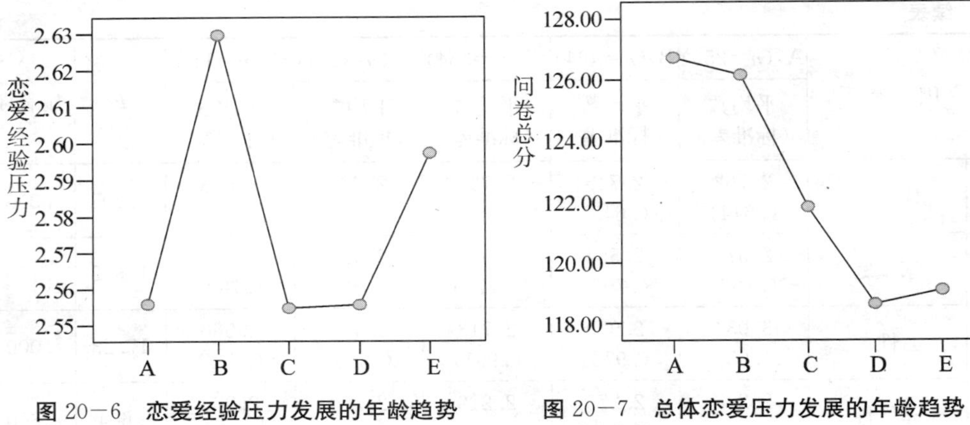

图 20－6 恋爱经验压力发展的年龄趋势　　图 20－7 总体恋爱压力发展的年龄趋势

由表 20－18 及图 20－2 至图 20－7 可以发现，在总体恋爱压力上，大学生存在极其显著的年龄差异。表现为 A>B>C>E>D，呈现出在 22 岁以前随着年龄增长压力逐渐下降的趋势，而在 22 岁以后又缓慢上升，这可能是因为在处理恋爱问题上年龄越低越没有经验，在遇到问题的时候就感觉到更大的压力，而到了 23 岁以上的年龄，大部分处于大四的阶段，临近毕业，在处理恋爱与职业选择问题上会遇到重重困难，如两个人能否在一起工作、父母反对两个人继续交往等等，已有的爱情面临重大的危机，因此压力感受有上升的趋势。事后多重比较表明，年龄在 20 岁以下的和年龄为 22 的有显著差异，这说明 22 岁可能是个重要的转折年龄，是大学生性心理成熟与不成熟的转折点。在二阶因素上的比较发现，大学生主要在性压力方面存在非常显著的年龄差异（$p<0.001$）；事后多重比较发现，几乎各个年龄段之间的差异都很显著，而且年龄在 22 岁以上的与在其下的差异显著，这表明大学阶段是大学生性心理快速发展的阶段，且 22 岁是个关键的转折年龄。在一阶因子上的分析发现，大学生主要在学业困扰压力、性生理压力、性关系压力、亲友压力方面存在显著的年龄差异，说明大学生经过一段时间的适应，已经学会妥善处理恋爱与学习、恋爱与性、恋爱与父母关系等问题。这一发现与埃里克森的发展阶段说是比较一致的。按照埃里克森的发展阶段说，年龄在 17～25 岁之间的大学生正处于从青春期往成年期过渡的阶段，这个时期的主要发展任务就是建立亲密感，防止疏离感。这个任务主要是通过寻找亲密的异性朋友，学会处理这种亲密关系而完成的，恋爱是最好的也是最普遍的方式。因此在大学里，大学生通过恋爱实践逐渐实现了性心理的成熟和完善。

（二）大学生恋爱压力的年级差异

表 20—19　大学生恋爱压力的年级差异分析

因素		A（n=414）		B（n=481）		C（n=518）		D（n=103）		F	显著性
		平均数	标准差	平均数	标准差	平均数	标准差	平均数	标准差		
一阶因素	距　离	2.607	.887	2.690	.888	2.511	.917	2.437	.981	4.322	.005
	忠　诚	3.116	.993	3.140	1.046	2.866	1.089	2.704	1.082	10.119	.000
	学业困扰	2.864	.771	2.809	.853	2.606	.919	2.367	.804	14.856	.000
	性生理	2.645	1.045	2.476	1.001	2.273	.942	2.160	.733	14.184	.000
	性关系	3.330	1.048	3.191	1.125	2.725	1.048	2.419	.838	40.621	.000
	异性交往	2.263	.836	2.248	.788	2.126	.824	2.191	.737	2.821	.038
	挫　折	2.330	.992	2.411	.966	2.146	1.005	2.353	.925	6.481	.000
	外　表	2.386	.827	2.408	.850	2.153	.822	2.286	.866	9.449	.000
	分手抉择	2.889	.835	2.862	.884	2.687	.875	2.591	.863	7.219	.000
	悲观爱情论	2.578	.854	2.667	.932	2.447	.890	2.465	.920	5.434	.001
	亲　友	2.700	.861	2.711	.904	2.465	.930	2.496	.944	8.355	.000
	家庭背景	2.541	.874	2.541	.920	2.295	.871	2.320	.796	9.239	.000
	经　济	2.868	.966	2.728	.923	2.646	.939	2.415	.919	8.206	.000
	冲　突	2.593	.853	2.647	.856	2.484	.857	2.464	.846	3.663	.012
二阶因素	伴　侣	2.796	.611	2.799	.658	2.611	.674	2.474	.712	13.785	.000
	家　庭	2.621	.735	2.626	.794	2.380	.768	2.408	.751	11.930	.000
	性	3.056	.959	2.905	.995	2.544	.916	2.316	.741	34.004	.000
	异　性	2.324	.689	2.328	.693	2.140	.690	2.239	.681	8.048	.000
	恋爱经验	2.633	.648	2.676	.733	2.462	.702	2.484	.723	9.389	.000
总　分		128.5	26.86	127.4	29.51	116.3	29.02	112.8	28.69	22.760	.000

注：A=一年级；B=二年级；C=三年级；D=四年级。

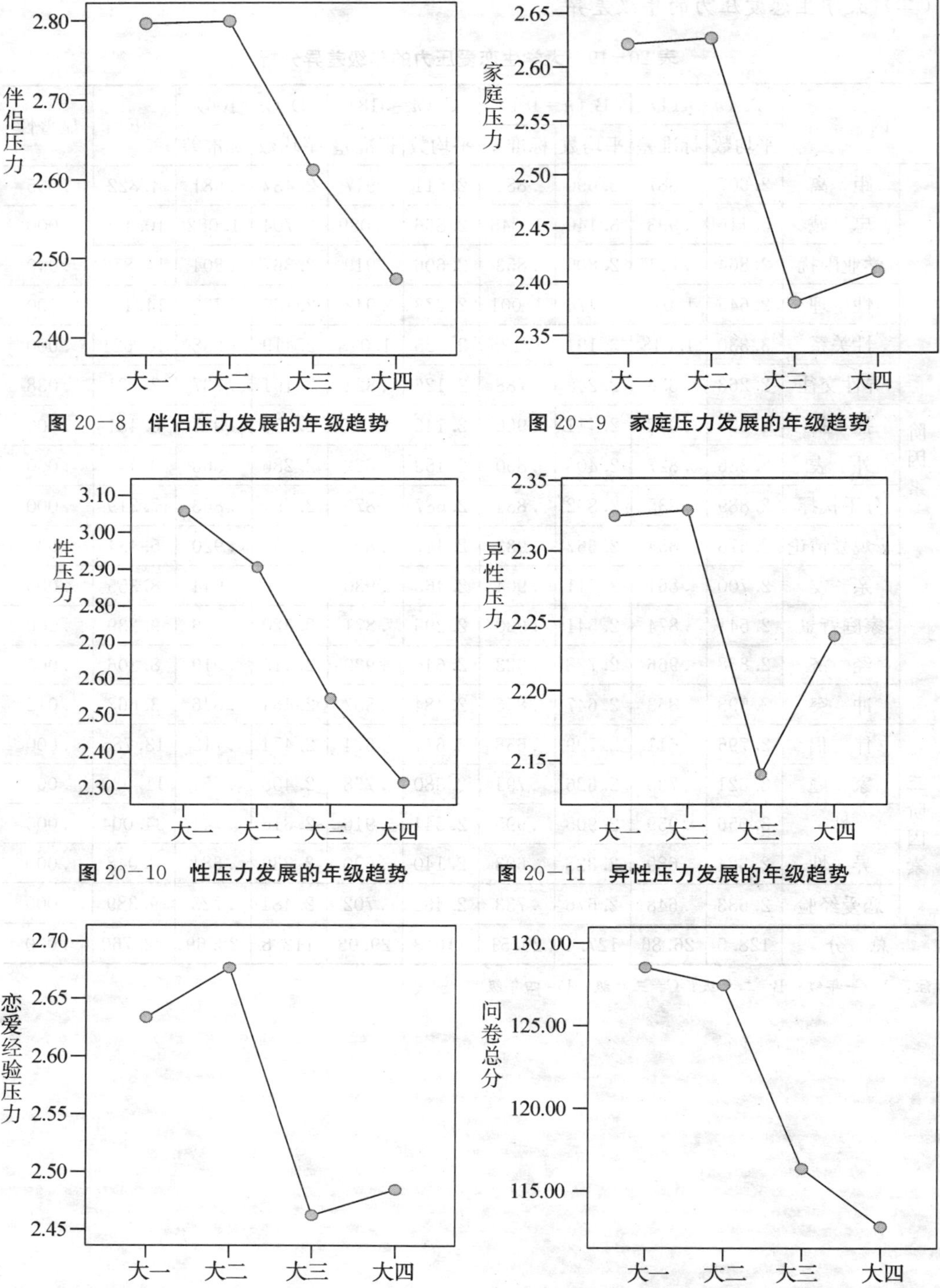

图 20－8　伴侣压力发展的年级趋势

图 20－9　家庭压力发展的年级趋势

图 20－10　性压力发展的年级趋势

图 20－11　异性压力发展的年级趋势

图 20－12　恋爱经验压力发展的年级趋势

图 20－13　总体恋爱压力发展的年级趋势

通过表20－19及图20－8至图20－13可以发现，我国大学生恋爱压力在总体上有着非常显著的年级差异，表现出年级越高压力感越小的特点。事后多重比较发现，一、二年级与三、四年级之间存在显著的差异。这点与大学生恋爱压力的年龄特点是一致的，其原因与年龄特点的原因也可能是一致的。同时发现，三年级是个转折年级，而在我国大学三年级的学生一般是年龄在22岁的学生，因此，大学生恋爱压力的年龄和年级特点都证实了22岁是个重要的转折点。在二阶因子上的比较发现，各种压力类型的年级差异都比较显著，虽然在具体的压力类型上，各个年级的压力大小发展趋势有不一致的地方，但总体上，不管哪种压力类型都是随着年级的升高而降低，并且表现出一、二年级与三、四年级之间差异显著，即三年级是个转折年级。一阶因子比较的结果和二阶因子比较的结果有大致相同的特点。这说明了我国大学生在恋爱压力上随着年级升高而降低，且三年级是个转折年级。

三、大学生恋爱压力发展的其他特征

通过对性别、是否独生子女、恋爱状态和父母婚姻质量做2×2×3×3多因子方差分析发现，大学生恋爱压力在性别、恋爱状态和父母婚姻质量上存在显著主效应，交互作用不显著。具体情况如表20－20。

表20－20　大学生恋爱压力多因素分析

指标	性　别	是否独生	恋爱状态	父母婚姻质量	性别×是否独生	性别×恋爱状态	性别×父母婚姻质量	是否独生×恋爱状态
F	24.098	1.734	7.602	4.676	.000	.514	.409	.686
显著性	.000	.188	.001	.009	.983	.598	.664	.504

指标	是否独生×父母婚姻质量	恋爱状态×父母婚姻质量	性别×是否独生×恋爱状态	性别×是否独生×父母婚姻质量	性别×恋爱状态×父母婚姻质量	是否独生×恋爱状态×父母婚姻质量	性别×是否独生×恋爱状态×父母婚姻质量
F	.686	.703	2.081	.586	.639	1.068	.048
显著性	.504	.590	.125	.557	.635	.371	.986

由于交互作用不显著，所以我们需要对专业、性别和学校类型分别做 t 检验或单因子方差分析。

（一）大学生恋爱压力在性别上的差异

表 20－21　大学生恋爱压力性别差异

因素		男（n=637）		女（n=866）		t	显著性
		平均数	标准差	平均数	标准差		
一阶因素	距离	2.5646	.90473	2.6128	.91174	−1.015	.310
	忠诚	2.8770	1.06040	3.1186	1.04568	−4.399	.000
	学业困扰	2.5031	.85114	2.8990	.83521	−9.006	.000
	性生理	2.1947	.83139	2.6123	1.06135	−8.550	.000
	性关系	2.4783	.85782	3.4228	1.08690	−18.818	.000
	异性交往	2.2067	.83261	2.2086	.79842	−.045	.964
	挫折	2.1758	.96341	2.3863	1.00176	−4.090	.000
	外表	2.1617	.81082	2.4184	.84848	−5.906	.000
	分手抉择	2.6656	.88350	2.8868	.84951	−4.905	.000
	悲观爱情论	2.4903	.91752	2.6062	.88421	−2.472	.014
	亲友	2.3773	.88082	2.7829	.89877	−8.719	.000
	家庭背景	2.3323	.88823	2.5308	.88353	−4.295	.000
	经济	2.7316	.98622	2.7139	.91599	.354	.721
	冲突	2.5200	.83946	2.6048	.86839	−1.897	.058
二阶因素	伴侣	2.5841	.67730	2.8272	.63150	−5.019	.000
	家庭	2.4010	.76996	2.6395	.76456	−7.596	.000
	性	2.4955	.89094	3.0409	.97502	−15.578	.000
	异性	2.1692	.68114	2.3338	.69917	−3.576	.000
	恋爱经验	2.4728	.70547	2.6711	.69232	−4.906	.000
总分		115.8201	29.0020	129.3028	27.9348	−9.812	.000

由表 20－21 可以看出，我国大学生在恋爱整体压力上存在极其显著的性别差异，表现为女生远远高于男生。在各个二阶因子上也表现出了相同的情况。一阶因子上，除了距离压力、异性交往压力和经济压力不存在显著的性别差异外，其他因子均存在显著的性别差异，均表现为女生＞男生。之所以出现这种情况，可能存在以下几个方面的原因：首先，女生自身的性格特点。有关男女性别差异的研究都认为，女性在情感体验方面，一般要比男性丰富、敏感、深刻；而在挫折承受力方面，女性远远不如男性。在恋爱过程中，两个原本可能陌生的人要走在一起，建立起非常亲密的关系，这种亲密关系的建立过程是非常敏感的，只有身处其中的人才能体会其中的酸甜苦辣，女性比较敏感的性格特点决定了女性的情感体验更深刻，在遭遇挫折事件的时候，女

性会更伤心、更痛苦、压力感受更强。其次，虽然现在世界各国都在提倡男女平等，但是到目前为止还没有一个国家能够做到使男女地位真正平等。在我国，受几千年"男尊女卑"思想的影响，男女地位不平等的现象还表现在许多方面，尤其是在性教育、家庭教育方面，对女性的要求特别严格，而对男性却很少有具体的要求。例如，同样是发生婚前性行为，女性要遭到社会各个方面的强烈谴责，然而男性一般不会遭到这方面的非议，甚至有的男性还会把这作为炫耀的资本。因此在恋爱过程中，女性不但要为建立亲密关系付出巨大的努力，而且要时刻注意把握一定的度，防止遭到舆论的谴责，女性要在处理男性的要求和舆论的压力之间做出选择。一旦两个人发生了性关系，或者一旦两个人的恋爱关系破裂，受到伤害最大的是女性。因此，女性会在恋爱方面有更大的压力体验。

（二）大学生恋爱压力在是否独生子女上的差异

表 20－22　大学生恋爱压力在是否独生子女上的差异

因素		独生子女（n=347）		非独生子女（n=1161）		t	显著性
		平均数	标准差	平均数	标准差		
一阶因素	距　离	2.5168	.94720	2.6115	.89390	－1.708	.088
	忠　诚	2.8694	1.05663	3.0520	1.05240	－2.833	.005
	学业困扰	2.5591	.83053	2.7763	.86731	－4.133	.000
	性生理	2.3300	1.03213	2.4625	.97892	－2.185	.029
	性关系	2.7123	1.06293	3.1115	1.09810	－5.986	.000
	异性交往	2.0951	.80556	2.2426	.81262	－2.973	.003
	挫　折	2.1556	.94440	2.3394	.99862	－3.045	.002
	外　表	2.2805	.86543	2.3181	.83669	－.729	.466
	分手抉择	2.6475	.87915	2.8303	.86581	－3.440	.001
	悲观爱情论	2.4467	.85640	2.5903	.91544	－2.602	.009
	亲　友	2.5687	.93288	2.6187	.90512	－.897	.370
	家庭背景	2.3967	.90553	2.4513	.88633	－1.002	.317
	经　济	2.6084	.92890	2.7472	.94825	－2.401	.016
	冲　突	2.5432	.84977	2.5700	.86222	－.513	.611
二阶因素	伴　侣	2.6116	.68167	2.7419	.65627	－3.211	.001
	家　庭	2.4827	.81247	2.5350	.76402	－1.103	.270
	性	2.5594	.98380	2.8519	.96141	－4.947	.000
	异　性	2.1878	.70804	2.2804	.69066	－2.178	.030
	恋爱经验	2.4492	.69939	2.6176	.70446	－3.913	.000
总　分		117.4509	29.8546	124.5745	28.8576	－3.998	.000

由表20—22可以看出，在大学生恋爱总体压力上存在显著的独生子女与非独生子女差异，表现为独生子女比非独生子女的压力感受低。在二阶因子上的研究发现，除了在家庭压力方面独生子女和非独生子女不存在显著差异外，在伴侣压力、性压力、异性压力、恋爱经验压力方面非独生子女的压力感受都远远高于独生子女。一般来说，非独生子女因为家庭中有兄弟姐妹，可能在与异性交往及其他人际交往过程中表现要好于独生子女，可是为什么会出现相反的情况呢？我们认为，这很可能是由我国特殊的国情决定的。在我国，独生子女大部分来自城市，而非独生子女大部分来自农村，城乡之间存在巨大的差异。来自不同家庭环境的大学生在所受的家庭教育、学校教育以及家庭经济支持方面有巨大的差异。来自农村的非独生子女为了考上大学，要花费大量的时间读书，很少有时间去顾及感情方面的需求，有限的教育条件也限制了他们人际交往能力的发展，因此这些学生往往不会处理与异性的关系，在与异性交往过程中会感到自卑；相对来说，来自城市的独生子女，在接受现代思想、学习人际交往策略等方面都要好于那些来自农村的非独生子女，因此他们能够更快地和异性建立良好的关系。二阶因子分析发现只有在家庭压力方面二者差异不显著，说明不管独生子女还是非独生子女其家庭压力都差不多，但是在和个人交往能力有关的方面，如伴侣压力、性压力、异性压力、恋爱经验压力方面差异显著，这也正说明了这种城乡之间的差异。一阶因子的分析也发现了相同的特点。

（三）大学生恋爱压力在不同恋爱状态上的差异

表20—23　大学生恋爱压力在不同恋爱状态上的差异分析

因素		A（n=666）		B（n=383）		C（n=438）		F	显著性
		平均数	标准差	平均数	标准差	平均数	标准差		
一阶因素	距离	2.5375	.84743	2.7050	.96942	2.5632	.94655	4.353	.013
	忠诚	3.0365	.97872	3.0940	1.08369	2.8957	1.15339	3.957	.019
	学业困扰	2.8209	.84222	2.6997	.86067	2.5908	.88330	9.654	.000
	性生理	2.5064	.95817	2.4334	1.02176	2.3134	1.01144	5.018	.007
	性关系	3.1186	1.06302	3.0117	1.14823	2.8668	1.11094	6.933	.001
	异性交往	2.3839	.79595	2.1993	.86864	1.9346	.71615	42.406	.000
	挫折	2.3994	.94492	2.2924	1.04949	2.1427	.99234	8.946	.000
	外表	2.3744	.83008	2.3446	.85658	2.1613	.83731	9.122	.000
	分手抉择	2.8038	.86685	2.7894	.84608	2.7633	.90598	.284	.752
	悲观爱情论	2.6096	.90117	2.6197	.96271	2.4140	.84381	7.569	.001
	亲友	2.5981	.85457	2.6057	.92587	2.6248	.99325	.114	.892
	家庭背景	2.4785	.83027	2.4761	.91966	2.3447	.94798	3.447	.032
	经济	2.7860	.92927	2.7232	.97972	2.6110	.94380	4.517	.011
	冲突	2.6569	.83709	2.6038	.89272	2.3898	.83850	13.523	.000

续表

因素		A（n=666）		B（n=383）		C（n=438）		F	显著性
		平均数	标准差	平均数	标准差	平均数	标准差		
二阶因素	伴侣	2.7629	.65225	2.7536	.68758	2.5951	.65183	9.549	.000
	家庭	2.5383	.72432	2.5409	.79194	2.4848	.84052	.759	.468
	性	2.8737	.93519	2.7804	1.01089	2.6454	.99014	7.298	.001
	异性	2.3791	.69281	2.2720	.72051	2.0479	.63371	31.210	.000
	恋爱经验	2.6299	.70081	2.6015	.73686	2.4772	.68435	6.483	.002
总分		125.79	28.48	123.97	30.26	117.43	28.82	11.314	.000

注：A=未恋爱过；B=恋爱过分手了；C=正在恋爱中。

通过表20—23可以看出，在大学生恋爱压力总体上，不同恋爱状态的人压力感受存在非常显著的差异，具体表现为未恋爱过>恋爱过分手了>正在恋爱中；从未恋爱过的压力最大，而正在恋爱中的压力感受最小。之所以出现这种情况，可能是因为正在恋爱中的大学生沉浸在恋爱的幸福甜蜜中，他们要么忽视了困难、挫折，要么以比较乐观的态度来看待这些困难和挫折；而那些从来没有恋爱过的大学生，是根据自己从同学、书本那里了解的恋爱故事来想象自己在恋爱中会有多大的压力感受的，人们在描述故事的时候为了使故事更感人、更生动，一般会夸大主人公所遭遇的困难和挫折，因此，根据别人的经验来推断自己的感受往往会有高估的倾向。相对来说，那些恋爱过分手了的学生在压力的评估方面可能要客观、真实一些。二阶因子分析发现，除了在家庭压力这个相对比较客观的因素的评估上，三种状态的人之间差异不显著之外，在其他四个与个人主观感受关系比较密切的因素上的评价，三种状态的人之间差异都很显著，这进一步说明了主观估计在其中所起的作用。

（四）大学生恋爱压力在不同父母婚姻质量上的差异

表20—24　大学生恋爱压力在父母婚姻质量上的差异分析

因素		A（n=788）		B（n=636）		C（n=75）		F	显著性
		平均数	标准差	平均数	标准差	平均数	标准差		
一阶因素	距离	2.548	.8947	2.621	.9231	2.804	.9171	3.289	.038
	忠诚	2.963	1.0648	3.067	1.0449	3.057	1.1655	1.775	.170
	学业困扰	2.679	.8769	2.779	.8287	2.793	.9615	2.596	.075
	性生理	2.389	.9773	2.476	.9889	2.470	1.1411	1.446	.236
	性关系	2.939	1.0799	3.117	1.0969	2.917	1.2143	4.945	.007
	异性交往	2.149	.7950	2.291	.8219	2.080	.7994	6.466	.002

续表

因素		A（n=788）		B（n=636）		C（n=75）		F	显著性
		平均数	标准差	平均数	标准差	平均数	标准差		
一阶因素	挫　折	2.199	.9737	2.412	.9896	2.400	1.0842	8.653	.000
	外　表	2.243	.8402	2.367	.8400	2.444	.8943	4.883	.008
	分手抉择	2.720	.8397	2.867	.9014	2.920	.9134	5.867	.003
	悲观爱情论	2.488	.8681	2.616	.9146	2.755	1.0937	5.533	.004
	亲　友	2.562	.9089	2.669	.8916	2.617	1.0335	2.473	.085
	家庭背景	2.368	.8609	2.520	.9034	2.604	1.0378	6.423	.002
	经　济	2.677	.9394	2.738	.9428	2.940	1.0166	2.937	.053
	冲　突	2.514	.8237	2.619	.8847	2.703	.9869	3.618	.027
二阶因素	伴　侣	2.666	.6561	2.758	.6640	2.840	.7321	4.843	.008
	家　庭	2.465	.7700	2.595	.7684	2.611	.8294	5.430	.004
	性	2.719	.9594	2.861	.9636	2.738	1.0995	3.842	.022
	异　性	2.196	.6978	2.329	.6864	2.262	.6927	6.531	.001
	恋爱经验	2.503	.6785	2.659	.7217	2.728	.7804	10.50	.000
总　分		120.22	28.844	125.96	28.98	126.40	32.023	7.396	.001

注：A=父母婚姻质量高；B=父母婚姻质量中等；C=父母婚姻质量低。

通过表20－24可以发现，在大学生恋爱压力总体上，父母婚姻质量不同的学生在压力感受上有非常显著的差异，具体表现为父母婚姻质量低>父母婚姻质量中等>父母婚姻质量高，即随着父母婚姻质量的降低，恋爱压力逐渐升高。这说明父母的婚姻质量会在很大程度上影响子女在恋爱中的表现，父母的婚姻质量高，则子女有可能从父母那里学会了如何处理与恋人关系的比较正确的方法和策略，那么在他们的恋爱过程中，就可能遇到较少的问题和冲突，压力感受也会比较低；相反，如果父母的婚姻质量比较低，子女则有可能从父母那里学习了某些在处理两人关系问题上不好的做法或观念态度等，这些负面的行为、观念和态度会影响他们在与恋人建立关系时的行为和观念，使他们很难处理好与恋人的关系，因此在恋爱中有比较大的压力体验。通过对二阶因子的比较也发现都有基本相似的特点，也进一步证明了父母婚姻质量对子女恋爱压力的影响。

从发展心理学的角度来看，大学生恋爱心理的成熟是大学生面临的一项重要的发展任务。这一发展任务的完成对于大学生自我同一性的确立、人格的完善具有非常重要的意义。然而，通过以上研究发现，我国大学生在恋爱方面面临诸多的压力，主要包括家庭压力、伴侣压力、性压力、异性压力和恋爱经验压力，如果能够及时帮助大学生缓解这些压力，就会对其恋爱心理的正常发展起到巨大的促进作用，同时对于大学生心理健康水平的提高也有非常重要的意义。因此，根据大学生恋爱压力的类型和特点，有针对性地开展恋爱压力调适工作，是大学生心理素质教育的一项迫切任务。

第四节　大学生恋爱压力的调适策略

一、大学生恋爱压力调适的目标

（一）引导大学生正确看待恋爱问题，解除其心理困惑

恋爱是人生发展的一个重要课题，对于人生幸福有着重要的意义。然而长期以来中国的性教育尤其是恋爱观教育一直处于被冷置的状态，父母在这个问题上一般采取回避的方式，学校在这个问题上一般采用明文禁止中小学生恋爱的方式，对大学生一般则采取既不提倡也不反对的态度。在这种情况下，我国大学生在成长过程中很少得到正规、科学的性教育，他们所掌握的有关恋爱、爱情等与性有关的知识大多是从小说、电视、电影、网络等媒体中获得的，这些媒体由于其主要的任务是娱乐大众，而不是提供科学的知识，因此造成青少年对于恋爱等很多与性有关的问题都不同程度地存在着误解和曲解。进入大学以后，学校在对待恋爱问题的态度上放得比较开了，他们有了恋爱的自由，然而他们却没有相应的知识和经验储备来应对恋爱中的问题，在恋爱中往往会感到压力很大。因此要调适大学生的恋爱压力，首先就要引导大学生树立正确的恋爱观，掌握科学的性知识，从根源上解除他们在恋爱问题上所存在的困惑。

（二）教会大学生妥善处理恋爱压力，缓解心理紧张

有了科学的恋爱观并不代表在恋爱中就可以顺利地处理各种问题，就不会产生任何压力，因为恋爱毕竟是一种非常复杂的心理现象，在恋爱中随时都可能遇到各种问题，如单相思、失恋、恋人背叛自己等，这些问题都会给个体带来不同程度的压力。因此要调适大学生的恋爱压力，就要教会大学生一些基本的处理恋爱压力的方法，使其在遇到问题时能够尝试运用不同的方法及时解决问题，及时缓解压力。

（三）培养大学生健全的恋爱心理素质，促进其心理健康

大学生恋爱压力调适的最终目标是促进大学生的心理健康。恋爱是大学生所面临的一个重大人生课题，也是大学生生活中一个很重要的组成部分，恋爱心理的健全发展是大学生顺利度过青春期，完成自我同一性的一个重要的方面。因此，我们要培养大学生健全的恋爱心理素质。

二、大学生恋爱压力调适的内容

（一）帮助大学生了解在恋爱中常见的压力和挫折

俗话说“知己知彼，百战不殆”，只有了解了恋爱中常见的一些压力和挫折，那么在遇到这些问题的时候才不至于手足无措。研究表明，大学生在恋爱中常见的压力有家庭压力、伴侣压力、性压力、异性压力和恋爱经验压力。要让大学生了解这些压力，才能及时采取有效措施预防压力事件的发生。

（二）教会大学生基本的压力应对策略

压力事件发生后，采用什么样的应对策略会在很大程度上决定压力对个体所造成的影响，因此要教会大学生一些基本的压力应对策略，使大学生学会采用积极、主动的压力应对策略，避免采用消极、被动的压力应对策略。

（三）引导大学生树立科学、合理的爱情观

价值观决定着个体在处理问题时的态度和原则，正确、合理的爱情观会给大学生的恋爱行为以正确的引导，避免其产生不必要的麻烦，减少压力事件的产生。因此，要引导大学生树立科学、合理的爱情观，使大学生有比较明确的处理问题的态度和原则。

三、大学生恋爱压力调适的途径

（一）积极开展心理健康教育

心理健康教育是心理素质教育的一条重要途径。通过心理健康教育可以系统地向学生传授一些基本的心理健康理念、心理卫生知识、心理自我保健知识，使学生对于自己的心理状况能有一个明确的判断，在出现心理问题的时候能够及时发觉并及时自我调整或者寻求帮助来解决。由于心理健康教育课程可以面向全体学生开设，普及面非常大，信息的传输量也很大，因此通过心理健康教育课程可以帮助大学生了解恋爱的过程、恋爱的意义、恋爱中应该注意的问题等一些基本知识，引导大学生树立科学、合理的恋爱观和婚姻观。

（二）有针对性地举办大学生恋爱专题讲座

不同年龄、不同年级的大学生遇到的具体恋爱问题会有一些不同，因此，针对不同年龄、不同年级举办一些有针对性的恋爱专题讲座，可以有效弥补心理健康教育课程涉及面广但缺乏具体性和针对性的不足。专题讲座不受课程计划的约束，其内容、形式、时间都非常灵活，便于安排，便于同学的交流和沟通，是恋爱心理教育的一条重要途径。

（三）加强学校心理咨询工作的力度

恋爱问题涉及个人的隐私，是个比较敏感的话题，很多人不愿意公开谈论，因

此他们一般会选择心理咨询这种方式。学校应该加强心理咨询工作的力度，提高心理咨询工作者的素质，提高心理咨询工作的效率，争取使每一个来访的学生都能够及时得到有效的心理帮助。

四、大学生恋爱压力调适的方法

（一）恋爱经验压力的调适

恋爱经验压力的调适，主要是提高大学生对恋爱挫折的承受能力。大学生的恋爱受多种因素的制约，因而在追求爱情的过程中遇到各种波折是在所难免的。单相思、失恋等恋爱心理挫折对大学生的心理承受能力是一种考验。如果承受能力强，就能较好地应对挫折，否则就有可能造成不良后果。因此，提高恋爱挫折承受能力对大学生的心理健康是非常重要的。

当遭受挫折时，用理智来驾驭感情，通过增强理智感，分析原因，总结经验教训，寻找解决问题的方法和途径，在新的追求中确认和实现自己的价值，从而提高自己的心理承受能力和思想水平。同时，可以通过适当的情绪调节来减轻痛苦。

1. 倾诉与宣泄

失恋者精神遭受打击，被悔恨、遗憾、愤怒、惆怅、失望、孤独等不良情绪困扰，这时应主动找朋友倾诉，释放心理负担。可以用口头语言把自己的烦恼和苦闷向知心朋友毫无保留地倾诉出来，并听听他们的劝慰和评说，这样心情会平静一些；也可以用书面文字，如写日记或书信等把自己的苦闷记录下来，或给自己看，或寄给朋友看，这样也可以释放苦恼，并寻得心理安慰和寄托。

2. 环境迁移

及时适当地把情感转移到失恋对象以外的他人、事或物上。与他人发展密切的朋友关系，交流思想，倾吐苦闷；投身到大自然的怀抱中，陶冶性情，得到抚慰。

3. 疏通

是指借助理智来获得解脱，以有理智的“我”来提醒、暗示和战胜感情的“我”。要想想，爱情是以互爱为前提的，不能一相情愿地强求，应该尊重对方的选择。也可以进行反向思维，多想对方的不足点，分析自己的优势，鼓足勇气，迎接新的生活。还可以这样设想：失恋固然是失去了一次机会，然而却让自己进入了另一个充满机会的世界。

4. 立志

恋爱挫折可以化为动力。当你为了减轻心理紧张而把热情投入到学习中去的时候，你就会把这种紧张慢慢释放，并对学业产生莫大的帮助。

（二）异性压力的调适

我们的调查发现，异性压力主要表现在一些大学生为自己还没有恋人而自卑、心烦、失去自信，自认为对异性没有吸引力，认为别人瞧不起自己，因此不敢坦然与异性交往，更怕在异性面前失误、丢面子。看到别人成双成对出人教室或娱乐场所，只好用回避来保护自己的自尊心，并极力掩盖内心深处的痛苦与失落。有的学生甚至告诫自己："与其这样，还不如把精力用在学习和事业上，终身不再幻想恋情。"还有的学生整日愁眉不展，吃不下饭，睡不好觉，看不进书，陷入深深的自责与自卑之中。

对感到"自己在异性面前没有吸引力"的大学生的辅导要点在于：首先，鼓励并引导其从各方面多寻找自己的长处，挖掘和排列一下自己能吸引他人的闪光点并变换一下思维方式，从总拿自己的缺点去与别人的优点比较转变成用自己的优点与别人的缺点对比，增强自信。其次，学会辩证思考问题，看到事物的两面性。是否对异性有吸引力，是否非要在大学期间拥有恋人并不意味着一个人今后的生活如何，"迟到的爱"或许会是真爱，早到的爱也许会提前消失。同时，考察一个人的内在魅力与外在魅力是同等重要的，要有一个彼此全面了解的过程。在选择异性对象时大多都认为性格、才能、心理相容、人品和兴趣爱好更具吸引力，虽说男生比女生更看重相貌与性感，女生比男生更注重才能与事业心，但随着年龄增长、年级升高，大学生选择对象的条件会越来越实际。最后，鼓励其大胆地与异性交往，多参加有异性同学参加的集体活动和娱乐活动，学着去了解和观察所欣赏的异性，同时也了解自己的恋爱期待心理特征，缩短真实自我与理想自我的心理差距，调节好恋爱心理的内部期待与外部期待的矛盾，矫正恋爱动机和恋爱价值定向。通俗地说，就是在挑剔对方时也对照挑剔一下自己；反之，在自己不被接纳时，也找找对方的毛病，多给自己一点积极的心理暗示。

（三）性压力的调适

性压力的调适主要是通过加强性知识教育，提高大学生的性道德修养，优化大学生对婚恋与性科学知识的认知和对社会的认知，强化大学生的责任意识，即对自己、对朋友、对父母、对社会和集体负责的意识。具体做法：一是开设有关恋爱与学业、恋爱与成才、恋爱与身心健康、恋爱与人格塑造等方面的辅导课，进行性生理、性心理、性社会学等方面的健康知识教育；二是进一步为大学生提供恋爱心理方面的咨询服务；三是为大学生提供利用所学专业知识为社会服务的机会，让他们更多地去感受自身社会价值和为他人服务的愉快心理体验。

有组织地开展青春期性生理和性心理卫生以及性道德和性法制教育，使大学生对由生理发育而引起的心理变化有充分的了解和足够的思想准备，批判封建的性道德观和西方的"性解放"、"性自由"等腐朽思想，培养良好的性爱意识和高尚的性道德观念，从而安全度过青春期。尤其要加强对女大学生的教育，女大学生较男生而言情感更为丰富，又由于生理上的原因，发生性行为后，遭受痛苦和伤害的也往往是女性，因此要指导女生学会在恋爱过程中保护自己。一方面要引导女生正确处理理智与情感的关系；另一方面，要让女生了解自身的生理特点，了解女性生理周期、受精与怀孕的知识，了解怀孕的后果以及人流对女性身体的危害等。

（四）家庭压力的调适

社会、家庭和学校互相作用、互为补充，共同帮助大学生学会处理恋爱问题。学校应积极加强大学校园文化建设，开展形式多样，寓知识性、娱乐性、生动性、教育性于一体的活动，进一步丰富学生的课余文化生活；父母要加强与子女的沟通，了解他们的所思所想，既要给他们正确的指导，又要尊重子女的意见；全社会要形成正确的舆论导向，加强对影视作品、成人媒体的监督和管理，创设良好的社会环境。

（五）伴侣压力的调适

1. 正确处理事业与爱情的关系

大学生的首要任务是学习专业知识，要增强求知欲望，在科学知识的探索中寻找乐趣。要有“莫等闲，白了少年头”的时间紧迫感和危机感。社会主义市场经济体制的建立，“公平竞争，优胜劣汰”，在这种氛围中，如果不努力学习，刻苦钻研，随时都有被淘汰的可能。此外，“不包分配，双向选择”政策的实施也将彻底改变“学好学坏一个样”、“皇帝女儿不愁嫁”的局面。现实告诉我们，只有学得好，基础牢，能力强，在“双向选择”中才能够胜出。所以大学生要好好地把注意力集中在学习上，在恋爱与学习发生矛盾时，不要沉溺于爱的涡流中不能自拔，要相互鼓励，变阻力为学习动力，以期在事业的征途上共同进步。

2. 正确处理友情与爱情的关系

男女大学生在校园中频繁交往，建立起友情，这是很自然的事，但友情并不等于爱情，友情是爱情的基础，爱情是友情的深化和发展，二者虽有相通之处，但二者毕竟是有区别的。(1) 爱情以性爱为基础，是建立在异性双方间的一种高尚纯洁的感情。(2) 爱情的目的和归宿是两性的结合，组成家庭。(3) 爱情是专一的，排他的。男女大学生在交往时，要头脑清醒，正确判断，处理好二者的关系，不能自作多情，不能误把友情当爱情，以免陷入烦恼的漩涡，造成对双方的伤害。

3. 增强彼此间的心理相容

恋人之间的心理相容是恋爱成功的心理背景，一对恋人如果彼此心理相容，就能够体验到欢乐、幸福与美好，否则就会感到痛苦、惆怅与困惑。双方心理相容的程度越高，恋爱就越顺利，爱情就越和谐。恋爱双方的素养、信念、情操与感情是否一致是决定心理是否相容的关键因素。因此，大学生在恋爱过程中，应寻求共同的理想，通过彼此之间的相互理解、相互认同、相互弥补、相互影响来完善自我，达到和谐互动、相得益彰的最佳效果。此外，恋人之间还应追求个性心理的相容，这可以使恋爱双方处于心理平衡的状态。

附录　大学生恋爱压力问卷（USLSI）

亲爱的同学：

您好！我们在下面列举了一些在大学生中常见的与恋爱有关的压力事件和日常烦恼，请根据事件给您造成影响的程度在各题项后勾选相应的字母。这是西南大学教育科学研究所的一项科研调查，旨在了解大学生对恋爱的看法，问卷中的所有问题无对错之分，且仅供科学研究之用，因此请放心答题。

各个字母的具体含义是：

1：无压力；2：稍微有压力；3：有压力；4：有较大压力；5：非常有压力。

衷心感谢您的合作！

A_2	害怕与异性接触。	□1	□2	□3	□4	□5
A_3	我和恋人一个来自农村，一个来自城市。	□1	□2	□3	□4	□5
A_4	父母反对我谈恋爱。	□1	□2	□3	□4	□5
A_5	恋人总是提起她（他）的前一位恋人。	□1	□2	□3	□4	□5
A_7	感到自己“其貌不扬”。	□1	□2	□3	□4	□5
A_8	分手后“一朝被蛇咬，十年怕井绳”。	□1	□2	□3	□4	□5
A_9	和恋人相距太远，不能经常见面。	□1	□2	□3	□4	□5
A_{11}	和恋人在价值观上存在分歧。	□1	□2	□3	□4	□5
A_{12}	时常有性冲动。	□1	□2	□3	□4	□5
A_{13}	与恋人发生了性关系，担心会怀孕。	□1	□2	□3	□4	□5
A_{14}	经常想她（他），无法集中精力学习。	□1	□2	□3	□4	□5
A_{16}	希望与异性接触，但又放不开。	□1	□2	□3	□4	□5
A_{17}	我家和恋人家庭经济状况相差悬殊。	□1	□2	□3	□4	□5
A_{18}	父母不同意我们的恋爱关系。	□1	□2	□3	□4	□5
A_{19}	发现恋人和以前的恋人有来往。	□1	□2	□3	□4	□5
A_{20}	不想用父母的钱谈恋爱。	□1	□2	□3	□4	□5
A_{21}	不满意自己的身材。	□1	□2	□3	□4	□5
A_{22}	失恋后，我一蹶不振。	□1	□2	□3	□4	□5
A_{23}	和恋人分居两地，担心感情变淡。	□1	□2	□3	□4	□5
A_{24}	我认为大学里的爱情是不稳定的。	□1	□2	□3	□4	□5

A_{25} 和恋人的生活习惯不一致。 □1 □2 □3 □4 □5

A_{26} 手淫。 □1 □2 □3 □4 □5

A_{27} 和恋人发生了性关系。 □1 □2 □3 □4 □5

A_{28} 由于恋爱，成绩下降了。 □1 □2 □3 □4 □5

A_{30} 不知道如何与异性相处。 □1 □2 □3 □4 □5

A_{31} 我家和恋人家社会地位相差悬殊。 □1 □2 □3 □4 □5

A_{33} 恋人背着我和另外的异性谈朋友。 □1 □2 □3 □4 □5

A_{35} 脸上长满了青春痘。 □1 □2 □3 □4 □5

A_{37} 远距离恋爱，饱受相思之苦。 □1 □2 □3 □4 □5

A_{38} 我认为大学里为爱情负责任的人比较少。 □1 □2 □3 □4 □5

A_{39} 和恋人的性格不相同。 □1 □2 □3 □4 □5

A_{41} 和恋人同居。 □1 □2 □3 □4 □5

A_{42} 恋爱占用了大量本该用来学习的时间。 □1 □2 □3 □4 □5

A_{43} 发现自己或者恋人怀孕了。 □1 □2 □3 □4 □5

A_{45} 其他家庭成员（父母除外）或亲友反对我们的恋爱关系。

□1 □2 □3 □4 □5

A_{47} 没有足够的金钱维持恋爱。 □1 □2 □3 □4 □5

A_{50} 和恋人的兴趣不相投。 □1 □2 □3 □4 □5

A_{51} 幻想发生性关系。 □1 □2 □3 □4 □5

A_{52} 我认为婚前同居没有什么，但社会难以认可。 □1 □2 □3 □4 □5

A_{53} 和恋人一起学习，效率无法提高。 □1 □2 □3 □4 □5

A_{56} 和恋人关系出现裂痕。 □1 □2 □3 □4 □5

A_{57} 我认为在大学里恋爱是为了摆脱孤独。 □1 □2 □3 □4 □5

A_{58} 梦见与熟悉的异性发生性关系。 □1 □2 □3 □4 □5

A_{59} 恋人要求发生性关系。 □1 □2 □3 □4 □5

A_{61} 想分手，但不知道如何说出口。 □1 □2 □3 □4 □5

A_{63} 和恋人争吵。 □1 □2 □3 □4 □5

第七编

青少年网络心理问题及教育对策

QINGSHAONIAN WANGLUO XINLI WENTI JI JIAOYU DUICE

网络作为现代信息社会的重要标志，已经成为现代人生活的基本内容和手段。据中国互联网络信息中心（CNNIC）统计，我国网络用户85%是青少年。犹如一把双刃剑，互联网普及在给当代青少年的学习、生活和成长带来了积极作用的同时也产生了负面效应。青少年网络成瘾的现象越来越严重，据有关调查，青少年网络用户中15%存在网络成瘾现象。网络成瘾造成青少年道德失范、角色混乱、人格异化、学习挫折、社会适应能力降低、健康危害等等。导致青少年网络成瘾有内外部的因素，网络本身的特性（如自由性、时尚性、超时空性、虚拟性、实时性、交互性）是外部诱因；青少年心理不成熟是内在因素。然而，教育与学生心理发展失配又是造成青少年网络成瘾的重要原因。

研究青少年网络心理问题，尤其是网络成瘾问题的现状、影响因素与形成机制，探讨消除网络依赖的教育对策，是当前青少年心理健康教育研究的前沿课题，也是青少年健康成长亟须解决的问题。本编从不同侧面探索当代青少年的网络心理问题与对策。首先，通过界定网络成瘾的概念和诊断标准，编制本土化的测量工具，研究青少年学生网络成瘾症状水平的发展特点。其次，从自我控制能力及其相关的心理机制出发，探索性地对病理性网络使用（pathological Internet use，PIU）个体的一般行为特征及其心理机制进行了系统而深入的研究。运用问卷调查评估PIU大学生的自我控制能力的水平，考察PIU与自我控制能力之间的关系；运用实验法，即选择性注意负启动效应以及情绪诱发下two-back记忆任务实验，考察PIU个体在自我控制过程中认知—情感的特点。最后，采用实验方法，研究了网络成瘾大学生的社会认知加工特点，探讨网络成瘾的心理机制、影响因素及教育对策。

第二十一章

Di Er Shi Yi Zhang

青少年网络成瘾问题及指导策略

网络成瘾又称为网络性心理障碍、互联网成瘾、网络依赖等。一旦个体网络成瘾，往往会对其自身的心理、生理、社会关系、学业和工作带来极其严重的不良后果。

随着网络应用的普及，青少年网络成瘾的现象越来越严重。本研究首先通过严格的心理测量方法编制了青少年网络成瘾的检测标准，并在此基础上对我国青少年网络成瘾的基本现状进行了流行病学调查，深入探讨了导致其成瘾的各种因素，最后在上述研究的基础上对青少年网络成瘾防治提出了相应的策略。本研究对深入了解青少年网络成瘾的基本现状、影响因素和防治措施具有重要的价值。

第一节　研究概述

一、问题的提出

网络成瘾已成为互联网所带来的最重要的负面影响，其对个体生理、心理等都会带来严重的不良后果。研究表明，网络成瘾对个体在心理方面的不良影响主要表现在占据个人的几乎所有的时间和注意力①，使个体智力及自我控制能力下降，个体参与现实生活和集体生活的意愿和动力减弱等。

网络成瘾对个体生理方面的损害主要表现在网络成瘾会导致患者植物神经紊乱，同时由于眼睛长时间注视电脑显示屏，会导致视力下降、眼痛、怕光、暗适应能力降低等。

---

① M. H. Orzack: Retrieved from: http: //www. computeraddiction. com/.

网络成瘾还会严重危及个体的家庭、社会关系以及学业、工作等。扬（Young，1996）[①] 发现，网络成瘾（IAD）患者中有53%的人存在较为严重的家庭问题，包括婚姻关系、恋爱关系、亲子关系和其他家庭关系。理查德（Richard Ott，1997）[②]对1200名SAT成绩非常优秀的学生辍学的原因进行了调查，结果发现他们当中有42%是由于整夜上网冲浪造成的。一项来自全美1000所大公司的调查发现，55%的经理认为，因非工作原因进行网络活动导致的时间流失是降低雇员工作效率的重要因素。

网络成瘾的研究具有重要价值，具体表现为：

（一）科学研究青少年学生网络成瘾问题是社会发展的需要

网络作为现代社会的一个重要标志，已日益深入到人们日常的学习、工作和生活中。据中国互联网络信息中心发布的信息，1996年中国上网人数仅10万人，2002年就激增到3370万人，2006年网民人数已达到1.1亿，网民地域也遍及全国31个省、自治区和直辖市。网络社会的到来给人们在生活、交往、通讯、购物等等诸多方面带来极大的便利，而同时也不可避免地会给社会带来各种各样的负面影响。其中互联网成瘾便是众多负面影响中最为突出的一个。1999年美国心理学会公布的研究成果表明，大约有6%的网民患有不同程度的网瘾，其症状与服毒完全相似。[③] 一项研究发现德国国内目前有150万人患上网络成瘾症，约占全国总人口的5%。其中18岁以下的男性青少年的比例更高，占8.2%，女性占7%，即每15名青少年中就有1人以上网络成瘾。[④] 一项全球性的研究表明，全球两亿多网民中有1140万人患有不同程度的网络综合征。北京大学心理学系钱铭怡教授对北京12所高校的近500名本科生进行抽测，结果表明，大学生中网络成瘾者占到6.4%。

据郭良、卜卫的《2000中国五城市青少年互联网状况及影响的调查报告》显示，北京、上海、广州、成都、长沙五城市青少年互联网用户随着学生年级的升高，用户比例也增大。同时现有研究也表明，“网络成瘾发病年龄介于15～40岁之间，中学生是易患高发人群”[⑤]。因此科学研究青少年网络成瘾问题，帮助青少年有效使用网络，避免网络成瘾，是信息社会健康发展的需要。

（二）研究青少年网络成瘾问题，有助于人们正确认识和帮助青少年使用网络

网络这种新媒介的出现，人们对它的态度迥然不同，一部分人欣喜若狂，尽情

① K. S. Young：*Addictive to the Internet：A case that breaks the stereotype*. *Psychological Reports*，1996，79，pp899－902.

② K. Brady：*Dropout rise a net result of computers*. *The Buffalo News*，1997－4－21，A1.

③ 谷梅、邓建强：《网络化对青少年的负面影响》，《广西民族学院学报（社会科学版）》2001年第6期，第93～94页。

④ 张福清：《上网成瘾症，新生精神疾病?》，《北京青年报》2000年9月14日。

⑤ 杨辉：《浅谈中学生网络性心理障碍》，《江西教育》2001年第1期。

享受网络给人们带来的便利，但忽视了网络使用中的负面作用，如网络成瘾等；另一部分人则谈虎色变，因噎废食，视网络为洪水猛兽，好像一上网就必然会得网络成瘾。这两种偏激的认识极大地影响了青少年学生对网络的使用。一部分家长把购置电脑、让子女上网作为对孩子的智力投资，不惜一切代价，却对网络使用不当对孩子的危害没有一点警觉，以致事与愿违，让孩子患上网络成瘾；另一部分家长则因担心孩子沉迷于游戏和网络，影响学习、健康而将孩子完全隔绝在网络世界之外，使孩子失去了获取新知识和认识外部世界的便利途径。因此，研究青少年的网络成瘾问题，探究网络成瘾形成的原因，网络成瘾与网络使用之间的关系，治疗网络成瘾有哪些方法和策略，预防网络成瘾有哪些具体的措施，对这一系列问题的明确回答，将会帮助家长和社会澄清对网络使用的不正确认识；及时发现和纠正青少年的不良网络使用，以避免网络成瘾；在青少年学生网络成瘾之后能采取恰当的措施治疗网络成瘾。只有这样，青少年学生才能既享受到网络给人们带来的各种便利，又能避免因病理性使用所形成的网络成瘾等负面作用。

（三）研究青少年网络成瘾问题，有助于青少年健全心理素质的培养

当前素质教育在我国大规模地开展，在学生的基本素质中，心理素质是不可或缺的重要组成部分。培养健全心理素质，提高社会适应能力是素质教育的基本任务。人的心理素质是和对环境的适应密切相关的，只有能顺应和控制环境的个体，才可能具有良好的心理素质。随着我国近年电信事业的发展，上网的日益普及，上网成瘾并深陷其中者亦与日俱增。对于青少年“网虫”来说，花样繁多、引人入胜的网上娱乐为他们拓展了余暇休闲空间，一旦上网成瘾，就难以自拔。另外，网上旅游、网上聊天，都让“网虫”们乐此不疲，深陷其中，严重影响青少年学生的身心健康。通过对网络成瘾的研究，分析网络成瘾的原因，找到解决网络成瘾的对策和方法，既可以帮助学生解决现实的心理障碍和心理困惑，又可以帮助学生更好地适应网络社会，适应网络环境，这将有利于增强青少年心理适应能力的提高，有利于青少年健全心理素质的培养。

二、青少年学生网络成瘾研究现状

网络成瘾这一名称的使用开始于 1986 年。在这一年，柯尔博格（Goldberg）[①]把网络成瘾作为一种独立的症状提出，虚构了 IAD 的概念及其症状。

最早对 IAD 进行系统实证研究的学者是美国 Pittsburgh 大学的心理学家金博

① G. M. Goldberg，A. C. Harris，R. Anderson：*Uses of political computer bulletin boards*. *Journal of Broadcasting & Electronic Media*，1986，30（3），pp325－339.

利·扬（Kimberly Young，1998）①，她对396名患有严重上网成瘾病患者进行了调查，研究结果发现，网络成瘾与赌博成瘾在对外界刺激没有控制能力这个特点上极为相似，她将网络成瘾定义为一种没有涉及中毒（intoxication）的“冲动—控制失序症”（impulse-control disorder）。其后，网络成瘾的研究开始广泛开展起来。

（一）国外的相关研究

目前国外的研究主要集中于网络成瘾现象存在的证明、网络成瘾概念的界定及鉴别的标准，网络成瘾的原因分析等。

1. 网络成瘾现象存在的证明研究

尽管柯尔博格首先提出了网络成瘾现象的存在，但并没有进行相应的实证研究。实证研究始于扬，其后的一系列研究均证明了这个现象的存在。如埃格和劳特伯格（Egger，Rauterberg，1996）② 报告说有10%的网络使用者认为自己存在网络成瘾。格雷弗斯（Griffiths，1996）③ 认为网络成瘾与赌瘾和酒瘾是相似的。扬（1996）④的研究表明，25%～59%的人认为过度使用网络给他们的工作和生活带来负面影响，有相似比例的人报告说别人抱怨他们过度使用网络。斯切罗（Scherer，1997）⑤ 的研究结果表明，13%的大学生对网络有过度使用的现象，而且有负面效应。奥扎克（Orzack）⑥ 则从临床心理学的角度对这个问题进行了研究，她认为IAD将加剧人们已有的一般心理问题，包括抑郁、社会恐惧、自我控制失调、注意缺失等。她认为，尽管不同的人网络上瘾有不同的理由，如寻求兴奋、改变角色、放松情绪和寻找伙伴等，但这些病人出现的症状基本类似。

当然，也有人对IAD仍然存有异议。有研究者提出它不是“瘾”，而更像是一种“依赖”（Davis，1999）⑦。反对者认为，网络不是一种成瘾物质，在没有化学基础的前提下，会出现成瘾现象吗——即便是心理成瘾？（Eppright等）霍华德·谢弗（Howard Shaffer）⑧ 认为许多物体或者行为都有影响心理状态的能力，但很少有科学证据表明计算机或者网络是这些致瘾物体的一种。真正的致瘾物应该是“由储存在计算机上的材料所引发的经验，或者通过计算机通达这些信息时的交互式经

---

① K. S. Young：*Caught in the Net*：*How to Recognize the Signs of Internet Addiction and a Winning Strategy for Recovery*，New York：John Wiley & Sons，1998.

② O. Egger，M. Rauterberg：*Internet behaviour and addiction*，http：//www. ifap. bepr. ethz. ch/～eger/ibq/res/html，1996.

③ M. D. Griffiths：*Pathological gambling and its treatment*. *British Journal of Clinical Psychology*，1996，35，pp477－479.

④ S. A. King：*Researching Internet communities*：*Proposed ethical guidelines for the reporting of results*. *The Information Society*，1996，12（2），pp119－127.

⑤ K. Scherer：*College life online*：*Healthy and unhealthy Internet use*. *Journal of College Life and Development*，1997，38（6），pp655－665.

⑥ M. H. Orzack：Retrieved from：http：//www. computeraddiction. com/.

⑦ R. A. Davis：*A cognitive-behavioral model of pathological Internet use*. *Computer in Human Behavior*，2001，17（2），pp187－195.

⑧ P. Mitchell：*Internet addiction*：*Genuine diagnosis or not*? *Lancet*，2000，355（9204），p632.

验”。而那种鼓励和维持上瘾的强化物则是信息的价值、网络行为的交互性，以及来自虚拟世界的情绪体验和心理冲动。还有观点认为过度使用网络并不能认为是一种成瘾行为。微软加拿大网络中心的总经理尼克森认为，说一个人对互联网上瘾，就像把喜欢阅读的人称为读书成瘾症，把喜欢听音乐的人称为音乐成瘾症，而真正让人成瘾的是色情信息和赌博本身。部分学者认为是由于其他精神病症，如抑郁症、精神狂躁症等，导致了上网成瘾，他们把这种情况叫做“次生上网成瘾”。德国慕尼黑的精神病教授赫格尔（Hegerl）和科学家希曼（Seemann）认为，不可否认有这种“次生上网成瘾”，但是他们认为，也有人先是上网成瘾，然后才有其他精神病状。无论如何，上网的人士应该注意这个问题。[①]

2. 关于网络成瘾定义及鉴别标准的研究

目前，还没有有关网络成瘾的确切的和公认的定义。扬[②]将其定义为一种没有涉及中毒（intoxiacation）的冲动—控制失序症（impulse-control disorder）。罗伯特·克劳特（Robert Kraut，1998）等把网络成瘾定义为“在无成瘾物质作用下的上网行为冲动失控，表现为由于过度使用互联网而导致个体明显的社会、心理功能损害”[③]。皮特·米歇尔（Peter Mitchell）将其定义为：“强迫性的过度使用网络和剥夺上网行为之后出现的焦躁和情绪行为。”[④]

虽然美国心理学会（APA）已于1997年正式承认对网络成瘾进行学术研究的价值（Schuman，1997）[⑤]，但是目前对于网络成瘾者的诊断并没有一个受到大家一致认同的标准，更别说是在DSM-IV找到对应的标准（Young，Roggers，1998a）[⑥]。目前的网络成瘾筛选量表，多是由网络成瘾研究者根据DSM-IV其他成瘾行为的诊断标准改写而成的（林姗如、蔡今中，1999；陈淑惠，1999；Armstrong，Phillips，Saling，2000；Brenner，1997；Greenfield，1999；Young，1996；Young，1998a）。扬将DSM-IV上对于赌瘾的诊断标准，改编成一份8题的网络成瘾诊断问卷，网络使用者只要在这些问题中回答五个以上肯定的答案，Young就把他们归类为网络使用成瘾者。Peoria市布罗科特医院脱瘾研究所的研究与培训协调人斯迪文·让尼（Steven Ranney）指出：“任何形式的上瘾都具有三个特征：忍受力增强，自制力减弱，脱瘾难度大。”他认为，Internet上瘾符合上述特征。

---

① 张福清：《上网成瘾症，新生精神疾病?》，《北京青年报》2000年9月14日。

② K. S. Young：*Caught in the net*：*How to Recognize the Signs of Internet Addiction and a Winning Strategy for Recovery*，New York：John Wiley & Sons，1998.

③ R. Kraut，et al：*Internet paradox*：*A social technology that reduces social involvement and psychological well-being*? *American Psychologist*，1999，53（9），pp1017－1031.

④ P. Mitchell：*Internet addiction*：*Genuine diagnosis or not*? *Lancet*，2000，355（9204），p632.

⑤ E. Schuman：*It's official*：*Net abusers are pathological*，http://techweb.com/wire/news/aug/0813addict.html，1997.

⑥ K. S. Young，R. C. Rogers：*The relationship between depression and Internet addiction*. *CyberPsychology and Behavior*，1998a，1（1），pp25－28.

3. 关于网络成瘾的归因研究

（1）时间是导致网络成瘾的主要原因。如克劳特等人经过为期两年的研究得出结论，网络使用的增加对个体的心理健康（抑郁、孤独）有影响，此影响会延伸至社会交往与交流。[①] 1997年，心理学家凯斯·斯切尔（Kathy Schere）[②] 对奥斯汀的得克萨斯大学的531名学生进行调查时也发现了类似的问题。98%的依赖型用户表示，他们的实际上网时间往往超过自己希望的上网时间。

（2）使用方式的不同是导致网络成瘾的主要原因。扬（1996）[③] 的研究发现非成瘾者所使用的网络功能是以收集资料为主，如information protocols（24%）、全球资讯网（WWW）（25%）及电子邮件（30%）。成瘾者最常使用的则是以具备双向沟通的网络功能为主，依序为聊天室（35%）、MUDS（28%）、新闻群组（news groups）（15%）及电子邮件（13%）。莫纳瀚-马丁等（Morahan-Martin，Schumacher，1997）[④] 的研究也显示，网络成瘾者比非成瘾者较常通过网络认识新朋友、寻求情感支持、与兴趣相投的人聊天、玩在线互动游戏，如MUDS。也常通过网络赌博或从事网络性爱，并且成瘾者比非成瘾者使用较多种类的网络功能。斯切尔也发现互联网成瘾者比非互联网成瘾者更有可能使用互联网遇见新人、进行社会试验（social experiment），相应地，他们的面对面（face to face）社会交往行为就会减少。[⑤] Young也发现互联网成瘾者主要使用互联网进行社会交往，而不存在与互联网相关问题的（Internet-related-problem）人则使用互联网来保持已有的人际关系。[⑥]

（3）互联网使用者的个性特征。如性格倾向性、动机等，可能会对互联网使用产生影响。至今为止几乎所有的研究都发现，IAD患者往往具有某些特殊的人格特征，而且大多数患者在对互联网上瘾之前，常常已经患有其他的心理障碍，特别是抑郁症和焦虑症。扬（1998）[⑦] 则认为，低自尊者、经常被他人拒绝与否定者，或是对生活感到不满足者（feelings of inadequacy），是最容易网络成瘾的一群。阿姆

① R. Kraut, et al: *Internet paradox: A social technology that reduces social involvement and psychological well-being? American Psychologist*, 1999, 53 (9), pp1017-1031.

② K. Scherer: *College life online: Healthy and unhealthy Internet use. Journal of College Life and Development*, 1997, 38 (6), pp655-665.

③ K. S. Young: *Internet addiction: The emergence of a new clinical disorder*. Paper presented at the 104*th* Annual Convention of American Psychological Association, 1996.

④ J. Morahan-Martin, P. Schumacher: *Incidence and correlates of pathological Internet use*. Paper presented at the 105*th* Annual Convention of the American Psychological Association, 1997.

⑤ K. Scherer: *College life online: Healthy and unhealthy Internet use. Journal of College Life and Development*, 1997, 38 (6), pp655-665.

⑥ K. S. Young: *What makes the Internet addictive: Potential explanations for pathological Internet use*. Paper presented at the 105*th* annual conference of the American Psychological Association, 1997.

⑦ K. S. Young: *Caught in the Net: How to Recognize the Signs of Internet Addiction and a Winning Strategy for Recovery*, New York: John Wiley & Sons, 1998.

斯庄等（Armstrong，Phillips 和 Saling，2000）[①] 的研究发现，低自尊者有较高的网络成瘾倾向，推论网络成瘾者可能因为社会技巧差与自信心低落，因此利用网络作为逃避的手段。

扬（1998a）[②] 的研究发现，网络使用者的抑郁（depression）倾向越高，其网络成瘾情况就越严重。皮特里等（Petrie，Gunn，1998）[③] 的研究除了重复验证了抑郁倾向与网络成瘾的关联外，也发现内向性与网络成瘾有高相关。莫纳瀚-马丁等（Morahan-Martin，Schumacher，1997，2000）[④] 的研究发现，网络成瘾者不仅在 UCLA 寂寞量表上的得分比非成瘾者高，并且他们较常利用网络来放松自己，通过网络与跟自己有相同兴趣的人聊天，认识新朋友，并觉得自己在网络上要比在现实生活中来得友善与开放。罗伊特斯克等（Loytsker，Aiello，1997）[⑤] 研究网络成瘾倾向与人格特质的关联发现，有较高无聊倾向（higher levels of boredom proneness）、较寂寞、高社会焦虑（social anxiety）与高私我意识（private self consciousness）的人较容易网络成瘾。另外，扬等（1998b）以卡特尔 16 种人格特质量表测量网络成瘾者人格特质的差异后发现，成瘾者具有较高的抽象思维能力；有着较不活跃的社交生活形态；成瘾者比不成瘾者表现出较低的顺从特质与高的情绪敏感度。由此，他们认为，可能具备某些人格特质的人容易网络成瘾。辛辛那提大学的精神病学家内森·夏皮拉发现他的 IAD 病人中，大多数人患有躁狂抑郁症和社交恐惧症（焦虑症的一种）；布兰特学院的心理学教授珍尼·莫拉翰—马丁总结了 20 世纪 90 年代以来四十多位心理学家的研究，发现有 IAD 倾向的个体常常是孤独和抑郁的；卡内基梅隆大学对过度使用互联网的研究，以及匹兹堡大学的研究都显示，IAD 患者往往具有下列人格特点：喜欢独处，敏感，倾向于抽象思维，警觉，不服从社会规范。[⑥]

（二）国内的研究

1. 我国台湾的有关研究

目前，我国台湾对网络成瘾的相关研究也基本上集中于两个方面的问题：网络成瘾的界定与网络成瘾的影响因素。

---

① L. Armstrong，J. G. Phillips，L. L. Saling：*Potential determinants of heavier Internet usage*. *International Journal of Human-Computer Studies*，2000，53（4），pp537—550.

② K. S. Young，R. C. Rogers：*The relationship between depression and Internet addiction*. *CyberPsychology and Behavior*，1998a，1（1），pp25—28.

③ H. Petrie，D. Gunn：*Internet "addiction"*：*The effects of sex*，*age*，*depression and introversion*. Paper presented at the British Psychological Society London Conference，1998.

④ J. Morahan-Martin，P. Schumacher：*Incidence and correlates of pathological Internet use*. Paper presented at the 105*th* Annual Convention of the American Psychological Association，1997.

⑤ J. Loytsker，J. R. Aiello：*Internet addiction and its personality correlates*. Poster presented at the annual meeting of the Eastern Psychological Association，1997.

⑥ 《IAD 诊断系列篇（四）——谁更易患上 IAD?》，http://blog.sina.com.cn/s/blog_4a7d1e03010006sr.html。

（1）关于网络成瘾的界定，台湾学者周倩（1999）[①] 将国际卫生组织对成瘾所做的定义加以修改，将网络成瘾定义为："由重复地对网络的使用所导致的一种慢性或周期性的着迷状态，并带来难以抗拒的再度使用之欲望。同时会产生想要增加使用时间的张力与耐受性、克制、退瘾等现象，对于上网所带来的快感会一直有心理与生理上的依赖。"陈淑惠（1999，2000）[②] 综合DSM-IV及临床个案的观察，依循传统成瘾症的诊断模式，并以侧重其心理层面的原则编制中文网络沉迷量表，认为量表应包括下述维度：①网络成瘾耐受性，指随着网络使用的经验程度的增加，必须通过更多的网络内容或更长久的上网时间，才能得到与原先相当程度的满足。②强迫性上网行为，为一种难以自拔的上网渴望与冲动。③网络戒断症状，指如果突然被迫离开电脑，容易出现挫败的情绪反应，例如情绪低落、生气、空虚感等，或是注意力不集中、心神不宁，坐立不安等反应。④网络成瘾相关问题，因为滞留网上的时间太长，因而忽略原有的家居与社交生活，和家人朋友疏远，耽误工作或学业；为掩饰自己的上网行为而撒谎，身体出现不适反应，例如眼干、眼酸、头痛、肩膀酸痛、睡眠不足、肠胃问题等。该量表以台湾的大学生为样本，施测后的分析结果显示此量表有良好的信度和效度。

（2）在网络成瘾的影响因素方面，台湾学者认为有两个方面的因素在影响个体是否网络成瘾，一是使用者对网络的用途，另一个因素就是使用者个体的人格因素。周倩等（1999；Chou，Hsiao，2000）[③] 发现网络成瘾者比非成瘾者花较多时间在BBS、WWW、e-mail及网络游戏上。在所有预测网络成瘾的变项中，网络使用的乐趣感是网络沉迷现象的最佳预测项目，其次是BBS的使用时数、性别（男性比女性容易成瘾）、满足程度，再次是e-mail的使用时数。韩佩凌（2000）[④] 调查台北县市及桃园县公私立高中职的学生后发现，网络成瘾者比非成瘾者较常采用网络功能中的电子邮件，较常上网聊天交友，以及上色情网站。朱美惠的研究也指出，在所有的网络活动中，对上网时间会产生失控影响的活动依次为：虚拟社交、资讯性使用、虚拟情感。

戴怡君（1998）[⑤] 研究发现，在真实生活中人际关系较差者，其通过网络与他

---

① 周倩：《我国学生计算机网路沉迷现象之整合研究——子计划二：网路沉迷现象之教育传播观点研究》，（中国台湾）"行政院科学委员会"专题研究计划，1999年。

② 陈淑惠：《我国学生电脑网路沉迷现象之整合研究——子计划一：网路沉迷现象的心理病因之初探（1/2，2/2）》，（中国台湾）"行政院科学委员会"专题研究计划，1999年，2000年。

③ 周倩：《我国学生计算机网路沉迷现象之整合研究——子计划二：网路沉迷现象之教育传播观点研究》，（中国台湾）"行政院科学委员会"专题研究计划，1999年。

④ 韩佩凌：《台湾中学生网路使用者特性、网路使用行为、心理特性对网路沉迷现象之影响》，台湾师范大学教育心理与辅导研究所硕士学位论文，2000年。

⑤ 戴怡君：《使用网际网路进行互动者特质之探索》，（中国台湾）私立南华管理学院教育社会学研究所硕士学位论文，1998年。

人进行互动的频率较高。朱美慧（2000）[①] 的研究发现，自尊感越低者，其强迫性使用网络的反应就越高；自我控制能力越差，网络使用时数就越长；个人的特性越负向，越容易偏向网络虚拟情感与虚拟社交的使用，越容易网络成瘾。情绪商数越负者，越倾向使用虚拟情感；反之，若情绪商数越高，则上网时间失控的情形越少。

林以正等人的研究发现，网络成瘾与个体的依附（即依恋）形态有关。在安全依附、焦虑依附、逃避依附三种依附形态中，焦虑依附者的成瘾倾向最高。不仅成瘾总分高，而且在成瘾量表的各分量表上得分也较高。网络成瘾倾向次高的依附形态是逃避依附。安全型依附者没有表现出任何的成瘾倾向。

2. 大陆的有关研究

大陆目前对网络成瘾问题的研究仍停留在起步阶段。绝大多数研究属于对国外相关研究的介绍。实证研究集中在引用国外的相关诊断标准，稍加修订，对我国目前网络用户中网络成瘾的现状进行揭示。也有少部分研究探讨了网络行为与网络成瘾的关系，网络成瘾与个体人格之间的关系。还有研究探讨了网络成瘾与个体心理健康的关系，并通过研究得出结论，网络成瘾与个体的心理健康水平有着接近于显著意义上的相关。

（三）现有研究中存在的问题

综合国内外的相关研究，我们认为目前网络成瘾问题的研究存在以下几个方面的问题。

1. 网络成瘾界定的分歧

由于对网络成瘾问题的研究时间较短，因而网络成瘾的概念到现在国际上都没有一个公认的界定，研究者常常把诊断标准和定义混为一谈，当然这也许是新问题研究初期必然出现的现象。只有把研究对象界定清楚，以后的研究才能向纵深有序开展。

2. 网络成瘾的鉴别量表不够成熟完善

目前对网络成瘾的鉴别绝大部分是采用扬的鉴别量表。这一鉴别量表有其适用的一面，但至今没见到该量表的信度、效度和常模指标。同时由于这一量表是用DSM-IV 中有关赌博上瘾的评定标准直接转化而来的，这个量表目前是否能够有效鉴别网络成瘾在国外也有争议。所以该量表仍然是一个不成熟的量表，有待进一完善。另外该量表只鉴别个体是否网络成瘾，而不能进一步鉴别网络成瘾的类别及程度，还有待进一步深化。同时由于东西方文化等各方面的差异，中国和西方网络成瘾的鉴别标准也应该有一定差异。

---

① 朱美慧：《我国大专学生个人特性、网路使用行为与网路成瘾关系之研究》，（中国台湾）大叶大学资讯管理研究所硕士学位论文，2000 年。

3. 目前的研究对网络成瘾原因探究仍停留在粗略的分析层面上

由于当前的研究对网络成瘾的界定尚存分歧，导致了相应的研究无法进一步深入。如网络成瘾到底有哪些亚类型？各种亚类型的形成原因有哪些相同的地方，有哪些不同的地方？这些研究目前均尚未开展。这是目前对网络成瘾原因研究还不够深入的地方。这种研究上的不深入，将会影响网络成瘾治疗方案制订的有效性和针对性，以及治疗的效果。

4. 研究方法单一，缺乏创新

目前的研究常常是单一地在网上进行或者在网下进行，没有考虑两方面的结合。网络成瘾既有网上的原因，又有网下的原因，因此研究时宜将网上研究和网下研究相结合。同时，网上研究和网下研究各有利弊，只有二者有机结合，研究结论的真实性和可信度才会增大，这也是目前心理学倡导的多元研究在网络情境下的实际体现。

建构本土化条件的网络成瘾诊断量表，弄清导致网络成瘾的相关因素，不仅有助于我们了解网络成瘾的机制，而且也是对网络成瘾患者进行有效矫治的基础。

三、研究设计

1. 研究思路

本研究以现代心理科学理论为理论基础，并结合国内外网络成瘾的研究，以及精神病理学的相关理论，遵循理论探讨与实证研究相结合的原则，对青少年网络成瘾进行系统研究，客观揭示青少年网络成瘾的特点和成因，为矫治青少年学生网络成瘾提供理论依据和策略指导。为达此目的，本研究采取了如下主要研究步骤。

（1）界定网络成瘾概念，明晰研究对象。通过对有关文献的综述，在借鉴已有观点的基础上结合自己的思考，提出网络成瘾的操作性定义。

（2）确立网络成瘾鉴别标准，开发科学有效的研究工具。为开发科学有效的青少年学生网络成瘾测量工具，我们首先从已有的有关网络成瘾的研究出发，结合青少年学生实际情况和中国文化背景，在理论上构建青少年学生网络成瘾鉴别的因子结构。然后通过调查研究，确认鉴别因子结构。最后，在鉴别因子结构的基础上，形成青少年学生网络成瘾鉴别量表的初始问卷。对初始问卷进行预测、初测和重测，对问卷进行项目分析，修改和筛选题项，确定网络成瘾鉴别的因子，最终形成正式问卷，并在此基础上进行信度、效度考察及常模的建立。

（3）选择被试，实际调研。为了保证本研究的科学性和有效性，本研究选择了大范围调查，采用分层整群抽样。首先按初中、高中、大学确定三种类别学生抽样人数，然后在兼顾重点学校、非重点学校，兼顾职业学校、民办学校，兼顾年级、班级、专业的情况下具体确定不同学校抽样人数。

(4) 特点探讨，归因分析。对调研结果进行分析。

2. 研究目的

本研究试图开发科学有效的网络成瘾诊断量表，并在大规模调研的基础上，了解青少年网络成瘾的特点，进而提出相应的应对策略。

第二节　青少年网络成瘾的调查研究

一、网络成瘾结构的理论研究

(一) 网络成瘾的操作性定义

在前面文献资料分析的基础上，我们将网络成瘾定义为：网络成瘾是指以网络为中介，以网络中储存的交互式经验、信息等虚拟物质、信息为成瘾物所引起的个体在网络使用中，沉醉于虚拟的交互性经验、信息中不能自主，长期和现实社会脱离，从而引发生理机能和社会、心理功能受损的行为。

从以上定义，我们可以看出网络成瘾必须具备以下三个条件：一是这种成瘾行为以网络为中介；二是成瘾物是虚拟的；三是对这种虚拟物的追求必须是长期的，并让个体的社会、心理功能受损。根据这一定义，我们认为，网络成瘾包括下列四种子类型：(1) 网络色情成瘾（包括网上的色情音乐、图片和影像等）；(2) 网络交际成瘾（包括用MUD、聊天室等在网上进行人际交流）；(3) 网络游戏成瘾（包括不可抑制地长时间玩网络游戏）；(4) 其他网络成瘾行为，前面三种典型的网络成瘾行为以外的其他网络成瘾行为。

(二) 网络成瘾鉴别标准的理论分析

1. 对现有的网络成瘾鉴别标准的分析

如前所述，当前对于网络成瘾者的诊断没有公认的标准。目前比较通行的是Young的诊断标准。这一鉴别量表的优点在于简单实用，这也是该量表在国内外的引用较多的原因。但是这一量表也有明显的缺点：首先，这一量表是用DSM-IV中有关赌博成瘾的评定标准直接转化而来，同时该量表至今没有信度、效度和常模等统计指标。其次，该量表只能鉴别个体是否患有网络成瘾，而不能进一步鉴别到底是哪一种网络成瘾。因为不同的网络成瘾其形成原因差异很大，预防和采取措施也相应有所不同，所以该鉴别量表还有待进一步深化。最后，由于东西方文化经济等各方面的差异，因此网络成瘾行为的鉴别标准中国和西方也应该有一定差异。

表 21－1　Young 的网络成瘾筛选量表①

题　号	题　目
1	我会全神贯注于互联网络或在线服务活动，并且在下网后仍继续想着上网时的情形。
2	我觉得需要花更多时间在线上才能得到满足。
3	我曾努力过多次想控制或停止使用网络，但并没有成功。
4	当我企图减少或是停止使用网络时，我会觉得沮丧、心情低落或是脾气暴躁。
5	我花费在网络上的时间比原先希望的还要长。
6	我会为了上网而甘冒重要的人际关系、工作、教育或工作机会损失的危险。
7	我曾向家人、朋友或他人说谎以隐瞒我涉入网络的状态。
8	我上网是为逃避问题或试着释放一些感觉，诸如无助感、罪恶感、焦虑或沮丧。

台湾学者陈淑惠（1999，2000）② 以台湾的大学生为样本编制了中文网络沉迷量表，施测后的分析结果显示此量表有良好的信度和效度。全量表之内部一致性信度为 0.94，间隔两周之再测信度为 0.83。各因素之内部一致性信度则介于 0.78 与 0.90 之间。此外，针对样本分配之常态性（normality）检测显示：CIAS—R 之量表总分与各分量表得分均符合常态分配的特性（$p<0.001$）。综合观之，这些量表计量特性均表示陈淑惠的中文网络沉迷量表（CIAS-R，2000）是一个具有合理的可靠性与稳定度的筛选、研究工具。相对于 Young 的量表，陈淑惠的量表具备必要的统计数据，因而作为科学研究的价值更大。但该量表也有明显的缺陷，那就是量表仍然未脱离一般成瘾行为的鉴别模式，对网络成瘾的特性研究不够，因而在因素结构及题项上均表现出模仿痕迹过浓的缺点，其根本原因在于对量表建立的理论基础——网络成瘾的概念认识模糊不清。

2. 对网络成瘾鉴别因子结构建构的理论基础的思考

网络成瘾鉴别标准的理论基础之一——网络成瘾的概念。我们认为，构建网络成瘾的鉴别标准，必须准确界定网络成瘾的概念。本研究关于网络成瘾概念界定的内涵和外延是鉴别标准建立的基础，并结合致瘾物所导致的个体心理和行为的变化来构建。

网络成瘾鉴别标准的理论基础之二——成瘾行为的理论研究成果。目前心理学界对成瘾行为的总体研究成果认为，所有的成瘾行为在直接或者间接的成瘾物作用

① 中文翻译部分摘自韩佩凌：《台湾中学生网路使用者特性、网路使用行为、心理特性对网路沉迷现象之影响》，台湾师范大学教育心理与辅导研究所硕士学位论文，1998 年。

② 陈淑惠：《我国学生电脑网路沉迷现象之整合研究——子计划一：网路沉迷现象的心理病因之初探（1/2，2/2）》，（中国台湾）“行政院科学委员会”专题研究计划，1999 年，2000 年。

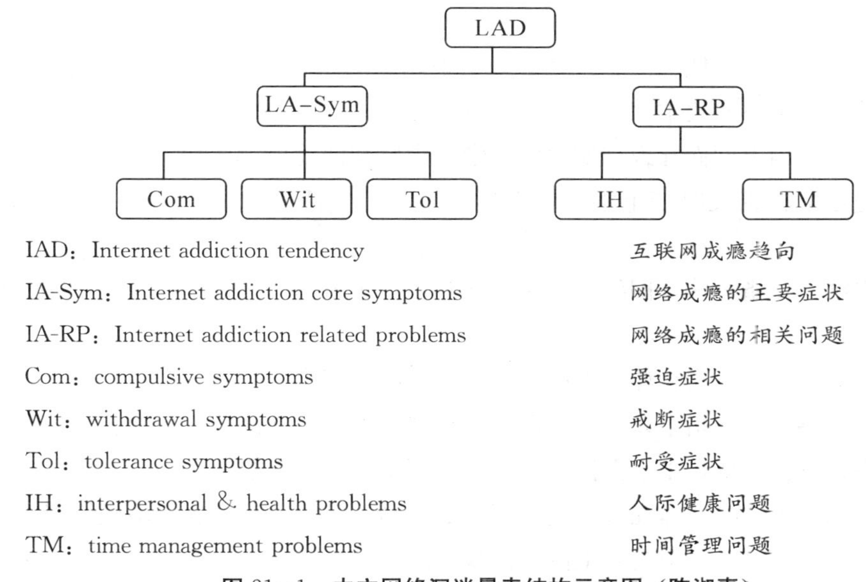

图 21－1　中文网络沉迷量表结构示意图（陈淑惠）

下，个体在心理、行为、生理三个方面均会出现相应的病理变化。心理的病理变化主要体现在心理过程、个性心理、心理状态三个方面。心理过程又主要表现在认知、情感、意志等方面的病理性变化；个性心理主要体现在人格等方面的变化；心理状态等方面的变化主要体现在注意力等方面的变化。行为主要体现在出现戒断行为、强迫行为、耐受行为、人际不良、社会脱离、工作绩效低下等。生理变化主要是指个体成瘾之后，生理机能出现相应的病理变化。

网络成瘾鉴别标准的理论基础之三——网络成瘾行为的现有研究成果。目前，网络成瘾行为的研究结果表明，网络成瘾对个体的心理伤害在认知方面主要体现在注意力、感知、记忆力、思维、元认知等方面。情感方面主要体现在孤独感、幸福感、抑郁三个方面。意志方面常有剧烈的动机冲突、上网的目的性不强等表现。生理方面主要体现在出现失眠、头痛、消化不良、恶心、厌食、体重下降等不良反应。

（三）青少年学生网络成瘾鉴别因子的理论建构

根据前面的研究，结合青少年学生的实际情况，我们认为，网络成瘾的鉴别主要应依据致瘾物给个体带来的心理、生理、行为的病理性变化，因此鉴别即从心理、生理、行为这三个因子着手。其中心理因子主要包括认知、情感、意志、人格等方面的障碍。认知障碍又包括注意力、感知、记忆力、思维力、元认知等方面的受损状况；情感障碍包括孤独感、幸福感、抑郁三个方面；意志障碍包括动机冲突、目的性两个因素；人格障碍只有双重人格一个因素。行为因素含戒断性、强迫性、耐受性等成瘾行为，又含学业不良、社会脱离、人际疏远等不适应社会行为。生理因素含一个三级因子——躯体症状。每个三级因子的具体解释如下：

（1）注意力：指个体的注意力大部分集中到与网络相关的活动，对其他的活动如学习等注意力常不易集中。

（2）感知：因上网而导致现实生活和学习中感知活动出现异常。

（3）记忆力：指长时期上网后，个体在学习、生活等方面的记忆力有减退的倾向。

（4）思维力：指个体在网络活动中思维活跃，而在现实生活和学习中思维能力下降。

（5）元认知：主要指个体对上网时间的自我监控能力下降。

（6）孤独感：主要指个体因上网而导致在网下生活中常体验到孤独感。

（7）幸福感：主要指由于上网而导致个体网下生活的幸福感下降。

（8）抑郁：主要指个体在长时期上网之后，网下常体验到抑郁等消极情绪。

（9）动机冲突：个体对是否上网常出现剧烈的动机冲突。

（10）目的性：主要指个体网络行为的目的性较差，行为常超出预期的目的。

（11）双重人格：主要指个体网上与网下人格不协调，常出现双重或多重人格。

（12）戒断性：主要指个体离开网络会有一种痛苦的情绪体验或相应的行为反应。

（13）耐受性：网络行为有不断增加的迹象。

（14）强迫性：网络行为自控能力下降，出现上网的冲动等。

（15）人际疏远：主要指个体沉迷于网络人际交往，缺乏现实交往动机和技巧。

（16）学业不良：主要指因上网而导致学习兴趣减弱，学业成绩下降。

（17）社会脱离：主要指个体对现实群体和社会态度漠然，缺乏责任感、义务感，热衷于网络社会的构建。

（18）躯体症状：主要指个体因长期上网而导致失眠、头痛、消化不良、恶心、厌食、体重下降等不良生理反应。

二、网络成瘾行为鉴别因子的实证研究

（一）网络成瘾鉴别因子的初步调查研究

我们将前面通过理论分析得出的鉴别标准因素结构制成半开半闭式问卷，以信函的形式调查了全国心理健康专家20人，高校教师（高校辅导员）20名，中学教师40名。

表 21－2　青少年学生网络成瘾鉴别因子调查问卷统计〔专家及教师赞成率（%）〕

因素	注意力	感知	记忆力	思维力	元认知	孤独感	幸福感	抑郁	动机冲突	目的性	双重人格	戒断性	强迫性	耐受性	人际疏远	学业不良	社会脱离	生理反应
心理专家	82	39	70	59	100	88	88	82	65	53	94	94	100	88	76	88	100	100
高校教师	86	43	43	57	57	100	57	86	33	43	43	86	43	43	71	43	71	57
中学教师	85	40	75	50	75	100	75	75	53	80	85	85	90	85	56	85	95	75
简单平均	84	41	63	55	77	96	73	81	50	59	74	88	78	72	68	72	89	77
加权平均(3∶2∶1)	84	41	62	57	82	94	76	82	52	54	76	90	79	73	71	73	90	82

调查结果（表 21－2）表明：除感知因子外，其余鉴别因子的专家赞成率均超过 50%。把三种被调查人群对每一个鉴别因子的反应率进行简单平均，除感知因子外，其余因子的反应率均超过 50%。

在三组调查对象中，就总体因素而言，心理专家和中学教师的赞成率有着较高的一致性，二者和高校教师有着较大的差异。具体而言，意见分歧较大的鉴别因子有记忆力（70%、43%、75%）、动机冲突（65%、33%、53%）、双重人格（94%、43%、85%）、强迫性（100%、43%、90%）、耐受性（88%、43%、85%）、学业不良（88%、43%、85%）等几个因素。高校教师相对其他两组调查人群，对以上鉴别因子的低赞成率，我们认为可能是由以下几个方面原因造成的：

第一，大学生学习特点所导致。大学生学习更多依赖的是思维、创新等能力，对记忆能力的要求已远不如中学生要求高。这就必然导致大学教师对学生记忆能力的变化不及中学教师敏感。同时，大学生主要是自主学习，学习时间的安排具有较大的自主性、灵活性，因此学生即使已经网络成瘾，表现出了耐受性等特点，只要不是太严重，这种时间安排的变化也不容易被别人发现。此外，大学生更注重能力培养，对学习成绩的关注程度远远不如中学生；大学里面的课程除专业课外，互为基础的并不多，每个学生由于兴趣、能力趋向的不同，在不同的学科成绩差异较大也是比较普遍的现象，所以学生网络成瘾之后，学习成绩出现一定下降，只要没有严重到补考、重修的地步，这种变化一般也不容易被老师观察到。

第二，大学生的心理特点所导致。大学生的人格已趋近成熟、统一，个体出现双重人格的较少，即使网络成瘾，出现双重人格也会要么表现不明显，要么表现相对隐秘。但对中学生而言，由于自我意识的不成熟，往往对自我认识、评价、体验表现出一定的不稳定性，因而即使没有网络成瘾，也容易出现多重人格、双重人格等心理障碍，一旦网络成瘾，就更容易出现人格的统合障碍，所以中学教师较大学教师而言更容易观察到学生网络成瘾之后人格统合方面的障碍。同时大学生的自控能力较强，网络成瘾之后，即使出现一定的网络强迫症状，也很容易被掩饰而不自然流露出来，这也容易导致其相应的心理症状不容易被发现。

第三，高校与中学对上网的不同态度所导致。对于中学生来说，几乎所有的学校都严禁学生上网，因此中学生上网时常会出现动机冲突，一旦上网成瘾，外在要求和内心需求矛盾更为激烈，网络成瘾症状就容易出现剧烈的动机冲突。而在高校，学校对学生上网没有太多的限制，所以学生对于上网很少出现动机冲突，即使成瘾之后有一定的动机冲突，也远远不如中学生表现强烈。

三者普遍认同度较低的因子有思维力（59%、57%、50%）和动机冲突（65%、33%、53%）两个因子。分析原因，可能在于个体的思维力是一个较为稳定的心理变量，网络成瘾之后，个体的思维力可能存在变化，但这种变化由于太小，凭直观并不容易察觉到。而动机冲突是一个内在的心理活动过程，网络成瘾者行为中的强迫性，行为的不易更改性往往掩盖了个体内心的矛盾冲突，人们很容易从行为来推断个体的内心，从而否认其内心的矛盾冲突。

从总体来看，青少年学生网络成瘾鉴别因子的调查结果，无论是简单平均或是加权平均，除感知因素以外的所有因素均超过了50%的赞成率。虽然不同人群有一定的差异，但从内隐研究这个角度，考虑到网络成瘾是一个新的心理现象，能取得这样高的总体认同度，说明基于理论和文献建构的鉴别标准因素结构是比较符合现实的。同时由于感知因素认同度太低，我们决定在下一步的研究中舍去感知这一因素。

（二）网络成瘾鉴别因子的区分度研究

为了研究该因素结构在目标人群上的适应程度，我们将该网络成瘾鉴别因素结构制成一个包含18道题的学生问卷，让学生选择上网后可能出现的各种反应，如果有该种反应就在该鉴别因素上打“√”，否则打“×”。我们共调查学生206名，回收有效问卷202份。其中，初中生52人，回收有效问卷52份；高中生30人，回收有效问卷26份；职业高中学生43人，回收有效问卷43份；在校大学生50人，回收有效问卷50份；民办高校学生31人，回收有效问卷31份。另调查中学生上网着迷者13名，私营网吧上网青年20名。

表 21—3　青少年学生网络成瘾调查问卷统计汇总（%）

因　素	注意力	记忆力	思维力	元认知	孤独感	幸福感	抑郁	动机冲突	目的性	双重人格	戒断性	强迫性	耐受性	人际疏远	学业不良	社会脱离	生理反应
学生平均反应率	23	24	21	40	21	21	28	26	49	26	15	39	21	19	24	20	15
中学生上网着迷者	31	77	38	54	28	23	34	29	69	38	27	58	32	22	85	23	54
社会网吧青年	30	45	30	50	40	25	50	25	35	30	25	70	40	25	20	30	35

调查结果表明：社会网吧青年和普通学生相比较，社会网吧青年在大部分因子上的反应率均高于普通学生，最高反应率差异为记忆力（21%），但动机冲突、目的性、学业不良三个因子网吧青年低于普通学生，其反应率差异分别为−1%、−44%和−4%。中学生上网着迷者与普通学生相比较，在所有的因子上中学生上网着迷者反应率均高于普通学生，最高差异为学业不良（61%），最低差异为幸福感（2%）。社会网吧青年与中学生上网着迷者相比较，反应率互有高低，社会网吧青年在七个因子上高于中学生上网着迷者，这七个因子是社会脱离、人际疏远、耐受性、强迫性、孤独感、抑郁和幸福感。中学生上网着迷者高于社会网吧青年的十个因子是注意力、记忆力、思维力、元认知、目的性、戒断性、学业不良、生理反应、双重人格和动机冲突。

以上调查结果说明，除了动机冲突、目的性、学业不良等因子，其余所有的鉴别因子都显示出社会网吧青年及中学生上网着迷者反应率高于普通学生，具有较好的鉴别力。在动机冲突因子、学业不良因子、目的性因子上，虽然社会网吧青年低于普通学生，但学业不良对社会网吧青年来说，其本身就意义不大（大部分网吧青年已结束学业），所以在这个因子上，网吧青年反应率低于普通学生应属正常。与此相对应的是在这一因子上，中学生上网着迷者反应率高于普通学生，从而也证明了该因子作为学生群体的网络成瘾鉴别因子是合适的。

对于在目的性上的差异，应属于社会网吧青年理解性的错误。在我们随后对学生进行的访谈中了解到，普通学生认为上网的社会期许目的应该是学习，从事任何其他与学习无关的活动都属于没有明确的目的。然而，社会网吧青年则认为玩游戏、聊天也算是明确的目的，所以在该因子的反应率上就出现了社会网吧青年低于普通学生这一异常现象。但将普通学生与中学生上网着迷者的反应率进行比较，中学生上网着迷者在该因素上的反应率远远高于普通学生，从而证明了其正向区分价值。

动机冲突这一因子网吧青年反应率与普通学生反应率之差为−1%，从这一点来说，此因子不能把网吧青年和普通学生鉴别出来，但我们要确定的是青少年学生网络成瘾鉴别因子，只要该因子能区分学生群体里面不同网络成瘾水平的人群，该因子就仍然是青少年学生网络成瘾鉴别因子中的一个好的鉴别因子。调查数据表明，在该因子上，中学生上网着迷者与普通学生的反应率之差为3%，说明该因子对不同网络成瘾学生还是具有一定区分能力的。

总体而言，青少年学生网络成瘾理论建构并经由内隐调查研究实证的鉴别因子均具有区分鉴别能力，但个别因子鉴别力偏弱，如动机冲突因子。综上所述，我们认为青少年网络成瘾的全部鉴别因子都具有一定的区分度和鉴别力。

三、青少年学生网络成瘾鉴别量表的编制

（一）量表编制的原则

本研究在量表编制过程中除了遵循信度、效度、难度、区分度的原则外，还确定了以下原则：

1. 成分—题项的匹配性原则。量表必须测到理论上需要测到的东西，其直接的表现就是问卷所选择的题项必须在较大程度上反映构想成分的内容实质。这是量表编制的内容效度问题。

2. 符合年龄特征原则。同类问题量表题项的筛选必须充分考虑青少年学生的年龄特征。青少年学生的网络成瘾问题有别于其他年龄段，因此，问卷的编制必须结合青少年学生的实际，所设计问题的内容和语言表述都必须符合这一原则。这是问卷的效标效度问题。

3. 行为样本的代表性原则。量表题项需要反映青少年学生成瘾之后的日常心理和行为现象，也就是说青少年网络成瘾的鉴别标准是通过成瘾者个体日常的心理和行为表现出来的。但是，网络成瘾个体的日常心理和行为表现有很多，而我们的问卷容量却有限。因此，要通过有限的题项充分反映青少年学生成瘾之后的心理和行为全貌，就必须考虑题项的行为典型意义。这是问卷的信度问题。

（二）初始问卷编制的过程

1. 结构成分的细化。理论构想结构模型的成分在很大程度上还是特质成分，离项目层次还有一定距离。因此必须根据心理结构的层次模型，对特质成分进行细化，规定从哪些方面、哪些行为领域去编制题项。比如，网络成瘾对注意力的伤害，可以细化为注意的广度、注意的转移、注意的分配、注意的稳定性等几个方面。

2. 题项的来源。青少年学生网络成瘾鉴别量表的题项来源，一是现今公认的成熟量表的相同和相似的题项，二是自编题项。自编题项的编制程序如下：(1) 收集题目，就网络成瘾鉴别特征词询问不同类别的学生，征询有关这些特征词的日常行为描述；(2) 筛选题项，根据题项的典型性和代表性确定恰当的语句作为测试题项；(3) 测试题项，对题项进行预测，进行项目分析，进一步提高题项的质量。

3．初始问卷的因素与题项分布见表 21－4。

表 21－4　初始问卷题项数量结构

<table>
<tr><th colspan="3">变　量</th><th>题　数</th></tr>
<tr><td rowspan="9">心理维度</td><td rowspan="4">认知维度</td><td>注意力</td><td>5</td></tr>
<tr><td>智力（记忆力）</td><td>5</td></tr>
<tr><td>智力（思维力）</td><td>5</td></tr>
<tr><td>元认知</td><td>5</td></tr>
<tr><td rowspan="3">情感维度</td><td>孤独感</td><td>5</td></tr>
<tr><td>抑郁（幸福感）</td><td>5</td></tr>
<tr><td>抑郁</td><td>5</td></tr>
<tr><td rowspan="2">意志维度</td><td>动机冲突</td><td>5</td></tr>
<tr><td>（目的性）</td><td>5</td></tr>
<tr><td colspan="2">人格维度</td><td>双重人格</td><td>5</td></tr>
<tr><td colspan="2" rowspan="6">行为维度</td><td>成瘾行为（戒断性）</td><td>5</td></tr>
<tr><td>成瘾行为（强迫性）</td><td>5</td></tr>
<tr><td>成瘾行为（耐受性）</td><td>5</td></tr>
<tr><td>适应不良（人际疏远）</td><td>5</td></tr>
<tr><td>适应不良（学业不良）</td><td>5</td></tr>
<tr><td>适应不良（社会脱离）</td><td>5</td></tr>
<tr><td colspan="2">生理维度</td><td>躯体症状</td><td>5</td></tr>
<tr><td colspan="3">测谎题</td><td>7</td></tr>
<tr><td colspan="3">引导题</td><td>3</td></tr>
<tr><td colspan="3">总题数</td><td>95</td></tr>
</table>

说明：括号里的变量是理论构想模型中有而实证模型中没有或在实证模型中被重新命名的青少年学生网络成瘾鉴别因素。

（三）初始问卷的实证探析

采用自编的青少年学生网络成瘾鉴别量表（采用 5 点记分，以单选迫选形式作答），首先在重庆市的高校和中学进行初测，总共发放问卷 1655 份，回收 1587 份，经测谎鉴别得到有效问卷 1419 份。对初始问卷进行项目分析和因素分析，根据分析结果调整因素和项目，确定青少年学生网络成瘾鉴别量表的正式问卷。然后在重庆市、四川省 7 所中学、8 所高校、1 所职业学校、1 所民办学校进行正式测量，发放问卷 2550 份，回收 2390 份，经测谎鉴别后剔除无效问卷 378 份，最后获得有效问卷 2012 份。对有效问卷再次进行因素分析，验证因素结构和项目的有效性，并对问卷进行信度和效度分析，为青少年网络心理的研究提供工具。数据分析结果如下。

1. 项目分析

本研究只进行项目的鉴别力分析，就是考察一个项目在测验所测量的行为上，能够正确区分各个测量参加者的程度。结果发现，本问卷所有的题项在组别群体变异数相等性的 F 值检验中，均达极显著水平，表明两个组别群体变异数不相等。与此同时，每题的假定变异数不相等所列之 t 值也达到极显著水平。由此可见，本问卷所有题项均具有较高区分度。

2. 因素分析

根据因素分析理论，本研究采用公认的项目评价和筛选标准取舍题项。删除题项的具体标准如下：因素负荷小于 0.4；共同度小于 0.2；概括负荷小于 0.5；每个项目最大的两个概括负荷之差小于 0.25。

根据以上标准，对初始问卷进行题项取舍，构成小容量有效项目问卷。然后对所有的有效问卷进行主成分分析，得到初始矩阵，再通过斜交旋转求出最终的因素负荷矩阵。最后根据理论构想中成分的数量（17 个）和陡阶检验，结果确定了 9 个成分。

表 21－5　青少年学生网络成瘾鉴别量表因素负荷

因素一			因素二			因素三			因素四			因素五		
项目	载荷	共同度	项目	载荷	共同度	项目	载荷	共同度	项目	载荷	共同度	项目	载荷	共同度
S_{81}	.76	.69	S_{65}	.65	.58	S_{25}	.85	.69	S_{7}	.72	.70	S_{88}	.84	.67
S_{80}	.76	.68	S_{66}	.61	.58	S_{26}	.80	.67	S_{6}	.67	.70	S_{87}	.79	.66
S_{79}	.74	.69	S_{58}	.60	.52	S_{24}	.80	.61	S_{8}	.63	.65	S_{85}	.63	.57
S_{83}	.65	.63	S_{54}	.59	.57	S_{28}	.77	.59				S_{89}	.60	.57
S_{82}	.61	.60	S_{55}	.53	.53	S_{27}	.47	.53				S_{86}	.50	.56
S_{73}	.53	.58	S_{62}	.48	.63									
S_{84}	.49	.57	S_{59}	.47	.53									
S_{72}	.47	.47	S_{63}	.46	.64									
S_{78}	.46	.47	S_{57}	.45	.49									
S_{92}	.44	.53	S_{64}	.42	.52									
			S_{61}	.41	.52									

因素六			因素七			因素八			因素九		
项目	载荷	共同度	项目	载荷	共同度	项目	载荷	共同度	项目	载荷	共同度
S_{52}	.90	.60	S_{12}	.72	.51	S_{36}	.64	.70	S_{42}	.82	.65
S_{51}	.54	.75	S_{13}	.67	.54	S_{35}	.63	.69	S_{43}	.69	.68
S_{49}	.41	.46	S_{14}	.59	.62	S_{37}	.60	.71	S_{41}	.61	.53

续表

因素六			因素七			因素八			因素九		
			S_{15}	.50	.59	S_{34}	.57	.66			
			S_{16}	.49	.47	S_{33}	.51	.54			
						S_{38}	.45	.61			

表 21－6　青少年学生网络成瘾鉴别量表各成分的特征值和贡献率

成　分	特征值	贡献率（%）	累积贡献率（%）
适应不良	18.550	36.373	36.373
成瘾行为	2.243	4.397	40.770
孤独感	1.860	3.646	44.416
注意力缺失	1.822	3.572	47.988
躯体症状	1.493	2.928	50.916
双重人格	1.191	2.336	53.252
智力受损	1.180	2.315	55.567
抑　郁	1.124	2.204	57.771
动机冲突	1.003	1.967	59.738

从表 21－5、表 21－6 可以看出，因素分析共获得 51 个有效题项，共析出 9 个因素，可以解释项目总方差的 59.738%。第一个因素共 10 个题项，都涉及个体的适应状况，其中 S_{72}、S_{73}体现的是人际适应不良，S_{78}体现的是学习适应不良，S_{79}、S_{80}、S_{81}、S_{82}、S_{83}体现的是社会适应不良，归纳这三种适应不良，我们将这一因素命名为适应不良。第二个因素共 11 个题项，反映的都是个体网络成瘾之后的行为表现，故命名为成瘾行为。第三个因素共有 5 个题项，全部属于理论构想中的孤独感，故仍命名为孤独感。第四个因素共有 3 个题项，全部属于理论构想中的注意力因素，因此命名为注意力缺失。第五个因素共有 5 个题项，全部属于理论构想中的躯体症状，故因素命名仍然不变。第六个因素有 3 个题项，全部属于理论构想中的双重人格因素，因此这一因素仍沿用原名。第七个因素有 5 个题项，命名为智力受损。第八个因素有题项 6 个，体现的都是上网后个体以抑郁为主的情绪体验，故仍命名为抑郁。第九个因素有题项 3 个，全部属于理论构想中的动机冲突因素，故仍沿用原名。

3. 信度检验

采用分半信度和内部一致性信度作为检验青少年网络成瘾鉴别量表及其各个因素信度的指标。分析发现，青少年网络成瘾鉴别量表及其 9 个因素的内部一致性信度在 0.49～0.95 之间，分半信度在 0.29～0.89 之间。说明本研究的青少年网络成瘾鉴别量表总体而言具有良好的信度，但个别因素如双重人格信度偏低（内部一致性信度为 0.49，分半信度为 0.29）。

4. 效度检验

本研究从结构效度和效标效度两个方面讨论问卷的效度。

本问卷的结构效度。本研究采用因素分析和相关分析来检验青少年学生网络成瘾鉴别量表的结构效度。本研究通过因素分析，析出青少年学生网络成瘾鉴别标准的 9 个因素，与青少年学生网络成瘾鉴别标准理论构想模型基本一致。同时，通过分析发现，各个因素与量表总分的相关在 0.53～0.87 之间，有较高的相关。各个因素之间的相关在 0.26～0.70 之间，相关适中。这都说明本量表具有较高的结构效度。

效标效度。本研究将个体对网络成瘾的自觉症状作为外在效标。其理由在于有心理障碍的个体常常对自己的症状是能够自觉的。因此，凡是认为自己已深陷网络、不能自拔的个体，其量表得分往往也会较高。也就是说当个体的自觉症状与量表得分有着显著的相关时，本量表的效标效度也就比较良好。从研究结果看，个体网络成瘾自觉症状与网络成瘾鉴别量表总分及各因素得分之间的相关系数大致在 0.28～0.65 之间（表 21－7），经检验全部达到极显著水平，这说明本量表具有较好的效标效度。

表 21－7　个体网络成瘾自觉症状（S_{96}）与网络成瘾鉴别量表得分的相关分析

因　素	Y_1	Y_2	Y_3	Y_4	Y_5	Y_6	Y_7	Y_8	Y_9	Y_{10}
皮尔森相关系数	.509	.462	.418	.541	.372	.275	.542	.646	.454	.654
显著性（双侧检验）	.000	.000	.000	.000	.000	.000	.000	.000	.000	.000

注：Y_1＝注意力缺失；Y_2＝智力受损；Y_3＝孤独感；Y_4＝抑郁；Y_5＝动机冲突；Y_6＝双重人格；Y_7＝成瘾行为；Y_8＝适应不良；Y_9＝躯体症状；Y_{10}＝量表总分。表 21－8 同。

（四）青少年学生网络成瘾鉴别量表常模的建立

常模是一种供比较的标准量数，由标准化样本测试结果计算而来。

本问卷常模的建立采用划界分方式。因为本量表是筛查量表，在正常人群中筛查出网络成瘾患者，因此样本不是正态分布，只能运用划界分的方式建立常模。常模建立的具体方式为，将本次调查的最高得分减去最低得分得出本次调查的全距，将全距四等分。从得分最低段依次向上分别为无明显症状组、轻微症状组、中度症状组、重度症状组。运用这种方式求出的青少年网络成瘾鉴别量表的常模是：

97 分以下：无明显症状组

98～143 分：轻微症状组

144～189 分：中度症状组

190 分以上：重度症状组

经 F 值检验，四组组间差异均达显著（表 21－8）。

表 21－8　青少年学生网络成瘾不同组别差异分析

成　分	Y_1	Y_2	Y_3	Y_4	Y_5	Y_6	Y_7	Y_8	Y_9	Y_{10}
F	483.84	626.84	519.51	1195.73	318.83	176.99	1170.65	1398.25	502.81	3746.46
p	.000	.000	.000	.000	.000	.000	.000	.000	.000	.000

（五）讨论

本调查问卷严格遵循心理测量学量表编制的程序，具体分为四个步骤：（1）从已有的有关网络成瘾的研究出发，结合学生实际情况和中国国情，在理论上构建了青少年学生网络成瘾鉴别的因子结构。（2）在该理论结构的基础上，经过实证调查，进一步确认该因子结构。（3）在鉴别因子结构的基础上建立问卷编制的双向细目表，根据双向细目表尽量从已有的权威心理量表中选择题项，或者在充分保证内容效度的基础上自编题项，形成青少年学生网络成瘾鉴别量表的初始问卷。（4）对初始问卷进行预测、初测和重测，对问卷进行项目分析（主要采用了鉴别力分析和因素分析），修改和筛选题项，确定网络成瘾鉴别的因子，最终形成正式问卷。

鉴别力分析结果显示，问卷的有效题项达到 100%，说明初始问卷的题项鉴别力相当好。因素分析保留负荷值在 0.4 以上的题项，保留有效题项 51 题（初始问卷 96 题），题项本身的质量得到严格的保证。然后经过信度考察，青少年网络成瘾鉴别量表及其 9 个因子的内部一致性信度在 0.49～0.95 之间，分半信度在 0.29～0.89 之间。说明本研究的青少年网络成瘾鉴别量表总体而言具有良好的信度，但个别因素如双重人格信度偏低。最后通过相关分析考察了量表的结构效度和效标效度，各个因素与量表总分的相关在 0.53～0.87 之间，有较高的相关。各个因素之间的相关在 0.26～0.70 之间，相关适中，这说明本量表具有较高的结构效度。本问卷设置了效标效度，结果表明，网络成瘾鉴别量表总分及各因素得分与效标的相关系数在 0.28～0.65 之间，经检验全部达到极显著水平。表明本量表具有良好的效标效度。因此，本量表具有较高的可靠性和有效性。通过分析，本研究确定了青少年学生网络成瘾的划界分常模，对网络成瘾水平进行了精确划分。

目前，尽管美国、我国台湾等已编制了相关的网络成瘾量表，但国内尚未有经实证研究的正式量表出现，本研究填补了这方面的空白。但网络心理是一个新的心理现象，网络成瘾是一个新的心理问题，因此，青少年学生网络成瘾鉴别量表的编制和常模建立不是一蹴而就的事情，需要研究者不断地通过收集资料来加以验证、修订和完善，最终才能形成精确、完整、科学、权威和标准化的网络成瘾鉴别量表。

本问卷也需要在以后的研究中进一步完善。

四、青少年学生网络成瘾的流行病学调查

采用自编的青少年学生网络成瘾鉴别量表，在重庆市、四川省选取7所中学、8所高校、1所职业学校、1所民办学校进行调查（发放问卷2550份，回收2390份，测谎鉴别后剔除无效问卷378份，最后获得有效问卷2012份），探讨青少年学生网络成瘾症状的流行状况，分析青少年学生网络成瘾症状构成的性别、年龄、年级和学校类型差异，以便有针对性地采取防治措施，促进青少年学生的心理健康。

（一）青少年学生网络成瘾症状的流行率

本次共调查大学和中学学生2012人，经筛查，不同程度网络成瘾的学生总数为810人，占被调查学生的40.3%。在810名有网络成瘾症状的学生中，有轻度网络成瘾症状的学生为607名，占被调查总人数的30.2%；有中度网络成瘾症状的学生为180名，占被调查总人数的8.9%；有重度网络成瘾症状的学生为23人，占被调查学生总数的1.1%。经卡方检验，轻、中、重度网络成瘾症状流行率有着显著差异，$\chi^2=8.342$，$p<0.01$。

（二）不同学校类型学生网络成瘾流行率的分析

此次调查，共调查中学生850名，有网络成瘾症状的学生365名；高校学生954名，有成瘾症状的学生345名；职业学校学生123人，有网络成瘾症状的学生53名；民办学校学生85名，有网络成瘾症状的学生47名。总体症状流行率高低排位（由低到高）分别为：高校（36.2%），普通中学（42.9%），职业学校（43.1%），民办学校（55.3%）。经卡方检验，普通中学与高校、民办学校之间的差异分别达到显著水平（$\chi^2=8.651$，$p<0.01$；$\chi^2=4.784$，$p<0.05$）；高校组和中学组（含职业学校和民办学校）的流行率差异达到显著水平（$\chi^2=17.594$，$p<0.01$）。

我们还进一步比较了三种不同水平网络成瘾症状流行率在不同类型学校之间的差异，其$\chi^2=34.117$，$p<0.01$，说明学校类别的不同，不同水平网络成瘾症状的流行率有着显著差异。轻度症状流行率从低到高分别为职业学校（24.4%），高等院校（28.7%），普通中学（31.4%），民办学校（30.2%）。经卡方检验，普通中学与民办学校的差异达到显著水平（$\chi^2=4.223$，$p<0.05$）；高校组和中学组（含职业学校和民办学校）的差异达到显著水平（$\chi^2=9.511$，$p<0.05$）。

中度症状流行率从低到高分别为高等院校（6.4%），民办学校（9.4%），普通中学（10.6%），职业学校（16.4%）。经卡方检验，普通中学和高校差异达到显著水平（$\chi^2=10.309$，$p<0.01$）；高校组和中学组（含职业学校和民办学校）的差异达到显著水平（$\chi^2=18.628$，$p<0.01$）。

重度网络成瘾症状流行率从低到高分别为普通中学（0.9%），高等院校

(1.0%)，职业学校（2.4%），民办学校（3.5%）。经卡方检验，普通中学与高校、职业学校流行率的差异均未达到显著水平（$\chi^2=0.052$，$p=0.819$；$\chi^2=2.157$，$p=0.142$）；普通中学和民办学校之间的差异达到显著水平（$\chi^2=4.452$，$p<0.05$）；民办学校和职业学校的差异未达显著水平（$\chi^2=0.213$，$p=0.664$）；高校组和中学组（含职业学校和民办学校）的差异达到显著水平（$\chi^2=6.184$，$p=0.103$）。

（三）重点与非重点学校网络成瘾症状流行率的比较

此次调查，共调查重点学校学生（含重点中学和重点大学）1180 名，有网络成瘾症状的学生 443 名；一般学校学生（含职业学校、民办学校）832 名，有网络成瘾症状的学生 367 名。经卡方检验，其差异达到显著水平（$\chi^2=8.753$，$p<0.01$）。对三种不同水平网络成瘾症状流行率进行比较，轻度网络成瘾症状流行率重点中学（28.8%）和一般学校（32.1%）相比，没有显著差异（$\chi^2=2.448$，$p=0.115$）；中度网络成瘾症状流行率重点学校（7.7%）和一般学校（10.6%）有显著差异（$\chi^2=4.942$，$p<0.05$）；重度网络成瘾症状流行率重点学校（1.0%）和一般学校（1.4%）没有显著差异（$\chi^2=0.749$，$p=0.387$）。

（四）青少年学生不同水平网络成瘾症状的性别差异

本次被调查学生中有网络成瘾症状的学生 810 人，其中男生 528 人，女生 260 人，性别缺失 22 人。通过卡方检验，有网络成瘾症状的男生显著多于女生（$\chi^2=53.868$，$p<0.01$）。我们进一步分析了三种水平网络成瘾症状男女生之间的构成差异，在轻、中、重度网络成瘾水平上男女生的比例分别为 34.3%∶23.9%，11.3%∶5.9%，1.4%∶0.8%，但经卡方检验，三种水平网络成瘾症状的男女生构成比没有显著差异（$\chi^2=2.493$，$p=0.287$）。

（五）青少年学生不同水平网络成瘾症状的家庭来源差异

本研究共调查城市来源的学生 1097 名，农村来源的学生 728 名。城市来源学生中有 413 名学生有不同水平的网络成瘾症状，农村来源学生中有 315 名学生有不同程度的网络成瘾症状。通过卡方检验，不同来源学生网络成瘾症状的构成比没有显著差异（$\chi^2=8.855$，$p=0.065$）。分析三种不同水平网络成瘾症状的生源构成差异，从低到高城市与农村来源学生流行率之比分别为 27.8%∶32.3%，8.6%∶9.7%，1.2%∶1.3%。经卡方检验，三种水平网络成瘾症状之间的城市和农村生源构成比没有显著差异（$\chi^2=0.080$，$p=0.961$）。

（六）青少年学生网络成瘾症状的年龄差异

本次调查中，年龄最小者为 11 岁，年龄最大者为 30 岁。经卡方检验，不同年龄段学生网络成瘾症状构成比率没有显著差异（$\chi^2=22.470$，$p=0.960$）。

分析不同年龄段青少年学生在三种水平上网络成瘾症状的流行情况，结果表明，在三种水平上青少年学生网络成瘾症状之间的年龄构成比有显著差异（$\chi^2=45.348$，

$p<0.01$）。同时，不同水平的网络成瘾症状存在大致相同的年龄发展趋势。11～17岁网络成瘾症状的流行率有一个缓慢上升的过程，17～18岁则有一个快速下降过程，18～20岁又上升到一个新的高度，22岁以后，网络成瘾症状流行率缓慢下降。重度网络成瘾症状流行率和轻度、中度相比，流行率上升的时期更多，且总体上出现峰值的年龄较其他两种水平的网络成瘾症状偏后。不同水平的网络成瘾症状的流行率在18岁左右都有一个下降趋势，在20岁左右有一个新的发展高峰期，而在22岁则出现分化，中度和轻度网络成瘾症状呈继续下降趋势，但重度网络成瘾症状呈现上升趋势。

（七）青少年学生网络成瘾的年级差异

本次调查，共调查了初一至大二8个不同年级的学生。调查表明，不同年级学生的网络成瘾症状总的构成比存在显著差异（$\chi^2=25.165$，$p<0.01$）。不同水平的网络成瘾症状构成比中，轻度和重度在年级间没有显著差异（$\chi^2=5.870$，$p=0.555$；$\chi^2=8.041$，$p=0.331$）。

（八）讨论

现有的相关研究一般认为网络成瘾流行率在5%～10%，如1999年美国心理学会公布的研究成果表明，大约有6%的网民患有不同程度的网络成瘾。[①] 美国纽约Jupiter Communications，Inc. 研究公司的统计表明，大约5%～10%的互联网用户存在出现上瘾问题的可能。[②] 德国慕尼黑的精神病学教授赫格尔（Hegerl）和科学家希曼（Seemann）的研究表明，至少有4.6%的人已经患有上网成瘾症。北京大学心理学系钱铭怡对北京12所高校的近500名本科生进行抽测，结果表明，大学生中网络成瘾者占到6.4%。[③] 本次在四川和重庆境内进行的调查表明，两地网络成瘾的总体流行率高达40.3%，比历次研究的数据都高。分析其原因，我们认为主要在于本次调查把各种轻微症状的网络成瘾者也纳入了研究范畴，如果将中度和重度网络成瘾者进行累加，其流行率也不过10%，重度流行率仅占调查学生的1.1%；同时由于在调查中使用的是不同的调查工具和调查区域，这也可能导致流行率上的差异。

在流行率的性别差异方面，本调查显示，男生流行率高于女生，但经卡方检验，没有显著差异。这和现有的其他研究的结论是一致的。从家庭来源来看，农村来源的学生流行率高于城市来源的学生。从年龄和年级来看，初一、初二、高三的流行率明显高于其他年级。究其原因，我们认为，初一、初二的学生可能是怀着好奇的心理去上网。在进一步的调查中，初一、初二有35.3%及28%的学生是因为好奇而

---

① 谷梅、邓建强：《网络化对青少年的负面影响》，《广西民族学院学报（社会科学版）》2001年第6期，第93～94页。

② 郭卜乐：《网瘾：杞人忧天抑或现实问题》，中国心理热线，http://www.zgxl.net/nolonely/wlsh/wlxljb/wyqrytyh.htm。

③ 蓝燕：《6.4%大学生有网络成瘾倾向》，《中国青年报》2001年10月17日。

上网。由于新奇的缘故导致上网成瘾，随着上网时间的增长，部分学生的新奇感消失，网络成瘾流行率自然有一个回落过程。但在高三时网络成瘾流行率又有一个上升的趋势，分析其原因，我们认为主要有以下几个方面：一是这次调查的高三班多属于比较差的中学，好的中学高三班由于升学的缘故没有调查到；二是我们认为高三学生生活太单调，特别是部分升学无望的学生，在对前途失去信心的情况下，容易把网络作为自己发泄苦闷情绪的地方。鉴于此，降低网络成瘾流行率的一个有效措施就是要抓住网络成瘾的关键期，在初一、初二时做好学生的引导工作，让学生对网络有一个正确的认识，同时对高三的学生应丰富他们的日常生活，加大对部分升学无望的学生的引导工作。

在对学校类别的比较中，重点学校和一般学校学生在网络成瘾方面有显著差异，进一步分析发现，这种显著差异没有出现在轻度和重度两种水平，而是出现在中度网络成瘾水平上。这在一定程度上提示我们，提供学生更多优质教育的机会将在一定程度上降低网络成瘾的流行率。同时我们还分析了中学、大学两组重点、非重点学校网络成瘾水平的差异，结果表明，在大学阶段重点、非重点学校之间没有显著差异，而在中学阶段重点和非重点学校之间则有显著差异。这说明学校环境对网络成瘾的影响主要在中学。这可能是因为中学生的心理发育正处于青春狂飙期，极易受环境的影响，而在大学阶段，由于心智发育渐趋成熟，所以环境的影响大大减弱。因此注重基础教育环境，大力改善非重点学校软硬件设施，也是降低网络成瘾流行率的一个重要举措。

在对不同类型的学校的调查中，我们发现职业学校、民办学校在总体流行率和中度、重度网络成瘾流行率方面均高于普通中学，高校流行率低于中学，这在一定程度上说明，搞好网络成瘾的防治工作，应将工作的重点放在职业学校、民办学校。

五、青少年学生网络成瘾年龄及性别特征研究

采用自编的青少年学生网络成瘾鉴别量表，在重庆市、四川省 7 所中学、8 所高校、1 所职业学校、1 所民办学校共筛选出 810 名网络成瘾患者。我们以这些“患者”为研究对象，通过实证的方式探究我国青少年学生网络成瘾症状水平的年龄、性别特征。

（一）青少年学生网络成瘾症状总体水平发展趋势的横断面比较

本研究以各年级被调查学生为被试，以青少年学生网络成瘾鉴别量表得分为网络成瘾症状指标，各年级的平均分和标准差见表 21－9。

表 21－9　不同年级学生网络成瘾症状水平的横断面比较

年　级	初一	初二	初三	高一	高二	高三	大一	大二
平均数	138.76	132.60	142.83	128.73	127.11	130.66	126.73	125.54
标准差	26.56	23.73	31.08	25.96	21.97	25.21	21.03	25.96

从初一到大二，除初三和高三学生网络成瘾症状得分有上升趋势外，其他年级网络成瘾症状水平表现出随着年级增高而逐渐下降的趋势。以年级为自变量进行方差分析，其 F 值为 3.031，$p<0.01$，说明青少年学生网络成瘾症状水平在年级上存在着主效应。以年龄为自变量进行方差分析，也得到了相同的结论（$F=2.279$，$p<0.05$）。

（二）网络成瘾症状各因子的横断面比较

在注意力缺失因子的年级变化趋势上，明显地分为两段，从初一到初三呈下降趋势，初三到大二除高三、大二略有回落外整体上呈平缓上升趋势。以年级为自变量进行方差分析，其结果为 $F=3.047$，$p<0.01$。以年龄为自变量进行方差分析，所得结果为 $F=1.728$，$p=0.06$。从分析结果来看，年级对注意力缺失因子有着明显的主效应，但年龄的主效应不明显。

在智力受损这一因子的变化中，有着与注意力缺失因子一致的变化趋势，但该因子明显出现了两个转折期，即初三和高三。与注意力缺失不同的是，智力受损因素在高三以后呈下降趋势，注意力因素则呈上升趋势。经方差分析，智力受损因子在年级、年龄上都存在着显著的主效应（$F=3.710$，$p<0.01$；$F=2.258$，$p<0.05$）。

孤独感因子的变化曲线与智力受损和注意力缺失有明显的不同，在初三和高三两个时期，智力受损和注意力缺失因子有下降趋势，而孤独感因子则呈明显的上升趋势。经方差分析，年龄和年级对孤独感因子均有显著的主效应（$F=3.712$，$p<0.01$；$F=1.862$，$p<0.05$）。

抑郁因子的变化趋势则是除了初三、高三上升外，其余年级呈显著的下降趋势。结合孤独感因子，我们发现在情绪反应方面，初三和高三的学生明显比其他年级反应强烈。经方差检验发现，年龄和年级在抑郁因子上也存在着显著的主效应（$F=5.320$，$p<0.01$；$F=3.191$，$p<0.01$）。

动机冲突因子则呈现以初三和高三为峰值的形态，说明上网成瘾后，初三、高三的学生更容易出现动机冲突。初一成瘾学生在这一因子的得分较低，和前面几个因子显著不同。经方差分析，年级、年龄与动机冲突因子均没有主效应（$F=1.784$，$p=0.087$；$F=1.051$，$p=0.399$）。

双重人格因子的变化趋势则以初三为峰值，呈现倒 V 字形趋势。以年级和年龄为自变量，进行方差分析，结果显示，年级和年龄对双重人格因子均没有主效应（$F=1.088$，$p=0.087$；$F=0.690$，$p=0.749$）。

成瘾行为因子也以初三得分为最高，然后以高三为次高，构成一个不规则的倒M形。分别以年级和年龄为自变量进行方差分析，结果表明，年级、年龄均与成瘾行为因子不存在显著的主效应（$F=0.584$，$p=0.770$；$F=0.784$，$p=0.656$）。

适应不良因子的年级变化趋势为初一至高一除初三为上升趋势外，整体上呈下降趋势。高一至大二则为平稳期。以年级和年龄为自变量进行方差分析，适应不良因子与年龄和年级均有显著的主效应（$F=4.342$，$p<0.01$；$F=2.650$，$p<0.01$）。

躯体症状因子的变化趋势为除初三有着显著变化外，其余几个年级变化不大，高二至大二有一个缓慢上升的过程。以年龄和年级为自变量进行方差分析，证明年级和年龄均与躯体症状因子没有显著的主效应（$F=0.584$，$p=0.770$；$F=0.784$，$p=0.656$）。

（三）青少年网络成瘾症状水平发展的性别特征

1. 总体症状水平的性别发展差异

以网络成瘾鉴别量表总分为网络成瘾症状指标，各年级男女的平均得分及标准差见表21－10。

表21－10　网络成瘾总体症状水平分性别差异

年　级		初一	初二	初三	高一	高二	高三	大一	大二
男（$n=528$）	平均数	130.80	132.11	134.25	128.70	124.23	129.50	121.86	123.16
	标准差	25.76	24.15	9.91	26.05	21.06	23.42	19.92	28.69
女（$n=260$）	平均数	137.75	123.08	149.50	118.79	119.65	121.29	124.66	118.11
	标准差	23.12	19.29	61.52	22.79	21.06	26.18	21.04	20.33

男生和女生网络成瘾症状水平总体变化趋势都是由低年级向高年级呈逐级下降趋势，但女生的变化起伏更大，男生的变化更平缓一些。从总体上对男女生网络成瘾症状进行独立样本t检验，男女生总体症状没有性别差异（$t=1.799$，$p=0.082$）。但依年级而言，初一、初二、高一、高三、大一、大二男女性别总体症状水平没有显著差异，初三、高二则有显著差异。同时以年级为自变量进行方差分析，发现年级对男、女生网络成瘾症状水平存在显著的主效应（$F=2.0950$，$p<0.05$；$F=3.050$，$p<0.01$）；年龄对男生网络成瘾症状水平有显著的主效应（$F=1.926$，$p<0.05$），对女生有接近显著水平的主效应（$F=0.937$，$p=0.05$）。

2. 各因子症状水平的性别发展差异

注意力缺失因子症状水平男女生随年级的变化趋势在高二之前迥异，高二之后则大致趋同。在高二之前，女生症状水平发展呈倒V字形，男生呈正V字形。高二之前，男女生症状水平变化幅度较大，高二之后则趋于平缓。从总体上对男女生注意力缺失因子症状进行独立样本 t 检验，男女生注意力缺失因子症状水平有极显著的性别差异（$t=4.417$，$p<0.01$）。但依年级来看，初一、高一、大二男女性别总体症状水平有显著差异，初二、初三、高二、高三、大一没有显著差异。同时以年级、年龄为自变量，进行方差分析，发现年级、年龄对男生注意力缺失因子症状水平存在显著的主效应（$F=2.095$，$p<0.05$；$F=3.050$，$p<0.01$）；年级、年龄对女生注意力缺失因子症状水平没有显著的主效应。

智力受损因子症状水平男女生随年级的变化趋势都是由低年级向高年级呈逐级下降趋势。但女生的变化要先于男生一步，女生的两个峰值分别是初三、高二，男生则是高一、高三。从总体上对男女生智力受损因子症状进行独立样本 t 检验，男女生没有性别差异（$t=2.007$，$p=0.45$）。但依年级而言，除初二男女性别症状水平有着显著差异外，其余年级均没有显著差异。以年级、年龄为自变量，进行方差分析，分析结果表明，年级、年龄对男、女生该因子症状水平存在显著的主效应。

孤独感因子症状水平男女生随年级的变化趋势为高一前男女生发展迥异，高一后发展趋势趋同。高一前该因子男生的症状水平随年级的变化趋于平缓，女生的变化则起伏较大。女生在初三孤独感因子症状水平最高，其后快速下降为与男生趋同。男女生在大一、大二该因子症状水平几乎没有变化。从总体上对男女生孤独感因子症状水平进行独立样本 t 检验，男女生在该因子症状水平上没有显著的性别差异（$t=-0.42$，$p=0.996$）。依年级而言，各个年级上该因子的症状水平均没有显著的性别差异。以年级、年龄为自变量，进行方差分析，结果表明年级对男生孤独感症状水平有着显著的主效应，对女生没有显著的主效应。年龄对男女生均没有显著水平的主效应。

抑郁因子症状水平男女生年级变化趋势为，整体上都是由低年级向高年级呈逐级下降趋势，女生整体症状水平低于男生，但大一时，女生该症状水平有一急速上升趋势，最后和男生趋于一致。从总体上对男女生抑郁因子症状水平进行独立样本 t 检验，男女生总体症状没有性别差异（$t=1.763$，$p=0.78$）。但依年级而言，除初二、高一、高三有着显著的性别差异外，其余各年级没有显著差异。同时以年级、年龄为自变量，进行方差分析，发现年级、年龄对男、女生抑郁因子症状水平均存在着显著的主效应。

动机冲突因子症状水平男女生随年级的变化趋势为：男生随着年级的升高，变化不大；女生随着年级的变化，则呈现出较大的起伏。其中在初三和高三，女生更容易出现动机冲突这一症状。从总体上对男女生动机冲突因子症状进行独立样本 t 检验，男女生在该因子症状水平上没有性别差异（$t=-0.726$，$p=0.468$）。但依年级而言，只有初一该因子症状水平有着显著的性别差异，其他年级没有显著的性别差异。同时以年级、年龄为自变量，进行方差分析，发现年级、年龄对男女生动机冲突因子症状水平都没有显著的主效应。

双重人格因子症状水平男女生随年级的变化趋势为整体趋势男女生都比较平缓。但女生在初二至高二这一阶段症状水平起伏变化较大。相对于女生，男生各年级的症状水平变化较小。从总体上对男女生双重人格因子症状进行独立样本 t 检验，男女生没有显著的性别差异（$t=-0.982$，$p=0.326$）。对各个年级进行比较，只有初三有显著的性别差异，其余各年级性别差异不明显。以年级、年龄为自变量，进行方差分析，结果表明，年级、年龄对男、女生双重人格因子症状水平都没有显著的主效应。

成瘾行为因子症状水平男女生随年级的变化趋势为男女生基本趋同，都在初二、高二出现两个急剧下降趋势，初三、高三症状水平出现上升趋势。只不过男女生相比较而言，男生变化略微平缓一点，女生起伏稍大一点。从总体上对男女生成瘾行为因子症状水平进行独立样本 t 检验，男女生在该因子症状水平上没有性别差异（$t=1.702$，$p=0.089$）。对各年级进行比较，各年级性别差异均未达显著水平。以年级、年龄为自变量，进行方差分析，结果表明，年级、年龄对男、女生成瘾行为因子症状水平都有显著的主效应。

适应不良因子症状水平男女生随年级的变化趋势在高二前基本相同，都是由低年级向高年级呈逐级下降趋势。高二以后，男女生变化趋势则完全相反，男生从高一到高三呈上升趋势，女生则呈下降趋势；男生在高三至大一段呈下降趋势，女生则呈上升趋势；男生从大一至大二阶段呈上升趋势，女生则呈下降趋势。从总体上对男女生适应不良因子症状进行独立样本 t 检验，男女生没有性别差异（$t=1.553$，$p=0.121$）。从年级来看，只有高三有显著的性别差异，高一有接近显著的性别差异，其余各年级均没有显著的性别差异。以年级、年龄为自变量进行方差分析，发现年级对男、女生适应不良因子症状水平存在显著的主效应；年龄对男生、女生均没有显著的主效应。

躯体症状因子症状水平男女生随年级的变化趋势为在高三前基本相似，呈现以初三为峰值的倒V字形结构，但高三以后，男女生变化趋势则出现分化，男生在高三至大一阶段出现上升趋势，大一至大二出现下降趋势；女生则相反，高三至大一出现下降趋势，大一至大二出现上升趋势。从总体上对男女生躯体症状水平进行独立样本 t 检验，男女生躯体症状水平没有性别差异（$t=-1.306$，$p=0.192$）。按年级进行比较，所有年级均没有显著的性别差异。同时以年级、年龄为自变量，进行方差分析，结果表明，年级、年龄对男、女生躯体症状水平都没有显著的主效应。

（四）讨论

关于网络成瘾症状的年级、年龄特征和性别特征的研究，目前尚未见到有关报道。从本次研究的结果来看，在网络成瘾者群体里面，存在明显的年级、年龄特征。在总体症状方面，网络成瘾的症状水平整体随年级升高而降低，但初三和高三是两个例外。具体到各个因子，则变化趋势各异。注意力缺失、智力受损、孤独感、抑郁、适应不良等因子与网络成瘾症状总体变化趋势一致，随年级升高而降低。这在一定意义上说明，网络成瘾症状随着个体心理年龄的成熟，症状有减弱的趋向。为了进一步证明这种减弱趋向是在所有程度上还是在轻微程度上有所减弱，我们将所有年龄、年级特征的总症状及部分因子以中、重度成瘾人群为研究对象进行分析，结果表明，中度、重度网络成瘾学生除孤独感因子与年级有主效应外，总体症状及其余因子都没有主效应，年龄则与所有的因子及总分均无显著的主效应。这一研究结果说明网络成瘾既是一个心理发展中的问题，又是一个独立的与心理发展不一致的心理问题。对轻度成瘾来说，随着年级、年龄的增长，这一症状可以逐步缓解；对中度、重度网络成瘾来说，这一症状并不随年级、年龄的变化而变化。

在整体变化趋势上，我们发现了一个典型的初三、高三现象，即初三、高三的学生网络成瘾流行率并不高，但成瘾者的平均网络成瘾总分和部分因子平均分均较其他年级高。初三、高三由于面临毕业，面临生活的转折，部分网络成瘾的学生成瘾症状有加重的迹象，因此加强对这部分学生的教育、辅导、挽救工作很有必要。具体分析网络成瘾症状总分及因子分在初三、高三的情况，我们发现，总体症状，初三在所有的年级中属最高，高三在高中、大学两段最高。注意力缺失因子初三、高三得分最高；智力受损因子初三最高，高三处于次高水平；孤独感因子在初三最高、高三最低；抑郁因子、动机冲突因子、成瘾行为因子初三和高三均处于双高阶段；双重人格因子在初三处于最高，在高三与其他年级差别不大；适应不良因子、躯体症状因子初三处于峰值阶段，高三和其他年级差异不大。这说明网络成瘾对初三和高三的学生的具体危害是不一样的。初三学生上网成瘾之后更容易体验到孤独、抑郁等不良情绪，动机冲突十分激烈，且容易借助网络逃避现实，希望在网络世界扮演另一个自我，有严重的交往障碍、学习障碍，容易脱离群体，对网络的行为依赖极其严重，并出现严重的生理不良反应。高三成瘾学生除了体验到初三学生一样的抑郁情绪、有着十分激烈的动机冲突、对网络的行为依赖极其严重外，其记忆力和思维力容易受到网络影响。其他方面则与别的年级没有明显的差异。

在网络成瘾症状的性别特征方面，从总体症状来看，男女生没有显著差异，但在初三和高三两个阶段，男女生有着显著的性别差异。也就是说，相对于男生来说，女生在初三网络成瘾症状加重的迹象更明显，高三男生网络成瘾症状加重的迹象更明显。这提示我们教育工作者在初三预防和干预网络成瘾时，应重点关注女生的预防和干预问题，高三则应重点关注男生的相关问题。具体到每一个因子，注意力缺失因子在初一、高一有显著的性别差异，且都是男生高于女生；智力受损在高二有显著的性别差异，女生高于男生；抑郁因子在初二和高一有显著的性别差异，均为男生高于女生；动机冲突因子在初一有显著的性别差异，女生高于男生；成瘾行为在高一有显著的性别差异，男生高于女生；适应不良因子在高三有显著的性别差异，男生高于女生。以上研究结果表明，总体上各因子出现的性别差异，除少数年级、少数因子外，其余年级和因子均为男生得分高于女生。在智力方面女生更容易受损，在适应不良、成瘾行为、抑郁等因子方面男生的症状反应更明显。

第三节　青少年网络成瘾的指导策略

尽管网络成瘾是一个心理卫生领域的新问题，但其危害已逐渐显露。本研究发现，有成瘾倾向的学生占被调查对象的40%，而中度和重度成瘾学生也已达到了10%，对青少年的网络成瘾进行指导和矫正已成为一件刻不容缓的事情。

一、高度重视，建构学校、家庭和社会立体的防护系统

本研究通过调研发现，中度、重度青少年网络成瘾症状流行率目前重庆和四川地区高达10%（重度和中度的累加值），虽然我们的调研仅限于这两个地区，但这个数据仍然具有参考价值，因为东部发达地区电脑和网络更普及，上网青少年比例较大，成瘾青少年的基数不会少；而西部地区，网络作为一个新兴事物，对青少年有很大的吸引力，陷入网络成瘾的青少年同样不在少数。如此大的成瘾比例，应引起教育工作者的高度重视。而且电脑和网络的普及是现代社会发展的趋势，有效及时的干预将会预防成瘾问题的进一步恶化。所以，对青少年的网络成瘾问题，必须引起高度的重视，绝不能掉以轻心。

由于青少年身心发展迅速，对新事物的接受能力强，而同时又自制力较低，接受的干扰因素多，因此必须建构学校、家庭和社会的立体防护体系，而且它们各自在青少年网络成瘾预防和矫治中的作用和运作方式也不同。

（一）家庭情境中的指导与矫治策略

家庭，特别是父母是青少年网络成瘾中的重要影响因素，它不仅表现在青少年网络成瘾的预防过程中，也表现在青少年网络成瘾的指导与矫治过程中。良好的亲子关系与家庭活动是保证青少年健康上网的重要条件。具体而言，在家庭情境中，父母应该注意以下几个方面：

1. 对孩子真诚关注，实时觉察他们的行为变化

青少年日常行为的变化并不是不可觉察、杂乱无章的，而是有迹可寻的，父母应多关心子女，平常多进行交谈与沟通，了解孩子的喜好、交友、作息状况，一旦

有异常行为，即应深入了解，及时做出应对。如果父母平日对孩子采取放任的态度，那么孩子一旦陷入网络成瘾，其矫治就比较困难。除了平时对孩子各方面的关心，父母还可以多关心孩子对于网络的使用，了解他们经常性的使用网络的动机。不过要注意的是，这种关心不是要给他们施加压力或限制，而是多倾听孩子心里的想法，了解他们的需要与困扰，给予孩子适当的帮助。

2. 运用同理心接纳并进行有效沟通

在网络盛行的时代，要完全禁止孩子接触网络和计算机不仅是因噎废食，也是做不到的。过去曾经有一句提醒父母注意深夜不归儿女的名言："夜深了，你知道你的孩子在哪里吗?"如果把这句话引申到网络上，可以改成："夜深了，你知道你的孩子在什么样的网站流连忘返吗?"网络是超大型的多媒体信息库，同时也潜藏了许多罪恶的东西（如色情、反动的内容），这些都可能会误导青少年。但是不要因为网络有潜在的危险，就反对青少年使用网络，这样只会造成青少年的排斥及疏远。应当接纳他们的网络生活，但要告诫他们其中潜在的危险与应对的方法。

对于孩子的网络行为，不能一味责怪和限制，关键的问题是如何进行疏导。在这个过程中，面对孩子的网络成瘾行为，父母要以同理接纳的态度，接纳孩子的感受，再进一步纠正其观念上的偏差。也就是运用理性沟通，父母应注意自己的态度，不要以强烈的语气大声责骂孩子，而是应该站在孩子的立场想问题，看看他们说的是否有道理，除了上网还有没有更好的解决办法。最重要的是，让孩子感受到父母的关心，使孩子重视亲子间的亲密关系。

3. 父母学习有关计算机网络的知识

这是一个信息时代，父母要能够指导孩子就必须学习基本的网络使用知识，虽然并不要求父母一定要成为网络高手，但必须了解孩子的网络使用行为，了解那些让许多孩子为之沉迷的网络游戏究竟是什么，了解最火暴的聊天室都在聊什么话题。父母要了解自己儿女的网络使用行为应避免责难式的询问，最好是和子女同坐在计算机前，让他们带领你去他们最常上的网站或聊天室，了解他们的网友、谈话内容、在网络上的行为，而且以开明的态度，和他们聊聊他们的网友，了解他们的想法。同时父母也应该了解网络的使用与管理方法，也可以学习使用网站管理软件来对不良网站进行过滤，避免家中未成年的孩子浏览不良网站。相关研究也指出，家人如果能够与孩子讨论分享网络使用经验、能够使用网络、能够鼓励孩子使用或学习网络有助于孩子形成正确的网络使用态度。

4. 将计算机放在你可以看见的地方

不要将能够上网的计算机放在孩子的房间，应该将它们放在诸如客厅等公共区域，这样不仅家人可以共同参与上网，也便于就近监控。如果必须把计算机放在孩子的房间里，则应尽量避免孩子把门关起来上网。如果每当你一走进孩子房间，他们就立刻切换窗口，你就应该知道其中必定大有文章，需要和孩子谈一谈了。

5. 制定适当的规则

由于网络不只有娱乐的作用，更有教育学习上的意义，所以父母通常对儿女使用网络采取鼓励及包容的态度。但是，过度的纵容容易造成网络上瘾，对孩子的身体健康、人格发展、学业成就、人际关系等均会产生不利的影响。因此，父母应该和孩子一起讨论，制定适当的使用规则，包括每次使用的时间限制，以及违反的罚则、遵守约定时可获得的奖赏。最好能以书面契约方式呈现，让孩子亲自签名承诺，以增加约束力。有许多网络沉迷的学生因整夜上网而晚起，甚至逃学，以至于荒废学业。因此，限定网络使用时间及制定适当规则是必要的。

6. 色情网站的监控及限制

网络上有许多色情网站，而青少年正处于青春发育期，对性的好奇驱使他们上网浏览这些内容，从而受到这些网站的不良影响，产生许多错误的认识和偏差行为。对于这些色情内容，家长除了应给予适当的性教育之外，还可以运用各种网络使用纪录监控软件（例如 Spector 6.0）来记录孩子们的网络使用行为。这些软件可以记录下他们所浏览的网页、在每个网页停留的时间、收发的电子邮件、聊天室的谈话内容，还可以限定他们的上网时间，协助父母监控子女的网络使用行为。

7. 合理安排亲子之间的休闲娱乐

由于正常教学时段的限制，青少年学生的上网时段往往是在课后、周末或节假日，特别是周末与节假日，这是青少年上网的高峰时段，而且很多家长往往认为孩子学习了一周，应让他们放松放松，允许他们上网，这样做实际上把亲子互动的时间交给了网络，也使得孩子过多依赖网络来打发自己的富裕时间。其实在周末和节假日安排一些亲子互动的活动能够有效改善亲子关系，也可避免让孩子感觉父母关心的唯一内容就是学习，同时还可以把孩子从计算机面前拉开，这应该是一个一举多得的方案。

（二）学校情境中的指导与矫治策略

下面的很多指导与矫治策略实际上需要多方面的合作与沟通才能完成，由于学校是教育的主体，因此放在这里来讲述。

1. 加强对青少年的生活态度、休闲娱乐方式等方面的教育

由于那些休闲内在动机强、休闲阻碍多、休闲无聊感高、网络使用行为频率高及网络心理需求强烈的青少年更容易出现网络上瘾，因此对于这些青少年而言，需要改善其不适当的休闲习惯。同时应该加强青少年对有关休闲活动认识的指导。

McDowell①认为休闲取向有以下几种，并应分别采取不同的应对方式：(1) 休闲资源辅导取向。有些网络成瘾者认为自己能够选择的休闲活动太少，在选择对象过少的情况下陷入网络世界中，从而影响自己的学习和生活。对于这种休闲取向的成瘾者，应当协助他们从不同的渠道获得休闲活动的丰富信息。(2) 休闲技能发展取向。有些网络成瘾者由于没有发展出足够且适当的休闲技能，因此无法享受休闲活动的乐趣，对于他们，指导的重点应该放在协助他们培养合乎社会要求的休闲技能。(3) 休闲生活风格意识取向。通过与网络成瘾青少年的交流，探讨其休闲技能、态度、价值观、环境对他们的影响，协助他们觉察目前的休闲态度、价值观、休闲方式对他们的意义与影响，并通过对他们休闲活动的指导，逐步发展出健康的休闲价值观及与其相适应的生活风格。

2. 加强多元人际关系的建立与沟通维系技巧训练

青少年重视人际归属与亲和需求，因此应该加强有关青少年的人际关系的心理辅导与教育工作。通过建立良好的师生关系和生生关系，拓展他们的人际资源，增进学生心理健康。在青少年的人际关系网络中，同伴关系是最重要的人际关系之一，许多研究也指出，那些无法很好建立现实中的人际关系，特别是同伴关系的青少年很容易沉溺于网络，而过多的网络人际交往又限制了他们在现实中的人际互动，造成更加困难的现实人际交往。网络交往并不是现实生活中唯一的人际互动方式，网络人际也无法取代他们在现实生活中所需的人际关系，因此培养青少年发展多元的人际互动关系，学会人际沟通技巧不仅可以防止他们过度依赖网络，也可促进他们学习如何维系关系与处理冲突，避免在网络或现实的人际互动中遭受挫折或伤害。当然，对于部分网络人际交流好于现实人际交流的青少年，也可以指导他们将网络人际交流中的尊重、信守承诺、主动相互支持和关怀、情感互动等运用到现实社会中，通过网络沟通技巧、社交技巧、人际亲密能力、自我肯定等训练，由非面对面的网络沟通，逐渐产生人际交流的自信，并将其扩展到现实人际交往中。

3. 协助青少年建立成功的自我认同，强化其挫折耐受力

青少年时期是人格发展的重要时期，也是建立成功自我认同的重要阶段。在网络世界里，由于网络匿名性的特点，使用者可以变换多样的自我表达方式，而这些却无法在现实生活中做到。譬如一名肥胖网络使用者可能化身为窈窕的“美眉”，沉迷在有众多男性追求的网络爱情中。因此，教师应该提醒青少年觉察与整合自己在真实世界与虚拟世界的自我，增进自己在现实世界中的自我概念及自我意象。

4. 加强心理辅导，增进学生自我认识、自我控制能力

① C. F. McDowell: *Leisure Wellness: Concepts and Helping Strategies*, Eugene, OR: Sun Moon Press, 1983.

心理健康教育和学校心理辅导是提高学生心理素质，促进其心理健康的重要途径，而这些活动也有助于减少网络成瘾青少年的心理防卫与抗拒。生活中的挫折往往是青少年逃避现实，痴迷网络的重要原因，而自我意识过低、自我控制能力不足也使得他们难以从网络中脱离出来。所有这些都是容易导致青少年出现网络上瘾的因素，都需要通过有效的学校教育和相关的训练来提高其心理素质，养成良好的认知与行为习惯，形成"自我内在管理"机制，进而提高其决策式或延宕满足式自制能力，以减少网络使用与控制成瘾行为，促进其身心的健康发展。

5. 评估青少年网络成瘾的原因，提供有效介入的策略

要有效对青少年网络成瘾者进行矫治，就需要正确评估青少年网络成瘾的原因。一般而言，可以从行为、情绪和认知三方面来评估青少年的网络成瘾。首先，在行为层面上，可以对他们的上网时间、网络使用频率进行初步的评估，了解他们在什么情境下使用网络以及离线后的行为表现，以此判断他们是否是习惯性的强迫上网行为。其次，在情绪层面上，注意他们在上线和离线后的情绪变化，特别是离线后、计划上网前是否有焦躁不安、情绪低落、空虚感等反应。最后，在认知层面上，由于网络上瘾者对网络多存有幻象与幻想，网络言行的真实与虚幻、网络中的偏激等都容易使青少年出现认知失调。只有有效了解青少年的网络使用动机，正确判断他们的网络使用行为是否符合网络成瘾的标准，才能够给他们提供有针对性的指导。

（三）社会环境中的指导与矫治策略

社会环境对青少年的影响非常大，特别是对于青少年而言社会上的网吧目前仍然是其最重要的上网场所和环境之一，而过度的商业化和对经济利益的追求，使得网吧这种社会公共上网场所非常复杂，因此必须对其加以规范。

1. 制定和严格执行相关政策，规范相关产业

政府相关部门应该制定合理的法规、政策，用来规范整个网络环境和上网环境，防止网络犯罪和其他不利于青少年发展的社会问题。目前我国相关的法律、法规已经建立，其主要问题在于如何实施。政府几次大规模的整治和规范网吧的行为以及为净化网络环境、消除网络中的不良信息等的努力已经初见成效。但对于网络环境的净化任务非常繁重，而且需要有相关的制度保证。特别是如何从源头上截住不良信息和不良网络使用仍然是一个有待解决的问题。

2. 加大宣传，开展相关专题的教育

政府的规范能够为净化网络环境提供一定的保证，但是现在许多国家和地区所做的努力更多的是提供更好、更优良和更自由的网络，对于青少年而言，网络这样一个完全不设限的使用环境，也有可能使青少年无法自制，而走向网络成瘾，甚至网络犯罪。任何一个国家都无法让青少年完全不接触不良网站，尽管技术上可以有一定的措施，但毕竟防不胜防。因此，必须教给学生网络使用的基本规范和技巧，

让他们认识网络中的另一面，以达到趋利避害的目的。

3. 给青少年提供更多的休闲娱乐场所和活动

研究发现，青少年学生在课外时间最想也最常去的休闲场所为网吧、体育场、书店等，他们最喜欢的休闲活动为玩计算机（上网）、球类运动、唱歌等。目前社会上可供青少年正当休闲活动的场所却很少，而且很多休闲娱乐场所已经商业化，难以为广大青少年学生所使用。有些场所则仅对特定人群开放，如学校的操场和运动设施，校外学生就难以使用，而且即使本校的学生，也只有在上学的时候能够用。不仅体育设施如此，各种文化设施，如博物馆与图书馆等莫不如此，它们本来就少，分布也非常不均，青少年的利用非常不便和有限。由于青少年在日常休闲的时间里无法有效利用这些体育和文化设施，网吧等就成为一个非常方便的娱乐场所。如果学校、小区能够给青少年提供更多他们所需的正当的休闲场所，开放更多时间给青少年，让他们在想要休闲时有更多的休闲选择，那么对于改变青少年网络滥用的状况必将发挥重要的作用。

二、为网络成瘾青少年提供科学有效的辅导与矫治

对于已经网络成瘾的青少年而言，进行个别辅导和矫治是重要的手段。

（一）个别辅导与矫治的程序

王智弘等[①]认为，进行网络成瘾的个别辅导，主要有以下几个步骤：

1. 判断其是否为网络成瘾。对网络成瘾的判断可以通过量表评估或症状评估。量表评估方面有前面我们经过研究得到的量表，通过它我们能够判断个体是否已经网络成瘾；此外还有相对简单一些的量表，如前文已提及的我国台湾陈淑惠编制的中文网络沉迷量表和Young根据赌博成瘾改编的量表，这些量表也可以作为参考。在症状评估方面，临床上可参考我国台湾柯志鸿医师（2005）[②] 的诊断标准：（1）在以下九项因素中符合六项：①整天想着网络上的活动；②多次无法控制上网的冲动；③耐受性：需要更长的上网时间才能满足；④戒断症状：产生焦虑、生气等情绪，并需接触网络才能解除；⑤使用网络的时间超过自己原先的期待；⑥持续地想要将网络活动停止或减少，或有多次失败的经验；⑦耗费大量的时间在网络活动上；⑧竭尽所能来获得上网的机会；⑨即使知道网络已对自己造成生理或心理的问题，仍持续上网。（2）功能受损（须完全符合）：①学校与家庭角色受影响；②人际关系受影响；③违反法律或校规。（3）网络成瘾的行为（须完全符合）：无法以其他精神疾患或躁郁症做最佳解释。

---

① 王智弘：《网路成瘾的成因分析与辅导策略》，《辅导季刊》2008年第44卷第1期，第1～12页。

② 柯志鸿：《网路成瘾疾患诊断准则》，（中国台湾）新竹县大华技术学院网路成瘾问题暨辅导策略研习会，2005年。

2. 制订网络成瘾的咨询辅导目标。简而言之，就是让网络成瘾者从 disorder 回到 order，协助他们从失序的上网行为与失序的生活状况中回归秩序与平衡。咨询辅导的目标不是让他们戒除上网，不再接触和使用网络，而是让他们学会如何合理上网，有控制地上网，能够合理安排上网与非上网的时间，可以将网络世界与真实世界加以统一并达成协调与平衡。即通过心理咨询与辅导以协助网络成瘾的青少年回归正常与和谐的生活。

3. 具体的辅导与矫治过程。王智弘等认为主要应该包括五个步骤：

（1）“觉”：即对网络成瘾状态的知觉，协助他们认识到自己已过度使用网络了。

（2）“知”：即了解导致网络成瘾的潜在问题和动机，协助他们了解过度上网的动机。

（3）“处”：即处理潜在问题，协助他们去面对现实，处理潜在的心理问题而非沉迷网络以逃避问题；让当事人深切了解到逃避问题只是使问题更加恶化而已，并非解决问题之道。

（4）“行”：拟订并执行改变计划，协助他们拟订出改善过度使用网络行为的行动计划并加以执行，如果行动计划能够帮助他们从事其他替代性的正向活动，并有父母等重要他人的协助和有利环境的营造，那么成功的可能性就会大增。

（5）“控”：培养自我监控能力，逐步减少上网时间，培养对时间的敏感度与对自我的监控能力，以期达成咨询目标，回归正常与和谐的生活。

（二）心理咨询的主要方法

1. 行为契约法。这是一种应用强化与惩罚相结合以帮助个体管理行为的方法。行为契约主要由确定靶行为、规定如何测量靶行为的方法、确定必须执行该行为的时间、确定强化和惩罚的偶联、确定由谁来实施这项措施五个步骤组成。在实际的咨询辅导中，可以由来访者、父母、咨询师三方共同确定契约的靶行为，而对靶行为的测量可以由父母观察孩子上网的次数及相应的时间长短。契约执行的时间长短根据效果而定。契约的强化与惩罚内容也由来访者、父母、咨询者三方共同商定，兼顾有力和适度两个原则。契约的执行通常是由来访者的父母中的一方执行，同时可以为父母配备每阶段的行为记录表，以便父母能更明确、清楚地对来访者的行为及生活情况按要求进行记录。

2. 注意力转移法。注意力转移法也是一种矫治网络成瘾的有效方法。由于网络成瘾青少年很多是在缺乏其他休闲活动的情况下才走入网络并逐渐成瘾的，因此协助他们将过剩的心理能量及精力转移到其他活动中就能够使他们逐渐摆脱网络依赖。当然注意转移也与大脑皮层的活动特性有关。注意本身是心理活动对一定事物的指向与集中，人脑感觉信息的输入，无论是通过特异投射系统还是非特异投射系统，他们在丘脑的神经核都受到一个叫“网状核”的共同闸门的控制，使它们所传导的神经冲动受到筛选，只有能够通过闸门的神经冲动才能传导到大脑皮质，未能通过闸门的神经冲动则不能达到大脑皮质。我们的大脑皮质总是处于抑制与兴奋的平衡过程中，但其兴奋中心只有一个，而控制上网行为与控制其他行为的大脑区域可能不同，通过注意转移，让他们在其他活动中发生相应的大脑兴奋中心转移，重新建立其他活动的强化痕迹，同时也慢慢消退其上网行为的强化痕迹。

3. 时间管理技术（time management techniques）。这类方法的核心在于通过提高个体的自我效能感和给予适当的支持，帮助个体发展一种积极的应对策略以取代消极的成瘾行为。具体做法是：(1) 打乱个体惯常的网络使用时间表，让其适应一种新的时间模式，从而打破其上网的习惯。(2) 运用闹钟等外部手段促使个体按照咨询人员的安排准时下网，从而逐步削减上网时间。(3) 设定合理的阶段目标。

4. 警示卡（reminder cards）。在很多情况下，成瘾者由于具有错误的思维方式，往往会夸大面临的困难，并缩小克服困难的可能性。为了帮助成瘾者将精力贯注在减轻和摆脱成瘾行为的目标上，可以让成瘾者分别用两张卡片列出网络成瘾所导致的五个主要问题和摆脱网络成瘾将会带来的五个主要方面的好处。然后让成瘾者随身携带这两张卡片，时时处处约束自己的行为。

5. 自我目录（personal inventory）。让成瘾者列出网落成瘾之后被忽略的每一项活动，并按照重要性进行排序。然后，让成瘾者说出最重要的活动对其生活质量有何重要意义。通过这样的训练，可以让成瘾者意识到自己以前在成瘾行为与现实活动之间所作的选择。更为重要的是，可以让成瘾者从真实生活中体验到满足感和愉悦感，从而降低其从网络环境中寻求情感满足的内驱力。

6. 支持群体（support groups）。让个体参加诸如互助小组、独身者协会、陶艺班，或者其他有益的团体等，提高个体结交具有类似背景的朋友的能力，从而减少对网络群体的依赖。

7. 家庭疗法（family therapy）。主要包括以下几个方面：让家人明白网络具有强烈的致瘾倾向；减少对成瘾者的责备；与成瘾者就其成瘾的原因进行开放的交流；鼓励家人通过倾听成瘾者的感受，与之外出度长假或帮助其培养新的爱好等措施促进其恢复的进程。

三、针对青少年网络成瘾的特点，进行有针对性的指导

（一）区别对待中学阶段的成瘾现象，抓好中学阶段的头尾工作

研究发现，网络成瘾的流行率与年龄、年级有极大的关系，网络成瘾流行率较高的年级从高到低依次为高二、高三，初一、初二四个年级。这说明在整个中学段网络成瘾的教育和干预应重点做好头尾工作，即抓好初中头两年、高中后两年学生网络成瘾的教育干预和矫治工作。对中学生网络成瘾头尾现象进行分析后发现，其

成因是有一定区别的，初中一、二年级的网络成瘾主要来源于中学生活的适应问题和监管的放松，从小学升入初中，他们感觉自己已经长大了，要求家长和教师给予自己很高的自主性，但自我监控能力发展的滞后使得他们在网络使用过程中无法有效控制自己的行为，从而导致成瘾行为的出现。高二、高三年级网络成瘾流行率高，主要原因在于高中阶段学生的分化，部分学生由于学业成绩逐渐落后而产生自暴自弃的想法，而采用网络来逃避当前的压力，从而导致网络成瘾的出现。因此应该对中学阶段成瘾现象区别对待，根据不同年级学生成瘾的特点，采用不同的对策。在初中阶段主要做好学生网络成瘾防范工作，避免学生成瘾和由轻度成瘾转化为中度、重度成瘾是预防和干预学生网络成瘾工作的一个重要方面，特别是后者更为重要。在高中阶段则主要要减轻学生的学业压力，使其学会其他纾解压力的方式，保持学生的学习兴趣，避免其将精力过多用于网络活动。

（二）对男女生应齐抓共管，但应根据情况区别对待

传统的观点认为男生对新生事物和高技术的东西，沉迷倾向要远远高于女生，但我们的研究发现，在网络成瘾的流行率上，虽然有一定性别差异，但性别差异并未达显著水平，这说明网络成瘾的防治工作必须男生、女生齐抓共管。男生的网络成瘾只是由于个别案例而更加突出一些而已，女生的网络成瘾也不容忽视。同时需要注意的是，男女生痴迷网络的成因和活动不同，在矫正时需要区别对待。男生通常对网络游戏、下载等活动容易沉迷，而女生则在及时通讯、互动性强的活动上容易出现沉迷。二者沉迷的情形不完全一致，因此要求我们在矫正时要区别对待。

（三）提高学生的自我控制能力，增强休闲活动的吸引力

研究发现，影响中、重度网络成瘾最主要的因素是网络使用，即对网络使用时间的无节制，对网络使用的娱乐化等。因此，要降低中、重度网络成瘾者的症状水平，就必须改变这部分学生网络使用的不良方式，如减少上网时间，特别是减少娱乐性使用网络的时间。对部分成瘾症状特别严重的学生，应坚决让其在一段时间内脱离网络。除了这种行为的调控外，更重要的是要通过心理健康教育、延迟满足等方式提高学生的自我控制能力，这是有效预防网络成瘾的关键因素。

另外，有研究发现，网络成瘾与学校环境有着极大的相关，所以抓好学校教学质量，搞好学校的软硬件建设，也是减少网络成瘾的一个有效举措。学生的网络行为是学习之外的一种休闲娱乐活动，学校、家庭只有想办法改善学生休闲娱乐活动的条件，增强其他活动方式的吸引力，才能使学生投入网络的时间减少，从而达到预防和矫正中学生网络成瘾的目的。

附录　青少年学生网络成瘾鉴别量表

亲爱的同学：

您好！我们是西南师范大学教育科学研究所的科研人员，欢迎您参加本次调查研究。本研究的目的是了解青少年学生的网络心理现状。在您填写本问卷时，请注意以下事项：

(1) 本问卷所有问题均为单选题，且没有标准答案，无所谓对与错。您平时是怎么想的，怎么做的，实际情况怎么样，就怎么回答，无须过多地斟酌与考虑。

(2) 我们承诺本次调查结果只用于科学研究，并对此严格保密，请不要有任何顾虑。

我们对您的认真回答表示衷心的感谢！

以下各题均有五个选项，请根据自己的实际情况与所描述现象的符合程度，作出适当的选择。五个字母的具体含义是：

A：完全不符合；B：较不符合；C：说不清楚；D：比较符合；E：完全符合。

*1. 我已清楚答卷的各项要求。 □A □B □C □D □E

*2. 我一定会真实回答所有的问题。 □A □B □C □D □E

*3. 我喜欢上网。 □A □B □C □D □E

*4. 最近上课或做作业，老想着上网或游戏等事。 □A □B □C □D □E

*5. 当我躺在床上睡觉时，还在想着上网。 □A □B □C □D □E

6. 我每天早晨醒来，想到的第一件事就是上网。 □A □B □C □D □E

7. 我现在满脑子想的都是上网的事，很难集中精力去做别的事情。
□A □B □C □D □E

8. 没有上网的时候，我总感觉自己有点神思恍惚。 □A □B □C □D □E

*9. 我认为记东西是件痛苦的事，没有上网以前可不是这样。
□A □B □C □D □E

*10. 我从不上网。 □A □B □C □D □E

*11. 别人常责怪我由于上网而忘记了应该做的事。 □A □B □C □D □E

12. 现在很多资料都可以在网上查阅，记忆已没多大意义。
□A □B □C □D □E

13. 我记住了网上的很多新名词，这些东西常影响我对知识的记忆。

□A □B □C □D □E

14. 只有在上网时，我才觉得自己头脑特别灵活。 □A □B □C □D □E

15. 除了与网络相关的问题，思考别的东西常使我感到很累。

□A □B □C □D □E

16. 自从上网之后，在现实生活中总感到自己脑子不够用。

□A □B □C □D □E

*17. 别人常说我因为上网没有以前聪明了。 □A □B □C □D □E

*18. 自从喜欢上网后，我思考问题的时间稍长脑子就昏沉沉的。

□A □B □C □D □E

*19. 我没有信心控制自己的上网时间。 □A □B □C □D □E

*20. 我上网的唯一目的就是学习。 □A □B □C □D □E

*21. 不止一次有人告诉我，我花在网上的时间太多了。

□A □B □C □D □E

*22. 在网上待的时间往往会超过自己上网前的打算。□A □B □C □D □E

*23. 我曾不止一次上通宵网而导致白天精神不济。 □A □B □C □D □E

24. 网上我的知心朋友比现实生活中的多。 □A □B □C □D □E

25. 我内心的烦恼通常只能向网上的朋友倾诉。 □A □B □C □D □E

26. 和同学交往远不如与网友交往快乐。 □A □B □C □D □E

27. 下网之后，我常有一种更加孤独的感觉。 □A □B □C □D □E

28. 我常常在网友中寻找我的知心朋友。 □A □B □C □D □E

*29. 和网络相比，现实生活太沉闷，变化太慢。 □A □B □C □D □E

*30. 上网使我的学习成绩大幅度提高。 □A □B □C □D □E

*31. 网络可以帮助我愉快地度过很多无聊的时光。 □A □B □C □D □E

*32. 除了在网上，其余时间我常感到自己很疲倦和无力。

□A □B □C □D □E

33. 要是一个人能整天生活在网上就好了。 □A □B □C □D □E

34. 只有在网上我才能体验到人生的快乐。 □A □B □C □D □E

35. 除了上网，我总感到一天到晚心烦意乱。 □A □B □C □D □E

36. 没有上网的时候，我常有一种莫名其妙的烦躁感甚至痛苦感。

□A □B □C □D □E

37. 没有上网的时候，我坐卧不安，难以保持平静。□A □B □C □D □E

38. 只有在网络中，我才有一种自信的感觉。 □A □B □C □D □E

*39. 我对上网有一种抑制不住的冲动。 □A □B □C □D □E

*40. 老师对我们上网持一种支持的态度。 □A □B □C □D □E

41. 对于上网与否，我曾多次出现难以抉择的情形。 □A □B □C □D □E

42. 每次偷偷摸摸出去上网，我都有一种犯罪的感觉。 □A □B □C □D □E

43. 我经常因为无法控制自己的上网行为而苦恼。 □A □B □C □D □E

*44. 上网是我减轻烦躁情绪的重要手段。 □A □B □C □D □E

*45. 我在网上常漫无目的地浏览各种网页。 □A □B □C □D □E

*46. 我在网上常浏览黄色网页。 □A □B □C □D □E

*47. 我上网主要是玩游戏。 □A □B □C □D □E

*48. 我在网上的主要活动是聊天结交朋友。 □A □B □C □D □E

49. 网上的我较为张扬，但现实的我比较拘谨。 □A □B □C □D □E

*50. 家长从不反对我上网。 □A □B □C □D □E

51. 网上的我和网下的我很难协调。 □A □B □C □D □E

52. 网上的我和网下的我没什么区别。 □A □B □C □D □E

*53. 网上的我通常是一个成功者，但现实生活中的我却让我失望。 □A □B □C □D □E

54. 当较长时间没有上网后，我会有一种非常难受的感觉。 □A □B □C □D □E

55. 不管多累，只要一上网就觉得精神来了。 □A □B □C □D □E

*56. 如果父母不允许我上网，我可能会做出自残或离家出走等异常行为。 □A □B □C □D □E

57. 当别人对自己的上网行为提出批评时，我常感到焦躁或有抵抗情绪。 □A □B □C □D □E

58. 当网络使用受阻时，我常有不愉快、压抑及焦虑等体验。 □A □B □C □D □E

59. 每当我路过网吧的时候，内心总有一种进去待一会儿的冲动。 □A □B □C □D □E

*60. 即使经常通宵上网，我的学习成绩仍然很好。 □A □B □C □D □E

61. 我每次下网后其实是要去做别的事，却又忍不住再次上网看看。 □A □B □C □D □E

62. 我曾试过想花较少的时间在网络上，但却无法做到。 □A □B □C □D □E

63. 我无法控制自己上网的冲动。 □A □B □C □D □E

64. 比起以前，我必须花更多的时间上网才能感到满足。

□A □B □C □D □E

65. 网上冲浪时，老是感到时间不够用，应该增加上网的时间。

□A □B □C □D □E

66. 其实我每次都只想上一会儿网，但常常一待就很久不下来。

□A □B □C □D □E

*67. 从上学期以来，平均而言我每周上网的时间比以前增加了许多。

□A □B □C □D □E

*68. 每月我花在上网上的钱都比以前有所增加。 □A □B □C □D □E

*69. 虽然上网对我的日常人际关系造成了负面影响，我仍未减少上网。

□A □B □C □D □E

*70. 因为上网的原因，我和家人的交往减少了。 □A □B □C □D □E

*71. 上网让我学会了如何在日常生活中更好地与别人相处。

□A □B □C □D □E

72. 我发现自己因上网和现实生活中的朋友的交往减少了。

□A □B □C □D □E

73. 自从我在网上找到乐趣之后，就发现在网下很难跟别人交往。

□A □B □C □D □E

*74. 上网使我的学习成绩严重下降。 □A □B □C □D □E

*75. 我在学习中老想到上网的事。 □A □B □C □D □E

*76. 上网降低了我对学习的兴趣。 □A □B □C □D □E

*77. 在准备考试的复习阶段，我也忍不住要出去上网。

□A □B □C □D □E

78. 即使明天就要考试，今天晚上我仍然要去上网。 □A □B □C □D □E

79. 上网后，我越来越讨厌我们的班集体。 □A □B □C □D □E

80. 上网使我越来越不习惯于集体生活。 □A □B □C □D □E

81. 上网让我觉得学校的生活没有什么乐趣。 □A □B □C □D □E

82. 人要是能生活在网上就好了。 □A □B □C □D □E

83. 经常上网使得我很少参与集体活动。 □A □B □C □D □E

84. 只有在网上，人才能真正得到自由和幸福。 □A □B □C □D □E

85. 因为过多上网，我常感到头痛。 □A □B □C □D □E

86. 上网经常让我失眠。 □A □B □C □D □E

87. 上网使我的视力下降了许多。 □A □B □C □D □E

88. 上网让我经常感到腰酸背痛。 □A □B □C □D □E

89. 上网让我经常感到没有多少食欲。 □A □B □C □D □E

*90. 自从上网以后，我的记忆力下降很快。 □A □B □C □D □E

*91. 我经常因为上网而没有按时就餐。 □A □B □C □D □E

92. 除了上网，生活中没有多少让我感兴趣的事。 □A □B □C □D □E

*93. 我经常因为需要做正事而不得不控制自己的上网冲动。

□A □B □C □D □E

*94. 网上的我和网下的我完全是两个不同的人。 □A □B □C □D □E

*95. 明知学习时还念着上网的事不对，但我忍不住要想。

□A □B □C □D □E

*96. 我认为自己已深陷网络，难以自拔了。 □A □B □C □D □E

第二十二章 Di Er Shi Er Zhang

病理性网络使用大学生的自我控制能力及指导策略

作为数字化时代的标志，网络大大地拓展了人们的生活、学习和工作的范围，为人们提供了极大的便利，但不合理的网络使用活动所产生的负面影响也随之出现。病理性网络使用（pathological Internet use，PIU）行为同其他问题行为一样，是由于对网络过度使用或使用不当而对网络产生心理依赖的一种冲动控制失序行为。大学生正处在社会性发展的关键阶段，特殊的环境和发展性压力容易导致他们对网络的不合理使用，从而引发心理障碍，影响身心健康发展。

目前对病理性网络使用个体的自我控制能力特点尚未进行详细的、系统的评估，尤其是对病理性网络使用与一般自我控制能力的关系尚未见探讨；对病理性网络使用个体的认知特点以及情绪特点的实验证据也非常缺乏。

本研究从自我控制能力的心理机制出发，探索性地对 PIU 个体的一般行为特征及其心理机制进行了系统而深入的研究。首先，运用问卷调查评估 PIU 大学生的自我控制能力的水平，考察 PIU 与自我控制能力之间的关系；其次，运用实验法，即选择性注意负启动效应以及情绪诱发下 two-back 记忆任务实验，考察 PIU 个体在自我控制过程中认知—情感的特点；最后，在系统探讨病理性网络使用的心理机制的基础上，对大学生病理性网络使用的应对策略进行了探讨。

第一节　研究概述

一、问题的提出

网络作为数字化时代的标志正日渐深入到社会的每一个角落，现代人的生活和网络的关系已经密不可分。它大大拓展了人们生活、学习、工作的范围，为人们提供了极大的便利；但网络也是一把双刃剑，不合理的网络使用活动所产生的负面影响日渐凸现。部分网络使用者表现出对网络的心理依赖，并因此出现了相关的身心等方面的问题，这一现象最先为美国心理学家扬所关注，并将其命名为网络成瘾症（Internet addiction disorder，IAD）①，后又将其称为病理性网络使用（pathological Internet use，PIU）②。

据调查统计③，青少年比成年人更经常使用互联网。美国不列颠心理学会的调查结果显示，年龄在20～30岁之间，受过良好教育的性格内向的年轻人最容易对网络产生依赖，在校大学生相对而言更容易依赖网络。大学生正处在社会性发展的关键阶段，又具有使用网络的便利条件，发展性压力和特殊的环境容易导致他们对网络的病理性使用④，从而引发心理障碍，影响身心发展。因此在病理性网络使用的研究中，大学生群体尤其需要引起关注，本研究的关注对象也就集中在大学生群体。在总结既往的网络问题研究成果基础上，本研究采用测量与实验室技术相结合的研究方法，对PIU的成因和影响因素进行探究。

二、病理性网络使用的研究现状

（一）病理性网络使用的界定

网络沉迷现象最早被界定为网络成瘾，但在后续的研究中，网络成瘾这一概念受到了不少研究者的质疑。戴维斯（Davis）⑤认为网络成瘾中“成瘾（addiction）”这一术语是指有机体对某种药物心理上和生理上的依赖，主要针对摄入某种化学物质或麻醉药的行为，比如吸毒，所以他主张以病理性网络使用来代替网络成瘾这一概念。“病理性网络使用”一词突出了互联网的消极影响，强调个体在互联网的使用活动中的非理性行为——过度使用或使用不当。

由于本研究主要考察网络使用中的问题行为，希望找到预测行为的心理因素，因此，本研究对网络成瘾问题的界定着眼于其行为特点，沿用病理性网络使用（PIU）的概念，并具体界定如下：由于对网络过度使用或使用不当，而对网络产生心理依赖的一种冲动控制失序行为。PIU的重要表现为对上网冲动的控制不能，因个体无法控制上网冲动而导致了其他一系列的心理问题。

① K. S. Young: *Internet addiction: The emergence of a new clinical disorder. CyberPsychology and Behavior*，1996，1（3），pp237－244.

② R. A. Davis: *A cognitive-behavioral model of pathological Internet use (PIU). Computers in Human Behavior*，2001，17（2），pp187－195.

③ L. Berk著，吴颖等译：《儿童发展》，江苏教育出版社2002年版，第874～875页。

④ A. S. Hall: *College student case study using best practices in cognitive behavior therapy. Journal of Mental Health Counseling*，2001，23（4），pp312－328.

⑤ R. A. Davis: *A cognitive-behavioral model of pathological Internet use. Computer in Human Behavior*，2001，17（2），pp187－195.

（二）PIU 的测量标准

扬[①]通过实证研究，编制出 8 点量表，提出了 8 个问题以判断 PIU。具体内容见第二十一章第二节相关部分。

戴维斯根据扬的理论建构，编制出了 OCS 量表（Online Cognition Scale）。OCS 共有 36 个题目，是一个 7 点自陈量表。通过验证性因素分析获得病理性网络使用行为的 4 个维度：弱的冲动控制性（diminished impulse control）、孤独/抑郁（loneliness/depression）、社会舒适度（social comfort）和分心（distraction），较之其他互联网成瘾量表，OCS 突出了被试对自己互联网使用行为的认知，而不是简单地询问被试在互联网上浏览的内容。但是由于该量表的数据是根据在线调查获得的，其可靠性难以控制。

我国台湾学者陈淑惠[②]综合 DSM-IV 对各种成瘾之诊断标准以及临床个案的观察，依循传统成瘾症的诊断模式，并以侧重心理层面的原则编制中文网络成瘾量表（CIAS-R，2000）。该量表以台湾的大学生为样本，施测后的分析结果显示此量表有良好的信度和效度。全量表的内部一致性信度为 0.94，间隔两周之重测信度为 0.83。各因素之内部一致性信度介于 0.78～0.90 之间。此外，针对样本分配之常态性（normality）检定显示：中文网络成瘾量表之量表总分与各分量表得分均符合常态分配的特性（$p<0.0001$）。综合观之，这些量表计量特性均表示该量表是一个具有合理的可靠性与稳定度的筛选、研究工具。相对于扬的量表，陈淑惠的量表具备必要的统计数据，因而作为科学研究的价值更大。因此，本研究对 PIU 的界定采用 CIAS 量表。

（三）PIU 与自我控制的关系

在对 PIU 概念界定的研究中，扬认为这种现象在一定程度上与病理性赌博具有相似之处，因此根据 DSM-IV 关于病理性赌博的标准制订出界定 PIU 的 7 问题量表，首先提出了 PIU 是一种由于对网络产生心理依赖而导致的冲动控制失序的行为，重要特征表现为对上网冲动控制不能，并因此而导致了其他一系列的问题。在后续的研究中，对这一概念的界定多包括了对上网冲动行为的控制不能这一主要特征。

通过其他诸多量表的测量，也显示出 PIU 对上网冲动不能抑制，例如应用戴维斯的 OCS 量表在中西文化背景中所进行的调查，均显示 PIU 具有弱化了的上网冲动控制力（diminished impulse control）[③]。

---

① K. S. Young: *Internet addiction: The emergence of a new clinical disorder*. *CyberPsychology and Behavior*, 1996, 1 (3), pp237－244.

② S. H. Cheng, et al: *Development of a Chinese Internet Addiction Scale and it's psychometric study*. *Chinese Journal of Psychology*, 2003, 45 (3), pp279－294.

③ 沈模卫等：《大学生病理性互联网使用行为模式研究》，《华东师范大学学报（教育科学版）》2004 年第 22 卷第 4 期。

在较早期对类似的游戏机成瘾的研究中，已有报道关于游戏成瘾者的注意力不集中以及对电子游戏的冲动难于控制的案例①，患者在心理方面表现出不能控制对玩游戏的冲动，这种冲动使其不能从事其他任何活动。

谢皮瑞（Shapira）等人②在临床实践中，针对20位病理性网络使用者，对其网络使用的情况进行准结构访谈，并且用SCID-IV（Structured Clinical Interview for Diagnostic and Statistical Manual Disorders-IV）和针对网络使用而修改的Y-BOCS（Yale-Brown Obessive-compulsive Scale）评价其网络行为。结果发现，20位病理性网络使用者具有更多的冲动性和自我敏感性，更接近于冲动控制障碍（impulsive control disorder，ICD），而不是强迫性行为。对PIU个体访谈表明其上网前有不断增加的紧迫感或者觉醒，并且不能够抑制，在上网之后他们才会松弛下来感到愉快。这同计算机冲动使用是相同的。PIU应该是一种与冲动性有关的行为。后续的大样本抽样研究结果③也显示：PIU具有类似于冲动控制障碍（ICD）的心理特征。

从上述的这些研究中我们可以得出结论：PIU行为的本质特点在于个体对冲动缺乏控制能力。因此从个体对冲动的控制这一角度对PIU进行研究，可以更好地解释PIU发生的原因，描述PIU行为的特点，以及评估PIU的影响。

但是，目前国内外全面、系统地考察PIU的自我控制能力的研究尚未见诸文献。而国外对一些问题行为（例如酗酒、吸毒）常采用从自我控制的角度进行深入研究，PIU正是在网络环境下发生的一种问题行为，同时也由于这一行为缺乏物质依赖的基础，所以较其他问题行为更显示出自我控制能力这一变量的重要作用。因此，本研究拟对PIU的自我控制能力进行初步的探究，以便为以后进一步的研究打下基础。

由于既往对PIU的研究尚无对个体自我控制能力的研究，因此要分析PIU个体的自我控制能力特点，需要从现有的自我控制的理论入手选择研究的思路和具体方向，以便更好地探究PIU的行为机制。

三、自我控制的研究现状

（一）自我控制的界定

国外对自我控制的研究起步较早，在19世纪末20世纪初心理学建立之初，就已经有了一些著述。詹姆斯在一百年以前就已经注意到了即使有着很高的动机，要

① 杨彦春：《电子游戏成瘾行为的精神病理机制探讨》，《中国心理卫生杂志》1999年第5期，第319～320页。

② N. A. Shapira, T. D. Goldsmith, P. E. Keck, et al: *Psychiatric features of individuals with problematic Internet use*. *Journal of Affective Disorders*, 2000, 57 (1-3), pp267-272.

③ T. Treuer, Z. Fabian, J. Furedi: *Internet addiction associated with features of impulse control disorder: Is it a real psychiatric disorder?* *Journal of Affective Disorders*, 2001, 66 (2-3), p283.

完成目标还是依赖于个体的情绪控制能力；精神分析学派弗洛伊德所提出的本我—自我—超我的人格结构，以自我力量的日益壮大来解说儿童自我控制的发展；行为主义者斯金纳利用操作条件反射原理研究了儿童的自我控制问题；人本主义的马斯洛强调了个人的行为决定于他自己的需求和自由意志。

从现有的观点[①]来看，倾向于认为自我控制或调节是一个多维度的概念，心理失调如抑郁、ADHD，操行失调（conduct disorder）如一些成瘾行为和危险行为都被确认为是一种自我控制的失败。情绪和行为的调节、执行功能（同前额叶皮层联系起来的认知控制过程）和动机过程（即情绪参与）被视为是自我调节的重要部分。

由于对自我控制研究的角度不一，所以还没有一个统一的定义，甚至用词都没有统一。除了 self-control 外，impulse control、inhibitory control、ego-control、self-regulation 等都有研究者使用。虽然名称不一，但其含义基本一致，可以归结为以下几个方面：（1）指目标受阻时个体抑制其行为或改变其行为发生可能性的能力；（2）个体对自己的心理、行为和生理过程施加影响，并进行调节和控制；（3）不仅指服从权威及接受他人施加的行为标准，且根据自我选择的信念和目标行事的能力；（4）指遵从、延迟或在缺少外部监督时，个体按照社会期待行事的能力。可以这么说，自我控制是个人对自身的心理与行为的主动掌握，是个体自觉选择目标，在没有外部限制的情况下，克服困难，排除干扰，采取某些方式控制自己的行为，从而保证目标的实现。自我控制是以自身为对象的高级心理活动，能制止或引发特定的行为。在认知、情感活动中表现为五个方面：抑制冲动行为、抑制诱惑、延迟满足、制订和完成行为计划、采取适应于社会情境的行为方式。[②]

自我控制能力的高低，可以直接影响个体的行为特点。很多自控缺乏的儿童做事容易冲动，缺乏控制的成年人则容易有反社会行为和行为不良。戈特弗雷德森等（Gottfredson，Hirschi，1990）[③] 认为所有不良行为的产生都是为了追求即时的欢乐，他们的理论得到了很多实证研究[④]的支持，也证实了低自我控制与犯罪和不良行为的相关。克雷斯（Chris）等[⑤]的调查表明大学生酗酒及与之相关的不良行为同个体的自我控制有着显著的负相关，同时他们还研究了其他相关的因素，例如群体

① R. R. Baumeister, D. V. Kathleen: *Handbook of Self-Regulation: Research, Theory, and Applications*. New York: Guilford Press, 2004.

② 邓赐平、刘金花：《儿童自我控制能力教育对策研究》，《心理科学》1998 年第 3 期，第 270～271 页。

③ M. R. Gottfredson, T. Hirschi: *General theory of crime: Linking the micro-and macro-level Sources of self-control and criminal behavior over the life-course*. Paper presented at the annual meeting of the American Society of Criminology (ASC), 1990.

④ S. Sussman, W. J. McCuller, C. W. Dent: *The associations of social self-control, personality disorders, and demographics with drug use among high-risk youth*. *Addictive Behaviors*, 2003, 28 (6), pp1159－1166.

⑤ C. Gibson, C. J. Schreck, J. M. Miller: *Binge drinking and negative alcohol-related behaviors: A test of self-control theory*. *Journal of Criminal Justice*, 2004, 32 (5), pp411－420.

关系、自我尊重等，他们认为低自我控制可以很好地预测大学生酗酒和与此相关的不良行为。

基于上述的看法，本研究对自我控制的定义如下：自我控制是个体因为完成目标的需要而对认知、情绪和行为进行调节、控制和管理的心理过程。与此相应，自我控制能力就是个体顺利达成自我控制行为的难易程度，达成行为越容易，则表明自我控制能力越高。

（二）自我控制过程的理论模型

1. 自我控制的选择理论

吉弗德（Gifford）① 利用经典的自我控制实验——选择马上实现较小利益和选择等待将来出现较大利益，发现自我控制行为可以归结为一种选择行为，即个体是在价值不同的行为中进行选择的。大脑前额叶的工作记忆系统和情绪系统是个体在意识层面进行选择的主要机制，这两种系统通过对可供选择的行为进行不同形式的赋值来发挥作用。

大脑前额叶的工作记忆系统是人类进行抽象加工的基础。在此基础上，个体可以完成推理、问题解决、计划等任务，这使个体脱离了获得即时满足的短视行为，从而获得更大或者更长远的利益。但是个体并不总是表现出理智的、延时满足的行为，而总是出现 knowing 与 doing 的分离，这都是由于另一个系统在选择过程中发挥了作用，即情绪系统②。情绪系统对所选择行为的赋值是以个体自身的特定经验为基础的，是根据自身的内在状态对行为进行选择，所以决策特点就表现为即时满足自身需要。自我控制就需要个体克服情绪系统的动机力量，才能避免选择那些可以满足即时需要的行为。

2. 认知—情绪人格系统模型

米歇尔（Mischel）③ 利用认知—情绪人格系统模型（cognitive-affective personality system，CAPS）对自我调节的过程进行了分析，认为自我调节过程中，认知和情绪各自发挥了作用。认知对应着“冷”系统，而情绪对应着“热”系统。冷系统的生理基础在于海马回，它推动个体进行反思和认知调节。而热系统的生理基础在于杏仁核，它推动个体产生趋向—回避或者攻击—远离的反应。在低压力条件下，由冷系统和热系统共同起作用，但是在高压力条件下，随着个体情绪唤醒水平的提高，热系统开始居于主导地位。个体能否有效地自我控制就取决于冷系统的激活程

---

① A. Gifford: *Emotion and self-control*. *Journal of Economic Behavior & Organization*, 2002, 49 (1), pp113-130.

② E. T. Rolls: *Précis of the brain and emotion*. *Behavioral and Brain Sciences*, 2000, 23 (2), pp177-234.

③ W. Mischel, O. Ayduk: *Self-regulation in a cognitive-affective personality system: Attentional control in the service of the self*. *Self and Identity*, 2002, 1 (2), pp113-120.

度以及能否抑制热系统的活动以降低情绪唤醒水平。

在对个体的生理和社会研究回顾中，米歇尔[①]提出在自我控制活动中的基础结构：认知—情绪单位（cognitive-affective units，CAUs）。这个结构是由编码（encoding）（包括对自我、目标、预期、信念的编码）和性格（affects）（包括自我调节的标准、能力、计划、策略）组成。在自我控制中表现出来的不同个性的内在机制就在于自我调节策略和相关注意控制的不同。自我调节策略和注意控制机制能使个体抑制冲动、制订计划来有效应对个体的情绪压力和冲动行为。

3. 强化敏感理论

针对情感系统的调节，格雷（Gray）[②] 在艾森克人格理论的基础上，提出了强化敏感理论（reinforcement sensitivity theory，RST），认为人的行为的控制主要是依赖于 BIS 与 BAS 两个神经系统，BIS 行为抑制系统（behavioral inhibition system）与焦虑有关，而 BAS 行为激活系统（behavioral activation system）与冲动性有关。BIS 与 BAS 彼此竞争以实现对行为的控制，在被激活后，BAS 将激发趋向行为；与之相对，BIS 是一个停止系统，激发躲避行为，抑制正在进行的行为并对环境信息作进一步的加工。行为抑制系统激活的同时还伴随着唤醒水平的反应，它能确保最后执行的行动（既可能是趋向行动也可能是躲避行动）被赋予较大的强度。这个理论将儿童的行为失调和成年人的冲动失抑制归结为行为激活系统活动过度或难以中断及调节激活系统控制的行为。同时，此理论也能较好地解释冲动型感觉寻求（impulsive sensation seeking）这一特质群体的行为。

4. 行为反应抑制模型

对注意力缺损多动障碍（ADHD）儿童的研究（对特定功能损伤的研究）为自我控制的机制探索提供了独特的视角。ADHD 是一组行为—情绪的综合症候群，主要表现为注意力分散、异常活跃、行为不可控制、做事冲动，是儿童期常见的心理障碍之一[③]。现有的研究表明[④]，注意力缺损多动障碍并不是注意过程的缺损，它最核心的损伤是自我控制和反应抑制的不足。巴克利（Barkley）对此提出了行为反应抑制模型，认为个体要达到对行为的控制，对接受的刺激会产生必要的兴奋，也需要产生抑制，即抑制其他不必要的兴奋，这就是行为抑制。它包含以下的过程：(1) 抑制对某一环境事件的自发反应。(2) 阻止当下的反应，以保证延迟决定采取何种

---

① W. Mischel, Y. Shoda: *A cognitive-affective system theory of personality: Reconceptualizing situations, dispositions, dynamics, and invariance in personality structure. Psychological Review*, 1995, 102 (2), pp246—268.

② L. A. Pervin, O. P. John 著，黄希庭主译：《人格手册：理论与研究》，华东师范大学出版社 2003 年版，第 366～372 页。

③ J. D. George, G. Stoner: *ADHD in the Schools: Assessment and Intervention Strategies*, New York: Guilford Press, 1994

④ R. A. Barkley: *ADHD and the Nature of Self-control*, New York: Guilford Press, 1997.

反应。(3) 保护这一延迟的时期，以防止干扰事件的打断，使自我指导的行为得以产生。

5. 中央执行功能的冷热系统理论

中央执行功能（central executive function，CEF）是当前心理学研究的一个重要的概念，它是 Baddeley 和 Hitch[①] 所提出来的工作记忆模型中的一个中央控制子系统，主要是指对思维和动作进行控制的心理过程，包含了对自我的思维、意识和动作的控制。

热拉卓（Zelazo）[②] 将执行功能划分为两类：一类是与眼窝前额皮质（orbito frontal cortex，OFC）相联系的“热”（hot）执行功能，另一类是与背外侧前额皮质（dorsolateral prefrontal cortex，DL-PFC）相联系的“冷”（cool）执行功能。前者是以高度的情感卷入为特征，需要对刺激的情感意义作出灵活评价；后者则由相对抽象的、去情境化的（decontextualized）问题引起。

虽然 CEF 可能存在多种不同的表现形式，但其中注意与抑制可能是最基本的加工要素[③]。其中抑制被假定为一种机制，大脑前额叶皮质可以通过抑制来影响皮层下及后部皮质，从而完成控制[④]。主动抑制作为执行功能的重要方面，大致可以分为三个方面：阻止已经激活的无关刺激，即干扰信息；抑制正在进行的反应；抑制不再有关的信息的激活，即认知定式的转移。

总结自我控制的理论，自我控制过程中有两种重要的机制：冷系统和热系统，即认知和情绪。“冷”系统主要包括了对注意的控制、对自我和环境的编码、信念。“热”系统主要包括了行为激活和行为抑制系统，这主要是概括了人格和气质的成分，如冲动性、神经质以及外倾性。

失抑制个体多是因为行为激活系统兴奋而缺乏行为抑制系统的抑制调节。冷系统作用于热系统的主要表现在于：通过对环境或者自身的信号进行选择性注意和编码，将信号识别为奖励或者惩罚信号，以此提高机体的唤醒水平，进行行为选择。除了热系统自身的特点决定了个体的自我控制行为的特点外，通过冷系统对热系统的调节，个体的自我控制行为也会有相应的改变。以下将分别对自我控制过程中的冷系统和热系统的研究进行回顾。

---

① A. D. Baddeley, G. Hitch: *Working memory*. In G. A. Bower (ed.): *The Psychology of Learning and Motivation*, New York: Academic Press, 1974, 8, pp47－89.

② P. D. Zelazo, U. Müller: *Executive Function in Typical and Atypical Development*. In U. Goswami (ed.): *Blackwell Handbook of Childhood Cognitive Development*, Oxford: Blackwell, 2002, pp445－469.

③ E. E. Smith, J. Jonides: *Storage and executive processes in the frontal lobes*. *Science*, 1999, 283 (5408), pp1657－1661.

④ A. R. Aron, T. W. Robbins, R. A. Poldrack: *Inhibition and the right inferior frontal cortex*. *Trends in Cognitive Science*, 2004, 8 (4), pp170－177.

（三）对自我控制过程中的冷系统的研究

注意控制是个体的一般自我调节能力，它能有效降低个体在各种高情绪情境中的唤醒状态以及个体对冲动性行为的控制。研究表明，儿童时期对注意的控制能力（注意的转换、集中等）与其成年后的冲动性和消极情绪有关。[①]

有研究认为，个体控制情绪的过程涉及情感系统、注意系统和自律系统的环节。在整个功能系统中，注意控制对情感发生和表达反馈的整个过程有很重要的作用。自我控制最早发生于出生后12～18个月之间，通过对婴儿的注视和行为的观察，发现了随着注意机制的成熟而表现出来的自我控制行为的增加。[②] 实验证明[③]，儿童的自我控制能力，其中包括情绪的自我控制成绩，与注意系统的作业有很高的相关。还有研究者[④]比较不同压抑水平、冲动性的儿童完成侧抑制和stroop等执行抑制测验的成绩。结果发现，不容易冲动、适应性强的儿童其注意抑制、反应抑制的成绩很好；相反，冲动型的儿童其维持注意、抑制无关刺激的能力比较差，且儿童维持注意的能力与其以后的自控水平的发展有明显的相关。[⑤]

主动抑制无关刺激是执行功能的重要功能，在个体维持注意的机制中处于关键和核心的地位。提泊等（Tipper，Baylis）[⑥] 曾指出，分心物抑制机制可以影响选择性注意的效率，即能有效抑制分心物的个体在对目标进行选择性注意时，不容易受到同时出现的分心物的干扰。主动抑制机制可以阻止已经激活的干扰信息，抑制正在进行的反应以及抑制认知定式，可以使无关因素处于低激活水平，这种主动的抑制机制不仅能保证个体顺利进行许多活动如记忆、理解和言语产生，而且在创作、维持推理、实现目标的思维流和动作流中发挥重要作用。[⑦] 从对ADHD儿童的注意实验可以发现，自我控制不能的ADHD儿童在行为上表现出注意抑制能力低下；并且在大学生中，对思维和情感控制良好的个体比那些控制不能的个体在Simon任务

① D. Derryberry，M. K. Rothbart：*Reactive and effortful processes in the organization of temperament. Development and Psychopathology*，1997，9（4），pp633－652.

② G. Kochanska，K. T. Murray，E. T. Harlan：*Effortful control in early childhood：Continuity and change，antecedents，and implications for social development. Developmental Psychology*，2000，36（2），pp220－232.

③ N. A. Fox，H. A. Henderson，K. H. Rubin，et al：*Continuity and discontinuity of behavioral inhibition and exuberance：Psychophysiological and behavioral influences across the first four years of life. Child Development*，2001，72（1），pp1～21.

④ 王争艳、王莉、陈会昌等：《杰罗姆·凯根的气质理论及研究进展》，《心理学动态》2000年第8卷第2期，第33～38页。

⑤ D. F. Bjorklund，K. Kipp：*Parental investment theory and gender differences in the evolution of inhibition mechanisms. Psychological Bulletin*，1996，120（2），pp163－188.

⑥ S. P. Tipper，G. C. Baylis：*Individual differences in selective attention：the relation of priming and interference to cognitive failure. Personality and Individual Differences*，1987，8（5），pp667－675.

⑦ S. L. Connelly，L. Hasher：*Aging and the inhibition of spatial location. Journal of Experimental Psychology：Human Perception and Performance*，1993，19（6），pp1238－1250.

中表现要出色许多。[①] 这些证据都提示着注意的主动抑制能力和自我控制能力是密切相关的。

（四）对自我控制过程中的热系统的研究

情绪调节（emotion regulation）是近年情绪研究中一个热点和重要的问题。托马森（Thompson）认为[②]，情绪调节是指个体为完成目标而进行的监控、评估和修正情绪反应的内在与外在过程。格劳斯（Gross）[③] 认为，情绪调节是指个体对具有什么样的情绪、情绪什么时候发生、如何进行情绪体验与表达施加影响的过程。可以这么认为，情绪调节就是为了完成目标而对情绪的发生、体验与表达施加影响的过程。由于目前的研究尚处于起步阶段，尚无一致公认的成果，同时，由于本研究主要是考察个体自我控制过程的冷热系统的机制，因此将焦点放在个体自我控制过程中的情绪的影响机制以及同冷系统间的相互关系。

焦虑、抑郁等负性情绪状态对自我控制过程有损害，低自我控制行为在负性情绪压力下更容易被引发。[④] 例如在戒烟、戒酒等自控行为中，个体的负性情绪状态会使这种行为趋于失败。勒斯等（Leith，Baumeister）[⑤] 发现，甚至在实验室的环境下，被试在悲伤音乐的背景下，也会减少自我控制的活动。

自我控制过程也受个体对惩罚的敏感度的影响。两种情绪系统 BIS 与 BAS 分别与惩罚和奖励相联系。[⑥] 研究证据显示 BIS 在自我控制中扮演了重要的角色，BIS 通常会和低自我控制相联系，嗜酒与贪食等自控能力低下的个体，通常对惩罚要敏感得多。[⑦] 而在 go/no go 那些同自我控制相联系的任务中，完成较差的个体通常会对惩罚线索更敏感。纽曼等（Newman，Wallace）[⑧] 就认为 BIS 直接导致了个体对环境中惩罚和奖励线索注意的切换更困难，从而使个体容易表现出自我控制不能。在此，需要说明的是，BIS 所表示的是对惩罚线索的敏感性，但并不表示在个体行为

---

① D. Derryberry，M. K. Rothbart：*Reactive and effortful processes in the organization of temperament*. *Development and Psychopathology*，1997，9（4），pp633－652.

② R. A. Thompson：*Emotional regulation and emotional development*. *Educational Psychology Review*，1991，3（4），pp269－307.

③ J. J. Gross：*Emotion regulation：Affective，cognitive，and social consequences*. *Psychophysiology*，2002，39（3），pp281－291.

④ J. R. Gray：*A bias toward short-term thinking in threat-related negative emotional states*. *Personality and Social Psychology Bulletin*，1999，25（1），pp65－75.

⑤ K. P. Leith，R. F. Baumeister：*Why do bad moods increase self-defeating behavior? Emotion，risk taking，and self-regulation*. *Journal of Personality and Social Psychology*，1996，71（6），pp1250－1267.

⑥ C. S. Carver，T. L. White：*Behavioral inhibition，behavioral activation，and affective responses to impending reward and punishment：The BIS/BAS scales*. *Journal of Personality and Social Psychology*，1994，67（2），pp319－333.

⑦ N. J. Loxton，S. Dawe：*Alcohol abuse and dysfunctional eating in adolescent girls：the influence of individual differences in sensitivity to reward and punishment*. *The International Journal of Eating Disorders*，2001，29（4），pp455－462.

⑧ J. P. Newman，J. F. Wallace：*Diverse pathways to deficient self-regulation：Implications for disinhibitory psychopathology in children*. *Clinical Psychology Review*，1993，13（8），pp699－720.

中抑制系统起主导作用，相反，由于个体对惩罚线索的敏感，反而容易导致躲避惩罚行为，从而更容易达成倾向于即时回报的行为模式。

对情绪反应的控制会占用认知资源，压抑情绪反应会大大降低认知机能。[①] 压抑情绪、抑制反应倾向以及隐藏偏见都可以导致调节力的下降并因此导致自我控制效果的下降。[②] 同时，夸大的情绪反应也有可能会导致认知资源被占用，使认知的流畅性受到损害。[③] 格雷认为[④]，认知控制和情感可以整合，二者可以协调工作。Gray 通过对不同的情绪状态对 two-back 认知任务的影响的研究发现[⑤]，正性的情绪（如喜悦）可以让个体的语义回忆成绩提高，而负性的情绪（如焦虑）可以使个体的空间回忆成绩提高。同时，高 BIS 个体在负性情绪下的认知成绩变化较大，而高 BAS 个体在正性情绪下的认知成绩变化较大。

综上所述，控制过程中的热系统的个体差异体现在个体对环境的奖励和惩罚线索的敏感性（即个体对正性情绪和负性情绪的敏感性）上，其情绪状态对认知的影响较大，且不同的情绪状态会产生不同的影响。

四、PIU 个体自我控制过程的冷热系统的研究

为什么 PIU 个体在面对网络冲动的时候自我控制不能呢？根据自我控制的理论和机制，我们可以假设 PIU 个体的冷系统与热系统都具有特殊性，一方面，PIU 个体的热系统中行为抑制系统的阈限较行为激活系统的阈限要高，个体很容易出现行为激活系统的兴奋，而不容易出现行为抑制系统的兴奋，抑制系统对激活系统的调节作用较弱；另一方面，个体的冷系统在面对网络对象的时候，其在注意的控制、转换、抑制，以及在信念、预期等方面与非 PIU 个体有差异，冷系统对热系统的抑制作用不大。因此，从总体上看，PIU 个体就显示出自我控制能力的低下，即 PIU 的行为抑制能力较弱。遵循这样的思路，反观 PIU 的研究现状，可以从中找到证明假设的间接证据。

---

① B. J. Schmeichel, K. K. Vohs, R. F. Baumeister: *Intellectual performance and ego depletion: role of the self in logical reasoning and other information processing*. *Journal of Personality and Social Psychology*, 2003, 85 (1), pp33—46.

② H. M. Wallace, R. F. Baumeister: *The effects of success versus failure feedback on further self-control*. *Self and Identity*, 2002, 1 (1), pp35—41.

③ B. J. Schmeichel, et al: *Ego depletion by response exaggeration*. *Journal of Experimental Social Psychology*, 2006, 42 (1), pp95—102.

④ J. R. Gray: *Integration of emotion and cognitive control*. *Current Directions in Psychological Science*, 2004, 13 (2), pp46—48.

⑤ J. R. Gray: *Emotional modulation of cognitive control: Approach-withdrawal states double-dissociate spatial from verbal two-back task performance*. *Journal of Experimental Psychology*, 2001, 130 (3), pp436—452.

（一）PIU的冷系统特点的研究

1. PIU个体的编码方式具有特殊性

对外界和自我的编码特点表现较为特殊。研究者对PIU个体的时间记忆进行了实验研究①，结果推论出PIU个体在网络环境下对时间任务所投入的注意资源较非PIU个体少，意识显得更为混乱。这提示着PIU个体对特定的对象具有特殊的认知编码特点。

PIU表现出非适应性认知。李宁、梁宁建通过量表对大学生网络行为的元认知情况进行研究②，发现PIU的元认知水平和PIU程度有显著的负相关；而且和非PIU相比，元认知总水平上有显著的差异，在元认知的目的与计划性、自我监控、时间控制三因素上两者也有显著的差异。李宏利、雷雳对PIU的时间透视和应对方式进行了研究，发现PIU的时间透视具有现在定向占优的趋势，即PIU个体对当前情境较注意和敏感，在应对方式上的选择倾向于指向情绪的应对方式。③

在对个体的控制点（locus of control）与网络病理性使用的关系的研究中④，外在控制点的个体较容易成为PIU。通过网络世界取得控制感是与PIU极相关的因素。

上述论及的元认知、控制点、时间透视等方面的不同，提示着PIU的编码方式具有特殊性。

2. PIU个体认知过程的特点有特殊的表现

在较早期对电脑游戏成瘾者的研究中，发现成瘾者注意力不能集中和持久，感觉记忆力减退，有明显的认知活动方面的变化。研究者初步对PIU的认知功能进行的对照研究⑤，通过神经心理测验进行神经认知功能领域的评定，发现PIU人群在注意（注意集中、持续注意、注意的抗干扰、视觉注意等各方面）、执行功能（计划性、解决问题能力）、记忆力等方面，均显著差于对照组。韩国的一项研究中，研究者将儿童中ADHD与网络成瘾做了相关性的分析⑥，发现评价ADHD的量表的得分与网络成瘾诊断量表的得分呈显著正相关，并且推论出，ADHD的symptoms的非注意性inattention和冲动控制性hyperactivity-impulsivity会是两个很重要的网络成瘾危险因子。这从不同角度提示注意的抑制能力与PIU有关联。

---

① 尹华站：《大学生网络成瘾者在互联网使用条件下的时间记忆特点》，西南师范大学硕士学位论文，2003年。

② 李宁、梁宁建：《大学生网络行为的元认知研究》，《心理科学》2004年第27卷第6期，第1356～1359页。

③ 李宏利、雷雳：《青少年的时间透视、应对方式与互联网使用的关系》，《心理发展与教育》2004年第2期，第29～33页。

④ K. Chak，L. Leung：*Shyness and locus of control as predictors of Internet addiction and Internet use*. *CyberPsychology & Behavior*，2004，7（5），pp559－570.

⑤ 罗庆华：《网络成瘾者的认知功能测评》，重庆医科大学硕士学位论文，2005年。

⑥ H. J. Yoo，et al：*Attention deficit hyperactivity symptoms and Internet addiction*. *Psychiatry and Clinical Neurosciences*，2004，58（5），pp487－494.

这些初步的研究表明，PIU 个体的认知过程具有特殊的表现，对信息的编码显得较为混乱和不适应，认知功能可能有一定的损害，其注意力有明显的差异。

（二）PIU 的热系统特点的研究

1. PIU 的情绪具有敏感、不稳定的特点

已有研究表明，PIU 的情绪敏感性高于普通人群，他们因此更容易受到情绪的困扰。扬[①]使用卡特尔 16 种人格特质量表调查了依赖型互联网用户的人格特质，结果显示依赖型用户在自恃、情绪敏感和情绪反应、警惕性、低水平自我暴露、不顺从的特质上得分较高，而且具有较高的抽象思维能力。对此，国内也利用一些人格量表调查了 PIU 的人格特质[②]，也显示出敏感、自制力差、情绪不稳定的特点。科尔特（Kault）等研究发现[③]，PIU 往往喜欢独处，敏感，倾向于抽象思维，警觉，不服从社会规范。PIU 亦表现出不稳定的情绪，常有状态焦虑。[④]

2. PIU 常常受到情绪的困扰

莫纳瀚-马丁等（Morahan-Martin，Schumacher）的研究发现[⑤]，PIU 在 UCLA 寂寞量表上得分比非 PIU 高，并且 PIU 常利用网络来释放压力。坎沃·纳尔瓦（Kanwal Nalwa）在印度所做的一项调查中也有同样的发现。[⑥] 罗伊特斯克等（Loytsker，Aiello）的研究发现[⑦]，PIU 有较高的无聊倾向、较寂寞、高社会焦虑与高私我意识。吴明霞通过自编问卷对大一新生的调查[⑧]表明，大学新生中的 PIU 常会感受到情绪反应和动机冲突。

3. PIU 具有冲动性感觉寻求的特点

感觉寻求是探索奇异的具有刺激性情境的人格倾向，一般是以欲望和行为动机表现出来，一旦特定的情境引发，就容易使个体处于一种激动的情绪状态中，表现出个体想要达到某些目标的期望。扬就发现充满了刺激性的网络游戏更容易使人上瘾，PIU 在上网后试图寻找快乐，并且在下网后仍然沉溺于网上的经历和情绪体验。因此研究者大都认为 PIU 更具有感觉寻求的特点。杨文娇等针对不同的成瘾类型，利用感觉寻求量表（包含四个分量表：TAS——寻求激动和冒险，ES——寻求

---

① K. S. Young：*Internet addiction：The emergence of a new clinical disorder*. *CyberPsychology and Behavior*，1996，1 (3)，pp237－244.

② 林绚晖等：《大学生上网行为及网络成瘾探讨》，《中国心理卫生杂志》2001 年第 4 期，第 281～283 页。

③ 转引自杨容等：《网络成瘾（IAD）实证研究进展》，《西南师范大学学报（人文社会科学版）》2004 年第 9 期，第 40～43 页。

④ 张兰君：《大学生网络成瘾倾向多因素研究》，《健康心理学杂志》2003 年第 11 卷第 4 期，第 279～280 页。

⑤ J. Morahan-Martin，P. Schumacher：*Incidence and correlates of pathological Internet use among college students*. *Computers in Human Behavior*，2000，16 (1)，pp13－29.

⑥ K. Nalwa，A. P. Anand：*Internet addiction in students：a cause of concern*. *CyberPsychology & Behavior*，2003，6 (6)，pp653－656.

⑦ J. Loytsker，J. R. Aiello：*Internet addiction and its personality correlates*. Paper presented at the annual meeting of the Eastern Psychological Association，Washington，1997.

⑧ 吴明霞等：《大一新生网络心理问题调查研究》，《心理科学》2004 年第 27 卷第 4 期，第 901～904 页。

体验，DIS——放纵欲望，BS——厌恶单调）对大学生网络成瘾者进行测查①，发现网络游戏成瘾者在DIS和BS的得分显著高于非网络游戏成瘾者，而网络人际关系成瘾者在DIS上的得分显著高于非网络人际关系成瘾者，在TAS上也出现较显著的高水平。

综上所述，PIU所表现出来的情绪特点可以归结为：情绪敏感，更容易体验到情绪，容易出现寂寞、焦虑等情绪问题，重视自身体验的需要，对自我关注的程度较高。这些特点都显示出其行为激活系统相对于行为抑制系统更容易被激活。

五、现有研究存在的问题

归纳现有研究，尚存在如下一些问题：

1. 自我控制能力多是从儿童发展的角度去探索，对成人的自我控制能力的研究还很薄弱，特别是对在网络这一特殊环境下个体的自我控制能力还没有进行过研究。对PIU的自我控制能力的特点进行研究，可以进一步扩大有关自我控制的研究范围。

2. 对PIU的研究还多是针对行为、人格和社会因素进行研究，少有对PIU个体的认知特点以及情绪特点的实验证据。

3. 多数研究基本认同了PIU个体对网络使用冲动的控制不能，但对这一现象的解释多是从其他因素中（例如网络的使人成瘾的特点、个体的心理需要、网络使用的动机类型等）寻找容易导致个体网络病理性使用的相应特征，而对于与冲动控制有直接关系的自我控制能力却无深入研究，尤其是对PIU与一般自我控制能力的关系尚未见探讨。

六、研究设计

1. 研究目的

本研究旨在探索病理性网络使用行为的影响因素，对影响PIU形成的心理机制进行实证研究，为探索PIU的成因和评估其影响提供理论和实证支持。

2. 基本思路

前文所述的研究现状较为混乱，说明目前的PIU研究中介变量太多，各变量之间的作用不一致导致了各种层面的特征尚不稳定。因此，需要寻找一个直接有效的变量，此变量对PIU行为有直接的预测作用，且能够统摄不同层面的不同特征。从前述PIU的本质——网络使用的冲动控制不能来看，似乎提示着个体的自我控制能

① 杨文娇、周治金：《大学生网络成瘾类型及其人格特征研究》，《华中科技大学学报（社会科学版）》2004年第3期，第39～42页。

力对PIU起着重要作用。自我控制能力这一概念又可以综合从气质类型到认知特点各层面的研究，尽管PIU个体在不同层面上表现出不太一致的特点，但只要各层面特征综合起来后会对个体的自我控制能力产生影响，那么这种不一致的研究现状就可以得到解释。

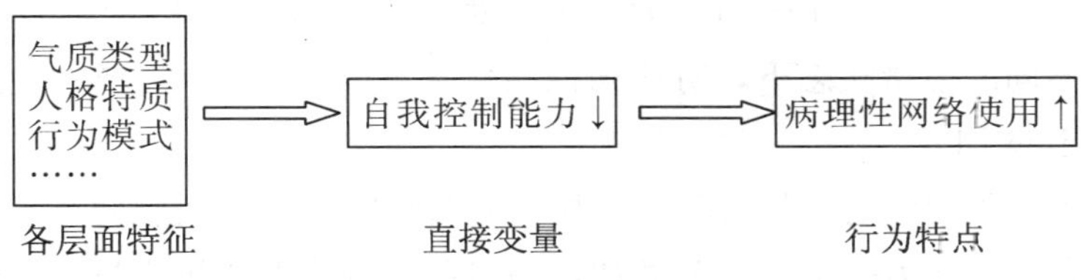

图22－1 心理各层面特征与PIU之间的作用关系示意图

要确认自我控制能力对PIU行为发生的影响和意义，不仅需要同时考察个体的PIU程度与自我控制能力水平以说明个体的自我控制能力的水平是否与个体PIU程度相关的问题，还需要考察PIU个体在心理机制层面上的特殊表现。如果PIU不仅表现出行为特点上的自我控制能力低下，而且在其自我控制过程中的心理机制上也同样出现了差异，那么就可以说明自我控制能力是PIU行为的重要变量，而没有其他中介变量的作用。

本研究认为自我控制能力既然可以作为研究问题行为的重要变量，PIU行为作为在网络世界中出现的病态使用的行为，也可以借鉴自我控制能力的研究思路来对其进行研究。

自我控制的各种理论将个体的自我控制过程分为两个系统的作用过程：一个是冷系统——认知系统；一个是热系统——情感系统。这二者共同作用，完成自我控制过程。因此在评估PIU个体的自我控制能力特点时，除了可以从外显的行为特点进行评价外，还可以从认知和情感两个方向在心理机制的层面进行探究。

对PIU认知功能的相关研究提示，PIU个体的注意有明显的差异，而注意过程中的主动抑制机制对自我控制能力有显著的影响；同时，对PIU情感特点的相关研究提示，PIU个体的情绪体验更为敏感，而敏感性高的人自我控制能力相对较低。因此，本研究假设：一方面，PIU个体的热系统中行为抑制系统的阈限较行为激活系统的阈限要高，个体很容易出现行为激活系统的兴奋，即PIU对情绪体验更敏感，在面对网络使用的冲动时，更容易感受到需要及时使用网络的情绪压力；另一方面，PIU个体在面对网络使用的冲动的时候，不容易有效地转换注意，对这种干扰（观念、想法）不能进行主动抑制，冷系统对热系统的抑制作用不大。

3．研究假设

基于文献综述和研究思路，本研究提出以下假设：

假设 1：PIU 大学生的自我控制能力显著低于非 PIU 大学生。

假设 2：PIU 大学生与非 PIU 大学生在对待选择性注意的机制上存在差别。在启动实验中，PIU 的负启动量比非 PIU 少，即 PIU 对分心物抑制的能力不如非 PIU。

假设 3：PIU 大学生与非 PIU 大学生在对情绪的体验的敏感程度上存在差异。PIU 个体在不同的情绪状态下，对认知控制任务（two-back）完成的促进和干扰作用均显著大于非 PIU。

本研究主要采用问卷法与实验室实验法相结合的方法。问卷调查主要评估 PIU 大学生的自我控制能力的水平，考察 PIU 与自我控制能力之间的关系；实验法采用选择性注意负启动范式以及情绪诱发下的 two-back 记忆任务实验，主要考察 PIU 个体在自我控制过程中的认知—情感的特点。

第二节　PIU 大学生自我控制能力的特点

一、大学生自我控制能力问卷的修编

对自我控制能力的研究传统上多采用实验法。最经典的研究范式即为延迟满足实验：儿童在实验房间被告知他可以得到两个物品中的一个，其中一个物品是儿童明显偏爱的，但是要得到它需要漫长的等待；而另外一个价值较小的物品，只要儿童在等待期间发出信号，就可以得到，但同时他就不得不放弃所偏爱的那个物品。实验者可以通过实验来考察儿童的自我控制能力，同时也可以通过改变指导语、改变物体呈现方式等来深入探讨自我控制能力的各种影响因素和心理机制。对成人也同样可以使用这种方式来考察其自我控制能力。但是这种方法没有常模，结论推广受限，不能评估个体自我控制能力水平的高低。

由于自我控制的评定受文化影响较深，因此本土化的问卷较具有参考价值。国内问卷的编制发展了近十年，根据问卷的适用对象，可分为儿童（儿童自我控制学生自陈量表①、幼儿自我控制能力发展教师评定问卷②）、中学生（初中学生学习自我控制量表③、中学生自我控制能力问卷④）和大学生（大学生自我控制调查问卷⑤）三类。

其中，中学生自我控制能力问卷通过行为、思维和情绪三个维度对自我控制能

① 刘金花等：《儿童自我控制学生自陈表的编制》，《心理科学》1998 年第 2 期，第 108～114 页。
② 杨丽珠等：《幼儿自我控制能力发展的研究》，《心理与行为研究》2003 年第 1 卷第 1 期，第 51～56 页。
③ 张灵聪：《初中生学习自控力特点的研究》，西南师范大学博士学位论文，2001 年。
④ 王红姣：《中学生自我控制能力及其与学业成绩的相关研究》，上海师范大学硕士学位论文，2003 年。
⑤ 于国庆：《大学生自我控制研究》，华东师范大学博士学位论文，2004 年。

力进行了考察，比较符合本研究的理论构想。因此，本研究拟以中学生自我控制能力问卷为基础，借鉴大学生自我控制调查问卷的基本思想并对一些题项进行修订，来进行问卷的编制。

（一）测量题目的收集和编制

本研究运用文献综述和访谈等方法来收集和编写初始问卷的题项。

文献综述：查阅大量国内外关于自我控制的有关文献，参考国内外学者的理论思想。吸收了中学生自我控制能力问卷中的有关题项，变换其表述，使其更适合于大学生的表达习惯，更符合大学生的学习和生活的特点。同时还借鉴了大学生自我控制调查问卷中的相关题项。

访谈：对在校大学生进行半结构式访谈，访谈内容涉及大学生对自我控制的概念、表现形式等方面的认识。

综合分析国内外多种自我控制理论，可以得出如下结论：如果个体的行为常表现出不受自我的抑制、调节和控制的倾向，很少有自我控制的行为，则自我控制能力的水平较低。同时，个体对自我行为的控制，主要是通过"冷"、"热"两个系统进行调节的，包括对思维和认知的调节，以及对情绪和动机等进行的调节。

基于上述构想，本问卷拟从行为、情绪、思维三个维度编写题项。经过多名心理学硕士、博士的分析和讨论，编制了大学生自我控制能力问卷的初始问卷，共34题，采用4点记分。备选答案由"很不符合"到"非常符合"分为四等，采用单选迫选形式。题项采用反向记分，得分越高者，表示个体的自我控制能力越低。

（二）问卷的施测与分析

采用自编的大学生自我控制能力问卷的初始问卷，在重庆市随机选取2所大学的463名学生（大一男生104人，女生51人；大二男生91人，女生65人；大三男生98人，女生54人）进行测试。然后将有关数据进行项目分析和因素分析，并进行信度和效度检验。

1. 项目分析

项目分析采用临界比率的方式，即将所有被试的量表总得分依高低排列，得分前后27%者分别为高分组和低分组，然后进行高低两组在每题得分上的平均数差异显著性检验。根据临界比率值来考察题项的鉴别力，若临界比率值显著，则表明题项能够鉴别不同被试的反应程度。根据统计分析结果，34题的 t 值均达显著水平，表明题项均具备良好的鉴别力，适合保留作进一步的探索性因素分析。

2. 探索性因素分析

问卷KMO值为0.789，表明本研究所获得的调查数据适合进行因素分析。

对问卷进行主成分分析和正交旋转，求出最终的因素负荷矩阵，结果见表22-1。

表 22－1　大学生自我控制能力问卷因素分析结果

因素一		因素二		因素三		因素四		因素五	
项目	载荷	项目	载荷	项目	载荷	项目	载荷	项目	载荷
a_1	.723	a_{20}	.811	a_{29}	.775	a_{10}	.816	a_{14}	.753
a_3	.698	a_{21}	.761	a_{28}	.761	a_{12}	.631	a_{16}	.681
a_2	.640	a_{25}	.662	a_{26}	.619	a_{34}	.619	a_{18}	.549
a_4	.592	a_{24}	.503						
a_9	.530								
特征值	2.234	2.212		1.972		1.862		1.702	
解释的变异量（%）（合计 55.455%）	12.409	12.288		10.957		10.347		9.454	

从表 22－1 可以看出，因素分析获得 18 个有效题项，共析出 5 个因素，可以解释总变异量的 55.455%。

由原始问卷可看出五个因素分别表示如下含义：因素 1 主要表现出个体在思维活动中的自我控制能力，这一维度可以命名为思维自控；因素 2 主要表现出个体行为的目标明确性，故命名为行为计划性；因素 3 主要表现出个体在制订计划后的执行情况，故命名为行为执行性；因素 4 主要表现出个体在面对挫折时的负性情绪的程度，故命名为情绪平和性；因素 5 主要表现出个体行为受情绪影响的程度，故命名为情绪化。由这 18 个题项构成了大学生自我控制能力问卷。

3. 信度检验

本研究采用内部一致性信度和分半信度作为检验大学生自我控制能力问卷的信度指标。从表 22－2 可以看出，问卷在各个因素上的内部一致性信度在 0.591～0.719 之间，分半信度在 0.523～0.695 之间；整个问卷的内部一致性信度为 0.801，分半信度为 0.678。由此说明，本问卷具有良好的信度。

表 22－2　大学生自我控制能力问卷的信度指标

因　素	内部一致性信度	分半信度
思维自控	.672	.631
行为计划性	.719	.695
行为执行性	.661	.611
情绪平和性	.616	.523
情绪化	.591	.561
总　分	.801	.678

4. 效度检验

(1) 结构效度

根据因素分析理论，各个因子之间应该有中等程度的相关，各因子与总分的相关应高于相互之间的相关，以保证各因子既有所不同，但又测的是同一心理特征。

表 22－3 大学生自我控制能力问卷内部一致性效度估计

变 量	思维自控	行为计划性	行为执行性	情绪平和性	情绪化
行为计划性	.226**				
行为执行性	.313**	.329**			
情绪平和性	.236**	.377**	.182**		
情绪化	.243**	.412**	.165**	.440**	
总 分	.636**	.747**	.572**	.663**	.662**

从表 22－3 可以看出，各因子之间的相关均比较合适，各因子构成一个有机整体。各因子之间的相关在 0.182～0.440 之间，各因子与总分的相关在 0.572～0.747 之间。说明各因子既有一定的独立性，又反映出相应的归属性，问卷具有良好的结构效度。

(2) 内容效度

本问卷的修订是在中学生自我控制能力问卷的基础上进行的，原问卷已经具有一定的实际应用基础。同时该问卷也是结合各种自我控制理论，根据文献综述的结果、大学生访谈内容进行综合整理的结果。在题项编制完成后，又经过几位发展与教育心理学专家、研究人员对问卷的题项进行初步评定，认为该问卷基本能够反映大学生的自我控制能力。因此，本问卷具有较好的内容效度。

综上所述，可以看出本研究修编的大学生自我控制能力问卷具有良好的信度与效度，达到了心理测量学的要求，可以作为大学生自我控制能力水平的测量工具。

二、大学生自我控制能力特点研究

采用中文网络成瘾量表和修编的大学生自我控制能力问卷，对随机抽取的重庆 2 所大学的 309 名大学生（大一男生 78 人，女生 36 人；大二男生 79 人，女生 32 人；大三男生 60 人，女生 24 人。专业不限，年龄在 18～21 岁之间）进行调查，考察 PIU 与非 PIU 大学生在自我控制能力上的差异，进而探讨 PIU 大学生自我控制能力的特点，以及 PIU 与自我控制能力的关系，为进一步的研究提供必要的基础。

（一）自我控制能力与 PIU 的相关分析

表 22－4 大学生自我控制能力与 PIU 得分的相关

变 量	思维自控	行为计划性	行为执行性	情绪平和性	情绪化	总 分
PIU	.144**	.686**	.173**	.431**	.349**	.547**

由表 22－4 可知，PIU 程度与个体的自我控制能力有明显的负相关，且与其中的各因素有显著的负相关。其中与行为计划性、情绪化、情绪平和性的相关系数较高。

（二）大学生中 PIU 与非 PIU 个体的自我控制能力差异比较

根据 PIU 量表得分情况，取前端的 20％为 PIU 组，取后端的 20％为非 PIU 组，对两组在大学生自我控制能力量表上的得分进行 t 检验，比较结果见表 22－5。

表 22－5 PIU 大学生与非 PIU 大学生自我控制能力的差异

因 素	大学生类别（n）	平均数±标准差	t
思维自控	PIU（60）	13.833±1.824	2.236*
	非 PIU（59）	13.068±1.911	
行为计划性	PIU（60）	11.417±1.825	12.483***
	非 PIU（59）	7.085±1.959	
情绪平和性	PIU（60）	8.217±1.878	6.467***
	非 PIU（59）	6.119±1.651	
行为执行性	PIU（60）	8.317±1.456	1.865
	非 PIU（59）	7.797±1.584	
情绪化	PIU（60）	7.017±1.652	4.711***
	非 PIU（59）	5.627±1.564	
总 分	PIU（60）	53.817±4.999	8.806***
	非 PIU（59）	44.102±6.900	

由表 22－5 可以看出，PIU 高分组与 PIU 低分组在自我控制能力得分上有显著差异。在自我控制能力各因子中，高分组与低分组在行为计划性、情绪平和性、情绪化、思维自控因子上有显著差异。

三、讨论

（一）大学生自我控制能力问卷的修编

本研究修编了大学生自我控制能力问卷，经过探索性因素分析，发现大学生自我控制能力可以大致分为5个因素：行为计划性、行为执行性、思维控制、情绪平和性、情绪化。同时，本研究分别对问卷进行了项目分析、内部一致性信度、分半信度、结构效度、内容效度等心理测量学指标分析，结果均达到比较理想的量表指标。问卷可以作为大学生自我控制能力的测量工具。

（二）PIU大学生自我控制能力的特点

大学生的自我控制能力与其PIU行为有明显的关系，自我控制能力越低的大学生，其网络行为中的PIU表现就越多。在以往的研究中虽认同PIU对上网冲动的控制不能，却尚未见涉及PIU个体对其他活动的自我控制能力的论述。从本研究的结果来看，PIU大学生不只对上网冲动的控制不能，而且在一般的环境下，其行为也表现出自我控制能力低下的特点。

从大学生自我控制能力问卷的调查结果可以发现PIU个体的一般行为特点：日常行为的计划性不强，且对计划的执行也不能坚持到底，自我管理的成分比重较小；在面对挫折时，情绪不易平和，更容易感受到情绪的困扰；从行为的动机来看，情绪动机所占的比重偏大，冲动行为较易出现；对于需要注意力持续集中的思维活动完成困难，不易排除外界和自身的干扰。

（三）PIU大学生自我控制能力低下的原因分析

为什么PIU大学生的自我控制能力低下呢？这可以从个体本身的自我控制能力特点对PIU形成的决定作用以及PIU对个体自我控制能力的影响两个方面进行探究。

1. 个体的自我控制能力低下，导致了PIU的出现。自控力低下的个体，难以主动产生调节PIU的行为。个体随意行为的增加，导致个体使用网络时间的增加。研究发现，在网时间的不断延长可以作为引起PIU的一个原因和判断标准，个体如果没有对网络使用的时间长度和频率加以控制，就很容易导致PIU行为的出现。自控力低的个体在对网络使用的时间管理上不能做到严格的控制，从而导致网络使用的时间延长、周期缩短。

行为计划性不强，使个体的网络行为更无目的，从而使对网络的工具性使用的比例降低。低自我控制能力者使用网络的动机多为娱乐性的和情感满足性的，这些动机都是非工具性动机。互联网使用不当（毫无目的的滥用网络）可能也会导致PIU。[①]

网络环境的刺激一般以欲望和行为动机出现，一旦特定的环境引发，个体就容易处于一种兴奋的情绪状态之中，表现出想要达到某些目的的期望。低自我控制能

① 雷雳、李宏利：《病理性使用互联网的界定与测量》，《心理科学进展》2003年第11卷第1期，第73～77页。

力的个体有欲望放纵、即刻满足自身的心理需要的倾向，故而在面对网络环境的诱惑时不能抵制这种欲望。

自我控制能力也是个体社会化的体现，自我控制能力较低的个体，其和谐的人际关系和良好的社会支持较少出现，因此 PIU 个体更愿意去网络中寻找相应的社会支持，在网络中体验到的社会成就和社会交往可以满足 PIU 个体的心理需要。

低自我控制能力个体可以在网络中得到更大的满足。扬提出的 ACE 模型[①]就认为，网络具有匿名性（anonymity）、便利性（convenience）、逃避现实（escape）三个特点。用户可以在网络中非常容易地做任何自己想做的事，实现个体在现实中无法满足的心理需要。这种自由的、新奇的心理感觉引诱着个体流连于网络中而不能自拔。自我控制能力较低的个体更愿意从事需要个体付出较少意志努力的活动，而网络环境的特性，恰恰就迎合了低自我控制能力个体的这种倾向。因此，与高自我控制能力的个体相比较而言，低自我控制能力的个体更容易沉迷于宽松、自由的网络环境中。

在现实中，自我控制能力低下的个体的情绪体验敏感性增强，容易受到情绪问题的困扰。他们在现实世界中能更多地感受到焦虑、抑郁等情绪状态，如果个体应对情绪的方式不当，例如把上网作为缓解情绪压力、解决情绪问题的有效方式，那么就很容易增加上网的机会，并且形成对网络的依赖。同时，网络不容易引发个体的负面情绪，因此自我控制能力低下者更愿意将自己沉迷在网络世界中。网络容易引发个体愉悦、放松的情绪体验，这种体验对于高自我控制能力者的诱惑不算太大，但低自我控制能力者一旦面对上网的念头，就容易体验到网络中愉悦的情绪，更加强了上网的动机，并最终导致对上网冲动的自我控制的失败。

PIU 个体在网络中的活动多表现为以情感满足为主要动机，原因亦在于此。相对来讲，PIU 个体的网络活动不容易以信息获取等工具性目的作为行为动机。自我控制能力低下者自身的特点决定了他们看重的是网络活动对于他们情感需要的满足。

低自我控制能力个体对于需要注意力集中的思维活动，表现出不容易排除干扰的行为特点。低自我控制能力的大学生进行学习和其他思维活动，需要付出更大的认知控制的努力，所以在这些学习和思维活动中，更容易有疲劳感与挫败感。加之其又常将网络活动作为个人娱乐和放松的方式以及应对挫折的方式，所以很容易导致其放弃在不太顺利的学习等活动中的努力，转而投入到网络活动中。

研究发现，使用网络的年限并不能解释出现 PIU 行为的程度，这就是因为自我控制能力在 PIU 行为中是一个重要的变量。自我控制能力代表着个体的成熟程度，

---

① K. S. Young: *What makes on-line usage stimulating: potential explanations for pathological Internet use*. Paper presented at the 105*th* Annual Convention of the American Psychological Association, Chicago, 1997.

因此个体越趋向成熟，其 PIU 行为出现的概率就越低。虽然从理论上说，个体暴露在网络中的时间越长，其出现 PIU 行为的概率越大，但随之增加的自我控制能力却能够使个体对自己的网络行为进行更好的控制。也许 PIU 行为如同青春痘一样，只出现在个体尚未发育成熟的阶段。

2. PIU 对个体自我控制能力发展的影响。现有的研究表明，问题行为通常都是由个体的自我控制能力低下所导致的。由于网络是一个特殊的环境，它自成一个系统，暴露于这样一个环境中，个体也可能会被网络世界虚拟的生活方式所同化。网络环境所表现出来的特征为去抑制化，个体可以在网络中自由满足自己的欲望，而且其表达方式更少有现实世界的约束。可以这么说，一个经常处于网络环境中的个体，他在网络中的行为会经常表现出无序与散漫，这样的行为虽然只发生在网络中，但网络环境作为个体的虚拟世界，在 PIU 个体的心中有很重要的地位，因此对个体心理发展所产生的作用也是巨大的，以至于个体在现实世界里的行为模式也遵循着在网络中一贯的特点。

网络活动的另一个明显特征就是即时性，网络世界除了因为网络速度的限制需要等待外，个体的任何精神需要都可以马上得到满足。PIU 个体在网络世界里总是可以非常容易地即时满足自己的欲望，这会使个体在现实中延迟满足的能力受到削弱，个体对延迟满足变得更不能忍耐，因此更倾向于选择那些能够得到即时满足的行为，表现出自我控制能力的低下。

PIU 个体在网络中的负性情绪体验较少，且网络中对情绪的宣泄更少了很多现实规则的约束，这使个体在现实中应对负性情绪事件的时候更不成熟或者更倾向于使用在网络中所使用的情绪应对的方法。因此，PIU 个体会随着 PIU 行为的增加，而逐渐出现情绪较不平和以及日常生活中的情绪化倾向。

网络环境本身就缺少行为的目的性，网络世界相对自由的空间，可以让个体自由地选择自己的行为方式，经常处在这样的网络环境中，对于个体的自我控制能力自然会造成不可避免的损害。

第三节　大学生在选择性注意过程中的分心抑制

上述研究只是提示了 PIU 与自我控制能力之间的相关，接下来需要进一步探究的问题是：PIU 行为与自我控制能力之间存在何种因果关系。显然要解决这一问题，最直接的方式是通过实验来证明，利用实验组和对照组的比较，以及实验处理（暴露于网络环境）前后的比较，来发现个体的行为方式以及自我控制能力是否因为 PIU 行为而表现出明显的差异。如果出现这种差异，则可以说明过度的、不恰当的网络使用会影响人的自我控制能力。

由于这类实验周期长，故本研究目前尚不能开展。但是，作为基础性的工作，可以先行考察 PIU 行为和自我控制过程中的一些心理机制的变化。如果能够在心理机制层面发现 PIU 个体与自我控制不能有相似性，则可以更进一步说明这二者之间的关系。

Dalrymple-Alford 等（1966）[①] 在 Stroop 色词研究过程中发现了负启动（negative priming，NP）效应，之后，由 Tipper（1985）[②] 等将其推广作为研究分心信息抑制机制的一种主要实验范式。近年来，许多心理学研究者对负启动效应进行了细致的实验研究，结果均预示了分心抑制加工的存在，即在启动实验中可能有一种主动的注意抑制机制来阻碍分心刺激从通路进入反应系统。[③] 选择性注意机制不仅包括了目标激活，还包括了分心信息抑制。Tipper 等人在利用 Stroop 任务变式研究儿童和成人在负启动上的个体差异时，负启动效应较大的被试（Tipper 等人认为这些被试抑制无关信息的能力强）也同时显示了较小的来自分心信息的干扰效应。[④]

一、PIU 大学生在选择性注意过程中的分心抑制的实验研究

（一）实验目的

本实验的目的在于考察 PIU 个体和非 PIU 个体在负启动量上的差别，进而探讨 PIU 个体在选择性注意中的抑制能力问题。

（二）实验方法

1. 实验对象

共选取 40 名被试作为实验对象，其中 20 名为 PIU 组，20 名为非 PIU 组。具体方法是：用中文网络成瘾量表测量在校大学生的 PIU 程度，从 27%的高分组中抽出 20 名组成 PIU 组；从 27%的低分组中抽出 20 名作为非 PIU 组。每组男生 15 人，女生 5 人，年龄在 18~21 岁之间，裸视或矫正视力正常，色觉正常，母语为汉语。所有被试自愿参加本实验。

2. 实验材料

选用的实验材料分为 4 类：动物类常用汉字 20 个（如狗、羊），植物类常用汉字 20 个（如菊、桃），无生命的自然物常用汉字 20 个（如石、山），人造物的常用

---

① E. C. Dalrymple-Alford，B. Budayer：*Examination of some aspects of the Stroop Color-Word Test*. *Perceptual & Motor Skills*，1966，23（3），pp1211－1214.

② S. P. Tipper：*The negative priming effect*：*Inhibitory priming by ignored objects*. *Quarterly Journal of Experimental Psychology*（Section A），1985，37（4），pp571－590.

③ P. Verhaeghen，L. De Meersman：*Aging and the negative priming effect*：*A meta-analysis*. *Psychology and Aging*，1998，13（3），pp435－444.

④ S. P. Tipper，et al：*Mechanisms of attention*：*Adevelopment study*. *Journal of Experimental Psychology*，1989，48，pp353－358.

汉字 20 个（如笔、纸）。所有汉字随机分配到每个处理条件，并E对提示线索的颜色、目标字的颜色和位置进行了平衡。这些字高 11mm，宽 9mm。刺激物为白色，背景为黑色。

3. 实验仪器

刺激物由 1024×768 高分辨率显示器显示，刺激物显示和反应时的记录均由多媒体电脑控制，程序用心理学实验软件 DMDX 编写，时间呈现精度为 1ms。

4. 实验设计

采用 2×2 混合实验设计。组间变量为被试变量，分 PIU 组和非 PIU 组。组内变量为实验条件，分为两种处理条件：（1）负启动显示条件（NP）——启动显示中的分心物作为探测显示中的目标；（2）控制条件（CT）——探测显示中的目标与分心物和启动显示中的无关。因变量为被试对探测显示中的目标字的反应时间（RT）。负启动量根据公式△Np=RT（NP）－RT（CT）来计算。

5. 实验过程

被试坐在计算机前，将左、右手的中指、食指分别放在字母键“D”、“F”和“K”、“J”上，眼睛与屏幕齐平，距离约为 60cm。整个实验过程要求被试始终注视屏幕中心的注视点。实验开始前，屏幕上出现指导语。被试按空格键，练习或正式实验开始。每次实验均由启动显示和探测显示两部分构成。实验开始时，注视点“+”首先出现在屏幕中心，持续 800ms。注视点消失之后，启动显示开始，首先呈现的是 1 个持续 1000ms 的彩色菱形块（或红或蓝，随机抽取），被试要记住其颜色，作为后面选取目标汉字的提示线索；接着呈现水平排列的 2 个不同颜色的汉字（或红或蓝），持续 2000ms，被试必须在这 2000ms 之内，又准又快地对呈现的与菱形块颜色相同的汉字的类别作出判断。被试反应也分为 4 类：属于动物类的按“D”键，植物类的按“F”键，无生命的自然物按“J”键，人造物按“K”键。2000ms 之后，进入探测显示。探测显示是由水平排列的 2 个白色汉字组成，被试要对其中左侧带有画线的汉字的类别进行归类并通过按键又准又快地予以反应。NP 条件下的 1 次完整实验在计算机屏幕上的刺激呈现顺序如图 22－2 所示。完成之后，自动进入下一次实验。在正式实验开始之前，先让被试进行归类学习，其中也包含实验中所有的汉字材料以及其所属的类别。在强调反应的正确性的前提下，要求被试尽快做出按键反应。练习组为 18 次，均为 CT 条件，要求被试将错误率控制在 5%以下，然后才开始正式实验。

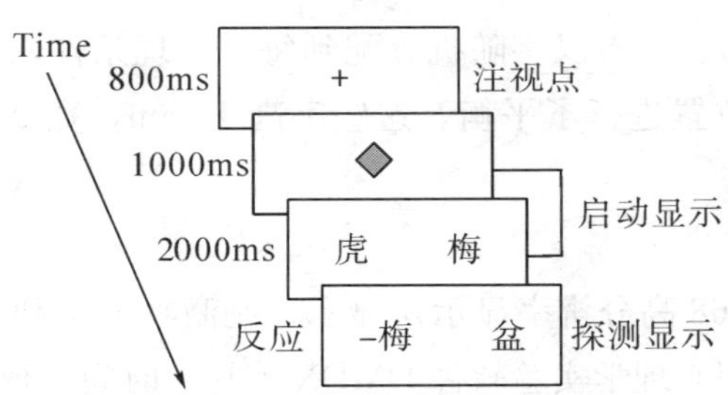

图 22－2　选择性注意的负启动实验示意图

在正式实验中，显示条件的两种处理方式，每种均进行 70 次实验，共 70×2=140 次实验。实验分两组进行（每组 70 次），每组中两种显示条件出现的概率相等，呈现顺序是随机的。两组实验之间休息 3 分钟。在整个实验过程中，不论是在启动显示还是在探测显示中，目标词属于四类物体的实验比例相等。

（三）实验结果

在整理实验数据过程中，删除错误率超过 5％的被试 2 名，其余被试的错误率均小于 5％；且因实验的目的在于检验被试的负启动量，故这里对错误率不作分析。在对反应时数据进行统计分析时，先剔除错误反应的数据和反应时平均值在±3 个标准差的数据。剔除数据低于 5％。被试在两组实验条件下（控制条件和负启动条件）的实验结果见表 22－6。

表 22－6　被试在两种条件下的平均反应时和标准差

组　别	控制条件		负启动条件	
	平均数	标准差	平均数	标准差
PIU（n=18）	1007.92	130.44	1046.99	135.91
非 PIU（n=20）	1066.79	83.27	1117.90	83.35

依据本实验的目的，只需要对 PIU 和非 PIU 在△NP（负启动量）上的差异进行比较。因此，根据方程求得两组被试的△NP，然后再求得其平均值和标准差。结果见表 22－7。

表 22－7　PIU 高分组和低分组负启动量 t 检验

组　别	平均数	标准差	t	df	显著性
PIU 高分组	39.07	14.25	2.06	36	.04
PIU 低分组	51.11	20.71			

经过 t 检验，PIU 与非 PIU 大学生在负启动量上的差异达到显著水平。

二、低自我控制能力大学生在选择性注意过程中的分心抑制的实验研究

(一) 实验目的

本实验的目的在于考察高自我控制能力个体与低自我控制能力个体在负启动量上的差别。

(二) 实验对象

共选取 32 名被试作为实验对象，其中 16 名为高自我控制能力组，16 名为低自我控制能力组。具体方法是：对在校大学生进行大学生自我控制能力问卷测量，从 27%的高分组中抽出 16 名被试组成低自我控制能力组，其中男生 13 名，女生 3 名；从 27%的低分组中抽出 16 名被试组成高自我控制能力组，其中男生 10 名，女生 6 名。

(三) 实验方法

同 PIU 大学生在选择性注意过程中的分心抑制的实验研究。

(四) 实验结果分析

在整理实验数据过程中，发现所有被试的错误率均小于 5%；且因实验的目的在于检验被试的负启动量，故这里对错误率不作分析。在对反应时数据进行统计分析时，先剔除错误反应的数据和反应时平均值在±3 个标准差的数据。剔除数据低于 5%。被试在两组实验条件下（控制条件和负启动条件）的实验结果见表 22－8。

表 22－8　被试在两种条件下的平均反应时和标准差

组　别	负启动条件		控制条件	
	平均数	标准差	平均数	标准差
低自控组（n=16）	1039.37	115.79	1078.78	122.37
高自控组（n=16）	1055.26	97.6	1109.76	92.41

依据本实验的目的，只需要对高自控组和低自控组在△NP（负启动量）上的差异进行比较。因此，根据方程求得两组被试的△NP，然后再求得其平均值和标准差。结果见表 22－9。

表 22－9　高自控组和低自控组负启动量 t 检验

组　别	平均数	标准差	t	df	显著性
低自控组	39.41	16.29	2.54	30	.01
高自控组	54.50	17.37			

经过 t 检验，高自控组和低自控组大学生在负启动量上的差异达到显著水平，低自控力个体的负启动量明显较小。

三、讨论

对PIU大学生在选择性注意过程中的分心抑制的实验研究结果表明，PIU高分组与低分组在选择性注意中的负启动效应差异显著，PIU组的负启动量比非PIU组小。这一结果说明，PIU大学生对无关信息的抑制能力不如非PIU。

对低自我控制能力大学生在选择性注意过程中的分心抑制的实验研究结果表明，高自控组与低自控组在选择性注意中的负启动效应差异显著。低自控组的负启动量比高自控组小。这一结果说明，低自我控制能力的大学生对无关信息的抑制能力不如高自我控制能力的大学生。

主动抑制无关刺激是执行功能的重要能力，它能够阻止已经激活的干扰信息，抑制正在进行的反应以及抑制认知定势。在前述的研究中，都提示注意的主动抑制能力和自我控制能力是密切相关的。本实验的结果和这些研究结论具有一致性，同样也提示自我控制过程中主动抑制机制的重要作用。

曾有研究者对PIU个体的基本认知功能做了考察，在对注意功能进行考察时发现，在Stroop任务中PIU的成绩较非PIU个体差，提示PIU在持续注意和抗干扰方面有异于非PIU个体，这与本实验结果相吻合。

PIU与低自我控制能力的人都表现出选择性注意中抑制能力的低下，二者在这一心理机制上有相同表现，这一现象也进一步说明PIU与低自我控制能力有密切关系。

为什么两个实验中，PIU与低自我控制能力两组大学生有相同的表现？除了因PIU个体的自我控制能力低下，由此决定了其注意的抑制能力低下外，还可以用网络活动本身对个体注意机制的影响来解释。

知觉学习现象通常出现在知觉实验中，被试经过训练后，知觉行为会发生改变，在不需要任何意识的努力的情况下，个体对外界环境的提取信息的能力和效率有所提高，其结果是被试对某些认知任务完成得更加出色。① 有证据支持注意的分配很可能是知觉学习的内在机制之一②，个体在练习的过程中，根据任务的不同而将注意选择性地分配到其中重要的刺激上，并对不重要的刺激产生抑制。由此可见，个体的知觉特性会受到日常行为的影响。日常的网络活动完全可以视为知觉的训练，同样也会对个体的知觉产生影响。

在网络活动中，呈现的内容非常丰富。网络具有多任务操作的特性。网络活动有多种形式，但都有一个较为一致的特点，即屏幕上的内容在不断更新和切换：在

① 胡平等：《国外知觉学习研究的若干进展》，《心理学动态》2001年第9卷第4期，第302～310页。
② R. L. Goldstone: *Perception learning*. *Annual Review of Psychology*, 1998, 49, pp585－612.

浏览网页的网络活动形式中，用户需要在不同的网页间不断切换窗口，以寻找自己所需要的信息，搜索信息的过程实际上就是对多个目标进行选择性注意的操作；在游戏的网络活动中，更需要用户对多个对象和任务进行操作；在聊天等网络活动中，需要用户同时和几个对象进行交流。另外，个体通常的网络行为的形式多为多任务的，聊天、游戏、浏览网页往往会同时进行。要顺利从事这些活动，就需要个体的注意系统处于分散注意的状态，个体频繁切换注意焦点，不断地重新分配注意。长时间、高频率地处于这样的状态，也许就会导致其选择注意中的抑制机制的缺失，导致其抑制能力的下降。抑制能力降低的直接后果，就是在个体的思维控制中，对无关信息的抗干扰能力下降，个体更容易注意到与目标任务相背离的事件，维持注意和抵制干扰变得更为困难了，因而在行为上也表现出自我控制能力的低下。

PIU 个体在网络使用过程中，长期经常性地处于兴奋状态，脑内的神经递质浓度常处于高峰值，例如长时间的上网会使大脑中多巴胺的水平升高[①]，会使个体处于持续的高唤醒状态。虽然目前还没有直接的证据证明持续的高唤醒状态对个体的抑制机制有损害，但从应激反应的兴奋状态能够促进机体注意的转换这一事实来看[②]（应激反应时脑内的多巴胺也会有所升高），起码在兴奋状态和注意机制这两者之间是有一定的关联的。尤其是在 PIU 个体的网络卷入程度通常都很高的情况下，长期、持续的强兴奋状态也许会对主动抑制功能产生影响。

主动抑制的能力可以随着个体的发展得到逐步增强，青春期是其发展趋于完善的关键时期。本研究中的被试多是在其青春期的 15～16 岁就开始接触网络，在这个自我控制能力发展的关键期中，过度使用网络，其主动抑制能力所受到的影响也许显得更为明显。

第四节　PIU 大学生情绪体验敏感性的实验研究

目前还没有统一的情绪状态对认知的影响的实验方法或研究范式，我们采用 two-back 作为情绪唤醒后的认知操作任务，主要是基于以下考虑：two-back 任务的心理机制涉及 7 个因素的操作[③]，即编码（encoding）、贮存（storage）、复述（rehearsal）、匹配（matching）、临时排序（temporal ordering）、抑制（inhibition）、

① 刘树娟等：《网络成瘾的社会—心理—生理模型及研究展望》，《应用心理学》2004 年第 10 卷第 2 期，第 48～54 页。

② D. Kuiken, et al: *Eye movement desensitization reprocessing facilitates attentional orienting*. *Imagination Cognition and personality*, 2002, 21 (1), pp3－20.

③ J. Jonides, et al: *Verbal working memory load affects regional brain activation as measured by PET*. *Journal of Cognitive Neuroscience*, 1997, 9 (4), pp462－475.

反应执行（response execution）。这些操作涉及的脑区较多，可以很好地反映日常的认知活动，不同的情绪状态所产生的实验效应，可以推广到个体的其他认知活动；另外，由于其包含的心理机制较多，而目前的情绪会对认知的哪一过程产生影响尚无定论，如果选择的认知任务比较单一，很有可能产生情绪的影响作用不显著的结果，因此，需要寻找包含各种认知过程的任务来反映情绪的影响。two-back 任务的记忆内容可以分为语义记忆任务和空间记忆任务，但刺激呈现的方式却是一致的，可以同时考察个体的语义记忆和空间记忆，也便于在两个任务之间进行横向比较。

在 Gray 的系列研究中，不同的情绪状态对不同的 two-back 任务的完成有促进或抑制作用，这一发现对本研究具有重要的参考价值。

一、实验目的

在本实验中对被试唤起正性或负性的情绪状态，在其后完成认知任务的过程中，被试因情绪状态的改变，记忆会得到加强或受到干扰。情绪引起个体的认知改变较大者，说明情绪状态的变化所占用的认知资源较大，个体所体验到的情绪对认知的作用较大。通过情绪唤起前后的认知任务完成情况的变化，来反映 PIU 与非 PIU 对情绪体验的敏感性。

二、实验对象

共选取 30 名被试作为实验对象，其中 15 名为 PIU 组，15 名为非 PIU 组。具体方法是：用中文网络成瘾量表测量在校大学生的 PIU 程度，从 27%的高分组中抽出 15 名被试组成 PIU 组，从 27%的低分组中抽出 15 名作为非 PIU 组。每组男生 10 人，女生 5 人，年龄在 18～21 岁之间，裸视或矫正视力正常。所有被试均自愿参加本实验。

三、实验方法

（一）实验材料

1. two-back task 实验：实验材料为 10 个字母（b，c，d，f，g，h，j，k，l，m），字母的顺序随机排列。

2. 情绪诱发材料：采用情绪诱发视频材料。正性情绪视频材料（10 分钟）由三部分组成：《猫和老鼠》动画片、喜剧化球场片段、家庭滑稽录像。负性情绪视频材料（9 分钟）由两部分组成：《午夜凶铃》、《群尸玩过界》。经过预实验，由自评量表和行为观察指标可以确定，视频材料能引起相应的情绪反应。

（二）实验仪器

刺激物通过 1024×768 高分辨率 17 英寸平面 VGA 显示器显示，刺激物显示和反应时的记录均由 P Ⅳ 多媒体电脑控制。程序用心理学实验软件 DMDX 编写，时间呈现精度为 1ms。

（三）实验设计

本实验采用 2×2×2 三因素混合实验设计，自变量有三个：(1) PIU 分组：PIU 组与非 PIU 组；(2) 情绪状态：正性情绪、负性情绪；(3) two-back 任务类型：语义记忆与空间记忆。其中 PIU 分组作为组间变量，情绪状态与任务类型作为组内变量。因变量为被试 two-back 任务成绩，即反应时间及正确率。

（四）实验程序

实验分为两个部分，一部分为正性情绪启动，另一部分为负性情绪启动。两个部分呈现的顺序随机，中间间隔 10 分钟。

每个部分分三个步骤进行：(1) 情绪诱发前 two-back 任务；(2) 情绪诱发；(3) 情绪诱发后 two-back 任务。

(1) 情绪诱发前 two-back 任务。被试坐在距显示屏 50cm 处，右手食、中指分别轻放在“S”和“D”两键上。整个实验过程要求被试始终注视屏幕中心的注视点。实验开始前，屏幕上出现指导语，语义 two-back 任务的指导语为：“本实验将呈现一系列的字母，请又快又准确地判断屏幕中六个位置中随机出现的字母和两次之前所呈现的字母是否相同，相同按‘S’键，不相同按‘D’键。”空间 two-back 任务的指导语为：“本实验将呈现一系列的字母，字母呈现的位置是随机的，出现在以中点为中心的六个方块内，请又快又准确地判断当前呈现字母的位置和两次之前所呈现字母的位置是否相同，相同按‘S’键，不相同按‘D’键。”

被试按空格键，练习或正式实验开始。实验开始时，注视点“+”首先出现在屏幕中心，持续 600ms。注视点消失之后，字母立即出现在屏幕中心点周围的 6 个位置中的任意一个上，每个字母持续显示 500ms，然后对其进行掩蔽，持续 2500ms，其间要求被试对当前目标与两次前所呈现的字母或位置是否相同做出按键反应。计算记录反应时和正确率。实验对被试反应的安排是：30%判断为相同，70%判断为不同，即被试完全正确的反应为按“S”的次数占 30%，按“D”的次数占 70%。这个比例可以很好地控制任务的难度，并且能很好地鉴别被试的随意反应。

(2) 情绪诱发。被试观看情绪唤醒短片，指导语为：“下面将为你展现一段短片，请仔细观看。”在观看完情绪短片后，立即进行 two-back 实验。

(3) 情绪诱发后 two-back 任务。在开始任务前需要加上指导语：“下面将继续我们在看短片前的实验，请你尽量集中注意力，完成好实验。”接着进行 two-back 任务，过程与情绪唤醒前 two-back 任务相同。

情绪诱发状态分为正性情绪状态和负性情绪状态，每种诱发状态均进行 4×2 组

two-back 任务，前 4 组 two-back 任务在情绪唤醒前进行，后 4 组 two-back 任务在情绪唤醒后进行。空间 two-back 任务和语义 two-back 任务呈现的顺序按照 ABBA 和 BAAB 的顺序进行，以消除练习效应。

每组 two-back 任务有 25 次，共 200 次。组间休息半分钟。

正式实验前安排 18 次练习实验，为了使被试少犯错误，通过微机发出的一个简短纯音对其错误给出反馈。

四、实验结果与分析

因变量分别为 two-back 任务完成的正确率和正确反应的反应时。two-back 任务完成成绩的变化量通过公式△TB=TB1－TB2，TB1 表示情绪唤醒后的 two-back 任务的正确率和正确反应的反应时，TB2 表示情绪唤醒前的 two-back 任务的正确率和正确反应的反应时。

分别计算 PIU 与非 PIU 被试在各种实验条件下，正确反应时变化量的平均值和标准差。正确反应时变化量的统计结果见表 22－10。

表 22－10　不同条件下正确反应时的变化量统计（ms）

PIU 分组	情绪状态	任务类型	平均数	标准差
非 PIU 组	正性情绪	语义记忆	45.89	24.86
		空间记忆	−35.03	44.27
	负性情绪	语义记忆	112.08	26.81
		空间记忆	138.81	39.76
PIU 组	正性情绪	语义记忆	39.06	22.23
		空间记忆	10.94	39.59
	负性情绪	语义记忆	36.37	23.98
		空间记忆	134.05	35.56

对 PIU 与非 PIU 的正确反应时变化量作重复测量三因素混合实验设计的方差分析，结果如表 22－11 所示。

表 22－11　组间、组内各因素的正确反应时变化量的主效应及交互作用

变异来源	平方和	自由度	均　方	F	显著性
网瘾分组	2848.81	1	2848.81	.15	.701
情　绪	216532.60	1	216532.60	24.02	.000
任　务	394.00	1	394.00	.02	.895
情绪×PIU 分组	23841.18	1	23841.18	2.64	.116

续表

变异来源	平方和	自由度	均　方	F	显著性
任务×PIU分组	25522.90	1	25522.90	1.14	.295
情绪×任务	90839.08	1	90839.08	10.98	.003
情绪×任务×PIU分组	548.62	1	548.62	.07	.799

实验结果表明，三个因素之间的交互作用不明显，只有情绪和任务之间交互作用明显，这说明在本实验中分组作用并不明显。因为本实验主要考察组间差异，因此对数据不再作单纯主效应等进一步的分析。

计算PIU与非PIU被试在各种实验条件下的错误率变化量的平均值和标准差，结果见表22－12。

表22－12　不同条件下错误率（百分数）的变化量统计

PIU分组	情绪状态	任务类型	平均数	标准差
非PIU组	正性情绪	语义记忆	3.60	2.44
		空间记忆	2.44	2.16
	负性情绪	语义记忆	1.04	2.88
		空间记忆	4.32	2.80
PIU组	正性情绪	语义记忆	2.84	2.20
		空间记忆	3.64	1.96
	负性情绪	语义记忆	−0.88	2.60
		空间记忆	6.64	2.52

对PIU与非PIU的错误率变化量作重复测量三因素混合实验设计的方差分析，结果如表22－13所示。

表22－13　组间、组内各因素的错误率变化量的主效应及交互作用

变异来源	平方和	自由度	均　方	F	显著性
PIU分组	.06	1	.06	.01	.925
情　绪	.21	1	.21	.08	.782
任　务	11.31	1	11.31	1.30	.265
情绪×PIU分组	.00	1	.00	.00	.986
任务×PIU分组	4.00	1	4.00	.46	.504
情绪×任务	12.96	1	12.96	6.92	.014
情绪×任务×PIU分组	.54	1	.54	.29	.598

实验结果表明，三个因素之间的交互作用不明显，只有情绪和任务之间交互作

用明显，这说明在本实验中分组作用并不明显。因为本实验主要考察组间差异，因此对数据不再作单纯主效应等进一步的分析。

五、讨论

PIU大学生的不同情绪状态对two-back任务的干扰或促进作用同对照组比较差异不明显，对一般情绪体验的敏感性没有增强或减弱的趋势。

PIU个体虽然在自我控制能力问卷中表现出情绪化和情绪的不平和性，但在本实验中同非PIU相比并没有显著差异。本研究认为可能是以下原因导致了实验差异不显著：

（一）实验假设还需要进一步研究

在大学生自我控制能力问卷中所体现的PIU个体更容易受到情绪信息的干扰这一现象，其原因是多方面的，例如对情绪的认知、对情绪的应对方式以及对情绪的调节策略等。也许是由于多种原因综合作用，才会导致PIU个体更容易受到情绪问题的干扰。在本实验中，没有考察个体对情绪的认知、应对方式以及调节策略等因素，作为探索性的研究，只是对这个现象背后可能的一个原因（即情绪的体验）进行了研究。所以，在这个维度上没有出现明显的差异，并不能否认PIU个体不容易受到情绪的困扰。

本实验中所引发的情绪不能等同于实际情境中个体所感受到的情绪。实验中的情绪分类还不够细化，还仅仅是正性和负性之分。PIU个体所感受到的网络使用冲动的情绪压力，多是因为想要满足其心理需要而产生，这样的情绪不同于一般的基本情绪，本实验中的情绪并没有模拟出这种情绪状态。由于之前没有类似的研究，所以本研究需要先行考察个体对基本情绪的敏感性。只有排除了PIU个体在基本的情绪体验上有差异的可能性，才能进一步考虑模拟实际情境中特殊而复杂的情绪状态。

（二）实验中无关变量的影响

实验实施分别在两所大学中进行，因此实验环境不太可能保持一致，同时由于各被试所处学校院系不同，时间安排不一，因此出现了一部分被试进行团体实验（每次数量控制在5人以下），一部分被试单独进行实验的差异。由于情绪唤醒的环境影响比较明显，个体在团体和独处的情况下情感卷入度也许会出现不一致的情况。同时，由于部分PIU被试不愿意耽误网络娱乐时间，不愿在规定的时间段进行实验，造成了各次实验所处的时间段不一，其中影响最为显著的是由日间和傍晚的环境差异所导致的实验室背景噪音的不同。由于本实验的认知任务比较复杂，背景噪音所造成的干扰更是无法消除。

由于本实验的认知操作任务需要调用个体的多种认知功能，且要求被试全身心参与，而持续时间大约为一个小时，虽然中间有休息时间，但被试疲劳仍然无法完全消除，少量被试在实验的后半部分有注意力不集中的现象，部分被试在实验之后自我感觉较累。而如果将本实验分为两部分进行，虽然可能有明显的减少疲劳效应，但又存在着被试数量流失的问题。

实验材料的情绪效应出现差异。被试对正性情绪的唤醒较为一致，但在负性情绪唤醒的条件下，单纯的恐怖影视并不能引起每个被试一致的负性情绪。在国外的多数研究中，情绪唤醒材料多截取自恐怖影视，但这些材料在本实验中所唤醒的情绪不太一致：部分被试对恐怖场景情绪体验较为明显（在女性中尤其显著），但在另一部分被试看来，只有新奇的体验，这在实验后被试填写的情绪自评量表中有所体现。同时，由于这些差异在团体和单独实验的环境下又呈现出特殊的表现，在被试数量偏小的情况下，更容易影响到实验结果的稳定，使实验的控制变得复杂。

研究显示，PIU 个体有可能会出现孤独、抑郁、焦虑等情绪问题，这些心理因素导致 PIU 个体更倾向于减少社会卷入，PIU 大学生中愿意参加心理学实验的人数显得非常少。因此，在愿意参加实验的被试中也许有部分还没有出现情绪方面的问题，也可以这么说，情绪状态对他们的影响比对其他有情绪问题的 PIU 被试要稍微小一些。在被试量比较大的实验中也许可以通过匹配和统计方法消除这些影响，但在本实验中，由于实验周期较短以及被试的特殊性，也不可能找到大量的 PIU 被试，因此这部分被试的数据会对实验结果产生影响。正如在某些有情绪障碍的个体中所出现的情绪信息加工偏向的现象一样，本研究认为也许只有在有情绪障碍的 PIU 群体中，情绪状态的改变对其认知的影响才会出现显著的差异。

第五节　PIU 大学生自我控制能力的指导策略

我们的研究结果表明，PIU 大学生的自我控制能力和抑制无关信息的能力较非 PIU 大学生为低，因此要使 PIU 大学生走出对网络的不合理使用困境，必须从提高 PIU 大学生的自我控制能力和抑制无关信息的能力入手。根据 PIU 大学生的自我控制能力和抑制无关信息能力的特征，我们从以下几方面提出解决问题的策略。

一、从自身出发，提高自我管理和自我控制能力

（一）增强日常行为的计划性并严格执行计划

首先，制订好在一段时间内的学习计划，比如要学习的知识、需要掌握的技能以及要达到的程度，然后确定每天应该完成多少来达到这个目标。其次，根据学校的课程表为自己制订一张合理的作息时间计划表，计划表的周期可以是一天或一周，

计划内容包括每天起床和睡觉的时间、每天除了上课以外的自习和课外活动的时间。起初自习的时间一次不要太久，可以逐渐增加，比如最初每天自习一小时，待完全适应后可以增加为1.5小时、2小时；自习的内容可以按照从自己感兴趣、简单易学的科目到自己不感兴趣、比较枯燥无味的科目的顺序进行；自习的地点最好是学校的自习室，因为那里的学习气氛较浓厚，对自己能起到一定的约束作用，必要时可以约上同学一起去。再次，计划好每天学习外的生活内容，比如三餐的食物、吃饭时间、消费金额、体育活动的内容和时间，周末或假期可以安排自己感兴趣的文体活动、学校社团活动或社会实践活动等。另外，要养成良好的生活习惯，努力做到寝室整洁，勤洗衣服，勤打扫室内卫生，每天起床时叠好被子，整理好床铺，书籍和日用品摆放整齐，物品使用后放回原处。

制订计划后要严格执行，不能随便把没做完的工作推迟到下一天。要强有力地监督自己，也可以找同学或老师来督促自己。

（二）克服冲动行为，抑制诱惑，延迟满足

1. 分析自己上网的触发点并试图寻求外在真实的协助。在上网前，分析自己上网的原因是否为烦恼、没有朋友可以聊聊、想要逃避责任、沮丧等，如果是这样，可以在真实的生活中寻找满足需求的方式，寻找真实的支持。比如与朋友、辅导员老师、心理咨询老师交流，听听他们的意见，或在学习中刻苦努力取得好成绩，以满足心理需要等。

2. 建立正向的提醒。列出五个导致自己病理性网络使用的原因，列出五个倘若切断网络的好处，把这些原因和好处写到小卡片上，随身携带，当碰到前面的触发点时，就把卡片拿出来读一读。

3. 培养替代活动。PIU大学生要学会培养其他替代活动，构想哪些是你一直都想做的休闲活动，列举出你一直都很想联络的朋友，列举出其他你也会觉得有趣的活动。另外，PIU大学生可以积极参加社会实践活动、教学实践、社会调查、志愿服务、公益活动或者学生社团活动，因为这些活动不仅可以转移对网络的关注，而且在各种活动中，除了新的规则要适应外，还要调节平衡自己的需要与他人需要之间的冲突问题，必要时还得克制自己的需要以服从于团体利益，这就在无形中锻炼了对自己行为、意愿的约束能力，有利于自我控制能力的提高。

（三）提高挫折耐受能力

1. 树立正确的挫折观，端正对挫折的态度。PIU大学生必须认识到挫折是不以人的意志为转移的，是普遍存在的，随时随地都可能发生，谁都会遇到挫折，所以必须做好面对挫折的心理准备。一旦遇到挫折，不要惊慌失措，痛苦不堪，更不要把上网作为逃避挫折的途径。挫折是具有两面性的，它可能是一座埋葬弱者的坟墓，使人在成才的路上夭折；也可能是磨炼强者的火炉，使人百炼成钢，登上成功的峰顶。正如巴尔扎克所说："世界上的事情永远不是绝对的，结果完全因人而异，苦难对于天才是一块垫脚石，对于能干者是一笔财富，对于弱者是万丈深渊。"

2. 学习和掌握一些自我心理调适的方法。自我心理调适可以有效化解因挫折产生的不良情绪，从而提高挫折耐受力。常用的自我心理调适方法有：自我暗示法、放松调节法、想象脱敏法、想象调节法和呼吸调节法。

3. 从日常小事做起。做好日常小事是锻炼意志的基本途径。在顺境下磨炼意志，可以通过坚定某种特定的活动来进行，如每天读一小时英语，每天练一小时体能，无论严寒还是酷暑都坚持做某件有益的事情，这些都可以使我们的意志变得更加坚强，从而提高我们的挫折耐受力。

4. 积极参加体育锻炼。耐挫折能力水平高低与个体的意志力、竞争力和人际交往能力相关。体育活动对培养我们的意志品质、竞争意识和人际交往能力具有特殊的作用。竞争是体育突出的特点，在参加体育活动时可以激发个体的斗志，调动我们的潜能，在超越不同对手的努力中，竞争意识得到强化，竞争能力得到提高。PIU大学生应积极参加体育活动，特别是一些竞争性较强的团体性球类活动，如排球、篮球、足球等。

二、提高抑制无关信息的能力

（一）保持注意力持续集中

长期沉迷于网络之中的大学生要在短时间内恢复正常的学习状态是比较困难的，常见的问题就是不能保持注意力持续集中，容易被无关信息干扰。我们认为，PIU大学生应从以下几方面努力使自己的注意力持续集中：

1. 设立目标。一般而言，有意注意往往优于无意注意，目的越明确，动机越强烈，注意力就会越稳定、越集中。比如，让一个人去听报告，并要求他听完之后负责回来传达，那么他听报告的时候，注意力一定非常集中和稳定。如果只是让他去听，而没有附加其他任务，他的注意力的效果就一定没有前一种情况好。所以活动的目的、任务明确与否，对注意力的影响是很大的。设立目标包括设立注意的时间目标，比如背半小时的英语单词；设立任务目标，比如规定读完五页课文；采取监督措施，督促自己完成自设的注意目标等等。

2. 积极思考。在人的智力活动中，注意稳定和集中的状况与思维的活跃程度呈正相关。许多科学家在工作中忘我地思考，注意力的稳定和集中是超水平的。牛顿煮表、陈景润撞树的故事听起来好笑，实际上正是他们把注意力高度集中于思考问题上的最好说明，而正是这种在思考问题、研究问题时专心的品质才使他们在科学领域作出了杰出的贡献。

3. 使用内部语言警示和多种感官互动。当注意力集中困难时不妨用自己的内部语言提醒自己，如“我一定要坚持，一定要集中注意”。也可以用“下决心”的方法，在学习一开始的时候，就下定决心，勉励自己专心致志，勤奋学习，这样就给了自己一个暗示，即使在学习中遇到困难也会设法克服。同时运用多种感官参与学习活动也能有效保持注意力集中，比如听课时可以一边听、一边记笔记，阅读时做到眼看、口读、手写、耳听。

（二）做事情之前先做好准备工作

PIU 大学生在进行学习活动时应首先把跟本次学习活动相关的物品都准备好，有序地摆放在适当的位置，尽量让视野内少一些容易引起分心的物品。比如在学习英语时，可以一次性地把笔、笔记本、教材、词典等有序地放在书桌上，不要等到需要记笔记时再去寻找笔和笔记本，需要查单词时再去拿词典，以免影响学习效率，使一些与本次学习无关的信息进入脑海。

（三）学会闭上眼睛思考

生活中我们会发现，有时很难从脑子里提取出我们想要的信息，或者有时就在要回忆起我们想要的东西时，却被一些突然闯入视线的无关紧要的东西给打断了。这时可以试着把眼睛闭上来回忆此刻所需要的信息。

（四）排除日常小事的干扰

排除日常小事的干扰可以帮助我们有效抑制无关信息，因此 PIU 大学生可以从以下几方面做起，使自己摆脱日常小事的困扰。

1. 采取合理化思维。这种方式的实质就是从有利于自我心理平衡的角度出发，换个角度去思考问题。比如在商场受气时可以考虑售货员正在跟别人生气，或工作累了，因此才情绪冲动；丢了东西，可以说反正也用够了，我正计划换新的。通过合理化思维，在一定程度上可缓解内心的不愉快。

2. 注意事情有利的一面。PIU 大学生受到困扰时应把注意力放在事情好的一面，以改善自己的情绪反应。如可以重新认识所谓生活中的重要事件，以缓解内心的压力；促使自己从困扰中发现自己的不足，并向好的方向转变。同时要学会充满希望地思考，即对事情的好转要抱有希望，从而在对现实和未来的期盼中舒缓焦虑。

3. 持一种超然的态度。PIU 大学生应学会使自己对所发生的不好的事情持一种接受和无所谓的态度，或干脆把它忘掉，使自己较少受到困扰。一旦明白自己再做什么都无济于事，而只应在以后的生活中多注意考虑各种可能的后果时，就不妨承认自己的坏运气，试着把种种己所不能的事情忘掉。

4. 保持自信。PIU 大学生必须认识到一个人不可能在所有方面都是优秀的，在某些方面存在不足并不意味着自己一无是处。要始终保持自信，并相信自己的不足之处是可以逐步克服的。一个满怀自信的人总是能够自如地应付生活中的种种困扰。

三、强化学校的监管与教育，提高 PIU 大学生的自我控制能力

（一）强化教育教学管理，提高 PIU 大学生的自我管理能力

一方面学校应强化课堂教学管理，不给大学生逃课上网提供可乘之机，另一方面对课外学习和生活应进行必要的指导和管理，引导大学生学会学习和学会生活，形成良好的学习和生活习惯。通过强化大学生教育教学管理，提高其自我管理能力，使他们具有解决和应对心理、学习、生活问题的能力，能自觉避免病理性网络使用，科学、合理、有效用好网络这一现代媒体。

1. 加强对学生的网络行为管理和宿舍管理。不少 PIU 大学生在宿舍通宵上网或去网吧夜不归宿，如果在宿舍管理中控制宿舍网络开通时间、宿舍楼开闭时间，加强住宿情况检查，就能及时了解和控制这些学生的上网情况，以便采取相应措施进行教育指导。

2. 优化网上信息资源，在校园网上重点建立一批精品网站，使网络文化的主流呈积极向上之态，为大学生提供一个良好的网上氛围。结合大学生心理和生理发展规律，及时有效地将学生关注的信息发布到网上，将针对学生的网络服务板块凸显出来，提供快捷服务，吸引学生参与，这些措施可以有效避免垃圾信息、干扰信息、无效信息。

3. 通过在班级中树立抵制诱惑、克服困难、取得进步的典型，让学生明了在遇到类似情境时应该怎么做。教师也应鼓励学生之间相互帮助、相互关心，如果发现同学中有谁存在病理性网络使用倾向，其他同学要帮助他寻找替代活动，如一起去逛书店、一起进行体育活动，或是郊游。

（二）加强 PIU 大学生心理健康教育

高等学校要特别重视对 PIU 大学生的心理健康教育，通过开设有关课程或心理讲座等引导大学生掌握心理健康知识，帮助他们进行情感疏导、情绪调节、性格塑造、意志培养，提高其心理素质，使大学生具有良好的认识能力和行为控制能力，从而能自觉抵制网络诱惑。学校要通过大学生心理健康教育引导他们掌握有效的学习方法和有用的人际沟通技巧，使他们能够更有效地面对现实的人际关系和处理好自己的学习、工作和生活问题，消除造成他们病理性网络使用的潜在因素。

（三）强化 PIU 大学生的心理训练，提高自我行为控制能力

病理性网络使用是一种心理病态，单纯通过加强学校教育教学管理，以及强化对他们的网络教育和心理健康教育，提高其思想认识并不能完全解决问题。病理性网络使用不是一个认识问题，而是一个自我行为控制问题，所以必须对他们进行心理辅导和心理咨询，而且应特别重视对他们进行心理训练，通过提高他们的自我管理能力，使他们能延迟满足自己的上网需要或者能限制自己的上网行为，培养他们

形成良好的自我行为控制能力。

四、发挥家庭和社会的辅助作用

运用“家庭温暖法”在情感上帮助PIU大学生提高自我控制能力。比如，建立良好的亲子关系，给孩子合理的期望；多与孩子进行交流，沟通感情，多鼓励孩子参加社会活动；关注他们的实际需要，尊重其合理正当需求等。另外，社会和学校也可合理利用网络科技，通过软件监控、网络管理等途径控制其对网络的病理性使用。

附录一　大学生自我控制能力问卷

亲爱的同学：

您好！这是一项关于大学生学习、生活等方面的调查。感谢您参与这项研究工作！

请按自己的真实想法和真实情况回答每道题。本调查材料仅供科研用，答案不存在对与错、好与坏之分，回答时不要过多地考虑，如实回答即可。我们保证对您的回答保密。

请您不要漏题，每题只能选一个答案，不然问卷将作废。

问卷中每题有4个选项：A：极不符合；B：不符合；C：符合；D：非常符合。请仔细阅读每一句话，然后将最符合您实际情况的选项勾出。

专业：__________　年级：__________　性别：__________

1. 学习中我能排除一切杂念，一心一意学习。 □A □B □C □D
2. 自习时尽管有烦心的事，我也能专心学习。 □A □B □C □D
3. 学习中，我能排除一些情绪的干扰，继续学习下去。 □A □B □C □D
4. 我自习时很少走神。 □A □B □C □D

*5. 我的思路一旦被中断，要再继续思考下去就会很难。 □A □B □C □D

*6. 在我思考问题的时候注意力常常会分散，思路容易中断。

□A □B □C □D

*7. 当思路出现障碍，思考变得困难的时候，我会坚持再思考下去。

□A □B □C □D

*8. 我很容易受外界的影响。 □A □B □C □D

9. 思考问题时，如果被不相干的问题干扰，我就容易分散注意力。

□A □B □C □D

10. 在生活或者学习中碰到难以解决的问题时，我会变得非常烦躁。

□A □B □C □D

*11. 我不高兴或心烦时，谁来打扰我，我就会对他（她）很不客气。

□A □B □C □D

12. 当事情变得困难、复杂时我便会变得沮丧。 □A □B □C □D

*13. 我常常会和周围的人发生一些小摩擦。 □A □B □C □D

14. 我办事常凭一时的冲动。 □A □B □C □D

*15. 即使是考试前夕，如果有我喜欢的娱乐活动，我就会放弃自习而去参加娱乐活动。 □A □B □C □D

16. 我常常因为娱乐休闲活动而生气。 □A □B □C □D

*17. 我会因为和朋友玩很愉快，而不顾那些对自我发展意义重大的事。

□A □B □C □D

18. 我做事常不是很理智。 □A □B □C □D

*19. 我的生活很少受到情绪的影响。 □A □B □C □D

20. 只要一玩电脑，我就停不下来。 □A □B □C □D

21. 玩久了我便很难收心。 □A □B □C □D

*22. 别人托付的任务，我通常都会拖延一段时间再去做。 □A □B □C □D

*23. 别人说我自由散漫。 □A □B □C □D

24. 我常因为娱乐而把原来安排好的一些计划给忘记了。 □A □B □C □D

25. 我本想上网查资料学习，但总是要在电脑上先玩很长一叚时间。

□A □B □C □D

26. 一旦制订了计划，我便会坚持下去，从不轻易放弃。 □A □B □C □D

*27. 我会计划背多少个单词或句子，但往往背不了几个，就不了了之。

□A □B □C □D

28. 我能恪守自己规定的作息时间。 □A □B □C □D

29. 我制订的学习计划，都能够坚持得很好。 □A □B □C □D

*30. 当有事没做完而朋友约我去玩时，我会马上与朋友一块去玩。

□A □B □C □D

*31. 即使知道自己的学习没有完成，但只要有娱乐，我就控制不住想去玩。

□A □B □C □D

*32. 早晨被闹钟吵醒后，我还会赖一会儿床。 □A □B □C □D

*33. 我能抵制诱惑，坚持理想和原则。 □A □B □C □D

34. 我心情不好的时候，常常会对身边的人发火。 □A □B □C □D

如果你想了解你的问卷得分情况或者愿意参加我们后续的研究，请写下你的电话以及姓名，我们会及时和你取得联系。

电话：________________ 姓名：________________

附录二　中文网络成瘾量表

A：极不符合；B：不符合；C：符合；D：非常符合。

1. 曾不止一次有人告诉我，我花了太多时间在网络上。 □A □B □C □D
2. 我只要有一段时间没有上网，就会觉得心里不舒服。 □A □B □C □D
3. 我发现自己上网的时间越来越长。 □A □B □C □D
4. 网络断线或接不上时，我觉得自己坐立不安。 □A □B □C □D
5. 不管多累，上网时总觉得很有精神。 □A □B □C □D
6. 其实我每次都只想上网待一下子，但常常一待就待很久不下来。 □A □B □C □D
7. 虽然上网对我的日常人际关系造成负面影响，但我仍未减少上网。 □A □B □C □D
8. 我曾不止一次因为上网的缘故而睡不到四小时。 □A □B □C □D
9. 从上学期以来，平均而言我每周上网的时间比以前增加许多。 □A □B □C □D
10. 只要有一段时间没有上网我就会情绪低落。 □A □B □C □D
11. 我不能控制自己上网的冲动。 □A □B □C □D
12. 我发现自己因投入网络而减少了和身边朋友的互动。 □A □B □C □D
13. 我曾因上网而腰酸背痛，或有其他身体不适。 □A □B □C □D
14. 我每天早上醒来，第一件想到的事就是上网。 □A □B □C □D
15. 上网对我的学业或工作已造成一些负面的影响。 □A □B □C □D
16. 我只要有一段时间没有上网，就会觉得好像自己错过了什么。 □A □B □C □D
17. 因为上网的缘故，我和家人的互动减少了。 □A □B □C □D
18. 因为上网的缘故，我平常休闲活动的时间减少了。 □A □B □C □D
19. 我每次下网后，其实是要去做别的事，却又忍不住再次上网看看。 □A □B □C □D

20. 没有网络，我的生活就毫无乐趣可言。 □A □B □C □D

21. 上网对我的身体健康造成了负面的影响。 □A □B □C □D

22. 我曾试过想花较少的时间在网络上，但却无法做到。 □A □B □C □D

23. 我习惯减少睡眠时间，以便能有更多时间上网。 □A □B □C □D

24. 比起以前，我必须花更多的时间上网才能感到满足。 □A □B □C □D

25. 我曾因为上网而没有按时进食。 □A □B □C □D

26. 我会因为熬夜上网而导致白天精神不济。 □A □B □C □D

第二十三章 Di Er Shi San Zhang

网络成瘾大学生的社会认知加工特点及预防矫治策略

网络成瘾是伴随现代社会信息技术高度发展而产生的一种对网络过分依赖的行为，正如赌博、酗酒、吸毒一样，它已逐渐成为一种社会问题，引起了人们的广泛关注。但它与赌博、吸毒不同，它对个体造成的损害更多是心理和社会功能方面的。研究网络对个体心理、社会功能造成了哪些损害、损害的特点如何，对网络成瘾的预防和矫治有重要意义。本章通过对大学生网络成瘾现状，以及网络成瘾大学生的社会认知加工特点及其预防矫治的研究，深化对我国青少年网络成瘾的研究，以期对矫治网络成瘾青少年提供指导和帮助。

第一节　研究概述

一、网络成瘾的概念及其研究概述

具体内容见第二十一章和第二十二章相关部分。这里我们要重点指出的是病理性网络使用的认知、行为机制。

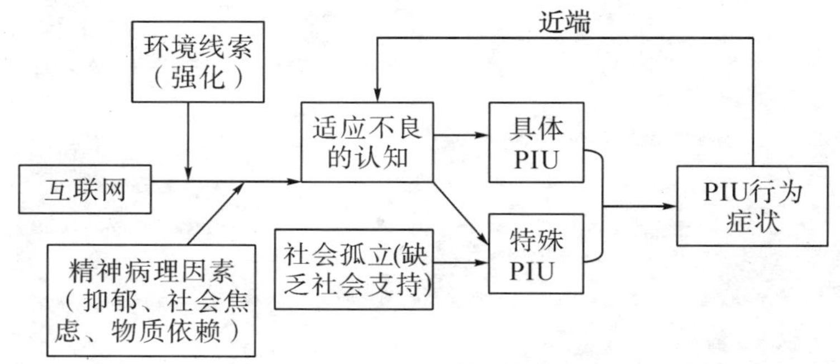

图 23－1　病理性网络使用（PIU）的认知行为模型（Davis，2001）

加拿大学者R. A. Davis[①]根据认知—行为理论（该理论强调个人的认知或想法是异常行为的主要来源）提出网络成瘾的认知—行为机制。该模型中病理性网络使用（PIU）有两种类型，特殊PIU和一般PIU。特殊PIU是指个体为了某种特殊目的而病态使用互联网络，如网上拍卖、网上股票交易、网上赌博，并假设这种依赖在内容上具有特殊性；一般PIU是指一般性的对互联网的过度使用。此模型强调不适应性认知，即自我观念和世界观念的歪曲对PIU的影响，它是PIU的充分性近因。精神机能障碍、互联网和情境暗示是PIU的促成性原因。根据“素质—应激”的理论框架，异常行为是易受某种疾病感染的脆弱性（素质）和生活事件（应激）共同作用的结果。

网络由于其所独具的魅力，不同类型的人对之反应是不同的。每个人的头脑都是一个心理结构，不同的认知积极性、个人经验、认知能力、偏见、需要、性格等不同程度地决定着人们对网络的体验和评价。尤其是网络成瘾者，他们对网络生活事件特性有着什么样的信息加工过程，存在什么样的图式，现有的社会认知研究对之较少关注。我国心理学研究者梁宁建等（2004）[②]研究了互联网成瘾者的内隐网络态度。他们认为内隐网络态度是个体对网络内隐的、自动化的心理倾向。研究发现，网络成瘾者对互联网持有积极评价的内隐态度，这种评价可以通过阈下评价性条件反射技术有效改变。尽管已有成果深化了对网络成瘾的研究，但也面临着难以回避的问题。第一，网络成瘾者社会认知图式的特点是什么？他们是如何整合网络生活事件信息的？第二，网络生活事件是如何发挥作用的？成瘾个体的不良认知的深层机制是什么？第三，为什么经历了同样的网络生活事件的人中，只有一部分人发生了成瘾现象？网络成瘾是否还有其他产生机制？这些问题仅从基本认知过程、临床群体横断面研究是很难得到满意解释的。

二、社会认知研究范畴

（一）社会认知结构研究

社会认知理论认为社会心理是以一定的结构存贮于人的头脑中的，结构各部分之间具有相互关系。有三种理论对社会认知信息的存在方式进行解释：（1）特征理论，认为有关的社会心理现象在人的长时记忆中，是以其各种特征来表征的，当受到相关的刺激时，人就会对这些特征及其合并的状况进行分析，再与长时记忆中的特征及其联系进行比较，从而对某一社会心理现象作出反应。（2）原型说，认为某

---

① R. A. Davis: *A cognitive-behavioral model of pathological Internet use*. *Computer in Human Behavior*, 2001, 17 (2), pp187—195.

② 梁宁建等：《互联网成瘾者内隐网络态度及其干预研究》，《心理科学》2004年第27卷第4期，第796～798页。

一社会心理形成的认知可以看成这一社会心理各种具体现象的概括的表征，它是这一社会心理的基本特征。（3）样例理论，认为社会心理现象是以具体的例子贮存于人的头脑中的，它们与外部的现象具有一一对应的关系，这些样例与头脑中贮存的其他东西有一定的相互联系，当人受到相应的刺激时，刺激信息得到编码，就会激活相应的样例，从而对某种社会心理现象产生相应的反应。

（二）社会认知过程研究

社会信息的心理加工过程一般涉及社会信息的辨别、归类、采择、判断、推理等心理成分，即涉及对社会性客体之间的关系，如人、人际关系、社会群体、自我、社会角色、社会规范等的认知，以及对社会认知与人的社会行为之间的关系的理解和推断。社会认知过程研究的目的就是要明确社会信息加工的各阶段，即人面临刺激时经过几个加工阶段才能作出反应，以及各个阶段有哪些特点。Dodge 及其同事[①]提出的儿童社会交往中的信息加工模式较好体现了社会心理认知的过程思想。他们认为儿童在社会交往中首先面临许多社会性刺激需要加工，对这些社会性刺激赋予意义，并据此阅览作出反应的过程，也就是说儿童的社会信息加工具体包括五个步骤：（1）编码，即对社会性信息给予充分的注意和感知，并选取有意义的信息。（2）解释，将获得的信息与已有的知识经常（图式、原型等）进行对照和比较，解释该信息的意义。（3）搜寻反应，在理解社会性刺激意义的基础上产生一系列可供选择的反应计划，预测各种反应的效果。（4）评价，对反应计划如何评价将决定儿童采取何种行为反应及其成功程度。（5）执行反应，儿童必须执行他所选择的行动计划，作出真正的行为反应。该理论在社会认知和发展心理学研究中得到了广泛应用。

Srull 和 Wyer（1989）[②] 认为社会信息加工的任何理论必须解释种种社会判断和行为现象，所提出的模式必须阐述信息加工的不同阶段如何联系，必须能使在每个加工阶段（编码、组织、存贮、提取和推理等）的操作的认知机制具体化。从功能上考虑，社会信息加工模式可分为两个部分：贮存单元和加工单元。前者包括感觉存贮、工作空间、长时存贮单元和目标说明箱，后者包括编码器、理解器、组织器、推理—决策器、执行器和反应选择器。这两种理论在社会认知和发展心理学研究中得到了广泛应用，也为我们研究网络成瘾大学生提供了一个可遵循的范式。通过考察网络成瘾大学生与非网络成瘾大学生的社会信息加工过程的差异可以理解网络成瘾者的社会信息加工机制。

---

① K. A. Dodge, J. M. Price: *On the relation between social information processing and socially competent behavior in early school-aged children*. *Child Development*, 1994, 65 (5), pp1385—1397.

② T. K. Srull, R. S. Wyer: *Memory and Cognition in Its Social Context*, Hillsdale, NJ: Lawrence Erlbaum Associates, 1989.

（三）社会认知模型的建构

社会认知研究把结构研究和过程研究结合起来，既研究群体及其成员的知识是如何在记忆中表征，又研究该知识是如何在后继判断过程中使用等问题，并且形成了一些具有代表性的理论模型。[①]（1）范畴模型。该模型认为人们一旦获得有关某个群体的信息，便会形成对该群体的一种抽象的、概括化的概念即范畴。范畴并不具有可以决定个体是不是某个范畴成员的定义性特征或标准，但是如果某客体的特征与范畴社会认知特征充分相似的话，则该成员会被归属于该范畴。人们一般会将客体归为与靶子特征最匹配的范畴原型。（2）样例模型。早一些的社会归类样例模型认为，归类并不是通过客体与范畴原型之间的比较来完成的，而是通过客体与样例记忆集合中范畴成员之间的比较而实现的。客体与这些样例之间具有极大的相似性。绝大多数样例的激活和应用往往无需意识性提取。Smith 和 Zarate[②] 研究并拓展了社会归类的样例模型，其中包括社会判断过程。根据他的模型，样例恢复不仅负责社会信息的初始归类，而且指导着社会判断过程。Smith 认为，社会概念是作为凝聚的样例重新概括，而不是作为抽象知识加以贮存的。（3）情境模型理论。该理论可以解释人们怎样理解对社会背景中的有关人或事的单个陈述，也可以用以解释在媒体或在非正式谈话中人们的反应。[③] 情境模型理论认为存在两种知识表征，即情境模型和概化表征。其中，情境模型作为知识表征的一种，代表人们对具体事件和事态的理解，这种理解是在传递社会信息的过程中自动完成的。Zwaan 和 Radvansky[④] 提出的事件检索模型理论是情境模型理论建立的基础之一，该理论认为人们在理解过程中至少涉及空间、时间、实体、起因、目的五个维度。

（四）自我图式研究

认知心理学认为对信息的选择、组织和加工是由个体的内部认知结构决定的，这些认知结构可以称为图式（schemas）。Neisser（1976）[⑤] 认为一个图式就是一种结构，它存在于知觉者的内部，可以通过经验加以修正，在某种程度上与知觉到的事物是具体对应的。图式既能接收信息也会因信息的影响而发生变化；图式通过指导运动及探索活动获得更多的信息，这些信息反过来又对图式作进一步的修正。Neisser 还宣称在对世界进行认识和思考时，知觉者只会挑选与他们已有的图式有关

---

① 王沛、林崇德：《社会认知的理论模型综述》，《心理科学》2002 年第 1 期。

② E. R. Smith, M. A. Zarate: *Exemplar and prototype use in social categorization*. *Social Cognition*, 1990, 8, pp243—262.

③ R. S. Wyer, G. A. Radvansky: *The comprehension and validation of social information*. *Psychological Review*, 1999, 106 (1), pp89—118.

④ R. A. Zwaan, G. A. Radvansky: *Situation models in language comprehension and memory*. *Psychological Bulletin*, 1998, 123 (2), pp162—185.

⑤ U. Neisser: *Cognition and Reality*: *Principles and Implications of Cognitive Psychology*, W. H. Freeman and Company, 1976.

的信息而忽略其他的信息。

Markus（1977）① 在吸收了认知心理学有关图式的概念及信息加工的观点基础上提出了关于自我的信息加工观，即自我图式理论。Markus 认为自我图式是有关自我的认知结构，是关于自我的认知概括。它来自过去的经验并对个体社会经验中与自我有关的信息加工进行组织和指导。个体之所以形成某一自我图式，是因为这一领域对个体具有重要意义。自我图式是由行为中最重要的那些方面组成的，由于生活中各部分的重要性不是相等的，所以不是所做的每件事都会成为自我图式的一部分（Markus，1983）。由于每个人组成自我图式的元素各不相同，所以我们获得的有关自我的信息也各不相同，而且正是有了这些自我图式方面的个体差异，我们的行为才会各不相同。自我图式既包括以具体事件和情境为基础的认知表征，也包括较为概括的、来自本人或他人评价的表征。自我图式储存于记忆中，它一经建立就会对信息的加工产生影响。

三、社会认知研究的启示

现有对社会认知的研究主要集中于内隐态度、内隐自尊和内隐刻板印象等几个方面，具体来说包括社会信息的知识结构或图式、自我表征与自我防御机制；社会情境对认知绩效及社会因果推理的影响；社会认知与社会情绪的交互作用；基本认知技能对社会认知的影响；日常生活适应与社会认知的关系；品德发展及德育与社会认知的关系等。② 凡是能满足人们需要，激发人的动机的刺激都容易被人选择并纳入人的认知范围。有关儿童攻击行为、抑郁等的研究给了我们有益的启示，研究者采用社会认知的研究范式，将信息加工理论运用到社会行为研究中，从社会信息加工的角度探讨儿童攻击行为、抑郁等的社会认知加工机制，丰富和发展了相应研究领域的理论；③ 这些研究为网络成瘾研究提供了新视角。我们设想，儿童攻击行为、抑郁等都是行为或情绪障碍，其发生、发展与社会因素关系紧密，个体都表现出社会性发展不良，既然有关儿童的攻击行为、抑郁的研究从社会信息加工角度揭示了其社会性发展不良的心理机制，那么采用社会信息加工的实验范式，必将有助于对大学生网络成瘾的发生、发展机制的深入研究。本研究在既往理论研究（网络成瘾者与非成瘾者人格特质差异）的基础上，提出实验研究假设。虽然网络成瘾与社会认知特点属于不同的心理学研究范畴，但不同性质的网络生活事件，网络成瘾者持有的社会认知特点与非成瘾者所持的是否会有差异？相对于非成瘾者而言，这

① H. Markus：*Self-schemas and processing information about the self*. *Journal of Personality & Social Psychology*，1977，35，pp63－78.

② 王沛、林崇德：《社会认知研究的基本趋向》，《心理科学》2003 年第 26 卷第 3 期，第 536～537 页。

③ K. A. Dodge，J. M. Price：*On the relation between social information processing and socially competent behavior in early school-aged children*. *Child Development*，1994，65（5），pp1385－1397.

种差异是否达到显著性水平？本实验研究从编码、再认、启动效应三种加工水平探讨网络成瘾者的社会认知特点，探讨成瘾者是否具有负性社会认知图式；也从实验角度论证网络成瘾者是否真正如同上述相关研究认为的那样，具有区别于非成瘾者的人格特质。

第二节　网络成瘾大学生的社会认知加工特点

一、实验研究的基本构想

网络成瘾者与非成瘾者人格特质的不同，为本研究提供了理论依据。对儿童攻击行为、抑郁等的研究给了我们有益的启示。研究者采用社会认知的研究范式，将信息加工理论运用到社会行为研究中，从社会信息加工的角度探讨儿童攻击行为、抑郁等的社会认知加工机制，丰富和发展了相应研究领域的理论（K. A. Dodge, J. M. Price，1994；S. K. Egan，T. C. Monson，1998），这些研究为网络成瘾研究提供了新视角。我们设想，儿童攻击行为、抑郁等都是行为或情绪障碍，其发生、发展与社会因素关系紧密，个体都表现出社会性发展不良。既然对儿童的攻击行为、抑郁的研究，从社会信息加工角度，揭示了其社会性发展不良的心理机制，那么对大学生网络成瘾的研究，采用社会信息加工的实验范式，必将有助于对其发生、发展机制的深入研究。本研究在已往理论研究的基础上，对网络成瘾大学生进行社会认知加工研究，研究从编码、再认、启动效应三个加工阶段探讨网络成瘾者的社会认知特点。

本研究采用 Tversky（2000）[①] 的社会认知实验范式。Tversky 的实验范式是由 Bransford 和 Johnson（1972）[②] 的"洗衣房"实验范式发展而来的，主要用来研究已有图式对材料文字理解的影响。Anderson 和 Pichert（1978）[③] 改进了这个实验范式，他们采用故事（《在家玩的两个小孩》），操纵给出的标题的种类和呈现标题的时间，来分析正常人回忆故事材料的数量。Tversky 采用与被试相关的社会生活事件故事（《两个室友的故事》），操纵故事中句子条目的类型（分为正性、负性、中性类型）、数量（每一种条目类型有 18 个句子）以及被试回忆再认的条件（分为正性、负性、中性条件），来探讨人们在不同条件下，回忆、再认句子条目的类型、数量，从而说明对生活事件的歪曲复述可以产生歪曲记忆。这个实验范式，呈现的材料是

---

① D. Kahneman, A. Tversky: *Choices, Values, and Frames*, UK: Cambridge University Press, 2000.

② J. D. Bransford, M. K. Johnson: *Contextual prerequisites for understanding: Some investigations of comprehension and recall*. *Journal of Verbal Learning and Verbal Behavior*, 1972, 11 (6), pp717—726.

③ R. C. Anderson, J. W. Pichert: *Recall of previously unrecallable information following a shift in perspective*. *Journal of Verbal Learning and Verbal Behavior*, 1978, 17 (1), pp1—12.

与被试有关的社会生活事件，操纵的是故事中句子的类型以及回忆和再认的条件，考察的是人们如何加工社会生活现象，抓住了实验材料的“社会性”和实验材料“信息加工的环节”两个主要特点。Tversky的实验范式，解决了以前研究者遇到的难题，即对社会生活事件如何定量操纵，对经过加工后的社会生活事件如何评定等。

由研究构想提出以下假设：

假设1：网络成瘾者对社会生活事件具有更多的负性编码，存在负性编码偏向。

假设2：网络成瘾者对社会生活事件具有更多的负性再认，存在负性再认偏向。

假设3：网络成瘾者对社会生活事件具有更多的负性启动，存在负性启动偏向。

假设4：网络成瘾者具有负性自我图式。

二、被试的选择及实验阅读材料的准备

（一）被试的选择

采用中文网络成瘾量表（陈淑惠，2003）①，以大学生为样本来选取被试。该量表包含如下5个因素：强迫性上网行为、戒断行为与退瘾反应、网络成瘾耐受性、时间管理问题、人际及健康问题，共26个题目，是一种四级自评量表。总分代表个体网络成瘾的程度，分数越高表示网络成瘾倾向越高。这一量表的编制综合了DSM-IV对各种成瘾症的诊断标准和对临床个案的观察，遵循了对传统成瘾症的诊断概念模式和侧重于心理层面的、较严格的心理测量学程序。初步研究表明该量表具有良好的信度和效度，1999年测得重测信度为0.83，2000年测得各因素内部一致性信度介于0.70与0.82之间，全量表内部一致性信度为0.92。综合观之，该网络成瘾量表（CIAS-R，2000）是一个具有合理的可靠性与稳定度的筛选、研究工具。本实验选用总分在69分以上的被试，并对被试本人进行访谈，主要以Young（1996）② 的八条诊断标准为内容，选出符合实验要求的被试。

（二）实验阅读材料的准备

运用Tversky（2000）的社会认知实验范式，编写了阅读材料《室友的网络生活故事》（见附录），以第二人称描述他（她）与两个新结识的室友一天内发生的事。在作简短介绍后，故事描述大学生典型的网络生活情境，两个室友共发生了54个行为和活动，每个室友的行为和活动用不同的句子条目来描述，包括9个正性的（积极的，善交际的，活泼的）、9个负性的（烦恼的，混乱的，漠不关心的）和9个中性的（中性的，描述的，客观的）条目。抽取部分本科生和研究生对测试条目进行

① 陈淑惠：《中文网络成瘾量表之编制与心理计量特征研究》，《中华心理学刊》2003年第45卷第3期，第279～294页。

② K. S. Young：*Internet addiction：The emergence of a new clinical disorder*. *CyberPsychology and Behavior*，1996，1（3），pp237－244.

评判分析，超过70%的人认同所选取的测试条目的性质。对材料进行信度和效度检验，制定出参照标准。

1.《室友的网络生活故事》测试条目的信度检验

采用内部一致性信度作为鉴定《室友的网络生活故事》阅读测试条目的信度指标。结果见表23-1。

表23-1 测试条目的信度系数

条目类型	内部一致性信度
正性条目	.820
负性条目	.683
中性条目	.742

实验材料的内部一致性信度在0.683~0.820之间，表明阅读材料具有较好的信度。

2.《室友的网络生活故事》测试条目的效度检验

选用结构效度和内容效度作为效度指标，随机选取不同条目类型（正性，负性，中性）若干，分别计算出选取条目与所属类别属性和其他类别属性的相关系数。其大致的相关系数范围分布如表23-2。

表23-2 测试条目的效度系数

条目类型	条目与所属类别的相关系数	条目与其他类别的相关系数
正性条目	.370** ~1.000**	.043 ~.148
负性条目	.317** ~1.000**	.007 ~ .126
中性条目	.345** ~1.000**	.001 ~ .096

根据心理学家杜克尔（L. R. Tuker）的理论（戴忠恒，1937）[①]，构造健全的项目所需的项目和测验的相关在0.30~0.80之间，项目间相关在0.10~0.60之间，在这些相关全矩之内的项目为测验提供满意的信度和效度。由表23-2可以看出，阅读材料中的正性、负性和中性句条目与所属类别的相关在0.370~1.000之间，达到了显著或非常显著的水平；正性、负性和中性句子条目与其他类别属性的相关系数在0.001~0.148之间。说明所有的句子条目都符合心理测量学的要求。

本研究的实验材料句子条目在开放式问卷的基础上，选取了大学生典型的网络生活情境，真实反应了大学生的网络生活；编制成后，又咨询了有关专家，保证了该实验材料具有较好的内容效度。

① 戴忠恒：《心理与教育测量》，华东师范大学出版社1987年版。

三、网络成瘾大学生的社会认知加工特点的实验探索

（一）实验一：网络成瘾者的编码特点

1. 实验目的

操纵大学生网络生活事件特性，即阅读材料的句子条目类型（正性，负性，中性），考察成瘾者和非成瘾者对不同网络生活事件的编码特点。

2. 实验对象

选择重庆大学本科全日制在校大学生，利用网络成瘾量表，辅以访谈筛选符合条件的被试。共选取被试网络成瘾者 29 人，非网络成瘾者 40 人。

3. 实验设计

实验采用 2×3 两因素混合实验设计。被试间变量为网络成瘾者与非成瘾者，被试内变量为网络生活事件特性（正性、负性、中性）。因变量是让被试对这些网络生活事件作出判断。

4. 实验材料

阅读材料是《室友的网络生活故事》。测试材料与阅读材料的不同之处在于测试材料中有空的括号，让被试填写对空括号前的这句话的体验和感受，选择标准为：A：和谐的，舒适的，愉快的；N：矛盾的，冲突的，烦恼的；S：中性的，描述的，客观的。

5. 实验程序

学习阶段：发给每一个被试一份阅读材料（《室友的网络生活故事》），主试直接告诉被试“请仔细阅读材料的内容，你们将在学习 5 分钟之后，被测试这篇文章的详细内容”。5 分钟后，让被试把阅读材料放在桌子上，并进行“500－3”的逆运算 3 分钟。这时主试收回阅读材料，发给编码材料（测试材料）。

测试阶段：主试给被试讲清指导语，强调要在 10 分钟内完成。所有主试都进行了培训。

6. 实验结果

（1）不同类型被试的编码量的分析

对被试的编码量结果进行方差分析，结果表明，编码的正性、负性、中性句子条目的主效应不显著〔$F(2, 67)=2.577$，$p>0.05$〕，说明不同句子条目类型的编码类型不存在显著差异；被试类型与不同条目类型的编码反应存在交互作用〔$F(2, 67)=4.473$，$p<0.05$〕，图示如下：

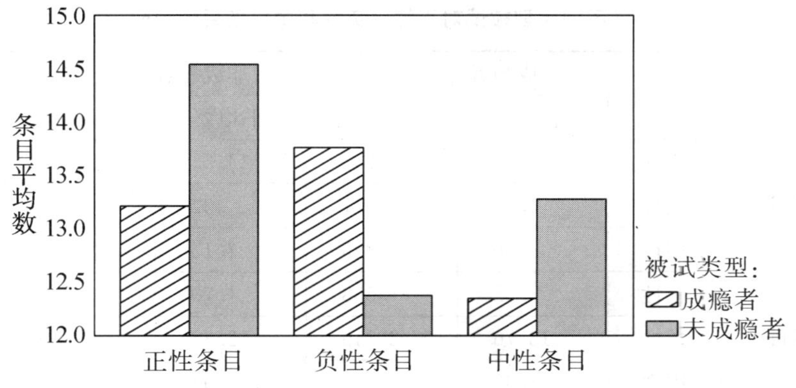

图 23－2　被试编码正性、负性、中性条目条形图

为进一步探讨不同被试在条目类型上是否存在显著差异，可以通过独立样本 t 检验分析，如表 23－3。从表 23－3 可以看出，不同类型被试对负性条目的正确编码量存在显著差异，但对正性条目、中性条目的编码量差异不显著。这些结果说明被试的不同特质影响着被试对这些不同性质条目的反应，表现为成瘾者对负性条目的编码量显著大于未成瘾者。

表 23－3　不同类型被试与不同类型条目正确编码量的分析

项　目	成瘾者（n=29）		非成瘾者（n=40）		t
	平均数	标准差	平均数	标准差	
对正性条目编码的正确量	13.21	3.707	14.55	2.943	2.812
对负性条目编码的正确量	13.76	2.849	12.37	2.752	4.126*
对中性条目编码的正确量	12.34	2.649	13.28	2.918	1.844

（2）不同类型被试对正性、负性、中性条目的编码分析

为了进一步验证假设，我们考察了不同类型被试对正性条目、负性条目、中性条目的不同类型（正性、负性、中性）编码量，结果如表 23－4 所示。从表 23－4 可以看出，不同类型被试在正性条目上的负性编码存在显著差异，不同类型被试在负性条目上的负性、中性编码存在显著差异，不同类型被试在中性条目上的正性、负性编码存在显著差异。由此可以得出如下结论：成瘾者与非成瘾者相比，成瘾者对正性条目、中性条目、负性条目均做出了较多的负性编码；非成瘾者与成瘾者相比，非成瘾者对负性条目做出了较多的中性编码，对中性条目做出了较多的正性编码。综合来看，成瘾者具有较多的负性编码。

表 23-4 不同类型被试对正性、负性和中性条目的编码分析

项目		成瘾者（$n=29$）		非成瘾者（$n=40$）		t
		平均数	标准差	平均数	标准差	
正性条目	正性	13.21	3.707	14.55	2.943	2.812
	负性	1.14	2.371	.32	.859	3.997*
	中性	3.66	3.085	3.13	2.681	.579
负性条目	正性	.62	1.568	.70	1.043	.064
	负性	13.76	2.849	12.37	2.752	4.126*
	中性	3.62	2.211	4.93	2.777	4.379*
中性条目	正性	1.97	1.742	2.05	1.709	.040*
	负性	3.69	1.775	2.67	1.992	4.773*
	中性	12.34	2.649	13.28	2.918	1.844

（3）不同类型被试的编码偏向分析

计算编码正偏向的公式（钱铭怡等，1998）① 为：编码正偏向=编码正性条目数－编码负性条目数。两组被试的比较结果见图 23－3。

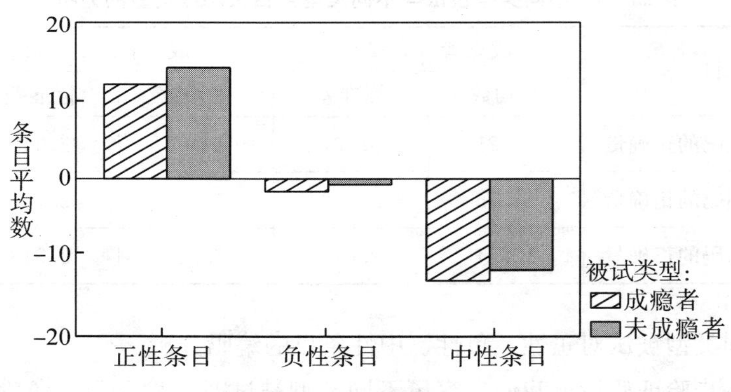

图 23－3 被试的编码偏向条形图

对被试的编码正偏向进行 2（成瘾者、未成瘾者）×3（正性、负性、中性句子条目）重复测量方差分析，正性、负性、中性条目的编码正偏向存在显著的主效应〔$F(2, 67)=807.279$，$p<0.001$〕；在被试类型上也存在显著的主效应〔$F(1, 67)=13.369$，$p<0.001$〕；被试类型与编码正偏向之间不存在交互作用〔$F(2, 67)=0.355$，$p>0.05$〕。进一步分析发现，未成瘾者在正性条目编码正偏向上显著高于成瘾者（$t=2.03$，$p<0.05$），不同类型被试在中性、负性条目编码正偏向上不

① 钱铭怡、李旭、张光健：《轻度抑郁者在自我相关编码任务中的加工偏向》，《心理学报》1998 年第 30 卷第 3 期，第 337～342 页。

存在显著差异。

7. 讨论

综合以上研究可以发现：(1) 在对正性、负性和中性句子条目的编码量上，成瘾者与非成瘾者在负性句子条目上存在显著差异，成瘾者对负性条目句子进行了更多的负性编码。(2) 通过对正性、负性和中性句子条目的编码分析发现，成瘾者对正性条目、中性条目做出了较多的负性编码，非成瘾者对负性条目做出了较多的中性编码，非成瘾者对中性条目做出了较多的正性编码。综合来看，成瘾者具有较多的负性编码。(3) 通过对不同类型被试的编码偏向进行分析发现，未成瘾者在正性条目编码正偏向上显著高于成瘾者，不同类型被试在中性、负性条目编码正偏向上不存在显著差异，说明不同类型被试在不同类型句子条目的编码偏向上是一致的。综上所述，网络成瘾者对社会生活事件具有更多的负性编码，存在负性编码偏向。从已有相关研究中可以发现，网络成瘾者具有不同于非网络成瘾者的特质，本研究结论证实了网络成瘾者存在更多的负性编码及负性编码偏向。

出现这种情况的原因，我们可以从网络成瘾的相关研究中找出答案。首先就网络成瘾的诊断来说，Young① 的八条诊断标准中有两条是：因减少或停止上网而感到焦虑、情绪低落、抑郁和愤怒；利用互联网来逃避责任或调整负性情绪（如无助感、内疚感、焦虑、抑郁）。其次，Davis② 的“认知—行为”机制模型强调不适应性认知，即自我和世界观念的歪曲对病理性网络使用的影响，这是病理性网络使用的充分性近因；精神机能障碍、互联网和情境的暗示是病理性网络使用的促成性远因。根据“素质—应激”的理论框架，异常行为是易受某种疾病感染的脆弱性（素质）和生活事件（应激）共同作用的结果。该模型将适应不良的认知进一步划分为对自我的认知失调和对现实的认知失调两个方面。自我认知失调具有反思性认知方式，倾向于不断思考与互联网使用有关的问题，而难以被现实生活中的事情所吸引。他们有可能经历更严重且长期的病理性互联网使用症状，具有自我怀疑和消极的自我评价的倾向，并具有较低的自我效能感。现实认知失调者倾向于按照“全或无”的方式对具体事件进行稳定而整体的归因，即认为互联网才是实现自我价值赢得尊重的唯一途径。最后，国内外许多研究对成瘾者的人格特质进行了分析，普遍认为成瘾者具有消极的人格特征，如喜欢独处、敏感、倾向于抽象思维、警觉、不服从社会规范、焦虑、抑郁等。上述有关网络成瘾的相关研究为我们的实验研究提供了强有力的理论依据。

---

① K. S. Young: *Internet addiction: The emergence of a new clinical disorder*. *CyberPsychology and Behavior*, 1996, 1 (3), pp237—244.

② R. A. Davis: *A cognitive-behavioral model of pathological Internet use*. *Computer in Human Behavior*, 2001, 17 (2), pp187—195.

（二）实验二：网络成瘾者的再认特点

1. 实验目的

操纵大学生网络生活事件特性，即阅读材料的句子条目类型（正性、负性、中性），考察成瘾者和非成瘾者对不同网络生活事件的再认特点。

2. 实验对象

网络成瘾者 29 人，非网络成瘾者 30 人。

3. 实验设计

采用 2×3 两因素混合实验设计，被试间变量为网络成瘾者与非成瘾者，被试内变量为网络事件特性（正性、负性、中性）。因变量为不同网络生活事件特性的正确再认量和错误再认量。

4. 实验材料

（1）阅读材料与编码实验材料相同；（2）再认测试材料。在再认测验中，有 108 个问题，所有问题都由问句组成，统一格式是“室友名＋一个活动或事实?”如“王华打开电脑的声音吵醒了你?”在再认测验的 108 个问题中，有 54 个是阅读材料中的关键句子，每个室友有 9 个正性、9 个负性、9 个中性的描述其活动或行为的句子；另外 54 个句子也是关于两个室友的，同样被分为每个室友 9 个正性、9 个负性、9 个中性的句子，这些句子不是阅读材料中出现的，但都与阅读材料中的句子相匹配。在再认测验题目编制好后，对题号进行了随机编排。

5. 实验程序

学习阶段：给每个被试都发一份阅读材料，主试告诉他们：“请仔细阅读材料内容，5 分钟之后，我们将测试故事里的详细内容。”

测试阶段：完成阅读材料后，进行“500−3”的逆运算，3 分钟后进行再认测验，时间为 10 分钟。

6. 实验结果

（1）不同类型被试再认量的分析

再认量指被试对 108 个题目正确再认的数量，这些题目包括阅读材料中出现的 54 个，即原有条目，以及与原条目相匹配的 54 个新条目。

对原有条目和新加条目进行再认量的方差分析，结果表明，在原有条目上，被试类型与原有条目类型存在交互作用〔$F(2, 57)=4.130$，$p<0.05$〕；在新加条目上，条目类型存在主效应〔$F(2, 57)=7.442$，$p<0.05$〕；被试类型与条目类型存在交互作用〔$F(2, 57)=7.362$，$p<0.05$〕。

对结果作进一步分析（表 23−5），可以发现不同类型被试在新旧条目的正性条目再认量上存在显著差异，其他条目类型再认量差异不显著。说明成瘾者对正性条目的再认低于非成瘾者。就负性条目而言，无论条目新旧，成瘾者都有着较高的再认量。就中性条目而言，非成瘾者有着较高的再认量。

表 23－5　不同类型被试对新旧条目的正性、负性和中性条目再认量的分析

项　目		成瘾者（n=29）		非成瘾者（n=30）		t
		平均数	标准差	平均数	标准差	
新条目	正性	13.53	1.613	15.43	1.675	20.026*
	负性	13.53	2.209	13.38	1.887	.375
	中性	13.50	2.556	14.03	1.712	.902
原有条目	正性	13.27	1.680	14.27	2.100	4.148*
	负性	14.73	1.596	14.00	2.017	2.438
	中性	14.27	2.083	14.73	2.318	.673

（2）不同类型被试再认偏向的分析

计算再认正偏向的公式（钱铭怡等，1998）[①] 为：再认正偏向＝再认正性条目数－再认负性条目数。结果如图 23－4。成瘾者对原有条目的再认加工是负偏向，对新条目的再认加工偏向为 0；非成瘾者对新旧条目的加工都是正偏向。

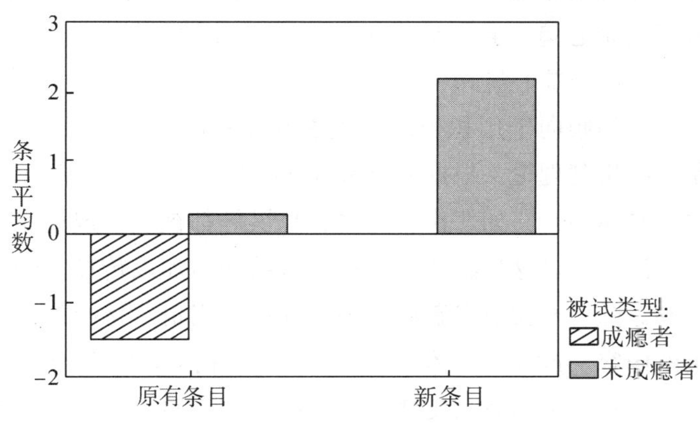

图 23－4　被试的再认偏向条形图

对被试的再认正偏向进行 2（成瘾者、非成瘾者）×2(新条目再认正偏向、原有条目再认正偏向）重复测量方差分析，在新旧条目再认偏向上存在显著主效应〔F（1，57）＝16.950，p＜0.001〕；不同类型被试存在显著主效应〔F（1，57）＝19.04，p＜0.001〕；不同类型被试与新旧条目再认偏向不存在交互作用〔F（1，57)＝0.319，p＞0.05〕。进一步分析发现，不同类型被试在原有条目再认正偏向上存在显著差异（t＝2.675，p＜0.05)；不同类型被试在新条目再认正偏向上存在显

① 钱铭怡、李旭、张光健：《轻度抑郁者在自我相关编码任务中的加工偏向》，《心理学报》1998 年第 30 卷第 3 期，第 337～342 页。

著差异（$t=3.845$，$p<0.001$）。

7. 讨论

上述实验研究发现：（1）在对新旧条目的再认量上，非成瘾者对正性条目的再认量显著高于成瘾者；在其余条目的再认量上，不同类型被试不存在显著差异，但从平均数的比较来看，成瘾者对负性条目有更多的负性再认量，这些结果说明成瘾者存在较多的负性网络事件图式内容，因为再认量可以看做个体对自我状况的知觉，而且与个体的情绪体验状态高度相关，它受个体图式的影响。（2）成瘾者对不同性质条目存在负加工偏向。综上所述，网络成瘾者对社会生活事件具有更多的负性再认，存在负性再认偏向。

成瘾者在进行网络活动的过程中对所发生的不愉快事件的情绪体验要比非成瘾者多，反映到认知加工方面就表现出更多的对不同类型的网络生活事件的负性加工，并且在这种加工过程中形成了一种加工偏向。认知加工偏向理论认为，个体在认知过程中会对与自身相关的信息产生选择性偏好，这种偏好广泛存在于知觉、注意、记忆等任务中。[①] 已有的研究发现，许多因素对认知加工偏向都有影响，既有外部环境的因素也有个体特质方面的因素。目前对加工偏向的内部机制也有不同的解释，有代表性的两种理论是心境一致性效应和特质一致性效应。心境一致性效应认为，个体学习或记忆与自己当前心境相一致的刺激比不一致的刺激效果更佳；当人们处于良好的心境时，他们倾向于用积极的眼光去知觉和解释事件。[②] 对心境一致性效应进行解释的是唤醒机制理论。根据 Bower（1981）的情绪网络理论对情绪的记忆效果的解释，每个具体的情绪如悲伤、高兴、恐惧等都被表征成记忆中的一个节点或单元。当节点被激活时，这种激活将通过其联结网络加以传递并唤起与某种情绪相关的记忆或认知。随着相关节点激活水平的提高，当情绪持续的时候就更容易从记忆中唤醒相关的内容。这期间个体偏向于记住与此相一致的有价值的信息。同时，一个人情感节点的激活呈现出对相反情感节点的抑制，与相反情感节点相关的记忆线索以及有价值的不一致的信息记忆就受到损害。[③] 但是这种理论无法解释临床个体相对稳定的认知加工偏向，因为根据该理论的推断，当个体的心境随着环境的变化而变化的时候，个体的加工偏向也将随之发生变化。

特质一致性效应认为，随着认知加工的深入，个体的一些特质因素会对认知产生影响，个体会偏向于加工与自己的特质相一致的信息。Hippel 等人（1994）的研

① C. L. Rusting, R. J. Larsen: *Personality and cognitive processing of affective information. Personality and Social Psychology Bulletin*, 1998, 24 (2), pp200－213.

② P. M. Niedenthal, M. B. Setterlund: *Emotion congruence in perception. Personality and Social Psychology Bulletin*, 1994, 20 (4), pp401－411.

③ G. H. Bower: *Commentary on mood and memory. Behavior Research and Therapy*, 1981, 25 (6), pp443－456.

究发现，个体在认知过程中会有选择性地注意、提取并重新建构事件，以使其与自身内在的人格特质相吻合。[①] Smith 等人（1986）的实验结果表明，外倾性维度中感觉寻求得分高的人对新异的、与特质相关的刺激（如性、暴力、刺激性药物等词汇）有更强烈的定向反应；外倾者在回忆与性、暴力及药物相关的词汇时的成绩比内倾者更好。这种现象对于那些包含着情绪性成分特质（如特质焦虑、特质愤怒或亚临床抑郁）的对象而言，将会更加明显。一般认为，那些在积极情绪特质上得分高的人会注意并记住相应的愉快的刺激，而在消极情绪特质上得分高的人则会注意并记住那些不愉快的刺激。如 Bradley 和 Mogg（1994）的研究表明，高神经质比低神经质个体能够回忆起更多的消极词。[②] Ruiz-Caballero 和 Bermudez-Moreno（1993）的研究发现，高神经质被试在提取消极的个人记忆时更快、更频繁，外倾者则倾向于提取那些高兴的记忆事件。[③] 陈少华（2002）分别在单一刺激条件、双重刺激条件和双作业操作任务下考察了人格特质与选择性加工的关系，他综合参照了反应时、探测时间、对词性辨别的正确率、自由回忆成绩等指标认为，高神经质被试对负性词存在加工偏向，而低神经质被试则表现出对正向词的加工偏向。[④] 对特质一致性效应的进一步解释是自我图式理论。Beck（1979）认为焦虑或抑郁个体对某一类信息的选择性偏向是受到了大脑中的负性自我图式的引导，这些图式导致了他们对与焦虑或抑郁相关的信息的敏感性。[⑤] 抑郁图式使抑郁者更多地注意许多有关的抑郁信息，并把它们与自己联系起来，还会在以后的生活中随时地记起它们。对于与抑郁无关的信息，因为不能用抑郁图式来进行加工，因此加工起来就困难得多。

从对成瘾者的临床诊断来看，成瘾者似乎具有更多的对负性事件的情绪体验，他们能够再认出较多的生活中的烦恼事件，尤其是发生在自身的虚拟网络世界与现实之间的冲突。我们试图用以上两种加工偏向理论来说明本实验研究的结果。

（三）实验三：网络成瘾者启动效应

1. 实验目的

通过操纵启动条目的类型，来探讨网络成瘾大学生的启动效应特点。

2. 实验对象

网络成瘾者 29 人，非网络成瘾者 40 人。

---

① W. V. Hippel, C. Hawkins, S. Narayan: *Personality and perceptual expertise: Individual differences in perceptual identification*. *Psychological Science*, 1994, 5 (6), pp401－406.

② B. P. Bradley, K. Mogg: *Mood and personality in recall of positive and negative information*. *Behavior Research and Therapy*, 1994, 32 (1), pp137－141.

③ J. A. Ruiz-Caballero, J. Bermudez-Moreno: *The role of affective focus: Replication and extension of mood congruent memory*. *Personality and Individual Differences*, 1993, 14 (1), pp191－197.

④ 陈少华：《不同认知任务中人格特质对信息加工的影响》，华南师范大学博士学位论文，2002 年。

⑤ A. T. Beck, A. J. Rush, B. F. Shaw, G. Emery: *Cognitive Therapy of Depression*, New York: Guilford Press, 1979.

3. 实验设计

采用2×3两因素混合实验设计，被试间变量为网络成瘾者与非成瘾者，被试内变量为网络事件特性（正性、负性、中性）。因变量为被试根据不同网络生活事件特性所产生的条目类型（正性、负性、中性）量。

4. 实验材料

（1）实验阅读材料同实验一。（2）启动刺激材料。用阅读材料中的正性、负性和中性的关键句子为启动刺激材料。整个刺激材料为54个句子，都是阅读材料中有关两个室友的活动或描述，其中包括正性、负性、中性各18个。启动测试的句子类型为统一格式，如："张星成了一组人的中心，他会……"

5. 实验程序

（1）学习阶段：同实验一。

（2）测验阶段：阅读实验材料5分钟后，进行"500－3"的逆运算3分钟，发给启动刺激材料，主试讲清指导语。

6. 实验结果

（1）不同类型被试启动效应分析

对被试的启动加工量进行2（成瘾者、非成瘾者）×3（正性条目、负性条目、中性条目）方差分析，结果发现在正性、负性、中性条目类型上有显著的主效应〔$F(2, 67)=10.729$，$p<0.001$〕，被试类型存在显著主效应〔$F(1, 67)=38.816$，$p<0.001$〕，被试类型与条目类型之间存在交互作用〔$F(2, 67)=64.249$，$p<0.001$〕，图示如下：

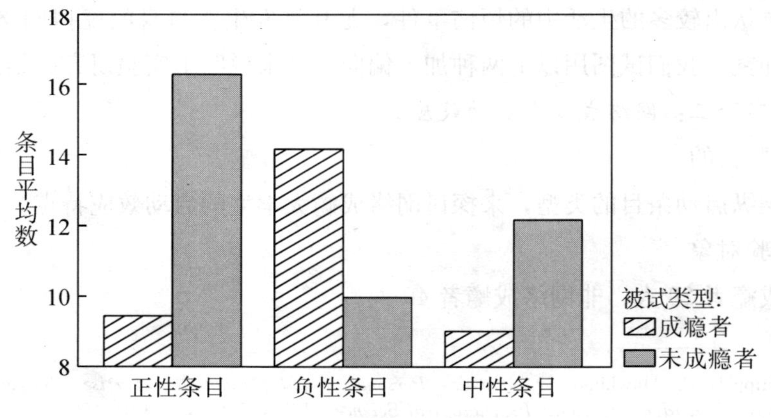

图23－5　被试的启动加工分析条形图

（2）不同类型被试对正性、负性和中性条目的启动加工分析

由表23－6可知，不同类型被试在正性条目、负性条目、中性条目的启动反应上存在非常显著的差异。成瘾者在正性条目上的启动反应少于非成瘾者，而在负性

条目上的启动反应则相反，说明成瘾者在正性条目、负性条目、中性条目上有更多的负性启动。

表 23－6　不同类型被试对正性、负性和中性条目的启动效应分析

项　目		成瘾者（n=29）		非成瘾者（n=40）		t
		平均数	标准差	平均数	标准差	
正性条目	正性	9.41	2.835	16.28	1.768	152.807**
	负性	1.38	1.265	.37	.705	17.696**
	中性	7.21	2.920	1.35	1.673	111.075**
负性条目	正性	.07	.258	.88	1.305	10.724**
	负性	14.17	2.450	9.95	3.651	29.187**
	中性	3.72	2.506	7.18	3.178	23.550**
中性条目	正性	2.38	1.761	3.72	1.311	9.496**
	负性	6.90	2.289	2.13	1.370	90.598**
	中性	9.00	2.375	12.15	2.517	27.589**

（3）不同类型被试对正性、负性和中性条目启动偏向的分析

计算启动正偏向的公式为：启动正偏向＝启动正性条目数－启动负性条目数。两组被试的比较结果见图 23－6。

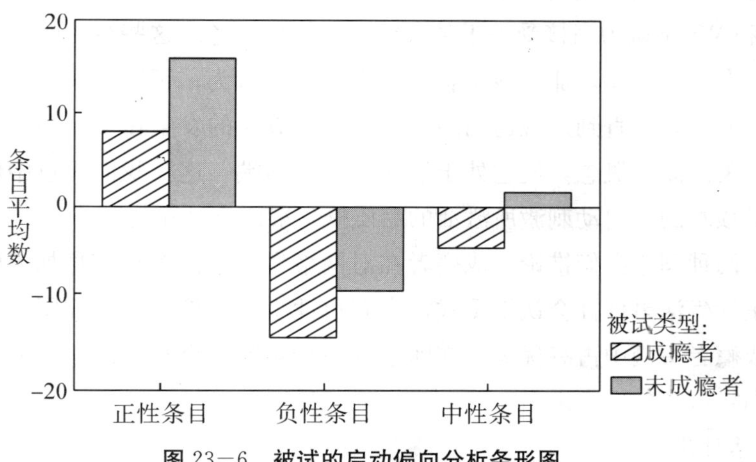

图 23－6　被试的启动偏向分析条形图

对被试的启动偏向进行 2（成瘾者、非成瘾者）×3（正性条目、负性条目、中性条目）重复测量方差分析，发现句子条目启动偏向有显著主效应〔F（2，67）＝1143.214，p<0.001〕，不同类型被试也存在显著主效应〔F（1，67）＝159.597，p<0.001〕，被试类型在句子条目启动偏向上存在交互作用〔F（2，67）＝4.193，p<0.05〕。进一步分析发现，成瘾者在负性条目（t=5.980，p<0.001）、中性条目

（$t=8.784$，$p<0.001$）上启动反应为负偏向，与非成瘾者有非常显著差异；而非成瘾者在正性条目（$t=11.330$，$p<0.001$）上与成瘾者存在非常显著差异，表现为成瘾者存在更多负性启动偏向。

7. 讨论

本实验研究结果表明：(1) 成瘾者对正性、负性和中性条目刺激材料有更多的负性启动。(2) 事先呈现的正性、负性和中性条目随后能够产生正性、负性和中性的启动效应，负性条目使成瘾者启动更多的负性条目，使非成瘾者启动更多的中性条目；正性条目使成瘾者启动更多的负性条目，使非成瘾者启动更多的正性、中性条目；中性条目使成瘾者启动负性条目，使非成瘾者启动更多的正性、中性条目。(3) 通过对被试启动偏向的分析发现，成瘾者对负性、中性条目存在明显的负性启动偏向。综上所述，网络成瘾者对社会生活事件具有更多的负性启动，存在负性启动偏向。

总的来说，成瘾者对不同性质的网络生活事件存在更多的负性启动。那么启动效应的机制是什么？Philipchalk (1995)[①] 认为是启发图式中的有效性原则在起作用。即呈现一个特定刺激便激活了相关观念的心理图式，这种图式一旦激活随后便容易发生作用。当我们加工模糊信息时，我们很可能用新近被激活的心理图式来解释这些信息，而不是使用其他别的图式，即使它与新信息无关。启动效应影响了有效性，而有效性影响了我们的社会判断。

Srull 和 Wyer 认为当接受关于某人行为的信息并考虑这些行为时，如果适用品质概念恰好在工作空间，那么该概念将用来编码该行为；否则，执行器对语义库进行从上到下的搜寻，直到发现适用的概念。启动效应的发生在于启动刺激刚好激活了与行为相关的品质概念，使它处于语义库的最顶端，这样我们无意中就使用了处于语义库最顶端的由启动刺激所激活的品质概念来评价目标刺激。[②]

从以上两种理论我们推论，成瘾者在对网络生活事件进行信息加工时，认知结构中既有正性生活事件社会认知图式，也有负性生活事件社会认知图式，而负性认知图式在成瘾者头脑中占有优势，亦即呈现一个刺激便容易激活相关的临近的负性社会认知图式。

（四）总讨论

本研究通过编码、再认与启动效应三个实验探讨网络成瘾者的社会认知特点，结果发现：(1) 成瘾者具有更多的负性编码，未成瘾者在正性条目编码正偏向上显

① R. P. Philipachalk: *Invitation to Social Psychology*, Orlando: Harcourt Brace & Company, 1995, pp127－128.

② T. K. Srull, R. S. Wyer: *Memory and Cognition in Its Social Context*, Hillsdale, NJ: Lawrence Erlbaum Associates, 1989, pp116－117.

著高于成瘾者；（2）在对新旧条目的再认量上，成瘾者对正性条目的再认量显著低于非成瘾者，在对其余条目的再认量上，不同类型被试不存在显著差异，但从平均数的比较来看，成瘾者对负性条目有更多的再认量，成瘾者对不同性质条目存在负偏向加工；（3）成瘾者对正性、负性和中性条目刺激材料有更多的负性启动，通过对被试启动偏向的分析发现，成瘾者对负性、中性条目存在明显的负性启动偏向。综合以上研究结果可以发现，成瘾者比非成瘾者具有更多的负性编码量、负性再认量，会启动更多的负性条目，同时在编码、再认、启动量上存在更多的负偏向。这些研究结果印证了研究假设，同时也说明了成瘾者具有更多的负性网络生活事件的自我图式。

所谓自我图式，即影响个体对有关自我信息的编码、储存和提取的认知结构。自我图式由自我成分（自我特征）构成，各个自我成分之间有密切的关系或相互作用，形成有一定结构的块或串。自我图式储存于记忆中，一经形成即发挥其选择性功能，决定是否注意信息、信息的重要程度、如何建构以及如何处理信息。自我图式具有引导与自我有关信息处理的功能。自我图式处理信息有如下特点：（1）对涉及自我的信息高度敏感；（2）对适合自我特征的刺激处理速度快且自信度高；（3）对涉及自我的刺激能产生较好的回忆和再认。对负性自我图式的研究多见于抑郁和焦虑被试。本研究假设，成瘾者存在负性的网络生活事件的自我图式，指导其对网络事件的信息加工。研究通过三个实验，从不同的加工阶段——编码、再认、启动——对理论假设进行了验证。

由于负性网络生活事件自我图式的存在，成瘾者对网络生活负性事件信息的加工更敏感，会优先选择这类信息，表现出一种"触发"机制，对与自我相一致的信息存在选择性加工偏好。根据扩散激活理论，在网络中表征有关联的字词的节点相距较近，表征无关联字词的节点相距较远。在启动字词的直接影响下，网络中与之相应的节点首先被激活，同时，兴奋会沿网络通路自动地扩散到邻近的节点，从而提高这些节点的激活水平，降低它们被接通的阈值。形成这种机制的具体原因尚有待进一步的研究。

第三节　基于负性自我图式的网络成瘾的预防和矫正

对网络成瘾者的社会认知加工特点的研究表明，网络成瘾者在对网络生活事件的编码、再认和启动方面均存在负偏向，也就是说网络成瘾者存在负性网络生活事件的自我图式，这种图式指导其对网络生活事件的信息加工。这种内隐的社会认知虽然是无意识的，但研究表明，这种图式并不是不可改变的，它能够接受信息并发生变化。这些研究对网络成瘾的预防和矫正实践有启发意义。我们可以通过信息输入的方式，不断改变大学生对于网络的自我图式，从而预防和矫正其不良的网络成瘾行为。

一、预防策略

因为大学生网络使用的普遍性和网络成瘾行为的常见性，对大学生网络成瘾采取未雨绸缪的预防策略，是具有现实意义和十分必要的。预防大学生的网络成瘾行为当然需要社会、学校、家庭三方面的共同努力，但鉴于学校所肩负的重要教育职能，我们主要从学校方面提出以下预防策略。

（一）培养大学生健全的人格

因为网络成瘾者大多具有抑郁、焦虑、动机缺乏、低自尊、低自信、高厌倦和孤独等人格特质，这些人格特质使他们容易形成负性自我图式和出现行为失调，所以通过对其认知和情绪方面的疏导，培养其健全的人格，使其建立正确的自我图式，是预防网络成瘾的根本举措。

1. 教育学生正视并且接纳自己人格中的各部分

根据弗洛伊德的观点，人格结构由本我、自我和超我三部分组成，本我信奉享乐的原则，自我遵从现实的原则，超我追求完美。健康的人格能协调这三者之间的关系，能正视本我或者说本能愿望和冲动，不是压抑它们而是不带偏见地看待它们，尽可能用理性的眼光去看待无意识当中被压抑的东西，然后以社会或个人能接受的方式妥善地表达并满足内心的愿望。很多人格障碍问题的根源，在于不能正视甚至害怕看到自己的内心，他们常常会被自己内心深处冒出的所谓恶念吓倒，因为他们的超我把恶念与恶行等同了起来，他们不知道其实人人都有恶念，人只要能把自己的行为约束在社会允许的范围之内，就不会被视作恶人。

弗洛伊德说："人们的禀赋各异，承受应付文化的能力各有其不同的限度。苛责于己，超过其本能所能承担，则将为神经症所苦。如果他们多容忍些自己的不完美，日子就会好过得多了。"我们在调查中也发现许多大学生网络成瘾者，正是因为不能客观看待和接纳自己，对自己要求过高，而产生失落和自卑感，出现了强烈的内心冲突。为了避免产生抑郁、焦虑、低自尊和低自信的不良情绪，其防御机制使其产生了消极逃避的无效行为，并以此来掩盖内心的矛盾和冲突，形成一种虚假的和谐。这也就是不良人格在大学生网络成瘾行为中所产生的内在作用。因此，要从根源上预防大学生网络成瘾行为或其他不良的替代性行为，就要从其人格偏向的不良方面入手。

针对不同的人格偏向，要采取不同的矫正对策；在家庭、学校或社会的不同情境下也可以实施不同的策略。比如家庭情境中的阅读、讨论、引导和鼓励；学校情境中的团体辅导、个别指导，以及开办主题讲座和相应的活动课程等。但其核心内容都是提高大学生的自我意识，使其能够客观地看待自己和接纳自己。形成和谐向上的良性自我图式，是预防大学生网络成瘾的关键。

2. 发展社会兴趣，建立和谐的人际关系

精神分析学派的心理学家阿德勒认为，合作、奉献与社会兴趣是健康人格的三种核心品质。在心理治疗的过程中我们也发现，一个人的社会责任感和他的心理健康水平有着极为密切的关系。一个有社会兴趣的人会相应地发展出合作、共享、利他、责任、关怀和宽容等多种人格特点。具有这些人格特点的人，对他人的理解、接纳和包容的精神通常都较强，与之相适应，别人对他的反应也往往较为积极和配合。这使他们在处理职业和人际关系问题上通常比较顺利，而这一切在日常生活中都具有重要的心理保健作用。即使遇到问题，由社会兴趣所发展出的人格特点也会使他们以合作的方式去积极寻求解决。

青少年重视人际归属，有着强烈的亲和需求。许多研究也指出，那些无法很好地建立现实中的人际关系，特别是同伴关系的青少年很容易沉溺于网络，而过多的网络人际交往又限制了他们在现实中的人际互动，造成更加困难的现实人际交往。网络交往并不是现实生活中唯一的人际互动方式，网络人际也无法取代他们在现实生活中所需的人际关系，因此培养青少年发展多元的人际互动关系，学会人际沟通技巧，不仅可以防止他们过度依赖网络，也可以教会他们如何维系关系与处理冲突，避免在网络或现实的人际互动中遭受挫折或伤害。当然，对于部分网络人际交流好于现实人际交流的青少年，也可以指导他们将网络人际交流中的尊重、信守承诺、主动相互支持和关怀、情感互动等运用到现实生活中，通过网络沟通技巧、社交技巧、人际亲密能力、自我肯定等训练，由非面对面的网络沟通，在获得肯定之后，逐渐产生人际交流的自信，将其扩展到现实人际交往中。研究表明，与父母、教师以及同伴的关系是构成大学生社会支持系统的主要方面，是其有效应对压力，形成良好适应能力的关键。因此，指导大学生建立和谐的人际关系和培养适度的社会兴趣是预防网络成瘾的有效措施。

（二）引导大学生对网络的认识和使用

要预防大学生的网络成瘾行为和对于网络生活事件的负向自我图式，不仅要预防其人格方面的负偏向，还要加强其对网络的了解，使其形成对现代社会这一必不可少的交流工具的全面、深入的认识，使其形成关于网络生活事件的合理的自我图式。这就要求培养和提高大学生的网络素质。所谓网络素质，主要是指一个人运用网络的技术能力、道德修养和心理素质。造成大学生网络素质不高的原因有三个方面：一是高校在网络素质教育方面存在缺失；二是大学生社会认知不足，缺乏自我保护意识；三是一些高校网络文化发展滞后，不能满足学生的上网需求。所以，提高大学生的网络素质，学校方面主要应从以下几个方面努力：

1. 要加强对大学生上网的引导。网络是把双刃剑，我们在看到网络有利的一面的同时，还要看到它消极的一面。网上的内容思想混杂，各种不同观点、不同文化、不同价值观甚至消极、不健康和反动的观点同时存在，这增加了大学生辨别是非的难度。网上的垃圾信息泛滥，使不少年轻的大学生在不知不觉中上当受骗。因此，我们任何时候都不能放弃在网络环境下对大学生进行引导的责任。通过开展主题班会或全校范围内的以“我与网络”为主题的征文活动等生动活泼的方式，吸引师生共同讨论，以形成积极的网络使用氛围，引导学生的思想和行为。

2. 要突出地抓好大学生网络道德素质教育。要用积极的观念武装大学生的头脑，使他们树立起正确的人生观、价值观和世界观，建立自觉抵制不良思潮和腐朽文化的思想防线，提高对信息的鉴别力。要尽快把网络伦理作为一门必修课程（如美国杜克大学就为学生开设了“伦理学与国际互联网络”课程），并将其教学内容纳入计算机等级考试中，使学生将网络伦理置于和网络技术同等重要的位置，认真学习并加以遵守，以培养学生的网络道德责任感。

3. 要注重培养大学生的网络技能。通过进一步普及网络知识，推广网络在教育教学中的应用，促进大学生网络技能的提高。除继续开设计算机基础和计算机应用技术课程外，还要多组织一些网络知识讲座，以满足大学生丰富网络知识、提高网络技能的需要。

4. 要大力加强校园网络文化建设，促进校园文化和网络文化融合。一个人能否健康成长，环境的影响是很大的。同样，对大学生进行网络素质教育，也离不开一个好的网络环境、网络氛围。要及时更新校园网页，用积极、健康的科学文化知识不断充实网络内容。在增加专业信息资源的同时，设立网络素质教育主页，鼓励全校师生共同参与校园网建设。组织开展以提高大学生网络综合能力为目的的计算机网络大赛、网络信息咨询、网上科技知识问答、网上新闻调查等活动。通过这些活动，加深大学生对网络的了解，引导他们体会数字时代以知识论英雄的思想观念，激发他们的上进心和创造力。

5. 强化网络管理，确保网络信息安全。网络的健康发展离不开法制的约束。特别是目前有许多不法商人在网络的虚拟世界里大打擦边球，宣传色情、暴力以及从事欺诈性的商业活动，而我们却无能为力。在此情况下，高校就必须及早建立网络信息管理机构，来统一协调网上信息的管理工作。

学校教育是预防大学生网络成瘾的主要渠道，因为校园是大学生生活的主要场所，是其构建网络自我图式的重要环境。良好的校园网络环境，良性的同伴网络生活事件，对个体对网络的认识和利用有潜移默化的作用，是个体构建关于网络生活事件积极自我图式的直接决定因素。所以，学校有效的引导、教育、培养，是提高大学生网络素质所必不可少的，也是实现大学生与网络和谐相处，明确上网的目的和意义，建立关于网络生活事件的良性自我图式，从而预防网络成瘾行为的有效途径。

二、矫正策略

众多的研究表明，网络成瘾对个体自身的心理、生理、社会关系、学业和工作带来极其严重的不良后果。网络成瘾还会严重危及个体的家庭、社会关系以及学业、工作等。因此，对于已经网络成瘾者，必须予以矫正。具体的矫正策略主要包括如下一些：

（一）改变其人格特质的不良方面

网络成瘾者负面的自我图式与其自身的特质密切相关，针对不同成瘾者的不同特质对症下药是矫正成瘾行为的根本。例如，对于由抑郁性人格造成的网络戓瘾者，可以采取以下的方法：

（1）帮助成瘾者觉察自我轻视以及回避承担风险是如何通过继发性获益而被强化的，如别人的注意和关照，逃避对现实挫折的恐惧等。（2）教会其思考—停止技术。当其产生消极想法，想逃避到网络虚拟世界中去的时候，让他在心里不停地大声对自己喊“停”，直到这种想法消失。（3）帮助其完成一份建立在积极、现实基础上的自我对话和行动计划，以此来代替歪曲、消极的想法和对网络的消极依赖行为。（4）帮助其建立一份关于自我实力的列表，其中包括自己拥有的能力、技术以及积极的人格特征，不断强化其对自我的积极信念和实践行动计划、取得成绩的信心。（5）运用理性情绪技术挑战其歪曲想法，比如，使其克服“我是一个可悲的网络成瘾者”，“我无法改变现实、改变自己”的思想，而代之以更加平和的想法，如“人非圣贤，孰能无过”，“我可以通过自己的意志和努力实现理想”等。（6）提供建立良好人际关系的技巧，包括从别人那里获取信息并理解信息的技巧，使其学会在特殊的情况下选择运用技巧，引导他们对自身以外的社会和他人的关注和兴趣。（7）运用角色扮演、模仿和行为预演模拟需要自信的情境，并对其恰当的反应给予积极的反馈，以强化其在人际交往和个人适应方面的自信。

针对网络成瘾者的不同特质，反复运用针对特定人格特质的矫正技术，改变其人格的不良方面和负面的自我图式，消除造成网络成瘾的根本原因，才能彻底矫正成瘾行为。

（二）矫正不适应的认知

加拿大学者 R. A. Davis 提出网络成瘾的认知—行为机制模型，强调不适应性认知，即个体表现出的基本的认知机能失调，是 PIU 的充分性近因，它能引起与 PIU 相关的系列症状。Davis 认为不适应认知系统有两个子类：自我的观念和世界的观念。对自我的认知歪曲包括：自我怀疑、低自我效能感和消极的自我评价。他们的自我认知可能包括这样的想法："只有在互联网上我才是优秀的"，"离线后我是微不足道的，但在网上我是重要人物"。对世界的认知歪曲包括把特殊的事件概括成普遍的趋势。个体可能会这样想："互联网是我能得到尊重的唯一的地方"，"离线后就没有人爱我了"，或"互联网是我唯一的朋友"。这种不适应性的认知歪曲，强化了个体对互联网的依赖。

针对网络成瘾者的这种不适应性认知，具体的矫正技术有：（1）采用 Davis 根据他的病理性网络使用的认知—行为模型所提出的网络成瘾的认知行为疗法。Davis 把治疗过程分为七个阶段，依次是：定向、规则、等级、认知重组、离线社会化、整合、通告。这种疗法为能弄清患者上网的认知成分，让患者暴露于他们最敏感的刺激面前，挑战他们的不适应性认知，逐步训练他们上网的正确思考方式和行为。[①]（2）自我警示法。为了帮助成瘾者将精力放到减轻和摆脱成瘾行为的目标上来，可以让成瘾者分别用两张卡片列出网络成瘾所导致的主要问题和摆脱网络成瘾将带来的主要方面的好处。然后，让成瘾者随身携带这两张卡片，时时处处约束自己的行为。另外，让成瘾者列出网络成瘾后被忽略的每一项活动，并按照重要性进行排序，使其意识到自己以前在成瘾行为和现实生活之间所作的选择的差异，并使其从现实生活中体验到满足感和愉悦感，从而降低其从网络环境中寻求情感满足的内驱动力。

（三）增进个体的自我调节能力

Larose 等（2001）[②] 认为个体能够利用已形成的自我调节能力制订计划、设置目标、预期可能的结果，能够利用经验与自我反省。重要的是，个体通过自我反省来帮助自己，理解所处的环境及环境的要求。在社会认知理论框架内，互联网使用被概念化为一种社会认知过程。积极的结果预期，互联网自我效能与互联网使用之间呈正相关；相反，否定的预期结果、自我贬损及自我短视与互联网使用之间呈负相关。这表明了互联网使用可能是自我调节能力的一种反映。Bandura（2001）[③] 认为，现代社会中的信息，社会以及技术的迅速变化促进了个体的自我效能感和自我更新。较好的自我调节者可以扩展他们的知识和能力，较差的自我调节者则可能落后。因此，Larose（2001）认为互联网使用过程中的成瘾行为可概念化为自我调节的缺失。而网络成瘾者具有负面的社会信息加工图式，体现出否定的自我预期、自我贬损和自我短视，也是其自我调节缺失的一种表现。所以，矫正网络成瘾需要增

① R. A. Davis：*A cognitive-behavioral model of pathological Internet use*. *Computer in Human Behavior*，2001，17（2），pp187－195.

② R. LaRose，M. S. Eastin，J. Gregg：*Reformulating the Internet paradox*：*Social cognitive explanations of Internet use and depression*. *Journal of Online Behavior*，2001，1（2），http://www.behavior.net/JOB/v1n1/paradox.html.

③ A. Bandura：*Social cognitive theory of mass communication*. *Media Psychology*，2001，3（3），pp265－299.

进个体的自我调节能力。对于如何增进个体的自我调节能力，可以参考王智弘等所提出的方法（参见第二十一章）。

总之，随着学术界对于网络成瘾研究的不断深入，其矫正和预防的策略也在不断丰富和完善。但是就目前的状况来看，更多的策略只是局限于理论方面的探讨，针对不同被试和不同研究结论的策略还很少见；同时，对于一些具体的或整合性的策略，其实际的预防和矫正效果还有待于进一步的实证研究。

附录　实验材料

一、阅读材料

亲爱的同学：

你好！欢迎你参加本次调查研究。本研究的目的是了解大学生对所发生的与网络有关的事件的感受。请你根据自己的实际情况给出真实的回答。

我们对你的认真回答表示衷心的感谢！

注意：请仔细阅读材料的内容，5 分钟后，将测试这个材料中的详细内容。

室友的网络生活故事

你是一所高校的学生。你的室友是王华和张星。一天早上，王华很早起床去上网。张星由于忙于考试，他已经很久没有上网了。张星本来和王华商量好起床后和他一起去上网的，但是张星起床晚了。当他洗漱完毕，张星发现王华已经去了网吧。于是张星急急忙忙奔向网吧。

张星走到网吧，看到队伍排了很长。他发现王华已经有了一个位子，张星焦躁不安地等待上网，张星等了很久终于得到一个位子。王华正在和网友聊天，王华聊天时出现一个陌生人说着可恶的话，张星刚上网时，网速非常缓慢。张星正在下载一部电影。在这个时间内，王华和周围的同学开始谈天说地。王华讲述了各地的天文地理知识，事实证明王华确实有渊博的知识。后来王华下载了一篇文章，和大家一起欣赏。张星讲起了和网友友好相处的事。过了一会儿，网速恢复正常，张星的电影下载完毕。张星和其他没有电脑使用的同学共同分享看电影的乐趣。由于经常上网，张星的眼睛高度近视，你劝张星花在网上的时间少点儿，可他就是不听。

王华用了一个上午的时间在网上（聊天），老师布置的作业他还没有做完，到了中午，王华关闭电脑，起身时感到两眼发黑。王华的身体健康状况不如从前。王华准备从网吧回寝室，张星来网吧较晚，但由于下午有课，他也从线上下来。两人一同走出网吧。

在课堂上，王华听课时脑子里不断想起上网时的情景，认为老师的课讲得不生动。张星积极发言回答老师的问题。下课后，同学们讨论组织春游的事情。王华提出了许多有益可行的建议，并协助班干部做好准备工作。然后，王华和几个同学一起去打篮球。

晚饭前，你们三人决定进行一次网友聚会。聚会中，张星吃着面包，并一边和几个网友愉快地聊天。王华喝着饮料，饮料不小心洒在了你的身上。聚会继续进行，张星成了一组人的中心，王华讲着风趣幽默的故事。后来证明张星与人沟通的能力很强。但他和周围同学的交往却不那么顺利。晚饭后，你们回到寝室。听到隔壁寝室有位同学正在打游戏。这时，张星有位老乡来访。王华想在网上打游戏方面花少一点儿的时间，因此，王华拿起一本书去教室复习功课。张星送走老乡后，决定在寝室复习功课，寝室内时不时传来隔壁房间打游戏的声音，张星放弃看书，决定和同学一起出去踢足球锻炼身体。

王华自习后回到寝室，发现时间还早，决定去网吧。王华打开邮箱，但邮箱出现故障无法正常使用。于是王华关闭邮箱。张星回到寝室，发现王华不在寝室，决定去网吧找他。张星正准备走出寝室门，电话铃响起。原来是张星的妈妈打来电话。张星关心地询问父母的身体状况，并且问家里其他人是否安康。张星接完电话，匆匆赶到网吧。张星准备学习新的网络安装技术。王华制作了一幅图画，并准备拿去参加图画大赛。

后来，王华的作品在图画大赛上得了一等奖，但因为他上课总是精力不集中，总是遭到老师的批评。张星操作网络的水平越来越高，但张星每月的网络费用总是超支，学习成绩也不如从前。

二、再认材料

填写基本情况。

姓名：　　　　学号：　　　　系别：　　　　QQ号：

年龄：　　　　专业：　　　　联系电话：

性别：(1) 男；(2) 女

年级：(1) 一年级；(2) 二年级；(3) 三年级；(4) 四年级

亲爱的同学：

你好！下面有108个问题，请你根据前面学习的材料，依次回答下列问题。凡符合学习材料内容的，就在问题后面空格中打“√”；如果不符合学习材料的内容，就在问题后面空格中打“×"。请注意，你的完成时间是15分钟。

1. 王华吃完饭后去上网？（　　）
2. 张星由于学习紧张有很久没有上网了？（　　）
3. 张星问家里其他人是否安康？（　　）
4. 王华正在和网友聊天？（　　）
5. 张星吃饭时食堂就要关门了？（　　）
6. 张星发现很多人都在网吧？（　　）
7. 张星刚上网时，网速非常缓慢？（　　）
8. 张星看到每家网吧前都排了很长的队伍？（　　）
9. 王华讲述了各地的天文地理知识？（　　）
10. 王华起身时感到两眼发黑？（　　）
11. 张星发现有几个认识的同学都有了自己的上网位子？（　　）
12. 张星不可遏制自己上网的冲动？（　　）
13. 张星走到网吧，看到队伍排了很长？（　　）
14. 张星等了很久终于买到了充值卡？（　　）
15. 张星来网吧较晚？（　　）
16. 王华正在看电影？（　　）
17. 王华聊天时弹出一些无价值的广告？（　　）
18. 张星发现王华已经有了一个位子？（　　）
19. 王华协助班干部做好准备工作？（　　）
20. 王华下载了一篇文章，和大家一起欣赏？（　　）
21. 王华很早起床去上网？（　　）
22. 张星刚上网时，突然断电？（　　）
23. 张星焦躁不安地等待上网？（　　）
24. 张星正在安装一个常用文字处理软件？（　　）
25. 张星的电影下载完毕？（　　）
26. 王华清晰地讲述了暑假旅游时各地的见闻？（　　）
27. 王华和几个同学一起去打篮球？（　　）
28. 王华确实有较强的组织能力？（　　）
29. 张星等了很久终于得到一个位子？（　　）
30. 王华确实有渊博的知识？（　　）
31. 张星和其他没有电脑使用的同学共同分享看电影的乐趣？（　　）
32. 王华和大家一起欣赏图画？（　　）
33. 张星和网友愉快地聊天？（　　）
34. 王华关闭邮箱？（　　）

35. 由于经常上网，张星的眼睛高度近视？（　　）
36. 张星的文字软件安装完毕？（　　）
37. 张星本打算去上网，但起床晚了？（　　）
38. 张星和其他同学共享这个文字软件？（　　）
39. 由于上网，张星的坐姿惯于弯曲？（　　）
40. 王华聊天时出现一个陌生人说着可恶的话？（　　）
41. 张星打算下载一部电影？（　　）
42. 王华打开邮箱？（　　）
43. 你劝张星把精力花在学习上，可他就是不听？（　　）
44. 王华由于上网，没有按时赴朋友的约会？（　　）
45. 张星由于忙于考试，他已经很久没有上网了？（　　）
46. 王华关闭电脑？（　　）
47. 王华喝着饮料？（　　）
48. 王华的作品在图画大赛上得了一等奖？（　　）
49. 王华感觉自己学习力不从心？（　　）
50. 张星有位老乡来访？（　　）
51. 张星和周围同学的交往不那么顺利？（　　）
52. 王华上课哈欠连天？（　　）
53. 由于下午有课，张星从线上下来了？（　　）
54. 王华关闭 QQ？（　　）
55. 张星在寝室时，不时传来隔壁房间打游戏的声音？（　　）
56. 张星成了一组人的中心？（　　）
57. 你劝张星花在网上的时间少点儿，可他就是不听？（　　）
58. 王华身体健康状况不如从前？（　　）
59. 张星来网吧较早？（　　）
60. 张星收到一封邮件？（　　）
61. 由于上网，老师布置的作业王华还没有做完？（　　）
62. 王华明白自己不止一次地因为上网影响休息？（　　）
63. 聚会时，张星和几个网友愉快地聊天？（　　）
64. 王华因为上网忘记了吃饭的时间？（　　）
65. 张星配合老师的日常工作？（　　）
66. 王华从网吧回到寝室？（　　）
67. 王华上课总是精力不集中？（　　）
68. 张星放弃看书？（　　）

69. 王华积极参加社团活动？（　　）
70. 张星的学习成绩不如从前？（　　）
71. 王华认为老师的课讲得不生动？（　　）
72. 张星关心地询问父母的身体状况？（　　）
73. 王华帮助同学修理电脑？（　　）
74. 王华和几个同学共同讨论未来的职业规划？（　　）
75. 张星和同学一起欣赏电影画报？（　　）
76. 王华将饮料不小心洒在了你的身上？（　　）
77. 王华买了一些生活用品？（　　）
78. 王华不小心把菜洒在了床单上？（　　）
79. 张星操作网络的水平越来越高？（　　）
80. 张星讲起了和网友友好相处的事？（　　）
81. 张星唱歌非常好听？（　　）
82. 王华查到了自己所需要的学习资料？（　　）
83. 王华制作了一幅图画，并准备拿去参加图画大赛？（　　）
84. 张星和网友分享成功的经验？（　　）
85. 王华听课时脑子里不断想起上网时的情景？（　　）
86. 张星发现王华已经去了网吧？（　　）
87. 张星网下活动时脑子常有迟钝的感觉？（　　）
88. 张星准备去赴朋友的约会？（　　）
89. 王华讲着风趣幽默的故事？（　　）
90. 张星上课不断收到网友的短信？（　　）
91. 张星放弃做清洁？（　　）
92. 王华总是遭到老师的批评？（　　）
93. 王华打开 BBS？（　　）
94. 张星与人沟通的能力很强？（　　）
95. 王华关闭 BBS？（　　）
96. 张星热心地给同学出谋划策？（　　）
97. 过节时，张星给同学发了一张贺卡？（　　）
98. 王华准备参加演讲比赛？（　　）
99. 到了中午，王华关闭电脑？（　　）
100. 王华被评为社团活动优秀分子？（　　）
101. 王华喜欢逃课？（　　）
102. 张星积极发言回答老师的问题？（　　）

103. 王华的母亲批评了王华？（　　）

104. 王华提出了许多有益可行的建议？（　　）

105. 张星成了软件制作高手？（　　）

106. 张星每月的网络费用总是超支？（　　）

107. 张星人际关系不如从前？（　　）

108. 张星每天把时间大量地花在上网上？（　　）

三、编码材料

亲爱的同学：

你好！你拿到的阅读材料和前面的学习材料一样，不同之处在于有些句子后有空的括号，请你根据自己对这句话的理解和体验分别标上三种符号：

S：表示积极的、善交际的、活泼的

A：表示烦恼的、混乱的、不安的

N：表示中性的、描述的、客观的

室友的网络生活故事

你是一所高校的学生。你的室友是王华和张星。一天早上，王华很早起床去上网（　　）。张星由于忙于考试，他已经很久没有上网了（　　）。张星本来和王华商量好起床后和他一起去上网的，但是张星起床晚了（　　）。当他洗漱完毕，张星发现王华已经去了网吧（　　）。于是张星急急忙忙奔向网吧。

张星走到网吧，看到队伍排了很长（　　）。他发现王华已经有了一个位子（　　），张星焦躁不安地等待上网（　　），张星等了很久终于得到一个位子（　　）。王华正在和网友聊天（　　），王华聊天时出现一个陌生人说着可恶的话（　　），张星刚上网时，网速非常缓慢（　　）。张星正在下载一部电影（　　）。在这个时间内，王华和周围的同学开始谈天说地。王华讲述了各地的天文地理知识（　　），事实证明王华确实有渊博的知识（　　）。后来王华下载了一篇文章，和大家一起欣赏（　　）。张星讲起了和网友友好相处的事（　　）。过了一会儿，网速恢复正常，张星的电影下载完毕（　　）。张星和其他没有电脑使用的同学共同分享看电影的乐趣（　　）。由于经常上网，张星的眼睛高度近视（　　），你劝张星花在网上的时间少点儿，可他就是不听（　　）。

王华用了一个上午的时间在网上（聊天），老师布置的作业他还没有做完（　　），到了中午，王华关闭电脑起身时感到两眼发黑（　　）。王华身体健康状况不如从前（　　）。王华准备从网吧回寝室（　　），张星来网吧较晚（　　），但由于下午有课，他也从线上下来（　　）。两人一同走出网吧。

在课堂上，王华听课时脑子里不断想起上网时的情景（　　），认为老师的课讲得不生动（　　）。张星积极发言回答老师的问题（　　）。下课后，同学们讨论组织春游的事情。王华提出了许多有益可行的建议（　　），并协助班干部做好准备工作（　　）。然后，王华和几个同学一起去打篮球（　　）。

晚饭前，你们三人决定进行一次网友聚会。聚会中，张星吃着面包，并一边和几个网友愉快地聊天（　　）。王华喝着饮料（　　），饮料不小心洒在了你的身上（　　）。聚会继续进行，张星成为一组人的中心（　　），王华讲着风趣幽默的故事（　　）。后来证明张星与人沟通的能力很强（　　）。但他和周围同学的交往却不那么顺利（　　）。晚饭后，你们回到寝室。听到隔壁寝室有位同学正在打游戏。这时，张星有位老乡来访（　　）。王华想在网上打游戏方面花少一点儿的时间，因此，王华拿起一本书去教室复习功课。张星送走老乡后，决定在寝室复习功课，寝室内时不时传来隔壁房间打游戏的声音（　　），张星放弃看书（　　），决定和同学一起出去踢足球锻炼身体。

王华自习后回到寝室，发现时间还早，决定去网吧。王华打开邮箱（　　），但邮箱出现故障无法正常使用。于是王华关闭邮箱（　　）。张星回到寝室，发现王华不在寝室，决定去网吧找他。张星正准备走出寝室门，电话铃响起。原来是张星的妈妈打来电话。张星关心地询问父母的身体状况（　　），并且问家里其他人是否安康（　　）。张星接完电话，匆匆赶到网吧。张星准备学习新的网络安装技术。王华制作了一幅图画，并准备拿去参加图画大赛（　　）。

后来，王华的作品在图画大赛上得了一等奖（　　），但因为他上课总是精力不集中（　　），总是遭到老师的批评（　　）。张星操作网络的水平越来越高（　　），但张星每月的网络费用总是超支（　　），学习成绩也不如从前（　　）。

四、启动材料

亲爱的同学：

你好！下面有54个句子，每个句子都是不完整的，句子的前半部分是学习材料中描述的情景，请你根据自己的理解完成句子的后半部分，使整个句子意思完整。请注意：你的完成时间为20分钟。

1. 王华很早起床去上网，他会________________
2. 张星由于忙于考试，他已经很久没有上网了，他会________________
3. 张星起床晚了，他会________________
4. 张星发现王华已经去了网吧，他会________________
5. 张星走到网吧，看到队伍排了很长，他会________________

6. 他发现王华已经有了一个位子，他会________
7. 张星焦躁不安地等待上网，他会________
8. 张星等了很久终于得到一个位子，他会________
9. 王华正在和网友聊天，他会________
10. 王华聊天时出现一个陌生人说着可恶的话，他会________
11. 张星刚上网时，网速非常缓慢，他会________
12. 张星正在下载一部电影，他会________
13. 王华讲述了各地的天文地理知识，他会________
14. 王华确实有渊博的知识，他会________
15. 王华下载了一篇文章，和大家一起欣赏，他会________
16. 张星讲起了和网友友好相处的事，他会________
17. 张星的电影下载完毕，他会________
18. 张星和其他没有电脑使用的同学共同分享看电影的乐趣，他会________
19. 由于经常上网，张星的眼睛高度近视，他会________
20. 你劝张星花在网上的时间少点儿，可他就是不听，他会________
21. 老师布置的作业王华还没有做完，他会________
22. 王华关闭电脑，他会________
23. 王华起身时感到两眼发黑，他会________
24. 王华身体健康状况不如从前，他会________
25. 王华从网吧回到寝室，他会________
26. 张星来网吧较晚，他会________
27. 由于下午有课，张星从线上下来，他会________
28. 王华听课时脑子里不断想起上网时的情景，他会________
29. 王华认为老师的课讲得不生动，他会________
30. 张星积极发言回答老师的问题，他会________
31. 王华提出了许多有益可行的建议，他会________
32. 王华协助班干部做好准备工作，他会________
33. 王华和几个同学一起去打篮球，他会________
34. 张星和几个网友愉快地聊天，他会________
35. 王华喝着饮料，他会________
36. 王华将饮料不小心洒在了你的身上，他会________
37. 张星成了一组人的中心，他会________
38. 王华讲着风趣幽默的故事，他会________
39. 张星与人沟通的能力很强，他会________

40. 张星和周围同学的交往不那么顺利，他会________________

41. 张星有位老乡来访，他会________________

42. 张星寝室内时不时传来隔壁房间打游戏的声音，他会________________

43. 张星放弃看书，他会________________

44. 王华打开邮箱，他会________________

45. 王华关闭邮箱，他会________________

46. 张星关心地询问父母的身体状况，他会________________

47. 张星问家里其他人是否安康，他会________________

48. 王华制作了一幅图画，并准备拿去参加图画大赛，他会________________

49. 王华的作品在图画大赛上得了一等奖，他会________________

50. 王华上课总是精力不集中，他会________________

51. 王华总是遭到老师的批评，他会________________

52. 张星操作网络的水平越来越高，他会________________

53. 张星每月的网络费用总是超支，他会________________

54. 张星的学习成绩不如从前，他会________________

第八编

青少年职业心理问题及指导策略

QINGSHAONIAN ZHIYE XINLI WENTI JI ZHIDAO CELUE

青少年职业心理的发展将会影响他们一生的职业生涯，青少年的职业心理尚不成熟，职业心理的发展滞后于社会的职业变化与职业要求。青少年职业心理主要表现在职业成熟度、职业规划、职业价值观、职业能力等方面。从现代社会职业要求和就业制度变革的角度看，外部的职业世界对青少年的职业心理素质提出了更多的、更新的要求；从职业生涯角度看，大学生毕业以后直接进入职业领域。面对心理发展中的冲突和职业选择中的矛盾，根据我国青少年职业心理的发展特点开展有针对性的职业生涯教育已成为当前学校素质教育的一项迫切而重要的任务。青少年职业心理问题的研究在我国还相当薄弱，职业生涯辅导也是近年兴起的教育活动，有许多问题值得探讨。

本编首先从青少年职业成熟度的研究出发，分析青少年职业心理发展的现状，然后从主观职业障碍的角度探讨青少年的一般职业心理问题，最后集中研究职业决策问题。主要包括如下内容：(1) 青少年职业成熟度的研究。建构了青少年职业成熟度的理论结构与实证模型。研究表明，青少年职业成熟度由职业决策知识和职业决策态度两方面的因素构成。分析了青少年职业成熟度的发展特点与影响因素。(2) 探讨了大学生主观职业障碍的类型、结构与发展特征。(3) 在研究职业决策困难的类型、特征与影响因素的基础上，采用团体干预技术，探讨训练提高大学生职业决策自我效能感的途径与策略。

第二十四章 Di Er Shi Si Zhang

大学生的主观职业障碍及疏导策略

随着知识经济和信息时代的发展，职业世界呈现出新的面貌。职业世界的日新月异，给人们的择业、就业都带来了新的挑战；行业结构的变化带来劳动力市场的变化，新的组织方式、新的人力资源管理方式和对人才不断变化的要求，都给大学生的职业发展带来更大的挑战。大学生如何认识、对待自己在未来职业发展中可能遇到的障碍，这将决定他们在大学阶段的学习态度、学习内容、学习方式以及对自我的评价；同时，它还将影响大学生在毕业时对未来职业、工作的选择，以及对自己未来职业发展前景的信心程度。因此，大学生的主观职业障碍是研究大学生职业心理所不可缺少的内容，也是提高学校职业教育和就业指导工作的针对性、有效性的重要依据。

第一节 研究概述

一、主观职业障碍的概念

目前，关于个体职业发展的研究成果比较丰富，而对于职业发展中的困难和障碍理论研究却较为缺乏，研究较多的是职业犹豫、职业决策困难等。这些研究的视角集中在职业进入阶段，强调对个体职业决策过程中困难与障碍的研究，而主观职业障碍则是从更广泛的时间段去了解这一问题。到底什么是职业障碍？什么又是主观职业障碍呢？

职业障碍（career barrier）一词，是由斯万森（Swanson）于 1991 年提出①，这一词的使用并不严格，有时也用 occupational barrier，或 career-related barrier，或 barrier to/in career（development），表示与职业相关的障碍，或职业发展中的障碍。

主观职业障碍（perceived occupational barriers）一词与职业障碍同时出现，它是斯万森于 1991 年提出，有时也作 perceived careeer barriers 或 perceived barriers in career development，直译为感知到的职业障碍，表示个体知觉到有某些方面的障碍已经或将来可能会阻碍其职业发展。它是职业障碍研究的主要领域，国外几乎所有对于职业障碍的研究都涉及主观的职业障碍。② 表 24－1 是对职业障碍的几种不同定义。

表 24－1　现有研究对主观职业障碍的定义

概　念	定　义
职业障碍（career barrier）	是一些事件或条件，既存在于个体的内部又存在于个体的环境中，它给个体的职业发展造成困难（Swanson，Woitke，1997）③。这是国外研究中对职业障碍最为权威的定义，至今一直在使用。
职业阻碍	是指自己不适合做某种职业的各种因素。这是国内研究者陆桂芹等人（2004）④ 的阐述。这个定义比较笼统，对其含义的解释不明确，既可以说它只反应了职业障碍中个人能力障碍的内容，也可以认为它包含了外在因素。
职业阻隔	个人目前状况与理想职业状态的差距（赵颂平，张荣祥，2004）⑤。这个定义明确指出了职业障碍中个人能力的部分，它代表了职业障碍中个人通过努力可以消除的那一部分障碍。
主观的职业障碍（perceived careeer barriers）	是指个体认为当前存在或将来可能遭遇的与职业相关的障碍，而不必是基于现实背景或真实信息的障碍。尽管这些障碍在现实中没有基础，但它总是对个体的职业决策过程有直接的影响（Albert，1999）⑥。这一定义强调，主观职业障碍属于个人对自身和环境中对其职业发展有负面影响的因素的认知和评价，这一评价是主观的而非客观的；相关因素可能是实际存在的，也可能是个人夸大的，但是，无论如何，这些因素对个体的认知、情绪和决策行为会产生实在的影响。

综合上述观点，我们认为主观职业障碍是个体对择业、就业中可能阻碍其职业

① J. L. Swanson，D. M. Tokar：*Development and initial validation of the Career Barriers Inventory*. *Journal of Vocational Behavior*，1991a，39（3），pp344－361.
② J. L. Swanson，D. M. Tokar：*College students' perceptions of barriers to career development*. *Journal of Vocational Behavior*，1991b，38（1），pp91－106.
③ J. L. Swanson，M. B. Woitke：*Theory into practice in career assessment for women*：*Assessment and interventions regarding perceived career barriers*. *Journal of Career Assessment*，1997，5（4），pp431－450.
④ 陆桂芹、徐凌霄：《职业锚理论在大学生就业指导工作中的应用》，《中国高等医学教育》2004 年第 3 期。
⑤ 赵颂平、张荣祥：《关于大学生职业生涯规划的调查与分析》，《现代教育科学》2004 年第 3 期。
⑥ K. A. Albert，D. A. Luzzo：*The role of perceived barriers in career development*：*A social cognitive perspective*. *Journal of Counseling and Development*，1999，77（4），pp431－436.

生涯发展的各种因素的主观判断。它表明，首先，主观职业障碍是个体的主观评价，是个体对现实的回忆、检查和对未来状态的预测；其次，妨碍职业发展的各种因素中，既有外在环境的因素，又有内在个人的因素；再次，这种障碍不仅限于择业，而且延伸到就业后的职业生活中。

二、主观职业障碍研究现状

（一）主观职业障碍理论的研究

主观职业障碍在职业发展中起着重要的影响作用。职业障碍被看成环境因素，可以解释个体的职业期望和能力与其成就的距离（Lent，Brown 和 Hackett，2000；Swanson，Woitke，1997）。换句话说，个体会用感知到的职业障碍来解释职业中理想和现实的差距，是个体在职业发展过程中出现困难时主观上的归因。①

朗顿（London，1999）② 认为：职业障碍包括两个方面：一是障碍的来源，如性别、家庭；二是障碍可能造成的结果，如决策困难、找不到理想的工作。个体对障碍的来源和结果的理解越清晰、障碍对个体越重要、个体对它越确定，那么个体受它影响就越大，个体应对它就越困难。

谢纳·史密斯（Sheila Smith，2004）的研究认为，由于经济上新的方向和不断改变的工作环境，使得职业障碍越来越多，这种障碍也在不断地变化。对于个体来说，针对职业障碍做调整是个体在面临众多职业选择时的一种有效的应对方式。③

个体的职业选择常常依赖于个体对主观的职业障碍的个人评价和反应（Lent，Brown 和 Hackett，1994，1996，2000）④，在职业选择的进程中，障碍会在情感、思想、行为上造成影响（London，2001）⑤，事业规划会随着个体是否遇到或能否克服遇到的一些困难而变化（Swanson，Daniels 和 Tokar，1996）⑥，即使个体有高水平的自信和兴趣，职业进入和职业前进的障碍仍然会使个体改变他们的职业选择（Albert，Luzzo，1999⑦；Brown，Lent，1996）。

朗顿（1999）认为，职业障碍也有积极意义，它能唤起个体的注意以采取有效

① R. W. Lent，et al：*The role of contextual supports and barriers in the choice of math/science educational options：A test of social cognitive hypotheses*. *Journal of Counseling Psychology*，2001，48 (4)，p474.

② M. London，H. H. Larsen，L. N. Thisted：*Relationships between Feedback and Self-Development*. *Group & Organization Management*，1999，24 (1)，pp5－27.

③ S. Smith：*Career barriers among information technology undergraduate majors*. *Information Technology，Learning，and Performance Journal*，2004，22 (1)，pp49－56.

④ S. D. Brown，R. W. Lent：*A social cognitive framework for career choice counseling*. *Career Development Quarterly*，1996，44 (4)，pp354－366.

⑤ M. London：*Leadership Development：Paths to Self-insight and Professional Growth*，Mahwah，NJ：Lawrence Erlbaum Associates，Inc.，2001.

⑥ J. L. Swanson，K. K. Daniels，D. M. Tokar：*Assessing perceptions of career-related barriers：The Career Barriers Inventory*. *Journal of Career Assessment*，1996，4 (2)，pp219－244.

⑦ K. A. Albert，D. A. Luzzo：*The role of perceived barriers in career development：A social cognitive perspective*. *Journal of Counseling and Development*，1999，77 (4)，pp431－436.

的积极行动。如果个体能更清楚地评估它，就能使个体避免使用回避问题的防御机制，而是采取以问题为焦点的积极行动。对职业动机的理解能帮助个体积极地应对障碍。他探讨了职业动机与职业障碍的关系，职业动机的三个方面，即承受力、洞察力、特长，都与职业障碍相联系。承受力使人们能面对不幸；洞察力是对自己和环境的理解，认识环境中能促进或阻碍工作表现的因素；特长是个体在特殊的职业领域或特定的职业目标中的能力。因此，这三方面的提高有助于战胜职业障碍，改变对障碍的知觉，克服障碍带来的影响。

先前的一些研究者认为，个体鉴别和认识自己的职业障碍，把它当成对自身职业发展的威胁，个体就会通过在职业目标方面的妥协来应对现实，例如选择更低职业威望的职业（Crites，1971[①]；Gottfredson，1981[②]），但是，由于职业障碍而反复对职业目标进行妥协会导致个体在职业决策中焦虑、担心、缺乏自信。基于这种前提，他认为主观职业障碍是侵蚀学生自信和使职业生涯规划复杂化的因素（Greene Black，1988；Ladany，Love，Melincoff 和 Remshard，1995）。

卢卓（Luzzo，1996）[③] 研究了主观职业障碍与职业成熟度之间的关系，结果显示两者并没有显著的关系。这一研究提示：主观职业障碍可能并非如先前理论认为的那样是完全有害的因素，对于一些个体，它在个体职业规划和职业探索行为的动机里面起着某种积极的作用。

（二）主观职业障碍的实证研究

1. 主观职业障碍与其他职业变量关系的研究

卢卓（1996）[④] 研究了过去经历的职业障碍以及预计未来的职业障碍与职业决策三个因子的关系，他发现：过去经历的职业障碍与职业决策态度、职业决策知识以及职业决策自我效能感三因子都无显著的相关；预计的职业障碍与职业决策知识无相关，而与职业决策态度、职业决策自我效能感有显著的负相关，换句话说，预计的职业障碍导致了个体较低的自我效能感，较少的主观职业障碍与更成熟的职业决策态度和更高水平的职业决策自我效能感相联系。

一般认为，高的职业认同与高的决策成熟度、决策的自信相联系（Holland，Gottfredson 和 Nafziger，1975；Holland，Johnston 和 Asama，1993）。从这些理论

① J. O. Crites：*The Career Maturity Inventory*. In D. E. Super（ed.）：*Measuring Vocational Maturity for Counseling and Evaluation*，Washington，DC：American Personal and Guidance Association，1974，pp25—39.

② L. S. Gottfredson：*Circumscription and compromise：A developmental theory of occupational aspirations*. *Journal of Counseling Psychology*，1981，28（6），pp545—579.

③ D. A. Luzzo：*Exploring the relation between the perception of occupational barriers and career development*. *Journal of Career Development*，1996，22（4），pp239—248.

④ D. A. Luzzo：*Exploring the relation between the perception of occupational barriers and career development*. *Journal of Career Development*，1996，22（4），pp239—248.

可以推测，职业成熟度与主观职业障碍可能有某种程度的负相关，即成熟度越高职业障碍越少。

也有研究否认了这一观点，卢卓（1996）研究了主观职业障碍与职业成熟度之间的关系后发现，女大学生尽管列举了更多的职业障碍，但她们表现出更高的职业成熟度。在其他人的调查中（McWhirter，1994[①]；Swanson，Tokar，1991a[②]，1991b[③]），女性感知到更多与家庭、性别相关的障碍，同时也表现出更高的职业成熟度和有关职业决策的知识。

2. 主观职业障碍与个体特征变量的关系

自我效能感是个人情感体验的因素，而主观职业障碍属于认知因素，自我效能感能帮助解释由早期经验塑造的、起中介作用的认知过程（主观职业障碍）如何影响后来的职业行为，如职业决策、职业探索行为（Lent，Hackett，1987）。布鲁斯腾（Blustein，1999）[④] 也发现职业决策自我效能感对于个体探索自我和环境的行为有很强的预测性。

比亚斯（Byars，1996）和麦克怀特等人（McWhirter 等，1998）研究职业障碍的应对效能感发现[⑤]：较多的主观职业障碍与较低的应对和管理障碍的自我效能感相联系，在应对效能感上不存在性别差异，但存在着种族差异，少数民族大学生比欧洲裔大学生报告了更多与职业相关的障碍和更低的应对和管理障碍的自我效能感。

卢卓（1996）研究了不同归因方式与职业障碍的关系，归因方式分为外在控制型、内在控制型、可控制型和不可控制型四种，对外在控制型和不可控制型的个体，职业成熟度与职业障碍之间存在显著的负相关。根据韦纳（Weiner，1979，1985，1986）的理论陈述，个体如果相信职业障碍是由外在的、不可控制的、稳定的因素引起的，他就可能把职业障碍归结为命运和不幸。结果是人们不可能花时间和精力处理这些障碍，他们更可能把感知到的障碍作为永久的对职业成功和满意的阻碍，而不是设法采取行动来克服障碍。另一方面，如果人们把障碍归结为内在的、可控制的、不稳定的因素，那么人们更可能针对感知到的障碍来考虑应对的策略，以增加职业成功和满意的机会。[⑥] 可以认为，对外在、不可控归因型的个体，对感知到

① E. H. McWhirter：*Perceived barriers to education and career：ethnic and gender differences*. *Journal of vocational behavior*，1997，50（1），pp124－140.

② J. L. Swanson，D. M. Tokar：*Development and initial validation of the Career Barriers Inventory*. *Journal of Vocational Behavior*，1991a，39（3），pp344－361.

③ J. L. Swanson，D. M. Tokar：*College students' perceptions of barriers to career development*. *Journal of Vocational Behavior*，1991b，38（1），pp91－106.

④ D. L. Blustein：*A match made in heaven? Career development theories and the school-to-work transition*. *The Career Development Quarterly*，1999，47（4），p348.

⑤ D. L. Blustein：*A match made in heaven? Career development theories and the school-to-work transition*. *The Career Development Quarterly*，1999，47（4），p348.

⑥ D. A. Luzzo，H. K. Ganrison：*Causal attributions and sex differences associated with perceptions of occupational barriers*. *Journal of Counseling and Development*，1996，75（2），p124.

的障碍消极的归因方式起到了职业发展障碍物的作用（Luzzo，Jenkins Smith，1998；Luzzo，Tompkins-Bjorkman，1999；Nauta，Epperson，1995）。

棱特（Lent，1996）在研究主观的职业障碍与职业决策因子的关系时发现，主观职业障碍与职业决策态度存在负相关，在职业决策态度中表现为外在因素和不可控制归因的个体，感知到更多的障碍；而对于相信职业决策是内在因素、可控制的个体，感知到的职业障碍要少一些。研究还表明，对于外在归因型和不可控制型的个体，职业障碍会阻碍其职业的发展和成熟度；而内在归因型和可控制型的个体更相信他们能战胜所遇到的职业障碍。①

3. 主观职业障碍与人口统计学变量的关系

现有的研究集中在主观职业障碍与人口统计学特征，如性别、种族、文化等的关系上。

研究者们普遍发现：女性比男性感知到更多的内在和外在的职业障碍（Betz，Fitzgerald，1987；England，McCreary，1987；Farmer，1985；Fassinger，1985；Fitzgerald，Crites，1980；Fitzgerald，Fassinger 和 Betz，1995；Matlin，1992）。卢卓（1996）② 认为，尽管性别差异不能解释所有的职业障碍，但女性感知到未来更多的职业障碍和过去的障碍，如照顾孩子和工作的平衡，妇女职业发展最突出的问题是在母亲和工作者两个角色之间的冲突和混乱。有色人种、移民比本地白人对职业目标感到更多的障碍。

佩隆等（Perrone，Sedlacek 和 Alexander，2001）③ 在 2743 名大学新生中的调查发现，在职业选择目标的障碍上存在性别差异，在与职业相关的学术灵活性、寻求帮助上没有性别差异；在职业选择目标、实现职业目标的障碍、学术灵活性、寻求帮助上有种族差异，本土美国人有更高的学术灵活性，白人、亚裔美国人、本土美国人比非裔美国人、西班牙人会更多地需要帮助。

谢纳·史密斯（2004）④ 研究发现，女性在实现职业目标时感到更多的障碍，女性相信她们缺乏职业信息、预感到职业的限制。本土白人学生在事业工作平衡方面感到了更多的障碍，他们更多地把可能遭遇到的职业障碍归结于结婚或者事业与家庭的冲突。其他种族的学生报告在找到一份工作和在职位提升中有更多障碍，他们更多把职业障碍归结为在提拔中的种族歧视。

---

① R. W. Lent，S. D. Brown，G. Hackett：*Career development from a social cognitive perspective*. In D. Brown，L. Brooks（eds.）：*Career Choice and Development*，1996，pp373－421.

② S. Smith：*Career barriers among information technology undergraduate majors*. *Information Technology，Learning，and Performance Journal*，2004，22（1），pp49－56.

③ K. M. Perrone，W. E. Sedlacek，C. M. Alexander：*Gender and ethnic differences in career goal attainment*. *Career Development Quarterly*，2001，50（2），pp168－178.

④ S. Smith：*Career barriers among information technology undergraduate majors*. *Information Technology，Learning，and Performance Journal*，2004，22（1），pp49－56.

我国台湾学者对在美国的台湾留学生的研究发现[①]，台湾学生在美时间越长，越注重保留自己亚洲文化，对自己的职业理想、兴趣、能力就了解得越清晰，感知到的障碍就越少；相反，越希望融入留学国家主流文化的学生，感知到的职业障碍就越多。作者解释，留学生不同的职业目标可以部分解释这一结果。

（三）主观职业障碍测量工具的研究

职业障碍量表：测量主观职业障碍最权威的工具是斯万森和托卡（Swanson，Tokar，1991）编制的职业障碍量表（Career Barriers Inventory，CBI），用于测量个体感知到的职业障碍。它有 34 个题项，分成两个分量表：感知到的障碍和职业障碍阻碍职业进程的程度，每个分量表包含相同的四个维度：a. 职业选择过程中的障碍；b. 找工作时的障碍；c. 工作表现中的障碍；d. 工作和生活的平衡。该量表使用 7 点记分形式，“1”为非常不可能，“7”为非常可能。[②]

职业障碍量表修订版：它是斯万森等人在 1996 年修订的。包括六个维度：a. 性别歧视；b. 种族歧视；c. 重要他人的反对；d. 选择非传统行业的阻碍；e. 就业市场的竞争；f. 社会化困难。需要被试在七点量表上回答“将来他们遇到每种障碍的可能性”，“1”代表非常不可能，“7”代表非常可能。

开放式调查问卷：卢卓（1996）在研究中采用了开放式的调查问卷，共有两个问题：a. 经历了哪些与职业相关的障碍？b. 你认为你在未来实现职业理想时会遇到哪些职业障碍？障碍的编码包括障碍的数量和类型。障碍类型包括与家庭有关的障碍，如平衡工作和家庭的责任；学习技能障碍，如不良的学习习惯；种族障碍，如种族歧视；性别障碍，如性别歧视；经济障碍，如缺乏完成学业的经费；年龄障碍，如对年龄的歧视。[③]

障碍知觉量表：障碍知觉量表（Perception of Barriers Scale）由麦克怀特编制，用于测量与职业有关的障碍。包括 24 个题项，其中 8 个题项用于预测未来职业中的种族和性别歧视（如“因为我的性别在我未来的事业中我可能会遭遇歧视”，“因为我的少数民族或种族背景我会被人区别对待”），9 个题项反应了影响个体未来继续教育的障碍，5 个题项反应了个体受教育期间的可能障碍（如钱的问题，消极的家庭态度），2 个题项反应对整个障碍的感知和对克服障碍的一般信心。量表采用 5 点记分形式，“5”为非常同意，“1”为非常不同意，高分反应更多的感知到的障碍。

障碍应对量表：障碍应对量表（coping with barriers，CWB）由麦克怀特编制，

① Shu-Fen Shih，Chris Brown：*Taiwanese international students：Acculturation level and vocational identity*. *Journal of Career Development*，2002，27（1），pp35－47.

② J. L. Swanson，D. M. Tokar：*Development and initial validation of the Career Barriers Inventory*. *Journal of Vocational Behavior*，1991a，39（3），pp344－361.

③ D. A. Luzzo：*Exploring the relation between the perception of occupational barriers and career development*. *Journal of Career Development*，1996，22（4），pp239－248.

包括28个题项，被试被问“请评定你克服下面潜在的职业障碍的信心的程度”，采用5点记分形式，“5”为高度自信，“1”为完全没信心，高分代表个人对自己克服障碍能力更高的自信。①

（四）现有研究存在的问题

1. 缺乏适用于特定人群的测量工具。国外研究报告中使用最多的测量主观职业障碍的工具是由斯万森和托卡在1991年编制的Career Barriers Inventory（CBI）②，许多研究者直接采用这个量表作为研究工具或是根据研究需要对这个量表作一些修订，研究的内容、范围受到了限制。也有研究者使用开放式的问卷（Darrell Anthony Luzzo，Ellen Hawley Mcwhirter，2001）③或者结构式访谈（Margo A. Jackson，Christian D. Nutini，2002）④，但这些工具和研究方式在研究职业障碍的结构维度、特征和规律等问题的看法上并没有达成一致。

2. 研究内容较单一。已有研究局限于以下三个领域：一是调查主观职业障碍的程度和类型，其研究目的是比较特殊群体，如妇女、少数民族、精神和身体障碍的残疾人与主流群体主观职业障碍的差异，这是最主要的研究领域；二是与个体心理变量的相关研究，最主要的是与自我效能感和控制点的关系研究；三是与其他职业变量的关系研究，如职业决策、职业成熟度等。研究讨论的内容比较贫乏，不同研究之间的区别主要来自于使用了不同的样本。

3. 研究被试范围较窄。国外的研究主要是对妇女、少数民族、移民、某个特殊专业的大学生、残疾人、中途辍学的学生等特殊群体的研究，而未能揭示主流文化群体的主观职业障碍的特点，这使得研究的结论难以推广。

4. 缺乏本土化的研究。国内对于职业障碍的直接研究极其缺乏，实证研究几近于零。国内研究主要集中在对大学生择业心理、就业心理的理论探讨上，其中有少量文献提到职业障碍、职业阻碍、职业阻隔，但遗憾的是都未对主观职业障碍的内涵进行界定，更未对其结构、维度、特征等进行探讨。

① E. H. McWhirter：*Perceived barriers to education and career：ethnic and gender differences*. *Journal of vocational behavior*，1997，50（1），pp124－140.

② J. L. Swanson，D. M. Tokar：*Development and initial validation of the Career Barriers Inventory*. *Journal of Vocational Behavior*，1991a，39（3），pp344－361.

③ D. A. Luzzo，E. H. McWhirter：*Sex and ethnic differences in the perception of educational and career-related barriers and levels of coping efficacy*. *Journal of Counseling and Development*，2001，79（1），pp61－67.

④ M. A. Jackson，C. D. Nutini：*Hidden resources and barriers in career learning assessment with adolescents vulnerable to discrimination*. *The Career Development Quarterly*，2002，51（1），pp56－77.

三、本研究的总体思路

1. 主观的职业障碍的操作性定义

综合国内外已有的研究成果，本研究中把主观的职业障碍定义为：个体对择业、就业中可能阻碍其职业生涯发展的各种因素的主观判断。这个定义明确了：首先，主观职业障碍是个体的主观评价，是个体对现实的回忆、检查和对未来状态的预测；其次，要研究的是妨碍职业发展的各种因素，既有外在、环境的因素，又有内在、个人的因素；再次，这种障碍不仅限于择业而是延伸到就业后的职业生活中。

2. 研究目的

本研究试图开发具有较高信度和效度的大学生主观职业障碍测量工具，了解当前我国大学生主观职业障碍的基本状况及相关影响因素，并在此基础上提出相应的应对策略。

3. 研究方法

文献分析法：查阅国内外的有关研究，寻找可行的研究思路和方法。

访谈法：对研究对象进行访谈，了解他们对职业障碍的理解、认识和看法。

问卷法：通过开放式问卷探索职业障碍的维度和成分，通过半开半闭式问卷对问卷的成分维度进行修正，通过封闭式问卷调查研究对象的主观职业障碍的现状特点。

统计分析法：得到信度、效度合格的问卷，验证结构模型，探讨大学生主观职业障碍的特征。

4. 研究程序

（1）广泛查阅国内外的文献资料，对主观职业障碍的研究历史、领域、视角、对象、方法、成果进行归纳，得到本研究的研究范围、目的、方法和总体思路。

（2）对研究对象做访谈，看看他们对研究的问题是怎样理解的，有什么想法，以确定开放式问卷提问的方式和内容。

（3）对开放式问卷进行统计，得到被试对职业障碍描述的大量词汇，对这些词汇进行语义分析和编码，得到主观职业障碍初步的定义、成分和维度。

（4）咨询教育心理学专家，请他们对这个初步的定义、成分和维度提出修改意见，得出初始问卷的理论结构和维度。

（5）以访谈记录、开放式问卷内容、专家的修改意见、国外相关量表作为题项来源，编制大学生主观职业障碍问卷的初始问卷。

（6）施测初始问卷，对问卷进行项目分析、因素分析，筛选题项，增加题项，形成第二次问卷，再次施测，重新进行项目分析和因素分析，直到得到信度、效度合格的问卷，以其作为正式问卷。

(7) 使用正式问卷施测，探讨大学生主观职业障碍的现状特点、影响因素。首先，通过平均数差异显著性检验，比较大学生主观职业障碍各因子的特点，揭示大学生主观职业障碍的现状特点；其次，通过单因子方差分析，比较不同年级、性别、家庭来源、学校、专业类型、父母职业、是否独生子女的大学生的主观职业障碍的差异，探讨影响大学生主观职业障碍的因素；最后，对这些现状特点、影响因素以及可能的原因进行探讨。

5. 研究对象

在校全日制大学本科生。

6. 资料处理方法

本研究对所收集到的数据采用 SPSS 12.0 统计软件包进行处理，在进行验证性因素分析时使用了 AMOS 4.0 软件。

第二节　大学生主观职业障碍的结构及问卷的编制

一、大学生主观职业障碍理论模型的构建

（一）开放式与半开半闭式问卷调查的结果

为了构建符合我国大学生实际情况的主观职业障碍的理论模型，首先进行了访谈，访谈目的一方面是了解调查对象对主观职业障碍含义的理解；另一方面也为开放式问卷确定提问方式，以保证所提问题能涵盖概念，能被完全理解，被试的理解没有歧义。访谈对象为西南大学不同专业一至四年级的大学生 14 名，初步得到了开放式问卷的问题。然后进行了开放式问卷调查，对象为西南大学、重庆师范大学、重庆通讯学院斌鑫学院的一至四年级的学生，共发出问卷 100 份，回收有效问卷 77 份。收集到大量的大学生感知到的职业障碍的各种来源，通过内容分析法进行归类，形成初步的维度结构。最后编制并施测了专家咨询问卷，根据心理学专业的老师、研究生共 15 人的意见和建议，对主观职业障碍的含义和结构进行修改，并在此基础上初步编制了大学生主观职业障碍问卷初始问卷。

访谈、开放式和半开半闭式问卷三项调查的结果，部分验证了国外已有的研究结果：家庭经济条件、性别、文化因素（家庭来源）、生理因素、就业市场竞争等都是主观职业障碍的重要来源。同时，也发现了许多与国外研究的不同之处：

(1) 在开放式问卷调查中，绝大多数学生都认为最大的职业障碍来自于个人的社交能力，其次是性格。这与国外的研究差别较大，国外学生感觉到的主要职业障碍是文化差异，即不同种族肤色的学生的主观职业障碍差异显著，其次是性别。究其原因，可能是由于中国社会是个关系型的社会，崇尚集体意识，人际关系不仅在

中国人的生活中，而且在工作中占有重要的地位。随着市场经济的引入，竞争的日益激烈，这就要求个体必须具备良好的沟通、协调能力才能获得各种资源，才能在职业生涯中获得更好的发展。在调查中还发现，中国大学生心目中社交能力的含义十分丰富，不仅包括同伴关系，也包括工作关系、社会关系，甚至还包括父母的社会关系等多方面的内容。

(2) 家庭因素的含义与国外的研究也有所不同。在国外的研究中家庭因素是指家庭的经济能力对受教育程度的影响，而国内的家庭因素不仅包括家庭经济情况，还包含父母对子女未来工作单位的期望甚至还有关于恋人意见的考虑。这种差异主要是由东、西方两种不同文化取向所导致的：西方文化是一种个人主义的文化，强调个体的独立，个人求学必须要自己负担大部分的费用；中国文化是一种集体主义和家庭取向的文化，重家庭轻自我，重集体轻个人，强调个体与他人的相互关系，强调个体在家庭和集体中的义务和责任，个人的兴趣和爱好往往处于次要的位置。大多数父母理所当然地负担子女读书所产生的一切费用，不会计较子女已经成人；反过来，父母对于子女未来的工作目标，也会通过各种不同的途径，直接或间接对子女的职业选择、职业发展施加一些影响。可以说，中国的父母对于子女工作的参与度远远高于国外的父母。此外，中国大学生就业时对恋人的愿望、恋人工作的考虑也具有一定的独特性。

（二）设想的理论模型

借鉴国外已有的研究成果，并结合上述三项调查的结果，初步提出大学生主观职业障碍的理论模型（图 24－1、图 24－2）。大学生主观职业障碍按可能遭遇到的时间分为两部分，一是在将来找工作时可能遇到的障碍，二是在未来工作中可能遇到的障碍，每部分各因子的具体内容如下：

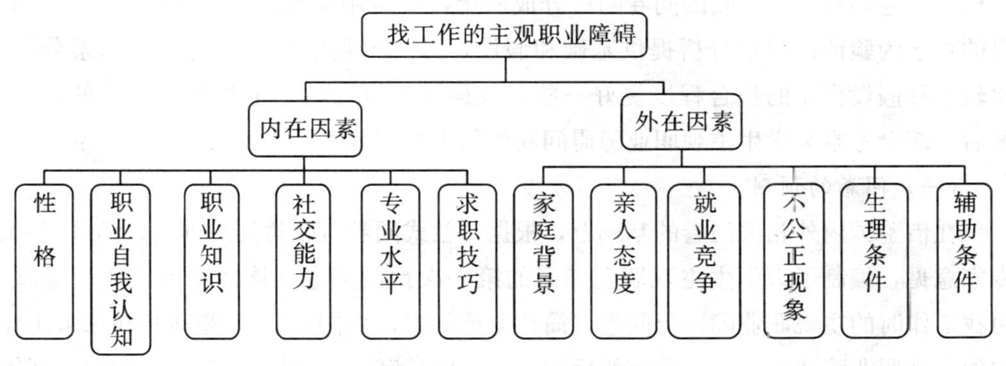

图 24－1　找工作时的主观职业障碍模型

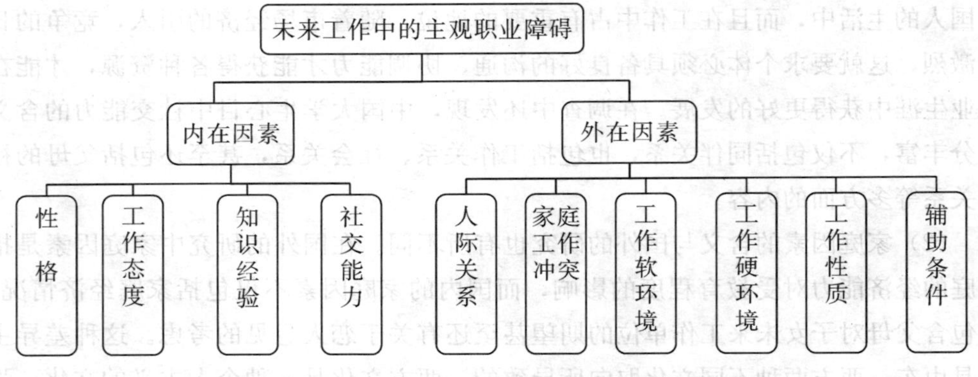

图 24－2　未来工作中的主观职业障碍模型

(1) 找工作时的职业障碍是指大学生在未来找工作时可能遇到的障碍因素，它包括内在因素和外在因素 2 个维度，12 个因子。内在因素维度包括性格、社交能力、职业自我认知、专业水平、职业知识、求职技巧 6 个因子；外在因素维度包括辅助条件、生理条件、亲人态度、家庭背景、就业竞争、社会中的不公正现象 6 个因子。

(2) 未来工作中的职业障碍是指大学生在未来工作中可能遭遇的阻碍其职业发展的因素，它包括 2 个维度，10 个因子。内在因素维度包括性格、社交能力、个人的工作态度、个人的知识经验 4 个因子，外在因素维度包括辅助条件、人际关系、工作的软环境、工作的硬环境、工作的性质、家庭工作冲突 6 个因子。

二、大学生主观职业障碍问卷的编制

大学生主观职业障碍问卷编制的流程为：首先，编制初始问卷，进行预测，并根据预测的结果对题项进行删除和调整，形成正式问卷；然后，进行一次大规模的结构式问卷调查，将回收的问卷随机分成两半，一半用来进行探索性因素分析，其目的在于为验证性因素分析提供基础和假设，另一半则用来进行验证性因素分析，比较哪种假设模型的拟合程度更好一些，以最终确定大学生主观职业障碍的成分；最后，综合考察大学生主观职业障碍问卷的信度和效度。

(一) 问卷的预测

在借鉴国内外相关问卷的基础上，根据开放式问卷所收集到的词句、访谈记录、专家意见，编制了大学生主观职业障碍的第一次预测问卷。该问卷共 121 个题项，由找工作时的主观职业障碍分问卷（简称职前问卷，后同）65 个题项和在未来工作中的主观职业障碍分问卷（简称职后问卷，后同）56 个题项两个分问卷构成。回答采用 4 点记分形式，即：1＝不可能，2＝有点可能，3＝很有可能，4＝肯定会。采用随机抽样法，从重庆地区 2 所大学——重庆大学、重庆工商大学抽取 400 名大学生作为被试，发放大学生主观职业障碍的初始问卷，共回收有效问卷 347 份，并对问卷结果进行项目分析和探索性因素分析。分析结果显示，职前问卷中，生理条件未能聚合成一个因素，其题项全部淘汰，职业自我认知、职业知识与求职技巧三项合并在一个因素下，就业竞争和社会中的不公正现象两项合并在一个因素下，性格与社交能力两项合并在一个因素下，辅助条件的题项被专业水平和职业知识所吸纳。删除和调整题项后，探索性因素分析结果得到比较清晰的六因素结构。职后问卷中，辅助条件未能聚合成一个因素，其题项全部被淘汰，工作硬环境与工作性质两项合并在一个因素下，工作软环境与人际关系的大部分题项聚合在一个因素下，社交能力的题项大部分被性格所吸纳。删除和调整题项后，探索性因素分析结果得到比较清晰的六因素结构。

（二）问卷的第二次测试

根据预测项目分析和探索性因素分析的结果，将保留的题项整理修订。为有效剔除废卷，增设了2道测谎题——职前问卷的第22题和职后问卷的第29题，最后形成了115题（其中职前问卷61题，职后问卷54题）的第二次预测问卷。采用随机抽样法，从全国4个省市抽取6所大学的1900名大学生作为这次测试的被试，根据职前问卷的第22题和职后问卷的第29题两道测谎题剔除废卷，最后共保留有效问卷1483份，被试的构成情况见表24-2。问卷回收后，将其随机编号，并根据编号的奇偶分成两组，一组770份进行项目分析和探索性因素分析，另一组770份则对探索性因素分析后保留的78个题项进行验证性因素分析。然后用正式测试的全部数据来检验问卷的信度和效度。

表24-2　正式测试被试的性别、年级、地区分布

学　校	一年级	二年级	三年级	四年级	合　计
北京中医药大学		137	149	107	393（女257，男127，性别缺失9）
河南师范大学	95	192	88	48	423（女238，男170，性别缺失15）
重庆文理学院		94	135		229（女191，男29，性别缺失9）
重庆师范大学	18	10	47	2	77（女38，男34，性别缺失5）
西南大学	51	82	49	2	184（女86，男95，性别缺失3）
电子科大中山学院	50	102	25		177（女80，男85，性别缺失12）
合　计	214	617	493	159	1483（女921，男555，性别缺失53）

第二次测试统计分析结果如下。

1. 大学生主观职业障碍问卷的探索性因素分析

（1）职前问卷的探索性因素分析

①一阶因素分析结果

首先进行取样适当性检验，KMO 为 0.929，Bartlet 球形检验显著性为 0.000，表明该样本极适合进行因素分析。

对职前问卷的 61 个题项进行探索性因素分析，因素分析采用主成分分析法，转轴采用了最大变异法。分析结果显示，特征值大于 1 的因子共有 13 个，但是 Kaiser 准则应用时，如果题项数目大于 50，有可能抽取过多的共同因素，因此再根据特征值的陡阶检验图、因子负荷、各因素解释的变异量来判断，职前问卷保留 6 个因子比较合适；同时，保留每个因素中负荷较高、题项含义最接近因素命名的 5 至 8 个题项，将题项压缩至 37 个后再一次进行探索性因素分析，并根据统计结果（表 24-3），对因素进行命名：F_1 反映的是个体对职业世界的知识缺乏了解造成的障碍，故命名为职业知识；F_2 反映的是就业市场的激烈竞争，故命名为就业竞争；F_3 反映的是个人缺乏人际交往技巧造成的障碍，故命名为社交能力；F_4 反映的是个人家庭背景对找工作的阻碍，故命名为家庭背景；F_5 反映的是个体的专业水平不足造成的障碍，故命名为专业水平；F_6 反映的是家人和恋人的态度对找工作的妨碍，故命名为亲人态度。

表 24-3　职前问卷压缩题项后一阶探索性因素分析的结果

因素一		因素二		因素三		因素四		因素五		因素六	
项目	负荷	项目	负荷	项目	负荷	项目	负荷	项目	负荷	项目	负荷
A_{51}	.694	A_6	.756	A_{53}	.676	A_7	.777	A_{44}	.790	A_{38}	.763
A_{54}	.639	A_{11}	.745	A_{50}	.660	A_5	.739	A_{42}	.769	A_{28}	.733
A_{57}	.603	A_{21}	.676	A_{60}	.630	A_9	.713	A_{48}	.761	A_{41}	.620
A_{45}	.591	A_{12}	.454	A_{52}	.588	A_{18}	.659	A_{46}	.684	A_{15}	.616
A_{37}	.545	A_{32}	.414	A_1	.583	A_{20}	.465	A_{39}	.422	A_{31}	.563
A_{43}	.521	A_{19}	.407	A_{56}	.483						
A_{47}	.434	A_{14}	.405	A_2	.468						
				A_{58}	.448						
特征值	3.496	3.124		3.075		2.925		2.922		2.487	
解释的变异量（%）	9.447	8.442		8.312		7.905		7.898		6.721	

注：表中只列出了负荷值大于 0.4 的部分。

②二阶因素分析结果

从一阶因素分析得到的6因素的相关矩阵（表24－4）中可以发现，部分因素之间存在较高程度的相关；根据理论构想和一阶因素分析结果，有必要进行二阶因素分析，找出更简单、更高阶的大因子。

表24－4 职前问卷各因子相关矩阵

因 素	F_1	F_2	F_3	F_4	F_5	F_6
F_1						
F_2	.285**					
F_3	.495**	.168**				
F_4	.376**	.265**	.246**			
F_5	.578**	.234**	.505**	.291**		
F_6	.300**	.203**	.193**	.290**	.220**	
总均分	.777**	.590**	.631**	.637**	.715**	.552**

把一阶因素分析得到的6个因子作为新变量进行因素分析，KMO系数为0.788，Bartlet球形检验的卡方值为1875.219，显著性为0.000。表明该样本适合进行因素分析。

二阶因素分析采用主成分分析法，转轴的方法为最大变异法，根据理论构想抽取两个因子。分析结果显示（见表24－5），二阶二因素的结构清晰，6个一阶因素在二阶因素下聚合较好；因素一包括社交能力、专业水平、职业知识三个因子，反映的是个体内在的、阻碍其职业发展的因素，故命名为内在因素；因素二包括亲人态度、就业竞争、家庭背景3个因子，反映的是外在环境中阻碍个体职业发展的因素，故命名为外在因素。二阶因素的成分、结构完全符合原理论构想的结构。

表24－5 职前问卷二阶因素分析的结果

项 目	FF_1	FF_2
社交能力	.828	
专业水平	.822	
职业知识	.754	
亲人态度		.701
就业竞争		.69
家庭背景		.669
特征值	2.019	1.575

续表

项 目	FF_1	FF_2
解释的变异量（%）	33.643	26.250
	合计：59.893	

注：表中只列出了负荷值大于0.4的部分。

（2）职后问卷的探索性因素分析

①一阶因素分析结果

首先进行取样适当性检验，KMO系数为0.950，Bartlet球形检验显著性 $p<0.001$，表明该样本极适合进行因素分析。

对职后问卷的54个题项进行探索性因素分析，因素分析采用主成分分析法，转轴采用最大变异法。分析结果表明，特征值大于1的因子共有9个，根据特征值的陡阶检验图、因子负荷、各因素解释的变异量来判断，职后问卷保留6个因子比较合适；同时，保留每个因素中负荷较高、项目含义最接近因素命名的4至9个题项，然后将题项压缩至41个后再一次进行探索性因素分析，统计结果见表24－6。因素命名如下：F_1 反映的是工作单位的条件对个人职业发展的障碍，故命名为工作条件；F_2 反映的是个人知识经验不足对事业的障碍，故命名为知识经验；F_3 反映的是个人对工作的消极态度造成的障碍，故命名为工作态度；F_4 反映的是不利于个体事业的性格弱点，故命名为性格；F_5 反映的是工作中不良的人际关系对职业发展的障碍，故命名为人际关系；F_6 反映的是家庭对工作的妨碍，故命名为家庭。

表24－6　职后问卷压缩题项后一阶探索性因素分析的结果

因素一		因素二		因素三		因素四		因素五		因素六	
项目	载荷	项目	载荷	项目	载荷	项目	载荷	项目	载荷	项目	载荷
B_{41}	.676	B_{14}	.721	B_{27}	.749	B_2	773	B_{37}	.659	B_{51}	.780
B_{42}	.676	B_{24}	.608	B_{13}	.724	B_1	.758	B_{33}	.644	B_{53}	.740
B_{39}	.660	B_{15}	.593	B_{19}	.722	B_{22}	.609	B_{32}	.628	B_{44}	.697
B_{38}	.640	B_{26}	.559	B_{23}	.536	B_{10}	.577	B_{30}	.601	B_{54}	.453
B_{48}	.638	B_6	.492	B_8	.521			B_{36}	.586		
B_{40}	.612	B_{16}	.478	B_{28}	.511			B_{34}	.464		
B_{47}	.602	B_{21}	.464	B_4	.492			B_{43}	.436		
B_{50}	.569			B_{11}	.448						
B_{45}	.534			B_{17}	.429						

续表

因素一		因素二	因素三	因素四	因素五	因素六
特征值	4.837	4.114	3.597	3.179	2.802	2.156
解释的变异量（%）	11.797	10.033	8.773	7.755	6.833	5.259

注：表中只列出了负荷值大于0.4的部分。

②二阶因素分析结果

从一阶因素分析得到的6个因素的相关矩阵（见表24-7）中可以发现，部分因素之间存在较高程度的相关；根据理论构想和一阶因素分析结果，有必要进行二阶因素分析，找出更简单、更高阶的大因子。

表24-7 职后问卷各因子相关矩阵

因素	F_1	F_2	F_3	F_4	F_5	F_6
F_1						
F_2	.547**					
F_3	.556**	.595**				
F_4	.438**	.623**	.606**			
F_5	.663**	.500**	.420**	.409**		
F_6	.377**	.297**	.248**	.243**	.399**	
总均分	.824**	.821**	.770**	.741**	.760**	.528**

把一阶因素分析得到的6个因子作为新变量进行因素分析，分析结果显示，取样适当性数值KMO为0.823，Bartlet球形检验显著性为0.000。以上两个指标均表明该样本适合进行因素分析。

二阶因素分析仍采用主成分分析法，转轴的方法为直接斜交法。根据理论构想抽取两个因子。分析结果（见表24-8）显示，二阶二因素的结构较清晰，6个一阶因素在二阶因素下基本聚合，两个因子能解释总变异量的71.271%，因素一包括性格、工作态度、知识经验3个因素，反映的是个体内在的、阻碍其职业发展的因素，故命名为内在因素；因素二包括家庭、人际关系、工作条件3个因素，反映的是外在环境中阻碍个体职业发展的因素，故命名为外在因素。二阶因素的成分和结构基本符合原理论构想的结构。

表 24－8　职后问卷二阶因素分析的结果

项　目	FF_1	FF_2
性　格	.980	
工作态度	.930	
知识经验	.846	
家　庭		1.055
人际关系		.675
工作条件		.516
特征值	3.170	2.603
解释变异量（%）	55.872	15.399
	合计：71.271	

注：表中只列出了负荷值大于0.4的部分。

2. 大学生主观职业障碍问卷的验证性因素分析

（1）职前问卷的验证性因素分析

根据探索性因素分析的结果，职前主观职业障碍是由一阶六因子二阶二因子构成（图 24－3）。为了对该模型进行验证，本研究还设置了三个可资比较的模型。

模型 1（图 24－4）：两因子模型。从诸因子的含义背后，我们能够看到，职业知识、社交能力、专业水平三个因子在意义上存在着关联，我们可以把它们假设为一个因子，可解释为内部因素；同样，就业竞争、家庭背景、亲人的态度三个因子在意义上也存在着一定相关性，我们把它们假设为一个因子，可解释为外部因素。这样就构成一个两因子的结构模型，以此与六因子二阶模型比较。

模型 2（图 24－5）：六因子一阶模型。在探索性因素分析中，我们得到一个六个因素的结构，我们假定主观职业障碍是一阶的结构，以此和六因子二阶模型比较。

模型 3（图 24－6）：八因子模型。在探索性因素分析中，我们可以得到一个八个因素的结构，说明八因素的结构也具有一定的合理性，故我们假定大学生主观职业障碍是个八因素的结构，以此与六因子二阶模型进行比较。

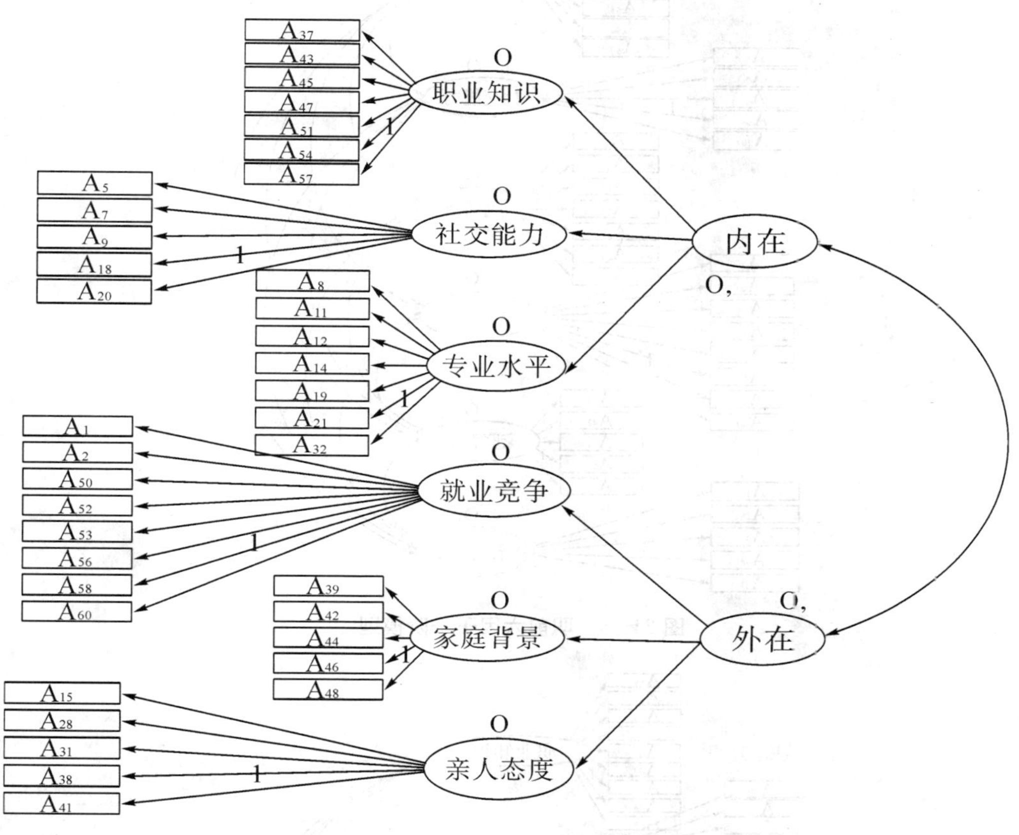

图 24－3　职前六因子二阶模型

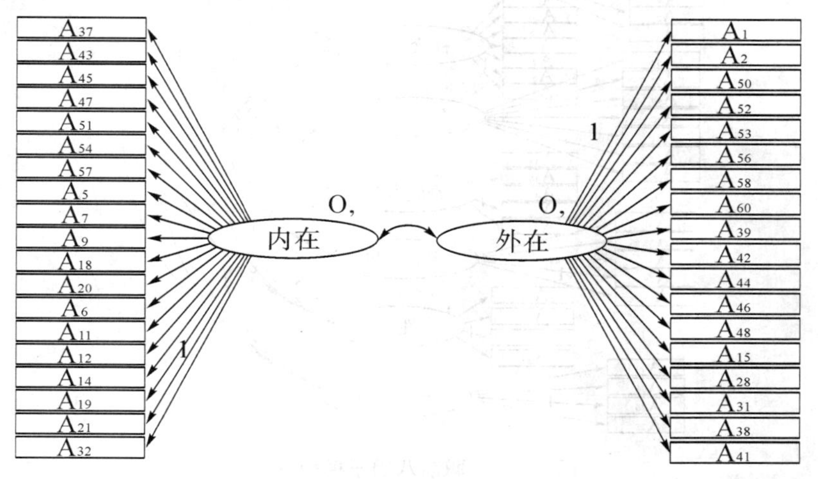

图 24－4　职前二因子模型

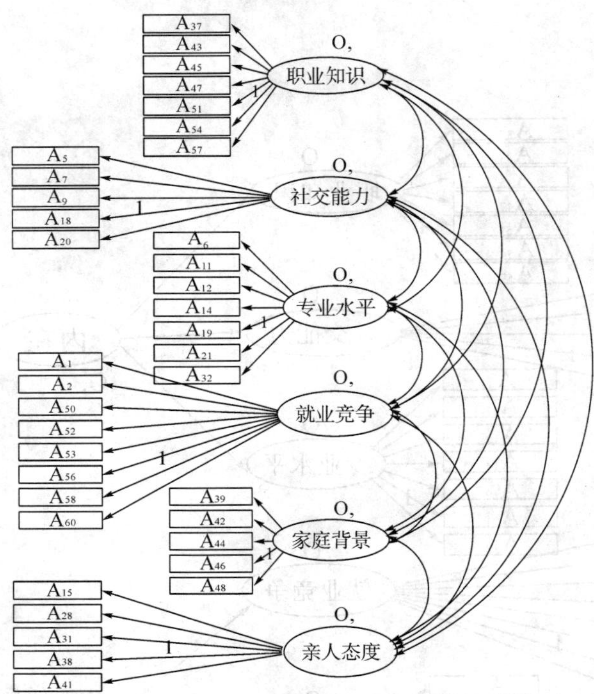

图 24－5　职前六因子一阶模型

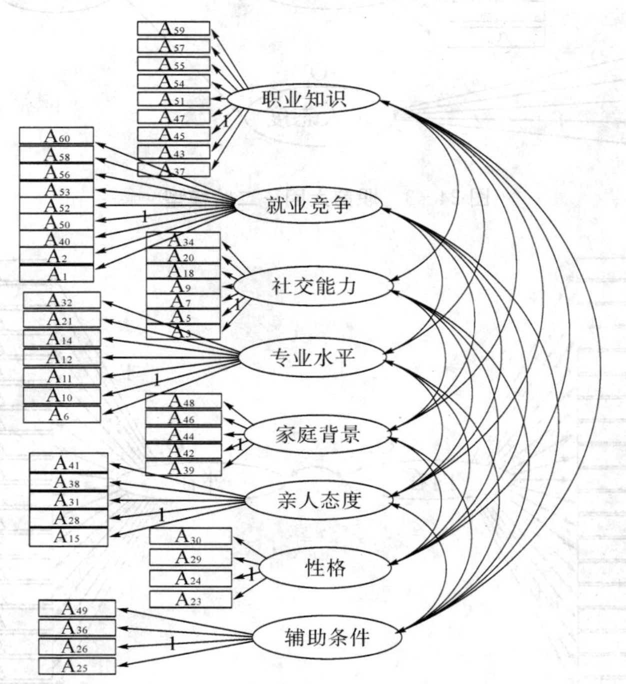

图 24－6　职前八因子模型图

表 24-9 职前问卷验证性因素分析结果比较

模型	χ^2	df	χ^2/df	*NFI*	*TLI*	*CFI*	*RMSEA*	*PNFI*
二因子模型	3721	628	5.926	.945	.948	.953	.080	.844
八因子模型	1732.898	617	2.794	.965	.975	.977	.048	.868
六因子一阶模型	1826.919	614	2.975	.973	.979	.982	.051	.850
六因子二阶模型	14.412	8	1.802	.985	.987	.993	.032	.525

根据验证性因素分析的判断标准，比较衡量模型好坏的指标可以看到，职前问卷的一阶六因子二阶二因子模型明显优于其他模型（表 24-9）。

（2）职后问卷的验证性因素分析

根据探索性因素分析的结果，职后问卷是由一阶六因子二阶二因子构成（图 24-7）。为了对该模型进行验证，本研究还设置了两个可资比较的模型。

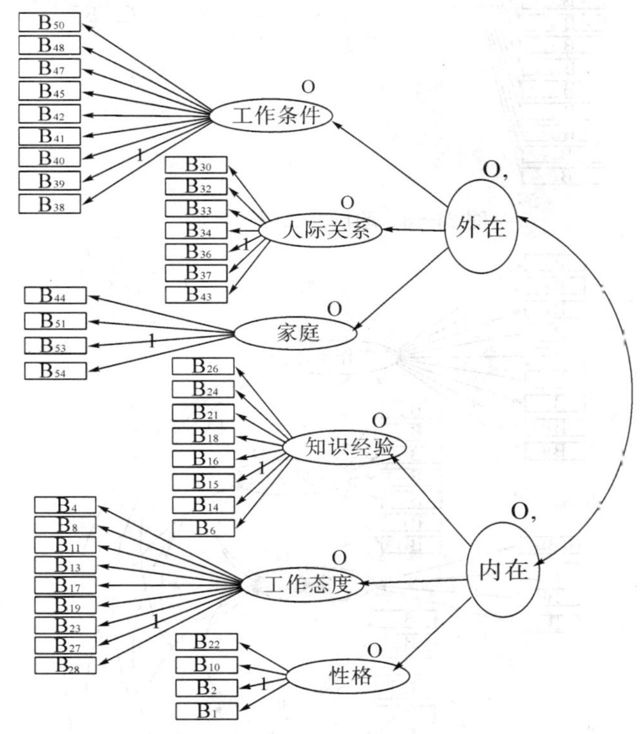

图 24-7 职后的六因子二阶模型

模型 1（图 24-8）：两因子模型。从诸因子的含义背后，我们能够看到，知识经验、工作态度、性格三个因子在意义上存在着关联，我们可以把它们假设为一个因子，可解释为内部因素；同样，工作条件、家庭、人际关系三个因子在意义上也存在着一定相关性，也把它们假设为一个因子，可解释为外部因素。这样就构成一个两因子的结构模型，以此与六因子二阶模型比较。

模型 2（图 24-9）：六因子一阶模型。在探索性因素分析中，我们得到一个六个因素的结构，我们假定主观职业障碍是一阶的结构，以此和六因子二阶模型比较。

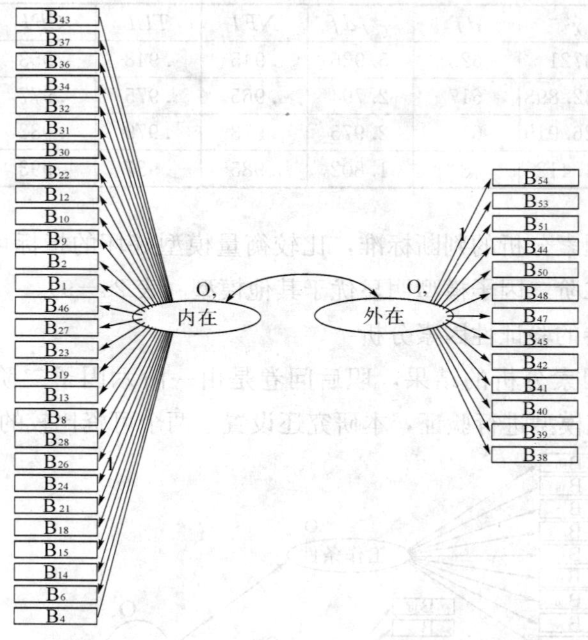

图 24—8　职后的二因子模型

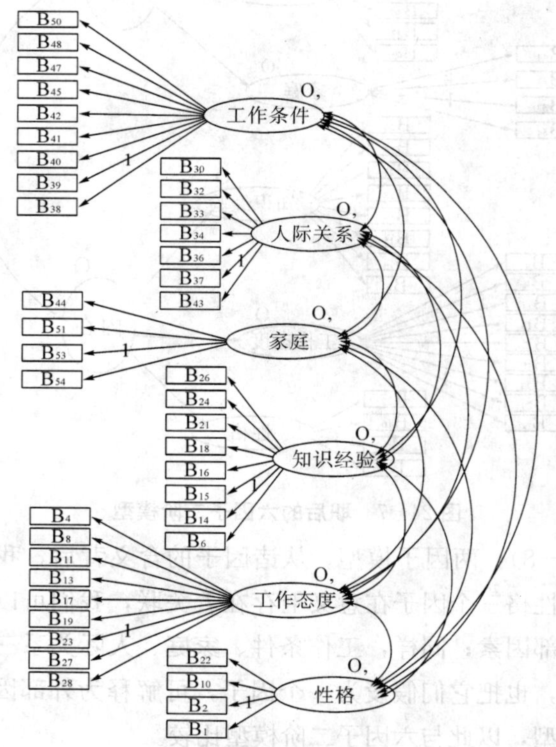

图 24—9　职后的六因子一阶模型

根据验证性因素分析的判断标准，比较衡量模型好坏的指标可以看到，职后问卷六因子模型明显优于二因子模型，六因子一阶模型和六因子二阶模型都具有良好的拟合度指标，在 *NFI*、*TLI*、*CFI* 三个拟合度指标上，六因子二阶模型优于六因子一阶模型（表 24－10）。

表 24－10　职后问卷验证性因素分析结果比较

模　型	χ^2	*df*	χ^2/df	*NFI*	*TLI*	*CFI*	*RMSEA*	*PNFI*
二因子模型	3891.795	778	5.002	.949	.954	.959	.072	.858
六因子一阶模型	2182.590	764	2.857	.972	.979	.981	.049	.887
六因子二阶模型	26.514	8	3.314	.998	.997	.999	.055	.38

3. 根据因素分析结果修订后的模型

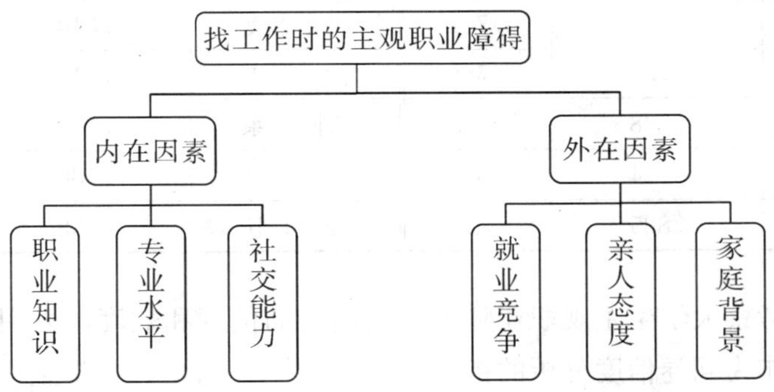

图 24－10　修订后的找工作时的主观职业障碍模型

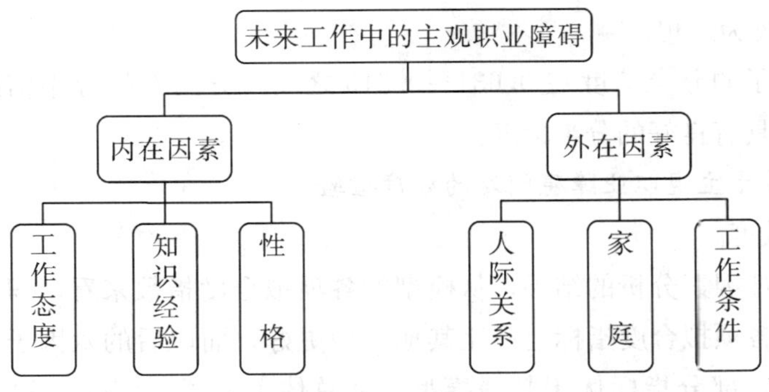

图 24－11　修订后的未来工作中的主观职业障碍模型

将修订后的模型（图 24－10、图 24－11）与最初的理论模型（图 24－1、图 24－2）相比较，二者结构基本吻合，不同之处在于：职前问卷中，生理条件与辅助条件未能形成独立的因子，职业知识、职业自我认识与求职技巧合成一个因子，就业市场形势与不公正现象合成为一个因子，性格与社交能力合成为一个因子。职后问卷中，附加条件未能形成独立因子，工作硬环境与工作性质合成为一个因子，工作软环境与人际关系合成为一个因子，性格和社交能力合成为一个因子。

仔细分析这些合并的因子的内涵后不难发现，合并的这些因子之间具有很高的相关性，它们反映的内涵是一致的，因此把它们放在一个因子下面是合理的。

三、大学生主观职业障碍问卷的信度、效度检验

（一）大学生主观职业障碍问卷的信度检验

表 24－11　大学生主观职业障碍正式问卷的内部一致性信度和分半信度

变量(职前问卷)	内部一致性信度	分半信度	变量(职后问卷)	内部一致性信度	分半信度
职业知识	.812	.759	工作条件	.867	.816
就业竞争	.761	.725	知识经验	.818	.798
社交能力	.799	.711	工作态度	.810	.811
家庭背景	.788	.768	性格弱点	.815	.808
专业水平	.738	.733	人际关系	.722	.733
亲人态度	.714	.631	家　　庭	.688	.632
分问卷	.885	.792	分 问 卷	.932	.837

为进一步考察大学生主观职业障碍正式问卷的信度和效度，采用内部一致性信度和分半信度作为问卷信度分析的指标。从表 24－11 看出，大学生主观职业障碍问卷职前、职后两个分问卷共 12 个因子的内部一致性信度在 0.688～0.867 之间，职后问卷的家庭因子最低，但也在 0.688 以上，并且分问卷的内部一致性信度均在 0.885 以上，较为理想。

问卷各因子的分半信度在 0.631～0.816 之间，分问卷的分半信度在 0.792 以上，表明问卷具有良好的分半信度。

（二）大学生主观职业障碍问卷的效度检验

1. 结构效度

根据验证性因素分析的结果，从模型的各项拟合度指数来看，职前问卷的六因子二阶模型在各项拟合度指标上都比其他模型更好，而职后的六因子二阶模型有可接受的拟合度，部分指标优于其他模型，从总体上来说，该问卷的结构效度较为理想。

（1）职前问卷的结构效度

表 24－12　职前问卷与职后问卷诸因子的相关

因素	F_{a1}	F_{a2}	F_{a3}	F_{a4}	F_{a5}	F_{a6}	F_{at}	F_{b1}	F_{b2}	F_{b3}	F_{b4}	F_{b5}	F_{b6}
F_{a1}													
F_{a2}	.291**												
F_{a3}	.494**	.162**											
F_{a4}	.381**	.270**	.254**										
F_{a5}	.585**	.243**	.512**	.297**									
F_{a6}	.308**	.209**	.193**	.293**	.223**								
F_{at}	.781**	.593**	.637**	.639**	.721**	.555**							
F_{b1}	.528**	.328**	.368**	.311**	.471**	.234**	.579**						
F_{b2}	.589**	.345**	.519**	.310**	.677**	.209**	.673**	.538**					
F_{b3}	.573**	.046	.468**	.270**	.566**	.227**	.541**	.553**	.596**				
F_{b4}	.536**	.139**	.733**	.294**	.501**	.173**	.585**	.437**	.626**	.605**			
F_{b5}	.484**	.499**	.365**	.254**	.424**	.277**	.597**	.654**	.497**	.421**	.412**		
F_{b6}	.325**	.331**	.207**	.306**	.220**	.335**	.444**	.360**	.295**	.245**	.243**	.403**	
F_{bt}	.683**	.379**	.595**	.393**	.657**	.317**	.768**	.814**	.822**	.771**	.739**	.760**	.527**

注：F_{a1}：职业知识；F_{a2}：就业竞争；F_{a3}：社交能力；F_{a4}：家庭背景；F_{a5}：专业水平；F_{a6}：亲人态度；F_{at}：职前问卷总均分；F_{b1}：工作条件；F_{b2}：知识经验；F_{b3}：工作态度；F_{b4}：性格；F_{b5}：人际关系；F_{b6}：家庭；F_{bt}：职后问卷总均分。

从表 24－12 可知，职前问卷所有因子之间、因子与分问卷之间，相关均达到极显著水平，这说明各因子构成了一个有机联系的整体。问卷各因子间的相关在 0.162～0.585 之间，各因子与分问卷的相关在 0.555～0.781 之间，因子间的相关低于因子与分问卷的相关。这表明各因子既有一定的独立性，又反映出了相应的归属性，职前问卷具有较好的结构效度。

（2）职后问卷的结构效度

从表 24－12 可知，职后问卷所有因子之间、因子与分问卷之间，相关均达到极显著水平，这说明各因子构成了一个有机联系的整体。各因子间的相关在 0.243～0.654 之间，只有性格与知识经验、与工作态度之间的相关超过 0.6，各因子与问卷的相关在 0.527～0.822 之间，因子间的相关低于因子与分问卷的相关。这表明各因子既有一定的独立性，又反映出了相应的归属性，职后问卷具有较好的结构效度。

2. 内容效度

本问卷的题项来源于文献综述、开放式问卷调查、访谈记录以及国外相关问卷，在编制初始问卷时请心理学专家、心理学方向硕士研究生共 17 人对最初拟订的 121 个题项逐一进行评判，看每个题项是否符合大学生的实际情况，能否全面、准确反映大学生主观职业障碍，理解是否会有歧义；当初始问卷编制完成后，请三位不同专业的同学作答了问卷，以检查问卷完成的时间、语句是否通顺、对题项理解是否一致等等；最后，根据专家和同学的意见，结合探索性因素分析的结果，对题项进行修改和删除。这些措施有效地保证了问卷具有较好的内容效度。

四、讨论

（一）关于大学生主观职业障碍的结构

根据探索性因素分析和验证性因素分析的结果，大学生主观职业障碍分为两个维度，即找工作时的主观职业障碍和未来工作中的主观职业障碍，找工作时的主观职业障碍又可分为职业知识、就业竞争、社交能力、家庭背景、专业水平、亲人态度六个方面，而未来工作中的主观职业障碍又可分为工作条件、知识经验、工作态度、性格、人际关系、家庭六个方面。

这一模型与谢纳的结构模型的区别主要在于：谢纳研究涵盖的时间范围和阶段更为广泛，她的研究包括了职业决策中的障碍，职业决策障碍是个体在做出职业决策过程中可能遇到的各种难题。由于职业心理在这一领域的已有研究甚为丰富，研究范围广泛，研究范畴较多，并且具有相对独立的结构，因此，本研究没有将其包括在大学生主观职业障碍研究范围内。与麦克怀特的研究比较，本模型在找工作和未来工作中两个分问卷的内部结构上与他的研究是基本一致的，都包括了外在和内在的因素，只是在外在因素中本模型增加了就业竞争因素，减少了种族歧视因素，在内在因素中，本模型减少了职业兴趣因素。这些不同之点体现的是我国特有的社会文化背景和时代特征：在我国，大学生选择职业或在就业过程中，很少是根据自己的兴趣来选择职业，往往只能根据当前的就业形势、公众的价值观、父母的意愿来被动选择一个自己能够找到的、有尽可能高的职业声望的、能带来较高经济利益的工作。

（二）关于大学生主观职业障碍问卷

本研究首先通过文献法、访谈法、开放式和半开半闭式问卷调查，收集了大学生感知到的、不同职业发展阶段的各种障碍的来源，初步构建了大学生主观职业障碍的理论模型，编制出大学生主观职业障碍问卷；然后通过两次大规模的问卷测试，运用项目分析、探索性因素分析等统计方法对不同样本进行检验，对题项进行筛选和修改，形成正式问卷；最后采用验证性因素分析对其建构效度进行拟合度检验。整个过程严格遵循心理测量的基本原则，有效保证了问卷编制的科学性。此外，信度和效度分析的结果也表明，大学生主观职业障碍两个分问卷具有较高的可靠性和有效性，可作为大学生主观职业障碍的测量工具使用。

第三节　大学生主观职业障碍的特点

为了解大学生主观职业障碍的现状和特点，探讨影响大学生主观职业障碍的各种因素，对第二次测试的全部1537名被试测得的数据再次进行分析。首先，比较大学生主观职业障碍职前问卷和职后问卷诸因子间的差异，考察大学生在找工作时和未来工作中两个阶段的主观职业障碍的现状、特点；然后，比较主观职业障碍在年级上的差异，从纵向上考察大学生主观职业障碍的发展趋势；最后，比较不同性别、学校所在地、父母亲职业、家庭来源、专业类型，以及独生子女与非独生子女等大学生群体主观职业障碍的差异，探讨背景、环境因素对大学生主观职业障碍发展和变化的影响。

一、大学生主观职业障碍的诸因子水平的比较

（一）职前的主观职业障碍比较

表 24－13　职前问卷诸因子水平的比较

变　量	职业知识	就业竞争	社交能力	家庭背景	专业水平	亲人态度	分卷总分
平均数	2.148	2.895	2.112	2.2	2.131	2.275	2.325
标准差	.565	.551	.601	.753	.522	.685	.392

根据描述性统计的结果（表24－13），绝大多数因子的平均得分居于中等程度范围，但就业竞争因子得分远远超过其他因子，提示大学生感知到的在找工作时的障碍主要来自于就业市场的形势、就业中的社会不公平现象等外在的因素。各因子得分从高到低排列依次为：就业竞争＞家人的态度＞家庭背景＞职业知识＞专业水平＞社交能力。将每两个邻近因子进行配对组平均值差异显著性检验（paired samples test），结果显示：就业竞争与家人态度（$t=-30.9$，$p<0.001$），家人态度与家庭背景（$t=-3.469$，$p<0.01$），家庭背景与职业知识（$t=-2.696$，$p<0.01$）之间的差异均达到显著水平，只有职业知识与专业水平（$t=1.345$，$p>0.05$）、专业水平与社交能力（$t=-1.288$，$p>0.05$）之间的差异不显著。由此可见，大学生感知到的找工作的障碍的来源是不平衡的，他们感知到的障碍主要来自于外部因素：就业市场严峻的形势所带来的激烈的竞争压力，在就业时权衡家人或者恋人的意见和建议时遇到的阻碍。

（二）职后的主观职业障碍比较

表 24－14 职后问卷诸因子水平的比较

变 量	工作条件	知识经验	工作态度	性格	人际关系	家 庭	分卷总分
平均数	2.258	2.254	1.776	1.980	2.391	2.483	2.191
标准差	.530	.527	.605	.592	.529	.705	.428

根据描述性统计的结果（表 24－14），职后大多数因子的平均得分要低于职前各因子的得分，这表明大学生目前更为关注的是那些迫在眉睫的障碍——找工作时的障碍，而较少去考虑未来工作中会遇到什么障碍。诸因子中工作态度因子得分最低，并远远低于其他因子，提示大学生认为自己在就业后一般会以积极的态度对待工作。他们感知到的职业障碍主要来自于家庭、人际关系、工作条件等外在因素。各因子得分从高到低排列依次为：家庭＞人际关系＞工作条件＞知识经验＞性格＞工作态度。将每两个邻近因子进行配对组平均值差异显著性检验，结果显示：家庭与人际关系之间（$t=-5.136$，$p<0.001$），人际关系与工作条件之间（$t=-11.908$，$p<0.001$），知识经验和性格之间（$t=21.783$，$p<0.001$），性格和工作态度之间（$t=-14.875$，$p<0.001$）的差异均达到极显著水平，只有工作条件与知识经验之间（$t=0.305$，$p>0.05$）的差异不显著。由此可见，大学生感知到的未来工作中的障碍的来源也是不平衡的。这表明我国大学生在参加工作后最为担心的事情是：工作和家庭角色的冲突，不能处理好工作中的人际关系等问题。

二、大学生主观职业障碍的年级差异

为探讨各种因素对大学生主观职业障碍的影响，本研究主要采用单因子方差分析的方法来比较不同大学生群体在诸因子、分问卷得分上的差异。

以年级为自变量，职前问卷诸因子、分问卷的得分为因变量，进行单因子方差分析。整体检验结果表明，年级差异达到显著水平，在就业竞争因子上达到极显著水平，在专业水平因子和分问卷上达到显著水平。仔细分析表 24－15，可以看出：（1）从总体上看，大学生主观职业障碍的发展大致呈现先升高后下降的发展趋势。从一年级到二年级有显著的升高，二、三年级水平接近，四年级略有下降。根据事后多重比较的结果，这种差异主要出现在一年级和其他年级之间，也就是说一年级和其他年级学生对职业障碍的感受差异显著。（2）从诸因子发展趋势来看，我国大学生在大学生活不同阶段对职业障碍感知的程度和来源有所不同，在职业知识方面的障碍逐年升高，而最担心自己专业水平不够的是三年级大学生。（3）四个年级的大学生主观职业障碍各因子间的发展较不平衡，四个年级在就业竞争和专业水平因子上差异达到了显著水平，其他因子间差异均未达到显著水平。

表 24－15　职前主观职业障碍的年级差异

变　量	一年级(n=217)		二年级(n=643)		三年级(n=509)		四年级(n=168)		*MS*	*F*	事后比较
	平均数	标准差	平均数	标准差	平均数	标准差	平均数	标准差			
职业知识	2.1007	.55805	2.1496	.56270	2.1597	.56435	2.1777	.58212	.234	1.533	
就业竞争	2.8101	.54089	2.9243	.55292	2.9193	.53037	2.8199	.60293	1.122	2.788*	
社交能力	2.0975	.61292	2.1279	.59121	2.1036	.59286	2.1062	.65245	.083	.690	
家庭背景	2.1488	.71506	2.2268	.77343	2.2192	.75761	2.1048	.70344	.914	1.217	
专业水平	2.0108	.51092	2.1307	.50802	2.1900	.51494	2.1171	.58020	1.648	5.702**	1<2，1<3，1<4
亲人态度	2.2242	.67060	2.3148	.69336	2.2649	.68747	2.2196	.66344	.715	1.142	
分卷总分	2.2579	.40652	2.3423	.38168	2.3432	.38125	2.2925	.42985	.504	2.986*	

注："事后比较"栏的1代表一年级，2代表二年级，3代表三年级，4代表四年级。

三、大学生主观职业障碍的性别差异

（一）职前主观职业障碍的性别差异

以性别为自变量，职前主观职业障碍诸因子、分问卷得分为因变量，进行单因子方差分析。从整体检验结果来看，性别差异达到极显著水平。从诸因子检验结果（表24－16）来看，只有就业竞争的性别差异达到显著水平。总体上，女性比男性感觉到的障碍更大，从得分上看，在就业竞争、职业知识、社交能力、专业水平等几方面，女生比男生感觉到更高的障碍与压力；相反，在家庭背景、考虑亲人意见和建议方面，男性却比女性感觉到更大的障碍和压力。

表 24－16　职前主观职业障碍的性别差异

变　量	女（n=925）		男（n=555）		*MS*	*F*
	平均数	标准差	平均数	标准差		
职业知识	2.1617	.56953	2.1129	.56489	.826	2.561
就业竞争	2.9598	.54124	2.8054	.55141	8.267	27.826**
社交能力	2.1379	.58607	2.0783	.62531	1.233	3.414
家庭背景	2.1761	.73931	2.2283	.78728	.944	1.645
专业水平	2.1296	.50938	2.1200	.54468	.031	.115
亲人态度	2.2685	.69938	2.2870	.66346	.119	.253
分卷总分	2.3404	.39076	2.2974	.39851	.643	2.561*

（二）职后主观职业障碍的性别差异

以性别为自变量，职后主观职业障碍诸因子、分问卷得分为因变量，进行单因子方差分析。从整体检验结果来看，性别差异不显著。从诸因子检验结果（表 24－17）来看，只有人际关系的性别差异达到显著水平。从得分上来说，总体上女生比男生感觉到更多未来工作可能遇到的障碍，在工作条件、知识经验、性格、人际关系、家庭等几个因子上，女生都比男生感觉到更多的障碍与压力，而只有在工作态度方面，男生感觉到的障碍更大。

表 24－17　职后主观职业障碍的性别差异

变　量	女（n=925）		男（n=555）		*MS*	*F*
	平均数	标准差	平均数	标准差		
工作条件	2.2670	.52780	2.2400	.53296	.406	1.440
知识经验	2.2767	.51837	2.2129	.54892	.703	2.503
工作态度	1.7442	.60980	1.8240	.60084	1.097	2.983
性　格	1.9823	.57845	1.9762	.61876	.111	.316
人际关系	2.4239	.53064	2.3293	.52379	1.897	6.807*
家　庭	2.4981	.72184	2.4551	.68738	.346	.691
分卷总分	2.2005	.42318	2.1710	.44115	.161	.870

四、大学生主观职业障碍的是否独生子女差异

以是否独生子女为自变量，职前主观职业障碍诸因子、分问卷的得分为因变量，进行单因子方差分析。从整体检验结果来看，独生子女与非独生子女差异不显著，从诸因子的检验结果来看（表 24－18），只有家庭背景因子达到显著水平，独生子女感觉到的障碍小于非独生子女。从得分上看，独生子女感知到的找工作的障碍略低于非独生子女，独生子女在职业知识、专业水平方面感受到的压力和障碍比非独生子女大，而在就业竞争、人际交往、亲人态度等方面障碍比非独生子女小。

表 24－18　独生子女、非独生子女主观职业障碍的差异

变　量	独生子女（n=572）		非独生子女（n=892）		*MS*	*F*
	平均数	标准差	平均数	标准差		
职业知识	2.1466	.58319	2.1362	.55608	.038	.119
就业竞争	2.8905	.55172	2.9080	.55021	.106	.351
社交能力	2.1090	.62801	2.1187	.58805	.033	.090
家庭背景	2.1152	.75319	2.2398	.75542	5.410	9.502*
专业水平	2.1523	.55036	2.1091	.50419	.652	2.386
亲人态度	2.2473	.66826	2.2865	.69498	.536	1.142
分卷总分	2.3120	.40065	2.3289	.38967	.100	.641

五、大学生主观职业障碍的学校所在地差异

以学校所在地为自变量，职前诸因子、分问卷得分为因变量，进行单因子方差分析。整体检验结果表明，学校所在地差异总体达到极显著水平（$Wilks' \lambda=0.85$，$F=12.198$，$p<0.001$），并且各因子均达到显著水平。从统计结果来看（见表24－19），学校在河南的大学生感知到的就业障碍明显高于其他学校的学生，学校在北京的大学生感知到的障碍最小。从总体上看，学校位于越发达的大城市的大学生，感知到的找工作的障碍越小，主要表现在职业知识、社交能力、家庭背景、亲人态度等因子上，而在专业水平上，学校在广州的学生感觉到的障碍更大，显著高于河南的学生。

表24－19　不同学校所在地主观职业障碍的差异

变　量	北京（$n=445$）		河南（$n=423$）		重庆（$n=493$）		广州（$n=178$）		F	事后比较
	平均数	标准差	平均数	标准差	平均数	标准差	平均数	标准差		
职业知识	2.1235	.54049	2.2989	.60364	2.0403	.52571	2.1497	.56162	16.823**	2＞1，2＞3，2＞4
就业竞争	2.8564	.57725	2.8569	.55251	2.9535	.54676	2.9208	.47262	3.399*	
社交能力	2.0900	.59490	2.2374	.61759	2.0666	.57323	1.9983	.61265	9.533**	2＞1，2＞3，2＞4
家庭背景	2.0064	.76748	2.4009	.67414	2.2891	.77831	1.9579	.64490	29.841**	1＜2，1＜3，4＜2，4＜3
专业水平	2.0598	.51614	2.1580	.55983	2.1500	.48706	2.1913	.52396	4.169*	1＜4
亲人态度	2.1753	.67006	2.4677	.65837	2.2356	.69463	2.1764	.67314	16.547**	2＞1，2＞3，2＞4
分卷总分	2.2554	.39466	2.4209	.40224	2.3217	.37353	2.2776	.36219	14.401**	2＞1，2＞3，2＞4

注："事后比较"栏的1代表北京，2代表河南，3代表重庆，4代表广州。

六、大学生主观职业障碍的父亲职业差异

以父亲职业为自变量，职前诸因子、分问卷得分为因变量，进行单因子方差分析。从整体检验结果来看，父亲职业差异达到极显著水平，从诸因子上看，家庭背景因子达到显著水平。从总体上来看，父亲职业为行政管理的大学生感知到的找工作的障碍最小，其次是教科文艺＜经商＜农民＜工人＜无工作＜军人。从诸因子检验结果（见表24－20）来看，父亲职业不同的学生只在家庭背景因子上呈现出显著性差异，父亲是农民的大学生感知到的找工作的障碍显著高于其他人。从总体上看，父亲职业的社会地位、经济地位较高的大学生，感觉到的找工作可能遇到的障碍更少。

表 24－20　大学生主观职业障碍的父亲职业差异

变量	农民（n=550）		工人（n=369）		经商（n=215）		行政管理（n=154）		教科文艺（n=89）		军人（n=16）		无工作（n=72）		F	事后比较
	平均数	标准差	平均数	标准差	平均数	标准差	平均数	标准差	平均数	标准差	平均数	标准差	平均数	标准差		
职业知识	2.135	.524	2.200	.579	2.132	.591	2.083	.570	2.083	.576	2.464	.605	2.137	.698	1.955	
就业竞争	2.887	.521	2.926	.575	2.844	.567	2.908	.571	2.874	.527	2.941	.557	3.044	.525	1.455	
社交能力	2.114	.568	2.164	.603	2.085	.594	2.045	.659	2.087	.656	2.250	.493	2.131	.715	1.009	
家庭背景	2.431	.779	2.167	.697	1.993	.683	1.754	.591	1.987	.646	2.338	.684	2.405	.858	24.617	1>2，1>3，1>4，1>5，2>4
专业水平	2.122	.490	2.129	.506	2.142	.558	2.111	.542	2.039	.528	2.464	.629	2.218	.622	1.973	
亲人态度	2.254	.652	2.354	.725	2.257	.673	2.221	.674	2.200	.738	2.338	.635	2.331	.733	1.355	
分卷总分	2.348	.359	2.354	.406	2.277	.401	2.235	.393	2.245	.400	2.504	.345	2.410	.478	4.351	

注："事后比较"栏的 1 代表农民，2 代表工人，3 代表经商，4 代表行政管理，5 代表教科文艺，6 代表军人，7 代表无工作。表 24－21 同。

七、大学生主观职业障碍的母亲职业差异

以母亲职业为自变量，职前诸因子、分问卷得分为因变量，进行单因子方差分析。从整体检验结果来看，母亲职业差异达到极显著水平，从分卷总分上来看，仍然是母亲是行政管理职业的大学生感觉到的找工作的压力最小，其次为经商＜工人＜农民＜无工作＜教科文艺＜军人。从诸因子检验结果（表 24－21）来看，母亲职业差异在大学生的职业知识、就业竞争、家庭背景、亲人态度等大多数因子上都达到显著水平。从事后多重比较看，在家庭背景因子上，母亲是农民的大学生感知到的找工作的障碍显著大于其他人，而在亲人态度因子上，母亲职业为教科文艺的学生感知到的障碍显著高于母亲是农民的大学生，在就业竞争因子上，母亲没有工作的大学生感知到的找工作的障碍显著高于母亲在经商的大学生。

另外，比较母亲职业和父亲职业对大学生主观职业障碍的影响，母亲无工作比父亲无工作对大学生就业造成的负面影响要小一些。

表 24－21　大学生主观职业障碍的母亲职业差异

变量	农民（n=596）		工人（n=275）		经商（n=161）		行政管理（n=99）		教科文艺（n=136）		军人（n=5）		无工作（n=196）		F	事后比较
	平均数	标准差	平均数	标准差	平均数	标准差	平均数	标准差	平均数	标准差	平均数	标准差	平均数	标准差		
职业知识	2.1194	.52053	2.1697	.53663	2.1805	.62541	2.0806	.63306	2.2595	.61593	2.6857	.48865	2.1108	.61092	2.420*	
就业竞争	2.8877	.52888	2.9015	.53184	2.7689	.54900	2.8294	.55839	2.9927	.60148	3.1000	.31125	3.0191	.56789	4.200*	3<7
社交能力	2.1058	.58316	2.1327	.60279	2.1189	.57946	2.0444	.65687	2.1678	.58876	2.6000	.78740	2.1181	.65907	.999	
家庭背景	2.3906	.78774	2.0836	.67578	2.0984	.68315	1.8828	.62858	1.9794	.63957	2.5200	.70143	2.1579	.81037	13.654*	1>2，1>3，1>4，1>5，1>7
专业水平	2.1058	.49685	2.1551	.50459	2.1801	.57065	2.1313	.59523	2.1304	.51788	2.7429	.63407	2.1042	.53972	1.794	
亲人态度	2.2379	.65819	2.2320	.63717	2.3050	.67729	2.2495	.73490	2.4750	.79701	2.7600	.65422	2.2990	.69967	2.966*	5>1
分卷总分	2.3335	.37096	2.3154	.37115	2.3028	.42112	2.2412	.42722	2.3702	.38917	2.7622	.42062	2.3386	.42974	2.305*	

八、大学生主观职业障碍的家庭来源差异

（一）职前问卷的比较

以家庭来源为自变量，职前主观职业障碍的诸因子、分问卷得分为因变量，进行单因子方差分析。从整体检验结果来看，家庭来源差异达到极显著水平，从分卷总分上看，对找工作可能遇到的障碍，城镇学生＞农村学生＞大城市学生。从诸因子检验结果（见表 24－22）看，除就业竞争因子外，差异达到了显著水平，城市大学生感知到的找工作的障碍总体上比农村与城镇大学生要小。城镇大学生感知到的在职业知识因子上的障碍显著高于农村和大城市学生，大城市的大学生感觉到的在社交能力和家庭背景因子上的障碍显著低于农村和城镇大学生，大城市的大学生感知到的在专业水平和亲人态度因子上的障碍显著低于城镇学生。

表 24—22　职前大学生主观职业障碍的家庭来源差异

变　量	农村（n=672）		城镇（n=570）		大城市（n=223）		F	事后比较
	平均数	标准差	平均数	标准差	平均数	标准差		
职业知识	2.1179	.52778	2.2000	.60761	2.0815	.57609	4.841*	2>1，2>3
就业竞争	2.8875	.54223	2.9210	.55527	2.8649	.56712	1.021	
社交能力	2.1252	.58388	2.1395	.61854	2.0087	.62387	4.012*	3<1，3<2
家庭背景	2.3731	.78664	2.1451	.69853	1.8072	.64259	52.415**	1>2>3
专业水平	2.1147	.49876	2.1689	.54250	2.0624	.54575	3.713*	2>3
亲人态度	2.2500	.66733	2.3353	.70464	2.1776	.67786	4.915*	2>3
分卷总分	2.3365	.37746	2.3517	.41125	2.2126	.39184	10.708**	3<1<2

注："事后比较"栏的 1 代表农村，2 代表城镇，3 代表大城市。表 24—23 同。

（二）职后问卷的比较

以家庭来源为自变量，职后主观职业障碍的诸因子、分问卷得分为因变量，进行单因子方差分析。从整体检验结果来看，家庭来源差异达到显著水平，从分卷总分上看，对未来工作后的职业障碍的感知，城镇学生>农村学生>大城市学生。从诸因子检验结果（见表 24—23）看，在工作条件、工作态度、性格、人际关系等因子上达到了显著水平，城镇大学生感觉到的未来工作中的障碍显著高于农村或大城市的大学生。

表 24—23　职后大学生主观职业障碍的家庭来源差异

变　量	农村（n=672）		城镇（n=570）		大城市（n=223）		F	事后比较
	平均数	标准差	平均数	标准差	平均数	标准差		
工作条件	2.2405	.49749	2.3088	.56178	2.1806	.55440	3.588*	2>3
知识经验	2.2401	.51625	2.2870	.53344	2.1989	.56537	1.661	
工作态度	1.7233	.58595	1.8475	.64179	1.7394	.58695	4.509*	2>1
性　格	1.9925	.56385	2.0055	.63759	1.8706	.57762	3.165*	2>3
人际关系	2.3448	.48626	2.4432	.57165	2.3942	.55574	3.778*	2>1
家　庭	2.4790	.68469	2.5145	.72990	2.3943	.72930	1.832	
分卷总分	2.1695	.40367	2.2355	.45765	2.1323	.44381	3.935*	2>3

九、大学生主观职业障碍的专业类型差异

以专业类型为自变量，职前诸因子、分问卷得分为因变量，进行单因子方差分析。整体检验结果表明，专业类型差异极显著（*Wilks'* $\lambda=0.903$，$F=7.598$，$p<0.001$）。从统计结果来看（见表 24—24），师范类学校的大学生感知到的就业障

碍明显高于其他类型学校，各专业类型大学生感知到的障碍从高到低的顺序为师范类＞工科类＞农业类＞医药类。从诸因子上看，除就业竞争外，其余因子均达到极显著水平，提示不管哪个专业的学生都感觉到很大的就业竞争压力。在专业水平因子上，师范类专业学生感知到的障碍低于科技类专业的学生，而在其他因子上，师范类专业的学生感知到的找工作的障碍都高于其他专业的学生。

表 24－24　大学生主观职业障碍的专业类型差异

变　量	医学（n=445）		师范（n=731）		农业（n=185）		科技（n=178）		F	事后比较
	平均数	标准差	平均数	标准差	平均数	标准差	平均数	标准差		
职业知识	2.1235	.54049	2.1952	.58870	2.0197	.50774	2.1497	.56162	5.202**	2＞3
就业竞争	2.8564	.57725	2.9215	.56190	2.8591	.50522	2.9208	.47262	1.686	
社交能力	2.0900	.59490	2.1710	.60567	2.0446	.56681	1.9983	.61265	5.484**	2＞4
家庭背景	2.0064	.76748	2.3835	.70711	2.1719	.81111	1.9579	.64490	32.325**	2＞1，2＞3，2＞4
专业水平	2.0598	.51614	2.1660	.53351	2.1050	.47005	2.1913	.52396	4.834**	2＞1，2＜4
亲人态度	2.1753	.67006	2.3672	.69202	2.2465	.66283	2.1764	.67314	9.020**	2＞1，2＞4
分卷总分	2.2554	.39466	2.3917	.39220	2.2723	.36691	2.2776	.36219	14.089**	2＞1，2＞3，2＞4

注：“事后比较”栏的 1 代表医药类专业，2 代表师范类专业，3 代表农业类专业，4 代表科技类专业。

第四节　大学生主观职业障碍的疏导策略

研究结果表明，我国大学生在找工作阶段的主观职业障碍较高。就业竞争是造成主观职业障碍的主要原因；家庭背景、亲人态度等外在因素也对就业造成了一定的影响；大学生自身的一些因素，如人际交往能力不强，专业知识、职业知识缺乏，工作态度欠妥等等也给他们带来困扰。并且年级、性别、家庭背景、父母职业、学校所在地以及专业类型不同的大学生，他们的主观职业障碍也存在一定的差异。

这些主客观因素给大学生带来了强大的心理压力。为了缓解压力，解决大学生的就业问题，根据大学生自身情况和社会现实，我们从以下几个方面提出了解决问题的策略。

一、树立正确的职业价值观，提高自身素质

（一）加强知识技能的学习，提高自身的综合素质，增强竞争力

21 世纪的竞争归根到底是人才的竞争，而人才市场的竞争主要是综合素质的竞

争。研究发现，专业知识和社交能力是大学生主观职业障碍的重要因素。大学生的就业竞争能否成功，与他们在大学期间进行的就业准备（如学业成绩、个人的专业素质、基本素质、科研能力）和具备的应聘技巧与策略（谈话技巧、言语表达方式、社会关系和社会资本的利用程度）有密切的关系。因此，在大学四年里大学生应注意自己各方面素质的培养，提前做好择业准备，自觉按照素质教育要求培养道德素质、文化素质、业务素质、身体心理素质等，加强自身的交际能力、创新能力、运用知识的能力，增强就业竞争力和自信心，使自己成为社会需要的合格人才。

（二）正确认识社会和自我

研究发现，大学生的主观职业障碍主要来自于外部：就业市场严峻的形势所带来的激烈的竞争压力和在就业时权衡家人或者恋人的意见和建议时遇到的阻碍。因此在择业中，大学生要客观认识所面临的问题，全面分析周围社会环境中的资源，了解社会经济发展状况和毕业生供求情况，了解社会对大学生的需求，正确选择自己的工作。同时要全面理解、掌握国家有关大学生就业的方针、政策，才能明确在就业过程中学校、用人单位和自身的权利、责任和义务，并运用就业政策，保护自己的就业权利。

此外大学生要冷静地分析自己的全面条件和综合素质，对自我的智能结构、气质性格、情绪特征、职业兴趣和价值观有准确认知（如女生应当认识到自身的特点，发挥在言语、观察、形象思维等方面的优势，赢得主动发展的机会），对择业的期望值有一个合适的尺度，根据自己的特点，结合社会需要，选择适合自己的奋斗目标。

（三）改变职业价值观，树立正确的就业观念，提高心理认知水平

研究发现，大学生感知到的职业障碍最主要是就业市场严峻的形势所带来的激烈的竞争压力，这种状况与当前的高等教育现状不无关系。在改革开放初期，社会对知识和人才非常渴求，大学生的教育是“精英教育”。现在，中国社会正处于转型时期，在教育方面，高等教育正从“精英教育”向“大众教育”转变，同时市场对大学生的需求也从“精英教育”转向“大众教育”，社会各个位置都需要高素质的从业者。但现在有的大学生对就业的认识还存在偏差，存在过高的心理预期，正是这种认识与现实的偏差使大学生在择业方向上产生了错位。因此转变就业观念，树立科学的就业观是大学生就业的关键因素。

树立正确的就业观念涉及以下几个方面：(1) 改变传统的就业方式，不能有只依赖学校和家庭的消极等待观（研究表明，家庭背景和父母职业较差的学生，其主观职业障碍明显高于其他学生，这也是大学生对家庭存在依赖的结果），要有积极的就业观，在就业中主动出击，主动适应社会。(2) 放弃以前的求稳守旧的心理。调查研究发现，师范类学校的大学生感知到的就业障碍明显高于其他类型学校，这是因为追求职业的稳定性和专业对口性的观念在大学生中还甚为普遍。未来的劳动者

只有不断地转换职业思想才能适应市场经济发展对人才的需求。世界发达国家的大学毕业生一生平均更换8～12次职业。近年来，我国工作人员的辞职、下岗等也表明，劳动者不断变换职业是今后我国劳动就业的大趋势。(3) 大学生要有艰苦创业和克服困难的精神，要主动到中西部需要他们的地方去工作，并且要做好自主创业的心理准备，联系实际，运用所学知识，开创自己的未来。(4) 防止盲目择业，具有长远职业规划。调查研究发现，大学生的职前心理障碍远远大于职后心理障碍，很多大学生持有一种“先就业后择业”的心态。在择业问题上存在重待遇，忽视事业的成败，择业以地理位置优越和经济收入高为坐标，而不考虑自己所学专业和自己的特长。这种择业观非常令人担忧，大学生应该有长远的眼光，不要只在乎眼前利益，应该做好职业生涯规划，为自己将来事业的发展打下一个良好的基础。

(四) 主动调整职业情绪压力，降低焦虑水平

大学生择业过程实际上是一个复杂的心理变化过程，面对众多的竞争对手与各种不利的因素，必然产生很大的心理压力。对此大学生必须学会自我调节，一旦出现心理问题，可以采取多种方法调节，如自我静思法、自我转化法、自我慰藉法等等，降低焦虑情绪。同时要克服盲目自信或自卑、急功近利、患得患失的心态，冷静分析客观现实，冷静进行选择。此外，要学会改变参照物，化压力为动力，不盲目与他人比较。对处于不公平状态的女性，要改变比较对象，自我解释和安慰，以获得主观上的公平感，用“比上不足，比下有余”求得心理平衡。同时也要鼓励她们用行动证明自己，超越自己。这些都有助于大学生保持心理健康和提高就业的成功率。

二、针对现实需要，高度重视大学生的就业指导

(一) 根据社会发展的需要，调整学科结构

目前，大学生的就业难题主要集中在需求错位、结构性矛盾等方面。学校专业设置与人才培养应该树立科学的发展观，以市场为导向，以质量为基础，及时捕捉社会需求信息，适时调整专业及专业方向，调整教学计划，尽可能多地开设社会急需的课程，淘汰那些不适应当今社会需要的课程。按照经济发展的需要对专业结构进行科学的定位和调整，有效消除结构性失业。

(二) 给大学生提供更多的实践机会，提高大学生的综合素质

目前，世界著名企业在人才需求上普遍重视大学生的综合素质和发展潜能，譬如团队精神、诚信程度、外语水平、沟通技能、积极心态、道德修养等。因此，高校要提升大学生的综合素质，拓展大学生的知识面。首先，不能将专业划分得太细，要强调“通才教育”。社会需求的多变，产品转型的频繁和员工更换职位的普遍性，使得大学生的基本素质和综合素质变得更加重要。专业过于具体或技能过于单一，

不利于大学生的长远发展。其次，高等教育要强调人本主义教育理念，注意根据大学生的兴趣和发展潜能来培养人才，注意拓展和完善大学生的智能结构。再次，教学形式应该多元化，并切近实际。

为了提高大学生的就业竞争力，应当特别注意强化实践教学。高校应该为大学生建立更多的实习基地，将教学与实践紧密结合起来，锻炼动手能力。提高大学生在为人处世、实践操作、经营管理等方面的能力。同时要突出创业教育，有意识地引导帮助学生创业，培养学生的创业意识和创新精神。

（三）深化对大学生的就业指导工作

（1）健全就业指导体系，做到人员精良、经费充足。对高校学生就业工作机构的设置、人员选拔、工作制度等进行改革，实现高校就业指导的机构专门化。调整、重新组建人员素质好、工作效率高的大学生就业专门机构，机构中每一位成员必须具备基本的就业指导常识，有一定的心理学和社会学知识，建立一支高素质的就业指导工作专职、兼职队伍。（2）加强对大学生全程化的就业指导，帮助大学生根据自身特点制订职业生涯规划。在新生入学的第一年，就开始进行职业教育，帮助他们接触和了解就业状况；第二年帮助学生发现和了解自己的性格、兴趣和专长，进而帮助学生选择专业；第三年帮助学生了解就业市场的需求，参加社会实践和一些招聘会，让他们直接感受就业市场的情况；第四年辅导学生写求职信，传授求职要领和面试技巧等专门技能。这种就业指导贯穿在整个大学生涯中，对大学生职业观的形成、择业实力的增强和求职技巧的培养都会大有帮助。（3）加强对大学生的个性化就业指导。就业指导必须建立在对人的个性心理和职业特点进行科学分析的基础上，是对大学生整个人生的职业活动的规划和设计，强调大学生自身的发展。因此，学校要单独设立为个别学生辅导用的谈话室，为学生服务。学生也可通过网络把自己的问题或者履历表、求职信发给辅导老师以便进行有针对性的具体指导。同时，学校应完善人才素质测评手段，开发适合我国大学生的职业心理测定工具，利用职业测试使大学生对自身的职业要求和能力有正确的认识，科学规划就业指导内容，指导毕业生进行有效的自我评估。（4）实施职业技巧培训，使学生掌握有关求职择业的知识及基本技能和技巧。学校可以有意识地对毕业生进行模拟招聘，举办求职成功者报告会、专家讲座等，通过不断的模拟实践，提高大学生的适应能力。（5）学校应采用多种手段和方法，如宣传单、宣传栏、广播、网络、班主任传达、就业信息布告、热线电话等，加大宣传力度，使大学生能及时准确了解就业信息。此外，学校要加强与用人单位的实际接触，适时搜集各种信息。利用网络等先进技术保持与社会各界的联系，建立广泛的就业信息网络，为毕业生提供更多的就业信息。同时建立以学校为主体的毕业生就业市场，完善、规范、稳固以学校为主的就业市场。

（四）调整大学生的就业心态，缓解心理压力

学校应做好学生的思想教育工作，帮助他们树立正确的择业观。部分大学生在择业过程中产生不良的心态，择业中只重眼前自身的利益，忽视国家、社会的需要以及自己今后的发展前景，盲目求职。对此，学校应加强思想品德教育、政治理论教育，积极组织学生参加社会实践、义务奉献活动，鼓励学生通过各种形式深入社会、了解社会，培养大学生强烈的社会责任感和务实的工作态度，从思想观念上引导学生树立适应市场经济发展需要的职业道德观。

在毕业阶段，竞争压力、迷茫和挫折，会使毕业生产生紧张、焦虑、恐惧、自卑等消极情绪，这些不良的情绪会影响大学生对自我的认知，影响他们对就业信息的充分分析，挫伤他们竞争的勇气，最终会影响他们的就业。因此高校应开展就业心理咨询工作，了解毕业生在毕业阶段的心理状况，有针对性地开展集体心理辅导。对毕业生在择业过程中产生的心理问题，及时进行心理咨询，帮助学生走出心理误区，保持心理健康。同时还要加强对大学生的抗挫折教育，培养他们积极健康的求职心态。

三、加强政府的导向职能，创造良好择业环境

（一）创造公平竞争的社会环境

双向选择的就业制度，在一定程度上给了大学生择业的自主权，但目前社会上还存在很多不公平的现象，"找关系、走后门"的现象还普遍存在。在大学生主观职业障碍中，学生最大的压力还是来源于激烈的竞争和社会上不公平的现象；具有良好社会背景和社会关系的学生，他们的心理压力明显小于其他学生；由于社会偏见等原因，女生的主观职业障碍大于男生。所以国家和社会要维护公开、公正、公平的择业原则；创立并完善与毕业生就业相关的法律，完善和规范毕业生就业市场，建立公平公正的机制。广大用人单位要建立客观、公正和公开的人才选拔聘用制，杜绝不正之风的干扰，为调适大学生的就业心理营造有利的社会环境。

（二）政府应加强宏观管理，疏通就业渠道

国家在宏观上要保持一定的经济增长速度和刺激高新技术产业发展，这在促进全社会就业率提高的同时，也为大学生就业创造了基本条件。保持国民经济持续快速健康发展必然为社会提供较多的就业机会；同时高新技术进入各行业的结果势必提高对人力资源的要求，相应地为大学毕业生的就业奠定了基础。

强化政府机能，推动毕业生创业机制的建立，完善就业导向的激励措施。（1）政府应通过宏观调控手段缩小发达和不发达地区的收入差距，改善西部和边远地区的就业环境，借鉴国外的经验（如免除学生贷款，给予学生奖励，职称评定，晋升等），激励大学生到西部地区发展。（2）建立创业基金，通过创业基金向大学毕业生

提供创业贷款，支持他们到农村、到西部创业，使他们不仅可以获取自身的就业机会，还可为社会创造更多的就业机会。

（三）在法律层面上增加大学生自由选择的空间

要优化政府职能，加强法规建设，依法管理和服务，把大学生就业服务纳入法制化的轨道，减少随机性，切实保护大学生和用人单位的利益。把法制的约束与国家政策指导的有效性相结合，形成有自己特色和优势的大学生就业服务模式。

首先，改革户口制度，促进人才流动。取消户口的附加功能和价值，减少大学生的心理顾虑，让他们放心走向中西部以及基层，从而促进社会和个人的发展。

其次，改革劳动法，清除性别歧视。女大学生的就业难主要是来自于女性特有的社会责任和家庭责任所形成的负担。解决这一问题的主要途径应该是转移用人单位因雇用女性而遭受的经济损失，例如改革女性职工生育和哺乳期的工资支付方式、实现社会化等。

四、家校密切配合，发挥家庭的支持作用

我国大学生在找工作时多会征求家人的意见，父母对于子女的工作地点、工作性质的愿望有可能与子女不一致。对于在谈恋爱的大学生，找工作时他们还不得不考虑恋人的工作地点、工作性质。这些来自亲人的意见给大学生找到一份理想职业增加了限制和难度。相关的研究表明，大学生感知到的障碍主要来自于外部因素，除了竞争压力之外，就是在权衡家人或者恋人的意见或者建议时遇到的阻碍。并且，在职后的障碍主要来源于工作和家庭角色的冲突。

所以家长要与学校密切配合、沟通，不要把学生就业指导工作全部推给学校。学校只是就业指导工作中一个最重要的组成部分，家长、亲朋好友同样是做好学生就业指导工作不可缺少的重要力量。

家长应该做到以下几点：（1）不干涉子女的择业自由，给子女提供职业选择的机会、自由和权利；（2）应积极主动地给学生提供有关职业选择的信息、途径和方法。研究发现，父母为行政管理人员的大学生感知的职业障碍最少。这可能是因为父母是行政管理人员的大学生能够得到更多就业方面的信息，能够从父母那里获得更多的就业技巧的指导。这类职业的父母比其他父母有更丰富的社会知识，更全面的社会交往技巧和更广泛的社会关系，这对大学生就业和工作都产生了一些直接与间接的帮助。（3）要主动关心毕业生择业期间的心理变化，给子女提供心理上的帮助和支持，缓解其心理压力，使他们保持积极、健康的择业心态。

附录　大学生主观职业障碍问卷

亲爱的同学：

感谢您参与这项关于大学生职业心理的调查！您所填写的任何信息，都只是供科学研究之用，无对错之分，请您如实、认真地回答每一个问题！

特别提示：

1. 问卷分两部发：问卷A和问卷B。问卷A用以了解大学生在找工作时可能遇到的障碍；问卷B用以了解大学生在未来工作中可能遇到的障碍。

2. 下面的句子描述的是大学生将来在找工作或工作中可能遇到的障碍，请根据将来您遭遇这种障碍的可能性，在后面的四个字母中勾选一个符合您自己情况的字母。四个字母的具体含义是：

A：不可能；B：有点可能；C：很有可能；D：肯定会。

3. 每题都要选择一个答案，请勿漏选或多选。

谢谢您的热心支持与合作！

请完整填写您的个人资料：

学校：____________　　专业：____________

(以下请在符合自己情况的项目上打钩)

年级：一　二　三　四

性别：1女　2男

是否独生子女：1是　2否

家庭来源：1农村　2城镇　3大城市

父亲职业：1农民　2工人　3经商　4行政管理　5教科文艺
6军人　7无工作

母亲职业：1农民　2工人　3经商　4行政管理　5教科文艺
6军人　7无工作

问卷A：在将来找工作时我遭遇这种障碍的可能性

A_1　高校扩招毕业生数量猛增。　□A　□B　□C　□D

A_2　拉关系走后门等社会不正之风。　□A　□B　□C　□D

A_5　不善于与陌生人打交道。　□A　□B　□C　□D

A_6　专业知识不扎实。　□A　□B　□C　□D

A_7 性格内向。 □A □B □C □D

A_9 口头表达能力不强。 □A □B □C □D

A_{11} 专业技能不熟练。 □A □B □C □D

A_{12} 专业不热门。 □A □B □C □D

A_{14} 学历不高。 □A □B □C □D

A_{15} 要考虑恋人对我工作的愿望。 □A □B □C □D

A_{18} 不善于展现自己。 □A □B □C □D

A_{19} 所学专业知识陈旧。 □A □B □C □D

A_{20} 不自信。 □A □B □C □D

A_{21} 学习成绩不好。 □A □B □C □D

A_{28} 要考虑恋人将来的工作性质。 □A □B □C □D

A_{31} 要考虑父母对我工作性质的期望。 □A □B □C □D

A_{32} 个人没有一技之长。 □A □B □C □D

A_{37} 不知道如何获取就业信息。 □A □B □C □D

A_{38} 要考虑恋人将来的工作地点。 □A □B □C □D

A_{39} 家庭来源地对就业不利。 □A □B □C □D

A_{41} 要考虑父母对我工作地点的期望。 □A □B □C □D

A_{42} 父母的社会地位不高。 □A □B □C □D

A_{43} 不了解将要从事的职业的性质。 □A □B □C □D

A_{44} 家庭的经济条件不好。 □A □B □C □D

A_{45} 不了解有关的就业政策。 □A □B □C □D

A_{46} 父母的职业对我就业不能提供便利。 □A □B □C □D

A_{47} 不了解将要从事的工作对自己的具体要求。 □A □B □C □D

A_{48} 父母的文化程度低。 □A □B □C □D

A_{50} 用人单位逐年提高录用标准。 □A □B □C □D

A_{51} 不了解本专业有哪些就业渠道。 □A □B □C □D

A_{52} 机关部门的官僚作风。 □A □B □C □D

A_{53} 将要去找工作的城市竞争激烈。 □A □B □C □D

A_{54} 不了解本专业的职业的发展态势。 □A □B □C □D

A_{56} 用人单位需求量减少。 □A □B □C □D

A_{57} 不了解求职的详细过程和步骤。 □A □B □C □D

A_{58} 招聘时的职场歧视。 □A □B □C □D

A_{60} 将要从事的职业竞争激烈。 □A □B □C □D

问卷 B：在未来工作中我遭遇这种障碍的可能性

B_1	不善于结交朋友。	□A	□B	□C	□D
B_2	性格内向。	□A	□B	□C	□D
B_4	没有及时更新自己的专业知识。	□A	□B	□C	□D
B_6	学历不高。	□A	□B	□C	□D
B_8	对工作没兴趣。	□A	□B	□C	□D
B_{10}	不善于表现自己。	□A	□B	□C	□D
B_{11}	做事冲动。	□A	□B	□C	□D
B_{13}	不愿付出额外劳动（如超时工作）。	□A	□B	□C	□D
B_{14}	社会阅历不足。	□A	□B	□C	□D
B_{15}	知识面狭窄。	□A	□B	□C	□D
B_{16}	不会巧妙拒绝别人的不合理要求。	□A	□B	□C	□D
B_{17}	害怕竞争。	□A	□B	□C	□D
B_{19}	工作不主动积极。	□A	□B	□C	□D
B_{21}	没什么特长。	□A	□B	□C	□D
B_{22}	语言表达能力差。	□A	□B	□C	□D
B_{23}	没有明确的事业目标。	□A	□B	□C	□D
B_{24}	工作经验欠缺。	□A	□B	□C	□D
B_{26}	专业知识薄弱。	□A	□B	□C	□D
B_{27}	工作中怕苦怕累。	□A	□B	□C	□D
B_{28}	实际操作能力差。	□A	□B	□C	□D
B_{30}	单位提拔靠论资排辈。	□A	□B	□C	□D
B_{32}	他人背后搞小动作。	□A	□B	□C	□D
B_{33}	单位绩效评估制度不合理。	□A	□B	□C	□D
B_{34}	和领导关系没有处好。	□A	□B	□C	□D
B_{36}	单位的文化理念/风气不好。	□A	□B	□C	□D
B_{37}	同事间相互排挤、争斗。	□A	□B	□C	□D
B_{38}	单位的工资收入低。	□A	□B	□C	□D
B_{39}	单位的发展空间有限。	□A	□B	□C	□D
B_{40}	工作没有挑战性。	□A	□B	□C	□D
B_{41}	工作单位的社会地位不高。	□A	□B	□C	□D
B_{42}	单位的经营状况不佳。	□A	□B	□C	□D
B_{43}	同事有强大的社会关系。	□A	□B	□C	□D
B_{44}	生育子女。	□A	□B	□C	□D

B_{45} 所处岗位在单位上不重要。 □A □B □C □D

B_{47} 单位的福利不好。 □A □B □C □D

B_{48} 工作没有发展空间。 □A □B □C □D

B_{50} 单位的工作条件不好。 □A □B □C □D

B_{51} 照顾父母和子女。 □A □B □C □D

B_{53} 成家后日常家庭琐事。 □A □B □C □D

B_{54} 家庭中的重大事件造成的波折。 □A □B □C □D

第二十五章 Di Er Shi Wu Zhang

中学生职业成熟度特点及培养策略

职业在个体一生的发展中占有举足轻重的地位。根据埃德加·施恩（Edgar H. Schein）[①] 的观点，人的一生都交织在工作职业、婚姻家庭、身心与自我发展的三个生命周期之中。在每种生命周期的不同阶段，个体必须完成一些重要的发展任务，每一阶段任务完成得如何将直接影响下一阶段的顺利发展。中学生正处于职业探索阶段，处于个体职业心理发展的一个重要时期。根据我国现行教育体制，中学生无论毕业后直接进入职业领域，还是升入高一级的学校进行专业学习，都面临几项重要的选择，如选择文科还是理科、升学的院校和专业等，这些选择将直接影响他们一生的职业发展。因此中学阶段的职业生涯教育比其他任何一个阶段都更具决定性和重要性。[②] 但由于长期受计划经济和应试教育的影响，中学生职业生涯教育一直没有得到足够的重视，我国中学生职业心理的发展很不成熟，远远滞后于社会职业变化对人的要求，呈现出择业意识淡漠、职业知识贫乏、职业兴趣分化不明显、择业盲目，以及择业观念偏差等诸多问题。因此如何根据我国中学生职业心理的发展特点开展有针对性的中学生职业生涯教育，已成为当前中学素质教育的一项迫切而重要的任务。

第一节　研究概述

一、职业成熟度的概念

职业生涯教育的有效开展必须以深入了解中学生职业心理的发展特点为前提。

① 埃德加·施恩（Edgar H. Schein）：《职业锚》，中国财政经济出版社 2004 年版。
② 金树人、王淑敏、方紫薇等：《国民中学生涯辅导计划规划之研究》，《教育心理学报》1992 年第 25 期，第 125～200 页。

目前我国在这方面的研究仍滞留在传统职业指导理论上，偏重职业兴趣、职业能力和职业价值观等的研究，远远不能满足现代职业生涯教育发展的需求。现代职业生涯教育强调不仅职业世界是瞬息万变的，而且个体的职业兴趣、能力、价值观等也可能发生变化，因此职业生涯教育并不是要帮助学生选择一个特定的职业或者为某个特定的职业做准备，而是要提高学生职业决策的能力，引导学生积极探索和规划自己的职业生涯①。要对中学生进行有针对性的职业生涯教育，就必须了解中学生职业决策态度和能力的发展状况。那么中学生在职业决策态度和能力方面具有哪些特点呢？这是我国现有职业心理研究所没有回答的问题，而国外关于职业成熟度的研究为回答这一问题提供了一个很好的切入点。

职业成熟度最早源于 vocational maturity 一词，是由休泊（Super）② 于 1953 年提出的，被用来描述个体在从探索到衰退的职业生涯发展的连续线上所到达的位置。后来逐渐为克雷茨（Crites）提出的 career maturity 一词所替代。关于什么是职业成熟度，目前比较有代表性的观点有：（1）职业成熟度是指个体的职业发展是否与其年龄发展相适应（Super，1955），是个体完成与其职业发展阶段相应的发展任务的程度（Super，1957）③。（2）职业成熟度是从发展的角度来理解个体职业行为的关键，它是指个体在职业生涯发展任务上的进展水平（Crites，1976）④。（3）职业成熟度是个体在一定信息的基础上作出与其年龄相适宜的职业决策和成功应对职业发展任务的一种准备程度（Savickas，1984）。（4）职业成熟度是指个体作出信息灵通、与其年龄相适宜的职业决策，且在面临社会机遇和约束时能仔细规划自己职业生涯的一种准备状态（King，1989）⑤。（5）职业成熟度是指个体作出适宜的职业决策的能力、作出职业决策所必需的意识，以及决策的现实性和时间上的一致性（Levinson，Ohler，Caswell 和 Kiewra，1998）⑥。

虽然以上定义的表述各有不同，但有几点却是共同的：（1）强调职业是一个动态的、发展的、毕生的过程。在英语里，“职业”可以用 career、occupation、vocation 等多个词加以表示。其中 occupation 和 vocation 都是指一个人生活中的主要的、赖以挣得生活来源的工作，反映的是职业静态性和分类性的一面；当 career 一词做

① 王卓：《论世界职业指导理论的发展走向》，《教育科学》2000 年第 2 期，第 59～61 页。
② D. E. Super：*A theory of vocational development*. *American Psychologist*，1953，8（5），pp185－190.
③ D. E. Super：*The Psychology of Careers*，New York：Harper & Row，1957.
④ J. O. Crites，M. L. Savickas：*Revision of the Career Maturity Inventory*. *Journal of Career Assessment*，1996，4（2），pp131－138.
⑤ S. King：*Sex differences in a causal model of career maturity*. *Journal of Counseling and Development*，1989，68（2），pp208－215.
⑥ E. M. Levinson，D. L. Ohler，S. Caswell，K. Kiewra：*Six approaches to the assessment of career maturity*. *Journal of Counseling & Development*，1998，76（4），475－482.

"职业"意思使用时，它指的是一种向上流动、发展的职业过程①，即"职业生涯"，它所反映的是职业动态性和发展性的一面。在具体的研究中，个体总是处于职业生涯的某个特定阶段，因此职业的动态性和静态性往往是统一的，"职业生涯"和"职业"的含义也是一致的。② 职业成熟度最初源于 vocational maturity，但逐渐被 career maturity 所取代，由此可见，这一概念更突出职业的动态性和发展性，更倾向于将职业看做一个长时间乃至毕生的发展过程，强调职业不止包含一种工作，强调在人的一生中可能会出现职业的变更。(2) 职业成熟度是一种准备程度。"成熟"是指个体的身体或心理发展臻于完备的状态，具有"完成"或"具有充分功能"的含义。③"成熟度"则是指个体在趋向成熟状态的过程中身心变化的程度，并非指个体生长发展所达到的成熟状态。因此，"职业成熟"是指个体在应对职业生涯发展任务方面准备就绪的状态，而"职业成熟度"是指个体准备的程度。(3) 职业成熟度总是与特定的年龄阶段或职业生涯发展阶段相联系。个体职业心理的发展要经历成长、探索、建立、维持、衰退等阶段，由于每一个阶段个体所面临的职业生涯发展任务各不相同，相应的其职业成熟度的内涵也有所不同。

综上所述，职业成熟度是指个体在完成与其年龄相应的职业生涯发展任务上的心理准备程度。从总体上看，我国中学生尚未进入职业领域，大致处于职业探索和初步定向阶段，其主要的职业生涯发展任务是了解自我和职业世界，将两者进行最佳匹配，作出初步的职业决策，然后制订客观可行的计划和采取相应的措施，为进入该职业领域做准备。因此，中学生的职业成熟度是指其在一定的职业决策知识和态度的基础上作出适宜的职业决策的准备程度。

二、中学生职业成熟度的研究现状

（一）中学生职业成熟度的测量工具

目前用于测量中学生职业成熟度的工具主要有两种：职业成熟度问卷（Career Maturity Inventory）和职业发展问卷（Career Development Inventory）。除此之外，相关测量工具还有职业决策量表（Career Decision Scale）、认知职业成熟度测验（Cognitive Vocational Maturity Test）、职业决策自我效能感量表（Career Decision-making Self-efficacy Scale）和职业信念问卷（Career Belief Inventory）等。以下将对前两种常用测量工具做一个简单的介绍。

1. 职业成熟度问卷

① J. A. Simpson, E. S. C. Weiner: *The Oxford English Dictionary* (2nd edition), Vol. II, Oxford: Clarendon Press, 1989, p895.

② 龙立荣等：《职业承诺的理论与测量》，《心理学动态》2000 年第 4 期，第 39～45 页。

③ 朱智贤：《心理学大词典》，北京师范大学出版社 1989 年版，第 68 页。

职业成熟度问卷（CMI）是以克雷茨的青少年职业成熟度模型（图 25－1）为理论基础的。克雷茨（1965，1971）认为职业成熟度主要包括认知和情感两个维度，认知维度主要指职业决策的能力，情感维度则指在职业生涯发展上的态度。

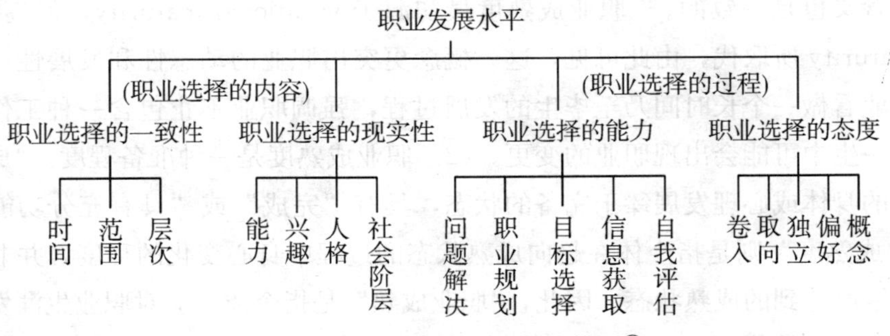

图 25－1　青少年职业成熟度模型[①]

CMI 有两个版本，最初的版本是由克雷茨（1978）编制的，适用于 6～12 年级的学生。该问卷包括一个态度分量表和五组能力分测试。在所有职业决策测量工具中，CMI 态度分量表的应用最为普遍（Savickas，1984）。态度分量表采用的是“对/错”的回答方式，分为五个维度：（1）卷入度（involvement）：个体积极参与职业决策的程度；（2）取向性（orientation）：个体对工作的态度或价值观是工作取向还是享乐取向的程度；（3）独立性（independence）：个体依赖他人作出职业选择的程度；（4）确定性（decisiveness）：个体对自己职业选择的确定程度；（5）妥协性（compromise）：个体愿意在现实和需求之间妥协的程度。能力量表分为了解自己（knowing yourself）、了解工作（knowing about jobs）、选择工作（choosing a job）、预测未来（looking ahead）和他们该怎么办（what should they do）五个部分，分别测试自我评估（self-appraisal）、职业信息获取（occupational information）、目标设置（goal setting）、职业规划（planning）和问题解决（problem solving）五个方面的能力。每个分测试各 20 道题，采用选择题形式，从四个答案中选择一个适合自己情况的答案。职业成熟度问卷的内部一致性信度为 0.50～0.90（Crites，1973，1978），自我评价能力分测验的重测信度为 0.64～0.66（Westbrook，Sanford，1993）。能力分量表的题项主要是通过收集高中和大一学生的真实咨询案例记录而得到的，具有一定的内容效度（Crites，1978）。支持能力分量表的效标效度和结构效度的研究结果还包括：它与年级水平存在着系统相关，而且和其他职业决策能力量表也存在着相关（Crites，1978）。虽然态度分量表的效度受到了一些质疑（Chodzinski，1983；Westbrook，1983），但仍有许多研究支持其效度（Crites，1978；Healy，1994；Jepsen，Prediger，1981；Stowe，1985；Westbrook，Sanford 和

① 转引自沈之菲：《生涯心理辅导》，上海教育出版社 2000 年版，第 264 页。

Donnelly，1990)[①]。该问卷存在的最主要的问题是测试所需时间太长（全部完成需要两个半小时），所以只有态度分量表得到了广泛的使用。

1983 年我国台湾学者夏林清、李戴蒂将该问卷之态度部分修订为中文（适用于国小六年级以上的学生），进行了标准化，并建立了大学生常模。[②] 2003 年朱云立以南京师范大学的 70 名大学生为被试也对该问卷进行了修订。但由于样本量太小，而且修订后量表的结构效度并不理想，所以不能投入使用，只能作为今后进一步研究的基础。[③]

1995 年克雷茨等人对 CMI 进行了修订，修订后的问卷（Career Maturity Inventory—revised，CMI-R）缩减了题项，能力和态度分量表各含 25 题（每个维度分别保留 5 道题），缩短了测试时间，并拓展为适用于成人（包括高中毕业后的学生和有收入的在职人员）。答题方式由原来的多项选择（能力分量表部分）和正误选择（态度分量表部分）变成了回答“符合/不符合”。克雷茨（1995）认为，CMI-R 的题项是从 CMI 中挑选出来的，因此它有着和前一个版本相同的信度。[④] 根据布莎卡（Busacca）等人的研究，该量表信度适中，在态度量表上得分高的被试更倾向于作出明智和现实的职业决策，表明该量表具有一定的效度。[⑤] 但也有研究者认为，由于尚缺乏足够的研究支持 CMI-R 的信度和效度，使用时须十分谨慎。[⑥⑦]

2. 职业发展问卷

职业发展问卷（CDI）是以休泊的职业成熟度理论为基础的。休泊（1988）认为职业成熟度可以分成以下四个维度：（1）职业规划：是否积极地对自己的职业未来进行设计；（2）职业探索：能否利用好各种可能的职业信息资源；（3）职业决策：运用知识和智慧解决职业规划和决策问题的能力；（4）工作世界信息：对职业探索和建立阶段的职业生涯发展任务的了解和对特定职业的了解。

根据上述理论，休泊等人编制了分别适合大学生和 8～12 年级中学生的职业发展问卷（Super 等，1988）。两种版本都由两个部分构成，共 120 道题。第一部分包括四个测验，分别测量职业成熟度的四个重要方面——职业规划（career planning）、职业探索（career exploration）、职业决策（decision making）和职业世界知

---

① 转引自 E. M. Levinson，D. L. Ohler，S. Caswell，K. Kiewra：*Six approaches to the assessment of career maturity*. *Journal of Counseling & Development*，1998，76（4），475—182.

② 张春兴：《张氏心理学辞典》，东华书局 1992 年版，第 103 页。

③ 朱云立：《职业成熟度理论及其在大学生中的应用研究》，南京师范大学硕士学位论文，2003 年。

④ 转引自 E. M. Levinson，D. L. Ohler，S. Caswell，K. Kiewra：*Six approaches to the assessment of career maturity*. *Journal of Counseling & Development*，1998，76（4），475—482.

⑤ L. Busacca，B. J. Taber：*The Career Maturity Inventory（revised）：A preliminary psychometric investigation*. *Journal of Career Assessment*，2002，10（4），pp441—455.

⑥ D. F. Powell，D. A. Luzzo：*Evaluating factors associated with the career maturity of high school students*. *The Career Development Quarterly*，1998，47（2），pp145—158.

⑦ E. M. Levinson，D. L. Ohler，S. Caswell，K. Kiewra：*Six approaches to the assessment of career maturity*. *Journal of Counseling & Development*，1998，76（4），475—482.

识（world of work information）。第二部分主要用于测量学生对偏好职业的认识（knowledge of preferred occupational group）。通过这些分测验，可以得到三个组合分数：（1）职业发展态度，由职业规划和职业探索的分数相加而成。（2）职业发展知识，由职业决策和职业世界知识的分数相加而成。（3）职业定向总分，由（1）和（2）的分数相加而成。该量表在5000名高中生和1800名大学生抽样的基础上建立了常模，并认为如果要评价一个人的职业生涯发展水平，就必须将他与面对同样发展任务的同龄团体进行比较。根据已有研究，该问卷的内部一致性信度为0.53～0.9（Super等，1992；Dupont，1992），重测信度为0.36～0.90，结构效度较好（Super等，1988）。该问卷在测量学生职业规划和准备状态方面尤其有用，但仍存在一些问题，如缺少少数民族学生常模，分量表间的信度不一致，存在社会期望性，被试倾向于选择标准答案而不是与实际情况相符的答案（Pinkney，Bozik，1994）①。此外，该量表的结构较为复杂，各个分量表之间的逻辑关系不够明朗；只注重对被试职业信息的测量，相对忽视对其职业选择能力的考察。②

我国台湾学者林幸台等人（1985，1997）对该量表进行了修订。修订后的量表适用于国三（相当于大陆的初三）至高三学生，包括生涯态度、生涯认知和生涯行动三个层面，由生涯感受、生涯信念、生涯认识、思考广度、生涯探索、生涯计划六个分量表构成，具有合理的信度和效度支持。他们还在2921名学生样本的基础上建立了常模。③

虽然Crites和Super对职业成熟度维度的划分不同，但他们都认为为了作出成功的职业决策，个体必须做好两个方面的准备——掌握职业决策的相关知识和技能，以及具备作出成功职业决策所必需的积极态度（如独立、主动参与等），即职业成熟度主要包括职业决策知识和职业决策态度两个维度（这里的“知识”是一个广义的概念，既指陈述性知识，也指程序性知识）。

（二）中学生职业成熟度的特点

1. 理论研究

许多职业生涯理论都对中学生职业心理的发展特点有所论述。

金兹伯格（Ginzberg）的职业生涯发展理论将个体早期的职业生涯发展分为幻想（fantasy，11岁以前）、尝试（tentative，11～17岁）、现实（realistic，17岁～成人初期）三个阶段。中学生主要处于尝试阶段。个体开始思考今后的职业和自己所面临的任务，并把这个任务作为奋斗的目标。该阶段又分为兴趣（interest）、能

① 转引自E. M. Levinson，D. L. Ohler，S. Caswell，K. Kiewra：*Six approaches to the assessment of career maturity*. *Journal of Counseling & Development*，1998，76（4），475−482.

② 朱云立：《职业成熟度理论及其在大学生中的应用研究》，南京师范大学硕士学位论文，2003年。

③ 林幸台、吴天方、林清文等：《生涯发展量表编制报告》，《中华辅导学报》1997年第5期，第19～41页。

力（capacity）、价值（value）和转换（transition）四个时期，

根据休泊的职业生涯发展任务理论，个体的职业生涯包括成长（growth，出生～14 岁）、探索（exploratory，15～24 岁）、建立（establishment，25～44 岁）、维持（maintenance，45～65 岁）和衰退（decline，65 岁以上）五个阶段。中学生主要处于成长阶段后期和探索阶段前期。成长阶段的主要任务是发展自我形象，培养对工作世界的正确态度，并了解工作的意义。探索阶段的青少年则逐渐利用学校的活动、社团、休闲活动或打工机会等对自己的能力与角色作一番探索，使职业偏好逐渐具体化、特定化并促进其实现。

特德曼等（Tiedeman，O'Hara）的职业决策过程理论认为，职业生涯发展的历程实际上就是个人所做的一连串抉择的综合，而职业决策过程可以分为预期（anticipation）、实践和适应（implementation and adjustment）两个时期。中学生在作出职业选择时也应经历这两个时期：先通过各种探索活动了解自己的兴趣、能力和职业世界，逐渐发展出一个明确的具体目标；再配合各种环境因素，逐步建立起个人与工作平衡统整的状态。

尼菲尔坎普等（Knefelkamp，Slepitza）的生涯认知发展理论提出，生涯发展阶段可分成四个时期，即二元论（dualism）、多元论（multiplicity）、相对论（relativism）和相对承诺（commitment within relativism）时期。根据该理论，中学生主要处于二元论和多元论阶段。在二元论阶段，个体以“非黑即白”的简单二分思维方式来思考职业生涯问题，认为人完全由外界环境所控制，相信只有一种正确的职业生活。缺乏综合分析的能力，仅能做粗浅的自我探索工作。多元论阶段的学生认知内容趋于复杂。虽然个体已能对自我进行检视，并具有一定的分析能力，能了解若干职业生涯方面的因果关系，但其控制信念仍以外在因素为主。

根据施恩的职业周期理论，个体的职业生涯可分为成长幻想探索（0～21 岁）、进入工作世界（16～25 岁）、基础培训（16～25 岁）、早期职业的正式成员资格（17～30 岁）、职业中期（25 岁以上）、职业中期危机（35～45 岁）、非领导角色的职业后期（40 岁～退休）、领导角色的职业后期、衰退与离职（40 岁～退休）和退休十个阶段。中学生主要处于成长幻想探索阶段，该时期的主要发展任务包括：为进行实际职业选择打好基础；将早年的职业幻想变为可操作的现实；对基于社会经济水平和其他家庭情况造成的现实压力进行评估；接受适当的教育或培训；开发工作世界中所需要的基本习惯和技能。

2. 实证研究

国外的实证研究主要集中在职业成熟度的影响因素上：（1）职业成熟度与个体因素。首先，职业成熟度与许多人口统计学特征（如年龄、性别、民族等）有关。多数研究支持职业成熟度存在着年龄、年级间的差异，会随着年龄和年级的升高而

提高。[①②] 但也有研究表明，职业成熟度与年龄、年级之间并不存在相关；[③] 最近二十年来的众多研究还发现女生的职业成熟度水平在一些年龄段上显著高于男生。[④⑤⑥] 但阿切比（Achebe，1982）在尼日利亚的研究发现，男生在职业成熟度上的得分要高于女生。[⑦] 职业成熟度还存在着民族差异[⑧⑨]，白人的得分总比黑人好得多，但沃斯特布雷克（Westbrook）等人的研究表明，某些职业成熟度量表只对多数人群有效，而对少数人群无效，黑人与白人的差异可能是由量表的效度问题引起的；[⑩] 此外，职业成熟度还与个体的学业能力、身体健康状况、时间态度、自尊、同一性发展、控制点、职业决策认知归因方式等存在着显著的相关。（2）职业成熟度与环境因素。职业成熟度不仅与个体因素密切关联，同时也受到众多外界环境因素的影响。研究表明，社会历史环境的变迁[⑪]、学校环境[⑫]、家庭环境[⑬]都与学生的职业成熟度水平存在着显著相关。

相比之下，我国大陆和港台的实证研究不多而且比较零散，概括起来主要集中在以下几个方面：（1）择业观念方面。中学生在选择职业时主要考虑的是发挥能力特长、符合兴趣爱好、实现自我价值等自我因素，还带有较强的幻想色彩，对现实因素考虑不足。[⑭] 另有研究发现，当代中学生的择业意识不断增强，择业的期望值

---

① W. Patton，P. A. Creed：*Developmental issues in career maturity and career decision status*. *Career Development Quarterly*，2001，49（4），pp336－351.

② A. Wallace-Broscious，F. C. Serafica，S. H. Osipow：*Adolescent career development：Relationships to self-concept and identity status*. *Journal of Research on Adolescence*，1994，4（1），pp127－149.

③ D. F. Powell，D. A. Luzzo：*Evaluating factors associated with the career maturity of high school students*. *The Career Development Quarterly*，1998，47（2），pp145－158.

④ L. Busacca，B. J. Taber：*The Career Maturity Inventory（revised）：A preliminary psychometric investigation*. *Journal of Career Assessment*，2002，10（4），pp441－455.

⑤ C. Brown：*Sex differences in the career development of urban African American adolescents*. *Journal of Career Development*，1997，23（4），pp295－304.

⑥ J. W. Rajewski，R. C. Wicklein，J. W. Schell：*Effects of gender and academic-risk behavior on the career maturity of rural youth*. *Journal of Research in Rural Education*，1995，11（2），pp92－104.

⑦ 转引自W. Patton，P. A. Creed：*Developmental issues in career maturity and career decision status*. *Career Development Quarterly*，2001，49（4），pp336－351.

⑧ J. Perron，et al：*A longitudinal study of vocational maturity and ethnic identity development*. *Journal of Vocational Behavior*，1998，52（3），pp409－424.

⑨ D. J. Lunberg，W. L. Osborne，C. U. Miner：*Career maturity and personality preference of Mexican-American and Anglo-American adolescents*. *Journal of Career Development*，1997，23（3），pp203－213.

⑩ B. W. Westbrook，E. E. Sanford：*Relationship between self-appraisal and appropriateness of career choices of male and female adolescents*. *Educational and Psychological Measurement*，1993，53（1），pp291－299.

⑪ E. Schmitt-Rodermund，R. K. Siberirsen：*Career maturity determinants：Individual development，social context and historical time*. *Career Development Quarterly*，1998，47（1），pp16－31.

⑫ K. Ortlepp，et al：*Career maturity，career self-efficacy and career aspirations of black learners in different settings in South Africa*. *Journal of Psychology in Africa*，2002，12（1），pp40－54.

⑬ S. King：*Background and family variables in causal model of career maturity：Comparing hearing and hearing-impaired adolescents*. *Career Development Quarterly*，1990，38（3），pp240－260.

⑭ 蔡丽红：《当前中学生择业心理调查及现状分析》，贵州师范大学硕士学位论文，2001年。

高，任意性强，盲目性大，期望体现个人价值，追求待遇高的热门职业；[①] 根据于玲玲对中专生职业期望的研究结果，他们的职业期望同大学生一样，有追求完美的倾向，工作稳定有保障、有较好的报酬、领导开明公正、能发挥自己的专长、事业发展顺利以及与同事关系融洽是中专生择业时最看重的条件；[②]（2）择业知识与技能方面。根据何丽仪（1990）和蔡锦忠（1983）的研究，我国台湾的国中生（相当于大陆的初中生）不仅对教育与职业信息了解不多，而且对自己的职业兴趣、价值观等了解都非常缺乏，以致只能草草作出生涯决定；[③] 一项大陆城市调查也得出了类似的结论。超过半数的高考考生对自己希望报考的大学和专业缺乏了解，因此无法在充分掌握相关信息的基础上作出理性的选择；有三分之一以上的考生不明确自己希望报考什么大学和专业。[④] 另一项对中专入学新生的调查发现，有24.3%的学生对自己的职业兴趣、能力等一无所知，62.5%的学生认为自己了解的职业知识与信息在未来职业选择时不够用；[⑤]（3）职业兴趣方面。中学生的职业兴趣趋于稳定，比较广泛，并出现明显的分化，只有少部分学生还没有形成兴趣中心；[⑥⑦] 但我国台湾学者刘焜辉（1987）的研究表明高中生的职业兴趣分化并不因年级的升高而更为清楚；[⑧]（4）职业生涯的总体发展特点方面。根据张军梅对我国汉族、回族学生的研究，高中生的生涯自我效能较高。总体来看，高中生的生涯信念、生涯自我效能、生涯规划都不存在显著的性别差异；生涯信念不存在显著的民族差异，汉族高中生的生涯信念存在显著的地区差异。[⑨] 梁国恩等人对1406名香港中学生的调查结果则显示，职业决策能力方面，"认识工作"因子的得分最高，"解决疑难"因子的得分最低。职业决策态度方面，"独立性"因子的得分最高，在"倾向性"和"果断性"上则表现出未成熟。[⑩] 另有研究表明，超过半数以上进入大学的台湾高中生尚属于生涯未定向者。[⑪] 还有研究者发现，台湾原住青少年学生的生涯发展状况集中在三

---

① 童长江：《职业心理研究与当代中学生择业特点》，《教育科学研究》1994年第3期，第12～16页。
② 于玲玲：《中专生职业期望研究》，苏州大学硕士学位论文，2001年。
③ 转引自金树人、王淑敏、方紫薇等：《国民中学生涯辅导计划规划之研究》，《教育心理学报》1992年第25期，第125～200页。
④ 王处辉、余晓静：《从填报高考志愿看城市家庭的代际关系和教育问题：2003年高考考生/家长填报志愿情况调查报告》，《高等教育研究》2004年第1期，第24～31页。
⑤ 楼设琴、邓宏宝：《中专生呼唤职业指导：上海冶金工业学校96级新生职业意向调查报告》，《教育与职业》1997年第2期，第32～33页。
⑥ 柯友凤、龙立荣：《中学生职业兴趣的调查研究》，《高等函授学报（哲学社会科学版）》1996年第6期，第45～50页。
⑦ 蔡丽红：《当前中学生择业心理调查及现状分析》，贵州师范大学硕士学位论文，2001年。
⑧ 转引自金树人：《高中学生生涯适应与生涯辅导策略》，（台湾）二十一世纪的高级中等教育专题研讨会论文，1992年。
⑨ 张军梅：《汉族、回族高中生生涯发展特点及与学业成就关系研究》，西北师范大学硕士学位论文，2001年。
⑩ 梁国恩、钟财文：《香港中学生的职业成熟状况》，《香港中文大学教育学报》1988年第16卷第1期。
⑪ 金树人：《高中学生生涯适应与生涯辅导策略》，（台湾）二十一世纪的高级中等教育专题研讨会论文，1992年。

种类型，依比例高低顺序是：焦虑未定向型、探索未决定型、自主决定型。已有明确定向的（自主决定型和他主定向型）仅为三分之一。家长的教育程度与学生的生涯定向程度有关，家长的教育程度越高则自主决定型、他主决定型的比例也愈高，家长的教育程度愈低则焦虑未定型的比例也愈高。①

综合国内外对中学生职业心理发展特点的理论和实证研究，可以看出：(1) 中学生主要处于职业探索和初步定向阶段。(2) 中学生职业成熟度不仅与年龄（年级）密切相关，而且受到众多环境和背景因素的影响。

（三）中学生职业成熟度的教育干预

中学生职业成熟度的提高可以通过提供职业生涯咨询、开展职业生涯教育和使用计算机职业生涯辅导系统等多种途径来实现。

1. 提供职业生涯咨询

职业生涯咨询包括职业生涯决策咨询和职业生涯调适咨询两种。前者通过介绍职业信息、提供心理测验和辅助职业决策来帮助个体获得职业所需的知识和技能，使其具有做决定的能力。而职业生涯调试咨询旨在调适个体在职业生涯发展过程中由于适应不良引起的各种身体及情绪上的困扰。

2. 开展职业生涯教育

职业生涯教育的形式有多种，如实施专门的职业生涯辅导活动，如职业日，开设专门的职业生涯课程等。但一些研究者强调，职业生涯教育并不仅仅是要将额外的课程附加到传统的课程里，而是要将已设立好的题材与职业生涯发展理念相联系，将职业生涯发展理念灌输到现存的课程中。

3. 使用计算机职业生涯辅导系统

目前比较著名的计算机职业生涯辅导系统有：教育决策资讯系统（Information System for Vocational Decisions，ISVD)、教育与职业生涯探究调查系统（Education and Career Exploration System，ECES)、计算机化生涯资讯系统（Computerized Vocational Information System，CVIS)、互动式辅导及资讯系统（System of Interactive Guidance and Information，SICI)、发现者（Discover)、辅导及资讯系统（Guidance Information System，GIS）和选择（Choices)。从现有研究来看，使用者对计算机职业生涯辅助系统具有较好的评价，它们有助于促进个体对职业生涯的探索，提高个体的职业成熟度，是较为有效的辅助工具。②

（四）职业成熟度的文化差异

职业成熟不同于生理成熟，生理成熟有较确定和一致公认的成熟指标，而职业

① 谭光鼎：《台湾原住青少年家庭文化与生涯规划关系之研究》，（中国台湾）“行政院科学委员会”专题研究计划成果报告，1995年。

② V. G. Zunker著，吴芝仪译：《生涯发展的理论与实务》，扬智文化出版社1996年版，第159页。

成熟是一种心理意义上的成熟，与社会文化密切相联，在不同的社会环境下，还可能存在许多文化差异。哈丁（Hardin）等人在一项研究中发现，使用同一职业成熟度的态度分量表对亚裔美国人和欧裔美国人进行测试时，前者的得分显著低于后者。但这种差异并不是由他们自身职业成熟度的差异所引起的，而是由于两种文化对独立性（independent）、相互依赖（interdependent）、依赖性（dependent）这三者关系的不同理解。亚裔美国人的高相互依赖性被误认为是缺乏独立性的表现，而具有高文化适应和低相互依赖观的亚裔美国人与欧裔美国人在态度分量表上得分的差异就不显著。[①] 由此可见，将职业成熟度这一概念引入不同民族和文化时，必须十分谨慎和加强本土化的研究。

（五）现有研究存在的问题

研究对象上，我国职业心理研究的被试以在职员工和即将走入工作世界的大学生为主，针对中学生的研究甚少，具体而言，存在以下不足。

1. 研究方法上，统计方法单一。在已有的研究中，探索性因素分析（exploratory factor analysis）运用得比较多，而这一统计方法存在许多局限性，例如它要求特定误差间均无相关；公共因素之间相关或完全不相关。这些理论假设在心理学的实际研究中很难得到完全的满足。此外，探索性因素分析是一种归纳性的研究，即通过所收集的数据，归纳概括出结构或理论，很难对理论构想进行验证。因此有学者建议，应将探索性因素分析和验证性因素分析（confirmatory factor analysis）结合起来使用，在一个样本中先用探索性因素分析建立因素结构模型，再在另一个样本中用验证性因素分析去检验和修正模型。[②] 这种交叉证实（cross-validation）的研究程序可以保证问卷所测特质的确定性、稳定性和可靠性。（2）科学的本土化测量工具匮乏。由于长期受传统职业指导理论的影响，我国大陆现有的测量工具主要是有关职业能力、职业兴趣和职业价值观方面的，用于评估中学生职业成熟水平的工具到目前为止还几乎是一片空白。科学工具的匮乏严重阻碍了在学生职业心理发展特点方面的研究，也直接影响到职业生涯教育的针对性和教育效果评价的科学性。相比之下，国外和我国台湾在职业成熟度测量方面的研究则比较丰富。虽然他们的研究成果可以为我们提供有益的借鉴，但如前所述，已有的测量工具仍存在许多不足，尤其是最常用的两种测量工具（职业成熟度问卷和职业发展问卷）都采用了能力测试的形式，存在社会期望效应，即被试倾向于选择社会所期望的正确答案而不是自己在实际情境中可能作出的选择。此外，由于传统文化和教育背景上的差异，我们在借鉴国外的这些测量工具时，也亟须加强本土化的研究。（3）系统的实证性

① E. E. Hardin, F. T. L. Leong, S. H. Osipow: *Culture relativity in the conceptualization of career maturity*. *Journal of Vocational Behavior*, 2001, 58 (1), pp36－52.

② 胡中锋、莫雷：《论因素分析方法的整合》，《心理科学》2002 年第 25 卷第 4 期，第 474～475 页。

研究少。目前国内关于中学生职业心理发展特点的研究多为经验总结型和理论探讨型，系统的实证研究为数不多。

2. 研究视角上，从职业生涯发展角度进行的研究少。虽然大陆也有些学者对学生职业心理进行了一些研究，但他们的研究视角不外乎以下几种：从德育角度调查学生职业价值观的特点；从医学和卫生学角度，分析学生在就业和择业过程中存在的心理问题和职业适应问题；或从人格心理学角度开发职业兴趣和能力测量工具，以帮助学生了解自我的心理特征。从职业生涯发展角度对学生职业心理素质进行研究的则寥寥无几。

三、本研究的总体思路

（一）中学生职业成熟度的定义

根据上述文献分析，职业成熟度是指个体在完成与其年龄相应的职业生涯发展任务上的心理准备程度。从总体上看，我国中学生尚未进入职业领域，大致处于职业探索和初步定向阶段，其主要的职业生涯发展任务是了解自我和职业世界，将两者进行最佳匹配，作出初步的职业决策，然后制订客观可行的计划和采取相应的措施，为进入该职业领域做准备。因此，中学生的职业成熟度是指其在一定的职业决策知识和态度的基础上作出适宜的职业决策的准备程度。

（二）研究目的

探讨我国中学生职业成熟度的发展特点，为开展有针对性的中学生职业生涯辅导提供理论依据。

（三）研究内容及方法

由于缺乏适合我国中学生实际情况的科学测量工具，所以在探讨中学生职业成熟度的发展特点之前，需要先编制具有良好信度和效度的、本土化的中学生职业成熟度问卷。因此整个研究分成两大阶段：

第一阶段：编制中学生职业成熟度的测量工具，此为本研究的基础，也是本研究的难点。这一阶段的研究可以分成几个部分：（1）通过文献法、开放式和半开半闭式问卷调查法、访谈法，收集高职业成熟度中学生的典型行为表现，初步构建出中学生职业成熟度的理论模型。（2）编制初始问卷，并根据预测的统计分析结果对题项进行删除和调整。然后再进行一次大规模的问卷调查，将回收的问卷随机分成两半，一半用于进行探索性因素分析，其目的在于再一次删除题项，并为验证性因素分析提供基础和假设；另一半则用于对删除题项后的正式问卷进行验证性因素分析，验证哪种假设模型拟合程度更好一些，最终确定中学生职业成熟度的成分。（3）综合考察中学生职业成熟度问卷的信度和效度。

第二阶段：探讨中学生职业成熟度的发展特点，此为本研究的重点。该阶段的研究也分成几个部分：(1) 通过平均值差异的显著性检验比较职业成熟度诸因子间的水平，从横向上考察中学生职业心理的发展特点。(2) 通过多元方差分析比较职业成熟度在年级上的差异，从纵向上考察中学生职业心理的发展趋势。(3) 通过多元方差分析，比较不同性别、地区、城乡来源、学校类型和父母文化程度的中学生群体的职业成熟度差异，探讨环境背景因素对中学生职业心理发展的影响。

整个研究的流程如图 25－2 所示。

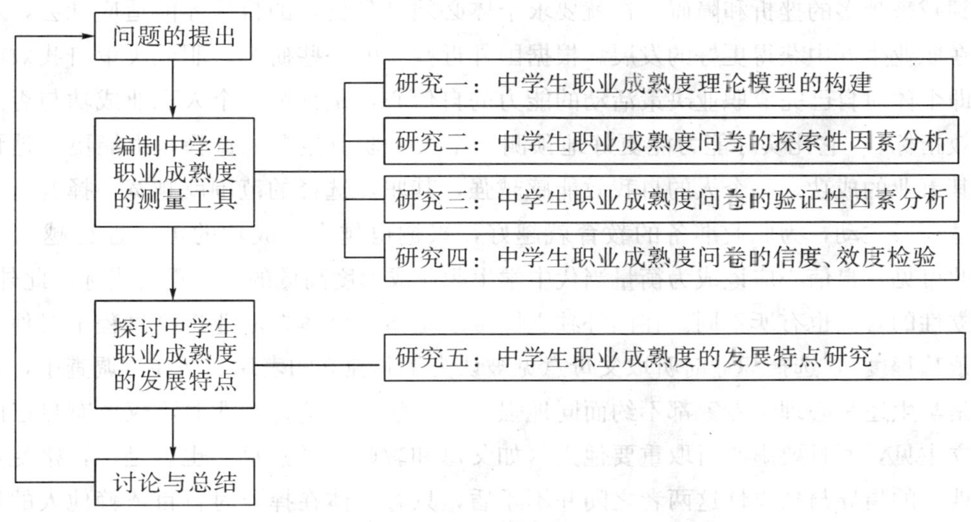

图 25－2　中学生职业成熟度发展特点研究的流程图

第二节　中学生职业成熟度的结构及问卷的编制

一、中学生职业成熟度理论模型的构建

（一）开放式与半开半闭式问卷调查的结果

为构建符合我国中学生实际的职业成熟度理论模型，首先进行了开放式问卷调查。调查对象为江西赣州某中学的高二学生、重庆工商大学的大三学生和西南师范大学的教育学和心理学专业硕士研究生，共 118 人。通过两个开放式问题，即“一个能以成熟心态来面对自己职业选择和决定的人会有哪些具体的表现（或特点）?”和“你认为中学生应该为自己今后的职业发展做哪些方面的准备?”收集高职业成熟度中学生的典型行为表现。问卷回收后，采用内容分析法进行归类整理，结果表明高职业成熟度中学生的行为主要体现在职业世界知识、职业自我知识、职业规划与实施能力、主动性、独立性、稳定性、现实性和自信心等几个方面。将上述调查结果整理成半开半闭式问卷，邮寄给全国 10 名心理学专家，考察专家对以上成分的赞

同程度。从问卷调查的结果来看，10 名专家对各成分的赞同率均在 70%以上。

上述两项调查结果既基本验证了国外已有的研究结果，例如职业自我知识、职业世界知识、主动性和现实性是中学生职业成熟度的重要成分，同时也反映了中国人对职业成熟度的一些不同观点。例如，在开放式问卷调查中绝大多数学生都认为一个高职业成熟度的人应该是自信的，这一维度也得到了专家一致的肯定。这主要是因为，随着市场经济的引入，竞争的日益激烈，现代人在职业生涯发展过程中会遇到越来越多的挫折和障碍，这就要求个体必须具备良好的自信才能适应社会，才能在职业生涯中获得更好的发展。根据国外近些年的一些研究，职业决策自我效能感即个体对自己完成职业决策活动的能力的自信心，是预测一个人职业成功与否的有效指标。① 它比实际能力能更好地预测一个人对职业生涯的选择，也能更好地预测其事业的成功。一个人的自我效能感越强，其职业选择的范围就越宽，择业行为就越积极主动，为职业准备的教育就越好，兴趣也越大，成功的可能性也越大。②由此可见，自信心应该成为衡量当代中学生职业成熟度高低的一项重要指标。此外，独立性的含义也有所不同。在国外独立性维度是指“个体在职业选择过程中对他人的依赖程度”，选择职业时听取父母意见被认为是非独立的表现。而在本调查中，无论是学生还是心理学专家都不约而同地强调，中学生在选择职业时不仅要有自己的独立主见，而且要虚心听取重要他人（如父母和教师）的意见。也就是说，接受重要他人的指导与独立性这两者之间并不矛盾，只有个体在择业时盲目依赖他人的帮助才被视为缺乏独立性。这种差异主要是由于东西两种不同文化取向所导致的：西方文化是一种自我取向的文化，强调个性和自我；中国文化是一种集体主义和家庭取向的文化，重家庭轻自我，重集体轻个体，强调个体与他人的相互关系，强调个体在家庭和集体中的义务和责任，而忽略个体的权利。③ 因此西方人在作出重要决策时主要是从个人的意愿出发，而中国人往往会更多地考虑重要他人（如父母、配偶、子女、领导等）的意见和需求，尽可能满足集体和家庭的意愿，但这并不是独立性缺乏的表现。

（二）中学生职业成熟度的理论模型

根据上述两项调查的结果，并借鉴国外已有研究的成果，本研究提出以下理论模型（图 25－3）。

---

① 龙立荣、方俐洛、凌文辁：《职业成熟度研究进展》，《心理科学》2000 年第 23 卷第 5 期，第 595～598 页。
② 方俐洛、凌文辁、刘大维：《职业心理与成功求职》，机械工业出版社 2002 年版，第 61 页、第 76 页。
③ 张岱年、方克立：《中国文化概论》，北京师范大学出版社 1994 年版，第 360 页。

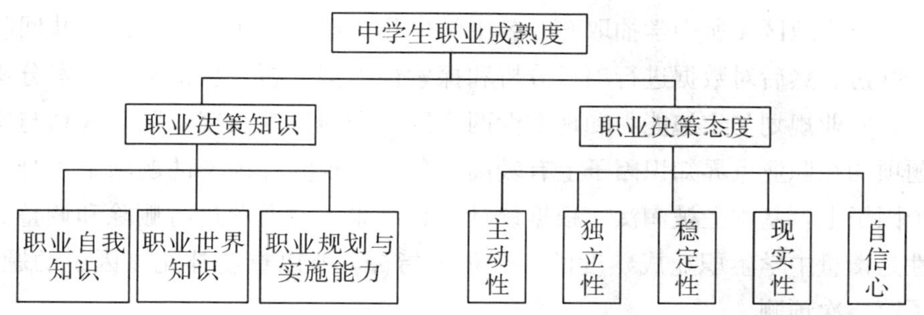

图 25－3　中学生职业成熟度的理论模型

各因子的具体含义如下：

职业决策知识是指个体对作出适宜职业决策所需知识和技能的掌握程度。包括三个方面：(1) 职业自我知识，指个体对自己的职业能力、气质、性格、兴趣、价值观等的了解程度。(2) 职业世界知识，指个体对职业的意义、职业的发展前景、从业要求、实现途径、工作职责、社会地位等的了解程度。(3) 职业规划与实施能力，指对职业选择、规划和实施技能（如职业信息检索、职业目标设置、计划制订、升学志愿填报、求职面试等技能技巧）的掌握程度。

职业决策态度是指个体具备作出适宜职业决策所需的良好个性倾向性的程度。包括五个方面：(1) 主动性，即个体积极参与职业决策过程的程度。(2) 独立性，即不盲目依赖他人而独立作出职业决策的程度。(3) 稳定性，即不同时期个体将来想从事职业领域的一致性程度。(4) 现实性，即职业决策过程中将自我需求和现实条件整合起来的程度。(5) 自信心，即对自己职业决策知识与能力的信心程度。

二、中学生职业成熟度问卷的编制

中学生职业成熟度问卷编制的整个流程为：首先，编制初始问卷，进行预测，并根据预测的结果对题项进行删除和调整，形成正式问卷。然后，进行一次大规模的结构式问卷调查，将回收的问卷随机分成两半，一半用于进行探索性因素分析，其目的在于为验证性因素分析提供基础和假设；另一半则用于进行验证性因素分析，比较哪种假设模型的拟合程度更好一些，以最终确定中学生职业成熟度的成分。最后，综合考察中学生职业成熟度问卷的信度和效度。

（一）中学生职业成熟度问卷的预测

根据中学生职业成熟度的理论模型，并结合开放式问卷所收集到的词句，借鉴国内外的相关问卷，编制了中学生职业成熟度的第一次预测问卷。该问卷共 70 个题项，由职业决策知识（38 个题项）和职业决策态度（32 个题项）两个分问卷构成。回答分为五级，即“基本符合”、“比较符合”、“中等符合”、“较不符合”和“很不符合”。为避免被试的反应定式，部分题项为反向记分题。然后采用分层随机整群抽样法，从重庆地区4所中学抽取623名中学生作为第一次预测的被试，共回收有效问卷589份。然后对数据进行项目分析和探索性因素分析。从探索性因素分析的结果来看，职业规划与实施能力和现实性两个因子未能反映出来，职业规划与实施能力的题项均在职业世界知识因子上有较高的负荷。现实性因子的题项由于难以聚合在一个因子上，基本上被淘汰。根据统计分析结果，对题项进行删除和调整。鉴于现实性是衡量中学生职业成熟度的一个重要指标，所以重新补充该因子的题项后，进行了第二次预测。

第二次预测问卷共36题，其中职业决策知识分问卷15题，职业决策态度分问卷21题。采用分层随机整群抽样法，从重庆地区3所中学抽取498名中学生作为第二次预测的被试，共回收有效问卷334份。然后进行第二次项目分析和探索性因素分析，重点考察两个方面：第一，职业规划与实施能力是职业世界知识的一部分，还是相对独立的一个因子？第二，现实性能否构成一个独立的因子？分析结果表明，职业决策态度分问卷呈现出清晰的五因素结构，职业决策知识分问卷呈现出清晰的两因素结构。为有效剔除废卷，增设了2道测谎题，最后形成了32题（其中职业决策知识分问卷12题，职业决策态度分问卷18题）的正式问卷。

（二）中学生职业成熟度问卷的第三次测试

第三次测试采用分层随机整群抽样法，分别从我国东部沿海和西部内陆地区的重点中学、普通中学和职业中学三类学校中，抽取14所中学的2280名中学生作为第三次测试的被试。根据两道测谎题剔除废卷，最后保留数据完整的有效问卷1852份，占总问卷数的81.23%。问卷回收后，将其随机编号，并根据编号的奇偶分成两半，926份进行探索性因素分析，另926份的数据则进行验证性因素分析。然后用第三次测试的全部数据来检验问卷的信度和效度。分析结果如下。

1. 中学生职业成熟度问卷的探索性因素分析

（1）职业决策态度分问卷的探索性因素分析

从检验结果来看，KMO系数为0.833，Bartlet球形检验的卡方值为3163.788，显著性为0.001。以上指标均表明该样本适宜进行因素分析。

采用主成分分析法对职业决策态度分问卷的18个题项进行探索性因素分析，转轴的方法为正交旋转。分析结果（表25－1）表明，职业决策态度分问卷呈现出清晰的五因子结构。根据统计结果，对因子进行命名：F_1反映的是个体对自己职业决策知识与能力的信心程度，故命名为自信心；F_2反映的是个体不盲目依赖他人而独立作出职业决策的程度，命名为独立性；F_3反映的是不同时期个体对将来想从事的职业领域的一致性程度，即稳定性；F_4反映的是个体是根据自身特点还是根据待遇等功利性因素来选择职业的程度，故命名为功利性；F_5反映的是个体积极参与职业决策过程的程度，故命名为主动性。

表 25－1　职业决策态度分问卷探索性因素分析的结果

F_1		F_2		F_3		F_4		F_5	
项目	负荷	项目	负荷	项目	负荷	项目	负荷	项目	负荷
a_{32}	.726	a_5	.730	a_{28}	.777	a_8	.744	a_{31}	.706
a_{23}	.706	a_{12}	.691	a_{34}	.777	a_{26}	.734	a_3	.618
a_{14}	.705	a_{36}	.673	a_9	.746	a_{15}	.658	a_{38}	.598
a_6	.644	a_{20}	.645					a_{11}	.538
特征值	2.267	2.066		1.942		1.691		1.644	
解释的变异量（%）	12.597	11.480		10.790		9.394		9.135	

注：表中只列出了负荷值大于 0.40 的部分。

（2）职业决策知识分问卷的探索性因素分析

从检验结果来看，KMO 系数为 0.879，Bartlet 球形检验的卡方值为 2343.85，显著性为 0.000。以上指标均表明该样本适宜进行因素分析。

采用主成分分析法对职业决策知识分问卷的 12 个题项进行探索性因素分析，转轴的方法为正交旋转。从因子负荷情况（表 25－2）来看，职业决策知识分问卷呈现出清晰的二因子结构。根据统计结果对因素进行命名：F_1 反映的是个体对工作世界知识和职业规划实施技能的掌握程度，故命名为职业世界知识；F_2 反映的是个体对自己的职业能力、气质、性格、兴趣、价值观等的了解程度，故命名为职业自我知识。

表 25－2　职业决策知识分问卷探索性因素分析的结果

项　目	F_1	F_2
a_{22}	.744	
a_{29}	.703	
a_{35}	.624	
a_1	.584	
a_{21}	.549	
a_7	.544	
a_{40}	.498	
a_{10}		.736
a_4		.734
a_2		.694
a_{25}		.655

续表

项　目	F_1	F_2
a_{18}		.645
特征值	2.754	2.658
解释的变异量（%）	22.954	22.147

注：表中只列出了负荷值大于0.40的部分。

2. 中学生职业成熟度问卷的验证性因素分析

验证性因素分析分成两大步骤：首先解决职业决策态度分问卷和职业决策知识分问卷分别由几个因子构成最合适的问题，然后对中学生职业成熟度整体模型进行拟合度检验。

(1) 职业决策态度分问卷因子数量的验证

根据探索性因素分析的结果，职业决策态度是由五个因子构成的（图25－4）。

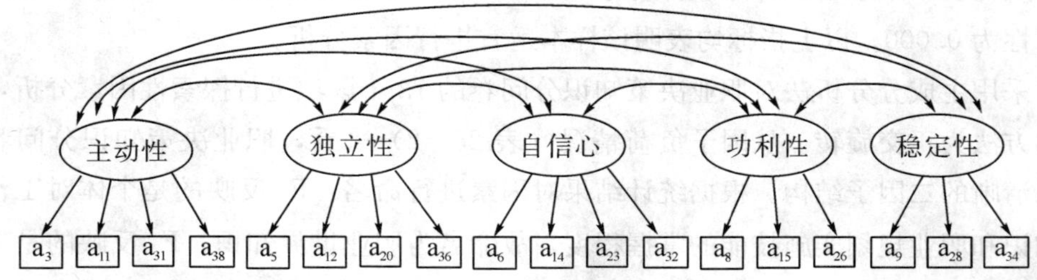

图25－4　职业决策态度的五因子模型

为了对该模型进行验证，本研究还设置了三个可资比较的模型：

虚模型：假设观测变量间不存在任何相关。

单因子模型：在探索性因素分析中，我们发现五个因子之间存在着相关，职业决策态度是否可能是一个单因子结构呢？（图25－5）

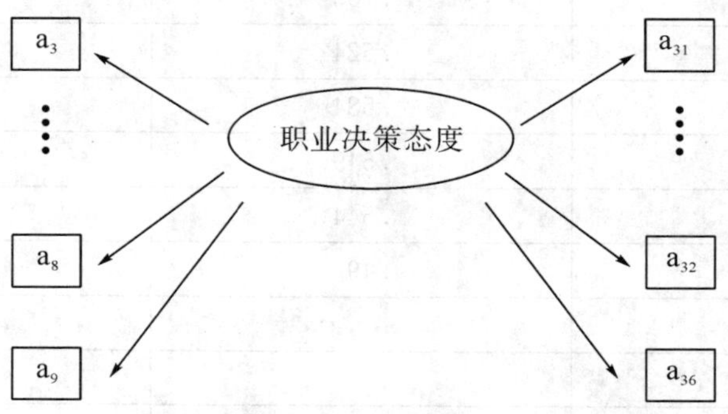

图25－5　职业决策态度的单因子模型

两因子模型：国外的职业成熟度模型中包含了卷入度（相当于主动性）、独立性、确定性（相当于稳定性）和妥协性（相当于功利性），而没有提及自信心。自信心和其他成分是否构成两个因子？（图 25－6）

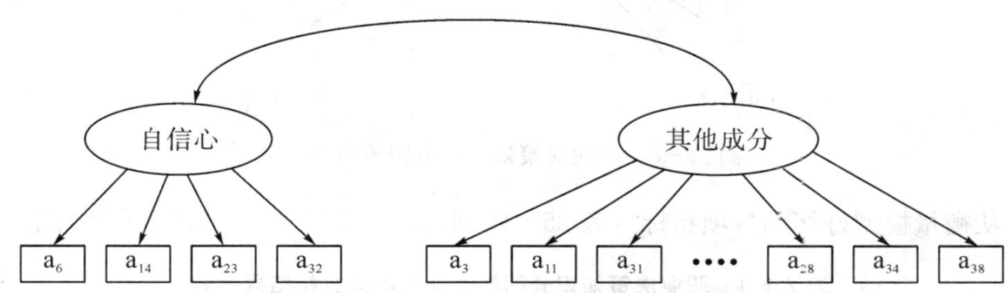

图 25－6 职业决策态度的两因子模型

根据验证性因素分析的判断标准，从虚模型开始，衡量模型好坏的指标在逐步改善，因此可以说，五因子模型要优于其他几个模型（表 25－3）。

表 25－3 职业决策态度分问卷验证性因素分析结果比较

模 型	χ^2	df	χ^2/df	*GFI*	*AGFI*	*NFI*	*NNFI*	*CFI*	*SRMR*	*PNFI*
虚模型	4554.93	171	26.63	/	/	/	/	/	/	/
单因子模型	2214.79	136	16.29	.76	.70	.51	.47	.53	.13	.46
两因子模型	1631.28	134	12.17	.80	.75	.64	.61	.66	.091	.56
五因子模型	465.48	125	3.72	.95	.93	.90	.91	.92	.045	.73

（2）职业决策知识分问卷因子数量的验证

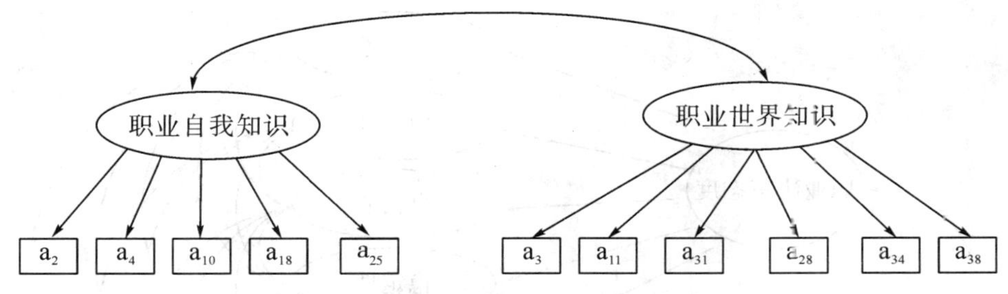

图 25－7 职业决策知识的两因子模型

根据探索性因素分析的结果，假设职业决策知识分问卷是由两个因子构成的（图 25－7）。可供比较的模型为虚模型（即假设所有观测变量间不存在任何相关）和单因子模型（图 25－8）。因为在探索性因素分析中发现职业世界知识和职业自我知识两个因子间存在着显著性相关，故假设职业决策知识是由一个因子构成的。

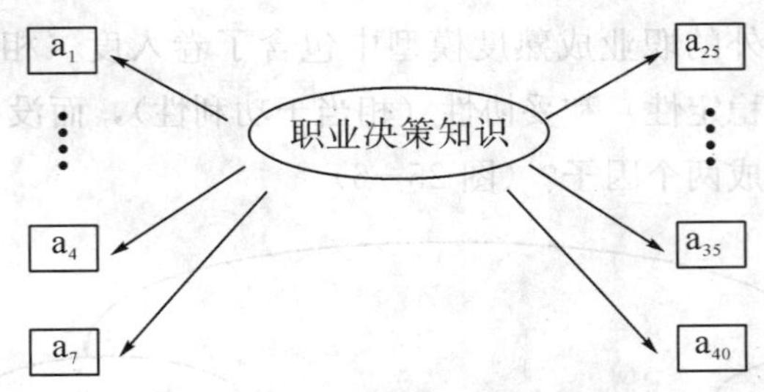

图 25－8　职业决策知识的单因子模型

从衡量模型好坏的各项指标（表 25－4）来看，两因子模型要优于单因子模型。

表 25－4　职业决策知识分问卷验证性因素分析结果比较

模　型	χ^2	df	χ^2/df	GFI	$AGFI$	NFI	$NNFI$	CFI	$SRMR$	$PNFI$
虚模型	2865.37	78	36.74	/	/	/	/	/	/	/
单因子模型	314.36	54	5.82	.87	.81	.78	.77	.81	.077	.64
两因子模型	218.60	53	4.12	.96	.94	.92	.93	.94	.043	.74

(3) 中学生职业成熟度问卷的整体拟合度

根据中学生职业成熟度模型（图 25－9），即一阶七因子、二阶二因子、所有因子之间自由相关的模型的整体拟合度检验的结果（表 25－5），χ^2/df 小于 5，说明该模型可以接受。GFI、$AGFI$、NFI、$NNFI$、CFI 均大于 0.85，$SRMR$ 小于 0.08，这表明本研究所提出的理论模型与实际资料拟合较好。PNFI 也显示该模型的省俭性较高。

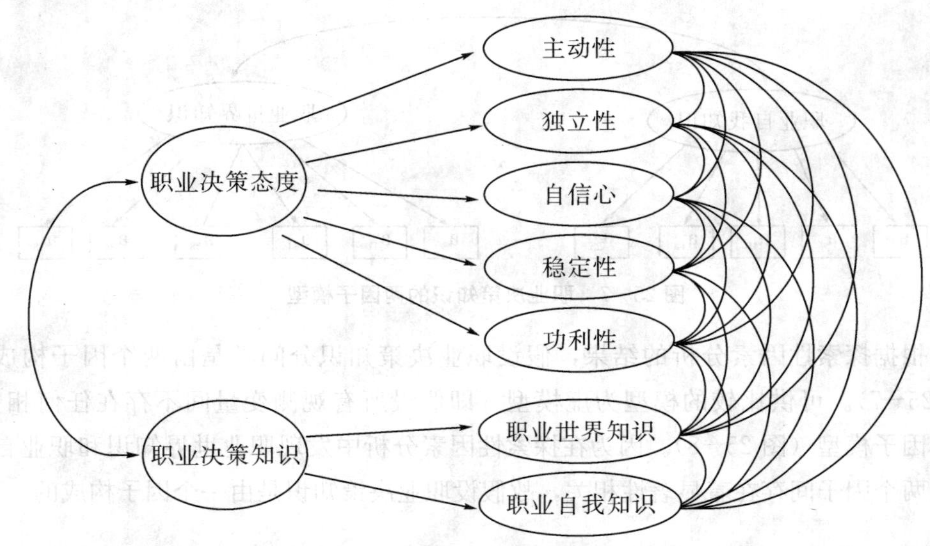

图 25－9　中学生职业成熟度的整体模型

表 25－5　中学生职业成熟度模型的整体拟合度检验结果

χ^2	df	χ^2/df	*GFI*	*AGFI*	*NFI*	*NNFI*	*CFI*	*SRMR*	*PNFI*
1381.97	390	3.54	.91	.89	.85	.87	.89	.054	.76

3. 根据因素分析结果修订后的模型

将修订后的模型（图 25－10）与最初构建的理论模型（图 25－3）相比较可以发现，二者基本吻合，不同之处在于，职业规划与实施能力因子和职业世界知识因子合在了一起。仔细分析不难发现，这是因为最初拟定的职业规划与实施能力因子的题项主要涉及职业信息搜索、职业目标设置、计划制订、升学志愿填报、求职面试技能等方面，它们所反映的仍然是个体对职业世界的了解程度，只不过职业规划与实施能力因子所反映的是与职业世界有关的程序性知识，原来拟定的职业世界知识因子所反映的是与职业世界有关的陈述性知识。故这两者可以合成一个因子，命名为职业世界知识。

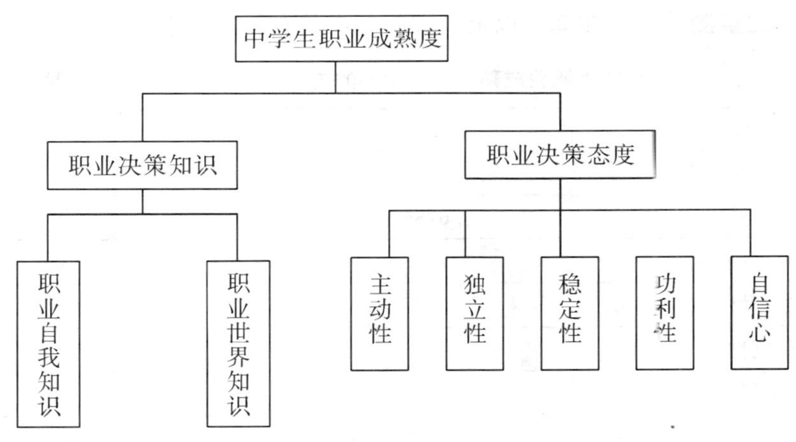

图 25－10　根据因素分析结果修订后的中学生职业成熟度模型

此外，原来的现实性因子被重新命名为功利性。现实性是指个体在职业选择过程中将自我需求和现实条件整合起来的程度。但在第一次预测的项目分析中，反映个体在择业中忽略现实条件的那些题项均因鉴别力太低而被淘汰，而反映个体在择业中忽略自身特点盲目选择热门职（专）业的那些题项则基本被保留了下来。这可能是因为在市场经济的冲击下，多数中学生已逐渐趋于功利化，他们在选择职（专）业时都会考虑待遇等现实因素，但往往忽视该职（专）业是否适合自己。择业盲目化和功利化已成为当代中学生职业心理发展不成熟的一个重要体现。虽然此前有一些调查显示，中学生在选择职业时主要考虑的是发挥能力特长、符合兴趣爱好、实现自我价值等自我因素[①]，但亦有研究发现，大学生对理想职业的选择和现实职业的选择之间几乎无关，即他们在选择理想职业时主要受个人兴趣、爱好、特长等自身因素的影响，在选择现实职业时却更多地考虑社会需求等外部因素[②]。这种现象在中学生中可能同样存在。

（三）中学生职业成熟度问卷的信度和效度检验

利用第三次测试的全部被试数据，进一步考察正式问卷的信度和效度。

1. 中学生职业成熟度问卷的信度

采用内部一致性信度和重测信度作为问卷信度分析的指标。从表 25－6 可以看出，中学生职业成熟度问卷 7 个因子的内部一致性信度在 0.5290～0.7513 之间，主动性和功利性因子偏低，但分问卷和总问卷的内部一致性信度均在 0.7 以上，较为理想。

从第三次测试的被试中抽取云南宣威师范学校一、二年级的被试进行间隔三个月的重测，共回收有效问卷 72 份。各因子的重测信度在 0.454～0.711 之间，分问卷和总问卷的重测信度均在 0.6 以上，表明问卷具有较好的重测信度。

表 25－6　中学生职业成熟度正式问卷的内部一致性信度和重测信度

变　量	内部一致性信度（n＝1852）	重测信度（n＝72）
主动性	.5290	.459
独立性	.6784	.571
自信心	.7373	.633
功利性	.5837	.454
稳定性	.7228	.573
职业世界知识	.7513	.711
职业自我知识	.7448	.635
职业决策态度分问卷	.7810	.654
职业决策知识分问卷	.8064	.735
职业成熟度总问卷	.8700	.741

2. 中学生职业成熟度问卷的效度

（1）结构效度

根据验证性因素分析的结果，从模型的各项拟合度指数来看，职业决策态度的五因子模型和职业决策知识的二因子模型相对于其他模型而言是最优的。职业成熟

① 蔡丽红：《当前中学生择业心理调查及现状分析》，贵州师范大学硕士学位论文，2001 年。
② 阴国恩、戴斌荣、金东贤：《大学生职业选择和职业价值观的调查研究》，《心理发展与教育》2000 年第 4 期，第 38～43 页。

度模型的整体拟合度也较好。因此，该问卷的结构效度是较理想的。

此外，根据因素分析的理论，各个因子之间应该有中等程度的相关，如果相关太高则说明因子之间有重合，有些因子可能并非必要；如果因子之间相关太低，则说明有的因子可能测的是与所想要测量的完全不同的内容。Tuker 曾提出，为给测验提供满意的信度和效度，项目的组间相关应在 0.10～0.60 之间。[①] 此外，各因子与总分的相关应高于相互之间的相关，以保证各因子间既有不同但测的又是同一心理特征。

表 25－7　中学生职业成熟度各因子、分问卷与总问卷之间的相关

变　量	主动性	独立性	自信心	功利性	稳定性	职业世界知识	职业自我知识	职业决策态度	职业决策知识
独立性	.106**								
自信心	.279**	.354**							
功利性	.049*	.348**	.291**						
稳定性	.177**	.246**	.419**	.269**					
职业世界知识	.575**	.192**	.448**	.095**	.283**				
职业自我知识	.349**	.311**	.565**	.276**	.434**	.449**			
职业决策态度	.483**	.635**	.735**	.639**	.679**	.489**	.607**		
职业决策知识	.527**	.302**	.601**	.229**	.430**	.816**	.883**	.650**	
职业成熟度总分	.558**	.494**	.726**	.451**	.594**	.738**	.837**	.885**	.929**

注：考虑到两个分问卷的因子和题项数目的不平衡，分问卷的记分方式为：分问卷内各因子的平均分之和/分问卷的因子数目；总问卷的记分方式为：两个分问卷的得分之和/2。本章余表同。

从表 25－7 可知，除功利性与主动性是在 0.05 水平上相关外，其余相关均达到极显著水平，这说明各因子构成了一个有机联系的整体。各因子间的相关在 0.049～0.575 之间，其中只有功利性与主动性、功利性与职业世界知识两组因子间的相关低于 0.1。各分问卷与其组成因子之间存在着较高的相关，而与另一份问卷的组成因子之间有着中等相关。各因子与总问卷的相关在 0.451～0.837 之间，分问卷与总问卷之间的相关较高，均在 0.8 以上。这表明各因子既有一定的独立性，又反映出了相应的归属性，问卷具有较好的结构效度。

（2）内容效度

本问卷的条目来源于文献综述、开放式问卷调查、访谈以及相关问卷中的一些题项，在第一次预测时请心理学专家、硕士研究生和中学教师共 22 人对最初拟订的 70 个题项是否符合中学生的实际情况以及能否反映中学生职业成熟度的高低进行了

① 戴忠恒：《心理教育与测量》，华东师范大学出版社 1987 年版，第 262 页。

评定。与此同时，还从重庆双桥中学抽取部分初一学生进行访谈，检验问卷题项语句是否通顺和易于理解。然后根据专家和学生的意见，结合探索性因素分析的结果，对题项进行修改和删除。这些措施都有效地保证了问卷具有较好的内容效度。

三、讨论

（一）关于中学生职业成熟度的结构

探索性因素分析和验证性因素分析的结果表明，中学生职业成熟度主要包括职业决策知识和职业决策态度两个维度。职业决策知识作为职业成熟度的认知成分，直接参与个体的职业决策活动，是职业成熟度中最基本的成分。根据认知的对象，它又可以分为职业世界知识和职业自我知识。职业决策态度虽然不直接参与职业决策活动，但在个体的职业决策过程中起着重要的动力和调节的作用。职业决策态度又可分为主动性、独立性、稳定性、功利性和自信心五个子成分。

该模型与国外现有的职业成熟度模型较为一致，但也存在一些不同之处：新增了自信心因子；现实性因子被功利性因子所替代；独立性因子在内涵上也存在着差异。这些不同之点正好体现出我国的文化背景和时代特征：（1）随着市场经济的引入，竞争的日益激烈，在职业生涯发展中个体受到挫折的可能性越来越大，现代人更加强调自信心在个体职业生涯发展中的作用。（2）在市场经济的冲击下，现代中学生不再像过去那样择业时只关注能否发挥自身的专长和能力，而是越来越关注待遇等功利性因素。是否根据功利因素盲目择业已成为衡量当代中学生职业成熟度的一个重要指标。（3）与西方个体取向的文化不同，中国文化是一种集体主义和家庭取向的文化，因此人们在强调中学生在职业决策过程中要有自己的主见的同时，也不排斥虚心听取他人意见的重要性，只有盲目依赖他人的帮助才被视为独立性缺乏的表现。

（二）关于中学生职业成熟度问卷

本研究通过文献法、开放式和半开半闭式问卷调查，以及访谈法，收集高职业成熟度中学生的典型行为表现，初步构建了中学生职业成熟度的理论模型，编制出初始问卷。然后通过三次大规模的问卷调查，运用探索性因素分析对不同样本进行检验，对题项进行筛选和修改，形成正式问卷。最后采用验证性因素分析进行拟合度检验，整个过程严格遵循心理测量的基本原则，有效保证了问卷编制的科学性。此外，信度和效度分析的结果也表明，中学生职业成熟度问卷具有较好的可靠性和有效性，可作为中学生职业成熟度的一个测量工具。当然要编制一个完全适合我国中学生实际的职业成熟度问卷不是一蹴而就的事情，该问卷仍存在一些不足，例如，有个别因子的内部一致性信度偏低，问卷的效标效度还有待检验。这都需要在今后的研究中不断地改进和完善。

第三节　中学生职业成熟度的特点

为考察我国中学生职业成熟度的特点，本研究从以下三个角度对第三次测试的1852名被试数据进行了分析：首先，比较职业成熟度诸因子间的水平差异，从横向上考察中学生职业成熟度的特点；然后，比较职业成熟度在年级上的差异，从纵向上考察中学生职业成熟度的发展趋势；最后，比较不同性别、地区、学校类型和父母文化程度的中学生群体的职业成熟度差异，探讨环境、背景因素对中学生职业成熟度的影响。

一、中学生职业成熟度诸因子的水平差异

表 25－8　中学生职业成熟度诸因子的水平比较（n＝1852）

变　量	主动性	独立性	自信心	功利性	稳定性	职业世界知识	职业自我知识	职业决策态度	职业决策知识	职业成熟度总分
平均数	3.119	3.802	3.750	3.514	4.009	3.129	3.554	3.639	3.341	3.490
标准差	.785	.794	.844	.928	.902	.717	.885	.542	.683	.557

根据描述性统计的结果（表 25－8），绝大多数因子的平均得分居于中等程度范围，从总体上看，我国中学生的职业成熟度并不高。各因子得分从低到高排列依次为：主动性＜职业世界知识＜功利性＜职业自我知识＜自信心＜独立性＜稳定性。将每两个邻近因子进行配对组平均值差异的显著性检验，结果显示职业世界知识与功利性（$t=-14.823$，$df=1851$，$p<0.01$），职业自我知识与自信心（$t=-10.445$，$df=1851$，$p<0.01$），自信心与独立性（$t=-2.399$，$df=1851$，$p<0.05$），独立性与稳定性（$t=-8.520$，$df=1851$，$p<0.01$）之间的差异均达到显著水平，只有主动性与职业世界知识（$t=-0.578$，$df=1851$，$p>0.05$）、功利性与职业自我知识（$t=-1.585$，$df=1851$，$p>0.05$）之间的差异不显著。由此可见，中学生职业成熟度绝大多数因子间的发展是不平衡的。主动性和职业世界知识两因子的得分显著低于其他因子的得分，这表明我国中学生在职业心理发展上存在的最主要的问题是：在职业决策过程中参与度不高，消极被动；对职业世界缺乏了解，职业规划实施技能欠缺。这一调查结果与此前一些研究比较一致。例如，有超过半数的高考考

生对自己希望报考的大学和专业缺乏了解；① 有62.5%的中专生认为自己的职业知识与信息在未来职业选择时不够用；② 有29.2%的中学生从未考虑过将来要从事什么职业，或者认为现在还不是考虑这个问题的时间。③

导致这一现象的原因可能是多方面的：首先，与当前的应试教育有关。在我国，中学教育受到世俗功利目的的扭曲，许多中学生、老师和家长均把努力学习考上理想的大学作为唯一的目标，许多人认为"将来从事什么职业"那是临近大学毕业的学生才该思考的问题。而且沉重的考试压力也使得多数中学生没有时间和精力去关注和了解学校以外的职业世界。其次，与一些落后的传统观念有关。虽然计划经济体制和大学生统包统分的就业制度已经被打破，但"学校包分配"，"职业选择不是自己决定的事，而是国家、单位的事"，"我是一块砖，哪里需要哪里搬"等传统观念仍然广泛存在。此外，中国人强调"大丈夫能屈能伸"，认为人具有无穷的可塑性，只要愿意干，什么职业什么工作岗位都可以干好，忽视个体的差异性。正是由于这些传统观念的存在，我国直到现在都不太重视职业生涯教育，不鼓励中学生积极主动地规划自己的职业生涯，最终导致我国中学生的职业成熟度不高，尤其是择业不主动，对职业世界不了解。

二、中学生职业成熟度的年级差异

表25－9　中学生职业成熟度的年级差异

因子	初一（$n=233$）		初二（$n=237$）		初三（$n=250$）		高一（$n=339$）		高二（$n=398$）		高三（$n=395$）		F	事后比较
	平均数	标准差	平均数	标准差	平均数	标准差	平均数	标准差	平均数	标准差	平均数	标准差		
主动性	3.037	.848	3.041	.786	2.972	.703	3.094	.779	3.204	.773	3.245	.786	5.856**	3<5，3<6
独立性	3.723	.762	3.902	.737	3.753	.784	3.718	.851	3.876	.806	3.815	.781	2.897*	
自信心	3.927	.865	3.798	.825	3.578	.812	3.690	.849	3.775	.804	3.751	.890	4.726**	3<1
功利性	3.612	.876	3.689	.889	3.517	.898	3.485	.933	3.427	.949	3.459	.959	3.275**	5<2
稳定性	4.060	.901	3.930	.926	3.865	.926	4.009	.903	4.099	.839	4.025	.926	2.607*	
职业世界知识	3.162	.792	3.158	.760	3.094	.626	3.070	.696	3.156	.693	3.136	.741	.864	

---

① 王处辉、余晓静：《从填报高考志愿看城市家庭的代际关系和教育问题：2003年高考考生/家长填报志愿情况调查报告》，《高等教育研究》2004年第1期，第24～31页。

② 楼设琴、邓宏宝：《中专生呼唤职业指导：上海冶金工业学校96级新生职业意向调查报告》，《教育与职业》1997年第2期，第32～33页。

③ 蔡丽红：《当前中学生择业心理调查及现状分析》，贵州师范大学硕士学位论文，2001年。

续表

因　子	初一（n=233）		初二（n=237）		初三（n=250）		高一（n=339）		高二（n=398）		高三（n=395）		F	事后比较
	平均数	标准差	平均数	标准差	平均数	标准差	平均数	标准差	平均数	标准差	平均数	标准差		
职业自我知识	3.593	.918	3.597	.831	3.318	.801	3.500	.895	3.635	.900	3.613	.898	5.159**	3<1，3<2，3<5，3<6
职业决策态度	3.672	.553	3.672	.527	3.537	.531	3.599	.552	3.676	.537	3.659	.541	2.976*	
职业决策知识	3.378	.744	3.377	.685	3.206	.580	3.285	.673	3.396	.679	3.377	.707	3.417**	3<5
职业成熟度总分	3.525	.589	3.525	.556	3.372	.501	3.442	.557	3.536	.553	3.518	.567	3.889**	3<5

注："事后比较"栏的1代表初一，2代表初二，3代表初三，4代表高一，5代表高二，6代表高三。

从方差分析的结果（表25－9）来看：（1）中学生职业成熟度的发展大致呈现出U字形的发展趋势。从初一到初二个体的职业心理缓慢发展，到初三时出现第一次骤跌，然后逐步回升，到高三时出现第二次小幅度的下降。根据事后多重比较的结果，虽然在绝大多数因子上都存在着显著的年级差异，但这种差异主要出现在初三和其他年级之间，也就是说初三是中学生职业心理发展的关键年级。（2）从总体上看，我国中学生职业心理发展的速度异常缓慢，具体体现在虽然在多数因子上高年级（高二、高三）的平均得分要高于低年级（初一、初二），但这种差异并没有达到显著性水平。（3）中学生职业成熟度各因子间的发展较不平衡。绝大多数的因子呈现出类似的发展趋势，但主动性因子增长的幅度较快。自信心因子的发展虽然也呈现出U字形，但从整体上看，中学生对自己职业决策的知识和能力的自信程度是随着年级的升高而逐步下降的。功利性因子的得分也呈现出逐步下降的趋势，但它发展的最低谷不是出现在初三而是在高二和高三，也就是说越是临近高中毕业，中学生的职业选择越趋于功利化。

我国中学生的职业成熟度并没有呈现出类似国外中学生那样随年级升高而显著增长的趋势，相反增长的速度异常缓慢。这可能是因为西方国家强调从小就开始探索和规划自己的职业生涯，多数中小学都实施了系统的职业生涯教育计划，而在我国中小学，职业生涯教育一直都没有开展起来。虽然早在1992年国家教委就颁布了《普通中学职业指导教育实验纲要（草案）》，要求把职业指导作为普通中学教育的一个组成部分加以研究和实施，但如前所述，由于应试教育和传统观念的影响，中学职业指导并没有得到足够的重视，事实上真正实施职业指导的中学的比例微不足道，即使已开展职业指导试点的地区也有近2/3的学校未能坚持下来。[①] 由于没有得到足够的职业指导，我国中学生的职业心理成熟缓慢也就不足为奇了。总之，对职业生涯教育不同的重视程度，在一定程度上导致了各国中学生职业心理发展水平的差异。

但为什么会在初三出现第一次骤跌呢？一方面，对于许多中学生而言，初三是个体职业生涯发展的一个重要转折点。根据《中国教育年鉴》的统计数据[②]，1995年至2001年每年约有半数的初中毕业生不再升入高一级的学校继续接受教育，而是直接进入职业领域。在升入高中的学生中，也有40%～50%就读的是中等职业技术学校（含中等专业学校、技工学校和职业高中）。也就是说在初三至少有半数的学生开始面临职业选择（选择读什么专业或决定从事什么工作）。但是初三学生的心理发展并不成熟，人生阅历也不丰富，迫切需要学校和家长进行及时的职业生涯指导。另一方面，受应试教育的影响，多数学校和家长都只重视学生智力的发展，关注他们能否顺利升入高一级的学校，忽视其职业心理的发展，更没有给予他们及时充分的职业指导。初三沉重的升学考试压力，也使多数中学生无暇思考职业生涯问题。所以当他们面临这一重要人生选择时通常会感到茫然不知所措，对自我职业成熟度的评价也出现了第一次骤跌。此外，可能也正是因为在初三出现了一次骤跌，高一、高二成为逐步回升阶段，所以高低年级在得分上的差异并不显著。

三、中学生职业成熟度的性别差异

虽然国外的多数研究支持“女生的职业成熟度水平要显著高于男生”这一观点，但本研究并没有得到与此一致的结论。研究发现，性别差异只在自信心和职业世界知识两个因子上达到显著水平，而且统计结果（表25-10）显示，与男生相比我国女中学生表现出更低的职业决策自信水平，她们对职业世界的了解也更少。

表25-10　中学生职业成熟度的性别差异

变　量	男（n=714）		女（n=1138）		t
	平均数	标准差	平均数	标准差	
主动性	3.097	.796	3.134	.777	.972
独立性	3.846	.806	3.774	.786	3.689
自信心	3.809	.835	3.712	.848	5.800*
功利性	3.549	.943	3.491	.918	1.704

① 中学职业指导研究与实验总课题组：《“中学职业指导研究与实验”课题总报告》，《教育与职业》2001年第2期，第45～48页。

② 中国教育年鉴编辑部：《中国教育年鉴（2002）》，人民教育出版社2002年版，第90～91页。

续表

变　量	男（n=714）		女（n=1138）		t
	平均数	标准差	平均数	标准差	
稳定性	4.008	.906	4.009	.900	.001
职业世界知识	3.183	.745	3.098	.697	6.662*
职业自我知识	3.517	.882	3.577	.886	2.050
职业决策态度	3.662	.549	3.624	.537	2.136
职业决策知识	3.350	.695	3.336	.676	.181
职业成熟度总分	3.506	.565	3.480	.552	.944

性别虽然是个体的一种生理属性，但将其视为与心理发展有关系的社会文化变量可能更合适。它对职业发展的影响来自于对社会或文化环境的反应，来自于与职业发展相关的机会。[①] 因此可以从中国“男主外，女主内”的传统性别角色期待和就业中的性别歧视来解释这一差异。

在中国人的传统观念里，女性的理想角色定位一直是“贤妻良母”。尽管这种观念近些年来已有所转变，但并未从人们的思想深处根本消失，“女性属于家庭”的刻板印象仍然存在。根据全国妇联和国家统计局2001年的一项抽样调查，在19000多名接受调查的人群中，有34.1%赞同女性“干得好不如嫁得好”。[②] 这种刻板印象不仅广泛存在于社会中，而且被多数女性所接纳。周毅刚的调查显示，有52.6%的职业女性认为家庭中男人事业的成功、孩子的养育比女人事业的成功更重要。有47.5%的女性认为人生的幸福和价值在于建立一个和睦温馨的小家庭。[③] 这种角色期待削弱了中国女性的职业成就动机和抱负水平，使她们更多地关注婚姻家庭而不是自身职业生涯的发展，这可能是导致女生职业世界知识水平和自信心水平更低的一个重要原因。

此外，从我国目前的就业现状来看，女性仍处于弱势地位，就连受过高等教育的女大学生也不例外。一项对广州高校学生的调查显示，女生对个人前途的担忧更甚于男生，对自己的求职活动更缺乏信心。仅有26.4%的女生认为“很有把握”或“较有把握”找到理想的工作，而男生的比例为36.4%。[④] 从目前的职业分布来看，

① 龙立荣、方俐洛、李晔：《社会认知职业理论与传统职业理论比较研究》，《心理科学进展》2002年第2期，第225～232页。

② 孟娜、肖晓辉：《干得好不如嫁得好？家庭与事业问题困惑中国女性》，中国新闻网，http://www.chinanews.com.cn/n/2003-08-24/26/338845.html，2003年8月24日。

③ 周毅刚：《职业女性继续教育的调查与思考》，《河南大学学报（社会科学版）》2000年第40卷第2期，第87～90页。

④ 路红、杨晓岚：《广州高校学生就业压力的调查分析》，《广州师院学报（社会科学版）》2000年第21卷第1期，第54～59页。

男性在国家机关、企事业单位负责人等象征权利和地位的社会声望较高的职业上高度密集，而更多的女性只能在代表其家庭角色和社会经济领域延伸的服务性行业中就业。① 仔细分析中国女性就业难这一社会背景，我们就不难理解为什么女生的职业决策自信心水平会显著低于男生了。

四、中学生职业成熟度的地区差异

从总分上看（表 25－11），西部经济落后地区中学生的职业成熟度要显著高于东部经济发达地区的中学生。从具体因子上看，这种差异主要体现在职业决策态度上，西部地区学生在主动性、独立性、功利性上的得分都要显著高于东部学生，而职业决策知识上的差异并不显著。

表 25－11　中学生职业成熟度的地区差异

变　量	东部（n=874）		西部（n=978）		t
	平均数	标准差	平均数	标准差	
主动性	3.060	.749	3.172	.812	9.392**
独立性	3.703	.816	3.890	.764	25.929**
自信心	3.722	.860	3.774	.830	1.772
功利性	3.450	.916	3.570	.935	7.678**
稳定性	3.980	.894	4.034	.910	1.628
职业世界知识	3.104	.717	3.150	.717	1.889
职业自我知识	3.531	.868	3.574	.899	1.120
职业决策态度	3.583	.546	3.688	.534	17.413**
职业决策知识	3.318	.674	3.362	.691	1.978
职业成熟度总分	3.450	.554	3.525	.558	8.345**

这可能是因为，在经济发达的东部，市场竞争更为激烈，企业对人才的学历要求更高，此外良好的家庭经济收入使得多数东部地区的中学生在毕业之后有能力继续接受高等教育。因此在东部，人们更期望中学生毕业后继续深造，更多地思考如何通过上大学、出国留学、攻读研究生等方式努力提高学历，而不是过早地进入职业领域，更多地考虑工作问题。与此相比，在经济落后的西部地区，企业对劳动者的素质要求更低，而且贫困使得许多学生在中学阶段或在中学毕业之后就直接进入社会谋生。如表 25－12 所示②，在小学阶段，西部地区每百万人口的在校生人数高

① 赵瑞美、王乾亮：《职业性别隔离与歧视：理论、问题、对策》，《山东医科大学学报（社会科学版）》2000 年第 2 期，第 68～73 页。

② 转引自西部教育发展战略规划组：《西部教育发展战略研究报告》，2002 年。

于东部地区，但到了初中，西部地区的在校生人数开始少于东部地区，而且随着年级的升高，这种差异越来越大。另据2001年的统计数据，上海的高等教育毛入学率（即18～22周岁同龄人中接受高等教育者的比例）为43%，浙江为15%，广州为14%，而贵州仅为7.3%。[①] 以上两组数据表明，更多的东部中学生在毕业后继续接受高一级的教育，而许多西部中学生更早地进入了职业领域。可能也正因如此，相比而言西部中学生会以更积极的态度来探索和规划自己的职业生涯，他们在职业心理上也比东部学生成熟得更早一些。

表25－12　2000年不同地区每万人口的在校学生人数（单位：人）

地　区	小　学	初　中	高　中	高等学校
东　部	1028.0	473.5	217.4	91.1
中　部	893.3	550.0	182.7	66.4
西　部	1082.6	446.3	147.6	57.6

五、中学生职业成熟度的学校类型差异

根据表25－13，从总分上看，重点中学学生的整体职业成熟度最高，其次是职业学校学生，普通中学学生的职业成熟度最低。从具体因子上看，在主动性上，职业学校＞非职业中学；在职业世界知识上，职业学校＞普通中学；在独立性和功利性上，职业学校＜普通中学，在独立性、功利性、自信心和职业自我知识上，职业学校＜重点中学。此外，重点中学和普通中学学生之间也存在着一定的差异。重点中学学生在主动性、自信心、职业世界知识和职业自我知识上要显著好于普通中学学生。

表25－13　中学生职业成熟度的学校类型差异

变　量	职业学校（n＝517）		重点中学（n＝522）		普通中学（n＝813）		F	事后比较
	平均数	标准差	平均数	标准差	平均数	标准差		
主动性	3.300	.769	3.135	.771	2.994	.781	24.786**	3＜2＜1
独立性	3.608	.838	3.898	.733	3.863	.783	22.236**	1＜2，1＜3
自信心	3.644	.878	3.905	.803	3.717	.835	13.651**	1＜2，3＜2
功利性	3.290	.933	3.595	.921	3.604	.906	21.423**	1＜2，1＜3
稳定性	4.024	.871	4.018	.903	3.993	.922	.229	
职业世界知识	3.214	.689	3.194	.738	3.032	.710	13.345**	3＜2，3＜1

① 中国教育年鉴编辑部：《中国教育年鉴（2002）》，人民教育出版社2002年版，第479页、第508页、第611页、第675页。

续表

变　量	职业学校(n=517)		重点中学(n=522)		普通中学(n=813)		F	事后比较
	平均数	标准差	平均数	标准差	平均数	标准差		
职业自我知识	3.511	.876	3.754	.848	3.453	.893	19.586**	1<2，3<2
职业决策态度	3.573	.558	3.710	.518	3.634	.542	8.407**	1<2，3<2
职业决策知识	3.363	.659	3.474	.695	3.243	.676	18.914**	3<1<2
职业成熟度总分	3.468	.556	3.592	.555	3.438	.551	12.783**	3<1<2

注：①“事后比较”栏的1代表职业学校，2代表重点中学，3代表普通中学。
②中等职业技术学校（简称职业学校）主要包括中等专业学校（含中等技术学校和中等师范学校）、技工学校和职业高中。

在三类学校学生中重点中学学生的职业成熟度最高，这可能是因为重点中学的教育环境和教师素质要普遍好于另两类学校。另一方面，根据Kelly等人的研究，学习能力水平对职业成熟度有显著的积极作用。① 在我国，职校生一般来源于中学里的学业差生，而重点中学的学生多为学业优生，他们的学习能力更高，其职业成熟度也可能相应的高于职校生。此外，根据国内一些学者的研究，重点中学学生的整体心理素质要好于普通中学学生②，学业优秀学生的心理素质从整体上好于学业不良学生。③ 职业成熟度是整体心理素质在职业心理上的具体体现，所以重点中学学生职业心理的整体发展水平要高于普通中学学生和职业学校学生也是可以理解的。当然与非职校生相比，职校生已从职业探索阶段进入职业准备阶段，其主要任务是学习专业知识和技能，为即将从事的职业做准备。没有高考压力、直接面临就业的职校生，会用更多的时间和精力来思考和探索自己未来的职业发展，而且系统的专业学习也使得他们对职业世界有了更充分的了解，因此他们在主动性和职业世界知识这两个因子上的得分会更高一些。不同类型学校的学生在职业成熟度其他因子上的差异还有待于进一步的研究。

六、中学生职业成熟度的父母文化程度差异

根据表25－14，父亲文化程度不同的学生在绝大多数因子上都呈现出显著性差异。事后多重比较结果显示，这种差异主要出现在父亲文化为大学及以上的学生和父亲文化为中学或小学的学生之间。从总体上看，父亲的文化程度与子女的职业成熟度呈现出这样一种趋势，即在一定范围内呈正相关，父亲的文化程度越高，子女

① K. R. Kelly，N. Colangelo：*Effects of academic ability and gender on career development*. *Journal for the Education of the Gifted*，1990，13（2），pp168－175.
② 冯正直：《中学生心理素质成分及其发展的研究》，西南师范大学硕士学位论文，1999年。
③ 刘衍玲：《学业优秀与学业不良高中生心理素质的比较研究》，《西南师范大学学报（人文社会科学版）》2000年第26卷第3期，第75～79页。

的职业成熟度也越高。但职业成熟度最低学生的父亲文化程度通常为小学，而不是小学以下。

表 25－14　中学生职业成熟度的父亲文化程度差异

因　子	大学以上（*n*＝60）		大学（*n*＝186）		中学（*n*＝1252）		小学（*n*＝310）		小学以下（*n*＝44）		*F*	事后比较
	平均数	标准差	平均数	标准差	平均数	标准差	平均数	标准差	平均数	标准差		
主动性	3.358	.862	3.187	.713	3.124	.788	2.990	.785	3.273	.758	4.295**	1>4
独立性	3.817	.723	3.808	.763	3.793	.801	3.802	.809	3.983	.748	.615	
自信心	3.925	.947	3.964	.826	3.736	.832	3.639	.852	3.778	.907	5.115**	2>3，2>4
功利性	3.744	.963	3.563	.908	3.529	.918	3.375	.939	3.523	1.060	2.881*	
稳定性	4.128	.890	3.998	.923	4.025	.901	3.928	.878	3.992	1.043	.991	
职业世界知识	3.469	.687	3.286	.724	3.110	.707	3.033	.718	3.195	.799	7.420**	1>3，1>4，2>3，2>4
职业自我知识	3.870	.794	3.826	.882	3.548	.882	3.348	.868	3.582	.808	10.765**	1>4，2>3>4
职业决策态度	3.794	.611	3.704	.498	3.642	.543	3.547	.534	3.710	.564	4.361**	1>4，2>4
职业决策知识	3.670	.660	3.556	.700	3.329	.673	3.190	.674	3.3883	.657	12.294**	1>3>4，2>3>4
职业成熟度总分	3.732	.594	3.630	.548	3.485	.552	3.369	.543	3.5491	.568	9.775**	1>3>4，2>3>4

注：“事后比较”栏的 1 代表大学以上，2 代表大学，3 代表中学，4 代表小学，5 代表小学以下。表 25－15 同。

根据表 25－15，母亲文化程度不同的学生在自信心、职业世界知识和职业自我知识三个因子上存在显著性的差异。事后多重比较结果显示，这种差异主要出现在大学文化和大学以下三种文化程度（中学或中专、小学、小学以下）之间。母亲为大学文化程度的中学生对自己的职业决策知识能力表现出更高的自信，对职业世界和职业自我的了解也更充分。从总体上看，母亲的文化程度与子女的职业成熟度呈现这样的趋势，即在一定范围内两者呈正相关，母亲的文化程度越高，其子女的职业成熟度也越高。但当母亲文化为大学以上时，其子女的职业成熟度反倒略低于母亲文化为大学的学生。

表 25－15　中学生职业成熟度的母亲文化程度差异

因　子	大学以上（n=34）		大学（n=124）		中学（n=1122）		小学（n=449）		小学以下（n=123）		F	事后比较
	平均数	标准差	平均数	标准差	平均数	标准差	平均数	标准差	平均数	标准差		
主动性	3.324	.782	3.258	.840	3.114	.761	3.069	.820	3.155	.794	2.085	
独立性	3.868	.669	3.913	.788	3.789	.806	3.788	.781	3.831	.773	.814	
自信心	3.897	1.047	4.040	.848	3.744	.822	3.714	.862	3.602	.864	5.140**	2>3，2>4，2>5
功利性	3.549	.978	3.699	.914	3.509	.924	3.477	.904	3.496	1.035	1.448	
稳定性	3.961	1.004	4.140	.916	4.018	.880	3.964	.943	3.965	.912	1.062	
职业世界知识	3.521	.753	3.478	.725	3.101	.707	3.091	.695	3.060	.751	11.161**	1>3，1>4，1>5，2>3，2>4，2>5
职业自我知识	3.718	.924	3.992	.800	3.565	.871	3.443	.883	3.371	.943	11.253**	2>3，2>4，2>5
职业决策态度	3.720	.631	3.810	.533	3.635	.536	3.602	.541	3.610	.561	3.924**	2>3，2>4
职业决策知识	3.619	.764	3.735	.668	3.333	.671	3.267	.662	3.216	.711	14.523**	1>5，2>3，2>4，2>5
职业成熟度总分	3.670	.666	3.773	.542	3.484	.549	3.435	.545	3.216	.711	10.814**	2>3，2>4，2>5

无论是父亲文化程度的方差分析，还是母亲文化程度的方差分析，都显示中学生的职业成熟度与家长的文化程度基本上呈正相关，即父母亲的文化程度越高，子女的职业成熟度也越高。综合表 25－14 和表 25－15 可以发现，父亲和母亲的文化程度对自信心、职业世界知识和职业自我知识三个因子的影响最为显著。这可能是因为学历高的家长在知识结构、生活经验和职业经历上更为丰富，更有可能为子女作出成功职业决策的榜样，也能更好地为子女的职业决策提供帮助和指导，因此其子女会表现出更高的职业决策自信心水平，其职业世界知识和职业自我知识也更丰富。

与此同时，本研究也发现，职业成熟度最高的学生其母亲的文化程度通常为大学而不是大学以上；当父亲文化程度为小学以下时，其子女的职业成熟度反倒略高于父亲为小学文化的学生。这可能是因为，大学以上文化的母亲在事业上的成就动机会更高一些，投入到工作中的精力会更多一些，相应的投入到家庭上的时间则更少一些，与大学文化的母亲相比她们对其子女的教育也可能会更少一些。但为什么职业成熟度最低学生的父亲文化程度通常为小学而不是小学以下，还有待进一步深入研究。引起这一现象的原因也可能是样本分布的不平衡，母亲文化程度为大学以上的（$n=34$）和父亲文化程度为小学以下的（$n=44$）被试数量都比较少。

七、讨论

调查发现，我国中学生的职业成熟度呈现出不平衡性和差异性。一方面表现在，在不同的年龄阶段有不同的发展速度，如初三年级学生的职业成熟度与其他几个年级学生的相比存在着显著性的差异；另一方面则表现在，不同中学生群体的职业成熟度存在显著性的差异，如从总体上看西部中学生的职业成熟度要显著高于东部中学生，重点中学学生要高于职业学校和普通中学学生。这种不平衡性和差异性表明，职业成熟并不是一个线性、持续稳定向前发展的过程，一些背景和环境因素（如性别、家庭教育环境、学校教育环境、社会经济状况等）可能比年龄（年级）因素更能影响个体职业心理的发展。归纳起来，这些背景和环境因素可能通过两种方式来影响个体职业心理的发展：

其一，不同的环境和背景直接为个体职业心理的发展提供有利或不利的条件。如重点中学拥有比普通中学和职业中学更优良的教育环境，受过良好教育的父母可以提供更好的指导和帮助，这些环境因素都可能直接影响个体职业心理发展的速度和水平。

其二，环境和背景因素也可以通过与个体的交互作用间接地影响个体职业心理的发展。在特定的文化背景下，人们会对不同背景或来自不同环境的人赋予不同的社会期望，而且在社会化的过程中个体会将这些社会期望逐渐内化成自我信念，影响其职业目标的设置、职业决策的行为以及结果的期待等等，从而促进或阻碍其职业生涯的发展和职业心理的成熟。如前所述，引起中学生职业成熟度性别差异的一个重要原因是中国传统的性别角色期待，人们对女性在家庭角色上的期待要高于对其在社会工作角色上的期待，因此女性在面临职业选择时和在职业生涯发展过程中可能遭遇比男性更多的障碍和困惑。当然，这种差异在不同的文化背景下也可能会有所不同，因为不同文化背景下的社会期望是不尽相同的，所以同一个环境背景因素在不同的文化背景下对个体职业心理发展的影响也可能是不同的。例如我们在研究中发现国外多数研究表明女生的职业成熟度要高于男生，而我国女中学生在自信心和职业世界知识上反而要差于男生，这可能是因为与国外（主要是西方发达国家）相比中国的这种传统性别角色期待更为明显，它们更严重地阻碍了女性职业心理的发展。

第四节　提高中学生职业成熟度的策略

从前面的调查结果来看，我国中学生的职业成熟度普遍不高，职业心理素质发展异常缓慢。从小处而言，中学生的职业成熟度不高，盲目选择文理科或升学志愿可能导致许多人在努力考上大学后却发现所读专业和院校并不适合自己，他们或重考，或转系，或勉强支撑下去，或产生厌学情绪，造成时间、物资和金钱等资源的浪费；从大处而言，则可能导致国家人力资源和高等教育资源的巨大浪费。因此如何根据中学生职业心理发展的特点，提高他们的职业成熟度，应该引起社会各界的重视。研究结果表明，影响中学生职业成熟度的主要因素有年级（年龄）、性别、家庭教育环境、学校教育环境和社会经济状况等。要促进中学生的职业心理发展，可以从以下方面入手。

一、自我探索与自我提高

中学阶段是个体职业心理发展的一个重要时期。根据我国现行教育体制，中学生无论毕业后直接进入职业领域，还是升入高一级的学校进行专业学习，都面临几项重要的选择，如选择文科或理科、升学的院校和专业等，这些选择将直接影响他们一生的职业发展。因此中学阶段的职业生涯教育比其他任何一个阶段都更具决定性和重要性。但由于长期受计划经济和应试教育的影响，中学生职业生涯教育一直没有得到足够的重视，我国中学生职业心理的发展很不成熟，远远滞后于社会职业变化对人的要求，呈现出择业意识淡漠、职业知识贫乏、职业兴趣分化不明显、择业盲目，以及择业观念偏差等诸多问题，只要把书读好，职业规划到高考填志愿时才去考虑的观念还普遍存在。此外，中学生普遍处于从未成年到成年人的过渡阶段，虽然同今后的大学阶段相比，自学能力、自我规划等各方面能力还有一定差距，但是与小学阶段相比，在认知、独立性和自主性等方面都已经有突飞猛进的发展，所以培养中学生的自我探索能力，进而提高其职业成熟度是必要的和可行的。

（一）树立正确的职业观念

研究表明，我国中学生在职业决策过程中参与度不高，消极被动；对职业世界和职业自我知识缺乏了解。这在很大程度上都与中学生普遍存在的不当职业观念有关。在现行应试教育下，许多学生存在一个误区，认为只要把书读好就行，对于专业或职业，到填志愿时再考虑，或者认为只要先上一个好大学好专业就可以了，职业的事情等大学毕业时再说。事实上，职业生涯是一个人一生的事情，特别是中学阶段，不仅是学习的关键时期，也是个体进行职业探索、个体职业心理发展的关键时期。所以树立正确的职业观念尤为重要。另外，要教育学生在面临具体的职业选择时，需要在对职业与自我充分了解的情况下作出合适的决策。学生的职业决策态度要改变，首先应从认识上着手，需要观念上的转变。

（二）在学校的指导下积极自学

学校可以为学生提供与普通中学课程相关的专业分类，与专业相关的职业的具体要求，使学生明了某一专业与职业的关系，专业对应的职业的素质要求，从而客观把握自己的专业选择方向和学习努力的方向。选择明确的目标后，从多方面不断完善自己，提高处理信息的能力。

（三）积极探索自我

一方面，可以在学校的指导下做一些自我探索性的测验，比如自我指导探索量表（Self-directed Search，SDS），对自己的气质类型、兴趣爱好、职业价值观等有所认识；另一方面，积极参加学校的课外活动，发现和发展自己的兴趣爱好与特长。

（四）提高自身的综合素质

研究表明，重点中学的学生相对具有较高的职业成熟度。一般而言，重点中学的学生学业优秀，所处教育环境较好，他们自身的综合素质也较高。职业心理素质实际上也是综合素质的一个重要组成部分。综合素质高，比如言语流利、心态积极等，这些其实也是在未来职业选择与竞争中的优势。所以提高自身的综合素质也是不可或缺的。

二、发挥学校教育的主导作用，多渠道开展职业生涯教育

（一）生涯发展课程

开设生涯发展课程是进行中学生生涯教育的主要形式。它有多种形式，其中最主要的莫过于采用生涯发展活动课程的形式，即以班级或小组为单位，有目的、有计划地实施一定的活动项目，让学生通过主动地参与活动，并体验活动的内涵，以实现自我生涯教育和生涯发展的功能。教师通过这样的活动，可以了解学生，引导和帮助学生达到生涯发展的目的，而学生通过这样的活动，能促进他们的自我了解，以及对生涯的认知，提高他们的生涯决策能力。

生涯课程的主题要把握学生的年级特点与任务。研究表明，中学生的职业成熟度大致呈现出U字形的发展趋势。初三时职业成熟度最低，是中学生职业发展的关键期。所以针对不同年级的特点与任务，设计相应的主题才会收到事半功倍的效果。

1. 在初中阶段，以探索和计划为主。实施初中生涯教育的具体内容包括：（1）了解生涯发展理念，扩展生涯知觉；（2）进行生涯探索；（3）习得基本的求职能力与技巧，并作生涯规划；（4）树立良好的职业道德观念；（5）为升学作充分准备。在一、二年级，中学生以职业生涯探索为重点，职业生涯教育以引导学生积极探索

自我和帮助学生树立正确的职业决策态度为主。可以采用如职业家族树、生涯彩虹图、生活馅饼等具体方法。对于初三面临分流（在初三毕业后是升入普通高中、职业学校，还是直接参加工作）的学生，要实施升学与择业的辅导。重点应放在促进学生对职业世界的了解和提高其职业决策的能力上。如采用职业路径图、职业决策平衡单、心理测验法、理性情绪疗法等。

2. 高中生的生涯发展包括的内容很广，必须根据个人的需要、已准备的程度、个人动机、目标来进行。高中阶段生涯教育与辅导的重点为：(1) 帮助学生对较特定的生涯目标有更多的了解；(2) 帮助学生对比较特定的生涯目标，制订出较确定的计划；(3) 对于一些较确定的职业，帮助学生选修一些适当的课程，或参加在职训练或继续升学追求更高层次的训练，以实行其计划。当学生面临职业选择（如选择文科还是理科，报考什么专业）时，也应将重点放在促进学生对职业世界的了解和提高其职业决策能力上。特别是在高三面临就业还是升学的选择时，更可以开展个别指导。

（二）生涯咨询

生涯咨询是整个生涯辅导的重要部分，主要是帮助咨询对象的生涯发展或作决策。与生涯教育相比较，生涯咨询更为个别化，更能够满足学生的个别需要，但同时在实施上更为复杂和专业。特别是在毕业阶段，竞争压力、选择迷茫和挫折的应对，都会使毕业生产生紧张、焦虑、恐惧、自卑等消极的情绪，这些不良的情绪会影响中学生对自我的认知、对职业信息的充分分析，挫伤他们竞争的勇气，最终会影响他们的就业。因此学校有必要了解毕业生的心理状况，有针对性地开展集体心理辅导，对毕业生在择业过程中产生的心理问题，及时提供心理咨询，帮助学生走出心理误区，保持心理健康；同时加强大学生的抗挫折教育，培养其积极健康的求职心态。

（三）职业心理测验

职业心理测验在职业生涯辅导中占有重要的地位，因为成功的职业决策必须以“知己”（即了解自己）和“知彼”（即了解他人）为前提，而心理测验是帮助个体探索自我的一种有效工具。根据我国台湾学者金树人提出的模型，心理测验在职业生涯辅导中的应用主要包括以下步骤：确定受测者所处的职业生涯发展阶段、分析受测者的需要、施测者和受测者共同确定心理测验的目标、根据测验目标选择相应的测验工具、施测、对测验结果进行解释和分析。心理测验旨在帮助个体了解自我，而自我是一个多层面的组合体，因此不可能通过单一的心理测验便达到对自我的全面了解。为此，心理学家们设计了多种标准化职业心理测验以供使用。目前常用的主要有：

1. 职业兴趣方面的问卷：主要用于协助个体了解自己的兴趣类型。常用测验有自我指导探索量表（Self-directed Search，SDS），Kuder 的职业兴趣量表（Kuder Occupational Interest Survey），Strong 和 Campbell 的职业兴趣量表（Strong Vocational Interest Blank）。

2. 职业能力方面的问卷：主要用于帮助学生了解自己是否具备从事某项工作的倾向和能力。常用测验有一般能力倾向成套测验（General Aptitude Test Battery，GATB）和区分能力倾向测验（Differential Aptitude Test，DAT）。

3. 职业价值观方面的问卷：主要用于帮助学生澄清与职业选择有关的价值判断。最常用的测验有 Super 的工作价值问卷（Work Value Inventory，WVI）。

4. 职业生涯信念方面的问卷：主要用于帮助学生检查阻碍自己作出职业决策或阻碍职业生涯发展的错误观念。常用测验有职业生涯信念问卷（Career Belief Inventory，CBI）。

5. 职业成熟度方面的问卷：主要用于帮助学生检查自己的职业心理发展是否与自己的实际年龄相适应，是否完成与自己的年龄相应的职业生涯发展任务。常用测验有职业成熟度问卷和职业发展问卷。

6. 职业生涯阻隔因素方面的问卷：主要用于帮助学生考察阻碍自己职业生涯发展的主客观因素，如意志薄弱、行动犹豫、信息缺乏等。

7. 人格方面的问卷：主要用于帮助学生了解自己的人格特征及其与职业类型的适配性。常用问卷有卡特尔 16 种人格特质量表（Cattell 16 Personality Factor Questionnaire，16PF）和艾森克人格问卷（Eysenk Personality Questionnaire，EPQ）。

标准化心理测验虽然有助于个体了解自己，但由于心理测验本身的间接性和局限性，教师应将其与其他方法（如自我幻想技术、引导式自我访问、成功经历分析、他人反馈等）结合起来一起使用，不可过分依赖。

（四）学校本位的生涯教育与辅导

如前所述，学校是中学生的主要活动场所，学校的老师，特别是班主任、任课教师等，可以说几乎与学生朝夕相处。学校教育环境对学生的身心发展有重要影响，是中学生职业成熟度的主要影响因素之一。如果单凭学校仅有的几名生涯辅导人员和咨询人员的努力，效果是有限的。学校的生涯教育，一方面应开设与学生特点相符的生涯教育课程，对全体学生系统传授职业决策知识，培养其正确的职业决策态度；另一方面，职业生涯教育，需要以学校为本位开展生涯教育与辅导，全校教职员工都应参与其中。

以学校为本位的生涯教育与辅导，是指在校长的带领下，以全校教职员工参与的方式，共同识别学生整体的需要，并据此确定共同的目标及工作要点，通过全校性的教育与辅导活动，促进学生的生涯认知、生涯探索、生涯准备，以促进学生走向生涯成熟。它强调生涯教育不能单靠少数专业辅导人员的努力，而应投入全校的力量，班主任要扮演出色的辅导员，而辅导教师则要具备合格教师的身份。

学校本位生涯教育与辅导的实施主要包括下面六个步骤。

1. 动员。了解教师所关心的有关学生生涯方面的问题。所有学生均提交一份自己问题的清单，说明所关注的问题及优先顺序；召开一个相关教师的会议，初选出受共同关注的问题；就导致问题的原因进行探讨；与全体师生、家长就学校所提出的共同关注的问题及准备采取的措施进行交流。

2. 形成计划。成立一个由校长或辅导教师领导（或协调）的小组。鉴别及澄清学生的需要及优先顺序。包括从班主任、任课教师、学生和家长处征求意见；把意见反馈给全体教师，就需要优先着手解决的问题达成共识。

3. 设计活动。为不同班级、不同层次的学生设计、规划合适的活动。协调利用现有资源；协调全校活动。

4. 执行并实施活动。就各子项目、活动设立小组。按计划实施活动。

5. 评估计划或活动。在实施阶段评估和修正计划或活动，包括召集各小组评估活动的效果；通过教师活动室的交谈收集反馈信息；使用活动评价问卷；在教室内外观察学生。每学年末作一总评。视需要将结果反馈给师生和家长。

6. 检讨修正。检讨全部计划，作出调整，以便以后改进。

下面是一项学校本位生涯辅导与教育活动的具体情况。

1. 依据：年度辅导工作计划。

2. 目的：

(1) 协助学生了解自我，发展自我兴趣、能力和价值观等，进而规划自己的生涯目标。

(2) 指导学生认识职业及工作世界，培养正确的生涯目标。

(3) 协助学生认识自己所处的环境，适应社会变迁，使其接纳自己，尊重别人。

(4) 指导学生善于规划时间，并从事正当的休闲活动。

(5) 培养学生解决问题的能力与建立良好人际关系。

(6) 家长配合，培养学生正确的生涯发展理念及规划生涯目标的能力。

3. 承办单位：辅导室。

4. 活动时间：某年某月某日～某年某月某日的一周。

5. 活动内容及流程：

(1) 学校内活动：

①广播之声——生涯辅导宣传。

②生涯辅导系列专题演讲——升旗、周会。

③生涯角签名活动。

④生涯辅导活动与教学课程配合：

辅导活动课：个人档案、我的盾牌、假如我是教师、做一个快乐的螺丝钉等。

教学课：作文课写读书心得、美劳课做自我面具、音乐课唱三题歌曲。

生涯辅导艺术竞赛——绘画、书法、作文。

(2) 社区活动：参观社区内的工厂；职业亲身体验；开展社区调查。

(3) 家长配合：家长现身说法；开展生涯辅导家长问卷调查。

(五) 加强素质教育

中学生职业心理发展的缓慢，在很大程度上与我国的应试教育有关。应试教育导致了中学生、家长和学校对学习极度重视，而对学生综合素质的发展重视不够的情况。学校应逐步扭转应试教育的观念，减轻学生的学业负担，这样学生才能有意识、有时间去了解职业世界和探索自我；加强素质教育，创造活动机会，发展学生的兴趣爱好。如前所述，学生的职业心理其实也是学生综合素质的一部分，综合素质提高，职业心理素质也会相应有所提高。当然，素质教育的开展，更需要我国政府和教育行政部门在政策上予以调整和保障。

三、家校合作，调动家长参与的积极性

家长也是中学生职业生涯教育的重要力量。一方面，家长最关心自己孩子的出路、前途，学生家长工作在各行各业，在职业类型方面有代表性；另一方面，家长对学生的身心发展有很大影响，每个学生的性格、能力、发展情况等，家长也最了解。据报道，有关部门对全国 6 大行政区的 26 个市、5 个县的 1 万名高中生进行的问卷调查结果表明，有 90.5%的学生认为，“尊重个人的生活”重要或非常重要。由此看来，高中生在有关职业选择和相关的决定方面自我决策意识占有重要的地位。但从另一方面来看，高中生在真正面临某一选择时，又有明显的依从于父母的一面。前面的研究也表明，中学生在职业决策中参与度不高，消极被动，在很多时候还是依赖于家长的意见；中学生的职业成熟度与家长的文化程度基本上呈正相关。父母的文化程度对自信心、职业世界知识和职业自我知识三个因子的影响最为显著。相对而言，学历高的家长可能有关职业决策和职业世界等的知识更为丰富，还在一定程度上提供榜样作用，也能更好地为孩子提供帮助和指导。这些都说明了家长在子女的职业生涯教育方面不可替代的作用，所以家长的积极参与是必不可少的。

(一) 家庭积极与学校合作

在不少国家，学校都注意与家长的联系与合作，获得家长对学校生涯教育工作的支持与理解，在学生升学和就业问题上共同协商。这也是我国职业生涯教育寻求社会支持的重要途径。家长要理解和支持学校进行的生涯教育活动。可以参加座谈会，与学校老师就子女的职业生涯问题进行交流，还可以接受职业生涯的同步指导。

在这里，家长也可以与学生面谈，向他们介绍自己所从事的职业，回答学生关心的职业问题。家长还可以参加学校召开的家长代表会，反馈学生和其他家长对学校工作的要求和建议，对学校的生涯教育工作实行有效的监督，从而成为联系教师和学生的中介。

（二）创设良好的家庭氛围

家长要对孩子的职业心理发展提供帮助和指导。家庭氛围对学生心理素质的发展，特别是对孩子的主动性、独立性、稳定性、功利性与自信心具有重要影响。这些因素也是职业决策态度的重要组成部分。好的家庭氛围，有助于孩子在职业决策上的主动性、自信心等的发展。父母的榜样作用，也对孩子的职业心理发展有着重要的影响。

（三）家长要关注职业信息

除了与学校的合作以外，家长本身也可在工作之余关注一些社会上的职业信息，有机会的话还可带孩子参加一些实践活动，提供广泛的信息渠道，扩宽孩子对职业世界的认识。

（四）家长鼓励子女决策

鼓励子女积极探索自我，在子女面临专业抉择时，一方面能给子女创造了解职业世界和职业自我的机会，另一方面也要以民主的方式尊重孩子经过慎重考虑作出的决策。

四、营造有利环境，增强社会支持

人是具有社会性的，整个社会的氛围，会在很大程度上直接或间接作用于中学生。中学生职业心理的健康发展，离不开社会各界的支持与配合。

（一）转变陈旧观念

研究表明，中学生职业成熟度中的自信心和职业世界知识在男女生之间有显著性差异。与男生相比，女生表现出更低的职业决策自信水平，她们对职业世界的了解也更少。其实也许性别本身对学生的职业成熟度没有什么直接影响，但是社会给予不同性别的职业期望却是产生中学生职业成熟度性别差异的重要原因。特别是在我国，还普遍存在着一些陈旧的特别是不利于女性发展的职业观念，这在一定程度上束缚了女中学生的职业自信心、对职业世界的认识的发展。此外，有不少单位在招聘及工作待遇上存在性别歧视现象。这些因素对女中学生职业成熟度的发展都有着不利影响。这应该引起社会各界、特别是用人单位的重视，逐步扭转在职业领域对女性职业者的一些传统观念。

除性别歧视外，由于我国以前长期的计划经济体制和包分配的就业体制，“职业选择不是自己决定的事，而是国家、单位的事”，“我是一块砖，哪里需要哪里搬”，

"大丈夫能屈能伸"等观念忽视了个体的主动性和差异性，这在一定程度上也不利于中学生职业成熟度，特别是在职业决策态度上的主动性、独立性和自信心的发展。

（二）配合学校工作

学校组织学生开展一些社会实践性的生涯辅导活动，比如参观工厂、博物馆等，是需要相关单位的配合与支持的。也许在短时间内看来，被参观的单位花费了人力、物力，没有获得实际效益，但从长远的角度来看，今天的中学生说不定就是未来该行业的主力军，未来的行业发展和社会稳定也都离不开社会的支持。

（三）适时修订政策

政府制定政策关系着国计民生，牵动着老百姓的心。政府的政策可以从法律上、制度上保障有利于国计民生的措施的实施。在教育方面，国家要适时修订政策，大力提倡素质教育，加大学校生涯教育的力度。

附录　中学生职业成熟度问卷

亲爱的同学：

您好！我们想邀请您参加一项调查，希望得到您的支持！回答时请注意：(1) 您所回答的内容我们将严格保密，请您放心作答。(2) 每道题只选一个答案，请勿漏选或多选。(3) 回答无对错之分，无须过多思考，也不要参考他人的回答。请判断以下描述与您平时真实的想法和做法相符合的程度，在相应的题项后勾选相应的字母。各个字母的具体含义如下：

A：很不符合；B：较不符合；C：中等符合；D：比较符合；E：基本符合。

谢谢您的热心支持与合作！

1. 对自己打算从事的职业（或打算报考的专业）了解全面。
□A　□B　□C　□D　□E
2. 不知道自己对哪些专业或工作感兴趣。　□A　□B　□C　□D　□E
3. 经常搜集就业或升学方面的信息。　□A　□B　□C　□D　□E
4. 知道自己能胜任什么工作。　□A　□B　□C　□D　□E
5. 选择未来职业（或填报升学志愿）时，我倾向于让父母或老师替我做决定。
□A　□B　□C　□D　□E
6. 我对自己正确选择职业（或专业）的能力缺乏信心。
□A　□B　□C　□D　□E

7. 知道从各类院校和专业毕业后可能从事哪些工作。
□A □B □C □D □E

8. 有些专业虽然我一点儿也不感兴趣，但只要好就业，我也会选择。
□A □B □C □D □E

9. 对于未来该选择什么工作或专业，我常常是一天一个想法。
□A □B □C □D □E

10. 不知道自己的性格特点适合干什么工作（或读什么专业）。
□A □B □C □D □E

11. 有意识地加强与理想职业（或专业）相关学科的学习。
□A □B □C □D □E

12. 听从老师或父母的意见来选工作或专业应该不会错。
□A □B □C □D □E

*13. 能描述出目前社会上各种常见职业的主要工作内容。
□A □B □C □D □E

14. 我觉得自己没能力规划自己未来的职业发展。 □A □B □C □D □E

15. 选工作或专业时，我（将）更多地考虑它是否热门，而不是自己的兴趣与能力。 □A □B □C □D □E

*16. 了解不同工作对从业者在身心、知识、能力等各方面的不同要求。
□A □B □C □D □E

*17. 对于未来该选择什么工作或专业，我已有较稳定的打算。
□A □B □C □D □E

18. 不清楚自己喜欢什么样的工作环境。 □A □B □C □D □E

*19. 经常思考自己将来该干什么工作（或该报考什么专业、院校）。
□A □B □C □D □E

20. 选择未来职业（或填报升学志愿）时，虽然会参考父母老师的意见，但主要由我自己做决定。 □A □B □C □D □E

21. 不知道如何根据自己的职业目标来填报升学志愿。
□A □B □C □D □E

22. 对与自己理想职业相关的专业和院校有所了解。 □A □B □C □D □E

23. 我觉得自己没能力解决实现职业理想时可能碰到的困难。
□A □B □C □D □E

*24. 此题请直接选择第四个答案即“比较符合”。 □A □B □C □D □E

25. 不知道自己今后想从事什么工作（或想报考什么院校和专业）。
□A □B □C □D □E

26. 有些工作虽然不适合我，但只要待遇好，我就不会拒绝。

□A □B □C □D □E

*27. 不了解目前的就业形势和人才需求状况。 □A □B □C □D □E

28. 我的职业理想容易随一时兴趣的转移而改变。 □A □B □C □D □E

29. 知道如何搜集升学和就业信息。 □A □B □C □D □E

*30. 在选择未来职业或专业问题上，我很有主见。 □A □B □C □D □E

31. 经常向他人了解自己想从事职业（或想报考专业、院校）的情况。

□A □B □C □D □E

32. 我怀疑自己没能力实现我的职业目标或人生目标。

□A □B □C □D □E

*33. 知道自己具备从事哪类工作的能力和特长。 □A □B □C □D □E

34. 关于未来该从事什么职业（或该报考什么专业），我的想法老是在变。

□A □B □C □D □E

35. 知道如何制订个人的学习和教育计划以最终实现职业目标。

□A □B □C □D □E

36. 在选择未来职业或专业问题上，我很依赖于父母老师的指点。

□A □B □C □D □E

*37. 知道选择职业时自己最看重什么。 □A □B □C □D □E

38. 极少与他人讨论自己在升学或就业方面的打算。 □A □B □C □D □E

*39. 此题请直接选择第二个答案即“较不符合”。 □A □B □C □D □E

40. 对各种就业和升学的途径缺乏了解。 □A □B □C □D □E

*41. 选工作或专业时，我（将）更多地考虑自己的兴趣与能力，而不是它是否热门。 □A □B □C □D □E

第二十六章 Di Er Shi Liu Zhang

大学生职业成熟度与指导策略

大学阶段是个体成长的特殊阶段。从个体发展角度，此时大学生的心理变化是最激烈的时期；从职业生涯角度，大学生毕业以后直接进入职业领域。面对心理发展中的冲突和职业选择中的矛盾，开展大学生职业生涯辅导已成为当前大学教育中一项迫切而重要的任务。

职业生涯辅导的有效展开是以了解大学生职业心理发展的特点为前提。但目前我国这方面的研究远远不能满足现代职业生涯辅导发展的需求。当前的职业指导多是让学生了解就业形势，降低求职的要求，往往是让学生被动地接受职业世界的知识，被动地降低自己的要求。现代职业生涯辅导强调的是培养学生职业决策和解决问题的能力，引导学生积极探索和规划自己的职业生涯。所以，要对大学生进行有针对性的生涯辅导，需要了解大学生职业决策意识和能力的发展状况。开展大学生职业成熟度研究不仅可以增进对大学生职业心理发展特点的了解，提高职业生涯辅导的针对性和有效性，而且可以为职业生涯辅导效果的评估提供有力的证据。

第一节　研究概述

一、职业成熟度的概念

（一）职业成熟度概念的界定

具体内容见第二十五章相关部分。

（二）职业成熟度的结构及其内部关系

1957年休泊在职业发展理论中，为了进一步说明职业成熟度，指出了职业成熟的六项目标领域。①

表 26—1 职业成熟的目标领域和指标

目标领域	指　标
1. 职业选择的方向	a. 对选择的关心 b. 遇到有关方向性问题时的解决程度
2. 有关志向职业的情报与计划	a. 对志向职业知识了解的详细程度 b. 对志向职业计划了解的详细程度
3. 职业志向的一贯性	a. 职业志向领域的一贯性 b. 职业志向水平的一贯性 c. 对职业志向职业群（领域与水平）的一贯性
4. 个人特性的明朗化	a. 根据测定兴趣类型化的程度 b. 兴趣的成熟 c. 对工作的好恶 d. 劳动价值观的类型化程度 e. 关于劳动报酬议论范围 f. 对选择和计划的责任
5. 职业上的独立性	劳动经验的独立性
6. 职业选择的明智性和妥当性	a. 能力和爱好的一致性 b. 被测定的兴趣与爱好的一致性 c. 被测定的兴趣与幻想性爱好的一致性 d. 被测定的兴趣上的职业水平与爱好水平的一致性 e. 因爱好可能带来的社会经济影响

Crites 于 1965 年提出建立职业成熟度模型的构想。这个模型包括情感和认知两个维度。认知维度主要是指职业决策的技能，而情感维度则旨在考虑与职业发展有关的态度。②

1978 年，克雷茨对过去无规律的选择内容和过程进行了区分，模拟智力的层次模型，提出了由一般因素、因素群（4 组）、变量（17 个）组戌的职业成熟阶段式模型（见图 26—1）。

职业选择内容包括两个特定的成熟因素，即职业选择的一致性和职业选择的现实性。所谓一致性是指在不同的时间，个人所选择领域的职业的稳定性；所谓现实性是指个人的特点与所喜欢的工作环境是否匹配。

克雷茨还考虑了职业选择过程，提出职业选择过程成熟论。过程变量包括两个主要的因素群：职业选择能力和职业选择态度。其中能力主要是用来测量个人获得

① 转引自 D. F. Powell，D. A. Luzzo：*Evaluating factors associated with the career maturity of high school students*. *The Career Development Quarterly*，1998，47（2），pp145—158.

② 转引自 E. M. Levinson，D. L. Ohler，S. Caswell，K. Kiewra：*Six approaches to the assessment of career maturity*. *Journal of Counseling & Development*，1998，76（4），475—482.

职业信息、进行职业规划并作出明智决定的职业决策等能力。具体包括五个成分：(1) 自我评价能力（self-appraisal）；(2) 获得职业信息的能力（occupational information）；(3) 目标筛选能力（goal setting）；(4) 职业规划能力（在作出职业决策后，对决策的实施能力）(planning)；(5) 问题解决能力（指解决或应付在职业决策的过程中所遇到的问题或障碍的能力）(problem solving)。职业选择态度也包括五个部分：(1) 职业决策的确定性（decisiveness），即个人是否有了确定的职业；(2) 卷入度（involvement），指个人积极参与职业决策的程度；(3) 独立性（independence），指个体依赖他人作出职业选择的程度；(4) 取向性（orientation），指个体对工作的态度或价值观是工作取向还是享乐取向的程度；(5) 妥协性（compromise），指个体愿意在现实和需求之间妥协的程度。

1988 年休泊发表了对职业成熟度的新看法。[①] 他认为职业成熟度是一个多维度的理论，它包括人们成功应对各个职业发展阶段的发展任务所需的知识和态度（图 26－1）。

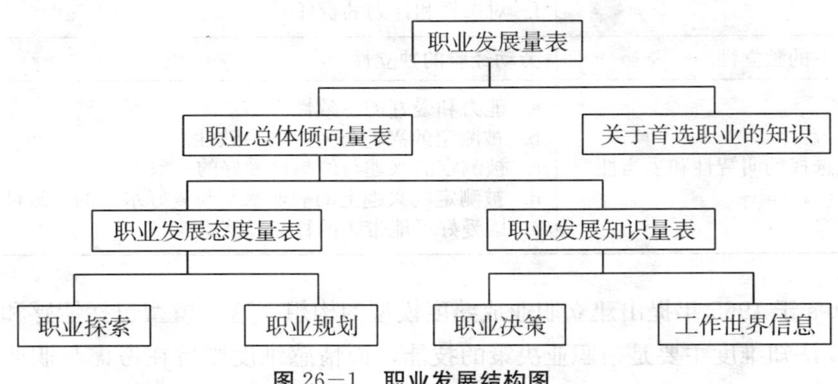

图 26－1　职业发展结构图

将职业成熟度分为以下四个维度：(1) 职业规划：是否积极地对自己的职业未来进行设计；(2) 职业探索：能否利用好各种可能的职业信息资源；(3) 职业决策：运用知识和智慧解决职业规划和决策问题的能力；(4) 工作世界信息：对职业探索和建立阶段的职业生涯发展任务的了解和对特定职业的了解。

1973 年威斯特布克（Westbook）认为职业成熟度的核心是认知能力。[②] 即如果学生的认知达到一定的水平，就表明学生职业成熟了。他认为对工作世界的知识和对自我的了解是导致职业选择成功和满意的核心。职业认知能力主要表现在六个方面：(1) 对工作领域的认识；(2) 工作筛选的能力；(3) 对工作条件的认识；(4)

① D. E. Super: *Vocational development theory in* 1988: *How will it come about? Counseling Psychologist*, 1988, 1 (1), pp9－14.

② 龙立荣、方俐洛、凌文轩：《职业成熟度的研究进展》，《心理科学》2000 年第 23 卷第 5 期，第 595～598 页。

对工作的教育时间需要的认识；（5）对工作所需的心理特性要求的认识；（6）对工作职责的认识。

二、大学生职业成熟度的测量工具

目前已经有许多测量职业成熟度的量表，其中有职业发展量表、职业成熟度问卷和职业成熟度认知测验。①

职业成熟度认知测验（CVMT）是由威斯特布克等于1973年编制的。根据其理论构想有六个分测验。工作筛选15个项目，职责25个项目，其余的分测验均为20个项目，共120个项目。虽然该量表在信度和效度上得到大家的承认，内部一致性信度大部分在0.80左右，但由于只测量了职业成熟度的认知因素，且分测验之间相关偏高，因此应用受到限制。

测量内容较为全面的是职业发展量表（Career Development Inventory，CDI）和职业成熟度问卷（Career Maturity Inventory，CMI）。有关这两个问卷的具体内容见第二十五章。这里重点介绍国内的测量工具。

（一）高职学生职业成熟度的测量问卷

我国台湾学者孙仲山等②根据职业成熟度的定义，结合实际的地区情况，编制了高职学生职业成熟度的测量问卷。包括咨询应用、职业认知、自我认知、个人调适、职业态度、价值观念、职业选择、条件评估八个维度。

（二）克雷茨职业成熟度问卷的修订版③

朱云立（2003）修订了Crites的职业成熟度问卷，修订后的态度量表由偏好性、独立性、投入度、倾向性、计划性五个维度构成，与原量表中的五个维度一一对应，在态度量表中，各项信度指标良好，但是五个因子对量表的贡献率较低，说明修订后的态度量表结构效度并不理想；修订后的能力测试由了解自己、了解工作、选择工作、预测未来、他们应该怎么办五个分量表组成，分别对应原问卷中的自我评价、职业信息、目标选择、职业规划和问题解决，在能力测试中，各项信度指标良好，且有较好的结构效度。

马远（2003）结合休泊的职业成熟度问卷结构，在克雷茨职业成熟度问卷的基础上，修订成适用于职业前青年人的职业成熟度测量问卷（中专生、大专生、本科生）。④ 其中态度问卷由四个因子构成，分别为职业选择投入性和独立性、职业选择

① 龙立荣、方俐洛、凌文轩：《职业成熟度的研究进展》，《心理科学》2000年第23卷第5期，第595～598页。

② 孙仲山、刘金泉、田福连：《高职学生的职业成熟度》，《教育研究资讯》2001年第9卷第2期，第44～57页。

③ 朱云立：《职业成熟度理论及其在大学生中的应用研究》，南京师范大学硕士学位论文，2003年。

④ 马远：《职业进入前青年人的职业成熟度问卷研制及影响因素探讨》，暨南大学硕士学位论文，2003年。

取向性、职业选择确定性、职业选择妥协性，胜任特质问卷由三个因子构成，分别为职业规划能力和问题解决能力、获取职业信息能力、自我评估能力，除了胜任特征问卷的分半信度不符合心理测量学的要求以外，总量表和两个分量表的信度指标和结构效度均达到了心理测量学的要求。

三、大学生职业成熟度的相关因素研究

（一）国外的相关研究

国外的实证研究主要集中在职业成熟度的影响因素上。

1. 从人口统计学角度对职业成熟度的研究

职业成熟度与许多人口统计学特征（如年龄、性别、民族）有关。多数研究支持职业成熟度存在年龄、年级间的差异，会随着年龄和年级的升高而增长。① 在性别方面，大部分的研究都支持性别对职业成熟度水平的影响，但是具体的研究结果却各有不同。有研究发现，女大学生的职业成熟度水平要显著高于男大学生②，而阿奇比（Achebe）的研究则表明男生在职业成熟度上的得分要高于女生，还有研究认为在职业成熟度水平上并无性别差异。③

2. 个体的学业能力

大学学习自主性的特点让一部分大学生在学习过程中表现出学习适应困难。这些学习障碍者和适应良好的大学生相比职业成熟度水平低。对于学习障碍者来说，为其提供的教育指导的方式以及其具备工作经验的多少能够预测他的职业成熟度水平，提供的教育指导越是细致，个体的职业成熟度水平越低。④ 也有研究发现，有无学习障碍对个体的职业成熟度水平没有影响，但是对于预测职业成熟度的因素而言，会因学生有无学习障碍而有所差别。⑤

3. 个体的时间观念

① D. A. Luzzo: *Predicting the career maturity of undergraduates: A comparison of personal, educational and psychological factors. Journal of College Student Development*, 1993, 34 (4), pp271－275; D. A. Luzzo: *Gender differences in college students' career maturity and perceived barriers in career development. Journal of Counseling and Development*, 1995, 73 (3), pp319－322.

② D. A. Luzzo: *Predicting the career maturity of undergraduates: A comparison of personal, educational and psychological factors. Journal of College Student Development*, 1993, 34 (4), pp271－275; D. L. Ohler, E. M. Levinson, V. C. Damiani: *Gender, disability and career maturity among college students. Special Services in the School*, 1998, 13 (1－2), pp149－161, 转引自 S. King: *Sex differences in a causal model of career maturity. Journal of Counseling and Development*, 1989, 68 (2), pp208－215.

③ D. F. Powell, D. A. Luzzo: *Evaluating factors associated with the career maturity of high school students. The Career Development Quarterly*, 1998, 47 (2), pp145－158.

④ D. L. Ohler, E. M. Levinson, W. F. Barker: *Career maturity in college students with learning disabilities. Journal of Employment Counseling*, 1996, 33 (2), pp50－60.

⑤ D. L. Ohler, et al: Differences in Career Maturity between College Students with and without Learning Disabilities, http://www.eric.ed.gov/ERICWebPortal/recordDetail? accno=ED381681, 1993.

个体的时间观念（temporal perspective）不仅影响个体对职业计划的执行，也影响对职业的整体规划，它是生涯设计中的一个重要变量。勒斯（Lens）的研究认为时间广度（个体能够现实考虑的最长的时间跨度）和时间态度（指个体对时间的态度，把它作为压力的来源或是成功的动力）能够较好地预测职业成熟度。[①] 也有研究显示适度的时间广度、积极的时间态度与职业成熟度相关，且积极的时间态度和职业成熟度呈现高相关，但是时间广度对职业成熟度的影响并不显著。[②]

4. 个体同一性的发展

关于个体的同一性与职业成熟度的相关研究主要集中在大学生中的特殊群体。瑞福等（Riffee，Alexander）曾提出大学生运动员的自我认同过于局限在运动员角色，影响其职业成熟度水平。[③] 阿兰（Alan）发现大学生运动员的自我认同与其职业成熟度不相关。[④] 亦有研究发现大学生运动员的自我认同与职业成熟度呈负相关。布朗（Brown）认为大学生运动员的自我认同与其职业成熟度是两个独立的变量。[⑤]

5. 个体的控制点

Crites 认为个体成熟的职业决策态度和个体的独立能力是正相关的。作为职业发展中与独立性相关的变量——职业控制点，在一定程度上影响着个体的职业成熟度。阿兰在对于大学生运动员职业成熟度水平的研究中，发现运动员的职业控制点能解释其职业成熟度 13%的变异，是最有效的预测变量。[⑥] 卢卓（Luzzo）等[⑦]在职业障碍的研究中发现，个体的归因方式影响个体对职业障碍的认知进而影响个体对职业的选择以及个体职业成熟度的发展水平。

6. 个体的职业决策自我效能感

休泊假设个体的自我概念和个体的行为是相关的。[⑧] 个体的自我效能感越高，个体越有可能较早进行职业选择。Betz 等人的研究显示个体职业决策自我效能感越

---

① 转引自 E. E. Lessing：*Demographic，developmental，and personality correlates of length of future time perspective（FTP）*. *Journal of Personality*，1968，36（2），pp183－201.

② C. J. Lennings：*An investigation of the effect of agency and time perspective variables on career maturity*. *Journal of Psychology*，1994，128（33），pp243－253.

③ K. Riffee，D. Alexander：*Career strategies for student-athletes：A developmental model of intervention*. In E. F. Etzel，A. P. Ferrante，J. W. Pirkney（eds.）：*Counseling College Student-athletes：Issues and Interventions*，Morgantown，WV：Fitness Information Technology，1991，pp101－120.

④ S. K. Alan，F. E. Edward：*The relationship of demographic and psychological variables to career maturity of junior college student-athletes*. *Journal of College Student Development*，2001，42（2），pp122－132.

⑤ S. K. Alan，F. E. Edward：*The relationship of demographic and psychological variables to career maturity of junior college student-athletes*. *Journal of College Student Development*，2001，42（2），pp122－132.

⑥ 转引自 D. A. Luzzo：*The relationship between career aspiration-current occupation congruence and the career maturity undergraduates*. *Journal of Employment Counseling*，1995，32（3），pp132－140.

⑦ S. King：*Sex differences in a causal model of career maturity*. *Journal of Counseling and Development*，1989，68（2），pp208－215.

⑧ D. E. Super：*Vocational development theory in 1988：How will it come about？Counseling Psychologist*，1988，1（1），pp9－14.

高，个体的职业成熟度水平越高。[①] 皮特（Peter）等人[②]也发现，职业决策自我效能感是预测个体职业发展态度最有效的变量，但是和个体职业发展知识并不相关。

7. 个体的职业经验

在校大学生中从事兼职和全职工作的人数在逐年增加。虽然在严格意义上兼职并不是真正的职业，但它是大学生在择业过程中的一种尝试，也是绝大多数人积累工作经验的开始。在这些职业活动中获得的信息和技能帮助个体形成职业信念、职业价值观、职业期望等，从而对个体的职业成熟度发展产生一定的影响。

根据里德赛（Lindsay）的研究，很多人推论兼职能够预测个人今后的职业成熟度的发展轨迹，或者说，能够预测个人今后的职业选择情况。[③] 卢卓的研究也发现大学生若从事与自己的职业兴趣相一致的兼职工作，则在选择工作时，表现出的职业决策态度更成熟，且在职业决策过程中策略性更强。[④]

此外，也有研究发现个体获得与职业相关的工作技能越多，职业成熟度发展水平越高；在专业范围内拥有职业榜样越早，个体的职业成熟度发展越积极。若个体感受的职业压力越强，则职业成熟度的发展水平越低。[⑤]

8. 家庭环境

休泊等[⑥]认为家庭凝聚力（family cohesion）是影响职业成熟度发展水平的一个潜在变量。有研究发现，家庭的凝聚力间接影响男性职业成熟度的发展水平。而对于女性，家庭的凝聚力与职业成熟度存在显著相关。

金（King）[⑦] 的研究发现，对于女性，父母的期望（parental aspiration）并不影响其职业成熟度的发展水平，而对于男性，父母的期望对其职业成熟度发展有显著作用。

在职业成熟度的发展特点研究中，家庭的经济状况是一个常被考察的个体背景变量。卢卓认为家庭经济状况越好，个体的职业成熟度发展水平越高。[⑧] 金（1989）

① N. E. Betz, K. L. Klein, K. M. Taylor: *Evaluation of a short form of the Career Decision-making Self-efficacy Scale*. *Journal of Career Assessment*, 1996, 4 (1), pp47−57; D. A. Luzzo: *Predicting the career maturity of undergraduates: A comparison of personal, educational and psychological factors*. *Journal of College Student Development*, 1993, 34 (4), pp271−275.

② A. C. Peter, W. Patton: *Predicting two components of career maturity in school based adolescents*. *Journal of Career Development*, 2003, 29 (4), pp277−290.

③ 转引自朱云立：《职业成熟度理论及其在大学生中的应用研究》，南京师范大学硕士学位论文，2003 年。

④ D. A. Luzzo: *The relationship between career aspiration-current occupation congruence and the career maturity undergraduates*. *Journal of Employment Counseling*, 1995, 32 (3), pp132−140.

⑤ E. Flouri, A. Buchanan: *The role of work-related skills and career role models in adolescent career maturity*. *The Career Development Quarterly*, 2002, 51 (1), pp36−43.

⑥ 转引自 S. King: *Sex differences in a causal model of career maturity*. *Journal of Counseling and Development*, 1989, 68 (2), pp208−215.

⑦ S. King: *Sex differences in a causal model of career maturity*. *Journal of Counseling and Development*, 1989, 68 (2), pp208−215.

⑧ D. A. Luzzo: *The relationship between career aspiration-current occupation congruence and the career maturity undergraduates*. *Journal of Employment Counseling*, 1995, 32 (3), pp132−140.

的研究发现，对于男性而言，家庭的经济水平与其职业成熟度的发展不相关，但对职业成熟度的发展呈现出一种积极的影响，而对于女性，家庭的经济水平与其职业成熟度的发展呈负相关，即家庭的经济条件越好，其职业成熟度水平越低。[1]

此外，研究还发现，父母的职业状况、职业类型也影响个体职业心理的发展。[2]

（二）国内的相关研究

我国在大学生职业成熟度方面的实证研究不多而且比较零散，概括起来主要集中在以下几个方面：

1. 择业的观念方面。20 世纪 90 年代初期的大学生择业观念倾向于收入和地位的双赢，收入少或者地位低的工作学生都不会选择，同时也强调工作条件和自我的发展。[3] 90 年代后期的大学生在择业时注重从主客观诸方面进行综合考虑，择业过程中首先考虑的是职业的潜在发展力和自我价值的体现，其次是对实惠、收入的考虑。同时，为了得到高收入的工作，绝大多数的大学生愿意承担失业的风险。[4] 也有研究发现，大学生择业时在考虑自我发展、收入、权力以外，职业的社会关系资源的丰富性也是关注的焦点。[5] 根据阴国恩等[6]对大学生的职业价值观的研究结果，收入、充分发挥能力、职业中的自主程度是大学生择业时最重要的三条标准。总的来说，择业观念呈现多元化的倾向，大学生在强调自我实现的同时，又对社会声望和地位依依不舍，讲求“实利”。

2. 择业的态度方面。独立性方面，大学生择业的自主意识颇为强烈，倾向于听“自己”的意见，其次是“父母”、“好友”的意见，但是对于“老师”、“舆论宣传”的倾听程度不高。[7] 妥协性方面，有研究发现，大学生的理想职业的选择和“现实职业”的选择几乎无关，大学生在考虑理想职业时，主要受个人的兴趣、爱好、特长等自身因素影响，而在选择“现实职业”时，除了考虑这些自身因素外，更多考虑社会需求、社会环境等外部因素。大学生的择业能力在不断增强，在理想和现实的不断妥协中，寻求最适合自己的发展空间。稳定性方面，根据阴国恩等的研究结果，毕业班和非毕业班大学生的理想职业是比较一致的，仅在个别职业项目上，等级均数存在着显著性差异。对于现实职业，毕业班和非毕业班大学生相当一致，即

---

① S. King：*Sex differences in a causal model of career maturity*. *Journal of Counseling and Development*, 1989, 68 (2), pp208－215.

② 转引自马远：《职业进入前青年人的职业成熟度问卷研制及影响因素探讨》，暨南大学硕士学位论文，2003 年。

③ 高晶、李德林：《大学生职业价值观的统计分析》，《辽宁高等教育研究》1994 年第 6 期，第 88～92 页。

④ 龚惠香、袁加勇、范钧：《大学生职业价值观的调查与分析》，《高等工程教育研究》1995 年第 4 期，第 67～73 页。

⑤ 胡荣：《大学生对职业的评价与分析》，《厦门大学学报（哲学社会科学版）》2003 年第 6 期，第 121～127 页。

⑥ 阴国恩、戴斌荣、金东贤：《大学生职业选择和职业价值观的调查》，《心理发展与教育》2000 年第 4 期，第 38～60 页。

⑦ 马远：《职业进入前青年人的职业成熟度问卷研制及影响因素探讨》，暨南大学硕士学位论文，2003 年。

使在每一个具体的职业项目上，两者之间都不存在等级均数之间的显著差异。大学生对于自己将来从事职业的思考已经基本定型，具有一定的稳定性。

3. 职业成熟度的相关研究。孙仲山[①]等在对高职学生的职业成熟度的研究中发现，高职学校中的男、女学生，不论年龄高低，其职业成熟度发展水平并不理想。就结构因素而言，高职学生的“个人调适”平均数较高，“职业选择”与“条件评估”的平均数则相对较低。此外，男学生在“职业认知”与“自我认知”方面优于女学生，女学生在“职业态度”与“价值观念”方面则优于男学生。在年龄的比较中，除了“自我认知”和“个人调适”有年龄差异外，其他几个维度没有显著差异。夏林清在修订职业成熟度态度量表时，对小学到大学的学生进行预测，发现职业成熟度由小学到大学确实有随年龄增长而提高的趋势，但在高中到大学这一阶段差异不显著。[②]

朱云立[③]认为不同年龄的大学生在职业成熟度能力上有显著差异，随着年龄的增长，呈现出先增长后下降的趋势，增长的顶峰在 21 岁。马远[④]认为职业成熟度是随着个体年龄增长而逐渐成熟的，与年龄呈正相关；在性别差异方面，除了胜任特质问卷上男性得分稍高于女性外，在态度和总问卷上女性得分均高于男性，但性别之间不存在显著差异；在受教育程度上，学历愈高，职业成熟度平均得分愈高，但它们之间不存在显著差异；地区差异上，经济发展水平愈好，该地区青年人的职业成熟度分数也愈高；家庭经济水平上，个体的家庭经济收入水平愈高，其职业成熟度发展水平愈低，并且家庭经济收入在 6000 元以上的个体与其他个体在职业成熟度问卷和态度问卷上的平均得分均存在显著差异；就个体控制点的类型来看，内控者>内外控者>外控者，外控者的职业成熟度发展水平要低于内控者。

四、现有研究存在的问题

（一）科学的本土化的测量工具匮乏

目前我国在职业心理方面的测量工具还很缺乏，而且由于长期受传统职业指导理论的影响，现有工具也主要是职业能力和职业兴趣方面的。[⑤] 用于评估学生职业成熟度水平的工具到目前为止只有大学生职业决策自我效能量表，马远修订的职业进入前青年人的职业成熟度问卷，以及朱云立修订的职业成熟度问卷。后两者的修订工作都是基于克雷茨的职业成熟度问卷进行的，其局限性表现在：

---

① 孙仲山、刘金泉、田福连：《高职学生的职业成熟度》，《教育研究资讯》2001 年第 9 卷第 2 期，第 44～57 页。

② 夏林清：《事业成熟态度问卷修订报告》，《中国测验年刊》1982 年第 50 期，第 793～795 页。

③ 朱云立：《职业成熟度理论及其在大学生中的应用研究》，南京师范大学硕士学位论文，2003 年。

④ 马远：《职业进入前青年人的职业成熟度问卷研制及影响因素探讨》，暨南大学硕士学位论文，2003 年。

⑤ 刘慧：《中学生职业成熟度的发展特点》，西南师范大学硕士学位论文，2003 年。

首先，虽然克雷茨的职业成熟度问卷具有较好的效度，但作为修订问卷来说，本身就有难以克服的缺点和不足。无论问卷在语义学上修订的表述多精确，其理论构建的基础即理论维度实质上仍然是在美国的文化背景上建立起来的，从文化差异的角度来说，修订的问卷必然在揭示本质问题上存在先天性的不足。

其次，由于不同国家对于各种职业的评价的不同，对求职过程中表现出的态度和能力的评价不同，修订的问卷在对维度的理解和题项的表述上存在很多以原问卷所在国家的价值观为主的现象，这对于揭示我国大学生职业成熟度的发展特点是极为不利的。

第三，克雷茨的职业成熟度问卷本身也存在一些问题，在信度方面，信度指标并不理想；在效度方面，结构效度也不理想，与国外其他问卷中职业成熟度维度的数量、名称、组织等方面很少达成共识；效标效度也是其尚未很好解决的一个问题。①

第四，评估个体的职业成熟度发展水平总是与个体当前职业生涯发展任务相联系的。国内大学生当前的职业生涯发展任务与国外的大学生存在极大差异。国外教学体制为国外的学生提供了很多探索自己职业的机会，学生可以通过做兼职、打短工等活动来积累职业经验，为作出适宜的职业决策做好准备，并且学生的这些探索行为得到学校、家长、社会的广泛支持。反观我们国内，中学生完全处在一种学校学习的状态，其探索职业的活动仅限于习得一些课外知识以及关注身边的所见所闻，或者说，在进入大学之前，大部分学生还只是处在思考自己能力、兴趣、爱好等的认识自己的初级阶段。所以说，我国大学生在大学阶段的职业生涯任务和国外大学生职业生涯任务的侧重点存在显著差异。这也就是为什么国外职业成熟度问卷是中学、大学通用，而在我国必须将中学生和大学生分开考察的原因。所以，构建本土化的大学生职业成熟度问卷显得势在必行。

（二）缺乏对大学生职业成熟度发展特点的系统研究

从前述可以发现，很少有研究对大学生职业成熟度的发展特点进行系统的讨论。朱云立在小样本被试的基础上只讨论了大学生职业成熟度发展水平上的性别差异和年龄差异；马云探讨了进入职业前青少年职业成熟度发展水平在人口统计学特征上的差异。这些研究都没有系统地对职业成熟度的发展特点进行探讨。因此需要进一步系统地有针对性地对大学生职业成熟度的发展特点进行讨论。

① 龙立荣、方俐洛、凌文轩：《职业成熟度的研究进展》，《心理科学》2000 年第 23 卷第 5 期，第 595～598 页。

五、研究的总体构想

（一）研究目的

探讨我国大学生职业成熟度的结构及其发展特点，为开展大学生职业生涯辅导提供理论依据。

（二）研究对象

全国各地区全日制大学生。

（三）研究方法

文献分析法和问卷调查法。

第二节　大学生职业成熟度的结构及其问卷的编制

一、大学生职业成熟度理论模型的构建

（一）开放式与半开半闭式问卷调查的结果

为建立符合我国大学生实际的职业成熟度模型，首先进行了开放式问卷调查。向55名西南师范大学和20名西南农业大学的本科生，以及15名心理学专业硕士研究生发放开放式调查问卷共90份，回收有效问卷84份。不限制作答时间，同时在西南师范大学随机选取10名学生，根据开放式问卷进行访谈。问卷含三个开放式问题："一个以成熟的心态选择工作并作出决定的人，你觉得会有什么样的特点（表现）?""一个对找工作、选择职业已经做了充分准备的人，应该具有哪些特点?""对于你自己而言，要找到满意的工作，应该在哪些方面做好准备?"通过上述两种方式收集和整理大学生职业决策过程中的典型行为表现。问卷回收后，采用内容分析法对问卷结果进行归类整理，收集到的职业决策成熟的大学生的典型行为包括：

1. 独立性。例如，在找工作过程中不盲从；有独立的思考和判断能力；虚心听从家长和朋友的意见，同时有自己的观点和立场。

2. 自信心。例如，不断努力，不灰心丧气，有承受失败的勇气；相信天生我才必有用；能够面对竞争，积极寻求、争取展示自己的机会。

3. 有职业规划的意识和行动。找工作中有目的性；知道自己追求的是什么，并矢志不渝地去做；对未来几年的工作有个大致的规划，并逐步实施；阅读职业规划方面的书籍；找工作有长远规划意识；积极主动，有迎接挑战的勇气。

4. 了解自我。了解认识自己的能力、优缺点、优劣势、人生观、价值观、世界观、兴趣和爱好；在充分了解自我的基础上，对自己有一个正确的定位。

5. 知识的储备。对想要从事的职业有较清楚的认识；对未来工作中可能遇到的

困难有一定的预见性；对市场的供求情况有所关注和了解，客观分析就业形势；了解想要从事的工作的发展前途；熟悉一些求职面试的技巧；熟悉一些礼仪方面的知识；专业技能储备扎实，心中有一套知识体系，并涉及其他方面的知识。

6. 技巧和理性。善于表达，能够在短时间内展现自己的优势；熟悉想要从事的职业环境中的人际交往的基本技巧和策略，有较强的与人沟通、协调人际关系的能力；对就业形势不盲目乐观，也不盲目悲观；选择工作能够综合多种因素考虑，切合实际，把兴趣、爱好和现实结合起来，能够拒绝不适合自己的工作。

开放式问卷的调查结果既验证了已有职业成熟度的模型结构，如职业自我知识、职业世界知识、主动性仍然是大学生职业成熟度的重要成分，同时也表现出与已有研究的一些不同。

1. 自信心。在开放式问卷中绝大多数学生认为一个职业决策成熟的个体在职业决策过程中应该是自信的。这主要是因为一个人一生从事一种职业的生活方式已经改变，个体在职业生涯中会遇到越来越多的挑战和障碍，只有个体具备良好的自信——相信自己能够做出适合自己的职业选择——才能适应社会对人才的要求，才能在职业活动中获得更好的发展。根据国外近年来的一些研究，职业决策自我效能感即个体对自己完成职业决策活动的能力的自信心是预测一个人职业成功与否的有效指标。①

2. 独立性。独立性的含义在本研究中与通常的理解有所不同。在国外，独立性维度是指“个体在职业选择过程中对他人的依赖程度”，选择职业时听取父母意见被认为是不独立的表现。② 而在本调查中，大学生均一致认为职业决策成熟的个体不仅表现在要有自己的主见，而且要虚心听取重要他人（如家人、老师、同学）的意见。独立性体现在不盲目听从别人的意见，体现在将自己的思想和别人的意见结合思考的基础上作出决定。正如一个访谈者所言：“我们还太血气方刚，思考问题还比较片面，多听听不同的声音，更有助于作出最优的职业决策。”

3. 人际交往策略性知识。这个维度在已有研究中并没有出现。在开放式问卷调查中，绝大多数学生都提到了“人际交往的技能”，如良好的表达能力、沟通能力。学生认为良好的人际交往能力能够帮助个体在短时间内展示自己，是个体融入工作环境非常重要的因素。所以具备人际交往的策略性知识是评估个体职业决策成熟的一个有效指标。

4. 专业知识。这个维度在已有研究中也没有出现。绝大多数大学生都认为具备扎实的专业知识，并能够对与专业相关的知识触类旁通是一个职业决策成熟的个体

① 龙立荣、方俐洛、凌文辁：《职业成熟度的研究进展》，《心理科学》2000 年第 23 卷第 5 期，第 595～598 页。

② 刘慧：《中学生职业成熟度的发展特点》，西南师范大学硕士学位论文，2003 年。

必须具备的条件。虽然在今天的就业过程中，并不讲究专业的完全对口，但仍然强调个体具备的专业知识和技能。所以，个体对自己想要从事的职业所需的专业知识和技能的了解程度仍然被作为评估个体职业决策是否成熟的一个重要指标。

（二）大学生职业成熟度的理论模型

虽然在开放式问卷中众多被试提及的是职业决策的能力因素，但对于纸笔测量问卷来说，其测量结果无法真正反映能力因素，它所反映的实质上是能力内化在个体中的策略性知识。所以将大学生职业成熟度分为知识和态度两个部分，其具体维度如图 26－2。

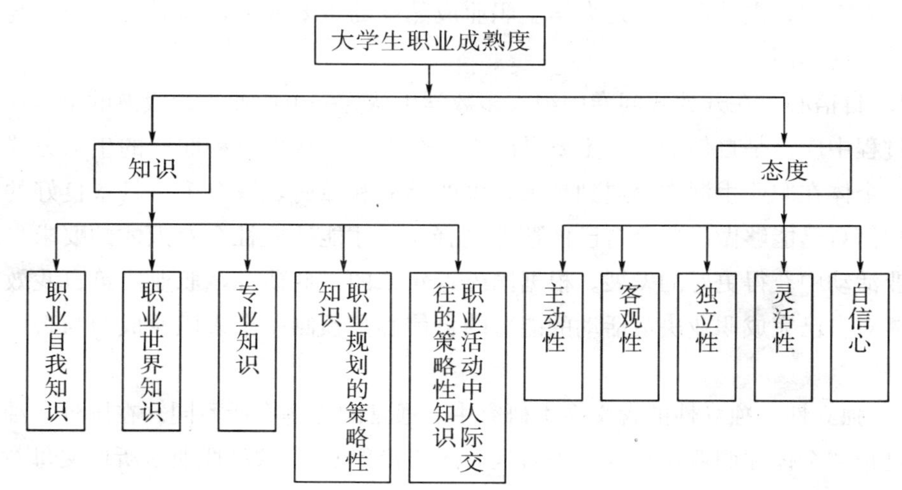

图 26－2　大学生职业成熟度的理论模型

各因子的具体含义如下：

1. 职业决策知识：主要指个体对作出适宜职业决策所必需知识的掌握程度。包括五个方面：（1）职业自我知识，指个体对自己的能力、优缺点、优劣势、兴趣、爱好等的掌握程度。（2）职业世界知识，指个体对求职市场知识、求职单位及岗位知识、求职面试技巧等的掌握程度。（3）专业知识，指个体对与特定职业相联系的专业知识的掌握程度。（4）职业规划的策略性知识，指个体对如何从自身特点出发进行职业规划的知识（如职业目标的设置、计划的制订等）的掌握程度。（5）职业活动中人际交往的策略性知识，指个体对如何与职业活动中相关人员进行交往的知识（如口语表达、与人沟通、协调关系的知识）的掌握程度。

2. 职业决策态度：主要指个体作出适宜的职业决策所必须具备的稳定的个性倾向。包括五个方面：（1）主动性，指个体积极参与职业决策过程的态度。（2）客观性，指个体对客观现实的接受程度。（3）独立性，指个体职业决策过程中不盲目依从他人的程度。（4）灵活性，指个体在职业决策过程中根据现实状况随机应变来适应环境的程度。（5）自信心，指个体对自己作出符合自身特点的职业决策的信心程度。

二、大学生职业成熟度问卷的编制

（一）大学生职业成熟度问卷的预测

1. 第一次预测

根据开放式问卷所收集到的内容，并借鉴国内外的相关问卷，编制了我国大学生职业成熟度的第一次预测问卷。在问卷编制过程中，发现职业决策态度中的客观性的界定过于笼统，未能反映出问题的核心，所以重新命名为功利性。该问卷共有81个题项，由职业决策知识（40题）、职业决策态度（40题）两个分问卷和测谎题（1题）构成。回答分为四级反应，即“不符合”、“不太符合”、“比较符合”、“很符合”。为避免被试的反应定式，部分题项为反向记分题。问卷均由研究者亲自施测，然后对数据进行项目分析及探索性因素分析。在分析过程中，对于职业决策态度分问卷，灵活性因子的部分题项在主动性因子有较高的负荷，功利性因子中反映个体忽略现实条件的那些题项均因鉴别力低而被淘汰，而反映个体在择业中忽略自身特点盲目考虑经济待遇等因素的题项基本被保留下来；对于职业决策知识分问卷，职业规划策略知识因子的部分题项在职业世界知识因子上有较高的负荷。根据统计分析，对题项进行了删除和调整。鉴于功利性因子是衡量大学生职业成熟度的一个重要指标，所以从考虑自身特点出发重新补充该因子的题项，进行第二次预测。

第一次预测的被试包括从西南师范大学、西南农业大学、重庆医学院抽取的400名大学生，共回收有效问卷371份，男生和女生分别为166人和205人，其中二年级143人，三年级149人，四年级79人。

2. 第二次预测

第二次预测问卷共57个题项，由职业决策知识（29题）、职业决策态度（26题）两个分问卷和测谎题（2题）构成。问卷由相关老师协助研究者完成施测。第二次探索性因素分析重点考察：（1）职业规划策略性知识与职业世界知识的相关性，它们是否能够作为一个独立的因子。（2）灵活性与主动性的相关性，两者是不是能够合成一个独立因子。（3）功利性能否构成一个独立因子。分析结果表明，职业决策态度在调整后能够呈现出清晰的五因素结构，职业决策知识问卷中，职业规划策略性知识因子仍有部分题项在职业世界知识因子上有较高的负荷，所以在修改过程中，把职业规划策略性知识和职业世界知识合为一个因子。经过调整和修改，最终形成了由42题（其中职业决策态度分问卷20题，职业决策知识分问卷20题，测谎题2题）构成的第三次测试问卷。

第二次预测的被试包括从西南师范大学、西南农业大学、重庆工商大学、重庆教育学院抽取的550名大学生，共回收有效问卷472份，男生和女生分别为212人和260人，其中一年级99人，二年级108人，三年级147人，四年级118人。

（二）大学生职业成熟度问卷的第三次测试

从全国范围内10所大学抽取3500名大学生作为第三次测试的被试，由于第三次测试取样广，因此主要采用邮寄问卷委托测试的方式，请有关教师（大多是各学校从事心理学教学和心理咨询工作的教师）协助施测。共回收问卷2800份，最后保留有效问卷2087份，占问卷总数的72.4%，被试的年级、地区、学校类型及性别分布见表26－2。我们将回收的有效问卷进行随机编号，并根据编号的奇偶分成两组，一组进行项目分析和探索性因素分析，另一组数据则对探索性因素分析后保留的29个题项（未包括2个测谎题）进行验证性因素分析。最后用第三次测试的全部数据来检验问卷的信度和效度。

表26－2 第三次测试被试的地区、年级及性别分布

地区	学校	一年级	二年级	三年级	四年级	总计
重庆市	重庆工商大学	81	82	62	69	294
江苏省	扬州大学	45	25	28	47	145
	盐城师范学院	38	87	36	31	192
四川省	四川理工学院	60	59	61		180
山西省	晋中师范学院	43	53	159	21	276
天津市	天津中医学院	45	64	58	23	190
山东省	山东理工大学	54	69	69	62	254
陕西省	陕西中医学院	59	37	55	46	197
江西省	华东交通大学		93	53		146
河南省	河南师范大学	123	61	10	19	213
男生合计		249	299	273	126	947
女生合计		299	331	318	192	1140
总计		548	630	591	318	2087

表26－3 探索性因素分析和验证性因素分析被试的性别和年级差异

项目	性别	一年级	二年级	三年级	四年级	合计
探索性因素分析	男	121	134	120	52	427
	女	148	143	152	85	528
验证性因素分析	男	128	165	153	74	520
	女	151	188	166	107	612

1. 项目分析

项目分析采用临界比率的方式，即将所有被试的量表总得分依高低排列，得分前27%者为高分组，得分后27%者为低分组，然后进行高低两组在每题得分上的平均数差异显著检验。根据统计分析结果，40题的 t 值均达显著水平，表明具有良好的鉴别力，适合保留下来，做进一步的探索性因素分析。

2. 大学生职业成熟度问卷的探索性因素分析

(1) 职业决策态度分问卷探索性因素分析

根据检验结果，KMO系数为0.822，Bartlet球形检验的卡方值为3563.064，显著性为0.000。以上指标表明该样本适宜进行因素分析。

采用主成分分析法对职业决策态度分问卷的20个题项进行探索性因素分析，转轴的方法为直接斜交转轴法。根据探索性因素分析的结果，保留每个因素中负荷较高、项目含义最接近因素命名的题项，然后对压缩后的问卷再一次进行探索性因素分析，并根据最后的统计结果（表26－4）对因素进行命名。F_1 反映的是个体职业决策过程中不盲目依从他人的程度，故命名为独立性；F_2 反映的是个体对自己作出符合自身特点的职业决策的信心程度，故命名为自信心；F_3 反映的是个体在职业决策过程中根据现实状况随机应变来适应环境的程度，故命名为灵活性；F_4 反映的是个体积极参与职业决策过程的态度，故命名为主动性；F_5 反映的是个体是根据自身特点还是根据待遇以及社会地位等功利性因素来选择职业的程度，故命名为功利性。

表26－4　职业决策态度分问卷探索性因素分析结果

项　目	F_1	F_2	F_3	F_4	F_5
a_{24}	.860				
a_{13}	.858				
a_{22}	.782				
a_2		.839			
a_{39}		.771			
a_{12}	.447	.614			
a_{11}			.812		
a_{31}			.693		
a_{35}			.444		
a_6				.741	
a_1				.736	
a_{18}				.543	
a_{25}					.831

续表

项　目	F_1	F_2	F_3	F_4	F_5
a_{26}					.720
a_5					.460
特征值	2.861	2.547	1.863	1.812	1.584
解释的总变异量（合计 57.564%）	23.176%	11.087%	8.897%	7.712%	6.692%

注：表中只列出了负荷值大于 0.40 的部分。

（2）职业决策知识分问卷探索性因素分析结果

根据检验结果，KMO 系数为 0.921，Bartlet 球形检验的卡方值为 6102.741，显著性为 0.000。以上指标表明该样本适宜进行因素分析。

采用主成分分析法对职业决策知识分问卷的 20 个题项进行探索性因素分析，转轴的方法为直接斜交转轴法。根据探索性因素分析的结果，保留每个因素中负荷较高、项目含义最接近因素命名的题项，然后对压缩后的问卷再一次进行探索性因素分析，并根据最后的统计结果（表 26－5），对因素进行命名。F_1 反映的是个体对工作世界知识和职业规划实施技巧的掌握程度，故命名为职业世界知识；F_2 反映的是个体在职业活动中对人际交往知识的掌握程度，故命名为人际交往的策略性知识；F_3 反映的是个体对与特定职业相联系的专业知识和技能的掌握程度，故命名为专业知识；F_4 反映的是个体对自己的能力、优缺点、优劣势、兴趣、爱好等的掌握程度，故命名为职业自我知识。

表 26－5　职业决策知识分问卷探索性因素分析结果

项　目	F_1	F_2	F_3	F_4
a_9	.862			
a_{10}	.763			
a_{28}	.484			
a_{20}	.432			
a_{41}		−.862		
a_{16}		−.869		
a_{38}		−.865		
a_7		−.609		
a_{40}			.955	
a_8			.855	
a_{17}			.784	

续表

项　目	F_1	F_2	F_3	F_4
a_{15}				.895
a_{34}				.696
a_3				.513
特征值	3.523	3.725	3.331	2.864
解释的变异量（合计为 61.085%）	34.702%	10.332%	9.114%	6.937%

注：表中只列出了负荷值大于 0.40 的部分。

3. 大学生职业成熟度问卷的验证性因素分析

研究分成两大步骤：首先解决职业决策态度分问卷和职业决策知识分问卷分别有几个因子构成最合适的问题，然后对职业成熟度整体模型进行拟合度检验。

（1）职业决策态度分问卷因子数量的验证

根据探索性因素分析的结果，职业决策态度是由五个因子构成的。为了对该模型进行验证，采用极大似然估计（maximum likelihood estimation）检验五个因子的拟合程度。为了对该模型进行检验，本研究又设置了其他可能的模型。

模型 1（单因子模型）：在探索性因素分析时，发现五个因子之间存在相关（表 26－6），职业决策态度是否可能是一个单因子结构呢？

表 26－6　大学生职业决策态度五因子相关矩阵

因　子	独立性	灵活性	主动性	功利性	自信心
独立性	1.000				
灵活性	.318	1.000			
主动性	.202	.248	1.000		
功利性	.254	−.001	.058	1.000	
自信心	.433	.222	.244	.238	1.000

模型 2（三因子模型）：在探索性因素分析中，发现灵活性和主动性相关较高，独立性和自信心相关较高（表 26－6）。在访谈过程中，发现一部分被试认为，一个主动积极的人在职业选择中会表现出较高的灵活性，而一个有信心作出适宜的职业决策的个体在职业决策过程中会表现出很强的独立性，这能否说明职业决策态度是一个三因子的结构？

根据验证性因素分析的判断标准，由表 26－7 可知，从单因子模型开始，衡量模型好坏的指标在逐步改善，因此可以说，五因子模型要优于其他几个模型。五因子模型中每个潜变量（即因子）在外显变量（即题项）上的负荷见表 26－8。

表 26—7　职业决策态度模型拟合度检验结果

模　型	χ^2	df	χ^2/df	CFI	TLI	$RMSEA$
单因子模型	789.527	90	8.773	.720	.673	.083
三因子模型	383.364	87	4.406	.881	.857	.055
五因子模型	298.857	80	3.736	.912	.885	.049

表 26—8　五因子模型中各潜变量在外显变量上的负荷

题　项	自信心	独立性	主动性	灵活性	功利性
a_{12}	.62				
a_{39}	.53				
a_2	.52				
a_{24}		.78			
a_{13}		.64			
a_{22}		.48			
a_{18}			.57		
a_1			.43		
a_6			.29		
a_{35}				.55	
a_{31}				.54	
a_{11}				.45	
a_{26}					.80
a_{25}					.51
a_5					.28

（2）职业决策知识分问卷因子数量的验证

根据探索性因素分析的结果，职业决策知识是由四个因子构成。为了对该模型进行验证，本研究还设置了其他可能的模型。

模型 1（单因子模型）：在探索性因素分析时，发现四个因子之间存在相关（表 26—9），职业决策知识可能是由一个单因子构成的。

表 26—9　大学生职业决策知识四因子相关矩阵

因　子	职业世界知识	人际交往的策略性知识	专业知识	职业自我知识
职业世界知识	1.000			
人际交往的策略性知识	.510	1.000		

续表

因　子	职业世界知识	人际交往的策略性知识	专业知识	职业自我知识
专业知识	.468	.348	1.000	
职业自我知识	.560	.415	.329	1.000

模型 2A（三因子模型）：在对第一次预测和第二次预测进行探索性因素分析时，发现专业知识因子中的一些题项在职业世界知识因子上有较高负荷，同时，专业知识因子和职业世界知识因子的相关较高（表 26－9），所以将专业知识和职业世界知识合为一个因子构成三因子模型。

模型 2B（三因子模型）：在对第三次测试的数据进行探索性因素分析时，发现职业自我知识因子中一些题项在职业世界知识因子上有负荷，同时，职业自我知识因子和职业世界知识因子的相关较高（表 26－9），故将职业世界知识和职业自我知识合为一个因子构成三因子模型。

从衡量模型好坏的各项指标（表 26－10）来看，四因子模型要优于其他几个模型。四因子模型中每个潜变量（即因子）在外显变量（即题项）上的负荷见表 26－11。

表 26－10　职业决策知识模型拟合度检验结果

模　型	χ^2	df	χ^2/df	*CFI*	*TLI*	*RMSEA*
单因子模型	803.956	77	10.441	.498	.575	.091
三因子模型（A）	516.543	74	6.980	.721	.663	.071
三因子模型（B）	317.758	74	4.294	.858	.825	.054
四因子模型	274.340	71	3.864	.881	.848	.050

表 26－11　四因子模型中各潜变量在外显变量上的负荷

题　项	职业世界知识	人际交往的策略性知识	专业知识	职业自我知识
a_9	.56			
a_{10}	.50			
a_{28}	.43			
a_{20}	.35			
a_{41}		.63		
a_{38}		.58		

续表

题 项	职业世界知识	人际交往的策略性知识	专业知识	职业自我知识
a_{16}		.47		
a_7		.38		
a_{40}			.73	
a_8			.54	
a_{17}			.46	
a_3				.57
a_{34}				.54
a_{15}				.35

（3）大学生职业成熟度问卷的整体拟合度

根据大学生职业成熟度模型（即一阶九因子、二阶二因子）的整体拟合度检验的结果（表 26—12），χ^2/df 小于 0.5，说明该模型可以接受，其余指标表明本研究所提出的理论模型与实际资料拟合较好。

表 26—12　大学生职业成熟度模型的整体拟合度检验结果

χ^2	df	χ^2/df	CFI	TLI	$RMSEA$
1558.166	367	4.256	.802	.766	.054

根据因素分析结果修订后的模型如图 26—3。

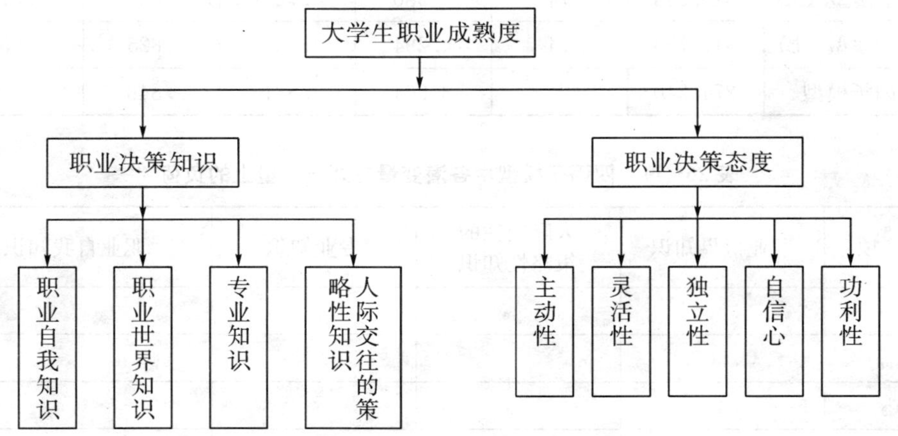

图 26—3　根据探索性因素分析结果修订后的大学生职业成熟度模型

将修订后的模型（图 26—3）与最初构建的理论模型（图 26—2）相比较可以发现，二者基本吻合。不同之处在于职业规划的策略性知识因子和职业世界知识因子合在了一起，功利性因子代替了现实性因子。

问卷编制时发现客观性因子的界定过于笼统，未能反映出问题的核心。客观性指个体对客观现实的接受程度，如正确认识本专业的就业形势，不能仅考虑工作的薪水待遇，不要仅选择在大城市工作，要将现实和理想结合起来。但是仔细分析可以看出，客观性中强调的“对客观现实的接受”有些含义在主动性和灵活性因子中就有体现，如正确认识本专业的就业形势，不仅是个人主动性的体现，也是在就业决策中灵活性的体现，所以提炼出客观性中强调个体根据自身特点而非待遇以及社会地位等功利性因素来选择职业的部分，命名为功利性。

职业规划的策略性知识因子的题项涉及的主要是职业信息的搜索、职业目标的设置、计划的制订以及实施的途径，它们反映的仍然是个体对职业世界知识的了解程度。职业规划的策略性知识只是反映个体如何将已经得到的职业世界知识（陈述性知识）内化为自己的行动，转变成与职业世界相关的程序性知识，所以这两者可合二为一，命名为职业世界知识。

（三）大学生职业成熟度问卷的信度和效度检验

利用第三次测试的全部被试数据，进一步考察正式问卷的信度和效度。

1. 大学生职业成熟度问卷的信度

表 26－13　大学生职业成熟度正式问卷的内部一致性信度和重测信度

变　量	内部一致性信度	重测信度（n＝59）
主动性	.580	.771
灵活性	.537	.477
自信心	.689	.683
独立性	.734	.300
功利性	.482	.680
职业自我知识	.623	.614
职业世界知识	.809	.527
专业知识	.723	.546
人际交往的策略性知识	.785	.655
职业决策态度分问卷	.785	.619
职业决策知识分问卷	.872	.735
职业成熟度总问卷	.890	.737

本研究采用内部一致性信度和重测信度作为问卷信度分析的指标。从表 26－13 可以看出，大学生职业成熟度问卷的 9 个因子的内部一致性信度在 0.482～0.809 之

间，功利性、主动性、灵活性因子的信度偏低，但分问卷和总问卷的内部一致性信度均在 0.75 以上，较为理想。

从第三次测试的被试中抽取扬州大学畜牧兽医学院大三年级的被试进行了间隔一个半月的重测，共回收有效问卷 59 份，根据表 26－13，各因子的重测信度在 0.300～0.771 之间，分问卷和总问卷的重测信度均在 0.6 以上，表明问卷具有较好的重测信度。

2. 大学生职业成熟度问卷的效度

（1）结构效度

本研究采用因素分析的方法来检查问卷的结构效度。同时，根据验证性因素分析的结果，从模型的各项拟合度指数来看，职业决策态度的五因子模型和职业决策知识的四因子模型相对其他模型而言是最优的。职业成熟度模型的整体拟合度也较好。因此，该问卷的结构效度较为理想。

此外，根据因素分析的理论，各个因子之间应该有中等程度的相关，如果相关太高则说明因子之间有重合，有些因子可能并非必要；如果因子相关太低，则说明有的因子可能测的是与所想要测量的完全不同的内容。Tuker 曾提出，为给测验提供满意的信度和效度，项目的组间相关应在 0.10～0.60 之间[①]。此外，各因子与总分的相关应高于相互之间的相关，以保证各因子间既有不同但测的又是同一心理特征。

表 26－14　大学生职业决策态度各因子、分问卷与总问卷之间的相关

变　量	自信心	独立性	主动性	灵活性	功利性	总　分
独立性	.433**					
主动性	.244**	.202**				
灵活性	.222**	.318**	.248**			
功利性	.238**	.254**	.058	－.001		
职业决策态度分问卷	.725**	.735**	.575**	.561**	.530**	.864**
职业成熟度总分	.802**	.570**	.623**	.404**	.317**	

① 戴忠恒：《心理教育与测量》，华东师范大学出版社 1987 年版，第 262 页。

表 26－15　大学生职业决策知识各因子、分问卷与总问卷之间的相关

变　量	职业世界知识	人际交往的策略性知识	专业知识	职业自我知识	总　分
人际交往的策略性知识	.510**				
专业知识	.468**	.348**			
职业自我知识	.560**	.415**	.329**		
职业决策知识分问卷	.857**	.763**	.673**	.745**	.913**
职业成熟度总分	.803**	.699**	.560**	.803**	

从表 26－14、表 26－15 可知，除功利性与主动性、功利性与灵活性相关不显著外，其他因子相关均达到极显著水平，这说明各因子构成了一个有机联系的整体。各因子的相关在－0.001～0.560 之间，其中只有功利性与主动性、功利性与灵活性两组因子间的相关低于 0.1。各分问卷与其组成因子存在着较高的相关。各因子与总问卷的相关在 0.317～0.803 之间，分问卷与总问卷之间的相关较高，均在 0.8 以上。这表明各因子既有一定的独立性，又反映出了相应的归属性，问卷具有较好的结构效度。

（2）内容效度

本问卷的条目来源于文献综述、开放式问卷调查、访谈以及相关问卷中的一些题项。在预测时，请心理学专家、心理学专业硕士研究生和大学生对问卷因素的适合度进行了评定。与此同时，还邀请一部分人进行访谈，检验问卷中各题项的语句是否通顺，是否易于理解。然后根据专家和学生意见，结合探索性因素分析的结果，对题项进行修改和删除。这些措施都有效地保证了问卷具有较好的内容效度。

三、讨论

（一）关于大学生职业成熟度的结构

探索性因素分析和验证性因素分析的结果表明，大学生职业成熟度主要包括职业决策知识和职业决策态度两个维度。职业决策知识根据认知对象的不同，分为职业世界知识、职业自我知识、专业知识和人际交往的策略性知识。职业决策态度在职业决策过程中起着推动和调节作用，分为主动性、灵活性、独立性、自信心和功利性。

这个结构和刘慧的中学生职业成熟度结构较为一致①，但也存在不同之处。新增加了专业知识和人际交往的策略性知识两个因子，同时，稳定性因子被灵活性因子所替代。这些不同正好能够体现出中学生和大学生之间心理发展的差异。

① 刘慧：《中学生职业成熟度发展特点研究》，西南师范大学硕士学位论文，2003 年。

首先，中学生的职业心理发展还处在一个探索和懵懂的状态，有关职业发展知识几乎都是从书本和榜样中获得，而且中学教育远远不是教育的终点，中学生还要继续升学，对职业问题思考就暂时被搁置。在没有遇到实际的职业选择问题时，中学生对于职业理想是十分执著的，而大学生已经迫切需要面对选择什么样职业的问题，在现实和自我的冲撞中，要不断地调整职业理想，在现实和自我中寻找一个平衡点，所以出现了灵活性因子代替稳定性因子的结果。

其次，中学阶段还没有专业之分。大学生所面临的就业市场，仍然非常强调专业的重要性，同时，专业知识的丰富程度直接影响一个人就业的广度，所以在大学生职业成熟度结构中凸现了专业的重要性。

第三，随着年龄的增长，个体参与的社会活动也越来越多。在中国独特的文化氛围中，人际交往能力在个人发展中的重要性逐步被大学生承认，在了解想从事的职业的过程中，必然要去了解从事那个职业的群体的生活方式、人际交往方式，来帮助个体判断自己是否适合这种工作。所以大学生职业成熟度结构中，是否具备人际交往的策略性知识是大学生职业决策是否成熟的重要指标。

（二）关于大学生职业成熟度问卷

本研究通过文献法、开放式问卷调查以及访谈法，收集大学生职业决策过程中的典型行为表现，初步构建大学生职业成熟度的理论模型，编制初始问卷。通过三次问卷调查，运用探索性和验证性因素分析对数据进行处理、分析，最终形成正式问卷。信度和效度分析结果表明，该问卷具有较好的可靠性和有效性，可作为大学生职业成熟度的一个测量工具。

但问卷的编制是一个反复验证的过程，该问卷仍然存在一些不足，需要在今后的研究中不断改进和完善。如在进行大学生职业成熟度的特点分析中发现，某些因素的不同水平造成了职业决策态度和职业决策知识两个分问卷差异显著，但总问卷差异却不显著。在今后的研究中需要思考职业成熟度总分的计算方式是否不能采取简单累加的方法，而应该采取某种加权的方式。

第三节　大学生职业成熟度的特点

为探讨大学生职业成熟度的发展特点，开展有针对性的职业生涯辅导，采用自编的大学生职业成熟度问卷对第三次测试的全部被试进行考察。首先，比较职业成熟度诸因子间的差异，从横向上考察大学生职业心理的发展特点。然后，比较职业成熟度在年级上的差异，从纵向上考察大学生职业心理的发展趋势。最后，比较不同性别、城乡来源、父母文化程度、有无兼职经验等的大学生群体的职业成熟度差异，探讨背景环境因素对大学生职业心理发展的影响。

一、大学生职业成熟度诸因子水平的比较

根据描述性统计的结果（见表 26－16），绝大多数因子的平均得分居于中等偏上的程度范围，从总体上看，我国大学生的职业成熟度不高。各因子得分从低到高排列依次为：专业知识＜职业世界知识＜人际交往的策略性知识＜功利性＜自信心＜主动性＜职业自我知识＜灵活性＜独立性。将两个邻近因子进行配对组平均值差异的显著性检验（paired samples test），结果显示除自信心与功利性之间的差异不显著外（$t=1.094$，$p>0.05$），其余因子均达到极显著水平。由此可见，大学生职业成熟度绝大多数因子间的发展是极不平衡的。专业知识和职业世界知识的得分显著低于其他因子的得分，这表明我国大学生在职业心理发展上存在的主要问题是：在职业决策过程中对想从事的职业所需专业知识掌握较少，对职业世界缺乏了解，职业规划实施技巧欠缺。

表 26－16　大学生成熟度诸因子水平的比较

变　量	自信心	独立性	主动性	灵活性	功利性	职业世界知识	人际交往的策略性知识	专业知识	职业自我知识	职业决策态度	职业决策知识
平均数	2.841	3.328	2.957	3.210	2.817	2.573	2.623	2.417	3.023	3.030	2.659
标准差	.533	.521	.495	.460	.569	.619	.573	.602	.647	.322	.465
职业成熟度总分：平均数＝48.552；标准差＝6.048											

二、大学生职业成熟度的年级差异

以年级为自变量，职业成熟度诸因子、分问卷及总问卷的得分为因变量，进行多元方差分析。从整体上看，大学生职业成熟度的年级差异不显著，但在职业决策态度和职业决策知识分问卷上年级差异均显著。仔细分析表 26－17 可以看出：(1) 大学生职业成熟度的发展大致呈现出倒 U 字形的发展趋势。从大学一年级到二年级，个体的职业成熟度缓慢发展，在三年级达到高峰，然后到四年级出现小幅度下降。事后多重比较发现，虽然在绝大多数因子上都存在年级差异，但这种差异主要表现在四年级与其他年级之间，这说明三年级是大学生职业心理发展的关键阶段。(2) 从分问卷上看，大学生的职业决策态度得分最高在三年级，到四年级的时候出现骤跌，处于大学期间的最低点。从具体因子上看，独立性因子、灵活性因子、功

利性因子的得分①都随着年级的增长呈现下降趋势，在四年级阶段，达到最低水平，说明大学生在临近毕业、需要选择职业时，依赖别人的程度增加，随机应变的能力下降，同时职业选择更趋于功利化。而自信心因子、主动性因子的得分都是在三年级达到最高点后出现小幅度下降。(3) 大学生掌握的职业决策知识随年级的升高而逐步增多，尤以职业世界知识的增长幅度最大。

表 26－17　大学生职业成熟度的年级差异

变　量	一年级 (n=548)		二年级 (n=630)		三年级 (n=591)		四年级 (n=318)		*MS*	*F*	事后比较
	平均数	标准差	平均数	标准差	平均数	标准差	平均数	标准差			
自信心	2.780	.522	2.826	.549	2.838	.511	2.796	.492	1.192	5.181**	1<3，2<3，4<3
独立性	3.283	.510	3.289	.512	3.285	.548	3.156	.603	1.494	4.911**	4<1，4<2，4<3
主动性	2.917	.513	2.895	.445	2.972	.466	2.957	.434	.696	3.190*	2<3
灵活性	3.184	.478	3.141	.455	3.151	.513	3.030	.496	1.618	6.903***	4<1，4<2，4<3
功利性	2.851	.540	2.802	.565	2.797	.551	2.695	.586	1.588	5.095**	4<1，4<2，4<3
职业世界知识	2.457	.519	2.530	.476	2.601	.523	2.667	.516	3.517	13.691***	1<2，1<3，1<4，2<3，2<4
人际交往的策略性知识	2.576	.522	2.564	.523	2.581	.598	2.619	.542	.216	.824	
专业知识	2.418	.567	2.403	.523	2.403	.542	2.547	.598	1.772	5.661**	1<4，2<4，3<4
职业自我知识	2.986	.645	2.989	.563	3.012	.620	3.018	.610	.117	.317	

① 在反向记分的情况下，功利性因子得分越低表示个体的职业选择越功利化，得分越高表示个体更多的是根据自身特点而不是待遇等功利性因素来选择职业。

续表

变　量	一年级（n=548）		二年级（n=630）		三年级（n=591）		四年级（n=318）		*MS*	*F*	事后比较
	平均数	标准差	平均数	标准差	平均数	标准差	平均数	标准差			
职业决策态度	2.989	.321	2.983	.307	3.016	.337	2.927	.343	.556	5.248**	4<1，4<2，4<3
职业决策知识	2.587	.396	2.606	.364	2.639	.401	2.700	.385	.968	6.494***	1<4，2<4，3<4，1<3，2<4
职业成熟度总分	2.812	.307	2.817	.282	2.850	.324	2.827	.319	.158	1.679	

注："事后比较"栏的1代表大一，2代表大二，3代表大三，4代表大四。

三、大学生职业成熟度的性别差异

以性别为自变量，职业成熟度的诸因子、分问卷、总问卷的得分为医变量，进行多元方差分析。从整体上看，大学生职业成熟度的性别差异不显著，在职业决策态度和职业决策知识分问卷上，性别差异也不显著。从诸因子检验结果来看（见表26－18），除了独立性和职业世界知识两个因子外，其余因子在性别差异上均达到显著水平。表明在职业决策态度上，虽然男生比女生更看重个人的发展而非功利因素，作出适宜的决策的信心也较强，但不够主动和灵活。在职业决策所需的知识上，男生对人际交往策略知识和专业知识的掌握程度优于女生，但对个人的认知较女生欠缺。

表26－18　大学生职业成熟度的性别差异

变　量	男（n=947）		女（n=1140）		*MS*	*F*
	平均数	标准差	平均数	标准差		
自信心	2.867	.501	2.821	.501	1.108	4.411*
独立性	3.274	.561	3.279	.523	.015	.052
主动性	2.916	.508	2.963	.443	1.146	5.108*
灵活性	3.119	.529	3.171	.456	1.400	5.816*
功利性	2.764	.579	2.834	.558	2.508	7.781**
职业世界知识	2.589	.542	2.550	.509	.803	2.918
人际交往的策略性知识	2.646	.523	2.549	.518	4.779	17.669***

续表

变　量	男（n=947）		女（n=1140）		MS	F
	平均数	标准差	平均数	标准差		
专业知识	2.478	.571	2.411	.568	2.366	7.295**
职业自我知识	2.965	.625	3.055	.601	4.215	11.255***
职业决策态度	2.986	.345	3.004	.324	.169	1.520
职业决策知识	2.657	.403	2.623	.396	.604	3.793
职业成熟度总分	2.841	.325	2.836	.310	.012	.118

四、大学生职业成熟度的专业差异

以专业种类为自变量，职业成熟度诸因子、分问卷及总问卷的得分为自变量，进行多元方差分析。从整体上看，大学生职业成熟度的专业差异显著，在职业决策态度和职业决策知识分问卷上专业差异均显著。从诸因子检验结果来看（见表26－19），专业不同的学生在大多数因子上呈现出显著差异。事后多重比较显示，这种差异主要出现在医学院的学生与其他专业的学生之间。医学院学生的职业成熟度得分显著高于其他专业的学生，职业成熟度得分最低的专业是农科类。

表26－19　大学生职业成熟度的专业差异

变　量	理工类（n=921）		文科类（n=824）		医学类（n=197）		农业类（n=145）		MS	F	事后比较
	平均数	标准差	平均数	标准差	平均数	标准差	平均数	标准差			
自信心	2.876	.507	2.784	.487	2.994	.478	2.750	.520	3.216	13.004***	4<1，1<2，1<3，2<3，4<3
独立性	3.309	.530	3.218	.548	3.428	.496	3.200	.569	3.056	10.592***	1<3，2<3，4<3，2<1
主动性	2.943	.478	2.933	.471	3.039	.422	2.853	.513	1.024	4.580**	2<3，4<3
灵活性	3.162	.481	3.136	.487	3.201	.499	3.044	.550	.810	3.370*	4<3
功利性	2.830	.574	2.763	.549	2.867	.586	2.763	.606	1.008	3.125*	
职业世界知识	2.546	.538	2.562	.502	2.692	.526	2.567	.550	1.170	4.266**	1<3，2<3

续表

变　量	理工类（n=921）		文科类（n=824）		医学类（n=197）		农业类（n=145）		MS	F	事后比较
	平均数	标准差	平均数	标准差	平均数	标准差	平均数	标准差			
人际交往的策略性知识	2.595	.535	2.582	.499	2.645	.532	2.571	.553	.233	.835	
专业知识	2.457	.585	2.410	.550	2.557	.554	2.361	.589	1.534	4.740**	2<3，4<3
职业自我知识	2.993	.629	2.996	.596	3.232	.602	2.961	.572	3.487	9.376***	1<3，2<3，4<3
职业决策态度	3.019	.331	2.959	.335	3.108	.269	2.915	.370	1.684	15.444***	2<1，4<1，1<3，2<3，4<3
职业决策知识	2.631	.406	2.624	.385	2.760	.387	2.606	.430	1.103	6.974***	1<3，2<3，4<3
职业成熟度总分	2.848	.320	2.811	.308	2.954	.277	2.779	.351	1.286	13.064***	1<3，2<3，4<3

注：“事后比较”栏的 1 代表理工类，2 代表文科类，3 代表医学类，4 代表农业类。

五、大学生职业成熟度的父母文化程度差异

以父母亲文化程度（以父母中最高学历为准）为自变量，职业成熟度诸因子、分问卷及总问卷的得分为因变量，进行多元方差分析。从整体上看，大学生职业成熟度的父母文化程度差异不显著。在职业决策态度和职业决策知识分问卷上，父母文化程度差异均显著。从诸因子检验结果来看，父母亲文化程度不同的学生在大多数因子上呈现出显著差异。事后多重比较显示，这种差异主要出现在父母亲文化为大学及大学以上的学生和父母亲文化为中学或小学的学生之间。父母亲的文化程度与子女职业成熟度呈现出类似图 26－4 的关系，两者之间并不是单一的线性关系，职业成熟度得分最低的学生的父母亲文化程度为小学和大学，而不是小学以下。

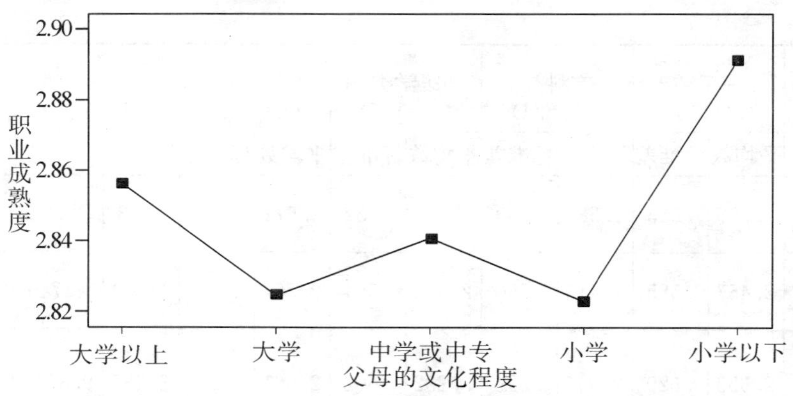

图 26－4　大学生职业成熟度的父母亲文化程度差异

六、大学生职业成熟度的城乡来源差异

以城乡来源为自变量，职业成熟度的诸因子、分问卷及总问卷的得分为自变量，进行多元方差分析。从整体上看，大学生职业成熟度的城乡差异不显著。在职业决策态度和职业决策知识分问卷上，城乡差异均显著。诸因子的检验结果见表 26－20。除主动性、灵活性、自信心三因子外，城乡差异在大多数因子上都呈现出显著性差异。来自农村的大学生在职业决策态度分问卷上得分极显著高于来自城市的大学生，而在职业决策知识问卷上显著低于来自城市的大学生。

表 26－20　大学生职业成熟度的城乡来源差异

变　量	城市（n=720）		农村（n=1367）		MS	F
	平均数	标准差	平均数	标准差		
自信心	2.855	.484	2.835	.511	.197	.784
独立性	3.196	.554	3.319	.529	7.129	24.647***
主动性	2.945	.492	2.941	.465	.008	.037
灵活性	3.158	.481	3.142	.497	.124	.515
功利性	2.676	.550	2.869	.567	17.589	55.824***
职业世界知识	2.600	.528	2.550	.523	1.186	4.312*
人际交往的策略性知识	2.626	.529	2.576	.518	1.203	4.421*
专业知识	2.391	.575	2.468	.566	2.777	8.566**
职业自我知识	3.096	.588	2.971	.622	7.315	19.609***
职业决策态度	2.965	.328	3.013	.335	1.063	9.590**
职业决策知识	2.665	.392	2.625	.403	.746	4.682*
职业成熟度总分	2.833	.312	2.842	.319	.040	.395

七、独生子女与非独生子女大学生的职业成熟度差异

以被试是否为独生子女为自变量，职业成熟度诸因子、分问卷及总问卷的得分为因变量，进行多元方差分析。从整体上看，独生子女与非独生子女的大学生职业成熟度的差异显著。诸因子的检验结果见表26－21。从总分上看，非独生子女的大学生职业成熟度的得分显著高于是独生子女的大学生。从具体因子上看，这种差异主要体现在职业决策态度上，非独生子女的大学生在独立性和功利性因子上的得分都要显著高于独生子女的大学生。

表26－21　独生子女与非独生子女的大学生的职业成熟度差异

变　量	独生子女（n=702）		非独生子女（n=1385）		MS	F
	平均数	标准差	平均数	标准差		
自信心	2.814	.494	2.856	.505	.841	3.348
独立性	3.177	.564	3.327	.522	10.519	36.572***
主动性	2.912	.498	2.957	.461	.929	4.138*
灵活性	3.126	.491	3.158	.491	.479	1.987
功利性	2.700	.557	2.855	.568	11.220	35.270***
职业世界知识	2.592	.511	2.556	.532	.597	2.166
人际交往的策略性知识	2.616	.526	2.581	.520	.549	2.015
专业知识	2.393	.568	2.466	.570	2.517	7.761**
职业自我知识	3.045	.596	2.999	.622	1.001	2.661
职业决策态度	2.942	.342	3.024	.326	3.116	28.356***
职业决策知识	2.649	.392	2.633	.403	.114	.716
职业成熟度总分	2.813	.319	2.852	.315	.709	7.103**

八、有兼职经验的大学生与无兼职经验的大学生的职业成熟度的差异

（一）是否有兼职经验的差异

以被试是否有兼职经验为自变量，职业成熟度诸因子、分问卷及总问卷的得分为因变量，进行多元方差分析。从整体上看，有兼职经验的大学生与无兼职经验的大学生职业成熟度差异显著，在职业决策态度和职业决策知识分问卷上，差异也显著。诸因子的检验结果见表26－22。从总分上看，有过兼职经验的大学生的职业成

熟度要显著高于没有兼职经验的大学生，从具体因子上看，除灵活性和功利性两个因子外，在其余因子上，有兼职经验的大学生的得分均显著高于没有兼职经验的大学生。

表 26－22　大学生是否有兼职经验的职业成熟度差异

变　量	有兼职经验（n=956）		无兼职经验（n=1131）		MS	F
	平均数	标准差	平均数	标准差		
自信心	2.873	.490	2.816	.510	1.687	6.724**
独立性	3.321	.548	3.239	.533	3.480	11.960***
主动性	2.980	.453	2.910	.489	2.561	11.452***
灵活性	3.153	.508	3.143	.477	.049	.205
功利性	2.804	.571	2.802	.567	.003	.010
职业世界知识	2.624	.540	2.520	.507	5.561	20.370***
人际交往的策略性知识	2.640	.518	2.554	.522	3.845	14.193***
专业知识	2.470	.583	2.417	.558	1.441	4.436*
职业自我知识	3.055	.596	2.980	.626	2.931	7.813**
职业决策态度	3.023	.335	2.974	.331	1.248	11.266***
职业决策知识	2.684	.406	2.600	.390	3.587	22.710***
职业成熟度总分	2.873	.320	2.809	.311	2.128	21.449***

（二）兼职的工作是否与专业相关的差异

在有兼职经验的被试中，以兼职工作的性质（是否与专业相关）为自变量，职业成熟度诸因子、分问卷及总问卷的得分为因变量，进行多元方差分析。从整体上看，大学生从事的兼职工作是否与专业相关造成的职业成熟度差异并不显著。但从具体因子上看，两类大学生在独立性、灵活性、专业知识因子的得分上存在极显著差异。在职业决策过程中，从事与专业相关的兼职工作的大学生表现的更有自己的主见，应对职业世界的变化更灵活，对专业知识的掌握程度也显著高于从事与专业不相关的兼职工作的大学生。

表 26－23　兼职的工作是否与专业相关的差异

变　量	相关（n=350）		不相关（n=606）		MS	F
	平均数	标准差	平均数	标准差		
自信心	2.878	.508	2.870	.480	.055	.055
独立性	3.259	.573	3.357	.530	7.255	7.255**
主动性	3.029	.434	2.952	.462	6.354	6.354*
灵活性	3.095	.559	3.186	.474	7.017	7.017**
功利性	2.859	.576	2.772	.566	5.210	5.210*
职业世界知识	2.678	.536	2.593	.540	5.526	5.526*
人际交往的策略性知识	2.664	.541	2.625	.505	1.247	1.247
专业知识	2.617	.562	2.385	.579	36.481	36.481***
职业自我知识	3.080	.600	3.041	.593	.965	.965
职业决策态度	3.021	.353	3.024	.325	.018	.018
职业决策知识	2.743	.406	2.650	.403	11.749	11.749***
职业成熟度总分	2.899	.331	2.859	.313	3.449	3.449

九、参与社团的大学生与未参与社团的大学生的职业成熟度差异

以被试是否参与学校社团为自变量，职业成熟度诸因子、分问卷及总问卷的得分为因变量，进行多元方差分析。从整体上看，参与社团的大学生与未参与社团的大学生职业成熟度差异显著，在职业决策态度和职业决策知识分问卷上，差异也显著。诸因子的检验结果见表 26－24。从具体因子上看，与未参与社团的大学生相比，参与社团的大学生在职业选择过程中表现出更大的主动性和灵活性，在职业决策知识方面，对职业世界知识、专业知识、人际交往的策略性知识的了解也更充分。

表 26－24　参与社团的大学生与未参与社团的大学生的职业成熟度差异

变　量	参与（n=1184）		不参与（n=903）		MS	F
	平均数	标准差	平均数	标准差		
自信心	2.852	.499	2.828	.505	.291	1.158
独立性	3.287	.539	3.263	.544	.287	.981
主动性	2.975	.474	2.899	.471	2.991	13.387***
灵活性	3.173	.483	3.113	.501	1.861	7.738**
功利性	2.813	.570	2.789	.566	.278	.858
职业世界知识	2.595	.537	2.531	.506	2.105	7.664**

续表

变　量	参与（n=1184）		不参与（n=903）		MS	F
	平均数	标准差	平均数	标准差		
人际交往的策略性知识	2.642	.523	2.529	.515	6.553	24.304***
专业知识	2.484	.568	2.386	.569	4.901	15.166***
职业自我知识	3.033	.604	2.989	.626	.996	2.648
职业决策态度	3.014	.339	2.973	.325	.844	7.602**
职业决策知识	2.673	.404	2.593	.389	3.269	20.682***
职业成熟度总分	2.864	.323	2.806	.305	1.717	17.272***

十、讨论

（一）大学生职业成熟度诸因子水平的差异

研究发现，我国大学生职业成熟度的整体水平不高，其中专业知识和职业世界知识因子的得分显著低于其他几个因子的得分。专业知识的缺乏实质上从另一个侧面反映出个体对职业世界知识的了解较少，个体在学校接受了专业知识的学习，但不了解具体的工作环境中需要什么样的专业知识和技能，不能在所学与所用之间形成衔接，使得诸多大学生认为缺乏能够作出合理职业决策所需的专业知识。总的来说，当前大学生职业心理发展中最突出的问题表现在对职业世界知识缺乏了解。

刘慧（2003）① 在对中学生的职业成熟度的调查中发现，中学生的职业心理中突出的问题是对择业的主动性不高和对职业世界知识缺乏了解。从本研究的结果来看，职业世界知识的缺乏这一问题在大学生中仍然存在。导致这一现象的原因可能是多方面的。

首先，与学校中的职业教育有关。虽然绝大多数高校每年都举行毕业生供需见面会，但学校对毕业生会前、会中、会后的指导显得十分欠缺，即使有老师到现场指导，也往往仅凭个人感觉，效果因人而异。同时，这种供需见面会往往只对毕业生开放，低年级学生缺乏学习的机会。其次，在教学过程中，有的专业教师为了稳定“军心”，往往过分强调本专业中较好的职业去向，而有意无意中回避了毕业生很可能会去的相对较差的职业去向（陈志霞，2002）②，无形之中给学生较片面的职业世界信息，导致学生不切实际的职业目标和求职就业时的茫然无措。此外，学校也缺乏具有相关知识和经验的专职教师来具体实施对大学生职业发展与就业方面的指

① 刘慧：《中学生职业成熟度发展特点研究》，西南师范大学硕士学位论文，2003 年。
② 陈志霞：《武汉地区大学生求职状况调查》，《中国青年研究》2002 年第 1 期，第 16～19 页。

导，相关工作基本上是由学生工作人员来兼任。由于责任不明，加之现有学生工作人员精力和知识经验所限，相关工作往往抓而不力，效果欠佳。在一项有关“大学生在就业指导中最想了解什么就业信息”的调查中（刘夏亮，2005），46%的学生选择“就业市场信息”，32%的学生选择“用人单位的相关信息”，也间接说明大学生职业世界知识的缺乏和职业教育的欠缺。

但是，随着年龄的增长，个体积极探索职业世界的主动性在逐步提高。有研究调查显示（刘夏亮，2005）①，大学生普遍感受到就业压力，竞争意识增强，51%的大学生愿意对职业培训进行投资，希望通过深造来提高自己的竞争力；50%的大学生清楚自己未来三年到五年的发展计划。这也说明大学生在职业发展中的主动性提高。

总的来说，从职业成熟度诸因子的得分情况可以看出，当下的大学生正以积极主动的态度去探索自我，探索职业世界，而职业发展过程中所需知识的缺乏却又降低了大学生作出适宜的职业决策的可能性。

（二）大学生职业成熟度的年级差异

无论是 Super 还是 Crites 都认为职业成熟度是随年龄的增长而增长的（转引自朱云立，2003）②。朱云立（2003）的研究结果发现职业成熟度随着年龄的增长呈现出一条拱形曲线的发展态势。马远（2003）③ 的研究发现职业成熟度随年龄的增长而增长。在本研究中，大学生职业心理的发展趋势与朱云立的研究结果有相似之处，它表现的是一种倒 U 字形的发展倾向，从一年级到二年级缓慢发展，三年级达到波峰，四年级的时候又呈下降的趋势。出现这种发展趋势的原因是多方面的。

首先，大学教育中职业规划教育非常缺乏。一方面，目前教育理论界对大学生职业心理和职业教育的研究明显滞后，在已有研究中，大多数是侧重理论的探讨，而对具体的职业教育的策略和方法的研究相对较少。另一方面，学校给予的职业指导专业性不强，过于强调从大处着手，忽视了从个体差异的角度进行有效的职业指导。此外，家庭和社会较少鼓励学生从小思考自己的职业发展，一味灌输“学而优则仕”的观点，却没有告诉学生读好了书之后能干什么，以至于很多学生失去思考的能力。本研究的结果也证实了这种问题的存在，一年级、二年级学生职业决策知识增长缓慢，直到大三、大四即将毕业面临找工作时，学生的职业决策知识和态度的准备才被动地增加起来。

其次，大学生在低年级对自己职业发展的思考基本上是处于一种“想象”状态，真正接触职业世界大部分是在大四阶段，由于要寻找工作，必须真实地和市场打交

① 刘夏亮：《大学生职业生涯规划现状调查》，《成才与就业》2005 年第 2 期。
② 朱云立：《职业成熟度理论及其在大学生中的应用研究》，南京师范大学硕士学位论文，2003 年。
③ 马远：《职业进入前青年人的职业成熟度问卷研制及影响因素探讨》，暨南大学硕士学位论文，2003 年。

道，去搜集招聘信息，评估自己是否适合某份工作，参与面试。这种实实在在的与求职市场的接触，让大学生很多过去确立的观念受到冲击，导致大学生会去依靠父母的帮助得到工作，对自己的职业选择产生怀疑，消极地应对市场提供的信息等等。另外，由于本问卷采用自陈量表的形式，反映的是个体对自己职业心理发展水平的评价，这种评价很容易受外界因素的影响，尤其当个体面对难以应对的情境时，更倾向于低估自己。所以，四年级的学生的职业成熟度的得分处于大学阶段的最低点是可以理解的。

此外，在研究结果中出现一个非常值得关注的现象，职业决策态度中的独立性和灵活性因子的得分都随着年级的升高出现下降的趋势，即个体在职业决策过程中对别人的依赖性增强，越来越消极地应对环境的变化。从个体心理发展水平的特点来说，个体随着年龄的增长和社会经验的丰富，应该更倾向于独立和灵活。本研究的结果可能源于个体对职业世界的陌生，面对就业在即这一事件，个体找工作时依赖性增强。有调查发现（莫莫，2005）①，52.4%的大学生找工作依赖学校和家人。而灵活性的降低可能并不是表现在学生强调工作绝对“专业对口”，固执地坚持找到理想中的工作，如有调查显示（刘夏亮，2005）②，大学生普遍对自己的专业对口认同度模糊，对“求职时要求专业对口”持无所谓态度的占 39%，各类学校的差异不大。这种灵活性的降低可能表现在个体不再是从专业本身出发去探索相关领域，适应环境，而是直接放弃专业，只要单位待遇好、实力强，干什么都行，有 68.2%的学生认可这种行为，这种轻易放弃所学专业的现象在大学生就业过程中有相当的普遍性（陈志霞，2002）③。造成独立性、灵活性因子这一发展趋势的原因还有待于进一步研究。

（三）大学生职业成熟度的性别差异

虽然国外的多数研究支持“女生的职业成熟度水平高于男生”，但国内对于职业成熟度的性别差异的研究结果并不统一。本研究发现大学生职业成熟度性别差异不显著，虽然在总问卷得分的差异没有达到通常意义上的显著水平，但女生得分要高于男生得分。

职业自我知识是测量个体对客观自我的掌握程度。女大学生在这一因子上的得分极显著高于男大学生。女性在生活中比男性更注重自己给别人的印象，要想留下好印象，不仅自己要有正确的评估，还要常常征求别人的意见，这种近乎“本能”的关注直接导致女性对自己有较清醒和直接的认识。相比之下，男性较少进行深刻的内省活动，他们的思维更易指向外部而非本身，这造成对自我的认识难免有“模

① 莫莫：《五成大学生找工作依赖他人，就业指导渐成产业》，中华网，2005 年 4 月 27 日。
② 刘夏亮：《大学生职业生涯规划现状调查》，《成才与就业》2005 年第 5 期，第 14～17 页。
③ 陈志霞：《武汉地区大学生求职状况调查》，《中国青年研究》2002 年第 1 期，第 16～19 页。

糊”之处。

人际交往策略性知识测量的是个体在职业活动中对人际交往知识的掌握程度。男大学生在这一因子上的得分要显著高于女大学生。传统观念中，女性的理想角色是“贤妻良母”，其活动的范围以家庭为主。在讲求男女平等的今天，有调查（黄爱玲，2003）[①] 显示，40.8%的女大学生希望丈夫的薪水要高一点，11%的女大学生希望丈夫的薪水要远远超过自己，说明对男性的依赖心理依然存在，依赖心理在一定程度上限制了女大学生为追求事业而去拓展自己的人际交往圈的行为。而男性要以事业为重，是家庭的主要经济支柱，这种根深蒂固的传统观念使得男性比女性更喜欢憧憬未来的事业，出于对事业的渴望，男性对职业信息格外敏感，对外部世界的活动更为关注，同时，社会给予男性实践、磨炼的机会也多于女性，这些就使得男性对于人际交往的策略更为熟悉，对职业活动中的人际关系朝自己希望的方向发展更有信心。

总的来说，男大学生比女大学生更好地掌握了作出适宜职业决策所需的知识和技能，而在所需的稳定的个性倾向上却没有女大学生成熟。这可能是由于女性承担着比男性更丰富的社会角色，从而使得女大学生在面对职业决策这一事件时考虑较多，促成了女大学生在职业决策态度上比男大学生成熟这一结果的产生。

（四）大学生职业成熟度的专业差异

统计结果显示，专业不同的大学生职业成熟度差异显著，这种差异主要存在于医学院学生与其他专业的学生之间。从分问卷得分来看，医学院学生在职业决策态度和职业决策知识两个分问卷上的得分都显著高于其他专业学生，主要体现在自信心、独立性因子和职业世界知识、职业自我知识因子上。导致这一结果的原因可能是：

一方面，医学院由于其特殊的专业背景，学生毕业后从事的是一种相对于其他专业来说十分固定的工作——医生。医生这一职业的工作性质和工作环境是每个人都有所了解的，这就决定了选择医学院就读的大学生比其他专业的大学生了解更多的职业世界知识，所以医学院的学生在自信心和独立性因子以及职业自我知识因子上的得分远远高于其他专业是可以理解的。另一方面，医学院的学制是所有本科院校中最长的，它是五年学制，医学专业学生在毕业前必须经过一年的实习期，面对病人，积累实践经验，因此相对于其他专业，医学院学生有更多时间和机会从今后从事的职业角度出发探索职业世界。

① 黄爱玲：《当代女大学生职业发展的心理障碍及教育对策》，《福建工程学院学报》2003 年第 1 期，第 117～122 页。

（五）大学生职业成熟度的父母文化程度差异

父母的影响在个体的成长过程中是极其重要的，有直接教育的作用，亦有潜移默化的影响。刘慧（2003）[①] 对中学生职业成熟度的调查研究发现，中学生的职业成熟度和家长的文化程度之间基本上呈正相关，即父母文化程度越高，子女的职业成熟度越高。这个研究结果并没有延伸到对大学生群体的调查中，是因为大学生社会经验的增加，导致父母的影响减少，还是因为其他原因，值得进一步思考和研究。

本研究发现，父母的文化程度与学生的职业成熟度之间并不是单一的线性关系。对于职业决策知识分问卷，小学文化程度是父母文化程度对个体影响的一个分水岭，高于小学文化的，父母文化程度越高，职业决策知识掌握得越好，但当父母文化程度为小学以下时，其子女的职业决策知识的掌握程度反而要好于父母文化程度为小学的学生；对于职业决策态度分问卷，职业决策态度的得分与个体父母的文化程度呈负相关，即家长文化程度越低，职业决策态度越成熟。可能的原因是：学历高的家长在知识结构、职场经验、生活阅历上更为丰富，可以在子女的职业发展中给予很多指导，如很多高学历的家长很善于鼓励其子女去探索自己的职业兴趣，并提供条件让其去摸索感兴趣的职业世界，这就使得其子女掌握了较多的职业决策知识，但同时也让其子女形成一定的心理依赖性，从而造成了父母文化程度高但其子女职业决策态度得分反而低的现象。

至于父母文化为小学以下的学生掌握职业决策知识的程度优于父母文化为小学的学生，这可能是因为文化程度为小学以下的父母由于学历较低，无法为其子女的职业发展提供建议和帮助，迫使他们的子女自己去寻找职业信息，摸索职业世界，规划自己的职业发展。常言说“穷人的孩子早当家”，这句话在一定程度上反映了在什么都不能依靠的状况下，只能靠自己主动发展的道理，这也和职业决策态度分问卷中，父母文化为小学以下的学生，职业成熟度得分最高的结果相呼应。

（六）大学生职业成熟度的城乡差异

通过比较，发现职业成熟度的城乡差异并不明显，这得益于我国经济文化的发展，农村的信息渠道和商品流通日益丰富，城乡差异在逐渐缩小。

在职业决策态度分问卷中，来源于农村家庭的学生在独立性和功利性因子上的得分显著高于来源于城市家庭的学生。这可能是因为，在如今的教学模式下，农村孩子比城市孩子更早离开父母住校就读，长时期的独立生活使得农村孩子的独立性较强，同时，对于来自农村的学生而言，父母的知识结构、职业经验都比较欠缺，他们在职业选择过程中更多是自己权衡、比较、拿主意，从而造成来自农村的学生比来自城市的学生独立性要高的现象。此外，处于城市这样一个生长环境，又处在

① 刘慧：《中学生职业成熟度发展特点研究》，西南师范大学硕士学位论文，2003 年。

什么都讲求经济效益的社会背景下，来自城市的学生更看重“金钱”价值，在选择工作过程中，比较看重工作的福利待遇和社会地位，缺少吃苦的精神，所以在“功利性”因子上的得分较高。

对于职业决策知识分问卷的四个因子，来自城市的学生在每个因子上的得分都高于来自农村的学生。城市拥有比农村更快捷的信息渠道，有丰富的职业种类和就业机会，更能够容纳、接受新事物，这些使得城市学生比农村学生能够更多、更快地接触到职业信息。城市中错综复杂的人际关系也让城市的学生获得较多的人际交往策略和技巧。此外，来自城市的大学生的父母文化程度要普遍高于来自农村的大学生，家庭环境相对也较优越，这些都有利于来自城市的大学生了解职业世界和职业自我。

（七）独生子女与非独生子女大学生的职业成熟度差异

通过对独生子女和非独生子女职业成熟度的比较，发现非独生子女大学生职业成熟度要显著高于独生子女大学生，这种差异主要体现在职业决策态度上，职业决策知识的差异并不显著。

在职业决策态度分问卷上，非独生子女大学生在职业决策过程中表现出独立性强，功利性色彩较淡。独生子女大学生从小是家庭的中心，在家无论是生活上还是学习上的事情，少有自己做主的情况。非独生子女由于在家中同辈多，父母的关心相应比较分散，心理断乳早，对父母的依赖性也较小，促成非独生子女学生独立性较强。与此同时，由于独生子女在家庭的中心地位，使得他们凡事都以自己为中心，较少考虑到别人，喜欢追求物质上的享受，对物质的占有欲也较强，在责任感上远远低于非独生子女的同辈；而非独生子女学生在和兄弟姐妹的共同成长中无形培养了自己的责任感，懂得与自己的兄弟姐妹分享的快乐，这可能是非独生子女大学生在职业选择过程中功利性色彩较淡的原因。

有研究（转引自张三萍，1999）[①] 在调查独生子女和非独生子女的差异时发现，独生子女在智力水平上优于非独生子女，因为独生子女的家庭，父母将全部的精力都只指向一个孩子，其教育投资的状况要优于非独生子女家庭，这点在本研究中也稍有体现。在职业决策知识问卷中的四个因子，独生子女的得分都要高于非独生子女的得分，虽然有些因子的得分差异并不显著。

（八）大学生职业成熟度的有无兼职经验的差异

兼职是目前大学生接触职业世界最直接的一种方式，有些是因为经济的原因不得已而从事兼职，有些是因为自己的兴趣、爱好去从事兼职。作为一种最直接和有效的接触职业世界的方式，本研究发现，有兼职经验的大学生在职业成熟度得分上

① 张三萍：《1000例独生子女大学生人格的分析与启示》，武汉理工大学硕士学位论文，1999年。

要显著高于无兼职经验的大学生。

从具体的因子上看，除灵活性、功利性因子外，有兼职经验的大学生在其余因子上的得分都显著高于无兼职经验的大学生。在一些大学中，学校不支持学生从事校外的兼职活动，持此种观点的人认为，从事兼职活动不仅不能让学生从中受益，而且还让学生浪费宝贵的学习时间，沾染社会中的浮躁风气。但从本研究的结果看来，兼职活动不仅让大学生在职业选择过程中表现出稳定的个性倾向，同时也获得能够作出适宜职业决策所需要的知识。由此可见，大学生通过兼职获得的信息和技能不仅能够帮助个体形成客观的职业信念、职业期望，同时也能让大学生在兼职过程中不断完善自我，丢弃掉不合理的观念，设法弥补不足。这种自我思考和社会实践的互动能够让大学生在不断的取舍中发生蜕变，提高对职业世界知识的认识，增强对自我的了解，达到完善自我的目的，最终实现适宜的职业决策。

对于“是否支持大学生做兼职工作”这个问题，引起讨论的关键在于大学生该选择何种工作作为兼职的对象。实质上，大部分教师以及家长对大学生从事与自己专业对口或者相关的兼职工作持认可态度，认为这种兼职是课堂的一种延伸，这种延伸帮助个体增加对职业世界的了解，提高对专业本身的认识。国外有研究调查发现（Luzzo，1995）①，从事与自己职业兴趣相一致的兼职工作的大学生，更容易形成适宜的职业决策。作为社会普遍现象，大部分人从事的是与自己专业相关的工作，所以暂且认为与专业相关的工作都是感兴趣的职业，那么是不是说，若大学生从事与自己的专业相关的兼职工作，其在职业选择过程中会表现的更成熟？这点在本研究中并没有得到支持。从事的兼职工作是否与专业相关造成的职业成熟度差异并不显著。

总的来说，从结果的分析中可以得出这样的结论，从事兼职工作能够让学生在职业决策时准备更充足，尤其是在职业决策态度上。从兼职工作的具体性质来看，若从事与专业相关的兼职工作，其显著的作用是能够让大学生获得更丰富的职业决策所需的知识。

（九）大学生职业成熟度的是否参与社团的差异

从大学生是否参与社团的角度来考察职业成熟度差异，是为了发现是否个体融入社会团体的愿望越高，其职业成熟度越高。本研究的结果显示，参与社团的大学生的职业成熟度显著高于未参与社团的大学生。

从具体因子上看，参与社团大学生的职业成熟度在所有因子上的得分都高于未参与社团的大学生。在职业决策态度分问卷上，突出表现在主动性和灵活性两个因

---

① D. A. Luzzo：*The relationship between career aspiration-current occupation congruence and the career maturity undergraduates*. *Journal of Employment Counseling*，1995，32（3），pp132－140.

子上；在职业决策知识分问卷上，突出表现在人际交往的策略性知识和专业知识两个因子上。个体参与社团后存在一个融入度的问题。但只要个体有主动申请加入社团的行为，说明其参与团体、融入团体的愿望就高于没有参与社团的大学生。此外，是否参与社团，以及加入一个什么样性质的社团，完全由个体自由决定，可以出于兴趣，可以出于好奇，也可以出于人际交往的目的等等，这些足可以说明参与社团的个体在对待事物的主动性以及试图尝试不同事物的灵活性上高于没有意愿参与社团的个体。

社团作为大学中非常普遍的一种课外交流组织，其存在的一个非常重要的作用是给不同专业、系科的学生提供一个出于共同的爱好和理想而进行交流的平台。互相不认识的大学生在社团中可以成为相知的朋友，这种在陌生的环境中的人际交往间接地培养了个体的人际交往能力，提高了个体在陌生环境中应对情境的技能。这可能就是参与社团的大学生在人际交往策略性知识因子上得分显著高于未参与社团的大学生的原因。

而为什么参与社团的大学生在专业知识的掌握程度上也显著高于未参与社团的大学生呢？在开放式问卷的访谈中，曾发现大学生在选择参与什么样的社团时，很大一部分会选择和自己专业相关的团体，比如说心理学院的学生会参与心理协会，环境学院的学生会选择参加环境保护协会等等。这可能与两个因素有关：其一，有些社团本身就需要具备一定的专业背景，如“数学建模”协会本身就需要一定的数学专业基础才能参加。其二，专业相关有利于拓展专业知识面，正如一名大学生所言：“有这样一个实践自己理论知识的平台，参与到其中，不仅可以与社团其他成员交流自己的想法，也能够将自己学到的知识运用于实践，还能够在和同伴的交流中发现自己专业上的不足。”

此外，张春兴等的研究（1982）[①] 也发现，学校社团活动的参与，与个人对职业的认识有密切关系。虽然不能从表面上确定参与社团和大学生职业成熟度之间的因果关系，但参与社团有助于学生心理发展成熟，对职业的考虑可视为成熟的一个方面。所以说，参与社团有助于大学生职业心理的发展。

调查发现，我国大学生职业成熟度发展水平呈现差异性和不平衡性。一方面，职业成熟度在不同年级有不同的发展速率，如四年级学生的职业成熟度与其他几个年级学生相比存在显著性差异；另一方面，不同大学生群体的职业成熟度存在显著性差异，如从总体上看，医学院学生的职业成熟度要显著高于其他专业的学生，非独生子女大学生的职业成熟度要显著高于独生子女大学生，有兼职经验大学生的职

① 张春兴、黄淑芬：《大学教育环境与青年期自我统整形成关系的初步研究》，《教育心理学报》1982 年第 15 期。

业成熟度要显著高于无兼职经验大学生，参与学校社团大学生的职业成熟度要显著高于未参与社团的大学生。这些不平衡性和差异性表明，职业成熟度的发展并不是一个线性的发展过程。

第四节　大学生职业成熟度的培育策略

研究结果表明，我国大学生职业成熟度不高。其中对想从事的职业所需专业知识掌握较少是其成熟度不高的首要原因；其次是职业世界知识和人际交往的策略性知识缺乏，职业规划实施技巧欠缺。另外，大学生职业成熟度因年级、性别、专业、父母的文化程度、城乡来源、是否独生子女、是否兼职、是否参加社团等因素而有差异。

总之，大学生职业成熟度除了受个体因素影响以外，还受社会环境因素的影响。因此，要提高他们的职业成熟度就要从这两方面以及二者的交互作用来考虑对策和措施。

一、分析现实，尽早确立自己的职业理想，主动提高自身综合素质

（一）认真学习想从事职业的专业知识

第一，要明确学习目的，树立为职业生涯而学习的观念。从某种意义上讲，大学的学习目标是择业。对于绝大多数学生而言，大学是就业前的最后一站，学习是为今后的职业生涯做准备。但事实却是许多学生并没有这种意识，由于大学阶段没有了升学的压力，也有充裕的自由支配时间，所以不少学生便迷失了学习的方向，普遍存在松懈懒散的状况。因此，大学生入学后应尽快树立为职业生涯而学习的指导思想，增强职业意识，克服为学习而学习的消极被动的学习观念。大学生要严格要求自己，因为学习是学生的首要任务，要正确处理好学习与其他事项的关系，一定不能误了学业。

第二，大学生要按照市场需求设计学习内容，使知识结构、能力结构与市场需要对接。目前市场对单一的知识结构需求较少，特别是对工具性的学科需求更少，市场所缺的是“一专多能”的复合型人才。因此，大学生一定要在学好专业知识的同时，积极主动地去学习有关以后所要从事职业的专业知识，并与同学多进行交流讨论，这有利于扩大自己的视野，增强自身专业水平，从而为将来找到自己理想的工作打下坚实的基础。

（二）尽早确立职业理想和职业观念，增强职业意识

大学生要尽可能早地结合自己的实际情况，积极规划想要从事的职业。对于大

学一二年级的学生来说，由于他们的职业成熟度发展缓慢，所以更要多思考自己适合从事什么样的工作，要早动手，经常向师兄师姐咨询就业方面的情况和问题；大三是职业成熟度发展的关键期，因此这一时期既要加强专业知识的学习，又要多搜集招聘信息，积极、主动地多与招聘单位接触；对于大四学生来说，面试之后要及时总结，不断吸取经验教训，了解求职技巧，进而提高面试的成功率。

（三）结合个体实际，根据社会需要塑造自我

职业成熟度高的学生，应该具有清晰的自我意识和独特的自我发展系统。通过学习、思考和丰富的社会实践，真正了解和把握自身的志趣、性格、气质、能力、素质等基本状况。要通过各种途径和方法密切关注社会的发展及人才市场的走势，深入思考用人单位招聘录用大学生时的素质要求。大学生应尽快而且充分地认清高等教育大众化的现状，放眼基层，放眼西部，放眼小城镇，脚踏实地从基层和小事做起，这对改善我国目前大学生职业心理健康状况有十分重要的意义。大学生一方面需要在长期的学习和生活实践中逐渐积累经验，完善自我；另一方面还要在解剖自我、反思自我的前提下，不断获取认识生活和学习的新视角。要有一种不断进取、接受挑战的精神，不断寻找机遇，寻求“高峰体验”，要善于寻求催化自我成功的刺激物，善于变化行为方式，使学习和生活丰富多彩。

（四）建立良好的人际关系

大学生要养成尊重别人、真诚待人的好习惯。树立正确的自我意识，能正确认识和评价自己，既不自卑也不自负，从而保持与人交往的良好态度。除了要完善自己的个性品质外，还要加强交际语言的学习，提高语言素养，善于表达。交往中人们的举手投足、抬眼、扬眉都在传情达意，不论是口语还是体态语都在传递信息。大学生应特别注意说话忌夹枪带棒、尖酸刻薄、挖苦讽刺、言不由衷、故弄玄虚，并且千万别拉长着脸说话。同时要善于运用准确、恰当的语言表达自己的观点和看法。言行举止得体就会使人产生美感，就会受人欢迎。

二、高校要重视对大学生进行职业心理指导和培训

（一）强化大学生的职业规划意识

首先，高校领导要转变将学科建设、师资队伍建设、引进人才作为工作的重中之重的观念，对大学生职业规划，在涉及大学生职业规划的经费投入、关注程度和宣传力度等方面要给予足够的重视。要彻底改变把职业规划纯粹理解为找工作的观念，要改变大学就是大学，尤其是大一、大二是不用考虑职业问题的，考虑职业问题理所当然的时间为大四的观念。要在学校设立职业规划课程，通过系统化、长期化的职业规划课程，使职业规划意识深深扎根于每一位学生的脑中，使其落实在行动上。学校也要善于妥善安排学生的课程，尽量做到课程反应社会发展的需求，在

传授知识的同时更要注重培养学生的能力和综合素质。

其次，利用专门的职业能力测评试题对大学生进行实际测试，例如霍兰德职业性向测验量表，使学生了解自己的特点以及所匹配的职业类型，为他们早日做好职业规划做好充足的准备。

再次，要为学生提供个性职业规划指导。不同的大学生有不同的专业，不同的智力基础，不同的性格特点，不同的家庭背景，不同的文化水平，这些都使大学生的个性有所不同。不同的个性适应于不同的职业，因此必须对大学生提供个性化职业规划指导。

（二）推广职业指导和职业心理咨询，并不断创新

在学校，就业指导工作应该从毕业班向低年级辐射，在大学一年级就进行就业教育，使他们有所准备，化解其就业焦虑。

就业指导要贯穿于大学生活的全过程，首先要从转变就业指导观念入手，转变过去那种认为就业指导就是为毕业生提供服务，帮助他们顺利找到工作就算大功告成的传统观念。就业指导，不仅要为毕业生和社会提供一流的服务和一流的就业平台，而且要通过完善的就业指导帮助大学生认识自己、认识社会、做好职业生涯发展规划。

其次，毕业生就业指导服务作为毕业生就业工作中的重要环节，应当充分发挥服务职能，加强毕业生的就业指导，着力提高服务质量和服务水平。要使受众群体重心下移，实现由面对应届毕业生到面对所有在校生的转变。通过就业指导和服务，帮助毕业生掌握一定的择业技巧，使其学会善于利用市场信息，善于在就业市场中“推销自己”，通过市场落实就业单位。

最后，要实现从单纯追求就业率到追求就业竞争能力的转变。就业指导工作不能只注重短期效应，应该培养学生具有可持续发展的就业竞争能力，只要毕业生拥有了就业竞争能力，学校获得较高的就业率也就变得“水到渠成”。

（三）引导学生积极参与社会实践和兼职活动

首先，学校可以通过各种渠道向学生传授选择兼职的方法，以及选择从事与自己专业相关的兼职工作的益处；帮助学生搜集职业发展信息，具体到每个行业、每个地区，每学年提供职业发展信息报告。

其次，学校应该尽量为学生落实相关实习单位，当然这种实习不仅仅局限在大学四年级，在低年级中亦可以开展适当的活动。在重视发展学生能力的同时，要鼓励学生掌握好坚实的职业决策知识和专业知识，同时要经常开展不同专业不同性别学生之间的职业问题的交流，以利取长补短，相互帮助。

三、加强政府和社会的宏观调控作用

在市场还没有能力进行自动调节和配置的条件下，政府应适当地进行宏观调控。尽管政府已经出台了一系列调控措施，但力度还不够。如一些地方的政策性障碍还没有完全破除，包括有些城市限制外地生源落户的问题等都难以彻底解决。能否实现大学毕业生"无障碍就业"，还需要政府加大力度，打破地域限制，消除人为市场分割，疏通毕业生到各地区、各行业、各领域、不同性质单位就业的渠道，构建有利于人才合理流动的大环境。对于大学毕业生到基层，到西部地区，各级政府必须加大调控力度，要给予必要的资金、岗位和编制，尽快完善政策制度环境。对于大学生创业，政府要加大扶持力度，应当把扶持毕业生自主创业作为开拓就业渠道、促进经济发展的重要措施，引导和帮助更多的大学毕业生实现自主创业。如果政府能够有效地进行引导与调控，通过制度设计或制度变更，让市场来实现人才资源的最优配置与利用，大学生就业问题是能够得到解决的。

四、家庭的导向作用

总的来说，家长应该做到以下几点：

（一）积极转变就业观念

改变父母对于择业的不良观念，加强父母对大学生的引导工作，用正确的职业价值观念武装孩子，这是帮助大学生澄清错误、模糊的职业观念，降低就业难度，增强大学生职业心理健康的有效途径。广大家长应清醒认识到，如今高等教育已进入"大众化"时期，就业难并非无业可就，而是必须转变自己的传统观念，从而调整孩子价值实现的理念。家长应主动降低对孩子的过高期望，用丰富的社会生活经验，教育鼓励子女到社会真正需要他们的地方去工作。

（二）积极主动地给子女提供有关职业选择的信息、途径和方法，引导其自由择业

父母要多关注当今学生的就业形势、就业渠道，这利于给孩子指引正确的就业方向。父母和学生一起了解职业发展信息，一起参与职业指导活动，这样既可以降低父母的过高期望，又可以鼓励父母的过低期望。此外，家长不应该干涉子女的择业自由，给子女提供职业抉择的机会、自由和权利。

（三）家长要密切关注孩子的择业心理，并及时进行疏导

家长要主动关心毕业生择业期间的心理变化，给子女提供心理上的帮助和支持，缓解他们的心理压力，使他们有积极、健康的择业心态。对于来自城市和农村的学生，因为家庭所处的环境不同，很可能造成他们职业成熟度的很大差异，因此对于父母而言，要培养城市孩子和独生子女的职业决策态度，特别是独立性，减少其依

赖性；对于农村孩子来说，要打破其消息闭塞的弱点，多鼓励孩子了解职业世界的知识，使他们能够在找工作的过程中对各行各业有所了解。

此外，学校、家庭和社会合作，加强三方面经常性的沟通和交流也具有非常重要的意义。

总之，大学生职业成熟度的提高是一个系统工程，不仅需要大学生自身的努力，而且需要家庭、学校和社会的积极参与，给予大学生积极正确的指导和辅助，使大学生能够树立正确的职业观念，尽早做好职业规划，积极主动自信地去应聘社会工作岗位，进而发挥自己的聪明才智。

附录　大学生职业成熟度问卷

亲爱的同学：

您好！我们是西南师范大学教育科学研究所的研究人员，想邀请您参加一项调查，希望得到您的支持！回答时请注意：(1) 您所回答的内容我们将严格保密，请您放心作答；(2) 每道题只能选一个答案，请勿漏选和多选；(3) 回答无对错之分，无须过多思考，也不要参考他人的回答。请您判断以下描述是否符合您平时真实的想法和做法，并在相应的题项后勾选相应的字母。各字母的具体含义如下：

A：不符合；B：不太符合；C：比较符合；D：很符合。

谢谢您的热心支持与合作！

1. 我会留意与自己相关的职业信息。 □A □B □C □D
2. 别人的看法很容易改变我的职业选择。 □A □B □C □D
3. 我不清楚自己喜欢干什么工作。 □A □B □C □D

*4. 对于别人职业规划的经验，我知道如何选择对我有用的信息。
□A □B □C □D

5. 虽然一些工作不适合我，但只要待遇好，我就不会拒绝。
□A □B □C □D
6. 我会和别人讨论自己未来工作的打算。 □A □B □C □D
7. 我知道如何让面试者对我留下好印象。 □A □B □C □D
8. 我的专业知识结构比较合理。 □A □B □C □D
9. 我不了解想要从事的工作对自己的具体要求。 □A □B □C □D
10. 我不知道怎样搜集职业信息。 □A □B □C □D

11. 如果不能从事我最想做的工作，我乐于接受与它相似的工作。

□A □B □C □D

12. 我害怕作出职业选择。 □A □B □C □D

13. 在选择职业问题上，我得靠我家人。 □A □B □C □D

*14. 我不知道怎么进行职业规划。 □A □B □C □D

15. 我知道自己喜欢什么样的工作环境。 □A □B □C □D

16. 我知道如何让与我意见不同的工作伙伴接受我的观点。

□A □B □C □D

17. 我的专业技能不娴熟。 □A □B □C □D

18. 我会留意自己对哪一类工作感兴趣。 □A □B □C □D

*19. 我有信心作出恰当的职业选择。 □A □B □C □D

20. 我了解自己打算从事的职业的现状以及发展前景。 □A □B □C □D

*21. 自己有兴趣的工作，就是薪水不多，我也愿意做。 □A □B □C □D

22. 职业选择关键是自己拿主意，家人的意见只是作为参考。

□A □B □C □D

*23. 我知道想要从事的工作的收入状况。 □A □B □C □D

24. 以后做什么工作，主要由家人帮我做决定。 □A □B □C □D

25. 我只选择在大城市工作。 □A □B □C □D

26. 选择工作时，我只要进大公司好单位，而不在乎我具体做什么工作。

□A □B □C □D

*27. 我会专门收集有关职业的资料。 □A □B □C □D

28. 我不知道怎样设定自己的职业目标。 □A □B □C □D

*29. 我不清楚自己的性格特点适合干什么工作。 □A □B □C □D

*30. 与专业相关的其他学科的知识，我有所了解。 □A □B □C □D

31. 选择工作时，除了考虑自己的理想，有必要考虑外在环境的影响。

□A □B □C □D

*32. 父母是什么职业，我就选择什么职业。 □A □B □C □D

*33. 我了解自己想从事的职业的性质、特点。 □A □B □C □D

34. 我知道自己对哪些工作感兴趣。 □A □B □C □D

35. 选择职业过程中，我乐于不断发现自己感兴趣的职业而不拘泥于一种。

□A □B □C □D

*36. 选择职业时，我担心自己不能恰当地权衡自身的状况和现实情况。

□A □B □C □D

*37. 我知道通过哪些步骤来进行职业规划。 □A □B □C □D

38. 面对工作中不同类型的谈话伙伴，我知道如何形成融洽的气氛。

□A　□B　□C　□D

39. 就选择职业这个问题来说，我需要有人告诉我，我到底选择哪一种工作才是对的。　□A　□B　□C　□D

40. 我的专业知识扎实。　□A　□B　□C　□D

41. 对于如何处理好与工作伙伴的人际关系，我的方法行之有效。

□A　□B　□C　□D

第二十七章 Di Er Shi Qi Zhang

大学生职业决策自我效能团体干预训练

自从大学生就业制度改革以来，大学生就业被推向了市场，大学生需要自己对职业作出选择。这使得很多大学生在职业选择过程中感到迷茫、困惑，感到自己没有能力对自己的职业道路作出正确的选择。大学生能否对自己进行正确的认识与定位，以及他们能够在什么水平上对自己完成某种职业活动有一个正确的自我感受和自我判断，这对于个体如何选择职业，以及在面临困难时如何加以解决具有重要的调节作用。因此，从心理学的角度对大学生进行职业辅导已经是势在必行。鉴于此，本研究对如何有效提高大学生职业决策效能进行探索，以期为中国大学生职业辅导中决策能力的训练提供理论和实践依据。

第一节　研究概述

一、职业决策自我效能的概念

职业决策自我效能是Bandura的自我效能理论在职业研究领域的具体应用。20世纪80年代以前，Bandura把自我效能解释为个人对自己实施成功所需行为能力的期望①，80年代以后则又把自我效能看做“对行为操作能力的知觉以及有关恪守自我生成能力的信念”②。而“人们对组织和实施要达到指定操作目的的行为过程的能力判断”③ 则被称为“知觉到的自我效能”，知觉到的自我效能的结果就是自我效

① A. Bandura：*Self-efficacy：Toward a unifying theory of behavioral change*. Psychological Review，1977，84（3），pp191－215.

② 班杜拉：《社会认知理论中的人类动因》，《美国心理学家》1989年第44卷第9期，第1175～1184页。

③ A. Bandura：*Self-efficacy：The Exercise of Control*，New York：W. H　Freeman，1997，p3.

能，自我效能渗透到自我价值系统就形成了自我效能信念，效能信念影响到人们的思维、感觉和行为。Schultz 把它定义为个体在面临某一活动任务时的胜任感及其自信、自珍、自尊等方面的感觉。[①] Bandura 认为[②]，自我效能受到以下四方面因素的影响：（1）成功的经验（mastery experience）。个体以往的经验是自我效能最重要和最直接的来源。轻松取得的成功会使人对事件难度准备不足，一旦受挫，就会一蹶不振；只有经过意志努力克服重重困难，最终取得成功的过程才会得到强劲的自我效能。另外，人们对自身行为成败的归因方式，会直接影响自我效能的评价。（2）替代性经验（vicarious experience）。个体首先通过社会比较过程判断他人能力的高低，而后通过信息提供过程观察，并从他人的成功操作中，获取有效的解决问题的策略。总之，个体越是认为某个个体与自身相似，对方在某一事件上的成功或失败就越会提升或减低自身效能感水平。（3）社会说服（social persuasion）。一个充满鼓励、信任的外部环境，在一定程度上可以提高自我效能，反之则会降低个体的自我效能，当旁人确信一个人自身无力完成某项工作时，这一个体在面临困难时就极易放弃。（4）情绪唤醒（physiological emotional state）。如果一个人将负面的生理或心理唤醒与不尽如人意的业绩、不胜任感、失败感联系起来，其自我效能会降低。也就是说，当一个人处在不愉快的生理或心理状态时，更容易怀疑自己的行为胜任能力。相反，适切、良好的生理心理感觉更有可能让人对所要从事的工作或活动的行为能力产生信心。但需要指出的是，这些信息如何影响以及在多大程度上影响自我效能的形成与改变，是因人而异的。

依据 Bandura 的自我效能理论，研究者将职业决策自我效能定义为：在职业选择过程中，个体对自身选择能力、基本职业技能掌握情况的自我知觉（Nancy E. Betz，1996）[③]。Crites 的职业成熟理论从成熟—不成熟的角度对择业过程进行评价。Crites 认为[④]，择业评价由五个维度组成，即：对自身的准确了解、搜集职业信息、目标定向、制订计划、问题解决，各个维度的任务完成得好，就表明择业水平高。在自我效能理论和职业成熟度理论的指导下，Taylor 和 Betz 将职业决策自我效能的可操作性定义确定为：个体对自身的准确了解、搜集职业信息、目标定向、制订计划、问题解决五项任务所需能力的信心水平，并以此为基础编制了职业决策自我效

---

① 吴增强：《自我效能：一种积极的自我信念》，《心理科学》2001 年第 4 期。

② A. Bandura：*Self-efficacy*. In V. S. Ramachandran：*Encyclopedia of Human Behavior*，New York：Academic Press，Vol. 4，1994，pp71－81.

③ N. E. Betz，G. Hackett：*The relationship of career-related self-efficacy expectations to perceived career options in college women and men*. *Journal of Counseling Psychology*，1981，28（5），pp399－410.

④ J. O. Crites：*Career counseling：models，methods，and materials*. In J. E. Maddux（ed.）：*Self-Efficacy，Adaptation，and Adjustment：Theory，Research，and Application*，New York：Plenum Press，1981，p262.

能问卷。[①]

二、职业决策自我效能的研究现状

(一) 什么是职业决策

1. 职业决策的概念

目前国外学者对职业决策含义的理解还没有达成一致，Jepsen (1974)[②] 认为，职业决策是一个复杂的认知过程，通过此过程，决策者组织有关自我和职业环境的信息，仔细考虑几种职业选择 (alternatives) 的前景 (perspectives)，作出职业行为的公开承诺 (public commitment)。国内的《教育大辞典》解释为，职业决策是人们根据自身特点和社会需要作出合理的职业方向抉择的过程，内容包括个人价值的探讨和澄清、关于自我和环境资料的使用、谋划和决定过程。

2. 职业决策的理论

国外研究者对职业决策进行了较多的研究，并提出了相关的一些理论，主要有罗 (Roe) 的职业选择理论、霍兰德的职业理论、金斯伯格和休泊的职业发展理论、休泊的职业发展阶段理论、克朗伯兹 (Krumboltz) 的社会学习理论，以及职业发展的认知理论等。[③]

(1) 罗的职业选择理论。罗在他的职业选择理论中，运用了马斯洛的需要层次理论。根据需要层次理论，人们最基本的需要是食物、住所之类的生理需要；而后是安全需要。在这些基本需要得到满足之后，人们开始寻求更多的心理需要——爱、友谊、尊重，最后是自我实现。当一个层次的需要被满足时，较高一层的需要便开始浮现，未能满足的需要成为选择职业的重要动机。同时，罗从需求被满足或受挫的角度概述了亲子关系，并分析了三种基本的亲子关系：依赖型、回避型和接纳型。第一种亲子关系是依赖型，包括从过度保护到过度要求，罗认为过度保护和过度要求的父母都吝于表现出他们的爱和赞许。被过度保护的孩子学会迎合他人的愿望以获得赞赏，渐渐变得依赖于他人；过度要求的父母则对孩子要求甚高，孩子若达不到标准就得不到认可，在父母的高标准严要求下，长大的孩子会变为完美主义者。他们会为表现得不够完美而焦虑，因而在作职业选择时会比较困难 (Leong, Chervinko, 1996)。第二种亲子关系是回避型，其程度可以从忽视到拒绝。尽管不是有意忽视，但是孩子的生理、心理需要都受到冷落。罗用情感拒绝来表示，并非所有的拒绝都是物质上的忽视。第三种亲子关系是接纳型。也许出于偶然，也许是

---

① K. M. Taylor, N. E. Betz: *Applications of self-efficacy theory to the understanding and treatment of career indecision. Journal of Vocational Behavior*, 1998, 22, pp63-81.

② D. A. Jepsen, J. S. Dilley: *Vocational decision-making models: A review and comparative analysis. Review of Educational Research*, 1974, 44 (3), pp331-349.

③ R. D. Lock 著，钟谷兰等译：《把握你的职业发展方向》，中国轻工业出版社 2006 年版。

在爱的基础上，孩子的生理、心理需求都能得到满足。父母以一种不关心也不参与的态度或是以积极的方式鼓励了孩子的独立性和自信。根据罗的理论，儿时的家庭环境气氛可能影响个体以后的职业选择。如果个体儿时的家庭气氛温暖、慈爱、接纳或过度保护，那么个体以后可能会选择服务、商业等跟人打交道的工作。如果个体儿时的家庭气氛是冷漠、忽视、拒绝或过度要求的，则以后可能会选择技术、户外、科学之类与物体打交道的职业。

(2) 霍兰德的职业理论。霍兰德假设人的职业选择是其人格的反映。他认为人们对职业抱有固定乃至刻板的印象，我们会根据一个人所从事的职业来判断这个人，尽管这种判断未必准确，但是研究发现这些对职业的成见也有一定的合理性。霍兰德把人格划分为六种类型：现实型、研究型、艺术型、社会型、管理型和常规型。现实型的人一般喜欢这样一些活动：需要用体力、需要运动协调、要跟机器或工具之类的物体打交道。研究型的人喜欢科学思考、解决问题和学术类活动。艺术型的人喜欢自由、没有条条框框，进行艺术、写作、音乐、戏剧之类的创作。社会型的人愿意在教学、帮助他人的情境下与人接触。管理型的人喜欢通过说服、控制他人来完成组织目标或获得利益。常规型的人则喜欢那些要求系统有序地处理数据、材料的活动。霍兰德认为，个体在选择职业时，应该选择那些与他的人格模式相适合的工作，这样的话他才能更好地施展他的才能，展现自己的价值。

(3) 金斯伯格的职业发展理论。金斯伯格认为职业发展是一个长期的过程，并把它分为三个阶段——幻想期、尝试期和现实期。在理想的职业与现实可找到的工作之间，以职业决策作为最好的调节手段（见表 27－1）。

表 27－1　金斯伯格的职业发展阶段

1	2	3
幻想期	尝试期	现实期
	a. 兴趣阶段	a. 探索阶段
	b. 能力阶段	b. 固化阶段
	c. 价值阶段	c. 明确阶段
	d. 过渡阶段	

金斯伯格认为，儿童在游戏中根据所见到成人的表现来扮演职业角色，是处于幻想期。儿童可以不考虑现实的能力和潜质，仅为了高兴而在游戏中做著名运动员、天文学家、影视明星等。尝试期可以分为兴趣、能力、价值和过渡阶段。当你意识到喜欢某些东西而不喜欢另一些东西时，兴趣阶段就开始了。当你发现在某些事情上，你能够比别人做得更好时，你就进入了能力阶段。当你发现某些东西对你比对别人更重要时，价值阶段开始出现了。过渡阶段让你变得更加自信、更有职业意识，

这会带你进入现实期。现实期的探索阶段是你刚刚进入大学和开始全职工作、探索几种不同的职业时，这时你可能还不需要选定一种职业。下一阶段是固化阶段，你选定了主修专业或是某个职业方向，职业模式出现了。最后是明确阶段，你在研究生院专攻某个学科或选定了特定的工作。有些人很早就选定了职业不再改变，也有很多人在有确定的职业模式前还有很多职业。有些人则从未完成这个过程，从未确定自己的职业模式（Osipow，1983；Zaccaria，1970）。

（4）休泊的职业发展阶段理论。休泊认为："职业发展其实是一个过程而非一个事件。这包括一系列的选择，通常是去掉一些备选项、保留其他选项，直到这个不断缩小范围的过程最后以作出职业选择而告终。"（Super，1957）[①] 他将职业发展分为以下几个阶段：成长阶段、探索阶段、确立阶段、维持阶段、衰退阶段，并将职业模式分为以下几种：职业稳定型模式、组织稳定型模式、常规型模式、双轨型模式、中断型模式、不稳定型模式、多方实验型模式等。休泊认为："选择职业实际上是在选择实现自我概念的方式。"（Super，1957）自我概念可以说是个体对自己的信念，是个体对"我是谁"这个问题的回答。当个体度过每个职业发展阶段的危机并在其中前进时，会形成健康的自我概念。当个体选定一个职业时，实际上在说："我是这样或那样的人。"当个体在某种职业中工作并调整时，可以发现这个工作是否与自己相适应并允许自己扮演自己希望在生活中扮演的角色。

（5）克朗伯兹的社会学习理论。作为职业生涯规划中社会学习理论的代表人物，克朗伯兹提出了对职业选择产生影响的四方面因素：一是基因特征（种族、性别、外形、身体残疾），它可以扩展或限制你的职业偏好和能力，如智力、音乐艺术才华、肌肉协调性等。二是环境条件，如只能在某些地域找到某些工作，政府限定了任职要求，劳动法规和行业协会的规定，自然资源的供需情况，技术的新发展等等。三是过去的学习经验，这些经验包括你作用于环境的经验和环境作用于你的经验两种。第四种影响是个人处理新任务、新问题时所形成的技能、绩效标准和价值观。这些影响会使得个人对自己作出某些评价、应用所学的技能、以行动来解决问题。个人对自我的评价可以使用兴趣量表，这种量表会询问个人对某些活动的态度：是喜欢、不喜欢还是无所谓，再如使用价值观量表，可以用它来评定一些事物的相对重要性。你会学到对环境作出解释、应对和预测的技能。在职业生涯规划中，你将运用这些技能理清价值观念、设定目标、估测未来事件、找出备选职业、搜集信息、解释过去的经历并选定职业。克朗伯兹认为你对某些职业的偏好折射你过去的习得。当你做与某项职业有关的事情而得到正反馈时，你会对该职业有所偏好。还有一些正反馈，比如你认为的成功人士所从事的职业、你敬仰的人鼓励你从事的职业等，

---

① D. E. Super: *The Psychology of Careers*, New York: Harper & Row, 1957, p184.

都会影响到你对某项职业的偏好。在职业选择过程中，社会学习理论认为，应该检测你在求职过程中产生的一些复杂想法。这些想法类似于阿尔波特·埃利斯（Albert Ellis）所说的"非理性信念"和艾伦所说的"错误推理"（Beck，1972）。因此克朗伯兹建议个体要检测自己对职业的想法是否有效、合理和正确，可以自己完成，也可以在咨询人员的帮助下进行。你可能有一些不利于自己的职业理念，不击溃这些不合理的理念，你可能会作出不现实的选择或是找不到可以令你满意的职业。

（6）职业发展的认知理论。认知信息加工理论（CIP）建立的思想基础是：在问题解决和决策的过程中，大脑要对输入的信息进行编码、储存和使用。职业决策以你对生活经历的思考和感受为基础。你解决职业问题的能力取决于你自身的知识和职业。职业发展的认知理论关注的是如何作出职业决策。在这一过程中，我们使用五种信息加工的技能：沟通、分析、综合、评价、执行。沟通，包括内部沟通和外部沟通，使你意识到理想条件和现实条件之间有不容忽视的差距。就职业计划而言，你所接受到的信息可能是你对职业计划不确定所带来的焦虑感（内部沟通），在你毕业后，父母或朋友可能会问你一些有关职业方面的问题（外部沟通）。结果你意识到自己有作出职业选择的需要。分析，需要信息，这些信息可以从研究和观察中获得，可以增长你关于自身兴趣、技能、价值观的知识以及职业、研究领域、工作组织等方面的知识。综合，要求你把搜集到的信息放到一起，并扩展开来，然后再逐步缩小你自由选择的范围以消除决策过程开始时的差距。评价，包括使用最佳的判断对保留下来的选择予以排除和对职业、工作或者大学专业作出选择。执行，对你的想法积极诉诸行动并解决在沟通阶段所确定的职业问题（Reardonetal，2000）。

（二）职业决策自我效能的影响因素

个体的职业决策自我效能受到多方面因素的影响，包括一些个体的社会统计学变量，如年龄、性别、种族等；个体的心理特征，如归因方式、自尊水平、其他方面的自我效能水平等；个体所处的环境，包括家庭环境和学校环境，也会影响到个体的职业决策自我效能。

1. 个体的社会统计学变量

（1）年龄。多数研究表明，大学生个体的职业决策自我效能水平与年龄存在相关，Peterson（1993）① 认为：高职业决策自我效能与高年龄、高年级呈正相关；Gianakos（1996）② 指出：在校的成人学生与年轻学生相比，显示出更高的职业决策自我效能水平。

---

① 转引自姜飞月：《职业自我效能理论及其在大四学生职业选择中的作用》，南京师范大学硕士学位论文，2002 年。

② I. Gianakos：*Career development differences between adult and traditional-aged learners*. *Journal of Career Development*，1996，22（3），pp211－223.

（2）性别。性别因素是影响个体职业决策自我效能的一个重要因素，这主要是由于社会的刻板印象造成的。在传统男性职业方面（male-dominated career area），女性的自我效能要低于男性。研究者对此作出的解释是，女性没有对自己的能力作出准确的判断，而男性对自己作出的判断要更为准确些（Betz，Hackett，1981）①；与此相反，Clement（1987）② 对此作出的解释却是，男性在进行职业选择时，往往高估了自己的能力。Clement（1987）的研究还发现，男性很少对传统女性职业作出考虑，原因并不在于他们对从事这些职业没有信心，而是不喜欢这些职业。Stickel 和 Bonett（1991）③ 以大学生为研究被试，将传统职业和非传统职业与家庭责任结合起来进行比较研究，结果发现，在传统女性职业领域，女大学生把职业与家庭责任结合起来的自我效能比男性要高，但在非传统职业领域，则男女没有性别差异。Brown 等（1989）④ 以未婚和已婚的男女为被试，研究婚姻状况和性别对职业自我效能的影响，发现在传统女性职业上，已婚女性的职业自我效能要比已婚男性高，未婚女性的职业自我效能也要比未婚男性高，而在已婚和未婚男性之间、已婚和未婚女性之间则没有差异。

（3）种族。国外的研究表明，种族因素也是影响职业决策自我效能的一个重要方面，一项以研究生为被试的研究发现，白人学生的职业决策自我效能较高，焦虑感低（589 名白人，98 名其他种族学生）。近年来，大量关于社会政治和文化差异是如何影响到少数民族学生职业发展的研究开始出现（Hackett，1996；Helms，Piper，1994；Parham，Austin，1994）⑤。少数民族的学生在进行职业选择时往往会遇到一些社会和经济障碍（如经济困难、种族歧视）（D. Brown 等，1996）。Leong（1995）认为由于上述原因，少数民族学生的职业选择受到了很大限制。为了弄清少数民族学生的职业选择和主观职业选择障碍是如何受到种族认同因素影响的，国外进行了一系列研究（Evans，Herr，1994；Helms，Piper，1994；Luzzo，1993）。Luzzo 发现，与美国白人相比，非裔、亚裔、西班牙裔和菲律宾裔美国学生更倾向于把自己的种族地位看做职业发展的障碍。但也有研究得出了相反的结论，如 Hackett 等（1996）认为种族或民族身份的不同会导致个体产生焦虑，不会影响到

---

① N. E. Betz，G. Hackett：*The relationship of career-related self-efficacy expectations to perceived career options in college women and men*. *Journal of Counseling Psychology*，1981，28（5），pp399－410.

② S. Clement：*The self-efficacy expectations and occupational preferences of females and males*. *Journal of Occupational Psychology*，1987，60（3），pp257－265.

③ S. A. Stickel，R. M. Bonett：*Accessing career search expectations*：*Development and validation of the Career Search Efficacy Scale*. *Journal of Career Assessment*，1991，2（2），pp111－123.

④ S. D. Brown，et al：*Self-efficacy as a moderator of scholastic aptitude-academic performance relationships*. *Journal of Vocational Behavior*，1989，35（1），pp64－75.

⑤ G. Hackett，R. W. Lent：*Theoretical advances and current inquiry in career psychology*. In S. D. Brown，R. W. Lent（eds.）：*Handbook of Counseling Psychology*，New York：John Wiley & Sons，1992，pp419－452.

个体的自我效能。

2. 个体心理特征的影响

(1) 归因方式。个体的归因方式是影响个体职业决策自我效能的一个重要因素。当某件事情的结果对于个体而言比较重要或比较新奇时，他们就会试图对结果作出解释或者加以归因。如果个体认为职业决策的结果是由自身的可控制因素决定的(也就是积极的归因方式)，那么其职业决策自我效能就会高。相反，如果个体认为职业决策的结果是由外部不可控制的稳定因素带来的（也就是消极的归因方式），那么其职业决策自我效能就有可能相对较低（Luzzo，Jenkins-Smith，1992）①。几项研究表明，对于职业决策持内控性态度的个体，更有可能在职业发展中采取成熟的态度（Luzzo，1993；Taylor，1982）。类似的研究还发现，具有积极归因方式的个体往往具有更高的工作满意度、动机、工作成就、更为积极的职业探索行为、职业承诺。

(2) 自尊水平。个体的自尊与其职业行为之间存在着密切的关系，Betz 等认为缺乏自尊的个体，很难在自我和职业角色之间实现一个完美的匹配。尽管对于 Betz 的上述研究结论，研究者还没有达成一致的意见，但是女性职业发展方面的研究已表明，自尊和其他的自我概念特征在女性的职业发展过程中确实起着重要的作用，那些以职业为定向的女性，其整体的自尊水平要高于那些以家庭为定向的女性。

(3) 其他方面的自我效能水平。Bandura（1977）② 的自我效能理论认为，某一领域内的自我效能的提高，能够在一定程度上泛化到其他领域中去。根据这个观点，我们可以设想，各个领域内的自我效能应该存在一定程度上的相关。研究发现采用 Betz 修编的 CEMSE 量表测得的数据同其他量表测得的自我效能的数据存在适度的相关。例如，Betz 和 Serling（1993）发现采用 CEMSE 量表测得的数据同以 Osipow 和 Rooney 的特定职业自我效能量表测得的数据分别呈现下列相关：同语言分量表的相关度为 0.53，同数学分量表的相关度为 0.21，同审美自我效能分量表的相关度为 0.29。③ 研究发现，个体的学业自我效能同职业决策自我效能存在交互作用，学生对于学习数学、科学、技能应用、写作、领导能力等方面的自我效能同职业决策自我效能存在一定程度的相关。

此外，身体健康状况、时间态度等也是影响大学生职业决策自我效能的重要因素。

---

① D. A. Luzzo：*Ethnic group and social class differences in college students' career development*. *Career Development Quarterly*，1992，41（2），pp161－173.

② A. Bandura：*Self-efficacy：Toward a unifying theory of behavioral change*. *Psychological Review*，1977，84（3），pp191－215.

③ N. E. Betz，D. Serling：*Criterion-related and construct validity of fear of commitment*. *Journal of Career Assessment*，1993，1，pp21－34.

3. 环境因素的影响

（1）家庭环境。家庭环境是影响职业决策自我效能的一个十分重要的因素。首先，个体与父母的关系会对个体的职业决策自我效能的发展产生重要影响。Eccles（1994）[①] 提出的理论认为，父母是青少年的“期望社会化者”（expectancy socializers），他们对于青少年学业能力自我概念、职业能力自我概念的形成有着很大的影响。Young（1994）[②] 认为父母是最早鼓励青少年进行职业目标探索的人。研究表明，父母对青少年和年轻成人在职业决策方面所提供的支持，会对他们的职业发展产生积极的影响，对增强其职业自我效能有着积极的作用。在对美国墨西哥裔女高中生的调查中发现，如果个体感到父母支持自己的职业选择，她们就会产生更为积极的职业期望（Mc Whirter，Hackett 和 Bandalos，1998）。父母的鼓励和支持会对大学生的学习体验、自我效能、自我期望产生直接的、显著的影响（Ferry，Fouad 和 Smith，2000）。已有研究发现，大学生对父母所形成的依恋类型，会影响到他们在校的一些适应性行为。安全型依恋的大学生往往能更为积极主动地对职业世界加以探索，从而能够及时地作出适当的职业决策，他们有着更高水平的职业决策自我效能。Bluestin 等（1995）[③] 的研究认为，对于男性大学生来说，对父亲的依恋要比对母亲的依恋更为重要，对父亲形成的依恋越强，以后越有可能尽早作出成熟的职业决策。Betz 以大学生为被试进行的一项调查发现，对于女性大学生而言，职业决策自我效能与对父母的依恋、对同伴的依恋，以及同安全型依恋都存在正相关；对男性大学生而言，职业决策自我效能同不安全型依恋存在显著的负相关。但是也有研究得出不同的结论，如 Felsman 和 Blustein（1999）[④] 的研究认为，职业决策自我效能与跟同伴形成的依恋关系呈显著相关；与同母亲形成的依恋关系呈中等程度的相关；与同父亲形成的依恋关系则不存在相关。O'Brien，Friedman 和 Tipton 也发现[⑤]，女大学生与父母的依恋同其职业决策自我效能的相关很小。其次，家庭的经济地位也是影响个体职业决策自我效能的一个重要因素。研究表明，职业决策自我效能与父母的收入以及父母的受教育程度有明显的相关。

（2）学校环境。学校环境也对学生职业决策自我效能的形成有着一定的影响。学校的性别组成对女生的职业自我效能有着重要的影响。有几项研究考察了学校不

---

① J. S. Eccles：*Understanding women's educational and occupational choices*：*Applying the Eccles et al model of achievement-related choices*. *Psychology of Women Quarterly*，1994，18（4），pp585—609.

② R. A. Yong：*Helping adolescents with career development*：*The active role of parents*. *The Career Development Quarterly*，1994，42（3），pp195—203.

③ D. L. Blustein，M. S. Prezioso，D. P. Schultheiss：*Attachment theory and career development*：*Current status and future directions*. *Counseling Psychologist*，1995，23（3），pp416—132.

④ D. E. Felsman，D. L. Blustein：*The role of peer relatedness in late adolescent career development*. *Journal of Vocational Behavior*，1999，54（2），pp279—295.

⑤ K. M. O'Brien，et al：*Attachment*，*separation*，*and women's vocational development*：*A longitudinal analysis*. *Journal of Counseling Psychology*，2000，47（3），pp301—315.

同的性别组成是否对女生的职业兴趣有影响（Lee，Bryk，Trickett，Castre 和 Schaffner，1982）①，但是并没有发现一个清晰的影响模式。Rubenfeld 和 Gilory（1991）的研究表明，女校的学生对非传统女性职业的兴趣要高于男女混合学校的女生。Basow 和 Howe（1980）② 的研究发现，女性教师对大四女生的职业选择有着较大影响。Tiabell（1980）③ 报告指出那些女性教师比例较大的高校，其女毕业生中有所成就的也相对较多。也有研究强调了男性教师所起的榜样作用，O'Donnell 和 Anderso（1978）发现那些从事非传统女性职业的女性在谈起自己的职业选择时，比那些选择传统女性职业的女性更多地强调男教师对自己职业选择的影响。

（三）职业决策自我效能的干预研究

从上面的分析可以看出，影响个体职业决策自我效能的因素是多方面的，对此，研究者进行了一系列的干预研究。近些年来，Crites 的职业理论、社会认知职业理论、职业系统理论、归因理论和班杜拉的自我效能理论等职业发展理论相继提出，为有效提高个体的职业决策自我效能提供了理论基础。这些职业发展理论所设计的干预措施，侧重点各有不同，下面我们分别加以介绍。

第一方面的干预是以 Crites 的职业决策理论为基础设计的。根据 Crites 的观点，择业评价由五个维度组成：对自身的准确了解、搜集职业信息、目标定向、制订计划、问题解决，研究者从这几个方面对个体的职业决策自我效能加以提高。Kraus 等（1999）④ 以高中生为被试进行了一项干预实验。在实验中，研究者通过向被试讲授一些职业决策方面的技巧以帮助被试提高职业决策自我效能，干预的内容以 Savickas 和 Crites 编制的《职业决策课程》（*Career Decision-making Course*）为基础，强调职业决策是一个过程，在这个过程中，被试要完成五方面的任务，包括进行准确的自我测评以了解自己的职业兴趣、职业能力、职业价值观等；搜集职业信息；选择职业目标；制订未来的职业发展计划；学会进行问题解决。实验结果表明，实验组女生的职业决策自我效能比控制组女生的职业决策自我效能有显著提高，但是实验组和控制组男生的职业决策自我效能水平在干预结束后没有出现显著差别。Kate 以女大学生为被试进行了一项团体训练实验，教给学生进行职业决策的技能，并提供练习的机会，以使学生能够将这些技能运用到自己的职业决策过程中去。结果发现，与控制组的被试相比，实验组的女大学生职业决策自我效能、职业探索行

① V. E. Lee，A. S. Bryk：*Effects of single-sex secondary schools on student achievement and attitudes. Journal of Educational Psychology*，1986，78（5），pp381－395.

② S. A. Basow，K. G. Howe：*Role model influence：Effects of sex and sex-role attitude in college students. Psychology of Women Quarterly*，1980，4（4），pp558－571.

③ M. E. Tidball：*Women's Colleges and Women Achievers Revisited*，The University of Chicago Press，1980，pp504－517.

④ L. J. Kraus，K. F. Hughey：*The impact of an intervention on career decision-making self-efficacy and career indecision. Professional School Counseling*，1999，2，pp384－391.

为、职业承诺水平都有显著提高。

第二方面的干预研究是以社会认知职业理论（social cognitive career theory）为基础设计的，社会认知职业理论尤其强调社会背景因素对个体职业发展过程的影响。Chartrand 等（1996）① 设计了 PROVE（preventing recidivism through opportunity in vocational educational）项目，专门帮助那些由于受到社会政治、经济、文化等方面因素的制约而在教育和职业方面遇到障碍的个体。该项目的理论基础是社会认知职业理论，同时融合了班杜拉关于自我效能四方面信息源的知识。在干预训练中咨询者通过组织被试进行小组讨论，让他们认识到在自己的职业发展过程中，可能遇到的一些障碍；咨询人员采用头脑风暴法、提供榜样示范、进行言语说服等技术对个体进行激励，以唤起他们对教育和职业的渴望；帮助被试进行某项具体的与职业发展有关的行为，如填写简历、进行面试等。研究结果表明，实验组被试的职业决策自我效能有了显著提高。Brown 等（1996）② 根据社会认知职业理论提出了一系列用于增强个体职业自我效能的具体干预措施，首先，让被试根据对自己的了解（通过进行自我测评对自己加以了解），从一系列职业中选出与自己的职业人格特征相匹配的职业，同时对于那些个体不感兴趣的职业，咨询人员要帮助其分析是否是其过去的经验和对自己的一些不合理信念导致他们对这些职业没有兴趣；让来访者列出他在选择某一职业后会有哪些损失和回报，可能会遇到哪些职业障碍，帮助其发展积极的措施克服这些潜在的障碍；帮助来访者建构在某个领域的成功体验，这些领域主要是指那些来访者具备从事该领域工作的能力，但是由于自我效能低而将其排除在职业选择之外的领域。结果表明，个体的职业决策自我效能在接受干预后有了提高。

第三方面，从系统理论的观点出发对个体进行职业干预也是近年来研究的一个热点，有些研究者认为在对个体进行职业干预时，应该把家庭作为一个系统来看待。Alex 等（2003）③ 从家庭系统理论的角度考察了在对学生进行职业干预时所应注意的一些问题：不能仅仅把学生作为一个单独的个体来看待，应该考虑到他是一个家庭的成员，如果他所作出的职业选择与他的家庭文化背景不一致，那么他就会产生内心的冲突，因此作为咨询者应该对这种家庭系统所产生的影响有所了解，帮助学生增强与家庭成员间的联系，这样才有助于其选择理想的职业。也有的研究者认为，应该把个体所处的社会文化环境看做一个系统，尤其是现代社会，人类群体正从过

① J. M. Chartrand, M. L. Rose: *Career interventions for at-risk populations: Incorporating social cognitive influences*. *Career Development Quarterly*, 1996, 44 (4), pp341—353.

② S. D. Brown, R. W. Lent: *A social cognitive framework for career choice counseling*. *Career Development Quarterly*, 1996, 44 (4), pp354—366.

③ A. S. Hall: *Expanding academic and career self-efficacy: A family systems framework*. *Journal of Counseling & Development*, 2003, 81 (1), pp33—39.

去的单一文化群体向多元文化群体转变，因此职业咨询工作者更应该考虑文化差异所带来的一些问题。[①] 为此，研究者[②]提出了职业发展的系统理论结构（system theory framework），以考察如何在当前的多元文化背景下提高职业咨询的有效性。

第四方面，运用归因理论对职业决策自我效能加以提高。大量研究表明，通过帮助个体形成积极的归因方式能够帮助其提高职业决策自我效能。Perry 等（1990）[③] 以大学生为被试进行了一项提高职业决策自我效能的归因训练（attributional retraining）。他的归因训练由一段 8 分钟的录像组成。在这段录像中，一位教授描述了他的大学生活经历，回忆了自己在大学中遇到的一系列挫折，然后在朋友的劝导下他努力工作，并最终取得了学业上的成功。他让学生们意识到，之所以没有取得成功，是因为努力程度不够，并且强调努力程度不是稳定的人格特质，而是自己可以控制的。团体训练的结果表明，那些外控型学生的成绩在一周后有了提高，但对于那些内控型的学生，其成绩没有显著进步。Luzzo 等（1996）[④] 以女大学生为被试考察了归因训练对于提高个体职业决策自我效能的效果。实验的材料是根据 Perry 等的材料改编的一段录像（8 分钟），在录像里一名男大学生和一名女大学生分别描述了自己的职业发展过程；强调自己在面临职业发展中的一些障碍（如难以选定专业、求职时遇到困难等）时，自己并没有退缩，而是进行了坚持不懈的努力，并最终取得了成功。通过这次实验干预，那些外控型的女大学生，其职业决策自我效能有了显著的提高，但那些内控型的女大学生，其职业决策自我效能并没有明显提高。另外，也有些归因训练是借助于计算机辅助系统来完成的，例如著名的 Discover 职业辅助系统。在 Discover 项目中，来访者通过了解自己的兴趣、能力、价值观，认识到工作在自己的生活中所扮演的重要角色。根据 Crites（1978）的理论，自我评价是职业决策中的一个重要组成部分，Discover 为个体提供了一种自我测评机制，帮助来访者作出职业决策。Michael 等（2005）[⑤] 采用 Discover 职业辅助系统和职业咨询相结合的方式，增强了他们在进行职业决策时对自身的控制感，有效提高了大学生的职业决策自我效能。

（四）现有研究存在的问题

国外关于职业发展干预方面的研究已经取得了一定的成果，研究者们分别从社

---

① N. Arthur, M. McMahon: *Multicultural career counseling: Theoretical applications of the systems theory framework*. *Career Development Quarterly*, 2005, 53 (3), pp208—222.

② M. McMahon: *The systems theory framework of career development: History and future directions*. *Australian Journal of Career Development*, 2002, 11 (3), pp63—68.

③ R. P. Perry, K. S. Penner: *Enhancing academic achievement in college students through attributional retraining and instruction*. *Journal of Educational Psychology*, 1990, 82 (2), pp262—271.

④ D. A. Luzzo, et al: *Attributional retraining increases career decision-making self-efficacy*. *Career Development Quarterly*, 1996, 44 (4), pp378—386.

⑤ M. R. Maples, D. A. Luzzo: *Evaluating DISCOVER's effectiveness in enhancing college students' social cognitive career development*. *Career Development Quarterly*, 2005, 53 (3), pp274—285.

会认知、归因训练、系统理论等方面出发，设计出了一系列有效的干预措施。但是，我们应该看到，现有的研究大部分是以白人为被试进行的，这就使得实验的外部效度不高，职业干预中存在的文化差异问题，已经作为一个重要的课题提到职业干预研究的桌面上来。Nancy等从系统理论的观点出发①，阐述了文化的多元性在职业咨询中所扮演的重要角色，他认为随着人口向文化多元方向的发展，职业咨询工作也应作出相应的转变，从单一文化转向多元文化。大量的研究表明，在把西方文化环境下的职业理论和咨询技术应用于主流文化、价值观标准与西方不同的人群时，会导致一系列问题的产生。对于干预措施效果的考察，也大多数是在实验干预结束后较短的时间内进行的，至于对被试以后长远的职业发展影响如何，很少有研究进行过考察。对于干预效果的后测研究，大部分是采用被试自评的方式进行的，这样就有可能存在着社会期望效应，造成实验的内部效度不高。同时，已有的干预研究中，有些侧重于通过对学生职业决策技能的训练来提高其职业决策自我效能，有些侧重于通过归因训练来提高其职业决策自我效能，但是很少有研究考察两者结合的干预效果是否会更明显。一方面归因训练能够有效提高个体的职业决策自我效能，但是有的研究者认为，个体在职业选择过程中遇到了难以解决的困难，并不仅仅是因为个体的努力程度不够，职业咨询者在设计有效的咨询、干预方案时，还必须考虑到让个体对自己的职业能力、职业态度、职业价值观、职业兴趣有一个清晰的认识，并掌握相应的职业决策技能。同时，教育心理学关于归因方面的研究也认为，归因训练应该与学习策略指导相结合，因为当一个学生已付出很大的努力而仍然失败时，教师仅仅指出学生学习能力不够是不具有说服力的，这时应该对学生进行学习策略的指导，教给他一些新的方法、技能，然后再激励学生努力去尝试这一新方法、新技能。因此，我们有理由认为，在职业辅导领域，归因训练与职业决策技能训练的结合应该会带来更为明显的效果。

第二节　大学生职业决策自我效能的团体训练实验

为了能够有效提高大学生的职业决策自我效能，促进其职业发展，我们在借鉴国外相关研究的基础上，结合我国的就业实际状况，设计了一套团体训练方案，并试图验证该团体训练方案能否有效提高大学生的职业决策自我效能。

① N. Arthur, M. McMahon: *Multicultural career counseling: Theoretical applications of the systems theory framework*. *Career Development Quarterly*, 2005, 53 (3), pp208－222.

一、实验目的

考察大学生职业决策自我效能团体训练的可行性、有效性。

二、研究工具

本研究中使用彭永新修订的大学生职业决策自我效能量表[①]和Rotter编制的内—外源控制量表作为测量工具。大学生职业决策自我效能量表系彭永新参照Betz和Taylor的职业生涯决策自我效能量表，依据对学生的访谈资料和学生开放式问卷调查结果而编订的，共39个题项，由自我评价、搜集信息、选择目标、制订规划、问题解决5个维度构成。问卷在各个因素上的内部一致性信度均在0.6774～0.8098之间，总问卷的内部一致性信度为0.9366；各个因素的重测信度均在0.511～0.601之间，总问卷的重测信度为0.656。内—外源控制量表由Rotter编制，适合以大学生群体作为被试。该量表共有29个题项，每个项目均为一组内控型的陈述和外控型的陈述，答题方式为强迫选择。测查时，对外控型选择记分，内控型选择不记分，得分范围为0～23分，分数越高，表示个体的外控型倾向越强，该量表的内部一致性信度为0.70。

三、研究对象

本次团体训练实验共有180名来自重庆师范大学的学生自愿参加，我们在团体训练前，采用大学生职业决策自我效能量表对这些学生进行了需求评估，目的在于更好地了解学生职业决策自我效能的发展现状，以使实验干预更具有针对性。并以27%作为分类标准，将他们分为高中低三组：前27%为高分组，后27%为低分组，中间为中分组。需求评估的结果如表27－2。

表27－2　需求评估情况

变　量	总均分	自我评价	搜集信息	选择目标	制订规划	问题解决
平均数	2.9097	3.0385	3.0513	2.8024	2.5240	2.8846
标准差	.74552	.86438	.81575	.81045	.79065	.75752

从表27－2可以看出，大学生职业决策自我效能总均分2.9097，接近中分点（3分），这说明被试的职业决策自我效能总体发展水平不高。大学生职业决策自我效能各个因子的发展并不平衡，总体特点是在选择目标和制订规划因子上的得分较低；在搜集信息和自我评价因子上的得分相对较高，因此我们在团体训练中，加大选择

① 彭永新：《职业决策自我效能测评的研究》，华中师范大学硕士学位论文，2000年。

目标和制订规划方面的干预，以做到更加具有针对性。

在完成需求评估的基础上，以27%作为分类标准，将被试分为高分组、中分组和低分组：得分位于前27%的为高分组（$n=51$），位于后27%的为低分组（$n=51$），中间的为中分组（$n=83$）。然后将低分组的被试随机分为三组，其中A组接受职业决策技能和职业决策归因训练相结合的干预；B组只接受职业决策技能方面的训练；另外的17名学生作为对照组C组的被试，不接受任何形式的训练。同时，我们又从中分组中随机抽取17名被试组成另外一个对照组D组，不接受任何的训练。参加职业决策自我效能团体训练实验的被试具体构成如表27−3。

表27−3　职业决策自我效能团体训练实验被试构成情况

实验组	性别构成	被试组别
实验组A（职业决策技能训练结合归因训练）	女=12　男=5	低分组
实验组B（职业决策技能训练）	女=13　男=4	低分组
对照组C（不接受干预）	女=12　男=5	低分组
对照组D（不接受干预）	女=10　男=7	中分组

四、研究程序

（一）实验设计

本实验采用实验组和控制组前后测的等组实验设计。其中A组、B组和C组的被试在职业决策自我效能前测的得分位于后27%，且三组之间无显著差异存在，D组为职业决策自我效能正常组。

表27−4　实验处理

实验组	前　测	实验处理	后　测
实验组A	O_1	职业决策技能+归因	O_2
实验组B	O_3	职业决策技能	O_4
对照组C	O_5	—	O_6
对照组D	O_7	—	O_8

（二）实验变量

在本实验中，自变量为职业决策自我效能，因变量为职业决策自我效能水平，即个体对自身完成准确自我评价、搜集职业信息、目标定向、制订计划、问题解决五项任务所需能力的信心水平以及内—外源控制水平。对于无关变量的控制，通过随机选取被试的方式，保证实验组与对照组学生职业决策自我效能的起始水平相当，实验组和对照组学生人数、性别比例大体相当。

（三）实验处理

本实验分四个阶段进行：（1）准备阶段，主要是查阅文献，制订修改实验方案，联系实验学校，组织实验材料；（2）实施阶段，主要是进行职业决策自我效能、内—外源控制量表的前测工作，进行职业决策自我效能提高的团体训练，通过对学生的访谈随时了解学生职业决策自我效能的发展动态；（3）实验后测（两个月后再进行一次后测）；（4）对学生进行个案访谈。

（四）实验内容与方法

本研究采用的是团体辅导的方式对学生的职业决策自我效能进行干预，共有7次课，每节课90分钟左右，每周一次，共需7周时间。每个单元的训练内容参见本章第三节及附录。

五、实验研究结果

（一）实验组大学生职业决策自我效能前后测得分比较

表27—5 实验组A组大学生职业决策自我效能前后测得分比较

因素	前测（n=17）	后测（n=17）	t
	平均数±标准差	平均数±标准差	
自我评价	2.4412±.46000	3.6765±.63045	5.614***
搜集信息	2.3268±.42213	3.7647±.56776	7.126***
选择目标	2.1242±.40991	3.5556±.55277	8.618***
制订规划	2.1397±.43275	3.4044±.64881	6.246***
问题解决	2.2353±.37437	3.6303±.56256	8.042***
总均分	2.2428±.32800	3.6048±.51323	8.337***

从表27—5可以看出，实验组A组大学生后测的职业决策自我效能在各个维度上都显著地高于前测得分。

表27—6 实验组B组大学生职业决策自我效能前后测得分比较

因素	前测（n=17）	后测（n=17）	t
	平均数±标准差	平均数±标准差	
自我评价	2.3824±.57059	2.8333±.31732	4.770**
搜集信息	2.4052±.39857	2.7908±.29102	3.604**
选择目标	2.1569±.39491	2.6667±.27778	4.904***
制订规划	2.1029±.40320	2.6176±.34081	4.829***
问题解决	2.3658±.52859	2.7815±.45209	5.416***

续表

因　素	前测（n=17）	后测（n=17）	t
	平均数±标准差	平均数±标准差	
总均分	2.2733±.33549	2.7380±.22736	5.480***

从表 27－6 可以看出，实验组 B 组大学生后测的职业决策自我效能在各个维度上都显著地高于前测得分。

（二）对照组大学生职业决策自我效能前后测得分之比较

表 27－7　对照组 C 组大学生职业决策自我效能前后测得分比较

因　素	前测（n=17）	后测（n=17）	t
	平均数±标准差	平均数±标准差	
自我评价	2.3922±.53987	2.4902±.54795	2.279
搜集信息	2.4314±.49672	2.5163±.54140	2.018
选择目标	2.1503±.45464	2.2007±.42084	2.159
制订规划	2.1397±.33912	2.3162±.36206	4.951***
问题解决	2.3109±.35798	2.4118±.44573	2.142
总均分	2.2849±.31972	2.3070±.35708	2.419

从表 27－7 可以看出，对照组 C 组大学生后测的职业决策自我效能，除了在制订规划维度上有显著增长以外，其他维度上与前测相比无显著差异。

表 27－8　对照组 D 组大学生职业决策自我效能前后测得分比较

因　素	前测（n=17）	后测（n=17）	t
	平均数±标准差	平均数±标准差	
自我评价	4.0741±.50560	3.9722±.50891	－1.943
搜集信息	3.9321±.36183	3.8827±.36846	－.940
选择目标	3.6481±.51166	3.6914±.45343	.849
制订规划	3.6032±.54245	3.6429±.48816	1.158
问题解决	3.5625±.53935	3.5972±.47464	.772
总均分	3.7640±.39912	3.7573±.36745	－.234

从表 27－8 可以看出，对照组 D 组大学生后测的职业决策自我效能，无论在各个维度上还是在总均分上，均与前测无显著差异（$p>0.05$）。

（三）实验组大学生职业决策自我效能发展结果比较

表 27－9　A 组和 B 组学生职业决策自我效能发展结果分析

因　素	组别	前测（$n=17$）	后测（$n=17$）	t
		平均数±标准差	平均数±标准差	
自我评价	A 组	2.4412±.46000	3.6765±.63045	5.614***
	B 组	2.3824±.57059	2.8333±.31732	4.770**
	t	−.331	−4.925***	
搜集信息	A 组	2.3268±.42213	3.7647±.56776	7.126***
	B 组	2.4052±.39857	2.7908±.29102	3.604**
	t	.557	−6.294***	
选择目标	A 组	2.1242±.40991	3.5556±.55277	8.618***
	B 组	2.1569±.39491	2.6667±.27778	4.904***
	t	.237	−5.924***	
制订规划	A 组	2.1397±.43275	3.4044±.64881	6.246***
	B 组	2.1029±.40320	2.6176±.34081	4.829***
	t	−.256	−4.426***	
问题解决	A 组	2.2353±.37437	3.6303±.56256	8.042***
	B 组	2.3658±.52859	2.7815±.45209	5.416***
	t	.535	−4.849***	
总均分	A 组	2.2428±.32800	3.6048±.51323	−8.337***
	B 组	2.2733±.33549	2.7380±.22736	−5.480***
	t	.175	−6.395***	

从表 27－9 中可以看出，在前测中，A 组与 B 组大学生在职业决策自我效能各个维度以及总均分上均未达到显著性差异（$p>0.05$）；后测成绩中两组学生的得分均有显著提高，但 A 组学生职业决策自我效能的提高幅度要显著大于 B 组学生，两组的后测成绩之间存在显著性差异。

（四）A 组和 D 组职业决策自我效能发展结果分析

表 27－10　A 组和 D 组学生职业决策自我效能发展结果分析

因　素	组别	前测（$n=17$）	后测（$n=17$）	t
		平均数±标准差	平均数±标准差	
自我评价	A 组	2.4412±.46000	3.6765±.63045	5.614***
	D 组	4.0741±.50560	3.9722±.50891	−1.943
	t	9.975 ***	−2.064*	

续表

因　素	组别	前测（$n=17$）	后测（$n=17$）	t
		平均数±标准差	平均数±标准差	
搜集信息	A组	2.3268±.42213	3.7647±.56776	7.126***
	D组	3.9321±.36183	3.8827±.36846	−.940
	t	9.688 ***	1.046	
选择目标	A组	2.1242±.40991	3.5556±.55277	8.618***
	D组	3.6481±.51166	3.6914±.45343	.849
	t	8.632 ***	.513	
制订规划	A组	2.1397±.43275	3.4044±.64881	6.246***
	D组	3.6032±.54245	3.6429±.48816	1.158
	t	12.102 ***	.786	
问题解决	A组	2.2353±.37437	3.6303±.56256	8.042***
	D组	3.5625±.53935	3.5972±.47464	.772
	t	8.576 ***	−.145	
总均分	A组	2.2428±.32800	3.6048±.51323	8.337***
	D组	3.7640±.39912	3.7573±.36745	.234
	t	12.212 ***	.956	

从表27－10中可以看出，在前测中A组与D组大学生在职业决策自我效能问卷各个维度以及总均分上均达到显著性差异（$p<0.001$）；与前测成绩相比，A组大学生后测得分均达到显著性差异（$p<0.001$），但D组大学生后测得分没有出现显著性变化（$p>0.05$）；同时统计分析表明，A组学生的职业决策自我效能后测得分和D组学生后测得分相比，无显著性差异（$p>0.05$）。

（五）A组和C组大学生职业决策自我效能发展结果比较

表27－11　A组和C组学生职业决策自我效能发展结果分析

因　素	组别	前测（$n=17$）	后测（$n=17$）	t
		平均数±标准差	平均数±标准差	
自我评价	A组	2.4412±.46000	3.6765±.63045	5.614***
	C组	2.3922±.53987	2.4902±.54795	2.279
	t	−.285	−5.856***	
搜集信息	A组	2.3268±.42213	3.7647±.56776	7.126***
	C组	2.4314±.49672	2.5163±.54140	2.018
	t	.176	−6.561***	

续表

因　素	组别	前测（n=17）	后测（n=17）	t
		平均数±标准差	平均数±标准差	
选择目标	A组	2.1242±.40991	3.5556±.55277	8.618***
	C组	2.1503±.45464	2.2007±.42084	2.159
	t	.602	−7.448***	
制订规划	A组	2.1397±.43275	3.4044±.64881	6.246***
	C组	2.1397±.33912	2.3162±.36206	4.951***
	t	.661	−6.039***	
问题解决	A组	2.2353±.37437	3.6303±.56256	8.042***
	C组	2.3109±.35798	2.4118±.44573	2.142
	t	.189	−7.000 ***	
总均分	A组	2.2428±.32800	3.6048±.51323	8.337***
	C组	2.2849±.31972	2.3070±.35708	2.419
	t	.284	−7.894***	

从表27−11中可以看出，在前测中，A组与C组大学生在职业决策自我效能问卷各个维度以及总均分上均未达到显著性差异（$p>0.05$）；C组大学生后测得分中，除了在制订规划维度上有了显著提高外（$p<0.001$），其他维度上没有出现显著性变化（$p>0.05$）；A组和C组学生后测得分在各个维度上均有显著性差异存在。

（六）B组和C组大学生职业决策自我效能发展结果比较

表27−12　B组和C组学生职业决策自我效能发展结果分析

因　素	组别	前测（n=17）	后测（n=17）	t
		平均数±标准差	平均数±标准差	
自我评价	B组	2.3824±.57059	2.8333±.31732	4.770**
	C组	2.3922±.53987	2.4902±.54795	2.279
	t	.051	−2.234**	
搜集信息	B组	2.4052±.39857	2.7908±.29102	3.604**
	C组	2.4314±.49672	2.5163±.54140	2.018
	t	.045	−1.841	
选择目标	B组	2.1569±.39491	2.6667±.27778	4.904***
	C组	2.1503±.45464	2.2007±.42084	2.159
	t	−.054	−2.993	

续表

因　素	组别	前测（n=17）	后测（n=17）	t
		平均数±标准差	平均数±标准差	
制订规划	B组	2.1029±.40320	2.6176±.34081	4.829***
	C组	2.1397±.33912	2.3162±.36206	4.951***
	t	.169	−2.500**	
问题解决	B组	2.3658±.52859	2.7815±.45209	5.416***
	C组	2.3109±.35798	2.4118±.44573	2.142
	t	−.288	−2.401**	
总均分	B组	2.27332±.33549	2.7380±.22736	5.480***
	C组	2.2849±.31972	2.3070±.35708	2.419
	t	.103	−3.224**	

从表27－12中可以看出，在前测中，B组与C组大学生在职业决策自我效能问卷各个维度以及总均分上均未达到显著性差异（$p>0.05$）；但B组和C组学生后测得分在各个维度上均有显著性差异存在（$p<0.01$），在搜集信息维度和选择目标维度上没有出现显著差异。

（七）A组大学生和B组大学生在内—外源控制量表上的发展比较

表27－13　A组和B组大学生内—外源控制发展比较

组　别	前测（n=17）	后测（n=17）	t
	平均数±标准差	平均数±标准差	
A组	15.82±2.834	9.82±2.325	−19.407**
B组	15.41±1.906	15.59±2.347	.241
t	−.497	7.195***	

通过表27－13可以看出，A、B两组大学生在内—外源控制量表的前测得分中没有显著差异存在，但经过归因训练后，A组大学生在内—外源控制量表上的得分明显低于B组学生。

（八）A组大学生职业决策自我效能后测得分和两个月后测得分之比较

在本次团体训练课结束后两个月，我们又对A组的团体成员进行了职业决策自我效能测量，以发现本次实验干预的效果是否具有持续性。我们将本次施测的结果与A组的后测数据进行了比较，结果如表27－14。

表 27－14　A 组大学生职业决策自我效能后测得分和两个月后测量得分之比较

因　素	后测（n=17）	两个月后（n=17）	t
	平均数±标准差	平均数±标准差	
自我评价	3.6765±.63045	3.5789±.64045	－1.897
搜集信息	3.7647±.56776	3.6647±.46776	－1.932
选择目标	3.5556±.55277	3.4356±.53452	－2.013
制订规划	3.4044±.64881	3.4332±.54881	－.673
问题解决	3.6303±.56256	3.6342±.55342	.1525
总均分	3.6048±.51323	3.5846±.52323	－1.523

从表 27－14 中可以看出，A 组大学生在团体训练结束后立即进行的测试和延续两个月后进行的测试在各个维度的得分都没有显著差异存在，尽管在自我评价、搜集信息、选择目标、制订规划和总均分上稍有些降低，但是变化不大，没有达到显著性程度。

（九）个案访谈

在职业决策技能训练课结束三个月后，我们对几名被试进行了个案访谈，以期更好地考察团体训练的实际效果。从访谈中我们了解到，职业决策自我效能团体训练确实对他们的职业发展起到了有效的帮助作用，主要表现在他们不再盲目地选择职业；当自己的职业选择与父母的期望发生冲突时，能够以更为理智的方式去加以解决；能够以一种更为成熟、更为积极主动的态度去对待求职过程。

六、讨论

职业决策自我效能团体训练的实验结果显示：职业决策自我效能团体训练有效地改善了大学生职业决策困难的状况，促进了大学生职业决策自我效能的提高。实验组 A 与 B、C 组大学生的职业决策自我效能水平在前测上没有显著性差异。经过实验干预之后，A 组、B 组大学生的职业决策自我效能水平有显著提高，而对照组 C 组大学生的职业决策自我效能前后没有出现显著性变化，这表明职业决策技能训练、职业决策技能训练结合归因训练都能够有效提高大学生的职业决策自我效能水平；A 组大学生的职业决策自我效能水平明显高于 B 组大学生的职业决策自我效能水平，表明职业决策技能训练结合归因训练比单纯的职业决策技能训练能更为有效地提高大学生的职业决策自我效能水平。因此我们可以得出结论，职业决策团体训练能有效改善大学生职业决策困难状况。导致本实验结论的可能原因有：

其一，就实验设计而言，由于我们的训练设计是根据 Crites 关于职业决策的五个步骤来编制的，即自我评价、搜集信息、选择目标、制订规划、问题解决，同时

Betz所编制的职业决策自我效能问卷也是根据Crites的职业决策理论而来，该问卷也是具有自我评价、搜集信息、选择目标、制订规划、问题解决五个维度，这样使得我们的职业决策自我效能训练非常具有针对性，同时我们又加入了归因训练，更保证了实验的有效性。

其二，我们在实验设计前认识到，师生关系、同伴关系、课堂心理气氛等构成的训练环境都会影响学生的参与、投入程度，进而影响到实验的效果。因此我们在实验中积极努力地致力于良好师生关系、同伴关系的建立，和谐、宽松、愉悦的课堂心理氛围的创设，并将其作为一种提高职业决策自我效能的途径。

其三，以班杜拉的自我效能理论作为指导，保证了团体训练的科学性。班杜拉认为，个体自我效能的形成受到以下四方面因素的影响：亲身体验、替代学习、言语说服和情绪唤醒，我们在本次团体训练中，充分地将这四方面影响因素有机地融合于团体训练中，从而有效地提高了学生的职业决策自我效能。

其四，各种职业选择和职业发展理论的综合运用。此次团体训练充分地以职业发展、职业选择方面的相关理论作为指导，如霍兰德的职业理论、金斯伯格和休泊的职业发展理论、克朗伯兹的社会学习理论，以及职业社会认知理论等。在团体训练的设计中，我们努力把这些理论的合理之处融合进去，比如在“认识你自己”这一单元中，我们既运用了霍兰德的职业人格匹配理论，让团体成员对自己的职业人格有个清醒的认识，同时也运用了金斯伯格和休泊的理论，通过小组讨论、脑力激荡等方法，让成员回答“我是谁”这样一个问题等，使得个体对自己的认识更加深入、准确。

其五，职业决策技能训练和归因训练的有机结合。以往的研究表明，归因训练能够有效提高大学生的职业决策自我效能。归因训练通常是让个体把成功归因于自身的能力、努力，而将失败归因于努力程度不足。但是，职业决策的过程是非常复杂的，受到多方面因素的影响。如果我们一味地将职业决策过程中的失败归因为努力程度不足，而没有考虑到个体缺乏进行职业决策的技巧等方面的因素，可能会导致学生即使再努力也难以成功地作出适当的职业选择，挫伤其自我效能，产生更为消极的情绪体验。Borkowski（1988）的研究表明，单纯地强调努力的作用是不够的，因为在错误的认知策略指导下，再努力也不可能取得多大的进步，这会使学生失去信心，所以我们考虑到将归因训练和职业决策技能训练相结合，看是否会收到更为明显的效果。正是带着这个疑问，我们设计了本次实验干预，结果验证了我们的假设。

第三节　职业决策自我效能的团体训练

职业决策自我效能对于个体的职业发展有着重要作用，而有研究表明，我国大学生的职业决策自我效能总体水平不高，为数不少的学生在进行职业决策时是以一种不理智、不成熟的方式进行的。而通过前面的实验，可以看出，职业决策自我效能能够通过团体训练的方式来加以提高。

一、职业决策自我效能团体训练的内容

Crites 在其职业成熟度理论里提出，职业决策包括五个方面的内容：对自身的准确了解、搜集职业信息、目标定向、制订计划、问题解决。为了提高团体训练的针对性，我们的干预方案也是以 Crites 提出的这五个维度作为基础而设计的。整个训练的内容分为七个单元，各个单元的训练内容分别如下：

第一单元为“认识你的成就”。引导成员对过去的成功经历加以回顾，以增强他们的成功体验。要对自己的成功经历加以总结，并向其他成员汇报自己的感受。咨询人员和其他成员要予以积极的鼓励和言语反馈，以增强报告人对自己能力的认识。成员对于自己过去的成就和经验进行报告时，也会对其他成员起到榜样示范的作用。

第二单元为“学会搜集职业信息”，在这一单元的训练中，要让成员认识到职业发展是一个动态的过程，要学会从不同的渠道了解职业世界里变化着的信息，并认识到哪些方面的工作信息是需要加以了解的。对于在寻求职业信息过程中遇到的困难，鼓励大家通过脑力激荡的方式加以解决，对每个人的观点都要予以积极的鼓励，而不是予以好坏的评判。

第三单元为“认识自己的能力和能力倾向”。在这一单元中，要让学生认识到兴趣和能力对于自己未来要从事的职业是非常重要的，通过职业兴趣量表，可以对自己有一个更为全面、准确的认识。同时要求成员写出以前取得成功的一些事情，分析这些成功需要哪些能力，并将这些能力列举出来。通过小组讨论，帮助成员重新认识自己的能力。

第四单元为“目标定向，缩小职业选择的范围，作出职业决策”。综合前面几次训练的结果，以及对自己的认识，在本单元中开始缩小包围圈，逐步选择出最适合自己的职业。可以通过平衡表格的方式，让学生讨论各种职业的弊端和优点，然后根据自己的现实情况加以权衡后作出选择。

第五单元为“规划自己的职业发展道路”。在本单元中，让学生对自己的人生作一个简单的思考，以五年为一个时间段，对于自己在各个时间段上的职业发展作一

个简单的规划，然后让大家在小组内交换意见，共同考虑可能遇到的障碍以及如何加以解决。

第六单元为“克服职业发展中的障碍”。通过提供榜样示范，让成员学会如何克服职业障碍。请男女成功人士各一名，向成员讲述自己当初在面临职业选择时是如何做的。榜样示范者要突出强调自己当时也遇到了重重的困难和挫折，但是由于自己坚持不懈的努力，最终解决了问题。榜样示范的目的是让成员认识到，只有通过坚持不懈的努力，个人才能作出理性的职业决策。

第七单元为“模拟招聘会”。以角色扮演的方式举办模拟招聘会，让小组中一成员作为被面试者，其余成员作为主考官。要求参加面试者尽力展示自己的能力，如果被面试者按要求完成得好，就告诉他面试成功了。小组成员要依次作被面试者，这样可以为学生提供体验性学习的机会；或鼓励学生参加校园招聘，参与自己力所能及的招聘，使得成员有获得应聘成功的机会，并对自己的成败作出归因。每当学生作出积极的归因时，咨询人员和其他成员要予以积极的鼓励，而对消极归因要给予暗示和引导，促使其形成积极的归因倾向。

二、职业决策自我效能团体训练的方法

（一）心理测验法

心理测验在职业生涯辅导中占有重要的地位，因为成功的职业决策必须以“知己”（即了解自己）和“知彼”（即了解他人）为前提，而心理测验是帮助个体探索自我的一种有效工具。心理测验在职业生涯辅导中的应用主要包括以下几个步骤：确定受测者所处的职业生涯发展阶段、分析受测者的需要、施测者和受测者共同确定心理测验的目标、根据测验目标选择相应的测验工具、施测、对测验结果进行解释和分析。心理测验旨在帮助个体了解自我，而自我是一个多层面的复合体，因此不可能通过单一的心理测验便达到对自我的全面了解。为此，心理学家们设计了多种标准化职业心理测验问卷以供使用。目前常用的主要有：

1. 职业兴趣方面的问卷：主要用于协助个体了解自己的兴趣类型。常用测验量表主要有根据霍兰德的人格特质类型和职业环境类型制订的自我指导探索量表、职业偏好问卷（Vocational Preference Inventory，VPI）、斯特朗兴趣问卷（Strong Interest Inventory，SII）和职业生涯评估问卷（Career Assessment Inventory，CAI）。在使用这些量表时需要注意的一点是：没有一个人会恰好完全符合其中某一种类型，而往往是几种类型的组合。

2. 职业能力方面的问卷：主要用于帮助学生了解自己是否具备从事某项工作的倾向和能力。常用测验有一般能力倾向成套测验（General Aptitude Test Battery，GATB）和区分能力倾向测验（Differential Aptitude Test，DAT）。

3. 职业价值观方面的问卷：主要用于帮助学生澄清与职业选择有关的价值判断。最常用的测验有 Super 的工作价值问卷（Work Value Inventory，WVI）等。

4. 职业生涯信念方面的问卷：主要用于帮助学生检查阻碍自己作出职业决策或阻碍职业生涯发展的错误观念。常用测验有职业生涯信念问卷（Career Belief Inventory，CBI）。

标准化心理测验虽然有助于个体了解自己，但由于心理测验本身的间接性和局限性，教师应将其与其他方法（如自我幻想技术、引导式自我访问、成功经历分析、他人反馈等）结合起来一起使用，不可过分依赖。

（二）头脑风暴法

头脑风暴法（brain storming）又称智力激励法，是一种激发创造性思维的方法。它让所有成员在自由愉快、畅所欲言的气氛中，自由交换想法或点子，并以此激发与会者创意及灵感，使各种设想在相互碰撞中激起脑海的创造性“风暴”。在讨论职业发展过程中遇到的障碍以及如何加以解决时，就可以运用头脑风暴法，让小组成员自由提出自己的想法和观点。使用该方法时需要注意的是：不妨碍及评论他人发言，每人只谈自己的想法；发表见解时要简单明了，一次发言只谈一种见解。

（三）职业决策平衡单

职业决策平衡单主要用于帮助学生分析每一种可能的职业选择方案，平衡各种方案对自己和他人在精神上和物质上的利弊得失，最后作出适宜的职业生涯决策。具体操作步骤为：

第一，在本单的上面，填写要考虑的几项职业选择。

第二，在表的左栏填写选择这个职业是受到哪些因素的影响（填写 10 个左右），例如，每天工作的时间、工作量、上班的地点、工作的社会地位、是否有时间进行社交活动等等。

第三，在“重要程度”一栏，列出各个因素在你心目中的重要程度，1 代表不是很重要，5 代表非常重要。

第四，在“可能性”一栏填写每项工作能够满足你的需要的可能性，1 代表可能性很小，5 代表可能性很大。

第五，把“重要程度”一栏的数字与“可能性”一栏的数字相乘，得到的结果填入“部分合计”一栏中。

第六，把每一栏的“部分合计”数字进行相加，然后填入每项职业选择下面的空格中。把每项职业选择的总分进行比较，看看哪一项的得分最高。

第七，计算各种选择方案的最后得分，并按高低顺序排列，作出职业决策。

表 27－15　职业决策平衡单（样表）

要作出的选择		毕业后去读研究生		先工作一两年再去读研究生		去读研究生以前先去做一次环球旅行	
工作的价值	工作的重要程度	可能性	部分合计	可能性	部分合计	可能性	部分合计
1. 社会地位	3	5	15	3	9	1	3
2. 我的家人会尊重我	4	5	20	2	8	1	4
3. 能够存一笔钱	3	1	3	5	15	1	3
4. 自我成长和自我实现	5	4	20	3	15	5	25
5. 减轻目前的压力	2	1	2	2	4	4	8
6. 能够尽早的步入职业发展的正轨	4	5	20	4	16	1	4
7.							
8.							
总　计			80		67		47

（四）想象练习

通过想象练习，能够激发学生更多的职业渴望，产生更多的职业备选项。如在考虑选择哪些职业时，可采用下面的练习：

现在请大家写下曾一度使你感兴趣的职业或工作。这个练习要大家单独、专心地完成。请你们闭上眼睛，让自己的思绪自由徜徉，回到你以前生活过的所有时光，想象那些早年吸引过你的任何工作，无论这些工作在今天看来是多么的离奇、多么的荒唐。你还要想一想现在吸引你的工作，然后把这些工作写在下面。

______________________　______________________

______________________　______________________

______________________　______________________

你能回忆一下自己最近所做的梦想吗？它们有与职业有关的内容吗？如果有，把有关职业的内容填在空白处。幻想是人类健康成长的一部分，在职业生涯规划中起着极为重要的作用。把从梦想中所获得的职业前景记录在你的清单里，无论它们看起来多么不切合实际。在梦想中，我们的潜意识可能会尽力提醒我们一些比较重要的东西。

______________________　______________________

______________________　______________________

______________________　______________________

（五）情境模拟法

情境模拟法旨在通过创设个体在职业生涯发展过程中可能遇到的各种真实问题情境，教会学生正确解决问题的方法。具体操作步骤为：

（1）创设问题情境，比如在职业选择时与父母的意见不一致时如何与他们进行有效的沟通协调，如何与应聘单位的负责人面谈等。让学生通过自然的角色扮演，展示自己是如何处理这类问题的。

（2）组织其他学生对角色扮演者的行为进行讨论和评估。讨论时应注意，教师要提醒学生对事不对人，即讨论要针对表演行为而非针对表演者本人，并尽可能地给予正向反馈。如果扮演者有做得不妥的地方，也应提出有建设性的改进意见，而非批评。比如，可以提醒扮演者采用哪些替代性的不同行为或言语。

（3）讨论完毕后，教师进行归纳总结，并示范正确的问题解决的方法和步骤。

（4）学生通过观察学习，模仿正确解决问题的方法步骤，并运用所习得的方法再次进行角色扮演。教师对学生的表演再次进行反馈，如此反复练习，直到扮演者已经完全掌握该方法。

（5）教师创设新的类似问题情境，帮助学生将习得的方法迁移运用到新的问题情境中，或通过布置家庭作业使学生在现实生活中灵活运用在学校里所学到的方法。

（六）理性情绪疗法

理性情绪疗法认为，是我们的信念引导我们的情感与行为，只要能觉察到自己有某种不合逻辑、不切实际的思考内容，并针对这些内容提出挑战，我们就能够以真实的思考形式、较积极的情感以及较富建设性的行为取而代之。咨询人员可以通过暗示、说服和质疑等方法，帮助学生转变非理性的信念，建立理性的信念和培养理性的思考方式，从而解决学生自身存在的一些问题，促进学生人格的健全发展。例如有的学生认为“女性不能干某些职业”，“只要有兴趣，就一定能成功”，这些非理性的看法，均需要理性情绪疗法来加以解决。

三、职业决策自我效能团体训练应注意的问题

（一）注意团体训练的有效运用

团体训练对于团体成员来说是一种探索、交流的过程，治疗气氛安全舒适，它能让成员在其中自由讨论生涯问题，得到团体成员多方面的意见及咨询人员的指导，使得成员能够更为有效、准确地进行自我了解、自我分析、自我评估，而且让团体成员自我发掘，学会根据自己的实际情况，结合工作的信息来开拓属于自己的生涯。咨询人员要努力促进团体成员之间的互动，使得他们可以进行双向沟通；要与团体成员共同制订团体目标、规则，在训练过程中要求大家遵守这些约定；注意满足团体成员的不同需求。通过注意上述几点，可以有效地消除成员的孤独感或不正常感，

帮助他们在社会情境中有效地了解自己、了解他人、建立自信，使成员积极主动地参与到活动中去，在互动中体验到自身行为变化所引起的结果，迅速地获得反馈，对行为加以修正。

（二）要以班杜拉的自我效能理论作为指导，保证团体训练的科学性

班杜拉指出，个体的自我效能受到以下四方面因素的影响：亲身体验、替代学习、言语说服和情绪唤醒，将这些因素有机地融合到自我效能的团体训练当中，可以保证团体训练的有效性、科学性。

1. 亲身体验。班杜拉认为，个体的亲身体验对个体自我效能的形成起着至关重要的作用。如果个体在某个领域取得过成功，那么他在此方面的自我效能会得到提高、增强；相反，如果个体在某个领域反复地经历失败、挫折，那么个体在该领域的自我效能就会受到削弱、降低。如果个体通过多次成功已经建立起了比较高的自我效能，那么偶尔的失败不会对其自我效能产生多大的影响。在这种情况下，个体更倾向于从努力程度、环境条件、应对策略等方面寻找失败的原因，而这种思考问题的方式往往更能激发起他下一步的动机水平。轻松获得的成功会使个体对事件难度准备不足，一旦受挫就会一蹶不振；只有经过意志努力，克服困难后获得的成功才会让个体获得较为持久的自我效能。不过个体的归因方式也会影响自我效能的提高，在职业决策自我效能团体训练中，要让个体回忆以往的成功经历，并记录下来，使之对自己的成功有清楚的认识；在每一单元的训练后，要求团体成员谈一下自己通过这次训练，取得了哪些成就；在每次的小组发言中，也要注意对成员及时地给予积极的反馈和言语鼓励。

2. 替代学习。人的许多预期都是来自于观察榜样行为而获得的替代性经验，观察者与榜样的一致性是产生替代性学习或模仿的关键。职业决策自我效能团体训练中，由于成员的职业决策自我效能都比较低，这种同质性可以使团体成员在交流自己的成功经验时，更易于对其他成员起到榜样示范的作用。在活动中，成员能够清楚地观察到其他成员在同样的活动中的行为，当别人的行为使自己或其他团体成员产生积极的体验时，可以促使成员反思自己的行为，认为自己也能够取得同样的成就，并产生模仿他人行为的愿望和行动。

3. 言语说服。来自社会的鼓励、劝说等，如来自父母、老师、权威偶像的鼓励等都十分有利于个体自我效能的提高，但这些说服必须是以实在的经验作为基础的，空洞的劝说难以帮助个体形成持久、强劲的自我效能。团体训练中，咨询人员应不断鼓励每个成员根据自己的生活经历和体会，或团体成员把自己通过活动所体会到的想法和情感与全体成员分享。随着团体训练的深入，对于成员中出现的不自信、不接纳自己等问题，成员之间就会相互鼓励，举出范例等，向成员传达其实你很棒的信息。同时，团体进程中，咨询者关注、倾听并加以言语的鼓励，强调每个成员

的资源和能力，不断强化“你们能行”的观点，给成员以积极的鼓励与言语支持。

4. 情绪唤醒。生理、心理状况也能够影响职业决策自我效能的形成。疾病、身体不适或焦虑、抑郁等会降低个体的职业决策自我效能，而轻松愉悦、适度紧张等有利于自我效能的提高。在团体训练活动中，情感在人与人之间的关系中能起到一定的感化和教育作用，成为一种潜移默化的精神力量，团体成员能够放松自己，深入到团体活动中，能够体会到行为的互动所产生的积极的体验。

（三）注意综合运用各种职业选择和职业发展理论

要充分以职业发展、职业选择方面的相关理论作为指导。霍兰德的职业理论假定大多数人都可以归为六种人格类型之一：现实型、研究型、艺术型、社会型、管理型和常规型。个体的职业选择应该与他的职业人格类型尽量吻合。金斯伯格和休泊的职业发展理论将个体的职业发展分为成长阶段、探索阶段、确立阶段、维持阶段和衰退阶段，每个阶段有着不同的发展内容。金斯伯格认为个体应该对自己目前正处于哪个阶段有较为清楚的认识。休泊认为选择职业实际上是个体在选择自我概念实现的方式，当个体在选择一个职业时，实际上是在回答“我是谁”这样一个问题。克朗伯兹的社会学习理论认为基因特征、环境条件、过去的学习经验、个人处理新任务、新问题时形成的技能、绩效标准和价值观会对个体的职业选择产生影响。社会认知的发展理论关注的是个体如何决策的过程。在团体训练的设计中，要努力把这些理论的合理之处融合进去，比如在“认识你自己”这一单元中，既可以运用霍兰德的职业人格匹配理论，让团体成员对自己的职业人格有清醒的认识，同时也可以运用金斯伯格和休泊的理论，通过小组讨论、脑力激荡等方法，让成员回答“我是谁”这样一个问题等，使得个体对自己的认识更加深入、准确。

（四）注意职业决策技能训练和归因训练的有机结合

以往的研究表明这两种方式都能够有效地提高大学生的职业决策自我效能。自我效能是个体对自己从事某项活动能力的认识，涉及自我认知的层面，归因训练对于改变个体内—外源控制感的认知是很有帮助的，引导学生积极正确地归因是帮助学生正确认识自己能力的一个重要途径。归因训练通常让个体将成功归因于能力等方面的因素，在失败时归因于个体的努力程度不足。但是，职业决策的过程是非常复杂的，受到多方面因素的影响。如果我们一味地将职业决策过程中的失败归因为努力程度不足，而没有考虑到个体缺乏进行职业决策的技巧等方面的因素，可能会导致学生即使再努力也难以成功地作出适当的职业选择，挫伤其自我效能，产生更为消极的情绪体验。Borkowski（1988）的研究表明，单纯强调努力的作用是不够的，因为在错误的认知策略指导下，再努力也不可能取得多大的进步，这会使学生失去信心，所以应将归因和技能训练加以结合。

附录　职业决策自我效能教育实验培训设计

（只列出三个单元）

本研究采用团体辅导的方式对学生的职业决策自我效能进行干预，共有七次课，每节课 90 分钟左右，每周一次，共需七周时间。每个单元的训练内容如下：

第一单元：认识你的成就

第二单元：学会搜集职业信息

第三单元：认识自己的能力和能力倾向

第四单元：目标定向，缩小职业选择的范围，作出职业决策

第五单元：规划自己的职业发展道路

第六单元：克服职业发展中的障碍

第七单元：模拟招聘会

第一单元：认识你的成就

一、训练内容：让学生了解自己过去的成就

二、训练目的：增强学生的成功体验

三、理论依据：Bandura 的自我效能理论

四、具体实施

步骤一：导入

在我们的生活和学习中，有一点对于我们来说是非常重要的，那就是认识到自己作为一个社会成员的价值。那么，如果你问一问自己："到现在为止，在我的生活中，我究竟取得了哪些成就？"通常大家都会回答："没什么真正值得一提的事。"但这不是真的，到目前为止，你一定已经完成了数以百计的事情，才使你能拥有现在的生活。你的自卑感可能来自于那些喜欢不断地指出你的缺点的人，也许他们是想通过这种方式教你一些东西。不过让我们暂时先把他们放在一边，回过头来，把精力集中在我们曾经获得的成功上面。为了更好地说明这个观点，伯纳德·哈丹借用里维斯·卡罗写的《爱丽丝梦游仙境》中的两个人物——爱丽丝和魔法帽子——写了一段对话。

爱丽丝：我打哪来？我来自一个人们总是关心自己的缺点以便能更好地发扬自己优点的地方。

魔法帽子：在仙境这儿的人也只会瞎忙一气，然后一无所获。对了，还是请你继续说吧。

爱丽丝：大人们总是让我们找出自己的缺点，让我们不再犯错误。

魔法帽子：这太不可思议了。在我看来，如果你想了解任何东西，你必须先去学习它。而当你学习了一件事情以后，你就会更擅长做这件事。为什么你们的人让你们先学会一件事情，然后，就要你们再也不去做它了呢？不过，还是请你继续说吧！

爱丽丝：没有人告诉我要去学习那些我们做对了的事情。我们只被允许从自己做错了的事情上面学习东西。但我们可以学习别人做得对的事情。而且，有时还要求我们像他们那样做事。

魔法帽子：这不是糊弄人吗？

爱丽丝：你说的有道理，帽子先生。我确实是生活在一个奇奇怪怪的世界里。首先，我必须先做一些错事，以便从中学到一些我不该做的事。然后，好像我只要不去做那些不对的事，我做的其他的一切就都是对的了。要是这样，我宁可一开始就去学习一下那些对的事情，你说呢？

“大家在听完这个故事以后，有什么新的体验没有？请同学们讨论一下，然后发表一下你们自己的意见。”

同学A发表自己的看法：“这个故事给我最大的感受就是，在我们的现实生活中，我们平时过分地关注我们自己犯了哪些错误，过于强调从失败中吸取经验教训，而忽视了其实更为重要的一点，那就是我们还可以更多地从成功中吸取经验，而这一点实际上还能够增加我们对自己的信心。以前我们说‘失败是成功之母’，那么今天我们更可以说‘成功可以孕育更多的成功’。”

“对，这位同学说得非常好，他认为认识到过去的成就对于以后我们的成长是非常有帮助的，其他同学的意见呢？”

同学B发表自己的看法：“我非常同意A同学的看法。我可以给大家举一个我自己的例子。以前，如果我一次考试成绩不好，那么下一次考试肯定要受到很大的影响，因为坐在考场里面我老是在想：‘我上次考试失败了，这次要是再失败怎么办？’满脑子都是关于上次考试的事情。后来，我受到了一个故事的启发。这个故事讲的是国外有一名跳高运动员，在自己每次比赛前，他总是默默地想象着自己轻松地跨过栏杆然后取得冠军的情景，果然这位运动员取得了不错的成绩。此后我尝试着自己在考前回想自己以前考得不错的情景，心里也就慢慢放松了下来，考试的时候也不会紧张，成绩也比以前有了提高。”

同学C：……

步骤二：“好了，现在大家看看自己都做对了哪些事情吧。下面的两个练习会帮助你确认自己取得的成就。回忆一下当初全力以赴去做的事，以及成功地完成那些事情的感受吧，你会从这种回忆中受益匪浅。”

在这个练习里，请回忆一下自己取得的成就，也就是那些自己做过的自认为比较成功或是感觉很不错的事情。很自然地，你会想到那些全职或兼职的工作经历，或是在学校里取得的一些成就。其实，在你的工作经历和校园生活以外所取得的成就可能对你进行职业生涯规划有更大的帮助。同时，学校中取得的成就还包括在课外活动上的成就，比如说，在戏剧、运动、音乐、写作、俱乐部等等方面。学校生活以外的成就可以包括自己的爱好，担任领导者的经历，旅游、家庭活动、在家里做过的事情等等。你取得的成就可以包括以下内容：

○编故事或是讲故事

○说服某个人或是某个团体

○筹划一次会议或是聚会

○修建某个东西

○探索新的事物

○装修一栋房子或是一个房间

○领导一群人

○组织一次社交活动

○克服一个坏毛病

○组装一个玩具或是其他用品

○完成一件花了很多时间的工作

○为朋友出谋划策

○陈述某个观点或是做报告

○教会某人或某个团体一些东西

○设计并制作服装

○组织大家一起工作

○种蔬菜或是种花

○修理电器

○解决问题

○具有独立意识和责任感

○在某项作业上得了 A

○及时帮助他人

○学会某种新的技能，并能成功地运用

上面列的这些成就只是一个提示，以使你能顺利地开始回忆。请记住衡量成就的两条标准：第一，你喜欢这一经历；第二，你为结果感到自豪。如果同时你还获得了他人的认同和表扬那就更好，不过这并不重要。另外，请注意关注小的成就。成就不一定都是惊天动地的大事，它也可能只是一次“悄无声息的胜利”。你需要做的就是回忆这些经验，并把他们归到自己的“成就”当中。

在你开始之前，让我们像读一本书一样，一章一章地回忆一下自己的生活。你准备怎样把这些章节串成一本书？每一章的标题和内容都是什么？你可以采用倒叙的方法，从当前的时间开始，往前回顾。可以一次回忆一年中发生过的事，也可以每次以两年、三年、四年甚至五年为单位进行回忆，这完全由你自己决定。然后，把你回忆的内容按以下的几个条目分类。

付酬的、没付酬的工作。包括全职、兼职和暑假工作以及志愿工作。在工作中你是否增加了销售额或是改进了某种工作方法，激励他人去投入某一项目，或是担负了某种责任。

学校、学业和课外活动。回忆一下做的比较好的作业或是某项课题。你是否参加过学校里的演出，参加过某个运动队、乐队或合唱队，在校报上发表过文章或是编写过年鉴，赢得过辩论比赛，或是在某个俱乐部里担任过领导工作。

家庭、娱乐、爱好、个人兴趣。是不是曾经照顾过小孩、做过家具、粉刷过房子、维护过花园、修理过玩具、布置过房间、打过一次漂亮的比赛。

人际关系。回想一下那些与人相处的时候，比如理解了某个人或是某群人的需要，帮助别人解决难题，成为别人忠实的搭档，运用自己的才智和交际才能把大家有效地组织起来等等。

生活中的角色。回想一下自己在生活中所扮演的角色，或是自己作为孩子、兄弟或姐妹、儿子或女儿、工作者、学生、朋友、信仰者、领导者、追随者、组织中的一员所取得的成就。

参照下面已经完成的成就表的例子，把自己取得过的成就尽可能多地写出来。

年　龄	付酬的、没付酬的或是志愿的工作上的成就	学校：学业和课外的成就	在家庭、信仰、娱乐、爱好、个人兴趣方面的成就	人际关系：在家庭以及社交上的成就	生活中的角色和其他成就
20～21	提高了当地报纸的发行量	为校报写新闻稿；第二学期的总评成绩得了第一	所在球队赢得冠军；摄影比赛得了第二名	经过尝试终于成功地帮助了一位朋友	制作了一个书架
18～19	暑假在商店打工不迟到；这份工作赚了2000元	在科学展览会上取得第一名；任学生会代表	制作陶器并作为礼物送给他人	与一位原以为讨厌的老师交上了朋友	读了三本一直想读的书
16～17	暑假在照相器材店打工	在学校的演讲会上演讲	获得三年级奖学金	负责协调毕业生晚会组织工作	帮助邻居照看小孩

续表

年　龄	付酬的、没付酬的或是志愿的工作上的成就	学校：学业和课外的成就	在家庭、信仰、娱乐、爱好、个人兴趣方面的成就	人际关系：在家庭以及社交上的成就	生活中的角色和其他成就
14～15	在叔叔的农场里工作了很长一段时间	担任班长	为我自己写了个小故事	在妈妈生病的时候照顾她	
12～13		学校活动从不缺勤，并因此受到奖励	在妈妈的带领下做了两件衣服		爸爸不在家的时候整理花园和草坪
10～11					
0～9					

步骤三：大家通过以上的分析以后，应该有了这样一个认识：原来我还有那么多值得自己骄傲的事情。请大家根据自己整理的结果，大声告诉同学们你过去取得的成就吧！

步骤四：每个人在汇报完自己过去的成就后，要求其他的同学发表自己的看法；同时辅导者要及时地对汇报人进行积极的鼓励和表扬。

步骤五：布置家庭作业：针对本次训练记下自己的感受以及心得。

第二单元：学会搜集职业信息

一、训练内容：让学生学会了解职业世界的信息

二、训练目的：学会搜寻职业信息

三、理论依据：克朗伯兹的社会学习理论、金斯伯格和休泊的职业发展理论等

四、具体实施

步骤一：从小时候开始，我们就一直向往着以后能够干哪些职业，当然我们心目中的理想职业是随着时间推移而在不断变化着的。那么哪些职业应该加以认真考虑和探索呢？下面的练习为大家提供了一个方法，可以用来鉴别你应优先考虑的10种或15种职业。下面的表格是一个例子。

(1) 在表的左边，写下你要了解的职业的名称。

(2) 在表的右边，填入你想到这个职业的所有途径，如：

〇回忆（在你生命的任一时间里曾吸引过你的职业）

〇询问其他人（比较了解你的人）

〇梦想解析（在职业内容上的解析）

〇愿望（做与职业相关的活动）

◯浏览（与职业相关的书籍、文件和小册子）

◯需要做什么（解决社会问题）

职业前景的名称	回　忆	询问其他人	梦想解析	愿　望	浏览职业网站	打钩的总数
教　师						
兽　医						
环保技术员						
生物学家						
生物摄影师						
生物物理学家						
职业咨询师						
电子工程师						
数学家						
计算机应用专家						
警　察						
艺术家						

（3）按照你使用过的每一种产生职业前景的方法，依次浏览整个职业前景列表。当你遇到一个由这种方法所产生的职业前景时，在该职业和这种方法交叉的地方打一个钩。否则的话，就用空格来表示这种职业不是由该种方法产生的。

（4）合计每种职业前景打钩的数量，并在右边的最后一栏中记下这个数字。一个职业前景出现的次数越多，你就越应该仔细考虑那个职业。例如，假如你已经试过10种生成职业前景的方法，而有一种职业出现了7次，那这个职业就值得你去关注一下了。但是大家也要注意，这并不意味着在使用10种不同的方法之后，一个只出现一两次的职业前景就应该被忽视或者把它从你的列表中去掉。对你来说它仍有可能是一种很好的选择。

步骤二：在几个人一块解决问题的时候，有一种非常有效的方法，我们称之为“头脑风暴法”。运用这种方法时，大家把自己能够想到的解决问题的办法都在面前摆出来，至于这个办法是否有效，我们不作任何评价，解决的办法提出得愈多愈好，这样众人拾柴火焰高，很有可能得出解决问题的最好的办法。下面我们要做的就是，如果你对某个职业比较感兴趣，那么你需要作哪些深入的了解呢？因为如果我们以后要从事的职业，仅仅对其有兴趣还是不够的。那么现在请你把自己的主意说出来，让我们大家一块分享一下吧。（学生在表达自己在这方面的见解时，咨询者要注意适时地给予积极的鼓励，同时其他同学也要积极地提供反馈，发表自己的看法。）

步骤三：现在你已经找出了自己的职业前景，大家也提出了在选择职业时，需要考虑的一些问题。下面列出了当你对这些职业前景进行研究时一般所需要考虑的事项，与大家讨论的结果做一下比较吧，看看哪些事项是你们想到的，哪些是刚才没有想到的，为什么刚才没有想到呢？

(1) 工作的性质：

○这一工作为什么会存在，其所满足的需要，此工作的目的

○所履行的工作职能，工作中主要的职责和责任

○该职业所生产的产品或提供的服务

○该职业中的专业细分

○该职业所使用的设备、工具、机器和其他辅助物品

(2) 所需的教育、培训和经验：

○准备进入该职业所要求的大学或高中教育

○进入该行业所需要的工作经验

○教育、培训或工作的地点

○获得必要的教育背景所需的时间和经费

○有雇主所提供的在职培训

(3) 要求的个人资历、技能和能力：

○一个人要进入该行业所需的能力、技能或能力倾向

○职业所要求的体力（举起重物、长时间站立）

○其他的身体要求（良好的视力或听力，非色盲，能攀爬、跪下、弯腰、搬运物体）

○个人兴趣（与数据、人或事物打交道）

○特殊的品质与气质（能在压力下工作，精确，敢于冒险，有逻辑性，能做重复的人物）

○需要达到的标准（一分钟能打六十个字）

○执照、证书或者其他法律上的要求

○必需的或有益的特殊要求（懂得一门外语）

(4) 收入、薪酬范围和福利：

○所赚的钱（起薪、平均工资和最高薪酬；由于所在地区不同而有所不同）

○通常提供的福利（退休金，保险，假期，病假）

(5) 工作条件：

○物质条件和安全（办公室，工厂，户外，噪音，温度）

○工作时间安排（小时，白天或晚上，加班，季节性工作）

○发挥主动性、创造性、自我管理和得到学习的机会

○需要工作者自备的设备，物品和工具

○该职业的监督或管理类型

○雇主对着装的要求或偏好

○出差方面的要求

○在该职业中可能遭受的歧视

(6) 工作地点：

○工作组织的类型（公司，社会公共机构，代理机构，企业，雇用此类工作者的行业；自我雇用的机会）

○职业存在的地理位置（全国性的，或只存在于某个特定地区或城市）

(7) 该职业中典型人群的人格特征：

○支配该职业环境的人或行业中大多数人的人格特征

○年龄范围，男性和女性的比例，少数民族工作者的数量

(8) 就业和发展前景：

○进入该行业的通常方法

○在地方、州和全国范围内的就业趋势

○提升的机会、职业阶梯（你从哪儿开始，能到达什么位置）

○在完成培训和教育之后得到雇用所需的时间

○被提升到一个较高职位所需的平均时间

○该行业中工作的稳定性

(9) 个人满意度：

○该职业所体现的价值（高收入，成就，安全感，独立性，创造性，休闲和家庭生活，变化性，帮助他人，社会声望，认可），这些工作价值中的哪些符合你的价值观？

○他人和社会对于该职业的看法：关于这种职业他们喜欢什么不喜欢什么？

(10) 利与弊：

○该职业的积极方面：对于这份职业，你喜欢的是什么（能使用你所拥有的技能，体现出对你来说非常重要的价值）？

○该职业的消极方面：让你不喜欢这份职业的地方是什么？该职业中你希望能够尽量避免的是什么？

(11) 相关的职业：

○还有其他哪些职业与该职业相似？

(12) 职业信息的来源：

○你是从哪里获得有关该职业的信息的？它是否精确、客观、及时、全面？

○在哪里你能获得有关该职业的更多的信息？

〇在哪里你能直接观察到这一职业？

〇你在哪里能够获得有助于你进入该职业的兼职工作、实习、勤工俭学机会或临时性工作？

步骤四：刚才我们列举了很多在寻求职业过程中需要注意的问题，那么，我们通过什么方式才能获得这些问题的答案呢？大家能不能谈一下自己的解决办法，让我们共同分享一下？

步骤五：在学生谈完自己的观点后，咨询者要及时予以言语鼓励：大家发表的意见都是我们在实际职业决策中非常重要的，这说明大家对如何了解职业信息还是有一定的了解。那么，职业咨询心理学家是如何从专业的角度给我们提供建议的呢？他们提供的建议有哪些呢？下面我们来看一下：

首先，我们可以通过访谈他人来获取有关工作的信息。访谈可以是一次漫不经心的谈话，你可以先从熟人谈起——你的亲戚、邻居或父母。当你接近不认识的人或不熟悉的人时，你可能会感到忧郁。其实如果时机恰当，人们是很愿意和你交谈工作的。那么你同别人谈论他们的工作的时候，应该问一些什么样的问题呢？下面一些问题可以给你提供参考：①你是怎样决定职业的？你做了哪些准备？②这个工作要求什么样的技能？如果你正想雇一个人来做这项工作，你会希望受雇者有什么样的资历？③工作中你的主要责任是什么？你对此有何评价？④你的职业有哪些让你喜欢的地方？有哪些回报？⑤一个典型的工作日是什么样子的？⑥你的工作条件怎么样？（包括时间、工作环境、着装要求、可能的危险以及工作决策是怎样制订的等等。）⑦这个行业中的起薪和工资水平是多少？（不要问你正在采访的这个人能挣多少，只问平均水平。）⑧通常有哪些福利？⑨你认为你的职业发展前景如何？⑩其他还有什么行业与这个职业紧密相关？什么样的兼职工作经历能使我熟悉这个行业？

其次，我们可以运用互联网搜集职业信息。搜索引擎提供了一种在网上获取信息的方式，这些在线程序允许你找到储存于数据库中的信息。当你用互联网服务登陆到某个网站时，点击“网络搜索”，键入你要寻找的职业的相关信息。互联网上大多数职业网站的内容都涉及职位空缺、简历、公司简介等求职方面的信息。

步骤六：我们通过上述方式获得有关职业的信息后，是不是就可以马上作出选择了呢？实际上这样做是过于草率的。我们应该记住，有一点是非常重要的，那就是要对我们获得的信息进行评估，在评估的时候，应该问自己如下几个问题：

〇这一信息准确吗？信息应该是准确的、有效的、真实的、可靠的、实际的。材料必须能够真实地代表该行业的典型工作者。

〇这个信息是最新的吗？职业信息应该是最新的，反映当今社会的快节奏变化。

〇信息是客观的吗？材料应该脱离性别和社会偏见等，而不应该加入个人观点。

〇信息是全面的吗？有关职业的材料应该包括工作的性质、所需的教育和储备、需要的技能、薪酬、工作条件、工作地点、这个行业中典型人群的人格特征、就业和晋升的机会、工作体现的价值观和相关职业信息等。

步骤七：布置家庭作业，请每个同学课后通过本节课讲授的了解职业信息的方法，找出几种自己感兴趣的职业的相关信息。

第三单元：认识自己的能力和能力倾向

一、训练内容：认识自己的能力和能力倾向

二、训练目的：让被试准确地了解自己的职业人格特征

三、理论依据：霍兰德的职业理论、班杜拉的自我效能理论等

四、训练前的准备：询问几个很了解你、能想象你可以从事某一职业而给你推荐职业的人。有时别人可能会为你找到一个你自己想象不到的职业选择，他们也可能知道一些你完全没有意识到的职业。当然，你可以也应该自己来评估这些建议。你可能想淘汰其中一些建议，但是其他的职业前景可以保留和研究，把它们记录下来。

五、实施步骤

步骤一：咨询者首先向学生介绍能力的概念以及认识自己的能力在职业选择中的重要性：能力就是你成功地做好事情或工作的潜能；而技能是经过学习和练习发展起来的能力，它是你从事活动时有效运用你的天赋和知识的力量。用来形容能力的词汇有机敏、精通、艺术性、聪慧、熟练、娴熟和灵巧等。能力倾向是你的学习能力，它指你的潜能，区别于你已经发展起来的技能和技术知识。比如说，也许你具有写作、音乐和安装机械的“能力倾向”，但是没有经过大量的发掘、培训、学习、练习和操作，你可能还没有培养起完成这些活动的“技能”。这里我们需要注意的是要区分能力和兴趣。兴趣表明你喜欢做某事；能力则表明你能运用技能做好某事。一个表达了你的偏好，另一个则代表你胜任与否的资格。喜欢做什么和能把它做好是两码事。你或许能欣赏音乐，但这并不意味着你能演奏乐器。也许你想在大的比赛中参加篮球赛，但问题是你能行吗？所以认清自己的能力是非常重要的。你认为自己具有哪些技能，请把它们写在一张纸上，然后在组内大声读出来，与大家共同分享一下。

步骤二：列举你的内容性、知识性技能。刚才大家讲了自己具有的一些能力，但是我们单纯靠这种方法得出来的技能是不太全面的，也有一些技能你们自己还没有认识到。现在我们通过一种系统的方法来重新对自己的技能有一个新的认识：想一想你曾经上过的或正在上的最有价值、感觉最愉快的学校课程；分析你在这些课程中获得的具体内容和专业知识。在纸上写下你所学的课程、培训方案、研讨会和工作场所的名称，每一项用单独一张纸写。然后，把每门课的内容拆分成更小的部分、单元、项目或章节，并问问自己：“我学到的哪些内容、知识是我想在现在或未

来的工作中使用的?”

使用同样的方法，对下面的经历做一下分析：

◯现在和以前的工作（包括兼职和暑假工作）

◯爱好、娱乐活动、课外活动、在学校参加的其他活动

◯你在工作中学到的任何东西

请你把根据上述分析得到的内容性、知识性技能写在下面：

______________________ ______________________

______________________ ______________________

______________________ ______________________

现在你可以看出，自己还是具备很多能力的，只是我们以前没有想到而已，拥有这些能力我们是可以从事很多职业的。现在把思绪转向未来，想一想你目前还不具备但是希望拥有的而且相信自己能够学会的知识和能力呢。请在此列出：

______________________ ______________________

______________________ ______________________

______________________ ______________________

______________________ ______________________

步骤三：下面是职业想象练习。

现在请大家写下曾一度使你感兴趣的职业或工作。这个练习需要大家单独、专心地完成。请你们闭上眼睛，让自己的思绪自由徜徉，回到你以前生活过的所有时光，想象那些早年吸引过你的任何工作，无论这些工作在今天看来是多么的离奇、多么的荒唐。你还要想一想现在吸引你的工作，然后把这些工作写在下面。

______________________ ______________________

______________________ ______________________

______________________ ______________________

______________________ ______________________

你能回忆一下自己最近所做的梦想吗？它们有与职业有关的内容吗？如果有，把有关职业的内容填在空白处。幻想是人类健康成长的一部分，在职业生涯规划中起着极为重要的作用。把从梦想中所获得的职业前景记录在你的清单里，无论它们看起来多么不切合实际。在梦想中，我们的潜意识可能会尽力提醒我们一些比较重要的东西。

______________________ ______________________

______________________ ______________________

______________________ ______________________

______________________ ______________________

好了，大家目前对自己要从事的职业比以往有了更多的了解，心理学家们为了帮助人们更好地认识自己的职业发展，设计了一系列的测验，这些测验对于我们较为正确地认识自己的职业兴趣、爱好、特长是很有帮助的。下面我们要进行的测验是美国心理学家霍兰德编写的，它将帮助你对自己的职业兴趣、职业能力、职业价值观有一个比较清晰而又准确的认识。(略)

现在大家根据测验的结果，结合前面几步得出的一些结果，可以为自己大致确定一个职业方向。下面我们进行一项有关职业的想象练习。现在请大家再闭上眼睛，做几次深呼吸，让自己放松下来。现在开始：

想象一下你现在正处在五年后的某一天，这是一个普通的工作日。你在考虑要穿什么衣服去上班，你最后决定穿什么衣服？(停顿）想象一下你站在镜子前面打扮自己，想让自己看起来衣着得体。当你想到今天的工作时你有什么感受？是平静、激动、厌倦还是害怕？(停顿）你现在正在吃早饭，是有人跟你一起吃早饭还是你自己吃？(停顿）现在，你准备去上班。

最后，咨询者要对被试说："大家在自己的职业发展道路上又成功地迈出了一步，对自己有了一个比较准确的了解，祝贺大家在这个方面的成功。那么大家在本次课结束后，是否对自己又有了一个新的认识呢？这次课结束后大家又有什么新的体验？请同学们在课后思考一下这方面的问题，并将思考的内容写到我们的训练日记上。"